最新
水産ハンドブック

FISHERIES HANDBOOK
Completely Revised

《編》
島　一雄
關　文威
前田昌調
木村伸吾
佐伯宏樹
桜本和美
末永芳美
長野　章
森永　勤
八木信行
山中英明

講談社

序

21 世紀は，エネルギー，環境，食糧の世紀といわれている．今世紀に入り，加速するエネルギーと食糧の需要増大は，原油流出事故のような海洋環境汚染や森林の農地転換，農業用地下水の過剰汲み上げなどの環境問題を引き起こし，一方では，穀物からのバイオ燃料生産を促進したことから，穀類価格が高騰している．開発途上国では主食穀類の入手が困難となり，暴動さえも発生した．

世界の食料を展望するとき，人口の増加と所得水準の向上に伴ない，食料への需要は一層増大していくものと考えられる．とくにデンプンからタンパク質食料や油脂への嗜好が増していくとともに，世界のタンパク質食料資源への需要が強まっていくことが予想される．しかしながら生産に伴うエネルギー効率などの観点から，陸上におけるタンパク質供給には限界がある．地球の表面積の 4 分の 3 を占め，太陽の恵みを受け生物生産を行い海洋生態系を構成している海からの食料供給の可能性を探ることの重要性は，ますます高まっていくだろう．また，魚のもつ健康性などの利点や特徴から，先進国・開発途上国を問わず世界的に消費量が増加する傾向がみられている．1990 年代以降現在に至るまで，世界の海面総漁獲量は 9,000 万 t の水準で推移しているが，この水準を如何にしたら引き上げることができるかということもこれからの課題である．

一方，日本は周囲を海に囲まれ，世界第 6 位の広大な排他的経済水域を持ち，しかもその海は世界有数の多種多様な水産資源に恵まれている．日本は世界でも稀有な気候風土に恵まれた豊かな美しい国土である．我々の祖先は，その恵まれた自然条件を活用して健康に優れた「日本型食生活」をつくりあげてきた．日本人は，第二次世界大戦後，所得水準が向上するに伴って畜産物消費が大幅に増加したが，日本の畜産業は，飼料をおもにアメリカ産穀物に依存してきた．しかし，近い将来世界的な穀物の需要が逼迫すれば，今のような輸入飼料に頼る畜産業の継続は困難に直面することが予測される．我々は今，改めて水産資源の重要性を見直し，その未来を考えなければならない状況に直面している．

2011 年 3 月 11 日に起きた東日本大震災は，我々がいかに脆弱な基盤の上に立っているかということを浮き彫りにした．このことは自然災害である地震や津波に加えて，原子力発電というエネルギー体制の見直しを迫るとともに，原子力発電所の放射能事故による深刻な環境問題，農林水産食料への放射能汚染の影響という問題を惹起し，21 世紀の 3 大テーマであるエネルギー，環境，食糧問題が同時に突きつけられることとなった．とくに原子力発電所事故による放射能汚染の問題がクローズアップされたが，これからの時代はいかに安全で安心な水産物を安定的に消費者に届けるかということがきわめて重要な課題となった．また水産物に限らず，食品に含まれている化学物質が人体に与える影響の問題は，今後人類が引き続き追及していかなければならない問題であり，学際間・世代間の協力の下で持続的で安定的で安心な水産食料の供給を確実にするための壮大なプロジェクトを組む必要がある．

日本，そして世界が直面しているこのような状況において水産の将来を考える場合，どこかの国が，また誰かが，将来の水産像を夢をもって描く役割をはたしていかねばならないように思われる．海に囲まれ，水産物に依存し，多様な水産加工品を作ってきた歴史と伝統と技術をもっている国こそその責務を負うべきと考えられるが，諸般の要件を考慮すれば，日本がその任務を負わなければならないのではないか．日本が誇るべきもののひとつとして，恵まれた水産資源を安定的に持続的に有効に利用するシステムを長い歴史の中で構築してきた点があげられる．漁業権制度，漁獲努力量規制を軸とする漁業許可制度，漁業協同組合制度などがそれである．水産資源の利用についても，ある魚を漁獲するために好ましい時期・場所についての知見，腐敗しやすい魚を集積し分散する流通システム，鮮度を維持する魚の取り扱い方，美味しい調理のしかたなどの知見，魚介類を漁獲する所から食べる所までの豊富な技術と知見の蓄積がある．また，造船・機関・電気機械・製網・製綱・運輸・食品加工などの漁業関連産業の広い裾野を持っている．さらに水産人を育てる高校・大学も多数ある．漁業を含め水産業についてここまでそろった制度があり，技術と知見の集積のある国は日本をおいてない．これらの力を総合して，安定的で持続的な水産資源の利用のしかたを示し，それを世界に広めることこそが，これからの日本の若い水産人に課せられた使命である．

水産分野における日本の役割や対応が問われるなか，この分野にかかわる広範な知見を俯瞰し，新たな人材の導きとなる書が必要になっている．1981年刊行の「新水産ハンドブック」，1988年刊行の「改訂版　新水産ハンドブック」は，長年にわたってそのような役割を果たしてきた．しかし水産分野をとりまく状況は世界規模で激変しており，状況に対応して今回新たに「最新　水産ハンドブック」を刊行することとなった．本書「最新　水産ハンドブック」では，水産資源や漁業に関して，世界の事情もまじえた最新知見や国際条約など，これからの水産人のグローバルな活躍に必要な項目を網羅している．編集にあたっては，水産に関する国際的視野を養えた人材を育てる指針となることを念頭に置いた．本書はまた，すでに活躍している水産人や研究者のさらなる飛躍にも大いに資するはずである．

このハンドブックが活用されることは，それら若人に，そして広く水産に関心のある方々に裨益する所大なるものがあると確信している．

2012年4月

「最新　水産ハンドブック」編集委員会

編集委員会（五十音順）

木村 伸吾（きむら しんご）　東京大学大学院新領域創成科学研究科／大気海洋研究所教授，水産海洋学会副会長（第1章，第2章）

佐伯 宏樹（さえき ひろき）　北海道大学大学院水産科学研究院教授（第4章）

桜本 和美（さくらもと かずみ）　東京海洋大学大学院海洋科学技術研究科教授（第2章）

*島 一雄（しま かずお）　元 水産庁次長，元 大日本水産会副会長，元 海洋水産資源開発センター理事長（第6章）

末永 芳美（すえなが よしみ）　農林水産政策研究所客員研究員，元 東京海洋大学大学院海洋科学技術研究科教授，元 水産庁審議官（第6章）

*關 文威（せき ふみたけ）　筑波大学名誉教授，元 筑波大学大学院研究科長，国際連合学術専門委員（第1章）

長野 章（ながの あきら）　一般社団法人全日本漁港建設協会長，公立はこだて未来大学名誉教授（第7章）

*前田 昌調（まえだ まさちか）　宮崎大学名誉教授，元 水産庁中央水産研究所生物機能部長（第3章）

森永 勤（もりなが つとむ）　東京海洋大学名誉教授，日仏海洋学会顧問（第1章）

八木 信行（やぎ のぶゆき）　東京大学大学院農学生命科学研究科教授（第6章，第7章）

山中 英明（やまなか ひであき）　東京海洋大学名誉教授（第5章）

（*印は編集委員会代表）

編集顧問

Timothy R. Parsons　ブリティッシュコロンビア大学名誉教授（カナダ学士院会員，日本国際賞受賞）

執筆者一覧

【第 1 章】

Timothy R. Parsons　（前出）〔1.1.1.C，1.1.2〕

芦　寿一郎　東京大学大学院新領域創成科学研究科／大気海洋研究所〔1.3.1.A〕

荒川　久幸　東京海洋大学大学院海洋科学技術研究科〔1.3.2.B.b（ⅱ）〕

岩坂　直人　東京海洋大学大学院海洋科学技術研究科〔1.3.2.B.a〕

笠井　亮秀　京都大学フィールド科学教育研究センター〔1.3.1.D.a〕

金子　豊二　東京大学大学院農学生命科学研究科〔1.3.2.A.b〕

兼廣　春之　東京海洋大学名誉教授，大妻女子大学家政学部〔1.3.3.A.d（ⅱ）〕

木村　伸吾　（前出）〔1.3.1.B.c〕

小島　茂明　東京大学大学院新領域創成科学研究科／大気海洋研究所〔1.3.2.A.c〕

小松　幸生　東京大学大学院新領域創成科学研究科／大気海洋研究所〔1.3.1.C.a〕

白山　義久　独立行政法人海洋研究開発機構特任参事〔1.3.2.A.d〕

杉崎　宏哉　国立研究開発法人水産研究・教育機構研究推進部〔1.3.3.B.c〕

關　文威　（前出）〔1.1.1.C，1.1.2，1.3.3.A.d（ⅰ），1.3.3.A.d（ⅲ）〕

高橋　鉄哉　元 東京大学大学院新領域創成科学研究科／大気海洋研究所，立正大学経済研究所〔1.3.3.A.a（ⅰ），1.3.3.A.c〕

田中　次郎　東京海洋大学大学院海洋科学技術研究科〔1.3.1.D.d〕

田辺　信介　愛媛大学沿岸環境科学研究センター〔1.3.3.A.a（ⅱ）〕

谷口　和也　東北大学名誉教授（故人）〔1.3.2.A.a，1.3.3.A.b（ⅱ）〕

玉置　昭夫　長崎大学大学院水産・環境科学総合研究科〔1.3.1.D.b，1.3.1.D.c〕

中田　英昭　長崎大学名誉教授〔1.3.1.C.b〕

長野　章　（前出）〔1.3.3.B.a〕

福代　康夫　東京大学名誉教授〔1.3.3.A.a（ⅲ），1.3.3.A.b（ⅰ）〕

古谷　研　東京大学大学院農学生命科学研究科〔1.3.2.B.c〕

増田　章　九州大学応用力学研究所〔1.3.1.B.a〕

松山　優治　元 東京海洋大学学長，東京海洋大学名誉教授〔1.3.1.C.c〕

森永　勤　（前出）〔1.1.1.A，1.1.1.B，1.3.2.B.b（ⅰ）〕

安田　一郎　東京大学大気海洋研究所〔1.3.1.B.b〕

山形　俊男　東京大学名誉教授，独立行政法人海洋研究開発機構アプリケーションラボ〔1.2〕

山崎　秀勝　東京海洋大学大学院海洋科学技術研究科〔1.3.3.B.d〕

山本　秀一　株式会社エコー〔1.3.3.B.b〕

【第２章】

青山　潤　東京大学大気海洋研究所〔2.9.13〕
飯田　浩二　北海道大学大学院水産科学研究院〔2.3.3〕
伊澤あらた　ヤンマー株式会社マリンファーム〔2.7.10〕
石田　行正　国立研究開発法人水産研究・教育機構日本海区水産研究所〔2.5.1〕
石戸谷博範　東京大学生産技術研究所平塚総合海洋実験場〔2.2.8〕
稲田　博史　東京海洋大学大学院海洋科学技術研究科〔2.2.6〕
今井　千文　独立行政法人水産大学校海洋生産管理学科〔2.9.2〕
上野　康弘　国立研究開発法人水産研究・教育機構中央水産研究所〔2.2.5，2.9.4〕
上原　伸二　国立研究開発法人水産研究・教育機構日本海区水産研究所〔2.9.8〕
魚住　雄二　日本かつお・まぐろ漁業協同組合〔2.7.9〕
内田　圭一　東京海洋大学学術研究院海洋資源エネルギー学部門〔2.3.4〕
大関　芳沖　国立研究開発法人水産研究・教育機構中央水産研究所〔2.8.5〕
大竹　二雄　東京大学名誉教授〔2.9.18〕
大富　潤　鹿児島大学水産学部〔2.9.11〕
帰山　雅秀　北海道大学国際本部〔2.9.9〕
笠井　亮秀　（前出）〔2.8.3〕
加藤　雅丈　元 水産庁増殖推進部，国立研究開発法人水産研究·教育機構開発調査センター〔2.7.6〕
河村　知彦　東京大学大気海洋研究所〔2.9.15〕
岸野　洋久　東京大学大学院農学生命科学研究科〔2.6.4〕
岸　道郎　北海道大学大学院水産科学研究院〔2.4.7〕
北門　利英　東京海洋大学大学院海洋科学技術研究科〔2.6.5〕
北川　貴士　東京大学大気海洋研究所〔2.5.5，2.9.7〕
北田　修一　東京海洋大学大学院海洋科学技術研究科〔2.6.2〕
木村　伸吾　（前出）〔2.7.4.F，2.8.1〕
黒木　真理　東京大学総合研究博物館〔2.5.6〕
黒倉　寿　東京大学大学院農学生命科学研究科〔2.1.1，2.1.3〕
齊藤　誠一　北海道大学大学院水産科学研究院〔2.3.5〕
桜井　泰憲　北海道大学大学院水産科学研究院〔2.9.14〕
桜本　和美　（前出）〔2.4.5〕
佐々千由紀　国立研究開発法人水産研究・教育機構西海区水産研究所〔2.9.5〕
佐藤　力生　元 水産庁増殖推進部〔2.7.4.A ～ 2.7.4.E〕
塩出　大輔　東京海洋大学大学院海洋科学技術研究科〔2.2.3〕

白木原国雄（しろきはらくにお）	東京大学大学院新領域創成科学研究科／大気海洋研究所〔2.6.1〕
末永　芳美（すえなが よしみ）	（前出）〔2.7.8〕
杉山　秀樹（すぎやま ひでき）	秋田県立大学生物資源科学部〔2.7.5.A〕
鈴木　直樹（すずき なおき）	東京海洋大学大学院海洋科学技術研究科〔2.4.2, 2.4.3〕
髙須賀明典（たかすか あきのり）	国立研究開発法人水産研究・教育機構中央水産研究所〔2.6.3〕
武田　誠一（たけだ せいいち）	東京海洋大学大学院海洋科学技術研究科〔2.3.2〕
田所　和明（たどころ かずあき）	国立研究開発法人水産研究・教育機構東北区水産研究所〔2.8.4〕
田中　栄次（たなか えいじ）	東京海洋大学大学院海洋科学技術研究科〔2.5.2, 2.5.3〕
田中　昌一（たなか しょういち）	元 東京水産大学（現 東京海洋大学）学長〔2.5.1〕
田邉　智唯（たなべ としゆき）	国立研究開発法人水産研究・教育機構西海区水産研究所〔2.2.4, 2.9.6〕
東海　　正（とうかい ただし）	東京海洋大学大学院海洋科学技術研究科〔2.3.1〕
中田　英昭（なかた ひであき）	（前出）〔2.8.2〕
根本　雅生（ねもと まさお）	東京海洋大学大学院海洋科学技術研究科〔2.8.6〕
馬場　　治（ばば おさむ）	東京海洋大学大学院海洋科学技術研究科〔2.7.2〕
浜口　昌巳（はまぐち まさみ）	国立研究開発法人水産研究・教育機構瀬戸内海区水産研究所〔2.9.16〕
原田　泰志（はらだ やすし）	三重大学大学院生物資源学研究科〔2.7.3〕
平松　一彦（ひらまつ かずひこ）	東京大学大気海洋研究所〔2.7.1〕
藤瀬　良弘（ふじせ よしひろ）	財団法人日本鯨類研究所〔2.9.20〕
藤田　大介（ふじた だいすけ）	東京海洋大学大学院海洋科学技術研究科〔2.9.19〕
伏島　一平（ふせじま いっぺい）	国立研究開発法人水産研究・教育機構開発調査センター〔2.2.2〕
船越　茂雄（ふなこし しげお）	元 愛知県水産試験場〔2.7.5.C〕
松石　　隆（まついし たかし）	北海道大学大学院水産科学研究院〔2.4.4〕
松下　吉樹（まつした よしき）	長崎大学大学院水産・環境科学総合研究科〔2.2.1〕
松田　裕之（まつだ ひろゆき）	横浜国立大学環境情報研究院〔2.4.6〕
三谷　卓美（みたに たくみ）	国立研究開発法人水産研究・教育機構中央水産研究所〔2.7.7〕
森　　　賢（もり けん）	水産庁研究指導課〔2.9.10〕
八木　信行（やぎ のぶゆき）	（前出）〔2.1〕
谷津　明彦（やつ あきひこ）	一般社団法人漁業情報サービスセンター〔2.4.1〕
山川　　卓（やまかわ たかし）	東京大学大学院農学生命科学研究科〔2.5.4〕
山崎　　淳（やまさき あつし）	京都府農林水産技術センター海洋センター〔2.7.5.B〕
山下　　洋（やました よう）	京都大学フィールド科学教育研究センター〔2.9.17〕
養松　郁子（ようしょう いくこ）	国立研究開発法人水産研究・教育機構研究推進部〔2.2.7, 2.9.12〕
渡邊千夏子（わたなべ ちかこ）	国立研究開発法人水産研究・教育機構中央水産研究所〔2.9.3〕

渡邊 良朗 東京大学大気海洋研究所〔2.9.1〕

【第3章】

稲田 善和 九州・水生生物研究所〔3.4.16〕
乾 悦郎 芙蓉海洋開発株式会社〔3.2.5〕
岩槻 幸雄 宮崎大学農学部〔3.4.5.A〕
岡内 正典 元 国立研究開発法人水産研究・教育機構増養殖研究所〔3.3.1.C，3.3.1.D〕
岡本 信明 東京海洋大学学長〔3.2.4〕
清野 通康 公益財団法人海洋生物環境研究所〔3.2.2〕
熊井 英水 近畿大学水産研究所〔3.4.1〕
桑田 博 国立研究開発法人水産研究・教育機構増養殖研究所〔3.5〕
小原 昌和 元 長野県水産試験場佐久支場〔3.2.1.A〕
佐野 元彦 東京海洋大学大学院海洋科学技術研究科〔3.7.1〕
塩澤 聡 国立研究開発法人水産研究・教育機構西海区水産研究所〔3.4.2〕
鈴木 重則 国立研究開発法人水産研究・教育機構増養殖研究所〔3.4.4〕
高見 秀輝 国立研究開発法人水産研究・教育機構東北区水産研究所〔3.4.8〕
寺脇 利信 株式会社シャトー海洋調査〔3.4.10.A，3.4.10.D〕
杜多 哲 元 国立研究開発法人水産研究・教育機構増養殖研究所〔3.6.1〕
中居 裕 岐阜県農政部農政課〔3.4.14〕
南部 智秀 山口県水産研究センター外海研究部〔3.4.5.B〕
野村 哲一 元 独立行政法人さけます資源管理センター調査研究課〔3.4.15〕
萩原 篤志 長崎大学大学院水産・環境科学総合研究科〔3.3.1.B〕
浜埼 活幸 東京海洋大学大学院海洋科学技術研究科〔3.4.7〕
日向野純也 国立研究開発法人水産研究・教育機構増養殖研究所〔3.4.9〕
日野 明徳 東京大学名誉教授〔3.3.1.A〕
廣瀬 慶二 元 水産庁養殖研究所（現 増養殖研究所）〔3.4.13〕
前田 昌調 （前出）〔3.1，3.3.1.E，3.7.5〕
前野 幸男 国立研究開発法人水産研究・教育機構中央水産研究所〔3.7.3〕
益本 俊郎 高知大学農学部〔3.3.2〕
松田 治 広島大学名誉教授〔3.6.2〕
三浦 知之 宮崎大学農学部〔3.2.3〕
村田 修 近畿大学水産研究所〔3.4.3〕
森 勝義 一般財団法人かき研究所〔3.4.11〕
森実 庸男 元 愛媛県水産試験場〔3.2.1.B〕

吉田 吾郎　国立研究開発法人水産研究・教育機構瀬戸内海区水産研究所〔3.4.10.B, 3.4.10.C〕

吉田 照豊　宮崎大学農学部〔3.7.2〕

吉水 守　北海道大学名誉教授〔3.7.4〕

廖 一久　台湾海洋大学水産養殖学系〔3.4.6〕

和田 克彦　元 独立行政法人水産総合研究センター養殖研究所（現 増養殖研究所）〔3.4.12〕

【第 4 章】

天野 秀臣　三重大学名誉教授〔4.4, 4.9.15〕

飯田 訓之　独立行政法人北海道立総合研究機構水産研究本部〔4.9.13〕

大泉 徹　福井県立大学海洋生物資源学部〔4.9.7〕

大島 敏明　東京海洋大学大学院海洋科学技術研究科〔4.3, 4.6〕

岡崎恵美子　東京海洋大学大学院海洋科学技術研究科〔4.8.8, 4.9.6〕

尾島 孝男　北海道大学大学院水産科学研究院〔4.2.2 ～ 4.2.4〕

落合 芳博　東北大学大学院農学研究科〔4.2.1〕

加藤 登　元 東海大学海洋学部（故人）〔4.9.1, 4.9.2〕

川合 祐史　北海道大学大学院水産科学研究院〔4.9.9, 4.9.11〕

川崎 賢一　元 近畿大学農学部〔4.9.8, 4.9.10〕

木村 郁夫　鹿児島大学水産学部〔4.9.3〕

郡山 剛　日本水産株式会社ファインケミカル事業部〔4.9.5, 4.10.3.A〕

今野久仁彦　北海道大学大学院水産科学研究院〔4.7.1 ～ 4.7.3〕

坂口 守彦　京都大学名誉教授〔4.5〕

島田 昌彦　株式会社マルハニチロホールディングス中央研究所〔4.9.12〕

関 伸夫　北海道大学名誉教授〔4.1〕

高橋是太郎　北見工業大学工学部，元 北海道大学大学院水産科学研究院〔4.11〕

中添 純一　芙蓉海洋開発株式会社〔4.9.14〕

西本真一郎　株式会社マルハニチロホールディングス中央研究所〔4.9.16〕

福田 裕　独立行政法人水産大学校名誉教授，東京海洋大学特任教授（故人）〔4.8.1 ～ 4.8.4, 4.8.7〕

藤井 建夫　東京海洋大学名誉教授，東京家政大学〔4.9.8.B.b〕

古川 博一　古川技術士事務所〔4.8.5, 4.8.6〕

又平 芳春　大連味思開生物技術有限公司〔4.9.17, 4.10.3.B, 4.10.3.C, 4.10.3.D.a, 4.10.3.D.b〕

宮下 和夫　北海道大学大学院水産科学研究院〔4.10.1, 4.10.2, 4.10.3.D.c, 4.10.4〕

森 光國　元 社団法人（現 公益社団法人）日本缶詰協会〔4.9.4〕

吉岡 武也　北海道立工業技術センター〔4.7.4, 4.7.5〕

【第5章】

及川　寛（おいかわ　ひろし）　国立研究開発法人水産研究・教育機構瀬戸内海区水産研究所〔5.2.4.B ～ 5.2.4.E〕
岡崎惠美子（おかざきえみこ）　（前出）〔5.7〕
塩見　一雄（しおみ　かずお）　東京海洋大学名誉教授〔5.1，5.2.4.A，5.2.5〕
嶋倉　邦嘉（しまくら　くによし）　東京海洋大学海洋生命科学部〔5.4，5.5〕
藤井　建夫（ふじい　たてお）　（前出）〔5.2.1 ～ 5.2.3，5.3，5.6〕

【第6章】

赤塚祐史朗（あかつかゆうじろう）　水産庁資源管理部〔6.1.5，6.1.7，6.1.10〕
板倉　茂（いたくら　しげる）　国立研究開発法人水産研究・教育機構瀬戸内海区水産研究所〔6.2.2〕
猪又　秀夫（いのまた　ひでお）　水産庁漁政部〔6.2.2〕
内海　和彦（うつみ　かずひこ）　水産庁増殖推進部〔6.1.8〕
大久保　慎（おおくぼ　しん）　水産庁漁政部〔6.1.2〕
香川　謙二（かがわ　けんじ）　水産庁資源管理部〔6.1.3，6.1.4，6.2.2〕
勝山　潔志（かつやま　きよし）　水産庁資源管理部〔6.1.11〕
木島　利通（きじま　としみち）　水産庁増殖推進部〔6.1.3，6.1.10，6.2.2〕
黒萩　真悟（くろはぎ　しんご）　水産庁資源管理部〔6.1.3，6.1.10〕
坂本　孝明（さかもと　たかあき）　水産庁資源管理部〔6.2.2〕
城崎　和義（じょうさき　かずよし）　独立行政法人国際協力機構農村開発部〔6.2.3〕
末永　芳美（すえなが　よしみ）　（前出）〔6.1.3，6.1.5，6.1.10，6.2.2，6.2.3〕
野村　一郎（のむら　いちろう）　東京大学大学院農学生命科学研究科〔6.2.1〕
橋本　牧（はしもと　おさむ）　水産庁漁港漁場整備部〔6.1.6，6.1.8〕
長谷　成人（はせ　しげと）　水産庁資源管理部〔6.1.1，6.1.3〕
日向寺二郎（ひゅうがじじろう）　水産庁資源管理部〔6.2.3〕
福田　工（ふくだ　たくみ）　水産庁資源管理部〔6.2.3〕
本田　直久（ほんだ　なおひさ）　水産庁漁港漁場整備部〔6.1.1〕
森下　丈二（もりした　じょうじ）　水産庁漁政部〔6.2.2〕
森　高志（もり　たかし）　環境省水・大気環境局〔6.1.9，6.2.2〕
諸貫　秀樹（もろぬき　ひでき）　元 FAO 水産養殖局，水産庁資源管理部国際課〔6.2.2〕
八木　信行（やぎ　のぶゆき）　（前出）〔6.1.2，6.1.5，6.2.2〕
山田　陽巳（やまだ　はるみ）　国立研究開発法人水産研究・教育機構西海区水産研究所〔6.2.2〕
渡辺　浩幹（わたなべ　ひろもと）　FAO 水産養殖局〔6.2.1〕

【第 7 章】

浅川　典敬（あさかわ　のりたか）　水産庁漁港漁場整備部〔7.3.6, 7.3.7, 7.6.5〕

大石　太郎（おおいし　たろう）　福岡工業大学社会環境学部〔7.2.4, 7.4.4〕

大谷　誠（おおたに　まこと）　独立行政法人水産大学校水産流通経営学科〔7.1.3.B, 7.1.7〕

小野征一郎（おの　せいいちろう）　京都大学名誉教授〔7.1.2, 7.1.4, 7.1.5, 7.4.2〕

田坂　行男（たさか　ゆきお）　国立研究開発法人水産研究・教育機構中央水産研究所〔7.1.3.C, 7.1.4, 7.1.5, 7.2.6, 7.3.7, 7.4.1 ～ 7.4.3〕

富塚　叙（とみづか　ゆずる）　水産庁増殖推進部〔7.1.6〕

中泉　昌光（なかいずみ　まさみつ）　農林水産省大臣官房国際部〔7.6.4〕

長野　章（ながの　あきら）　（前出）〔7.6.3, 7.6.4〕

廣田　将仁（ひろた　まさひと）　国立研究開発法人水産研究・教育機構中央水産研究所〔7.3.1, 7.3.3 ～ 7.3.5〕

三木　克弘（みき　かつひろ）　国立研究開発法人水産研究・教育機構中央水産研究所（故人）〔7.3.2〕

宮田　勉（みやた　つとむ）　国立研究開発法人水産研究・教育機構中央水産研究所〔7.1.3.A, 7.1.3.D〕

八木　信行（やぎ　のぶゆき）　（前出）〔7.1.1, 7.2.8, 7.5.1, 7.5.6, 7.5.7, 7.6.1 ～ 7.6.3〕

横山　純（よこやま　じゅん）　水産庁漁港漁場整備部〔7.2.5, 7.2.6〕

婁　小波（ろう　しょうは）　東京海洋大学大学院海洋科学技術研究科〔7.2.1 ～ 7.2.3, 7.2.7, 7.4.1, 7.4.2, 7.5.2 ～ 7.5.5〕

最新　水産ハンドブック 目次

第3章 水産増養殖 207

※　本書では魚種名の表記はカタカナ表記に統一した．ただし，法律における表記を解説する意図の文章などでは，原文のまま表記した．

ブックデザイン：WORKS　若菜 啓

1 水産環境

1.1 理想的な水産環境

1.1.1 水産環境の概念

A. 現在の漁業が抱える問題点

水産業における漁業は，一定な期間に決まった水域において，海洋（湖沼を含む）における有用な動植物を網漁具等で採捕・漁獲したのち，この収穫物の対価を得ることで生計を立てる業種をいう．

世界の漁業生産量（養殖業を含む）は年々増加している．漁業のみの生産量は1985年頃から頭打ちの状態が今日まで続いており，養殖業がその増加を支えている．日本における漁業生産量（養殖業を除く）は1985年から約25年あまりの現在までに，約半分に激減している．これは単一種の極端な減少がおもな要因で，それ以外の種も徐々に減少している．このように漁業生産量の世界的な停滞あるいは減少傾向を示す原因については，過大な漁獲圧，地球規模による環境変動および生息空間の疲弊による生産力の低下などが指摘されている．

水産資源の枯渇の危機に直面している現在，日本では，「漁業法」や「水産資源保護法」に基づく漁船数，トン数などの漁獲努力量の規制（入力管理）に加え，「海洋生物資源の保存及び管理に関する法律」に基づく漁獲可能量（total allowable catch : TAC）制度における漁獲量の規制（出力管理）を組み合わせており，ある魚種については一定の実績をあげている．ノルウェーでは，漁獲対象種の90%以上の水産生物はロシア・EUなど隣国も利用する共有資源（shared stock）であり，国際協力の不可欠な漁業管理体制を敷いている．EUでは，2002年から共通漁業政策（common fisheries policy : CFP）を打ち出しており，水産資源の持続的利用の達成可能な漁獲努力量をとりきめている．各国はそれぞれの事情に応じて漁業管理の対策を講じているものの，十分ではない．

B. 水産資源の持続的な利用

漁業は自然環境における再生産力を利用する産業でもある．水産資源は使えば消失する鉱物資源と異なり，生物がおのずと再生産を行うことから，適切に管理すれば持続して利用が可能となる特徴をもっている．この膨大な生産力を誇る水産資源の有効かつ持続的利用の実現は，人類が今後とも限りなく生存を維持していくために達成すべき命題である．

a. 実現のためのアプローチ

水産資源の有効かつ持続的な利用を実現するためには，2つのアプローチが必要である．

（i）水産生物の保全

第1のアプローチは，対象とする水産生物の保全である．これには水産生物の生息環境の整備や生態学的環境を保全することが必要不可欠の要件となる．生態学的環境の保全は従来の単一種管理から多種管理へ，さらに生態系管理へと変革する必要に迫られており，最近では，対象種以外の生物の保全の重要性，すなわち生物多様性の保全の概念をも考慮して検討されている．

（ii）社会制度の構築

第2のアプローチは，第1のアプローチを実現するための社会制度のしくみをいかに構築するかという問題である．この問題は対立する2つの概念を比較することによって説明が可能である．1つの対立する概念は入力管理（input control）と出力管理（output control）である．前者は漁船の規模や漁期・操業海域，漁具の種類等を決めることで，後者は漁獲可能な漁獲量の総量を規制することで，それぞれ管理を行う．

日本の管理手法は伝統的に前者であったが現在は後者も採用しているのに対し，欧米等の諸外国ではおもに後者を採択，運用している．

他の対立する概念として上意下達（top-down control）と下意上達（bottom-up control）の方式がある．前記の入力管理と出力管理も基本的には政府主導の上意下達の意味合いと考えられる．これに対して，漁業者や地域集団が自主的に行う資源管理などは地域自主的資源管理（community-based resource management : CBRM）といわれ，下意上達の代表例である．日本でも実際に多くの事例が知られている．

b. 生態系基盤漁業（EBFM）

国連食糧農業機関（Food and Agriculture Organization of the United Nations : FAO）およびアイルランド政府は国際会議のテーマ「海洋生態系における責任ある漁業」の成果として，生態系基盤漁業（eco-system based fisheries management : EBFM）を提唱している．すなわち，このEBFMは海洋生態系の保全を根底におき，漁業管理を忠実に貫く「漁業」を意味している．また，この漁業は前述の水産資源の有効かつ持続的利用を実現するために必要な2つのアプローチをも包括している．

海洋生態系の概念に基づくEBFMでは，現在の漁業管理体制を発展させ，漁獲枠，漁獲努力規制および漁具・漁法規制に加え，海洋保護区（marine protected areas : MPA）の重要性を強調させている．たとえば，MPAの設定は底生生物の生息空間の保全，あるいは産卵や幼魚の養生に効力をもつ．また，設定したMPAでは，対象種の行動が移動性の小さい種であれば単一の区域内で，回遊性の大きい種であれば近隣の複数の区域内で，それぞれ漁業管理や資源評価を行う必要がある．

「海洋生態系における責任ある漁業」はEBFMの実施を通して，水産資源の持続的利用のより展開的な過程において達成できると考えられている．

（森永　勤）

C. 海洋生態系の水産環境保全

a. 生物多様性条約（CBD）

国連海洋法条約による海洋生態系の保全は，現在，国際学界の主流派論理である次のような学術的基盤によって支えられている．すなわち，「海洋を生態系とみなして漁業を管理することは，より効果的な環境保全と持続可能な水産資源の利用を可能にする」とする概念である．この概念に基づけば，海洋生物資源の多種多様な資源量と種類において，捕食関係などの相互作用にも配慮を深めることになる．さらには，「海洋生態系に構造的な攪乱を及ぼしかねない人間活動の影響を理解しなければならなくなる」（図1.1.1-1）とする論理に至る．

このように海洋生態系の保全には，配慮すべき数多くの要因に生態系を組み込んだ法的・科学的・制度的な枠組みにおいて，海洋生態系を管理する能力を強化し，維持する必要性を認識することが望ましい．ここにおいて，1993年に発効した「生物多様性条約（Convention on Biological Diversity : CBD）」による海洋生態系の管理が重要となる．この生物多様性条約は，1992年にリオデジャネイロで開催された国連環境開発会議（UNCED）の主要な成果として，他の168カ国とともに日本も署名開放期間内に署名している．この条約は，本来，野生生物種の絶滅が過去にない速度で進行しはじめ，その原因となっている生物の生息環境の悪化と生態系の破壊に対する懸念が深刻なものとなってきた事情を背景に，策定されている．そして，希少生物種の取引規制や特定の地域の生物種の保護を目的とする既存の国際条約（ワシントン条約，ラムサール条約など）を補完し，生物の多様性を包括的に保全して，生物資源の持続可能な利用を行うための国際的な枠組みを設けている．したがって，生物圏全域において，①地球上の多種多様な生物をその生息環境とともに保全すること，②生物資源を持続可能であるように利用すること，③遺伝資源の利用から生ずる利益を公正かつ衡平に配分することを目的としており，海洋生態系における問題解決にも重要な条約の1つとして考慮する必要があ

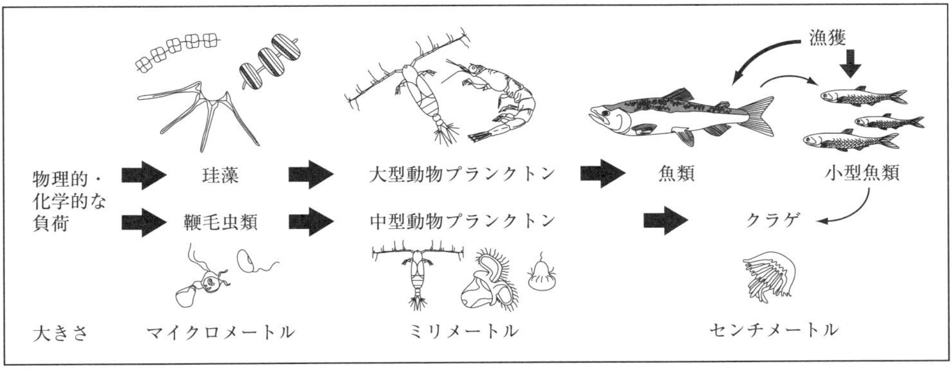

図 1.1.1-1　乱獲が海洋食物連鎖におよぼすカスケード効果（cascade effect）の仮説例
実際の海洋生態系に生息する多種類の生物間の被食者－捕食者相互関係は複雑な網目構造（食物網）としてつながっている．しかし，海洋の食物網における乱獲を容易に理解できるように，ここでは食物網を単純化して栄養段階に着目して説明している．すなわち，過度の漁獲が高エネルギー食物連鎖に影響した場合，まず魚類によって捕食されていたマクロプランクトンが増加するので，次いでマクロプランクトンの捕食圧が増加して，それらの餌料となっている珪藻を減少させる．その結果，珪藻が優占的に摂取していた栄養塩が鞭毛虫類に摂取されるようになり，小型魚類による高次栄養段階の優占化を経た後，鞭毛虫類を優占的に捕食するクラゲの個体群密度を増加させるので，低エネルギー食物連鎖へと移行することになる．

る．その際には，漁業の海洋生態系への影響についてばかりではなく，生態系の構造・機能・構成要因・特性についてすら科学的知識が不完全な現状であることを真摯に受け止めて，漁業管理において海洋生態系に配慮する際の科学的根拠をさらに解明し続けなければならない．

b.　国連主導の条約と会議

全世界の海洋における水産環境は，現在，1982年の国連海洋法条約（1982 United Nations Convention on the Law of the Sea）に基づいて，理想的な状態で維持するための努力がなされている．この国連海洋法条約は，海洋に関する諸問題を包括的に規制しており，海洋生物資源の保全と管理を考慮した海洋と海洋資源の利用と保全に関しても，各国の法律上の権利と義務を設定している．したがって，漁業や海運などに依存している日本も，この国連海洋法条約に規定された海洋法秩序のもとで，海洋における諸活動が安定的に行えるとしている．その後，1995年10月に開催された第28回FAOの総会において採択された「責任ある漁業のための行動規範（Code of Conduct for Responsible Fisheries）」は，グローバルな水産政策理念を世界各国に発信したものである．この「行動規範」は，国際漁業管理を基幹課題としてとりあげているが，国内漁業・養殖業・加工業などもあわせて水産業全般を包括的に対象としている．それゆえ，国際的な漁業の枠組みづくりや各国内の漁業政策策定の理念的基盤として適用されることを目標としている．そして，2001年10月，アイスランドとFAOの共催による「海洋生態系における責任ある漁業に関するレイキャビク会議（Reykjavik Conference on Responsible Fisheries in the Marine Ecosystem）」においては，責任ある漁業に海洋生態系への配慮をいかに組み込むかを詳細に協議している．その協議の結果として，① FAOの「責任ある漁業のための行動規範」と「この行動規範に基づいて策定された国際行動計画」および京都宣言（The Kyoto Declaration）の効果的な実施を継続すること，② 責任ある漁業と海洋生態系の持続可能な利用を奨励する効果的な管理計画を導入すること，③ 地域漁業管理機関および国際漁業管理機関を強化すること，④ 漁業以外の活動が海洋生態系と漁業に及ぼす悪影響を防止することを採択し，⑤ 海洋生態系における責任ある漁業に関するレイキャビク宣言を表明している．

これら国連主導の国際協議によって，持続可能な漁業管理のためには，「漁業による海洋生態系への影響」と「海洋生態系による漁業への影響」に配慮しなければならないとする水産環境の概念が，学際的にも国際的にも確立されつつある．この漁業管理体制における海洋生態系への配慮は，長期的な食糧安全保障と人類の発展に貢献するばかりか，海洋生態系（marine ecosystem）の効果的な保全と持続可能な資源利用の確保にも適している．この理念を海洋において実際に実現するためには，すべての漁業関係者が実行可能な，「海洋生態系へ責任ある漁業（responsible fisheries in the marine ecosystem）」の共同管理体制を保持し続けていることが望ましい．海洋生物資源の持続可能な利用は，とくに低所得で飢餓に苦しむ国民が多数を占める赤字国や発展途上の小島国において，著しく重要である．なぜならば，これらの国々での海洋生物資源は，人類の食料安全保障に貢献するだけでなく，多種多様な食性や生活様式を提供し，多くの国民経済の中核となっているからである．このような国家においては，領海の海洋生態系には漁業と他の構成要因とに複雑な関係が存在する場合がとくに多く，漁業管理を生態系に対して配慮して実行すること（生態系基盤漁業：EBFM）が，国家と漁業管理機関の管理能力を高める体制をもたらしている．

c. 海洋保護区（MPA）の設定

漁業以外の人為的活動にも，海洋生態系を攪乱して水産環境保全と漁業管理に影響を与えるものがある．海域において重要性が増加している養殖事業では，富栄養化などの物理的・化学的な海洋汚染のみならず，外来種や遺伝子変換を行った養殖魚が野生資源に遺伝的・病的な影響を与えるのである．これらの影響は海域のみならず陸域にも起源があり，生息環境・水質・水産業の生産性・食品の品質と安全性に影響を与えている．

このような海洋生態系の保全を負の方向に攪乱する人為的活動に対して，正の方向に管理する人為的な活動も存在する．その最も重要な事例として，海洋保護区（MPA）の公的な設定があげられる．すなわち海洋生態系保存に役立つ拠点海域を学術的に選定し，MPA として公的に設定することによって，その地域と周辺海域の海洋生態系を保護するのである．この MPA の設定による主要な生態系保全効果は次のとおりである．

（1）生物多様性（biodiversity）の維持と海洋生物種の避難場所（refuges for species）を提供する．

（2）破壊的漁業慣行（destructive fishing practices）などの人為的活動による攪乱被害からの生態系破損部分を修復させて，生態学的に重要な生息海域を保護する．

（3）海洋生物にとって産卵から成体への育成が可能な海域を提供する．

（4）MPA 周辺の漁場における漁獲量（fish catches：漁獲対象生物のサイズや捕獲量）を増加させる．

（5）気候変動などの生態系外の破壊的要因から海洋生態系を保護する．

（6）海洋環境と複雑に直結している地域文化や経済などの人類生活が維持できるように支援する．

（7）人為的活動が存在する他海域での攪乱状態を測定するために，MPA は人為的攪乱を受けていない自然海洋生態系の基準（benchmarks）として役立てることができる．この基準と比較することによって，MPA 周辺漁場の水産環境と水産資源管理の改善が可能となる．

〔關　文威，T.R. Parsons〕

1.1.2 水産環境の実験検証

A. 実験による解明の必要性

a. 海洋生態系から気候変化まで

従来の水産管理は漁獲統計や個体群動態論，経済状態の情報に基づいてなされてきた．しかし，いずれの情報源によっても，魚類の存在量が明確にならず，水産管理は混乱状態にあった．そのため近年，「海洋に多種多様な魚類が多量に生息することができる海洋生態系とは何か」を追究する動きが活発になっている．気候⇔生態系⇔魚類⇔漁業の経路が，生態系が魚類から漁業へと向かう流れを導き出しているが，この流れは生態系に向けても逆行できるばかりか，ガス交換や炭素隔離の現象に視点を向ければ気候まで逆行できる．さらに，生態系での汚染物質の影響が漁業被害への流れにもつながる〔富栄養化（eutrophication）など〕．この相関関係における最も複雑な部分が生態系にあり，その機能と他要因との相互作用を理解することは困難である．その理解には，自然生息場所（natural habitat）におけるモニタリングのみならず，小規模から大規模な実験が必要となる．

生態系の研究は，海洋物理要因が光合成プランクトンの増殖に及ぼす作用を解明する必要から始まった．そして，光合成と魚類生産との相互関係が統計的に立証されている．しかし，この統計的な関係が妥当だとしても，漁況予知に利用できるほど正確ではない．魚類資源量の予知（forecast fish abundance）には，食物連鎖（food chain）における魚類以外の栄養段階を理解する必要がある．すなわち，クラゲのような競争者や小型と大型の動物プランクトンの実態，漁業や気候に起因する遺伝子変異も理解しなければならない．そして魚類自身の生理（例：サケ 1 匹が摂食する餌単位あたり 1 日遊泳可能な距離）についても，立証が必要である．

b. 解明すべきパラメータ

これらの要因すべては海洋現場で変動実態を観測できるが，それぞれのパラメータと生物機能限界との関係は実験解明しなければならない．ここで，植物プランクトン増殖係数，プランクトン捕食や魚類代謝は実験によって解明が容易なパラメータであるが，生態系動態も実験解明する必要がある．これを解明できる実験規模は，室内実験系（マイクロコスムなど）や制御生態系（メソコスムなど），マクロコスムや半閉鎖海域実験系（MPA など），さらに外洋実験系（鉄添加実験に用いられた外洋域など）にわたるほど多様である（図 1.1.2-1）．

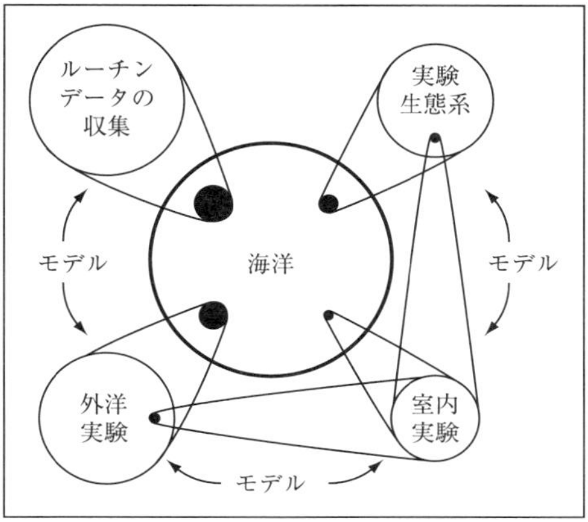

図 1.1.2-1　海洋学研究における実験生態系の位置

B. マイクロコスム実験

微生物の生理係数は多種多様なマイクロコスム（microcosm）を用いて解明されている．この実験系で得られた係数には，ケモスタット（chemostat：物質環境制御装置）を用いて測定された細菌の増殖定数（μ），光環境傾斜において測定された植物プランクトンの増殖定数（μ）とミカエリス定数（Michaelis-Menten constant：K_m）などがある．ミカエリス定数は，栄養塩濃度環境傾斜における最大比増殖速度（K_N）と，光環境傾斜における半飽和定数（K_I）や光合成最大値（P_{max}）から求められる（表 1.1.2-1）．

マイクロコスム実験系を用いて解明できる多種の動物プランクトン特性もある．これら解明された特性には，成長（μ）や捕食速度（R），代謝（M）などがある．これらの特性は，細菌を捕食する従属栄養鞭毛藻類，植物プランクトンを捕食する動物プランクトン，肉食性動物プランクトンの摂餌について研究されている．

C. 呼吸計実験

大型生物の研究は，呼吸計（respirometer）などの合目的な室内実験装置を用いて行われている．ベニザケの遊泳速度（V）と代謝（M）に関する古典的な研究は，溯河回遊魚（anadromous fish）の回遊経路（migration route）の解明にとって貴重である．底生生物（benthic organism）の呼吸の研究に適した特別な装置も開発されて

表 1.1.2-1　水産学発展に有用な実験生態系研究

実験生態系	計測要因	研究内容
マイクロコスム（ケモスタット，動物プランクトンによる捕食）	K_m, P_{max}, μ_{max}, K_I	植物プランクトンと細菌の生理学
	G, R, M	動物プランクトンの生理学
呼吸計実験	V, M	魚類の遊泳速度と代謝
メソコスム実験	種と個体群の相互関係	群集構造
マクロコスム（MPA や外洋での研究）	種多様性と個体群保全	群集変動

いる（表 1.1.2-1）．

D.　メソコスム実験

一般的に 100 L を超える空間の実験系をメソコスム（mesocosm）とするならば，最初にメソコスム実験（表 1.1.2-1）を行ったのはジョン・ストリックランド（John Strickland）である．その実験は，海中にプラスチック布でとりかこんだ 125 m^3 の生態系を対象にしている．この研究は，プランクトンブルーム形成時における種遷移（species succession）の動態研究へと展開している．

1970 年代になって，海洋汚染に関する巨大研究プログラムとして 100 ～ 1,000 m^3 の規模のメソコスム実験が行われた．この巨大研究プログラムは，人為的生態系汚染実験（Controlled Ecosystem Pollution Experiments : CEPEX）として知られているが，プランクトンや魚類などの海洋個体群に対し微量な有機汚染物質や無機汚染物質が及ぼす影響の研究を可能にした．同様な実験研究が，栄養塩への海藻の反応や，汚染物質への動物プランクトンの反応の解明へと発展している．汚染物質を実験に用いる場合は実験系を周辺環境から隔離することが必要であり，とくにメソコスムやマイクロコスムの実験に際しては十分な保障があってしかるべきである．また，大型メソコスム実験においては，水の撹拌が失われると一次生産が減少することになる．この際は，人為的な撹拌が必要である．

最近のメソコスム実験に，プランクトンブルーム時の植物プランクトン沈降速度に関する研究がある．その 1.5 m^3 のメソコスムを用いた実験では，種々な乱流時において，植物プランクトンを塊状化させる凝集力などの要因を評価している．これらは植物プランクトンの沈降速度を解明した重要な実験であり，その研究結果は，植物プランクトンの底生生物群集餌料源としての役割や海洋の炭素フラックスの解明にとって必要である．

2,000 日もの期間にわたるメソコスム実験が，プランクトン群集に起因する生態系の安定性を追究するために行われている．このメソコスムの内部において動植物プランクトンや細菌の相互作用があり，その動態が短時間間隔で観測されている．その重要な研究結論は，これらの生物群集の変動は平衡や安定に向かうことなく，カオス状態を保っていたので，特定生物種の存在量を予測することに限界があることを示している．

メソコスムに底生生物の生息地も組み込んだ実験系での研究までも行われるようになり，種特異性の研究がエビ類やホタテガイを対象になされている．下干潮帯に生息する大型底生生物群集の種多様性と群集構造を 20 週間も研究した結果，生攪乱活動（bioturbation）を行う大型底生生物の種同定と個体群密度や分布が生物多様性レベルを設定して保持するための重要な要因であることが解明されている．

E.　マクロコスム実験

マクロコスム（macrocosm）は，すべての大規模な実験用海洋生態系の一般的な名称である．マクロコスムには，MPA や栄養塩添加を行う外洋実験系などがある（表 1.1.2-1）．

MPAとは「冠水中に植物相と動物相が分布している潮間帯あるいは下干潮帯であるが，とくに歴史的にも文化的にも特徴があり，その閉鎖環境の部分域か全域を法律的に保護されている海域」であると，国際自然保護連合（International Union for the Conservation of Nature）によって定義されている．それゆえ，MPA半閉鎖海域は一端が半開放系の実験生態系であることが通例なので，動物の個体群が定住したり回遊したりしている．通常の場合，これらの海域では魚類の現存量が増加することが明らかになっている．温帯のMPA半閉鎖海域2カ所で10年にわたって研究した結果，ウニの減少とロブスターの増加，海藻林の形成を伴う著しい生態学的変化が明らかになっている．これらの実験系環境からのデータを収集すれば，同様の生態系の理解とモデル化が可能になり，かなりの精度と予測に基づいて，資源の収穫が可能となる．

特定海域で，植物生産制限因子とみなされている単一または複数の栄養塩を施肥する，大規模な海洋実験が行われている．それは，亜北極圏の太平洋において26日間にわたって行われた，中規模の鉄施肥実験である．その結果，一次生産の増加と植物プランクトン種構成の著しい変化が，23日目までに1,300 km^2 の海域において観察されている．同様な変化を全海域において演繹推定するならば，簡単な栄養塩の施肥が漁業や二酸化炭素隔離のような地球規模の問題をもたらす可能性がある．

F. 実験応用に際しての注意点

水産問題を解決するための多種多様な実験を応用したり，実験結果を解釈したりする際には下記のような注意が必要である．

(1) いかなる実験も完全な自然状態を再現することは不可能である．なぜならば，自然状態自体が時間経過とともに徹底的な変動をするので，この変動を実験は一時的にとらえているにすぎないからである．

(2) マイクロコスムでの実験は，植物プランクトンの光係数や動物プランクトンの摂餌速度などのパラメータなど，個々の生物種の生理的パラメータを解明するのに適している．

(3) マイクロコスムでの研究結果をもって自然状態を予測することは，一般的には適していない．その原因の多くは，小型培養容器の壁面効果である．さらに，マイクロコスム実験生態系には，物理的撹拌や捕食動物が欠如している．

(4) メソコスムでの実験は，生物間の生態的な相互作用が研究できるので，実験系でのコンピュータモデルを検証することが可能である．

(5) メソコスムでの実験は，とくに，生態系全体での汚染物質の挙動解明において優れている．

(6) 大型のメソコスム（$> 100\ m^3$）とマクロコスム（MPA半閉鎖海域など）では，自然現象を再現することに最も適している．しかし，両制御生態系ともに，既存の生物個体群，実験時の季節や研究期間などの影響を実験開始から受けている．

多少の制約はあるとしても，水産学に関する生態系の研究を今後も継続して行っていくべきことは明らかであろう．これらの実験データは生態系モデルの構築に必要であるばかりか，魚類現存量の予想と管理への新たな見識を与えるのである．

すでに，多くの生態学的・生理学的パラメータの膨大な集積がなされているが，これらのデータをただちに利用できる体制がいまだとられていない．このために，多くの研究者が研究対象の過去データを検索しないことは残念である．このことへの有効な対処法は，実験研究で得られた多くの生理学的・環境学的変数をハンドブックにまとめることである．そして，まとめられたデータがウェブサイトで利用できるならば，世界規模で研究者は活用可能となる．

〔關　文威，T.R. Parsons〕

1.2 気象と水産環境

1.2.1 ユニークな水惑星としての地球

太陽系内の惑星の中で水星，金星，火星は地球と同じように中心部分が岩石からなり，そのまわりを流体がおおっており，地球型惑星とよばれる．しかし，表面の7割を液体の水（海）がおおい，豊かな生態系を伴うのは地球だけである．液体の水は太陽熱をよく吸収し，大きな比熱をもつだけでなく，流動性，溶媒性に富む．しかも地球の平均気温とそのゆらぎは水が固体，液体，気体の3相をとる範囲にうまく収まっている．このために，われわれの地球には水循環をはじめとして，地圏，大気圏，水圏，生物圏の間に活発な物質循環がある．水産環境を深く理解するには海洋に接し，運動量，エネルギー，水，物質のやりとりを行う大気のしくみを知ることが大切である．

A. 大気のしくみ

a. 大気の平均温度

地球を宇宙から眺めれば放射の平衡から成り立っている．この平衡温度（有効放射温度）を T_e とすれば

$$4\pi a^2 \sigma T_e^{\,4} = \pi a^2 (1-A) F_s$$

で与えられる．ここで a は地球の半径，σ はシュテファン－ボルツマン定数（$5.67\times10^{-8}\,\mathrm{W\,m^{-2}\,K^{-4}}$），$A$ は地球−大気系の反射能（アルベド：0.3），F_s は太陽定数（$1.37\times10^3\,\mathrm{W\,m^{-2}}$）である．これから T_e = 255K（−18°C）が得られる．これは，地球大気の平均温度（250K）に近い値を与えている．しかし地表の平均気温は288K（15°C）でずっと高い．これは，大気を構成する多原子分子（水蒸気，二酸化炭素，メタンなど）の振動回転状態の遷移により赤外線が吸収されることに起因する，温室効果による．

地球温暖化問題は，この地表の温度が長期的にどう変わるかという問題である．大気中に温暖化気体がある場合を考えてみる．まず大気の上端での熱収支を考える．地表からの赤外線の一部は大気で吸収され τ_t の割合だけ到達するとすれば，キルヒホッフの放射能と吸収能に関する法則により，大気からの上向き放射は黒体放射から $(1-\tau_t)$ の割合だけずれるので，

$$\pi a^2 (1-\mathrm{A}) F_s = \tau_t 4\pi a^2 \sigma T_s^{\,4} + (1-\tau_t)\, 4\pi a^2 \sigma T_a^{\,4}$$

の等式が得られる．次いで地表面でのエネルギー収支を考える．温暖化気体から地表に向けて放射される部分を新たに考慮すると

$$4\pi a^2 \sigma T_s^{\,4} = (1-\tau_t)\, 4\pi a^2 \sigma T_a^{\,4} + \tau_s \pi a^2 (1-A) F_s$$

となる．ここで T_s は地表面の温度，T_a は大気の温度，τ_s は太陽からの短波放射の地表に届く割合である．上記の2つの平衡の式から，大気の温度は

$$T_a = T_e \left[(1-\tau_s\tau_t) / (1-\tau_s)(1+\tau_t) \right]^{1/4}$$

で与えられ，地表の温度は

$$T_s = T_e \left[(1+\tau_s) / (1+\tau_t) \right]^{1/4}$$

となる．ここで $T_e = \left[(1-A) F_s/4\sigma \right]^{1/4}$ は有効放射温度である．温暖化気体のない場合は $\tau_t = \tau_s = 1$ に対応し，$T_s = T_e$ となる．地球大気では $\tau_t = 0.2$，$\tau_s = 0.9$ 程度なので，地表温度は $T_s = (1.6)^{1/4} T_e \fallingdotseq 286\mathrm{K}$ となる．これは観測値288Kとよく合う．温暖化気体は太陽からの放射についてはあまり吸収せず，地表からの赤外放射をよく吸収するために温室効果が働くのである．

地表温度は

$$T_s = T_e \left[(1+\tau_s) / (1+\tau_t) \right]^{1/4}$$

有効放射温度は

$$T_e = \left[(1-A) F_s/4\sigma \right]^{1/4}$$

で与えられるが，ここで人為的に変えられるのはアルベド A，太陽光の透過率 τ_s 赤外放射の透過率 τ_t である．それぞれに摂動 Δ を加えると，上の式から

$$\Delta T_s/T_s = -\Delta A/4(1-A) + \Delta\tau_s/4(1+\tau_s) - \Delta\tau_t/4(1+\tau_t)$$

が得られる．この式から，雲（雲水量）やエアロゾル（大気中に浮遊する微小な液体または固体の粒子）の増加，都市化，砂漠化，森林伐採

などで地球システムのアルベドAが大きくなるならば，地表の温度は寒冷化へ向かうことがわかる．エアロゾル，煤煙などで太陽光の透過率τ_sが小さくなっても寒冷化へ向かう．水蒸気や二酸化炭素などの温暖化気体が増えて，τ_tがさらに小さくなるならば，温暖化へ向かう．この最後のケースが地球温暖化問題である．

b. 大気のエネルギー収支

大気の風は熱を運び，ある地域が異常に冷えたり，暖まったりするのを防いでいる．風は海面からの蒸発により水蒸気を補給される．同時に気化の潜熱を奪って海面水温を低下させる．この水蒸気に富む風が収束し，上昇すれば断熱膨張による冷却効果のために上空で水蒸気が凝結し雨を降らせる．このときに潜熱を放出し，大気は温められさらに強い上昇流が生じる．このように大気の熱収支と水循環はとくに天気現象の起きる対流圏において密接に関係し，地球の気候を形成している．

長時間平均（たとえば1年）では，気柱のもつ熱エネルギーの変化はほぼ無視できる．したがって，気柱の上端と下端（地表）からの放射，凝結による潜熱の効果，地表（海面）からの顕熱の効果の総和と，大気運動に伴うまわりからの熱の発散あるいは収束がつりあうはずである．そうでないならば，気柱の温度はどんどん上昇するか，下降してしまう．対流圏大気を経度方向に平均し，上記の効果の緯度分布をみると，放射の効果はほぼ緯度方向に一様で負の値（-1.5°C day^{-1}：-90 W m^{-2}）をとる．凝結の効果は常に正で熱帯域に大きなピーク（150 W m^{-2}）をもち，亜熱帯には谷（80 W m^{-2}）があり，極域では小さい．顕熱の効果は全体的に小さい．対流圏内の大気運動による熱の収束，発散の効果は，熱帯域で熱を気柱から奪う方向に，極域では熱を運び込む方向に働き，全体としてバランスをとる．つまり，地球大気の熱収支の帳尻を合わせるには，熱帯から極域に熱を運ぶ大気の運動が必要である．これは平均描像であって，実際にはさまざまな時空スケールの変動を伴うことを忘れてはならない．

c. 大気の層

(i) 大気の場

天気現象は高度約15 kmまでの対流圏で起きる．この対流圏に大気質量の90%が存在する．この対流圏では高度とともに気温が下がり，上端は対流圏界面とよばれる．この対流圏界面から高度50 kmくらいまでは，紫外線を吸収するオゾン層が存在するために逆に高さとともに気温が上がり，重力場で安定な成層構造をなしているため，成層圏とよばれる．この成層圏には約10%の大気質量がある．成層圏の上端は成層圏界面であり，そこから90 kmくらいまでは再び気温が下降し，中間圏とよばれる．経度方向に帯状平均した大気の温度構造をみると，熱帯では背の高い積雲によってかき混ぜられるので対流圏界面は高くなっている．

(ii) スケールハイト

地球の赤道半径6,378 km（極半径6,357 km）に比較して大気層はきわめて薄く，地球をおおっているだけである．それで高気圧，低気圧などの大規模な大気現象では水平運動が卓越し，鉛直運動はきわめて弱い．したがって静水圧平衡が成り立ち，

$$\mathrm{d}p/\mathrm{d}z = -g\rho$$

と書ける．pは気圧，zは高度，ρは密度である．理想大気の気体定数をR（$= 287$ J kg^{-1} K^{-1}）とおけば，状態方程式は

$$p = \rho RT$$

で与えられる．ここで，もし気温が高さによらず一定であるならば，

$$p = p_0\exp(-gz/RT_0)$$

が得られる．$H \equiv RT_0/g$をスケールハイトとよび，$T_0 = 250$K とすれば7.6 kmになる．このスケールハイトは大気の存在する上限の目安を与える．

d. 大気の運動場

大気の東西風の帯状平均を緯度と高さの関数で示したものを眺めると，対流圏ではほぼ西風であり，緯度30～40度，高度12 km付近の

亜熱帯のジェットストリームでは秒速30 mを超える．地表付近の熱帯には弱い東風がみられる．こうした西風と東風の分布に伴う風のカールが海洋表層循環（黒潮，メキシコ湾流）を駆動する．

帯状平均した子午面内の循環を眺めると，赤道近くで上昇し，冬半球側で下降する循環が卓越している．上昇域は赤道から少し夏半球側に偏っていて，この循環をハドレー循環という．ハドレー循環は暖かい大気が上昇し，冷たい大気が下降する直接循環である．中緯度にはハドレー循環と逆向きの弱い循環がみられるがこれをフェレル循環という．フェレル循環は冷たい大気が上昇し，暖かい大気が下降する間接循環である．ここには平均場をはるかにしのぐ活発な渦活動があり，これを可能にしている．オイラー的な記述形式（空間的に固定した座標系で場の変化を論じる形式）では，このような間接循環の描像が導入される．しかし，物質循環をみるにはラグランジュ的な記述形式のほうがものごとが簡明になる場合が多い．

極向きのエネルギー輸送は，中緯度では活発な渦活動による．フェレル循環を構成する帯状平均流による輸送は逆向きであるが，渦による輸送に打ち消されてしまう．一方，熱帯域では帯状平均子午面循環（ハドレー循環）により直接的に輸送される．

e. 大気の角運動量収支

大気の循環は角運動量の保存によって制約を受ける．角運動量Mは回転系では2つの成分に分かれ，

$$M = (\Omega a \cos\phi + u)\, a \cos\phi$$
$$= (u_{\mathrm{earth}} + u)\, a \cos\phi$$

と書ける．ここでu_{earth}は地球回転による部分で，赤道では465 m s^{-1}にもなる．第2項が風による部分である．ここで赤道で静止した気塊がハドレー循環で緯度ϕまで移動するとする．角運動量の保存から

$$\Omega a^2 = (\Omega a \cos\phi + u_\phi)\, a \cos\phi,$$

したがって

$$u_\phi = \Omega a \sin^2\phi / \cos\phi$$

となる．緯度30度まで移動したとするなら西向きに134 m s^{-1}の風が吹くことになり，これは帯状平均したジェットストリームの観測値30 m s^{-1}よりもはるかに速い．したがって実際の大気には減速させる機構がある．

大気の渦運動は中緯度に角運動量を運び，上空で収束して西風のジェットを生む．この角運動量は下層にも及びフェレル循環に伴う下層の西風成分を維持する．そこで地上摩擦や山岳トルクにより地球に西向き角運動量を戻す．逆に熱帯のハドレー循環に伴う下層の東風成分は，地球から角運動量を吸い上げる．このように大気と自転する地球の間では角運動量のやり取りがあり，そのために地球の1日の長さはわずかながらゆらいでいる．エルニーニョなどの気候変動は大気の平均循環や渦活動に影響を及ぼすので，地球回転にも影響する．

大規模な大気の水平運動ではコリオリの力と圧力傾度力がほぼつりあっている．(x, y)をそれぞれ東方向，北方向の局所直交座標とするならば力のつりあいは

$$-2\Omega \sin\phi \mathrm{v} = -1/\rho \cdot \partial p/\partial x,$$
$$2\Omega \sin\phi \mathrm{u} = -1/\rho \cdot \partial p/\partial y$$

と書ける．ここでΩは地球の回転角速度，ϕは緯度である．この力のつりあいを地衡風バランスという．ハドレー循環にはコリオリの力が働いており，赤道方向に向かう地表では東風成分を伴うことになる．フェレル循環も同様で極方向に向かう地表では西風成分を伴っている．コリオリの力は回転系に乗った座標系で記述するために必要になる力である．ハドレーはコリオリよりもはるか以前に，より根源的な角運動量の保存から偏東風の存在を説明した．

f. 大気の水循環

低緯度における子午面内での水循環は，基本的には帯状平均運動場による．とくに熱帯では平均場の収束が卓越し，雨となって降る．亜熱帯では発散し，これを補うように海面からの蒸発が活発である．中高緯度の収束には渦活動の

寄与のほうが大きい．渦活動は中高緯度に水蒸気を補給する役割をしている．このような大気の南北淡水輸送は海洋中の逆方向の輸送とつりあっている．この海洋の中の淡水の通り道は，淡水に富む中層水の分布から明らかになる．

1.2.2 気候変化と気候変動

A. 地球の気候システム

a. 短期と長期の変動

地球の気候システムでは，大気と海洋が相互に作用しあってさまざまな気候変動をひきおこしている．気候変動は海洋環境に直接的に影響を及ぼすので，水産環境の変動を理解するには気候変動の理解が不可欠になる．

気候変動（climate variation）は，大気や海洋の気候の平年状態からのずれ（偏差）を意味する．ここで気候の平年状態としては，通常過去30年間の平均を用いることが多い．一方，気候変化（climate change）は，気候の平均状態が大気組成や太陽放射の変化など大気海洋システムの外からの影響によって，長期的に変化することである．太平洋の熱帯域に4～5年くらいの間隔で発生し世界各地に異常気象をひきおこすエルニーニョ現象は，典型的な気候変動の現象である．二酸化炭素など大気中の温暖化気体の濃度が産業革命後一貫して増大したことと，1970年台後半以降に著しくなった地表温度の上昇との相関関係が，地球温暖化問題として社会的にも，政治的にも大きな話題になっているが，これは気候変化の問題である．

b. 変動の予測

気候変動の予測（prediction）は衛星や現場観測から得られる地球観測データを初期値として，大気海洋システムの時間発展についてコンピュータを用いて解き，数カ月から数年先までの未来を実際に予測するものである．大気海洋システムには，いろいろな時間スケールをもつ現象が階層構造をなして生起するために，2週間先の天気予報が困難であっても2年先のエルニーニョ現象は予測可能なのである．われわれの社会に直接的な影響を及ぼす異常気象や大気や海洋の極端現象は，自然界の変動である気候変動によるものであって，気候変化ではない．この気候変動を予測することが直接的に防災，減災に貢献する．地球温暖化に代表される気候変化は，このような自然変動現象の振幅や発生頻度，現象どうしの関係に長期的な変調を与えている．

B. 気候変化と海

a. 地球温暖化の研究史

フランスの数理物理学者フーリエは1824年に地球大気の温暖化効果に気づき，温室のガラスの役割に似ていることから「ガラスの効果」とよんだ．これが今日では温室効果といわれるものである．1859年に英国のチンダルは，地球大気の中で温室効果に最も重要な役割を担っているのは水蒸気であり，次いで濃度は低いが二酸化炭素であることを正しく指摘した．また地質時代の氷河期は二酸化炭素の濃度の減少によってひきおこされたものと考えた．南極などのボーリングで得られた氷床コアの解析によれば，第四紀の氷期～間氷期の気温変動と二酸化炭素の濃度変動はきわめてよい相関を示すが，両者の因果関係についてはいまだにわかっていない．

人間活動が大気中の二酸化炭素濃度を増やすことが，気候変化，すなわち地球温暖化をもたらす可能性があることを初めて示唆したのはスウェーデンのアレニウスであり，1896年であった．彼は今日からみても驚くほど正確に，二酸化炭素が倍増した場合に地上気温は5～6℃上昇すると指摘している．1938年に英国のカレンダーは，人間の活動による二酸化炭素の濃度上昇がすでに地球温暖化をもたらしていると主張した．米国のキーリングは国際地球観測年の1958年からハワイのマウナロアで二酸化炭素濃度の観測を開始し，毎年0.4～0.5％程度増大していることを明らかにした．18世紀後半の産業革命までは約280 ppmで一定だった二酸化炭素の濃度が，現在では390 ppmにまで増大している．

b. 地球温暖化と海洋温暖化

地表面の平均気温がこの100年ほどの間に0.7℃程度上昇したことはよく知られているが，

1976年頃に起こった太平洋気候のレジームシフト以降，その上昇率が増大している．米国海洋大気庁のレビタスらの研究によれば，水深3,000 m以浅では最近の約50年間で約0.04°Cの水温上昇があった．仮想的に海のない地球を考えると，地表温度は実に40°Cも上昇することになる．逆にいえば，海洋が地球温暖化をやわらげているのである．地球温暖化を正しく理解するには，このように巨大な熱容量をもつ海洋の役割を知る必要がある．

C. 気候変動と大気海洋相互作用

a. エルニーニョ現象

気候変動の代表的なものはエルニーニョ現象（図1.2.1-1）である．この現象は，通常はフィリピンからインドネシア周辺の西太平洋に蓄積している大量の暖水が，4～5年程度の間隔でペルー沖の東太平洋から中央部太平洋に移動してしまう海洋現象である．小規模なものは熱帯収束帯の南下とともに毎年12月頃にペルー沖周辺で起こる．このときには大気が不安定となり，砂漠地帯に降る雨が花園をもたらすことから，スペインからの征服者コンキスタドールたちはエルニーニョ（子供のキリスト）とよび歓迎していた．1532年にインカ帝国を滅ぼしたフランシスコ・ピサロは，エルニーニョ現象により繁茂した植物のおかげで高地まで軍馬を進軍させることができたようである．世界的に異常気象をもたらすエルニーニョ現象とその大気側の南方振動現象については，19世紀の末頃から活発なデータ解析が行われてきたが，とくに1982·1983年の強い現象を契機に，エルニーニョ現象の発生原理への理解が著しく進んだ．

まず熱帯を吹く風が海流を駆動する．この海流により運ばれ，たまった暖水が大気を温める．そこで燃料ともいうべき水蒸気を供給された大気は上昇し，対流圏の中層で潜熱を放出することで，より強い上昇流を生む．圏界面でふたをされた状態にある対流圏内の大気循環は，ますます強くなる．大気の上昇域に収束する風が海流を引きずり，これを強めるので，ますます暖水がたまるようになる．こうして大気と海洋の間に正のフィードバック機構が働くのである．つまり，エルニーニョ現象の発生の必要条件は，大気の風と海流が正味で正の相関をもつことである．

b. ダイポールモード現象

1999年に，インド洋にもエルニーニョ現象に似た気候変動現象が存在することが明らかになった．これはダイポールモード現象（図1.2.1-2）とよばれる．この現象では，まず5月頃に南東の貿易風がインド洋東南部で異常に強まるために，ジャワ沖に冷たい海水が湧いて

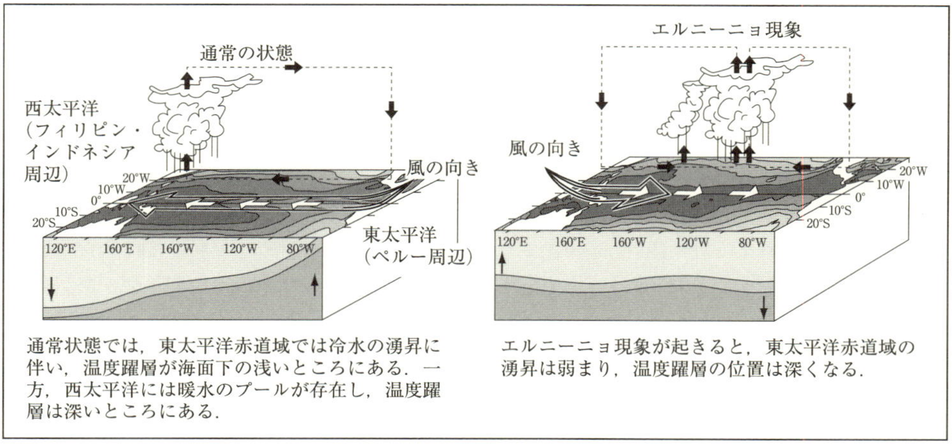

通常の状態
西太平洋
（フィリピン・
インドネシア
周辺）
風の向き
20°W
10°W
0°
10°S
20°S
東太平洋
（ペルー周辺）
120°E
160°E
160°W
120°W
80°W
通常状態では，東太平洋赤道域では冷水の湧昇に伴い，温度躍層が海面下の浅いところにある．一方，西太平洋には暖水のプールが存在し，温度躍層は深いところにある．
エルニーニョ現象
風の向き
20°W
10°W
0°
10°S
20°S
120°E
160°E
160°W
120°W
80°W
エルニーニョ現象が起きると，東太平洋赤道域の湧昇は弱まり，温度躍層の位置は深くなる．

図1.2.1-1　エルニーニョ現象の模式図
（左）太平洋熱帯域の通常の状態，（右）エルニーニョ現象

くる．また強い風は海水の蒸発を活発化させるので，さらに海面水温を下げる．赤道を南半球から北西方向によぎる南半球からの南東貿易風は，赤道に沿う方向の成分をもつために暖水を西方に運ぶ．同時に暖水を赤道から離れた方向に吹き払うために，ブーメランのような形の海面水温異常のパターンを生む．こうして東西に海水温の傾度が生じ，これに呼応して海面気圧差が生じるために東風成分がますます強まるのである．

インド洋で供給された水蒸気はケニヤ周辺で収束し上昇して，ダイポールモード現象の最盛期である10月頃に赤道域東アフリカに異常な大雨を降らせる．一方，北方に運ばれる水蒸気はヒマラヤやインドシナの山岳地帯で上昇し，とくに夏のモンスーンの季節にインド北部周辺から東南アジア地域にも大雨をもたらす．ここで上昇した大気の一部は大気の波動（長いロスビー波）として西進し，地中海からアフリカ北部周辺で下降して，下層の高気圧を強化し，ヨーロッパに猛暑や干ばつをひきおこすこともわかってきた．この南アジアと地中海周辺を結ぶプロセスは，「モンスーン–砂漠」メカニズムとよばれている．アジアの夏のモンスーンが活発化するとヨーロッパは乾燥するという，興味深い関係が明らかになりつつあるといえる．インド北部や東南アジアに大雨をもたらした大気の一部は，さらに北上して中国や日本付近で降下し，極東地域に猛暑や干ばつをひきおこす．西日本の猛暑や干ばつは正のダイポールモード現象と密接に関係している．

c. インド洋と太平洋のつながり

過去のデータによれば，正のダイポールモード現象の約3割にエルニーニョ現象が伴っている．しかも両者の時系列の相関は季節性を考慮した場合には0.5を超える．そこで，ダイポールモード現象はエルニーニョ現象に付随する現象ではないかという仮説が出されたが，現在は否定されている．インド洋で独自に起きる場合が7割ほどあり，エルニーニョ現象の引き金になる場合や，エルニーニョ現象によって強制的に励起される場合もある．ダイポールモード現象は海洋波動の伝播を考えるとその完結に2年を要する．インド洋熱帯域の大気海洋相互作用は約2年の周期性をもつ．この周期性が太平洋のエルニーニョ現象に，弱い準2年の周期性をもたらしている可能性が指摘されている．

エルニーニョ現象のときには西太平洋の水位は低く，冷水域となるが，これがインドネシア通過流となってインド洋の東部にしみ出す．一部はオーストラリアの西岸に沿って沿岸ケルビン波として伝播することがわかっている．この状況は，正のダイポールモード現象の発生に好都合な状況をもたらす．1997年のダイポール

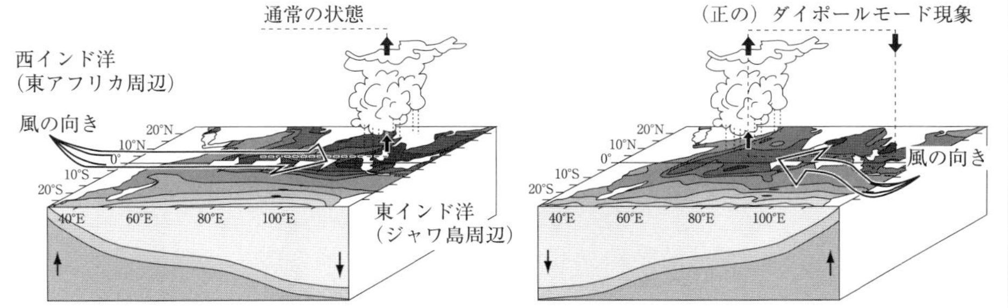

通常状態では，東インド洋赤道域の温度躍層は水面下の深いところにあり，暖水のプールが生じている．

（正の）ダイポールモード現象が起きると，東インド洋赤道域で冷水の湧昇が強まり，温度躍層は海面付近にまで上昇する．このとき，暖水のプールは西インド洋に移動する．

図 1.2.1-2　ダイポールモード現象の模式図
（左）インド洋の通常の状態，（右）ダイポールモード現象

モード現象はこのようなケースではないかと考えられている．インド洋と太平洋のリンクも，気候変動にはきわめて重要なのである．

D. 気候の進化

インドでモンスーンといえば夏の雨をさす．これはインドの多くの地域で夏の雨が農業に決定的な影響を与えるからである．「良い」モンスーンは夏に十分な降雨があるということで歓迎されるが，「悪い」モンスーンは逆に干ばつをもたらすものとして恐れられる．1899年のインドモンスーンはきわめて悪いもので，凄惨な飢饉をもたらした．この直後に気象庁長官として赴任したウォーカーは，このモンスーンの良し悪しを予報しようと試みた．こうして彼とその同時代人（南方熊楠とも交流があり，Nature誌の創刊者かつアマチュア天文家でもあったロッキヤーら）が，熱帯域のインド洋と太平洋にまたがる巨大な大気圧の振動現象―南方振動―を発見することになったのである．

この振動はさまざまな周期の現象から構成されるが，異常気象をもたらすのは2～9年程度の時間スケールをもつものである．南方振動はウォーカーの時代からの歴史的由来を尊重して，タヒチ島の地上気圧変動から，オーストラリア北部の町ダーウィンの気圧変動を引いた量，すなわち南方振動指数で表す．通常の状態ではインドネシアを中心とする海域の海面気圧は低く，そこに東太平洋の気圧の高い海域から東風が吹き込んでいる．これが太平洋の貿易風（偏東風）である．熱帯では海面水温の高いところでは海面気圧は低く，その逆も成り立つ．もしインドネシア周辺海域の海面水温が下がり，東太平洋の海面水温が上昇すれば，海面気圧の偏差分布も逆転し貿易風も弱まる．この状態がエルニーニョ現象のときに実現する．強いエルニーニョ現象が起きると貿易風そのものの向きが逆転するようなことも起こりうる．このように南方振動は熱帯太平洋の海洋現象であるエルニーニョ現象と密接に関係しており，最近ではひとまとめにしてENSO（El Niño/Southern Oscillation）現象とよばれることが多い．正のENSO現象が起きるときにはインドネシアはもちろん，インド周辺まで高気圧気味になって下降気流におおわれ，干ばつが起きることになる．ウォーカーは当時の限られた気圧データから，インドに悪いモンスーンをもたらす原因を突き止めていたのである．

ところが最近は，インドの夏のモンスーンに伴う降水量と南方振動指数の間にはほとんど相関がない．これはインド洋の温暖化に伴って，ダイポールモード現象が頻発するようになっているためである．熱帯太平洋は全体としてエルニーニョ的になり，大型のエルニーニョ現象が頻発するようになった．またエルニーニョ現象そのものも変質し，日付変更線付近の水温上昇が著しいエルニーニョもどき現象があらわれるようになっている．地球温暖化に伴い，地球の気候システムは進化をはじめたといえる．

（山形　俊男）

1.3 水産環境にかかわる重要な要因

1.3.1 漁場環境

A. 海洋の姿と海底地形

a. 海の広がりと深さ

海洋は地球表面の70.8％を占め，地球表層に存在する水のうち97％を海水としてたくわえる．海洋を平面形態で分類すると，とくに広い海域を占め独立した海流をもつ大洋と，面積が狭く大陸に付随して分布する付属海の大きく2つに分けられる．太平洋，大西洋，インド洋は大洋に分類され，これら3つで全海洋の89％の面積を占める．国際水路機関（International Hydrographic Organization：IHO）では，これら3つに南大洋（南極海），北極洋（北極海）を加えて五大洋としている．付属海は，陸地内に入り込んだ形態を示す地中海（広義）と大陸縁辺で島や半島により不完全に大洋から区切られた縁海に分類される．いずれも水深が大洋にくらべて浅く，河川の影響を大きく受ける．地中海（広義）には，ヨーロッパ大陸とアフリカ大陸の間に位置する地中海（狭義）や黒海などがある．縁海には，日本海，オホーツク海，東シナ海などがある．

地球の陸の標高と海の深度を，それぞれが占める面積をもとにヒストグラムで示すと 2 つの極大値を示す（図 1.3.1-1）．これは地球表層をおおうプレートに，異なる構造をもつ大陸プレートと海洋プレートが存在することが原因である．

最も大きな大洋である太平洋の平均水深は 4,000 m 程度であるが，その広がりに対する深度の変化は小さい．多くの海底地形断面は，横方向の距離に対して，深度を大きく強調して示してあることに注意する必要がある．

海底の水深は，船から発した超音波が海底に反射して戻ってくるまでの時間から求められている．近年の海底地形調査では，船の直下だけでなく進行方向に直交する方向に向かって扇状に音波を発射し，ある幅の範囲の水深値を一挙に得るスワス地形調査が行われている．海図の水深は，最も潮が引いたと想定される略最低低潮面（ほぼさいていていちょうめん）が基準となる．また，略最低低潮面が陸地と接する線は領海を定める際の基準となる．

b. 海底地形

（i）大陸から大洋底にかけての地形

陸の標高 0 ～ 1,000 m と海の深度 4,000 ～ 5,000 m にみられる分布面積の極大値（図 1.3.1-1）は，それぞれ大陸の平原～平野と大洋底に相当する（図 1.3.1-2）．大陸や島嶼の周辺には，きわめて緩傾斜の棚状の地形が分布し，これを大陸棚という．その水深は多くの場合 130 m 前後である．大陸棚から沖側に張り出した小規模な尾根状の高まりを海脚という．大陸棚の沖側には，やや急勾配（約 3 ～ 6°）の大陸斜面が分布する．大陸斜面には，河川状の細長くつながった窪地である海底谷や，小規模な谷地形であるガリがよくみられる．海底谷の末端には，扇状の緩斜面である深海扇状地が発達する．大陸斜面の麓には，傾斜のゆるやかな斜面であるコンチネンタルライズ，あるいは周囲より 2,000 m 以上深く，両側が急斜面で挟まれた

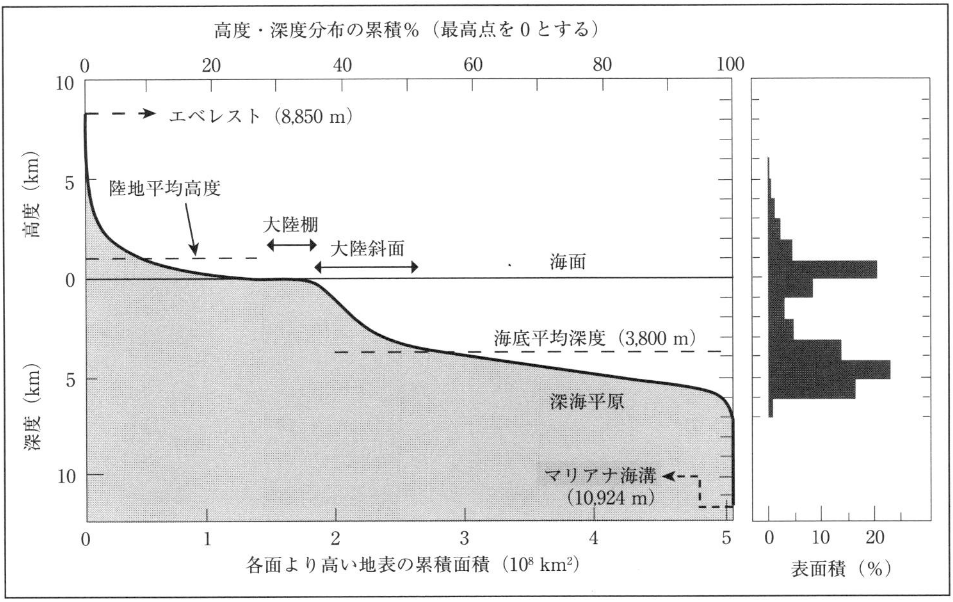

図 1.3.1-1　陸の高度と海の深度の頻度分布（左）と高度のヒストグラム（右）
曲線は最高点を 0 として深度方向へ積算したもの．ヒストグラムは 1,000 m ごとの表面積の割合を示す．

細長い凹地である海溝が分布し，大洋底へと続く．海溝では海洋プレートが他のプレートの下に沈み込んでおり，場所により巨大地震や大津波がくりかえし発生している．大洋底のうち勾配が 1/1,000 以下の平坦な領域は，深海平原と名づけられている．

なお，上記の地形学からみた大陸棚の定義は法的大陸棚の定義と異なる．国連海洋法条約では，沿岸国の 200 海里（排他的経済水域）までの海底を法的大陸棚とすることができる．また，200 海里を超える海域であっても，大陸斜面脚部から 60 海里の地点，あるいは堆積岩の厚さが大陸斜面の脚部からの距離の 1% となる地点まで，法的大陸棚の限界を延長できると定められている．ただし，大陸斜面脚部から最大 350 海里か，2,500 m 等深線から 100 海里のいずれか遠いほうを超えることは認められないとされる．

（ii）高まりの地形

（1）海嶺：両側を急峻な斜面に挟まれた長くて幅の狭い海底の高まり．このうち，大洋の中央付近に位置し，地球をとりまく長大な海嶺は中央海嶺と名づけられている（例：大西洋中央海嶺）．

（2）海膨：両側をゆるやかな斜面に挟まれた，長くて幅の広い海底の高まり（例：東太平洋海膨）．

（3）海台：頂部が比較的平坦でその広がりが 100 km 以上あり，周囲の海底から 200 m 以上の比高をもつ地形．

（4）海山：円形または楕円形の底面をもつ独立した高まりのうち，周囲の海底から 1,000 m 以上の比高をもつ地形．海山のうち頂部が平坦で水深が 200 m より深いものを平頂海山あるいはギヨーという．海山と同様の高まりで比高が 1,000 m 以下のものは海丘と名づけられている．

（5）礁：航行に危険な沿岸の浅瀬で岩からなるものをいう．最小水深 20 m 以浅の場合に用いられる．

（6）堆：航行に危険ではないが，比較的浅く頂上部がなだらかな海底の隆起．

このほか暗礁や浅瀬は，航海上危険であること，良好な漁場となっていることが多いため，地方によってさまざまな名称がつけられている．たとえば，～グリ（繰，礁），～根，～瀬，～曽根，～出シ，～バエ（碆）などである．

（iii）凹みの地形

（1）海盆：円形や正方形に近い平面形態を示す海底の凹地．大きさはさまざまである．細長く伸びた形態を示すものは舟状海盆（トラフ）と名づけられている．

（2）海釜：円形・楕円形・三日月型の海底の小さな凹地．海峡などの強い潮流による侵食などでつくられる．

（芦　寿一郎）

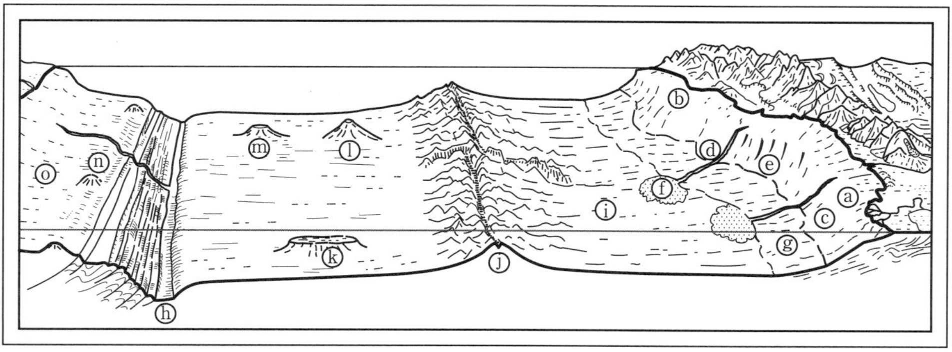

図 1.3.1-2　海底地形の模式図
a：大陸棚，b：海脚，c：大陸斜面，d：海底谷，e：ガリ，f：深海扇状地，g：コンチネンタルライズ，h：海溝，i：深海平原，j：中央海嶺，k：海台，l：海山，m：平頂海山，n：海丘，o：海盆．

B. 遠洋漁場

a. 世界の海流と大循環

海の水は，東西，南北，上下に1,000年もの長い時間をかけて海洋を循環する．多種多様な物質を大量に溶かし込み，莫大な熱をたくわえ再配分し，生物活動の場を与え，地球の温暖な環境を維持する．このような海の水の大洋・全球規模の平均的流動を海洋大循環という．海洋大循環は，駆動因の違いにより以下の2種に大別される．

(1) 海上風の応力を駆動因とするもの：動いてやまない大気と海洋のエネルギーの源は太陽にある．地球が丸く自転しているので太陽光の照射は赤道域で大きく極域で小さい．そのため大気温度に緯度差を生じ大気の大規模な対流をひきおこす．対流は，自転する地球上で働くコリオリの力に曲げられ南北風より東西風が卓越する．結果として熱帯では偏東風(貿易風)，中緯度では偏西風，高緯度では偏東風が吹く．海面を吹きわたる風の応力が表層の海流を駆動する．この表層風成循環に乗り，表層水が水平に循環する．後述する循環系ごとに決まった緯度帯の中を，大洋規模で時計回りあるいは反時計回りにめぐる．

(2) 海水密度の地域差を駆動因とするもの：海は巨大な熱容量をもち温度変化をやわらげる．太陽光が低緯度で加熱した海水を海流が高緯度に運ぶ．高緯度で海が大気を温め寒暖差の小さな地球環境を維持する．大気に熱を与えて冷えた水は重くなり，後述する2つの狭い海域で深く沈む．この冷たく重い水が世界中に広がって海の深層を満たす．深層水はしだいに軽くなってゆっくりと湧昇し表層に戻る．これが深層熱塩循環であり，表層の水と深層の水を入れ替える．北大西洋を発し南大洋(南極海)を経由して北太平洋までを行き来する，全球規模の雄大な流れである．

(i) 表層風成循環と表層の海流

図1.3.1-3に表層海流(2月)の概要を示す．時間平均した流れの強さと向きを矢印で表している．ただし赤道域では8月の図も加えた．一般に赤道域は季節変動が大きく，インド洋では

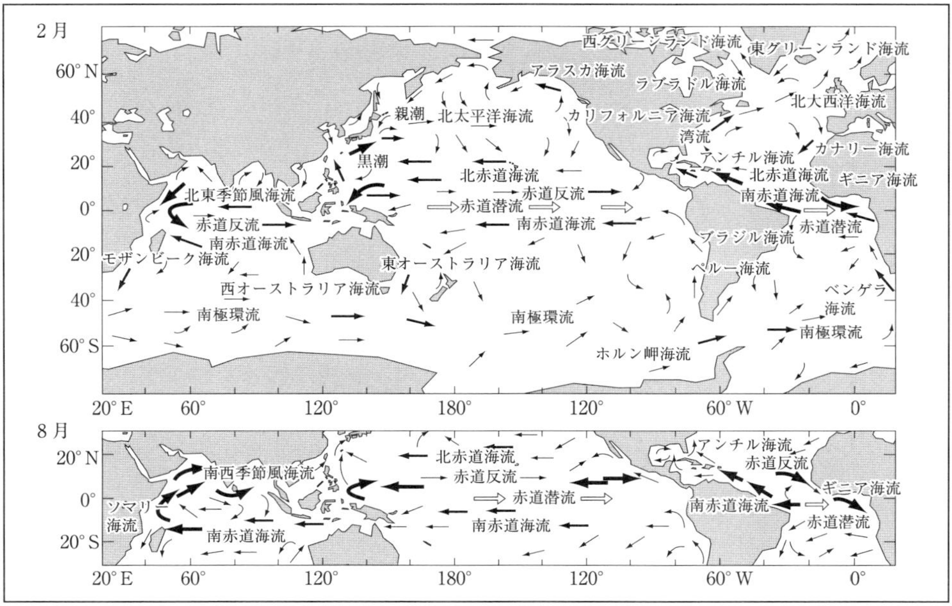

図 1.3.1-3 表層海流図
(上) 2月，(下) 8月．

夏と冬で風向きの変わるモンスーン（季節風）のため海流の向きすら変わるからである．表層海流は風系によく対応し，南北両半球でほぼ対称な海流がみられる．太平洋，大西洋，インド洋とも同じ緯度帯には同じような循環系，すなわち赤道循環系，亜熱帯循環系，亜寒帯循環系がある．また各循環系の西岸（海からみて西岸）には世界有数の海流がみられる．西岸付近に発達する強い海流を西岸境界流という．なかでも黒潮や湾流はよく知られた大海流である．親潮も北太平洋亜寒帯循環の西岸境界流である．日本海を流れる対馬暖流は黒潮から枝分かれしたものである．黒潮の流速は $1\ \mathrm{m\ s^{-1}}$，時には $2\ \mathrm{m\ s^{-1}}$ を超え毎秒 $40\times10^6\ \mathrm{m^3}$ ほどの膨大な量の水を運ぶ（世界中の河川を集めても $1\times10^6\ \mathrm{m^3\ s^{-1}}$ ほど）．ただし黒潮のような狭く強い流れを除くと，表層海流の南北流速は $10^{-2}\ \mathrm{m\ s^{-1}}$ 程度にしかならない．よって，たとえば北太平洋亜熱帯表層の海水であれば，時計回りに一巡するのには 5 ～ 10 年かかる．

大陸という障害なしに緯度圏を一巡しうる唯一の海流が，最大の流量（$100\times10^6\ \mathrm{m^3\ s^{-1}}$ を超える）を誇る南極環流である．南極をとりまく南大洋を，東向きに太平洋，大西洋，インド洋を結んで流れる．一方，赤道域では循環系が狭い緯度帯で交代する．また赤道の水面下 100 m 付近には，黒潮に匹敵する流速と流量をもつ赤道潜流が東に流れる．これは，その上空を吹く貿易風や海面の赤道海流とは逆向きの流れである．

なお，風成表層循環は弱い沈降または湧昇を伴う．これは風の応力とコリオリの力の働きによるもので，沈降か湧昇かは循環系ごとに定まっている．亜寒帯なら，海面付近で亜寒帯の外側に出ていく水を補うよう，下方から海水が湧昇してくる．湧昇には下から栄養塩を表層に運ぶ働きがあり，亜寒帯の海を豊穣にする．逆に亜熱帯は沈降なので生物生産に乏しい．

また実際の海は数 100 km 規模の強勢な渦に満ちている．黒潮のような強流域を除けば，渦を伴う流速（$0.1\ \mathrm{m\ s^{-1}}$ ほど）のほうが海流の平均流速より一桁大きい．海流は河のように整然と流れているわけではない．渦が重なって不規則に変動しているものである．

（ii）海の水質分布

海洋大循環が水質分布を決める．逆に海水密度の地域差が深層熱塩循環の駆動因でもある．水温（°C）と塩分の南北断面図で，西部大西洋（図 1.3.1-4）と西部太平洋（図 1.3.1-5）の比較を示す．表層では南北変化が大きい．温度は熱帯域の 30°C 近くから極域の 0°C 近くまで変化する．図では見えにくいが，亜熱帯で海面から下に潜っていくと最初に水温一定の混合層があり，その下に温度が急落する主水温躍層がくる．主水温躍層は亜熱帯循環の端へいくほど浅い．東西断面図によれば中心部（最深部は 500 m 以深に達する）が極端に西に偏る．西岸境界流付近を除けば東にいくほど浅い．また南北 40 度付近を境に亜寒帯に入ると，主水温躍層が表面に出てほとんど消えてしまう．

主水温躍層から上を表層または上層という．表層では温度，塩分が南北両半球でほぼ対称に分布し，表層風成海流が卓越する．また大西洋のほうが太平洋より高温・高塩分であるが分布の形は両大洋で似ている．

主水温躍層より少し深いところを深層といい温度・塩分の変化が小さい．とくに水深 2,000 m より深いところでは水質が驚くほど一様である．水温は 0 ～ 4°C ほどの範囲に収まる．ここを狭い意味で深層という．南北対称な表層と逆に，深層では南北反対称性が目立つ．大西洋では北にいくほど低温・高塩分（高密度）であるが，太平洋では北にいくほど高温・低塩分（低密度）である．ただし最も底に近い部分（底層という）では太平洋，大西洋とも南極から北極に向かって温度が上がる．

（iii）深層熱塩循環

熱帯の海でも少し潜れば，そこには暗く冷たい水の世界が広がっている（図 1.3.1-4，図 1.3.1-5）．この深・底層の冷たく重い水の主要な源は，北大西洋グリーンランド沖および南極のウェッデル海の 2 つしかない．なかでも南極起源の底層水のほうが冷たく重い．なお北太平洋の水は塩分が小さいので，いくら冷やしても

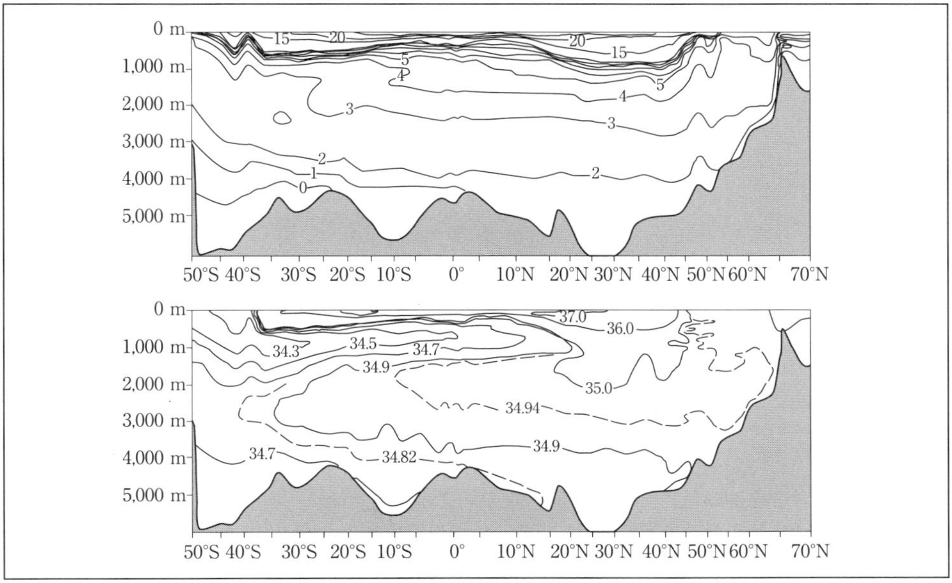

図 1.3.1-4 西部大西洋の温度(上)および塩分(下)の南北断面等値線図
〔A.E. Bainbridge and GEOSECS Operation Group, GEOSECS ATLANTIC EXPEDITION, 2, p.198, U.S. Government Printing Office (1981)〕

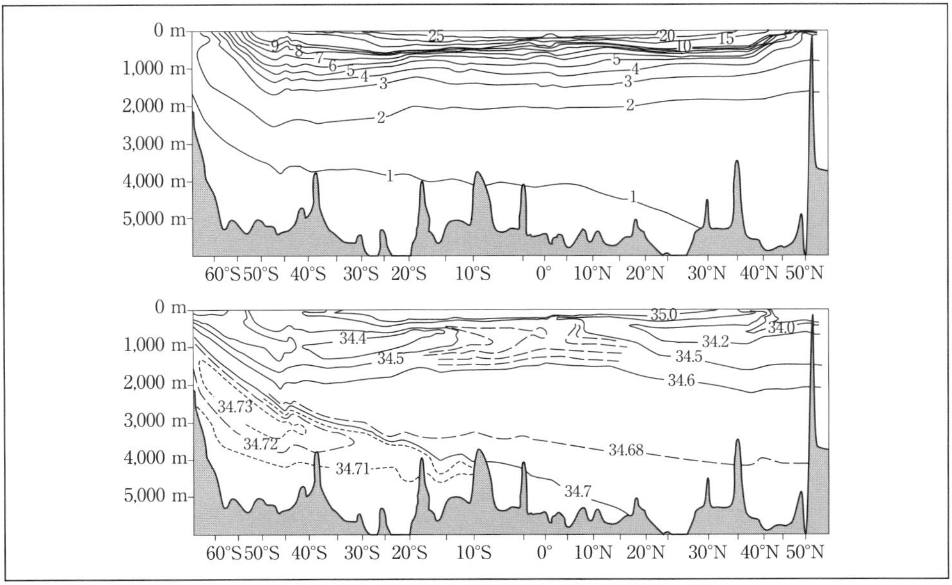

図 1.3.1-5 西部太平洋の温度(上)および塩分(下)の南北断面等値線図
〔H. Craig, W. Broecker and D. Spencer, GEOSECS PACIFIC EXPEDITION, 4, p.251, U.S. Government Printing Office (1981)〕

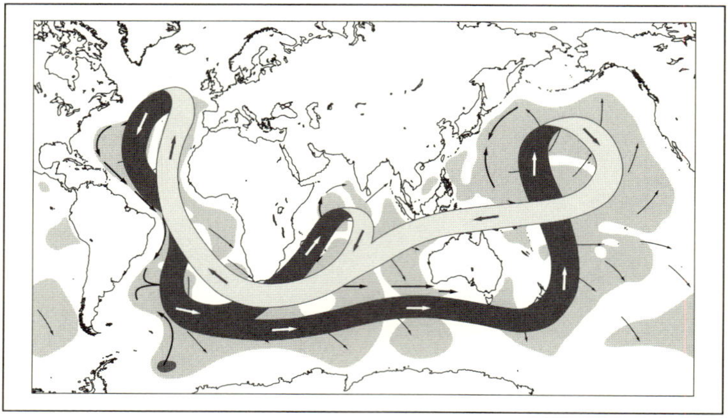

図 1.3.1-6　主要な深層循環およびブロッカーのコンベアベルトの模式図
背面の黒い矢印が理論的に考えられた深層流の動きを示し，帯状のものが表層の帰還路を含むコンベアベルトを表す．

その下にある深層水ほど重くはなれない．

北大西洋で沈んでできる塩分の多い冷たく重い深層水は，大西洋を縦断して南大洋に至る．ここで南極起源のさらに冷たく重い水をその下に加え，南大洋を東に向かう．そして西岸沿いにインド洋と太平洋に北上し，ゆっくりと外洋に向かい湧昇する．こうして深層から太平洋，インド洋の表層に湧昇した水は，南大洋を経由して北大西洋の沈降点に戻る（図 1.3.1-6）．そのほかに，表層太平洋からインドネシアの海峡を通り，インド洋に湧昇した水を加え，アフリカ南端を通って大西洋に抜け，北大西洋の沈降点に戻る帰還路がある．こちらの経路で海水が一巡するようすを「コンベアベルト」になぞらえることがある（図 1.3.1-6）．深層循環の総湧昇量は 20 ～ 30 × 10^6 m^3 s^{-1} ほどなので湧昇速度は 10^{-7} m s^{-1} と見積もられる．この速度で深層から表層に湧昇してくるのには 1,000 年ほどかかる．つまり深層熱塩循環の一巡時間は 1,000 年ほどになる．これは放射性炭素を用いた海水年齢測定の結果ともつじつまがあう．

なお流量や流速の正確な見積もりは難しい．したがって，それらの数値は目安である．

（増田　章）

b. 黒潮と親潮

（i）両海流の水産学的重要性

黒潮（Kuroshio）と親潮（Oyashio）は，北太平洋中緯度の西縁すなわち日本沿岸に沿って幅狭く流れる強勢な海流である（図 1.3.1-7）．黒潮は，フィリピン・台湾付近から日本南岸付近を流れる強力な暖流であり，大量の熱を輸送する．同時に，台湾の北で産卵するクロマグロやマアジ，九州・四国近海で産卵するマイワシ・カタクチイワシ，黒潮沖合で産卵するサンマ，伊豆付近で産卵するマサバなど，多くの重要魚種の卵稚仔を輸送し，広範囲に分散させるとともに生息環境として重要な役割を果たしていると考えられている．また，黒潮は暖水波及などを通じて沿岸海域にも大きな影響を及ぼす．親潮は栄養塩やプランクトンに富む海水を日本付近に運ぶとともに，タラ・スケトウダラ・サケ類などの重要魚種の卵稚仔の輸送環境，マイワシ・サンマなどの索餌・生息場としても重要である．

（ii）黒潮の構造

黒潮は，北向きに流れる西岸境界流（western boundary current）である．東向きに吹く偏西風による南向き表層吹送流（エクマン輸送）と西向きの貿易風による北向き吹送流が収束し海水が沈降（エクマン収束）することに対応して

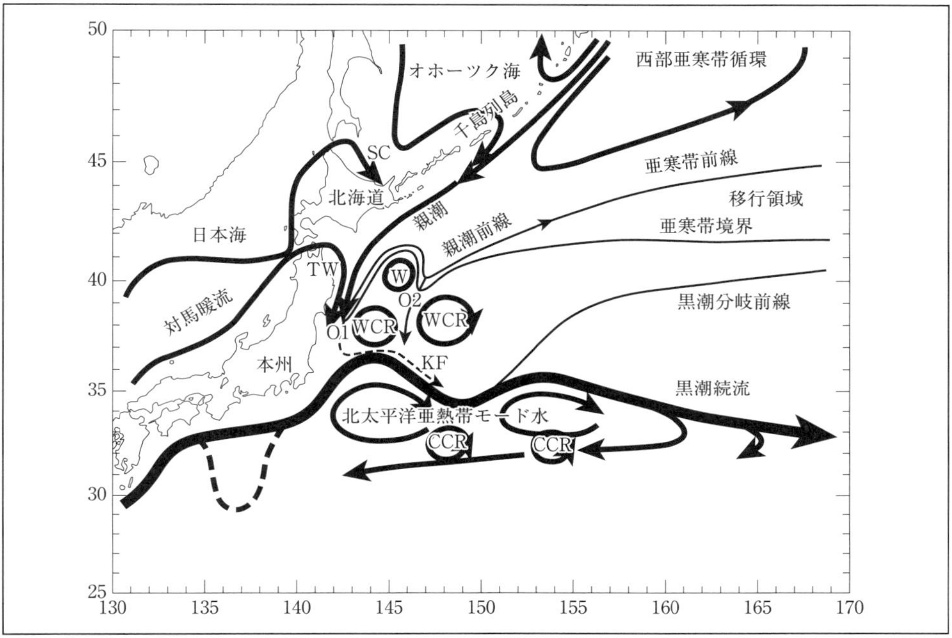

図 1.3.1-7　日本周辺の海流・前線分布
CCR：冷水塊，WCR：暖水塊，W：暖水，SC：宗谷暖流，KF：黒潮前線，O1：親潮第一分岐，O2：親潮第二分岐．

できる，弱いが太平洋規模の南向きの流れが西岸付近で集合して，北に向かう流れがつくられる．北緯 15 ～ 20 度付近を西に向かう北赤道海流（North Equatorial Current）がフィリピンから台湾付近で陸地にぶつかり，一部が北向きに転じる．これが黒潮の源となる．

その後黒潮は，台湾と石垣島の間で東シナ海に入り，大陸棚の外縁に沿って北上し，九州の南でトカラ海峡を東に抜け，日本南岸に沿って東向きに流れる．房総半島犬吠崎付近で離岸後，黒潮続流（Kuroshio Extension）と名前を変え，さらに東向きに流れ，日付変更線付近まで強い海流として認められる．さらに東に向かう流れは北太平洋海流と名づけられている（North Pacific Current）．これら東向きの海流からは，先に述べた吹送流の収束によってできる弱いが太平洋規模で生じる南向きの流れが派生し，北緯 30 度以南では大まかには西向きの海流となって北赤道海流などにつながる．北あるいは東向きに流れる黒潮は，北緯 20 度以北の海域でも西岸に達した西向き流が加わり流量が増加していく．これら西向きの北赤道海流，北あるいは東向きの黒潮・黒潮続流，弱く広い南下流は，大きな時計回りの亜熱帯循環（subtropical gyre）をつくっている．

九州の南西では，黒潮の一部が分岐して日本海に流入し，対馬暖流（Tsushima Warm Current）が北東に向かって流れる．その一部は津軽海峡を東に抜け，三陸沿岸を南下する津軽暖流（Tsugaru Warm Current）となる．さらに日本海を北上する対馬暖流は宗谷海峡からオホーツク海に流入し，北海道オホーツク海沿岸に沿って南西向きに流れる宗谷暖流（Soya Warm Current）となる．

黒潮の流速は，日本南岸の主流部表面付近で 3 ～ 5 ノット，強流帯の幅は数 10 マイル程度である．各経度での最大流速を示す位置は流軸と名づけられている．黒潮流軸は，日本南岸で水深 200 m・水温 15°C，黒潮続流域で水深 200 m・水温 14°C の等温線で指標される．黒潮の流れは深さとともに減じるが，流軸付近では水深 1,000 m でも数十 $cm\ s^{-1}$ の同じ方向の流れが存在し，表面から 1,000 m まで積算した流量は，東シナ海で 20 Sv 程度〔1 Sv（スベルドラップ）= $10^6\ m^3\ s^{-1}$〕，四国沖で 40 Sv 程度と見積もられている．しかし，黒潮の流速場は，時空間的に変動が大きく，流量の評価には，観測・測定方法や積分範囲の差による誤差も大きい．

日本南岸の黒潮や黒潮続流はその南側に，南北幅（北緯 30 〜 34 度の範囲）にくらべて東西幅が大きい，再循環（recirculation gyre）とよばれる時計回りの循環を伴っている．この再循環では冬季に混合層が発達し，北太平洋亜熱帯モード水（North Pacific Subtropical Mode Water）と名づけられる 16 〜 19°C の水平鉛直に均質な水塊が形成され，日本南岸から日付変更線付近まで広域に分布する．黒潮続流域では，流路の蛇行が発達し，北側に暖水塊（warm-core ring），南側に冷水塊（cold-core ring）がしばしば切り離される．

（iii）親潮の構造

一方，親潮は，亜寒帯循環（subarctic gyre）と名づけられる反時計回りの循環をつくっている．北緯 40 度付近で東向きの風が最大となる偏西風が北にいくほど弱まることに対応して，黒潮とは逆に，吹送流が発散し海水が湧昇（エクマン輸送が発散）することによってできる北向きの流れが，西岸付近で合流して南向きに流れる西岸境界流である．亜寒帯循環域では，海面での降水が蒸発を上回っているために表面ほど塩分が低下し，密度の成層は塩分勾配によって維持されている．このため，冬季に表面付近が冷却されると，表層混合層の海水がその下の海水よりも低温になり，その後，春季から夏季にかけて表面が加熱されることにより，亜熱帯水を特徴づける亜表層の水温極小が形成される．亜寒帯循環は，アリューシャン列島が日付変更線付近で南に位置しているために，西部亜寒帯循環（western subarctic gyre）とアラスカ循環（Alaskan gyre）に東西に分かれている．

北海道付近を南下した親潮の一部は東向きに流れる．東に向かう親潮は，西部亜寒帯循環に沿って流れ，アリューシャン列島のニア海峡を通過してベーリング海に流入する．親潮の一部はさらに東に向かいアラスカ循環に合流し，反時計回りに反転して，アラスカ沿岸に沿って西向きに流れるアラスカ海流（Alaskan Stream）につながる．その後，アリューシャン列島の多くの海峡を通じてベーリング海に流入し，ニア海峡を通じて流入した西部亜寒帯循環と合流して，反時計回りのベーリング海循環を形成する．ベーリング海の西縁カムチャッカ半島に沿って南西向きに流れる西岸境界流は東カムチャッカ海流（East Kamtchatka Current）と名づけられている．東カムチャッカ海流の一部は，北部千島列島（Kuril Islands）の海峡を通じてオホーツク海に流入し，オホーツク海循環に沿って反時計回りに流れ，オホーツク海北西部陸棚域で冬季の結氷過程により表層水が中層へ沈降し〔この水塊は高密度陸棚水（dense shelf water）と名づけられ，アムール川からの鉄分を豊富に含むとされる〕，中層の水塊を大きく変質させる．これら変質した海水は，サハリン東岸を南下し，南部千島列島の海峡を通じて太平洋に流出し，千島列島に沿って南下する．その後，この分枝は東カムチャッカ海流と合流し，親潮と名づけられる海流となる．

親潮の運ぶ海水（親潮水）は，冷たく低塩分の性質をもつオホーツク海からの流出水と比較的高温・高塩分の東カムチャッカ海流水が混合した海水である．北海道南岸を南下する親潮水の中でも，沿岸付近の海水はオホーツク海水の影響が強く，沖で東カムチャッカ海流水の影響が強いという傾向がある．親潮の一部は，北海道南岸および本州東岸に沿って南下する．岸に沿って狭く南下する親潮は親潮沿岸貫入（Oyashio coastal intrusion）あるいは親潮沿岸分枝（Oyashio coastal branch）と名づけられている．あるいは，時に本州東方を南下する親潮に岸から順に番号をつけ，親潮第一分枝（Oyashio first branch）あるいは親潮第一貫入などと名づける場合もある．親潮第二分枝は，三陸沖に頻繁に出現する時計回りの渦（暖水塊あるいは暖水環）の外縁に沿って南下する場合が多い．これら親潮貫入に沿って南下した親潮水の一部は，黒潮続流に達し，黒潮続流の中層に沿って東向きに流れる．その結果，低塩分の親潮水が亜熱帯循環の中層に流れ込み，亜熱帯循環の中層塩分極小で特徴づけられる北太平洋中層水が形成されると考えられている．亜寒帯循環の経路にあたる千島列島やアリューシャン列島の海峡周辺では，強い潮汐流による大きな鉛直混合が水塊を変質させている可能性が指摘されている．

（iv）混合水域

本州東方海域では，房総沖で黒潮が離岸した黒潮続流と北から南下した親潮が合流し，津軽暖流も加わり，さらに黒潮続流から切り離された暖水塊や親潮貫入から分離した冷水など大小さまざまな渦が分布して，複雑で変動に富む海洋構造となっており，混合水域（mixed water region），混乱水域（perturbed region），黒潮親潮前線海域（Kuroshio-Oyashio interfrontal zone）あるいは黒潮親潮移行域（Kuroshio-Oyashio transition area）などと名づけられている．この海域は，黒潮域で産卵するマイワシなど多くの魚類が索餌場である親潮水域に向かう間に通過する生育場であり，稚仔魚の生残を左右する可能性のある海域と考えられている．また，秋季には多くの魚種の南下経路にあたり，前線域で濃密な漁場が形成される．

（v）黒潮続流域

黒潮続流の北縁には，北側の親潮系水との間に顕著な水温・塩分前線が形成され，黒潮続流前線と名づけられている．東経 146 度付近や東経 150 度付近のシャツキー海膨付近では，黒潮続流から暖水が北に分岐し，とくにシャツキー海膨付近で北に分岐する流れの北の縁は，黒潮分岐前線（Kuroshio bifurcation front）あるいは黒潮二次前線と名づけられている．黒潮分岐前線付近では冬季に深い表層混合層が発達し，そこで形成される水塊は中央モード水（central mode water）と名づけられている．本州東方から日付変更線付近までの海域では，亜寒帯前線（subarctic front）は水深 100 m・水温 4℃の等温線で指標され，亜寒帯前線以北では低温・低塩分の亜寒帯水が存在する境界となっているほか，亜寒帯循環と亜熱帯循環という 2 つの風成循環の境界となっていると考えられている．

北緯 40 度付近には，表面塩分 34 で指標される亜寒帯境界（subarctic boundary）という前線が存在する．亜寒帯境界と亜寒帯前線の間の海域である移行領域（transition domain）においては，表面付近は亜寒帯系の低塩分水でおおわれているが，中層以深は亜熱帯の影響を受けた海水となっており，亜寒帯水の特徴である水温極小が存在せず，かつ，亜熱帯水の特徴である塩分極小も存在しない海域である．移行領域では冬季に深い混合層（移行領域モード水：transitional mode water）が形成される．これら混合水域で冬季に形成されたモード水は，春季には亜表層（subduction）に入り，亜熱帯循環の流れに沿ってゆっくりと南下すると考えられている．

（vi）黒潮・親潮域における変動

黒潮や親潮には，さまざまな時空間スケールの変動が存在する．黒潮前線など前線付近には前線波動と名づけられる水平 100 km オーダーのスケール，数日スケールの変動が存在し，前線を横切る海水や物質の輸送・交換に影響している．黒潮には「黒潮大蛇行」の現象，すなわち，遠州灘沖で黒潮流路が蛇行し，北緯 30 度付近まで南下する現象が数年にわたり続くことがある．黒潮大蛇行流路と非大蛇行流路は，黒潮流量や流速に応じて遷移する可能性が指摘されている．親潮上流域の千島ブッソル海峡南側には，大きな時計回りの渦流が発達することがあり，その際には親潮の流路が大きく変わる．黒潮や親潮の流路の変動や亜寒帯前線などの長期変動は，北太平洋中央部から東部でアリューシャン低気圧など風系の変動に伴ってできる海流の変動が，ロスビー波の波動となって西に伝播し，日本付近に達することで生じると考えられている．また，先に述べた千島列島やアリューシャ

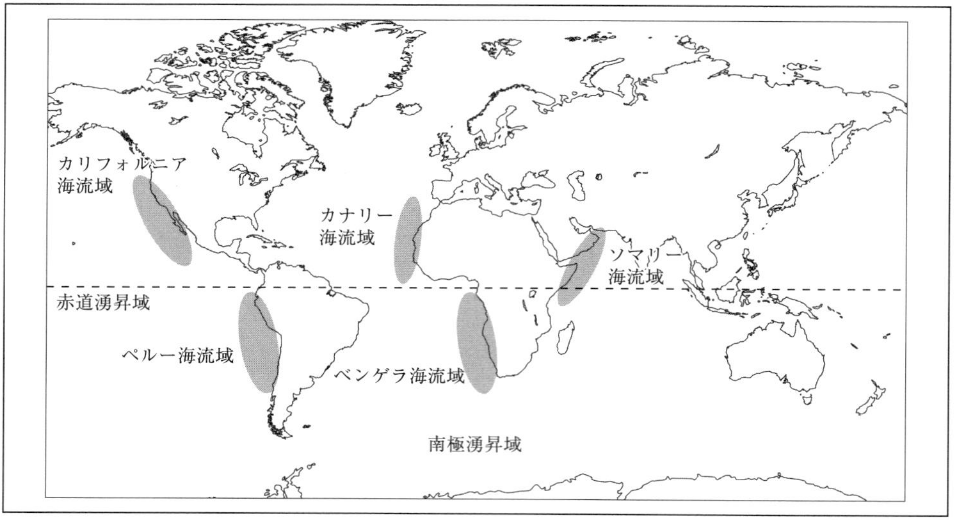

図 1.3.1-8　世界の主要な湧昇海域

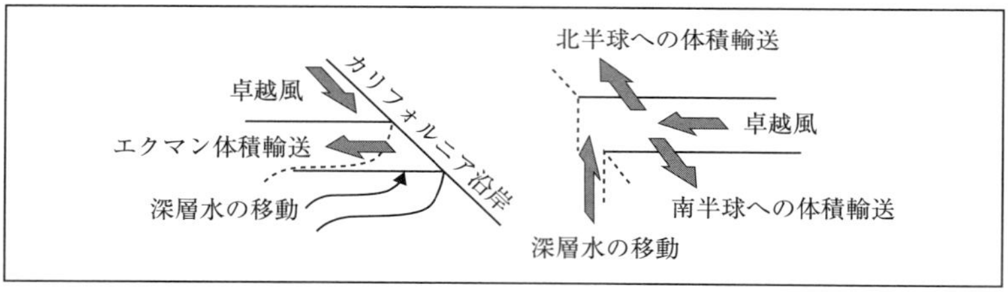

図 1.3.1-9　沿岸湧昇と赤道湧昇の模式図

ン列島周辺の日周潮汐が長期変動し鉛直混合が変化することに同期した，約 20 年周期の水塊長期変動が報告されている．

（安田　一郎）

c. 湧　昇

湧昇とは下層の海水がより上層に上昇する現象をさし，中深層に高濃度に蓄積された栄養塩類を有光層に供給することによって，一次生産，ひいては漁業生産を飛躍的に高めることで知られ，沿岸湧昇と赤道湧昇に大別される．

（i）沿岸湧昇

沿岸湧昇は，ペルー海流域，カリフォルニア海流域，カナリー海流域，ベンゲラ海流域，ソマリー海流域が主要海域であり（図 1.3.1-8），カタクチイワシを中心に過去最高 1,200 万 t もの漁獲を誇るペルー海流域は世界有数の漁場となっている．北半球では，風向に対して直角右方向にエクマンの吹送流理論による体積輸送が起こるため（エクマン輸送），岸を左手にみて風が吹くと陸が障壁となり，水平方向からの海水の移流が起こらず下層から海水が供給される（図 1.3.1-9）．このメカニズムによって発生する湧昇が沿岸湧昇であるが，ペルー海流域のような南半球では，地球自転の効果（コリオリの力）が逆に働くため，岸を右手にみて風が吹いた場合に沿岸湧昇が起こる．

（ii）赤道湧昇

コリオリの力は極域で最大となり赤道域では 0 となるが，赤道を挟んだ北側と南側では同じ方向の風に対してエクマン輸送は互いに逆の方向に働く．つまり，赤道表層の海水が南北に移動することによって失われるので，下層から海水が供給されることになる．これを赤道湧昇という．水温の季節変動が小さく海面が熱射によって高温となるため，鉛直的に密度安定な熱帯域では躍層が発達し，鉛直的な混合が起こりにくく生物生産がきわめて乏しい．しかし，赤道湧昇に伴う栄養塩の供給は，砂漠のオアシスとなり一次生産を飛躍的に高める．人工衛星による海色画像では，赤道域に筋のような帯で高クロロフィル海域が示されることでよくわかる．

（iii）その他の湧昇

南極大陸を取り巻いて東向きに流れる南極環流（南極周極流などいくつか異なる名称がある）周辺域でも湧昇が認められ，ナンキョクオキアミなどの高生物生産を支える独自の南極生態系が形成されている（南極湧昇）．そのほか，島や海底地形によって生ずる地形性湧昇や，台風などの低気圧の発生に伴って生ずる局所的な湧昇，黒潮などの前線域で傾圧不安定によって生ずる低気圧性前線渦による湧昇などもある．構造物を海底に設置して湧昇をひきおこし，生物生産を高める人工湧昇の試みもなされている．

（iv）湧昇域の生産性

海洋を外洋域，沿岸域，湧昇域に大別した場合，その9割を外洋域が占めるのに対して，湧昇域は1%にも満たない．しかし，単位面積あたり1年間の一次生産は外洋域が50～100 gC m^{-2} $year^{-1}$であるのに対して湧昇域では300～1,000 gC m^{-2} $year^{-1}$と推定されており10倍ほど大きい．また，外洋域では鞭毛藻類のようなナノプランクトンから微小・大型動物プランクトンなどを経て小型浮魚類，大型回遊魚に至る5段階ほどの栄養段階で魚類生産にたどり着くが，湧昇域では大型植物プランクトンをカタクチイワシのようなプランクトン食性魚類が直接摂餌することにより2段階程度で魚類生産に至る．つまり，湧昇域では栄養段階が少なく，またエネルギー転送効率（生態効率）も外洋域が10%であるのに対して湧昇域では20%程度と高く，食物を効率良く体内にとりいれている．単純に比較すると0.1の5乗と0.2の2乗の比較になり，湧昇域では4,000倍も効率よく栄養をとりいれることができる．このような相乗効果によって湧昇域では魚類生産が高くなり，全生産量の50～80%を占めるとの推定もある．しかし，全世界の漁獲量約9,000万t（FAO，2008年）のうち2割程度が湧昇域での漁獲量として見積もられており，生産量との比較には注意が必要である．

（木村　伸吾）

C. 沖合・近海漁場

a. 暖水塊・冷水塊

（i）水塊の定義

水塊（water mass）とは，物理的・化学的特性の組み合わせによって同定することが可能なひとまとまりの海水のことである．水塊の分布や構造は，魚群の行動ならびに漁場や産卵場の形成などと密接に関連している．なかでも暖水塊と冷水塊は，周囲の海水とは水塊の特性が異なり，その構造が一定期間保持される特徴がある．漁海況予報や資源変動要因の解析では，それらの分布や動向が注目される．近年では，人工衛星データの充実や数値シミュレーションの高精度化によって，冷・暖水塊の分布をリアルタイムに監視し，動向を予測することが可能になってきている．そのため，人工衛星観測や数値シミュレーションによる冷·暖水塊の情報は，事業や研究に限らず，現場の漁業においても魚群の探索などで利活用が進んでいる．

（ii）暖水塊

1）暖水塊の特徴

暖水塊（warm water mass）とは，周囲より水温が高く，水温の水平分布図において等温線が閉じた水塊を表す．暖水塊は高気圧性（北半球で時計回り）の循環を伴うことから，暖水渦（warm core eddy，warm core ring）ともいわれる．暖水塊の中心付近は，状況にもよるが，周囲にくらべて海面が数十cm程度高くなっている．ただし，暖水渦という場合は直径数百km程度の中規模渦（mesoscale eddy）をさす場合が多く，暖水塊と暖水渦は必ずしも同義ではない．なお，気象学で従来から用いられてきたmesoscaleという表現と対照させると，数百km程度の水平スケールはmesoscaleではなく，むしろsynoptic scale（総観規模）であるとの議論もある．

暖水塊の鉛直構造の特徴は，等温線が下向きに凸状に膨らんでおり内部が周囲にくらべて高水温，高塩分であること，また，水温，塩分（したがって密度）が鉛直方向にほぼ一様の厚い層が形成されることである．このため，栄養塩躍層が有光層より下層に押し下げられてしまうと，暖水塊内部の植物プランクトンの光合成は抑制され，暖水塊内部の生産性は低下する傾向になる．暖水塊内部の生産性が周囲にくらべて高いか低いかについては一意には決まらないが，亜寒帯域に位置する暖水塊の内部が貧栄養の亜熱帯水を維持している場合は周囲にくらべて概して生産性が低く，この現象は船舶による現場観測や海色衛星でも確認される．しかし湾流域の研究例のように，湾流の北側に切離して越冬した暖水塊の内部が，周囲とくらべて同程度の生産性を有する場合もある．この場合は，冬季の冷却に伴う鉛直混合によって下層から豊富な栄養塩が表層まで供給され，春季に季節水温躍層の発達とともに植物プランクトンの大増殖（春季ブルーム）が生じる．

2）日本周辺域の暖水塊

日本周辺海域の暖水塊の代表例として，四国沖の黒潮の南側に形成される暖水塊と三陸沖の暖水塊とが知られている．四国沖の暖水塊は黒潮の南側に位置し，その南側には黒潮反流が流れており，暖水塊の内部の海水特性は，周囲の海水とくらべてそれほど大きな違いはない．暖水塊の高気圧性循環が強まると表層水の沈降が進み，表層混合層が深くなって，場合によっては500 m以深まで達することもある．この表層混合層は，この海域においては亜熱帯モード水とよばれる18℃前後のほぼ一様な水温の水によって占められている．この暖水塊は黒潮の南側の比較的静穏な海域に位置することもあって，これまでの研究例は多くない．黒潮の流路とは無関係に比較的安定して存在していると考えられているが，最近のArgoフロートなどによる観測技術の進展とデータの充実により，実態把握が進んでいる．

一方，三陸沖の暖水塊は，水産業に与える影響も大きいことから研究が比較的進んでいる．この暖水塊は，黒潮続流の強流帯の蛇行のくびれが発達し，北側に切離されて形成された孤立渦である．三陸沖の暖水塊の内部は亜熱帯の水塊の特性を有しており，内部の栄養塩や生物相も暖水塊とともに移動する．ただし，暖水塊内部の生産性については，周囲の冷水域とくらべて必ずしも低いわけではなく，前述の湾流の場合と同様に，周囲と同程度の生産性があった事例も報告されている．この暖水塊の水平スケールは数十～数百kmであり，鉛直方向には500～600 m程度の構造をもっている．北～北東方向に移動しながら，下層と周辺の海水とが混合されるなどして数カ月から最大数年でその特性は失われていく．このような三陸沖の暖水塊は，暖水塊の定義にもよるが，1年に数個程度発生するとの報告がある．ただし，一度形成された小型の暖水塊に対して黒潮続流から大量の暖水が流入して大型化する場合や，複数個の暖水塊が結合する場合もあり，さらには一度黒潮から切離した暖水塊が再び黒潮と合流する場合もあって，その形成過程や動態は複雑である．

三陸沖の暖水塊が水産生物に与える影響については，現象論にとどまるものの多くの研究報告がある．春季には，本州南岸～沖合で産卵されたイワシ類やサバ類などの卵や仔稚魚が黒潮によって黒潮続流域まで輸送され，三陸沖へと北上移動することが知られている．このとき，三陸沖の暖水塊がこれら仔稚魚の移動，生残，成長に影響していることが考えられるが，生態学的プロセスの詳細については不明である．続いて夏季から秋季にかけては，暖水塊の内部にはカツオやマグロ類，マイワシやマサバなどの漁場が形成され，暖水塊周辺の冷水域にはサンマやイカナゴなどの漁場が形成される（図1.3.1-10）．とくに，サンマに対しては暖水塊がその南下の障壁となるため，暖水塊の有無と分布はサンマの漁況予測を行ううえで不可欠の情報となっている．また，暖水塊が接岸すると沿岸水温は急上昇することが多く，サケの沿岸来遊を妨げるなど，沿岸漁業に与える影響も大きい．

（iii）冷水塊

1）冷水塊の特徴

冷水塊（cold water mass）とは周囲より水温が低い水塊のことで，低気圧性（北半球で反時計回り）の循環を伴うことから，冷水渦（cold core eddy，cold core ring）ともいわれる．冷水塊は，黒潮や湾流などの西岸境界流の南側にしばしば形成される．低気圧性の循環は冷水塊の中心で鉛直上向きの湧昇流をもたらすとともに，等温線が鉛直方向に上向きの凸状の構造をもつ特徴がある．このため，栄養塩躍層が有光層よりも浅くなると植物プランクトンの光合成が促進され，冷水塊内部の生産性は周囲にくらべて高くなる．湾流域の研究例では，亜熱帯側に切離した冷水塊の周辺では4月の表面のクロロフィル量が0.1 mg m^{-3}未満であったのに対して，冷水塊の内部では4 mg m^{-3}程度あり，動物プランクトンの現存量が冷水塊内部は周囲にくらべて1.3～1.8倍高かったとの報告がある．また湾流域では，冷水塊が湾流の沿岸側に分布するslope waterをとりこんで，南側の亜熱帯海域へ輸送する海水の量が年平均で20 Sv程度にも達することが報告されており，熱輸送の点でも無視できない効果がある．

2）日本周辺域の冷水塊

日本の周辺海域では，本州の東方沖合の黒潮続流の南側に形成される冷水塊と，黒潮が遠州灘沖で大きく蛇行したときに沿岸側の黒潮内側域で形成される大冷水塊がよく知られている．本州の東方沖合では黒潮続流が南に大きく蛇行し，続流の北側にある三陸沖の黒潮親潮移行域（混合域）の海水がこの蛇行の内側にとりこまれ，さらに蛇行が発達すると，蛇行を形成する両側の流路が合体し，黒潮続流の本流から切り離して形成される．この冷水塊は直径が数百kmの中規模渦で，中心の海水は黒潮親潮移行域の海水である．三陸沖の暖水塊と同様に内部の生物相もしばらく維持される．冷水塊の中心

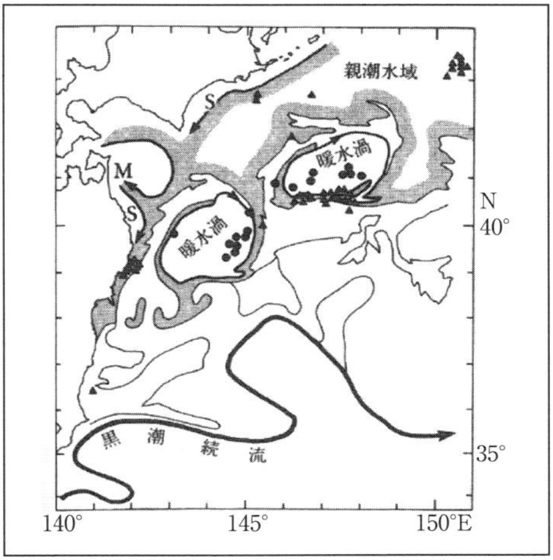

図 1.3.1-10　日本東方近海の水塊・海流配置とカツオ（●），サンマ（▲），マイワシ（S），マサバ（M）の漁獲位置
衛星赤外画像と流速および水温分布を基に作成した一例.
〔川合英夫，流れと生物と―水産海洋学特論，p.33，京都大学学術出版会（1991）〕

では周囲とくらべて海面が数十cm以上低く，低水温，低塩分の特徴がある．渦の表面流速は強いときには1 m s^{-1}を超える場合もあり，湾流域では水深2,000 mまで冷水塊に伴う低気圧性循環が観測された例もある．このような冷水塊は暖水塊と同様に通常ロスビー波の西方伝播に伴い亜熱帯海域を西向きに移動する傾向があるが，黒潮や湾流と合流して下流方向へ移動する場合もあり，周囲の流れによる移流効果によって複雑な挙動を示すことが多い．この冷水塊と水産生物との関係については，暖水塊ほど研究例が多くない．カツオは5～6月に関東地方近海に来遊するが，切り離された冷水渦の内部またはその周辺にカツオ漁場が形成されることが知られている．これに対してビンナガの漁場は，冷水塊の内部付近には形成されないようである．

遠州灘沖の大冷水塊は，黒潮が遠州灘沖を南方に大きく迂回する大蛇行時に黒潮の沿岸側で発達する．このとき，遠州灘の沖合は広範囲に冷水で占められるが，沿岸域は反時計回りの循

環の北縁にあたるために東方から黒潮系の暖水が流入して，非大蛇行時と比較して水温が高くなる．この大冷水塊の形成と消滅は黒潮の大蛇行と連動しており，周辺の漁場形成に与える影響は大きい．また，黒潮上流域周辺で発生した卵・仔稚魚の輸送と生残にも影響していることが示唆されるが，この大冷水塊が生物生産に与える影響の詳細については不明の点が多い．

（小松　幸生）

b. 海洋前線・フロント・潮目

（i）海洋前線の定義・分類および諸特性

異なる２つの水塊の境界が海洋前線（海洋フロント：oceanic front）もしくは潮境であり，海洋前線を境にして水温・塩分等の物理特性は不連続的に変化する．また，海洋前線における水平収束により，浮遊性の生物やさまざまな物質が海面の収束線に沿って細長く帯状に分布することから，この海面の収束線を潮目と名づけることもある．海洋前線は，物理的には水平収束による異水塊の移流量が，前線域の水平勾配に比例する拡散量を上まわる場合に発達し，水平収束流が小さくなると拡散によって減衰する．潮境と漁業の関係について経験的に「魚群は一般に潮境付近に集群する傾向にある」ことから，漁海況予報でも，魚群を蝟集（いしゅう）させる海況特性の１つとして潮境の存在が古くから注目されている．

本来，前線という用語は気象学に由来し，2つの気団が接したときにその境界面と陸地によってつくられる境界線として定義されたものである．したがって，海洋前線は本来的には，異なる２つの水塊が水平に接したときに，その海面に生じる収束線を表す．その意味で，同じ水塊内に何らかの原因で海面収束を生じたものは，厳密には海洋前線と区別すべきであろう．なお, 日本語では「前線」だけでなく「フロント」としても一般的に用いられている．

海洋前線は，発生する場所の水深に応じて，一般に，沿岸前線，陸棚前線，外洋前線の３つに分類される．

(1) 沿岸前線：河口域で河川から流入する淡水と塩水との間に形成される河口前線（estuarine front），冬季に海面の冷却に伴って沿岸の低温・低塩分水と沖合の高温・高塩分水の間でキャベリング（同じ密度をもつ２つの水塊の混合により密度が増大する現象）による海面収束が生じるために発生する熱塩前線（thermohaline front），おもに夏季に海面の加熱によって鉛直成層が発達する海域と強い潮流による大きな鉛直乱れによって成層が破壊される海域が形成され，その境目に発生する潮汐前線（tidal front）などが含まれる．

(2) 陸棚前線：鉛直混合された低温・低塩分の陸棚上の海水と，外洋からの熱供給によって鉛直成層が維持される高温・高塩分の陸棚斜面上の海水との境界面に発生する陸棚縁前線（shelf front）や，陸岸に沿って吹く風により生じる沿岸湧昇の前面に発生する沿岸湧昇前線（coastal upwelling front）などがよく知られている．陸棚前線の存在は，沿岸から外洋への物質輸送に大きな影響を及ぼす可能性があるが，その実態にはまだ不明な点が多い．

(3) 外洋前線：代表的なものは，黒潮や湾流のような西岸境界流と沿岸との間に形成される西岸境界流前線（western boundary current front）である〔たとえば，黒潮前線（Kuroshio front），湾流前線（Gulf Stream front）〕．また，太平洋・大西洋の亜寒帯前線（subarctic front），亜熱帯前線（subtropical front）も外洋前線に含まれる．

日本近海で黒潮と親潮が出あう三陸東方海域（黒潮親潮移行域）は，低温・低塩分の親潮水と高温・高塩分の黒潮水が相互に入り組んだ複雑な前線構造がみられる世界有数の潮境漁場として知られている．この海域は，また，黒潮から派生した暖水塊やそれよりも規模の小さい暖・冷水渦，さらにはそれらから派生する暖水ストリーマというフィラメント状の暖水などが出現し, きわめて複雑な海況を示す（1.3.1.C.a）．

このような，従来よりも微細な時空間構造をもつ中規模（mesoscale）の海洋特性が，北方への熱の輸送や魚の移動・回遊に果たす役割が注目されている．また，湾流や黒潮の前線域において前線擾乱（frontal disturbance）に伴い発生する低気圧性の前線渦（frontal eddy）についても，沿岸−外洋間の物質交換や外洋域の生物生産，生物の輸送等に重要な働きをしている可能性がある．

（ii）海洋前線の観測

海洋前線の種類にもよるが，海洋前線の空間規模は数 km ～数十 km，時間規模は数日～十数日であることが多く，水温・塩分あるいは水質やクロロフィル濃度等を観測する場合には，時間的・空間的に連続した観測が基本的に必要となる．近年は，人工衛星により同時性が高く空間的に連続した広域の観測情報が入手できるようになり，海洋前線の構造や動態に関する調査・研究が急速に進展した．ただし，衛星情報は雲の影響等により時間的には必ずしも連続したものとはいえず，空間的にも海洋のごく表層に限られたものであることから，目的に応じて船舶による航走連続観測等と組み合わせることが必要となる．海洋前線近傍の水平収束流は，漂流ブイ追跡や短波海洋レーダー等によって実測されている．

（iii）海洋前線域の環境と生物分布

海洋前線を境にして水温・塩分等の物理的な特性が急激に変化することに伴い，栄養塩類やクロロフィル濃度等の生物化学的な特性も前線域で顕著な変化を示すことが多い．そのため 1970 年代から 1980 年代にかけて，海洋前線の物理構造と低次生産に関する研究が精力的に行われた．とくに，沿岸海域の潮汐前線については，その生成メカニズムや変動実態などが解明されている．その後，1980 年代後半から，前線域の生物分布，とくに水産資源の再生産と関連する仔稚魚やその餌料生物の分布に関する研究が進められている．

比較的調査が容易な沿岸前線については研究例が多く，前線域の海面収束は遊泳力に乏しい仔稚魚を前線付近に物理的に集積させる働きをしていること，前線域における鉛直混合により基礎生産が増大することとも相まって，カイアシ類等の餌料生物の現存量や生産速度が前線域で増加することが知られている．そのため，前線域では仔稚魚の摂餌状態，栄養状態，成長などが周辺海域より良好であることを示す事例も多い．また，熱塩前線など外洋に面した湾口部や陸棚縁辺に形成される沿岸前線は，沿岸性魚類の仔稚魚の沖合への逸散を防ぐ役割を果たすことも示されている．これらは，海洋前線の物理的・生物的な機能が，前線域における仔稚魚の分布や生き残りに大きな影響を及ぼしている可能性があることを意味する．しかしながら，沿岸前線の位置や発達度合は，潮汐や海況変化などに伴って変動しており，そうした物理構造の変動やそれに伴う餌料環境，捕食圧，親魚の産卵など生物過程の時空間的な変動のために，仔稚魚の分布に対する前線の影響のあらわれ方はきわめて複雑なものとなる．実際，前線域に仔稚魚の集積が認められず，仔稚魚を捕食する可能性の高いクラゲ類が高密度に分布していた例もある．また，前線域における仔稚魚や餌料生物の集積には，前線近傍の流れの強さに加えて生物の遊泳行動が複合的に関与している．

一方，陸棚前線や外洋前線と仔稚魚分布等との対応に関する研究例はまだ少ない．北海北東部に形成される陸棚縁前線の近傍では，この海域に出現するタラ類仔魚が前線によく対応した分布構造を示すことから，前線の変動の影響を解明することがこの海域のタラ類の初期生活期の減耗に関する中心的課題となっている．また，黒潮前線では，動物プランクトンやカイアシ類の現存量が周辺海域より多く，その要因の 1 つとして前線が沿岸水を引き込む作用をもっていることがあげられる．また，断片的ではあるが，沿岸性魚類の卵・仔稚魚が黒潮の前線域に引き込まれることもある．さらに，先に述べた湾流や黒潮の前線域に発生する低気圧性の前線渦は湧昇を伴うため，西岸境界流域の基礎生産や二次生産を増大させる働きをしている．黒潮などの前線渦は，周辺海域の仔稚魚を相対的に餌料密度の高い前線渦に引き込み滞留させることによって，その生き残りを高めている可能性がある．

（中田　英昭）

c. 急　潮

（i）急潮の定義

急潮は沿岸に沿う強い流れのことである．北海道の太平洋沿岸，三陸沿岸，房総沿岸，相模湾，駿河湾，紀伊半島沿岸，四国西岸，九州西岸，丹後半島から若狭湾，富山湾，佐渡周辺など日本周辺の沿岸海域から急潮の報告があるが，急潮が襲来するのは年間にして多くても各海域で数回である．流速は通常の流速の数倍〜十数倍に達し，地形や海洋の成層等の影響を受けるので，最大流速は場所によって異なるが，通常1ノット（$0.5\ \mathrm{m\,s^{-1}}$）以上である．強流は数時間〜数日続くことから，沿岸に敷設された定置網や養殖網などの漁具に破損や流失などの被害を与えてきた．突然，強流が襲ってくることから，漁業者間で急潮とよばれるようになった．近年，観測技術，理論的な研究，実験研究が進歩し，定量的な急潮予測も可能となった．漁業者が十分に対応すれば，漁業被害は激減させることも可能である．

急潮被害の多かった相模湾，駿河湾，外房沿岸で定置網漁業者の協力を得て，100年近く前から急潮研究は行われてきた．最も恐れられた急潮は，冬季から春季に敷設した大型定置網に被害を与えるもので，季節に合わせて，冬季大急潮，年末大急潮，春季大急潮などと名づけられた．この急潮の特徴は水温急上昇と透明度の上昇を伴うことから，沖合からの暖水の進入が原因と考えられる．長年の経験から漁業関係者は，急潮襲来は水温急上昇・透明度の上昇等の海況急変に加えて，気象擾乱との関連も多いとしている．大型低気圧や台風の通過前後に急潮が発生すること，また，天文潮との関係で，大潮時と急潮の発生を研究した例もある．一方で，静穏な海況にもかかわらず強流が起こる場合もあった．

1970年代に入り，係留系を利用して固定点で流向・流速や温度，塩分などの長期連続観測が可能になったことが急潮現象を理解する糸口になった．人工衛星の赤外画像から海面水温をとらえることは可能になったが，雲の影響で急潮研究に十分な役割を果たせなかった．一方，沿岸流の理論的な研究と数値実験の進歩は急潮の物理的な理解を深める重要な役割を果たした．

これまでの研究から急潮の特徴を整理すると以下のようになる．急潮に，① 海洋の成層，② 沿岸地形や海底地形，③ コリオリの力（地球自転の転向力）などが深く関与し，流れを強めている．また，海水が実態として移動する現象（密度流）と，波動現象（長周期波）として伝播する際に，流れを強化する場合がある．密度流の流向は一定方向であり，長周期波は周期的に流向が変わる．したがって，海洋力学的には性質の異なるいくつかの現象を総称して急潮とよんでいることになるので，現象ごとに急潮を次のように分類できる．

（ii）暖水の進入による急潮

黒潮や対馬暖流，津軽暖流などの分岐流などが沿岸に進入してきて急潮となる．暖水は沿岸水とくらべて温度が高く密度が小さいため，コリオリの力を受けた沿岸密度流の性質をもち，海洋上層を岸に捕捉されながら，岸を右手にみて流れる．相模湾での冬季の急潮や丹後半島，三陸沿岸の急潮などにときどきみられる．急潮の原因は暖流の流路の不安定さであるため，高精度の海面水温日報や人工衛星画像の追跡で，ある程度予報は可能である．典型例として，1997年1月7日に相模湾西部の米神定置網を破壊したのは黒潮系暖水の進入によるもので，最大流速は$1.0\ \mathrm{m\,s^{-1}}$を超えていた．同定置網は100年間の操業で，初めての大被害であった．表面水温や透明度により急潮を推定していた頃は，急潮とは，この現象を指していたと考えられる．

（iii）沿岸捕捉波による急潮

台風などの気象擾乱の通過の際に発生する沿岸捕捉波が，強められて急潮となる．岸に沿って強風が長時間連吹すると，エクマン輸送によって海水は岸沖方向に輸送される．たとえば，海岸線が南北に伸び，東に開けた海洋をもつ沿岸域で北風が連吹すれば，海水は西向きに輸送され沿岸水位は上がる．すると，海岸線沿いに生じた水位差を解消するために，海岸に沿って長波が発生し，伝播する．この長波は海底地形とコリオリの力の影響を受けて沿岸捕捉波の性質をもち，岸を右手にみて，沿岸に捕捉されながら伝播する．伝播速度は1～3 $m\,s^{-1}$と比較的遅い．沿岸捕捉波は生成された場所では，海面から海底まで，流れは一様（順圧的）であることが多いが，海底地形の急変する海域を通過する際，深さ方向に流速や流向が変化する（傾圧的）構造に変わり，表層の流速が強化される．つまり，陸棚波的な性質から内部ケルビン波的な性質に変わり，表層流が強められる．

相模湾では，台風通過に伴って房総半島東岸で発生した沿岸捕捉波が急潮をひきおこす．台風通過後，半日～1日後に，急潮は相模湾を襲う．一例として，1988年9月に台風18号により発生した急潮は伊豆半島東岸の定置網を南に約8 kmも流した．沿岸捕捉波による急潮が太平洋岸では最も多いことが統計的にわかっている．

（iv）**近慣性内部波による急潮**

台風や低気圧が通過する際，一方向に風が連吹し，その後，風向が変化したり，風が止んだりすると，海水は慣性によって動く．地球自転の影響の下では，海水は慣性周期（日本付近では約20時間）で円を描く．観測によると慣性周期の周期帯で運動エネルギーが集中している．慣性周期より短周期の波の復元力は重力とコリオリの力で，この波が慣性重力波である．慣性周期運動は重力の影響が効かないので水平運動となり，これは慣性振動と名づけられている．成層された海洋では慣性周期よりわずかに周期の短い内部波（近慣性内部波）が高いエネルギーをもって伝播する．慣性周期は緯度によって周期が異なり，緯度の低いほうが周期は長く内部波（内部慣性重力波）は北方に移動できないため，この周期帯にエネルギーは集中する．

日本海では，表層で近慣性内部波による流れが強いことが観測で認められている．台風や低気圧の通過に伴い強い近慣性内部波が発生し，中央部から緯度の低い南，つまり日本沿岸に向かって，内部慣性重力波として伝播する．沿岸に接近すると海岸の影響を受けて内部ケルビン波の性質をもち，岸を右手にみて伝播し，急潮となることがある．この流れの強いときは，たとえば富山湾の能登半島沿岸では最大1.5 $m\,s^{-1}$にまで達する．富山湾，若狭湾，佐渡周辺などで，被害が続出していたが，近年，対策が急速に進んでいる．

（v）**内部潮汐による急潮**

潮汐周期の内部波（内部潮汐）は成層が強くなる夏季から初秋に卓越する．駿河湾奥部の内浦湾では半日周期内部波と内部静振とが共振し，流速が増大する．最大流速は0.6 $m\,s^{-1}$を超えることもあるが，内部波による上下層間の流向が逆転するため，漁具に対する相対速度は大きくなり急潮となる．相模湾や，天草諸島，五島列島でもみられる現象で，周期的に起こるため，揚網不能日が数日続くことがある．

（vi）**広義の急潮**

広義の急潮として次の2つの現象が加えられる．

(1) 九州西岸で網引（あびき）とよばれる現象．気象擾乱の通過に伴って発生した長波が湾内に伝播し，湾の固有振動（静振）と共振して振幅が増大する．急潮とくらべて，周期は短くコリオリの力や成層の影響を受けないが，湾の地形である湾軸長と水深が関与する．水位が高くなると湾軸方向に強い流れが発生し，定置網や養殖網に被害を与える．

(2) 豊後水道の四国沿岸では，沖合水と沿岸水の間に顕著な前線が形成される．この前線は潮汐流が強いために鉛直混合が発達して維持されている（潮汐前線）．潮汐流が弱くなる小潮期に，鉛直混合も弱くなって潮汐前線が消滅し，沖合水が湾内表層に進入して海水交換が起こる．この海域では，流速の強さに関係なく，沖合水の流入を急潮とよんでいる．

（松山　優治）

D. 沿岸・浅海漁場

a. 潮汐・エスチュアリー循環

（i）潮汐・潮流

1）潮汐の特性

海洋にはさまざまな周期や振幅をもった波が

表 1.3.1-1　主要分潮*

記 号	名 称	周 期	振幅（cm）	遅角（°）
K_2	日月合成半日周潮	11 時間 58 分	4.36	227.50
S_2	主太陽半日周潮	12 時間 00 分	16.88	227.82
M_2	主太陰半日周潮	12 時間 25 分	29.71	215.47
N_2	主太陰長円潮	12 時間 39 分	6.34	209.64
K_1	日月合成日周潮	23 時間 56 分	26.06	203.77
P_1	主太陽日周潮	24 時間 04 分	8.00	201.91
O_1	主太陰日周潮	25 時間 49 分	19.60	181.31

*振幅と遅角は大阪湾における値.

存在するが，日本の多くの海岸では 1 日に 1～2 回のゆっくりとした海面の昇降が観察される．これが潮汐である．潮汐はおもに太陽や月が海水に及ぼす超潮力によって起きるが，その作用は月のほうが強い．また小さいながら気象現象に起因する潮汐もある．海面が上昇しきった状態を満潮または高潮（こうちょう），最も下降しきった状態を干潮または低潮という．また干潮から満潮までの間で海面が上昇しつつあるときを上げ潮または満ち潮，満潮から干潮までの間で下降しつつあるときを下げ潮または引き潮という．満潮と干潮の差は潮差という．月の日周運動（南中から南中までの時間）が約 24 時間 50 分なので，1 日 2 回海面の昇降があるとき，満潮から次の満潮までの時間は約 12 時間 25 分である．1 日に 1 回しか昇降がないときは，満潮から次の満潮までの時間は，約 24 時間 50 分となる．このため，満潮になる時刻は 1 日あたり約 50 分遅れる．潮汐の大きさは日によって異なる．新月や満月の頃は太陽，月，地球がほぼ一直線上にあるので 2 つの起潮力が強め合うことで潮差は大きくなり，大潮を生じる．一方，上弦・下弦の頃は太陽と月が地球に対してほぼ直角方向にあるため両者の起潮力が弱め合い，潮差が小さくなる．これを小潮という．潮汐が 1 日に 2 回起きる場合でも，その大きさや周期は一般に等しくない．これは半日周期と 1 日周期の潮汐が重なるために生じるもので，この現象を日潮不等という．1 日 2 回の高潮のうち高いほうを高高潮，低いほうを低高潮という．低潮についても同様に，高低潮と低低潮がある．日潮不等が極端になると，干満が 1 日に 1 回しかあらわれなくなる．

2）潮汐の分潮

潮汐が起こるのは，月と太陽の引力が地球表面の各点と地球の中心とで異なるためである．この引力の差が潮汐を起こす力で，起潮力とよばれる．起潮力は月や太陽の地球に対する相対的位置や距離に関連し，それらが複雑に変動することで実際の潮汐も複雑に変動する．そこで現実の潮位変動を調べたり予測したりするには，実際の月や太陽のかわりに，天球の赤道上を一定の距離を保ち一定の周期で運行する複数の仮想天体を想定し，それらによって規則正しい潮汐が起こされていると考えるほうが便利である．実際に観測される潮汐は，これらの複数の仮想潮汐が合成されたものであると考え，この仮想潮汐を分潮という．

分潮のうち主要なものを**表 1.3.1-1** に示す．これらのうち振幅が大きくてとくに重要な M_2，S_2，K_1，O_1 の 4 つを主要 4 分潮という．実際に観測された潮汐を各分潮に分離し，それらの振幅と位相差（ある仮想天体が南中してから，その分潮が高潮になるまでの時間を角度で表し，遅角という）を求めることを調和分解という．振幅と遅角は観測点に固有な定数で，これらは潮汐の調和定数という．ある海域における各分潮の調和定数がわかれば，過去や未来の潮汐を精度よく推定することができる．

3）各地の潮位

大阪港における予報潮位と実際に観測された水位を**図 1.3.1-11** に示す．両者はおおむね一

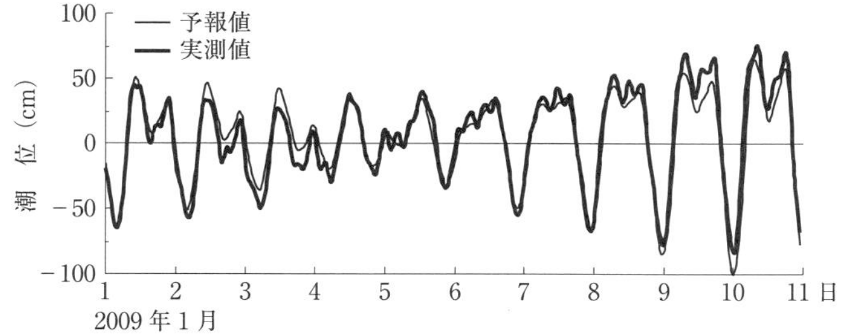

図 1.3.1-11　大阪湾における予報潮位（細線）と観測された潮位（太線）
〔気象庁のデータを参照して作成〕

致しているが，若干のずれがみられる．これは水温や塩分の変化による海水密度の変化，風の影響，大気圧の変化などによるものである．たとえば，水温が上がると海水は膨張し，水位も上がる．また風が海岸に向かって吹くと海岸の水位は上昇し，逆の場合は低下する．そして気圧が 1 hPa 低下すると，水位は約 1 cm 上昇することも知られている．台風が接近したときなどは，水位が予報値よりも明らかに上昇する．

起潮力によって生じた海水の運動は，潮汐波と名づけられる長波となって海洋中を伝播する．その過程で海底・海岸地形や海底摩擦などの影響を受けるため，潮汐は海域によって大きく異なる．世界で最も潮差が大きいところはカナダ東岸のファンディー湾で，大潮時には 13 m 以上になることもある．イギリス西岸，英仏海峡，マゼラン海峡などでも潮差が 10 m を超える場所がある．日本では有明海が潮差が大きいことで有名で，最大で 4.6 m に達する．太平洋岸では一般に 1 ～ 2 m であるが，日本海側の潮差は小さく 0.5 m 以下しかない．これは潮汐波の入口である対馬海峡の断面積が日本海の面積にくらべて著しく狭いからである．瀬戸内海は複数の出入り口をもつうえ島嶼部が多いため潮汐は複雑になっており，西部～中部では潮差が 3 m 前後あるが，東部では比較的小さい．

4）潮流の調和分解

潮汐に伴って生じる流れを潮流という．潮流は潮汐と同じく周期的であり，半日もしくは 1 日周期の流れが卓越するが，日潮不等や月齢に伴う大潮小潮の変化も認められ，一般に大潮時に最も大きく，小潮時に最も小さくなる．潮流も潮汐同様，調和分解によって個々の分潮の振幅と位相差を求めることができる．潮流はベクトル量なので，直交する 2 つの成分（一般には東西成分と南北成分，場合によっては長軸方向と短軸方向）に分けて，それぞれの成分について調和分解を行う．図 1.3.1-12 は，座標原点から各時刻の分潮をベクトルで表示したときの先端を結んだホドグラフである．これは潮流楕円とよばれ，各海域の潮流のようすを表すときにしばしば用いられる．

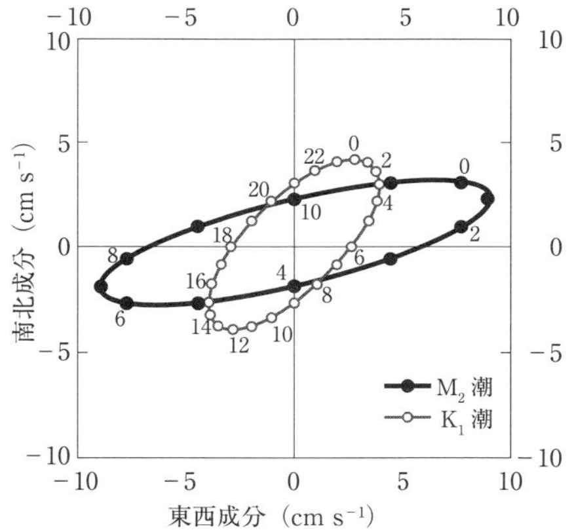

図 1.3.1-12　潮流楕円の例
太線は M_2 潮，細線は K_1 潮を示す．数字は月が南中してからの太陰時．

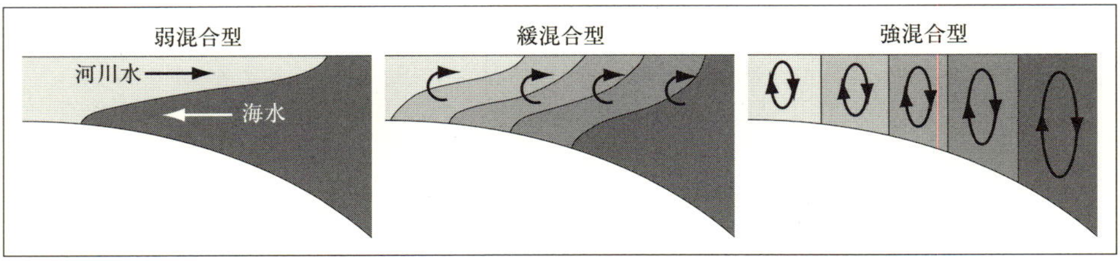

図 1.3.1-13　河口域の 3 つの型

海岸付近や海峡部などでは，潮流の方向がほぼ定まった往復流となり，流向が変わるときに流れが止まる．これは憩流，あるいは憩流後に流向が逆転するので転流という．そのような場所の潮流楕円は，長軸方向の直線に近くなる．しかし岸から離れると，潮流は流速だけでなく流向もたえず変化するので，憩流が観察されないことが多い．また一般に，沿岸付近で潮流は大きく，外洋では微弱である．とくに湾口や水道部など海域の幅が急に狭くなっているような場所では，潮流は大きい．しかし潮流は潮汐よりも局地性が強く，近接した場所でも流速が著しく異なることが多い．これは海底や海岸地形の影響のためであり，浅海や内湾域などでは複雑な潮流がある．

日本で潮流の大きいところは，瀬戸内海や九州西岸などの海峡部である．来島海峡や関門海峡では最強流が $4\ \mathrm{m\ s^{-1}}$，鳴門海峡では $5\ \mathrm{m\ s^{-1}}$ にも達する．海峡部では岬や島陰で渦が発生し，上流側と下流側で流れが大きく異なる．このような場所では 1 太陰日にわたる潮流のベクトル平均をとっても流速が 0 にはならず，潮汐残差流または恒流という平均流が残る．つまり，実際に観測されている流れは，この平均流と各分潮が合成されたものとみなされる．

（ii）エスチュアリー循環

残差流の成因のおもなものとしては，潮汐残差流のほかに風が海面を擦ることによって起きる吹送流や海水の密度差に起因する密度流などがある．沿岸域では，陸と海の比熱が異なることにより，日中には海から陸へ，夜間には陸から海へと風が吹くことがある．これは海陸風とよばれている．海陸風によって日中は陸向きの，夜間は沖向きの吹送流が生じる．また淡水が流入する河口域では，河口付近とそれから遠く離れた地点の間で圧力場に不均衡が生じる．それを解消するために上層で沖向きに低塩分水が流れ，下層で岸向きに高塩分水が流入する密度流が発生する．この流れをエスチュアリー循環という．大きな河川が流入する場合は，湾スケールでエスチュアリー循環が生じる．エスチュアリー循環流は河川の流入で起こるが，その規模は河川流量にくらべて数倍～数十倍も大きい．このため，湾内の海水交換や生物輸送にも多大な影響を及ぼしている．

エスチュアリー循環により，海水が河川内に進入することがある．河口域では海水の密度がおもに塩分で決まっていて，その流れのようすも塩分分布により大きく異なっている．河口域はその塩分分布の違いから，弱混合型，緩混合型，強混合型に分けられる（図 1.3.1-13）．この分類は定性的には，水平方向に塩分を輸送し成層をつくろうとするエスチュアリー循環流と，往復流によって混合作用をもたらす潮流の相対的な強弱に対応しており，エスチュアリー循環の影響が勝る場合が①弱混合型，潮流の影響が勝る場合が②強混合型，両者が均衡する場合が③緩混合型である．

弱混合型では淡水と塩水の混合が弱く，下層では密度の大きい塩水が楔形に遡上し，その上を密度の小さい淡水が滑るように流下する．水域は明確に 2 層に分かれ，上下層の密度差が大きいため境界面はひじょうに安定している．この型は潮流が弱く，河川流量の大きい河川の河口域によくみられる．すなわち，潮汐の小さい日本海側の河川や，小潮期，そして河川流量の大きい夏季に多く出現する．河川流量が大きいことで有名なミシシッピ川の河口域や潮汐の小さい由良川下流域は，このタイプに当てはまる．

一方，強混合型では海水は鉛直方向によく混合されるため，塩分は水平方向のみで変化する．弱混合型とは反対に，潮汐の大きい有明海のような海域や，大潮期，そして海面からの冷却が大きく河川流量の小さい冬季に出現しやすい．

緩混合型は弱混合型と強混合型の中間であり，鉛直，水平両方向の塩分勾配がみられる．ただし，ある特定の河口域に常に特定の型が当てはまるものではなく，時期によってその型が変わったり，河口域付近と湾口付近で異なるタイプがみられたりすることもある．

（笠井　亮秀）

b. 潮間帯

（i）潮間帯の形成と地形

海岸の中で潮汐に伴って干出と冠水をくりかえす潮間帯は，海陸間のエコトーンとなっている．潮間帯より上は潮上帯，下は潮下帯に分類される．異なる型の潮間帯を形成するおもな要因は，海域の潮位差のみならず，① 基盤の傾斜と底質，② 沖から吹いてくる卓越風の強さと吹送距離，③ 後背の河川の有無と流量である．基盤の性状に基づき，潮間帯は岩礁地・転石（＝大・中型の礫）地・砂浜・干潟・サンゴ礁に分けられる．

外海からの波浪の衝撃を直接受ける海岸は開放海岸，岬の内側や前面にある島の陰になっている海岸は保護海岸，まわりが陸地に囲まれた，内湾にあるような海岸は包囲海岸という．岩礁地と転石地はすべての型の海岸に，砂浜は開放海岸と保護海岸に，干潟は保護海岸と包囲海岸に，サンゴ礁は河川の影響が少ない開放海岸と保護海岸にあらわれる．開放海岸にある急傾斜の岩礁地を海食崖という．開放海岸の転石地は海食崖のふもとや，張り出した岬と岬にはさまれたポケットビーチに存在し，小型の礫や粗粒砂・中粒砂も混じる．保護・包囲海岸の転石は，細粒砂や泥（＝シルト—粘土）を含む基質に一部が埋もれている．

砂浜と干潟における砂・泥の粒子は，① 河川により運ばれる陸上岩石，② 海食崖，③ 潮下帯堆積物に由来する砕屑物である．これらに加え，小型の礫や貝類・有孔虫・サンゴなどに由来する炭酸塩骨格の破片も混じる．造礁サンゴはおもに潮下帯の浅いところに発達し，潮間帯での分布は大潮低潮線付近に限られる．ここでは岩礁地・転石地・砂浜について記述し，干潟については後述する．

（ii）潮間帯ベントスの帯状分布

潮間帯に生息する底生動植物（ベントス）のほとんどは潮下帯に起源をもつ．そのため，干出時に陸方向に増大する乾燥・夏季の高温・冬季の低温・降雨への露出に伴う生理的ストレスにさらされる．これらに対する耐性には種間差があり，これが潮位勾配に沿って優占するマクロベントスの種がおきかわる現象（帯状分布）を律する第一義的な要因である．また，水柱の懸濁粒子を摂取するフジツボ類などの懸濁物食者は継続冠水時間によって成長と生残が決定される．逆に，干出時に摂食するスナガニ類などは継続干出時間の影響を受ける．

（iii）岩礁・転石の潮間帯

岩礁地（および転石地の大型礫）では，上から下に向かって巻貝のタマキビ類・フジツボ類・コンブ類やホンダワラ類などの大型褐藻（と石灰藻）によって標徴される 3 つの帯位が汎世界的にみられる（図 1.3.1-14）．また，開放海岸から包囲海岸までの間で，同じ帯位を占めるそれぞれの分類群の中で種のおきかわりがある．とくに開放海岸では，波しぶきによって冠水する範囲とそれに対応したベントスの分布が上方まで広がり，潮間帯と潮上帯の境界を大潮最高高潮線だけで厳密に定めることはできない．同様に，潮下帯の種は大潮最低低潮線を越えて潮間帯の下部に侵入する．これらの理由により，岩礁潮間帯を標徴ベントスの生息範囲に基づいて区分するとき，潮上帯下縁部（あるいは潮間帯上縁部）・真潮間帯（あるいは潮央帯）・潮下帯上縁部のように，推移の幅をもたせて区分することが一般的である．

タマキビ類は基盤に生える珪藻・藍藻などの

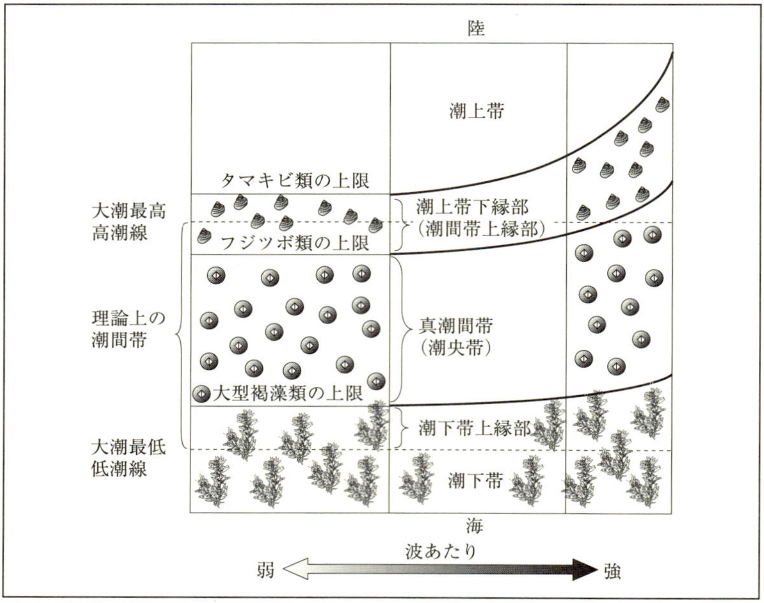

図 1.3.1-14　岩礁潮間帯の３つの帯位区分と波あたりとの関係

底生微細藻を削って食べるグレーザー（grazer）である．フジツボ類は水柱の植物プランクトンとデトリタスを摂取する懸濁物食者である．真潮間帯とそれ以下では基盤に固着して生活する定在型の種が多く，動物間・植物間のみならず動植物間でも空間をめぐって競争している．その能力の種間差により分布の下限が決まっている場合が多い．また，定在型の種の分布下限は，真潮間帯の中〜下部に分布上限をもつヒトデ類や肉食性の巻貝などの捕食によって決定されることもある．移動型ベントスであるヒザラガイ類やカサガイ類は単細胞藻類のみならず多細胞海藻の胞子に対するグレーザーであり，後者の密度に影響を及ぼす．

岩礁地と転石地は，広い基盤のみならず大小さまざまな凹凸の微地形からなる．潮だまりや基盤の側面・下面における環境諸条件とそこにみられるベントスは基盤上面のものとは異なっている．転石地のうち，波浪により表面が摩耗した丸型の石が卓越する場所は，生物相が最も不毛な潮間帯である．ここでは表在性のベントスを欠き，まわりの粗粒基質も保水力が低いため，埋在性ベントスも少ない．

（iv）砂浜の潮間帯

砂浜の潮間帯は，前浜（まえはま）の大部分を占め，寄せ波と引き波に洗われている（図 1.3.1-15）．前浜の沖には窪地と沿岸砂洲をもつ外浜（そとはま）が続き，沿岸砂洲の付近で砕波が起こる．さらに沖には沖浜が続く．前浜の陸側には暴浪時に波がくる後浜（あとはま）と，飛砂によって発達する砂丘が順に後詰めしている．砂浜の地形は時間的に安定したものではない．暴浪時には大きな浸食と沖方向への急激な砂粒子の輸送が起こるが，それ以外は徐々に陸方向へ砂粒子が戻される．

砂浜のベントスは波による底質移動に適応する必要がある．そのため，とくに開放砂浜では底生微細藻・大型海藻などがきわめて乏しい．動物では素早く穿掘移動する型の埋在性マクロベントス，および砂粒間の間隙にすむ渦虫類や線虫類などのメイオベントス（間隙動物）が卓越している．干出時に陸方向に増大する底表面環境の厳しさは地下に潜ることで緩和される．このとき，地下水面の高さ・底質の保水力がベ

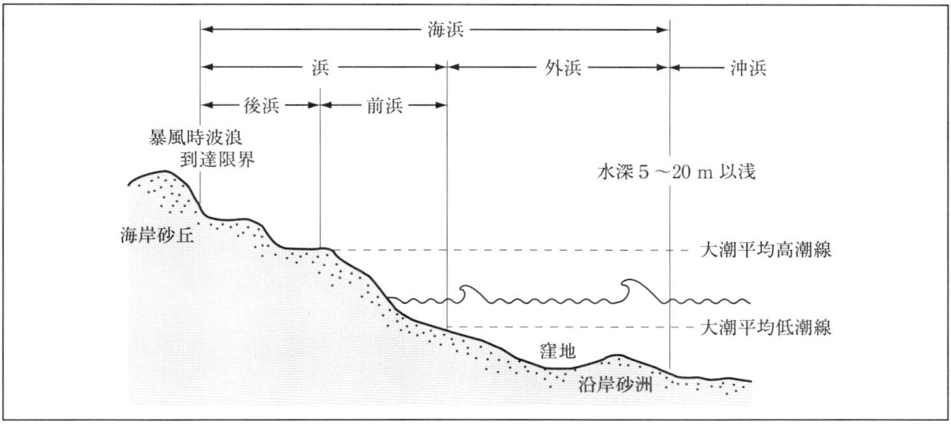

図 1.3.1-15　開放砂浜海岸の地形断面

ントスの分布に大きく影響する．

マクロベントスに着目すると，3 つの帯位が汎世界的にみられる．標徴種はいずれも甲殻類で，陸側から，① ハマトビムシ科の端脚類（温帯）あるいはスナガニ類〔（亜）熱帯〕，② スナホリムシ科の等脚類，③ ツノヒゲソコエビ科を主体とする端脚類（寒帯～温帯）あるいはスナホリガニ類〔（亜）熱帯〕である．これらのベントスの分布に対応して，潮間帯は潮上帯下縁部・真潮間帯・潮下帯上縁部に区分されている．上記の種はスナホリガニ類を除き，いずれも沖合からの打ち上げ有機体に依存する腐食者・肉食者あるいはデトリタス食者である．スナホリガニ類や優占二枚貝（フジノハナガイ類など）は沖浜・外浜から輸送される珪藻プランクトンを摂取する懸濁物食者である．堆積物食者では，オフェリアゴカイ科の多毛類のように砂粒を飲み込み，表面の有機物被膜を消化吸収する仲間が優占している．

砂浜は ① 反射型と ② 散逸型に分けられることもある．① は粗粒砂からなる急傾斜の砂浜であり，比較的小さな波に洗われる．寄せ波の水はすぐに底質にしみこむので，引き波の大きさが抑えられる．② は細粒砂からなる緩傾斜の砂浜であり，大きな波が打ち寄せる．寄せ波の水と粒子は地下に浸透せず，表面に残りやすく，引き波によって底質表層が平均化される．粒子の間隙もより少ないので，地下水位も比較的高く保たれれる．一般にベントス相は散逸型の砂浜のほうが豊かである．

c. 干潟と底質

（i）干潟の形成と地形

干潟とは砂泥質の平坦な潮間帯地形のことであり，底質を動かす潮汐流が波浪よりも大きな影響を及ぼしている海岸に形成される．したがって，潮位差が大きい海域の保護海岸と内湾を含む包囲海岸で発達しやすい．全体的な底質の砂と泥の割合に応じて砂質あるいは泥質干潟となる．干潟の後背湿地にはアシなどの塩生植物の群落が広がる．とくに，亜熱帯と熱帯の河口にある干潟にはマングローブが発達している．大潮低潮線の直下にはアマモやリュウキュウスガモなどの海草の群落が繁茂することもある．

日本では，地形的な特徴により干潟を次の 3 つの型に分類することが多い．① 河川水が海へ出た流路の両側に広がる前浜干潟，② 河川の河口内部にできる河口干潟，③ 開放海岸から入り込んだ潟にあらわれる潟湖干潟．このうち「前浜干潟」は外国にはない用語であり，語義に矛盾を含んでいるので注意を要する．前浜は，波浪が潮汐流よりも底質移動に大きな影響を及ぼす開放砂浜の地形要素である．

干潟の地下水位は砂浜にくらべて高く，底表面もより湿潤である．また，砂浜では泥粒子が沖合に流失するのに対し，干潟ではとくに陸方向に堆積しやすい．したがって，岸−沖方向の干出距離が長い干潟の底質は一般に，大潮時の低潮線から高潮線に向かって砂質から泥質へと推移する．有明海の奥部のように粘土粒子が豊富な海域では泥質部の面積が広がる．河川水に浮遊する粘土粒子は負に荷電しているため反発しあうが，海水中の陽イオンと出あうと中和されて凝集し，綿毛状の集団（フロック）となって沈積する．

全体的には平坦な干潟の地形にも起伏がある．たとえば，上げ潮・下げ潮に伴って水が流れる澪（みお）や低潮帯において砂の峰と谷が数m〜十数mの波長でくりかえす砂州がある．波長が数cm〜数十cmの砂漣も多い．また，梅雨期や台風来襲時には，砂質干潟であっても河川からの出水に伴って大量の浮泥が堆積することがある．

（ii）干潟における生物攪拌作用

干潟の地形は高密度で広範囲に生息するマクロベントスの生物攪拌作用（バイオターベーション）によっても変えられる．タマシキゴカイ類や十脚甲殻類のスナモグリの仲間は造巣・摂食・排糞の活動を通して砂泥粒子の移動を促進する（底質のデ・スタビライザー）．逆に，棲管をつくる多毛類・端脚類や足糸を出すホトトギスガイのような動物ベントス，コアマモなど干潟に生息する海草類，粘液を分泌する底生微細藻は砂泥粒子を結合し，その移動を抑制する（スタビライザー）．また，マガキやアサリなど貝類の死殻は累積し，次世代の個体の生残を保障している（カキ礁など）．干潟の底質を掘り起こして中のベントスを食べるエイ類や鳥は摂餌痕を残す．

（iii）干潟の栄養構造

干潟は陸と海から栄養塩と有機粒子を受け取ってベントスの生存を支え，さらに冠水時には底生魚やワタリガニ類，干出時にはシギ・チドリ類などの鳥により索餌場として利用される．

底生無脊椎動物の一次消費者の食物源には，生食連鎖系では他生性の植物プランクトンのほか，自生性の底生微細藻とアオサ・アオノリ・オゴノリ類などの海藻があり，腐食連鎖系では上記の種々の藻類に由来する易分解性のデトリタス，および塩生植物を含む陸上維管束植物や海草に由来する難分解性のものがある．デトリタスには細菌，菌類，鞭毛虫・繊毛虫などの原生動物が集まり，これらは有機物を分解・無機化するとともに一次消費者層のベントスに消化吸収される．

以上の食物源のなかで，干潟の一次消費者への寄与が最も大きいのは植物プランクトンと底生微細藻である．底生微細藻のうち藍藻は，炭酸同化のみならず空中窒素の同化も行う．各食物源の寄与の割合は，量比を反映して干潟ごとに異なっている．

一次消費者層のベントスのおもな摂食様式は懸濁物食と堆積物食である．このうち，干潟での懸濁物食者の陸側の分布限界は小潮平均高潮線にあることが多い．とくに冠水状態への依存度が高いアサリなどの場合，分布の中心は小潮平均低潮線より沖側にある．このとき底生微細藻は，水流により再懸濁されたものが摂食される．一方，堆積物食者の優占度は陸側に向かって高くなる．

（iv）干潟がもつ浄化作用

干潟がもつ生態系機能に，効率の高い浄化作用がある．これには，① 自生性・他生性の一次生産有機物とデトリタスがベントスにとりこまれ，さらにそれが移動力のある高次消費者や漁獲により干潟の外に持ち出されること，② 底質中の好気性・嫌気性の細菌によって，水柱の過剰な栄養塩が代謝されたり，有機物が分解・無機化されたりすることが含まれる．

干潟の低潮帯の砂質部では，表層数cm〜十数cmの層は比較的大きい潮汐流と波浪にさらされ，底質粒子の間隙も多い．間隙水は溶存酸素が十分で，かつ酸化状態にあり，底質は黄褐色を呈する．ここでは好気性細菌が酸素を用いて，有機物を二酸化炭素・硝酸・リン酸にまで酸化分解する．このうち硝化細菌は有機物の分解途上にあるアンモニアを，亜硝酸イオンを経て硝酸イオンにまで酸化する．

干潟表層よりも深いところでは間隙水の酸素が欠乏し，かつ還元状態になる．とくに波浪が弱く，粒子の間隙が少ない高潮帯の泥質部では，酸化還元電位の不連続層が干潟表面のごく近くに存在する（たとえば数 mm の深さ）．酸素がない還元層では嫌気性の硫酸還元菌が硫酸イオンを用いて，有機物を二酸化炭素・アンモニア・リン酸・硫化物イオンにまで酸化分解する．このうち硫化物イオンは鉄イオンと化合して硫化鉄になり，これが底質を黒色に染めている．

さらに還元層では脱窒素細菌が硝酸呼吸を行う．ここでは亜硝酸イオンと硝酸イオンに含まれる酸素が有機物中の水素の受容体となる．その結果生ずる窒素ガスは大気へ戻るので，脱窒過程は干潟をとりまく窒素循環に強くあずかっている．

干潟の地下に巣穴をつくるベントスは上水と内部の水を循環させることによって，物質交換と代謝が盛んな酸化還元電位の不連続層を拡大し，浄化作用を強めている．

（玉置　昭夫）

d. 藻　場

（i）日本の海藻相

日本沿岸は，その海藻相の特性から 5 つに区分することができる．すなわち，第 1 区：千島列島〜宮城県金華山沖（亜寒帯性），第 2 区：宮城県金華山沖〜宮崎県日向大島（温帯性），第 3 区：宮崎県日向大島〜南西諸島〜鹿児島県野間岬（亜熱帯性），第 4 区：鹿児島県野間岬〜津軽海峡（温帯性），第 5 区：津軽海峡〜北海道根室半島納沙布岬（冷温帯性）である．また，太平洋沿岸では，黒潮暖流と親潮寒流のぶつかりあう千葉県犬吠埼付近に最大の境界がある．

この日本沿岸における海藻相の特性から，海藻の水平分布の特性を示す指標が考案されている．これら指標の値によって海藻の生育場所が寒海的か暖海的か，その程度を表すことができるとともに，その値により特定海域の海藻相が推定できる．すなわち，緑藻類（Chlorophyceae）は暖海に多く，褐藻類（Phaeophyceae）は寒海に多いので，これらの種数比 C/P 値を指標とすることができる．また，緑藻類と褐藻類の海藻種を対象に，同形世代交代もしくは世代交代のない種（isomorphic life cycle）は温暖な場所に多く生育し，異形世代交代（heteromorphic life cycle）を行う種は寒冷な場所に生育するので，これらの種数比 I/H 値を指標とすることができる．褐藻綱のコンブ目（Laminarialse）は寒帯性，温帯性の 2 つのグループに，ヒバマタ目（Fucales）は寒帯性，温帯性，熱帯性の 3 グループに，アミジグサ目（Dictyotales）は温帯性，熱帯性の 2 つのグループに分けられる．ある地点に生育するこれら 3 目に所属する種がどのグループに属しているかをもとに，その地域の温暖指数を算出できる．この指数を 3 つの目の学名の頭文字から，LFD 指数という．また，コンブ目とヒバマタ目の種数比 L/F 値が用いられることもある．

（ii）藻場の定義

藻場（seaweed bed）にはいくつかのタイプがある．大きく 3 つに分けると，大型褐藻のコンブ類やアラメ・カジメ類などからなる藻場をコンブ場（図 1.3.1-16），褐藻ホンダワラ類を主体とする藻場をガラモ場（図 1.3.1-17），海草群落であるアマモ場（seagrass bed）（図 1.3.1-18）である．コンブ場をとくに海中林という場合がある．これは英語で marine forest, kelp forest, kelp bed という．ただし，kelp（ケルプ）は日本には生育しない大型褐藻の総称であり，日本のコンブ類などと形態や大きさが異なるので，海中林と kelp forest のイメージは日米両国では異なる．他の種類の藻場として，日本では小型海藻類が大量に生育し群落を形成する，紅藻のテングサ場（マクサ場），サンゴモ場などがある．

世界にはさまざまな海藻群落が存在し，アイルランド地方の紅藻ツノマタ群落，北海沿岸の褐藻ヒバマタやアスコフィルム群落，太平洋北東部の褐藻ジャイアントケルプ群落，ニュージーランドの褐藻ドゥルビレア群落，チリの褐藻レッソニア群落，地中海の海草ポシドニア群

図 1.3.1-16　マコンブ，スジメ群落（岩手県大槌）

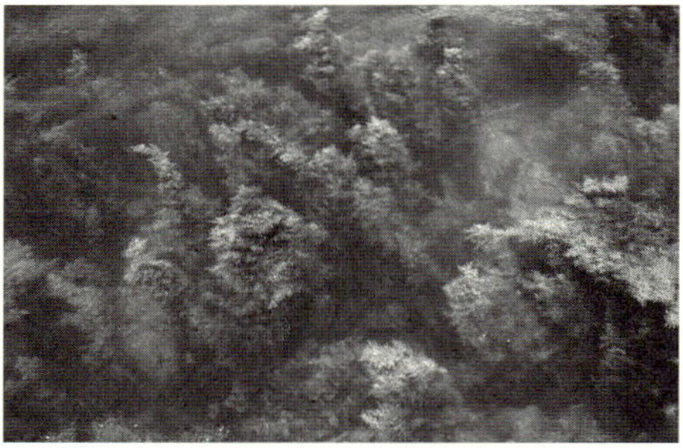

図 1.3.1-17　ガラモ場（静岡県中木）

図 1.3.1-18　アマモ場（千葉県館山）

落などがある．

日本の大型褐藻類では他にサガラメ，クロメ，日本海沿岸のツルアラメ，伊豆半島や伊豆諸島のアントクメ，全国各地のワカメなども大規模な藻場を形成する．ホンダワラ類のヒジキも潮間帯に大規模な群落を形成する．海草群落としては日本全国にアマモ，タチアマモ，オオアマモなどからなるアマモ場がある．さらに南西諸島ではサンゴ礁湖内に生育する，ウミショウブ，リュウキュウアマモ，リュウキュウスガモ，ウミニラ，ベニアマモ，ウミジグサなどの海草藻場がある．

前述の日本沿岸における海藻の水平分布から，太平洋沿岸亜寒帯域ではコンブ場，太平洋中南部ではアラメ，カジメ，クロメ場，日本海沿岸はガラモ場，南西諸島域ではアマモ場が，それぞれの区域を代表している．しかし，これらの藻場は混在することも多い．

（iii）藻場の生育環境と生態的役割

藻場の生育環境はさまざまである．温帯域に広く分布するアマモ場の構成種は砂泥性の静穏な内湾海域に生育する．例外として，波の荒い岩礁域に生育するエビアマモ，スガモの藻場がある．コンブ場，アラメ，カジメ場は波あたりが強く，流れのある海域に形成される．ガラモ場は，比較的波の静穏な沿岸域に形成されることが多い．藻場の構成主要種は単一種であることが多いが，とくにガラモ場では複数種からなることも多い．藻場は種の多様性が低いようにみなされがちであるが，一般的には，どの藻場も日陰となる群落下部には陰生植物的な小型海藻が下草として生育し，多様な種組成となる．

藻場の生態的な役割としては，沿岸生態系の最重要生産者であり，海洋生物の多様性に大いに貢献している．他の海産動物の生息場として重要である．とくに水産の立場からは，従来から知られている「魚介類の繁殖や生育場」としての重要な役割に加えて，「海洋生態系の安定な栄養動態に貢献している腐食連鎖への主要なエネルギー供給源」であることも明らかにされてきている．このように，陸上の森林が陸域環境を安定化すると同様，藻場は海洋環境の安定に大きな役割を果たしている．

現在，日本沿岸における藻場生態系は磯焼け現象により大規模に消失しており，海洋環境保全が急務となってきている．ここでは藻場はどれくらい持続するのかが問題となる．永久藻場とは2年以上の多年生のコンブ類，アラメ，カジメ類，一部のホンダワラ類からなる藻場である．すなわち，永久藻場の構成種は2年以上の

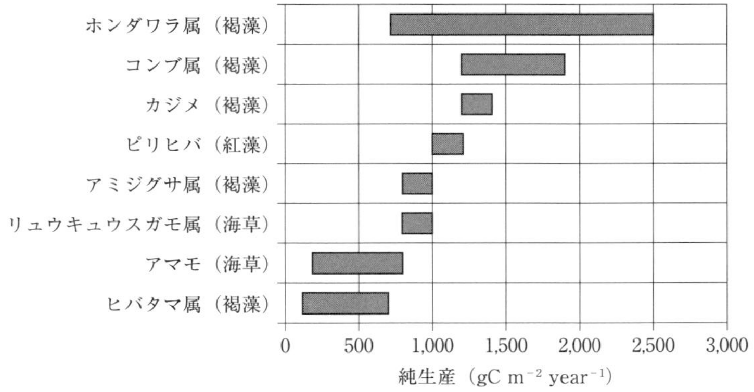

図 1.3.1-19　海洋の海藻，海草群落の生産力

寿命があり，次年度に新旧の個体が混在することで，藻場が通年維持される．

一方，季節性藻場とは1年のうちの一部の季節だけ藻場を形成するものであり，ワカメやアントクメなどの一部のコンブ類，ヒジキなど多くのホンダワラ類，小型の紅藻テングサ類やサンゴモ類がこれに相当する．ワカメやアントクメは1年生であるので，藻場の維持は多年生のものより困難となることが予想される．このために，1年生の種が多いホンダワラ類が形成するガラモ場は，近年の沿岸環境の変化に最も強く影響される藻場なのである．これまでヒトの手で失われてしまった藻場生態系を復元するのはきわめて困難である．

（iv）藻場の生産力

沿岸生態系の生産力のほとんどは藻場によることが解明されている．世界の生態系における海藻，海草類の第一次生産力を比較する（図 1.3.1-19）．コンブ場，アマモ場の生産力が年間の炭素量に換算して1～2 kg m^{-2} 以上となる．なお，熱帯雨林の生産力は 1.25 kg m^{-2} であるので，いかに藻場の生産力が高いかがわかる．

（田中　次郎）

1.3.2　水産生物の生理・生態と生息環境

A. 水産生物の種類と生理・生態

a. 水生植物

（i）種　類

水生植物は，植物界11門（藍色，原核緑色，灰色，紅色，クリプト，不等毛，ハプト，渦鞭毛，ユーグレナ，クロララクニオン，緑色の各植物）すべてに所属する．長さ 0.2～2 μm のピコプランクトンから 100 m 以上に達する海中林を構成するコンブ目褐藻まで，またアマモ，スガモなど海に戻った単子葉植物もある．食用など産業対象として重要な水生植物は，DNA が核内にある多細胞真核生物で，藻類と総称される紅色植物の紅藻（アマノリ，オゴノリ，テングサ，トサカノリ，フノリ，サンゴモ類など），不等毛植物の褐藻（アラメ，コンブ，ヒジキ，ホンダワラ，モズク，ワカメなど），緑色植物の緑藻（アオノリ，クビレズタ，ヒトエグサなど）で，太陽光が届く浅所の岩礁海底に着生して生活する．DNA を囲む核膜がない原核生物である藍色植物の藍藻（スイゼンジノリ，髪菜，スピルリナなど）も食用になる．藻類は，異なった生物の共生によって進化し，多様化している．すなわち，藍藻が非光合成真核生物に内生，葉緑体化して紅藻が生まれ（一次共生），紅藻から緑藻が進化し，紅藻の葉緑体化で不等毛植物

表 1.3.2-1　藻類の光合成色素，おもな貯蔵物質と細胞内での貯蔵部位

	光合成色素	貯蔵物質	貯蔵部位
緑藻	クロロフィル *a*, *b*	デンプン（α–1,4 グルカン）	葉緑体内
褐藻	クロロフィル *a*, *c* フコキサンチン	ラミナラン・マンニトール （β–1,3 グルカン）	細胞質の液胞
紅藻	クロロフィル *a* フィコエリスリン・フィコシアニン	紅藻デンプン（α–1,4 グルカン）	細胞質ゾル
藍藻	クロロフィル *a* フィコシアニン・フィコエリスリン	藍藻デンプン（α–1,4 グルカン）	細胞質ゾル

が分化した（二次共生）．渦鞭毛藻など三次共生の植物もある．

（ii）光合成と窒素同化

植物は二酸化炭素（藻類は炭酸および重炭酸イオンで利用）と水から炭素化合物を合成し，酸素を放出して成長する．この作用が光合成であり，次の光合成色素が担う．①脂溶性のクロロフィル *a*，*b*，*c*，*d*，②キサントフィル，カロテンなどカロテノイド，③フィコエリスリン，フィコシアニンなどの水溶性色素タンパク質（フィコビリタンパク質，4.2.4）．緑藻，褐藻，紅藻，藍藻の光合成色素，貯蔵物質，貯蔵部位を**表 1.3.2-1** に示す．

クロロフィル *a* は光エネルギーを化学エネルギーに変換する光化学反応の中心で，酸素発生型光合成生物共通の色素である．その他の色素は光を吸収するアンテナ色素である．海中に入った光は水深 5 m 程度で長波長の赤色光が消失し，それ以深では短波長の緑〜青色光となる．緑藻はクロロフィル *a*，*b* で赤色光を吸収する．褐藻はフコキサンチン，紅藻はフィコエリスリン，緑藻でもミル類やヤブレグサなどはシフォナキサンチンとシフォネインで，それぞれ緑色光を選択的に吸収する．いずれも赤色の色素である．環境の光に適応した藻類の波長選択的な光利用を発見者の名に因んで「エンゲルマンの補色適応説」と名づけられている．青色光は，すべての藻類が共通してクロロフィルで吸収する．

藻類は細胞をつくり，生活するために栄養塩を必要とする．藻類は体表面全体から栄養塩を吸収するので，どの栄養塩でも水の流動がないと欠乏する．とくに不足しやすくタンパク質や核酸の合成に必須の窒素は，アンモニア態と硝酸態で吸収する．ともに存在する場合はアンモニア態から利用する．コンブ，ワカメ，ノリの場合，窒素濃度が 1 mg L^{-1} 未満では色落ちなどがみられ，成長が制限される．植物は炭酸同化と窒素同化を行って生活する独立栄養生物であり，動物と細菌・菌類は有機物を摂食または分解吸収して生活する従属栄養生物である．光合成は地球上における大部分の生物生産を支えている．

（iii）生活環

多細胞藻類は繁殖のために単細胞の生殖細胞となって生殖を行う．ヒトなど後生動物の生殖細胞は染色体が減数分裂による単相（n）の雌雄配偶子で，接合（受精）して複相（$2n$）の体へ成長する．大部分の藻類は配偶体という独立した n 世代をもつ．$2n$ 世代を胞子体という．配偶体の接合と胞子体の減数分裂によって世代が交代することを生活環という．藻類の生活環は胞子体と配偶体との形質比較によって，①胞子体と配偶体が同型同大の同型世代交代型（緑藻シオグサ型，褐藻アミジグサ型，紅藻イトグサ型），②胞子体が配偶体よりはるかに小さい異型世代交代コケ型（緑藻ヒトエグサ型，褐藻ムチモ型，紅藻アマノリ型），③胞子体が配偶体よりはるかに大きい異型世代交代シダ型（緑藻ツユノイト型，褐藻コンブ型，紅藻ダルス），④配偶体世代をもたない後生動物型（緑藻ミル型，褐藻ヒバマタ型）の 4 型に分類される．テングサなど大部分の真正紅藻亜綱のイトグサ型生活環は，同型同大の配偶体と胞子体に，雌性配偶体内で複数の細胞からなる雌性生殖器官が受精してから成長した寄生的な果胞子体世代を

認められるので，三次世代交代になる．果胞子体に形成される果胞子は胞子体に成長する．これらに対して，藍藻は体細胞分裂だけで増殖する．

（iv）**地理的分布および鉛直分布**

1）地理的分布

日本沿岸の海藻相は，海流（親潮，黒潮，対馬暖流）と緯度による水温を指標に次の5区系に分類される．すなわち，① 亜寒帯：千島列島北端占守島～牡鹿半島，② 温帯：牡鹿半島～日向大島，③ 亜熱帯：日向大島と野間岬以南，④ 西部日本海：野間岬～九州西岸～津軽海峡，⑤ 北部日本海：津軽海峡～宗谷岬～納沙布岬である．

2）鉛直分布

潮下帯では，水深とともに光と海水流動が急激に減衰する．海底直上2 cm未満の境界層では流速が10 cm s^{-1} 以下に低下するので，光とともに流動が減衰する深所ほど藻類の生育は制限される．このため優占海藻種は水深によって変化し，帯状構造を形成する．浅所には海中林または藻場とよばれる大型多年生のアラメ，カジメなどコンブ目やノコギリモク，ヤツマタモクなどヒバマタ目褐藻群落が，下限付近には褐藻アミジグサ，紅藻ウスバノリ，ソゾなど小型多年生海藻群落が形成され，さらに深所には紅藻無節サンゴモが海底を被覆する．海中林内では，上層（林冠）の大型多年生褐藻，下層（林床）の小型多年生海藻，最下層の無節サンゴモ（殻状海藻）の階層構造が形成される．オオウキモなど巨形海藻が上層（林冠）を優先する海域では，大型海藻は中層を優先する．アミジグサ科褐藻やフジマツモ科紅藻など小型海藻はテルペンなどの感作用物質でウニなど植食動物の摂食を排除することが知られている．また，無節サンゴモはジブロモメタンを分泌し，ウニ幼生の変態を誘起するので，無節サンゴモ群落にはウニが多数生息する．さらに，海中林を構成する褐藻はブロモフェノールを分泌してウニ幼生の変態を阻害している．

（谷口　和也）

b. 魚　類

（i）**魚類の分類**

脊椎動物に属する① 無顎類，② 軟骨魚類，および③ 硬骨魚類を魚類と総称するが，狭義では硬骨魚を魚類ということもある．

1）無顎類

顎を欠く脊椎動物の1群であり，地球上に初めて出現した脊椎動物が顎を欠くことから，最も起源の古い脊椎動物を考えられる．脊椎骨は未発達で，脊索は終生円筒状で退縮しない．顎がないため捕食能力は劣る．現存の無顎類はヌタウナギ類とヤツメウナギ類からなる．ヌタウナギ類は眼が退化的で水晶体を欠く．体側には大型の粘液腺が並び，粘液を大量に分泌する．すべての種が海産で，体液のイオン組成と浸透圧は脊椎動物の中では例外的に海水とほぼ等しい．ヤツメウナギ類では口が円形で吸盤を形成し，吸盤を使って魚などに寄生する．アンモシーテス幼生を経て，成魚となる．カワヤツメは変態後に海に下って寄生生活し，成熟すると川に遡上して産卵する．一方，スナヤツメは淡水中で一生を過ごす．

2）軟骨魚類

内部骨格が軟骨によって構成される．繁殖は卵生あるいは胎生による．軟骨魚は体内に尿素を蓄積して浸透圧調節を行う．また直腸に開口する直腸腺は体内に過剰となった塩類を排出し，血液の塩分濃度を海水の約半分に保っている．頭部皮膚には電気受容器であるロレンチニ瓶器が多数分布する．軟骨魚類はギンザメに代表される全頭類とサメ・エイ類からなる板鰓類に大別される．全頭類の鰓腔は鰓蓋皮褶におおわれ，左右でそれぞれ共通の鰓孔によって体表に開くが，板鰓類では5～7対の鰓孔がある．板鰓類のうちサメ類では鰓孔が頭部側面に開くが，エイ類の鰓孔は扁平な頭部腹面に開く．

3）硬骨魚類

特徴は，内部骨格が硬骨で構成されていることである．鰓腔は鰓蓋によって保護され，1対の外鰓孔によって外部に通じる．硬骨魚類はさらに① 肺魚類，② 総鰭類，③ 条鰭類に分類される．ハイギョに代表される肺魚類とシーラカンスが属する総鰭類は類似点が多く，肉鰭類としてまとめられることもある．肺魚類では肺が発達し，空気呼吸が可能である．一方，総鰭類には直腸腺があり，体内に尿素を保持するなど，軟骨魚類と共通する形質を多く有する．条鰭類は軟質類，全骨類，真骨類に分類される．軟質類は内部骨格の骨化が不完全で，チョウザメ類がこれに属する．アミアやガーが含まれる全骨類は，体が硬鱗でおおわれ，鰾（うきぶくろ）は空気呼吸機能を有する．真骨類は多数の種に分化を遂げ，現存魚類の90％以上を占める大きな分類群である．一般に内部骨格は完全に骨化しており，鱗が存在する場合には円鱗か櫛鱗である．鰾は空気呼吸の機能をもたない．多様な進化を遂げた真骨魚では，さまざまな形質が多方向に特殊化する傾向を示し，これらを系統的に整理するのは難しく，詳細な分類体系は流動的である．

（ii）成熟と繁殖

1）生殖様式

魚類の生殖様式は異型配偶子（大型の卵と小型の精子）の受精による有性生殖である．多くの魚類は雌雄異体であるが，クロダイではすべての個体がまず雄に分化し，その後に雌になる個体が出現する（雄性先熟）．逆にキュウセンは卵巣が先に成熟し，後から精巣が発達する（雌性先熟）．一方，ホンソメワケベラやクマノミでは，社会的要因により性転換がひきおこされる．また，仔魚期の環境水温が性決定に影響する魚種もある．

四季の変化が明瞭な温帯に生息する魚類は，1年のうちである特定の時期にだけ成熟・産卵し，1年を周期とした生殖年周期を示す．これはおもに水温と日照時間（日長）が季節的に変化するために起こる．季節性の乏しい熱帯に生息する魚でも，月周期や乾季と雨季などの周期的に変動する環境要因に同調して成熟・産卵する例が知られている．

2）卵形成過程

魚類の卵形成過程は大きく増殖期，成長期および成熟期に分けられる．増殖期は卵原細胞が分裂をくりかえし増殖する時期である．卵原細胞は減数分裂を開始すると卵母細胞となる．卵母細胞は第一減数分裂前期で停滞したまま成長期へと移る．第一次成長期は，相同染色体が対合する染色仁期と，それに続く周辺仁期からなる．周辺仁期に達した卵母細胞はやや大きさを増し，大型の核（卵核胞）では核膜に沿って仁が並ぶ．第二次成長期に入ると卵黄胞，油球および卵黄球の蓄積が進む．細胞質の周辺部にあらわれる卵黄胞は後に表層胞となり，受精するとその内容物を細胞外に放出して囲卵腔を形成する．卵黄胞および油球の蓄積にひきつづいて卵黄球が蓄積され，卵母細胞は急速に大型化する．

卵母細胞の発達と並行してそのまわりに性ステロイドホルモンを産生する濾胞組織が発達し，卵黄球期には内側の顆粒膜細胞層と基底膜を挟んで外側の夾膜細胞層が明瞭になる．卵黄蓄積が完了した卵母細胞は成熟期に移り，成長期まで卵母細胞の中心に位置していた卵核胞は卵門直下の動物極に移動する．次いで核膜が消失すると，卵母細胞は減数分裂を再開し第一極体を放出するが，第二減数分裂の中期で再び停止した状態で完熟卵となる．受精後に減数分裂が再開し，第二極体が放出される．完熟卵はそれをおおう濾胞組織から離脱し，卵巣腔あるいは体腔に排卵される．この間に卵黄球は融合して透明感が増すとともに，吸水により卵母細胞はさらに大きくなる．排卵された卵は生殖孔から体外に放卵（産卵）される．

魚類の卵形成過程は内分泌系による調節を受けている（**図1.3.2-1**）．性成熟に適した環境や魚自身の生理状態が整うと，視床下部の神経分泌細胞から生殖腺刺激ホルモン分泌ホルモン（GnRH）が下垂体に分泌される．GnRHは下垂体前葉主部の生殖腺刺激ホルモン（GTH）分泌細胞に作用し，成長期にはおもに濾胞刺激ホルモン（FSH）の分泌を，また成熟期には黄体形成ホルモン（LH）の分泌を促進する．成長期に血液中に分泌されたFSHは卵巣に達し，卵濾胞組織に作用して雌性ステロイドホルモンであるエストラジオール-17βの産生を促す．卵濾胞組織の夾膜細胞では一連の酵素の作用により

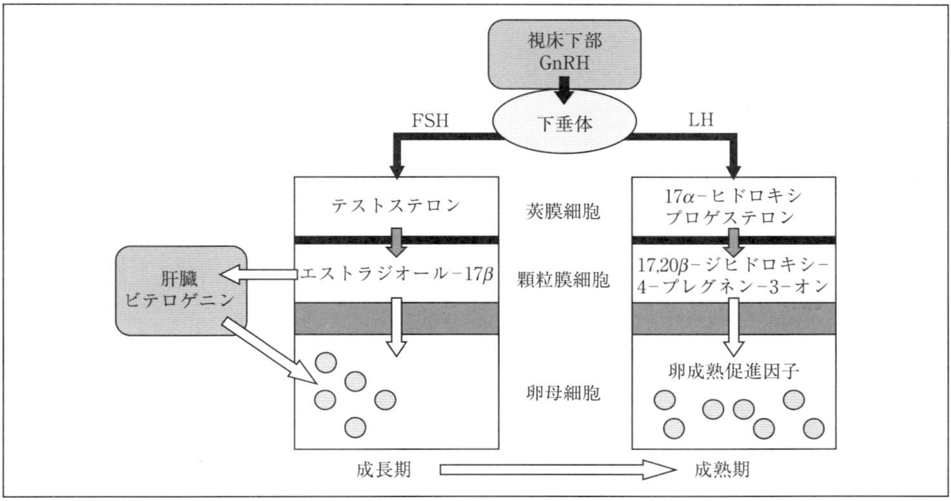

図 1.3.2-1　魚類の卵形成過程における内分泌調節

コレステロールからテストステロンが合成され，さらに顆粒膜細胞の芳香化酵素によってテストステロンがエストラジオール−17β に変換される．血中に放出されたエストラジオール−17β は肝臓に作用して卵黄タンパク質前駆物質であるビテロゲニンの合成を促進し，血流により卵巣まで運ばれたビテロゲニンは卵母細胞にとりこまれる．卵黄蓄積が完了し成熟期に達すると下垂体から LH が短期間に大量分泌され，卵濾胞組織で産生される卵成熟誘起ステロイドが卵母細胞の最終成熟を促す．

3）精子形成過程

精巣は多数の精小葉からなるが，その構造が管状を呈するものを精細管という．精小葉内では，セルトリ細胞によってとりかこまれた包嚢が内壁に沿って 1 層に並び，生殖細胞はセルトリ細胞におおい包まれている．精小葉の間には雄性ステロイドホルモン産生細胞であるライディッヒ細胞が散在し，テストステロンや 11−ケトテストステロンを産生する．

精子形成過程は ① 増殖期，② 減数分裂期，③ 変態期および ④ 成熟期に分けられる．増殖期には，A 型精原細胞が体細胞分裂によってゆるやかに増殖するが，精子形成が開始すると活発に分裂・増殖し，やや小型の B 型精原細胞となる．B 型精原細胞は減数分裂を開始すると第一次精母細胞に移行する．第一次精母細胞は第一減数分裂の結果やや小型の第二次精母細胞に，さらに第二減数分裂により小型の精細胞になる．変態期になると，精細胞は染色質の凝縮，核の形状変化，鞭毛の分化，細胞質の脱落などの精子変態を経て精子となる．変態期までの精子形成過程は包嚢内で進行するが，変態を完了した精子は包嚢から精小葉腔に放出され輸精管に運ばれる．この過程を排精という．しかし排精された精子はまだ運動能をもたない未熟精子である．未熟精子が運動能を獲得し成熟精子になるのが成熟期である．未熟精子が排精されて輸精管内に入ると高 pH 環境にさらされ，運動能を有する成熟精子になるが，この過程を精子成熟という．成熟精子は雌との性行動によって生殖孔から体外に放出（放精）される．一連の精子形成過程も内分泌系による調節を受けている．

(iii) 魚類の発生と成長

1）発　生

魚類の受精は体外で行われることが多いが，軟骨魚類や硬骨魚のシーラカンス，一部の真骨魚には体内受精を行うものもある．体内受精する種では雄に交尾器が発達する．個体発生は卵と精子が受精することによってはじまる．体外受精の場合，精子は放精によって体外に放出されると運動を開始する．真骨魚では卵の動物極に卵門が開き，精子はここから卵内に侵入する．卵が受精すると卵門が閉ざされ，表層胞が崩壊して囲卵腔が形成される．軟骨魚や多くの硬骨魚の受精卵は卵黄量が多く，動物極付近だけで卵割が起こる盤割の様式を示す．卵割が進むと割球は数を増すと同時に小さくなり，動物極に胚盤葉を形成する．胚盤葉はしだいに卵黄におおいかぶさるように広がり，その縁辺部は肥厚して胚環を形成する．続いて胚盾が出現し，胚葉の分化が進んで胚体が形成される．胚体には体節，眼胞，耳胞があいついであらわれる．体節数の増加に伴い胚体の成長が進み，やがて心臓が拍動を開始し，血液の循環が活発になる．胚の発生がある段階まで進むと，胚は卵膜を破って外に出る．これがふ化である．ふ化はふ化腺細胞から分泌されるふ化酵素と胚自身の運動によってひきおこされる．

2）成　長

魚類の発育段階は外部形態の特徴により，胚期，仔魚期，稚魚期，若魚期，未成魚期，成魚期および老魚期に区分される．受精からふ化までの段階が胚期で，ふ化すると仔魚期になる．ふ化直後にはまだ腹部に卵黄嚢がみられるが，卵黄が吸収されるまでを前期仔魚期という．卵黄吸収が完了し，各鰭の鰭条が定数になるまでが後期仔魚期である．稚魚期に達すると形態は不完全ながらほぼ成魚と同様になり，若魚期には体の形態的特徴が発達する．未成魚期は，形態的特徴は十分に発達しても性的には未熟で，生殖能力は十分に発達していない．生殖能力が完全に備わると成魚とよばれ，加齢とともに生殖機能が低下し老魚となる．

（iv）魚類の生体制御

細胞，組織，器官，器官系などの階層的要素によって構成される生体は，神経系，内分泌系および免疫系によって制御されている．

1）神経系

個体内外の環境変化に対して迅速に応答する．たとえば，光，音，匂い，味などの刺激は特定の感覚器で受容され，その情報は神経系を介して中枢（脳）に送られる．脳で処理された情報は神経系を介して筋肉などの効果器に伝えられ，摂餌や逃避などの素早い行動をひきおこす．

2）内分泌系

生殖，成長，代謝，恒常性の維持など比較的長時間にわたる現象を制御する．内分泌腺から分泌される生理活性物質（ホルモン）は血液によって全身に運ばれ，標的器官（細胞）の受容体に結合することでさまざまな生理学的変化をひきおこす．分泌された物質が近傍の細胞に作用する傍分泌や，分泌した細胞自身に作用する自己分泌による分泌物質もホルモンとして扱われる．また神経細胞の中にはペプチドや生体アミンを分泌するものがあり，このような現象は神経分泌といい，その分泌物質もホルモンに含まれる．魚類の主要なホルモンとその生理作用を表 1.3.2-2 に示す．

3）免疫系（生体防御）

体内で生じるさまざまな異常に対して生体を正常な状態に保とうとする機構であり，バクテリア，ウイルス，寄生虫などの病原生物の攻撃に対する応答ばかりでなく，がん化した細胞やアポトーシスを起こした細胞の排除なども免疫系の作用に含まれる．生体防御は自然免疫系と獲得免疫系に大別できる．自然免疫系は病原の種類によらず非特異的かつ迅速に応答し，食細胞によるバクテリアの貪食，補体系による溶菌作用，レクチン（糖と結合するタンパク質の総称）によるバクテリアの凝集作用などがあげられる．一方，獲得免疫系はリンパ球（B 細胞と T 細胞）が産生する抗体による免疫である．最初の攻撃に際して迅速性はないが，2 度目以降には素早い抗体産生により強力に防御機能を発揮する．

（v）魚類の浸透圧調節

魚類が生息する水圏は，塩分により淡水・汽水・海水に，水素イオン濃度により酸性水・中性水・アルカリ水に，またカルシウム・マグネシウムイオンの多寡により軟水・硬水などに分類される．このように変化に富んだ水圏環境に

表 1.3.2-2　魚類の主要なホルモンと生理作用

産生器官	ホルモン	生理作用
腺下垂体	プロラクチン	淡水適応
	副腎皮質刺激ホルモン	コルチゾルの分泌促進
	甲状腺刺激ホルモン	甲状腺ホルモンの分泌促進
	生殖腺刺激ホルモン	性ステロイドホルモンの産生，生殖腺の発達
	成長ホルモン	成長促進，海水適応
	黒色素胞刺激ホルモン	黒色素胞のメラニン顆粒の拡散
	ソマトラクチン	酸塩基調節，体色変化，ストレス応答
神経下垂体（神経葉）	アルギニンバソトシン	血圧上昇，生殖輸管の収縮，糸球体濾過量の増加
	イソトシン	鰓血管の収縮
	メラニン凝集ホルモン	黒色素胞のメラニン顆粒の凝集
松果体	メラトニン	明暗リズム
甲状腺	チロキシン トリヨードチロニン	組織分化，成長促進，変態促進，銀化
スタニウス小体	スタニオカルシン	カルシウム取り込みの抑制
鰓後腺	カルシトニン	カルシウム調節
間腎腺	コルチゾル	糖新生，ストレス応答，海水適応
クロム親和細胞	アドレナリン ノルアドレナリン	心拍数の増大，血圧の上昇，血糖値の上昇，血管の収縮，黒色素胞のメラニン顆粒の凝集
腎臓	アンギオテンシン	血圧上昇，飲水誘起，抗利尿作用
ランゲルハンス島	インスリン	血糖値低下，糖・脂質の蓄積促進
	グルカゴン	血糖値上昇，グリコーゲン・トリグリセリドの分解促進
尾部下垂体	ウロテンシン	水・電解質代謝

魚類はたくみに適応している．外部環境が大きく変化しても内部環境の変化はある一定の範囲内に保たれ，その恒常性が維持されることにより個々の細胞の生命活動が保障される．内部環境を規定する要因としては化学的，物理的なものを含め多岐にわたるが，なかでも各種イオンの濃度およびそれに起因する浸透圧は重要な要因である．浸透圧は半透膜を隔てて水と溶液を置いた際に生じる圧力差と定義される．純水 1 kg に理想非電解質が x モル溶存するときの浸透圧を x Osm kg^{-1} と表す．たとえば，生理的食塩水（0.9% NaCl 溶液）の浸透圧は以下のように求めることができる．0.9% NaCl 溶液は水 991 g に 9 g の NaCl が溶解した溶液なので，水 1 kg に換算すると NaCl は 9.08 g（0.155 mol）となる．強電解質である NaCl がすべて電離すると仮定すると，イオン（Na^+ と Cl^-）の総和はその倍の 0.310 mol である．したがって，生理的食塩水の浸透圧は 0.310 Osm kg^{-1}（310 mOsm kg^{-1}）と算出される．ただし，実際には NaCl が 100%電離するわけではないので，実測値はこれよりもやや低くなる．

脊椎動物の体液は一部の例外を除きほぼ同様なイオン組成と濃度を示し，その浸透圧はおおむね 300 mOsm kg^{-1} である．魚類もその例外ではなく，とくに大多数を占める真骨魚類では，淡水あるいは海水のいずれかにだけ生息できる狭塩性魚や双方の環境に適応できる広塩性魚を問わず，体液浸透圧は海水の約 1/3 の値に保たれている．一方，円口類のうち海産のヌタウナギ類の体液浸透圧は，例外的に海水とほぼ等しい．また，海産板鰓類の体液は海水の約半分の無機イオンを含んでいるが，それ以外に多量の尿素とトリメチルアミンオキシドが体液中に存

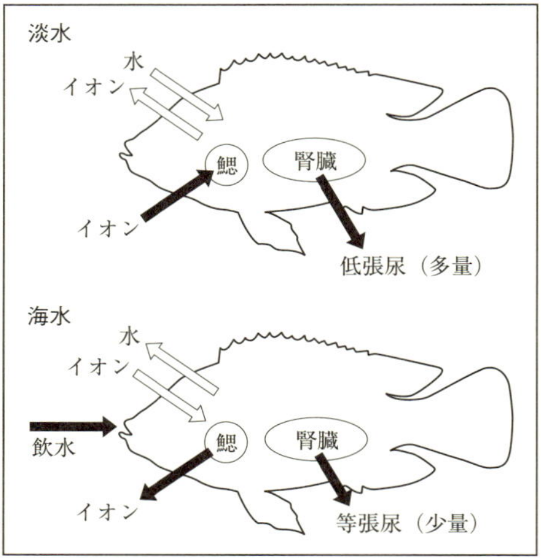

図 1.3.2-2　魚類の浸透圧調節機構
白い矢印：水とイオンの受動的な移動，黒い矢印：浸透圧調節による能動的な移動.

在することで，その浸透圧は海水よりもやや高張である.

真骨魚類では，鰓，腎臓，腸が浸透圧調節に重要な役割を果たしている（図 1.3.2-2）．海水中ではイオンが鰓などの体表から体内に流入し，逆に体内の水は流失し脱水される傾向にある．海水に適応した魚は過剰となる 1 価のイオンを鰓の塩類細胞から能動的に排出し，海水を飲み腸から水を吸収することで不足する水分を補っている．また腎臓が体液とほぼ等張な尿をつくり，おもに 2 価のイオンを排出する．一方，淡水の魚では，水が体内に浸入しイオンが流出する．これに対処するため，淡水魚は腎臓で多量の薄い尿をつくり，イオンを体内に保持しつつ過剰な水分だけを排出する．また環境水に溶けている微量のイオンを鰓から吸収し，体内に不足しがちなイオンを補っている.

鰓や鰓塩類細胞が未発達な発育初期の魚でも，浸透圧調節能をもつ．発育初期の魚では卵黄嚢上皮などの体表に塩類細胞が存在し，成魚の鰓塩類細胞に代わってイオン輸送を行うことで体液の浸透圧を調節している.

（vi）魚類の回遊

魚は一生のうちに，程度に差はあるものの，受動的あるいは積極的にその生息場所を変えることが多い．たとえば，魚は餌の豊富な場所や産卵に適した場所を求めて移動する．このように魚の生理状態に即して起こる移動を回遊とよぶ．魚の中にはその一生の中で海と川の間を行き来するものがいるが，この現象を通し回遊（diadromous migration）という．通し回遊は，遡河（遡上）回遊（anadromous migration），降河（降海）回遊（catadromous migration）および両側回遊（amphidromous migration）に大別される.

生活史のうちの大部分を海で過ごし産卵のために川にのぼるのが遡河回遊（さっかかいゆう，そかかいゆう）で，回遊性のサケ科魚やカワヤツメに代表される．シロザケの場合，淡水で発育した稚魚はしばらく川にとどまるが，生まれた翌年の春には銀化して海水適応能が発達し，一斉に海に下る．おおむね 4 年間を海で過ごすが，この間に北洋の豊富な餌に支えられ大きく成長する．性成熟に至ったシロザケは生まれ育った川に戻り，産卵してその一生を終える．サケなどが産卵のために生まれた川に戻る現象を母川回帰という.

遡河回遊とは逆に，長期間を淡水域で過ごし成長した後に，産卵のために海に下るのが降河回遊である．ニホンウナギの産卵場はフィリピン東方海域に位置し，外洋の産卵場で生まれたウナギは透明なレプトセファルス幼生となり，海流によって東アジア沿岸まで輸送される．変態してシラスウナギになると河川に遡上するが，なかには遡上せずに一生を海で過ごすウナギもいる．淡水域で成長したウナギは成熟を開始し，海水適応に優れた銀ウナギとなって海に下る.

一方，産卵が目的ではなく海水域と淡水域を往来する回遊が両側回遊である．アユは河川でふ化した後に海に下って生育し，再び河川に遡上して成長する．通し回遊を行う魚は，いずれの場合も海水と淡水の双方の環境に適応する必要があり，優れた浸透圧調節能を発達させている.

（金子　豊二）

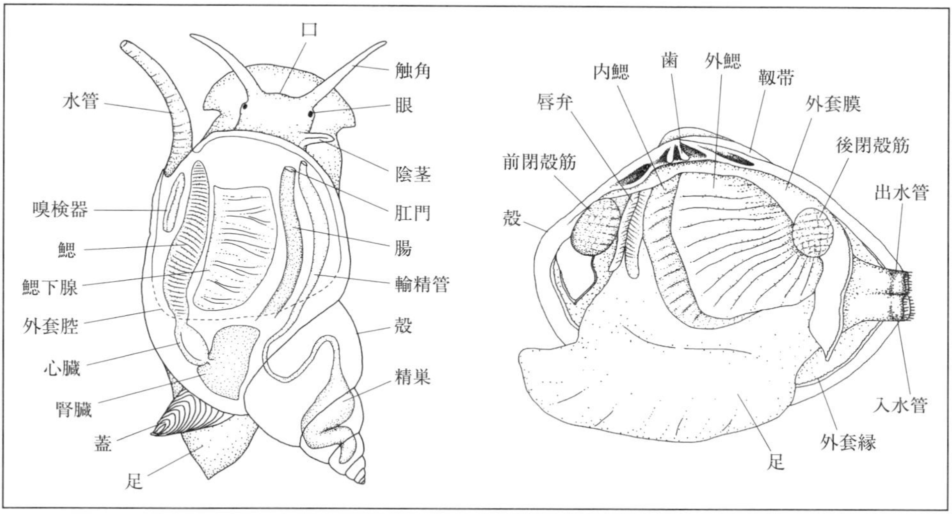

図 1.3.2-3　巻貝（左）と二枚貝（右）の体の構造

c. 軟体動物

（i）軟体動物の特徴

軟体動物門に属する8つの動物群（綱）のうち，多くの種が貝殻をもつ腹足綱（巻貝類），二枚貝綱（二枚貝類），掘足綱（ツノガイ類），多板綱（ヒザラガイ類）および2009年に日本近海でも発見された単板綱（ネオピリナ類）を貝類と総称する（図 1.3.2-3）．背側から体をおおう外套膜の分泌物によって形成される貝殻は，炭酸カルシウムを主成分とし，アラゴナイト（あられ石）またはカルサイト（方解石）の結晶からなる．軟体動物以外にも腕足動物（シャミセンガイなど）などが貝殻をもつが，一般に貝類には含めない．貝殻が化石として残りやすいため，古生物学研究が盛んな動物群である．軟体動物門にはほかに，イカ類やタコ類などから構成されている頭足綱などが含まれる．頭足綱にも多くの水産有用種が含まれている．軟体動物門は現生種だけでも10万種以上が知られており，種多様性の高い動物門である．動物門を構成するグループ間の系統関係については，分岐分類学の登場以降，長く混乱が続いたが，近年ではミトコンドリアDNAの遺伝子配置の変化やゲノム情報などに基づいて分類体系が再検討されている．

軟体動物の一般的特徴として以下のものがあげられるが，後述するように例外も多数ある．①名前のとおり，やわらかい体をもち，左右相称で，単眼および触角のある頭部，筋肉質の足部および内臓塊からなる．②体節構造はなく，背側から外套膜に包まれる．外套膜に囲まれた腔所である外套腔が摂餌や呼吸，排泄，生殖活動などに重要な役割を果たしている．③口部に多数のキチン質の小歯が並んだリボン状の構造であるである歯舌をもつ．これは軟体動物門のみにみられる摂餌器官である．小歯は歯舌嚢で絶えず形成され前方へ移動していき，最前列の磨耗した小歯が取り除かれていく．消化管は口から食道までの前腸，中腸（胃）および後腸（腸）に分けられる．消化管の先端に，膨らんだ筋肉質の塊である口球をもつ．④循環系は開放血管系で，心臓から出た血液が動脈を経て，組織中に不規則に存在する血体腔を流れた後，静脈に入り鰓などの呼吸器官でガス交換を行い，心臓に戻る．⑤腎臓のある排出系をもつ．⑥梯子状神経系をもつ．⑦雌雄異体の種と雌雄同体の種，体外受精を行う種と体内受精を行う種が存在する．⑧プランクトン幼生期をもたずに直達発生をする種もいるが，それ以外の多くの種はトロコフォア幼生期とベリジャー幼生期を経て着底し，稚貝となる．

（ii）腹足綱

腹足綱は軟体動物中最大のグループで，一般にらせん状に巻いた貝殻をもつ．網笠型の貝殻をもつカサガイ類や，アワビやトコブシなどの皿型の貝殻をもつ種も巻貝の仲間である．水生巻貝類に加えて，カタツムリやナメクジなどの有肺類およびウミウシやアメフラシなどの後鰓類から構成される．流氷の妖精とよばれる肉食性プランクトンのハダカカメガイ（クリオネ）も後鰓類の一種である．巻貝類も本来左右相称であるが，貝殻に入るため内臓部分が2次的に不相称となっている．

頭部に1対の単眼と触角がある．多くの種が，扁平な筋肉質の足を貝型に引き込み，ふたによって殻の口を閉じることができる．ベリジャー幼生期に外套膜の向きが180°ねじれて，前方に向かって外部に開口した外套腔を形成し，神経が8の字状に交差する．鰓下腺は，腹足綱のみにみられる粘液分泌腺で，アメフラシなどでは敵に襲われると紫色の忌避物質を放出する．腹足綱は一般に，足部の筋肉が発達して海底などを匍匐するが，一部の種は遊泳能力ももつ．歯舌の形態は，懸濁物食，堆積物食，植物食，肉食などの食性に対応して多様であり，分類形質として重視されている．肉食の種の歯舌では，小歯の先が鋭く尖ったり，銛状になったりしており，毒液を分泌するものもある．イモガイ類の神経毒には人間を殺せるものもあり，たいへん危険である．櫛のような形をした鰓（櫛鰓）で呼吸を行う．呼吸色素はヘモシアニンである．

後鰓類や陸生の有肺類を除く多くの種が雌雄異体で，体外受精または体内受精を行い，受精卵をゼラチンに包むか強固な卵殻に入れて産出する．ベリジャー幼生期でふ化する種が多い．トロコフォア幼生期の後期に貝殻ができはじめ，基本的に一度形成された殻が生涯維持されるので，成体の貝殻の解析から初期生活史の情報を得ることができる．多くの種で筋肉質の足などが食用とされ，アワビ，サザエ，バイなど多くの水産有用種がいる．

（iii）二枚貝綱

二枚貝綱は，ほぼ同じ形の左右二枚の殻により，ほぼ体全体がおおわれている．腹足綱の次に大きなグループで，多くの種は扁平な形状を示す．二枚の殻は，殻頂部裏面の歯とソケットの凹凸でかみあうようになっており，殻頂部付近で靱帯によりつながり，前後2つの閉殻筋（一般に貝柱とよばれる部分）によって開閉する．種によっては片方の閉殻筋が退化している．貝殻の成長はしばしば断続的で，成長脈を年齢形質として利用できる場合がある．

貝殻内面に密着し，左右に分かれた外套膜が，しばしば後部で癒着して腹側の入水管と背側の出水管を形成し，それぞれで水のとりいれと排出を行う．ナミガイ（通称シロミル）などのように殻内にひきこめないほど肥大化した筋肉質の水管が食用とされるものもある．貝殻と外套膜や筋肉が付着した跡は，貝殻に付着痕として残るので，二枚貝類の分類形質となる．

足は内臓塊を包む筋肉と一体化し，埋在性の種（アサリ，ハマグリなど）では斧型になり，海底に潜るのに使われる．ムラサキイガイ（ムール貝として食用になる）などの表在性の種の足は小さいが，足糸をつくり海底に固着する種も多い．足糸は足の内部にある足糸腺から分泌される液体状の物質が海水中で糸状に硬化したもので，産業的利用が期待されている．カキなどでは，足糸によって着底基質に固着した後，セメント状の物質により貝殻を付着させる．ホタテガイなどは，固着することなく海底に生息し，敵に襲われた場合などには，貝殻を急激に開閉して水を噴出して泳ぎあがって危機を脱する．木材に穿孔するフナクイムシの仲間は木造船や港湾施設を食害する汚損動物として古くから対策が講じられてきた．

多くの二枚貝類は鰓を呼吸だけでなく摂餌のために使っている．こうした種では，入水管からとりいれた水の中に懸濁した微細粒子を鰓で濾しとる．濾しとられた粒子は口に運ばれ，選別される．残った粒子はペレット（擬糞）となり，糞とともに出水管から排出される．一部の二枚貝では，鰓とは別に，口のまわりに1対の唇弁と吻唇とよばれる器官が発達し，堆積物中から有機物をよりわけて摂取する．餌の少ない深海では，他の動物を捕食する二枚貝も知られている．二枚貝綱は軟体動物としては例外的に歯舌や口球をもたない．鰓で有機物を濾しとる種の多くは，胃の中にある，晶桿体とよばれる消化酵素を粘液で固めた棒状の構造の回転により，食物を消化する．ヘモシアニンのほか，呼吸色素としてヘモグロビンをもつ種（アカガイなど）も知られている．

大部分の二枚貝類は雌雄異体で，体外受精を行う．初期のベリジャー幼生は，貝殻がDの字に似るのでD型幼生と名づけられている．また，ベリジャー幼生期の後に，幼生と成体の中間的な形態をもつペディベリジャー幼生期があり，この期間に好適な着底場所の探索を行う．

（iv）掘足綱

掘足綱は，全端と後端が開いた角笛型の貝殻をもつ，比較的小さなグループである．すべての種が海産である．外套膜が左右から体をおおい，腹側で癒着する．鰓や眼，触角をもたないが，大型の歯舌と掘足綱特有の頭糸という摂餌器官をもつ．円錐形の足の突起を使って海底に潜り，殻の後端のみを水中に出す．雌雄異体で体外受精を行う．一般に食用とされることはない．

（v）多板綱

多板綱もすべての種が海産である．背側に8枚の縦に並んだ貝殻をもち，外套膜の貝殻でおおわれない部分が肥厚して，棘や鱗片などで保護されている．頭部器官の分化は乏しく，殻表に感覚球をもつ．歯舌を構成する1列16個の歯の一部が磁鉄鉱のキャップをかぶっている．吸盤状の足で岩などに吸着する．雌雄異体で体外受精を行う．一般に小型で肉質部分が少ないため，大型のオオバンヒザラガイなどを除き，食用には向かない．

（vi）頭足綱

頭足綱は原始的なオウムガイ類，タコ類およびイカ類から構成され，すべて海産である．比較的大型で遊泳性に富み，他の軟体動物の成体がベントス（底生生物）に分類されるのに対して，ネクトン（遊泳生物）に分類される．

オウムガイ類を除いて，貝殻が外套膜の筋肉内に埋在して船型の殻（コウイカの甲）やキチン質の軟骨になるか退化しており，完全に欠いているものも多い．体は頭部，胴部および腕部に分かれる．外套が数対の靱帯により頭部と連絡し，発達した外套腔を形成する．体表全体に分布する色素胞で体色を変化させることができる．頭部に発達した1対の単眼があり，オウムガイ類の眼はレンズをもたないが，イカ類やタコ類の眼はレンズのあるカメラ眼である．脊椎動物のカメラ眼には盲点があるのに対して，頭足類のカメラ眼には盲点がない．頭部の前方にタコ類は4対，イカ類は5対（タコ類と共通の4対と1対の触腕）の多数の吸盤を具えた筋肉質の腕をもつ．オウムガイ類では口のまわりを数十本の触手が2重にとりかこんでいる．

一般に肉食で口球が発達し，先端が尖った嘴状の強固な顎板（からすとんび）で餌を噛み切る．歯舌も発達している．唾液中に獲物を麻痺させる毒を分泌する種もあり，サンゴ礁などに生息するヒョウモンダコが危険生物にあげられている．消化管は比較的単純で，中腸腺が発達する．浅海から中層に生息するイカ類やタコ類では，直腸に沿って墨汁嚢をもち，敵に襲われるなどすると，背面にある漏斗から墨を吐く．

頭足類は軟体動物門で唯一，動脈と静脈の間が毛細血管で連絡した閉鎖型血管系をもち，高い血圧を保つことができる．呼吸色素はヘモシアニンである．神経系の集中度が高く，頭蓋軟骨中に脳を形成する．頭足類の外套神経は巨大で，神経生理学の実験に用いられる．

雌雄異体で，タコ類やイカ類では雄の特定の1本の腕が変形した交接腕で雌の体内に精子をおくりこむ．頭足類の卵割は，軟体動物の他のグループが，受精卵全体が分裂する全割なのに対して，受精卵の表面のみが分裂する盤割であり，プランクトン幼生期をもたない直達発生を行う．頭足類にはスルメイカ，アオリイカ，マダコなど多くの水産有用種がいるが，一方で甲殻類や貝類などの他の水産有用種を捕食する有害動物という側面ももっている．

(vii) **貝類の利用と課題**

貝類は多くの水産有用種を含むのに加えて，多種多彩な貝殻が収集品として珍重されている．また，アコヤガイなどが真珠の生産に不可欠であるのに加え，ヤコウガイやカラスガイなどの貝殻が，古くから工芸品の材料として用いられてきた．最近では，マシジミなどの干潟の二枚貝が高い海水濾過能力をもつことを利用して，環境浄化に利用する試みもなされている．

その一方で，上にあげた有害種のほかに，有害寄生虫の中間宿主である種も，カワニナやモノアラガイなど淡水産の巻貝などに多くみられる．近年，干潟の埋め立てなどに伴い，絶滅が危惧される種も多い．また最近，アサリ種苗とともに国外から移入したと考えられている肉食性の巻貝サキグロタマツメタが，東北地方のアサリ生産に打撃を与えているように，外来種の問題も深刻化している．貝類を含む海洋生物は，陸上生物にくらべてレッドデータブックに収録される機会が少ないなど，その危機的状況が認識されることが少ないが，沿岸域を中心に多様性が急速に失われつつある．早急に，よりいっそうの生態系と生物多様性の保全策を講じる必要がある．

（小島　茂明）

d. ウニ・ナマコ・ホヤ類

水産業では節足動物甲殻類および軟体動物以外の多様な無脊椎動物も利用する．たとえば，工芸品用として宝石サンゴは漁業の対象である．食用としても，ビゼンクラゲは中華料理の高級食材であり，腕足動物のシャミセンガイは，有明海でメカジャという名で特産品として漁獲されている．しかし，圧倒的に市場の規模が大きいのは，ウニ類・ナマコ類・ホヤ類である．

ウニ類とナマコ類はどちらも棘皮動物に属する．棘皮動物は系統分類学的には，後口動物の一員で，脊椎動物に近い．成体は五方相称の体制だが，幼生は左右相称である．水管系とよばれる独特の体腔をもつことが大きな特徴である．この体腔は，多孔板とよばれる多孔質の板を通して外界とつながっており，体内と体外との間に障壁がない．そのため，環境の変化に対する感受性が高く，淡水域には一切生息しない．したがって水産資源として棘皮動物を保護するためには，汚染のない環境を維持することが最も重要である．

棘皮動物は，一般に放卵放精により水中で受精し，浮遊幼生期を経て変態着底する．雌雄異体で，繁殖期に向けて卵巣・精巣が発達する．ウニ類の食用となるのはこの生殖腺の部分である．繁殖期は，ウニの種類によって異なり，バフンウニは冬期，ムラサキウニなどは春季から夏季に産卵する．またウニ類は人工的な産卵誘発が容易なため，環境中の汚染物質を検出するいわゆるバイオアッセイの材料としても多用されている．

(i) **ウニ類**

ウニ類はマグネシウムを多く含む炭酸カルシウムの内骨格が発達している．近年大気中の二酸化炭素濃度の上昇に伴って海水中の水素イオン濃度が上昇する，いわゆる海洋酸性化が海洋生態系に影響を与えることが懸念されているが，ウニ類のもつ炭酸カルシウム骨格はとくに酸性化によって溶解しやすいため，強い影響を受けるのではないかと考えられている．とりわけ幼生は酸性化に対する感受性が高い．

水産上重要な食用になるバフンウニ，ムラサキウニ，アカウニなどのウニ類は，基本的に岩礁性の種で，水管系の一部を形成する吸盤のような構造の管足を用いて身体を岩盤に固定し，岩盤の表面に生育する．そして，流れてきた海藻類をおもに餌とする．ウニ類は，「アリストテレスのちょうちん」とよばれる強力な口器を用いて摂食を行う．この口器を構成する石灰質の歯を使って岩盤の表面をかじりとったり，海藻に噛みついたりして餌をとる．このウニ類の摂食圧はひじょうに大きいので，海藻類の生育が少しでも悪くなると，ウニ類が海藻類を食べつくしてしまい，一種の磯焼けの状態になることもある．海藻類は，海洋生態系の一次生産者として，また岩礁性沿岸域のハビタットの形成者として，きわめて重要な役割を果たしている．

高い被食圧に起因する磯焼けが起きないようにするためには，ウニ類の捕食圧とのバランスを保つことが重要である．

（ii）ナマコ類

ナマコ類では，マナマコやバイカナマコなどが食用になる．ナマコ類は，泥食性あるいは懸濁物食性であり，砂泥底あるいはその上に点在する礫の上などを主要な生息場所としている．

ナマコ類は，中華料理の材料として珍重されるため，東南アジア海域で乱獲され保全が必要な状態となっているが，近年養殖の技術が確立されて，問題は解決に向かいつつある．わが国でもおもに輸出用として，マナマコの種苗生産と養殖が行われている．夏眠をするといわれており，このような生態に合わせた最適な養殖方法の確立が課題としてあげられる．なお，ナマコ類の消化管を塩蔵したものを「このわた」といい，珍味として高値で取り引きされる．

（iii）ホヤ類

ホヤ類は，系統分類学的には，幼生期に脊索を尾部にもつので，魚類・哺乳類などとともに脊索動物に属する．放卵放精をしてオタマジャクシのような幼生となり，水中を遊泳したのち，大部分の種は岩盤などの表面で変態定着する．定着後は一切移動しない．

ホヤ類には，入水口と出水口がある．入水口は，濾過食をするための網状の構造につながって，ここで水中に浮かんでいるプランクトンやデトリタスなどの粒状の有機物を濾しとって餌とする．食用になるのは，マボヤである．マボヤについては，水中に幼生が定着変態するための基質を垂下して，着底した幼稚体を育てるという養殖方法が確立している．

ホヤ類は体内に，大量のバナジウムを濃縮することで知られている．この金属は糖尿病に対して薬効があるとされており，今後の応用が期待される．

（白山　義久）

B. 生息環境

a. 水温・塩分・流動

（i）水　温

海洋の水温鉛直構造は，表層から順に混合層，季節温度躍層，主温度躍層（永年温度躍層）などで特徴づけられる．対流や風応力によるかき混ぜなどで海洋表層に形成される混合層は，水温，塩分，密度が層内で鉛直一様になっている．混合層は，低緯度海域を除いて，秋から冬にかけて深くなり，おおむね晩冬に最大深度に達する．北太平洋の場合，黒潮続流付近では 250 m を超える深さの混合層もみられる．夏季には数十 m，場所によっては 10 m 未満のごく浅い混合層が形成される．

高緯度をのぞいて，混合層底部より下では温度が深さとともに急激に下がる．この温度鉛直勾配の大きい層を温度躍層という．混合層の季節変化とともに変化する温度躍層を季節温度躍層，季節躍層より下の部分を主温度躍層という．中緯度では主温度躍層の深さはおよそ 1,000 m にまで達する．音速は水温が高いほど，また水圧が高いほど速くなるため，主温度躍層付近に音速極小層が形成され，音波の導波層となっている（図 1.3.2-4）．

冬季に混合層が深く発達する海域では，混合層で形成された水塊が亜表層に押し込まれる．夏季にはこの沈み込んだ水塊が季節温度躍層の下，主温度躍層の上に温度鉛直勾配（ポテンシャル密度鉛直勾配）の小さい層を形成する．このような水塊をモード水という．日本近海では北太平洋亜熱帯モード水が黒潮続流南方に形成され，また続流北側には中央モード水などが形成される（図 1.3.2-4（2））．

亜寒帯循環域では表層塩分が低いため，下層ほど相対的に水温が高くなる水温逆転構造が亜表層にしばしばあらわれる．冬季混合層は低温のため水温プロファイルだけではその深さを判断できないこともある．亜寒帯循環系では主温度躍層は不明瞭である（図 1.3.2-4（1））．

熱帯域では季節温度躍層はみられず，主温度躍層は亜熱帯循環域より浅くなる．等密度層（混合層）より深く等温層が発達することがし

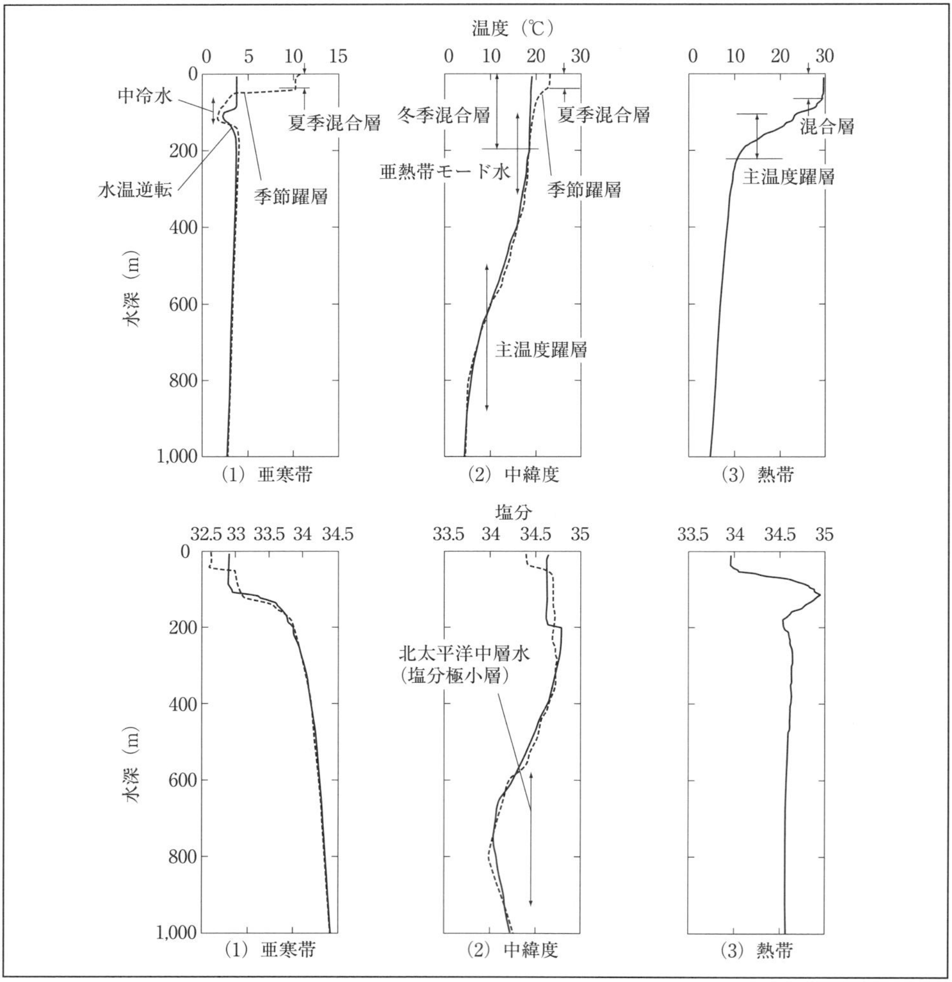

図 1.3.2-4　北太平洋における水温（上）および塩分（下）プロファイルの実測例
実線は冬季，破線は夏季の観測値．(1) 亜寒帯（冬季：北緯 51 度・東経 164 度，夏季：北緯 52 度・東経 165 度），(2) 中緯度（冬季：北緯 34 度・東経 142 度，夏季：北緯 34 度・東経 142 度），(3) 熱帯（北緯 5 度・東経 165 度）．横軸のレンジはそれぞれ異なる．いずれも Argo フロートによる 2009 年の観測値である．

ばしばある．等温層のうち等密度層より下の部分をバリアレイヤーという（**図 1.3.2-4**（3））．

海水の温度は摂氏（°C）または絶対温度（K）で表す．目盛はともに同じだがその定義には変遷がある．現在 ITS−90 が用いられているが，かつては IPTS−68 が用いられていた．両者は水温 −2 ～ 40°C の範囲で，

$$t_{90}[°\mathrm{C}] \times 1.00024 = t_{68}[°\mathrm{C}]$$

を用いて換算できる．現在用いられている国際海水状態方程式 EOS80 は IPTS−68 で定義されているため，ITS−90 での計測値は IPTS−68 に換算して利用する．

水塊分析などには観測現場での温度，密度だけでなく，ポテンシャル水温（温位），ポテン

シャル密度がよく用いられる．ポテンシャル温度は，海水にかかる圧力を断熱的に変え，基準圧力にしたときにとる温度である．基準圧力として，上層ならば海面での圧力，深層では 4×10^4 Pa がよく用いられる．具体的な計算法は海洋観測指針（気象庁）などに掲載されている．

（ii）塩　分

塩分の本来の意味は海水中に含まれる固形物質の濃度である．この意味での塩分を絶対塩分という．それに対して，海水の電気伝導度から定義した塩分が実用塩分（practical salinity unit : psu）である．現在，実用塩分が広く使われている．単位として psu を用いる場合もあるが，単位をつけずに表記するのが一般的である．

海洋観測指針（気象庁）によれば，絶対塩分は「海水 1 kg 中に含まれる固形物質の全量を g で表したもの．ただし，すべての炭酸塩は酸化物に替え，臭素・ヨウ素は塩素で置換し，有機物は完全に酸化する」と定義され，$g\ kg^{-1}$ あるいは‰（パーミル）などで表される．この定義に従った量の計測は技術的に容易ではなかったので，海水中に含まれる塩素量から推定する方法が開発され，次いで海水の電気伝導度から求める方法が考案された．これらの方法は，海水中に溶けている主要成分イオンの存在比が海域によらず一定で，濃度だけが異なることを前提としていた．

1970 年代以降の計測器の発達で電気伝導度などの現場観測が可能になり，現場観測値から塩分を求める手法が必要となった．他方，詳細な研究により溶存主要成分存在比一定の仮定に疑問が出され，電気伝導度と海水中の固形物質量とを直接結びつけることが困難となった．そこで新たに実用塩分が提案され（PSS−78），ユネスコは1982年1月1日以降に公表されるデータについてこれを用いるように勧告した．その定義によれば，塩化カリウム標準溶液と試料海水の電気伝導度比を用いる．実用塩分の数値そのものには物理的意味はなく，海洋観測データの連続性を考慮して，絶対塩分 35‰の標準海水の実用塩分値が 35 になるように決められた．

なお 2009 年 6 月に開催された UNESCO 政府間海洋学委員会（IOC）第25回総会において，EOS−80 に代わる新たな海水の状態方程式 TEOS−10 が提案され採用された．IOC は加盟国に TEOS−10 の使用を勧告している．TEOS−10 では実用塩分ではなく絶対塩分を使用するが，塩分計測，データアーカイブでは従来どおり実用塩分を用いる．実用塩分から絶対塩分を求める方法にはまだ議論の余地がある．

海洋表層の塩分は亜熱帯循環系内部で高く，亜寒帯循環系や赤道域では低い．塩分の水平分布は海面での降水量と蒸発量の差に対応している．全体として大西洋は塩分が高く 37.0 を超える海域もある．次いで南太平洋やアラビア海，南インド洋の亜熱帯域が高塩分である．北太平洋は亜熱帯域でも 35.2 を超える程度である．低塩分の海域は北太平洋北部亜寒帯域，太平洋熱帯収束帯域東部，ベンガル湾・南シナ海・インドネシア多島海域および南大洋，北極海で，いずれも 34.0 以下である．

塩分の鉛直分布は海域によって異なる．北大西洋北部は表層ほど高塩分になっているが，中緯度では地中海起源の高塩分水が水深 1,000 ～ 1,500 m で極大を形づくっている．また北大西洋熱帯域から南大西洋にかけては 1,000 m 付近を中心に南極起源の低塩分水が塩分極小層を形成し，その下に北大西洋高緯度からの高塩分水が南に広がり塩分極大層をつくり出している．南太平洋は深層に高塩分水，1,000 m 付近に南極起源の低塩分水，表層に高塩分水が分布している．北太平洋では中高緯度から亜熱帯にかけて 500 ～ 1,000 m 付近に亜寒帯域から伸びる低塩分水が存在する．中層以深では目立った極大層・極小層はみられず，下へ向かって塩分が高くなる（図 1.3.2-4）．

塩分は水温，圧力とともに海水密度を決めるが，密度鉛直構造に対して塩分分布が重要となるのは低温の海域と低塩分の海域である．亜寒帯循環系ではしばしば高温高塩分水の上に低温低塩分水がのっていて温度分布は逆転するが密度的には安定したプロファイルがみられる．熱帯域では，低塩分の表層で等密度層（混合層）

より深いところまで等温層が伸びてバリアレイヤーを形成する．バリアレイヤーでは，そのなかで下ほど塩分が高くなり，密度の鉛直分布としては安定している．

（iii）流　動

大規模な海流が長時間持続する場合，地球自転の影響がコリオリの力としてあらわれ，流れの向きを変えようと働く．そのような流れの場において，コリオリの力と圧力傾度力の水平成分どうしがつりあう場合の流れが地衡流である．大規模な海流などは地衡流で近似できることが知られている．地衡流は，水平面上では，北（南）半球では高圧側を右（左）手にみるように等圧線に沿って流れる．また，等圧面の起伏との関係においては，北（南）半球では等圧面の高いほうを右（左）手にみるように等圧面の等高線に沿って流れる．同じ緯度では等圧線（等高線）間隔が狭いほど，また等圧線（等高線）間隔が同じならば，低緯度ほど地衡流速は大きい．

地衡流の分布は，特定の圧力面を無流面と仮定すれば，水温と塩分および圧力の計測値から推算できるので，この推算法は大規模な海洋の流れ場の把握のために用いられていた．しかし，1992 年に人工衛星による高精度な海面高度観測がはじまり，海面の高度分布が全球的に直接計測できるようになったので，観測された海面高度分布から全球の表層地衡流場を準リアルタイムで求めることが可能になった．

海洋の流れのうち，大規模でゆっくりとした変動のものを海流という．海流を潮流という場合もあるが，学術的には潮汐による流れが潮流であり，海流とは区別される．大規模な海流系は風成循環と熱塩循環に大別される．

風成循環は，低緯度の貿易風，中緯度の偏西風，高緯度の極偏東風の風系の風応力によって駆動される表層の海流系である．北太平洋では亜熱帯循環系（北赤道海流，黒潮，黒潮続流，北太平洋海流，カリフォルニア海流とつながる循環系）と亜寒帯循環系（アラスカ湾流，アラスカ海流，東カムチャツカ海流，親潮と続く循環系）がこれにあたる．

熱塩循環は，冬季高緯度海域において，海面での冷却と蒸発や結氷による高塩分化によりつくられた高密度水塊が沈み込むことで駆動される，地球規模の対流である．沈み込みは，おもに北大西洋北部グリーンランド海とラブラドル海などで起こる．これらの海域で形成された深層水は南下して，南大洋経由でインド洋や太平洋に入ってから北上し，ゆっくりと湧昇する．沈降の補償流としての表層流は，北太平洋からはインドネシア付近を通過してインド洋や南大西洋を経由して，また南太平洋では南大洋経由して，深層水形成海域へ向かうと考えられる．このような循環経路を模式的に表したものは「ブロッカー（Wallace Broecker）のコンベアベルト」と称される場合もある．南極ウェッデル海では底層水が形成され，南大洋で深層水とともに東向きの流れに乗って各大洋に広がり，熱塩循環の一部を構成する．熱塩循環は気候変動において重要な役割を果たすと考えられている．

広い海域で一様に一定の風が吹く場合，風応力でひきおこされる流れは，コリオリの力の作用を受けるために風向きとは一致せず，北（南）半球の場合は右（左）にずれる．これがエクマン流である．その流向は，水深とともに，さらに右（左）へ向き，流速は水深とともに指数関数的に小さくなる．エクマン流は水深 10 m 程度までは顕著で実測例も多い．エクマン流を水深方向に積算して流量ベクトルを求めると，北（南）半球では風下方向に対して右（左）直角方向を向き，全輸送量は風応力に比例しコリオリパラメータに反比例する．エクマン流による体積輸送は沿岸や赤道での湧昇をひきおこす．

海上を吹く風によって水面に波浪ができるが，波浪に伴う水粒子の運動によって波の進行方向に向かう質量輸送が生じる．これをストークスドリフト（ストークスの質量輸送）という．ストークスドリフトにはコリオリの力は無関係である．この質量輸送は風による流れの形成などに寄与していると考えられる．また，海岸に打ち寄せる波に伴う質量輸送は，その補償流としての離岸流をつくり出すなどと，海浜流に関係している．

（岩坂　直人）

b. 光・濁り

（i）光

海中の光環境では光透過や分光分布に特徴がある．光透過は，光合成による基礎生産，魚類による索餌・遊泳行動および網漁具の視認などに関与する．また，陸上の分光分布は特殊な場所を除き同一であるが，海中では海域，深度および季節によって大きく異なり，水色などに関係する．

海面へ到達した太陽光の波長はおよそ300 nmから2,500 nmまでの範囲である．その一部をなす紫外放射線（< 350 nm）や赤外放射線（> 700 nm）は海の極表層において光散乱や光吸収により減衰し，おもに可視光線（350 ～ 700 nm）が深く入射する．この可視光（visible light）は，海中における植物プランクトン，懸濁態の無機物や有機物，溶存態の有機物により選択吸収され，減衰する．この際，塩分は光減衰にほとんど影響しない．また，海中に分布する諸物質の量や質は水深，海域および季節によって変動するので，海中光の到達深度の割合や分光分布の型を変化させる．

可視光は深さ方向に対して指数関数的に減衰する．表層の太陽光強度が1%に減衰する水深は清澄な海水の黒潮域ではおよそ70 ～ 90 m，濁った海水の親潮域では約25 ～ 45 mにそれぞれ推算される．また，沿岸域に接近するほど海中懸濁物や溶存物の分布量が増加するため，これら可視光の減衰水深はしだいに浅くなる傾向にある．

海中光は植物プランクトンによる光合成を通して海の基礎生産に大きな役割を果たしている．光合成で利用する光は波長350 ～ 700 nmの範囲で，光合成有効放射（photosynthetically available radiation：PAR）と称される．また，1日あたりの植物プランクトンによる光合成量と呼吸量が等しくなる水深は日補償深度（daily compensation depth）と名づけられ，前記の1%に減衰する水深とほぼ対応する．さらに，その水深以浅を真光層（euphotic zone），光がまったく感知できない層までの全層を有光層（透光層：photic zone），その下限より深い海底までの全層を無光層（aphotic zone）とそれぞれ区分している．

海水の水分子による光減衰はおもに吸収が影響し，吸収割合の度合いを示す吸収係数の最小値は430 nm付近で起こる．これより波長が長くなると大きく，たとえば，700 nm付近では前記の約45倍になり，700 nm以上ではさらに増加の割合が大きくなる．植物プランクトン（珪藻類）では，吸収係数はおよそ440 nmでピークを示し，それ以上の波長では波長の増大とともに減少し，570 ～ 655 nm付近で極小値をとる．それより長い波長では，675 nm付近においてピークを示す．このピークの高さは最初のピークの70%程度である．なお，植物プランクトンの散乱係数はその吸収係数より大きく，あまり波長の依存性はない．また，溶存態有機物では，吸収係数は短波長でひじょうに大きく，波長の増大とともに急速に減少する．さらに，懸濁能無機物では吸収をほとんど無視できるが，散乱が大きい．この散乱はMie散乱と名づけられており，波長依存性がない．

黒潮などの澄んだ海水では，植物プランクトン，懸濁物および溶存有機物の分布量が著しく少ない．そのため，光はおもに水分子の吸収や散乱に影響され，深くなるにつれて430 nm付近の光が相対的に卓越する．実際，海面直下で，海中から天頂方向に向かう光を波長別に測定すると，430 nm付近の光が相対的に卓越する上方向分光分布型になり，水色は青色を呈する．一方，植物プランクトン，懸濁物および溶存有機物が多く分布する親潮や沿岸水では，これらの物質の吸収割合が短波長において大きいので短波長の光が消滅し，緑や黄色の長波長の光が相対的に増大する．同様に，海中から天頂方向へ向かう光を波長別に実測すると，500 nm付近にピークを示す上方向分光分布型になり，水色は緑黄色を呈する．

近年，海中から天頂方向に向かう可視光線を非接触で波長別に測定する，人工衛星による遠隔探査法（remote sensing）が実施されている．これにより，海の植物プランクトン量（クロロフィル a 濃度）を間接的に見積もり，リアルタイムで広域の海洋の基礎生産量を概算することができる．

（森永　勤）

（ii）濁　り

濁り（turbidity）は，「懸濁物質や溶存物質の存在によって，海水の光学的清澄さが損なわれている状態」と定義される．海中に入射した光は，水によって吸収され散乱するほか，水に懸濁あるいは溶存しているものによっても透過が阻まれる．光の透過を阻む物質は，おもに懸濁態有機物（suspended organic matter），溶存態有機物（dissolved organic matter）および懸濁態無機物（suspended inorganic matter）の 3 種類である．懸濁態有機物とは，植物プランクトンや動物プランクトン，またはそれらの分解物などであり，海水中に懸濁状態（おおむね粒径 0.45 μm 以上）で存在するものである．溶存態有機物とは，海水中の糖や炭水化物などで溶存状態（おおむね粒径 0.45 μm 未満）として存在する物質であり，懸濁態無機物とは，粘土粒子など陸域由来の物質である．

濁りの程度を評価するおもな方法には，① 光学的な手法，② 実体的な手法がある．

光学的な手法とは，光の減衰や散乱強度を計測原理とする，いわゆる濁度計による計測法である．濁度計として現在市販されている種類には，光束透過率計，散乱光度計，積分球濁度計などがある．

光束透過率計で得られた透過率は，次式により水以外による光束消散係数（beam attenuation coefficient : c' [m^{-1}]）に換算し，これを濁度の指標としている．

$$c' = \frac{1}{r} \ln \frac{100}{T}$$

ここで，r は光束透過率計の光路長（m），T は試水の透過率である．

また，散乱光度計は懸濁粒子の散乱光量から粒子量を求めることが可能である．散乱光度計は高濃度の濁りの計測に対して有効である．透明度板（Secchi disc）による透明度の測定も，光学的な濁り計測手法に分類される．

実体的な手法とは，採水によって得られたサンプルを濾過して求める懸濁物（浮遊物質，suspended solids : SS）濃度や粒径計測機器（たとえば，コールターカウンター）で分析して粒子のサイズと個数を計測する測定法である．

近年，これらのほかに音響を利用した計測手法が開発されている．この手法は粒子の超音波の散乱強度を求めることにより，水深別の濁り粒子の濃度を推定できる．相対的な濁り粒子量を求めるときには便利である．

水以外による光束消散係数（m^{-1}）と懸濁物濃度（$\mathrm{mg\ L}^{-1}$）との間には良い相関関係がみられる．しかしながら，両者の関係は海域や季節で変化する．これは粒子の平均粒径や密度の違いが，光束消散係数（濁度）へ影響するためである．すなわち，同じ懸濁物濃度であっても平均粒径や密度が小さいとき，光束消散係数は高い値を示す．

一般に，濁度は外洋で低く，沿岸ほど高い．黒潮の濁度（光束消散係数）は 0.11 ～ 0.12 m^{-1}（486 nm）であり，ひじょうに低い値を示す．一方，高濁度海域である東京湾奥部では，夏季に 4 ～ 5 m^{-1} を示す．

現場海域では懸濁物質が凝集し大型の粒子を形成していることが観察される．この大型凝集粒子はマリンスノー（もしくはヌタ）とされている．マリンスノーは海水中のあらゆる懸濁物質から構成されているので，形状，サイズ，空隙率および間隙水の性質がさまざまに異なっており，ひじょうに壊れやすい．これらのことから，大型凝集粒子の存在する状況が濁度にも影響を与える．

海中の濁りの生物への影響には，負の影響と正の影響が報告されている．

負の影響は，粒子が懸濁状態にあるか，堆積状態にあるかに大別される．

懸濁状態では，海水の濁りの増加によって，① 海中光が減少し，植物プランクトンや海藻・

海草の生産の低下・補償深度の変化，② 魚類などの視程の低下や行動の抑止，③ 懸濁物食性生物の餌のとりこみ阻害，④ 魚類の鰓への付着による呼吸障害，などがあげられる．また，懸濁粒子の負の影響は濁りの減少によっても発生する．たとえば有明海では，長期的な透明度の増加（濁りの減少）傾向によって真光層が深くなり，珪藻の生息水深が拡大した．この結果，成長速度の速い珪藻がノリより先に繁茂して栄養塩を消費し，ノリの栄養塩不足となり，ノリの色落ちにつながったといわれている．

堆積状態では，⑤ 海藻の遊走子・胞子の着生阻害，配偶体への吸着による成長阻害などがある．堆積粒子による影響はその粒子量のみならず，粒径の相違で著しく異なり，粒径が小さい粒子ほど影響が顕著である．また大型河川や火山活動に起源をもち沿岸の海底へ堆積した粒子は，海藻類の初期減耗に関与しており，アラメ，カジメおよびテングサなどの群落形成を抑圧している．

生物への濁りの正の影響（効果）では，マイワシが濁水の中で摂餌行動が活発になるといわれている．また，粒子を積極的に活用する漁場の改良，すなわち赤潮海域への粘土鉱物の添加によるプランクトンの吸着・除去や，還元状態の海底へ覆砂することによる底質改善がある．

（荒川　久幸）

c. 低次生物生産と物質循環

(i) 低次生物生産と海洋基礎生産

海洋の漂泳生態系，すなわちプランクトンとネクトンで構成される生態系において，無機物から有機物を合成する基礎生産者である植物プランクトンを中心に，それを利用する植食性動物プランクトンとバクテリアから構成される生物生産過程を低次生物生産と総称する．これは食物連鎖の上位に位置する魚類や肉食性動物プランクトンを中心とする高次生物生産と対になる概念であるが，両者の境界は明確ではない．海洋には化学合成で駆動される生物生産もあるが，地球規模における生物生産量の卓越性の観点から，低次生物生産の概念は光合成による生物生産にもっぱら適用されている．

全海洋における植物プランクトンの年間純基礎生産，すなわち総生産から植物自身による呼吸を除いた正味の生産は，人工衛星を用いた見積もりによると 54 ～ 59 PgC（ペタグラム C，$Pg = 10^{15}$ g）であり，陸上の全生産量 57 ～ 58 PgC にほぼ匹敵する．一方，海藻・海草については報告によって幅があるが 1 ～ 4 PgC と量的に小さい．単位面積・単位時間あたりの生産力は，一般に沿岸域で高い．とくに藻場，サンゴ礁および入り江などが高く，湧昇域がこれに次ぎ，外洋域で低い．さらに外洋域を緯度方向でみると，赤道湧昇域を除けば低緯度海域で低く，高緯度海域で高い傾向がある．

このような地球規模での年間基礎生産の分布を規定しているのは，第 1 に栄養物質の真光層（太陽光が十分到達して純生産が行われる層であり，その下限は海面光量の 1% が目安となる．有光層ともいう）への供給である．岸近くや沿岸域で基礎生産が高いのは，栄養物質が陸上から河川・地下水経由で供給される，あるいは，水深が浅いため海底付近から供給されやすいからである．植物プランクトンは増殖のために多種多様な元素を要求するが，なかでも窒素やリンはケイ素とともに真光層内で最も不足しがちであり，それらの供給は基礎生産の制限因子である．このため窒素，リン，ケイ素の無機塩，すなわち硝酸塩，亜硝酸塩，アンモニウム塩，リン酸塩およびケイ酸塩は栄養塩といわれ，その供給は基礎生産を起点とする海洋の生物生産全体の規模を決める重要な要因である．海洋における硝酸塩やリン酸塩，ケイ酸塩濃度の鉛直分布は，表層付近で最も低く，水深とともに増加して 1,000 m 層付近で最大となり，それ以深でやや減少する．一般に，熱帯・亜熱帯海域の表層ではこれらの栄養塩は枯渇している．温められて軽くなった表層水が，1 年の大半の期間，ふたをするようにおおっているため，海水が上下に混合しにくく，真光層内で活発に消費される栄養塩が下層から補給されにくいからである．一方，亜寒帯から極域では冬季に水柱が上下によく混合して，表層に栄養塩が大量に補給されるため基礎生産量は高い．

栄養塩は，水柱の下層から供給されるばかりでなく真光層内でも有機物の分解から再生される．このように基礎生産は，真光層内で再生された栄養塩と真光層外から供給される栄養塩によって支えられている．換言すれば，利用される栄養塩の由来によって基礎生産は，前者の「再生生産」と後者の「新生産」に分けられる．新生産には下層からばかりでなく，陸からの供給や，窒素固定，大気からのエアロゾルなど系外から加入する栄養塩を利用した生産が含まれる．この概念の重要な点は，1年以上などの十分長い時間スケールで栄養塩の供給と基礎生産との間に定常状態が成立すると，系内の生物量は変化しないとみなすことができるので，新生産は，その間に系外にもち出される生産，すなわち漁獲や真光層以深への物質の沈降等の総量に相当することにある．

（ii）栄養塩環境と低次生物生産

栄養塩供給は基礎生産量を決めるばかりでなく，プランクトン組成にも大きな影響を及ぼす．湧昇域などで典型的にみられるように，栄養塩類の供給が活発な環境では新生産が高く，高濃度の栄養塩の取り込み能をもつ珪藻類が卓越する．すると比較的大型の餌粒子を摂食するカイアシ類などの動物プランクトンが主要な植食者となる．一般に，漂泳生態系では「大が小を食べる」連鎖なので，その出発点が比較的大型の種であれば，植食者も大型になり，系全体として大型の動物プランクトンの生物量が多くなる．これは，魚類にとって好適な餌料環境である．一方，栄養塩が枯渇した亜熱帯域では，低濃度の栄養塩を効率よく取り込むピコ・ナノ植物プランクトンが卓越し，これらの小型の餌を摂食する鞭毛虫や繊毛虫，幼生プランクトンなどの小型の動物プランクトンから低次生物生産系は構成される．このように低次生物生産系の構造は栄養塩環境に依存する．なお，海域によっては栄養塩ではなく，微量金属の供給が基礎生産を制御している．太平洋赤道域・亜寒帯域，南大洋には，鉄の供給が一次生産を律速しているため栄養塩が使われずに余っている海域が存在する．そこでは，黄砂のようなダストによる鉄の供給があると，それに応答して低次生物生産系が活発化する．

1年よりも短い時間スケールでは，光の供給が基礎生産の制限要因として重要である．亜熱帯海域の北部から亜寒帯，極域にかけては冬季に鉛直混合が活発になるので，表面付近での栄養塩濃度が高くても，植物プランクトンは表面近くから深くまで移動させられ，平均受光量が低くなり，光不足となる．水柱あたりで，総基礎生産量と植物プランクトン呼吸量が等しくなる深さ，すなわち臨界深度よりも深く海水の混合が達すると，純生産量が負になり植物プランクトンは増殖しない．春季になり表層が暖まり水柱の成層化がはじまると，植物プランクトンは表層にとどまり，日射量の増加と相まって好適な光条件のもとで使われずにいた高濃度の栄養塩を利用して爆発的に増える．この春季ブルームは動物の生食連鎖（grazing food-chain）における餌料環境を豊かにし，食物連鎖（food-chain）を通して漂泳生態系ばかりでなく底生生態系の生物活動を活発化させ，繁殖などのさまざまなフェノロジー的現象を生み出す．

（iii）物質循環

生態系を構成する生物は，系内の物質代謝における機能によって生産者，消費者，分解者に大別される．植物による有機物生産，動物や微生物などの従属栄養者による有機物の消費，さらに分解者による有機物の無機化を経て，再び物質は植物によって食物連鎖にとりこまれる．これを物質循環という．海洋における植物プランクトンや動物プランクトンの有機物内の炭素，窒素，リンのモル比には106：16：1（レッドフィールド比）の関係があり，有機物生産と無機化における炭素，窒素，リンの循環における化学量論の目安となっている．

海水中にはさまざまな有機物が大量に溶けており，その炭素量は生物体を含めた全懸濁態（粒子状）有機炭素の30～50倍程度である．そのほとんどはフミン酸などの難分解性物質であるが，一部は植物プランクトンからの細胞外滲出やウイルスによる溶菌，動物プランクトンの摂餌に伴う漏出などによって海水中に放出されたアミノ酸やペプチドなど比較的低分子の有機物である．従属栄養性細菌はこのような溶存有機物をとりこんで増殖し，細菌は鞭毛虫や繊毛虫などの従属栄養者や混合栄養者（光合成能をもつ一方で，粒子食や溶存有機物を利用できる生物）に食われる．この経路は，そのままでは他の生物が利用できない溶存有機物を，細菌を基点にして粒子として食物連鎖に組み込む機能を果たしており，微生物ループ（microbial loop，微生物環ともいう，微生物食物連鎖）とよばれる．微生物ループでは物質の回転時間が速く，とりこまれた有機物のほとんどが速やかに無機化される．微生物ループの摂食者が生食連鎖の消費者に捕食されると，微生物ループに組み込まれた溶存有機物の一部は上位の栄養段階に転送されることになる．

平均水深 3,800 m の海洋の表層付近でしか有機物は生産されないが，真光層で生産された有機物は食物連鎖と粒子の沈降の 2 経路によって中深層の従属栄養生物に分配される．動物プランクトンやマイクロネクトンの多くは昼間下層にいて夜間上層に移動する日周鉛直移動を行う．生息深度の異なる動物の鉛直移動範囲が重なって，上層の動物が下層の動物に捕食されることが順次起こると有機物が深層に運ばれることになる．もう 1 つの経路である粒子の沈降では，生物の死骸や糞粒，マリンスノーなど大型の粒子が重要である．サイズが小さいため沈降しにくい植物プランクトンは，植食者に食われることによって糞粒という大型粒子になって 1 日あたり数十～数百 m の速度で急速に下層に沈降する．また，大型の植物プランクトンは直接深層に沈降する．光合成により生産された有機物の大半は表層内で植物プランクトン自身や従属栄養者の呼吸によって無機化されるが，一部は上記の経路で中深層に輸送される．海面では下層へ向かう有機炭素量にみあう二酸化炭素が大気から補給されることになり，その結果として光合成から出発する一連の生物過程によって大気中の二酸化炭素が深層へと輸送される．炭酸カルシウムの殻をつくる生物の死骸の沈降も含めて，海面から深層への炭素の輸送を担う生物の活動全体を総称して生物ポンプ（biological pump）という．

（古谷　研）

1.3.3 漁場環境の保全と再生

A. 漁場環境の変動要因と評価規準

a. 水質汚濁・内分泌撹乱化学物質（環境ホルモン）・バラスト水

（ i ）水質汚濁

水質汚濁とは，① カドミウムや銅などの重金属による水産食品汚染を通じて人体に健康被害をもたらすもの，② 窒素・リンなど過剰流入により海域に赤潮や貧酸素水塊などの富栄養化問題をもたらすもの，③ 土砂などの懸濁物質により海水を濁らせるものに大別される．汚染は，大部分が下水・生活排水など陸上に起因するが，船舶排水や海洋施設など海上に起因するものもある．

水質汚濁は，古くは明治時代に鉱山廃水に含まれる有害物質によって，河川など局所的に発生して漁業被害をもたらしたことから，各府県の漁業調整規則による規制が行われた．その後の産業の発達と沿岸部の都市化により河川や海域の水質悪化が進行し，1958 年に水質汚濁防止を目的とした最初の法律である水質保全法，工場排水規制法の旧水質 2 法が制定された．しかしながら，高度成長期の臨海工業開発と臨海都市への人口集中に伴って，産業排水による魚介類の重金属汚染，生活排水による窒素・リンの過剰流入による赤潮や貧酸素水塊の発生が頻発し，漁業被害や人間への健康被害がさらに増加した．

これを受けて，1967 年に公害対策基本法により 7 つの公害項目の中に水質汚濁が規定され，1970 年には旧水質 2 法を統合して「水質汚濁防止法」が制定された．また，水質汚濁防止法が陸上起因の水質汚濁を対象としているのに対して，船舶，海洋施設および航空機からの海洋汚染および海上災害を対象として，「海洋汚染等及び海上災害の防止に関する法律（海洋汚染防止法)」も1970年に制定されている．公害対策基本法は，環境問題の多様化に対応するために，1993年制定の環境基本法に引き継がれ廃止となっている．水質汚濁防止法では全国一律の排出基準を定めているが，都道府県は地域的条件に応じてより厳しい基準を上乗せすることができる．また，瀬戸内海と有明海については，1973年に瀬戸内海環境保全臨時措置法，2002年に有明海および八代海を再生するための特別措置に関する法律が施行され，汚濁発生源の総排出量の削減，埋め立て規制や水産資源の保護に関する規制などが強化されている．以上のように，現在，わが国の水質汚濁や海洋汚染を防止する法は，全体では，水質汚濁防止法，海洋汚染防止法，環境基本法であり，問題のある海域にはさらに法を定めて取り組みが行われている．

水質汚濁防止法が定める実効的な取り組みは，各自治体による全国公共用水域調査と1978年の法改正により実施されることとなった水質総量規制である．河川，湖沼，港湾，沿岸海域，その他公共の用に供される水域およびその接続水域において，各自治体により26の健康項目と10の生活環境項目の各水質の常時監視が実施されることとなった．これらの調査結果は，環境省の刊行する環境白書により毎年公表されている．水質総量規制では，産業や人口の集中する東京湾，伊勢湾および瀬戸内海を対象として，1979年以降2006年までに6次にわたるCODの総量規制が実施され，全窒素・全リンについても第5次から総量規制の実施が追加されている．また，海洋汚染防止法に基づいて，気象庁によって1972年より日本近海と北西太平洋の海洋バックグラウンド汚染観測が，海上保安庁によって同年，日本近海，主要湾を対象に海洋汚染調査が，それぞれ実施されている．

（高橋　鉄哉）

(ii) 内分泌攪乱化学物質(環境ホルモン)

環境化学物質の新しいタイプの生体毒性として注目された内分泌攪乱化学物質（環境ホルモン）は，平成8年に出版されたコルボーンの著書『Our Stolen Future（邦訳：奪われし未来）』が契機となって社会問題化し，わが国では「環境ホルモン戦略計画（SPEED'98）」および「化学物質の内分泌かく乱作用に関する環境省の今後の対応方針について（ExTEND2005）」などの環境省の施策により，環境汚染の実態調査と防止策が検討された．一方，内分泌攪乱化学物質対策の世界的動向は，2001年5月に「残留性有機汚染物質に関するストックホルム条約（POPs条約）」が採択されるなど，生物蓄積性や広域拡散性が懸念される有害物質の廃絶と適正管理に関する活発な取り組みが展開されてきた．欧米や日本などの先進諸国では，ヒトとくに小児の発育に影響を与える環境要因の解明および脆弱性を考慮した，リスク評価と管理体制の構築に向けた大規模な疫学調査「出生コホート（追跡）調査」がスタートしており，こうした一連の動向は内分泌攪乱化学物質問題が政治や社会の重要課題として認知され，世界の行政を動かす駆動力となったことを示している．

わが国における内分泌攪乱化学物質の大規模環境調査は，環境省のSPEED'98による全国一斉調査があり，1998～1999年度に実施された一般環境（大気・水質・底質・土壌・水生生物）の結果では，土壌を除くすべてのメディアでポリ塩化ビフェニル（PCB）が最も高い検出率を示し，1972年に生産禁止の措置がとられたにもかかわらず，依然として環境中に遍在していることが明らかにされた．また，有機塩素系殺虫剤（クロルデンやDDT類縁化合物等）の検出率も高く，この種の物質の環境汚染も広域化していることが判明した．野生生物調査では，魚介類，鳥類，陸生および海生哺乳類を対象としたモニタリングが実施され，ほとんどの生物種においてPCBが最も高い濃度で検出された．とくに猛禽類や海生哺乳類ではその残留濃度が高く，脂肪重あたりで数百ppmに達している検体も認められている．また，ポリ塩化ダイオキシン（PCDD），ポリ塩化ジベンゾフラン（PCDF），コプラナPCBなどのダイオキシン類も広く一般環境や野生生物から検出され，食

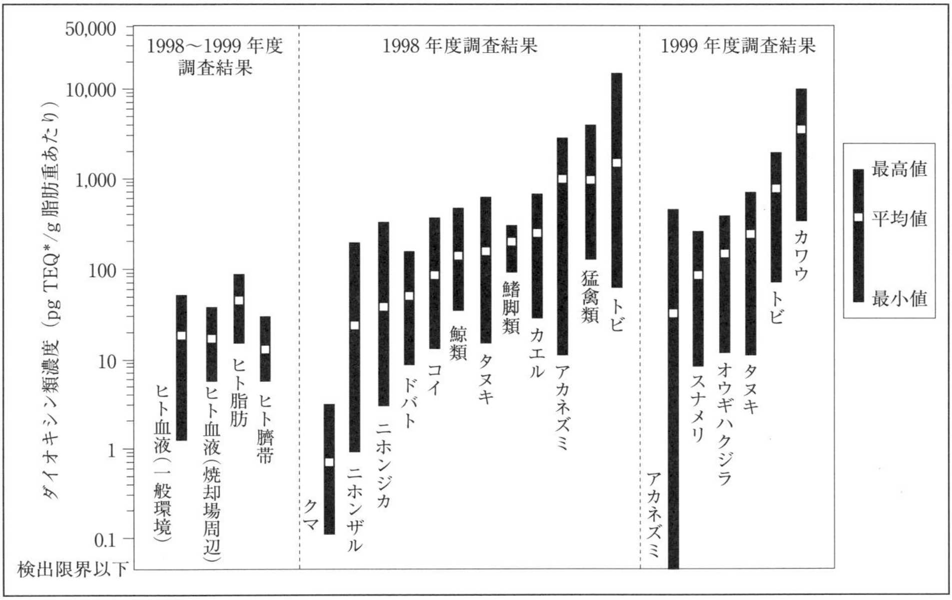

図 1.3.3-1　野生生物およびヒトから検出されたダイオキシン類の残留濃度〔毒性等量換算値（TEQ）〕
*ダイオキシン類毒性等量の算出には WHO（1998）の魚類，鳥類，哺乳類の毒性等価係数（TEF）を用いた．

物連鎖の高次に位置する生物種ほど高い濃度を示している（図 1.3.3-1）．このほか，有機スズ化合物，フタル酸エステル類，アルキルフェノール類，ビスフェノール A などの環境ホルモンも多様な環境メディアから検出されているが，生物蓄積性は低く食物連鎖を通した生物濃縮も顕著ではない．

わが国の環境省は，1979 年以来日本全国の環境調査を継続し，報告書『化学物質環境実態調査—化学物質と環境—』を毎年度刊行している．本格的な環境モニタリングが開始された 1978 年以降，大気・水質等の汚染レベルは確実に低減している．貝類や魚類の蓄積濃度にも減少傾向が認められるが，その低減速度は大気や水質に比べゆるやかで，最近 10 年間の変化は小さい（PCB の例を図 1.3.3-2 に示す）．類似のパターンは底質でも認められ，陸域に比べ漁場環境の汚染は長期化し，回復に時間を要することがわかる．また，ダイオキシン類も大気・水質・土壌については汚染レベルの低減が認められているが，底質は明瞭な濃度減少を示していない．興味深いことに，カワウ，スナメリ，タヌキ，ヒトなどの水生および陸生高等動物のダイオキシン類濃度も，最近 10 年間明瞭な減少傾向を示していない．ダイオキシン類対策特別措置法等によって排出源対策が講じられ，その環境放出量は確実に減少し大気や水質の汚染改善に反映されたが，法的規制の効果は底質や野生生物・ヒトにはあらわれにくいことが明らかにされている．

最近公表された環境省のステータスレポート「海洋環境モニタリング調査」（2009 年）には，わが国周辺の特定海域におけるホットスポット（有害物質の特定汚染海域）の存在が報告されている．紀伊水道周辺海域では数千 m の海底質から高濃度の PCB が検出され，1970 年頃から近年まで継続的な負荷があったことを示す調査結果も得られている．さらに，紀伊・四国沖の廃棄物等海洋投入処分海域では底質から高濃度のブチルスズ化合物およびフェニルスズ化合物が，また日本海西部の投入処分海域でも高濃度のブチルスズ化合物が検出されている．ス

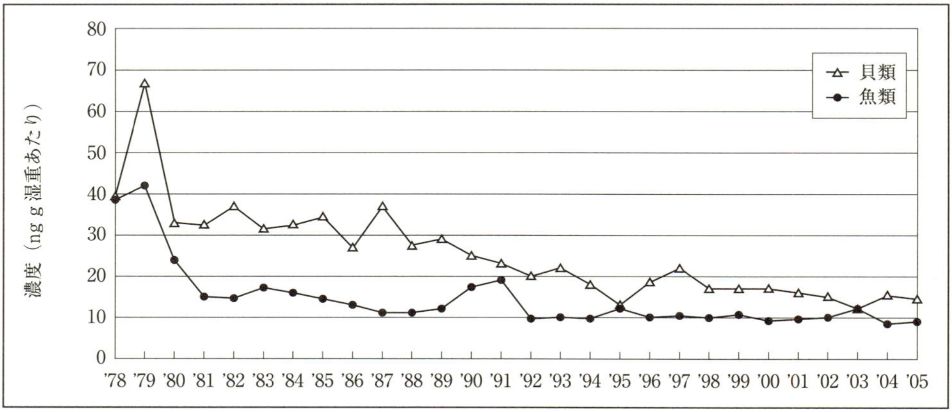

図 1.3.3-2　日本沿岸域の魚介類から検出された PCB 濃度の経年変化

テータスレポートではホットスポットがヒトの健康に影響を及ぼすおそれはないと結論しているが，水産生物を対象とした十分な調査が行われているわけではない．水産生物のモニタリング調査をふまえたヒトの健康リスク評価と漁場環境保全対策が求められる．

（田辺　信介）

（iii）バラスト水による生物移動

バラスト水（ballast water）とは，水域を航行する船舶が船位の安定を図るため，舷側や船底にあるバラストタンクにためる水のことである．バラスト水は荷降ろし港で港湾の海水などを積み込み密閉し，航海中は安定性のある喫水を得て航行の安定を図り，さらに港での荷積み作業中に喫水が変わらないようにするため，積み荷量にあわせて適切にタンクから排水されるように活用されている．また，貨物船やタンカーでは載貨重量トン数の約半分にもなり，たとえば，5 万 t の船では 2 万 5 千 t 近くの膨大な水量になる．なお，似た構造であっても，活魚輸送などに使われ航行中に水を流し続けている船倉はバラストタンクとはいわない．

荷降ろし港で注入されたバラスト水は荷積み港で大量に排出されるので，バラスト水として用いられた海水に含まれている生物が航海中もタンク内で生き延びた場合には，本来の生息地と異なる環境中にそれが拡散することになる．これが，近年問題となっている生態系撹乱の一因であり，生物多様性の観点だけでなく，養殖魚類への被害や細菌の蔓延，有害プランクトンによる貝毒発生など，人の健康への危険性も指摘されている．

国際海事機関（International Maritime Organization : IMO）は，リオデジャネイロ国連環境開発会議（UN Conference on Environment and Development : UNCED）（1992）で決議された行動計画であるアジェンダ 21 や，ヨハネスブルグ地球サミット（World Summit on Sustainable Development : WSSD）（2002）の決議を受けて，バラスト水による生物移動を防ぐ方策を検討し，2004 年には「船舶のバラスト水及び沈殿物の規制及び管理のための国際条約」（バラスト水管理条約）を採択した．船体付着による生物移動は従来から一般的に知られていたが，① クラゲやヒトデ，渦鞭毛藻類など船体に付着することが物理的に不可能な生物が原産地から遠く隔たった水域に突然大発生した例，② 淡水に生息する生物が船体に付着して海水中で大洋を横断することは不可能であるにもかかわらず，ヨーロッパ原産の淡水産二枚貝であるゼブラガイがアメリカ五大湖で大増殖し河川を経由してアメリカ全土に拡散した例，③ 中国原産の淡水産二枚貝であるゴールデンマッセルが南米ラプラタ川で増殖してアマゾンの自然を脅かしている例，などが確認されたことから，海運における物流に伴うバラスト水が介在する生物移動の対策が国際的に必要であると認識されたのである．

IMO が 2004 年に採択したいわゆるバラスト水管理条約は 30 カ国以上が批准し，それらの国の商船船腹量が世界全体の 35%を超えた日から 1 年後に発効することになっている．2011 年 11 月末の状況で批准した国と商船船腹量はそれぞれ，31 カ国，26.44%となっており，さまざまな船種に用いることのできる，バラスト水中の生物殺滅処理装置の開発や性能確認技術の確立の難しさから，発効には今後 2 年近くかかると予想されている．条約発効までの暫定的な措置として，公海上でバラスト水をその積載量の 95%以上交換することを入港する船舶に義務付けている国が多く，相応の効果が期待されている．また，バラスト水中の生物を殺滅するために，濾過や，紫外線照射，次亜塩素酸などの薬剤の投入などのバラスト水処理装置が製作されている．バラスト水管理条約発効後には国際航路に従事する船舶は，漁船やレジャーボートなどを含めこのバラスト水処理装置を搭載することが義務付けられる．装置により処理されたバラスト水は，最小径（体長，幅，厚みのうちの最小の長さ）が 50 μm 以上の生物は 1 t 中に 10 個体未満，同 10 〜 50 μm の生物は 1 mL 中に 10 個体未満しか排水時に含まれることが許されず，さらに 3 種の細菌（コレラ菌，大腸菌，腸球菌）数にも海水浴場における基準と同程度の厳しさが求められている．これらの基準をいっそう厳しくすべきとする国もあり，条約成立後には見直しがなされる可能性もある．しかし，微小生物の大きさを測定しながら生死を判別して計数する検査技術の確立がなされておらず，基準を厳しくできるかどうかもこの技術開発次第となっており，これが条約成立の遅れの一因にもなっている．

b. 赤潮・磯焼け

（i）赤　潮

赤潮とは，単細胞の微細藻類（分類学上は原生生物界に属する）が集積した水面の着色現象をさす．色は原因生物のもつ色素によって異なり，日本で最も広い海域で発生し，かつ件数の多いヤコウチュウ（渦鞭毛藻）赤潮は赤ないしピンク，その他の渦鞭毛藻や珪藻によるものは茶や茶褐色で，これらが一般的な赤潮の色として知られている．変わったところでは，円石藻による赤潮は乳白色，北欧に多い藍藻による赤潮は緑〜深緑色である．後者は細胞が死にはじめると白灰色となり，同時に死細胞からの有機物が風のため泡状になって海面を漂い，時には海岸に吹き寄せられ 1 m 以上の泡の壁ができてしまうこともある．また，同じヤコウチュウでも東南アジア〜インド洋沿岸では，微細なペディノ藻の *Pedinomonas noctilucae* が千細胞以上も細胞内に共生しているために緑色をしており，赤潮も緑色になっている．すなわち，実際の水面の色にかかわらず，単細胞藻類による水面の着色現象は「赤潮」と総称されており，英語で red tide，スペイン語で maria roja と，赤を代表色として名付けられている．

赤潮の原因生物は世界で 100 種以上が知られており，少し古いが 1992 〜 2000 年の瀬戸内海の約 1,000 件のデータによれば，1 種だけが優占している赤潮が全体の約 80%を占め，2 種あるいは 3 種が共存する赤潮はそれぞれ 15%，5%であった．また，全体の過半は渦鞭毛藻によるもので，そのうちの 40%はヤコウチュウによるものであった．日本沿岸全体の発生件数の中では，瀬戸内海が 70%を占めており，年間 200 件を超えることもあったが，最近は 100 件前後におさまっている．これに対し，有明海など九州西岸域は瀬戸内海と同様に 100 件前後になってきており，増加傾向にある．それらの発生期間は過半が 4 日以内，長くても 2 週間以内で，80%の赤潮は消滅するが，最長は 3 カ月を超える場合もあった．発生面積は過半が 10 km^2 であるが，珪藻赤潮は広域に発生するものがあり，1,000 km^2 を超えるものもあった．なお，断続的に本州太平洋沿岸を300 km にわたっておおった赤潮も知られており，中国では500 km を超える例もあった．

赤潮は，元来，増殖した微細藻類が光や波浪によってある狭い範囲に大量に集積して起こる自然現象であるが，近年では沿岸域の富栄養化により発生頻度が高くなる状況が世界各地で起きている．とくに給餌を必要とする魚類やエビ養殖漁業が著しく盛んになりつつある中国や東南アジアでは，正確な統計はないが，養殖魚の大量斃死を伴う大規模赤潮の発生が問題になってきている．瀬戸内海では，養殖漁業がはじまった1960年代後半から，魚類生産量の伸びに比例して赤潮の発生件数が急速に多くなり，1971年には年間299件を数えている．その後，環境保護法などの制定により工場・都市排水からの窒素・リンなどの排出量が減り，養殖技術の進歩などもあって富栄養化が抑えられるようになり，赤潮の発生件数も100件程度に減っている．

これらの赤潮のすべてが漁業被害を伴うわけではなく，原因種・発生海域や期間によって異なり，年間赤潮発生件数のうちの10％程度のものが魚貝類斃死をひきおこしている．この魚貝類斃死による経済的損失はきわめて大きく，1回の赤潮で数億円の被害が出ることもまれではない．また，水域の富栄養化の抑制は赤潮発生防止に役立っているが，同時に窒素やリンの減少による水域の生産力への影響は否定できず，瀬戸内海では漁獲量の減少という事態も招いている．窒素やリンの少ない「きれいな海」がよいのか，漁獲量の多い「豊かな海」がよいのか，そのバランスをとることは将来への重要な課題である．とくに，70％の人口が沿岸10 km 以内に住み，世界の魚類養殖量の80％を生産するアジアにおいては，今後の海洋沿岸環境の保全に対して赤潮の発生件数の推移が環境悪化を示す指標の1つになる可能性もある．

赤潮による養殖魚貝類斃死は現象としてよく知られているが，その機構はよくわかっておらず，赤潮原因種や発生域による差異があると考えられている．すなわち，活性酸素あるいは不飽和脂肪酸などの有害物質が魚貝類の鰓に作用し，体を弱らせて粘液を分泌させ，その粘液が呼吸障害をひきおこす．同時に，赤潮発生時の水域も日中は光合成で溶存酸素量が過飽和になっているが，夜間は光合成が止まり藻類による呼吸で酸素量が減り，さらに死亡堆積した藻体の分解により酸素量が低下し，魚貝類の斃死を早めるのではないかと推察されている．

赤潮への対策としては，長期的には微細藻類の大増殖をひきおこすような水域の富栄養化を抑えることが大事であるが，赤潮が起こってしまっている場合にはモンモリロナイトのような粘土散布が有効とされている．しかしこれが有効な場合は *Cochlodinium* のような特定の種に限られている．また，養殖生簀（いけす）や筏の赤潮海域からの避難が推奨されていたこともあったが，近年は生簀が大型化し，移動が現実的ではなくなっている．また，赤潮水をくみ上げ，濾過などで藻体のみを集めることが考えられて実行に移されたが，経費がかかりすぎることもあり実用化されていない．

赤潮は日本だけではなく世界各地で発生してさまざまな問題をひきおこしているため，研究者を育成して問題の解明を図るとともに，沿岸水産業の育成と環境保全施策への提言を目的として，さまざまな国際機関が有害微細藻類に対する事業を行っている．たとえば，ユネスコは Harmful Algal Bloom（HAB）事業を行って，Manual on Harmful Marine Microalgae といった技術マニュアルなどを出版しており，日本海海域で環境事業を行っているUNEP/NOWPAPも独自の赤潮対策事業を行っている．

（福代　康夫）

（ii）磯焼け

亜熱帯から寒帯にかけての潮下帯岩礁海底には，コンブ類やヒバマタ類の大型多年生褐藻に優占される海藻群落が海中林（または藻場）を形成する．海中林の年間生産量は，乾燥重量で1～8 kg m^{-2} $year^{-1}$ であり，熱帯雨林よりはるかに高い．植物による地球全体の年間生産量は約1,500億 t，陸と海で50％ずつを占める．

海中林は，面積では海洋の0.1%に満たないが，生産量では10%以上も占める．海中林には産業的に重要なメバル・カサゴなど魚類，アワビ・サザエ・ウニなど無脊椎動物が多数生息し，熱帯雨林に匹敵する高い多様性をもつ沿岸岩礁生態系を構成する．林冠をなす海中林が消失すると，林床の岩礁海底を被覆する紅藻無節サンゴモが潮間帯近くまで優占する．その結果，生物群集が海中林型から無節サンゴモ群落型へと変化し，有用な生物群集の消失によって産業的に大きな被害が発生する．この現象は世界中共通し，日本では伊豆半島東岸の方言から磯焼けと名づけられている．

海中林の形成には，① 着生するためのかたく，安定な岩礁または boulder（不動石）の海底，② 光合成に必要な量の光が得られる水深，③ 藻体表面から栄養塩を吸収するために藻体を動かす波動が得られる水深，④ 生育に十分な窒素・リン濃度（1.3.3.A.b.（ⅱ）），⑤ 代謝を維持できる水温などを必要とする．陸水の影響を受ける海域では塩分も制限要因となる．多くの海中林は，他感作用物質としてフロロタンニンを含有して植食動物の摂食からまぬがれ，ブロモフェノールを分泌して植食動物幼生の変態を阻害するなど化学的に防御する．海中林は，当歳から寿命に近づくすべての年齢群を含む全齢個体群で成立し，林冠をなす親個体の死亡によって林床に光が差し込む空地（ギャップ）ができ，そこで子個体が成長して後継群を形成する，陸上森林と同様なギャップ更新で維持される．

海中林が崩壊し，磯焼けが発生する原因は，① 沿岸岩礁生態系の必要・十分な環境の有意な変化と，② 津波・火山爆発・例外的な大時化（おおしけ）や洪水など一時的・激越な環境変化および生物にとっては偶然の人為的攪乱などの要因による環境の変化に分けられる．低水温・富栄養な海況では，海中林は深所へ拡大する．逆に高水温・貧栄養な海況が持続すれば，海中林は浅所へ縮小し，磯焼けが発生する．高水温によって海藻の代謝速度が高まるのに対し，窒素・リンが不足するので，それらの吸収が困難な流れのない深所から消滅するためである．アラメでは流速 10 cm s^{-1} 未満では 25°C 以下でも枯死する．流動条件では，成長適温が 10°C のマコンブは 20°C でも成長可能である．高水温・貧栄養な海況では強い低気圧が頻繁に発生し，時化によって海中林は崩壊する．

海中林の崩壊で浅所へ拡大した無節サンゴモ群落には，無節サンゴモが分泌するジブロモメタンがウニ幼生の変態を誘起するため，ウニが大量に発生し，その強い食害によって磯焼けは持続する．世界的に 1980 年代後半から温暖化傾向が持続しているので，暖流が強勢，寒流が弱勢となり，また表面水と深層水との混合が不能な高水温・貧栄養な海況が続いて磯焼けが拡大している．西日本沿岸では，加えてアイゴ・ブダイ・イスズミ・ノトイスズミなど植食魚類による食害によって磯焼けが持続している．無節サンゴモ自体も，ヒトの垢のような表層死細胞の剥離や他感作用物質の分泌によって，他の海藻の着生を阻害する．無節サンゴモの着生阻害は温度依存的で，高水温ほど強く発現する．高水温に加えて貧栄養も無節サンゴモの着生阻害は温度依存的で，高水温ほど強く発現する．高水温に加えて貧栄養も無節サンゴモの着生阻害の発現にかかわっている可能性がある．

一時的，激越な環境変化による磯焼けでは，環境の回復に伴って海中林が再形成され，海域汚染などの人為的攪乱による磯焼けでは，攪乱の停止や修復によって海中林が再形成される．

磯焼け域に海中林を造成するために，① 磯掃除，投石・藻礁の設置など着生基質の整備，② 母藻移植，遊走子・配偶体・幼胞子体の散布，ロープ養殖など海藻種苗の生産と移植，③ 植食動物の除去，大量の海藻供給による食害の排除，囲い網の設置などの技術が適宜用いられてきた．高水温で貧栄養な海況が持続する場合には，④ 無機態窒素・リンの人為的な添加による海藻の生育促進の処置がなされ，効果をあげている．

（谷口　和也）

c. 漁場の改変

（i）漁業への影響

漁場の改変は，さまざまな人間活動から生じてきた．海洋では宅地や農地の造成のための干拓や埋め立て，航路浚渫（しゅんせつ），港湾整備等，内水面では河川整備，河口堰整備，ダム建設等により，漁場は大きく姿を変えてきた．水域自体を消滅させる干拓や埋め立ては，古くは江戸時代から行われてきたが，戦後は埋め立て工法の発達と高度経済成長期を背景に，大規模な臨海都市や工業地帯の開発が行われるようになった．現在でもなお，干拓や埋め立てによる水域の消滅は進んでいる．国土地理院によると，1950 年から 2001 年までのわが国における埋め立て累計面積は 1,065.33 km^2 に及ぶ．また，1994 年に公表された環境省による第 4 回自然環境保全基礎調査によれば，埋め立てや港湾整備等によって人工的に改変された海岸線の延長は 3,070.3 km にも及び，本土域の海岸線延長の 37.8％を占める．このような人為改変は，直接的かつ間接的に海洋生態系に影響を及ぼし，ひいては漁業に影響を及ぼしてきた．

干拓や埋め立ては，消滅水域を生息場とする生物種の全滅をはじめ，生物や環境に多様な影響を及ぼす．埋め立ての対象となるのは干潟や浅海域であるが，そうした海域は，もともとは多くの生物の産卵場，稚仔の生育場として機能し，多様な生物の生産性が高い場である．これは藻類の光合成に必要な光が十分に海底まで到達し，藻場が形成されること，河川や降雨を通じて陸域から窒素・リンなどの栄養物質の流入が多いことによる．したがって，干潟や浅海域の消失は，すぐれた生産性と多様性をもつ海域が失われることを意味する．さらに，海洋の生態系は，食物連鎖や流動による卵稚仔の分散を通じて，広いスケールで構成されている．そのため，干潟や浅海域が失われれば，その消失面積よりも広範囲にわたって，多くの水産生物種が影響を受けることになる．埋立てによって干潟の底泥が失われることも漁場の質の低下につながる．底泥は，バクテリアの活動によって水中の窒素を大気へ還元する脱窒現象が生じる場として重要である．富栄養化した海域では，底泥は，水中に過剰に流入した窒素・リンを浄化するという重要な機能を担っている．干潟消失により浄化機能が低下すれば，水中の富栄養化は進み，赤潮や貧酸素水塊（hypoxia）の発生を招き，漁場の質は低下する．また，地形の改変によって生じる潮流の変化は，海水交換，浮泥の堆積，潮流を利用する生物の生態などの変化を招き，水産生物種への影響を通じて，漁業への深刻な影響をもたらしている．

（ii）法による規制

漁場の改変を伴う開発事業は，法によって規制されている．水産資源保護法では，水産動物が産卵し，稚魚が生育し，水産植物の種苗が発生するのに適した水面を保護水面として指定し，その管理計画を定めることとしている．また，保護水面における埋め立てや浚渫，河川流量や水位の変更を伴う工事に対して制限を設けている．公有水面埋立法では，埋め立てが環境保全および災害防止に十分に配慮されたものであることなどを条件に，都道府県知事が埋め立てを免許することとしている．また，埋め立ての出願事項は公開すること，市町村および利害関係者の意見を聴取すること，埋立免許を受けた者は漁業権者または入漁権者等へ補償することを定めている．規模の大きい埋め立て（面積 50 ha 以上または環境影響評価法対象の 40 ha 以上）に対しては，環境大臣の意見を求めることと，国土交通大臣の認可を受けることが必要となっている．

人間活動が漁場の改変に及ぼす影響を適切に評価することは，海洋生態系を保全しつつ持続的に漁業生産を維持するうえで最も重要な点であり，その具体的手続きは環境影響評価法と環境影響評価条例によって定められている．環境影響評価法ではまず，事業特性に応じた評価の項目，調査，予測および評価の方法を公表し，広く意見を求めることで手法の公正さを確保する手続き（スコーピング）が定められている．さらに，収集した意見を反映した評価書の作成や，事後のモニタリングも義務づけられている．環境影響評価法は，40 ha 以上の埋め立て事業，湛水面積 100 ha 以上のダム・堰の建設事業等の大規模な事業を対象としている．こうした規模要件を満たさない事業や，環境影響評価法が対象としない事業については，各地方自治体が定める環境影響評価条例によって，地域的特性を反映した環境影響評価の手続きが義務づけられている．

（高橋　鉄哉）

d. 海洋投棄

（i）富栄養化と酸欠海域「デッドゾーン」

海洋における富栄養化の要因となる都市排水や農牧業・工業廃水に含まれる廃棄物は，陸域で処分するように規制されているが，技術的・経済的な理由によっては海洋投棄することが例外的に許可されている．そこで，投棄による地球規模の海洋汚染を防止するために，1972 年に「ロンドン条約」が採択された．日本も 1980 年に同条約を批准してから，「海洋汚染防止法」や「廃棄物処理法」などの国内法を制定して，あわせて規制するようになった．その後，2006 年のロンドン条約 96 議定書による海洋投棄規制の強化を勘案して，国内法も改正されている．

しかし，海洋投棄規制を強化しても，不法投棄は近年ますます増加している．その結果，1960 年代以降，世界中の酸欠海域「デッドゾーン（aquatic dead zones）」の数が 10 年ごとに倍増して，海洋生態系に重大な影響を及ぼしている．

とくに発展途上国における，人口の都市集中化に伴う都市廃棄物（屎尿などの生活排出物）や農業振興による肥料成分などの海洋投棄の増加が，海域内における水産増養殖の餌料残渣や飼育魚介類の排泄物などによる富栄養化促進の要因をしのぐようになり，酸欠海域は地球規模で拡大の一途をたどっている．これらの外来性有機物が，海域内で生産された赤潮生物の懸濁態有機物に加わって，底層水塊中へと沈降し，微生物の分解作用を受ける際に溶存酸素を消費し尽くすのである．

現在の地球上においては，バルト海やメキシコ湾における大規模なものから，散発的に河口にあらわれる小規模なものまで，世界で 400 以上の酸欠海域が報告されている（図 1.3.3-3）．最近の顕著な事例は，中国沿岸やカテガット海峡に酸欠海域が広がっていることである．バルト海やメキシコ湾などの酸欠海域の底層水塊からは魚類（魚類大量死：fish kills）や底生甲殻類が死滅してしまい，微好気性と嫌気性の生物種以外は生残していない．そして，カテガット海峡の場合，ノルウェーのエビ漁業の壊滅をもたらしたことで有名になっている．

このような酸欠海域は海洋総面積のごく一部にしかすぎないが，世界有数の優良な漁場の重要部分を占めている．そして，酸欠海域の拡大は，漁業資源として重要な魚介類のみならず，海洋の食物連鎖を構成する大量の多種多様な海洋生物を死滅させる．

生物進化の視点からは，原始生物の嫌気性生物に次いで，現在の地球大気における酸素分圧 1 PAL（present atmospheric level）にくらべて 0.01 ～ 0.1 PAL へ上昇した地史年代に出現した微好気性生物（microaerophiles）が現在なお海洋の貧酸素水塊に生息し続けている．これら微好気性生物は原始的な電子伝達系の呼吸代謝系で生体エネルギーを獲得して生息するが，0.01 ～ 0.1 PAL の低酸素分圧範囲でしか生存できない．微好気性生物の種類として最も普遍的なものは微生物であるが，ある種のナマコ類など底生の後生生物も知られている．

0.01 PAL 以下の酸素分圧範囲にある海洋環境の無酸素水塊（anoxia）で生息している生物は，偏性嫌気性微生物と通性好気性生物である．偏性嫌気性微生物は呼吸代謝系が欠如しているので，発酵代謝系によってのみ生息している．通性好気性生物は進化的に呼吸代謝系を獲得しており，嫌気的環境においては嫌気的呼吸の代謝系（最終電子受容体は酸素分子ではなく，硝酸塩や硫酸塩などの結合酸素を利用）でも発酵の代謝系でも，生息することができる生物である．通性好気性生物のほとんどの種類は微生物であるが，短期的ならば嫌気的呼吸によって生存する生物として貝類や甲殻類が知られている．

（關　文威）

図 1.3.3-3　酸欠海域
円形の位置とサイズは酸欠海域の地点と規模を示す．黒点で地点を示した酸欠海域の規模は現在不明．
〔NASA, Aquatic Dead Zones Image of the Day (Jul 17, 2010) を参照して作成〕

（ii）マリンデブリ

戦後開発されたプラスチック製品や合成繊維は丈夫で腐りにくい特徴をいかして，漁業をはじめさまざまな分野で利用されてきた．しかし一方で，自然環境中での生化学作用による分解速度が遅いために多くの環境問題をひきおこしている．近年，プラスチックによる環境汚染は陸域だけでなく海洋でも起こっており，海洋に投棄された漁網，ロープがオットセイやアザラシなどの海洋動物にからんだり，プラスチックをウミガメや海鳥が飲み込んで死ぬなどの生物被害が数多く報告されている．2009 年の国連環境計画（UNEP）の報告によると，世界の海に流出するプラスチックゴミの量は年間数百万トンにもなり，毎年 100 万羽以上の海鳥と 10 万頭以上の海洋哺乳類が被害を受けている．

これら海洋ごみ「マリンデブリ（marine debris）」は，大きく① 海岸に漂着・散乱するごみ，② 海流により漂流・移動するごみ，③ 海底に沈んでしまうごみ，の 3 つに分別される．とくに，海洋ごみの漂流・集積調査の結果によると，北太平洋の海域で海に流れ出たごみは，ミッドウェー諸島を中心としたハワイ周辺の海域に集まりやすく，この周辺の海域は北太平洋ごみベルト地帯とよばれるほど多量のごみが漂着している．そのために，ミッドウェー諸島の海岸には，年間数十トンを超えるプラスチックや漁網・ロープなどの漁業廃棄物が漂着し，そこに生息する海鳥やアザラシなどに大きな被害を与えている．

さらに，これらの難分解性海洋ごみは，海面を漂流するごみや海岸に漂着するごみだけではない．海中や海底に沈んでしまうものもあり，世界各地の海域の海底に多くのプラスチックごみや漁業系ごみが堆積している．日本でも東京湾や瀬戸内海，鹿児島湾などの閉鎖系の内湾の海底には大量の生活用プラスチックごみや漁業廃棄物が堆積していることが報告されている．また，水産庁の調査（2008）によると，日本海の排他的経済水域（EEZ）周辺の海底には数千トンを超える漁具・漁網が沈んでいる．これらの漁具の大半は外国漁船の違法操業によって投棄された刺網やかご漁具などであり，海底に放置されることによる，「ゴーストフィッシング」が懸念されている．こうしたプラスチックや漁業系廃棄物による海洋汚染は，沿岸域の海底だけでなく深海にまで及んでおり，水深 6,000 m 以上の日本海溝の深海底にも多量のプラスチックごみが堆積していることが報告されている．今や，海洋のごみ汚染は表層から深海にいたるまで地球の海全体に広がっており，問題の解決には国を超えた国際的な取り組みが必要とされる．

これらのマリンデブリであるプラスチックや漁網・ロープなどの漁業廃棄物による海洋汚染対策として，近年，環境負荷を軽減させるプラスチック（いわゆる生分解性プラスチック）の開発・利用が進められている．

（兼廣　春之）

（iii） 放射性廃棄物

1972 年，ロンドンにおいて，「廃棄物その他の投棄による海洋汚染の防止に関する条約（The Convention on the Prevention of Marine Pollution by Dumping of Wastes and Other Matter 1972）」，通称「ロンドン条約（London Convention）」が採択された．すべての廃棄物の海洋投棄を国際規制する条約であるから，放射性廃棄物の投棄も制限している．この条約は 1975 年に発効し，日本も 1980 年に批准している．本条約の事務局は国際海事機関（IMO）が務めている．

放射性廃棄物の海洋投棄に関する詳細な事例は，欧州環境庁（The European Environment Agency : EEA）の，「北極の監視と評価計画（Arctic Monitoring and Assessment Programme : AMAP）」による年次報告書『Radioactivity in the Arctic』に示されている．

北極における放射性廃棄物の海洋投棄に関して最も影響力のあるロシア連邦では，ロンドン条約を 1976 年に批准してから，1983 年に「放射性廃棄物の海洋投棄規則」も施行している．しかし，ロシア連邦における海洋投棄の大半はロンドン条約批准前の 1959 ～ 1976 年の期間に行っていたばかりか，批准後も条約に必ずしも従ってはいない．その後，ロシア連邦は「自然環境保護法（1991 年発効）」によって海洋にも宇宙空間にも放射性廃棄物の投棄を禁止したとしている．

ロシア連邦の放射性廃棄物は，北方海域においてはバルト海，白海，バレンツ海，カラ海などで海洋投棄されている．また，極東海域においてはカムチャッカ半島南東沖と日本海である．

日本においては，1955 年から 1969 年まで，日本放射性同位元素協会が放射性同位元素の分配作業で発生した微量の放射性廃棄物を日本周辺の海域に投棄していた．しかし，1980 年，海洋の汚染を防止するためロンドン条約に加盟した．この 1975 年に発効した条約は，低レベル放射性廃棄物ならば締約国の特別許可を得てから海洋投棄できる規制であったので，低レベル放射性廃棄物の海洋投棄を実施するために，1975 年に（財）原子力環境整備センターが設立された．その後，わが国も低レベル放射性廃棄物でさえ海洋投棄をすべきでないとして，1993 年の第 16 回ロンドン会議における海洋投棄の全面禁止決議を批准するに至っている．

放射性物質が海洋投棄された場合の海洋生態系へ及ぼす影響は，その放射性同位元素が生体の維持・活動に不可欠な生元素であるか否かで影響様式が異なる．生元素であれば，その濃度が低いほど細菌の能動的摂取系による生物濃縮作用が機能し，その濃度が高くなるほど多種多様な生物の表面を汚染する吸着作用と受動的摂取系による生物濃縮作用（細胞内への拡散）が主要な機能となる．海洋投棄される放射性廃棄物には人工放射性核種が多いので，生元素ではない放射性同位元素が生物濃縮される際に吸着作用と受動的摂取作用がおもに機能する．いずれにしても，緊急に海洋投棄される場合は低レベル放射性廃棄物である可能性が高いことから，海洋食物連鎖へのとりこみにおいて摂取と吸着の機能に優れる海洋細菌が第 1 次栄養段階の役割を果たすことになる．海洋細菌は，単細胞で海中を浮遊するよりも複数細胞が塊化する性質があるので，濾過食性の甲殻類や貝類に捕食されやすくなる．この捕食連鎖が海洋における放射能汚染の主要な経路になっている事例が多い．

（關　文威）

B. 漁場環境の再生と維持

a. 漁場造成と修復・人工魚礁

（i）漁場造成の意義と生物生息環境の造成

日本の沿岸海域は，漁業生産に高度に利用されており，再生産資源の利用を漁場管理，漁法制限，漁獲規制による資源維持で管理するだけでは，資源増加は困難である．生物発生段階の環境制御に積極的にかかわり，資源をつくり育て，効率的に漁獲する方法がとられる．

漁業資源を増殖する技術の体系は，種苗生産技術，環境制御技術および資源管理技術に分類できる．漁場造成技術は環境制御の技術であり，種苗の移植放流，初期減耗要因の排除，適した生物相への制御，発生量の増大，餌環境の改善などに大きく関連する．

この関連を資源の数の観点からみると，発生から親になるまでの過程は(1)式で表される．

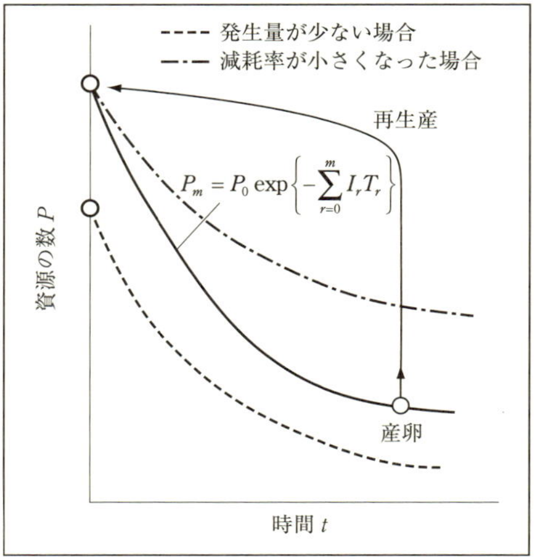

図 1.3.3-4　資源の数と再生産
発生量 (P_0) と減耗から産卵までの資源の変化を示している．

$$dP/dt = -IP \tag{1}$$

P：資源の存在数，I：資源の減耗率，t：時間．

発生から仔魚，稚魚，幼魚，成魚の段階において各段階別に減耗率を一定と考えると，成魚の数 P_m は (2) 式となる．

$$P_m = P_0 \exp(-\sum I_r T_r) \tag{2}$$

P_0：発生数，I_r：生育 r 段階での減耗率，T_r：生育 r 段階の時間．

成魚の量 P_m を大きくするには，P_0 を大きくするか，I_r を小さくすればよい (図 1.3.3-4)．

漁場造成とは，漁業資源の自然増殖の場の造成を行い，物理的環境を制御する方法により行われ，流動環境の制御，底質環境の制御，波浪環境の制御がとられる．また，これらの制御のほか餌場やすみ場などを生物環境として総合的に制御する，人工礁漁場がある．

（ii）人工魚礁漁場の造成

人工魚礁の設置目的は，対象生物の生理・生態にあわせて餌場，産卵場，すみ場などとしての環境を整備することで，対象とする水産生物の漁獲の増大，操業の効率化および保護培養を図ることとされている．その施設は，コンクリート・鋼材等を用いてつくった構造物を海中に設置したものとされている．

海中への投石や構造物に魚が集まり，漁獲にとって有効であるとする認識は古くから存在した．1600 年頃，土佐藩の浦戸沖合に山石を沈設した例などが知られ，明治期には各地方の漁業者の間の技術交流により，人工魚礁の成功例が各地に伝わり普及していったことが指摘されている．歴史的にみると，もともと人工魚礁は蝟集を目的とした施設であったが，1932 年頃には増殖施設に包括された．現在の蝟集と増殖の中間的な魚礁の性格づけは，こうした歴史背景によるものと考えられる．

魚種の魚礁に蝟集する度合いを魚礁性と称している．魚礁性については，潜水調査等による魚礁と蝟集魚の位置関係による定性評価，および魚礁区と対照区（平坦区）の単位努力あたり漁獲量（CPUE）の比や，魚礁性指数による定量評価が行われている．定性評価は蝟集魚の魚礁近傍での分布様式から次の4パターンに区分している．Ⅰ型：アイナメ，カサゴなど，魚礁に体の大部分もしくは一部を接触させている種，Ⅱ型：マダイ，メバルなど，体を魚礁に接触させることは少ないが，魚礁のごく近いところに位置する種，Ⅲ型：ブリ・マグロ類，アジ・サバ類など，主として魚礁から離れた表中層に位置する種，Ⅳ型：カレイ類，カジカ類など，主として魚礁周辺の海底に位置する種．定量評価は魚礁性指数について紹介する．魚礁性指数 A_r は，対照区と魚礁区の量的漁獲指標を虚数軸上の D_r，漁獲が多くなる頻度の指標を実数軸上の Q_r として複素数平面上の

$$A_r = |a_r| e^{i\theta r}$$

として表されている．魚礁性の大きさは D_r と Q_r の合成されたベクトルとして

$$\boldsymbol{a}_r = |a_r| \times \frac{\theta_r}{|\theta_r|}$$

で表し，魚礁性強度とよんでいる．魚礁性強度は $-\sqrt{2}$ から $\sqrt{2}$ の間を変化する指標で，正の値が大きくなると魚が蝟集しやすいことを示している．魚礁性強度による魚礁性の順位は以下に示されている．アイナメ類(1.24)，ソイ類(1.20)，タコ(0.98)，マダラ(0.94)，トゲカジカ(0.91)，ホッケ(0.90)，オクカジカ(0.75)，フサギンポ(0.57)．ヒラメ・カレイ類は，マツカワ(1.17)，オヒョウ(0.70)，ソウハチ(0.57)，ヒラメ(0.47)，マガレイ(0.45)，ヒレグロ(0.38)，アサバガレイ(0.14)，スナガレイ(0.03)である．

魚礁の形状，構造および配置によって蝟集する魚の種類や量が異なり，また流れに対する位置関係でも同様であることが知られている．北海道古平地区の異なる4タイプの単位魚礁（独立した規模の魚礁）を6カ所に配置した造成漁場と平坦区で同時に漁獲試験が行われ，魚種の蝟集要因に対する主成分分析が行われている．この結果から魚種が蝟集する要因として高さ（高・低），面（遮蔽・空間），流れ（上流側・下流側），すみわけの4主成分が蝟集要素として抽出されている．第1主成分となった高さのある主成分にはトクビレ，マダラなどの生息水深幅の大きな魚種の蝟集が認められている．低く分散の多い空間の主成分にはヒラメやアイカジカが，遮蔽面の多い主成分にはソイ類，アイナメ，キツネメバル，フサギンポ，エゾメバルの蝟集が認められた．また，上流側となる主成分では流下する餌を立ちうけ摂食するエゾメバルが，下流側では内湾性のフサギンポや岩陰に潜むキツネメバルが蝟集する．また，ともに高さに蝟集し，食･被食の関係が考えられるマダラ，トクビレは蝟集場所を分離させすみわけている．

(iii) 魚場造成の効果と検証

魚礁の設置により周辺環境は変化し，魚類の分布も変化する．魚礁周辺の魚類分布は魚礁直上を分布のピークとする逆ロジスティック型と魚礁から離れた部分にピークをもつ対数正規分布型に分類できる．図1.3.3-5は代表的な魚類群の分布を示しており，魚礁の効果範囲は3,000 mに及んでいる．対数正規分布の魚種群は主として底生生物を餌とするカレイ類を内円として，そのまわりはカレイ類等を餌とする魚食性のカジカ類がそのまわりをとりまき，さらにその外周により大型の魚食魚のアンコウが分布する．ホッケを主とする一般魚は周辺にゆるやかなピークをもって効果範囲全般に分布する．対数正規分布型魚種群からは，底生生物か

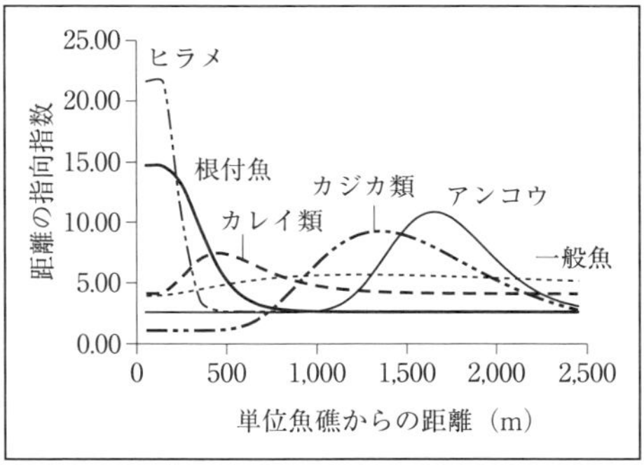

図1.3.3-5　魚種群の魚礁を中心とする分布
〔山内繁樹(2009)〕

らアンコウに至る食物連鎖が推定できる．ヒラメ，根付魚は魚礁上あるいは直近に潜み，来遊する一般魚を捕食している．魚礁の効果は，魚礁から3,000 mにわたり食物連鎖によるエネルギー循環の場を形成させ，魚礁周辺での蝟集量の増加がエネルギーレベルの上昇を示していると考えられる．

魚礁と魚類の蝟集の関係を示すと次のようになる．

魚礁からの距離による漁獲指標をAdとして距離をL，収束値をAd_0とする．魚礁からの分布は次の(3)，(4)式の魚種により与えられる係数a，b，cを得て求めることができる．

$$\mathrm{Ad} = f_R(L) = a\{1-[\exp(-\exp(b-L)/c)]\} + \mathrm{Ad}_0$$

逆ロジスティック型 (3)

$$\mathrm{Ad} = f_L(L) = \frac{a}{\sqrt{2\pi} cL}\exp\left\{-\frac{(\log(L)-b)^2}{2c}\right\} + \mathrm{Ad}_0$$

対数正規分布型 (4)

魚礁の効果範囲は，(2)，(3)式を$f(L)$で表し，Adの最大値をAd_{max}，$\mathrm{Ad}_S = 0.05(\mathrm{Ad}_{max} - \mathrm{Ad}_0) + \mathrm{Ad}_0$として，魚礁から$\mathrm{Ad}_S \leq f(L)$を含む$\mathrm{Ad}_S = f(L)$の交点までの距離$L_E$と定義する．効果範囲の距離$L_E$の蝟集量は次により算定できる．平坦区での区間$[\alpha, \beta]$の漁具延長における区間漁獲量を$F_{[\alpha,\beta]}$で表し，魚礁から効果範囲$L_E$までの区間[0, E]の漁具延長の区間漁獲量を$F_{[0,\mathrm{E}]}$とすると，

$$F_{[0,\mathrm{E}]} = F_{[\alpha,\beta]} \times \frac{\int_0^E f(L)\mathrm{d}L}{\mathrm{Ad}_S \int_\alpha^\beta \mathrm{d}L}$$

で算出できる．$F_{[0,\mathrm{E}]}$に対する蝟集量を$H_{[0,\mathrm{E}]}$として，

$$H_{[0,\mathrm{E}]} = \frac{F_{[0,\mathrm{E}]}}{1-\exp(-p \cdot Z)}$$

で算出できる．さらに漁具の有効幅をBとすると，単位魚礁を中心とする効果範囲L_Eの蝟集量H_Rは，

$$H_R = H_{[0,\mathrm{E}]} \times \frac{2\pi\int_0^E Lf(L)\mathrm{d}L}{2B\int_0^E f(L)\mathrm{d}L}$$

で算出できる．

来遊資源量と魚礁への蝟集量の関係は次のとおりと考える．蝟集対象魚類が存在する範囲面積への来遊資源量をN_0，通過資源量をN_Pとすると魚礁の効果範囲への蝟集量Hは

$$H = N_0 - N_P$$

と表すことができる．

N_Pは魚礁規模bVの増加とともに逐次減少するから，bVに対する逐次減少量は

$$\frac{\mathrm{d}N_P}{\mathrm{dbV}} = -\mathrm{AC}_V \times N_P$$

で表せる．これを解いて，蝟集量は

$$H = N_0 - N_0 \cdot e^{-AC_V \times \mathrm{bV}} + N_0 \cdot \mathrm{AC}_S \cdot e^{-\mathrm{AC}_V \times \mathrm{bV}}$$

で表すことができ魚礁方程式と称する．ここで，AC_Sを平坦域の蝟集誘引係数，AC_Vを規模の蝟集誘引係数と称する．単位漁獲量を蝟集量の指標として，北海道余市沖で実施した対照区(0空m^3)と5,024空m^3，2,512空m^3，13,895空m^3の魚礁を比較した結果から空m^3をbVに，蝟集指標をHにあてはめN_0，AC_S，AC_Vを推定できる．蝟集量Hは，魚礁規模が無限大に拡大するとN_0に収束する．蝟集量H(指標値)が来遊資源量N_0(指標値)の1/2となる魚礁規模を求めると，根付魚0.99×10^3空m^3，カレイ類900×10^3空m^3が得られる．現在の事業における魚礁規模では根付魚に対する沿岸漁業が中心となっていることがうかがえる．

(長野　章)

b. サンゴ礁の再生

（i）サンゴ礁の現状

熱帯沿岸域において生態系の基盤を形成しているサンゴ礁は，浚渫や埋め立てによる沿岸域開発，赤土や農薬・肥料等の陸起源物質の流入，およびオニヒトデによる大規模食害によって大きな被害を受けている．また，地球規模の温暖化に伴う海水温の上昇は，造礁サンゴの白化現象（サンゴから褐虫藻が抜け出して白くなる現象）をひきおこす．

（ii）再生への取り組み

再生技術として，サンゴ断片の移植が試みられてきたが，採取するサンゴ群体を傷つけるだけでなく，断片の採取量の多寡によってはサンゴ礁生態系に悪影響を及ぼす可能性がある．

このような問題を解決するには，親サンゴが放卵・放精した配偶子（種によっては幼生を放出するものもある）を利用する有性生殖による増殖が有効であり，幼生放流や種苗生産した稚サンゴの移植が行われている．幼生放流では初期の幼体の減耗が大きく，生残率の向上が課題となっている．種苗生産した稚サンゴの移植については，水族館の水槽内で試みられているが規模が小さい．現場海域では，他の海域のサンゴを移植することによる遺伝子攪乱を避けるため，沖ノ鳥島のミドリイシ類を沖縄の阿嘉島で陸上種苗生産した後，沖ノ鳥島礁内へ再び移植することに成功している．サンゴを移植するには，基盤が必要であり，劣化した基盤にエポキシ樹脂を用いて固定する方法や，サンゴ増殖用のブロックも開発されている．一方で，港湾の防波堤に自然着生したサンゴ群集の遷移調査に基づき開発した基盤表面の形状を凹凸加工する技術が，サンゴの初期着生や成長促進に効果をあげている．構造物の形状を工夫して，サンゴの着生しやすい水深帯拡大や流動制御により，サンゴの成長に適した環境を港湾構造物周辺に形成する技術開発もなされている．

（山本　秀一）

c. 漁場環境モニタリングと資源管理

（i）モニタリングの意義

多くの水産重要種が数十年単位の長期間の周期で大規模な資源量変動をくりかえしており，この変動が海洋環境の変化の影響をひじょうに強く受けていることは古くより認識されている．漁場の分布や資源量などを正確に把握して水産資源を持続的に利用し，資源変動メカニズムを科学的に解析するためには，海洋環境観測を継続することによる漁場環境データの長年の蓄積が必要である．

そのため，日本では海洋水産資源管理のための継続的な現場観測による環境モニタリングが行われてきた．現在日本国内においては，1964年に開始された水産庁による「沿岸沖合漁業漁海況予報事業」を核とし，都道府県の研究機関により全国に網羅された沿岸域の観測定点において，定期的な海洋観測，資源調査が行われている．おもな観測項目として，水温，塩分量の鉛直観測による物理データのほか，機関共通の標準ネット（ノルパックネットなど）を用いて鉛直ひき網により採集した動物プランクトン現存量（湿重量），主要浮魚類の卵稚仔魚量が標準的に取得されている．また，水産総合研究センターの各研究所（水産研究所）所管の調査船，水産庁の調査船，用船される他機関，民間の調査船により，日本周辺海域の水産資源調査，海洋環境調査が実施されている．この観測網は日本周辺海域を網羅した規模で整備されており，現在は図 1.3.3-6 で示すように定期観測点が設定されている．これらの海洋調査の結果は直接的に漁業者の漁場探索に役立つものであり，漁場水温の速報データなどが随時発信されるとともに，水産庁委託事業により毎年行われている主要漁業魚種の水産資源評価や漁海況予報のデータとして活用されている．また，個別に漁業情報サービスセンターや気象庁，海上保安庁へのデータ提供が行われ，それぞれの機関が作成する海況情報にも反映されている．

漁業生産の基盤となるプランクトンの生産量や発生のタイミングは，気候変動など地球物理的な環境変動に敏感に応答する．これまでのモ

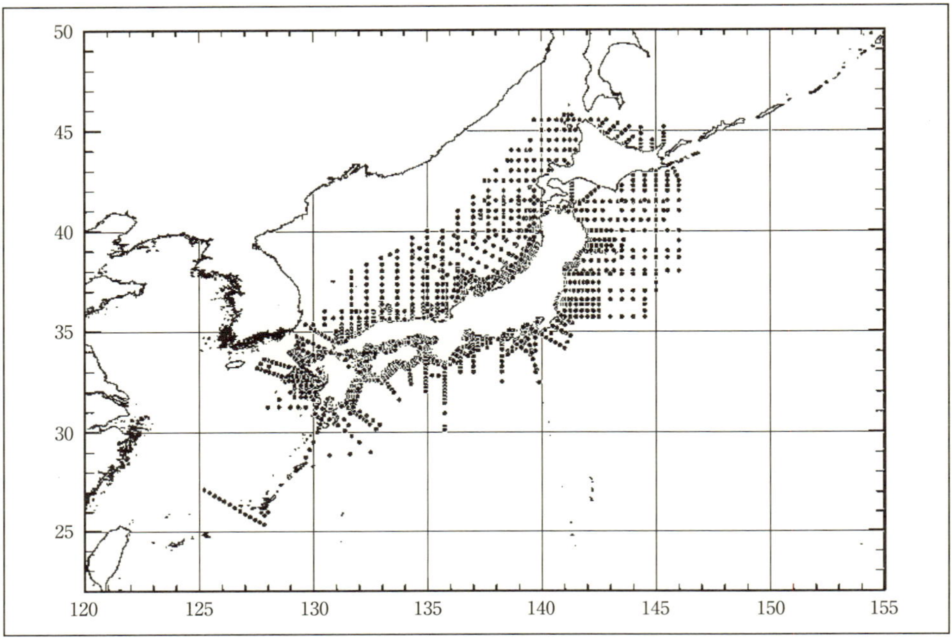

図 1.3.3-6　自治体水産試験研究機関が定期的に行っている海洋観測点
〔提供：水産総合研究センター海況予測モデルチーム〕

ニタリングデータから動物プランクトンの種組成や現存量が約 20 年の周期で変動していることがわかってきた（図 1.3.3-7）．このような海洋における大規模な生物量の変動は，太平洋十年規模振動（PDO），北極振動（AO），エルニーニョ南方振動（ENSO）などとして知られる，多様でかつ大規模な地球気候の振動などに応答していることが観察されている．このような変動により漁業対象種の餌料状況が大規模に変動し，漁獲量，漁場分布などに大きな変動をもたらしていると考えられる．エルニーニョ現象，アリューシャン低気圧の勢力変化，地球温暖化などのさまざまな時間スケールの気候振動に伴う海洋環境変動データが，このような長期的な漁場環境モニタリングにより得られはじめている．

（ii）モニタリングの現状

漁場環境モニタリングとして発展してきた生物データ（動物プランクトン）を含んだ大規模な海洋モニタリングシステムは，地球規模の生態系変動モニタリングシステムとして近年世界的に注目されている．その代表的なものとして，前述の日本の漁場モニタリングのほか，米国におけるCalCOFI（California Cooperative Oceanic Fisheries Investigation：カリフォルニア海洋漁業共同調査：1950 年より動物プランクトンデータ 5 万検体以上）プロジェクトや北大西洋における CPR（連続プランクトン採集調査：1946 年より動物プランクトンデータ 17 万検体以上）プロジェクトなどがある．CalCOFI プロジェクトはイワシ資源管理のために海洋環境要因をモニタリングすることを目的として，米国の国家機関である National Marine Fisheries Service が中心となり漁業者の協力を得て観測を続けており，そのデータは現在，おもに SIO（Scripps Institution of Oceanography）研究所で管理されている（CalCOFI のホームページは http://swfsc.ucsd.edu/frd/CalCOFI/CC1.htm）．CPR（Continuous Plankton Records）プロジェクトは英国 SAHFOS（Sir Alister

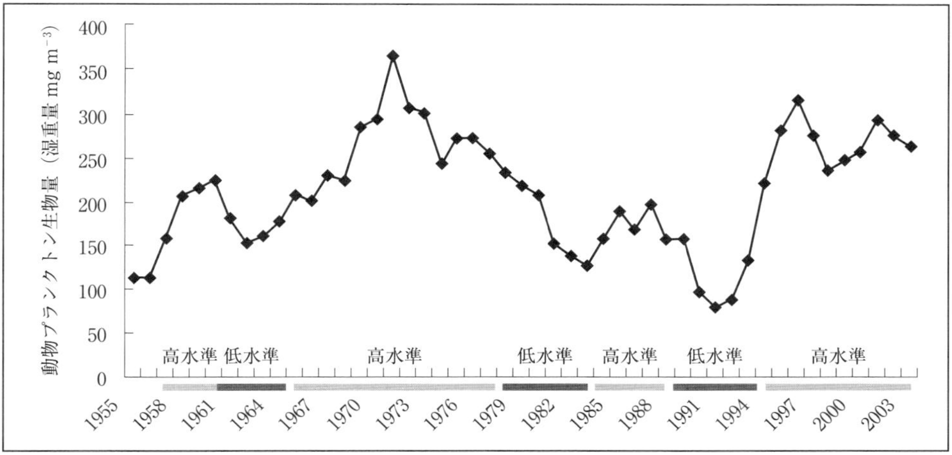

図 1.3.3-7　本州東方親潮域における動物プランクトン現存量の長期変動
〔提供：水産総合研究センター東北区水産研究所〕

Hardy Foundation for Ocean Science）研究所により行われており，おもに北大西洋の定期運行船にプランクトン連続採集器を設置し，動植物プランクトンの種組成と分布の解析を継続している（CPR のホームページは http://192.171.163.1659cpr_survey.htm）．これも漁場環境モニタリングとして確立されたものであるが，CPR による広範囲かつ長期にわたり蓄積された大量のデータは，気候変動に応答する生態系変動を示す貴重な観測情報として，IPCC（気候変動に関する政府間パネル）の報告書などにも利用されるものとなっている．

近年ではコンピュータシステムやモデル技術の発達により，現場観測データを基にした正確な漁場予測が可能になりつつある．2007 年以降，漁海況把握と漁業管理に不可欠な海況予測を迅速・正確に行うために，水産総合研究センターでは，太平洋側においては，海洋研究開発機構（JAMSTEC）により開発された海況予測モデル JCOPE（Japan Coastal Ocean Predictability Experiment）を基盤に共同開発した海況予測モデル FRA−JCOPE が先導的な役割を果たした．その運用を 2011 年 3 月に終了した後，その機能は FRA−ROMS（Regional Ocean Model System）に引き継がれている．また，日本海側においては JADE（日本海海況予測システム：Japan Sea Data Assimilation Experiment）を運用している．これらのモデルで数値化することによって，1 週間ごとに 2 カ月先までの海表面の水温や塩分量の予測計算が行われており，漁場位置や魚類の回遊の予測の判断材料としてきわめて重要な情報を提供している．このシステムは，水産試験研究機関が収集している海洋観測モニタリングデータ（物理データ）を即時に収集しモデルに同化するシステムとなっており，長年にわたり全国の水産試験研究機関が行っている漁場モニタリングで得られた観測データが，迅速に有効利用されている．この計算結果はホームページ（http://fj.dc.affrc.go.jp/fra-jcope/index.html）に一般公開されている．

モデルが発達することにより，観測していない場所や時期，あるいは将来の予測データが高い精度で得られるようになった．モニタリングの成果は漁場位置や漁況の短期的な予測のみならず，生態系に関する情報に基づく持続的な資源管理に必要な情報をもたらすものとなっている．大規模な資源変動をしているマイワシ，マサバなど水産重要種の資源水準が高くなるには何回かの卓越年級群が出る必要があると考えられているが，低水準期の資源水準を回復するためには，このような年級群が出たときに正確に判断して迅速に資源回復対策を講ずる必要がある．したがって常に高い精度の海洋環境や仔稚魚の生残に関するモニタリングを行うことが，モデルによる環境予測の精度がさらに向上するであろう将来においても重要となる．今後の漁業には，長期的な海洋観測モニタリングに基づいて蓄積されているこれらのデータを活用して，生態系を考慮した持続的な漁業を行うための管理体制が必須である．

（杉崎　宏哉）

d. 環境収容力と個体数の変動

（i）環境収容力

環境収容力とは，もともと数理生態学において個体数の変動を議論するロジスティック方程式（logistic equation）により定義される個体量である．ロジスティック方程式によれば，ある個体群の個体数Nの時間的変化は以下の式により表される．

$$\frac{dN}{dt}=rN\left(1-\frac{N}{K}\right)$$

ここで，rは個体の増殖率，Kは環境収容力を表している．ロジスティック方程式はNに対して非線形な微分方程式である．一般に，非線形微分方程式の解析解は求めることができないが，この方程式は解が存在する．初期値N_0が与えられると，この解は以下の式で表される．

$$N(t)=\frac{K}{\left[1+\left(\frac{K}{N_0}-1\right)e^{-rt}\right]}$$

すなわち，個体数Nは時間の経過とともにKに漸近する．この解が収束する傾向は，もとの微分方程式を$m=r(1-N/K)$として，

$$\frac{dN}{dt}=mN$$

とみなせば，初期値N_0がKよりも大きい場合，mは負であるのでNは減少する．初期値がKよりも小さい場合，mは正であるのでNは増加する．初期値N_0が0でない限り，ある有限な値Kがこの方程式の定常解である．すなわち，環境収容力とはある与えられた条件下において存続できる，最大の個体数のことである．

（ii）漁獲規制

個体数を増加させるためにrを大きくする方法，あるいは高いKの値で個体数の変動を抑える方法があげられる．一般に，rを大きくする方法をr戦略とよび，個体数の変動を抑え高いKを目指す方法をK戦略とよぶ．ロジスティック方程式に従えば，rが大きければNは漸近値Kに急速に近づき，Kが大きいほどNの最終定常値は大きくなる．両者が大きければ数学上は理想的であるが，生物にとってそれぞれが相反する要素を含んでいる．r戦略では，増殖率を大きくする反面，死亡率も高くなる．K戦略は死亡率を低く抑えるため，個体数の変動は少ないが，増殖率は低くなる．このため，r戦略では個体数は急速に増大したり，減少したりする．すなわちr戦略は環境の急激な変化にも適応することが可能であるが，K戦略は安定した環境，すなわち環境収容力があまり変化しない状況に適している．

このような違いから，対象とする魚種がr戦略型なのか，K戦略型なのかにより，その資源の再生と維持の方法は異なる．r戦略型の魚種であれば，次世代への加入量のかなりの部分を漁獲しても資源は枯渇しないかもしれないが，K戦略型であれば，資源を維持するためには次世代への加入量のわずかな変化が資源量に影響を与える可能性があるので，漁獲規制は有効である．たとえば，マイワシなどはr戦略型の魚種であるので，漁獲規制をそれほど検討しなくても過度な乱獲さえしなければ資源の維持は可能である．しかしながら数十年スケールで発生する資源の増減についてはr戦略型の考え方だけでは説明ができない．

沿岸の岩礁帯に生息する魚類はK戦略型と考えることができる．このような魚類の場合，乱獲は資源の枯渇につながるので，漁獲規制が重要である．資源の再生に関していえば，海洋保護区や漁獲禁止の措置をとることが望まし

い．漁獲禁止措置により資源が再生した例として，秋田のハタハタがあげられるが，資源量は100～200倍の増加をしたことを考慮すると，ハタハタは単純にK戦略タイプと解釈することはできない．

（iii）水産資源の保護

海洋保護区（MPA）は現時点で最も有効な水産資源の保護手段として期待されている．海洋保護区は保護の度合いによっていくつかの種類に分けられており，なかでもあらゆる生き物（植物を含む）の捕獲を禁ずる厳密なものはmarine reserveという．海洋保護区内で増加するのはバイオマスばかりでなく，そこにすむ海洋生物のサイズも増加する．サイズの増加はたとえわずかであっても，資源増加に大きな影響をもたらす．たとえば，体長55 cmのメバルの一種（vermilion rockfish）は体長35 cmのものにくらべて実に17倍もの幼生を生み出す．また，海洋保護区は定められた海域の海洋資源を漁獲から保護するばかりではなく，近隣の海域に豊富な幼生を分配することにより地域の水産資源の回復を手助けする役割も果たす．海洋保護区の最適なネットワークを設計するためには，海流（乱流）による幼生の分配パターンを理解することが必要不可欠な情報であり，現在さまざまな研究が行われている．

（山崎　秀勝）

2 漁業と資源

2.1 漁業の歴史

2.1.1 日本漁業発展の歴史

A. 江戸時代以前

日本では，食料調達を農業と畜産に頼る欧米とは異なり，古くから漁業が主要な生産活動の1つとして認識されていた．大宝律令（701年）の雑令では，「山川藪沢（そうたく）の利は公私これを共にす」とされ，漁業は「利」がある活動であったことが伺える．

その後，江戸時代になると，律令要略（1741年）の「山野海川入會」において「磯は地付き根付き次第なり，沖は入會」との記述が存在するようになる．つまり，磯は沿岸の村が漁業権を有し，沖合は共同利用する形態が存在したことが伺える．

江戸時代は，漁業者の集団が，日本各地に分散・定住した時期でもあった．たとえば佃島は，江戸の初期に，摂津の国，佃村から移住した漁民がつくった埋立地である．畿内の進んだ漁業技術をもった彼らは，幕府から東京湾の漁業権を与えられて漁業を行うようになった．千葉県九十九里浜の地びき網漁も，その後背地における農業の発達と肥料としての干し鰯の需要から，17世紀に本格化し，江戸時代後期に最盛期を迎えるが，その技術は畿内からもたらされたとされる．

高度に組織化された集団的な漁業技術もこの時代に誕生している．突取式による集団的な捕鯨は，紀州太地などを中心に17世紀初頭には行われていたと考えられるが，1677年には，網とり式捕鯨が太地の太地角右衛門頼治によって考案され，その技術は，西日本沿岸に普及した．

B. 明治時代における網漁業の発展

明治に入ってからは，大型の漁具や動力を使った近代的な漁業技術が急速に発達する．1883年には，編網機の作製により機械化が進み，これによって大型の網漁業が可能となった．実際，1889年に，岩手県でアメリカ式の巾着網をイワシ漁に使用することが試みられるなど，まき網（旋網）漁業の普及が始まった．

トロール網漁業については，1882年にイギリスで汽船トロールの操業が行われ，以来，日本でもトロール漁業の研究が行われた．1904年にはトロール船（帆船）海光丸の試運転がなされ，また1907年には北海道でトロール漁業が行われ，以後，各地でトロール漁業が始まった．ただし既存の漁業者からの反発も強く，1908年には福岡でトロール漁業排斥期成同盟会が結成され，また同年には，先に紹介した海光丸が焼き打ちされる事件も発生した．

このような動きを受け，1909年，汽船トロール漁業取締規則が制定され，また1919年の漁業法改正では，汽船トロール，汽船捕鯨が許可制となった．それにもかかわらず，汽船トロールと他の漁業の間の軋轢は解消せず，1929年には高知で汽船底びき網漁業全廃運動が暴動化するなどの事件が発生している．つまり，新規に導入された技術が旧来の漁業者から反発を受け，政府がこれを調整するために漁業を規制する，という状況であった．

C. 明治後半から昭和前半までの機械化の進展と漁業の大型化

明治・大正期は，漁業技術の発達に加えて，船舶の機械化・大型化，航行技術・通信技術の発達など，周辺の工学的技術も著しく発達した．

漁船の汽船化については，1894年以降，石油発動機船の試験が行われ，1920年にはカツオ漁にディーゼル船が使われた．1921年には鋼製のカツオ漁船，1927年にはディーゼル・トロール船が建造された．

船の大型化も進み，より広い海域での長期間の操業も可能となった．これに伴い大規模な漁業会社が出現し，遠洋での資本漁業が展開されることになる．政府もこれを奨励し，1897年には遠洋漁業奨励法を公布した．1899年には日本遠洋漁業株式会社が設立され，ノルウェー式捕鯨を成功させた．1909年には東洋漁業，長崎捕鯨などトップ4社が合併して，東洋捕鯨株式会社が設立され，さらに1911年には田村汽船漁業部（後の日本水産株式会社の前身）が設立された．1914年には日露漁業株式会社が設立，1920年には早鞆水産研究会（後の日本水産中央研究所）が設立された．また，1924年に林兼商店（マルハ株式会社の前身）が法人化している．そのようななか，1931年にはアラフラ海で真珠の養殖業が創業され，1934年にはわが国初の南氷洋捕鯨が行われた．1937年には共同漁業株式会社（田村汽船が1919年に株式会社として改組された）が日本食料工業株式会社を合併，日本水産株式会社として発足する．さらにこの年，極洋捕鯨株式会社が設立された．

D. 昭和における「沖合から遠洋へ」

第2次世界大戦の終戦直後，連合国軍総司令部（GHQ）は日本漁船の遠洋操業を禁止したが，サンフランシスコ平和条約により日本の独立が回復し，1952年以降，日本漁業の海外展開はさらに進むことになる．

北洋では，1956年に日ソ漁業協定が調印され，1957年からベーリング海などの旧北洋漁業海域での操業が再開された．しかしながら，ソ連の国境警備隊による拿捕事件が続発し，日本人漁民の拘束期間長期化や，船体の没収処分なども多かった．

北大西洋についても，1957年ごろには大西洋のマグロ漁業も本格化し，また1967年からはトロール漁業も行われている．

日本漁船は南半球にも広く進出し，1962年には南氷洋捕鯨が最高の生産量を達成した．極洋捕鯨株式会社は1963年ニュージーランド沖でタイはえ縄（延縄）漁業に成功，1964年にはオーストラリア北部でエビ漁を行っている．

船の大型化はさらに進み，1968年には4,000 t級のトロール船が建造され，1971年には1,000 t級のまき網船が操業している．

「沿岸から沖合へ，沖合から遠洋へ」がこのころのスローガンであった．

（八木　信行，黒倉　　寿）

2.1.2　国際的な漁業動向

A. 世界漁業の発展に伴う資源管理の強化

19世紀末，イギリスで汽船トロールによる漁業操業が開始され，漁船の機械化や情報通信の近代化が世界に広がった．第2次世界大戦の直後は，戦災からの復興と飢餓・栄養不良人口の削減のため，1945年に国連食糧農業機関（FAO，本部ローマ）が設立された．当時は，1946年のFAO総会での記録にみられるように，「世界の漁場は，あらゆる種類の魚類で満ちている．魚類は国際的な資源である．とくに，発展途上国においては，魚が網にかかるのを待っている」といわれる状況であった．1940年代末から1960年代にかけては，漁獲技術が急速に発達し，漁業の大規模化・操業海域の拡大が顕著になった．西欧では伝統的漁場の魚資源量が減少し，漁獲量の減少も起きた．このため，多くの漁業国では遠洋漁業を奨励し，大型船の建造および漁船団の近代化が行われた．それに伴って，漁業活動はさらに国際性を帯びるものとなった．漁場が全世界へ拡大したことに伴い，FAOは1965年FAO水産委員会（COFI）を設立し，1967年には，すでに資源枯渇を予測し，「漁業の適正管理の必要性は急速に高まりつつある」と指摘した．世界の総漁業生産量は，1960年代を通じて他の主要農産物に比べて急速に増大し，年平均増加率は6.6％にも及んだ．1971年以降，ペルー沖のカタクチイワシの大幅減産に加え，漁業制限水域の拡大や乱獲による資源の減少，オイルショックによる遠洋漁業への打撃などにより，漁獲量の停滞が生じるようになった．1973年にFAO主催の「漁業管理及び開発に関する国際技術会議」が開かれ，資

表 2.1.2-1　世界の漁業資源の状況（2007 年）

分　類	割合（%）
① 低開発の系群	2
② 適度な開発下にある系群	18
③ 満限まで開発されている系群	52
④ 過剰に開発されている系群	19
⑤ 枯渇した系群	8
⑥ 枯渇から回復途上である系群	1

〔世界漁業養殖業白書（2009）〕

源の減少と過剰投資，補助金，オープンアクセスとの関係などに関する対談に基づき，資源保護管理が手遅れになっている場合には，包括的な科学的経済的情報が欠けている場合でも，管理措置を早期に適用すべきであるとの勧告を行った.

B. 世界の漁業資源の動向

FAO では，1974 年以降，世界の漁業資源の状況をモニタリングしており，その結果は，2 年ごとに世界漁業養殖業白書（The State of World Fisheries and Aquaculture : SOFIA）などで公表されている.

1974 年以降，世界の漁業資源は開発が進み，「低開発の系群（underexploited）」と「適度な開発下にある系群（moderately exploited）」を合わせたものが全体に占める割合は，1974 年の 40%に対して 2007 年には 20%となり，直線的に低下傾向であることが明らかとなった．他方で，「過剰に開発されている系群（over-exploited）」，「枯渇した系群（depleted）」，「枯渇から回復途上にある系群（recovering）」は，1974 年には合計で 10%であったが，2007 年にはそれぞれ 19%，8%，1%となり，合計で 30%近くまで上昇している．なお，その中間である「満限まで利用されている系群（fully exploited）」は，1974 年から 2007 年まで 50%前後であまり変動していない.

2009 年に発表された世界漁業養殖業白書では，2007 年時点での各分類の割合は**表 2.1.2-1** のとおりとなっている.

③ の「満限まで利用されている系群」は，国連海洋法条約第 61 条にいう最大持続生産量（maximum sustainable yield : MSY）をもたらす資源量に相当するが，これ以上は資源開発の余地がなく，さらに漁獲圧が高まると資源悪化が進む限界的な状況でもある. 以上のことから，2007 年時点においては，世界の海洋水産資源の 8 割までが，これ以上の開発余地がないところまで利用されている状態となっていることがわかる．しかし，FAO ではかなりの数の系群を資源状況不明としており，**表 2.1.2-1** の数字がただちに世界の海の中の状況を表しているとは限らない．また，人類は海洋に生息する生物資源をまんべんなく利用してはおらず，むしろ市場で値のつく一部の魚種を集中的に利用する傾向がある．上述した統計量の母数は，海の魚全体ではなく，人類が集中的に利用している魚種が対象となっている点にも注意が必要である.

C. 漁業生産の動向

a. 漁獲漁業の生産量

FAO の統計によれば，漁獲漁業の総生産は 2009 年では 9 千万 t（うち海洋での漁獲が 8 千万 t, 残り 1 千万 t が内水面での漁獲）である．世界の海洋水産資源の 8 割までが，今以上の開発余地がないところまで利用されており，実際の海面漁獲漁業の生産量も 1980 年代から頭打ちになっていることがこれを裏付けている.

また，川や湖などの内水面でも，2006 年時点で世界では 1,000 万 t の水揚げがなされている．この 95%は途上国で漁獲されており，全世界の生産量の 67%までがアジア地域で生産されている.

2006 年での漁業生産量（海面および内水面を含む）の世界上位 10 カ国は，中国，ペルー，米国，インドネシア，日本，チリ，インド，ロシア，タイ，フィリピンの順である．海面漁業で最も多くの漁獲量をあげている海域は日本沿岸を含む北西部太平洋海域であり，ここでは世界の漁獲量の 20%の生産をあげている．漁獲漁業は，海面および内水面ともに，世界の中でアジアが重要な位置を占めている状況にある.

なお，以上の統計を読むうえで，注意すべきことがらもある．第 1 に，漁獲統計には漁獲後に海上投棄された魚は含んでいない．市場で評価が低い魚などは，運搬コスト節約のため海上投棄されるケースが多い．2009年に世界銀行が発表した出版物では，このような魚が世界で年間730万t程度存在するとの数字が掲載されている．また，スポーツフィッシングなどのレジャーで釣りあげられた魚も，通常は統計に反映されない．第2に，世界の総漁獲量が近年変動していなくても，個別の魚種レベルでは大きな増減が存在する．

b. 養殖による生産量

世界の養殖生産はこの50年で急速な発展を遂げ，FAO統計によれば，1950年代に100万t程度であったものが，2006年には6,670万t（海藻類を除くと5,170万t）となった．養殖は，漁獲漁業による生産の半分以上の生産をあげるまでに成長している．

漁獲漁業だけでなく，養殖業でもアジア太平洋地区の生産量が突出して多く，2006年においては生産量で世界の9割を生産している．ただしこれは中国の役割が大きく，内訳は，中国が67％であり，中国以外のアジア太平洋が23%となっている．生産統計のうえでは順調にみえる養殖業であるが，将来的な制限要因も存在する．第1に，養殖に使用する餌は，多くの場合，フィッシュミール（釜ゆで後の魚を乾燥させてつくった魚粉）やフィッシュオイル（フィッシュミールをつくる際に副産物として得られる魚油）などに加工された低価格の別の魚を原料としている点である．世界の漁業生産のうち，非食用利用が1/3（3,330万t）を占める．人類が餌用のアジやイワシをそのまま食用として消費するほうが，養殖魚として食用するよりもエネルギーやタンパク質を効率よく摂取できることを考慮すると，餌としての利用は無駄が大きい．第2に，多くの魚類養殖では，稚魚を天然で漁獲し，それを生簀や池などで成長させて出荷するパターンが多い点である．たとえばマグロやブリ（ハマチ）などは，天然で採集した稚魚を養殖に使用しているが，天然魚の資源量を適切に保たなければ，養殖生産も維持できないことになる．第3に，養殖にも環境収容量が存在している点である．養殖場を設置する際にマングローブ林などの生態系を破壊する側面や，排水や使用薬品による環境汚染などからも，無制限に養殖の規模を拡大することはできない．第4に，養殖する目的で移入した外来種の自然生態系への流出に関してである．また，外来種に寄生する生物が新天地で爆発的に増殖する懸念も払拭できない．

（八木　信行）

2.1.3 乱獲と資源管理の歴史

A. 乱獲の推移

技術の発展に伴い，20世紀中頃から漁業資源の乱獲が認識されだした．とくに北海やイギリス周辺海域などの北半球の一部では比較的早くから乱獲の兆候がみられ，1946年にイギリス，ベルギー，デンマークなどのヨーロッパ12カ国が参加してロンドン国際乱獲会議が開かれた．会議では総漁獲量の合意には至らなかったが，網目の最小限度，適用魚種とその体長（陸揚げや販売などのできる最小魚体長）などを規定したロンドン条約が採択された．この条約は，1959年に北東大西洋条約（North East Atlantic Fisheries Commission：NEAFC）が設立されるまで北東太平洋域の漁業を規制した．

ヨーロッパ以外の海域では，当時，乱獲はそれほど深刻とはみなされていなかった．

そのなかで，1940年代後半からアジア・アフリカ地域で旧植民地からの独立国が次々と誕生した．1955年にアジア・アフリカ会議（バンドン会議）が開催され，1960年がアフリカの年とよばれた．また，このころ，第一次（1958年），第二次（1960年）国連海洋法会議が開かれ，これを受けて領海や漁業制限水域の範囲を拡大する国が増加し，漁場の減少が進む結果となった．ヨーロッパではこの漁場減少に加え，魚資源量の減少もすでに生じていたため，遠洋漁業が奨励された．また，発展途上国でも漁労活動が機械化され，外貨獲得のための漁業開発に重点が置かれるようになった．

これらの結果，1960年代中頃になると，途上国沿岸域を含む世界のさまざまな漁場でも，水産資源の悪化と管理の必要性が認識されはじめた．

1971年以降は，ペルー沖のカタクチイワシの漁獲低下，オイルショックによる遠洋漁業への打撃などにより，漁獲量の停滞がみられるようになってきた．なお，1971年にアメリカが実施した金融経済政策（ニクソン・ショック）によるインフレーションが重なり，魚価は大幅に上昇した．

B. 国連海洋法条約の採択

1975年の第三次国連海洋法会議第三会期の最終日に，200海里経済水域の文言を含む非公式交渉案が配布されたことを契機に，1976年には米国・ソ連を含む多くの国が排他的経済水域（EEZ）を設定するなど，事実上200海里時代に突入した．そして，1982年，10年間という長期にわたる会議を経て，国連海洋法条約が採択された．

1970年代に大部分の国が管轄水域を拡大したため，1980年代に入ると公海上での漁獲量が増加した．1980年代から1990年代初期にかけては，公海漁業の管理が国際的な議論となり，そのなかで，1993年の「公海上の漁船による国際的な保存管理措置の遵守を促進するための協定」，1995年の「ストラドリング魚類資源及び高度回遊性魚類資源の保存及び管理に関する1982年12月10日の海洋法に関する国際連合条約の規定の実施のための協定」，そして同年の「FAO責任ある漁業のための行動規範」採択が行われた．

外洋に向かって発展を続けていた日本などの遠洋漁業は衰退傾向をみせる一方で，途上国など沿岸国が自国の水域内で行う漁業は維持される傾向となった．

（八木　信行，黒倉　　寿）

2.1.4 日本漁業の問題点と課題

A. 資源の減少

日本では，1989年から漁獲量が減少に転じ，2006年には1980年の52％の水準になっている．この原因は，日本近海におけるマイワシ資源の激減や200海里体制の実施に伴う遠洋漁業の縮小にあるが，これらを除いても，1980年代後半以降漸減傾向にある．ここに至った背景には，海洋汚染や環境改変など，漁業外の要因もあるが，獲れないからといって漁船装備を増強して網揚げ回数を増やすなどの操業を行い，さらに漁獲量が低下するという例もみられる．

B. 産地魚価の低迷

1985年のプラザ合意以降の円高・ドル安基調によって，それまで水産物の輸出国だった日本が，輸入大国に転換した．日本における水産物の関税率は，2003年における経済協力開発機構（Organization for Economic Co-operation and Development : OECD）の集計では，貿易加重平均で4.1％であり，農産物の関税率と比較してきわめて低い．このようななか，世界中から安価な水産物が大量に輸入され，国産水産物の価格（魚価）が低迷する構造が存在する．しかし，1991年までは日本経済もインフレ基調にあり，1980年からの12年間で卸売物価は2.8％上昇し，とくに水産物の卸売価格は21％も上昇した．

ところが1992年以降，日本経済はデフレに陥り，2005年までの13年間で卸売物価（1996年以降は企業物価・総合）の下落は11％，水産物は18％も下落した．さらには，消費者の魚離れも魚価低迷に影響を与えている（第7章）．デフレ基調で魚価がほかの物価以上に下落しているなかでの消費減退は特別な事態であるといえる．

魚価をめぐっては，産地価格と小売価格の乖離問題も生じている．水産庁の調べによると，2007年における200gあたり400円の小売価格の内訳として生産者の受取額は96円，流通業者が64円，小売業者は240円となっており，漁業者は，小売価格の24％を受け取るにすぎない．それでは中間流通コストを下げて問題解決を図るべき，という見かたもできるが，中間流通には，集荷・分化・物流・金融機能など付加的なサービスも付随しており，単純に「中抜き」するだけでは問題解決にたどりつけない可能性もある．

C. 漁業経営の悪化と後継者不足

漁業売上は漁獲量と魚価をかけあわせたものであり，その両要素がともに低迷すれば，漁業売上は加速度的に低迷する．漁業売上から経費を引いたものが漁業収益であり，売り上げが伸びない状況のもとでも，経費削減をすれば，収益が確保できる道もある．実際，省力化・省エネ化を目指した漁船の開発などの努力も一部で行われている．ただしこの努力にも限界があり，とくに2004年頃から顕著になりはじめた燃油高の影響や，漁業資材の高止まりのため，漁業者個人の努力で改善できる余地は限定されている．

漁業者が十分な所得を手にすることができない状況が長期間続くと，漁業者の子弟が漁業を継ぐことがなくなって漁業就業者数は減少し，漁村には高齢者が残ることになる．漁場を引き継ぐ後継者のいない高齢者や，外国人の一時的な就労者などは，数十年にわたって漁場を利用する予定の漁業者に比べれば，資源保全への関心は薄くなり，資源管理面で影響が生じる可能性があること，さらには，後継者不足により世代間での技術や知識の継承が困難となり，津々浦々の特性に応じた伝統的な漁業管理などが難しくなることなども懸念される．

D. 今後の課題

漁業就労者が減少すれば1人あたりの漁獲量が増加するため，効率的な漁業経営が可能になり国際競争力が向上する例も，北欧諸国などにおいてみられている．実際，OECD諸国について漁業者1人あたりの年間漁業生産量・生産額（2001年）を比較すると，日本は19 t・4.8万米ドルで，ノルウェー（151 t，6.7万ドル）やアイスランド（441 t，16万ドル）に大きく水を開けられている．日本で漁業就労者数が減少すれば，この差は縮まっていく可能性があるが，生産現場だけの問題でなく，消費や流通を含めたフードシステムや沿岸地域社会の問題，さらには燃油高や為替レートの変化，デフレなど，食品に関連しないマクロ経済からの影響も考える必要がある．

たとえば，ノルウェーなどでは水産物の国内消費は生産量の約10％以下であり，輸出に特化したフードシステムの構築を行っている．具体的には，日本でみられるような生産地市場や消費地市場は国内に存在しておらず，輸出用の少数の魚種を大量に漁獲し規格品の凍結フィレに加工するという生産・加工・流通を高度に効率化させた体制が組まれている．また，法律により，生産者が受け取る魚価の最低単価が保証されている．

他方で，日本は世界最大の水産物消費国であり，伝統的に多岐にわたる魚種に対する需要が存在する．消費の形態も凍結フィレだけでなく，生鮮・活魚・刺身・干物・その他加工など幅広く，輸出国側で行っているような画一的なフードシステムを構築し効率をあげるには，障害が多い．魚価単価を保証する法律は存在せず，魚価の形成は市場にゆだねられているが，その市場も近年はセリではなく相対取引の割合が多くなり，魚価形成機能が弱体化したとの指摘もある．日本は先進国の中では沿岸域の人口が多く，地域社会における漁業の役割も重要であるなかで，各課題に対応していく必要が生じている．

（八木　信行）

2.2 主要漁業の手法と現状

本書では魚種名をカタカナで表記するが，省令にかかわる事項については，省令の表記のままひらがなで表記する場合がある．

2.2.1 底びき網（底曳網）漁業

A. 底びき網漁業の種別

底びき網漁業は袋状の網を漁船によりひいて，漁獲を行う漁業である（図2.2.1-1）．制度上は，① 農林水産大臣による許可漁業である遠洋底びき網漁業（公海または外国の200海里内で総トン数15 t以上の動力漁船により行われる），以西底びき網漁業（東シナ海・黄海で総トン数15 t以上の動力漁船により行われる），

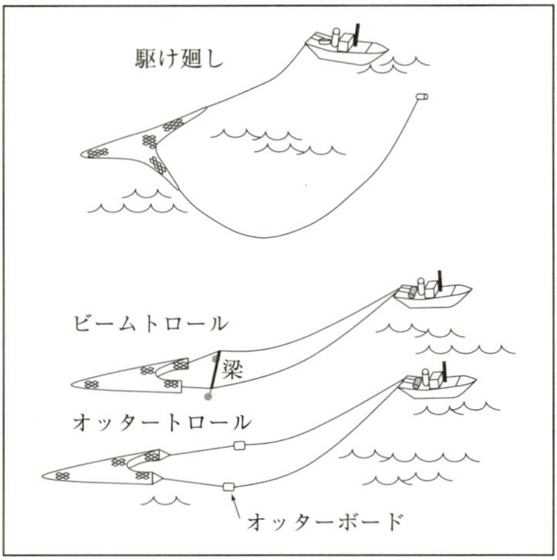

図 2.2.1-1　底びき網

沖合底びき網漁業（おもに都道府県の地先沖合で総トン数 15 t 以上の動力漁船により行われる）と，② 都道府県知事による許可漁業である小型底びき網漁業（総トン数 15 t 未満の動力漁船により行われる）に大きく分けられる．底びき網漁業は 1980 年時点では年間 300 万 t 近くの生産量を誇り，当時の日本の漁業生産量の 30％程度を生産した．その後，遠洋漁場からの撤退や以西漁場および沖合漁場の資源の減少により，近年の生産量は沖合底びき網漁業と小型底びき網漁業を中心に 100 万 t 前後で推移している．それでもなお，日本の漁業生産量の 20％程度を生産する主要漁業種類の 1 つである．

沖合底びき網漁業の主要漁場は北海道，三陸，北陸・山陰地方の沖合水域などであり，北海道沖合ではスケトウダラやホッケ，カレイ類が，三陸沖合ではスケトウダラやスルメイカが，北陸・山陰地方沖合ではズワイガニやハタハタが多く漁獲される．小型底びき網漁業は北海道沿岸や伊勢湾，瀬戸内海で盛んに行われている．北海道沿岸ではホタテガイなどが，伊勢湾や瀬戸内海ではマアナゴやエビ類，ヒラメ・カレイ類などが多く漁獲される．これらの漁獲物は，生鮮・冷凍で流通するとともにすり身などの加工用原料として欠かせないものとなっている．

B. 漁具・漁法

底びき網漁業で用いられる漁具・漁法は，袋状の網を水平方向に開口するための装置の有無および種類と，網をひく層によって分けることができる．開口装置のない漁具を使う漁法には，1 つの網を 2 隻の漁船でひく 2 そうびき（2 艘曳き）と，1 隻の漁船で海底のある範囲を囲むように網とひき綱を投入して巻き上げる駆け廻しがある．一方，開口装置を有する漁具を使う漁法には，竹やガラス繊維強化プラスチック（fiber reinforced plastic : FRP）でできたビーム（梁）で網を広げるビームトロール，海底に埋在する生物を主対象とし，重い鋼製の桁で網を広げる桁網，水の抵抗を利用して網を展開させるオッターボードを用いるオッタートロール（板びき網）などに分けられる．また，網をひく層別には，漁具を海底と接触させない中層びき，表層びきなどの曳網（えいもう）方法もある．

かつては風や潮の力を利用して漁具をひいていた底びき網漁業は，20 世紀初頭にわが国の漁業に動力船が導入されて以来，海底周辺の水産生物を効率的に漁獲する能動的な漁獲方法として発展を遂げた．漁船機関の大出力化，漁具の大規模化，航海・漁労機器の発達に伴い，より広範囲の海底を掃過できるようになるとともに，大陸棚斜面や海山水域など，大水深の水域や海底地形が複雑な水域でも操業できるようになった．しかし近年では，底びき網漁業はその効率の良さゆえに，水産資源の減少の原因や海底と接触することから海底環境の攪乱の原因の 1 つとしてとりあげられることがある．また，海底付近の生物群集を一度に漁獲することから，市場価値のない生物の混獲・投棄が問題となることもある．こうした問題を緩和するために，地域における申し合わせから国際協定までさまざまなレベルで漁船や漁具，漁場や漁期について規制や取り決めが行われている．

（松下　吉樹）

2.2.2 まき網(旋網)漁業

まき網漁業とは，スキャニングソナーや魚群探知機，目視などで発見した魚群をまき網で包囲して網裾を絞り，網で囲んだ容積を徐々に縮小して漁獲する漁業をいう．まき網は横長の長方形に近い形状で，魚捕部が片側にある1そうまきと，中央にある2そうまきでは両側の網裾形状が異なる．大手網および身網，魚捕部，浮子綱，沈子綱などから構成され，濃密群形成種ほど効率良く漁獲できる．

A. 大中型まき網漁業(大臣許可漁業)

総トン数40 t以上(千葉県以北の北部太平洋海区では15 t以上)の動力漁船によりまき網を使用して行う漁業である．操業海域は日本周辺海域および太平洋海域，インド洋海域で，これらの海域に計10海区が設けられ，それぞれに漁具漁法の制限が定められている．2006年は年間約101万t，約1,200億円(日本の海面漁業生産量の約23%，生産額の約11%)を生産し，日本の主要漁業の1つとなっている(表2.2.2-1)．操業方法により1そうまきと2そうまきに大別される．1そうまきには，カツオ・マグ

表2.2.2-1 生産統計資料：大中型まき網漁業

(a) 1そうまき：遠洋かつお・まぐろまき網

年	漁労体数	航海数	生産額(億円)	漁獲量計(t)	おもな魚種別漁獲量(t)				
					クロマグロ	ビンナガ	メバチ	キハダ	カツオ類
1995	39	277	226	175,742	273	39	5,494	41,418	127,544
2000	38	251	180	180,925	—	0	6,060	35,434	139,249
2005	36	268	297	192,513	—	11	6,429	26,680	159,127

(b) 1そうまき：近海かつお・まぐろまき網

年	漁労体数	航海数	生産額(億円)	漁獲量計(t)	おもな魚種別漁獲量(t)				
					クロマグロ	ビンナガ	メバチ	キハダ	カツオ類
1995	22	345	129	35,034	2,916	959	1,000	5,498	23,905
2000	34	306	174	51,478	7,239	2,408	1,304	4,993	34,972
2005	29	297	177	74,803	4,011	833	624	3,103	65,714

(c) 1そうまき：その他まき網

年	漁労体数	航海数	生産額(億円)	漁獲量計(t)	おもな魚種別漁獲量(t)				
					マイワシ	ウルメイワシ	カタクチイワシ	アジ類	サバ類
1995	124	7,074	1,078	986,780	367,911	9,192	67,543	155,388	302,876
2000	103	6,575	733	637,508	92,852	2,720	102,389	126,091	213,911
2005	75	6,034	537	626,932	9,935	3,724	72,022	77,094	412,737

(d) 2そうまき

年	漁労体数	航海数	生産額(億円)	漁獲量計(t)	おもな魚種別漁獲量(t)				
					マイワシ	ウルメイワシ	カタクチイワシ	アジ類	サバ類
1995	9	1,474	27	35,930	12,628	36	20,793	632	123
2000	11	1,388	26	31,218	6,183	1,509	16,355	1,669	2,673
2005	10	1,773	26	50,917	918	35	45,767	965	1,402

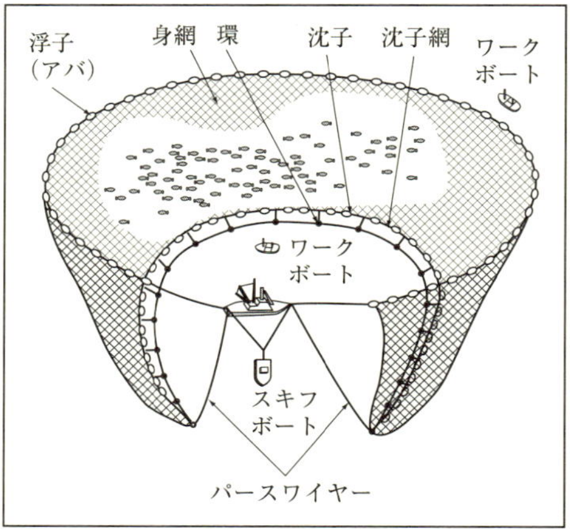

図 2.2.2-1　遠洋かつお・まぐろまき網

ロ類を漁獲対象として遠洋（南シナ海を除く中西部太平洋とインド洋）で操業する「遠洋かつお・まぐろまき網」と遠洋以外の海域で操業する「近海かつお・まぐろまき網」，カツオ・マグロ類以外を漁獲対象として操業するその他まき網がある．

「遠洋かつお・まぐろまき網」（図 2.2.2-1）は海外まき網と称され，総トン数 200 t 以上の大型船による単船操業が行われる．操業は，筏などの人工流木（fish aggregating device : FAD）とよばれる集魚装置を漂流させ，これに集まる魚群を対象に行うことが多い．主対象魚はカツオで，船上にてブライン溶液（−20°C 程度に冷却された高濃度の塩水）で凍結処理される．おもにかつお節原料となるが，一部たたき等の生食用原料としても利用され，漁獲が多い場合は缶詰原料としてタイなどへも輸出される．主漁場である中西部太平洋海域は，総トン数が 1,000 t を超える外国まき網漁船も多数操業していることに加え，島嶼国の漁業開発も活発化しており，国際競争の激しい漁場となっている．また中西部太平洋まぐろ類委員会（WCPFC）およびインド洋まぐろ類委員会（IOTC）は，まき網の漁獲努力量削減などの規制措置を打ち出している．こうしたなか日本では，国際競争力強化および漁網の一部に大目網を用いることによる小型マグロ類混獲回避を目指した，大型まき網漁船（総トン数 760 t）3 隻による試験操業が開始された．

「近海かつお・まぐろまき網」およびカツオ・マグロ類以外を漁獲対象とするその他まき網の操業は，一般に網船および探索船（灯船），運搬船からなる 4 〜 5 隻の船団（乗組員 50 人前後）で行われる．「近海かつお・まぐろまき網」の主対象魚はカツオで，漁獲物は運搬船で水氷処理され，おもに生食用原料として利用されるほか，漁獲が多い場合は陸上凍結され缶詰原料としてタイなどに輸出される．カツオ・マグロ類以外を漁獲対象とするその他まき網の主対象魚はイワシ・サバ・アジ類である．対象魚のマイワシおよびサバ類，マアジ，スルメイカには漁獲可能量（total allowable catch : TAC）が毎年定められ，漁獲は TAC の制限内で行われる．漁獲物は運搬船で水氷処理され，鮮魚および加工原料等に利用される．船団で操業を行うまき網漁業は，大規模な投資と多くの乗組員を必要とし経営コストも多大であることから，経営改善のため，北部太平洋海区などでは船団のスリム化を目指した取り組みが行われている．

B.　中・小型まき網漁業（知事許可漁業）

指定漁業以外のまき網で，網裾に締環（ていかん）を有する漁具を使用して行う巾着網（1 そうまき・2 そうまき）と網裾に締環のない漁具を使用して行う，その他のまき網に大別される．総トン数 5 〜 40 t の漁船を使用する場合は法定知事許可漁業，総トン数 5 t 未満は知事許可漁業とされている．操業は沿岸寄りで行われ，主対象魚はイワシ・サバ・アジ類である．これら以外にもボラ・サヨリ・シイラなどを対象とするものがあり，操業方法は多岐にわたっている．

（伏島　一平）

2.2.3　マグロはえ縄（延縄）漁業

A.　漁業の概要

マグロはえ縄漁業は，浮きはえ縄を使用してマグロ，カジキ，またはサメ類を漁獲するもので，浮子のついた浮縄によって表層から中層につるされた幹縄に多数の枝縄をつけ，その先端にある釣針によりマグロ類を漁獲する釣漁業である．この漁業は，大臣許可の指定漁業である「遠洋かつお・まぐろ漁業」(総トン数120 t以上の漁船を使用)と「近海かつお・まぐろ漁業」(総トン数20 t以上120 t未満の漁船を使用)，届出漁業である「沿岸まぐろはえ縄漁業」(総トン数10 t以上20 t未満の漁船を使用)に分類される．おもな操業水域は，遠洋まぐろはえ縄では太平洋，インド洋，大西洋に及び，近海まぐろはえ縄では日本近海および中西部太平洋である．

B. 漁具・漁法

マグロはえ縄漁具は，1本の連続した幹縄と，多数の枝縄，浮縄で構成される．遠洋および近海のマグロはえ縄では，1回の操業で枝縄数千本を使用し，幹縄の総延長は百数十 km にも達する．幹縄には，50 m 程度の一定の間隔で枝縄と浮縄がとりつけられる．一般に，隣り合う浮子間を1鉢といい，1鉢あたり4本程度から，多いものでは十数本の枝縄がとりつけられる．漁具の構成規模が大きく，1鉢あたりの枝縄本数が多いほど，幹縄は懸垂状に大きく垂れ下がり，最深部の到達水深が大きくなる．高緯度に分布するクロマグロやミナミマグロ，カジキ類を対象として，枝縄本数が少なく浅い水深にしかけられるものを浅縄，中低緯度に分布するメバチやキハダを対象として，枝縄本数が多く深くしかけられるものを深縄という．

C. 国際資源管理

a. 地域漁業管理機関(RFMO)

マグロ類等の高度回遊性魚類の資源は，大西洋や太平洋など各海域の漁業関係国による地域漁業管理機関(regional fisheries management organization : RFMO)において管理されている．マグロ類に関係する地域漁業管理機関には，全米熱帯まぐろ類委員会(Inter-American Tropical Tuna Commission : IATTC)，大西洋まぐろ類保存国際委員会(International Commission for the Conservation of Atlantic Tunas : ICCAT)，みなみまぐろ保存委員会(Commission for the Conservation of Southern Bluefin Tuna : CCSBT)，インド洋まぐろ類委員会(Indian Ocean Tuna Commission : IOTC)，中西部太平洋まぐろ類委員会(Commission for the Conservation and Management of Highly Migratory Fish Stocks in the Western and Central Pacific Ocean : WCPFC)がある．各地域漁業管理機関では，漁獲情報の収集や科学調査等がなされ，資源の持続的な利用を目的とした資源評価や資源管理が実施されている．

b. 過剰漁獲と減船

マグロ類の資源については，世界的に過剰漁獲の状態にあるとされ，平成10年度の国連食糧農業機関(FAO)による「漁獲能力の管理に関する国際行動計画」に従い，遠洋マグロはえ縄漁船の約2割(132隻)の減船が行われた．また，地域漁業管理機関における規制強化に対応し，国際漁業再編対策に基づく遠洋および近海マグロはえ縄漁船の減船が進められている．

c. IUU 漁業

減船等による国際的な資源保護対策が進められる一方で，地域漁業管理機関による資源管理のための諸規制から逃れるために，非締約国等に船籍を移して無秩序な操業を行う便宜置籍船(flag of convenience : FOC)などが国際的な問題となっている．こうして行われる漁業は，違法(illegal)，無報告(unreported)，無規制(unregulated)の頭文字をとってIUU漁業とよばれる．地域漁業管理機関では，データ収集や監視の強化を図るとともに，便宜置籍船の船籍国や，規制を遵守している正規許可船のリスト(ポジティブリスト)に掲載されていないIUU漁船からのマグロ輸入禁止措置等の対策が進められている．

d. 混獲問題

非漁獲対象生物を偶発的に捕獲することを混獲という．マグロはえ縄漁業ではサメ類，海鳥類，海亀類の混獲が国際的な問題となっており，FAOによるサメ類および海鳥類の混獲削減と保存管理のための国際行動計画や海亀死亡削減ガイドラインが策定されるとともに，地域漁業管理機関を中心としてその対策が進められている．海鳥類の混獲防除技術としては，海鳥を漁船や餌に寄せつけないように，船尾付近に立てたポールからすだれ状の鳥おどしを付けたロープを曳航するトリライン（bird scaring line）や水中投縄装置（underwater setting device），海鳥の潜水可能水深よりも深くに釣針をより早く沈めるための加重枝縄（line weighting）などがある．また，ウミガメの混獲防除では，サークルフック（circle hook，ねむり針）の使用や，ウミガメの主生息水深より深くに漁具を敷設する方法（deep setting），魚餌の推奨などがある．一方，サメ類は漁獲対象資源であるものの，資源減少に対する国際的な懸念や，高価なヒレだけを残して魚体を投棄する「ヒレ切り」問題があり，魚体の船上保持と有効利用が求められている．

（塩出　大輔）

2.2.4 カツオ一本釣り漁業

A. 漁具・漁法

カツオ一本釣り漁業における漁法の特徴は，船体に装備した散水装置により海面に向かって放水し，カタクチイワシ等の餌をまいて魚群を海面付近に誘引し，擬餌針つきの釣りざおで対象魚を釣りあげることである．魚群の探索は，一般に船橋上部での目視により行われるが，機器の発達に伴い海鳥レーダーやスキャニングソナーが装備され，操業の効率化が図られている．おもな漁獲対象魚種は，カツオ，ビンナガ，キハダなどのマグロ類である．おもな漁場は，南西諸島から房総半島沖にかけての黒潮流域，常磐から三陸沖にかけての黒潮親潮移行域，西部太平洋の熱帯・亜熱帯域である．

B. 漁　船

本漁業は指定漁業の一種で，総トン数 120 t 以上（新トン数測度法による）の動力漁船により行われる遠洋カツオ一本釣り漁業と総トン数 20 t 以上 120 t 未満（新トン数測度法による）の動力漁船により行われる近海カツオ一本釣り漁業に区分される．西部太平洋では，1950 年代に北緯 20 度以南の南方漁場が開発され，その後の本州東方沖の東沖漁場の開発とあわせて，日本近海から遠洋へと漁場が拡大した．1970 年代には，遠洋カツオ一本釣り漁業では総トン数 200 t 以上，近海カツオ一本釣り漁業では総トン数 50 t 以上へと漁船の大型化が進んだ．近年では，遠洋船は 499 t 型が主体となるとともに，かつて近海カツオ一本釣り漁業として農林水産大臣から許可を受けた漁船の中には 120 t を超える大きさで代船建造し，遠洋カツオ一本釣りに許可申請する漁船が認められ，さらなる漁船の大型化が進んでいる．

C. 遠洋カツオ一本釣り漁業

遠洋カツオ一本釣り漁業の漁船数は，マグロはえ縄漁業からの転業等によりピーク時の 1975 年には 279 隻に達した．漁船の装備では，1960 年代に漁獲物処理におけるブライン凍結装置，1970 年代に自動釣獲機，1980 年代には低水温活餌畜養装置，海鳥レーダー，人工衛星画像受信装置が導入された．一方，1973 年と 1977 年のオイルショックをはじめ，200 海里経済水域の設定と規制の強化，円高の進行と缶詰業の不振による対米輸出の低迷などにより，漁業をとりまく環境が悪化した．1980 ～ 1981 年には，遠洋カツオ一本釣り漁船 43 隻の減船とその代替措置としての海外まき網 10 カ統が創設された．1983 年には 16 隻が減船し，その後の 25 年間も魚価の下落などによる経営環境の悪化から漁船数の減少が続き，2009 年の操業隻数は 27 隻となっている．1990 年代には，日本人の若年労働力が不足したことから，外国人乗組員を雇用するようになった．本漁業による漁獲量は，1965 年には 13.2 万 t であったが，1972 ～ 1980 年には 19.8 ～ 28.6 万 t に増加した．その後は減少傾向に転じ，1989 年までは 11.9 ～ 18.4 万 t，1990 ～ 1999 年には 7.8 ～ 11 万 t，2000 ～ 2006 年は 6.6 ～ 9.8 万 t となった．ビンナガを主対象とした操業では，1970 年代には東北沖からハワイ・ミッドウェー北方海域の天皇海山漁場まで操業が拡大し，それに伴って漁獲量も増加したが，1997 ～ 2006 年には 0.9 ～ 4.3 万 t で推移している．大西洋では，1990 年代前半まで日本漁船が操業し，最盛期の 1970 年代後半から 1980 年代初頭には，東部大西洋で毎年１～２万tのカツオが漁獲された．

D. 近海カツオ一本釣り漁業

近海カツオ一本釣り漁業の漁船数は，ピーク時の1974年に400隻近くが稼働していたが，1980年代の終わりには200隻を割り込み，さらに1990年代の終わりには100隻たらずに減少し，2009年の操業隻数は70隻となっている．本漁業による漁獲量は，1965～1973年には5.1～7.5万tであったが，1974～1984年には10～16.1万tに増加した．その後1999年までの漁獲量は5.7～12.1万t，2000～2006年の漁獲量は4.7～7.3万tとなっている．漁獲物の主体はカツオであり，次いでビンナガ，キハダ，メバチの順となっている．漁場はおもに日本近海で，一般に冬から春に本州南方の小笠原諸島沖など（一部の船はマリアナ諸島沖まで出漁）で漁獲がはじまる．春～夏には本州南岸沖から常磐・三陸沖に北上し，秋～冬には再び南へと移動して終漁を迎える．一部の漁船は九州南方でも操業し，夏から秋にかけて五島列島沖が漁場となることもある．本漁業においても，外国人乗組員の導入によるコスト削減，鮮度保持技術の改善による品質向上などにより経営の安定化が図られているが，近年の燃油高騰や魚価安の影響から経営環境は厳しい状況が続いている．

（田邉　智唯）

2.2.5 サンマ棒受網漁業

A. サンマ棒受網漁業の成立

サンマは，江戸時代には和歌山県などの沿岸で秋～冬にまき網で少量が漁獲されていたが，明治30年代（1897～1906年）に入ると流し網で漁獲されるようになった．1937年頃から千葉県などにおいて，灯火を利用した棒受網漁業が開発され，1947年以後，棒受網への転換が急速に進み，漁獲量も急増した．1980年代以降は，ロシア，韓国，台湾にも棒受網漁法が普及した（図2.2.5-1）．

B. サンマ棒受網漁法

a. 装　備

棒受網漁業は敷網漁業の一種で，サンマの走光性を利用したものである．基本装備は，スキャニングソナー・カラー魚探，スラスター，集魚灯，サーチライト，長方形の浮敷網（目合約20 mm），FRP製の向い竹，網を巻きあげるためのサイドローラー，多段巻きウインチ，引き

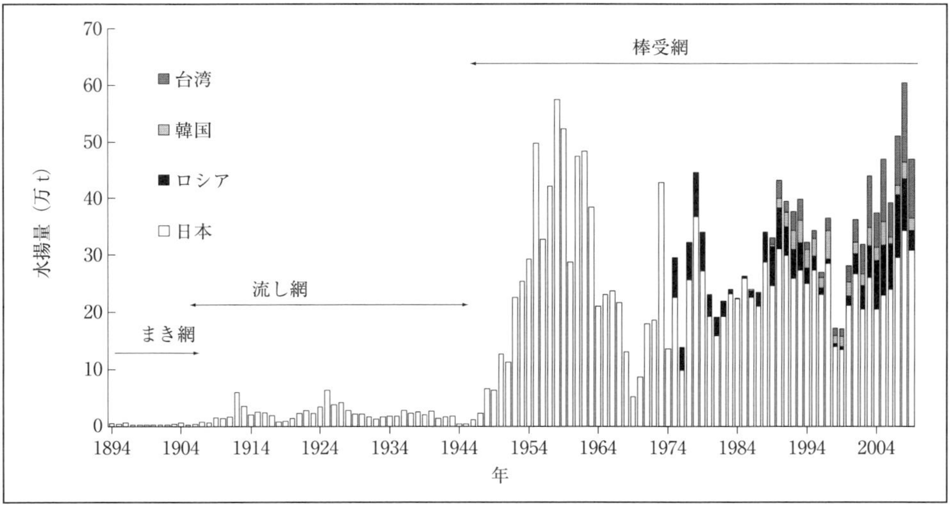

図2.2.5-1　サンマ漁法の変遷と水揚量の推移

寄せウインチ，魚を魚艙にとりこむためのフィッシュポンプなどからなっている．

b. 操業方法

夕方から集魚灯を点灯し，ソナーや目視により魚群を探索する．魚群を見つけるとその直上に定位し，カラー魚探で十分な量のサンマが集まったことを確認，左舷側の集魚灯を消して，右舷側に魚群を集め，その間にスラスターを使用して左舷側に網を展開する．展開後，右舷の集魚灯を徐々に消灯し，左舷側の集魚灯を点灯，サーチライトも併用して魚群を左舷側に誘導する．その後，集魚灯を消し，赤色灯だけを点灯して魚群を浮上させ，網を巻きあげて魚群を左舷の船に近いところに集めて，フィッシュポンプで魚艙にとりこむ．このとき，鮮度を維持するために砕氷（サンマの量の約3割）や食塩を投入する．

C. 漁船と漁業制度

1954年の農林省令で，さんま漁業取締規則が公布され，10t以上の漁船に漁獲報告書の提出，光力規制･解禁日の遵守などが求められた．1956年の省令改正により，承認制となり，1969年の省令改正で漁船の最大規模が200t未満と定められた．2002年には，承認制から政令改正により許可制に移行した．この改正に付随する省令改正で，10t以上の動力漁船により棒受網以外の漁法でサンマを主漁獲対象として漁獲することは禁止された．

サンマは1997年から「海洋生物資源の保存及び管理に関する法律」に基づき，総漁獲量が規制されるようになった．この法律に基づき，農林水産省は，試験研究機関（現在は東北区水産研究所）で算出した生物学的許容漁獲量を基礎に漁業経営上の諸事情，都道府県の意見などを勘案して漁獲可能量（TAC）を決定する．サンマは，2001年度からこの法律による強制規定（資源管理法に基づく採捕停止命令等）の適用が可能となった．

10～200t未満の棒受網船の登録隻数は，1970年代は500隻を超えていたが，1985年以降減少し，2009年漁期には165隻となった．10～20t船と100t以上船の2つの階級に大きく分かれ，それぞれ83隻，58隻となっている．棒受網漁業は，おもに北海道，岩手，宮城，福島，茨城，千葉，富山県に所属する漁船により行われている．これ以外に，道県知事の許可による10t未満の棒受網漁船や，定置網漁業や流し網漁業でも若干量が漁獲される．

D. 経　営

漁期が短い（8～12月）ため，サンマの漁期外は，サケ・マス流し網漁業，マグロはえ縄漁業，大目流し網漁業，タラはえ縄漁業などに従事する．しかし，漁期外の漁業の収益は低調な場合が多く，近年はサンマ専業で経営するケースも多い．サンマ漁業でも魚価の暴落がしばしばあり，経営は苦しい．

E. 水揚量・漁期・漁場およびサイズ

2007年には，サンマ棒受網漁法の水揚量は日本の海面漁業水揚量の約6.7%（約30万t），同海面漁業生産額の約1.9%（約219億円）を占めた．1990年代前半は豊漁続きで，1998・1999年に不漁となったが，それ以降の水揚量は回復傾向にあり，極東各国の総水揚量は，2008年には60万tを超えた．

大臣許可漁船に関しては，「指定漁業の許可及び取締り等に関する省令」によって漁期は8月1日～12月31日と定められているが，漁業者団体などの申し合わせにより，この省令の範囲内で出漁日が設定される．トン数階層ごとの解禁日は年によって多少の変更があり，普通，小型漁船の解禁日は大型漁船より早めに設定される．大型漁船（51t以上）の解禁日は8月20日前後になることが多い．終漁は，現在のところは例年12月中旬頃になっている．

漁場形成については，7月中は北海道東部沖合に知事許可の小型船による小規模な漁場が形成され，8月に10t以上船が解禁されると，北方4島から千島列島沖合にかけて広く漁場が形成される．漁場は親潮前線上に形成され，例年9月頃まで継続し，水温の低下とともに南西方向（北海道東部沖合域，三陸沖合域）に移動する．漁期終盤には，漁場は常磐～鹿島灘沿岸海域の黒潮前線北側まで南下する．漁場表面水温は10～18°C程度である．漁期当初は操業する漁船の規模が小さく数が少ないため漁獲量も少ないが，大型船が出漁する8月下旬以降は急速に増加し，10月中旬までの2カ月間が盛漁期となる．

魚価は漁期当初が最も高く，漁獲量の増加とともに急速に低下する．このため，漁期当初の高値で販売できる時期の漁獲と水揚単価が経営上非常に重要となる．大型で鮮度がよく，脂がのっているものは生食用として価格が高い．体の大きさによって，大型（29 cm以上），中型（24～28.9 cm），小型（20～23.9 cm），ジャミ（20 cm未満）などの銘柄に分けられる．漁期当初は大型の比率が高く，しだいに中小型の比率が高まる．年によって魚体組成はかなり異なる．

F. 外国のサンマ漁業

北西太平洋には日本漁船ばかりでなく，ロシア，韓国，台湾，および中国の漁船も棒受網によりサンマを漁獲している．500 tを超える大型漁船が用いられており，漁獲量が多いのはロシアと台湾である．ロシアの漁獲はほとんどがロシア200海里内で秋季（8～11月）に行われている．台湾のサンマ漁業は，以前に日本近海でも行われ，日本漁船との競合が問題になったこともあったが，現在は北西太平洋沖合域の公海域が主たる漁場である．漁期は5月から11月頃までで，漁獲物は冷凍して，運搬船を使用して本国に輸送している．

（上野　康弘）

2.2.6 イカ釣り漁業

A. 概要と生産統計

おもにツツイカ目アカイカ科のスルメイカ，アカイカやジンドウイカ科のヤリイカなどを釣獲対象とする漁船漁業の総称をイカ釣り漁業という．

高度に発達した視覚をもつイカが，その視覚で餌を感知し，2本の触腕やほかの8腕で捕捉・摂餌する行動特性を利用して釣獲促進を図るため，混獲がほとんどない漁業種である．

漁業制度では，イカ釣り漁船の総トン数によって5 t未満を自由漁業，5 t以上30 t未満を知事許可漁業（小型いか釣り漁業）とし，これらの漁獲は統計上「沿岸いか釣」に分類される．30 t以上185 t未満船が「近海いか釣」，185 t以上500 t未満船が「遠洋いか釣」に区分され，いずれも大臣許可の指定漁業（いか釣り漁業）である．「遠洋いか釣」のおもな対象海域・対象種は，南大西洋のアルゼンチンマツイカ（2006年に撤退），ペルー沖のアメリカオオアカイカ，ニュージーランド海域のニュージーランドスルメイカ・オーストラリアスルメイカ，北太平洋のアカイカ，ロシアEEZ海域のスルメイカである．

2010年の統計では，イカ類は26万6千t（うちスルメイカ19万9千t）漁獲され，うちイカ釣り漁業の漁獲量は14万2千t，「沿岸いか釣」の漁獲量は8万2千t（うちスルメイカ6万9千t），「近海いか釣」の漁獲量は4万2千t（うちスルメイカ3万6千t），「遠洋いか釣」の漁獲量は1万8千t（うちアメリカオオアカイカが1万7千t）であった．2006年統計の「主とする漁業種類別経営体数」から推定した「沿岸いか釣」の漁船隻数は約5,100隻，うち約3,300隻が5 t未満船，5～10 t未満船が約1,100隻，10～20 t未満船が約650隻であった．なお，2007年以降，「沿岸いか釣」の漁船隻数に関する統計情報は公表されていない．「近海いか釣」に対応する中型イカ釣り漁船は1970年代の3,000余隻から減少し，2000年には210隻，2010年には112隻，「遠洋いか釣」に対応する大型イカ釣り漁船は，1990年に133隻，2000年に62隻が許可されていたが，2010年の稼動船は6隻であった．

前浜へのイカの来遊にあわせ，季節的な沿岸漁業として営まれてきたイカ釣り漁業は，1960年代以降の急速な漁船の動力化とともに，自動イカ釣機（つりき）の導入と漁灯（集魚灯）の大光量化を進め，沖合・遠洋へと漁場を広げた．その後，1970年代2度のオイルショックによる燃油高騰，1980年代以降の国内外船との漁場競合による漁獲量減少，生産過剰による魚価低迷と需給調整がイカ釣り漁業における減船・

縮小の背景となり2010年代に至る．

B．操業技術

a．釣獲から漁獲物処理

イカ角（づの）とよばれる擬餌針を1m前後の一定長のテグスで連結し，下端に重錘をつけて釣具ラインを構成する．その釣具ラインを船上からイカの遊泳層に降ろし，シャクリ動作を伴う巻上げでイカの擬餌針捕捉行動を解発して釣獲する．乗組員による手釣りが有効な場合もあるが，イカ釣り漁船には図2.2.6-1のように一般に電動の自動イカ釣機が舷側に複数装備されている．たとえば，スルメイカを対象とする釣機の両側のリールは，それぞれ20～30個の擬餌針を連結した釣具ラインの巻取り・繰出しを反復する．船首尾方向の両舷側に配列されたこれらの釣機には，海中に降下するラインが相互に絡まないよう，海中のラインの流され方によって釣機の作動順序や位相を調節するなどの機能がある．すなわち，釣機は単体ではなく釣機群として集中制御できるようにロボット化・自動化が進んでいる．

この自動化には，群鈎錘（ぐんこうすい）とよばれ，1400年代中期の佐渡ですでにその原型が記録されている擬餌針の構造も重要な役割をもつ．擬餌針の下端には釣針が笠状に束ねられて群鈎を成し（図2.2.6-1），擬餌針を貫通する芯材とともに重錘機能も発揮する．この針笠の針先にはカエシがなく，舷側に設置したナガシの前車を越えると釣獲されたイカは自動的に脱鈎し，リールに巻き取った釣具ラインも擬餌針に絡むことなく円滑に繰り出される．この擬餌針の構造が，自動イカ釣機の発展を可能にした．2010年漁期の10t船には10台前後，大型船には40～50台の自動イカ釣機が装備されている．

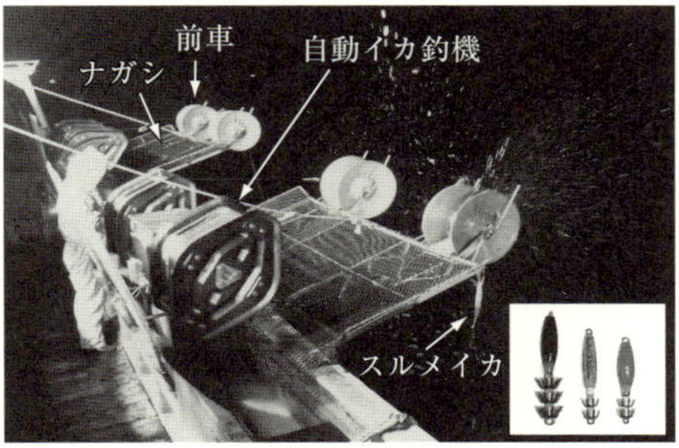

図2.2.6-1　自動イカ釣機で釣獲されるスルメイカと擬餌針（イカ角）

自動脱鈎したイカは，ナガシから舷側内側（げんそくうちがわ）の樋に入り，その樋の中を流れる海水で船内の漁獲物処理台や生簀に集められる．乗組員は，操業中，釣具ラインの絡みを外すなどのトラブル解消以外は，イカの氷蔵箱詰めや冷凍作業にあたる．そのため，漁獲物の高鮮度処理が可能であり，10t未満船では1名，19t船で2～3名で出漁する省人操業も可能である．

b．操業方法と漁場

上記の釣獲技術を前提として，イカ釣りには漁船の使い方で大別し，①探索操業，②投錨操業，③漂流操業の3つの操業方法がある．

①探索操業は，漁業者間では一般に「勘獲（かんど）り」とよばれ，ソナーや魚群探知機（魚探）でイカ群を探索し操業する．許可海域においては，日中の着底反応を釣獲対象としたり，日没前後に浮上する中層反応に釣具を入れる．②投錨操業は，比較的浅い漁場で，イカの集群範囲が狭く高密度な場合に行う．夜間操業では漁灯を点灯する場合と無点灯の場合がある．③漂流操業はパラシュートアンカー（潮帆，パラアンカー）をセットして，釣具ラインができるだけ垂下するように船を漁場の潮流とともに流して操業する．

いずれの操業方法においても夜間は船周からイカ群を誘集し，船下の釣具操作範囲に集約するために灯光を利用することが多い．この灯光はイカを集めることがおもな機能と考えられ，その灯具は「集魚灯」とよばれていた．しかし最近では、イカの対光行動を制御して釣獲促進につなぐ機能を重視し「漁灯」とよぶ．光源は，無動力船時代から使われた篝火（かがりび）などの燃焼光源が，1950年代の漁船の電化によって白熱光源に変わり，漁船間の光量増大競争を伴って，白熱灯を小型化したハロゲン灯に変化した．オイルショック後の1980年代からは放電光源（メタルハライド灯）が普及し，2000年代からはLED漁灯の開発・導入が進められている．

イカ釣り漁場は対象種の回遊に伴って形成される．日本周辺では，スルメイカやヤリイカなどが母港近くに漁場形成するのを待って出漁する専業または兼業タイプの総トン数20 t未満の沿岸操業船，おもにスルメイカの回遊とともに移動しながら操業する「旅船」とよばれる20 t未満の小型イカ釣り漁船，沖合で約1カ月の操業を続ける実勢130 t以上185 t未満の中型イカ釣り漁船が，国や地方自治体の設定した漁期・漁場で稼動している．この中型船の一部は，北太平洋（5～8月）・三陸沖（1～3月）のアカイカ，東シナ海の秋季ヤリイカを対象に操業している．

漁業生産技術の特徴から，イカ釣り漁業は，種・サイズの高度な選択性，釣獲労働のロボット化，高鮮度・高品質製品を船上から直接流通させる供給形態，漁場探索情報の連携利用，および受動的要素が大きい操業過程ゆえの自然力利用など，多くの点で他漁業種へも応用のきく着眼点が多い．

（稲田　博史）

2.2.7 かご網（籠網）漁業

A. 概　要

かご網漁業は，農林統計上「その他の漁業」として集約されてしまうため，かご網漁業で漁獲される魚種や漁獲量を把握することは困難であるが，おもにエビ類，カニ類，バイ類（貝類）といった底生性の水産有用種を対象として行われている．かご網漁業は，マングローブ域で行われるノコギリガザミ漁から，大陸棚から陸棚斜面域にかけて行われるズワイガニかご漁業，エビかご漁（ホッコクアカエビ，トヤマエビなど）やバイかご漁（エッチュウバイ，ツバイ，チヂミエゾボラなど），水深800～2,000 m付近まで広く操業されるベニズワイかご漁業まで，沿岸から沖合域にかけて広く行われている．これはかご網の特徴として，① 餌で誘引することから非常に効率よく漁獲することができる，② 漁具構造が簡単で複雑な海底地形や深海であっても敷設が容易である，③ かご揚げ機のほかは大がかりな装備は不要で，深海域でも比較的小型の漁船でも操業できる，という長所によるものである．また一般的に，かご網による漁獲物は刺網や底びき網によって漁獲された場合と比べて鮮度の良い状態で水揚げされるため，漁獲対象サイズ未満の個体を再放流する際の生残率が高く，また，水揚げ後は比較的高値で取り引きされることが期待できる．ベニズワイかご漁業は比較的規模が大きく専業で行われるが，沿岸の小規模な漁業の場合，他の漁業との兼業で季節操業として行われることもある．

B. 漁具の構造と特性

かご漁具の構成は，1個のかご網を瀬縄に直接つけるものと，図2.2.7-1に示したように枝縄を使って幹縄に複数のかご網をとりつけるはえ縄式のものがある．かご網漁業の中で漁獲量が最も多いベニズワイかご漁業では，1連に80～180個のかご網がとりつけられる．用いられるかご網の形状は直方体形，円錐台形，円筒形，半球形などさまざまであるが，いずれの場合もかご内にとりつけた餌で漁獲対象とする水生生物を誘引することによって捕獲する方法である．同じ形状のかご網でも入口の位置や形状，大きさおよび網目の大きさ，浸漬時間等によって捕捉される対象種の個体数と体長組成が変化する．とくに網目の大きさは網外へ逃避する個体の体長範囲を制限するため，異なる網目のかご網による漁獲物組成を比較して選択曲線を得ることにより，規制サイズ未満の小型個体をほぼすべて網外へ逃避させることが可能な大きさを求めることができる．しかし，実際に小型個体が網外へ逃避するには，網目が適切に設定されるだけでなく，餌がなくなってから逃避するまでに要する時間を考慮した十分な浸漬時間が必要である．ベニズワイかご網の場合，網目15 cmの商業かごを用いて漁獲規制サイズである甲幅90 mmに満たない小型個体の混獲を避けるには，4日以上浸漬する必要がある．

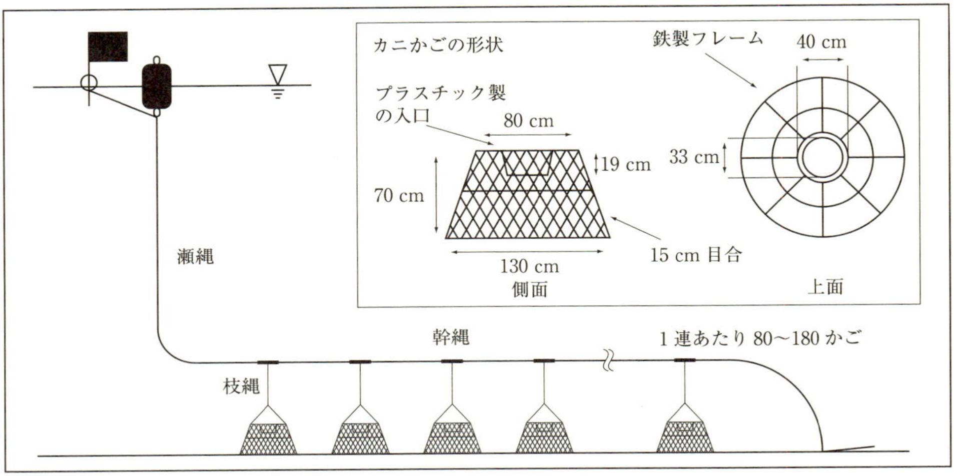

図 2.2.7-1　ベニズワイかご
〔渡部俊広氏の図を参照して作成〕

C. 操業上の問題点と課題

かご網漁業は，あらかじめ餌をつけたかご網を設置した後に対象とする水産生物が入網するのを待ってから網を引きあげる，漁具敷設型の漁法である．さらに，揚かご時，かご網を船上に引きあげて漁獲物を水揚げすると同時に新たに餌をつけて再び投かごするケースも多い．そのため，長期間にわたって特定の漁船による漁場の占有が行われ，同業者間だけでなく，底びき網や底刺網といった他の漁業種類の漁業者との間でも漁場をめぐる競合が起こる恐れがある．これを避けるには，漁場や漁期を分けるなどの調整が必要である．日本海のベニズワイかご網漁業では，水深 800 m 以浅での操業を禁止することによって，より沿岸寄りで行われる底びき網漁業等と漁場が重ならないような措置がとられている．また，水深 40 m 以浅で操業される北海道のツブかご漁（漁獲対象はヒメエゾボラ）では，漁期を分けることによって底刺網等との調整が行われている．

商業かごが，操業中に幹縄から脱落するなどして海底に放置される場合がある．このような海底に放置されたかごが，餌がなくなった後にも漁獲物（あるいはその屍骸）を餌として，漁獲物の入網が起こることをゴーストフィッシングという．ゴーストフィッシングによる資源の損失を見積もることは困難であるが，かご内にとどまる個体が漁獲対象となる比較的大型個体である場合を考えると，その資源への悪影響が懸念される．ゴーストフィッシングによる資源の減耗を防ぐには，網地の一部を生分解性の繊維で構成したかご網の開発と導入が望まれる．

（養松　郁子）

2.2.8　定置網漁業

A. 定義と種類

定置網漁業は身網の設置される場所の最深部が最高潮時において水深 27 m（沖縄県にあっては 15 m）以上であるもの（瀬戸内海におけるます網漁業，陸奥湾における落とし網漁業・ます網漁業を除く）を大型定置網漁業といい，サケ・マスを対象とするものを水深に関係なくサケ・マス定置網漁業としている．これ以外の定置網によるものを小型定置網漁業と称する．

サケ・マス定置網漁業は北海道に広く分布し，一部岩手県でも免許が与えられている．この漁業は，沖合における漁獲規制による沖合減耗率の低下と，ふ化増殖事業による河川への回帰率の向上により，漁獲量の安定が図られている．

表 2.2.8-1　大型定置網漁業（サケ・マス以外）

年	漁労体数	生産額(億円)	漁獲量計	おもな魚種別漁獲量 (t)						
				サケ類	マイワシ	カタクチイワシ	マアジ	サバ類	ブリ類	イカ類
1970	801	182.4	131,536	371	1,024	14,263	15,090	39,320	16,455	13,580
1975	769	363.5	183,336	1,981	26,735	9,050	10,973	73,441	12,796	8,622
1980	822	548.6	246,499	12,184	132,088	6,457	4,152	20,606	10,229	13,342
1985	894	741.5	343,090	43,071	168,395	9,868	5,060	19,202	8,203	10,202
1990	867	687.7	328,450	48,091	154,931	14,446	14,123	7,052	16,042	14,362
1995	790	659.3	229,379	42,581	31,335	23,847	28,586	34,204	19,788	35,536
2000	786	559.8	250,491	22,028	15,844	37,557	22,332	48,266	16,532	20,705
2005	757	490.0	254,054	31,052	3,156	39,771	32,601	53,383	17,615	23,406

課題として，秋サケの円高ドル安での輸出不振や国際的な水産エコラベルへの対応問題などがある．

その他の大型定置網や小型定置網は，北は北海道から南は沖縄まで，全国的に広く設置されている．主たる漁獲物は海域により異なるが，全体としては主要対象魚であった成魚ブリの減少が著しい．まとまった特定魚種の漁獲が少なくなり，多種多様な魚種の漁獲によらざるをえない状況にある．また，近年は日本海を中心に大型クラゲ襲来問題があり，さまざまな対策が講じられている．

B. 今後の動向

台風の大型化など気候変動により，急潮や波浪による漁具被害が近年増加してきたが，定置網全般的には，強度設計の適正化や予報技術の向上による網抜きの適時実施により，防災対策が整いつつある．また，冷海水や流動氷などを用いて漁獲物を高鮮度で出荷する体制や，省力化機器を備えた定置網漁船の導入などが進み，若手従事者の増加もみられる漁場が増えている．漁場が近く，新鮮な漁獲物を毎日地域に提供できることから，地産地消の中心的漁業として重要視されてきている(表 2.2.8-1)．

（石戸谷　博範）

2.3 漁業技術の理論

2.3.1 漁　　網

A. 網漁具における漁網の役割

漁網は，網漁具の主要な構成要素であり，漁獲の過程においては，網地を動かして威嚇(herding)することや魚を誘導するために網地で遮断(blocking)することに用いられ，ひき網やまき網，定置網の魚捕部に閉じ込めたり，刺網に刺させ絡ませたりするなどの陥穽(trapping)にも用いられる．漁網は，それぞれの漁具，漁法に応じて，比重や強度，弾性，伸び，耐久性などの特性が求められる．とくに，最近では資源の保全や省エネの目的で網漁具の改良が行われており，小型魚保護のために網目を拡大したり，魚種を分ける仕切り網の装着なども行われている．

B. 漁網を構成する網糸の原料繊維

原料繊維の形態には，比較的短い短繊維と連続した長繊維がある．長繊維には，テグスのように太いモノフィラメントと，何本かの細いフィラメントからなるマルチフィラメントがある．

原料繊維の材料には，古くは綿，麻，絹などの天然繊維が用いられたが，現在では合成繊維にとって代わった．ナイロンやアミランなどのポリアミド系（PA），テトロンなどのポリエステル系（PES），ハイゼックスなどのポリエチレン系（PE），ダンラインなどのポリプロピレン系（PP），クレモナやビニロンなどのポリビニルアルコール系（PVA）があり，それぞれ比重と特徴は以下のようになる．

（1）ポリアミド系：比重 1.14．破断強度と弾性に優れる．

（2）ポリエステル系：比重 1.38．破断強度が非常に優れ弾性も優れるものの，伸びがよくない．

（3）ポリエチレン系：比重が 0.94 ～ 0.96 と軽く，耐摩耗性と弾性に優れる．

（4）ポリプロピレン系：比重 0.91 ～ 0.92．破断強度と耐摩耗性に優れる．

（5）ポリビニルアルコール系：比重 1.30 ～ 1.32．耐摩耗性と伸びに優れる．

最近では，強度が大きなものとして，ダイニーマなどの高強力ポリエチレン，ベクトランなどの高強力ポリエステルも用いられる．廃棄処理と流出した網漁具の環境影響の緩和を目的に，ポリ乳酸（PLA）など脂肪族ポリエステルの網糸も生分解性プラスチックとして開発されている．

繊維の太さの単位は，国際標準化機構（International Organization for Standardization : ISO）の国際規格によりテックス（tex）表示に規定されているが，漁網では古くからのデニール（denier）も併用されている．

（1）テックス：1,000 m の長さの繊維あるいは単糸の重さのグラム数．つまり 1,000 m で 500 g であれば 500 tex．

（2）デニール：9,000 m の長さの長繊維あるいは単糸の重さのグラム数．つまり 9,000 m で 210 g あれば 210 デニール．

C. 網糸の形状と表示

網糸は，撚り糸タイプと編組（へんそ）タイプがある．原料繊維を集めて撚りあげた単糸を撚り合わせて，あるいは単糸数本を撚り合わせた片子糸や片子糸数本をさらに撚り合わせたものを撚り合わせて，網糸がつくられる（図 2.3.1-1）．

この糸を撚り上げていく方向には，時計回りに撚った右撚り（S 撚り）と反時計回りに撚った左撚り（Z 撚り）がある（図 2.3.1-2）．網糸の最後にかけられる撚りを上撚り，その前の段階の撚りを下撚りとよぶが，一般的には上撚りと下撚りでは撚りの方向は逆向きである．

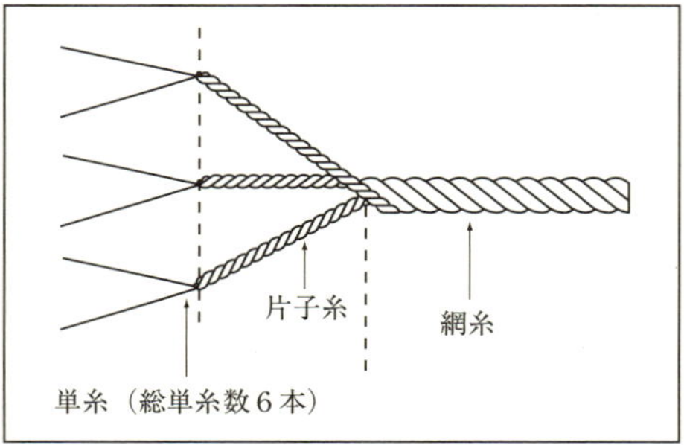

図 2.3.1-1　網糸の構造〔左撚り 3 子（みこ）6 本の場合〕

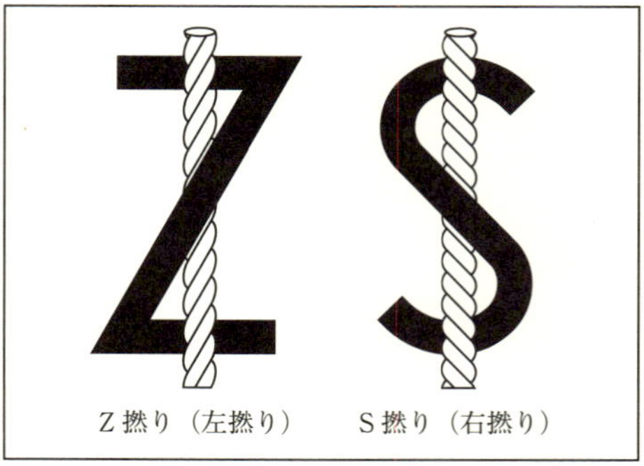

図 2.3.1-2　網糸とロープの撚り方向

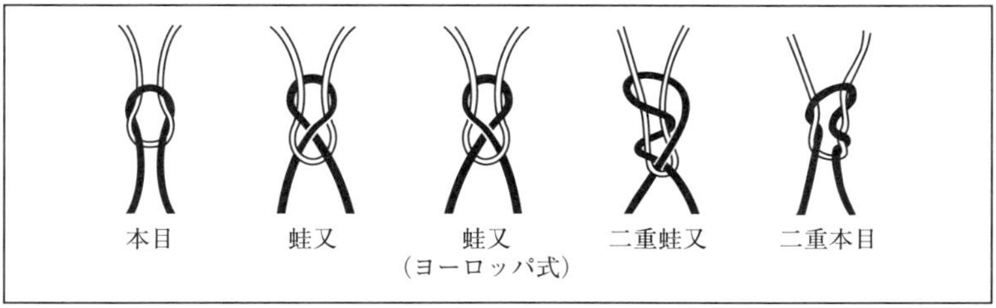

図 2.3.1-3　結節の種類

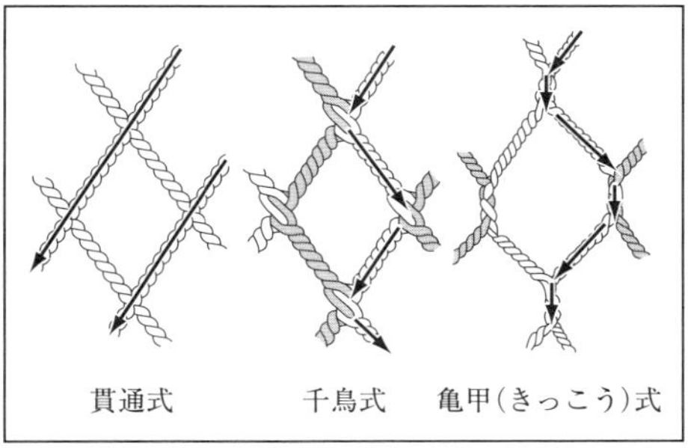

図 2.3.1-4　無結節網

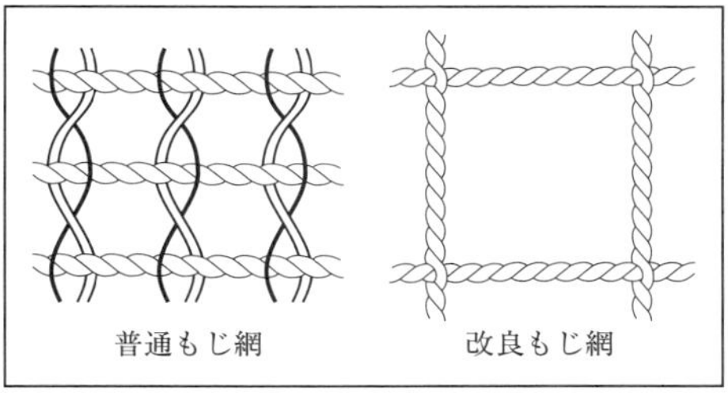

図 2.3.1-6　もじ網

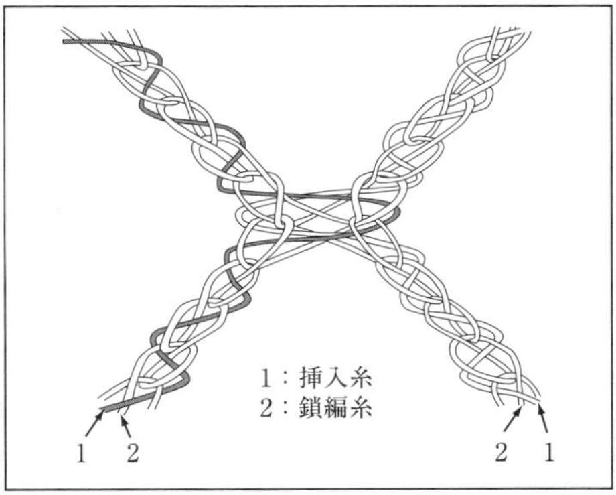

図 2.3.1-5　ラッセル網結節の例

短繊維の紡績糸の太さの表示法として，1 ポンド (453.6 g) の重量の糸の長さを用いるイギリス式番手法がある．イギリス式番手法では 1 ポンドで 840 ヤード (約 768.1 m) を 1 番手として，840 × ***n*** ヤードある糸を ***n*** 番手とよぶ．長繊維のフィラメント糸では，テックスあるいはデニールが用いられる．国際的には，撚りあげられた網糸でもテックス表示が用いられ，アールテックス (resultant tex : Rtex) と表示される．

D.　網地の種類と表示および斜断

網地は結節 (knot) の有無により，結節網と無結節網に分けられる．最近では，刺網，底びき，棒受網以外の漁業で無結節網の利用が増えてきている．結節には，本目 (ほんめ) 結節と蛙又 (かえるまた) 結節のほか，結節の安定性のよい二重蛙又結節などもある (図 2.3.1-3)．無結節網には，貫通式網と千鳥式網，亀甲式網，もじ網 (綟網)，ラッセル網があり，わが国では貫通式無結節網，もじ網，ラッセル網がおもに普及している (図 2.3.1-4，図 2.3.1-5，図 2.3.1-6)．

網地は，繊維の材質，太さ (デニールあるいはテックス)，糸本数，目合，掛け目，長さの順に列記して表示される．網地の長さは，編網していく方向〔N 方向 (normal direction)〕に，網目が広がらないように，引っ張った際の長さあるいは網目の数で表す．網地の幅は，掛け目とよばれ，網地長さと直角方向〔T 方向 (transverse direction)〕の網目の数で表す．なお，直線的につながっている脚と同じ方向は AB 方向とよばれる (図 2.3.1-7)．網地の量の

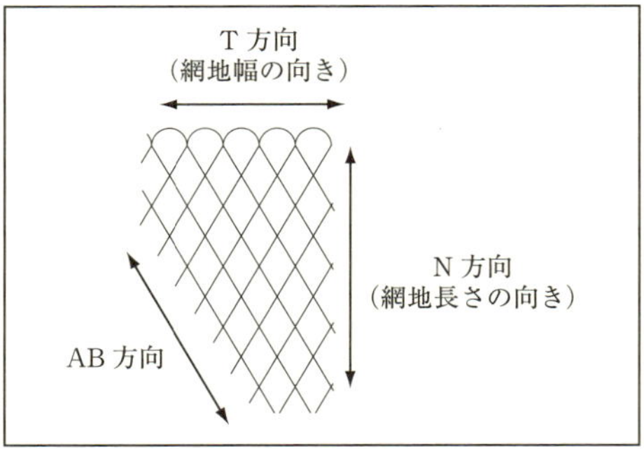

図 2.3.1-7　網地の方向

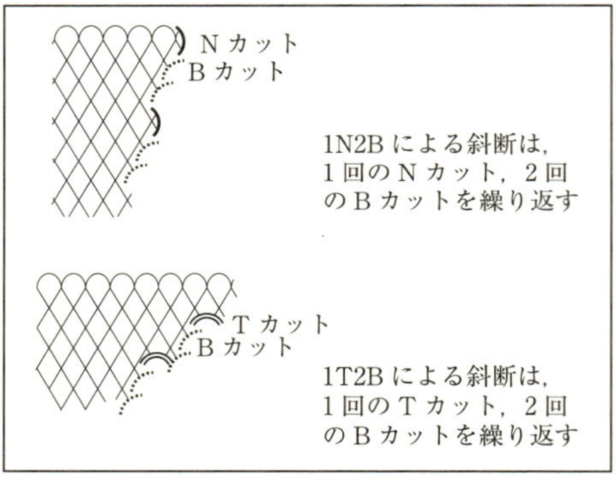

図 2.3.1-8　斜断の例

単位は，反で表示され，通常は幅 100 掛，長さ 100 間（151.5 m）を 1 反とする．なお，もじ網の網地については，網幅には並幅（1.6 尺 = 50 cm）と大幅（3.2 尺 = 100 cm）の 2 種類がある．

網地を切り取る際には，ある結節につながる隣り合う脚を両方切ることで四角形の網地を切り取ることができる（丁目落とし）．その方向によって N カットと T カットとよばれる（図 2.3.1-8）．また，AB 方向に 1 つの脚を切ることを B カット〔bar cut（半目落とし）〕とよび，三角形や台形に網地を切る際には，N カット，T カット，B カットを組み合わせる．この組み合わせの比を斜断比とよぶ．

E. 網目の形状と表示

網目（mesh）の形には，同じ長さの 4 つの辺からなる菱目と，さらに隣接する辺が直角となっている角目，6 つの辺からなる亀甲目がある．結節網の網目は，結節と脚（きゃく，または，あし）で構成され，1 つの網目は結節と網糸をそれぞれ隣接する網目と分け合うために，1 つの結節と 2 本の脚からなる（図 2.3.1-9）．

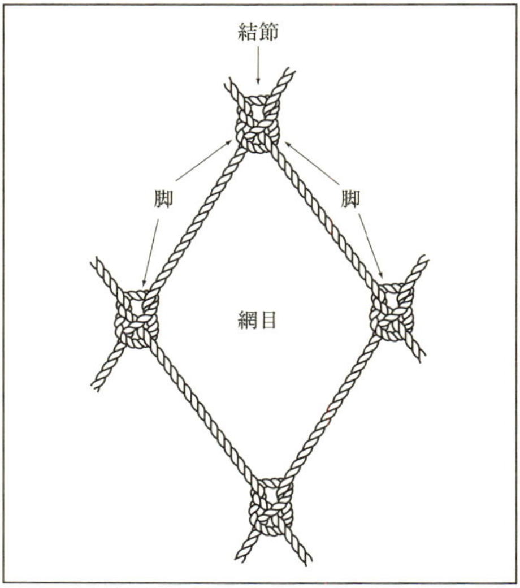

図 2.3.1-9　網目（菱目網）の構造と部分名称

網目の大きさを表すには，ミリメートル目合とわが国で用いられてきた節目合がある．ミリメートル目合は mm 単位で表し，結節網を N 方向に網目が開かないように伸ばしたときに，同じ網目内で向かい合う 2 つの結節の中心間の距離を外径として，あるいは向かい合う結節の内側の距離を内径として計測する．節（せつ，または，ふし）目合は，尺貫法による表記であり，網目が開かないように引っ張った状態で，長さ 15.15 cm（曲尺 5 寸）間の結節の数で表され（図 2.3.1-10），比較的小さな網目である 5 節程度までで利用される．したがって，節とミリメートル目合は，ミリメートル目合の外径（mm）= 151.5（mm）/［（節数 − 1）/2］で，おおよその換算ができる．なお，5 節よりも大きな網目では向かい合う 2 つの結節の中心間の距離を寸（1 寸 = 30.3 mm）で表す．またもじ網では，並幅の網糸数で網目の大きさを表し，単位は経で表示される．

F. 網地の縮結（いせ）

網の仕立てでは綱類に網地をとりつけて形を保つ際，より長い網地を縮めて綱に結びつけ一定のたるみをもたせるが，これを縮結とよぶ．これによって網目を開かせ，また網地がT方向に広がるようにする．また，どの程度のたるみをもたせるかという割合も同じく縮結とよばれている．たとえば，長さ10 mの網地を長さ9 mの綱にとりつけることを縮結（hanging-in ratio）1割あるいは内割1割という．一部の地域では，綱をもとにして，長さ10 mの綱に長さ11 mの網をとりつけるときは外割1割が用いられている．一般的に，網地を伸ばしたときの長さL，結びつける綱の長さlとすると，次のように計算される．

内割縮結　$s = (L - l)/L$

外割縮結　$s^{*} = (L - l)/l$

なお，欧米では縮結率（hanging ratio）$= l/L$が一般的に用いられる．

G. 網漁具に求められる網糸と網地の特性

漁網に用いられる網糸や網地には，次のような特性が求められる．

（1）破断強度が大きく，とくに湿潤時に屈折部の破断強度が大きいこと．

（2）荷重に対する適度な伸びと弾性があること．

（3）漁具に応じた比重をもっていること．

（4）摩擦，衝撃，疲労，紫外線に対する耐久性のあること．

底びき網では，おもにポリエチレンの網糸，一部にダイニーマやナイロンを用いた蛙又結節網地が用いられる．船びき網では，おもにもじ網が用いられる．まき網には，貫通式の無結節網地に一部ラッセル網地が用いられ，その繊維はおもにナイロン，テトロン，一部にポリエチレン，高強力ポリエステルが用いられる．定置網では，テトロンやポリエチレンの網糸を用いた貫通式の無結節網地が用いられる．刺網では，おもにナイロンを繊維とするモノフィラメントの一重～三重蛙又結節網地が，またマルチフィラメントでは蛙又結節網地が用いられる．棒受網では，おもにナイロンの蛙又結節網が用いられる．養殖の生簀網には，ポリエチレンやテトロンの網糸による貫通式の無結節網地が用いられ，稚魚にはもじ網が用いられる．海苔網には，クレモナの蛙又結節網地が用いられている．海外では無結節網の普及は少なく，ナイロン組紐蛙又網地がトロール網，まき網，定置網などに利用されている．

（東海　正）

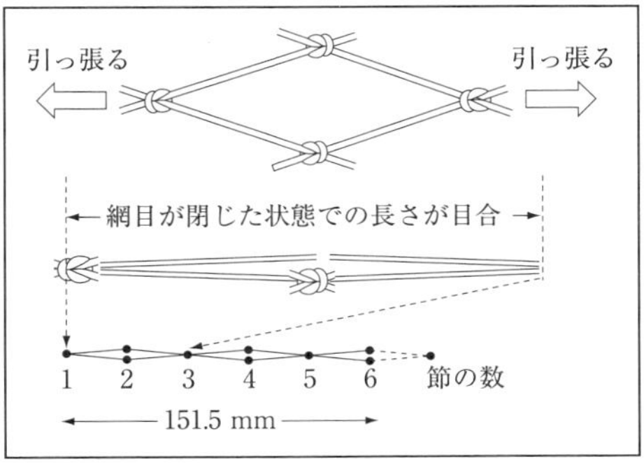

図 2.3.1-10　網目の目合の測り方

2.3.2 漁　船

A. 漁船の定義

漁船法ならびに船舶安全法施行規則では，「漁船」は以下の1つに該当するものと定義され，漁船登録が義務づけられている．

（1）もっぱら漁業に従事する船舶．

（2）漁業に従事する船舶で漁獲物の保蔵または製造の設備を有するもの．

（3）もっぱら漁場から漁獲物またはその製品を運搬する船舶．

（4）もっぱら漁業に関する試験，調査，指導もしくは練習に従事する船舶または漁業の取締まりに従事する船舶であって漁労設備を有するもの．

また，漁船登録票の交付を受けた所有者は、当該漁船の船橋または船首の両側の外部その他最も見やすい場所に，登録票の漁船登録番号を表示しなければならない．

漁船の種類には，大臣許可漁業である遠洋および近海カツオ・マグロ漁業，沖合および遠洋底びき網漁業，大中型まき網漁業等の漁船と，知事許可漁業である小型底びき網漁業などの沿岸の小型漁船がある．

B. 船の寸法等

長さには，① 全長（length over all : LOA または Loa），② 垂線間長（length between perpendiculars : Lpp），③ 水線長（length on load waterline : L_w）が，幅には① 全幅（extreme breadth : B_{max} または B_{ext}），② 型幅（molded breadth : B）が，深さとしては型深さ（molded depth : D）が，そして喫水として，型喫水（molded draft : d）がある．なお，喫水（draft : d）とはキール（keel）下面から船が浮かんでいる水面までの垂直距離のことを指す．また，トリム（縦傾斜）は船の船尾喫水（d_a）と船首喫水（d_f）との差をいう．船首喫水よりも船尾喫水が大きい場合を船尾トリムといい，その逆を船首トリムという．

また，船の大きさを表す指標として，重量を表すトン数に，① 排水トン数（displacement tonnage），② 満載排水トン数（full load displacement），③ 軽荷排水トン数（light displacement），④ 載荷重量トン数（dead weight tonnage : DWT）がある．さらに，容積を表すトン数（$1\ \mathrm{t} = 100$ 立方フィート $= 2.832\ \mathrm{m}^3 = 1{,}000/353\ \mathrm{m}^3$）である，① 総トン数（gross tonnage : GT），および ② 純トン数（net tonnage : NT）がある．

さらに，船の水線下の形状を表す指標として，ファインネス係数（肥瘦係数）があり，船の推進性能，復原性能等の性能関係に密接な関係がある．とくに，① 方形係数 C_b（block coefficient）は代表的なものであり，与えられた喫水 d における排水容積 V と，これと長さ L，幅 B，喫水 d の等しい直方体の容積との比をいい，$C_b = V/(L \times B \times d)$ で算出される．

ここで，L は Lpp，B は型幅，d は型喫水である．その他，② 柱形係数 C_p，③ 竪柱形係数 C_{vp} または C_v，④ 中央横断面係数 C_m，⑤ 水線面係数または水線面積係数 C_w がある．

C. 漁船の性能

漁船に求められる性能は種々あるが，そのなかでも操縦性能，復原性能は運航・操業時に必要とされ，安全面からも重要なものである．

a. 操縦性能

操縦性には，その 3 要素として追従性，旋回性，および針路安定性がある．ここで，追従性とは，舵を右または左にとったとき回頭する追従の良し悪しをいう．針路安定性は，操舵せず舵中央のままで船が直進するかについての良し悪しをいう．また，旋回性は定常旋回の旋回半径が小さい円か，時間的に速く旋回するかについての良し悪しをいう．これらの性能の良し悪しは操縦性指数 T，K の値により知ることができる．舵角 δ の場合に，T 秒後に K 倍された角速度の定常旋回運動が起こるが，ここで T は追従性を，K は旋回性を表す指数となる．T は舵を中央に戻したときの直進への追従能力として針路安定性も表すので，追従安定指数ともいわれる．K 指数が大きいほど旋回性は良い．また，T 指数が小さいほど操舵に対する追従が早く，また保針性も良い．この保針性を良くするには方形係数を小さくし水線長を長くするか，舵の面積を大きくしたり，船尾トリムとするとよい．

b. 復原性能

出港，漁場到着，漁場発，および入港の各時において船体の重量が異なっている．これは，燃料・清水の消費，ならびに漁獲物による．浮力（buoyancy）は船体重量に対抗して船を浮かそうとする力であるが，船体重量と浮力の大きさは等しく向きは反対で，作用線が一致していて喫水面（喫水線）に垂直となっている．

一般に船は横揺れ運動（rolling）をしており，止まっていることはない．船が横傾斜したとき，① もとの直立状態に戻ろうとする，② 傾斜したままの状態を保つ，③ 傾斜を大きくし転覆しようとする，の 3 つの場合となる．① の場合を，安定のつりあい，② の場合を，中立のつりあい，③ の場合を，不安定のつりあいというが，常に安定のつりあいの状態を保つことが安全上必須となる．

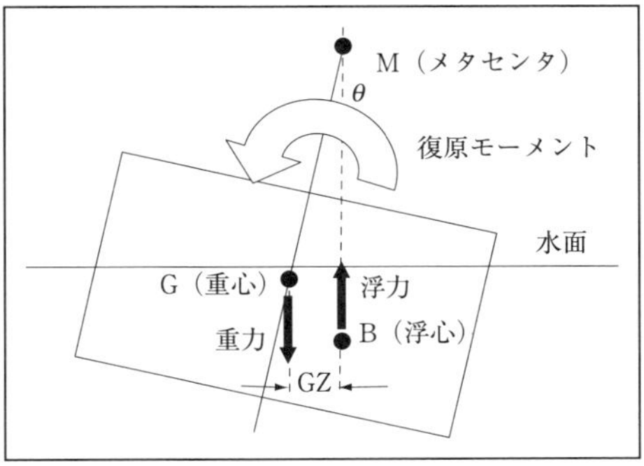

図 2.3.2-1　復原モーメント

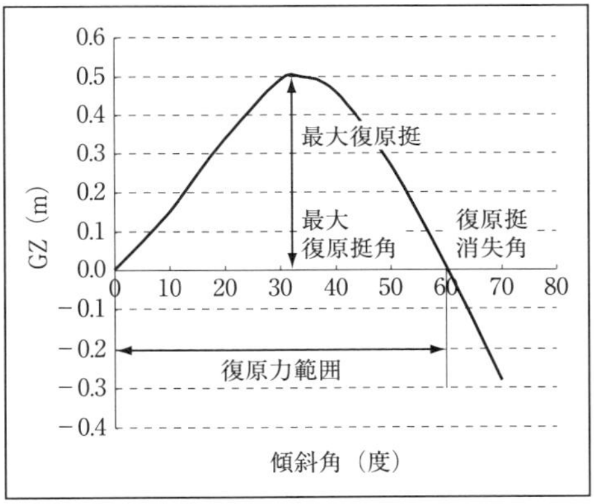

図 2.3.2-2　復原挺曲線

直立状態での浮力の作用線（船体中心線）と，θ 度横傾斜したときの浮力の作用線との交点を横メタセンタ M というが，M が，船体重心 G を基準として上方にあるとき安定のつりあいとなる．復原力は，船が傾いたときに元に戻ろうとする偶力モーメントの大きさをいい，この偶力モーメントを復原モーメントとよぶ（図 2.3.2-1）．

$$\text{復原モーメント} = W \times \mathrm{GZ} = W \times GM \times \sin\theta$$

で示されるが，GZ は重力と浮力の作用線間の間隔で復原挺とよび，復原力は復原挺に左右される．横傾斜角の変化に対する復原挺 GZ の変化を示す曲線を描いた曲線を，復原挺曲線という（図 2.3.2-2）．復原挺が 0 となる角を復原挺消失角，復原挺が正である傾斜角の範囲を復原力範囲という．

復原性に影響を及ぼす要因の 1 つとして，重心の上昇・下降がある．復原力は重心の上昇により減少し，下降により増加するが，重心移動の原因として，① 漁獲物や漁具の，上下左右方向の積み方，② 自由水となるビルジウォータや甲板上打込み海水などがあり，これらに対して十分な注意が必要である．

（武田　誠一）

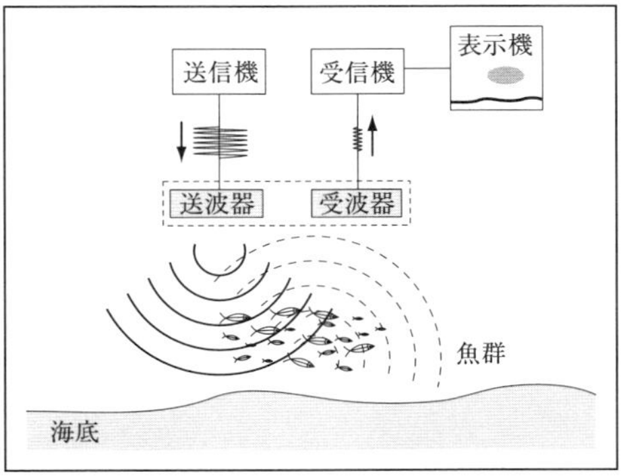

図 2.3.3-1　魚群探知機の原理

2.3.3　魚群探知機

魚群探知機は，船底に設置した送受波器から海中に超音波パルスを発射し，海中の魚群・プランクトン・漁具や海底などからの反射波を受信して，表示装置に反射体の距離やその大きさ，形状などを表示させる装置である．広義の魚群探知機には，船下方向を探知する魚群探知機と自船周囲を探知するソナーが含まれるが，その方式は大きく異なる．

A.　垂直魚群探知機

魚群探知機は図 2.3.3-1 に示すように，20 ～ 200 kHz の高周波信号を 1 ms 程度の微小時間で切り出したパルス信号を一定周期で発生する送信機と，これを音響信号（超音波）に変換して海中に放射する送波器，水中物体からの微弱な反射信号を電気信号に変換する受波器，受信信号を処理，増幅して適当なレベルの信号に

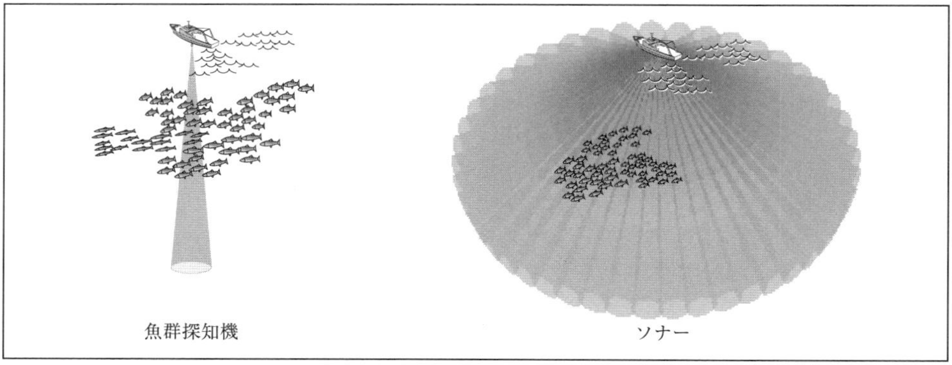

図 2.3.3-2　魚群探知機とソナー

整形する受信機，および反射体の深さや大きさを画像表示する表示機から構成される．水中において魚群や海底などが存在すると送波音の一部は反射されて，受波器へ戻ってくる．反射波の到達に要する時間は，距離〔水中音速（約 1,500 m s^{-1}）から求められる〕に比例するのでこれを垂直軸（深度軸）にとり，パルス発生周期ごとに水平方向に履歴表示することにより，船の航路下の鉛直断面と相似形の魚探画像（エコーグラム）が得られる．

魚群探知機の性能を示す要目として，周波数，出力，ビーム角，パルス幅などがある．一般に，送波出力が大きいほど探知距離が伸び，周波数は低いほど減衰が少ないので探知距離は伸びるが，小さな生物の反射波が弱くなる．ビーム幅は広いほど探知範囲は広がるが，方位分解能は低下する．パルス幅は長いほど探知距離が伸びるが，距離分解能は低下する．

一般に魚の音響反射の大部分は魚の浮袋によるものであり，有鰾魚は同体長の無鰾魚と比べその音響反射率（ターゲットストレングス）は 10 倍も大きい．さらに音響反射率は体長対波長比（$L\lambda^{-1}$）が 1 以下になると急激に低下するので，動物プランクトンなどの微小生物を探知する場合は高周波数ほど有利となる．魚群探知機の性能は目的とする生物を他の生物から識別することがより重要であり，用途に応じてこれらの特徴を組み合わせて魚群探知機の要目を決定する必要がある．

B. 計量魚群探知機

魚群探知機に表示される魚群エコーの大きさや強さから，おおよその魚群量を見積もることができる．装置の設計とエコー処理を厳密に行うことにより，魚群量を推定し，資源調査などに用いられるのが計量魚群探知機である．その原理は，魚群エコー強度は魚の密度に比例することから，魚群エコーを空間的に積分し，単位体積あたりの平均散乱強度を求め，これを対象種のターゲットストレングスで割ると，個体数密度が求められる．実際の資源調査では，任意に設計された調査線に沿って対象海域を走り平均散乱強度を求め，これを対象種のターゲットストレングスで割ることにより，海域の平均個体数を推定することができる．

計量魚群探知機が通常の魚群探知機と異なるのは，魚群エコー強度を求めるための信号 2 乗回路，距離減衰補正回路（TVG），および魚群エコーを積算し平均処理を行うエコー積分器（エコーインテグレーター）を有することである．さらに多くの計量魚群探知機はスプリットビーム法などを用いて，単体エコーの距離や方位，さらにはそのターゲットストレングスを直接推定することができるので，魚種判別や体長推定にも有効である．

C. ソナー

魚群探知機が船の真下の魚群を探知するのに対して，スキャニングソナーは図 2.3.3-2 に示すように，自船の周囲の魚群を探知するもので，

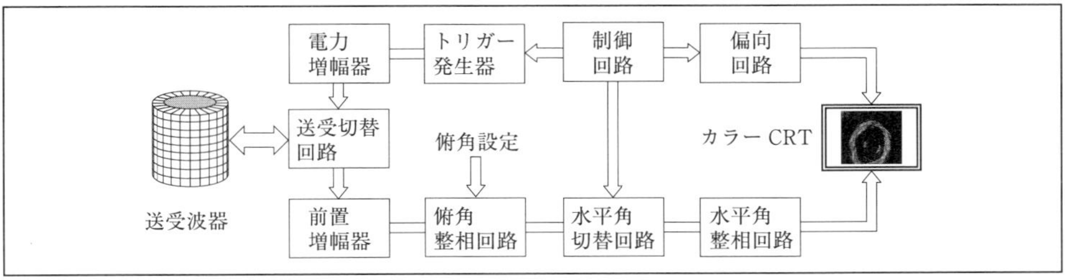

図 2.3.3-3　スキャニングソナーの構成

その構造は魚群探知機より複雑で，大型となる．船底に設置された横向きの送受波器を機械的に旋回させる機械式ソナーもあるが，音響ビームを電気的に合成し，これを電子走査するスキャニングソナーが主流である．**図 2.3.3-3** はスキャニングソナーの構成図である．送受波器は一般に円筒状に多数の振動子が配列されており，送信時には水平方向全方位に音波が放射される．受信時には，各素子出力を合成することにより鋭い受信ビームを形成し，これを電子的に高速に旋回させる．自船を中心として半径方向に距離を，円周方向に方位をとった plan position indicator (PPI) 表示をすることにより，海底や魚群の位置を映像化することができる．スキャニングソナーの最大の特長は海中の 2 次元平面を瞬時に画像化できることであり，探査範囲が飛躍的に増加すると共に，魚群の形状，分布，行動などを把握するのに有効である．

（飯田　浩二）

2.3.4　測位装置

測位システムは，大きく地上系と衛星系に分けられる．現在，利用可能な地上系測位システムはロラン (long range navigation : LORAN) C で，衛星系では米国国防総省が運営する GPS (global positioning system) が主流となっている．日本では，2010 年に打ち上げた準天頂衛星「みちびき」により，山間部やビル陰などでの精度向上の取り組みが始まっている．この衛星が 7 機そろえば，日本独自の衛星系測位システムが完成する．

A. GPS

GPS 衛星は，赤道に対して傾斜角 55 度の軌道を高度約 20,000 km，約 12 時間周期で周回している．常時，全地球上でリアルタイムの連続測位を可能にするために，6 つの衛星軌道（各軌道間隔 60 度）があり，各軌道には 4 機の衛星が配置され，合計 24 機（＋予備機）で運用されている．

a. 測位原理

衛星からの電波信号の到達時間から衛星と受信機間の距離を求め，衛星から等距離である円弧との交点を求める位置とする．2 次元であれば，2 つの衛星，3 次元であれば，3 つの衛星から理論上は位置が決まることになる．しかし，GPS 受信機のもつ時計の精度では，擬似距離とよばれる誤差を含んだ距離しか測れない．すなわち，真の距離 = 擬似距離 + 時計オフセット × 光速となり，未知数は求めたい場所（受信機）の緯度，経度，高度（3 次元の場合）に加えて受信機内の時計オフセットとなる．これらの連立方程式を解くために，2 次元のときには，最低限 3 つ，3 次元のときには 4 つの衛星が必要となる．

b. 測位精度

運用開始当初は，軍事的理由から意図的な測位精度の劣化信号 (selective availability : SA) がかけられていたため，民間レベルでの測位精度は 100 m ほどの誤差を含んでいた．しかし，2000 年 5 月の SA 解除により，単独測位でも誤差 10 m 程度にまで向上した．さらに，単独測位では除去できない誤差を既知点からの補正情報により補正する differential GPS (DGPS)

や，搬送波の位相を利用するreal time kinematic GPS（RTK-GPS）などがある．測位誤差はDGPSで1m程度，RTK-GPSで数cmになる．一方で同じ測位装置でも，測位に使う衛星の配置や測位環境によっても精度は変わる．

c. 利用形態

海図表示機能を有するGPSプロッターや，これに魚群探知機の機能を加えたGPSプロッター魚群探知機としての使用が多い．かつては山立てや測深機などを駆使して探索していた漁場へ確実にたどり着けるようになったり，設置した漁具の位置を記録することで回収も容易になるなど，操業の効率化に貢献している．さらに視程の悪い場合でも，確実に目的地まで船を走らせることが可能になるなど，安全面でも大きく貢献している．また受信機の小型化により，これを海鳥などの海洋生物に装着して行う生態調査などにも利用されている．なお，測位に電波を使うため水中での測位はできない．

B. ロランC

日本が独自に運用している測位システムである．2つの送信局から発射された電波の，到達時間差から得られた双曲線（位置の線）を利用する双曲線航法である．送信局からの電波を受信する必要があるため，利用はサービスエリア内（日本近海，韓国，米国，カナダ，アラスカ，ヨーロッパなど）に限られる．長波帯（100 kHz）を使用しているため，利用範囲は地表波を受信すると昼間で約1,400海里，夜間で約1,000海里，空間波を受信するときは約2,300海里である．精度は，送信局との位置関係に依存し，500m以内とされる．GPSの普及によりサービスエリアは縮小傾向にあり，一部に廃止論もある．しかし，GPSのバックアップシステムとしての重要性から運営は継続されている．現在では，ロランCの測定誤差を補正して，より正確な位置を測定させる高度化されたシステムe-LORANの技術開発が進められている．

（内田　圭一）

2.3.5　衛星リモートセンシング (satellite remote sensing)

衛星や航空機などから地球表面や地球大気を直接触れずに観測・計測する技術をリモートセンシング（remote sensing）といい，衛星を用いたものを衛星リモートセンシングという．近年，地球環境問題が大きくとりあげられ，とくに人工衛星に搭載された各種センサーで地球大気（大気圏）や海洋を含む地球表面（水圏，陸圏，雪氷圏）を観測することにより，それらの変動を継続的にモニターできるようになってきた．ここでは，衛星による海洋（水圏）のリモートセンシングを中心に水産への応用の視点からその概要を述べる．

A. 海洋のリモートセンシング

海洋環境のモニタリングは，海洋の物理場変動，海洋の物質循環，海洋生態系の健全性，海洋汚染防止，地球温暖化などの研究に不可欠である．

図2.3.5-1に示したように，海洋のリモートセンシングで観測できる代表的な項目は海面水温，日射量（熱フラックス），降雨，蒸発，海面塩分（水循環），海上風，海面高度（物理），海色（生物・化学）である．海色では，衛星に搭載された可視域センサーにより海面からの上向き放射輝度を計測し，植物プランクトン現存量を示すクロロフィルa濃度を推定する．この結果に海面水温データも加えると基礎生産量が推定でき，海洋の二酸化炭素吸収量，海洋中で生産される炭素量などを推定する手段となる．衛星によるクロロフィルa濃度推定値との関係から，さらに有色溶存有機物質（colored dissolved organic matter : CDOM），粒状有機炭素量（particulate organic carbon : POC），硫化ジメチル（dimethyl sulfide : DMS）を推定するモデル，海面水温も加えて表面硝酸塩濃度を推定するモデルもあり，物理・生物的要素に加えて化学的要素を計測することも可能である．2011年6月10日に打ち上げられたAQUARIUS/SAC-D衛星に搭載された海面塩分センサーAquariusは，空間解像度150 km，月平均の塩

分値をRMS誤差0.2以下で測定可能であり，今後の水循環研究に貢献するものと期待されている．植物プランクトンの機能グループごとに分類する手法も開発されており，海色スペクトルから海洋生態系の質的な変化をとらえることができる．植物プランクトンでも円石藻類のように分光的な特性に特徴があるものは，すでに分類や判別が可能である．

B. 漁船漁業への応用

資源量推定，水産資源管理，漁業活動支援などに衛星リモートセンシングは応用されてきた．魚の分布・回遊と環境との関係をリアルタイムに把握し，いつ，どこで，どのくらいの量の魚を漁獲しても資源管理ができるか，さらにはどこにいる魚を漁獲すれば漁船の燃費が節約でき，最も経済的に漁業活動ができるのか，これらをサポートする統合的な漁業活動支援システムの開発が不可欠である．海面水温，海面高度，海色（3要素）の衛星リモートセンシングデータと漁獲データとを用いて，いろいろな魚種の漁場推定モデルが開発されている．対象魚種の好適な海洋環境を一般化加法モデルや一般化線形モデルを用いて関係を導き，衛星データを入力データとして潜在的な漁場形成海域を予測する．図2.3.5-2にビンナガの漁場推定の概念を示した．

さらに，はえ縄漁業におけるウミガメ混獲防止のために動的な海洋保護区を設定して，その予想海域を漁業者へ提供するプログラムも，米国でタートルワッチ（Turtle Watch）として運営されている．そこでも海面水温，海面高度，海色の衛星リモートセンシングデータが活用されている．上述した海面塩分が測定されると，さらに漁場予測の絞り込み精度が上がることが期待されている．vessel monitoring system（VMS）による位置情報と衛星情報を組み合わせて，漁業活動支援や資源管理に活用することが今後の課題である．

C. 海面増養殖業への応用

増養殖業では対象生物のライフサイクルへ適合した海洋環境の高次利用研究を推進し，海洋地理情報システム（geographic information system：GIS）技術を応用して対象生物の最適育成海域選択モデルを構築する必要がある．たとえば，ホタテガイの環境要素として，物理・生物学的な要素（海面水温，クロロフィル*a*濃度，懸濁物質濃度，水深），社会基盤的な要素（市街地からの距離，港からの距離，加工施設からの距離）を考慮して最適育成海域選択モデルを作成している（図2.3.5-3）．これらの要素を階層化して最適育成海域を8ランクに区分している．8が育成に最も条件がよく，数字が小さくなるにつれて条件が悪くなる．このとき，水深以外の物理・生物学的な要素は中分解能撮像分光放射計（moderate resolution imaging spectroradiometer：MODIS）や改良型超高分解能可視赤外放射計（advanced very high resolution radiometer：AVHRR）などの1 km空間解像度の衛星リモートセンシングを用い，社会基盤的な要素はadvanced visible and near infrared radiometer type 2（AVNIR−2）などの10 m空間解像度の高解像度衛星リモートセンシングを用いている．

養殖業に被害を与える赤潮について，衛星海色リモートセンシングを用いて，最近は沿岸での赤潮の検知も可能になりつつある．養殖業における赤潮被害の軽減に利用する試みがなされている．衛星海色リモートセンシングによる赤潮初期発生海域の監視と，モデルを用いたその後の赤潮伝播経路予測からの赤潮到達予測をも

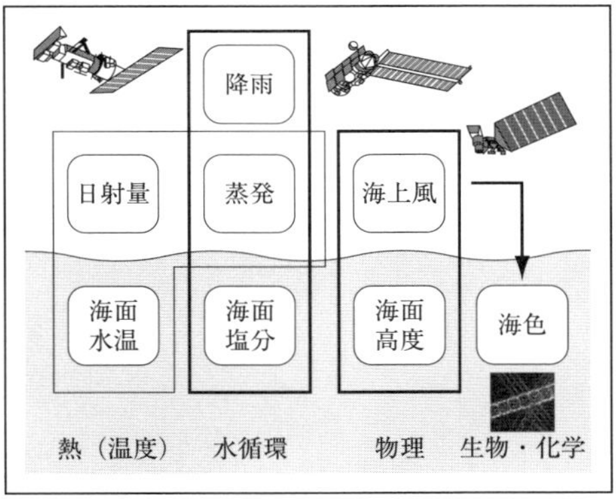

図2.3.5-1　海洋のリモートセンシング

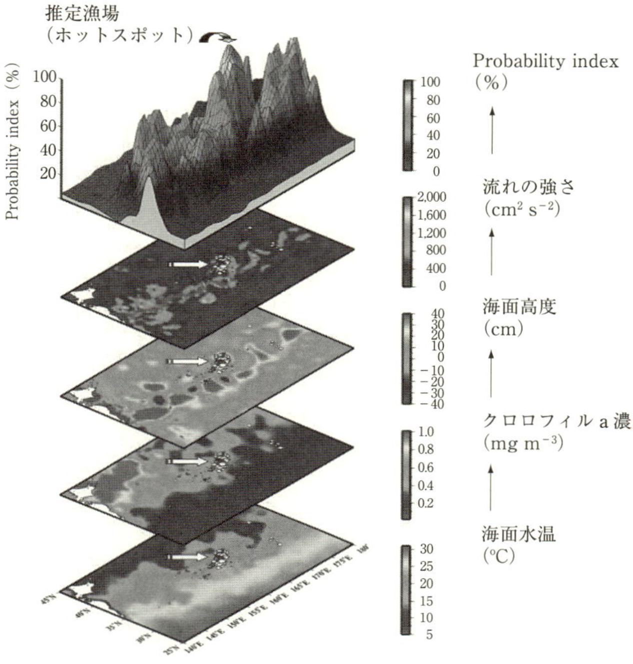

図 2.3.5-2　衛星リモートセンシングデータを用いたビンナガの漁場予測概念図

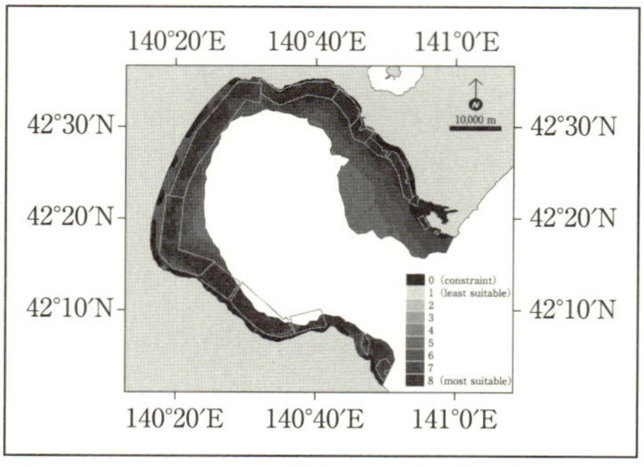

図 2.3.5-3　ホタテガイ養殖場の最適生育海域分布の推定
白枠：ホタテガイ養殖許可海域.

とに，生産現場で養殖筏の避難，餌止め，早期出荷等を迅速に施すことなど，実利用に期待がかけられている．2010 年 6 月 27 日に打ち上げられた韓国の静止衛星では 500 m の空間解像度で 1 日に数回のデータの取得が可能になった．雲域によってデータ取得が困難な日数がさらに減少するだけではなく，1 日の中での赤潮の移動や変化も監視可能になる．さらに，2014 年打ち上げ予定の GCOM−C 衛星に搭載される second generation global imager (SGLI) は空間解像度 250 m であり，今後の増養殖海域を含めた沿岸域管理への利用が期待されている．

（齊藤　誠一）

2.4 資源動態解析の理論

2.4.1　系群の重要性

A.　系群の概念

系群の概念は，特定の資源管理目標に対して等質とみなすことができる個体群の単位である．すなわち，系群は資源変動考察のための単位であり，必ずしも遺伝学的あるいは進化生物学的に定義される集団とは限らない．したがって，系群は stock に対応する言葉であり，資源管理や資源評価の基礎単位として重要である．系群という語の実用例としては，① 遺伝学的に区別される集団，② 他の系群と遺伝的に区別できないが再生産単位として独立性が高い集団，③ 管理のために人為的に区分された集団の 3 つのレベルに整理できる．

通常の資源動態モデルは，閉じた個体群を想定し，その生活史パラメータは個体群内で等質と仮定する．そのため，上記 ③ の系群は一見意味をなさないと思われるが，たとえば北西太平洋に広く分布するサンマのように，1 つの再生産単位のうち特定の分布域（日本周辺）のみで漁獲が行われる場合，予防的管理措置として漁場に対して系群を想定することは合理性がある．なぜなら，漁場内の資源量が著しく低下した場合，長期的には隣接する分布域から魚群が移入すると考えられるが，当面の期間は漁場内の加入量が激減する可能性があるからである．

B. おもな系群識別法

おもな系群識別法は (1) ～ (3) のとおりであるが，個々の系群識別に際しては可能な限り多くの方法を用いて検討されるべきである．留意点としては，① 淡水生物に比べて海産魚では物理的繁殖隔離機構に乏しいため系群間で遺伝的差異がみられない場合が多い，② 系群は資源の変動に応じて時間的に変化する可能性がある（マイワシの例）の 2 点があげられる．

(1) 形態学的方法：鱗の形態，鰭条数，脊椎骨数などが用いられているが，形態形質は先天的（遺伝性）および後天的（環境）要因の影響を受けるため，形態的差異は必ずしも遺伝的差異を意味しない．

(2) 生態学的・海況学的方法：産卵期，産卵場，回遊経路の差異により，成長，成熟，体型，色彩などが異なる例が知られている．また，1 つの系群内では漁場が異なっても資源量や年齢組成などの変動が類似すると考えられる．標識放流を用いれば個体の回遊を把握することが可能となるが，通常の場合は放流と再捕の時空間的関係しか得られない．近年発達したアーカイバルタグ（自己記録式標識）や耳石微量元素解析を用いると，個体の回遊履歴を直接または間接的に推定でき，系群判別に有用である．寄生虫の種組成や寄生率などは天然の標識と考えられる．

(3) 遺伝学的方法：DNA 分析などを用いて，集団あるいは個体レベルでの遺伝的差異を推定する．最も一般的な DNA 分析法では，制限酵素により切断した特定の DNA 鎖の一部について塩基配列を決定する．アイソザイムは同一反応を触媒する酵素の遺伝的多型を意味し，一般にゲル電気泳動法と染色法を用いて遺伝子型を推定する．

（谷津　明彦）

2.4.2　ラッセルの方程式

ラッセルの方程式（Russel's equation）とは，生物個体群の重量の変動様式を概念的に表した式である．人間が利用する水産資源の個体数は，再生産を通じて増加し，人間による利用とそれ以外の要因によって減少する．さらに，重量で考えると，資源量は，再生産と個体の成長を通じて増加する一方，人間が利用した量とそれ以外の要因による死亡量により減少する．この関係を式で表したのが，ラッセルの方程式である．ある年はじめにおいて，漁獲対象となる資源量 P_0 は，再生産によって新たに漁獲対象となったものの重量 R（加入量）と成長による増重量 G（成長量）によって増加し，人間による漁獲量 Y とそれ以外の要因による死亡量 D（自然死亡量）によって減少し，翌年はじめに資源量 P_1 となる．すなわち，翌年はじめにおいて，漁獲対象となる資源量 P_1 は

$$P_1 = P_0 + R + G - Y - D$$

と表せる．この式で，加入量 R，成長量 G および自然死亡量 D は，自然要因によって決定され，これらをまとめた $(R + G - D)$ を自然増

加量という．この自然増加量は，余剰生産量(surplus production)ともいう．人為的に決定される漁獲量 Y が自然増加量よりも大きければ($Y > R + G - D$)，$P_1 < P_0$ となり，資源量は減少する．逆に，Y が自然増加量より小さければ($Y < R + G - D$)，$P_1 > P_0$ となり，資源量は増加する．また，Y と自然増加量が等しければ($Y = R + G - D$)，$P_1 = P_0$ となり，資源量は一定の水準となる．すなわち，自然増加量と等しくなるように漁獲量を制御できれば，資源量は安定する．このときの資源量と漁獲量は，それぞれ平衡資源量と平衡漁獲量という．この平衡漁獲量は，持続生産量ともいう．

ラッセルの方程式に従って，資源量の動態を考える．資源量は無限に増加することはなく，ある一定の水準で飽和し，自然増加量は0となると考えられる．また，資源量が0の場合も，自然増加量は0となる．資源量が0と飽和した水準の間にあるとき, 自然増加量は正となり，資源量は増加すると考えられる．このように，自然増加量は資源量の増加に伴って上に凸に変化する．いいかえると，0と飽和する資源水準の間に，自然増加量を最大にする資源量が存在する．このような考えが，余剰生産量モデルの概念につながる．

2.4.3 余剰生産量モデル

余剰生産量モデル(surplus production model)は，ラッセルの方程式の自然増加量(余剰生産量：$R + G - D$)を資源量 P の関数として表した資源動態モデルである．余剰生産量モデルを表す簡単な関数として, 2次関数が用いられる．t 年はじめの資源量 P_t と($t + 1$)年はじめの資源量 P_{t+1} の差で表される余剰生産量 V は,

$$P_{t+1} - P_t = V(P_t) = r\left(1 - \frac{P_t}{K}\right)P_t$$

と表せる. ここで, r は内的自然増加率(intrinsic rate of natural increase)といい，定数で，資源量が0に近いときの増加率を意味する．また，K は環境収容量もしくは環境収容力(carring capacity)といい，余剰生産量が0となる資源量である．この式で，$(1 - P_t/K)$ は，資源量が増加したことによる増加率の減少，すなわち密度効果を表している．余剰生産量 V は，$P_t = K/2$ のとき最大となり，V の最大値は $rK/4$ となる．この余剰生産量と資源量の関係を微分方程式で表すと，

$$\frac{dP_t}{dt} = V(P_t) = r\left(1 - \frac{P_t}{K}\right)P_t$$

となる．このモデルはロジステッィクモデル(logistic model)とよばれる．この微分方程式を解くと，資源量 P_t は

$$P_t = \frac{K}{\left(\frac{K}{P_0} - 1\right)e^{-rt} + 1}$$

となる．資源量の変化は，$t = 0$ における資源量 P_0 から増加し，$P_t = K/2$ で変曲点になり，K に漸近するS字状の曲線として表される(図2.4.3-1)．この曲線をロジスティック曲線という．この曲線に従う生物の資源量変動は次のようになる．資源量は，はじめは徐々に増加し，資源量の増加につれて増加速度も大きくなり，ある時点で資源量の増加速度は最大となる．この時点を過ぎると，資源量の増加に対し増加速度は小さくなり，資源量は環境収容量 K に漸近する．多くの生物個体群で，資源量もしくは個体数のこのような変化が仮定されている．

ロジスティックモデルを一般化したモデルとして，ペラ・トムリンソンモデル(Pella and Tomlinson model)が知られている．これは，

$$\frac{dP_t}{dt} = V(P_t) = r\left[1 - \left(\frac{P_t}{K}\right)^z\right]P_t$$

と表される．ロジスティックモデルでは，資源量の増加速度は $P_t = K/2$ で左右対称となっているのに対し，ペラ・トムリンソンモデルでは，左右非対称となっている．また，$z = 1$ のときのペラ・トムリンソンモデルは，ロジスティックモデルとなる(図2.4.3-2)．

これらの余剰生産量と資源量の関係を表すモデルには漁獲の効果が入っていない．そこで，

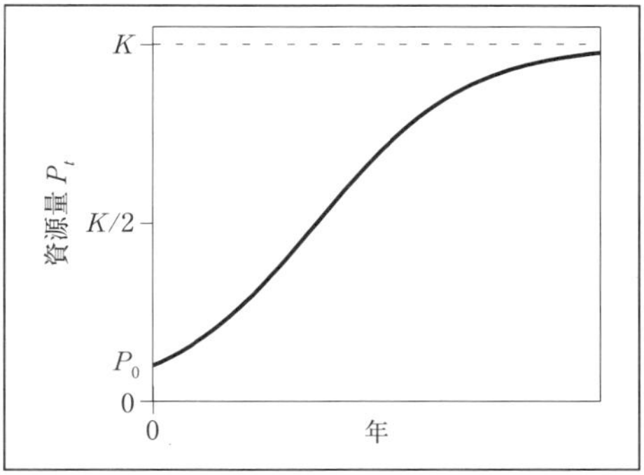

図 2.4.3-1　ロジスティックモデルに従う資源量の動態

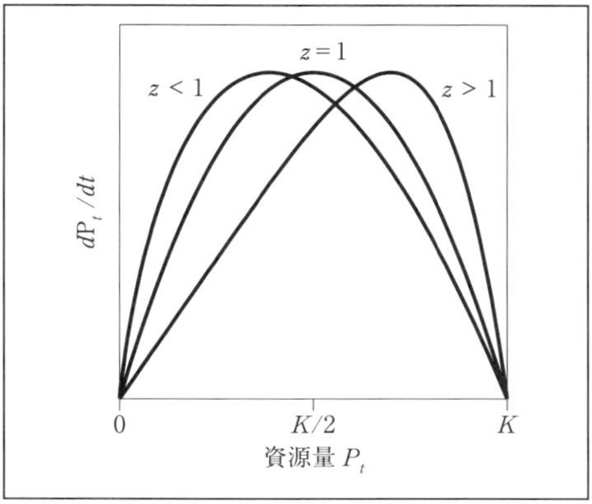

図 2.4.3-2　資源量と dP_t/dt との関係

漁獲による間引きを考慮すると，資源量の増加速度は

$$\frac{dP_t}{dt} = V(P_t) - Y_t$$

となる．この関係より，持続生産量と最大持続生産量が導かれる．

（鈴木　直樹）

2.4.4　成長・生残モデル

魚の生活史にそって成長, 生残をモデル化し，資源管理の指針を計算するモデルである．YPR解析，SPR解析などともいう．

A.　成長のモデル化

魚類の成長を記述するために最も広く使われているのがフォン・ベルタランフィ（von Bertalanffy）の成長曲線である．これは

$$L_t = L_\infty\left[1 - e^{-K(t-t_0)}\right]$$

と書ける．ここで，t は年齢，L_t は，年齢 t における体長である．L_∞ は極限体長，K は成長係数，t_0 は $L_t = 0$ となる理論上の年齢といわれるパラメータであり, 定数が入る．したがって，この式は t と L_t の関係を示す式になっている．

一般に，体重は体長の 3 乗に比例することから，フォン・ベルタランフィの体重成長曲線は以下のようになる．

$$W_t = W_\infty\left[1 - e^{-K(t-t_0)}\right]^3 = W_\infty\sum_{n=0}^{3} A_n e^{-nK(t-t_0)}$$

ここで W_t は年齢 t における体重である．以下の展開のために，$A_0 = 1$，$A_1 = -3$，$A_2 = 3$，$A_3 = -1$ と定義された変数 A_n を用いて表記する．

B.　生残のモデル化

ある年級群について，初期減耗が落ちつき死亡率が安定した後，年齢 t_r で資源尾数 R が加入し，その後，年齢 t_c で漁獲が開始されるものとする．そのとき，漁獲開始前の年齢 t における資源尾数 N_t は漁獲以外の要因による死亡によって減少していく．このときの資源尾数の減少速度を表す係数を自然死亡係数といい，記号 M が用いられる．漁獲が開始された後は，自然死亡に加えて漁獲によっても資源が減少する．漁獲による資源の減少速度を表す係数は漁獲係数とよばれ記号 F が用いられる．この過程での資源尾数は，以下のように表される．

$$N_t = \begin{cases} Re^{-M(t-t_r)} & (t_r < t < t_c) \\ Re^{-M(t_c-t_r)}e^{-(F+M)(t-t_c)} & (t_c \le t) \end{cases}$$

C.　加入あたり漁獲量（yield per recruit : YPR）

年齢 t における資源重量は N_tW_t で表され，そのときの瞬間漁獲量は資源重量に漁獲係数 F

を乗じて FN_tW_t で示されるので，ある年級群から寿命 t_λ までに漁獲される漁獲量は

$$Y_\infty = \int_{t=t_c}^{t_\lambda} FN_tW_t$$
$$= FRe^{-M(t_c-t_r)}W_\infty \sum_{n=0}^{3} \frac{A_n e^{-nK(t_c-t_0)}}{F+M+nK}$$

となる．加入量は年級群によって異なるが，加入量 R が年によって一定であると仮定できれば，Y_∞ は，ある年に期待される漁獲量に等しくなる．

加入あたり漁獲量 YPR は

$$\mathrm{YPR} = Fe^{-M(t_c-t_r)}W_\infty \sum_{n=0}^{3} \frac{A_n e^{-nK(t_c-t_0)}}{F+M+nK}$$

と表され，t_c と F だけに依存する．また，YPR/F は加入が一定であった場合の単位努力量あたり漁獲量に比例し，資源量の指標になりうる．これも t_c と F だけに依存する．

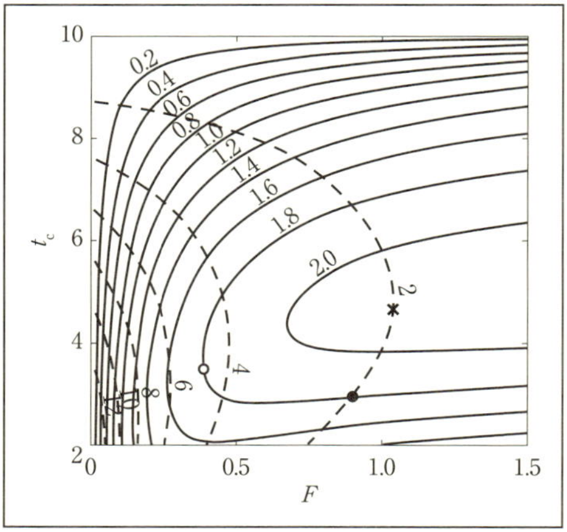

図 2.4.4-1　等漁獲量曲線：YPR (—) および YPR/F (----) の等高線

現状の漁業が●で示される漁獲係数 F = 0.9，漁獲開始年齢 t_c = 3 の場合，YPR = 1.8 の実線上の F と t_c の組み合わせでは長期平均漁獲量が変わらず，YPR/F が最大になる○付近で資源量が最大になると期待される．また，YPR/F = 2 の F と t_c の組み合わせでは，長期平均資源量が変わらず，YPR が最大になる × 付近で漁獲量が最大になると期待される．

$$\mathrm{YPR}/F = e^{-M(t_c-t_r)}W_\infty \sum_{n=0}^{3} \frac{A_n e^{-nK(t_c-t_0)}}{F+M+nK}$$

D. 等漁獲量曲線

t_c を縦軸，F を横軸にとり，YPR および YPR/F を等高線で示したものを等漁獲量曲線図という（図 2.4.4-1）．

現状の t_c と F を通る YPR と YPR/F の等高線に注目し，現状より YPR と YPR/F が高くなる方向に t_c と F を変化させると，長期的に期待される漁獲量と資源量がともに増大する．また，現状の t_c と F を通る YPR の等高線上で最も YPR/F が高くなる点，および現状の t_c と F を通る YPR/F の等高線上で最も YPR が高くなる点が，それぞれ，現状の漁獲量を維持して資源量を最大化できる t_c と F，現状の資源量を維持して漁獲量を最大化できる t_c と F となる．

E. 加入あたり産卵親魚量 (spawning stock per recruit : SPR)

成熟率を m_t としたとき，ある年の産卵親魚量 S_∞ は $m_tN_tW_t$ で表される．ある年齢 t_m から成熟が開始される場合，漁獲開始年齢と成熟開始年齢の大小関係により，SPR の計算式は異なる．

$t_c > t_m$ の場合，

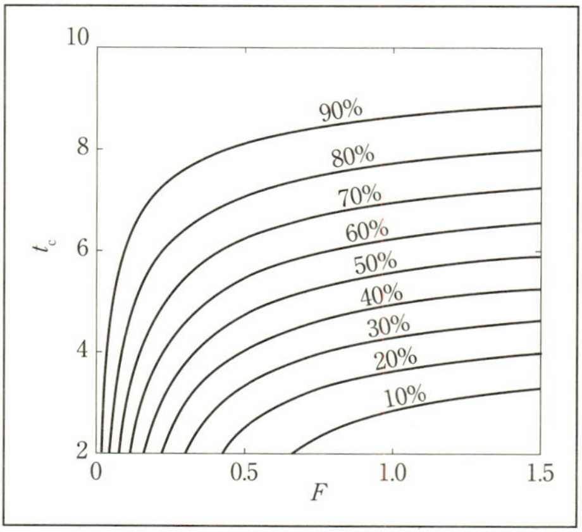

図 2.4.4-2　% SPR の等高線

$$\mathrm{SPR}=\int_{t_m}^{t_c} e^{-M(t_\mathrm{m}-t_\mathrm{r})}e^{-M(t-t_\mathrm{m})}W_t dt$$

$$+\int_{t_\mathrm{c}}^{t_\lambda} e^{-M(t_\mathrm{c}-t_\mathrm{r})}e^{-(F+M)(t-t_\mathrm{c})}W_t\mathrm{d}t$$

$$=W_\infty e^{-M(t_\mathrm{m}-t_\mathrm{r})}\sum_{n=0}^{3}A_n e^{-nK(t_\mathrm{m}-t_0)}$$

$$\times\left\{\frac{1-e^{-(M+nK)(t_\mathrm{c}-t_\mathrm{m})}}{M+nK}\right\}$$

$$+W_\infty e^{-M(t_\mathrm{c}-t_\mathrm{r})}\sum_{n=0}^{3}A_n e^{-nK(t_\mathrm{c}-t_0)}$$

$$\times\left\{\frac{1-e^{-(F+M+nK)(t_\lambda-t_\mathrm{c})}}{F+M+nK}\right\}$$

一方，$t_\mathrm{c}\le t_\mathrm{m}$ の場合，

$$\mathrm{SPR}=\int_{t_\mathrm{m}}^{t_\lambda} e^{-M(t_\mathrm{c}-t_\mathrm{r})}e^{-(F+M)(t_\mathrm{m}-t_\mathrm{c})}e^{-(F+M)(t-t_\mathrm{m})}W_t\mathrm{d}t$$

$$=W_\infty e^{-M(t_\mathrm{c}-t_\mathrm{r})-(F+M)(t_\mathrm{m}-t_\mathrm{c})}\sum_{n=0}^{3}A_n e^{-nK(t_\mathrm{m}-t_0)}$$

$$\times\left\{\frac{1-e^{-(F+M+nK)(t_\lambda-t_\mathrm{m})}}{F+M+nK}\right\}$$

と表される．

漁業がない場合の SPR に対する割合をパーセントで表したものを％ SPR という（図 2.4.4-2）．魚種によって加入量に影響を及ぼすおそれのある漁獲圧は異なるが，親魚量と加入量の関係が明らかではない場合は，一般に 30％ SPR 以上の親魚を確保することが推奨される．

（松石　　隆）

2.4.5　再生産モデル

水産資源は生物資源であり，自ら子を産み再生産することができる．この性質をうまく利用すれば，資源を枯渇させることなく，資源の持続的利用が可能になる．

親（産卵親魚量，S）と子の量的な関係を再生産関係といい，その関係を表すモデルを再生産モデルとよぶ. 持続的利用を達成するためには，再生産関係を知る必要がある．子の量は新規にその生物集団（系群）に加わることから加入量（R）とよばれる．加入量は個体数で表される場合が多い．

再生産関係を表す代表的なモデルとして，リッカー（Ricker）モデルとベバートン・ホルト（Beverton and Holt）モデルがある．リッカーモデルは，

$$R=aSe^{-bS}$$

で表される．S が小さいときは R は aS に近く比例的に増大，$S=1/b$ で極大となり，S がそれより大きくなると．R は減少する（図 2.4.5-1）．

ベバートン・ホルトモデルは，

$$R=\frac{aS}{1+bS}$$

で表される．S が小さいときは R は aS に近く，S が大きくなると．R は a/b に漸近する飽和型の曲線になる（図 2.4.5-1）．より一般的なモデルとして，

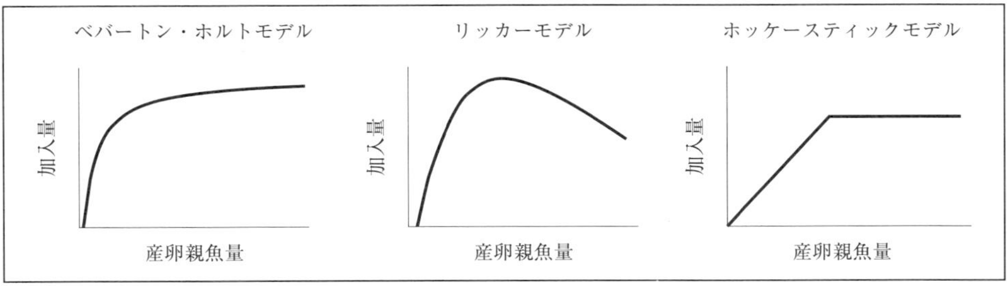

図 2.4.5-1　代表的な再生産モデル

$$R = \frac{aS}{(1+kbS)^{1/k}}$$

がある．この式は，$k \to \infty$のとき直線$R = aS$，$k = 1$のときベバートン・ホルトモデル，$k \to 0$のときリッカーモデル，$k = -1$のとき，放物線になる．最近はある資源水準まではRはSに比例して増大し，Sがそれ以上大きくなると，Rが一定値をとるホッケーのスティックの形をしたホッケースティック（Hockey stick）モデルも提案されている（図 2.4.5-1）．

再生産モデルは，資源量の将来予測を行って生物学的許容漁獲量（ABC）を計算するときに必要となるが，データのばらつきが大きく，妥当と思われる再生産モデルが推定されている魚種は少ない．加入量を産卵親魚量で割った値（R/S）を再生産成功率（RPS）とよぶ．日本の漁獲可能量（TAC）対象魚種では，過去の RPS の平均値等を用いて将来予測を行い ABC を算定する例が多い．再生産関係から最大持続生産量（MSY）の概念が導かれる．しかし再生産モデルのパラメータ推定等に関しては，一般にデータのばらつきが大きく，その信頼性には十分注意する必要がある．

（桜本　和美）

2.4.6　最大持続生産量と最大経済生産量

ある生物資源を，半永続的に利用できる漁獲高の最大値を最大持続生産量（maximum sustainable yield : MSY），漁獲に要する費用を差し引いた純収益の最大値を最大経済生産量（maximum economic yield : MEY）という．

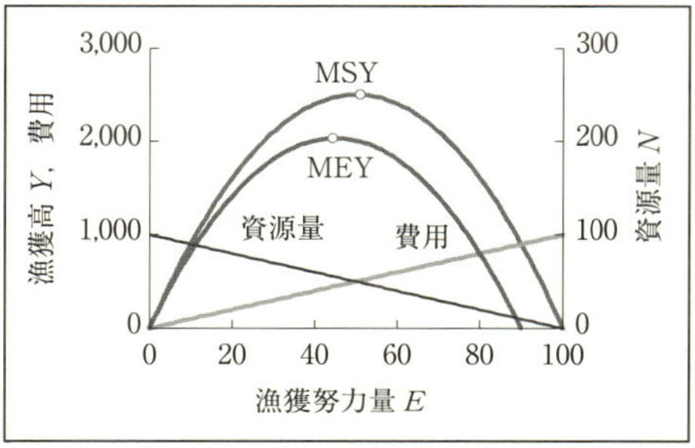

図 2.4.6-1　漁獲努力量と漁獲高 Y，費用，純収益，資源量の関係

生物資源は親から子が生まれ，親 1 個体が残す子の数が 2 以上で一定ならば，指数関数的に増える．しかし，無限に増えることはなく，過密になるとその生物自身の餌や産卵場に限りがあり，増加率が低下し，やがて定常状態に達してまったく増えなくなると考えられる．この定常状態を環境収容力（carrying capacity）といい，通常Kで示す．これを最も簡単な数理モデルで表すと，

$$dN/dt = r(1-N/K)N - qEN$$

ただしNは資源量，tは時間，rは内的自然増加率，qは漁具効率，Eは漁獲努力量を示す．このとき，余剰生産力 dN/dt はNについての放物線になる．dN/dt が 0 になるのが定常状態である．漁獲量は努力量と資源量の積であり，漁獲努力がなくても，あるいは資源がなくても 0 になり，1 山形の曲線になる．

上記の関数の場合，定常状態の資源量 $N = K(1-qE/r)$ で，漁獲高は$pqEN$，その最大値（MSY）は$E = r/2q$ のときの $Kpr/4$ である．ここでpは単位漁獲量あたりの魚価を示す．

漁獲高から漁獲に要する費用を差し引いた純利益が最大になるのは，MSY を実現する努力量より低い値とする（図 2.4.6-1）．これが MEY である．単位努力量あたりの費用をcとすると，純利益は$(pqN-c)E$であり，これを最大にする努力量は

$$E = r/2q - cr/2kpq^2$$

である．

漁獲努力量をこれら以上に増やすことは，長期的な漁獲量を減らす．費用cが少ないほど，MEY は MSY に近づく．国連海洋法条約にも，「資源の状態に基づき，MSY を達成できる水準以上に資源を維持・回復させる責務を負う」と記されている．

MEY，MSY を超えた乱獲はそれぞれ生物学的，経済学的に不合理とされるが，実際には乱

獲はたびたび起きる．その理由は2つ指摘されている．1つは，経済的割引である．将来の利益は，現在の利益よりも割り引いて評価される．その割引率δは経済成長率と物価上昇率から評価され，年1～5%程度である．永久に$Kpr/4$でとり続けるときの将来にわたる利益の総和の現在価値は，等比級数の公式から$Kpr/4\delta$である．しかし，乱獲すれば今年最大でKpとれるのだから，$r < 4\delta$のとき乱獲したほうが現在価値は高い．δは市場原理により一律に評価されるが，内的自然増加率rは種により異なる．鯨類や森林など長寿の生物は，乱獲になる．

もう1つは「共有地の悲劇」とよばれる．1つの資源を複数の漁業者が利用する場合には，乱獲した場合の将来の損失は，乱獲した漁業者とそうでない漁業者に均等に負担される．現在の利益は乱獲した側のみが得る．そのため，MSYは維持されず乱獲状態になる．これは，非協力ゲームとよばれる理論で説明できる．

上記のMSY概念は，単一資源のみを考慮し，再生産関係が既知であり，かつそれが毎年同じであると想定している．実際の生態系は，その状態を正確に把握できず，環境が変動し，しかも種間相互作用をする複雑系である．環境変動が大きいときの最適解は，「漁獲後資源量一定(constant escapement)」とよばれる戦略で表されることがわかっている．しかし，これも資源量の推定誤差がある場合にはうまくいかない．

そのため，最近では不確実性と非定常性を考慮した順応的管理または「生態系アプローチ」とよばれる生態系と空間構造，そして社会経済的側面を考慮した管理方式が推奨されつつある．

(松田　裕之)

2.4.7 生態系モデル

生態系モデルとは，広義には生態系の模型のことであって，プラモデルでウシと草をつくっても「生態系モデル」ではある．もう少し科学的には「生態系を数式もしくは数学的記号で表したもの」といえるだろう．海洋の生態系モデルの中にはこの章で扱っているすべてのモデルが含まれる．しかし，本項における「生態系モデル」とは，きわめて狭義の意味で使われる「コンパートメントモデル」のことである．しかし，これはかなりマニアックな定義であって，一般的な科学的用語定義ではない．コンパートメントモデルとは「生物の現存量を数学的記号で表し，生物間の食う-食われるの関係を，その記号間の『数量』のやりとりで示したもの」ということができる．たとえば，ある種の植物プランクトンの海水1 m^{3}あたりの現存量(単位は元素の濃度に換算することが多く，たとえば1 Lあたり窒素のモル数に換算してμmol N L^{-1}などとする)をPとし，それを食べる動物プランクトンの現存量をZとすると，その微小時間あたりの変化は$\mathrm{d}P/\mathrm{d}t$，$\mathrm{d}Z/\mathrm{d}t$で表される．動物プランクトンが微小時間に植物プランクトンを食べる割合を$f(P, Z)$という任意の関数で示せるとすると，$\mathrm{d}P/\mathrm{d}t = -f(P, Z)$のように書くことができるであろう．このように海洋の生物の現存量の変化を微分方程式で表したものを，コンパートメントモデルとよび，変数(上記ではP, Z)をコンパートメントとよぶ．そして，これを単に海洋生態系モデルとよぶこともある．

A. NPZD(NPZ)モデル

コンパートメントモデルには，栄養塩，植物プランクトン，動物プランクトンまでを含んだ低次生産モデルを俗にNPZDモデルもしくはNPZモデルという．Nは栄養塩(nutrient)，Pは植物プランクトン(phytoplankton)，Zは動物プランクトン(zooplankton)，Dはデトリタス(detritus)の頭文字である．プランクトンの種類を何種類に増やそうと，こうよばれている．このように現存量を変数として扱うと，海流による生物の移流や拡散をpassive tracer，すなわち水に溶けている栄養塩などと同様受動的にふるまう物質として扱うことができるので，海洋での時空間分布を求めるのに便利である．NPZD(NPZ)モデルには，大きなスケール(全球，太平洋，大西洋など)用に考案されたもの，沿岸用にその海域ごとの生態系の特徴を表したものがあり，とくにこれが一般的によく使われているといったものは存在しない．なぜなら，NPZDモデルはコンパートメントをいくつに分割しても，莫大な種類の海洋生物を正確に表したものをつくることはできないので，すべて近似であり，そのときそのときで，研究目的に応じたモデルを作成することが必要だからである．この際,気をつけなければいけないことは，最上位の生物（NPZDモデルでは動物プランクトンの最上位のもの）の死亡には，それより高次の捕食者による捕食がすべて含まれていて，単なる自然死亡ではないことである．したがって最上位の生物の現存量や生態は実際の生態系とは大きく異なっていることが多い．また，死亡係数が現存量の2乗に比例する場合を仮定することが多く，これは変形すれば容易にわかるようにロジスティック関数を導入して，解を安定化するのに役立てているのである．たとえばNEMURO（後述）ではPLで表される珪藻類の増減の式は，窒素濃度ベースで次のように記述されている．

d(PL)/dt =（PLによる光合成）
－（PLによる呼吸）
－（PLの死亡）
－（PLの細胞外分泌）
－［ZL（動物プランクトンカイアシ類）によるPLの捕食］
－grazing［ZP（ZLより大型のプランクトン）によるPLの捕食］

コンパートメント間を結ぶ関係式は，人によって好みがある．たとえば植物プランクトンについての光合成と動物プランクトンによる捕食，自然死亡の項は

$$f(P)=\frac{V_{\max}NP}{K_s+N}\cdot g(\text{light, temp, etc})-R_{\max}(1-e^{-\lambda P})Z-\mu P^2$$

などとなる．

光合成の栄養塩制限（栄養塩Nから植物プランクトンPへのルート）にはミカエリス－メンテンの酵素反応式（右辺第1項の前半）を使うのが一般的であるが，環境（水温，光など）に対する反応も定式化する場合があり（右辺第1項の後半），光に対する光合成反応式はよく使われるものだけで3種類ある．右辺第2項は動物プランクトンによる捕食で，Ivlevの式とよばれている．また，第3項の死亡は現存量に比例する式（μP）と，上式で書いたように現存量の2乗に比例する式（μP^2）を採用する場合がある．ロジスティック関数はd(P)/dt = a(1－P/K)Pのように書け，Kを環境容量とよぶことはよく知られているが，この式を変形すると，d(P)/dt = aP－bP^{2}となる．このことから，死亡を表す関係式を2乗に比例した形にとると，解が安定する傾向にある．図2.4.7-1に典型的な関係式を示した．

B. NEMURO

NPZDモデルのなかでも，北太平洋用に作成されたNorth Pacific Ecosystem Model for Understanding Regional Oceanography（NEMURO）は日本も加盟する北太平洋海洋科学機構〔North Pacific Marine Science Organization, 太平洋のICESという意味でPICES（パイセス）と呼称される〕でつくられたモデルであり，北太平洋では多くの派生バージョンもつくられている．NEMUROは合計11個のコンパートメントからなっている．このモデルの特徴は，北太平洋で光合成の制限因子となることが知られている栄養塩，窒素とケイ素が含まれていること，北太平洋の主要な大型動物プランクトンであるカイアシ類の生態が含まれていることである．このモデルは北太平洋専用に作成されたものなので，北太平洋でのパフォーマンスは大西洋用に作成されたものよりもよいことが知られている．一方，欧米では大西洋用に作成されたERSEM，PISCES，PlankTOMなどがよく知られたモデルである．これらはすべていわゆるNPZDモデルである．詳しくは，EURO－Oceanという EUで組織された国際的な海洋研究組織のホームページに一覧が示されているので，参照されたい．

（http://www.eur-oceans.eu/scientific_products）

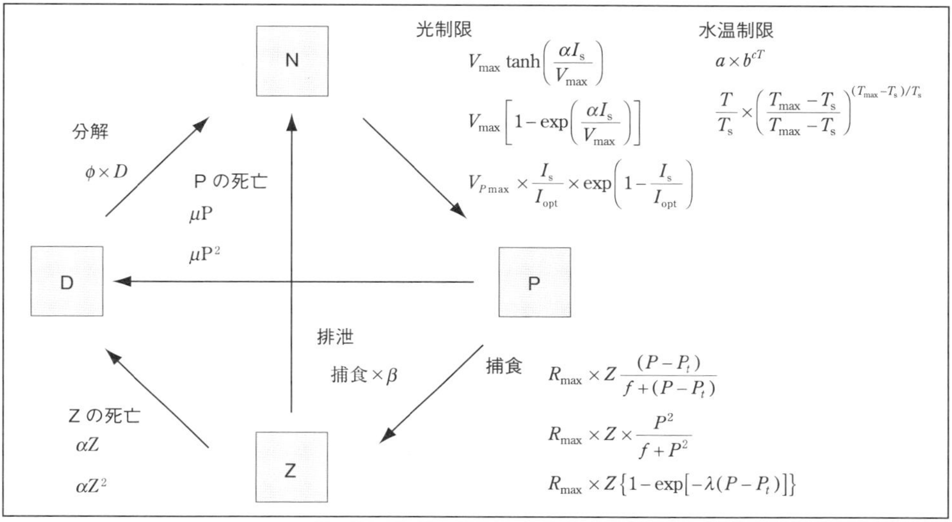

図 2.4.7-1　NPZD モデルに用いられるさまざまな関係式一覧

C. 魚もとり入れたモデル

一方，魚もとり入れたモデルも開発されてきている．魚類は，上記の NPZD モデルのように passive tracer（受動的なトレーサー）として扱うことには無理がある．なぜなら魚は回遊するからである．したがって，魚を粒子として扱う lagrange model を導入し，粒子 1 つに 1 匹の魚を対応させたり，1 個の粒子を稚魚の塊として数千の魚の塊として扱ったりすることがある．この粒子の運動を，「海水の流れによる移流と魚自身の回遊とのベクトルの合成」によって記述する．このようにモデルを作成することによって流れの影響と魚の回遊の双方を含んだモデルを作成するのである．この場合，回遊の方向はさまざまな要因によって決定されるようモデルをつくることができ，観測による仮説をモデルによって検証することもできる．lagrange model では，その粒子の生態やふるまいは，individual based model（IBM）ともよばれ，21 世紀に入ってからは動物プランクトンのふるまいにも使われるようになってきた．

魚のバイオマスは質重量 W と数 N の積で表すことができる．$\mathrm{d}(WN)/\mathrm{d}t = W\mathrm{d}N/\mathrm{d}t + N\mathrm{d}W/\mathrm{d}t$ であるから，数の変化（$\mathrm{d}N/\mathrm{d}t$）を資源動態モデル（population dynamics）で，質重量の変化（$\mathrm{d}W/\mathrm{d}t$）を生物エネルギーモデルで計算することができる．生物エネルギーモデルは，動物が食べた量から呼吸，排泄，産卵，運動エネルギーに費やされた分を引いたものが体重の増加になる，という考えに基づいたモデルで，魚種によってモデルがいろいろ提案されている．NPZD モデルで計算されたプランクトン濃度を餌の濃度として考え，これを摂餌しながら魚類の成長を計算するモデルも開発されている〔NEMURO.FISH（前述の EURO-Ocean のウェブサイトから詳細をみることができる）など〕．

（岸　道郎）

2.5 資源調査と資源特性値の推定

2.5.1 資源調査研究の内容

A. 資源調査研究の目的

資源調査研究の目的は，① 適正漁獲量の推定，② 漁況の予測，③ 増殖手段の開発の 3 点である．

適正漁獲量の推定とは，資源量を推定して，乱獲か否かを判定し，なるべく多くの漁獲量を恒久的に提供してくれる資源状態，いわゆる最大持続生産量を実現するための漁獲量を推定することである．なお，最大持続生産量は必ずしも固定されたものではなく，環境条件によって変化するので，適正漁獲量もこれに伴い変化する．

漁況予測とは，漁期，漁場，魚群の質や量を予測することである．漁況予測は，操業の合理化や効率化など計画的な漁業経営のために必要で，とくに海洋環境の変化など海況との関連で，資源の分布や回遊の変化により漁況の変動しやすいサンマ，サバ，マイワシなどの回遊性浮魚では重要である．

増殖手段の開発とは，資源の生態，数量動態などの生態学的特性に基づき，資源の増殖を図ることである．とくに沿岸性の魚類や貝類などでは，種苗放流など人為的な資源増殖の手段も有効である．

B. 資源調査研究のための調査項目

漁獲量および努力量統計は，資源調査研究にとって最も基本的な情報である．漁獲量統計は魚種別のみでなく漁業種別に分けられている必要があり，さらになるべく細かな期間別，海域別になっていることが望ましい．努力量統計としては，漁船の隻数，航海数，操業日数，操業回数，曳網時間，使用漁具数などさまざまな単位がありうる．またこれらの統計から努力あたり漁獲量が求められ，資源量の指標として用いられる．

体長組成，年齢組成，平均体重，性比などの統計を生物統計という．生物統計は，漁獲物の中から魚体標本を抽出して，体長，体重，性別，年齢，成熟度，胃内容物重量やその組成などの測定を行い，その結果を統計的手法によって処理して求める．また魚体測定の際には，鱗や耳石，筋肉組織なども採集され，年齢査定や系群識別にも利用される．

漁獲物の年齢範囲や成長曲線を推定するためには，漁獲物の年齢を知る必要がある．年齢は，鱗や耳石などの年齢形質による年齢査定，標識放流や体長組成のモードの移行などから推定する．年齢組成からは生残率や死亡係数の情報，漁獲物の若齢化や高齢化など資源や加入量の動向に関する情報も得られる．

系群は資源変動の単位であり，資源調査研究の基本単位である．系群を判定するためには，生化学的方法，形態や脊椎骨数などの体節形質の比較，標識放流のほか，生活史や生態などの総合的な比較研究が必要である．系群ごとの分布範囲や移動・回遊，そして産卵期や産卵場の情報により，それぞれの漁業が，どの系群のどのような状態のものを利用しているかがわかり，漁獲の影響を評価し，資源管理の方策を考えるうえで，系群を判断するための資源調査は重要である．

資源調査研究において水温や餌生物量など海洋環境の調査も不可欠である．これら海洋環境の変化は水産資源の生残や成長，加入量，分布，回遊などに影響する．また漁業は経済活動であり，単に水産資源の変動のみに依存しているわけではない．漁獲物の価格や供給量と需要量の関係などにも影響される．これらの経済的な情報の調査も，水産資源を経済活動のかかわりとして把握するためには必要である．

（石田　行正，田中　昌一）

2.5.2　漁獲統計と生物調査

資源評価は，調査船調査など漁業と独立した調査データを用いても行われているが，いまだに漁獲統計と漁獲物の生物調査データを用いた評価のほうが圧倒的に多い．後者のほうが入手が容易で低費用であることによる．この点で，漁獲統計や漁獲物の生物調査は重要である．

A. 漁獲統計

総漁獲量の推定には市場調査と標本船調査がある．日本では市場調査によるが，海外では標本船調査も行われている．

日本では，農林統計が公式統計で 1894 年から収集されている．現在までに統計の定義や調査方法に変遷があったが，現在は全国の産地市場の水揚げ統計を基本とし，統計調査員による市場調査や許可漁業の漁業者が提出する漁獲成績報告書などを利用して，集計されている．属人統計と属地統計があり，前者は漁獲物を水揚げした人の所在地に属するとした集計で，後者は水揚げされた場所に属するとした集計であり，利用には注意が必要である．外見から識別可能な主要な魚種は魚種別に漁獲量が集計されているが，サバ類のように魚種別になっていない統計も多く，この場合標本調査による振り分けが必要である．漁獲努力量として利用される漁船トン数，出漁日数や航海日数なども集計されている．ただし馬力の単位は農林馬力という形式的単位であり，実質の馬力数よりかなり小さいことに注意する必要がある．

発展途上国で市場外流通がある場合，標本船調査による漁獲量の推定が行われ，1隻あたり漁獲量の平均の推定値に漁村の漁船隻数をかけることによって推定される．先進国でも漁業が許可制でなく漁獲努力量の推定が難しい国々では，市場統計による漁獲量を標本船の平均単位努力あたり漁獲量（catch per unit of effort : CPUE）で除して漁獲努力量を推定している．

B. 生物調査

漁獲物調査と調査船調査による方法がある．漁獲物調査の目的は漁獲物の体長や年齢などの生物学的属性を知ることのほか，種苗放流対象魚では混獲率を知ることが加わる．

漁獲物調査の計画は，本来は統計的な標本抽出計画をつくり行われるべきである．しかしながらわが国では2千以上の漁港で350種以上の魚種が不規則に水揚げされることから，事前の計画に基づく市場調査は非常に困難である．実際の調査は，毎月適当な日に主要な水揚げ港で行うことが多い．

漁獲物調査には，漁獲物の体長組成を推定するための，各市場の銘柄別の体長組成の測定や，魚体調査用のための標本抽出がある．標本個体は研究室等で体長や体重を測定後，年齢形質・卵巣または精巣のほか，遺伝情報や汚染物質の分析用の組織サンプルや食性調査のための胃なども，目的に応じて摘出される．これらの標本は漁業生物学（fishery biology）の分野を構成する系群，年齢・成長，成熟・産卵，分布・回遊に関する，基礎的な標本である．

推定された体長組成は体長−体重関係を利用して漁獲尾数の推定などに利用される．また採集された年齢形質は，輪径と体長の相関，輪紋形成時期の確認などを経て利用可能と判断される．生殖腺の成熟度は組織学的に判断され，熟度指数（gonad index : GI）などが計算され，年齢別成熟率や産卵量推定のためのデータとなる．

調査船調査は，加入調査，豊度調査，産卵量調査など多様な調査があり，漁獲物調査からは得られない情報を得ることが目的である．このうち加入調査は，予測の難しい加入量について，加入前の豊度（abundance）を定量的に調査することにより加入量の予測精度を高める目的で行われる．加入調査で得られた魚体調査から，変動の大きい加入前の生存率に関する生物学的情報が得られる点にも大きな利点がある．

2.5.3 資源特性値の推定

水産生物の資源特性値（パラメータ）の推定に用いられる統計学的手法としては，最尤推定（maximum likelihood estimation : MLE），ベイズ推定（Bayes estimation）や一般化線形モデル（generalized linear model : GLM）などがある．このうち最尤推定が応用上は最も多く利用されているが，経験則を組み込めるベイズ型推定方法も急速に発展しており，使用頻度が増している．統計的モデルの選択は，尤度比（ゆうどひ）検定（likelihood ratio test : LR test）・赤池情報量規準（Akaike's Information Criterion : AIC）・ベイズ情報量規準（Bayesian Information Criterion : BIC）など，一般化線形モデルでは逸脱度（deviance）などで行われる．

推定方法には，① 成長式だけを推定するなど特性値別に推定する方法と，資源統合法（stock synthesis : SS）のように，② 成長式・死亡係数・資源尾数などの特性値を重み付け対数尤度の和を用いて同時推定する方法の2つの類型がある．① と ② で使用されるデータに違いがあるわけではなく，① は個々のデータに合った最適な特性値を推定するのに対し，② は関係する2種類以上のデータ・セットに最適かつ共通な特性値を推定する点が異なる．ここでは主として個別の特性値の推定について記述する．

A. 成長式

成長式のパラメータは体長と年齢査定の観測値を用い，加法誤差または乗法誤差モデルを用いて最尤推定などで推定される．誤差構造や雌雄差の有無に関するモデル選択は，尤度比検定や AIC などで選択される．オヒョウやミナミマグロでは，年級群別や年代別に異なる成長式が推定されている．

B. 年齢組成

一般には漁獲物からの単純無作為抽出は難しく，銘柄別漁獲統計を用いた層化無作為抽出を基本とした方法を用いて推定される．銘柄別の年齢組成は抽出された箱の中の，① 全数を査定する，② 一部を無作為抽出して査定する，③ 体長組成を調べ体長別に無作為抽出して査定するなどの方法で推定される．銘柄別箱数・入り数・抽出個体数などの情報は，virtual population analysis（VPA）の推定値への誤差評価を行う際，ブートストラップ法などで利用される．甲殻類のように年齢形質が利用できない場合，体長組成を年齢別体長分布の混合分布で表して推定されることが多い．また MULTIFAN のように各分布の平均値を成長式で表して，年齢組成と成長式の同時推定が行われることもある．

C. 自然死亡係数

資源特性値のなかで最も推定が難しい．直接推定と比較生物学的推定の2通りがある．直接推定は，年齢組成と豊度指数から計算される生存率から自然死亡係数を推定する方法で，漁獲の影響が無視できるような場合に行われる．北海のプレイスでは，2度の戦時中のデータを用いて推定された．

比較生物学的推定は，過去に推定された自然死亡係数とその生物の他の資源特性値との関係式を利用する方法である．自然死亡係数の値は，短命・早熟で，成長が速い生物で大きい傾向があることを利用する．自然死亡係数と寿命との関係式，フォン・ベルタランフィ（von Bertalanffy）の成長式のパラメータや環境水温と自然死亡係数との関係式などが知られている．

D. 漁獲係数

以前は定常状態を仮定した簡便な方法や，年々の年齢組成と CPUE から計算される全減少係数を自然死亡係数と努力量に比例した漁獲係数に分解する方法などが用いられてきた．しかし解析方法に関する研究の進歩とコンピュータの普及により，あまり頑健でないこれらの方法はほとんど用いられなくなっている．近年は，この係数だけが単独で推定されることはなく，VPA やデルーリー（DeLury）法などのように資源量と同時推定されることが多い．

E. 性成熟年齢

年齢別成熟率のデータより，ロジット（Logit）関数などを用いて最尤推定などで推定される．

F. 性　比

性比の観測値を用い，海域や季節などの因子を組み込んだロジスティック回帰などによって推定が行われる．なお性転換する生物では体長別（年齢別）性比の観測値を用いれば，上記の Logit 関数を用いた推定が可能である．

G. 再生産曲線

VPA の推定結果を利用して得られる加入尾数と産卵量または産卵資源重量を用い，成長式と同様に推定されることが多いが，資源統合法のように前進法のマルチ・コホート（multi-cohort）モデルを用い，加入量を再生産曲線で表して推定する同時推定もある．

（田中　栄次）

2.5.4 漁獲努力量と資源量指数

ある資源にかかる漁獲強度（漁獲圧）は一般に，漁獲を行おうとする人為活動の投入量，すなわち，漁獲努力量（fishing effort）が大きいほど高くなると考えられる．漁獲努力量は，操業した漁船の隻数×操業日数，操業回数など，実測可能な漁労行為の量（資本，労働等の投入量）で表される．漁法別に，曳網距離や曳網時間（底びき網），使用網の総延長や浸漬時間（刺網），使用釣針数（はえ縄），魚群の探索時間（まき網），使用した漁船の総トン数や馬力，人員などで補正・標準化したものが用いられる場合もある．

漁獲強度を漁獲係数（fishing coefficient）F で表し，漁獲努力量を X とすると，一般に，F は X には比例すると仮定してモデル化がなされる．

$$F = qX$$

比例定数 q は漁具能率（catchability coefficient，漁獲能率ともいう）とよばれ，漁具の性能の大小を表す．$q = F/X$ であるので，単位努力あたり漁獲係数と考えることができる．なお，長期的には，漁具の発達や漁業情報の高度化などの技術進歩により，q の値が漸進的に増大（technological creep）することが考えられるので，注意が必要である．

資源密度の高低を表す相対的な指数に，単位努力あたり漁獲量（CPUE）がある．1日1隻あたり漁獲量，1操業あたり漁獲量などがあげられ，資源量の増減や資源状態を判断する指標として使用される．

資源量を N，漁獲量を C とし，$C = FN$ の関係があるとき，

$$\mathrm{CPUE} = \frac{C}{X} = \frac{FN}{X} = \frac{qXN}{X} = qN$$

となる．したがって，CPUE は資源量に比例する．また，漁具能率 q を，漁場面積 A に対する単位努力あたり漁獲面積 a（底びき網における掃過面積など）と考えて $q = a/A$ とおくと，

$$\mathrm{CPUE} = \frac{C}{X} = qN = a\frac{N}{A}$$

となり，CPUE は漁場内での資源密度（N/A）に比例することがわかる．

漁場がある広がりをもっていて，魚の分布がランダム分布や一様分布ではなく集中分布するとき，単純に総漁獲量を総漁獲努力量で割って計算した CPUE は，資源密度の偏った指標を与える可能性がある．たとえば，資源密度の異なる2つの漁区があったとして，もし資源密度の高い漁区に漁獲努力が集中したとすれば，CPUE は資源密度の高い漁区の値に偏重し，全体の資源密度を過大評価してしまうことになる．

この問題を回避するため，対象漁場を複数の漁区に細分したうえで，漁区別 CPUE にそれぞれの漁区面積をかけあわせたものの総和

$$\tilde{N} = \sum_i \left(A_i \frac{C_i}{X_i} \right)$$

を計算し，資源や漁獲努力の分布の偏りを補正した資源量指数（abundance index）として用いる．ここで，i は漁区番号である．資源量指数を漁場の総面積で割った $\tilde{N} / A$ が資源密度指数で，漁区面積比による漁区別 CPUE の重み付け平均となる．漁区面積がすべて等しい場合には，漁区別 CPUE の単純平均となる．また，総漁獲量を資源密度指数で割った $\tilde{X} = AC / \tilde{N}$ を有効漁獲努力量（effective fishing effort）といい，資源に真に有効に作用した漁獲努力量を表す．実際の漁獲努力量に対する有効漁獲努力量の比を努力の有効度という．

CPUE は，資源密度以外のさまざまな要因（季節，漁具の差異，魚の年齢など）の影響も受けるため，資源の変動を正確に知るためには，これらの影響を除く必要がある．CPUE から資源密度以外の要因の影響をとり除く操作を，CPUE の標準化という．複数の魚種を漁獲対象とする漁業（底びき網漁業など）では，漁獲目的とする主対象種の変化も CPUE の値に影響を与える．

そのほか，CPUE が資源量に比例せず，① 全体の資源量が低下しても CPUE がそれほどには低下しない場合や，逆に，② 資源量の低下にくらべて CPUE の低下がより急激になる場合もある．① は，魚の分布中心域に漁獲努力が集中し，漁獲によって資源量が低下してもその海域に縁辺域から魚が集中してくる場合や，産卵場に集まった魚群を対象に漁業が行われる場合，資源量が低下しても魚群の大きさがあま

り変わらない場合，資源密度が高いと漁具の飽和が起こる場合などに生じると考えられる．② は，漁獲対象海域では資源密度が低下しても，漁獲対象以外の海域に比較的高密度の資源が分布・残存し，両者の混じり合う速度が低い場合などに生じることが考えられる．① の場合は，CPUE のモニタリングだけでは資源量の大幅な低下に気づかないので，とくに注意が必要である．

（山川　卓）

2.5.5 バイオロギング調査による回遊の推定

A. 回遊（migration）

魚類が定まった時期に餌の供給や無機的な環境条件の変化に応じて，あるいは環境が不変でも発育段階の変化に伴い魚の生活要求が変化し，それを満たすために 1 つの生息場所から別の生息場所に一定の順序で移動する現象を回遊という．

回遊を生活史のなかで個体の行動目的（究極因）に応じて区分することがある（回遊三角モデル，図 2.5.5-1）．仔稚魚が産卵場から海流や河川の流れによって成育場へ受動的に運ばれた後，餌を追って移動する過程を索餌回遊（feeding migration），産卵のため産卵場へ向かう移動過程を産卵回遊（spawning migration）という．しかし実際はこういった回遊様式を明確に区分できないことが多く，回遊の時空間的な規模はさまざまである．季節的環境変化に応じた移動を季節回遊（seasonal migration）といい，冬季の水温低下を避けた移動過程を越冬回遊（wintering migration）という．回遊魚は生息場所の移動という観点から通し回遊魚（降河回遊魚・遡河回遊魚・両側回遊魚）・非通し回遊魚（海洋回遊魚・河川回遊魚）に分類される．

B. 従来の回遊推定方法

回遊推定の一般的な方法は，漁場の移動を追跡することである．漁場位置，漁獲量，漁獲組成などの漁況に関する資料を解析することで，漁場ごとの漁獲量の魚体組成から対象種の回遊を大まかに把握できる．ただし，漁場の移動は必ずしも個体の移動を直接的には反映していない．推定の精度は資料の質に左右される．

魚体に標識（タグ）をつけたり，鰭の一部を切除したりして目印をつけて放流し，再捕点を結ぶことで，魚群の移動をベクトルとして把握することができる（標識放流法）．かつて若齢のクロマグロが太平洋の日本，アメリカの両沿岸にいることは知られていたが，標識放流法により，彼らが太平洋を横断する〔渡洋回遊（trans-oceanic migration）〕ことが実証された．しかしこの方法では，放流点と再捕点の情報しかわからず，経路や移動に要した正確な時間は把握できない．

C. バイオロギング

バイオロギング（biologging）とは，対象生物に音波発信機（pinger，transmitter）や記録計を取りつけて，その生態を調べる方法のことである．「Biologging」は和製英語である．大きく 2 つの手法がある．

a. バイオテレメトリー（biotelemetry）

超音波を信号とする小型発信機を対象個体に装着することにより，遠隔地から個体の位置，環境情報，あるいは生理情報などを記録しようとする手段である．受信器を備えた船で追跡する型，受信器を海域に係留させる型などがある（図 2.5.5-2）．バイオテレメトリーは，有力な行動追跡手法の 1 つではあるが，魚類の追跡の場合には調査船が必要で，しかも天候に左右されるなど多大な労力を強いられるため，長期間の追跡はできない．また，開放的な海域での調査では複数個体を同時に追跡することは難しい．係留型は受信器の受信範囲に対象生物がいなければデータを取得できないため，設置する台数がある程度必要である．

対象動物に電波発信機をとりつけ，発信機から送信される信号を人工衛星が受信することで，動物の位置を正確に割り出し，彼らの移動状況を把握する方法もある．広範囲，長期間にわたっての追跡が可能で渡り鳥などの調査に用いられている．海洋では，クジラ，アザラシ，ウミガメといった大型動物に適用されている．水中では電波が減衰するため，このシステムを

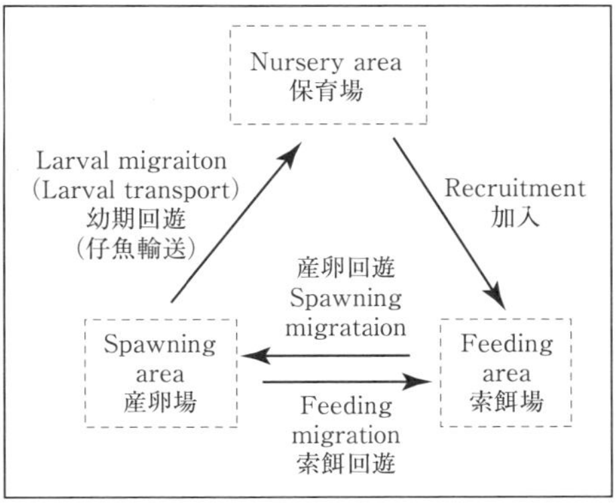

図 2.5.5-1　回遊三角モデル

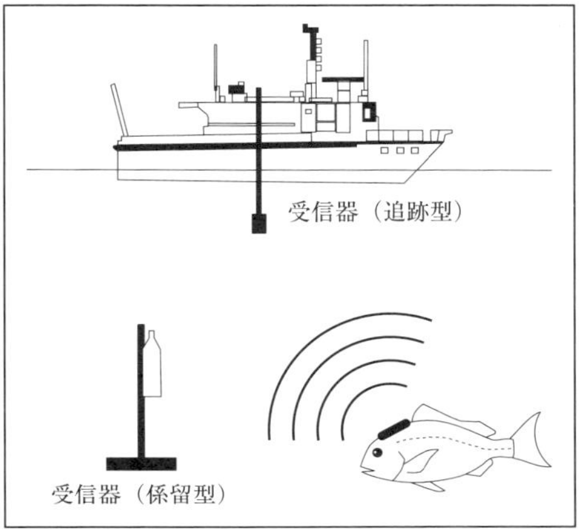

図 2.5.5-2　バイオテレメトリー

魚類に適用するのはたいへん難しく，息継ぎなどで水面に浮上する生物に限られる．また通信料や測器に費用がかかる．

b. マイクロデータロガー，アーカイバルタグ

マイクロデータロガー(micro data-logger)，アーカイバルタグ(archival tag)とは内部ICメモリーに水温，塩分，圧力，照度などの遊泳水深の環境情報，体温などの生理情報を記録する装置のことで，これを対象動物にとりつけることにより，遠隔地の受信局を必要とすることなく，漁場間の長期間にわたる高精度の情報を得ることができる．最近は，ロガーを魚から切り離して水面に浮上させ，ロガーに記録されたデータを人工衛星に電送する手法も実用化されている．バイオテレメトリーと比べ長期間，高精度のデータを取得できるが，ロガーを一定期間の後に供試個体から切り離すか，漁業で個体を再捕して回収する必要がある．重要魚種の調査ではデータロガーを大量個体に装着して放流するため，かかる費用も大きい．

(北川　貴士)

2.5.6 耳石微量元素分析による系群判別

A. 耳　石

a. 種類と構造

耳石(Othlith)は内耳にある高度に石灰化した硬組織である．魚類頭部の内耳は左右に1対存在し，前半規管・後半規管・水平半規管の3つの半規管と通嚢・小嚢・壷嚢の3つの嚢状部からなっている．これらの嚢状部には耳石が1つずつ存在し，それぞれ礫石(lapillus)・扁平石(sagitta)・星状石(asteriscus)とよばれる(図 2.5.6-1)．3種類の耳石のなかでは通常，扁平石が最も大きく，それゆえ研究に使われることが多い．形状と構造は魚種によって異なる．多くの硬骨魚類の耳石は，炭酸カルシウムのアラゴナイトの結晶となっている．硬骨魚類ではあるが，軟骨質の内骨格をもつチョウザメ類などの古代魚では，炭酸カルシウムの同質異像のなかで最も不安定なバテライト結晶の耳石をもつ．サメやエイなど軟骨魚類は，砂粒状のカルサイト結晶の耳石をつくる．魚類よりさらに原始的な脊椎動物である円口類の耳石は，同じく砂状構造であるが，非晶質のリン酸カルシウムからできている．耳石は魚類の聴覚と平衡感覚に関与する．動物の基本機能である重力の受容に関わる構造物なので，個体発生のごく初期段階に形成される．耳石は非細胞性の組織で，耳石膜を介して内耳壁に接し，感覚細胞へ振動を伝達する．

b. 個体履歴と成長の記録

魚類の耳石のおもな構成成分は炭酸カルシウムである．しかし，炭素，酸素，窒素，カルシウムなどの主要元素のほかに，ごく微量ながら

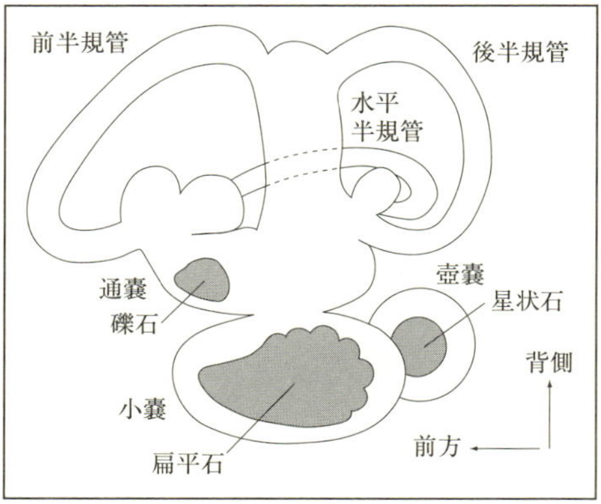

図 2.5.6-1　魚類の内耳構造

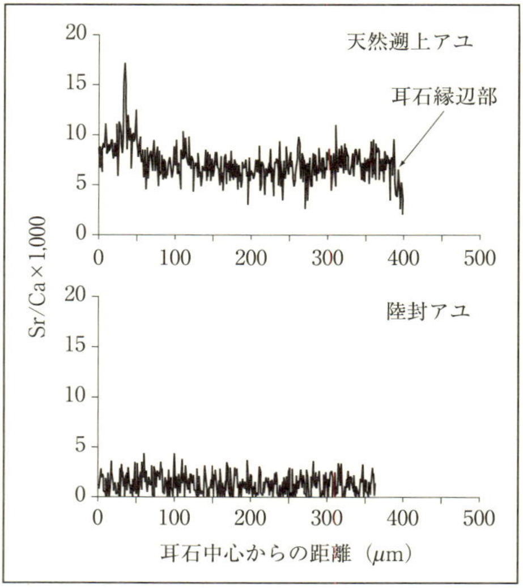

図 2.5.6-2　天然遡上アユ（体長 55.1 mm，上図）と陸封アユ（体長 46.5 mm，下図）の耳石中心から縁辺に至る Sr/Ca の変化
天然遡上アユの耳石は Sr/Ca が全般的に高値で，淡水域の産卵場から海へ流下したあと，仔魚期の約半年間を海または河口域で過ごしていたことを示す．耳石の縁辺部では Sr/Ca が急激に減少しており，この個体が採集される直前に河川遡上したことを示す（上図）．一方，陸封アユの Sr/Ca は耳石中心から縁辺部まで低値を維持し，終始淡水域で過ごしていたことを示す．

ストロンチウム，マグネシウム，バリウム，マンガン，リチウムなど，多種類の元素が含まれている．またそれぞれの元素の安定同位体も存在する．これら微量元素とその同位体は，個体が生息する環境水中からその濃度，水温，塩分に応じて取り込まれるので，耳石中の微量元素組成と同位体比は，環境水の化学組成，水温，塩分をおおよそ反映することになる．耳石に蓄積された微量元素や同位体の濃度を，ICP-MS（誘導結合プラズマ質量分析計），SIMS（二次イオン質量分析計），EPMA（電子線マイクロアナライザー）など，高精度の測定機器を用いて分析することにより，その個体の産卵や成長に利用された海域や河川を特定したり，海水と淡水の間を行き来した回遊履歴を再構築したりすることが可能となる．

魚類の耳石の大きな特徴として，代謝回転がきわめて小さい点があげられる．骨や鱗など他の硬組織では，成長に伴って過去に形成された成長層が順次代謝されていくが，耳石の場合は代謝がほとんどないので，いったん成長層に記録された体内の生理状態や外界の環境条件などの情報は，終生保持される．さらに耳石は，中央部分の核から縁辺に向かって同心円状に成長するので，微量元素濃度や同位体比の変化を日周輪・年輪などの周期的成長層と対応させて測定することにより，個体の生活史に沿った時系列イベント（履歴）を忠実に復元することが可能となる．したがって，形態の違いや遺伝的な差が認められない同一種内の系群判別や天然・養殖個体の識別にも，耳石を用いた微量元素分析が用いられる．ただ，魚類の生体中の元素組成は，個体の代謝，成長，変態，成熟などの内的因子によっても変動するので，耳石の元素組成や同位体比に及ぼす生理的要因の影響も考慮することが必要である．また，環境水の微量元素が耳石に反映されるまでの時間的ずれや季節・年変動などにも注意しなければならない．

B. 耳石微量元素分析の応用

マグロ，サケ・マス，タラ，スズメダイなどさまざまな魚種で，複数の微量元素の多元素分析や酸素，炭素，ストロンチウムの同位体比分析を組み合わせて，地域個体群間の交流の有無や仔稚魚の分散・加入，あるいは成魚の回帰行動の研究が行われている．また，海水と淡水でストロンチウムの濃度が100倍程度異なることを利用し，サケ・マス，ウナギ，アユ，ハゼなど通し回遊魚の回遊履歴が明らかにされている．すなわち，カルシウムに対するストロンチウム濃度比（Sr/Ca）として標準化し，耳石中心部から縁辺に至るSr/Caの変化と耳石齢形質を対応させることで，海・河川間の移動時期や滞留期間が推定できる．ふ化後ただちに流下し，海で約半年過ごす天然遡上アユと生涯淡水に生息する陸封アユでは，耳石中心部のSr/Caの値が天然アユで有意に高いため，両者は容易に由来判別できる（図2.5.6-2）．さらに，天然遡上個体群と養殖の放流個体群においても，養殖魚のSr/Caの特徴的な変動パターンによって，両者の判別が可能である．

耳石が環境の微量元素をとりこみ長期間保存する特性は，魚類の人工的な内部標識としても利用される．ある特定の個体もしくは集団に，天然環境には存在しない高濃度の元素をとりこませ，これを反映した耳石を標識として用いる方法である．この耳石標識法は，一度に大量の個体の標識が可能で，大規模な放流実験にも適用でき，魚類の回遊研究や資源量推定に役立っている．また，産卵親魚が体内に保持する微量元素は，その卵・仔稚魚の耳石にも世代を超えて移行するので，親魚に標識剤を投与する卵・仔稚魚の大量標識法も開発されている．

（黒木　真理）

2.6 資源量推定法

2.6.1 漁獲統計解析

漁獲量やCPUE（単位努力あたり漁獲量）は資源量Nを反映すると期待される．これらをNのある関数$f(N)$と表し，漁獲統計を用いてfからNを求める．fを数値的に与えることもある．漁獲量は，資源量や漁獲努力量が同じでも，確率的に変動する．通常，最小二乗法や最尤法などの統計学的手法を用いてNを推定する．

漁獲統計に限らず資源調査データを用いて，Nのみならず資源変動に関係するパラメータを一括推定する統合型の手法も開発されているが，ここでは推定原理の簡明なデルーリー法と資源量推定のための標準的な方法であるVPAをとりあげる．

A. デルーリー（DeLury）法（除去法）

CPUEの減少傾向から資源量を推定する方法である．必要なデータは期間ごとの漁獲量Cと漁獲努力量Xのみであり，各期間の長さは同一でなくともよい．データ要求性は低い一方，以下の仮定が成立する必要がある．

（1）CPUEは資源量に比例する．その比例係数である漁具能率q（1回の努力あたりの資源の漁獲割合）は時間とともに変化しない．

（2）漁期中に自然死亡，移出入や再生産による加入は生じない．したがって，この間，資源は漁獲のみで減少する．

a. 累積漁獲量を用いる方法

このとき，期間tのCPUE（C_t/X_t）と漁期開始時の資源量N_0の関係は

$$\mathrm{CPUE}_t = qN_t = q(N_0 - K_t) = qN_0 - qK_t$$

となる．N_tは期間t開始時の資源量，K_tは$t-1$期までの累積漁獲量（期間t開始時の除去総量）である．横軸にK_t，縦軸にCPUE_tをプロットすると，データを示す点は右下がりの直線上に並ぶことが期待される．漁具能率が高いほど直線の傾斜が急になり，累積漁獲量の増加に伴いCPUEはより急速に減少する．横軸との交点ではCPUEが0つまり全部を獲り尽くした状態を表す．この状態での除去総量はN_0となる．直線回帰により直線をあてはめて，N_0を推定する．直線の傾きの絶対値からqも推定できる．

b. 累積漁獲努力量を用いる方法

累積漁獲量のかわりに累積努力量を使う方法もある．

$$
\begin{aligned}
N_t &= N_{t-1}\exp(-qX_{t-1}) \\
&= N_{t-2}\exp\left[-q(X_{t-1}+X_{t-2})\right] \\
&= \cdots \\
&= N_0\exp(-qE_t)
\end{aligned}
$$

ここで，E_t は $t-1$ 期までの累積努力量，$\exp(-qX_{t-1})$ は期間 $t-1$ 開始時から期間 t 開始時までの生残率である．この式を $\mathrm{CPUE}_t = qN_t$ に代入し対数をとると

$$\ln(\mathrm{CPUE}_t) = \ln(qN_0) - qE_t$$

を得る．直線回帰から N_0 と q を推定する．漁獲量や漁獲努力量のデータに欠測があるとき，たとえばCPUEは一部分のサンプリングにより求められているが K_t, E_t のどちらかのデータがないとき，どちらかの方法を適用できる．

データの得られている範囲から外挿して N_0 を推定することから想像できるように，強い漁獲のためにCPUEが0近くまで低下しないと精度の高い推定は行えない．

仮定(2)はふつう成立しない．しかし，小さな湖で短期間に強い漁獲が加わるとき，あるいは移動性を無視できる資源で同様の漁獲が加わるとき，近似的に資源は漁獲のみで減少するとみなせるであろう．

q の時間変化や自然死亡がある場合なども適用できるように，上記の基本手法は種々拡張されている．とくに最尤法，情報量規準に基づくモデル選択の導入は拡張のための有力な手段となっている．

B. VPA (virtual population analysis, コホート解析)

必要なデータは年別年齢別漁獲個体数と自然死亡係数 M である．漁獲努力量は本来不要であるが，後述のように漁獲努力量を積極的に活用するようになった．

分布全域の資源重量の変動要因は加入，成長，漁獲，自然死亡であるが，年級群（同じ年に生まれた集団，コホート）の個体数は時間の経過とともに減少の一途をたどり，その減少要因は漁獲と自然死亡である．年 t のはじめに a 歳であったときの個体数と1年後に $a+1$ 歳になったときの個体数の関係は，漁獲量 $C_{a,t}$ が年半ばに瞬間的に得られるとき，

$$
\begin{aligned}
N_{a+1,t+1} &= [N_{a,t}\exp(-M/2) - C_{a,t}] \\
&\quad \times \exp(-M/2)
\end{aligned}
$$

と表される．$\exp(-M/2)$ は自然死亡のみによる半年間の生残率である．周年を通して漁獲があるときにはもっと複雑な形となる．周年漁獲の近似である上式は実際に多用されている．$\exp(-M/2)$ と $C_{a,t}$ は既知としているので，$N_{a+1,t+1}$ を与えると上式から $N_{a,t}$ が求められる．現存するどの年齢でも上式は成立するので，$N_{a,t}$ が決まると $N_{a-1,t-1}$ が決まる．通常，最高齢の個体数から若齢に向けて次々に計算していく（たとえば2010年の2歳→2009年の1歳→2008年の0歳）．この後退計算にあたり，最高齢の個体数あるいは最高齢の漁獲係数（ターミナル F）を仮定する．通常，値を想定しやすい後者が用いられる．ターミナル F から最高齢の個体数を求める場合あるいは $N_{a,t}$ から $F_{a,t}$ を求める場合，それぞれ

$$N_{a,t} = C_{a,t}\exp(M/2)/\left[1-\exp(-F_{a,t})\right]$$

$$F_{a,t} = -\ln\left[1 - C_{a,t}\exp(M/2)/N_{a,t}\right]$$

を用いる．これらは

$$C_{a,t} = N_{a,t}\exp(-M/2)\left[1-\exp(-F_{a,t})\right]$$

から導かれる．$N_{a,t}\exp(-M/2)$ は年半ばの生残個体数，$[1-\exp(-F_{a,t})]$ は自然死亡がないときの年あたり漁獲率である．

a. VPAの注意点

資源全体の年別年齢別の個体数と漁獲係数を得るためには，最近年（年齢別漁獲尾数が得られている最も新しい年）に現存する年級群と，その年より前に最高齢に達した年級群（年齢を行，年を列にとった個体数の行列のそれぞれ右端の列と下端の行に相当）それぞれに対して，この計算を行う．

問題は最高齢での仮定の影響である．一般に若齢にさかのぼるほど，また漁獲圧が強いほど，仮定の影響が弱まり個体数計算値の信頼性が高

まる．しかし，加入したばかりの年級群では仮定の影響が残る．漁業が安定しているときには，ここ数年のFの平均値を最近年のFとして与え，また最高齢と1つ若い年齢でFが等しいとみなすことにより，再現性のある結果を得るなど，工夫がなされている．

b. チューニング VPA

漁業が安定していないときには，上記の方法の適用に問題が生じる．CPUE など資源量に比例することが期待される指標や漁獲努力量などが得られていれば，これらを利用してターミナルFを推定する．この方法はチューニング VPA（tuning VPA, tuned VPA）とよばれる．この指数Iが年別年齢別に得られている状況を想定する．目的関数を

$$\sum_{a,t}(I_{a,t}-qN_{a,t})^2$$

とおき，この最小化からターミナルFを推定する．ここで$N_{a,t}$は定数ではなくターミナルFの関数，qは比例係数である．年級群ごとにターミナルFを適宜与えては後退計算により$N_{a,t}$を計算することをくりかえし，資源量の指標と最も適合する場合を探し出して，$N_{a,t}$を求める．特定の年齢でしか指数が得られていないときには，Fは年々変化しているが年齢別の選択性の年変化はないなど許容可能な制約をおいて，ターミナルFを求める必要がある．チューニングに利用可能なデータの種類や内容に応じて，種々の方法が用いられている．

c. セパラブル VPA

以上は原則的に個々の年級群を対象とした方法であった．もし$F_{a,t}$を

$$F_{a,t}=s_a F_t$$

と表現できれば，複数の年級群を考慮した資源量推定が可能となる．s_aは年齢別選択率，F_tは年別漁獲係数であり，どの年級群であろうとも両者の積で$F_{a,t}$が決定されるとみなす．

$C_{a,t}$と最も適合するように，s_a，F_tおよび前進計算（$N_{a,t}\rightarrow N_{a-1,t-1}$）に必要な年級群（年齢を行，年を列にとった個体数の行列の左端の列と上端の行に相当）の個体数を推定し，これをもとに資源全体の$N_{a,t}$を推定する．この方法はセパラブル VPA（separable VPA : SVPA）とよばれる．しかし，選択率が年によらず一定という仮定は，資源減少に伴い昔はあまり利用しなかった若齢個体を選択的に漁獲するようになったことなどにより，成立しないことが多い．また，精度の高い推定を行いにくいと指摘されている．これらの問題点を解消するために，期間ごとにs_aを推定したり，また資源量に比例すると期待される指数を用いたチューニングを行うなど，統合型 VPA が用いられるようになった．

（白木原国雄）

2.6.2 標識放流

A. 標識の種類と使用法

文献によると，魚類の標識放流は，1653年に大西洋サケにリボンウールが用いられたことに始まる．古典的な迷子札型の外部標識の放流調査は，広く漁業者からの再捕報告を得ることができるため，日本においても人工種苗生産技術の発展と相まって1970年代後半からアンカータグ型，リボン型，背骨型など多くの種類が放流追跡調査に用いられてきた．

研究機関が調査を行う場合では，焼きごてや液化炭酸ガスで体表にマークする焼印標識や，魚類の鰭あるいはクルマエビの尾肢やガザミの遊泳脚などの切除標識法が用いられている．種苗放流効果の調査では，マダイの鼻孔隔皮欠損やヒラメの無眼側の色素，アワビやサザエの種苗生産時の殻色など，体部分にあらわれた人工種苗の特徴が自然標識として利用されている．ウミガメやマグロなど大型動物の移動・回遊や行動生態の調査では，リアルタイムで位置情報を得られる passive integrated transponder（PIT）タグや，水温などのデータを記録保存するマイクロデータロガー，一定時間を過ぎると体からはずれて海面に浮かび衛星によって位置を確認できる，いわゆるポップアップ型標識が利用されている．

体内に装着するいわゆる内部標識としては，微小な金属に放流情報を記録させたコードワイヤータグや，カラーラテックスなどを異体類の無眼側や目の周囲などに注入するvisual implant（VI）タグのほか，アリザリンコンプレクソンなどの溶液に発眼卵や魚体を浸漬することにより，魚類の耳石や鱗，あるいはイカの甲へ染色できる化学標識がある．サケでは飼育水温を変化させることにより耳石に標識する耳石温度標識が用いられている．

近年では，遺伝子解析技術の普及とコスト低減が図られたことにより，放流効果や再生産効果の推定に遺伝標識が利用されるようになってきた．耳石標識や遺伝標識は，小さなサイズでも標識できることに加え標識死亡や標識脱落がないため，成長や生残率の正確な推定が可能である．ただし，適切なサンプリング計画や個体ごとに標識の確認が必要なことから，研究機関が自らサンプリングを行う詳細な調査に適している．

B. 再捕データの解析

標識の再捕データから，個体の移動・回遊や漁獲実態を知ることができる．これらは統計的には推測ではなく記述であるので，標識を装着したことによる死亡（標識死亡），報告漏れ，標識の脱落等のバイアス原因にはそれほど深刻な影響を受けないため，信頼できる情報を得ることが可能である．

再捕データは，成長や生残率などのパラメータの推測にも用いられる．成長式の推定では上のバイアス原因にはほとんど影響を受けないが，生残率の推測ではこれらのバイアス要因が直接影響するため，正確な推定は多くの場合困難である．また，対象生物の群行動や多くを一度にとる漁具特性などから，再捕データが単純ランダムサンプリングを仮定した場合の誤差の範囲を超える，いわゆる過分散（overdispersion）が起きる．過分散は点推定値には影響を与えないが，古典的な二項分布あるいは多項分布モデルを適用した場合，推定値の分散が過小評価される．これに対し，過分散を考慮した統計モデルを適用することにより，推定値の分散を適切に評価することができる．標識再捕法（捕獲再捕獲法）では生残率や個体数が推定できるが，上のバイアス原因や過分散が影響し，正確な推定値を得ることは多くの場合難しい．標識放流によって信頼できる結果を得るには，綿密な調査計画と推定に用いる統計モデルに沿ったサンプリングが不可欠である．

（北田　修一）

2.6.3 卵数法

A. 産卵量の推定法

卵数法（egg production method）は，産卵場を包括する産卵調査（卵稚仔調査）データによって推定した産卵期全体または産卵期中のある期間に産出された卵の総量と，雌1個体あたりの産卵数，性比の情報などから，産卵親魚量を算出する資源量推定法の一種である．卵の種同定が可能であることが前提である．

卵数法には，複数の手法が知られており，年間総産卵量に基づく手法（annual egg production method : AEPM）のほか，1980年代には北米カタクチイワシを対象として1日あたり総産卵量に基づく手法（daily egg production method : DEPM）の開発が進んだ．また，1990年代には個体群の潜在的産卵量の減少率に基づく手法（daily fecundity reduction method : DFRM）が開発された．卵数法によって推定された産卵親魚量は，それ自体が資源量推定値として採用される場合のほか，チューニングVPAなど他の資源量推定法の結果の検証・調整に用いられる場合もあり，近年おもに小型浮魚類の資源評価に，世界各地で広く適用されている．

産卵期中に複数回産卵を行う魚種では，雌1個体1日あたり産卵数は，野外採集個体もしくは飼育個体から求められるバッチ産卵数（1回あたり産卵数）および1日あたりの産卵個体割合から計算される．一般に，バッチ産卵数は体長・体重と正の関係にある．また，バッチ産卵数および産卵個体割合は水温などの外的環境要因の影響を受ける．バッチ産卵数や産卵個体割合のような産卵生態特性と環境要因の関係には地理的差異もありえるため，とくに広域の個体群を対象とする場合にはその地理的差異に注意を払い，可能な限り精度の高い生物情報を取得すべきである．

産卵調査に用いる採集具として，調査船を航走させながら海水をポンプでくみあげて濾過することによって，効率的に連続して卵が採集できる魚卵採集装置 continuous underway fish egg sampler（CUFES）の開発が進んでからは，これが各国で採用されてきた．しかし，わが国の調査では，おもに口径 45 cm もしくは 60 cm で目合 0.33 mm もしくは 0.335 mm のプランクトンネットを用い，これの鉛直びきによる卵採集を継続してきている．鉛直びきによる卵採集の場合，ネット開口面積，ワイヤー長，ワイヤー傾角，濾水計回転数，濾水計校正値から，単位面積水柱あたりの卵密度を推定する．さらに，発育段階ごとの卵密度に発育速度と死亡率を考慮してある期間の産卵量を推定する．

B. 利用の実態

卵数法の最大のメリットは，漁業情報に依存することなく，組織的・系統的に計画した調査をもとに資源量推定値が得られるということである．一方デメリットは，産卵場が広域にわたる場合，これを包括するような大規模な産卵調査を継続せねばならず，コストが非常に大きくなることがあげられる．したがって，国・海域によっては，産業重要魚種の主産卵期にのみ実施する場合もある．しかし，わが国では，1945 年以降，マイワシなどの主要小型浮魚類を対象とした産卵調査が行われており，とくに 1978 年以降，水産庁水産研究所と各都道府県水産研究機関の共同，そして 2001 年以降，水産庁委託事業における独立行政法人水産総合研究センターと各都府県水産研究機関の共同によって，わが国 200 海里水域内における産卵調査が毎月レベルで継続されてきている．

（高須賀　明典）

2.6.4 目視法・魚探法

A. 資源の動向の把握

漁獲量の経年変化を追うことにより，資源の動向を大まかにつかむことができる．だが，漁獲量は船の規模や馬力，隻数，探索・漁獲能力などにも大きく依存し，これらの要因は経済や社会状態などにも大きく左右される．また，資源の変動が分布域の拡大・縮小を伴う．漁業は経済行為であるため，漁獲量の変動は資源全体の変動よりも，高密度海域における状況の変化を反映しているといえる．そこで，ライントランセクト調査が行われる．これは，海域全体を覆うように設計されたトラックラインの上を船や航空機を走らせ，観測を行うというものである．

クジラや表層を遊泳するマグロ幼魚などは，双眼鏡を用いて目視により観察を行う．直接目視できない魚は，魚群探知機を用いて観測する．これは超音波を発信し，その反射状況を解析することにより，魚群の位置と大きさを測定するものである．いずれにおいても，魚種判別，群サイズの測定，発見位置の測定を偏りなく行うことが重要である．これをテストする予備実験を組む．あるいは，調査本体にテストを組みこむ工夫をする．

B. 資源量の推定・発見率・探索幅の見つもり

発見個体数に調査海域の面積と探索面積の比を乗ずることにより，海域全体の資源量の推定値を得る．さらに，発見の日変動などの情報から，推定精度を評価する．トラックラインの長さは航海記録から読み取ることができる．これに探索幅を乗ずることにより，探索面積を求めることができる．探索幅が時系列的に変動せず，安定していることが期待される場合には，これを定数として相対的資源量によりモニタリングを行うことも妥当性をもつ．しかし，人間や機械の探索能力の変化や海況の変化により発見確率が変化する場合には，探索幅を偏りなく推定することが不可欠である．

探索幅は発見の位置，とくにトラックラインからの横距離の分布から推定することができ

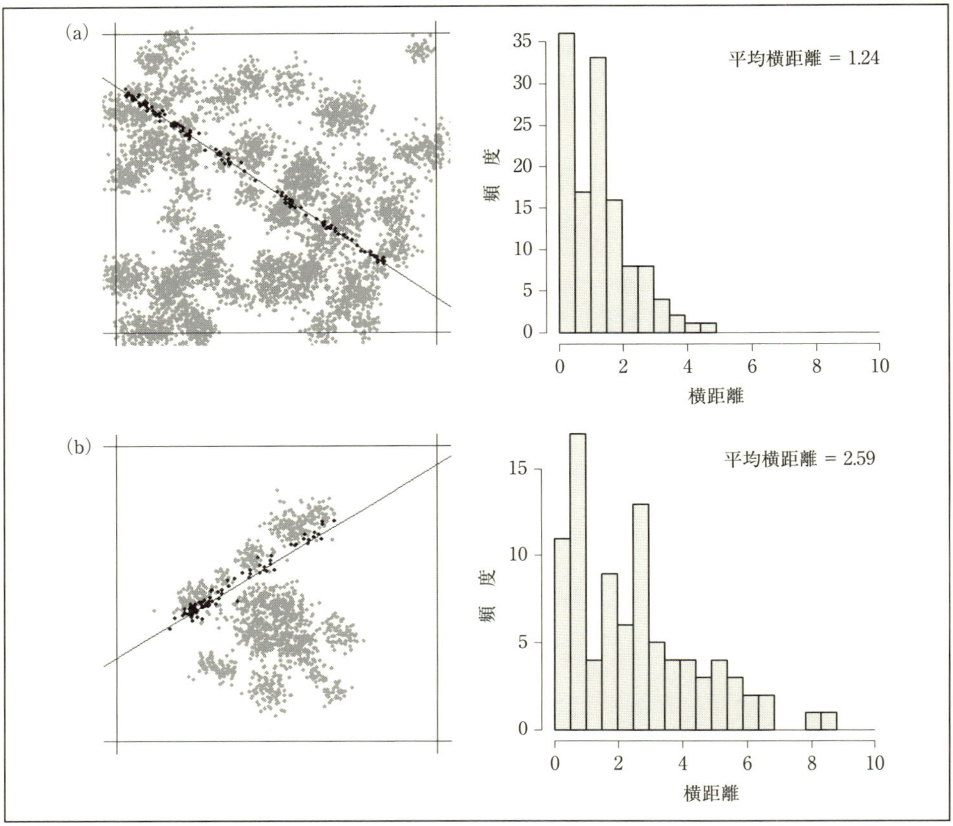

図 2.6.4-1　ライントランセクト調査と横距離分布
(a) 資源が豊富で，個体群が海域を広範囲に分布している状態．(b) 資源が減少し，個体群の分布が縮小している状態．直線：トラックライン，黒点：発見された個体．

る．図 2.6.4-1 は資源の不均質な分布と調査での発見を模式的に表現している．図 2.6.4-1 (a) は資源が豊富な状態で，海域に広く分布しているのに対し，図 2.6.4-1 (b) では資源が小さく，分布域も縮小している．図 2.6.4-1 (a) ではトラックライン近辺のものしか発見されず，平均横距離も 1.24 マイルと短い．一方図 2.6.4-1 (b) においては平均横距離がおよそ 2 倍の 2.59 マイルである．このため，資源の減少ほどには発見数は減らない．そこで，平均横距離により片側探索幅を推定し，発見数を補正することにより，資源量を偏りなく推定する．さらに，複数の人が同時に観測する調査を実施し，同時発見の情報からトラックラインの下に位置する個体の見逃し率を評価する．偏りのない推定に向けて改良が加えられてきている．

（岸野　洋久）

2.6.5　その他の方法（遺伝情報を用いた方法など）

A.　遺伝標識を利用する方法

a.　標識再捕法（捕獲再捕獲法）

人工的な標識を用いた標識再捕法は野生生物に対してしばしば利用されるが，標識の脱落や標識を装着すること自体が，標識個体の発見率および死亡率に影響を与える．一方で，個体が生まれながら備えもつ遺伝標識が利用できれば，このような欠点を回避することができる．たとえば鯨類資源では，バイオプシーサンプリングを通して皮膚標本が個体からとられ，そこから核DNAなどの遺伝子型が観測される．十分なサイズの遺伝子座情報が得られれば，個体の識別が可能となる．したがって，時期をずらしてサンプリングを行う，あるいはサンプリングを経年的に実施すれば，標識再捕法と同様の方法で資源量推定が可能となる．

この遺伝標識はどの個体にも存在し指紋のように永久的な標識である一方で，遺伝子型同定に誤差が生じる可能性がある．さらに，観測する遺伝子座の数が少ないか集団内の遺伝的多様性が低い場合，再捕した個体のマッチングにも不確実性が生じる．とくに，後者の不確実性を無視すると資源量推定は過小評価となる．そこで，実際には遺伝子頻度情報をもとに同一個体である確率を評価し，資源量推定値を補正する方法が利用される．

b. 父系解析法

2倍体の生物において，母子あるいは母親–胎児のペアの遺伝的データが取得でき，さらにそれとは別にランダムにサンプリングされた雄個体からも遺伝データが得られるとする．子の対立遺伝子ペアのうち，1つは母親から受け継いだものであり，もう片方は雄由来のものである．ここで，サンプリングされた雄個体の対立遺伝子で，母親＋父親⇒子の関係が説明できるとき，その雄が父親候補となる．このような父親候補が雄のサンプルの中で比較的見つかりやすいとき，これはその集団内の雄の資源量が比較的小さいことを意味する．逆に子あるいは胎児の父親候補が見つかりにくい場合には，雄の資源量が大きいことを意味する．したがって，これも一種の標識再捕法となり，この父系解析から資源量推定が可能となる．数学的には，母子ペアと雄の遺伝子型データから，集団内で繁殖に貢献可能な成熟雄の資源量に関する尤度関数を構成し，これを最尤法により推定する．成熟率および性比の情報があれば，成熟雄の資源量から集団全体の資源量を求めることもできる．このような方法はクジラやカメなどの種で実際に利用されている．

この父系解析は，通常の標識再捕法と異なり，たった1回のサンプリングであったとしても，親子関係という前提のもとで標識再捕のアイデアが利用できる例である．なお，このような親子関係にとどまらず，系統の情報があれば対立遺伝子の共有情報をもとに，標識再捕のアイデアで資源量推定をすることも可能である．

B. 遺伝的有効集団サイズから計算する方法

有効集団サイズ N_e とは，その集団と同じ遺伝的変化率（遺伝的浮動）をもつ理想集団の個体数である．この理想集団とは，性比が1：1であり，世代が離散的で重複せず，かつ交配がランダムで選択を伴わない集団を意味する．実際には集団が理想集団の条件を満たすことはない．また，有効集団サイズは実際の資源量よりも小さい．

希少種を対象にした保全生態学では，この有効集団サイズが重要な意味をもつこともある．すなわち，仮に集団の資源量が大きい場合でも，有効集団サイズがごくわずかであれば，その存続が危ぶまれる．なお，有効集団サイズの考え方は，以下に述べるように，現在のサイズと歴史的なサイズに区別される．

a. 現在の有効集団サイズ

遺伝的浮動（遺伝子頻度の変化）の大きさは，その集団の有効集団サイズ N_e に依存する．すなわち，N_e が大きいほど浮動は小さくなる．逆に，異なる世代間における浮動の情報が得られれば，これにより N_e を推定することができる．これをTemporal法とよぶ．このTemporal法では，時間 $T_1 < T_2$ における対立遺伝子頻度から F 統計量を求めるが，この値から N_e を推定するため，得られる N_e は浮動に影響を与えた時間 T_1 における有効集団サイズとなる．なおこのTemporal法では，基本的には（たとえばサケ科の種のように）世代が重複しないことを仮定しているが，重複世代を考慮したモデルなどへも拡張がなされている．

このほか，遺伝子座間の連鎖不平衡の減少率を利用したN_eの推定法も考案されている．複数の世代の遺伝子的情報が必要とされるTemporal法とは異なり，連鎖不平衡を利用する方法では1時点における複数遺伝子座の遺伝子型情報で十分である．したがって，異なる2時点間における遺伝的情報から有効集団サイズの変化をとらえることができる．ただし，一般に推定精度を高めるには，多型性をもつ遺伝子座の利用および十分なサンプルサイズが必要とされている．

b. 歴史的な有効集団サイズ

有効集団サイズに関して，その歴史的なサイズを問う場合もある．これは，過去から現在にさかのぼった際に，有効集団サイズ自身も変化したと考えられるが，その過去から現在の有効集団サイズの調和平均を歴史的な有効集団サイズと定義する．

歴史的な有効集団サイズは，サンプルとして得た個体が共通祖先に到達するまでの遺伝子の系図（gene genealogy）を利用することで推定できる．これを遡上合同法（coalescent method）とよぶ．有効集団サイズが大きく，かつ遺伝的多様性が高いと，共通祖先に到達するまでの世代数を要する．この考えをもとに，突然変異率あるいは塩基置換率などを考慮した尤度関数を構成し，歴史的な有効集団サイズを推定することができる．この種の計算のためのフリーソフトウエアも利用可能である．また，歴史的な有効集団サイズの変化そのものを時系列的にさかのぼって推定するスカイライン法とよばれる方法も提案されている．

なお，歴史的な有効集団サイズと現在の有効集団サイズを比較し，現在の資源レベルの枯渇を示唆するような研究がしばしば行われている．しかしながら，急激なボトルネックが生じた資源などに対しては，遡上合同法の仮定自体が満たされないので注意が必要である．

（北門　利英）

2.7 資源管理

2.7.1 資源管理の基本概念

A. 最大持続生産量（MSY）

水産資源は鉱物資源などとは異なり再生産可能であり，適切に管理すれば持続的に利用することができる．これを端的に示した概念が最大持続生産量（MSY）である（2.4.6）．資源評価結果からMSYあるいはMSYを与える漁獲係数F_{msy}や資源水準B_{msy}を算出し，それに対応する漁獲を行えば，大きな漁獲量を得つつ資源を維持することが可能なはずである．また乱獲を，漁獲努力量を増加させても漁獲量が増えない状態と定義すれば，F_{msy}より大きなFは乱獲，そしてB_{msy}より小さい資源量であれば乱獲状態であるといえる．しかし，MSYは理念としては現在も使われているものの，実際の資源管理において直接的に使われることは少なくなってきている．

資源量は漁獲以外の環境要因等によっても大きく変動する．また漁獲対象種であっても生物学的特性値は正確にはわからないことも多く，資源量推定値の信頼性が低いことも多い．さらに早くとったものが得をする（共有地の悲劇）ことにより，資源量を適切な水準に維持するという動機づけが漁業者に働きにくい．このような理由により，MSYの達成は現実問題としては非常に難しく，また現状が乱獲あるいは乱獲状態であるかどうかの判断も困難であることが多い．こういった無主物性，変動性，不確実性のもとでの適切な資源の管理のために，さまざまな方法が試みられている．

B. 管理の実際

資源管理の基本的な方策として，① 漁獲量一定方策，② 漁獲率一定方策，③ 取り残し資源量一定方策の3種類がある．① 漁獲量一定方策は資源状態によらず一定の漁獲を続ける方策で，安定した漁獲量が得られるものの資源の変動は大きくなり乱獲状態となる可能性も高い．② 漁獲率一定方策は資源の一定割合を漁獲する方策で，資源の増減に伴って自動的に漁獲量も変化する．③取り残し資源量一定方策は資源の生き残りを一定量確保するように漁獲する方策で，資源の安定性の立場からは望ましいが，漁獲量は毎年大きく変動することとなる．

資源と漁獲の双方の安定性から，②漁獲率一定方策が用いられることが多いが，一部では③取り残し資源量一定方策も用いられている．また漁獲率一定を基本とするが，資源量が一定水準以下になると漁獲率を下げるといった予防的措置をとりこんだ管理方策が用いられることも多い．これらの管理方策の実施には指標となる漁獲係数や資源量を示す管理基準（reference point）が必要である．漁獲係数の管理基準としては，F_{msy}，F_{med}，$F_{\%\,\mathrm{SPR}}$，$F_{\max}$，$F_{0.1}$ などが使われる．また資源量の管理基準としては B_{msy} や加入量が大きく減少すると考えられる親魚資源量などが使われる．

資源管理を行うための具体的な手段としては，漁船の隻数やトン数などを制限する投入量規制，漁獲物の体長や漁期・漁場を制限する技術的規制，漁獲可能量（TAC）の設定による産出量規制があり，これらが組み合わされて用いられることが多い．管理方策の実施にあたっては何らかの管理基準値と現在の資源量の値が必要となる．しかし，上述のようにこれらの推定には大きな不確実性を含み，正確な値は得られないことが多いため，不確実性に対して頑健な管理方策が検討されている．管理方策評価（management strategy evaluation : MSE）は，現実に想定されるような不確実性を含んだ情報を用いて資源管理のシミュレーションを行い，不確実性に対して頑健な管理方策を開発する方法である．一方，資源評価に頼らず資源を保全する方法として，保護区の設定も近年注目を集めている．さらに漁獲量の個別割当（IQ）制度やエコラベルなどが，資源の適切な利用の動機づけの観点から注目されている．

（平松　一彦）

2.7.2　入力管理と出力管理

A. 定　義

漁業管理の手法を，その特性に応じて類型化するときに使用する呼称について整理する．漁業の対象となっている生物資源の管理は，それにかかわる漁業の管理を通じて行われる．漁業管理の手法として，漁獲のために投入される漁獲努力量の管理を行う場合，これを入力管理（input control）という（投入量規制，努力量管理，入口規制，入力規制などともいう）．他方，漁獲の結果である水揚量の管理を行う場合，出力管理（output control）という（産出量規制，水揚量管理，出口規制，出力規制などともいう）．

入力管理の具体的手法としては，漁船隻数制限，漁船トン数制限，出漁日数制限，漁具・漁法制限などがあり，出力管理の手法としては漁獲可能量（total allowable catch : TAC）制度やこの制度の下での個別割当（individual quota : IQ）制度，譲渡性個別割当（individual transferable quota : ITQ）制度などがある．日本では漁業管理手法として伝統的に入力管理が利用されてきた．大臣許可漁業や知事許可漁業において許可隻数に上限を置く定数制，資源回復計画と関連して設けられた漁獲努力可能量（total allowable effort : TAE）制度，各県の漁業調整規則や漁業調整委員会指示による各種の漁具・漁法規制，操業期間制限，漁船規模制限などは，法令等に基づく公的な入力管理の例である．

これらの公的な規制のもとで，漁業協同組合や漁業者集団などがそれ以上に厳しい自主的な入力管理を行っている例は多数あり，日本では入力管理が広くいきわたっている．他方，出力管理は欧米漁業先進国を中心として早くから利用されてきたが，日本で公的な出力管理が導入されたのは1996年の国連海洋法条約批准に伴うTAC制度の導入が最初である．現在，日本はサンマ，スケトウダラ，マアジ，マイワシ，マサバ・ゴマサバ，スルメイカ，ズワイガニについてTACが設定されている．欧米先進国では，TAC制度のもとでIQ制度やITQ制度の導入が進んでいるが，日本では2007年に資源回復計画に基づいて日本海ベニズワイガニ漁業にIQが導入されたのが唯一の例である．日本では出力管理はなじみの薄い手法といわれるが，漁業者集団内で自主的に水揚量を制限したり，漁業者に水揚量を個別に割り当てる手法をとっている例はある．

B. 導入のメリットおよびデメリット

入力管理のメリットとしては，監視等の取り締まりが比較的容易で制度運用に伴うコストを低く抑えられるなどの点があげられる．一方，デメリットとしては，資源量管理に対する効果が間接的であり，規制に対する評価が難しいという点があげられる．

出力管理のメリットとしては，手法の目的が明確でわかりやすい，資源の動向に対して機動的な管理が可能であるなどの点があげられる．一方，デメリットとしてはTACの設定や管理，水揚量の監視等にコストを要するなどの点があげられる．また，出力管理を導入するためには対象資源のTAC設定を可能とするだけの資源生物学的知見や漁獲データの蓄積が必要であり，このような条件が必ずしも多くの資源で整っているわけではないという課題もある．

（馬場　治）

2.7.3 保護区による資源管理

A. 保護区の意味

漁場の一部を保護区として禁漁にすることで，漁獲圧をコントロールする資源管理手法がある．これは永年的に設置するものだけでなく，一時的に設けることもある．後者は，産卵個体や小型個体が集中する場所を保護するものが代表的であるが，対象魚種の禁漁期に対象魚種が多く分布する区域での操業を禁止し，混獲を減らすことを目的とする場合もある（例：日本海西部の底びき網漁業において，ズワイガニ禁漁期に設置される保護区）．また，漁場をいくつかに区切り，一定期間間隔で交代に解禁する輪番制の保護区も渓流漁場等で行われており，たとえばオホーツク海のホタテ漁業では種苗放流後，適正な漁獲サイズになるまでの若齢期を保護することで漁獲量増大をはかっている．

B. 保護区設定により期待される効果

永年的に設置する保護区のもたらしうる効果として，以下があげられる．

(1) 資源量や高齢魚割合の増加：漁獲が行われない保護区内では，資源量や高齢魚割合の増加が期待される．一方，保護区外では，保護区内で増大した資源のしみ出しや，増加した親魚の繁殖による新規加入の増大の可能性がある一方で，保護区から閉め出された漁獲圧による保護区外での資源減少の可能性があり，増減いずれの可能性もある．

(2) 漁獲量の増大：成長乱獲や加入乱獲が緩和される可能性がある．後述するように，漁獲量の増大のためには，保護区外の操業区での漁獲量が，保護区内であげられていた漁獲の消失を補う以上に増加する必要があるが，必ずしもそれは約束されない．

(3) 資源評価の不確実性がもたらすリスクの緩和：資源量や資源動態パラメータ，漁獲強度推定の精度が低いとき，適正なTACや努力量水準を見誤ると，過剰漁獲となりうる．そのような場合でも，保護区によって，一定割合以上の資源を確実に残すことができるなら，資源評価の不確実性がもたらすリスクを緩和できる．

(4) 複数種混獲漁業の管理：内的自然増加率が低く，他の種にとって適正な漁獲圧が過大となる種を保護できる可能性がある．また，多数の種のそれぞれにTACや努力量目標を決めることが管理実行のコストから困難である場合の，現実的な管理手段となりうる．

(5) 生息地や生態系の保全：漁獲行為が海底や漁獲対象以外の種に与える影響を緩和する可能性がある．そのため，生息地や生態系の保全が漁業管理の目標として重視される場合に，保護区設置の意義が大きい可能性がある．

(6) 漁業の影響を受けない海域の確保による生物学的・水産資源学的知見の増大：漁業の影響が及ばない海域があることは，本来の生態系の姿に関する基礎的な知見の蓄積や，資源管理に必要な基礎情報を得るためにも有用である．

これらの可能性がある一方で，効果が生じるには条件があることに注意が必要である．たとえば，漁獲量が増大するためには，① 保護区内での資源増大，② 増加した資源の保護区外（操業区）へのしみだしや，増加した資源による操業区への幼生供給の増大，③ 操業区での資源増大が必要である．

仮に，①，② の条件が満たされても，操業区に漁獲圧が集中することによる漁獲圧の増大のために③ が満たされない場合もあり，漁獲量増大が必ず期待できるわけではない．

また，漁獲量の増大という目的においては，適正に行われた努力量や漁獲量の管理にくらべて小さな効果しかもたらしえない可能性が高い．一方で，生態系保護に関係する目的においては，保護区がより大きな効果をもたらす可能性がある．

C. 今後の課題

努力量や漁獲量の規制による，従来型の管理のもとでの資源崩壊の事例が，広く知られるようになった．同時に，近年，漁獲量や金額の増大，雇用確保といった従来の資源管理の目的に加え，生態系保全が重視されるようになってきた．これらの事実は，保護区による資源管理の重要性が増す要因となっている．

保護区には，監視のための費用の増大など実行面で克服すべき問題がある．しかし，近年における船舶位置管理システム（vessel monitoring system : VMS）の発達は，この問題の技術的な面での解決策の 1 つと考えられる．保護礁として障害物を置いて，底びき網の操業を不可能にすることも行われている．また，ほかにも合意形成の問題がある．たとえば，保護区のデメリットを大きく受ける漁業者（保護区をもともと利用していた漁業者や，保護区の近くに住む漁業者）の同意を得ることには，困難が伴うであろう．保護区設置に伴う漁獲努力の移動の予測が，適切な設計に必要であることも問題となる可能性がある．

（原田　泰志）

2.7.4 日本の漁業管理制度

A. 資源管理と漁業管理の関係

資源管理と漁業管理をあえて狭義にとらえれば，資源管理は資源を望ましい状況に維持または回復させる生物学的概念であることに対し，漁業管理は漁業という経済行為の秩序維持のため，漁業者間の利害調整等を目的とする社会・経済的概念と区分される．

しかし，資源の管理は漁獲（漁業）の管理を通して実施しなければその目的は達成できない．また，漁業秩序は適切な資源管理をもとになりたっており，漁業者間の利害調整のための漁獲規制は同時に資源管理効果も有している．これらのことから，現実においては資源管理と漁業管理は明確に区分できず，一般的には漁業管理に資源管理が内包されていると考えられている．

B. 公的漁業管理と自主的漁業管理

日本の漁業は，縄文時代の遺跡から多くの魚介類の骨が発見されるなど，多種類の魚介類を多様な漁法で利用してきた長い歴史をもっている．各地域における漁業紛争や資源枯渇の経験等をふまえ，それぞれの地域事情に応じた，漁業秩序や慣行をつくりあげてきた．明治時代に入り，多くの法律は欧州諸国を参考にしたが，漁業の分野においてはそれまでの慣行を近代法制度にとりこみ，以後何度かの見直しを経て現在の公的漁業管理制度に至っている．

しかし，すべての漁業種類や資源が一律に公的管理の対象となっているのではなく，漁業者間の利害対立の有無，資源への影響度，国際関係等の状況をふまえ，大臣または知事の許可を要するものから自由漁業に至るまで，必要に応じた管理手法を導入している．

また，多くの漁業種類においては，漁船数，漁船規模，漁法など漁獲圧力の基本となる内容については半恒久的かつ統一的な公的漁業管理の対象とし，その時々や地域ごとの資源の状況に合わせた機動的な漁獲圧力の調整等は自主的漁業管理の対象とするなど，それぞれを組み合わせた漁業管理が行われている．

- 大臣管理漁業
  - 指定漁業（おもに沖合・遠洋で操業する漁業）
  - 特定大臣許可漁業（おもに沖合・遠洋で操業する漁業）
- 知事管理漁業
  - 知事許可漁業（おもに地先・沖合で操業する漁業）
  - 漁業権漁業（おもに地先で操業する①定置漁業，②区画漁業，③共同漁業）

図 2.7.4-1　漁業法に基づく漁業管理制度

表 2.7.4-1　漁業管理に関する法制度の概要

資源管理手法	法制度	具体的規制の例
① 投入量規制	漁業法，水産資源保護法	隻数，トン数，漁具・漁法
	海洋生物資源の保存及び管理に関する法律	隻日数（漁獲努力可能量：TAE）
② 技術的規制	漁業法，水産資源保護法	漁期，漁場，網目
③ 産出量規制	海洋生物資源の保存及び管理に関する法律	漁獲可能量（TAC）
	漁業法（指定漁業の許可及び取締り等に関する省令）	個別割当方式（IQ）

指定漁業：沖合底びき網漁業，以西底びき網漁業，遠洋底びき網漁業，大中型まき網漁業，大型捕鯨業，小型捕鯨業，母船式捕鯨業，遠洋かつお・まぐろ漁業，近海かつお・まぐろ漁業，中型さけ・ます流し網漁業，北太平洋さんま漁業，日本海べにずわいがに漁業，いか釣り漁業

特定大臣許可漁業：ずわいがに漁業，東シナ海等かじき等流し網漁業，東シナ海はえ縄漁業，大西洋はえ縄等漁業，太平洋底刺し網等漁業

届出漁業：かじき等流し網漁業，沿岸まぐろはえ縄漁業，小型するめいか釣り漁業，暫定措置水域沿岸漁業等

注：届出漁業とは，農林水産大臣に届け出れば営める漁業をいう（許可制による制限措置よりも，操業実態の把握を目的としている）．

図 2.7.4-2　大臣の管理によるおもな漁業

C.　漁業管理の体系

日本における，漁業生産の基本的制度を定めた漁業法に基づく漁業管理制度は，図 2.7.4-1 のように漁業種類ごとの操業海域をもとに大臣と知事とが分担・協力して漁業調整を行う体系になっている．

これらの漁業の多くが個別に許可または免許を与えられる仕組みになっているのに対し，漁業権漁業のうち共同漁業は，知事の定めた漁場計画に基づき漁業協同組合に対し免許され，組合員は組合総会において決定される漁業権行使規則に基づき操業する仕組みとなっている．これは古くから地先海面においては，漁村集落によりアワビ，サザエ，藻類等の独占的な利用が行われてきたという漁業秩序を引き継いだものであり，漁業者によって構成される組織に管理を委ねるという，日本特有の漁業管理制度となっている．

D.　漁業管理制度における資源管理手法

戦後における日本の漁業管理に関する法制度は，漁業法（昭和 24 年）を基本とし，その後，水産資源保護法（昭和 26 年），海洋生物資源の保存及び管理に関する法律（平成 8 年）が制定されてきた．

これらの法制度を，資源管理の 3 手法である投入量規制，技術的規制，産出量規制の側面から区分すると，おおよそ表 2.7.4-1 のようになっている．「海洋生物資源の保護及び管理に関する法律」に基づく漁獲可能量（TAC）制度が 7 魚種で導入されたものの，引き続き投入量規制および技術的規制が主要な資源管理手法となっている．これは，多種多様な漁業種類およ

び魚種によって構成されているわが国漁業の特性をふまえたもので，欧米における資源管理手法と異なるものとなっている．

なお，自主的漁業管理は，漁業者間の話し合いに基づく取り組みであることから，特段法律を根拠とするものではないものの，これら取り組みのより効率的な推進をはかるため，海洋水産資源開発促進法における資源管理協定制度や水産業協同組合法における資源管理規程制度が設けられている．

E. 資源管理に関する合意形成の枠組み

いかなる資源管理措置であっても漁業者によって遵守されて初めて目的が達成できることから，その導入にあたっては関係漁業者の意見を十分ふまえたうえでの合意形成が必要となる．選挙で選ばれた漁業者の代表等で構成される漁業調整委員会制度が，合意形成の場として活用されている．漁業調整委員会は，漁業法第1条（目的）にある「漁業者及び漁業従事者を主体とする漁業調整機構」を具現化したものであり，海面においては常設機関である海区漁業調整委員会，広域漁業調整委員会と，必要に応じ設置される連合海区漁業調整委員会からなっている．これら委員会と資源管理との関わりについては，海区漁業調整委員会が設置された海域内の資源は同委員会が，都道府県の区域を超え回遊する資源は広域漁業調整委員会が対応するよう分担調整されている．

なお，漁業調整委員会は，大臣または知事から諮問された事項に答申するだけでなく，自ら漁業調整のために必要があると認めるときは，関係者に対し必要な指示（委員会指示）をすることができると規定されており，この権能は漁業法第1条の趣旨を生かすうえで重要な意義を有している．

（佐藤　力生）

F. おもな大臣管理漁業

大臣管理漁業に含まれるおもな漁業を図2.7.4-2に示す．

（木村　伸吾）

2.7.5 資源管理型漁業と資源管理の成功例

A. 秋田県ハタハタ漁業管理

秋田県におけるハタハタ漁獲量は，1963～1975年の13年間連続して1万t以上あり，海面総漁獲量の50％前後を占める最重要魚種であった．その後，漁獲量は急減し，1991年には70tと過去最低を記録した．

秋田県の漁業者は1992年9月から自主的に3年間の全面禁漁を行い，解禁後も県独自のTAC制度を導入するなど厳しい管理を行い，現在は2,000t前後まで回復している．

a. ハタハタの漁業生物学的特徴

ハタハタの産卵場は，11月下旬から12月に秋田県沿岸の水深2m前後のホンダワラ類藻場に形成される．産卵場は毎年ほぼ同じ場所に形成され，その範囲は限定されている．沖合の回遊過程でも，時期，場所，水深が限定される．漁獲の主群は2～3歳で，標識放流の結果から，回遊範囲は比較的広く産卵場への回帰が確認されている．親魚の卵数は1,200粒程度と少なく，卵期は約2カ月，ふ化サイズは13mmと大型である．これらの特性は，産卵親魚を保護することによる資源回復の効果が大きいことを示唆しており，ハタハタが資源管理に適合した魚種であることを示す．

b. 全面禁漁の実施

1992年1月に開催された秋田県漁連の理事会は，前年の70tという過去最低の漁獲結果に大きな危機感を感じ，「全面禁漁を含む可能な限りの資源管理対策を実施する」ということで合意した．これを受け，漁業者に対する現地説明会，漁業者の意向を把握するためのアンケート調査，漁業種類別代表者会議，漁連理事会，全県組合長会議などが開催された．また，研究機関から「中途半端な規制ではほとんど効果はなく，3年間の全面禁漁を実施すれば資源量は2.1倍に増加する」というシミュレーション結果が提出された．その後も合意形成に向け連日のように会議がもたれ，同年8月29日に全県組合長会議において3年間の全面禁漁が決定され，10月1日づけで厳しい罰則規定を含

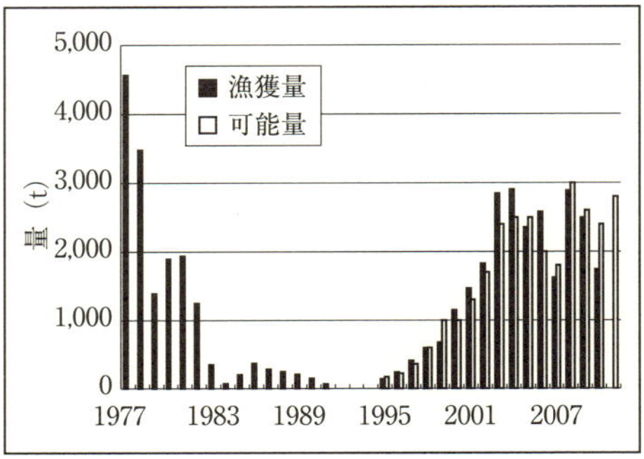

図 2.7.5-1　秋田県におけるハタハタ漁獲量と可能量の推移

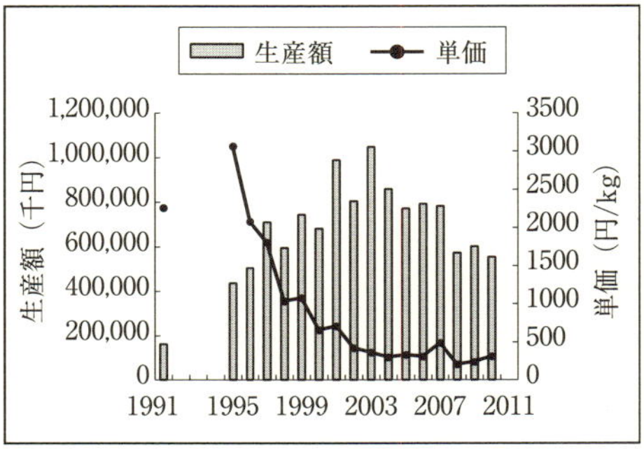

図 2.7.5-2　秋田県におけるハタハタ生産額と単価の推移

む「はたはた資源管理協定」が締結された．

c. 解　禁

当時の組合長の言葉を借りるまでもなく，「解禁は禁漁より難しい」．どのような形で解禁するかとの検討に，禁漁期間中の3年間が費やされた．

結果として，漁獲努力量の削減による「入力管理」と，漁獲量の上限を決めて漁獲する「出力管理」の両方を実施することとなった．前者は，底びき網隻数の1/3の減船，さし網や定置網の操業統数の削減などであった．後者は，研究機関が推定する漁獲対象資源重量に対して，漁業者などで構成するハタハタ資源対策協議会で漁獲量の上限を決定し，沖合と沿岸の漁獲量の配分を行うというものである．直近の2011年においては，漁獲量は対象資源量の約40%に相当する2,800 tとし，配分はこれを沿岸60%，沖合40%とすることを決定した．

d. 解禁後の経過と問題点

解禁後，同一の系群を漁獲する青森県，秋田県，山形県，新潟県の関係4県による「北部日本海海域ハタハタ資源管理協定」の締結（1999），秋田県における「県魚」の指定（2004）などが実施された．この間の漁獲量は，禁漁直前1991年70 tが解禁後1995年には142 tになり，2000年には1,000 tを超え，2001年以後は2,000 t前後で推移している（ハタハタ漁期である9月～翌6月の漁獲量）（図2.7.5-1）．しかし，単価は漁獲量の増加に伴い急激に下落し，2000年には1,000円/kgを下回り，2008年には204円/kgと過去最低を記録した．このため，2008年は前年に比べて漁獲量は約1,200 t増加したにもかかわらず，漁獲金額は2億1千万円下落し5億7千万円となった（図2.7.5-2）．秋田県におけるこれまでの取り組みは，県内漁獲量の増加という方向で検討されてきたが，今後，資源の適正利用を前提に，漁業者の収入増加を強く意識したものへと転換する必要がある．

（杉山　秀樹）

B. 日本海ズワイガニ漁業管理

日本海のズワイガニ漁業は，おもに駆け廻し式沖合および小型底びき網により行われ，富山県以西の西部海域での漁獲が日本海全体の90%以上を占める．日本海西部のズワイガニ漁業には，1955年以降に省令や関係漁業者の自主規制により，禁漁期，漁獲甲幅および1航海あたり漁獲量の制限などが課せられている．しかし，本海域のズワイガニ漁獲量は，1970年に約15,000 tであったが，それ以降は急激に減少し，1990年代はじめには2,000 tを下回った．

漁獲量が減少した1980年代には，悪化した資源を回復させるために，これまでとは違った管理手法が検討，実践されはじめた．ここでは，日本海西部のほぼ中央に位置する京都府沖の事例を述べる．1983年には，漁場内の一定区域にコンクリートブロックを設置し，その区域の操業を周年禁止とする保護区（面積 13.7 km^2）が全国で初めて設定された．本種の交尾，産卵および幼生のふ化期は2～3月で，ズワイガニ漁期と重複しており，このような再生産の過程を保護することは重要と考えられた．保護区内外で行った標識放流の再捕データから推定した生残率は，区内放流群が区外放流群よりも年あたり6～12％高かった．また，保護区内外でかご網調査を毎年行った結果，採集個体数は区内が区外よりも有意に多く推移するなど，保護区の効果が認められた．その後，保護区は順次増設され，現在の総面積は 67.8 km^2（漁場面積の 4.4％）となった．このような保護区は，日本海西部の各県沖でも設置されるようになった．

ズワイガニ禁漁の春季や秋季には，水深 200 m 以深でのカレイ漁などでズワイガニの混獲がみられる．混獲個体数は時期や場所により異なるが，1回の操業で 1,000 個体以上に及ぶことも少なくない．混獲され海中に戻された直後の生残率は，春季で 87～99％，秋季で0～10％と推定されており，資源回復を図るには混獲による減耗は無視できない．秋季の生残率が低いのは，海水温や気温が高く海底との温度差が大きいこと，また秋季は本種の脱皮時期であり，甲殻が非常にやわらかく水揚げ時に押し潰されることが多いためである．

そこで，ズワイガニ禁漁中には，本種が生息する水深帯の一部を自主的に操業禁止とする取り組みが行われるようになった．春季に操業禁止区域が設定される前後に実施した標識放流実験から，混獲死亡を含む自然死亡係数は，設定後が設定前に比べ年あたり 0.28～0.48 低くなっていた．また，混獲防止では，カレイ類など魚類の漁獲は保持し，ズワイガニをひき網中に網外に排出する分離漁獲網が開発され，実操業に導入された．分離漁獲網による操業では，入網したアカガレイの 67～87％を保持し，ズワイガニの 74～98％を排出することが可能である．

以上の操業禁止区域は，内容は多少異なるが日本海西部の各漁場に設定され，分離漁獲網は小型底びき網を中心に導入が進められている．ズワイガニは TAC 対象種であるが，TAC 管理では混獲による資源減耗の削減は不可能であり，以上のような漁業者の自主的な漁業管理が重要となっている．

日本海西部では脱皮後で甲殻がやわらかい雄ガニ（水ガニ）が水揚げの対象となっている．水ガニは交尾能力がないため生物学的には未成熟であり，また商品価値が低く，通常の雄ガニに比べ低価格で取り引きされる．本海域では資源の持続的かつ有効的利用を図るために，省令で制限された漁獲甲幅の拡大や漁期の短縮，さらには漁獲禁止とするなどの自主的な取り組みが行われている．

以上述べたような管理方策が順次実践されるようになり，本種資源は徐々に回復し，漁獲量は 1993 年以降には増加に転じ，2007 年には約 5,000 t まで回復した．各府県沖の底びき網漁場は，複数府県の漁船が入漁するため，本種の資源管理では入漁関係にある漁業者団体が協定を締結するなど，管理体制の強化に努めている．

（山崎　淳）

C. 伊勢湾イカナゴ漁業管理

イカナゴは，寒さの厳しい 12～1月に伊勢湾口で産卵し，ふ化した仔魚は餌となるプランクトンの豊富な伊勢・三河湾内で成長し，シラスとよばれる幼魚になる3月頃から漁業の対象となる．水温が 22～23°C となる6月中旬頃には，体長7～8 cm となり，砂に潜る夏眠生活に入る．夏眠中に生殖腺が成熟し親となり，12 月に入ると砂から出て産卵する．ボーコーナゴとよばれる親は釜揚げ加工され，シラスは，しらす干し（ちりめんじゃこ），くぎ煮などに加工され食用となる．未成魚は，養殖用の餌料として利用される．漁獲物の 90％以上はシラスで，愛知県，三重県の2そう船びき網漁業によって漁獲される．この漁業は，網船2隻と運搬船1～3隻で1船団を構成し，全体で約 170 船団，700 隻もの漁船が出漁する．価格の高いシラス期は短く，操業は激しい先どり競争となる．イカナゴ漁業は短期決戦型であり，3～4

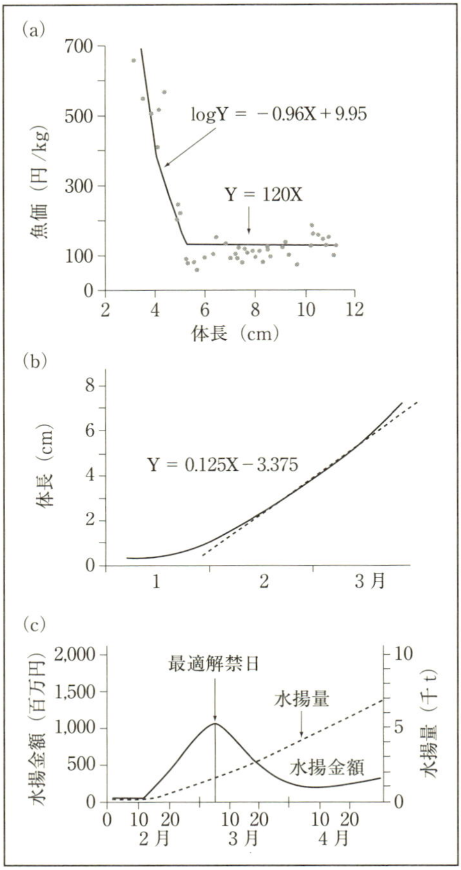

図 2.7.5-3　シラス解禁日の考え方
(a) の価格式と (b) の成長式および主群の発生尾数から (c) の解禁日別予想水揚金額を計算する．

月の水揚金額は 15 ～ 30 億円に達する．

イカナゴの漁業管理は，深刻な不漁体験がきっかけで始まった．1978 ～ 1982 年の 5 年間は，黒潮大蛇行による生息環境の悪化と乱獲が重なり，漁業は大不漁に陥った．漁業崩壊の危機に直面した漁業者は，著しく減少した資源の回復と有効利用の必要性を痛感し，愛知県と三重県の水産試験場のアドバイスのもと，一連の資源管理措置について段階的に合意していった．

（1）産卵親魚の保護：産卵前の親魚を乱獲し，産卵数を減らしてしまった教訓から，まず試験びきで親魚を採集し，生殖腺の大きさと熟度から産卵終了を確認したうえで，漁を解禁する．

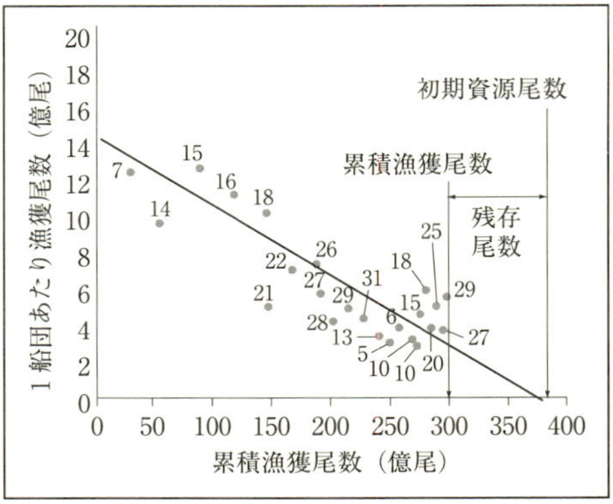

図 2.7.5-4　終漁日の決定
操業日ごとにイカナゴの残存尾数をモニターし，20 億尾を目安に終漁する．図中の数字は終漁日．

（2）シラス解禁日の決定：シラス漁では，主群の資源尾数，成長速度，魚価の予測値を考慮して，その年の発生群から最大の水揚金額が期待できる日に漁を解禁する（図 2.7.5-3）．

（3）終漁日の決定：翌年の産卵親魚を確保するために，再生産の研究をふまえ，約 20 億尾の当歳魚を残して漁を打ち切っている．そのため操業日ごとにシラスの漁獲尾数を集計し，デルーリー法によって初期資源尾数を計算し，累積漁獲尾数との差から，残存尾数をモニターする（図 2.7.5-4）．

イカナゴの漁業管理は，「資源の持続的利用」と「もうかる漁業」をめざしている．漁業の世界では，自分たちが決めたルールは，法律よりも拘束力が強い．イカナゴ漁業では，漁村社会の共同体的規制のもと，多数の漁船が自主ルールを守りながら秩序正しい操業を行い成果をあげている．

（船越　茂雄）

2.7.6　日本の TAC 制度

A．制度の目的

TAC（漁獲可能量）制度は，日本が 1996 年に国連海洋法条約を批准したことに伴い，同条約第61条の規定をふまえ，1997年に創設された制度である．根拠となる法律は「海洋生物資源の保存及び管理に関する法律」(以下「資源管理法」)であり，「我が国の排他的経済水域等における海洋生物資源の保存及び管理を図り，もって漁業の発展と水産物の供給の安定に資すること」などを目的としている．

B. 性格と位置づけ

日本の公的な漁業管理は，従来より，漁業種類ごとの管理に着目して，漁業法等に基づく「入力管理(漁業許可等)」および「技術的規制(漁具・漁期制限等)」により行われている．一方，TAC制度は魚種に着目し，資源の状況に応じた機動的・直接的な管理を行う「出力管理」であり，日本の資源管理において，資源や漁業実態に応じて「入力管理」，「技術的規制」と組み合わせて資源を管理する制度として位置づけられている．

C. 対象魚種

TAC制度の対象資源は，日本周辺水域〔排他的経済水域等(領海，内水，大陸棚を含む)〕に分布する海洋生物資源のうち以下の選定基準に合致するものとして，クロマグロ，サンマ，スケトウダラ，マアジ，マイワシ，マサバおよびゴマサバ，スルメイカ，ズワイガニの8魚種となっている．

選定基準は，① 漁獲量・消費量が多く国民生活上重要な魚種，② 資源状況がきわめて悪く緊急に管理を行うべき魚種，③ わが国周辺水域で外国漁船により漁獲が行われている魚種のいずれかに該当するとともに，漁獲可能量を決定するに足りる科学的知見の蓄積があるものである．

D. TACの設定および管理

a. TACの設定

TACは，魚種ごとの年間の漁獲量の上限であり，資源の動向等を基礎として，漁業経営その他の事情を勘案して設定される(図2.7.6-1)．その手続きは，パブリックコメント，水産政策審議会への諮問・答申等をふまえて農林水産大臣が「海洋生物資源の保存及び管理に関する基本計画」により定めるものとなっている．

TACの設定の基礎となる「資源の動向等」には，ABC〔生物学的許容漁獲量：資源調査等をもとに，魚種ごとの管理のシナリオ(資源の維持，資源の増加など)に応じた年間の漁獲量の上限として算出される数値〕が用いられ，TACは，可能な限りABCを上回らないことが重要である．国際的な管理が行われているクロマグロのTAC設定については，WCPFC(中西部太平洋まぐろ類委員会)の決定を踏まえて行われる．

b. TACの配分と数量管理

設定されたTAC数量は，大臣が過去の漁獲量シェア等に基づき大臣管理漁業(大中型まき網漁業，沖合底びき網漁業等)および知事管理漁業(都道府県)に配分され，都道府県に配分された数量は，各知事により都道府県内関係漁業に配分される．

配分量(漁獲枠)は，大臣管理漁業分は農林水産大臣が，都道府県分では知事が，それぞれ管理を行う．

(ⅰ) 数量管理の流れ

① 漁業者は，採捕数量を報告(大臣管理漁業では農林水産大臣，知事管理分では知事へ)

↓

② 大臣および知事は，採捕数量を把握・監視．配分数量を超えるおそれがある場合に，関係漁業者に対して指導，勧告等

↓

③ 配分数量を超えるおそれが著しく高い場合等に，対象資源を目的とする採捕の停止命令，停泊命令等

(ⅱ) 資源管理法の適用除外〔罰則等に関する規定(強制規定)〕

日韓・日中漁業協定に基づく暫定水域に分布する資源(マアジ，マイワシ，マサバおよびゴマサバ，スルメイカ，ズワイガニ)については，韓国および中国の漁業者に対し，実質的な漁獲量規制が課せられていないことから，わが国漁業者に対する規制とのバランスを勘案し，資源管理法の命令・罰則等に関する規定(いわゆる

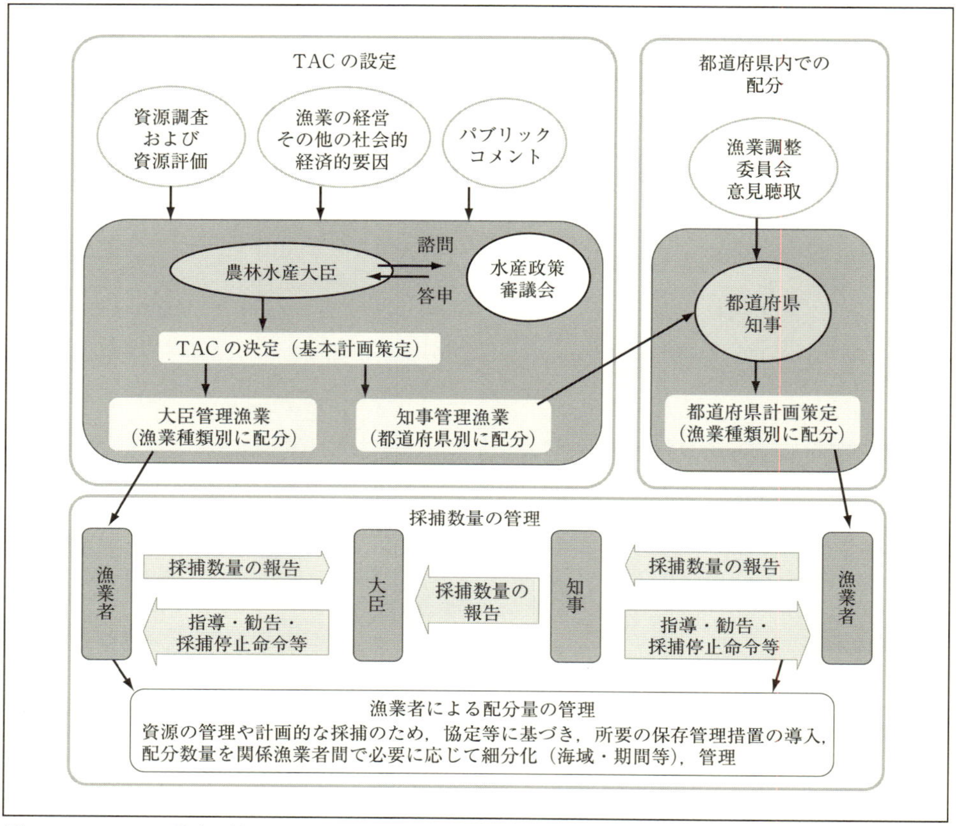

図 2.7.6-1　TAC の設定～管理の流れ

「強制規定」）が適用除外となっている．

c. TAC の分割配分と漁業者の自主的管理

TAC の配分は，国および都道府県により，漁業種類ごと，地域ごとに，漁業の勢力（過去の漁獲実績シェア）に応じて分割して配分される．また，配分された TAC は，計画的な採捕を図るため，協定による漁業者の自主的な管理体制の下で，話し合いに基づきさらに細分化された海域や期間等により管理されている．

こうした分割配分や自主的な管理により，TAC 枠の管理が円滑に行われるとともに，漁業者の資源管理意識の向上，集中水揚げの回避による資源の合理的利用や需給の安定，ひいては漁業経営の安定にも寄与している．（加藤　雅丈）

2.7.7　IQ，ITQ 制度

A. 基本概念

個別割当（IQ）制度とは，漁獲可能量（TAC）を個別の漁業者や漁船ごとに割り当て，割当量を超える漁獲を禁止して TAC を管理する制度である．IQ 制度はオーストラリア，フランス，韓国などで導入されており，ノルウェーでは個別漁船割当（individual vessel quota : IVQ）となっている．日本においても近年，指定漁業で特定の魚種に適用されることとなった．

譲渡性個別割当（ITQ）制度とは，その割当を他者に譲渡できるものをいう．米国では個別漁獲割当(individual fishing quota : IFQ)とよばれる．アイスランド，ニュージーランドではTAC管理にほぼ全面的に，オーストラリア，カナダ，デンマークなどでも一部の漁業種類の魚種に導入されている．日本での実施例はない．ニュージーランドなどでは永年の割当枠の譲渡とともに1年間の割当を貸し付けることも可能で，年間の漁獲の権利(annual catch entitlement : ACE)の取引きが行われている．漁業者以外の市民も割当をもつことができる国もある．ITQ制度は，削減が急務であるとして導入が進んでいる，地球温暖化ガスの排出権取引と同等の仕組みであり，理論的には社会的に最小の費用で漁獲量削減が達成される．

資源管理に関するこれら制度の端緒は，海洋生物資源の分割私有化が最適な資源利用を促す1つの方策であるとしたゴードン(Gordon)や，TACの比率のかたちでの漁業者への割当やその貸与を漁業管理の私論として提案したクリスティ(Christy)にさかのぼることができる．ITQ制度は最適な資源利用を目的に課せられる漁業(重量)税と理論的には同等の効果をもつ制度であるが，税は管理当局側に，割当の利益は漁業者に帰属する．税と異なりIQ，ITQ制度では管理当局が直接総漁獲量を決定できるため，低い水準にある海洋生物資源をTAC管理するうえではより確実な手法といえる．なお，本格的な導入国においても，若齢魚漁獲の回避などのため漁具，漁期，漁場に関する技術的規制や入力管理が引き続き必要であり，実施されている．

日本の現行の水産基本計画では，地域において実施体制が整った場合には，個別割当についても利用を推進する，とされている．

B. 長所と短所

a. 長　所

IQ，ITQ制度の長所は以下のとおりである．

(1) 総漁獲量と同時に漁業者や漁船ごとの漁獲量が把握できるので，より厳格なTAC管理が可能となる．

(2) ダービー方式で起こりやすい漁船設備への過剰な投資や，漁期集中による魚価の下落，乱高下が緩和される．漁船が集中せず漁業操業中の事故が減少する．漁獲コストの削減を検討しやすくなる．

(3) 単価の高い魚体銘柄の漁獲や加工業者などとの連携により，漁獲量よりも水揚金額の増大が漁業の目的となりやすい．

(4) 財産権化した個別割当は資金の借り入れのための担保となり，漁業経営が安定する．ただし，外国の例をみると1年単位のACEでは抵当権は設定されていない．

(5) 管理を通じて資源レントが発生すれば資源管理コストなどの負担が容易となる．

(6) ITQでは，漁業への参入，また撤退が促進される．

b. 短　所

IQ，ITQ制度の短所は以下のとおりである．

(1) ITQでは，割当を保持する経営体の寡占化が進行する．このため導入国はITQ枠収得の上限を設定している．

(2) ITQでは，漁業者の撤退などで地域の衰退がみられ，地域や加工業者枠の設定により地域社会などへの配慮が必要とされる国もある．

(3) 低価値，小型魚の投棄や魚価低落時の投棄が起こりやすい．

(4) TACの維持やかさ上げ傾向となる．

(5) 割当を上回る漁獲，漁獲報告のごまかしなどが多くなる．

(6) 個別の検査となるため監視，取り締まり経費が増大する．

(7) 無主物あるいは国民の財産である海洋生物資源を特定の漁業者に与える社会的不公平の問題が発生する．

これら長所と短所は，漁業取り締まりの強度や各国，各地域での制度の特徴，工夫とあわせて検討する必要がある．

C. 制度の実際

日本における海洋生物の保存および管理に関する法律(資源管理法)では，2つのIQ制度を準備している．

すなわち，農林水産大臣などは指定漁業等や知事許可漁業において，採捕を行う者別に漁獲量の限度の割当を1年の管理対象期間の前に行うことができる．このときは，少なくとも採捕を行う者の漁船の隻数または総トン数や採捕の状況を勘案して，割当の基準を定める．許可を通じて採捕者を個別に把握していない漁業権漁業等，あるいは採捕対象を選択することが困難であることなどから定置網漁業は対象とされない．この法において個別割当の譲渡は認められていない．

また認定協定は，協定にかかわる採捕を行う者の9/10以上の参加者がある場合，参加者ごとの採捕数量の限度を施行規則の算定方式により定めることができる制度である．これは，大部分が協定に参加している場合には，採捕の数量の限度を個別に定めることできわめて高い管理効果が期待できる場合の措置である．そのほか適切な管理手法があればそれをとることができるが，参加者数が9/10を下回る場合は，個別数量の限度を定めてはならない．

IQ制度は日本において近年まで導入されていなかったわけではない．北海道ではTAC制度を含めてIQ制度をノルマ制とよび，そのほかの地域においても，おもに定着性資源の管理のために漁業協同組合の中で運用されてきた．前浜資源を地域内でできるだけ公平に利用する手段として，TACを設定せずに個別割当がなされている事例もある．資源管理を意識していない場合でも，同じ漁獲量からより大きな水揚金額を得るために小型個体の採捕を回避する漁業者も多い．

農林水産大臣は遠洋カツオ・マグロ漁業者別および大西洋クロマグロまたはミナミマグロの採捕に従事する船舶別に両種の年間漁獲量の限度の割当を行う，また日本海ベニズワイガニ漁業では年間の漁獲量の上限を定めることができると，指定漁業の許可および取締り等に関する省令に示されている．IQ制度は，前者では国別割当を遵守する手法として，後者では加工業者などが許容できない休漁措置拡大の代替措置として導入された．新潟県ではホッコクアカエビ資源の持続的利用をはかるため，佐渡の漁協支所のエビかご漁業者を対象に個別割当が試行されている．

TAC管理に基づかない個別割当をIQ制度とよぶのかという点については定まった見解はない．配分方法に漁獲量実績を反映させるグランドファーザー条項を用いる場合は，あらかじめ漁獲量を拡張することに漁業者は努めることとなろう．前浜資源の利用では均等配分かそれに近い例が多いが，過去5年間のうち最大と最小を除いた3カ年の平均値を配分の根拠としている場合もある．日本で準備され，また実際に運用されているIQ制度は，前浜資源の公平な利用を含めた漁業者の自主的管理や，TACを既存の漁業秩序に即して漁業種類別に割り当てるなどダービー方式の弊害の緩和が一定程度実現されているため，TAC（設定されていない場合は総漁獲量）管理が確実に履行できることをおもな理由として検討されてきたと考えられる．

TACの的確な管理には，漁業法などに基づきあらかじめ漁獲能力とTACとをできるだけ一致させておく必要がある．ITQを導入している国においてもITQ制度の実施とともに，政府が資金を投入して漁業者を退出させてきた実態がある．過剰な漁獲能力を政府の命令統制により漁業から退出させるか，市場を通じて経済的手法により退出させるかについては，日本の漁業制度の歴史などをふまえて政府は慎重な判断を要する．大変動を示す海洋生物資源についての年代を超えた適切な漁獲能力のあり方も，検討しておく必要がある．

財産権化を重視したIQ，ITQ制度は，政府の割当枠の買い戻しなどに費用がかさみ，後戻りが困難な制度となる．とくにITQ制度は効率的な漁業の実現つまり産業構造の変革を意図した制度である．そのような施策をとるのであれば，法的な考え方の整理や社会的な合意を得ることが不可欠となる．また，具体的な導入にあたっては諸条件を試しに設定できる経済実験や，漁業者の希望によりTACの一定割合をITQ制度で管理するなどの社会実験を通じて，制度の性能などを確認しておく必要があろう．

（三谷　卓美）

2.7.8 外国の漁業管理の現状

世界の海洋において漁業のおこなわれる海域の自然環境は，気候，海流，大陸棚の形成，水深等それぞれ異なる．低緯度と高緯度，換言すれば熱帯・亜熱帯系の海域と寒帯・亜寒帯系の海域，暖流系の海域と寒流系の海域では，生息する生物種の種類数，生物資源量及び生産力も大きく異なり，そのため漁業の態様も国によりさまざまである．

また，世界の沿岸国も先進国から開発途上国までさまざまな国があり，必ずしも海洋法条約に即した同様な漁業管理措置が導入されているわけではない．

国連海洋法条約（1982 年署名，1994 年発効）の下で，排他的経済水域（Exclusive Economic Zone : EEZ）がはじめて制度化された．EEZ 内での生物資源の探査，開発，保存及び管理のための主権的権利が沿岸国に認められることとなった．また，沿岸国は，自国の EEZ における生物資源の漁獲可能量を決定することとされた．あわせて，沿岸国は，自国にとって入手可能な最良の科学的証拠を考慮して EEZ における生物資源の維持が過度の漁獲によって危険にさらされないことを適当な保存措置及び管理措置を通じて確保していかねばならないこととされたのである．海洋法条約の締約国は，現在まで世界中の国々の約 4 分の 3 の数に及んでいる．

外国における漁業管理の方法について，代表的な例をとりあげて以下に示す．

A. EU（欧州連合）

1994 年に発効した国連海洋法条約では，沿岸国に自国の EEZ における生物資源の漁獲可能量を決定する権限を与えている．しかし欧州は関係国が多く，漁業資源は移動・回遊することから，沿岸国が個々に管轄権を行使すると紛争が予想された．そのため，EU（加盟国 27 カ国 :2012 年現在）は，個々の国による漁業管理の権限を EU という共同体に権限移譲する形で共同管理をすることとした．EU は，共通して利用する水産資源を統一的に資源保存管理措置をとることが効果的であるとの観点から，1983 年から共通漁業政策（Common Fisheries Policy : CFP）を導入して，漁業管理を実施してきている．なお，水産資源の回遊水域を共有するノルウェーとアイスランドは欧州漁船が相互のアクセス権を有することに懸念を抱き EU に加盟していない．EU による漁業管理は，TAC（漁獲可能量）による管理により実施している．その具体的方法は加盟する欧州水域を細かく区割り，主要な漁業資源を TAC の対象魚種とし，魚種ごと，水域ごと，国別に割当をしている．

なお，TAC 設定にあたっては，北大西洋の海洋生物資源等の研究を行っている国際機関である国際海洋探査委員会（International Council for the Exploitation of the Sea : ICES）から科学的知見と勧告を受け，この知見を基に EU の行政の執行機関である EC（欧州委員会）が TAC の原案を作り，各国の漁業大臣からなる漁業閣僚理事会で審議し決定している．

しかしながら，水産資源の持続的利用が必ずしも果たされているとはいえず，閣僚理事会が国別割当の確保の場となっていること，漁船の能力の削減が十分でないこと，漁獲統計の不十分さ，漁業の監視が各国の旗国主義によること等が要因として指摘されている．CFP は 10 年ごとに見直しが行われている．

B. アメリカ

アメリカは 1976 年から漁業保存管理法に基づき，200 海里内の漁業資源の保存管理を実施してきた．その漁業管理の方式は TAC に基づく管理であるが，政府が直接管理をうけもつのではなく，地域漁業管理委員会を仲介させて管理する方式を執っている．地域漁業管理委員会は，アメリカの EEZ を全国 8 水域（大西洋側に 5 水域，太平洋側に 3 水域）に分けて設置されており，地域漁業管理委員会が漁業管理について地域の意見を吸い上げ，TAC や漁業管理に関する規則に関する案を政府に勧告する役目を担っている．同委員会の委員は，漁業管理に見識のある地元関係者と連邦政府並びに州政府関係者で構成され，投票権をもつ委員の多数決で決定される．委員会の下には水産資源学者からなる統計科学小委員会と漁業・加工者関係者からなる諮問小委員会が設置され，科学的側面と社会経済的側面の両面からの意見を反映する仕組みを執っている．

TAC や規則の案は両小委員会の意見と参加者の証言をまとめ，本委員会で採択し商務省長官（担当部局は海洋大気庁国家海洋漁業局）に提出し，これを元に商務長官が TAC 等を決定する．漁業保存管理法設立当初，アメリカの基本的な考え方は誰でも漁業に参入できるオープンアクセスを執っていたが，多数の漁船で短期間に漁獲枠を獲り尽くす等社会経済的問題も生じ，漁業管理計画を策定し，TAC とともに参入できる漁船の隻数の制限，漁期の分割や，禁止期間等を定める漁獲努力量と組み合わせて漁業管理を行う方向に向かってきている．

なお，3 海里内の漁業の管理については州政府が管轄権を有している．おもにサケやニシンなどがその対象とされている．

C. ロシア

ロシアでは TAC に基づく漁業管理がなされている．ソ連時代に国営漁業公団やコルホーズに漁獲量のノルマ（生産目標）を与える形であったが，1991 年にソ連が崩壊しロシアに移ってからは漁業の主体は民間企業に移行したため，各企業が漁獲の枠を許可されるようになった．ロシアは北極海やバルト海，黒海等に面しているため，それぞれに海域ごとに TAC を設定している．その設定方法は，地域においている政府の水産研究所が関係の水産資源の評価をし，それを中央で吸い上げ，連邦漁業庁が TAC の原案を作成し，政府部内の関係する天然資源省などとの合議をへて TAC を決定している．TAC は漁獲枠のわずかな魚種にまで設定されている．わが国と隣接する極東海域における具体的な TAC の設定状況を見てみると，沿海州や西カムチャッカ等 12 海区を設定し，それぞれの海区をさらに沖合水域と沿岸水域とに分けている．また，それぞれの水域について，TAC 魚種ごとに漁業会社，一般枠（コミュニティー対象）及び研究用枠と配分されるため，個々が受け取る漁獲枠は非常に細切れにされている．ソ連からロシアへの移行期には社会・経済的混乱が生じ，密漁等が発生し漁業管理が徹底しなかった．その後，経済の安定とともに漁業監視管理体制が強化されて沈静化してきている．また，極東海域においても 30 種以上の魚種，とくにマグロ類，カタクチイワシやナマコ等漁獲の稀で微小な魚種にまで TAC が設定されている．漁船の漁業操業上窮屈な枠設定となっているとして，漁業会社からの不満や漁獲超過などがあり，TAC の設定・配分の見直しを求める声も聞かれる．

なお，政府機関の組織再編や，政策の方針変更が度々なされるので，最新の漁業管理制度を把握するには留意が必要である．

D. 韓　国

韓国は日本と同様，漁業許可制度による参入制限と TAC を併用している．周辺水域には暖流と寒流系の魚種が生息することから魚種数も多いため，日本と同様に限定的な魚種について TAC 制度を導入している．日本が TAC 制度を導入した 2 年後の 1999 年から同制度を開始した．対象魚種は当初，サバ類，マアジ，マイワシ，ベニズワイガニ及びサワラ（初年度で中止）の 5 魚種から始まり，2001 年にウチムラサキガイ，タイラギ及び済州島サザエが追加され，ズワイガニ（2002 年に指定．以下同．），ガザミ（2003 年），スルメイカ（2006 年）が指定された．10 魚種が指定（2011 年現在）されているが，さらに TAC 指定魚種を増やす傾向にある．TAC について，政策上資源管理だけを目的とするのでなく漁業調整上の目的でも設定できるようにしている．なお，済州島アワビの管理は国から地方政府に移された（2011 年）．

E. 開発途上国における傾向

概して，漁業資源の種類が少なく，各資源の資源量が大きくその生産力の高い，寒流系の海域を EEZ にもつ比較的高緯度に位置する先進諸国等では，低緯度地域の国々より TAC 制度を比較的取り入れやすい条件下にあり，実際，TAC 制度による管理がとりいれられている．他方，熱帯・亜熱帯系の水域では生物資源量が比較的小さく，多様な生物資源から構成されている．そのため，それぞれの生物資源量をTAC制度の下で漁業管理をおこなうには，技術面や経費等の管理コストの面でも現実的でなく，難しい面が多い．このような事情から，各国の漁業管理は，比較的高緯度水域に位置する先進国と低緯度地域に位置する開発途上国との間で，実態的に海洋法条約に基づく一様なTAC制度で管理がおこなわれているとはいいがたい．

なお，熱帯，亜熱帯水域に位置する開発途上国は概して，生業的な零細小規模漁業者も多く，TACによる規制も社会的観点から困難な面もある．それらを考慮すると，歴史的に日本で培われてきた地域社会密着型で，漁民社会・集団が地先の資源を守る漁業権漁業による管理形態は，これらの国の漁業実態に即しており，開発途上国が手本として導入して行こうする動きがみられる．

（末永　芳美）

2.7.9　国際機関による資源管理

公海や多くの国の沿岸域にまたがって分布する資源を合理的に管理するためには，国際的な協調のもとで，統一された管理が行われることが望ましい．たとえば，北海のように多くの国の漁船が操業する海域では，古くから国際協定下での管理が行われてきた．とくに，第2次世界大戦後の遠洋漁業の急速な発展に伴って，多数の国の漁船が操業する大陸棚上の魚類資源を中心に国際機関による資源管理が行われてきた．

しかし，1970年代中頃より，多くの沿岸国が200海里排他的経済水域により陸棚上の水産資源を囲い込むに及んで，陸棚上の水産資源の多くが沿岸国の管理下に置かれることとなった．そのため，200海里体制確立以降，国際管理機関は，分布域が沿岸国の経済水域を超えて分布する資源（ストラドリング資源）や，マグロ類のように公海域におもに分布する資源の管理のためのものとなっている．また，近年では，公海上の海山の水産資源や海山およびその周辺に分布する冷水性サンゴなどの，脆弱な海洋生態系の保護のための国際管理機関が各大洋に次々と設立されている．

現在，日本周辺海域のマグロ類の管理も行っている中西部太平洋まぐろ類委員会（WCPFC）を含め5つの国際管理機関が全世界のマグロ類の資源管理を行っている．また，マグロ以外の水産資源を対象とした15の国際管理機関が存在している．

A.　資源管理のための国際機関の構成

国際管理機関は，それぞれの国際条約に基づいて設立される．この管理機関には条約加盟国の政府代表によって構成され，管理措置等の意思決定を行う本委員会，各国政府の行政官によって構成される管理の実施状況などを検討する遵守委員会，そして，予算を管理する財務委員会，また，各国の科学者によって構成され，管理のための科学的情報を提供する科学委員会，それに加え，漁獲統計をはじめさまざまな情報の収集・整理等の事務をつかさどる専属スタッフからなる事務局などによって構成される．

B.　管理措置決定のプロセス

a.　科学委員会

科学委員会は，事務局によって整理された漁獲統計や各国の研究機関によって行われたさまざまな研究成果等をもとに，対象資源の資源評価を行い，資源の状況や漁獲の影響を評価する．そして，管理機関が設定した管理目標〔たとえば，最大持続生産量（MSY）〕達成のための科学的な助言を行う．多くの場合，漁獲可能量（TAC）に関する助言を行う．近年は，さまざまなTACとそれに伴う資源の動向予想等を示し，本委員会での判断に柔軟性をもたせる工夫が行われている．また，予防的措置により，不確実性を配慮した回復確率等もあわせて示すところが多い．また，漁獲量規制のみならず，努力量規制や禁漁期・禁止水域，体長制限などさまざまな管理方策について，本委員会の要望に応じて科学的な助言を作成する．

b.　本委員会

本委員会では，科学委員会からの科学的情報

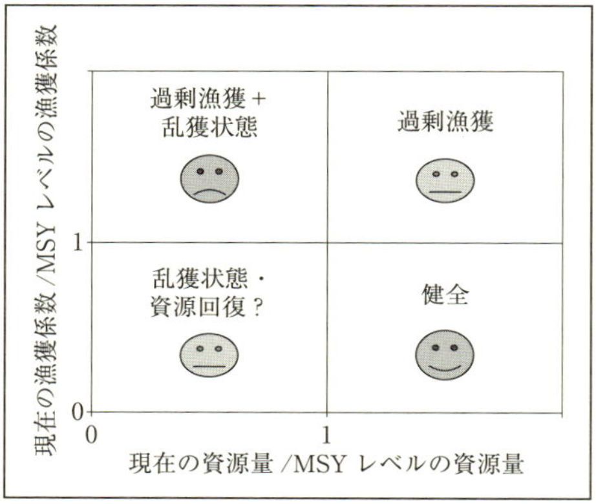

図 2.7.9-1　漁獲制御ルールの概念図

をもとに，各資源の管理方策を決定する．本委員会では，科学的に示された資源の状態に加え，各国の漁業の情勢などさまざまな社会的情勢も配慮して，管理方策が決定される．

c. 遵守委員会

遵守委員会では，加盟国によって行われた臨検や乗船オブザーバー，水揚港での検査，各国における割当量の遵守結果が検討される．また，規制遵守のためのさまざまな方策が検討される．近年，IUU〔illegal, unreported, and unregulated（違法・無報告・無規制）〕漁業と総称されるような，規制逃れに対する対策強化が重要な課題となっている．

C. 漁獲制御ルール

多くの管理機関では，管理目標が設定され，資源水準の判断によって規制導入を行う基本的ルールとして漁獲制御ルールが存在する．ここでは，マグロ類の国際管理機関の多くが用いている MSY を管理目標とした場合の概念図を示す（図 2.7.9-1）．

図 2.7.9-1 に示したように，資源量や漁獲係数の現状を MSY 水準に対する比で示す場合が多い．制御ルールは資源量と漁獲係数の 2 つの要素で検討される．漁獲係数が MSY レベルを超えている場合，過剰漁獲（overfishing）とみなされる．また，資源量が MSY 水準を割り込んだ場合，乱獲状態（overfished）とみなす．そして，資源が健全な状態になるよう漁獲係数を調整する．漁獲係数の調整は主として TAC 等でコントロールされる．図 2.7.9-1 左上の部分に資源が存在する場合，迅速な漁獲係数の削減により，資源を MSY 水準に戻す必要がある．左下にある場合は，漁獲係数が削減されたため，資源が回復中であることを示している．また，右上にある場合は，いずれ近い将来，基準より高い漁獲係数によって資源が減少し，MSY 水準を下回る可能性が高いことを示している．そのため，資源が MSY 水準を下回る前に漁獲係数を削減することが必要である．

D. 国際資源管理における問題点

a. TAC 配分問題

国際資源管理には多くの問題が存在している．近年最も顕著となっているものは，まず TAC の配分問題である．すでに多くの水産資源は，利用の限界に達しているか，乱獲状態となっている．すなわち，TAC は増やせないばかりか，削減しなければならない資源も多いのが現状である．このような状況のもとで，漁獲実績を維持したい先進国と漁獲を増大させたい発展途上国の間で，資源争奪が激化し，TAC やその配分について合意を得ることが年々困難となっている．そのため，TAC 等の規制措置について合意ができないため，管理措置導入が遅れ，さらに資源が悪化するような例も多くなっている．

b. 規制遵守上の問題

また，年々，TAC の削減等の規制強化に伴い規制遵守上の問題も顕在化している．上述した IUU 漁業の横行である．たとえば，規制が入ると，その規制から逃れるために非加盟国へ船籍を移す便宜置籍が横行する．これを防ぐために，加盟国等が認めた船のリスト（正規船リスト）を公表し，それ以外からの漁獲物の購入を規制する「ポジティブリスト制度」が導入された．さらに，マグロ類等多くが貿易に回される場合は，その貿易を監視するため，輸出するには，漁船や加工場を管理する国が，船名，漁獲水域，製品形態などを確認することが必要となる「統計証明制度」が導入される．この制度よりもさらに 1 歩踏み込んだものとして，漁獲から市場までのすべての流通実態を1つの文書に記録し，流通の透明性を確保する「漁獲証明制度」の導入や，さらには，ミナミマグロ等では1尾1尾に標識を付けて管理する制度の導入も始まっている．また操業を直接監視するオブザーバー制度の強化など，監視をより厳しくする方向に進んでいる．

（魚住　雄二）

2.7.10　エコラベル・認証制度と管理

A. 水産物における認証制度とは

認証制度とは定められた規格への適合性を審査し，一定の水準の適合性を満たすことを認証するものである．自らの適合性を審査・認証するものを第一者認証，たとえば仕入担当者が納入先に対するように二者間で審査・認証するものを第二者認証，当事者以外の独立した第三者による認証を第三者認証とよぶ．

水産物における認証制度とは，水産物の取引のために，魚種，商品サイズ，色などさまざまな規格があるが，消費者の環境意識の高まりや環境保護団体の動きを受けて，水産資源や生態系の持続可能性についての規格が策定され，漁業や流通業に採用されるようなったものがある．小売業者自ら水産物の調達方針を策定し，公表している場合もあるが，商品の調達方針への適合性を小売業者自ら確認する作業はコストがかかり，また判断についてのリスクも伴うので，調達方針のなかに第三者認証制度で認証された水産物を優先的に調達するとの方針を策定している例も多い．

B. 漁獲漁業についての認証制度

天然の水産物を漁獲する漁獲漁業に関する第三者認証制度で，国際的に最も広く採用されている規格にMarine Stewardship Council（MSC）のものがある．MSCは1997年に国際環境保護団体World Wide Fund for Nature（WWF）と海外で水産物取り扱いの高い市場シェアをもっていたUnileverが共同でたちあげたもので，その後両者から独立した．MSCは規格策定者であり，規格への適合性を審査するのは独立した認証機関である．また，その認証機関がMSCの定める規格に適合して審査・認証を行えるかという認定はAccreditation Services International（ASI）が行う．

MSC認証は，資源の持続可能性，生態系への配慮，管理システムの3つの観点から漁業を審査する漁業管理認証と，認証された漁業からの水産物が非認証水産物と加工・流通過程で混じることがないかについて審査するCain of Custody（COC）認証からなる．加工・流通業者はこのCOC認証を取得すると，MSCのエコラベルを製品に貼付して販売することができる．環境意識の高い消費者がMSCのエコラベルのついた水産物を選択することにより，適切に管理された漁業からの水産物が市場で優先的にとりあつかわれ，漁業にとって資源や環境に配慮することが経済的インセンティブになることを目的としている．

世界最大のスーパーマーケットチェーンであるウォルマートは2006年に3～5年以内に，すべての天然水産物についてMSC認証製品のみを調達するというコミットメントを出し，その後ヨーロッパの大手スーパーマーケットチェーンもMSC認証製品の優先的取り扱いを水産物の調達方針として発表するようになった．日本でも2006年にイオングループがMSC認証製品の取り扱いを開始し，その後もとりあつかう小売業者は増加している．これらの動きを受けて，欧米市場に水産物を供給する漁業を中心にMSCの漁業管理認証を取得しようとする漁業業界の動きが広がった．

なお，FAOは2005年に「漁獲漁業からの水産物へのエコラベリングについてのガイドライン」を策定しているが，FAOが独自の漁業認証制度やエコラベルをつくることを意図しているわけではない．MSCはこのガイドラインに準拠していると主張している．

また，日本では大日本水産会が2007年にマリン・エコラベル（MEL）・ジャパンを発足させ，独自の認証規格を策定して認証機関の認定を行い，漁業および加工流通過程の審査・認証する制度をたちあげている．

C. 養殖認証制度

持続可能な養殖業についての認証制度はヨーロッパ等の各国で独自の有機認証制度を発展させたもの，エビやサケ・マス類など特定の魚種に特化したものなどがある．魚種や地域に汎用性のある養殖業の認証制度を発足させることを目的に，WWF が中心となって Aquaculture Stewardship Council（ASC）の認証制度が公開プロセスを経て，2012 年の制度のスタートを目指している．

（伊澤　あらた）

2.8 漁場形成と資源変動

2.8.1 水産海洋学と漁海況

A. 初期減耗

資源量変動を考えるうえで，仔稚魚の初期減耗が重要な役割を果たしている．餌条件の観点からそれを最初に critical period 仮説として提唱したのがヨルト（Hjort）である．この考え方をより具体的に発展させ，餌となる生物の生産が，仔稚魚の出現と時間的にも空間的にも一致した場合に高い資源量がもたらされるとした考えを，クッシング（Cushing）のマッチ－ミスマッチ仮説（match-mismatch 仮説）という．

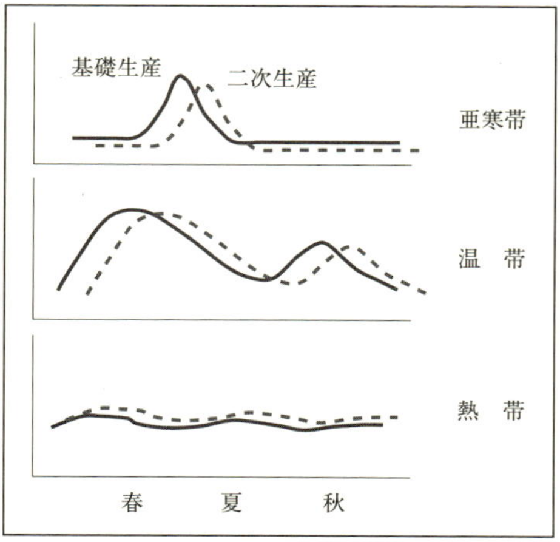

図 2.8.1-1　基礎生産（植物プランクトン）と二次生産（動物プランクトン）の季節変動

一般に植物プランクトンは春の海水温の高まりとともに増殖し（bloom），1～2 カ月遅れて動物プランクトンが増殖のピークを迎えるが，温帯域では動物プランクトンの補食圧が低下する秋にも bloom の第 2 のピークがある（図 2.8.1-1）．いずれの場合も鉛直混合と成層の発達が栄養塩の有光層への供給を支配する．経年的な変動によって水温の高まりが遅れると，bloom が遅れさらに動物プランクトンの増殖のタイミングが遅れることになる．これが仔稚魚の成長時期とずれるため，十分な摂餌ができなくなりミスマッチとなる．ミスマッチは時間的に起こるだけでなく空間的にも発生し，適切な生息環境に卵･仔稚魚が移動しなければ成長･生残が悪くなる．生物輸送はこの概念に基づくものであり，数値モデルによる卵仔稚輸送シミュレーションは分布の解析に欠かせない手法である．また，成魚になっても海洋環境の変動が，産卵回遊や索餌回遊の経路を変動させる．つまり，魚貝類の生活史におけるあらゆる成長段階で，海洋環境が重要な役割を果たす．

水産資源が海洋環境によって変動することを前提にそのメカニズムを解明し，資源管理に資する学問が水産海洋学である．そして漁海況は，漁獲の状況（漁況）と海洋の状況（海況）が密接に関連していることを象徴する言葉として用いられる．

B. 環境要因

a. 黒潮・親潮・レジームシフト

漁況を規定する代表的な海況として黒潮の蛇行や親潮の消長があり，それらは数カ月～数年程度の季節的経年的変動であるので，局所的な来遊メカニズムの相違を説明する要素となっている．一方で，大規模な太平洋と大西洋の海洋環境は，それぞれの大洋における気象条件と関連しており，気圧配置によってその状態の経年変動を代表させることができる．

太平洋では，ダーウィンとタヒチの気圧差が，南方振動指数（Southern Oscillation Index : SOI）として知られ，そのほかに北太平洋指数

(North Pacific Index : NPI) や太平洋十年規模振動指数(Pacific Decadal Oscillation Index) などがあり，北太平洋の長周期変動を代表する指標には 20 ～ 70 年周期が認められる．

大西洋ではアゾレス諸島とアイスランドの気圧差が北大西洋振動指数(North Atlantic Oscillation Index : NAOI) として，気象状態を代表する指標としてとりあつかわれており，70 ～ 80 年程度の周期変動が存在する．

SOI と NAOI を比較すると，2 つの海洋で相関性のある変動は認められないが，1976 年にはその正負がともに逆転し，気候のレジームシフト (climatic regime shift) とよばれる地球規模の海洋気象変動があった年と認識されている．気候のレジームシフトを水産資源の応答として明白に説明づけることは現段階では難しいものの，太平洋におけるマイワシ，カタクチイワシ，マサバの卓越種交代を含む 50 ～ 70 年周期で変動するイワシ資源は，アリューシャン低気圧の消長と関連したレジームシフトに伴うものと理解される．この低気圧の弱まりが親潮の南下を抑制し，餌となるプランクトンを減少させ不漁をもたらすとみられる．大西洋では，ニシン，ヨーロッパマイワシ，サバの魚種交代がよく一致し，温暖期にマイワシ，寒冷期にニシンやサバが卓越する傾向にある．

b. エルニーニョ

水産海洋学では，エルニーニョと関連した海洋生物の回遊や再生産に関する研究事例が多い．SOI がマイナスとなり東風の貿易風が弱まるエルニーニョ発生時に，ペルー沿岸域で湧昇が弱まり栄養塩の有光層への供給が弱まることによって，低次生物生産，ひいてはカタクチイワシ資源が減少する．一方，太平洋の西側では高い蒸発をもたらし熱帯性低気圧の発生海域となる暖水プールが，エルニーニョ発生時には貿易風の弱まりとともに東に移動する．暖水プールの縁辺は，特定の魚類にとっては回遊の水温障壁の役割を果たし，この海域を産卵回遊するカツオ漁場が東に移動する．水温障壁あるいは水塊の大規模な移動は，太平洋中央部ではビンナガの回遊範囲，アラスカ沿岸では産卵回遊してくるサケの漁獲量などに変動をもたらす．また，北赤道海流域が黒潮とミンダナオ海流に分岐するフィリピン東部での循環系にも変動を与え，ニホンウナギ幼生の黒潮流域への来遊量が減少する．

（木村　伸吾）

2.8.2 世界および日本の主要漁場と漁場形成メカニズム

A. 世界および日本の主要漁場

国連食糧農業機関 (FAO) では，世界の海面を 18 に区分し (太平洋 7 区分，大西洋 8 区分，インド洋 3 区分)，海面漁業による毎年の漁獲量を公表している．それによれば，三陸沖・日本海・東シナ海・オホーツク海など日本周辺の主要漁場を含む北西太平洋区は最も漁獲量が多く，2007 年には世界の海面漁獲量の 24.8% を占めている．それに次ぐのは，南東太平洋 (ペルー・チリ沖など) 14.7 %，中西部太平洋 14.4%，北東大西洋 (北海・ノルウェー近海など) 11.1% であり，この 4 海区で全体の 65% を占めている．北西太平洋と南東太平洋における漁獲の主体はイワシ類，アジ・サバ類などの浮魚であり，熱帯域に位置する中西部太平洋ではカツオ・マグロ類，北東大西洋では底魚類が漁獲の主体となっている．さらに海区ごとの漁獲量をその海域面積で割り，単位面積あたりの生産性を比べてみると，これも北西太平洋が最も高く (1 km^2 あたり 0.92 t)，それに次ぐのは北東大西洋の 0.62 t である．北西太平洋には中国の漁獲量が含まれているので不確かさはあるものの，日本周辺海域の生産性の高さがわかる．

上記の北西太平洋と北東大西洋に，北西大西洋 (ニューファンドランド島周辺海域など) と北東太平洋 (アラスカ近海など) を加えて，世界四大漁場とよぶことがある．これらの海域に共通するのは，大陸棚やバンク (堆) が発達していること，また，暖流と寒流が顕著な潮境 (海洋前線) を形成していることである．たとえば，北西太平洋には，世界で最も広い大陸棚を有する東シナ海が含まれ，日本海には好漁場として知られる大和堆がある．また，金華山・三陸沖は黒潮親潮移行域で世界有数の潮境漁場である．北東大西洋でも北海のドッガーバンクやグレートフィッシャーバンクなどの漁場が古くから知られ，北大西洋海流と東グリーンランド海流が潮境を形成する．北西大西洋にはグランドバンクなどの漁場が存在し，湾流とラブラドル海流が潮境を形成する．また，北東太平洋ではアラスカ海流とカリフォルニア海流の潮境が形成される．こうした地形や海流の条件が，好漁場の形成に大きく関与していることがわかる．

B. 漁場形成のメカニズム

上記の世界四大漁場に共通する条件から，大陸棚やバンクの存在，潮境の発達等が漁場形成に重要と考えられる．これらに加えて，FAOの海域区分のなかで2番目に漁獲量が多いペルー・チリ沖などの南東太平洋の漁場の形成には，この海域を特徴づける沿岸湧昇（coastal upwelling）が大きく貢献していることはいうまでもない．そこで以下に，大陸棚漁場，バンクなどを含む堆礁漁場，潮境漁場，湧昇流漁場をそれぞれとりあげ，漁場形成のメカニズムについて述べる．

a. 大陸棚漁場

ほとんどが大陸棚で占められる東シナ海は，大陸棚漁場の代表的なものといえる．大陸棚が全海洋で占める面積はおよそ17％程度であるが，そこで海洋の魚介類資源の半分程度が生産されていることからも，大陸棚漁場の生産性の高さがわかる．

大陸棚海域には河川を通して多量の栄養塩類が流入しており，また水深が浅く，潮流による混合や冬季の海面冷却による鉛直対流などにより下層の栄養塩類が光条件の良い上層に供給されやすいため，一般的にこの海域は富栄養で生物生産が高い．そのため餌料生物は豊富で，高次栄養段階に至るまで餌料となる生物が十分に用意されている．また，それに加えて，大陸棚縁辺には沿岸系と外洋系の水塊の潮境が形成され，そこに魚群などが集群する．こうした条件が，大陸棚漁場の形成や維持にきわめて重要な働きをしていると考えられる．東シナ海では，黒潮系の暖水と中国大陸沿岸水との間にさまざまな潮境が形成されており，イワシ類，アジ・サバ類，スルメイカなどの漁場となっている．

大陸棚は水深が浅く，海底地形の平均勾配が緩やかで平坦な場所が多いため，ひき網やまき網の操業に適している．このことも漁場形成に有利な要因の1つといえる．

b. 堆礁漁場

海底が隆起した堆や礁は生物生産が高く，餌を求めて魚群がそこに蝟集するため，古くから漁場として利用されてきた．海岸に近い場所には瀬付き性の魚類が集群し，沖合の堆・礁あるいは海山付近には表層回遊性のカツオ・マグロ類などが滞泳することが経験的に知られている．黒潮流域の伊豆海嶺周辺や島まわりなどの漁場がこれに該当し，本州東方の北西太平洋に位置する天皇海山はトロール漁船の操業海域として利用されている．

堆礁漁場の形成メカニズムについては，海中に隆起部が存在することにより，近傍の海水の擾乱が大きくなり地形性の渦流や湧昇流が発生し，それが餌料生物などの生産を促進すると考えられている．流水中に存在する島や堆，海山などの背面に形成される渦流や湧昇流の規模は，水深や堆などの規模･形状によって異なる．しかしながら実証的な知見はまだ少なく，詳細については不明の点が多い．

漁場整備の一環として大規模の魚礁などの海中構造物を海底に設置し，栄養塩に富む深層水の湧昇を人工的に促進することによって，海域の生産力を底上げすることを目的とした事業も進められている．

c. 潮境漁場

（i）潮境のおもな役割

異なる水塊間の潮境域には，好漁場が形成されることが古くから知られている．黒潮系暖水と親潮系冷水などが複雑に入り組んだ金華山・三陸沖は，その代表例の1つである．漁場形成に潮境が果たすおもな役割として，一般に，①異水塊の境界であることによる障壁効果，②水平収束に伴う浮遊性の餌料生物の集積効果，③潮境付近に発生する渦流や湧昇流によって高い生産力が維持されることの効果の3つがあげられる.

潮境域では，相接した2つの水塊間で，水温・塩分，水質，クロロフィル濃度，餌料生物密度などに大きな違いがみられ，そうした環境条件の違いを反映して生息する魚類の種類なども異なることが多い. これは，潮境がそれぞれ異なった生活圏をもつ生物の分布領域の境界となっているためであり，潮境が一種の障壁の働きをしていることを意味している. それに水平収束の効果が加わると，餌料生物や魚群の分布密度が潮境で急激に変化し，時によっては潮境付近に密度のピークを形成することになる. 一方，潮境域に発達する渦流やそれに伴う湧昇流の規模は大小さまざまであり，それらは高い生産力を維持することに大きく貢献するとともに，その発生から発達，消滅の一連の過程を通じて魚群の分布や離合集散と密接に関連するものと考えられる.

このような潮境が漁場形成に果たす役割の検証は，まだ十分とはいえない. 三陸沖や道東沖の潮境漁場では，人工衛星画像と調査船や航空機による詳細な海況情報，漁業の現場で得られた海況や魚群分布に関する同時性の高い情報などを総合的に用いながら，水温や流れの微細分布構造と魚群の分布・移動との関連などに関する検討が精力的に進められている. 潮境がいつ，どこに，どのようなメカニズムで形成されるのか，その強さや持続時間を決定する要因は何かなど，潮境の発生・持続・変化・消滅の過程について変動の実態と法則性を明らかにしていくことは，漁場形成の予測を可能にしていくために必須の研究課題である.

（ii）生物学的諸条件との関連

黒潮・親潮移行域の潮境に形成されるカツオ漁場の形成機構に関する研究のなかで，潮境に来遊したカツオ魚群の水温勾配に対する反応のしかたが，体長や肥満度などカツオの生理状態によって異なることが明らかにされている. すなわち，潮境の北側の親潮海域は生産性が高く餌料環境条件に恵まれている反面，黒潮海域に比べて著しく低水温であるため，ある程度以上の体長と肥満度をもつカツオだけが潮境を乗り越えて北側の海域に移動することができる. この潮境乗り越えのメカニズムはカツオ漁場の形成とも密接に関連しており，資源量が多い年には個体の成長が遅く小型の個体の割合が増え，潮境の乗り越え準備のために潮境域に滞留する魚群が多くなるため，潮境に好漁場が形成されると考えられている.

こうした研究成果は，これまでおもに海洋環境の面から追究されてきた潮境漁場形成のメカニズムに，生物学的な諸条件が大きく関与している可能性があることを示している. 資源生物までつながりをもった潮境の生物生産機能や，潮境付近の環境変化に対応した生物の応答行動などについて，生物側からのアプローチをさらに強めていくことが必要である.

d. 湧昇流漁場

（i）高い生産力

一般に，海洋の上層では植物プランクトンによる光合成が活発であるため，栄養塩類は消費されて枯渇状態になっていることが多い. 一方，深層の海水には有機物の分解によって生じた栄養塩類が蓄積されている. したがって，上層における生物生産を高めるためには，深層の栄養塩類を物理的機構によって上層に輸送することが必要となる. このような物理的機構の代表的なものが湧昇流（upwelling）である.

北米のカリフォルニア沖，南米のペルー・チリ沖，アフリカ西岸など太平洋や大西洋の東岸境界流域は，長期間吹き続ける大規模な風の作用によって継続的に湧昇流が発生する海域として知られ，イワシ類などの好漁場となっている. なお，ペルー沖など東部熱帯海域では，エルニーニョが発生すると沿岸の湧昇流が弱まるため，イワシ類などの漁獲量が著しく減少することが報告されており，地球規模の大気–海洋変動が漁場形成に及ぼす影響にも注意が必要である.

湧昇流が発生している海域では，深層の冷水が表層にもちあげられるために，水温躍層が上方に向かってドーム状もしくは山脈状に盛りあがった形状を示す（これを水温背斜構造とよぶ）. そのため表層を遊泳する魚類の遊泳層が狭められ，それが表層に魚群を蝟集させる効果をもつこともある．

（ii）**漁場の空間的特性**

湧昇流が継続的に発生する海域には生産性の高い漁場が形成されるが，湧昇流によって深層の栄養塩類が表層に供給されても，それを植物プランクトンが利用して増殖し，さらにその生産物が食物連鎖を経て魚類に利用されるまでにはタイムラグがある．そのため栄養段階が進むにつれて高生産域は湧昇流に伴う表層の流れの下流側に形成されることになり，湧昇流域自体は好漁場にはならない．湧昇流による漁場形成のメカニズムを明らかにするためには，風に対応した湧昇流発生の仕組みやそれに続く生物生産過程を定量的に把握するとともに，湧昇流発生海域の周縁を含む海洋構造の全体像を知ることが必要である．

（中田　英昭）

2.8.3　高次食物連鎖

A. 食物連鎖と海洋構造

海洋における基礎生産者の主体は数十マイクロメートルから百数十マイクロメートルの微小な植物プランクトンである．その他の海中の基礎生産者として，水深の浅い沿岸域では底生微細藻類や大型の海藻・海草が繁茂していたり，熱水噴出孔付近では化学合成を行う細菌が生息していたりするが，海洋全体でみるとそれらの生産量や現存量は植物プランクトンに比べるとごくわずかである．植物プランクトンを起点とする食う−食われるの一連のつながりを，生食食物連鎖という．これに対し，溶存態有機物を利用する細菌群集を出発点とした連鎖系を，微生物ループとよぶ．

生食食物連鎖は海洋構造と密接に関連している．植物プランクトンの増殖には光と栄養塩が必要である．海水は光を通しにくいため，植物プランクトンが光合成を行うために十分な光は，どんなに深くても海面から200 m くらいまでしか届かない．ところが一般に栄養塩は，上層では少なく下層で多い．それゆえ光と栄養塩の両方が十分にそろわない大洋は，植物プランクトンの濃度は低い．外洋に出ると生物をあまり見かけないのは，このためである．

亜熱帯循環域（日本近海では黒潮以南）は大洋のスケールでみると時計回りの循環となっている．これは鉛直的には等密度線が下に凸の構造となっていることを意味する．また海面は日射により暖められているので，成層構造が発達している．これらのため，栄養塩の豊富な下層水が上層に運ばれにくい．つまり亜熱帯循環域は，常に貧栄養である．栄養が乏しいこのような海域では，少量の栄養で増殖可能な藍藻類などの小型の植物プランクトンが優占する．

一方，亜寒帯循環域（日本近海では親潮以北）は，反時計回りの循環となっており，鉛直的には等密度線が上に凸の構造である．またとくに冬季は海面冷却により上層と下層の水が混合しやすい．すなわち下層の栄養塩が上層に運ばれやすい構造になっている．よって亜寒帯循環域では表層に比較的栄養塩が多く，珪藻などの大型の植物プランクトンが優占し，またその現存量も多い．

B. 食物連鎖と個体のサイズ

多くの海洋生物は水中を浮遊している．浮遊生活においては，捕食者は餌を丸飲みする必要がある．摂餌に時間をかけすぎると，餌が沈降してしまうからである．このため，海洋の捕食者は餌よりも大きくなければならない．またサイズが大きければ遊泳力も大きくなり，餌を追いかけて捕獲するのが容易になるという利点もある．しかし自分よりあまりに小さな餌ばかり食べていたのでは，エネルギー効率が悪い．このような理由から，一般に捕食者のサイズはその餌より数倍から1桁程度大きくなっている．これは，食物連鎖の段階を上がるごとに生物のサイズが大きくなることを意味する．

したがって小型の植物プランクトンから出発する亜熱帯循環域では，それを食べる動物プランクトンも小さい．また小型の動物プランクトンから大型の動物プランクトン，そして小型の魚といったように，食物連鎖は長くなる．一方，亜寒帯循環域では，植物プランクトンが大型なのでそれを食べる動物プランクトンも大型である．食物連鎖も短くてすむ．

C. 食物段階と生物量

動物は，食べた餌に含まれるエネルギーのすべてを成長や繁殖に使うことはできない．呼吸過程により有機物が二酸化炭素に分解される際に，熱エネルギーとして放出されてしまうからである．それゆえ，食う生物の総量は食われる生物の総量より必ず小さくなる．したがって食物連鎖の段階を上がるごとに，それを構成する生物量は小さくなっていく．一般にはエネルギー転送効率は 10 ～ 20％程度であり，食物段階が 1 つ上がるごとに生物量は約 1/10 になるといわれている．これを考慮すれば，小さな植物プランクトンから出発し，長い食物連鎖となる亜熱帯循環域では，その頂点に立つ大型魚類の生物量は小さい．一方，大型の植物プランクトンから出発し，短い食物連鎖でとどまる亜寒帯循環域では，魚類の現存量は大きくなる．

沿岸域は外洋に比べて，生態系がはるかに複雑である．沿岸域では，河川からの栄養塩流入や複雑な海岸・海底地形による擾乱に伴う下層からの栄養塩流入があるため生産が盛んで，単位体積あたりの生物量・生物種ともに外洋よりも多い．さらに，浮遊生物だけでなく，底生生物も生態系の重要な構成要員である．このため，食うものと食われるものが必ずしも 1：1 に対応しておらず，状況に応じてさまざまな食う－食われるの関係が生じている．このような場合は食物連鎖というより，食物網と表現するほうが適切である．

（笠井　亮秀）

2.8.4　地球環境変動の影響

水産資源は自然の状態で定常であり，資源量変動の主因は漁業にあるという「平衡理論」に基づいて，長年資源管理が試みられてきた．ところが，イワシ類などの資源量が世界各地で同期的に変動していることが明らかになるにつれて，漁業だけでは変動を説明できないことが認識されるようになってきた．そのため水産資源に対する地球環境変動の影響が調べられている．地球環境変動は，大きくは自然変動と，人間活動を原因とした変動とに区分され，前者の代表的なものとしては数年スケールのエルニーニョ南方振動（El Niño Southern Oscillation：ENSO）と数十年スケールの太平洋十年規模振動（Pacific Decadal Oscillation：PDO），後者としては地球温暖化や海洋酸性化があげられる．

A. 水産資源に対する自然変動の影響

南米チリ沖～北米西海岸沖では ENSO に関連して 3 ～ 7 年ごとにエルニーニョが発生する．この水域では沿岸湧昇域によって供給される栄養塩によって高い生物生産が支えているが，エルニーニョの発生によって表層水温の上昇と風の衰退を引き起こすことで沿岸湧昇が衰退し，生物生産量が大きく低下する．1972 年にペルー沖のカタクチイワシの資源量は激減したが，エルニーニョはその一因となったと考えられている．

また，ENSO は太平洋の水塊のフロントの位置や海流に影響を及ぼすことで，分布にも影響していると考えられている．西部北太平洋熱帯域に広がる高温・低塩分水塊である「暖水プール」は，エルニーニョが発生すると東へ拡大する．この水塊の東端のフロント域はカツオの分布の中心となっており，エルニーニョ時にカツオ漁場が東へ移動することが知られている．また，暖水プールの北のフロントはウナギの産卵場所となっているが，エルニーニョ時にこのフロントが南下することで産卵場所が移動し，黒潮に取り込まれるウナギ仔稚魚の比率が低下して日本沿岸へのシラスウナギの来遊量が減少することも報告されている．

エルニーニョ時には南から暖水が張り出すことで，アラスカ湾沿岸でも水温が上昇する．サケ・マス類は北太平洋沖合域で成長し，数年後に産卵のため河川に遡上する．しかし沿岸域での水温上昇に伴って，低水温を好むサケ・マス類は沿岸部に近づくことができなくなり，河川への遡上量が減少してしまう．さらにエルニーニョ時は中部北太平洋亜熱帯水域の水温が下降するため，高い水温帯を好むビンナガは，高水温域を求めて太平洋の縁辺部に分布域を変える．

PDO は数十年規模で，北太平洋全域の水温や混合層深度等の海洋環境を顕著に変化させる．これを気候のレジームシフトといい，近年では 1976/1977 年や 1988/1989 年に発生したと考えられている．北米の太平洋側では 1970 年代後期以降，サケ・マス類や底魚類の資源量が大きく増加した．これは，1976/1977 年のレジームシフトに関連して東部北太平洋で水温が上昇することで，上部混合深度が浅くなり，この水域の一次生産の制限要因となっている光の条件が改善し，生物生産が上昇したことが原因と考えられている．さらに日本周辺では 1976/1977 年のレジームシフト以降マイワシ資源量が増大している．これはアリューシャン低気圧の勢力の強化に伴って冬季の混合層深度が深くなることで，栄養塩類の供給量が増加し一次生産量が増大したことが原因と考えられている．同様にカリフォルニア海流域やフンボルト海流域でも 1976/1977 年以降にマイワシ資源が増大している．

このような変動の同期性は水産資源に対する地球環境変動の影響を考えるきっかけになった現象ではあるが，海洋環境に対するレジームシフトの影響は各水域で異なるため，同様のメカニズムで増加を説明することはできない．レジームシフトに対応したイワシ類の資源量変動のメカニズムについては，さらに研究を進める必要がある．

B. 地球温暖化の影響

a. 生物生産への影響

海洋の表層水温は，地球温暖化によってこの約半世紀の間全球で上昇していることが確認されている．このような水温の上昇は，物理環境プロセスに影響することで生物生産に影響すると考えられている．北太平洋では，広い範囲にわたり表層水温が上昇したことで成層化が進み，中層から表層への栄養塩の供給量が減少していることが報告されている．さらに植物・動物プランクトン現存量も減少していることから，栄養塩の供給量の減少は生物生産量の低下をひきおこしていると考えられている．今のところこのような栄養塩の供給量の減少に対する水産資源への影響は報告されていない．しかし今後もこのような傾向が続けば，水産資源への影響が顕在化してくる可能性がある．

b. 水産資源分布への影響

水温の上昇は水産資源の分布にも影響を及ぼしている．北大西洋・北海では，魚類の分布が水温上昇に伴って北へ移動していることが長期の漁獲データ解析から明らかになっている．さらに影響の度合いは種ごとで異なるため，水温上昇は漁場の位置を変化させるだけでなく，生態系構造を変化させることで将来の食物連鎖のミスマッチを誘発し，高次栄養段階の水産資源に深刻な影響を与えることが懸念されている．一方，現在までに北太平洋ではこのような分布の変化は報告されていない．

しかしコンピュータのシミュレーションでは，北太平洋亜寒帯の広い水域に生息するベニザケの分布が，水温の上昇に伴って今世紀中期にはベーリング海に限定されるようになることや，クロマグロの分布が餌生物の分布の変化に伴って変化することが予測されている．

c. 季節変動パターンの変化

水温上昇は生態系の季節変動パターンを変化させることで，水産資源へ影響する可能性も考えられている．北海では水温上昇に対応して，現存量がピークとなる時期が 10 日～数十日程度早まっていることが，数種の動物プランクトンで明らかになっている．一方で，春季における珪藻の bloom 時期はほとんど変化していない．これは前者の増殖や成長は水温や成層化が関係しているのに対し，後者には日長が関係しているためと推測されている．

このような種による水温変化への応答の違いは，被食者と捕食者の間のミスマッチを招き，生態系の物質の転換効率を著しく低下させる可能性がある．北海の重要な水産資源である二枚貝のバルチックシラトリの加入量は水温の上昇に対応して減少しているが，これはこの貝の産卵時期が水温上昇によって早まり餌である珪藻とのミスマッチが生じたためと考えられている．

d. 沿岸湧昇の変化と海氷面積の減少

カリフォルニア海流域に代表される沿岸湧昇域は，全海洋の面積の1％にも満たないものの，世界の水産資源の約2割が水揚げされ，水産上重要な水域である．地球温暖化は陸上の低気圧を強化することで沿岸湧昇を駆動する風を強めると考えられている．そのため湧昇が促進され表層への栄養塩類の供給量が増えることで，水産資源量が増加する可能性が指摘されている．一方で，地球温暖化に伴う表層水温の上昇は成層を強化することで湧昇を弱め，一次生産を低下させ，水産資源量を大きく減少させるとの予測もある．

地球温暖化は極域の海氷面積を減少させていることも報告されている．南極海では海氷は重要な一次生産者である海氷藻類の生息場所にもなっている．ナンキョクオキアミの資源量はこの数十年間漸減していることが報告されており，その一因として海氷の減少に伴う餌の海氷藻類の減少が考えられている．

e. 海洋酸性化

大気中の二酸化炭素濃度の上昇による海洋の酸性化が報告されている．酸性化は炭酸カルシウムの飽和度を低下させることで将来，とくに石灰質の殻や骨格をもつ生物に大きな影響を与える可能性が懸念されている．気候変動に関する政府間パネル（Intergovernmental Panel on Climate Change：IPCC）のシナリオに基づいたコンピュータのシミュレーションは二酸化炭素濃度の上昇に伴って外洋の海表面のpHが今世紀末までに0.3～0.5低下することを予想している．これは過去数千万～数億年の間で最も大きな変化で，海洋生態系に対して大きな影響を与えることが懸念される．とくに研究の進んでいるサンゴでは，酸性化の影響で形成量が14～30％低下することが予測されている．仮に今世紀半ばに二酸化炭素濃度が現在の2～3倍になった場合，酸性化と水温上昇の複合的な影響で，サンゴ礁を形成する造礁サンゴがほぼ絶滅する可能性も指摘されている．サンゴ礁は水産資源の重要な生息域となっていることから，造礁サンゴの絶滅は，熱帯域の水産資源に大きな影響を与えることが懸念される．

（田所　和明）

2.8.5 資源量変動予測

A. 海洋観測結果と漁獲データからの予測

魚類など水産資源の変動予測については，その年の漁期における短期的な漁獲量の予測と，TACによる資源管理や低位資源の回復を図るうえで重要な長期的な資源量変動予測の両面から研究が進められてきた．日本でも短期的な漁獲量の予測については，1960年代中盤から水産庁漁海況予報事業により全国的な体制が確立され，イワシ類・マアジ・サバ類・サンマ・スルメイカなどを対象にした10日程度の短期予測と2～3カ月程度の長期予測が実施されるようになった．このなかで，水温などの海洋観測結果やシラス来遊量などの生物データと，漁獲量や産卵親魚量との相関関係が多数報告されるようになり，とくに漁獲量変動が大きいマイワシについては，資源量変動予測の研究も行われるようになった．

1990年代には，環境要因とマイワシ未成魚漁獲量との因果関係の強さを，ニューラルネットワークにより解析し，環境要因によってマイワシの資源量の増減を再現することに成功するとともに，得られたモデルに環境要因を入力することで，短期的な資源予測の可能性が示された．同様に，2～3月の北緯37度以南の10℃等温線で囲まれる水域の面積と，マイワシの再生産成功率（親魚重量と漁獲対象として資源に加入した0歳魚尾数の比）との間に強い相関関係が認められることが見いだされた．そして冬季に親潮系冷水の南下が強ければマイワシの再生産指数が大きくなることを利用して，冬季の海洋観測結果とマイワシ産卵親魚資源量の推定値から，その年秋に漁獲される0歳魚の加入量予測が行われた．さらに，産卵調査から得られた卵分布量データを，黒潮流軸位置をもとにした海流のシミュレーションモデルに入力し，それぞれの海域における水温・餌料プランクトン量・競合種の情報を加えることで，ふ化したマイワシ仔稚魚の移動・成長・生残をふ化後180日目まで推定するモデルを作成し，海洋環境と産卵量の調査結果によるマイワシ加入量の早期予測が可能となった．

B. レジームシフト理論と将来予測モデル

このような，海洋観測結果や漁獲データの蓄積に基づく経験則的な資源量変動予測が進められているなかで，1980年代には資源量変動に関する2つの大きな研究展開があった．

1つはレジームシフト理論の提案である．これは，マイワシ・カタクチイワシ・ニシンなどの小型浮魚類が世界的に同期した資源量変動を示しているという発見に端を発している．その後の研究により，世界的に同期した小型浮魚類資源量の変動は地球規模の気象変動を原因としていることが広く認められ，同様の現象が底魚類やサケ・マス類などその他の海産魚類でも認められることがわかってきた．このため，長期的な資源量変動を予測するには，地球規模の気象変動を予測することが不可欠であることが広く認識され，研究者の関心は，地球規模の気候変動によって引き起こされる海洋変動が，魚類の資源量変動に影響を及ぼす仕組みに移っていった．

2点目は地球温暖化に対する強い懸念に基づく，国際的な将来予測研究の展開である．地球温暖化への対応を急ぐため，国際的な枠組みによる気候変動の将来予測モデル研究が進展していくなかで，海洋が気候変動に大きな役割をもつことが認識され，物理過程を記述した大気海洋大循環モデル（Atmosphere-Ocean Coupled General Circulation Model : AOGCM）の構築が進められた．

21世紀に入って，コンピュータの計算能力の向上によりモデルの精度が飛躍的に高められ，詳細に海水温・海面高度・海流などの将来予測を行うことが可能となってきたことを受けて，栄養塩−植物プランクトン−動物プランクトンに至る基礎生産と一次生産の変動を記述しようというモデル構築（Nutrient-Phytoplankton-Zooplankton-Detritus : NPZD）が進められた．それとともに，一部ではNPZDモデルを高解像度AOGCMと組み合わせる研究も開始された．北太平洋でも，基礎生産から二次生産までを対象としたNorth Pacific Ecosystem Model for Understanding Regional Oceanography（NEMURO）が構築され，パラメータの調整によって多くの海域へ適用されるようになった．

近年ではNEMUROを発展させ，サンマやニシンを対象にした魚類成長予測モデル（NEMURO for Including Saury and Herring : NEMURO.FISH）や，マイワシ・カタクチイワシを対象とした成長予測モデル（NEMURO for including Sardine and Anchovy : NEMURO.SAN）の構築が進むとともに，これらのモデルを，特定海域を対象とする高精度の海洋モデル（Regional Ocean Modeling System : ROMS）と組み合わせることによって，気候変動による生態系変動の結果生じる，魚類資源量の変動を予測する試みが行われている．

以上のように，水産資源の漁況変動に端を発した資源量変動研究は，気象や海洋物理といった他分野との強力な連携のもとで，地球温暖化を含めた地球規模の気象変動による海洋生態系の変化を予測するという，大規模な環境変化予測研究へと発展してきている．

（大関　芳沖）

2.8.6　漁業情報

漁業情報としては，漁場位置，漁獲量，魚体組成などの漁況情報と水温，黒潮・親潮の流軸，暖・冷水塊，潮境などの海況情報がある．また，漁業者などのユーザーが利用するその他の情報としては，予測情報，気象情報，流通情報などがある．

A. 漁海況予報

水産庁の「我が国周辺水域資源調査推進事業」により，資源の合理的な利用，漁業経営の安定および操業の効率化をはかり，資源の持続的な利用に役立てることを目的として実施されている．漁海況予報とは，どのような魚群が，いつ・

どこで・どのくらい・どのように集合し，いかに消長するかという漁場形成の状況を，漁況と海況の法則性に基づいて予報することである．

海洋環境の変動の影響を受けやすい浮魚類などの重要資源の漁況については，水産総合研究センターの各海区水産研究所，都道府県水産研究機関，その他関係機関が資源研究会議を開催し，定線海洋観測，漁場一斉調査結果などを検討して，数カ月間～半年間の漁期を対象とした漁況予測を行い，水産研究所から長期予報として漁期前や漁期中の適切な時期に発表される．対象となる海域および魚種については各海区水産研究所が分担している．

東北区水産研究所が担当する北西太平洋サンマ長期漁海況予報を例にとると，1回目はサンマ棒受網漁業の漁期開始にあわせて8月上旬に，2回目は漁期中間の10月上旬に発表され，来遊量，魚体，漁期・漁場に関する予報が提供されている．

海況についてはいずれの海域でも，水塊配置，流動環境，表・中層水温について経過・現況・今後の見通しが提供されている．

B. 漁海況速報

漁海況予報が漁期を単位とした期間を対象としているのに対して，漁海況速報は刻々と移り変わる海の状態と漁模様を広報することを目的としている．漁海況速報には，漁業情報サービスセンターによって日本周辺海域を対象として発行されるものと，都道府県の水産研究機関によって地先に重点をおいて発行されるものがある．

前者の例として，日本周辺漁海況情報がある．週1回，周年で発行されており，FAXにより提供されている．海況としては表面水温分布図，各海域の海況のとりまとめ，前年水温偏差図，平年水温偏差図などが，漁況としては各漁業種ごとの漁獲状況，調査船情報などが提供されている．また，長期漁海況予報が発表されたときには，その要約が掲載される．

都道府県が発行する漁海況速報の一例として神奈川県の場合をみると，1985年から2008年3月31日まで東京都・千葉県・静岡県と共同で「一都三県漁海況速報」を，2008年4月1日からは東京都・千葉県・静岡県・三重県・和歌山県と共同で「関東・東海漁海況速報」および広域版（土日祝日を除く毎日）を発行している．また，千葉県と共同で「東京湾口海況図」（毎日）を発行しており，そのほかに「漁況情報・浜の話題」（月2回），漁況予報「いわし」（年6回），「定置漁海況月報」（月1回），「神奈川県近海海況予報」（年3回），「東京湾溶存酸素情報」（随時），「NOAA人工衛星画像」（自動更新），「リアルタイム海況データ」（毎時自動更新）など，多様な情報がホームページなどで提供されている．

C. 気象情報

風，波浪，日照，降雨は漁業生産活動と密接に関係している．荒天や台風は海上の船舶にとって大きな脅威である．気象庁は船舶の安全などを確保するため，海上における風向･風速，波高などの予報，強風，濃霧，着氷等の警報を衛星放送，ナブテックス無線放送，NHKラジオなどにより提供している．気象情報としては，漁業気象通報，漁業無線気象通報，気象庁気象無線模写通報，遭難・安全通信システム（GMDSS）がある．

（根本　雅生）

2.9 水産資源各論

2.9.1 ニシン・イワシ類

ニシン科魚類のニシン類（*Clupea* 属2種）とマイワシ類（*Sardinops* および *Sardina* 属の6種）は，世界中で資源として大量に利用されている．カタクチイワシ類を含むニシン・イワシ類の漁獲量は世界の海面漁業生産量の20～40%を占め，人間の食料資源として大きな位置を占めてきた．海洋生態系においてもこれらの魚種は重要な位置を占めている．プランクトン食性で大きな資源量をもち，濃密な魚群を形成する小型魚類は，まぐさ魚（forage fish）とよばれることがある．まぐさ魚は，低次生産者から魚食性魚類や海生哺乳類，海鳥など高次捕食者へのエネルギーの流れを媒介している．ニシン・イワシ類は代表的なまぐさ魚である．これらの魚種の資源量は大規模に変動するために，それに伴って海洋生態系におけるエネルギーの流れも大きく変化する．

A. ニシン類の変動

a. 北海道春ニシン

19世紀末〜20世紀はじめに，北海道日本海側を主漁場として，産卵場に来遊するニシン（*C. pallasii*）が大量に漁獲された．このニシンは北海道春ニシンとよばれ，1897年の北海道における漁獲量は97万tに達した．春の数カ月間の産卵期に，沿岸の定置網による漁獲量が100万t近くに達したことは，この年代のニシン資源量がきわめて大きかったことを示す．しかし，19世紀末を最盛期として漁獲量は大きな年変動を示しつつ傾向的には減少し，北海道春ニシン資源は1950年代に北海道沿岸から姿を消した．

北海道春ニシンは，北太平洋に広く分布するニシンのうち，北海道−サハリン系群ニシンとよばれる群で，かつては春季に北海道とサハリンの日本海沿岸へ来遊し，沿岸の海草類や藻類に粘着卵を産みつけた．夏まで産卵場周辺で成長したのち，稚魚は日本海北部やオホーツク海まで索餌回遊し，3歳で初回産卵したのち，5〜10年間にわたってくりかえし産卵した．北海道沿岸から産卵群が姿を消して以降半世紀以上が経過するが，資源は回復傾向をみせず，現在ではサハリン南部西岸でわずかに産卵がみられるのみである．

b. ノルウェー春産卵ニシン

スカンジナビア半島西岸には，ノルウェー春産卵ニシンとよばれる大きな資源が存在する．ノルウェーの漁獲量は1950年代〜1960年代半ばには50〜140万tであったが，1960年代末から急速に減少して1979年には1.0万tの最低水準となった．その後1980年代後半に約30万t，1990年代後半には約80万tと漁獲量が回復し，2008年には100万tを超えた．

ノルウェー春産卵ニシンは，北大西洋に広く分布する大西洋のニシン類（*C. harengus*）の1系群である．春季にノルウェー中南部へ来遊し，水深200m前後の海底の礫に粘着卵を産みつける．稚魚はノルウェー海からバレンツ海へ回遊し，3歳から10年間以上にわたってくりかえし産卵を行う．

c. 北海秋産卵ニシン

北海には春に産卵するニシン類と秋に産卵するニシン類が存在する．このうち秋に産卵するニシンは北海秋産卵ニシンとよばれ，大きな資源量を誇る．1960年代には60〜110万tと大量に漁獲されたが，1970年代に激減して1978年に1.1万tとなった．1980年代後半以降は30〜90万tの水準に回復した．

このニシン資源は大西洋のニシン類（*C. harengus*）で，英国北部シェットランド諸島周辺，英国中部ドッガー海堆，英国海峡の3つの産卵場で生まれる群から構成される．これら3産卵群は北海において混在し，1歳の稚魚時点から大量に漁獲されるために資源管理上の1つの単位として漁業管理の対象とされている．

d. 共通点

以上のように，ニシン資源は資源量変動に伴って漁獲量が大きく変動する点で共通している．資源量変動の原因として，海洋環境の長期変動と強い漁獲の両方の影響が考えられてきた．資源量変動の直接的な要因は，新規加入量の大きな変動である．北海道春ニシンでは3歳時における漁獲尾数が0.01億尾（1941年級）〜8.3億尾（1915年級）の範囲で，ノルウェー春産卵ニシンの3歳魚資源重量は推定値0（1971年級）〜250万t（1992年級）の範囲で，北海秋産卵ニシンの3歳魚資源尾数は1.5億尾（1975年級）〜75億尾（2001年級）まで，それぞれ大きく変動したのである．

B. マイワシ類の変動

a. 日本周辺海域のマイワシ資源の変動

マイワシ（*Sardinops melanostictus*）は日本で古くから資源として利用され，古文書の記述から豊漁期と不漁期がくりかえし訪れたことが読み取られている．20世紀における日本周辺海域のマイワシ漁には，1930年代後半と1980年代後半に豊漁期があった．1933〜1939年には漁獲量が 100 万 t を超えた(1938 年は 99 万 t). 1940 年代前半に漁獲量は大きく減少し，1960 年代半ばには 1 ～ 2 万 t の最低水準となった. しかし 1970 年代はじめから漁獲量は再び増加しはじめ，1976 年には 100 万 t を超えた. 1978 年以降ソ連(現ロシア)による漁獲量も記録にあらわれ，1988 年には 528 万 t(日本 449 万 t，ロシア 79 万 t)に達した. 1983 ～ 1990 年の 8 年間にわたって漁獲量が 400 万 t を超えた後に漁獲量は急減し，1996 年には最盛期の 1/10 以下の 32 万 t となり，2002 年以降は 5 万 t 前後で推移している.

マイワシは，直径 1.5 mm の分離浮遊卵を産する. 太平洋側海域では，2，3 月を盛期として黒潮域で集中した産卵を行う. 産み出された卵とふ化した仔魚は産卵場を北東流する黒潮によって輸送される. 仔魚のかなりの割合は，房総半島沖の黒潮続流域に達して成長し，体長が 35 mm を超えるころから稚魚となり，群れをなして北上回遊する. 一部は沿岸域へと輸送され，シラスや当歳魚として漁獲される. 北上回遊群は春～初夏に東北沖を北上し，夏には親潮域に達して活発に摂餌し，体長 100 mm を超える当歳魚に成長する. 秋から冬にかけて北日本沖合いを通って房総半島沖の黒潮域まで南下する. 南下回遊の過程で三陸沖合いのまき網漁場に加入する. 2 歳で成熟した後数年間くりかえし産卵を行う.

1990 年代はじめからの漁獲量激減は，1988 年以降の新規加入量激減によってひきおこされた. 1980 ～ 1987 年の 8 年間は，毎年 2,000 億尾を超える当歳魚が資源へ新規加入したのに対して，1988 年と 1989 年の新規加入尾数は約 200 億尾，1990 年と 1991 年が約 60 億尾と，4 年間連続してきわめて低水準となった. マイワシの場合でも，大きな漁獲量変動が新規加入量変動によってひきおこされたのである. さらに，これら 4 年間の産卵量は，1987 以前と同等以上の水準にあったことが，黒潮海域における産卵量調査の結果からわかった. したがって，1988 ～ 1991 年に起こった新規加入量の激減は，産み出された卵が当歳魚資源に育つまでの約半年間における著しく高い死亡率によって起こったことも明らかとなった.

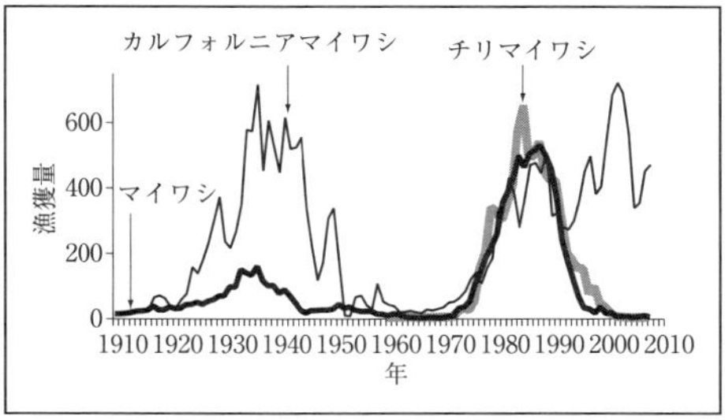

図 2.9.1-1　太平洋に分布するマイワシ類 3 種の漁獲量変動
単位:マイワシ(太線)とチリマイワシ(灰色線)は万 t，カリフォルニアマイワシ(細線)は千 t.

b. 北米西岸のマイワシ類の資源変動

太平洋に分布する 3 種のマイワシ類の漁獲量を 1910 年以降についてみると，いずれの海域でも大規模な変動を示している. 北米西岸のマイワシ類〔*S. caeruleus*(カリフォルニアマイワシ)〕は米国とメキシコによって漁獲されている. 1930 年代末に 72 万 t の漁獲量をあげた後に 1940 年代後半から急減し，1950，1960 年代は数万トンの水準にあった. 1970 年代から急増し，1989 年に 51 万 t まで増加した. 1990 年代前半にはやや減少したが 1995 年から再び増加しはじめ，2002 年には 1930 年代末と同じ 72 万 t に達した.

c. 南米西岸のマイワシ類の資源変動

南米西岸のマイワシ類〔*S. sagax*(チリマイワシ)〕は，おもにペルー，チリ，エクアドルによって漁獲されている. 1960 年代の漁獲量は 1 万 t 以下であったが，1973 年から急増し，1978 年には 200 万 t，1985 年に 645 万 t の最高値に達した. しかし，その後に急減し 1993 年には 200 万 t を割り込み，2000 年には 30 万 t あまりとなり，2008 年では漁獲皆無となった.

d. レジームシフトと自然変動

3 種のマイワシ類における漁獲量変動をこのようにみると，増減傾向が同期していることが読み取れる(図 2.9.1-1). 1930 年代後半の豊漁期の後に減少し，1970 年代に再び急増して

1980年代中盤から後半に豊漁期を迎えた点は，3魚種に共通している．このように遠く離れた海域におけるマイワシ類資源の同期的変動は，今日では，海洋生態系のレジームシフトという考え方で理解されるようになった．すなわち，気象現象が1つの状態から別の状態へ変化するのに伴って，水温・流系・鉛直混合などの海象現象が大洋規模で変化し，それに対応して海洋生態系における基礎生産，二次生産，生物資源生産の構造的枠組み（レジーム）が不連続に転換（シフト）するという認識である．海洋生態系のレジームシフトに伴って大規模な自然変動をくりかえすニシン・イワシ類を，持続可能な資源として将来にわたって保全し利用する考え方と，漁業管理手法の確立が求められている．

（渡邊　良朗）

2.9.2 カタクチイワシ類

A. 種類，分布および系群

カタクチイワシ（*Engraulis japonicus*）は，ニシン目カタクチイワシ科に属している．カタクチイワシ科魚類は英語でanchovyとよばれる．すべての鰭条が軟条からなり，1基の背鰭が体のほぼ中央に位置し，はがれやすい円鱗をもつというニシン目魚類の共通項に加え，下顎に対して上顎が突出する特徴をもつ．カタクチイワシ属のほかにインドアイノコイワシ属（*Stolephorus*），タイワンアイノコイワシ属（*Encrasicholina*）などが含まれるが，やや低緯度の海域に生活し，資源量はあまり大きくならない．カタクチイワシ科には，日本では有明海の筑後川流域にのみ残る大陸残存種のエツ（*Coilia nasus*）などのエツ類も含まれ，背鰭が体の前方にあり，胸鰭が糸状に伸び，臀鰭と尾鰭が融合するなど，汽水域での生活に適応した独特の外形を呈している．

カタクチイワシ属（*Engraulis*）は，世界の中緯度海域の広い範囲に分布し，表層付近を群れをなして遊泳する小型浮魚類である．1つの海域に1種のみが生息し，資源が大きくなるものが多い．太平洋にはカタクチイワシのほか，アメリカ，メキシコの沖に*E. mordax*が，南米のペルー，チリ沖には*E. ringens*が分布する．*E. ringens*は資源量が非常に大きく，年間漁獲量が1,200万tを超すことがある世界最大の魚類資源である．大西洋では北海，地中海とアフリカ北西岸に*E. encrasicolus*が分布し，相当量の漁獲がある．アフリカ南西岸には*E. capensis*が，アルゼンチン沖には*E. anchoita*が生息し，漁獲対象となっている．北米大西洋岸とオーストラリアにもいるが漁獲は少ない．

標準和名のカタクチイワシは上顎が突出する特徴から名づけられ，「たれくちいわし」とよぶ地方もある．背部が濃青緑色であることから「せぐろいわし」ともよばれ，沿岸域に生息する個体では背部の青緑色が淡く，「しろだれ」として区別されることがある．日本周辺を主分布域とし，北は中国，韓国沿岸から南は台湾，フィリピンにまで広く分布する．また，太平洋の沖合域にも広く分布し，とくに資源量が大きい年代には分布を大きく沖合に広げ，西経海域でも採集されることがある．マイワシ資源崩壊後は日本の漁獲量第1位を占め，漁獲対象としても重要であるが，カツオなどの大型魚類の主要餌料となり，海洋の生産力を大型重要種に変換する生態系の架け橋として，非常に大きな役割を果たしている．

カタクチイワシの系群についてはさまざまな見解があるが，水産総合研究センターによる資源評価では北海道～九州西岸に分布する太平洋系群，瀬戸内海系群および東シナ海，日本海に分布する対馬暖流系群の3系群に分けられている．しかし，各群間の交流も多く，カタクチイワシの系群は明確に分離されたものではない．また，春季発生群と夏秋季発生群が区別されるが，これも明瞭に分離したものではない．

B. 成熟と産卵

カタクチイワシの象徴的な資源生態学的特性が，周年にわたる高頻度の産卵である．生物学的最小形は体長（被鱗体長）約8cmであるが，飼育環境で盛んに産卵するのは10cmを超えた個体である．産卵は夜間の21時頃に水深20m層付近で行われる．ただし，水深が1m

以内の飼育水槽でも産卵は起こるので，海域でも産卵水深は変わるものと思われる．

成熟産卵様式は卵径頻度分布が2峰あるいは3峰型で，短時間で産卵をくりかえす多数回分割産卵である．卵黄蓄積卵はすでに受精卵と同様の長球形となっている．産卵バッチの最終成熟過程である吸水，排卵は夜間の産卵に向け，当日に短時間で起こる．このため，早朝に水揚げされることの多いカタクチイワシ雌親魚の卵巣には，吸水卵はめったにみられない．産卵後の再成熟も短期間で進み，排卵痕の分析結果から産卵間隔は2～6日で，水温が高くなると短くなる．

1回あたり産卵数は体サイズに依存するが，体長10 cmの個体で，1,000～8,000程度と変動が大きい．後述する，水温に依存した卵サイズ変動の影響が最も大きく，卵が大きい低水温期には少なく，逆に小卵の高水温期には多くなる．栄養状態，個体群密度および産卵間隔なども1回あたり産卵数の変動要因となっている．

C. 発育と成長

カタクチイワシ卵は分離浮性卵であり，長径1.0～1.6 mm，短径0.55～0.70 mmの長球形で，囲卵腔は狭く，油球はない．受精卵は表面水温が12～30℃の広い範囲で採集され，卵サイズは水温に依存して変化する．水温が低い冬・春季には大型で，夏に向けての水温上昇に伴い小型化する．受精からふ化までの時間は水温の上昇とともに急減し，15℃では約72時間のものが20℃で40時間，28℃では24時間になる．ふ化仔魚の体長は卵サイズに比例し，およそ2.3～2.8 mmである．仔魚は卵黄栄養により急速に伸長し，ふ化3日後には3.3～4.4 mmに達する．この頃に卵黄を吸収し終わって後期仔魚となり，摂餌を開始する．体長6 mm程度で体の後方に背鰭と臀鰭があらわれる．後期仔魚期における平均的な成長速度は0.2～0.5 mm day^{-1}であり，表面水温との間には約22℃で最大値を示すドーム型の関係が認められる．20 mm以上になると「しらす」として漁獲対象となる．体長約40 mmに達し稚魚期に移行すると，上顎の突出が明瞭になり，背鰭は体のほぼ中央まで前進して成魚と同様の形態となる．この時期の魚は「かえり」とよばれ，おもに煮干しに加工される．

ふ化後1年で体長約10 cmに達して成熟，産卵をくりかえし，2～3年で約14 cmになり，その後寿命がつきる．まれにではあるが，体長20 cmに達する個体が漁獲されることがある．成長には大きな個体差があり，年級群間でも大きな差があるという．満1年で13 cmに達することもあり，こうした成長の速い個体は短命であるという．カタクチイワシは成魚期に高頻度で産卵をくりかえし，投資エネルギーは大きく，体成長は停滞する．したがって，成長速度と産卵は密接に関係していると思われる．

D. 食　性

カタクチイワシの主餌料は生涯を通じて動物プランクトンであり，とくに海域に最も多く生息するカイアシ類の卵から成体のうち，体サイズにあったものを摂餌する．摂餌開始期の後期仔魚はカイアシ類の卵とノウプリウス幼生を主食とする．餌を1個体ずつとるついばみ摂餌であり，体をS字状に曲げ，餌プランクトンにねらいをつけ，体を素早く伸ばす勢いで摂餌する．

稚魚期以降のカタクチイワシの鰓には長く，密生した鰓耙（さいは）が生ずる．これによりプランクトンを濾過して捕食するフィルターフィーディングが可能になる．胃内要物からは珪藻類などの植物プランクトンや毛顎類なども見いだされるが，半量以上はカイアシ類のコペポダイト幼生や成体である．大型の餌がある場合にはついばみ摂餌も行い，飼育環境では配合飼料も摂食する．胃内容物と環境中のプランクトン組成は類似するが，完全には一致せず，これはついばみ摂餌による選択があるためと考えられる．

E. 漁業と資源の動向

1996～2005年における日本周辺海域でのカタクチイワシの年間漁獲量は125～209万tであり，カタクチイワシ類では*E. ringens*に次いで大きな資源であるといえる．多い順に，中国（67～130万t），日本（23～53万t）および韓国（20～25万t）が漁獲し，中国による漁獲は1990年代に急速に発展して1990年に5万t強であったものが1997年に120万tに達し，以後は100万t以上を維持している．日本では，ほかにイワシ類の後期仔魚である「しらす」が5～7万t漁獲され，大半がカタクチイワシである．

日本では主としてまき網，船びき網，棒受網および定置網により漁獲されている．1950年代からの年間漁獲量は13万～53万tと変動幅が4倍程度で，カタクチイワシの資源はマイワシのように大変動をせず，資源量は安定している．とはいえ，資源量の変動幅は漁獲量のそれよりは大きい．資源高水準期には分布が沖合化するなど，未利用資源が増えるためである．経年的には，マイワシ資源が増大した1970～1980年代は低水準であった．1988年以後のマイワシ資源の崩壊とともに増大し，2000年頃にピークに達したと考えられる．2005年以後はやや資源水準が低くなっている．

（今井　千文）

2.9.3 サバ類

A. 種類と系群

スズキ目サバ科のサバ属には，マサバ（*Scomber japonicus*），ゴマサバ（*S. australasicus*），タイセイヨウサバ（*S. scombrus*）および Atlantic chub mackerel（*S. colias*）の4種が確認されている．日本周辺にはマサバとゴマサバが分布し，サバ類と総称される．

マサバとゴマサバは形態がよく似ている．ゴマサバは腹部にゴマ状の斑紋がみられること，体側線上に明瞭な黒い斑紋が並んでいることによって，マサバと識別される．マサバの第1背鰭棘の間隔はゴマサバのそれより広いことから，第1背鰭の第1棘と第9棘基底部の間隔を尾叉長で割った値の100倍を判別指数とし，この値が12より大きい場合はマサバ，小さい場合はゴマサバと分けることができる．この方法による判別の正確さは，DNA検査によって確認されている．

日本周辺のマサバは，東シナ海から日本海にかけての対馬暖流域に分布する対馬暖流系群と，九州東岸～本州太平洋沿岸～千島列島に分布する太平洋系群に，ゴマサバは東シナ海から九州西岸に分布する東シナ海系群と，九州東岸～太平洋沿岸～千島列島に分布する太平洋系群にそれぞれ分けられる．これらの系群は分布域や漁業との対応によって分けられているものであり，同種の系群間における遺伝的差異は確認されていない．

B. 発育と成長

卵期から稚魚期までの発達過程を，マサバ太平洋系群を例に示す．受精直後の卵の直径は1.0～1.1 mmで，直径0.25～0.3 mmの油球を1つもつ．水温20℃では受精後47時間でふ化する．ふ化直後の前期仔魚の全長は2.8 mmである．ふ化後約47時間，全長3.5 mmで開口する．後期仔魚は1～2 mm day^{-1}の速度で成長し，全長4.0 mmで油球が消失する．全長15 mmで各鰭条が定数に達し，稚魚となる．全長23 mmまでに第1背鰭と第2背鰭が分離，全長50 mmで各鰭が独立し，稚魚は群れをつくって泳ぐようになる．

稚魚期以降の成長は系群によって異なるが，マサバ対馬暖流系群の成長を例に示すと，ふ化後1年で尾叉長25～28 cm，2年で29～32 cm，3年で33～35 cm，4年で約36 cmに達する．マサバよりゴマサバのほうが成長は速い．同種の成長を系群間で比較すると，東シナ海～対馬暖流の系群の成長は，太平洋の系群の成長より速い傾向にある．

マサバ太平洋系群では，成長速度が密度依存的に変化することが知られている．0歳魚（ふ化後6～9カ月）の平均尾叉長は，資源高水準期の1970年代には20 cm前後であったが，低水準期の1990年代には22～25 cmと増加した．このような年齢別平均体長の経年変化は，年級ごとの加入量水準と海洋環境から説明できるとされている．漁獲物にみられる最大体長は，マサバ太平洋系群では45 cm程度であるが，60 cm以上の個体の報告もある．7歳以上の個体はまれにしか漁獲されず，寿命は8～10歳程度と考えられる．

C. 成熟と産卵

マサバ・ゴマサバとも分離浮性卵を産出する多回産卵魚である．1回の産卵数はマサバで5～9万粒と考えられる．産卵期は1～7月にわたり，南方の海域ほど早い時期から産卵が始まる．1尾は1回の産卵期に複数回産卵し，また複数年にわたり産卵する．雌の年齢別成熟割合はゴマサバ東シナ海系群およびマサバ対馬暖流系群では，1歳で60%，2歳で85%，3歳以上で100%とされている．マサバとゴマサバの太平洋系群は尾叉長約30 cm以上の個体が成熟する．マサバ太平洋系群では1歳魚はほとんど成熟せず，2歳魚でおおむね50%，3歳以上で100%が成熟するが，マサバ太平洋系群の年齢別成熟割合は年代によって変化することが知られている．2歳魚の成熟割合は，資源量高水準期の1970年代は2～36%であったが，低水準期の1990年代には23～67%と高くなった．これは，初回成熟体長が尾叉長30 cm前後とおおむね一定であるのに対し，年級群ごとの成長速度は前述のように加入量水準によって変化することによる．

D. 食　性

仔稚魚期のサバ類は，小型の浮遊性甲殻類やイワシ類の仔魚を捕食する．幼魚期以降は，これらのほかに小型魚類やイカ類も捕食する．成魚はオキアミなどの浮遊性甲殻類，カタクチイワシなどの小型魚類，イカ類などを捕食する．

2002～2007年秋季に千島沖～道東海域～三陸海域において，トロール調査で漁獲された，尾叉長16～30 cmのサバ類の胃内容物組成（個体数比）を一例として示すと，マサバではオキアミ類が52%と最も多く，次いで甲殻類（カイアシ類と端脚類を除く）31.1%，カタクチイワシ14.1%，その他の魚類11.3%であった．ゴマサバも同様の傾向で，オキアミが最も多く48.7%，次いで甲殻類38.8%，カタクチイワシ以外の魚類10.5%，カタクチイワシ6.4%であった．

E. 分布・移動

マサバ対馬暖流系群は東シナ海南部の中国沿岸から東シナ海中部，朝鮮半島沿岸，九州・山陰沿岸の広い海域で発生する．春～夏に索餌のために北上回遊し，その範囲は日本海北部にまで及ぶほか，黄海や渤海にも分布する．秋冬に越冬・産卵のため南下回遊するが，日本海北部で越冬する群もある．ゴマサバ東シナ海系群は，マサバに比べて南方域に分布する．魚釣島からクチミノセの海域で1～4月に発生し，成長した群が東シナ海南部海域から九州西岸にあらわれ，一部は日本海にも分布する．薩南海域では，1～5月に産卵が行われ，春季には九州西岸もしくは太平洋岸に幼魚が出現する．

マサバ・ゴマサバ太平洋系群の仔魚は，日向灘から伊豆諸島北部の黒潮流域周辺の産卵場で発生し，成長しながら黒潮によって北東へ移送される．尾叉長20～150 mmの稚幼魚は西～東日本の沿岸域から東経165～170度付近の黒潮親潮移行域に分布を広げる．移行域に移送された稚幼魚は成長とともに北上し，夏秋季は道東～千島列島の太平洋沿岸・沖合で索餌期を過ごし，秋冬季には常磐～房総半島の沿岸・沖合の黒潮続流周辺海域で越冬する．越冬後，マサバは北上回遊して三陸海域から道東海域に達する．秋冬季には南下し，未成魚は常磐～房総海域で越冬し，成魚は産卵のため伊豆諸島以西へと南下回遊する．

1980年代まではゴマサバは三陸以北の海域ではあまり見られなかったが，近年資源量の増大と東北～北海道海域の表面水温の上昇に伴い，0～2歳魚は夏秋季に三陸北部や道東海域まで索餌回遊して漁場を形成するようになった．3歳以上の成魚は高齢になるに従って主分布域が足摺岬周辺などの黒潮流域へ移り，さらに黒潮上流の東シナ海へ移動する群もあると推定されている．

F. おもな漁業

ゴマサバ東シナ海系群およびマサバ対馬暖流系群は，大中型まき網および中・小型まき網漁業によって漁獲される．主漁場は東シナ海～九州南部沿岸域である．韓国・中国もこれらの系群のサバ類を漁獲する．

マサバおよびゴマサバ太平洋系群は，太平洋

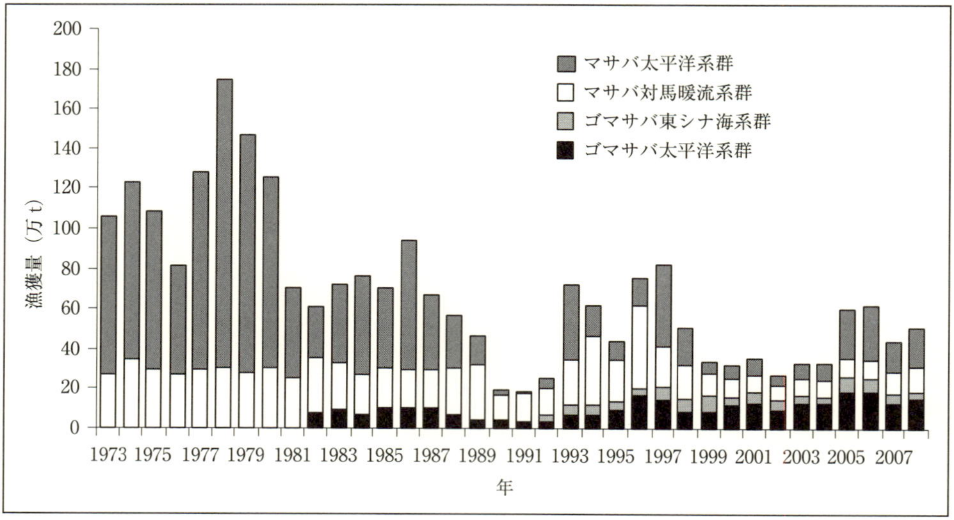

図 2.9.3-1　日本漁船によるサバ類漁獲量の推移

北部海域ではおもに大中型まき網によって漁獲されるほか，定置網漁業によっても漁獲される．太平洋中部～南部海域では，まき網漁業，たもすくいや棒受網などの火光利用サバ漁業，定置網漁業および釣り漁業により漁獲される．

G.　資源の動向

日本漁船によるサバ類の年間漁獲量は 1960 年代から増加し，1978 年の 174 万 t を最高値として，その後減少に転じた．1990 ～ 1991 年に 19 万～ 20 万 t 以下に落ち込んだのち，1993 年以降は 30 万～ 80 万 t で変動している．このような大きな変動は，主としてマサバ太平洋系群の漁獲量変動によって生じた．マサバ対馬暖流系群およびゴマサバの漁獲量の変動幅は小さく，比較的安定している（図 2.9.3-1）．

マサバ太平洋系群には，数年おきに少ない親魚量から卓越年級群があらわれるという特徴があり，毎年の加入量の変動が大きい．マサバ太平洋系群に比べると，マサバ対馬暖流系群や，ゴマサバ 2 系群の加入量変動幅は小さく，それが漁獲量の安定によくあらわれている．以下に各系群の資源動向を述べる．

マサバ対馬暖流系群の資源量は 1973 ～ 1989 年は 88 万～ 126 万 t 前後で安定していた．その後 1990 年にかけていったん減少したのちに増加し，1992 ～ 1996 年は 110 万～ 137 万 t に達したが，1997 年以降再び減少した．2008 年級群の発生量が比較的多かったことから，現在は増加傾向にあると考えられている．

ゴマサバ東シナ海系群の資源量は 1992 年以降 11 ～ 24 万 t と安定して同程度の水準を維持している．加入量水準も安定し推移している．そのようななかで 2004 年級群は加入量が比較的多かったため，2005 年の資源量水準は近年では 19 万 t と高い値となったが，その後は減少傾向にあると考えられている．

マサバ太平洋系群の推定資源量は，1970 年代には 300 万～ 470 万 t，1980 ～ 1986 年はやや減少して 140 万～ 170 万 t となったが，1980 年代末にさらに減少し，1990 年には 20 万 t 程度にまで落ち込んだ．資源量が減少した 1990 年以降，1992 年および 1996 年に 2 つの卓越年級群が発生したが，これらの年級群は成熟する前の 0 ～ 1 歳魚時から多獲されたため，資源量の回復は一時的であった．1998 ～ 2003 年の資源量は 15 万～ 30 万 t と著しく低い水準で推移した．その後 2004 年および 2007 年に加入量水準の高い年級群が発生しており，現在の資源量は著しい低水準からは脱しつつあると考えられる.

ゴマサバ太平洋系群は1995年以降高い水準にある. 2004年に加入量水準の高い年級が発生したことにより, 2005年の資源量は63万tと最高水準となった. その後は減少傾向にあるが1995年以降でみると依然として高い水準にあり, 資源量の変動幅も小さい.

(渡邊　千夏子)

2.9.4 サンマ

A. 種類と系群

サンマ(*Cololabis saira*)はダツ目サンマ科に属する沖合性の表層魚である. 北太平洋とその縁海(日本海・オホーツク海・東シナ海・ベーリング海)の亜熱帯水域から亜寒帯水域にかけての非常に広い海域に分布している. 生息水温範囲は, 7〜24°Cに及ぶが, 8〜20°Cの水域に多い. 夏季には亜寒帯水域へ北上し, 冬季には混合水域以南へ南下する.

近年行われた中層トロール調査の結果によれば, 北西・中央太平洋では, 初夏には東経155〜180度付近の沖合域に分布が多く, 日本近海には少ない. 過去には, 地域系群が存在するとされたこともあったが, 近年の集団遺伝学的な研究により東シナ海, 日本海や北米沿岸に分布するものを含めて, 資源全体が均質な1つの集団からなっていると考えられている.

B. 成熟と産卵

実質的に産卵に参加するのは25 cm以上の中型魚からである. サンマの0歳魚は1年で28 cmくらいまで成長することから, 0歳の越冬時にはかなりの割合のサンマが成熟・産卵すると考えられているが, 産卵の主体をなすのは体長の大きい1歳魚である. 北西太平洋においては, 産卵は夏季を除きほぼ1年を通じて行われており, 主産卵期は冬季と推定されている. 産卵場は黒潮続流域が中心と考えられているが, 秋季や春季には黒潮続流北側の混合域でも広く産卵がみられる. 産卵場は沿岸域に限定されているわけではなく沖合にも広がっており, 北米西岸までほぼ連続している.

飼育実験によれば, 水温15°C以上で性成熟が進み, 産卵を行う. 産卵は多回産卵で, 大型魚の1回あたりの産卵数は平均1,000〜3,500粒で, 3〜6日おきに産卵をくりかえし, 産卵期通算ではおおむね30回前後の産卵を行うと考えられている. 大型魚の卵巣重量は, 未熟なときには0.4〜0.6 g程度であるが, 産卵盛期には10 g以上に達する. 北西太平洋では, 南下回遊の開始(初秋)から成熟が徐々に進行し, 大型魚から先に成熟する. 冬季には中型魚(当歳魚)もかなりの部分が成熟するものと想定されるが, 北上期(春季)に入ると生殖腺は徐々に退縮し, 親潮域(夏季)では未熟な状態に戻ると考えられている.

卵はやや楕円形で, 纏絡糸(てんらくし)で流れ藻などの浮遊物に巻きつき, 多数の卵が絡み合って葡萄状をなす典型的な付着卵である. 卵の長径は1.7〜2.2 mm, 短径は1.5〜2.0 mmである. 産卵行動については, 確かな報告はないが, 水槽での観察などによると, 産卵直後に付随してきた雄による放精が行われ, 受精すると考えられる. なお, 浮遊物のほとんどない海域でもふ化直後の仔魚がみられるが, このような海域では卵がどのように産み出され, ふ化しているのかはよくわかっていない.

C. 回　遊

a. 0歳魚

北西太平洋では秋から春季にかけて黒潮続流域や移行域南部で発生した仔稚魚は海流によって東へ輸送され, 春季の表面水温の上昇とともに亜寒帯水域へ向けて成長しながら北上する. 一方, 秋季になると亜寒帯水域の表面水温の低下とともに南下を開始し, 冬季には移行域・黒潮続流域に南下する. 黒潮続流の影響で, 日本近海を南下した群の大半は東側へ移動するようである.

b. 1歳魚

越冬したサンマは春季の表面水温上昇とともに北上を開始し, 初夏には再び亜寒帯水域に北上する. 夏以後, 0歳魚と同様に水温の低下とともに南下するが, 北上・南下のタイミングは

0歳魚より早い．分布域の西縁に位置する群は盛夏から秋にかけて北西側に回遊し，その後，親潮に乗って南下し，千島列島・北日本の太平洋側沖合を通過する．そして，日本やロシア漁船の漁獲対象となる．1歳魚は冬季には移行域南部・黒潮続流域に南下して産卵後，死亡するものと考えられている．

D. 成　長

仔稚魚は，ふ化後1年で29 cm程度に成長する．漁期に漁獲される中型魚のほとんど（24.0～28.9 cm）・小型魚（20.0～23.9 cm）・ジャミ（20.0 cm未満）はすべて0歳魚で，大型魚（29.0 cm以上）は1歳魚と考えてよい．

E. 被捕食関係

仔稚魚は，カイアシ類のノープリウス幼生など微小な動物プランクトンを捕食し，成長とともにしだいに大型の動物プラントンを捕食するようになる．成魚は，*Neocalanus plumchrus* など大型カイアシ類やツノナシオキアミを捕食し，餌生物も多様となる．おもな索餌時間帯は，成魚の場合で日没から数時間程度とされている．

春季に北上を開始すると，動物プランクトンの濃密な混合域・親潮域に向かって回遊し，親潮域内でもプランクトンの濃密な海域に多く分布する傾向がある．産卵に向かう南下期には，北上期とは逆に動物プランクトンの分布密度の低い黒潮域へ回遊を行う．

摂餌量は春から夏にかけて増加するが，南下期（秋季）は減少し，冬季は再びやや多くなる．体内に蓄積される脂肪の量は摂餌量の最も多い夏季（親潮域）に最も多く，南下期にはしだいに減少して，産卵盛期である冬季に最も少なくなる．冬季は環境中の動物プランクトン量が少ないにもかかわらず，比較的多くの餌をとる傾向があり，これは産卵に要するエネルギーを確保するために活発な摂餌活動を行うことによると推測されている．冬季には，体内に蓄積されている脂肪の量がすでに少なくなってしまっているので，餌環境が卵の質に大きく影響を与える可能性が示唆されている．

サンマを捕食する動物は，サバ類，サケ・マス類などの食物段階が中位の捕食者からサメ類・クジラ類などの高位の捕食者にまで及んでおり，海鳥も盛んにサンマを捕食する．

F. 資源の動向

サンマの分布は北太平洋の好適水温域全域にわたっているため，資源量を直接求めることは難しかった．資源量の指標としてわが国のサンマ漁獲量の推移をみると，漁獲量は棒受網漁業の導入に伴い1950年代の前半から急増し，1960年頃には年間50万t前後に達した．しかし1960年代中頃から減少に転じ，1969年には約5万tにまで落ち込んだ．その後漁獲は回復に向かい，1980年代後半から1990年中頃にかけては21万～31万tの比較的高い水準で安定していたが，1998・1999年は14万t以下に落ち込んだ．それ以降は再び漁獲量は増加して，2008年以後は30万tを超え，高水準となっている．

2003年から中層トロールによる資源量推定が実施されている．これらによれば，2003年は約570万tの資源量があり，2004～2008年は，資源量400万t前後で安定していたが，2010年漁期は約240万tでやや減少した．サンマの資源変動は海洋条件の変動と深いつながりがあるとされている．とくにエルニーニョ現象が発生し，黒潮続流域の表面水温が高い年には加入がよいといわれているが，はっきりした因果関係は把握されていない．

（上野　康弘）

2.9.5 ア ジ 類

A. マアジ

a. 種類・系群

マアジ（*Trachurus japonicus*）はスズキ目，アジ科（Carangidae）に属す．稜鱗（ゼンゴ）は大きく，側線上の全体にわたって存在する点で，他のアジ科魚類と区別できる．第2背鰭と臀鰭の後方に小離鰭がない．マアジ属（*Trachurus*）には世界で約15種が知られ，わが国を含む東アジア海域にはマアジ1種が分布する．本属は極域を除く全世界の沿岸から沖合にかけて分布し，マアジの他に水産上重要なものとして，ヨーロッパ沿岸に広く分布するニシマアジ（*T. trachurus*），チリ・ペルー沖合に分布するチリマアジ（*T. murphyi*），オーストラリアからニュージーランドにかけて分布するミナミマアジ（*T. declivis*）とニュージーランドマアジ（*T. novaezelandiae*）をあげることができる．

マアジは北海道以南から南シナ海まで分布するが，日本近海における主分布域は新潟県，岩手県以南で，とくに日本海西南から九州西岸を経て東シナ海の大陸棚縁辺寄りに多い．体高が高く体の背部が黄色を呈するキアジと，体高が低く黒色を呈するクロアジの2型があり，従来それぞれ沿岸の地先群，沖合遊泳群といわれていた．しかし，両者を明瞭に区別する形質は上記以外に認められず，近年では栄養状態など後天的な要因が原因と考えられている．東シナ海から日本海に分布する対馬暖流系群と太平洋岸に分布する太平洋系群の2つの系群が設定され，資源管理が行われている．

b. 成長・成熟・産卵

海域や年代などによってやや異なるが，満1歳で尾叉長16～18 cm，満2歳で22～24 cm，満3歳で26～28 cmに成長する．寿命は約5年，最大体長は40 cm程度と考えられている．最小成熟体長は尾叉長約19 cmである．1歳で約半数，2歳以上ですべてが成熟する．成熟雌魚は1尾あたり50千～500千粒を孕卵し，卵巣内の卵径組成において複数のモードを示すことから，産卵期に複数回産卵すると考えられる．1回あたりの産卵数（バッチ産卵数）は2歳魚で約20千粒，3歳魚で約30千粒と推定されている．

マアジの成熟状態は資源量の変動に伴い変化し，東シナ海産マアジでは1962～1966年の豊漁期からそれ以降の減少期に，成熟体長が小型化する早熟現象が認められた．

マアジの卵は直径0.83～0.93 mmの分離浮遊卵で，直径0.22 mm前後の油球1個を備えている．卵黄には大きな亀裂がある．卵のふ化時間は水温20℃で約40時間，ふ化仔魚は全長2.1～2.5 mmである．産卵は東シナ海から日本海西部，西日本の太平洋岸までの広い海域の大陸棚上で行われる．近年，冬季の台湾北東沖の東シナ海南部海域においてマアジのふ化仔魚の濃密分布が確認され，産卵場としての重要性が指摘されている．マアジの産卵適水温は約15～24℃で，冬から夏にかけてこの水温帯とともに産卵場は北上する．マアジの産卵盛期は東シナ海南部で2～3月，九州西岸から対馬周辺で3～5月である．日本海沿岸においても春以降，地域的な産卵場が形成される．太平洋岸とそれに隣接する内湾域においては，2～3月に土佐湾から紀伊水道，4～6月に薩南から相模湾，7～9月に遠州灘から常磐沖で産卵場が形成される．

c. 分布・移動

日本近海に分布するマアジには，東シナ海を主産卵場とする群と本州中部以南の沿岸で産卵する地先群がある．東シナ海で発生した卵・仔稚魚は発育しながら黒潮やその分派流により北東へ輸送され，東シナ海，日本海および太平洋岸に資源加入すると考えられている．マアジの卵・仔魚は混合層内あるいは水温躍層上部の30 m以浅に分布する．体長約1 cmで仔魚から稚魚となり，おもに表層でクラゲや流れ藻に付随して漂流分散する．体長約4～6 cmに成長すると，表層から底層付近に移動する個体もあらわれる．未成魚・成魚期には陸棚上の海底付近や沿岸が主分布域となり，多獲性浮魚類としては定着性が強い．瀬付の習性も認められる．マアジの分布水温と塩分はそれぞれ約13～26℃，30.5～34.5である．

マアジは春夏に索餌のため北上回遊を，秋冬に越冬・産卵のため南下回遊を行う．しかし，水深や構造物など海底地形により，本種の分布はある程度の規定を受けるため，マイワシ，マサバおよびサンマなど他の多獲性浮魚類のような大規模な回遊は認められない．また，各地先では地先群が成長や季節に伴って局所的な深浅移動を行う．走光性は強く，白色灯によって誘致される．

d. 被捕食関係

仔稚魚期には，カイアシ類ノープリウス幼生とカラヌス目とポエキロストム目カイアシ類のコペポダイト幼生を，おもに摂餌する．未成魚から成魚期にはカラヌス目カイアシ類，オキアミ類，アミ類，十脚類幼生など動物プランクトンのほか，小型魚類や頭足類なども摂餌する．マアジの餌の選択幅は広く，胃内容物は生息環境をよく反映している．マアジ幼稚魚はカツオ類，シイラ，ブリおよびイカ類などの魚食性魚類に捕食される．

e. 資源の動向

大中型まき網による漁獲が最も多く，そのほか，中・小型まき網，定置網，底びき網，地びき網および釣りなど多様な漁具により漁獲される．0歳魚と1歳魚が漁獲の主体である．

漁獲量の長期変動傾向は東シナ海・日本海と太平洋で類似するが，東シナ海・日本海における漁獲量と資源量は太平洋のそれらにくらべて著しく高い（2005年は漁獲量で約4倍，資源量で5倍）．わが国の漁獲量は1958年以前では30万t以下であったが，その後，急激に増加して1960年に55万tとなり，1966年まではほぼ50万t台を維持した．しかし，1967年以降に急速に減少し，1972年以降の漁獲量は10万t台で，1977年には9万tを割った．1980年代後半から1990年代前半にかけて漁獲量は増加し，1993～1998年には約30万tと近年では高い水準を維持した．最近10年（2001～2010年）は16～25万tで推移している．1997年からTAC（漁獲可能量）による資源管理が実施されている．

B. ムロアジ類

ムロアジ属（*Decapterus*）の稜鱗は尾部の側線直走部だけにみられ，また第2背鰭と臀鰭の後方にそれぞれ小離鰭を有することで，マアジとの識別は容易である．日本近海で漁獲されるムロアジ類はおもにマルアジ（*D. maruadsi*），モロ（*D. macrosoma*），アカアジ（*D. akaadsi*），オアカムロ（*D. tabl*），ムロアジ（*D. muroadsi*）およびクサヤモロ（*D. macarellus*）である．

日本近海においてムロアジ類は伊豆諸島以南の太平洋から東シナ海まで分布するが，漁獲量は東シナ海で高く，おもに大中型まき網および中・小型まき網により漁獲される．東シナ海においてマルアジはおもに沿岸水の影響の強い中国大陸沿岸と九州西岸，モロ，アカアジおよびオアカムロはおもに大陸棚縁辺付近，ムロアジとクサヤモロはおもに黒潮の影響を強く受ける島や礁の周辺に分布する．

（佐々　千由紀）

2.9.6 カツオ

A. 分類・分布・系群

カツオ（*Katsuwonus pelamis*）は，スズキ目サバ科カツオ属に分類される．過去には，別の属名で記述した報告や大西洋と太平洋では別種とする報告もあったが，現在では1属1種として広く認知されている．

太平洋，インド洋，大西洋などで，熱帯から亜熱帯の外洋表層域を中心として分布する．これら3大洋は，それぞれ独立した系群と考えられている．

太平洋では，集団遺伝学的研究により複数系群に分かれるとする報告がある一方で，標識放流・再捕による海域間の魚群の移動から，独立した系群はなく単一系群内でのいくつかの地域集団とする考えもあることから，今後の解明が待たれる．

B. 成熟・産卵

雌では，尾叉長40 cmで最小成熟個体が出現し，50 cm前後で50％が成熟個体となる．雄は雌より小型で成熟し，最小成熟体長と50％成熟体長は，それぞれ35 cm前後と40 cm前後と推定される．

組織学的手法に基づく生殖腺観察結果により，産卵は夜間に行われ，産卵期には1～2日間隔で多回産卵すると考えられる．1回あたりの産卵数は10万～140万粒前後，体重1 gあたりの相対産卵数は20～250粒前後と推定される．産卵場は，熱帯～亜熱帯の表面水温24～30°Cの海域に広く分布し，太平洋では中部～西部熱帯域が中心と考えられる．産卵期は，熱帯域では盛期が不明瞭で周年にわたると推定されるが，亜熱帯域では高水温期に限られ，本州南岸沖では夏季の2～3カ月間と推定される．卵は分離浮性卵で，直径1 mm前後，水温27℃台前半では約25時間でふ化する．

C. 成長・回遊

日齢または年齢と体長との関係は，年齢形質として硬組織を観察する方法，標識魚の放流・再捕データを解析する方法，漁獲物の体長組成の推移を追跡する方法により推定された．耳石の微細輪紋観察により，扁平石に日周輪が形成されることが確認され，これを計数することで詳細な成長が調べられた．その結果，ふ化後6カ月で尾叉長30 cm前後，満1歳では40 cm台，満2歳で60 cm台に達すると考えられた．最大体長は100 cmに達するとされるが，漁獲されるのは一般に80 cm前後までである．寿命は不明であるが，5，6歳かそれ以上は生きるものと考えられる．

回遊は，標識魚の放流・再捕位置情報，耳石の微細輪紋解析や微量元素分析などによって推定されている．基本的には，ふ化後6カ月から満1歳前後に低緯度海域の産卵場から中緯度海域の索餌場に回遊し，そこで数カ月間成長して水温の下降期に低緯度海域に回遊するとされてきた．しかし，近年の研究結果からは個体または魚群によって，さまざまな回遊パターンが存在することが示唆された．すなわち，耳石の微細輪紋解析により，太平洋では日本近海などへの季節的な索餌回遊をせず，産卵場にとどまって生活する熱帯滞留群の存在が指摘された．中西部太平洋熱帯域では，尾叉長40～60 cmの個体が周年漁獲され，体長モードの季節推移も明瞭ではないことからも，カツオの生活史における回遊パターンは一定ではないと考えられる．年齢によっても行動が変化し，若齢魚から高齢魚になるにつれて回遊範囲が狭くなると考えられる．日本近海への来遊群における回遊経路は，黒潮沿い，小笠原・伊豆諸島沿い，その東沖などいくつかのルートが想定されているが，詳細は明らかではない．

D. 摂餌・食性

摂餌活動は，仔魚から成魚まで生活史全般にわたり朝から夕方にかけての日中に行われ，夜間にはほとんど摂餌しないとされる．胃内容物の観察から推定されたおもな餌生物は，体長3～5 mmの後期仔魚では尾虫類や枝角類であるが，5～8 mmではこれらに加えて魚類が認められる．体長10 mmを超えて稚魚に移行すると，腹腔の拡大とともに胃盲嚢と腸管の伸長が起こり，魚食性が強まる．カツオ仔魚の形態的特徴として，軀幹部に比べて頭部の大きさが目立ち，眼と口裂が顕著に大きい．

未成魚，成魚では，発達した遊泳力をいかして小型浮魚類を集団で捕食することが知られているが，魚類だけでなく甲殻類や頭足類も頻繁に捕食し，餌生物に対する選択性は強くないと考えられる．また，稚魚期以降の胃内容物観察では，しばしばサバ型魚類が出現し，太平洋熱帯域や日本近海，大西洋では共食いが確認されている．

E. 資源の動向

カツオの資源評価と管理は，各海域における地域漁業管理機関によって行われている．太平洋では，中西部太平洋まぐろ類委員会（WCPFC），全米熱帯まぐろ類委員会（IATTC，東部太平洋），インド洋ではインド洋まぐろ類委員会（IOTC），大西洋では大西洋まぐろ類保存国際委員会（ICCAT）が，それぞれの科学委員会において資源状態を監視している．

カツオの資源状態は，いずれの海域においても高水準にあり減少傾向を示す兆候はみられないとされてきたが，近年では地域的な過剰漁獲を指摘する意見もある．中西部太平洋はカツオにとって世界最大の漁場であり，1980年に約40万tであった漁獲量が1990年には約80万t，2000年には約120万tに増加し，2008年の漁獲量では，約160万tとなった．この経年的な漁獲量の増加は，1980年代から顕著となった熱帯域での各国まき網漁業の規模拡大によるものである．それとは対照的に，日本近海では漁獲量の経年変動が激しいだけでなく，近年では数年間不漁続きで社会問題となった地域もみられる．また，大規模な海洋変動，たとえば太平洋におけるエルニーニョの発生が加入量の変動に関与するとの研究結果が報告されたことか

表 2.9.7-1　マグロ属の標準和名，英名，および学名

標準和名	英　名	学　名
クロマグロ	Pacific bluefin tuna	*Thunnus orientalis* (Temminck and Shlegel, 1844)
タイセイヨウクロマグロ	Atlantic bluefin tuna	*Thunnus thynnus* (Linnaeus, 1758)
ミナミマグロ	Southern blufin tuna	*Thunnus maccoyii* (Castelnau, 1872)
ビンナガ	Albacore	*Thunnus alalunga* (Bonnaterre, 1788)
メバチ	Bigeye tuna	*Thunnus obesus* (Lowe, 1839)
キハダ	Yellowfin tuna	*Thunnus albacares* (Bonnaterre, 1788)
コシナガ	Longtail tuna	*Thunnus tonggol* (Bleeker, 1851)
クロヒレマグロ*	Blackfin tuna	*Thunnus atlanticus* (Lessen, 1830)

* 以前は「タイセイヨウマグロ」といわれていたが，この名は種としての特徴を明確に表していないうえ，タイセイヨウクロマグロと混同するおそれもある．そのため以前より提唱されていた「クロヒレマグロ」を *T. atlanticus* の標準和名として定着させることが提案されている．

ら，漁獲の動向だけでなく海洋環境の変動にも着目する必要がある．

（田邉　智唯）

2.9.7　マグロ類

A. 種　類

マグロ類とは，スズキ目サバ科に属するマグロ（*Thunnus*）属魚類をさす．現在 8 種が知られている（表 2.9.7-1）．すなわちキハダ（*T. albacares*），メバチ（*T. obesus*），ビンナガ（*T. alalunga*），クロマグロ（*T. orientalis*），タイセイヨウクロマグロ（*T. thynnus*），ミナミマグロ（*T. maccoyii*），クロヒレ（タイセイヨウ）マグロ（*T. atlanticus*），コシナガ（*T. tonggol*）である．なお，クロマグロを「太平洋クロマグロ」，タイセイヨウクロマグロを「大西洋クロマグロ」と異物同名（ホモニム）で表記している刊行物もあるので注意を要する．

マグロ属はさらに 2 亜属に分けられる．熱帯性のネオツナ亜属にはキハダ，クロヒレマグロ，コシナガが含まれる．クロヒレマグロとコシナガは沿岸性で，前者は西部大西洋沿岸域に，後者はインド洋と西部太平洋の沿岸域に分布する．温帯性であるツナ亜属にはビンナガ，メバチ，クロマグロ，タイセイヨウクロマグロ，ミナミマグロが含まれる．

B. 生　態

水産業上重要なものは，クロヒレマグロ，コシナガを除く 6 種である．なお，キハダ，ビンナガ，メバチは 3 大洋に生息するが，以下では太平洋での生態を中心に述べる．

a. 食　性

マグロ類全般的に嗜好性，選択性はなく，生息域で量が多く利用しやすいものを捕食する（機会的捕食者）．おもに魚類（マイワシ，カタクチイワシなど），頭足類（スルメイカなど），甲殻類，サルパ類を捕食する．食性は，遊泳水深，その海域での餌の種類や獲得のしやすさ，1 日あるいは 1 年のうちでの時間帯，産卵期，気象，生理状態，餌およびマグロ類自体の体サイズなどに左右される．

b. 産　卵

キハダやメバチは赤道域で東西広範に周年にわたって産卵を行うのに対し，クロマグロ，タイセイヨウクロマグロ，ミナミマグロは亜熱帯のかなり限定された海域・時期に産卵を行う．ビンナガも比較的限定された海域で産卵を行う．

複数年にわたって多回産卵を行い，一産卵期でも複数回の産卵を行う．キハダ，メバチ，クロマグロ，ミナミマグロについて毎日連続しての産卵が可能であることが確認されている．キハダやメバチについは夜間に産卵が行われることも確認されている．1 回あたりの放卵数は魚

種・海域・時期により異なるが，体重 1 kg あたり 4 万～ 10 万粒程度とされる．卵は直径 1 mm 前後の分離浮遊卵で，24 時間程度で約 3 mm の仔魚がふ化する．仔稚魚期の成長はきわめて速い．

c. 生活史など

（i）キハダ

世界の熱帯・温帯域に分布している．太平洋の産卵場は南緯 30 度～北緯 30 度の赤道域を中心とした表面水温 24℃ 以上の海域である．通常水温躍層の上部以上の水深を遊泳する．中西部太平洋では夏季には緯度で北緯 40 度近くまで分布するが，冬季に北緯 30 度以上に分布することはまれである．

多くは 1 歳で体長（尾叉長）50 cm，2 歳で 100 cm，3 歳で 130 cm 程度に成長する．最近では 1 歳時で約 65 cm になるとの報告も示されている．

産卵は水温 24 ～ 25℃ 以上の水域で行われる．雌の生物学的最小形は 60 cm 程度という報告もあるが，50％が成熟するのは 105 cm 程度である．雄は雌より大型になると考えられ，120 cm 程度から雄の割合が高くなり，150 cm 程度になると大半が雄である．寿命は 7 年から長くても 10 年と考えられている．

東西太平洋間を活発に移動しているとは考えにくく，東部太平洋では，東西方向の回遊はまれで多くは沿岸を移動する．生物学的最小形は 50 cm 以下とされるが，雌の 90％が成熟するのは 120 cm を超えるサイズ（2 歳の終わりから 3 歳）とされる．寿命は 7 ～ 10 歳と考えられている．

（ii）メバチ

太平洋では南緯 40 度～北緯 45 度に至る全域に分布し，北太平洋の主産卵場は赤道反流域の東部であるとされる．産卵は熱帯・亜熱帯の水温 24℃ 以上のほとんどの海域で，ほぼ周年行われていると考えられる．産卵盛期は海域により異なるが，産卵盛期にはほぼ毎日産卵が行われる．生物学的最小形は 90 ～ 100 cm（2 歳の終わりから 3 歳）と報告されており，120 cm を超えると大部分が成熟する．

2，3 歳魚は北太平洋や中部赤道域に多くみられるが，比較的高密度で太平洋全体に分布している．標識放流の結果からは，ビンナガやクロマグロのような東西の渡洋回遊は認められない．

夜間は表層に，昼間は水温躍層よりも下の水深に分布する，日周鉛直移動を行うことが観察されている．昼間の分布水深は，マグロ類のなかでは最も深く 300 ～ 350 m，時には約 600 m 深まで分布するとされる．目の網膜の下にあるタペータムにより，深層の低照度環境下での遊泳を可能にしている．低酸素濃度耐性も高い．また，体温が低下すると一時的に水温躍層付近まで浮上し，体の熱交換率を変化させて体温を上昇させるという，鉛直移動と生理を組み合わせた体温調節を行っている．寿命は 10 ～ 15 歳と考えられている．

インド洋と太平洋との間には遺伝的に大きな差異は認められないが，資源管理上はインド洋と太平洋を別々に管理している．インド・太平洋群と大西洋群との間には明確な遺伝的差異が報告されている．

（iii）ビンナガ

北太平洋のビンナガの産卵場は中西部の水温 24℃ 以上の水域で，台湾・ルソン島付近からハワイ諸島近海で周年（4 ～ 6 月盛期）産卵が行われるとされる．ふ化後 1 年ほど亜熱帯還流域内で過ごし，三十数 cm ほどになると分布範囲を北に広げ黒潮流域・移行域に出現する．しかし，その後 2 歳魚が北米西岸にあらわれるまでの移動・回遊経路については不明な点が多い．

北米沿岸の 2 歳魚は 9 ～ 10 月頃より西方沖合に移動し，翌年 6 ～ 8 月には 3 歳魚として再び北米沿岸に来遊する．しかし，西進した魚群の一部は北西太平洋に入り，5 ～ 7 月に 3 歳魚となって日本東部海域に出現する．またこの間，季節的な南北回遊も行うとされる．このような過程を経て北米沿岸から西部太平洋に移動する魚群の割合は，年齢とともに増加し，5 歳魚では大部分となり，6 歳魚で移動を完了する．6 歳魚は産卵のため亜熱帯海域に南下し，大規模な東西方向の渡洋回遊は行わないとされる．

雌の最小形は約 90 cm (5 歳) とされる.

赤道付近ではほとんど漁獲されないこと, 産卵場が地理的に分離し産卵時期も連続しないこと, 赤道の南北をまたぐ標識再捕がないことから, 北太平洋の集団は南太平洋の集団との交流はほとんどなく, 北太平洋で一生を終えるものと考えられている.

(iv) **クロマグロ**

日本の南方海域, フィリピン周辺海域で 4 ～ 7 月, 日本海で 7 ～ 8 月に産卵する. ふ化後, 黒潮によって日本沿岸に輸送され, 20 cm となって夏の終わりから初秋にかけて南西日本沿岸に来遊する. さらにこれらは日本近海で季節的な南北回遊をくりかえす. 翌年も南北回遊を行うが, 太平洋側の群は沖合水域に分布を広げる. 日本海側の群も南北回遊の過程で津軽海峡, 五島列島近海から薩南海域, 宗谷海峡を経て太平洋側に移動し, 沖合へと分布を拡大する.

その後, 一部は中部太平洋にとどまるものの, 一部 (1 ～ 3 歳魚) は米国, メキシコ西岸沖まで渡洋回遊する. しかし, これを行う個体の割合についてはわかっていない. 東部太平洋に渡ったクロマグロは, 数年の後, 成熟すると産卵のために渡洋回遊を行って西部太平洋に戻ると考えられている.

近年, 成熟していないものが西部太平洋に戻ったり, 西部に戻った未成熟魚が再び東部太平洋に渡洋回遊したりしていることもわかってきた. 体重 60 kg, 5 歳で成熟すると考えられているが, 日本海では 3 歳魚 (30 kg) の産卵も確認されている.

産卵後の大型個体の一部は, 中西部低緯度域やニュージーランド沖などの南半球に移動するとされるが, その目的については不明である. 寿命は 20 年以上とされる. 報告されている最大長は約 300 cm, 体重約 555 kg である. 単一個体群と考えられている.

(v) **タイセイヨウクロマグロ**

産卵場が大西洋西部と地中海の 2 カ所ある. 大西洋西部の産卵場は, メキシコ湾にあり, 5 ～ 6 月が産卵期である. 成熟年齢は 8 ～ 9 歳 (約 190 cm) で, 地中海で産卵する 4 ～ 5 歳 (約 130 cm) とはかなりの違いがある. ふ化後, 沿岸に沿って北へ移動し, 夏には北米コッド岬あたりに達する. その後, 季節ごとの水温変動に応じて北米沿岸からやや沖合域に分布し, 冬期には南下 (南限北緯約 30 度), 夏期には北上 (北限北緯 50 度) をくりかえす. 標識放流の結果によれば数パーセントは, 東部大西洋 (ヨーロッパ沿岸, ノルウェー沖合)・地中海へ渡洋回遊を行う.

一方地中海の産卵場はマジョルカ島からシチリア島にかけての海域で, 産卵期は 6 ～ 8 月である. 近年, 地中海東部でも卵稚仔が確認されており, 従来考えられていたよりも広い範囲で産卵が行われているものと思われる. 稚魚は地中海に広く分散するが, 一部はジブラルタル海峡を経てビスケー湾などの東大西洋に回遊する. ビスケー湾から西大西洋の北米沖へ移動した例が標識放流結果から知られている.

1990 年代に入って標識放流再捕による推定結果や, バイオロギング研究の結果から, 若齢魚は移動範囲が狭いが高齢になるにつれ回遊域が広がり, 東西の群は北大西洋において混合して広く回遊を行うことが明らかになってきた. しかし, 最近の耳石核中の酸素安定同位体比の分析によれば, 米国東岸沖で漁獲された未成魚の 62% が地中海生まれであり米国漁業は東部群に大きく依存しているという報告もある. 一方, 地中海で漁獲された大型のクロマグロは, ほとんどすべてが地中海生まれという結果も得られている.

最大で 350 cm, 推定寿命は, 25 ～ 30 年とされている.

(vi) **ミナミマグロ**

ジャワ島とオーストラリアに近いインド洋東部の低緯度域 (東経 100 ～ 125 度, 南緯 10 ～ 20 度) で 9 ～ 4 月に多回産卵を行う. 10 月と 2 月頃に産卵盛期がある. 当歳魚はオーストラリア西岸に沿って南下した後, オーストラリア南岸沖を東へ移動すると想定されるが, 一部はケープタウン沖でもみられる. 成長に伴い次第に南緯 35 ～ 45 度の海域全体に広く分布するようになる.

表 2.9.7-2　マグロ類の海域別資源状況*

	大西洋 ICCAT	東部太平洋 IATTC	中西部太平洋 WCPFC	インド洋 IOTC	ミナミマグロ CCSBT
クロマグロ	—	—	中位/減少	—	—
タイセイヨウクロマグロ	東大西洋：低位/横ばい 西大西洋：低位/やや増加	—	—	—	—
ミナミマグロ	—	—	—	—	低位/横ばい
メバチ	低位/横ばい	低位/横ばい	中位/減少	中位/微増	—
キハダ	中位/横ばい	中位/横ばい	中位/横ばい	中位/微増	—
ビンナガ	北大西洋：低位/増加 南大西洋：中位/横ばい	—	北太平洋：中位/横ばい 南太平洋：高位/減少	中位/減少	—

*「資源水準/資源動向」の順に表示．資源水準：過去20年以上にわたる資源量（漁獲量）の推移から，「高位，中位，低位」の3段階で評価．資源動向：資源量や漁獲量の過去5年間の推移から，「増加，横ばい，減少」に区分．ミナミマグロは親魚の情報のみ示す．
〔水産庁，平成23年度国際漁業資源の現況を参照して作成〕

約150 cm，年齢8歳で成熟を迎えると考えられている．報告されている最大長は210 cm，寿命は25年以上，硬組織分析から得られた最高齢は42歳とされる．単一個体群と考えられている．

C．地域漁業管理機関（RFMO）

マグロ類のような高度回遊性魚類については，地域漁業管理機関（RFMO）を設立し，各海域の資源や漁獲の状況をふまえて，関係国の協力により，漁獲可能量（TAC）および国別漁獲枠の設定，漁船の隻数制限等の資源管理を行っている（表2.9.7-2）．管理機関は，大西洋海域は大西洋まぐろ類保存国際委員会（ICCAT），インド洋ではインド洋まぐろ類委員会（IOTC）である．ミナミマグロについては，海域にかかわらずみなみまぐろ保存委員会（CCSBT）が管理を行っている．東部太平洋域を管轄するのは全米熱帯まぐろ類委員会（IATTC）である．これまで漁業管理機関がなかった中西部太平洋にも2004年12月に中西部太平洋まぐろ類委員会（WCPFC）が設立され，世界的なマグロ類の資源管理体制が整った．わが国は2005年にWCPFCに加入し，すべてのマグロ類の地域漁業管理機関に加入した最初の国となった．

しかし，こういった国際的な枠組みの外で無秩序に操業を行うIUU〔illegal, unreported and unregulated（違法・無報告・無規制）の略称〕漁業や漁獲圧の増加などにより，一部のマグロ類の資源状況が悪化している．世界的な過剰漁獲の削減問題はどのRFMOにとっても重要な課題となっている．

基本的にはどれもTACによる管理が中心だが，ICCATでは小型魚の漁獲禁止などを併用している．近年の管理措置に関して，2009年11月のICCATの年次会合では，東大西洋におけるタイセイヨウクロマグロのTACの4割削減および禁漁期間の延長などが合意された．クロマグロに関しては，2009年12月のWCPFC年次会合において，沿岸における漁獲努力量水準を2002～2004年より増加させないこと，0～3歳魚の漁獲を減少させることを考慮することなどの，保存管理措置案が採択されている．

しかし，これまでのRFMOの資源管理が十分な効果をあげていないという懸念から，2010年に開催された「絶滅のおそれのある野生動植物の種の国際取引に関する条約（Convention on International Trade in Endangered Species of Wild Fauna and Flora：CITES，通称ワシントン条約）第15回締約国会議」において，タイセイヨウクロマグロの附属書Ⅰへの掲載が提案された．掲載は見送られたものの，今後わが国はICCATをはじめ各種のRFMOにおいて，科学的資源評価をふまえた的確な資源管理措置と，各国がこれを確実に遵守する体制の確立，開発途上国との連携·協力の強化などをはかり，乱獲防止を先導していかねばならない．水産庁は2010年，太平洋におけるクロマグロの資源管理強化を発表した．

（北川　貴士）

2.9.8 ブ　リ

A. 分類・分布・系群

ブリ(*Seriola quinqueradiata*)はスズキ目(Perciformes)アジ科(Carangidae)に属する．日本近海でみられる*Seriola*属はブリのほか，ヒラマサ(*S. lalandi*)，カンパチ(*S. dumerili*)，ヒレナガカンパチ(*S. rivoliana*)の4種である．漁獲統計のブリ類にはこの4種が含まれるが，ブリが主たる部分を占めており，水産上の最重要種となっている．

日本近海でみられる*Seriola*属のなかではブリが最も高緯度にまで分布する．その分布範囲は，黒潮および対馬暖流の影響が及ぶ東シナ海から北海道に至る日本の沿岸域，および台湾，朝鮮半島の沿岸域である．

日本沿岸のブリの系群についてはこれまで，漁況の変動特性の地域間の相違や海洋条件などをもとに，太平洋と対馬暖流の2系群に大別されてきた．しかし，東シナ海から九州沿岸の産卵場が両系群で重複することや両系群の漁獲量の変動パターンに独立性が認められないとのことから，2005年以降，水産庁の資源評価では2系群を統一して評価が行われている．

B. 成長・食性

ブリは成長に従って呼称が変わる，いわゆる出世魚である．呼称とそれが指す体長は同呼称であっても地方ごとに異なるが，おおむね次のとおりである．モジャコ(2～10 cm)，ワカシ・ワカナ・ツバス・ヤズ・コズクラ(30 cm未満)，イナダ・ハマチ・フクラギ(30～50 cm)，ワラサ・メジロ・ガンド(50～70 cm)，ブリ(70 cm以上)．代表的な呼称の変化は，北日本から東日本の太平洋側ではワカシ・ワカナ，イナダ，ワラサ，ブリ，関西周辺ではツバス，ハマチ，メジロ，ブリ，北陸ではコズクラ，フクラギ，ガンド，ブリとなる．

ふ化後1カ月で体長2 cm程度に成長する．満年齢と尾叉長の関係は，年代や生息海域により異なる．1960年代以降では，1歳で40 cm，2歳で55～65 cm，3歳で70～80 cm，4歳で80～90 cm，5歳で90～100 cmである．寿命は7歳を上回ると考えられる．

仔稚魚期はカイアシ類や枝角類などの動物プランクトンを食べるが，成長とともにその割合は減少し，カタクチイワシやサンマの仔稚魚などの魚類の割合が増加する．全長13 cmで完全に魚食性に移行する．流れ藻に付随する稚魚期には共食い現象がみられることがある．流れ藻を離れた後はアジ類，イワシ類，サバ類，イカ類などを捕食する．

C. 成熟・産卵

成熟開始年齢と成熟開始体長は雌雄ともに2歳，60 cmで，大部分のものが成熟するのは3歳からである．

産卵場は太平洋側では相模湾以南，日本海側では能登半島周辺以南に形成され，東シナ海から九州周辺海域が主産卵場と考えられている．産卵期は2～8月に及ぶが，海域によって異なる．東シナ海の大陸棚縁辺部および薩南海域では2～4月，九州および四国・紀伊半島周辺海域では4～6月，山陰および伊豆半島周辺海域では5，6月となる．若狭湾から能登半島周辺海域では山陰沿岸よりもさらに1，2カ月遅くなる．産卵適水温は19～21°Cの範囲にある．水温の上昇とともに黒潮および対馬暖流の上流域から下流域へと産卵場が北上することが知られている．

卵は油球1個の分離浮遊性で，卵径は1.19～1.27 mm，油球径は0.30～0.33 mm，卵黄に亀裂がある．受精後ふ化までに要する時間は水温18～24°Cで51時間である．

D. 移動・回遊

東シナ海から本州中部以南の産卵場で発生した仔魚は，黒潮および対馬暖流により上流域から下流域へと輸送される．体長2 cm程度でホンダワラ類などの流れ藻に付随するようになり，流れ藻とともに移動する．この期間のブリ稚魚はモジャコとよばれる．モジャコの出現時期は，薩南海域で3～5月，九州および四国～東海の沿岸域で4～6月，山陰沿岸で5～7月である．体長10～15 cm程度に成長すると流れ藻を離れ，沿岸域に加入する．

沿岸域に加入した0歳から2歳までは大規模な移動・回遊をすることはない．太平洋側の房総以北の海域では，三陸沿岸と房総沿岸の間で春季に北上し，秋季に越冬のため南下する小規模な南北回遊を行うが，相模湾以南の海域では顕著な回遊は行わない．日本海側における0～2歳魚の近年の回遊範囲は，能登半島の以北と以西のそれぞれの海域に分かれている．

3歳以降成魚になると回遊範囲が広がり，冬～春の産卵場への南下と，夏～秋の索餌域への北上をくりかえす．太平洋側の成魚では，1960年代には相模湾から房総半島を越えて三陸沿岸まで南北回遊する群と，九州沿岸から東海沿岸を回遊範囲とする群が知られていた．近年は回遊範囲が縮小し，四国南西岸～遠州灘，薩南海域～紀伊水道および豊後水道をそれぞれ回遊範囲とする群の存在が指摘されている．日本海側の成魚では，東シナ海から北海道周辺海域までの大規模な回遊を行う群と，それよりは小規模な東シナ海と能登半島付近までの日本海を回遊する群が存在する．このほか，太平洋側と日本海側ともに，特定の海域に長期間滞留する根付き群が確認されている．

日本海側では，年代による回遊範囲の変化と水温環境の変化の対応がみられる．水温の寒冷期であった1970～1980年代には，温暖期の1960年代以前ならびに近年よりも未成魚，成魚ともに回遊範囲が西偏していた．

E. 漁業・資源

定置網，まき網，釣り，刺網がおもな漁法である．1950年代には定置網による漁獲が8割近くを占めたが，1970年代以降3～4割程度に低下している．一方，1950年代前半には1割に満たなかったまき網の漁獲割合が徐々に増加し，1990年代後半以降4～5割程度を占めるに至っている．定置網は日本海中北部，相模湾以南の太平洋側および三陸沿岸で，まき網は東シナ海，山陰沿岸，房総以北の太平洋側で漁獲割合が高い．このほか，西日本の沿岸では流れ藻に付随するモジャコが養殖用種苗として漁獲されている．

全国の漁獲量は，1950年代から1970年代半ばまでおおむね4～5万t台で推移したが，1970年代後半から1980年代はおおむね3～4万t台と減少した．1990年代に漁獲量は増加に転じ，2000年代は5～7万t台で推移した．2010年は10万4千tに達している．このような漁獲量変動は中長期的な環境変動と対応することが指摘されており，温暖期に漁獲量が増大する傾向がみられる．海域別では，日本海の漁獲割合が最も高く4～6割を占め，次いで太平洋が2～4割，東シナ海が1～3割である．

成魚はおもに定置網，釣りで漁獲される．まき網ではおもに0，1歳の未成魚を漁獲するが，東シナ海のまき網では産卵親魚が漁獲対象となっている．近年の全漁獲に占める0，1歳魚の尾数割合は9割程度と推定されており，未成魚の割合がきわめて高い．また，1950年代の定置網漁業を支えた大型ブリの来遊は，1960年代以降各地で低迷したままである．未成魚に偏った漁獲が資源の年齢構造を変化させて，成魚の減少をもたらしていると考えられ，資源を有効利用する適切な資源管理が必要とされている．

（上原　伸二）

2.9.9 サケ・マス類

A. サケ・マス類の種類と生活史

サケ目(Salmoniformes)サケ科(Salmonidae)はコレゴナス亜科(3属)，カワヒメマス亜科(1属)およびサケ亜科(7属)の3亜科に分かれ，いわゆるサケ・マス類はサケ亜科に含まれる．サケ亜科のうち現存する属とおもな種はイトウ属〔イトウ(*Hucho perryi*)〕，イワナ属〔アメマス(*Salvelinus leucomaenis*)，オショロコマ(*S. malma*)〕，サルモ属〔タイセイヨウサケ(*Salmo salar*)，ブラウントラウト(*S. trutta*)〕およびサケ属〔サクラマス(*Oncorhynchus masou*)，ギン

ザケ (*O. kisutsh*), マスノスケ (*O. tshawytscha*), ベニザケ (*O. nerka*), シロザケ (*O. keta*), カラフトマス (*O. gorbuscha*), ニジマス (*O. mykiss*)〕である.

生物が生まれて成長し，繁殖後に死に至る過程を生活史というが，生物がどのような生活史をもつかはその生物の進化の過程により決定される．サケ・マス類の生活史をサケ属でみると，サケ属は繁殖の場を淡水に，成長と生活の場を海に求めて回遊する遡河回遊魚に属する．サケ属は早い発育段階で降海する種ほど海洋での分布域が広く，バイオマスが多いことから，海洋の豊富な餌資源を求めて降海性を，また繁殖のために母川回帰性を獲得して進化してきたとみなされる．サケ属は，その生活史から ① 産卵床から浮上直後に降海し，数年 (2 ～ 5 年) の海洋生活の後に母川に産卵回遊するシロザケとカラフトマス，② 浮上後 1 年以上河川に残留し，翌春にスモルト化 (銀化) して降海し，数年 (1 ～ 3 年) の海洋生活後に母川へ回帰するサクラマス，ベニザケ，ギンザケおよびマスノスケの 2 つのグループに大別される.

日本における代表なサケ・マス類であるシロザケは，春季に産卵床から浮上し，内部栄養から外部栄養へ移行した直後の稚魚期に，雪解け増水中の河川から海へ下る．沿岸で 1 ～ 3 カ月生育して内部骨格の形成がほぼ完了し，遊泳力と摂餌能力がそなわった幼魚は，親潮など冷水が離岸する前までに沿岸から沖合へ移動し，オホーツク海に入る．1 歳の夏と秋をオホーツク海で過ごした幼魚は，晩秋には北西亜寒帯環流域へ移動し，そこで越冬する．シロザケの生残率はこの越冬期までにどれだけ成長できたかでほぼ決まる．翌春，シロザケはベーリング海へ移動し，そこで索餌回遊し秋季まで著しく成長し，晩秋～冬季には，アラスカ湾へ南下して越冬する．シロザケは，このように 2 ～ 3 年間の未成熟期を春から晩秋までベーリング海で摂餌回遊し成長して，冬季にはアラスカ湾で越冬するという生活をくりかえし，成熟するとベーリング海からカムチャツカ半島～千島列島沿いに南下して，それぞれの母川に回帰する.

B. 資源の動向

北太平洋におけるサケ属の漁獲数は，1970 年代後半以降著しく増加してきた．それまで 500 ～ 600 万尾であった日本のシロザケは 1975 年に 1,700 万尾台となり，1980 年代には 2 ～ 4 千万尾，そして 1990 年代前半には 6 千万尾を超えるようになった．また，北太平洋全体では，1960 年代 1 億尾台であったサケ属の漁獲数は，1980 年代以降著しく増加し，1995 年には過去最高の 5 億尾を超えた．最近 5 カ年間 (2005 ～ 2009 年) のサケ属魚類の平均漁獲数はスチールヘッドトラウト (ニジマスの降海型) が 44 千尾，ギンザケが 5,905 千尾，マスノスケが 1,338 千尾, ベニザケが 54,025 千尾, シロザケが 96,665 千尾，そしてカラフトマスが 311,509 千尾となっている.

サケ属の漁獲数は，とくにプランクトン食といわれるベニザケ，シロザケおよびカラフトマスを中心に，40 ～ 50 年の長期的な周期で変動しており，1930 年代後半から 1940 年代前半まで (約 3.4 億尾) と 1980 ～ 1990 年代 (約 4.3 億尾) が増加期で, その間の 1950 ～ 1976 年 (約 1.9 億尾) は減少期となっている (図 2.9.9-1)．資源水準が高い 1989 ～ 1998 年の年平均漁獲数と 1934 ～ 1941 年のそれとの差 (約 9 千万尾) は，人工ふ化放流により生産されたふ化場魚の約 1 億尾 (1988 ～ 1997 年平均: 日本 6.5 千万尾, アラスカ 3.5 千万尾) とおおよそ一致する．このようなサケ属資源量の周期変動は長期的な気候変動，とくに 1924/1925 年，1947/1948 年および 1976/1977 年に起こった気候レジームシフトとリンクしており，冬季のアリューシャン低気圧と連動した亜寒帯海域生態系の生産力と関係するサケ属の環境収容力の変動と一致する.

一方，河川生活期間が 1 年以上と長いギンザケ，マスノスケおよびサクラマスの漁獲数は，全体の 5.5% と少なく，最近減少傾向を示している．とくに，日本におけるサクラマス漁獲数は河川環境の悪化に伴い著しく減少しており，1970 年代に 1,500 万尾であった漁獲数は，2000 年代には 500 万尾以下と約 1/3 に減少し

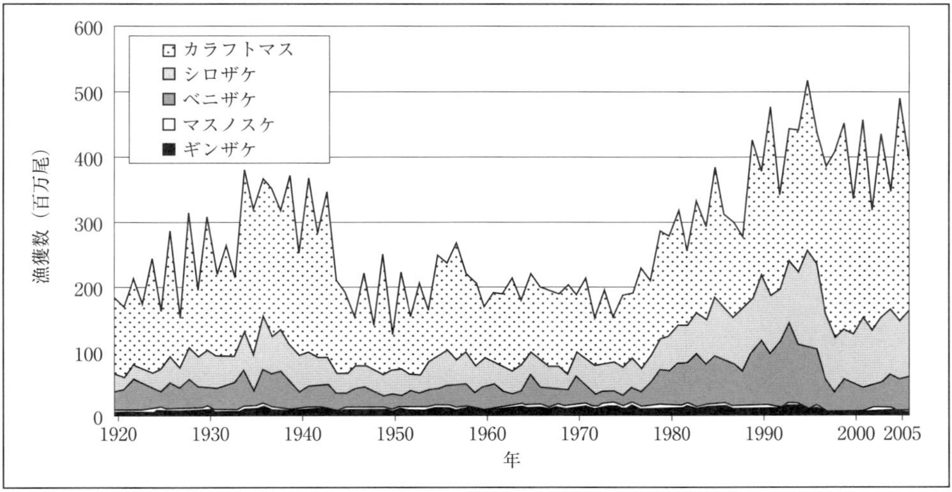

図 2.9.9-1　1920 ～ 2006 年におけるサケ属 5 種の漁獲数の経年変化

ている．

環境収容力とバイオマスの差を残存環境収容力とすると，シロザケでは残存環境収容力と回帰親魚の体サイズとの間に顕著な正の相関が，また残存環境収容力と回帰親魚の成熟年齢との間には負の相関が観察される．この現象は個体群生態学における密度依存効果と考えられ，シロザケでは資源量の増加に伴い小型化・高齢化を示しているとみなされる．同様の現象はサケ属のベニザケおよびカラフトマスでも観察されている．

（帰山　雅秀）

2.9.10　タラ類（スケトウダラ，マダラ）

日本で漁獲されるタラ類の主要種であるスケトウダラ（*Theragra chalcogramma*）とマダラ（*Gadus macrocephalus*）は，タラ目（Gadiformes）タラ亜目（Gadoidei）タラ科（Gadidae）に属する．スケトウダラは単一種の漁業資源としては世界で最も大きな資源の 1 つであり，日本では TAC 管理の対象種となっている．また，マダラも北日本に広く分布する重要種であることから，国の資源評価対象種となっている．

A.　スケトウダラ

a.　系群と分布

スケトウダラは朝鮮半島東岸から北米沿岸に至る日本海，北太平洋，オホーツク海，ベーリング海の陸棚から陸棚斜面にかけて分布する．一般には底魚として知られるが，仔稚魚・幼魚は浮魚的な生活史をもつ．本種の系群構造は 1970 年代より集中的に研究され，脊椎骨数などを用いた計測・計数形質やアイソザイムなどの分析により，太平洋，日本海，オホーツク海等の海域や，さらに細かい地域群を含む複数の集団に区分されていた．近年，ミトコンドリア DNA や核 DNA 等を用いた新たな分析技術の導入により，その遺伝学的変異性の検討がなされているが，ベーリング海と日本周辺での変異性は認められるものの，日本周辺海域で区分された系群の遺伝学的変異性はみられていない．スケトウダラは国の TAC 管理対象種とされているが，そのなかでは資源変動の独立性を根拠として，太平洋系群，日本海北部系群，オホーツク海南部，根室海峡の 4 評価群に区分されている．なお，オホーツク海南部および根室海峡のスケトウダラについては，主分布域がロシア水域にあり，日本水域を生活史の一時期に利用する集団と考えられている．その生態的特性は未解明な部分が多く，系群としての独立性が不明確であるため，日本の評価では系群としてとりあつかっていない．

（i）太平洋系群

常磐から北方四島にかけての太平洋に分布している．主産卵場は噴火湾周辺海域である．1980年代に東北沿岸に多くみられた若齢魚は，1990年代以降，北海道東部海域にその分布を移した．

（ii）日本海北部系群

能登半島からサハリン西岸にかけての日本海に分布している．産卵場は，1980年代以前は北海道沿岸や武蔵堆などに広く形成されていたが，資源の減少につれて北海道中南部沿岸に縮小している．近年では，着底前の稚魚は石狩湾以北の沿岸域に分布し，1～2歳魚が武蔵堆周辺に分布している．

（iii）オホーツク海南部

北海道のオホーツク海沿岸からサハリン東岸にかけて分布する．この海域に分布する若齢魚には，成長の異なる複数のグループの存在が示唆され，ロシア水域を含めて隣接した水域の系群とも複雑な関係を有していると考えられている．

（iv）根室海峡

産卵期に根室海峡へ来遊する群れが主体である．産卵期以外の時期はオホーツク海南西部に分布すると推測されている．

b. 成長・成熟・被捕食関係

日本周辺海域のスケトウダラの成長については，海域間および年級群間で若干の差異が認められるが，1歳で尾叉長13～18 cm，2歳で24～28 cm，3歳で30～39 cm，4歳で33～41 cmである．寿命は不明であるが，ベーリング海では28歳が記録されている．成熟は3歳から始まり，5歳で大部分の個体が成熟する．産卵期は日本周辺海域では12～4月であり，産卵盛期は1～2月である．産卵は水深70～250 mの中底層で行われ，受精卵は表層に浮遊する．雌の抱卵数は数十万～数百万に及ぶ．主要な餌生物は，オキアミ類や橈脚類をはじめとする浮遊性甲殻類であるが，小型魚類，イカ類，底生甲殻類および環形動物なども捕食する．一方，主要な捕食者はマダラやカジカ類などのほか，大型魚による若齢魚の共食いもある．また，海獣類の餌生物としても重要である．

c. 資源の動向

（i）太平洋系群

日本周辺海域の系群のなかで最も漁獲量が多い系群である．1975年度から1989年度までは20万tを超える漁獲量であったが，2000年代に入ってから15万t程度に減少している．資源量は1981年度以降，92～140万tの範囲で推移しているが，漁獲量と同様に近年は減少傾向にある．

（ii）日本海北部系群

1970年度から1992年度まではおおむね10万tを超える漁獲量であったが，1993年度以降減少し，2006年度以降は2万tを下回っている．資源量（2歳以上）は1987～1992年度の間71～87万tと高い水準にあったが，それ以降は減少傾向を示し，2008年度ではピーク時の1割の12万t程度まで減少している．

（iii）オホーツク海南部

漁獲量は1980年代前半までは10万tを超えていたが，ロシア（ソ連）水域での漁獲規制の強化や減船により，1986年度に大きく減少した．1990年度以降は3万t以下の低い水準で推移している．資源量は推定されていないが，漁獲統計値などから近年の資源水準は低位にあると推測される．

（iv）根室海峡

漁獲量は，1989年度に11万tに達したのち急激に減少し，2000年度以降は1万t前後で推移している．資源量は推定されていないが，漁獲統計値などから近年の資源水準は低位にあると推測される．

B. マダラ

a. 系群と分布

マダラは朝鮮半島から北米に至る黄海，東シナ海北部，日本海，北太平洋，オホーツク海，ベーリング海の陸棚から陸棚斜面にかけて分布する．スケトウダラよりも底生性，沿岸性が強い．マダラはスケトウダラに比べ移動性が小さいことから，アジア周辺だけでも10以上の系群があると考えられているが詳細は不明である．日本では，太平洋北部系群，日本海系群，北海道の3評価群に区分されて資源評価が行われている．

（i）**太平洋北部系群**

茨城県以北の東北太平洋沿岸域に分布する．産卵期以外の分布水深は100～550 mであり，季節的な浅深移動を行う．

（ii）**日本海系群**

青森県から島根県にかけての本州日本海沿岸の水深200～400 m前後に広く分布する．産卵に伴う浅深移動があるとされるが，回遊構造に関する知見は少ない．

（iii）**北海道**

北海道周辺の日本海，オホーツク海，太平洋の大陸棚から陸棚斜面にかけて分布している．系群構造については不明な点が多く，少なくとも複数の地域群が含まれていると考えられている．なお，青森県陸奥湾の産卵群は，標識放流結果などから北海道への回遊が確認されており，この評価群に含まれている．

b. 成長・成熟・被捕食関係

マダラは日本周辺に生息するタラ類のなかで最も成長が早く，海域間および年級群間で若干の差異が認められるが，2歳で被鱗体長32～40 cm，3歳で44～53 cm，4歳で55～63 cm，5歳で63～70 cm，8歳では80 cm以上に達する．成熟は3～4歳で開始され，産卵期は12～3月である．産卵は沿岸の砂泥帯で行われ，雌は沈性卵を50万～400万粒産出する．主要な餌生物は，浮遊生活期には橈脚類幼生，魚卵，十脚目幼生，若齢魚ではオキアミ類，成魚では魚類，甲殻類，頭足類などである．一方，捕食者としては海獣類のほか大型魚による若齢魚の共食いがある．

c. 資源の動向

（i）**太平洋北部系群**

漁獲量は1975年以降0.3万～2万tの範囲で大きな変動が認められる．1993年におよそ0.3万tであった漁獲量は1997年以降大幅に増加し，1998，1999年には2万tとなった．その後一時的に減少したが，2005年には2.7万tと1975年以降の最大値となった．資源量は1996年以降1.3万～6.5万tの範囲で変動している．近年では1998～1999年，2005～2007年の資源量が多くなっている．

（ii）**日本海系群**

漁獲量は1964～1980年代末まで0.2万～0.5万tの範囲で変動した．1989年には卓越年級群の発生により漁獲量が急増したが，その後は減少し，1992～2004年ではおおむね0.2万t以下の低い水準で推移していた．しかし，2005年以降は卓越年級群の発生により0.3万tを超える漁獲量に回復した．資源量は推定されていないが，漁獲統計値などから近年の資源水準は高位にあると推測される．

（iii）**北海道**

北海道周辺全海域を合わせると1985～1988年の漁獲量は2.5万t前後であったが，1990年代には減少傾向を示した．2004年に1.1万tとなった漁獲量は，それ以降わずかに増加し，2008年の漁獲量は1.5万tであった．海域別にみると，オホーツク海では2000年以降0.3万t以下で推移している．太平洋沿岸では2000年以降0.5～0.9万tの範囲で変動し，2004年以降は増加傾向となっている．日本海沿岸では1992年以降減少傾向にあり，2007年はピーク時の約4割である0.4万tまで減少している．資源量は推定されていないが，漁獲統計値などから近年の資源水準は，海域により差異はあるが，北海道全体では中位にあると推測される．

（森　　賢）

2.9.11　エ ビ 類

A. 種　類

エビ類は分類学上，節足動物門・軟甲綱・十脚目に属し，産出卵を海中に放出する根鰓亜目と，自らの腹肢に卵を付着させる抱卵亜目に大別される．根鰓亜目はクルマエビ上科とサクラエビ上科で構成され，それ以外のエビ類は抱卵亜目に含まれる．抱卵亜目はオトヒメエビ下目，コエビ下目，ザリガニ下目，イセエビ下目のエ

表 2.9.11-1　クルマエビ雌の成熟体長と産卵期の海域による比較

海　域	形　状	成熟体長 (mm)	産卵期
東京湾	閉鎖的	130 ～ 134	4 ～ 9 月
瀬戸内海	閉鎖的	135	5 ～ 9 月
有明海	閉鎖的	130	5 ～ 10 月
八代海	閉鎖的	131	4 ～ 9 月
志布志湾	開放的	154	3 ～ 11 月

ビ類のほかに，カニ下目とヤドカリ下目を含む．

水産上の重要種は，根鰓亜目ではクルマエビ（*Marsupenaeus japonicus*），クマエビ（*Penaeus semisulcatus*），ヨシエビ（*Metapenaeus ensis*），アカエビ（*Metapenaeopsis barbata*），サルエビ（*Trachysalambria curvirostris*）などのクルマエビ科エビ類，サクラエビ（*Sergia lucens*）などがある．また地域によっては深海底びき網でクダヒゲエビ科のヒゲナガエビ（*Haliporoides sibogae*）やナミクダヒゲエビ（*Solenocera melantho*），チヒロエビ科のツノナガチヒロエビ（*Aristaeomorpha foliacea*）などが漁獲されている．抱卵亜目では，ホッコクアカエビ（*Pandalus eous*），トヤマエビ（*Pandalus nipponensis*），ホッカイエビ（*Pandalus latirostris*），ヒメアマエビ（*Plesionika semilaevis*）などのタラバエビ科エビ類，シラエビ（*Pasiphaea japonica*），イセエビ（*Panulirus japonicus*），ウチワエビ（*Ibacus ciliatus*）などがあげられる．

B.　クルマエビ

クルマエビは太平洋西部，インド洋，地中海東部に広く分布する．日本では北海道以南の沿岸域に分布し，とくに西日本の浅海域で重要な漁獲対象種となっている．各地で種苗放流が行われているほか，養殖の対象種としてもきわめて重要である．

クルマエビをはじめ，クルマエビ上科のいくつかの種では産卵間近の卵巣卵の細胞質周縁部に表層胞が出現し，成熟個体の指標となっている．クルマエビの雌の成熟体長は，閉鎖性内湾域では 130 ～ 135 mm で地域差はそれほどみられないが，開放的な形状を有する志布志湾では 154 mm と，他よりもかなり大きい（表 2.9.11-1）．産卵期は春～秋が中心で，かなり長期間にわたる．志布志湾では他の閉鎖的内湾域に比べてさらに産卵期が長いが，黒潮の影響が強く冬季の水温が比較的高いためと考えられている．

クルマエビは沖合で産卵し，ふ化した幼生は浮遊期間中に沿岸域に移動する．ノープリウス，ゾエア，ミシスを経た幼生はポストラーバで砂質干潟に着底し，底生生活に移る．稚エビとしてしばらく干潟で過ごした後，成長に伴って沖合へと移動し，成体となって再生産に加わる．沖合では水深帯によって体長組成に違いがみられ，大型の個体ほど深い場所に出現する傾向がある．産卵場は，八代海では水深 10 m 以深，志布志湾では水深 20 m 以深に形成される．成長は脱皮によるが，本種の成長率は季節によって異なる．すなわち，水温の高い夏季は成長率が高いが，水温の低い冬季は成長率が低い．

このようにクルマエビは回遊性を有し，成長段階によって生息域が異なる．とくに，砂質干潟がポストラーバから稚エビにかけての成育場になることが大きな特徴である．本種資源を維持するためには，産卵場や漁場となる沖合のみならず，沿岸の干潟域の保全も不可欠となる．事実，瀬戸内海では干潟域を 1 km^2 埋め立てることで，クルマエビの年間漁獲量が約 6 t 減少するとの報告がみられる．

C.　その他のクルマエビ科エビ類

エビ類のなかでクルマエビ科は水産上最も重要な分類群といっても過言ではなく，クルマエビ以外にも沿岸漁業の対象となっている種は多い．たとえば，土佐湾では 35 種のクルマエビ科エビ類が小型底びき網で漁獲されている．

有用種としては，内湾浅海域ではクマエビ，ヨシエビ，フトミゾエビ（*Melicertus latisulcatus*），アカエビ，キシエビ（*Metapenaeopsis dalei*），サルエビなどがあげられる．また，水深 80 m 以深の大陸棚下部ではシロエビ（*Metapenaeopsis lata*），ミナミシロエビ（*Metapenaeopsis provocatria owstoni*），陸棚斜面ではトゲサケエビ（*Parapenaeus lanceolatus*），ベニガラエビ（*Penaeopsis eduardoi*）などが商品価値のある種として漁業の対象となっている．これらのエビ類の寿命はいずれも1～3年程度である．なお，サルエビは一般に水深50 m以浅に分布するが，鹿児島湾では100 m以深に高密度に生息し，漁業の対象となっている．サルエビのような潜砂性のエビ類では，水深のみならず海底の砂泥の粒度も分布に影響を与えると考えられている．

D. ホッコクアカエビ

ホッコクアカエビは抱卵亜目・コエビ下目・タラバエビ科に属する寒海性のエビで，北太平洋の水温0～8°Cの海域に広く分布する．日本では北海道や北陸沖の日本海で漁業の対象となっている．以前は北大西洋産と同種の*Pandalus borealis*とされていたが，現在は形態的差異により別種とされ，*Pandalus eous*の学名が用いられている．

ホッコクアカエビは雄性先熟の雌雄同体現象を示し，能登半島沖の日本海ではおもに生後5年目に雄から雌に性転換する．雄期の精子形成はおおむね2歳から認められる．雌期になった個体は3～4月に産卵し，約10カ月の抱卵期間を経て翌年の1～2月に幼生がふ化する．幼生を放出した後の親エビは約1年間未抱卵個体として過ごし，隔年産卵する．生涯に少なくとも3回の産卵を行い，寿命は11年以上と推定されている．抱卵数は1,300～5,800で，雌の頭胸甲長（*CL*，mm）とふ化直前の時期の抱卵数（*F*）との関係は，

$$F = 359CL - 7{,}414$$

で表される．ふ化した幼生はゾエア1～7期の間，浮遊生活を送った後に着底し，その後は深浅移動を行う．着底後の稚エビは水深300～350 m付近に分布するが，成長に伴って深場に移動し，雄としての成熟期には水深400～600 mに分布する．性転換後の未抱卵雌は同水深帯で成熟・産卵するが，抱卵個体は水深200～300 mの浅場に移動し，幼生のふ化を迎える．

ホッコクアカエビの抱卵期間や寿命は，生息水域の水温と関係がみられる．日本海は本種の分布の南限に位置するが，生息水深帯の水温は周年1°C以下でブリティッシュ・コロンビア，アラスカ湾西部，ベーリング海など，より高緯度の海域に比べて低く，抱卵期間，寿命ともに長い傾向にある．この関係は北大西洋産の*Pandalus borealis*でも同様にみられる．

E. 地域特異性のある重要エビ類

エビ類のなかには，分布域が狭く，限られた海域でのみ漁場が形成される種がある．それらのいくつかは，地域特異性のある希少資源として高い商品価値を有している．

たとえば，タラバエビ科のホッカイエビは北海道東部の厚岸湾，野付湾，サロマ湖，宗谷湾周辺など，アマモ（*Zostera marina*）やスガモ（*Phyllospadix iwatensis*）の繁茂する藻場でのみ漁獲される．雄性先熟の雌雄同体現象を示すが，性転換後は，ホッコクアカエビが隔年産卵であるのに対し，ホッカイエビは毎年産卵を行う．抱卵数は平均350程度で，典型的な大卵少産型である．野付湾では，再生産曲線に基づいて算出された資源維持に必要な親エビ数を確保するための漁獲量規制，禁漁区，体長制限などを設ける資源管理プログラムにより，生産量の安定化が図られている．

根鰓亜目・サクラエビ科のサクラエビは駿河湾，相模湾，東京湾に分布する．漁場となるのは駿河湾のみで，静岡県内の限られた漁業地区の60カ統，120隻により2そう船びき網で漁獲されている．サクラエビは水深200～350 mに分布するが，日周的鉛直移動により20～60 m層まで浮上する夜間に操業が行われる．主漁期は3月下旬～6月上旬の春季と10月下旬～12月下旬の秋季で，産卵盛期に相当する6月11日～9月30日を禁漁期としている．出漁の可否，操業区域，目標漁獲量など，日々の操業に関する権限は漁業者で組織された「桜えび漁業出漁対策委員会」が有する．本漁業は，当該漁業者で水揚金額を均等配分するプール制管理の成功例として有名である．

抱卵亜目・コエビ下目・オキエビ科のシラエビは富山湾の重要な水産資源である．漁場はシ

ラエビが集中分布する水深100～300 mの海底谷で，年間600～700 tの水揚げがみられる．シラエビに関する生態学的な知見は少ないが，富山湾における雌の成熟体長は57.9 mmで，産卵後の抱卵個体の出現状況より周年繁殖を行うことがわかっている．

（大富　潤）

2.9.12 カニ類

A. 種類と分布

日本周辺で漁獲対象となっているおもなカニ類は，異尾類としてタラバガニ類，短尾類としてズワイガニ類，ケガニ，ガザミ類，ノコギリガザミ類，アサヒガニ，モクズガニなどがある．このうち，タラバガニ類は最も寒海性で，わが国では北海道周辺でのみ漁獲される．

ズワイガニ類とケガニも寒海性であるが，北海道周辺と東北の太平洋沿岸および日本海沿岸に広く分布する．温帯性のモクズガニとガザミは日本列島のほぼ全域と韓国や中国，台湾に分布し，より暖海性のアサヒガニ，ノコギリガザミ類は相模湾以南からハワイ諸島にかけての広い範囲に生息する．

これらのうちで，日本国内での漁獲量が最も多いのはベニズワイである．1997年以降わが国で定められたTAC制度では，カニ類として唯一ズワイガニが対象種となっている．

B. 成長・成熟・産卵周期

a. 年齢の査定

カニ類はエビ類と同様に外骨格を有し，脱皮によって体長を増大させて成長することから，成長様式が不連続で，かつ，魚類の耳石や鱗に相当する年齢形質をもたない．そのため，一般的に年齢の査定が非常に困難で，年齢のかわりに脱皮齢を求める場合が多い．脱皮齢から年齢を推定するには各脱皮齢における成長量と脱皮間隔を知る必要があり，これは，サンプリングによって野外で採集された個体の体長組成を複数の正規分布に分解して得た脱皮齢ごとの平均体長や採集個体数を，時間スケール（年ごと，季節ごと，月ごとなど）で比較することによって得ることができる．また，極力天然の生息環境に近い飼育条件の設定が可能であれば，飼育実験によっても成長に関するパラメータを得ることができる．その結果，繁殖を開始する年齢は，ガザミはほぼ満1歳，ズワイガニでは8歳程度，ケガニでは7歳程度と推定されている．

b. 成熟と産卵周期

脱皮と成熟のパターンは種群によって異なり，ズワイガニやベニズワイでは最終脱皮を行って成長が止まったあとに繁殖を開始するが，タラバガニやケガニのように成熟して繁殖を開始した後もさらに成長を続けるものもある．雄にとっては交尾機会をめぐる雄間の競争において，雌では産出できる卵数の多寡において，大型の個体ほど繁殖に有利とされる．しかし，脱皮前後の甲殻がやわらかい時期は食われるリスクが高く，また，脱皮そのものに失敗するケースもあるため，脱皮回数を重ねるほど死亡リスクが高まる．そのため，繁殖の優位性と生残率との間にはトレードオフの関係がある．

カニ類雄の成熟には，生理的成熟（生殖腺の成熟），形態的成熟（二次性徴の発現），機能的成熟（実際に交尾が可能）という複数の段階があり，これらの間には若干の時間的ずれがある．また，同一の個体群であっても個体によって成熟サイズが異なる．雌の産卵周期は種によって異なり，温帯性のガザミでは，成熟雌は4～9月にかけて1年に1～6回産卵するが，寒海性のズワイガニの産卵周期は1年ないし1年半，ベニズワイ雌は2年，ケガニは2年ないし3年である．このように，寒海性のものは温帯性のものにくらべて成熟に達するまでの期間が長いだけでなく，産卵周期も長くなる傾向がある．

c. 繁殖特性と漁業規制

大型カニ類の漁業では，雌ならびに雄の未熟個体に過度の漁獲圧がかからないように，漁獲規制サイズ以上の大型雄だけが漁獲され，小型雄と雌は禁漁とする措置がとられる場合が多い．雄の漁獲規制サイズは，ズワイガニが甲幅90 mm（海域によっては80 mm），ベニズワイが甲幅90 mm，ケガニが甲長80 mmとなっているが，自主規制等によってさらに厳しい規制が行われているところもある．雄の成熟には複数の段階があること，成熟に達するサイズが個体によって異なることから，体長によって一律に漁獲規制するだけなく，「機能的成熟」に達した個体だけを漁獲対象とすることが望ましい．近年，日本海西部のズワイガニ漁業では，甲幅 90 mm 以上であっても機能的成熟に達していない雄を漁獲しないような自主的な取り組みが一部の海域ではじまっている．

C. 種苗生産

カニ類の養殖はほとんど行われていないが，現在，ガザミ，タイワンガザミ，ノコギリガザミ類が種苗放流の対象となっている．そのほとんどがガザミで，年間 4,000 ～ 5,000 万尾の種苗が生産され，東北から九州にかけての約 20 府県で 3,000 万尾前後が放流されている．また，技術的に困難であったズワイガニの種苗生産については，近年急速に技術が向上して生産性が上がってきたものの，いまだ放流ベースには至っていない．

D. 漁業と資源管理

カニ類を対象とした漁業はおもに，底びき網，かご網，刺網によって行われる．カニ類の資源管理の方法としては，魚類と同様な保護区の設定や産卵期の禁漁といったもののほかに，カニ類特有の措置として混獲死亡を減らすための脱皮時期の禁漁が行われることもある．また，着底期以降のカニ類は，魚類と比べて移動・回遊の範囲が狭いという特徴があるため，対象海域の漁業データの収集や資源量を直接推定するような調査の計画が比較的たてやすい．TAC 対象であるズワイガニではこの特性を利用して，日本海西部海域，東北の太平洋岸，オホーツク海において底びき網による現存量調査が行われている．このような直接推定調査では，資源の現存量を個体数として推定することができる．

一般的に，漁獲率を制御するような資源管理では，資源量や漁獲量を重量ではなく個体数として把握することが望ましく，この点で調査による資源量推定の方法は好ましい．しかし，当業船での漁獲物の体長組成が十分得られず，同じ体長の個体でも比較的軟甲の個体は脱皮間期の硬甲の個体に比べ，ズワイガニで 7.4 ～ 8.8%，ケガニで 4.8 ～ 9.5% ほど体重が少ないなど，漁獲重量から漁獲個体数を把握することが困難な状況である．

大型の雄だけを選択的に漁獲する漁業では，繁殖可能な雄は複数の雌と交尾が可能であることを根拠としてきた．さらにズワイガニの雌は，1 回の交尾で得た精子によって生涯産卵が可能であると考えられていた．このため，大型の雄だけを漁獲していれば，再生産に悪影響を及ぼすことなく持続的な漁業が可能であると考えられてきた．しかし近年では，ズワイガニの雌でも生涯に複数回交尾を行うこと，大型雄だけに選択的に漁獲圧がかかることで，雌の交尾率や産出された卵の受精率が低下している現象が報告されている．一方，日本海のズワイガニ漁業のように，適切な資源管理と資源量や加入量の把握を行うことで，雌を漁獲しながらでも資源状態を維持，あるいは回復させているケースもみられる．

（養松　郁子）

2.9.13　ウナギ・アナゴ類

A. 種類・集団構造

いずれもウナギ目（Anguilliformes）に分類され，熱帯から温帯まで広い範囲に生息している．ウナギ目魚類を含むカライワシ類に共通の特徴として，仔魚期にレプトセファルスとよばれる特異な葉型仔魚の形態をとる．ウナギ科（Anguillidae）には 1 属 19 種が知られ，日本にはニホンウナギ（*Anguilla japonica*）とオオウナギ（*A. marmorata*）の 2 種が生息している．一方，アナゴ科（Congridae）では 3 亜科〔チンアナゴ亜科（Heterocongrinae），クロアナゴ亜科（Congrinae），ホンメダマアナゴ亜科（Bathymyrinae）〕に，おおむね 150 種類以上が知られている．これらのうち，日本の重要な水産資源となっているのは，ニホンウナギとクロアナゴ属（*Conger*）のマアナゴ（*C. myriaster*）である．

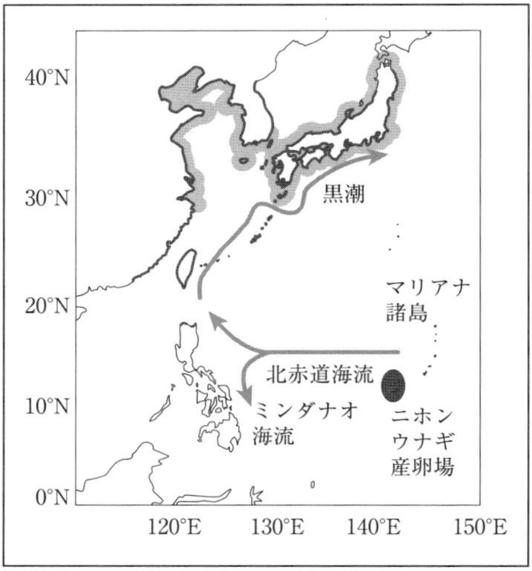

図 2.9.13-1　ニホンウナギ（*Anguilla japonica*）の分布と産卵場

ニホンウナギが東アジア一帯の沿岸・河口域および内水面に成育場をもつ降河回遊魚であるのに対し，マアナゴは日本沿岸から黄海，東シナ海の水深 10 ～ 300 m 程度の浅海域を中心に生息する海産魚である．

資源管理の最小単位となる遺伝的集団構造については，いずれの種においても明らかでない．しかしながら，これまでに検出された地域間の遺伝的差異がきわめて小さいことから，両種ともに東アジア一帯の個体群は単一の集団であることが示唆されている．

B. 生　態

ニホンウナギとマアナゴは，毎年 10 ～ 5 月頃にかけて成育場である沿岸・河口域もしくは浅海域へ来遊する．この際，ニホンウナギが黒潮内でレプトセファルスからシラスウナギへの変態を終えるのに対し，マアナゴでは浅海域へ到着後，変態が始まる．

ニホンウナギは体長 30 cm（3 歳）程度になると性分化が起こり，雄ではおおむね 40 ～ 60 cm（5 ～ 10 歳），雌では 60 ～ 80 cm（7 ～ 15 歳）で性成熟が始まる．性成熟に伴い体表にグアニンの沈着した「銀ウナギ（下りウナギ）」となって産卵回遊を開始する．また，成育場となる水系の環境条件によって，個体群の性比，サイズ組成，成熟のサイズや年齢など生態的特徴が大きく異なることが明らかになっている．

マアナゴの性分化や成熟開始年齢などについては，まだはっきりとわかっていない．また，ニホンウナギと同様，地域ごとに個体群の生態的特徴が異なるものの，海域間の個体の移動など不明な点も多く，その原因は明らかではない．

近年，降河回遊魚であるウナギ属魚類に，河川へ入らず一生を海で過ごす「海ウナギ」の存在が明らかになった．これは，現生のウナギ属魚類の生態的表現型（ecophenotype）の 1 つで，外洋性から降河回遊型へ進化してきたウナギ属魚類の先祖返り現象と考えられている．

C. 産卵・回遊

ニホンウナギ・マアナゴの産卵生態についてはいまだほとんど明らかになっていない．ニホンウナギの産卵場が西マリアナ海嶺南端付近にあることが特定されたのは，ようやく 2006 年以降になってからである．2008 ～ 2011 年には，史上初となる天然で産み出されたウナギ卵や産卵にやってきた親ウナギが採捕され，さらに詳細な産卵地点の特定が進んでいる．マアナゴの産卵場については諸説あるものの，いずれについても，卵や産卵親魚など直接的な生態学的証拠は得られていない．しかしながら，黒潮の上流部ほど小型の仔魚が出現することから，東シナ海の南部もしくはそれ以南の海域が有力視されている．最近になって，ふ化後数日とみられる仔魚が採集されたことから，北緯 17 度，東経 136 度付近の九州−パラオ海嶺周辺が産卵場の 1 つであることが明らかになった．すなわち，両種は外洋に産卵場をもち，ふ化した仔魚がレプトセファルス幼生として海流に流されながら成育場である東アジア一帯に接岸する生活史上の特徴を有する（図 2.9.13-1）．このため，北赤道海流や黒潮流路など種々の海洋環境の変動により，成育場内のある場所には大量に加入するものの，別の場所ではほとんど認められないといった地域的な新規加入量の多寡や，短期・長期的な資源変動が起こると考えられている．ニホンウナギの場合，エルニーニョによる海洋環境の変化が，産卵場所と仔魚の輸送経路に大きな影響を与えることが示されている．

最新の耳石を用いた研究から，ニホンウナギの仔魚期間は4～7カ月，マアナゴでは3～8カ月程度であることが明らかになっている．産卵期は両種ともに長く，春先（4月頃）から秋口（11月）に及ぶ．また，ニホンウナギは長い産卵期の各月の新月に同期して直径1.5 mm程度，マアナゴは1 mm程度の分離浮遊卵を，数十万～1千万粒以上産むと推定されている．いずれにおいても，親の産卵場への回遊については，その経路や遊泳水深などほとんどわかっていない．

D. 資源の動向

日本で年間5～10万t程度消費されるニホンウナギのほとんどは，天然の稚魚（シラスウナギ）を養殖することにより生産される．このうちの7割程度は，中国や台湾などで養殖され，活鰻もしくは加工品として輸入されたものである．1970年代以降，シラスウナギ資源は世界的に減少しており，ニホンウナギでは1960～1970年代と比較すると，およそ10～20%程度の水準にまで落ち込んでいる．北大西洋に生息するヨーロッパウナギ（*A. anguilla*）のシラスウナギ資源量は盛時の1%以下にまで減少し，2007年のCITES（ワシントン条約）締結国国際会議において付属書Ⅱへの記載が決定された．さらに，2008年には国際自然保護連合（International Union for Conservation of Nature and Natural Resources : IUCN）のレッドリストに掲載されるに至っている．

一方，筒やかご，底びき網など沿岸漁業により年間1万t程度漁獲されるマアナゴでは，これまで顕著な資源変動は認められていなかった．このためマアナゴ資源は比較的安定していると考えられていたが，近年では漁獲努力の増加にもかかわらず漁獲量は減少傾向にある．主要漁場である東京湾，三河・伊勢湾，瀬戸内海など，各地で資源保護の取り組みがはじまっているものの，いまだ大きな効果は認められていない．

ニホンウナギ，マアナゴは東アジア一帯の国々で共有する重要な水産資源である．関係各国の協調による国際的な資源管理が早急な課題となっている．ニホンウナギやマアナゴでは人工種苗生産技術が十分に確立されておらず，2010年にわが国で初めてニホンウナギの完全養殖が実現した．今後，商業ベースに見合う大量生産技術の開発に大きな期待が寄せられている．

（青山　潤）

2.9.14 イカ・タコ（頭足）類

A. 種類と分布

イカ・タコ類は軟体動物門（Mollusca），頭足綱（頭足類，Cephalopoda）に属している．現生の種類としては，オウムガイ亜綱（Nautiloidea）のオウムガイと，鞘形（二鰓）亜綱（Coleoidea）のイカ・タコ類に大きく分けられている．鞘形亜綱は，さらにタコ類が属する八腕形目（Octopoda）とコウモリダコ目（Vampyromorpha），そしてイカ類が属するツツイカ目（Teuthida），コウイカ目（Sepiida），ダンゴイカ目（Sepiolida）などに区分されている．タコ類はコウモリダコ類を含めて13科約200種，イカ類は33科450種ほどが知られている．

イカ類のうち，産業上重要なもののほとんどが，コウイカ類（コウイカ科）およびツツイカ類のヤリイカ類（閉眼亜目，ジンドウイカ科）とスルメイカ類（開眼亜目，アカイカ科）に属しており，このほかホタルイカ（*Watasenia scintillans*），タコイカ（*Gonatopsis borealis*），ドスイカ（*Berryteuthis magister*），ソデイカ（*Thysanoteuthis rhombus*）なども利用されている．また，タコ類ではマダコ科のマダコ（*Octopus vulgaris*），ミズダコ（*O. dofleini*），ヤナギダコ〔*O.*（*Paroctopus*）*conispadiceus*〕，小型のイイダコ（*O. ocellatus*）などがおもに利用されている．これらのうち，コウイカ類，ヤリイカ類は沿岸性で温帯～熱帯域に生息し，マダコ類のマダコは全世界の温帯域沿岸に，ミズダコは北太平洋の亜寒帯全域の沿岸～大陸棚，ヤナギダコは北海道周辺の沿岸〜大陸棚に生息している．

コウイカ類は世界で100種ほど知られており，とくにインド洋〜西太平洋に約60種生息するが，南北アメリカ大陸周辺には1種も分布していない．日本周辺には，コブシメ（*Sepia latimanus*），コウイカ（*S. esculenta*），カミナリイカ（*S. lycidas*），シリヤケイカ（*Sepiella japonica*）など22種が分布している．

ヤリイカ類は世界で約50種知られており，日本ではヤリイカ（*Loligo bleekeri*），ケンサキイカ（*L. edulis*），ジンドウイカ（*L. japonica*），アオリイカ（*Sepioteuthis lessoniana*）など10種が知られている．

スルメイカ類は世界で22種知られており，イカ・タコ類のなかで最も漁獲量が多い．このうち，商業種は日本のスルメイカ（*Todarodes pacificus*），アカイカ（*Ommastrephes bartramii*），アルゼンチンイレックス（*Illex argentinus*），そして近年漁獲量が急激に増加しているアメリカオオアカイカ（*Dosidicus gigas*），台湾方面で多いトビイカ（*Sthenoteuthis oualaniensis*），カナダイレックス（*I. illecebrosus*）やニュージーランドスルメイカ（*Nototodarus sloanii*）などがあるが，最後の2種の漁獲量は多くない．スルメイカ類は，外洋性のアカイカ，トビイカを除いて，大陸棚に沿った分布と回遊をしており，半外洋性種とよばれている．

B. 生活史

a. 産　卵

頭足類は，みな一生に一度だけ繁殖するという単回繁殖が特徴である．単回繁殖は1回の繁殖期で一生を終えることを指しており，1シーズンに1回産卵の種，連続して産卵を続ける種がいる．ただし，イカ類の多くは産卵後に死亡し，タコ類の雌の多くは産卵した卵を守り幼生のふ化後に，死亡する．頭足類は雌雄による有性生殖であり，性成熟した雄は，交接行動によって精莢（せいきょう，精子の詰まった細長いカプセル）を交接腕（精莢を握るために特殊に変化した腕）を使って雌に渡し，雌は受け取った精子を産卵まで貯蔵する．ただし，精子の貯蔵部位は種によって多様であり，スルメイカは口球周辺の膜の部分の受精嚢中に，精子塊を保存する．

頭足類の卵は卵黄を多量に含み，卵の大きさはスルメイカの直径1 mmからコウイカ類の1 cmまで多様であり，産卵数も数十個の卵を産むボウズイカから数百万個以上の卵を産むアメリカオオアカイカまで知られている．頭足類の卵はてん卵腺から分泌される粘性の高いゼリー膜や卵嚢に包まれていることが多く，マダコ類は海藤花とよばれる房状の卵嚢を岩棚などに産み，コウイカ類は1つずつ卵膜に包まれた卵を岩や海藻に産みつける．ヤリイカ類は，数十〜数百の卵の入った細長い房状の卵嚢を数十本，岩や砂地に産みつける．

スルメイカ類のスルメイカとカナダイレックスでは，大きな風船のように水中を漂う数十万個の卵が入った卵塊を産むことが飼育実験から明らかとなっている（図2.9.14-1）．スルメイカの卵塊は透明で，表面は包卵腺ゼリーが膜状に覆っており，海水よりわずかに重くゆっくりと沈降する特性をもつ．直径80 cmの卵塊では，中に約20万個の卵が一定間隔で存在し，20°Cでは5日間で全長1 mmほどの幼生がふ化して，卵塊から出て遊泳を始める．

b. 寿命と成長

多くのイカ類の寿命は，体重が数十kgに成長するアメリカオオアカイカを含めて1年であり，温帯・亜熱帯性のイカ類ではそれ以上に短い種もいる．イカ類は，頭部にある1対の平衡胞内に炭酸カルシウムの結晶からできている平衡石が存在する．この平衡石を研磨して顕微鏡でみると輪紋が観察され，スルメイカではこの輪紋が1日に1本形成されることが飼育実験で確認されている．この平衡石の日周輪を用いて，スルメイカ類やヤリイカ類では日齢とふ化日の推定が行われている．

一方，タコ類には平衡石がないために年齢査定が難しい．そのため，標識個体の放流と再捕などによって年齢と成長推定が行われている．マダコの寿命は1〜2年，体重が30 kgにまで成長するミズダコは最大で5年程度と推定されている．

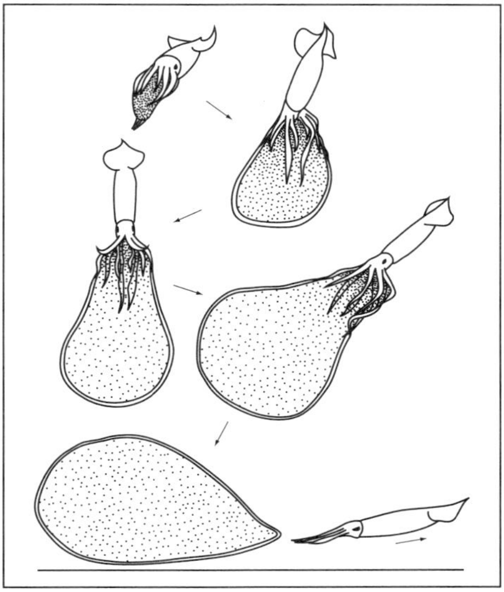

図 2.9.14-1　飼育水槽内で観察されたスルメイカの産卵行動

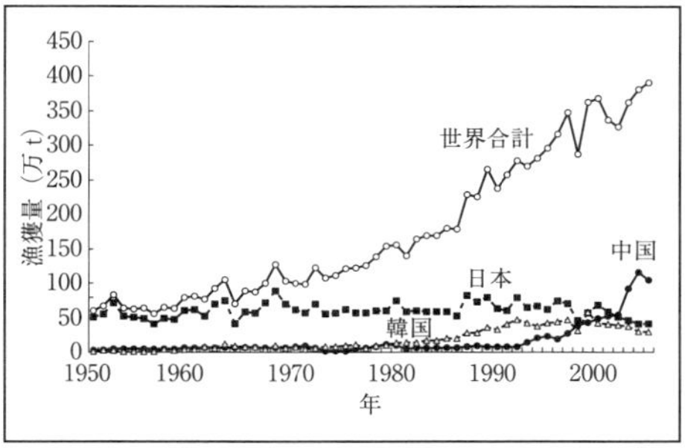

図 2.9.14-2　1950 ～ 2005 年における世界，日本，韓国，中国のイカ・タコ類（頭足類）の漁獲量の推移〔FAO 統計年表（2007）を参照して作成〕

頭足類の成長は，ほかの分類群（哺乳類，爬虫類，魚類）よりも非常に速く，1 ～数 mm でふ化して，数カ月で数十 cm まで急速に成長する大型頭足類がいる．ただし，頭足類の成長は，同じ種内でも経験する水温や餌などの環境条件や性別によって大きく変化する可塑性が特徴である．たとえば，アメリカオオアカイカでは，外套長 20 cm から 1 m 以上で成熟するなど種内での変異が大きい．

C. 頭足類の漁獲量と生態的な位置づけ

世界の養殖を除く海面漁獲量は，1990 年以降は 7,500 万 t 前後と横ばいもしくは減少傾向にあるが，世界の頭足類の漁獲量は増加を続けている．1950 ～ 2005 年における世界の頭足類の漁獲量は増え続けており，2005 年には約 400 万 t に達している（図 2.9.14-2）．なかでも，アメリカオオアカイカの漁獲量は，1990 年代に 10 ～ 20 万 t であったが，2004 年には漁獲量が 80 万 t と急激に増加している．しかし，カナダレックスやアカイカなどのスルメイカ類では，極端な漁獲量の経年変化が起きている．この原因として，過剰漁獲に加えて再生産−加入の成否に対する海洋環境変化の影響が大きいことが明らかになりつつある．ただし，世界の頭足類の資源量は，最低 2,000 万 t から最高 3 億 t，平均で 1 ～ 2 億 t と推定されている．その利用方法を工夫することによって，頭足類は世界のタンパク資源として人類の生存を助ける可能性を秘めている．

頭足類は肉食性である．底生性のタコ類は，甲殻類，貝類，魚類，イカ類は魚類，甲殻類，および共食いを含むイカ類を餌としている．たとえば，スルメイカは成長に伴ってカイアシ類・端脚類などの小型動物プランクトンから中小型のネクトン類（中深層性魚類，浮魚類など），アカイカはハダカイワシ類などの中深層性魚類，ヤリイカはおもに端脚類・オキアミ類などの動物プランクトンを摂餌している．イカ類の幼生は 1 ～数 mm と小さく，さまざまな捕食者の格好の餌となっている．しかし，その後の成長は著しく速く，生まれてから数カ月もすると自分の外套長（胴の長さ）と同じ大きさの魚類・イカ類を捕食するまで成長する．そのため，1 年ほどの短い寿命でありながら，海洋生態系の食物連鎖のなかで，動物プランクトンと同じ被食者から，大型魚類などと同じ捕食者へと変身する．加えて，海洋生態系の食物連鎖において，大型魚類，海獣類，クジラ類，海鳥類の重要な餌生物であり，生態的にも重要な地位を占める鍵種（key species）ということができる．

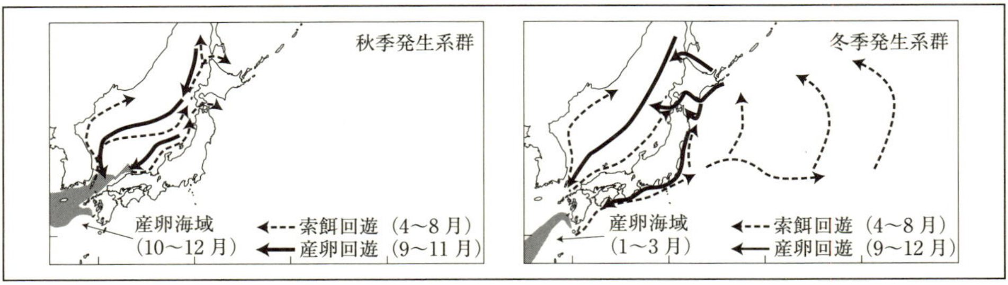

図 2.9.14-3 スルメイカの秋季発生系群と冬季発生系群の回遊経路と産卵場

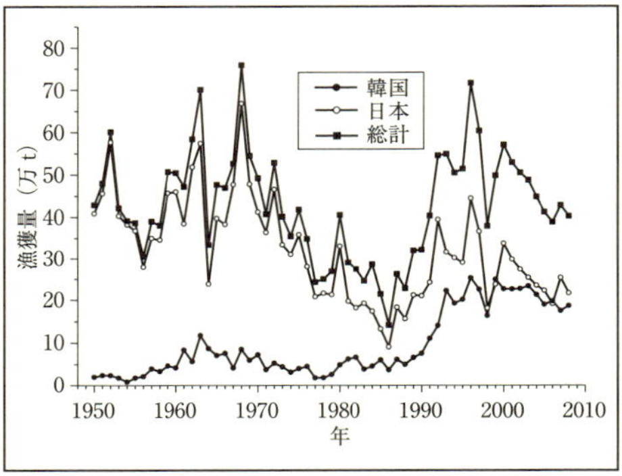

図 2.9.14-4 1950～2008 年におけるスルメイカの漁獲量の経年変化
〔FAO (2007), 水産庁 (2009) を参照して作成〕

D. おもなイカ類の回遊と資源動向

a. スルメイカ

日本周辺に分布するスルメイカは，生まれた季節別に，秋，冬生まれ群，および春，夏生まれ群に便宜的に区分されている．このうち，秋生まれ群と冬生まれ群がおもな漁獲対象となっている．

秋生まれ群の産卵場は，10～12月には本州に沿った日本海から対馬海峡と九州南西の東シナ海，冬生まれ群は1～3月の東シナ海の大陸棚～大陸棚斜面海域に形成される（図 2.9.14-3）．秋生まれ群は，おもに日本海を中心に，一部津軽海峡から北海道南部～東北沿岸へと索餌回遊し，再び日本海を南下して産卵して死亡する．

一方，冬生まれ群の一部は日本海を北上するが，多くは太平洋の黒潮内側の沿岸流に乗って太平洋を北上し，道東までの海域で索餌・成長する．その後，宗谷海峡と津軽海峡を経て日本海を南下して東シナ海の産卵場へと回遊する．

1950年以降の日本と韓国を含むスルメイカの総漁獲量は，1950年から1970年代半ばまでは，20万～80万tと年変化は大きいが豊漁年が多い（図 2.9.14-4）．その後，1980年代後半にかけて漁獲量は減少を続け，1986年の日本の漁獲量は10万t以下にまで激減した．しかし，1980年代後半からの総漁獲量は増加に転じ，2008年まで40万t以上で推移している．韓国の漁獲量は，1990年代以降急激に増加し，2000年代は日本と同じ程度の漁獲が続いている．

このような，1950年代以降のスルメイカ漁獲量の変動は，海洋環境の温暖・寒冷レジームシフトと一致し，1970年代までと1980年代後半以降の温暖レジーム期には豊漁年が続き，1970年代半ばから1980年代前半の寒冷レジーム期には不漁年が続いている．この原因として，寒冷レジーム期には冬生まれ群の東シナ海の産卵場の水温が低下するなどによって再生産環境が悪くなり，冬生まれ群が著しく減少した可能性が高い．逆に，温暖レジーム期には秋～冬生まれ群の再生産環境が好転して，資源が増加したと考えられている．

b. アカイカ

アカイカはムラサキイカともよばれ，世界の亜熱帯～温帯域の外洋に広く分布し，北太平洋で多く漁獲されている．北太平洋のアカイカには，秋，冬生まれ群が知られている．産卵場は小笠原諸島からハワイ諸島までの亜熱帯海域で，夏には北緯40度を越えた亜寒帯海域（北洋）で索餌・成長する．

この海域はアカイカの好漁場であり，1970年代に日本のイカ釣り漁船が発見した．その後，公海流し網漁業で最大35万tまで漁獲していたが，1993年からは国連決議によって流し網漁業は停止された．その後は，日本・中国・台湾の釣り漁業で年間10万～数十万tの漁獲が続いている．北太平洋の公海上には関係国間での漁獲ルールがないため，今後は関係国までの公海漁業のルールづくりが必要となっている．

c. ヤリイカ

ヤリイカは日本周辺海域から朝鮮半島沿岸に生息し，北日本ではおもに，産卵のために沿岸に来遊した親イカが漁獲されている．ヤリイカの地方群は，便宜的に日本海の能登半島より南と北の2群，太平洋では三陸より南に2群の大きく4つに分けられている．

都道府県ごとの漁獲量が最も多いのが青森県，次いで北海道（道南地方），宮城県，愛知県で，日本海北部を中心に分布する北日本系群が最も資源水準が高い．この群は，ヤリイカ分布の北限に位置し，北海道南部と青森県津軽半島の津軽海峡から日本海では，冬～春に漁獲され，この時期は冬と春の産卵群が接岸して産卵する時期と一致している．

ヤリイカの漁獲量に関して，能登半島以西から対馬海峡に生息する西日本海系群は，1988/1989年の寒冷レジーム期から温暖レジーム期へのシフトを境として，6,000tレベルから数十tレベルに極端に漁獲が減少している．この原因として，1989年以降の日本海南西海域の海水温上昇がヤリイカの再生産と生息に不適となり，さらに過剰な漁獲圧が，その激減をもたらしたと考えられる．一方，北日本系群は，この日本海南部系群と独立した漁獲の年変化を示し，1980年代の寒冷レジーム期には1,000t以下に減少したが，1990年代以降は2,000tレベルで推移している．

（桜井　泰憲）

2.9.15 アワビ・サザエ類

アワビ類およびサザエは，日本沿岸の岩礁域に生息する代表的な大型植食性巻貝類である．いずれも重要な磯根資源として古くから漁獲対象とされ，各地で人工種苗の放流事業が行われている．

A. アワビ類

a. 分類と分布

アワビ類は，軟体動物門・腹足綱・古腹足目・ミミガイ科に属する．大型のアワビ類と小型のトコブシ類を別属に分類する説もあるが，現在ではミミガイ科に属する種をすべてアワビ属（*Haliotis*）に分類するのが一般的である．種レベルの分類についてもいまだ流動的な部分があるが，世界中に60～80種程度，日本には9種1亜種が生息するとされる．そのうち，クロアワビ（*Haliotis discus discus*），エゾアワビ（*H. discus hannai*），メガイアワビ（*H. gigantea*），マダカアワビ（*H. madaka*），トコブシ（*H. diversicolor*）の，4種1亜種が主要な漁獲対象となっている．いずれも海藻類が繁茂する浅い岩礁海底に生息するが，エゾアワビだけが寒流域に生息し，他の種はすべて暖流域にすむ．エゾアワビの分布域は，銚子以北の本州太平洋岸と北海道日本海岸であるが，朝鮮半島沿岸と中国沿岸にも生息するとされる．クロアワビ，メガイアワビおよびマダカアワビは，銚子以北の太平洋岸を除く本州沿岸と九州，四国沿岸に分布する．韓国の済州島沿岸にも分布するとされるが詳細は不明である．また，トコブシもこれら3種と同じ海域に生息するが，伊豆諸島や南西諸島，さらには台湾やインドネシアなど東南アジアにも生息する．伊豆諸島や南西諸島に分布するものを，フクトコブシ（*H. diversicolor diversicolor*）としてトコブシ（*H. diversicolor aquatilis*）の亜種とする考えもあるが，分子生物学的な研究によれば，両者には亜種として区別するほどの違いはないとされる．マダカアワビについても，近年の分子生物学的研究によって，クロアワビおよびエゾアワビと遺伝的に非常に近縁であり，亜種レベルの違いしかないことがわかっている．今後，これらの分類については，再検討が必要である．

トコブシの最大殻長は 10 cm 程度であり，寿命は数年と考えられているが，大型 4 種の最大殻長は 15 ～ 20 cm 以上に達し，20 年近く生きるとされる．

b. 生　態

アワビ類は雌雄異体で，放卵・放精型の繁殖を行う．多くの種で雌雄が配偶行動を行わない可能性が高く，そのような種では，何らかの環境変化を引き金にして多くの個体が同期的に放卵・放精を行う．相模湾に生息するトコブシや三陸沿岸に生息するエゾアワビでは，台風の接近などによる大規模な時化の後に浮遊幼生が出現することが知られており，時化によって放卵・放精が誘発されるものと考えられている．時化に伴うどのような環境変化が実際に放卵・放精を誘発するのかはまだ明らかではないが，飼育条件下では，紫外線を照射した海水や過酸化水素を添加した海水が配偶子放出を誘起する現象が知られており，種苗生産施設で計画的に放卵・放精を行わせる技術として用いられている．

アワビ類各種の産卵期は，エゾアワビとトコブシでは夏～秋，クロアワビ，マダカアワビ，メガイアワビでは秋～初冬とされているが，実際に放卵・放精が可能になる時期は，水温経過や餌料環境に依存して年や場所によって異なる．エゾアワビなどでは，ある一定値を超える水温の積算値（成熟有効積算水温）に比例して生殖巣が発達することが知られており，人為的な水温管理によって成熟を制御することができる．

アワビ類の受精卵は，無殻の担輪子（トロコフォア）幼生にまで発達してからふ化し，浮遊生活をはじめる．その後，幼殻を形成して被面子（ベリジャー）幼生になる．被面子幼生は面盤とよばれる器官を用いて遊泳し，鉛直的な移動を行うが，その移動能力は限られており，基本的には海流に流されて分散すると考えられる．分散の範囲については諸説あるが，浮遊幼生の観察例が少なく，浮遊幼生の由来を特定する手法も確立されていないため，よくわかっていない．浮遊幼生は摂餌を行わず，卵黄を栄養源としている．発生後数日中に着底・変態が可能となるが，着底・変態を誘起する化学的因子に遭遇しない場合には浮遊期間を 2 週間程度は延長することができる．

アワビ類浮遊幼生の着底・変態は，外部からの化学的因子により誘起されることがわかっている．天然環境下では，アワビ類稚貝が殻状の紅藻類である無節サンゴモ上に多く生息することが知られており，無節サンゴモが浮遊幼生の着底・変態を誘起する物質を出すものと考えられているが，その化学的機構は完全には解明されていない．変態したアワビ稚貝は 1 日以内に摂餌を開始し，天然では少なくとも数カ月間は無節サンゴモ上に生息すると考えられる．エゾアワビでは，成長に伴う食性の変化とその機構が詳細に明らかにされている．成貝になるまでに大きく 4 回の食性転換が認められるが，そのうちの 3 回は殻長数 mm に成長するまでの生活史のごく初期に起こる．初期の成育場となる無節サンゴモ上には，この時期に必要な餌料が備わっているといえる．

日本で漁獲対象になっている上記 4 種 1 亜種のアワビ類については，稚貝期には付着珪藻などの微細藻類や大型海藻の幼体を主餌料とし，殻長 20 ～ 30 mm の頃までには大型褐藻類などの海藻成体を利用しはじめると考えられている．

c. 漁獲量の変動

日本におけるアワビ類の総漁獲量は 1970 年頃を境に減少し続け，現在では全盛期の 1/3 ほどに落ち込んでいる．エゾアワビの漁獲量は，1990 年頃まで減少し続けた後横ばいとなり，1990 年代後半に上昇に転じた．一方，暖流系の大型アワビ類の漁獲量は，1985 年頃から急激に減少しはじめ，現在も回復していない．1970 年代後半から人工種苗の大量生産が可能となり，トコブシを含む主要な漁獲対象種すべてについて放流事業がはじまった．現在では，アワビ類総計で年間 3,000 万個近くの人工生産種苗（殻長 2 ～ 4 cm）が全国で放流されている．各地で放流種苗の混獲率が上がっていることから，種苗放流事業は資源量の減少を食い止め，ある程度の漁獲を維持するために役立っているといえる．しかし，現在の放流量では，種苗放流のみで漁業を継続しながら資源量を回復させることは難しく，資源量すなわち漁獲量の回復には天然稚貝の発生量の増加が不可欠であることが明らかになってきた．

d. 資源量の変動要因

1990 年代半ば以降にエゾアワビの漁獲量が増加したのは，それ以前には比較的低く推移していた冬期の水温が上昇したことによって稚貝の生残率が高まり，天然稚貝発生量が増加したためと考えられている．エゾアワビの漁獲量の変動傾向には，アリューシャン低気圧指数との相関が認められるが，これは水温の変化に伴い天然稚貝発生量が変動していることに起因すると推察される．しかし，低水温による影響を受けるのは，発生から数カ月経って殻長 2 〜 8 mm に成長した稚貝であり，その年の新規加入量はそれ以前に初期稚貝の発生密度や減耗の程度に左右される．実際に，冬期の水温が比較的高かった場合であっても，必ず翌年の稚貝発生量が多くなったわけではない．1990 年代後半の冬期水温の上昇はエゾアワビ生息域全体で起こったと考えられるが，天然稚貝の顕著な増加が認められている場所は限られている．冬期水温が比較的高い場合には，エゾアワビ稚貝の新規加入量は親貝の生息密度に依存すると考えられる．現在でも天然稚貝の発生が認められない場所では，親貝の生息密度が繁殖に必要なレベルを下回っている可能性がある．エゾアワビの資源量（漁獲量）が全体として回復してきたのは，エゾアワビの生息域において，親貝の高密度分布域が多く残されていたことによると推察される．

一方，暖流系大型アワビ類については依然として天然発生量が低迷している．この要因はいまだ明らかにされていないが，現在の暖流系大型アワビ類の親貝密度はエゾアワビにくらべてかなり低く，とくに高密度分布域は少ない．このことが稚貝発生量を低迷させているおもな要因の 1 つである可能性は高い．

B. サザエ

サザエ（*Turbo cornutus*）は，軟体動物門・腹足綱・古腹足目・サザエ科・リュウテン属（*Turbo*）に属する 1 種である．クロアワビなどの暖流系のアワビ類と同様，日本では銚子以北の太平洋岸を除く本州沿岸と九州，四国沿岸に分布する．また，朝鮮半島沿岸にも生息している．サザエの最大殻高は 15 cm 近くに達し，寿命は 7 〜 8 年程度と考えられている．同じリュウテン属には多くの種が含まれ，地域的には食用にされているものも少なくないが，商業的に漁獲されているものは少ない．九州南部以南のサンゴ礁などに生息するヤコウガイ（*Turbo marmoratus*）やチョウセンサザエ（*Turbo argyrostomus*）は食用として，また，ヤコウガイは螺鈿（らでん）などの貝細工の材料としても利用されている．

サザエもアワビ類と同様に雌雄異体であり，放卵・放精型の繁殖を行って浮遊幼生を生じる．しかし，アワビ類に比べて研究例が少なく，とくに繁殖生態や初期生態に関する知見は限られている．サザエ稚貝は，有節サンゴモやテングサ類の群落内に高密度で生息することが知られているが，最近の研究によって，サザエ浮遊幼生がこれらの海藻に選択的に着底することが明らかにされている．稚貝の食性については，基本的にはアワビ類と同様と考えられており，種苗生産施設における飼育方法もアワビに準じているが，その詳細は明らかではない．着底場である有節サンゴモ上では，稚貝に対する有節サンゴモ藻体そのものの餌料価値は低く，藻体上に付着する珪藻などの微細藻類が主餌料になっていると考えられている．成貝は，テングサ類などの紅藻類を主餌料にすると推察されている．

サザエでは，地域的に数年単位で大規模な漁獲量変動が認められる．これは年による稚貝加入量の増減に起因すると考えられているが，その要因については明らかにされていない．大型アワビ類のような深刻な資源量の低下には直面していないが，各地で人工生産種苗の放流事業が実施されている．

（河村　知彦）

2.9.16　アサリ・シジミ類

A. アサリ・シジミ類の資源

アサリ・シジミ類などの二枚貝は，海外では完全養殖が行われている事例があるが，日本におけるアサリ・シジミ類漁業は，本来，漁場内で自然に発生した資源を漁獲することによって成り立ってきた．加えて，両種とも漁獲対象となる成貝は底生性で移動性が少ないため，乱獲になりやすい．そのため，両種とも資源の把握やそれに基づく管理方法がきわめて重要になる．

さらに，アサリやシジミ類などの二枚貝のほとんどは浮遊幼生期をもつので，その間の移動分散能力は比較的高く，資源管理をする場合は，幼生分散に応じた水域単位での広域管理が必要となる．たとえば，アサリ（*Ruditapes philippinarum*）では浮遊幼生期が2～3週間あり，条件によっては100 km程度移動・分散する可能性もある．一方，シジミ類はヤマトシジミ（*Corbicula japonica*）では約1週間程度の浮遊幼生期をもつが，マシジミ（*Corbicula leana*），セタシジミ（*Corbicula sandai*）は浮遊幼生期をもたない．

アサリではこれまでに，東京湾，三河湾，有明海，周防灘といった海域レベルで浮遊幼生の動態調査が実施され，これらの海域では浮遊幼生がどこに運ばれて，どこに着底するのかが明らかになっている．東京湾の場合，横浜市内への漁場に東京港や羽田などで産卵されたと推定される幼生が供給されており，横浜市内の漁場で持続的にアサリを漁獲するためには，東京港や羽田周辺海域のアサリ個体群を維持する必要がある．このように海域単位での浮遊幼生動態調査により，長期的には持続的生産体系の構築や資源管理のための保護区の設定，短期的にはその後の資源動向や生産量を予測することも可能となる．

シジミ類は淡水や汽水域という限定された条件下で生息するために，アサリのような時空間単位で浮遊幼生が分散せず，広域な資源管理は適用できない．しかし，シジミ類のなかで最も漁獲量の多いヤマトシジミでは，淡水と海水が適当な割合で混じる汽水域で再生産しているために，河川改修や河口堰など人為的な開発等の影響を強く受ける．そのため容易に資源変動が誘発されるので，影響を評価するにあたっても，成貝の分布調査に加え浮遊幼生の動態を調べることが重要になる．

また，アサリやシジミ類に共通する問題点としてあげられるのは，両種とも国内の漁獲量減少から外国の別種を含む種苗が輸入されて漁場に放流されていることである．放流された種苗や種苗に付随した非意図的移入種が定着することによって，在来種資源に深刻な影響を与えている．たとえ漁業振興の目的であっても，海洋法や生物多様性条約の観点からは，海外種苗を国内漁場に放流する行為は問題があるとされている．事実，外国種苗を自国の漁場に安易に放流しているのは日本だけである．

以下に，アサリおよびシジミ類の生態学的特性と漁獲量の変遷から資源動向について説明する．

B. アサリ

a. 生　態

アサリ（*R. philippinarum*）は北海道から九州までの内湾・内海域に生息する．外海に面した小湾などでは同属のヒメアサリ（*R.variegata*）が生息しており，農林水産省発行の漁業・養殖量漁獲量統計では両者を区別せずに扱っている．しかし，ヒメアサリは自家消費でしか漁獲されないので，本統計で扱われているのはアサリのみである．アサリの寿命は，8～9年といわれているが，環境や捕食者との関係で通常は2～3年であることが多い．産卵期は，本州の中部以南では春と秋とされているが，餌が少ない場合は夏に1回産卵する．産卵量は殻長によって異なるが，殻長30 mm程度で約100万個とされており，ふ化後2～3週間の浮遊幼生期をもつ．成長は地域によって異なるが，1年で最大30 mm程度という報告がある．主要な餌は浮遊している植物プランクトンか底性微細藻類であり，デトリタスなどの寄与は低い．

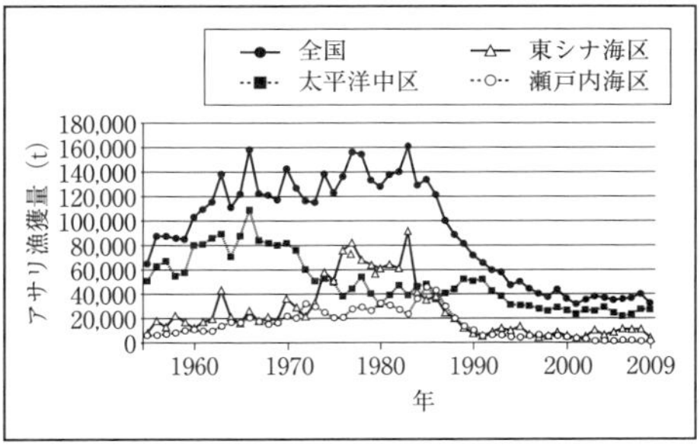

図 2.9.16-1　アサリの漁獲量の変遷

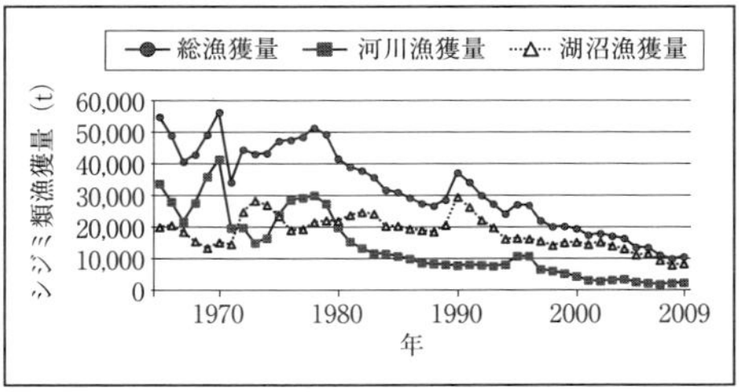

図 2.9.16-2　シジミ類の漁獲量の変遷

b. 漁獲量

全国での比較が可能な資源調査は行われていないが，一般にアサリの漁獲量は資源量と密接に関係するといわれている．そこで，農林水産省刊行の「漁業・養殖業生産統計年報」で 1955 年からの漁獲量の変遷を調べると，図 2.9.16-1 のようになる．アサリの漁獲量は 1960 ～ 1986 年の間 10 万 t を超えており，最大は 1983 年の約 16 万 t である．しかし，漁獲量は 1986 年以降減少し，2006 年は最大時の約 1/4 の約 3 万 5 千 t である．

この間の主要産地の漁獲量の変遷をみると，東京湾，三河湾を含む太平洋中区は 1970 年前後の東京湾奥部の埋め立てにより激減したが，その後の減少は比較的小さい．一方，有明海を含む東シナ海区は太平洋中区の漁獲量減少に伴って増加したが，1983 年以降は急減している．瀬戸内海区は東シナ海区と同様の時期に増加したが，1985 年以降は減少している．東京湾の漁獲量の減少のきっかけは海岸開発の影響であるが，東シナ海区および瀬戸内海区の 1983 ～ 1986 年以降の漁獲量の減少原因については解明されていない．この間に資源が減少するなんらかの要因があったのではないかと考えられており，これまでに，乱獲，冬季水温の上昇などの海洋環境の変化に伴う直接的あるいは間接的影響が指摘されている．

近年，このような漁獲量の減少を受けて，先に述べたように浮遊幼生期を含めた広域個体群管理を導入し，資源を回復させる試みが各地で実施されている．具体的には浮遊幼生の動態調査により，湾灘レベルでのソース・シンクの把握と，親資源量があまりにも少ない場合は，それぞれの地域の遺伝的特性に配慮した人工種苗の生産と放流などが検討されている．

C. シジミ類

a. 生　態

日本ではヤマトシジミ（*C. japonica*），マシジミ（*C. leana*），セタシジミ（*C. sandai*）が漁獲対象となるが，ここでは最も漁獲量の多いヤマトシジミに絞って説明する．ヤマトシジミは北海道から九州までの汽水域に生息しており，現在の主要な産地は湖沼では網走湖，小川原湖，十三湖，宍道湖，河川では那珂川，木曽三川，吉野川，筑後川などである．ヤマトシジミの寿命は明確なデ～タはなく，約 10 年程度生きるといわれているが，通常は環境，捕食者，漁業との関係により 2 ～ 3 年であることが多いと考えられている．

殻長 12 mm 以上で成熟して産卵するが，産卵期は，宍道湖では毎年 6 ～ 9 月の間である．産卵量は殻長によって異なるが約数十万個程度とされており，通常 1 週間の浮遊幼生期をもつ．成長は地域によって異なるが，宍道湖では成熟サイズに達するまで 2 ～ 3 年という報告がある．主要な餌は浮遊している植物プランクトンか底性微細藻類，デトリタスなどである．また，セルラーゼをもつので陸上植物由来の分解物も消化できる．

b. 漁獲量

アサリと同様に全国レベルでの資源調査はないので，「漁業・養殖業生産統計年報」で 1955 年からの漁獲量の変遷を調べると，図 2.9.16-2

のようになる．本統計にあるシジミ類の漁獲量の大部分はヤマトシジミが占めているが，本種は河口域を中心に生息するので河川の出水等の影響を受けやすく，漁獲量の変動は大きい．

シジミ類の漁獲量は1955年から毎年増加し，1965年から1980年までは4～5万tで推移していたが，その後は減少傾向にある．最大漁獲量は1970年の約5万6千tであるが，2006年は最大漁獲量の約1/4の約1万3千tである．前述の統計年報では1965年以降主要河川と湖沼別の漁獲量が掲載されているのでこの変遷をみると，河川での漁獲量の減少が著しいことが明らかである．これらの事例を個別に検証してみると湖沼では干拓，河川では河口堰等の河川改修を契機に資源が減少している事例が多い．また，アサリと比較して主要産地の消失の程度が著しく，たとえば，利根川では最大約3万8千tの漁獲量が，2006年では4tに，湖沼では霞ヶ浦や北浦でそれぞれ最大漁獲量が1,942t，3,372tから現在では0となっている．

宍道湖では漁獲量ではなく比較的長期にわたって個体群密度を調べた報告があり，これによりヤマトシジミ資源の動向を検証することができる．同湖のヤマトシジミ密度の変化は，先の統計年報の全国のシジミ類の漁獲量の動向と類似した傾向を示し，1960年代初頭に密度が増加し，それ以降は年による増減はあるものの，同様な出現密度を示している．しかし，1994～1998年にかけて稚貝密度が低下するなどの資源状態悪化の兆しがみられ，2000年以降は引き続き減少傾向にある．この原因については現在も検討中であるが，早急な資源管理策が求められている．

（浜口　昌巳）

2.9.17　ヒラメ・カレイ類

A. 種　類

ヒラメ・カレイ類はカレイ目（Pleuronectiformes）に属する魚類で，わが国では約115種が知られており，総称して異体類とよばれる．

ヒラメ（*Paralichthys olivaceus*）はヒラメ科（Paralichthyidae）の1種であり，カレイ類はカレイ科（Pleuronectidae）の魚類をさす場合が多いが，ヒラメ以外のヒラメ科魚類やダルマガレイ科（Bothidae），ウシノシタ科（Cynoglossidae）の一部もヒラメやカレイとよばれ漁業対象種となる．

カレイ類のなかで漁業的に重要な魚種は，浅海性のクロガシラガレイ（*Pleuronectes schrenki*），マガレイ（*P. herzensteini*），マコガレイ（*P. yokohamae*），イシガレイ（*Platichthys bicoloratus*），メイタガレイ（*Pleuronichthys cornutus*），200mまでの水深帯に生息するソウハチ（*Hippoglossoides pinetorum*），ムシガレイ（*Eopsetta grigorjewi*），ヤナギムシガレイ（*Tanakius kitaharai*），さらに深い水深帯にも生息するババガレイ（*Microstomus achne*），ヒレグロ（*Glyptocephalus stelleri*），アカガレイ（*H. dubius*）などである．また，北洋底びき網漁業がさかんな1980年代まではコガネガレイ（*Pleuronectes asper*）やカラスガレイ（*Reinhardtius hippoglossoides*）なども水揚げされたが，遠洋漁業の縮小とともに水揚量は激減した．このほか，比較的魚価の高いマツカワ（*Verasper moseri*）やホシガレイ（*V. variegatus*）は種苗放流の対象種として注目されている．

B. 生活史と生態

a. ヒラメ

南シナ海沿岸から朝鮮半島，サハリン，千島列島沿岸まで生息し，日本では沖縄を除く日本海側の宗谷岬，太平洋側の襟裳岬以南に広く分布する．能登半島，三陸中部，房総半島などを境界とする集団が示唆されているが，明瞭な系群構造は認められず，ヒラメの遺伝的組成はわが国全域でほぼ均質と考えられている．

産卵場は水深20～100mの砂泥・砂礫地帯に形成され，産卵期は鹿児島県沿岸の1～3月から北海道の6～7月まで長期にわたり南ほど早い傾向がある．地域ごとの産卵期間は2～3カ月間であり，産卵期には毎日あるいは数日に1回産卵する多回産卵を行う．雄は多くの海域で2歳から，雌は南日本では2歳，北日本では3歳で成熟する．1産卵期の1雌あたり産卵数は2歳魚で3百万粒，3～4歳魚では1千万粒を超えると推定されている．卵は直径約0.9 mmの分離浮性卵で，産卵後数日でふ化し約1カ月の浮遊仔魚期間がある．

ふ化後10日前後で背鰭前部鰭条の伸長が始まり，その後体高の増大や右眼の移動などの変態が進む．変態期末期に底生生活へ移行し，全長12～17 mmで変態を完了して稚魚となる．稚魚の成育場は水深10 m以浅の砂・砂泥底であり，そこで数カ月間過ごした後初夏から秋にかけて全長10 cm前後で成育場を離れて沖合へ移動する．

浮遊仔魚期には尾虫類やカイアシ類ノープリウス幼生を摂餌するが，変態開始以降は尾虫類の重要性が高まる．底生生活に移行した稚魚期には近底層に分布するアミ類を主食とする．全長5 cm前後から小型魚類を摂餌しはじめ，全長10 cmを超えると魚食性となるが，エビ類やイカ類なども摂餌する．

ヒラメ若魚期の成長最適水温は20～25°Cであり，満1歳時の全長を比較すると，南西日本の約30 cmに対して北海道では15 cm前後と水温の高い海域で成長が速い．ヒラメの成長では，成熟する2～3歳以降雌雄差が顕著となり，5歳魚では雌の体重は雄の2倍近くになる．

ヒラメやマガレイ，イシガレイなどでは，未成魚・成魚の一部が産卵前に海流の上流方向へ移動することが知られている．これは，浮遊期仔魚の下流への輸送を補償する行動とも考えられている．

b. カレイ類

ほとんどの魚種は分離浮性卵を産卵するが，マコガレイとクロガシラガレイは，浅海域に沈性粘着卵を産出する．ヒラメと同様に，多くのカレイ類においても産卵場と着底稚魚の成育場が異なっており，産卵場から成育場まで浮遊期に輸送される過程が必要である．稚魚の成育場は，ヌマガレイ（*Platichthys stellatus*）では河口域，ホシガレイは沿岸の数m以浅，イシガレイ15 m以浅，マコガレイ30 m以浅，マガレイ30～50 m，アカガレイ60～200 mなど魚種により大きく異なる．ヒラメ・カレイ類では，他の魚類群と比較してより顕著な稚魚成育場環境の種特異性が存在し，しかも成育場は海底という2次元空間に形成される．そのため，産卵場から成育場への仔稚魚の輸送の成否や成育場の環境と面積が，資源量の決定において他の魚類群以上に重要な役割を果たすことが推察される．

代表的な沿岸種のマコガレイは，東シナ海～朝鮮半島沿岸および日本では九州～北海道南部の水深100 m以浅に生息する．産卵期は西日本では12～1月，東北北部や北海道では3～4月であり，産卵は水深5～40 mの砂・砂泥底で行われ，海底に直径約0.8 mmの沈性粘着卵を産出する．とくに岩礁や転石帯の周辺が産卵場として選択されるようである．

卵は10°Cでは9日前後でふ化し，ふ化後35～40日の浮遊仔魚期を経て，全長10 mm前後で変態する．稚魚の成育場は水深30 m以浅の砂泥底を中心にアマモ場周辺などにも形成される．1歳で全長15 cm前後となり，2歳以降の成長は雌の方が速く5歳では雄が約30 cm，雌が35 cmとなる．ただし海域や資源量などにより成長速度にはかなりの差異が認められている．雄は1～2歳，雌は2～3歳で成熟する．仔魚期にはカイアシ類のノープリウス幼生，稚魚期は小型甲殻類を主食し，未成魚期以降は多毛類主体の食性となるが二枚貝の水管なども重要な餌料となる．

沖合種であるアカガレイは，日本海側では朝鮮半島東岸からサハリン西岸および日本の島根県以北，太平洋側では銚子以北オホーツク海まで分布し，成魚の生息水深は200～750 mと深い．産卵場は水深50～200 mの海域であり，産卵期は山陰地方では1～3月，北海道日本海側北部では3～5月である．卵は直径約1.2 mmの分離浮性卵である．カレイ類では沖合性の魚種ほど浮遊仔魚期が長く変態サイズが大きい傾向があり，アカガレイでは全長25～30 mmで変態を完了する．稚魚の成育場については水深60～200 mの海域に形成されるようだが，よくわかっていない．成長は遅く，東

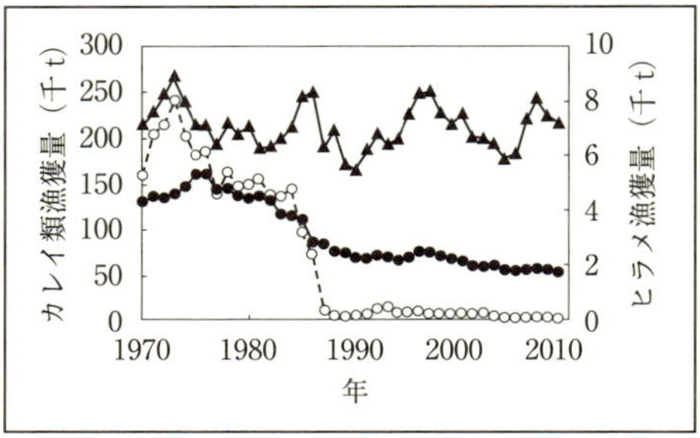

図 2.9.17-1　ヒラメ・カレイ類漁獲量の年変化
▲：ヒラメ，○：カレイ類遠洋底びき網漁業，●：カレイ類遠洋底びき網漁業以外.

北海域では1歳で体長約5 cm，5歳を過ぎると雌雄差が認められ，8歳では雄が約22 cm，雌28 cmである. 北海道噴火湾での成熟体長は，雄20 cm，雌26 cm前後と報告されている. 仔魚はカイアシ類のノープリウス幼生を摂餌し，未成魚以降はクモヒトデ類，イカ・タコ類，甲殻類，魚類などを摂餌する. 沖合性の多くのカレイ類がクモヒトデを重要な餌としている.

C. 資源の動向と管理

ヒラメ・カレイ類の主要な漁法は底びき網，定置網，刺網，はえ縄である. ヒラメの漁獲量は，多くの沿岸魚種の漁獲量が1980年代後半から減少するなかで，5,000～8,000 t台で推移し比較的安定している（図 2.9.17-1）. 栽培漁業の推進のため，ヒラメ種苗が長期にわたり放流され，近年の年間放流数は2千万尾を超える. しかし，ヒラメ全漁獲量中の放流魚の割合は1割程度と推定されており，ヒラメ資源の安定を種苗放流の効果のみで説明できるものではない. また，0～1歳魚に対する成長乱獲がみられることから，90年代以降，多くの道府県で全長25～35 cmの漁獲サイズ規制が実施されている. ヒラメの漁獲量には，九州から北海道まで地域的に連続しつつ南北では傾向の異なる長期変動が知られている. とくに，北日本では10年に1，2回卓越年級が出現する特徴がある. 年級群の水準は仔稚魚期の生き残りと密接に関係することが確認されているが，具体的な生残のメカニズムは不明である.

カレイ類の総漁獲量は1970年代には30万tを超えた. しかし，主体となった遠洋底びき網漁業による近年の水揚量はごくわずかである（図 2.9.17-1）. 一方，沿岸漁業を中心としたカレイ類の漁獲量も1970年代には10万tを超えたが，近年は5万t台まで減少した. カレイ類はヒラメと異なり全国的な魚種ごとの漁獲統計が整備されていない. 魚種ごとに漁獲データの蓄積のあるいくつかの県の長期変動をみると，沿岸性のマコガレイ，マガレイ，イシガレイなどの漁獲量は長期的に減少傾向にあるのに対し，沖合性の魚種の漁獲量には海洋環境の広域的・長期的変動に対応した変動がみられている. 沿岸性カレイ類の減少は，浅海域の生息環境の悪化や高い漁獲圧力が原因と考えられる.

（山下　洋）

2.9.18 ア　ユ

A. 種類と系群

アユ（*Plecoglossus altivelis altivelis*）は，サケ目（Salmoniformes），アユ科（Plecoglossidae）に分類される. 近年，キュウリウオ科（Osmeroiae）に組み入れる考え方も出されているが，統一見解は得られていない. 北海道・朝鮮半島からベトナム北部までの東アジア一帯に分布し，奥尻島が日本の分布北限とされる. 日本産アユは分子遺伝学的に南北の集団に分けられる. 琉球列島には亜種リュウキュウアユ（*P. altivelis ryukyuensis*）が分布したが，現在は沖縄本島からは姿を消し，奄美大島にしか生息しない. また，中国産アユを亜種（*P. altivelis chinensis*）とする説もある.

後述するように，アユは一生の間に海と河川の両方を生活場所として利用する両側回遊アユと，琵琶湖などの湖とそこに流入する河川で一生を過ごす陸封アユがいる. 琵琶湖に生息する陸封アユは「湖産アユ」とよばれ，分子遺伝学的に両側回遊アユから区別される. また，塩分や水温に対する耐性や産卵期など生理・生態的にも両側回遊アユと異なることが明らかになっている. なお，両側回遊アユは陸封アユに対して一般に「海産アユ」とよばれる．

B. 生活史

海産アユは 9 〜 12 月にかけて河川の中・下流域で産卵する．卵は直径 0.4 〜 1.0 mm で瀬の川床の砂礫に産みつけられる．ふ化仔魚は体長約 6 mm でふ化後ただちに海に下り，河口から沖合へと拡散する．沖合への拡散は河川の流量や沿岸流に左右されるが，河川水の影響を受ける潮目を越えて沖合に広がることはない．体長 20 mm（30 日齢）に達する頃から接岸をはじめ，その後は砂浜海岸の砕波帯をおもな生息場所とする．体長 30 mm（90 日齢）頃から河口域へ移動をはじめ，体長 50 mm（180 日齢）頃から遡上を開始する．遡上は河川の水温が 10°C を超える 3 月頃からはじまり，4 〜 5 月を盛期に 7 月上旬に終わる．早生まれで成長のよい個体ほど早い時期に若齢で遡上する傾向がある．河川では下流から上流まで広く分布し，縄張りを形成することで知られる．体長 25 cm 程度まで成長して産卵期を迎えるが，生殖腺の成熟は 7 月頃からはじまる．なお，海産アユのなかには河川を遡上せず，産卵期まで汽水域にとどまって成長する個体も存在することがわかってきた．このような生活史を送るアユはシオクイアユ，あるいはシオアユとよばれる．

湖産アユの産卵期は 8 月下旬〜 10 月上旬で海産アユに比べて約 1 カ月早く，琵琶湖流入河川の下流域で産卵が行われる．卵径は海産アユよりも若干小さい．湖産アユのふ化仔魚もふ化後ただちに湖内に流下し，冬季を湖内で過ごす．湖産アユには春に流入河川を遡上して大きく成長するオオアユと遡上時期が遅く晩春〜夏季に遡上，あるいは一生を湖内にとどまり小型で成熟するコアユがいる．両者に遺伝的な違いはなく，ふ化時期の早いものがオオアユに，遅いものがコアユになる傾向が強い．また，オオアユはコアユに比べて産卵期が遅いため，オオアユの子はコアユにコアユの子はオオアユになるというように，世代が代わるごとに両者が交代するものと考えられている．

アユは発育段階によりシラスアユ，ヒウオ（氷のように透明で小さい，とくに湖産アユの仔魚に対して使われる），ワカアユ（体色が出現したもの），サビアユ（産卵期に体色が黒変したもの）などの名前でよばれる．また，産卵を行わずに翌年まで生き残る個体も少数ながら出現し，これは越年アユとよばれる．越年アユは湧水のある場所で冬季を越すといわれる．

C. 食　性

アユは，河川を遡上する前後で動物食から付着藻類を餌とする植物食へと食性を大きく転換する．ふ化直後のアユ仔魚は渦鞭毛藻類やワムシなどを摂餌する．海産アユでは卵黄吸収後の体長 10 mm 以上でパラカラヌス科やオイトナ科などのカイアシ類を中心とする動物プランクトンを主要な餌とし，成長に伴い尾虫類，ヨコエビ類，多毛類幼生なども摂餌するようになる．河川に入ったアユは櫛状歯や舌唇が形成され，藍藻や珪藻などの付着藻類を食べるようになる．湖産アユも卵黄吸収後はオナガミジンコ，ゾウミジンコ，ケンミジンコなどのカイアシ類を主要な餌とする．遡上期には付着藻類やユスリカなども混食するようになり，遡上後は海産アユと同様に付着藻類を餌とする．湖中にとどまるコアユの多くはそのままカイアシ類などの動物プランクトンを摂餌して成長するが，湖北部沿岸や島の岩礁に付いて岩礁の付着藻類を食べて成長するものもいる．

D. 資源の動向

日本におけるアユの漁獲量は 1991 年の 18,000 t をピークに減少に転じ，2004 年には 9,000 t を下回り，2008 年には 4,000 t 足らずになった．この原因として天然アユ資源（海産アユの河川遡上量）の全国的な水準低下が考えられており，とくに 2003 年と 2004 年には日本海側の広範囲に及ぶ地域で遡上量が激減し，内水面漁業に深刻な被害を与えた．また海産アユの遡上量は年変動が著しく，資源水準の低下とともに大きな問題になっている．

海産アユの遡上量の主要な変動要因として，産卵期の降水量や仔魚が海域で生活する冬季の海水温が考えられている．産卵期の降水量が増加することは産卵場の環境やふ化仔魚の降海に有利に働くものと考えられる．また，降水量が増加することによる沿岸域の栄養塩類の増加とその結果としての植物・動物プランクトンの発生量の増加が，降海したアユ仔魚の生残率を高めるという指摘もある．

冬季の海水温は餌となるプランクトンの増殖やアユ仔魚の成長や生残に影響を与える．アユ仔魚は水温 20°C 以上，10°C 以下で死亡率が高くなることが知られている．実際に土佐湾では 10 ～ 11 月の海水温が 20°C 以上になった年のアユ仔魚の減耗は大きく，翌年の遡上量が減少することが報告されている．また，10 ～ 11 月の海水温が 20°C 以上の年には，この時期にふ化した仔魚の減耗が大きいため，遡上アユのふ化日組成の中心がふ化盛期の 10 月中旬から 12 月に移行するという現象もみられる．奄美大島のリュウキュウアユでも，ふ化盛期である 12 月の海水温が 20°C 以上あった年の翌年の遡上量が減少することが認められている．一方，冬季の海水温が 10°C を下回る北日本では冬季の海水温が高いことがむしろアユ仔魚の生残に有利に働くと考えられる．茨城県と栃木県を流れる那珂川では 2 ～ 3 月の沿岸域の積算水温が高い年ほど遡上量が多いことが報告されている．

全国の多くの河川ではアユ資源の増加に向けた稚アユ放流事業が盛んに行われている．放流種苗には湖産アユや人工種苗アユが用いられ，かつては遡上性や縄張り性に優れた湖産アユがその中心であった．近年，放流された湖産アユに由来する仔魚が海域で死滅するため，湖産アユの放流がアユ資源の増殖につながらないことが明らかになった．また，湖産アユを河川に放流することによる，海産アユの遺伝子攪乱の問題も危惧される．これらのことから，近年では各地域の河川で採捕された海産アユを親魚とする人工種苗アユの放流が盛んになっている．人工種苗アユの質の向上を目指した飼育技術の改良も進められ，遡上性や縄張り性に優れた種苗も生産されるようになっている．アユの資源増加には，河川における産卵環境や遡上環境を整えることが不可欠である．そのための取り組みとして，親魚保護のための禁漁区や禁漁期の設定，産卵場の整備・造成，産卵時期や遡上時期における河川水量の確保，ダムや堰の魚道整備などの事業が行われている．

（大竹　二雄）

2.9.19　コンブ・ワカメ・ヒジキ・テングサ

日本は，四方を海に囲まれ，複雑な海岸線を有し，暖流（黒潮，対馬暖流）と寒流（親潮）の双方の影響を受けるため，沿岸の岩礁域には多種多様な海藻が生育する．約 1,400 種の海藻が知られ，地域特産種や自家消費も含め，80 種前後が食用にされる．このうち，おもに採草（漁獲）や養殖の対象となっている海藻を**表 2.9.19-1** に掲げた．近年，国内の海藻生産（約 60 万 t，約 1,500 億円：養殖と漁業の合計）では，生産金額，生産量ともに養殖が採草を上回っている．

採草漁業は第 1 種共同漁業権漁業，海藻養殖は第 1 種区画漁業で，それぞれの漁業権はいずれも漁業協同組合に対して知事が許可し，10 年ごとに更新手続きを受ける．実際の漁業や養殖の詳細は各都道府県の漁業調整規則や漁業協同組合（あるいはその中の部会）の規則で決められている．

海藻生産のうち最大の産業はノリ（アマノリ類，いわゆる海苔）の養殖で，海藻生産量の 60％強を占め，これに，コンブ類，ワカメ，モズク類の養殖を加えると 80％強を占める．一方，採草漁業（国内海藻生産の 20％弱）では，コンブがその大半を占め，ヒジキやワカメ，テングサなどがこれに次ぐ．天然海藻資源を対象とする採草漁業は，沿岸環境の悪化，磯焼け，漁業者の高齢化，養殖への転換，輸入の増加などのために，低下する傾向にある．しかし，費用対効果に見合う養殖技術が確立していないヒジキ，テングサ，トサカノリなど，ブランド保持や品質の面で養殖物が天然物を凌駕できないコンブ類やウップルイノリなどでは，採草漁業の役割が依然として大きい．ただし，採草漁業は，部分的にせよ藻場の破壊という側面があり，持続的な生産のための配慮が不可欠である．養

表 2.9.19-1　国内で採草または養殖が行われているおもな海藻

分　類	産業対象種
褐色植物門	
イソガワラ目イソガワラ科	マツモ
シオミドロ目ナガマツモ科	オキナワモズク，クロモ，イシモズク，キシュウモズク
モズク科	モズク
カヤモノリ科	ハバノリ
コンブ目チガイソ科	ワカメ
ツルモ科	ツルモ
スジメ科	スジメ
コンブ科	マコンブ（オニコンブ，リシリコンブ，ホソメコンブ），チヂミコンブ，ガッガラコンブ，ナガコンブ，ミツイシコンブ，ガゴメ，ネコアシコンブ
レッソニア科	カジメ，クロメ，ツルアラメ，アントクメ，アラメ，サガラメ
ヒバマタ目ホンダワラ科	ヒジキ，アカモク，ホンダワラ
紅色植物門	
ウシケノリ目ウシケノリ科	ウシケノリ，アサクサノリ，スサビノリ，ウップルイノリ
ウミゾウメン目ウミゾウメン科	ウミゾウメン
テングサ目テングサ科	マクサ，ヒラクサ
スギノリ目フノリ科	フクロフノリ，マフノリ
スギノリ科	コトジツノマタ，ツノマタ，アカバギンナンソウ
イバラノリ科	イバラノリ，カズノイバラ
ミリン科	キリンサイ，トサカノリ，カタメンキリンサイ
マサゴシバリ目タオヤギソウ科	タオヤギソウ
オゴノリ目オゴノリ科	シラモ，オゴノリ
イギス目イギス科	エゴノリ
フジマツモ科	マクリ
緑色植物門	
ヒビミドロ目ヒトエグサ科	ヒトエグサ
アオサ目アオサ科	アナアオサ，スジアオノリ
イワヅタ目イワヅタ科	クビレヅタ

殖はそのための一手段であるが，天然漁場への無関心や海水流動環境の変化を引き起こしうる．逆に，経済的または社会的な理由による養殖の放棄は，天然藻場の衰退と同様の影響を及ぼしうることに留意すべきである．

近年の日本の海藻の需要は，国内の採草・養殖と輸入で供給されている．海外から輸入される海藻の多くは，アルギン酸，カラギーナン（カラゲナン），寒天などの比較的安価な原料海藻であるのに対して，国内の採草・養殖漁業は，直接食用となる高級種の占める割合が高いのが特徴である．以下に，国内で採取されているおもな海藻についてまとめる．

A. コンブ

海中では，匍匐型の林冠または海中林のなかで下層林を形成する．各種とも大型の胞子体と微小な配偶体との間で異型世代交代を行う．胞子体は付着器，茎状部，葉状部からなり，茎状部と葉状部の移行帯にある分裂組織で介生生長，葉状部の先端で先枯れが起こり，両者の差し引き分が実質的な生長となる．一般に，冬～春が伸長期，春～夏が肥厚期，夏～秋が成熟期である．

国内における天然コンブの生育地は北海道と東北地方太平洋岸（宮城県以北）で，北海道西岸から時計回りに，ホソメコンブ，リシリコンブ，オニコンブ，ガッガラコンブ，ナガコンブ，ミツイシコンブ，マコンブおよびガゴメがおもな漁獲対象となっている．全長はホソメコンブで1～2 m，ナガコンブでは20 mを超すが，他は2～6 mになる．近年の分子系統学的研究により，これらの8種はすべてコンブ属（カラフトコンブ属）とされ，ホソメコンブ，リシリコンブ，オニコンブの3種はマコンブの変種とされている．藻体が細く薄い1年生のホソメコンブは，ウニ・アワビ餌料用海藻としての役割が大きいが，それ以外の多年生種は各地で食用に盛んに漁獲または養殖されている．

漁期は一般に7～10月で，船上から各種の漁具を用いて漁獲する．漁具としては，カギ，ネジリ，マッケ，カマなどを木製またはFRP製の棹に装着して用い，浅所ではカマ，カギ，マッケ，水深5～6 mまではネジリ，拾いコンブにはマッケを用いる．崖の上下にリフトのようにロープを伸ばし，崖下の磯でロープに絡みついたコンブを引き上げるように工夫された漁獲装置もある．

採取されたコンブは，洗浄後，砂利を敷設した干場で天日により，もしくは室内で温風乾燥機を用いて十分に乾燥した後，長さをそろえ，色，重さ，幅などを基準として選別（選葉）を行い，結束して出荷される．近年は，分裂組織を含む葉状部の基部（根昆布）や付着器（ガニマタ）などが健康食品，その他の切り屑が養殖用餌料として出荷されることもある．

北海道から東北沿岸にかけての冷温帯域には，コンブ属以外のコンブ類も多く分布し，このうちスジメやネコアシコンブが採取され加工される．一方，本州以南には，アラメやサガラメ（アラメ属），カジメ，クロメ，ツルアラメ，アントクメ（以上，カジメ属）など，いわゆる暖海性コンブ類が分布し，これらも素干しや煮物用に採取される．

B. ワカメ

1年生の大型褐藻で，海中では林冠もしくは下層林を形成する．コンブと同様，異型世代交代を行い，食用となる胞子体は介生生長を行い，全長1～3 mになる．冬～春が伸長期，春～夏が成熟期で，成熟すると茎状部の下部に胞子葉（メカブ）を形成する．ワカメ属にはほかにヒロメ，アオワカメの2種が知られ，いずれも局所的に利用されるが，3種の遺伝子の違いはごくわずかである．

ワカメは東アジア原産で，国内ではオホーツク海や九州南部以南を除くほぼ全国各地に産するが，形態変異が大きい．主要漁場である三陸地方をはじめ，外海域では，全長，とくに茎状部が長く伸び，葉片の切れ込みが深く中肋付近まで達するのが特徴（ナンブワカメ型）で，養殖ワカメの大半はこの形態を示す．内湾域に産するワカメは，全長，とくに茎状部が短く，葉片の切れ込みが浅いのが特徴（ナルトワカメ型）で，中間型（ワカメ型）も多い．

ワカメは，カマで刈り取って収穫され，生のまま胞子葉と葉状部（葉片）に切り分け，あるいは，素干し，灰付け，湯通し，塩蔵などの加工が施され出荷される．

ワカメは2005年度から輸入解禁となっており，従来の韓国産に加え，中国産も国内に流通している．また，ワカメは，日本や韓国からオセアニア，北米，南米，南アフリカ，欧州の各温帯域に侵入し，急速に分布を広げている．養殖用に移植されたフランスを除き，船舶のバラスト水や船底，あるいは養殖用マガキの貝殻などが経路となって侵入したと考えられており，港湾に多いが，遠く離れた一般の藻場にも広く蔓延している．

C. ヒジキ・アカモク

a. ヒジキ

ヒジキは潮間帯に生育するホンダワラ属の海藻である（かつてヒジキ属とされたこともある）．紡錘形の肉厚の気胞に変形した葉をもつため，乾燥や低塩分（降雨）に対する耐性が強く，満潮時には直立体が浮き上がって海中林となる．世代交代はなく，雌雄異株で，有性生殖

(受精)のほか，海底を這う匍匐根による無性生殖(栄養繁殖)でも増える．根部多年生とよばれる生活形を示し，直立体(主枝，食用部分，全長1～2 m)は，夏季に多年生の匍匐根から毎年伸び，春から初夏にかけて成熟した後，枯死脱落する．

春，干潮時にカマで刈り取られ，大きな釜で煮て渋みを抜き，天日で干して出荷される．葉の部分(芽ひじき)と主枝の部分(長ひじき)に分けて出荷されることも多い．

ヒジキは東アジアの温帯域に広く分布し，国内でも北海道南部以南で分布が知られるが，日本海中北部ではまれである．千葉，三重，長崎の3県の水揚げが多い．このほか，国内では中国や韓国の養殖ヒジキが流通する．

b. アカモク

ホンダワラ属では，漸深帯に生育するアカモクの採取・利用も盛んになっている．元来，日本海一帯で伝統食として広く食用とされていたが，近年は利用が全国各地に広がり，一部に養殖も行われている．アカモクは1年生でありながら，しばしば全長20 mを超える日本最大の海藻で，バイオマス資源としての期待も大きい．ヒジキと同様，世代交代はなく有性生殖で増えるが，付着器は仮盤状で栄養繁殖は行わない．一般に，冬から春にかけて成熟するが，夏や秋に成熟する個体群も知られている．

D. テングサ

テングサ類のうちおもな採草対象種はマクサである．マクサは，日本(オホーツク海や南西諸島を除く)をはじめ東アジアの温帯域に広く分布する．低潮線付近から水深15 m以深まで幅広い範囲に生育し，海中林の下草として，あるいは，全長30 cm未満と小型でありながら，それ自体が林冠となり草原状となる．漁場となるような大規模な草原状の群落は，栄養塩が安定供給される湧昇域(例：伊豆諸島)や内湾域(例：富山湾)に形成されることが多い．

マクサは，同型同大の配偶体(雌雄異株)と四分胞子体の間で世代交代が行われるが，匍匐枝や枝による栄養繁殖も盛んに行われる．多年性(寿命は3年程度)で，おもに春から夏にかけて生長し，最大30 cm前後まで伸びる．成熟の盛期は夏であるが，成熟個体は春から秋まで多少とも得られることが多い．

採取は素手またはマンガなどの漁具を用いて行われ，深所は潜水器も使用される．伊豆半島や伊豆七島をはじめ，全国各地に産地がある．資源の維持・増大の取り組みは古くから行われ，移植，雑藻駆除，施肥，投石なども試みられたが，現在は，解禁日や漁期・休漁期，採取区域・水深帯，採草量の上限，潜水器・漁法・漁具数，動力の制限などの漁業管理が主である．

テングサ採草量は過去に最高20,000 tに達したが，寒天原藻(オゴノリ類も含む)の輸入増加に伴い，近年は1/10程度まで減少している．種々の藻場の衰退を表すのに用いられる「磯焼け」は，元来マクサ群落の衰退を嘆いた伊豆地方の方言で，往時いかに重要な資源であったかがわかる．なお，寒天原藻のオゴノリ属への転換とこれに伴うテングサ採草量の減少は世界的な傾向である．

E. ノ　リ

ノリのうち，養殖は大半がスサビノリ(品種ナラワスサビノリ，雌雄同株)で，ごく一部にアサクサノリが含まれる(養殖の項を参照)．

これに対して，天然で採取されるノリは岩ノリと総称され，最も重要な種がウップルイノリである．ウップルイノリは全長30 cm前後にまでなり，スサビノリと異なり雌雄異株で，外海域の潮間帯上部に生育する．その標準和名の発祥地にもなっているウップルイ(出雲市十六島地区)では，漁場(ノリ島という)が世襲的に管理されている．岩盤やコンクリート塗布による造成漁場での清掃が徹底して行われ，12月からアワビの貝殻などを漁具として岩面から掻き落として採取される．資源変動が大きく，一般に，暖冬の年には不作となる．採取したノリは，洗浄後，刻み，抄(す)いて簾の上で乾燥し，板状の高級海苔製品として出荷される．

(藤田　大介)

2.9.20 クジラ類

A. 種類と分布，回遊

クジラ類は，クジラ目(Cetacea)に属し，ムカシクジラ亜目(Archaeocetes)，ヒゲクジラ亜目(Mysticeti)およびハクジラ亜目(Odontoceti)の3つの亜目から構成され，現生するのはハクジラ類とヒゲクジラ類の2亜目である．近年の分類体系によれば，ハクジラ類はスナメリやカマイルカなどの水族館でみることのできる小型種から大型のマッコウクジラまで含まれており，約71種にも及んでいる．ヒゲクジラ類は，現生する種では世界最大の動物であるシロナガスクジラやセミクジラ，コククジラなど14種からなる．

クジラ類全体としてみると，分布域は広く，淡水域から汽水域(カワイルカ類など)，沿岸域(コククジラ，ネズミイルカなど)，外洋域(ナガスクジラ科など)まで及び，また，極域(北極海：ホッキョククジラ，イッカクやシロイルカなど，南極海：シロナガスクジラやミナミトックリクジラなど)から熱帯域(ハシナガイルカやサラワクイルカなど)にまで分布している．

多くのヒゲクジラ類は，季節的南北回遊を行う．すなわち，夏季に極域の氷がとけると，そのなかの栄養塩が海水に放出されてプランクトンの増殖が起こり，ヒゲクジラ類の餌生物となるオキアミのbloomをもたらす．これを求めてヒゲクジラ類は極域まで移動し索餌活動を行い，秋から冬にかけては，赤道付近まで移動して，出産，育児，交尾などの繁殖行動を行う，いわゆる回遊を行うが，赤道域には分布しない．また，シャチや一部の小型ハクジラ類では，このような大きな回遊を行わない定住的な種類や地方グループがある．

B. 生活史

a. 繁　殖

クジラ類は，他の哺乳類と同様交尾によって受胎して，一定の妊娠期間(ヒゲクジラ類では10～11カ月間)を経て，ほぼ1頭の子を出産する．出産後，母親から授乳されて育つが，授乳期間は鯨種によって異なり，ミンククジラやイシイルカなどは数カ月の授乳ののち離乳する．ほぼ毎年出産する繁殖サイクルをもっていると考えられている．一方，ナガスクジラ等は半年，ザトウウジラでは10カ月以上と授乳期間も長い．多くのヒゲクジラでは繁殖周期は2年程度と考えられている．ハクジラ類，とくにマッコウクジラは独特な社会構造をもち，成熟雌と新生児・幼児から構成される繁殖育児群を形成する．雄は成長に伴って，群れを離れて雄どうしの群れをつくり，最終的には単独雄として行動する．単独雄は繁殖期に雄どうしの争いを経て，その勝者が育児群に加わって交尾する．授乳期間は2年以上で，繁殖周期は5年程度と考えられている．

また繁殖期は，ヒゲクジラ類は主として冬季に繁殖するが，ハクジラ類では季節性は希薄である．

b. 食　性

ヒゲクジラ類の口腔内には，群集性の小型動物を摂食するのに適したクジラヒゲとよばれる食物濾過器があり，一般にオキアミ類や端脚類などの動物性プランクトンを捕食している．しかし，近年の日本による鯨類捕獲調査から，ヒゲクジラ類においても，ミンククジラのようにサンマやカタクチイワシ，スケトウダラ，スルメイカなどを捕獲し，場所によっては，シマガツオやカラフトマスも捕食していることが明らかになっている．一方，同時に調査したニタリクジラは，小型のカタクチイワシとオキアミ類しか捕食せず，イワシクジラはこれらの中間的な食性を示すなど，ヒゲクジラ類においても，食性は鯨種によって異なり，また餌生物種の範囲も鯨種によって異なっている．

さらにミンククジラの研究からは，時代によって餌生物を変化させており，魚種交代を受けて豊富な魚種を捕食することが明らかになっている．小型ハクジラ類では，おもに中深層性のハダカイワシ類を捕食し，大型のハクジラ類であるマッコウクジラはおもに中深層のイカ類や底生魚類を捕食しているなど，鯨種によって時空間的に異なる餌生物種を利用している．

表 2.9.20-1　クジラ類の現在資源量

	海　域	資源量（頭）	95%信頼区間
ミンククジラ	北西太平洋	25,000	12,800 ～ 48,600
	北大西洋	174,000	125,000 ～ 245,000
クロミンククジラ	南極海	761,000	510,000 ～ 1,140,000
シロナガスクジラ	南極海	2,300	1,150 ～ 4,500
コククジラ	北太平洋東側	26,300	21,900 ～ 32,400
	北太平洋西側	121	112 ～ 130
ホッキョククジラ	ベーリング海～チュコト海	10,500	8,200 ～ 13,500
ザトウクジラ	南極海	42,000	34,000 ～ 52,000
	北大西洋	11,570	10,100 ～ 13,200
ニタリクジラ	北西太平洋	20,501	不明
イワシクジラ	北西太平洋	68,000	31,000 ～ 149,000
セミクジラ	オホーツク海	920	400 ～ 2,100
マッコウクジラ	北西太平洋	30,000（最小値）	22,600 ～ 39,000
ツチクジラ	太平洋側（房総～北海道）	5,000	2,500 ～ 10,000
	オホーツク海南部	660	310 ～ 1,000
	日本海東部	1,500	370 ～ 2,600
タッパナガ	太平洋側	5,300	CV = 0.43
マゴンドウ	北西太平洋（北緯 10 度以北, 180 度以西）	15,057	CV = 0.71
ハナゴンドウ	北西太平洋（北緯 30 度以北, 180 度以西）	32,684	CV = 0.45
オキゴンドウ	北西太平洋（北緯 10 度以北, 180 度以西）	40,392	CV = 0.55
ハンドウイルカ	北西太平洋（北緯 10 度以北, 180 度以西）	38,829	CV = 0.63
スジイルカ	北西太平洋（北緯 30 度以北, 180 度以西）	504,334	CV = 0.55
マダライルカ	北西太平洋（北緯 10 度以北, 180 度以西）	397,515	CV = 0.42
イシイルカ型イシイルカ	オホーツク海南部	173,638	CV = 0.212
リクゼンイルカ型イシイルカ	オホーツク海中部	178,157	CV = 0.232
カマイルカ	北西太平洋（北緯 30 度以北，東経 145 度以西）	56,764	CV = 0.80

〔水産庁・水産総合研究センター，平成 20 年度国際漁業資源の現況（2009）を参照して作成〕

C. 資源の動向

シロナガスクジラなどのヒゲクジラ類 10 種（現在の分類体系では 14 種となる），マッコウクジラとトックリクジラ類のハクジラ類 3 種の資源管理は，1946 年に締結，15 カ国が署名して 1948 年に発効した「国際捕鯨取締条約（International Convention for the Regulation of Whaling : ICRW）」のもとで，国際捕鯨委員会（International Whaling Commission : IWC）が管理しており，日本も 1951 年に加盟している．上記以外のクジラ類は，各国が自国の経済水域内の資源について管理を行っている．

日本は IWC による商業捕鯨のモラトリアムに従って 1988 年に母船式捕鯨と大型捕鯨の操業は中止した．現在も小型捕鯨業とイルカ漁業がそれぞれ農林水産大臣許可，道県知事許可のもとで操業している．水産庁が資源研究機関の助言を受け，イルカ漁業では各県と協議したうえで，県別の捕獲枠や操業規制などの漁業調整を行っている．

南極海では，1904年に開始された商業捕鯨による乱獲の結果，シロナガスクジラなどの大型ヒゲクジラは枯渇状態にあったが，その後の捕獲禁止措置によりザトウクジラやナガスクジラなどのクジラ類資源が回復しつつあることが報告されている．とくにザトウクジラでは，近年の年間増加率は12%にも達している．クロミンククジラは大型ヒゲクジラ資源の減少に伴って資源を急速に増加させた．このほか，コククジラの東太平洋系群も初期資源水準にまで回復している．しかしながら，南半球のシロナガスクジラは南極海捕鯨の初期に乱獲され，1964年に捕獲禁止になったにもかかわらずいまだに2,300頭程度のレベルで，初期資源の19万頭から大きく下回るなど，依然として回復が遅れている鯨種もあり，西太平洋系群のコククジラも同様に数百頭であると推定されている．

小型捕鯨業は船首に捕鯨砲を備えた総トン数50t未満の船舶に制限され，IWCの規制対象外のツチクジラ，コビレゴンドウなどを捕獲している．陸上の鯨体処理場（日本全国で5カ所）で陸揚げ後，解体処理を行っている．

イルカ漁業には，手や石弓を用いて銛で突き取る突棒漁業と，数隻で群れを湾内などに追い込んで捕獲する追い込み漁業がある．

小型捕鯨業で捕獲されているツチクジラやコビレゴンドウ，イルカ漁業で捕獲されているイシイルカなどのイルカ類は，おもに水産総合研究センター国際水産資源研究所（旧遠洋水産研究所）の鯨類担当研究室で，資源調査が行われている．

また，日本は，IWCにおける商業捕鯨モラトリアムの解除を目標として1987/1988年から南極海で，また1994年から北西太平洋で鯨類捕獲調査（調査捕鯨）を開始しており，それぞれ第2期の調査に移行して現在に至っている．

また，**表2.9.20-1**に最近の資源推定値を示した．これらは，IWCのウェブサイト（http://www.iwcoffice.org/conservation/estimate.htm）に掲載されているほか，水産庁の「国際漁業資源の現況」にも詳細が掲載されており，インターネットで閲覧することが可能である（http://kokushi.job.affrc.go.jp/index-2.html）．

（藤瀬　良弘）

3 水産増養殖

3.1 水産増養殖の概要

3.1.1 水産増養殖の発展

タンパク質源確保の目的のため，さらに良質な味覚と健康食としての認識が深まるなか，世界における魚介類資源への需要が年々増大し，これにともない養殖魚生産量も増加している．魚介類増養殖においては，種苗から成魚として出荷するまで，そして親魚養成などにおける多くの研究努力と成果の蓄積があり，その結果として得られた多様な技術がこれらの工程を支えてきた．たとえば，種苗生産では，健全な種苗を産出する親魚の養成，産卵（受精）の管理，餌料系列の構築，水底土環境の管理などにおいて，熟達した技術が必要となる．魚介類仔稚は，総じて脆弱であり，摂餌のための運動能力に劣り，また環境の劣化への順応能力も低いため，不適切な餌料や環境下では短時間で死滅することが背景にある．このなかで，従来よりも小型のワムシの確保，その培養を支える微小藻類と栄養強化技術などが仔稚の生残率の向上に大きく貢献し，さらに，新たな配合飼料の開発は，養殖生産量を飛躍的に増大させている．これにともない，従来の養殖対象魚種の大量飼育がより容易になるとともに，近年はマグロなどの大型回遊魚の生産，商品化も進んでいる．また，疾病対策も必須の課題であり，ワクチンや治療法の開発が進められた．

3.1.2 最近の動向

このような現場，研究機関における工夫，努力にもかかわらず，養殖には困難な課題がいまだ多くあり，たとえば種苗，成魚が大量死することもまれではない．この状況において，餌料生物の培養，親魚養成，種苗生産，そして成魚までの育成などを，それぞれの漁業者，企業が担う分業が採用されるようになった．この分業により養殖従事者の負担は軽減したが，一方で，養殖業全体がより容易な特定魚種の育成（肥育）に集中する実態をつくりだしている．このなかで，タイ，ヒラメなどの価格低落という収益の停滞状況が現出し，日本の養殖業は，農業と同様に，転換期にあるということができる．

産業の停滞は，就業者の高齢化，減少にあるというよりは，イノベーションの減衰に起因する．この養殖産業の現状を打破する方策の1つとして，養殖対象新魚種の開発が要請されているが，このためには，魚種の選定，養殖施設の再構築にはじまり，新魚種に適合した餌料系列の構築や配合飼料のさらなる開発などがもとめられ，さらに，経済価値があり，抗病性などの特性をもつ品種の作出（育種）研究も重要となる．

また，消費者の食品の安全に関する要望のなかでは，とりわけ薬剤を使用しないこと，あるいはその低減が上位を占めており，疾病防除方法のさらなる開発研究が必要である．このなかで，有用微生物によって病原菌を抑制・排除するバイオコントロールなどの研究が，とくに国外において急速に進展している．

養殖環境の維持・改善・向上も重要な課題である．たとえば中国における養殖はこれまでは淡水魚のしめる割合が大きかったが，近年は海産魚の生産量が増加し，この結果，沿岸環境の荒廃が問題となっている．そして，同様の事態は世界各国でおきており，このため，この分野ではこれまでにみられなかったような大規模な環境改善研究が実施されるようになった．さらに，環境問題は，当然のことながら，自然の餌料，栄養を利用する栽培漁業や貝類，海藻増殖にも大きな影響をおよぼしている．

養殖研究の実施に関しては，東南アジアにおける（養殖対象）新魚種としての高価格ハタの開発にみられるように，概して民間企業が主体となってその実用化研究を推進し，これに公共機関研究者が協力している．一方，日本の当該研究では，国公立機関や大学に集中する傾向があり，このため，外国と比較して，開発の推進力に差があらわれている．

上記のような課題に直面しながらも，生物学，遺伝学，生理学，病理学，環境科学，生態学，工学，その他の広範な領域を内包する養殖業および研究において，全体を俯瞰する視野を維持しさらに深めつつ，歴史ある日本の養殖産業をより発展させるべく，不断の努力が展開されている．

（前田　昌調）

3.2 養殖の立ち上げ

3.2.1 土地選定，増殖施設

A. 内水面（淡水）養殖施設

a. 適地条件

魚類養殖の基本的な要素は，水・種苗・餌料といわれており，これは現在の内水面養殖においても変わりがない．このうち，ウナギなど一部を除く多くの魚種では人工種苗が入手可能であり，それぞれの魚種に適した配合飼料も市販され，養殖の事業環境は向上した．

水に関しては，農業や工業および生活用水などの利用が進み，養殖に適した良質な水を豊富に確保することが難しくなってきている．このため，限られた用水を効率的に利用し，農薬など有害物質の流入を避け，疾病に対する防疫対策が可能な適地の選定が必要となる．

（ｉ）用　水

1）魚の適水温

魚類は変温性動物であり，魚種により生活の適水温が異なる．内水面で養殖されている魚類は，サケ科魚類のような冷水性魚類と，コイ，フナ，ウナギなどの温水性魚類に大別される．これは，約 20°C を境にして，これ以上の水温で活発に摂餌・成長する魚類を温水性とし，この反対のものが冷水性として区別される．適水温の範囲においては，水温が上昇するほど呼吸や摂餌などの運動が活発になり，水温が高いほど成長がよくなる．また，魚の成長適温にくらべて生殖適温のほうが範囲が狭い．このため，親魚養成，採卵およびふ化飼育を行う場合には，条件に適した用水が必要である．

2）用水の種類と特性

内水面養殖で利用される水の種類は，河川水と地下水（湧水を含む）であり，それぞれに水質や水量の特性がある．河川水では，通常，水中の溶存酸素量（DO）は豊富であるが，水温の季節的変化が大きい．また，降雨により増水や濁りが生じるほか，夏期では渇水になることがある．地下水は安定して揚水できるが，水温は 8～14°C 程度と低い．水中の溶存酸素量は低く，反対に窒素ガスや炭酸ガスが過飽和に溶けている．これらのガスは，魚にガス病をひきおこす原因となるため，曝気処理によって溶存ガスの除去と酸素の溶解を行う必要がある．

3）溶存酸素量の健全臨界値

河川水など表層水の飽和酸素量は，気圧，水温，塩分により変化し，気圧が高いほど，水温が低いほど飽和酸素量が多くなる．溶存酸素量は，魚の飼育量を規定する重要な要因である．溶存酸素が欠乏すると，魚は水面に浮上して盛んに呼吸する状態「鼻上げ」になり，さらに欠乏すれば窒息死する．養殖では，鼻上げを起こす程度でなくとも，一定量以下に酸素量が低下すると成長率や摂餌率が低下し，飼料効率が低下する．このときの酸素量を，健全臨界値という．ニジマスの値は 3.5～4.5 $\mathrm{mL\,L^{-1}}$，コイやウナギでは 2～3 $\mathrm{mL\,L^{-1}}$ とされている（**表 3.2.1-1**）．

4）水　質

用水に有害物質が含まれると，成長の低下や病害の発生につながるおそれがある．有機物や有害物質に関する水質条件については，水産用水基準〔日本水産資源保護協会（2006）〕を参考にし，必要ならば検査をして適否を判断する．

表 3.2.1-1　各魚種の溶存酸素健全臨界値（mL L^{-1}）

魚種	成長率	飼料効率	摂餌率	水温（°C）
ニジマス	3.5 ～ 4.0	3.5 ～ 4.0	4.0 ～ 4.5	10.5
コイ	3.0	3.0		20 ～ 23
ウナギ	2.1 ～ 2.8	1.8 ～ 2.1	2.1 ～ 2.8	20 ～ 27

〔野村　稔，淡水養魚と用水（日本水産学会編），p.65，恒星社厚生閣（1980）より一部抜粋〕

とくに，河川水を使用する場合では，生活排水や農薬が流入しない用水の確保が必要である．

5）病原体汚染

近年，養殖技術が向上し，集約的な養殖形態になるにつれて，細菌やウイルスなどの感染症の発生による被害がみられる．病原体に汚染された用水を使用した場合，種類によっては毎年恒常的に被害が発生するほか，飼育そのものが成り立たなくなる場合もある．被害の大きい疾病としては，サケ科魚類の伝染性造血器壊死症（IHN），アマゴやヤマメなど在来マス類のせっそう病および細菌性腎臓病，コイのコイヘルペスウイルス病である．このため，水系内の他の養魚場の有無や養魚場における病気の発生状況を確認することが必要である．

（ii）土　地

河川水を利用する場合は，造成や管理面において養殖池が取水施設から近い場所にあることが望ましいが，洪水による災害を受けにくい場所を選定する．また，種苗，飼料などの搬入や出荷のための利便性を考慮して場所を決める．池の造成においては，注排水の利便性から適度な（1/100 以上）勾配があれば都合がよい．

（iii）周囲の環境

河川水を取水する場合には，水利権の問題があり，河川管理者（県や市町村）へ水利使用の許可を申請する必要がある．その際には，すでに水利権を得ている利水者や漁業権をもつ河川漁業協同組合との協議が必要になる．

地下水については，地下水の採取が条例で規制されている例があるほか，公共的な見地から地下水の利用を管理する方策が検討されている例もある．

また，近年水環境に対する住民意識が高まるなかで，養殖排水が汚濁負荷の原因として問題になることもある．

b.　養殖方式と施設

内水面の養殖形態は，水の使い方から流水式と止水式に大別される．流水式養殖とは，池に新しい水を注入することにより酸素を供給する飼育方式である．おもに，冷水性魚類の養殖に用いられる．網生簀や循環濾過式養殖もこれに含まれる．止水式養殖とは，池内で繁殖した植物プランクトンの光合成作用によって産生された酸素を利用して魚を飼育する方式で，おもに温水性魚類の養殖に用いられる．

また，水面の管理形態からみると，水面をコンクリート壁などで囲った人工池で行う池中養殖，溜池養殖，水田養殖，湖水面の一部を利用した網生簀養殖などに区分される．

（i）流水式池中養殖

内水面養殖では最も一般的な養殖方式であり，ニジマスなどのサケ科魚類やアユの養殖で多く用いられるほか，コイでも用いられる．魚の収容量は水の DO で規定されため，用水量が多いほど，生産量も多くなる．

飼育池は，コンクリート製のものがほとんどであるが，土でできた池壁と床をビニールシート張りにした例もある．ニジマス養殖では長方形や水路形の池が多く使用され，アユでは円形が多い．池は，取水量や土地条件に応じて並列や直列に配置される．ニジマスの飼育池は，魚の成長過程に応じて稚魚池（5 ～ 10 m^2）や養成池（30 ～ 100 m^2）などが設けられるほか，種苗生産を行う場合には，親魚池やふ化場が必要である．

河川水を利用する場合には，土砂の流入を防止し，落ち葉などのゴミを除去するための取水施設や沈砂池が必要である．地下水の場合には，揚水ポンプ，窒素ガス除去と酸素補給のための曝気施設が必要となる．

（ii）網生簀養殖

水面の一部を，網，竹などで仕切った中で養殖する方法を生簀養殖という．内水面では，湖沼でのコイの網生簀養殖が一般的であるが，一部の地域ではニジマスやアメリカナマズの養殖に用いられている．この方式は，魚の遊泳運動と湖流により周囲との水交換がよく，魚の収容量も多い．

一般的な形態では箱型に仕立てられた合成繊維製の網を，浮きをつけた筏に固定し，湖水面に浮かべたものが多い．浮きには発泡スチロールやドラム缶が使用され，筏には，鉄やアルミニウムのほか木材も利用される．網生簀の規模は地域により違いがあり，霞ヶ浦では5×5×2.6 m, 諏訪湖では9×9×1.8 mの規模である．網生簀の設置方法は，浮動式と固定式がある．

（iii）循環濾過式養殖

飼育排水中の魚の排泄物を沈殿・濾過処理することにより浄化し，再利用する養殖方式である．少量の用水で, 大量の魚が飼育可能である．濾過槽における細菌の浄化作用を効率的に保つために，魚の成長を維持する適水温の範囲内において，用水を加温する場合が多い．ウナギのハウス養殖やアユの種苗生産で用いられる．

施設は, 飼育池のほか沈殿槽と濾過槽がある．池の面積は50～300 m^{2}程度であり，形状は長方形や円形のコンクリート製池である．濾材には，直径3～10 cmの玉石やカキ殻のほか，ハニカムチューブ，網状スクリーンなどのプラスチック製の濾材が利用される．

濾材の表面に増殖した硝化細菌などの好気性細菌類の酸化作用により，水中の有害なアンモニアが毒性の低い硝酸にまで酸化される．最終的に蓄積する硝酸を希釈し，水質を維持・回復させるために，pH調整や新鮮水の注入交換が行われる．

（iv）止水式養殖（人工池・溜池・水田）

人工池は，池壁がコンクリート製で，池の底が泥土である形態が多い．このほかに，灌漑用の溜池（5～10 ha）や水田を利用する例もある．流水式池中養殖にくらべて1面の使用面積は大きい（100 m^{2}以上）．コイ，フナ，ウナギ，ホンモロコなどの養殖に用いられる．

魚への酸素の供給は，植物プランクトンに依存しているため，植物プランクトン（アオコ）の繁殖を適切に維持することが重要である．また，植物プランクトンの繁殖は，魚の排泄物から生じたアンモニアの除去に役立ち，ミジンコ類など魚の餌料になる動物プランクトンの繁殖にも役立つ．

梅雨時に雨や曇りの天候が長く続くと，日射量が不足するために植物プランクトンの繁殖が衰え，時には枯死する．このような場合は池水の色が透明化するなど急変するため，水変わり現象とよばれるが，水中のDOが急激に低下するために魚の鼻上げが起き，時には大量死がみられる．このため，夜間や水変わりにおける酸素不足を補うために，新鮮水の注入あるいは攪水車やブロアーを用いた曝気が行われる．

（v）養殖施設における防疫と排水対策

サケ科魚類の種苗生産では，被害の大きいウイルス病であるIHNの防疫が不可欠である．対策としては，食用魚や親魚を養成する池とは別の施設でふ化飼育を行う，隔離飼育が基本である．ここでは，地下水など病原体で汚染されていない用水を用い，発眼卵のヨード剤消毒，水槽や手網など用具類の消毒処置が行われる．

排水対策では，養殖排水には魚が排泄した糞が混じるため，河川への汚濁負荷の原因にもなるので，養魚場の最下流側に糞を除去するための沈殿池（槽）を設ける例がある．なお，現在は配合飼料の普及や給餌率表の整備などの給餌技術が熟達したため，残存する餌飼料は非常に少ない

（小原　昌和）

B. 海面魚類養殖施設

現在，行われている海面魚類養殖施設は，大別すると区画施設式と網生簀（小割）式に分けられ，方法･形態でさらに分けると，図 3.2.1-1のようになる．いずれの場合にも，公有水面を

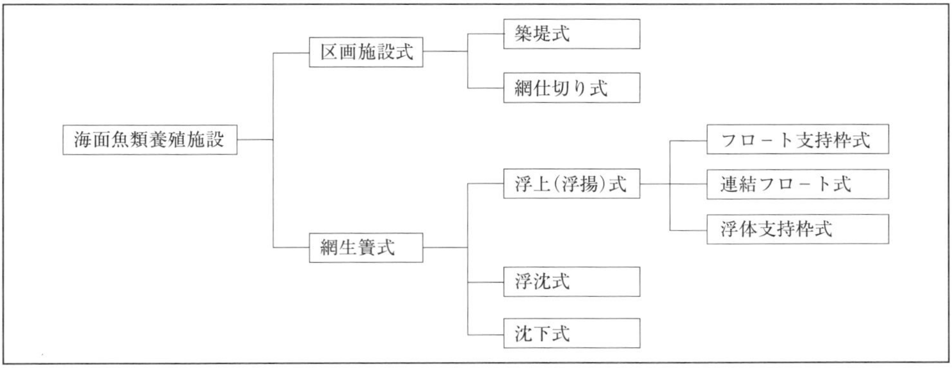

図 3.2.1-1　海面魚類養殖施設の分類

利用することから，都道府県知事による区画漁業権の免許を必要とする．

なお，海水魚養殖には陸上水槽のかけ流し方式によるヒラメの養殖がある．この方法については，養殖各論を参照されたい．

a. 区画施設式

区画施設式は，築堤式，網仕切り式に分けられる．築堤式は，小さな湾の湾口部や陸地あるいは島の間を築堤で仕切り，水門を設け，干満差や潮流により海水を入れ替える方式である．一方，網仕切り式は，上記立地条件で築堤の代わりに網を設置し，海水交流を図る．前述の築堤式よりも海水交換度は大きい．

この両者ともに自然地形に恵まれた場所でのみ造成が可能で，さらに適水温や清澄な海水を必要とする．場所に制約され，設置に際して設置経費が大きい．また，赤潮の発生時や環境汚染が進んでも場所を移動できない，魚のとりあげに多大の労力を必要とするなどの短所があり，網生簀方式の開発により，現在は数少なくなっている．

b. 網生簀式（小割式）

網生簀式養殖施設は，養殖魚類を収容する生簀網，生簀網をとりつける生簀枠，生簀枠を海面に浮かせるフロート（浮子）および係留施設で構成される．養殖施設は維持される形態から，網生簀上端が海面上にある浮体（浮揚）式，網生簀が必要に応じて海上中を昇降する浮沈式，常時海中に設置される沈下式に大別される．

これらの養殖施設の設置に際して，一般に海域条件として，施設が保たれる平穏な海域が求められ，養殖対象種の適水温が長期間持続する海域であること，河川水の影響の少ない清澄な海域であることが必要である．さらに，荒天や魚の遊泳による上昇流で生じる海底泥の巻きあげがないように，網生簀の下端から海底までの距離が 10 m 以上ある水深が望ましい．

これらの条件を満たした海域で多くの魚類養殖が一般に行われている．しかし，陸上からの排水汚染や過密養殖による自家汚染により養殖環境は悪化し，一般に湾奥部の環境はよくない．汚染負荷を避け持続的養殖の観点から，湾口部の狭い閉鎖的な湾内漁場から沖合化が図られ，耐波施設や大型化の技術開発も進んだことから，一部では波浪のある湾外漁場でも養殖が行われている．

なお，対象魚種として，ブリ類（ブリ，カンパチ，ヒラマサ），マダイ，ギンザケ，トラフグ，シマアジ，スズキ，クロマグロなどがあげられる．

（i）浮上（浮揚）式

1）フロート支持枠式

この方式は，生簀網を垂下するための枠体にとりつけたフロートの浮力で浮かせるもので，最も一般的なものである．その形状はほとんどが角型あるいは円形である．この方式では一般に一辺が 8 ～ 12 m の角型あるいは直径 10 ～

15 m の円形の形状が多い．枠体上を歩いたり，自動給餌器の設置（マダイ）が可能なことなど，作業性もよい．

一般に用いられている枠体の材質は，亜鉛メッキ鋼管や型鋼，棒鋼の鋼材である．また，平穏な内湾漁場では，木材を用いた枠体がコストの低さや簡便さから，一部で使用されている．これらの材質のため，耐波性は小さく大型化もむずかしい．浮力を与えるフロートは，発泡スチロール製でフロートカバーがつけられる．これらは安価だが，使用経過とともに浮力が落ち，また，損傷しやすい．そのため，発泡スチロールの周囲をポリエチレンで被覆した耐久フロートも高価であるが，使用されている．

生簀の網地の材質は，化繊網と金網に大きく二分される．ポリエチレンを主とする化繊網は，軽くて強度があり，腐食もなく耐用年数も長い．しかし，軽いことで網なり（水中における生簀網の形状）が悪く，潮流や魚の遊泳行動により変形する．一方，亜鉛メッキを主とする金網は腐食や金属疲労のため，耐用年数が短く高価であるが，網なりは良く，寄生虫（ハダムシ）の付着も化繊網より少ない．ダイバーや機械による網掃除が行われ，通常出荷まで網交換を必要としない．また，軽くて網なり変形の少ないポリエステル系の亀甲網も一部で使用されている．

2）連結フロート式（浮子式）

ロープにフロートを結びつけて，側張り（がわばり）から固定することで水面上で形状を保つもので，生簀枠体を必要としない．そのため，生簀は耐波性があり，大型化が可能な長所がある．しかし，波浪が強い場合，生簀の形が変形したり，給餌船の係留が困難な場合がある．作業性は悪く，網交換やロープの張り直しなどには多くの人手を必要とする．網地はポリ網が使用される．沖合養殖，大型化に適しているため，とくにマグロ養殖に用いられる．直径 50 m の規模の生簀もあるが，その場合，大型の作業船が不可欠とされる．

3）浮体支持枠式

支持枠自体が浮力をもち，網やその他の重量を支え，係留に伴う引っ張り力に耐えられる強度をもつ構造で，高密度ポリエチレンパイプに発泡スチロールを充填して，強度と浮力をもたせた枠体である．この方式の枠体は腐食することなく，剛性が鋼材より小さいため，波浪中枠体が適当にたわむ柔性をもつ．そのため，大型化，沖合養殖が可能とされたが，直径 30 m までの湾内使用が多い．

（ii）浮沈式

枠体は平常時には浮上しているが，台風接近や赤潮発生などの緊急時の必要に応じて，海中に沈めることが可能な方式である．また，外海漁場において通常海中に沈め，給餌時のみ浮上させる使用方法もみられる．枠体は鋼管にプラスチック被覆を施され，腐食を防いでいる．フロートには一般的な密閉フロートと浮力調整フロートを併用して，水中での浮力調整をする．浮力調整フロートは，浮上時には空気が入っているが，沈める際には海水をとりこみ，空気を排除する．海中から浮上させる際には，船上より圧縮空気を注入して再び浮力をもたせ浮上させる．係留については，アンカーからの係留ロープ式では作業にてまどるため，側張りロープからの係留や一点係留の方式が用いられている．また，緊急時に生簀を沈めるため，平常時より天井網をつけておく必要がある．生簀網は金網でもポリ網でも使用が可能である．

この方式は魚に急速な水圧の変化を招くことになるので，鰾の膨れを起こしやすい魚種では，作業時に注意が必要である．

（iii）沈下式

網生簀を海面下に設置するために，係留施設からの側張からのロープで網の形状を固定する方式で，構造的には連結フロート方式の一変形となる．枠体がないため，耐波性があり，大型化が可能で，外海漁場で使用される．水面下に網生簀があるため，給餌時には天井網を開けて，給餌を行う．作業性は悪く，網交換などの作業には多くの人手を要する．

（iv）係留施設

網生簀を海面に係留する施設は，次の 3 つに大別される．

(1) 連結式：数台の網生簀をロープで連結し，四方八方からアンカーとロープにより固定する．小規模のフロート支持方式で使用される．個々の生簀枠の交換時にアンカーロープの解きはなしが必要となる．

(2) 側張式：養殖施設の大型化，沖合化に伴い，連結方式では耐えられなくなり，使用されている．10～40 t のコンクリート方塊で側張ロープを固定し，これに生簀枠をつなぐ方式である．この方式では，数多くの網生簀が係留でき，大型の浮上式，沈下式ともに可能である．個々の生簀枠の交換時には，側張りからのロープを解くだけでよく，前者にくらべ作業が容易である（図 3.2.1-2）．

(3) 一点係留方式：1 台または連結した数台の生簀の一端と方塊からのロープでつなぐ振らせ式と，側張方式の交点の 1 カ所に係留する振らせ式がある．後者は全体としては数多くの生簀を設置することができる．

(v) 付帯設備

海面魚類養殖を行うに際しては，網生簀以外に次のものが必要である．

(1) 冷蔵庫：モイストペレット（MP：生餌と粉末飼料を混合成型した軟質飼料）などの原料となる，生餌の保管に不可欠である．人工飼料のみを給餌する養殖の場合には，氷保管程度の小規模のものでよい．

(2) 倉庫：生簀網などの保管．

(3) 出荷場：出荷用生簀の係留場所，活魚運搬車などの駐車場，選別・計量スペース，ベルトコンベアなど．

(4) MP 製造機：飼料添加物や水産医薬品の添加にも便利．人工飼料のみを給餌する養殖の場合には不要であるが，飼料に栄養剤等を添加する場合には飼料攪拌機が必要．

(5) 給餌船（作業船）：小規模経営で手撒きで給餌する場合には給餌機は不要．大規模経営ではエクストルーディットペレット（EP：原料をエクストルーダーでペレットに成型した固形飼料）の給餌船あるいは MP を製造・給餌する作業船が使用される．

(6) 網洗浄機：汚れた網を高圧水で洗浄する．

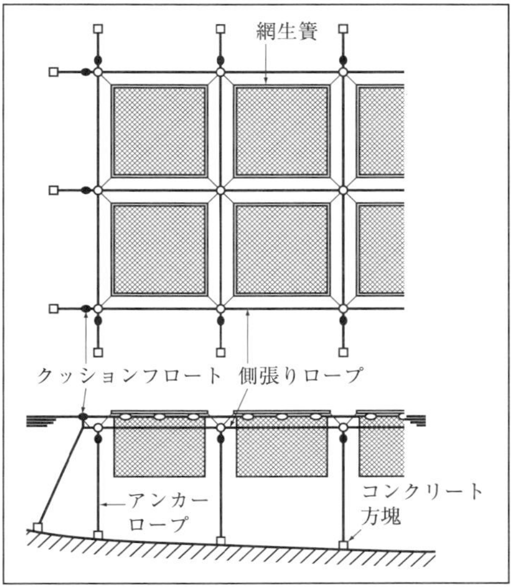

図 3.2.1-2　側張係留方式

自動網洗浄機も使用されている．また，海面で使用中の網を洗浄する機械も一部で使用されている．

(7) 自動給餌機：マダイ等の養殖では使用される場合が多い．

（森実　庸男）

3.2.2 閉鎖循環飼育

閉鎖循環飼育（循環濾過養殖）とは，魚介類の飼育に伴い発生する汚濁の浄化などを行いながら，同じ飼育水をくりかえして使う養殖方法である．1950～1960 年代から水族館などを対象に循環濾過技術に関する先駆的な研究がはじめられ，その後，日本ではコイやウナギ（ハウス養鰻）など，欧米ではヨーロッパウナギやティラピアなどの淡水魚養殖に応用されてきた．

海産魚の循環濾過養殖については，おもに 1980 年代以降，国内ではヒラメなどを対象に，また欧米ではスズキ類などを対象に，水質浄化技術やシステム化技術の開発が進められてきている．なお，これまでに実用に供されている循環濾過養殖施設の多くは，毎日数％程度の飼育水を交換する部分循環濾過方式であり，長期にわたって換水を行わない閉鎖循環濾過養殖のための技術は，実証研究段階にある．

A. 特　徴

循環濾過養殖の利点は，湖面または海面に設置される網生簀や自然水域から飼育水を汲み上げかけ流す陸上水槽を用いた養殖にくらべ，① 台風や赤潮による水質変化などの自然変動の影響を直接受けない，② 使用水量を大幅に削減できる，③ 水温など飼育環境を好適に維持し成長を促進できる，④ 残餌や魚の排泄物の流出に伴う自然水域の汚濁を招かない，⑤ 病原性生物の侵入防止を行える，⑥ 生産過程をすべて人為的コントロール下におけるのでトレーサビリティが高いことなどにある．

いいかえると，循環濾過養殖では飼育水槽や飼育水循環ポンプのほか，水温を対象魚の適水温に保ち水質を保全するために，温度調節，固形物・懸濁物除去，水質浄化，pH 調整や給気のための機器，紫外線またはオゾンを利用する殺菌装置を敷設する必要があり，生簀やかけ流し施設にくらべ施設構成が複雑となる．また，長期間換水を行わず飼育を行うには，さらに脱窒や溶存態有機物分解・除去などのための機器が必要となる（図 3.2.2-1）．

B. 設計・管理

a. 主要管理項目

施設の設計にあたっては，養殖生産計画に基づき，生産対象種の収容可能密度，成長適水温，成長に影響を与えない水質範囲，糞・アンモニアなど排泄物の量，水質浄化の機能と速度，対象種の呼吸や水質浄化のために消費される溶存酸素量などを考慮し，適切な機器を選択または作製し組み合わせる必要がある．

循環濾過養殖においては水質管理がきわめて重要となる．最も重要な管理項目は，酸素供給と対象種の残餌や排泄物の処理である．また，その管理目的は水族館とは異なり，飼育水を清澄に保つことではなく，「飼育対象種の成長にマイナスの影響を与えない飼育環境を維持する」ことにある．

（i）懸濁物

残餌・糞などの固形物・懸濁物は沈殿槽，濾過槽，スクリーンフィルター，泡沫分離（微細気泡による汚濁物質の除去）などの物理的方法により除去する．なお，沈殿槽は最も簡便な装置ではあるが処理効率が低い．

（ii）溶存酸素量

飼育水中の溶存酸素量を維持するため一般にエアレーションが用いられているが，飼育密度が高い場合は微細気泡による給気や純酸素の利用を検討する必要がある．

（iii）アンモニア

魚介類の排泄物のうちでとくに問題となるのは，多量に排泄されるアンモニアである．たとえばヒラメの場合，含窒素性排泄物の 50％以上がアンモニア態窒素である．アンモニアは生物毒性が強いことから短時間に処理する必要がある．その処理技術はさまざま開発されているが，濾材表面に付着した微生物の代謝により浄化する生物膜法が，とくに高度な施設や管理技術を必要としないため，魚介類飼育には現在のところ最も有効である．アンモニアは，濾材表面に付着した硝化細菌により，好気的環境下で亜硝酸を経て，生物毒性のより小さな硝酸にまで酸化（硝化）される．

（iv）pH

アンモニアの硝化に伴い飼育水中のアルカリが消費され飼育水の pH が低下する．飼育密度が高い場合，pH の低下は比較的短期間に発生する．pH の低下とともに硝化細菌の活動が阻害されるため，pH を 7 以上に保つ必要がある．飼育水の pH 低下防止に貝殻やサンゴ砂も用いられるが，これらは表面が徐々に有機物やリン灰石などでおおわれ緩衝能が低下するため，長期使用には向かない．そのため炭酸水素ナトリウムなどアルカリ源を供給する．

（v）硝酸ほか

飼育が長期化した場合は硝酸が高濃度となる．硝酸の毒性は比較的小さいが，$500\ \mathrm{mg\ N\ L^{-1}}$ 以上蓄積するような状態となるとヒラメやトラフグでは摂餌活動が低下する．無脊椎動物に対してはより低い濃度で影響を与える．

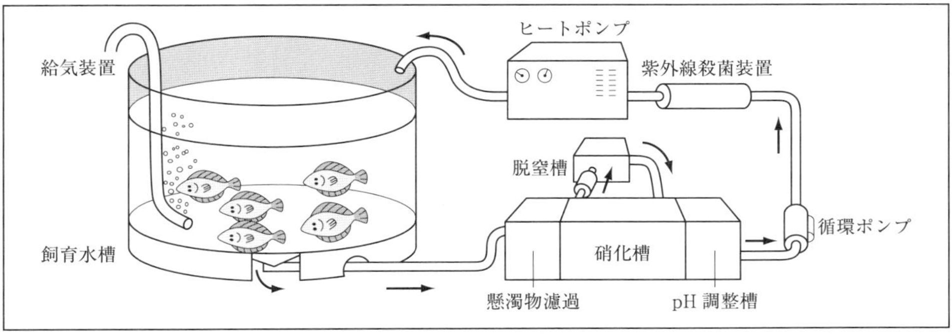

図 3.2.2-1　閉鎖循環飼育（循環濾過養殖）システムの構成図（脱窒槽を敷設した例）
〔電力中央研究所報告 U91013（1991）より一部改変〕

リン酸はカルシウムやマグネシウムと沈殿を形成し，飼育水中で著しい高濃度にはならないため積極的に除去する必要性はないと考えられる．

溶存態有機物は，濾材表面に付着している多様な従属栄養細菌などにより消費・分解されるが，飼育の長期化に伴い微生物では分解できない分子量の大きな溶存態有機物が蓄積し，飼育水の透視度のいちじるしい低下を招いて飼育管理上の障害となることがある．

（vi）微生物

硝化細菌や従属栄養細菌は魚介類の飼育を行っていれば，とくに植菌しなくとも濾過槽内に出現・増殖するが，安定した浄化機能を発揮する（熟成）まで 2 カ月程度を要す場合が多い．すでに熟成している濾材を濾過槽に混入することにより，熟成までの期間を短縮することができる．

（vii）濾　材

濾材として，砂礫など自然石濾材，プラスチック製濾材，セラミック製濾材などそれぞれに特徴があるものが開発されているが，洗浄作業の容易さなどからは，間隙率が大きく重量が軽いプラスチック製濾材が使いやすい．

b. 技術の開発

部分循環濾過方式の場合は硝酸や溶存有機物が高濃度となることはないが，環境負荷のいっそうの軽減を図るためには，汚濁物質が溶存している飼育水を自然水域に排出しないことが望ましい．そのため，これまでに脱窒細菌により硝酸をガス状窒素まで還元する嫌気的な生物濾過槽（脱窒槽）技術，またオゾンや微細気泡を利用した，分子量の大きい溶存有機物の除去技術の開発が進められている．それぞれ循環濾過飼育への適用実験により技術の有効性が確認されているが，生産施設における実用性検証は今後の課題である．

閉鎖循環濾過技術は自然水域環境の保全に資する高い技術であるので，その普及には環境保全対策としての社会的評価が鍵となる．

（清野　通康）

3.2.3　介類増殖と干潟環境

A. 干潟とその基礎生産

干潟は，河口域や海浜の前面あるいは内湾や入り江の沿岸部に発達する湿地で，干潮時に干上がる水底である．その形成場所や成因によって河口・前浜・潟湖干潟に，底質によって泥質・砂質干潟に分類される．陸域や河川水の影響を受け，塩分傾斜のある汽水域を形成し，陸起源の有機物が堆積しやすい場所となる．このため，有機物の分解過程にあるデトリタスを基盤にした食物網も発達し，きわめて生物量の高い海域を形成する．また，栄養塩も豊富なため，底生藻類の基礎生産（数百 g C m^{-2} $year^{-1}$）も高く，内湾などの水柱のプランクトンによる基礎生産（約 100 g C m^{-2} $year^{-1}$，外洋域では 1/2 程度）

を上回り，干出後には増殖した藻類により着色した平底を観察することもある．

さらに，干潟内あるいはその前面の浅所には，海草類による藻場が形成されやすい．海草類の藻場での基礎生産量は内湾水柱の 5 ～ 10 倍であり，海草を基幹とした食物網が発達する．とくに淡水の影響が強い干潟にはコアマモの群落がよく発達し，モエビ類やヨコエビ類などの小型甲殻類が生息し，その捕食者となる魚類の増殖に寄与する．また，高知や宮崎ではアカメなど特異な魚類の幼稚仔の生息場所となっている．南西諸島ではマングローブ林の縁辺に干潟が発達し，ベニアマモ類やウミヒルモ類など暖海性の海草による藻場がみられる．

このように干潟の備える高い生産性は魚介資源の幼稚仔の養育場の条件を備え，周辺域も含む多様な魚介類に餌場と繁殖場所を提供している．

B. 干潟における介類増殖の現状と問題

干潟で直接漁獲される水産資源は種数も少なく，量的にも沿岸や沖合の魚種にくらべて小さいが，ハマグリやアサリなど日本の食文化に深くかかわるものを含む．日本の干潟が浚渫や埋め立てにより，1998 年までの 53 年間で約 40％減少し，49,380 ha を残すのみとなった．このような浅海域は沿岸環境の悪化と過大な漁獲圧も影響して，介類生産が著しく低下し，資源増殖が模索された．

ハマグリは日本の各地で増殖事業が実施されたが，漁獲統計ではチョウセンハマグリと同一に扱われ，養殖が早期に確立した移入種のシナハマグリも流通過程で同じ扱いを受けていた．そのため，環境への適合性も深く考慮されないまま，異種や異系統の放流が行われ，増殖に失敗するか，在来種との競合や遺伝子汚染が危惧されるようになった．

アサリでは資源増殖以前に，潮干狩りなどのイベントによる収益を目的とした観光放流が行われ，異系統による遺伝子汚染ばかりでなく，サキグロタマツメタなど有害捕食者の移植問題をひきおこしてしまった．

また，クルマエビのように幼稚期のみを干潟で過ごすような種では，沿岸漁業への影響も重要ではあるが，種苗放流による病原生物の伝播が問題とされ，汚染域の拡大を危惧して中止されることもある．

かつて有明・八代海に多産し，現在は絶滅状態にあるアゲマキの例を考えると，資源が残されているうちに，安易な種苗放流を控え，漁獲量を制御し，減少原因の究明を優先することがきわめて重要である．また，ノコギリガザミ類のように干潟域食物網の上位者を放流する場合は，より慎重な検討を行わなければ二枚貝などの下位資源の枯渇を含む漁場荒廃を招きかねない．

C. 生産向上への展望

干潟域での漁業が従来どおりの単なる採取活動ではなく，ラムサール条約など国際的な環境保全活動とも矛盾のない新しい産業基盤となるように，各地域で独自の資源増殖事業を展開し，持続的生産を図る必要があろう．そのためには，古い地域文化と結びついた漁業形態の見直しや食文化の維持に配慮するとともに，歴史的な立脚点を見据え，社会的な認知を得るような努力が不可欠である．干潟生物の自然な繁殖を保護することが資源増殖事業の根幹であり，親魚介類資源が回復するような複数年の禁漁までを視野に入れた事業が実施されれば，長期的に漁業生産の向上に結びつく．

（三浦　知之）

3.2.4　育　　種

A. 水産分野における育種の 2 型

水産分野には遺伝学をベースに資源の有効利用を図るものとして，① 閉鎖系を利用する養殖と，② 開放系を利用する栽培とがある．前者は，閉鎖系での利用を前提としているので，有用形質を有する集団を目指した遺伝的改良が有効である．後者では，開放系に種苗を放流することから，放流種苗による天然集団への遺伝学的影響がないように遺伝的多様性に配慮した種苗生産が必要である．

一般的には，育種とは有用生物の遺伝的形質を人間が希望するように改良することをいう．これに従えば，水産分野での対象は養殖魚であるが，その本質は，遺伝学をベースとした資源の有効利用であるので，栽培における遺伝的多様性を保持した放流種苗の生産デザインの作成も，育種に含まれる．この観点は，農畜産分野にはなく，水産分野の特色である．農畜産分野では，閉鎖系での遺伝学をベースとした有効利用に限られており，水産分野のように，開放系を利用して資源の有効利用を図る実態がない．

B. 養殖用種苗に向けた育種

飼育中の養殖対象種の遺伝的形質を人間が希望するように改良する，いいかえれば，劣った形質を改良していくことから，この育種を「品種改良」ともよぶ．人に慣れていない，あるいは人為的な飼料で育ちにくい野生魚から，飼育しやすい養殖魚への変化や改良も，育種に含まれる．「種苗生産において養成親魚を使う」といった営みも育種の1つである．表現型〔表現型値(P)〕は，遺伝的能力〔遺伝子型値(G)〕と環境効果〔環境偏差(e)〕の総和として，(1)式のように表されるので，表現型値の改良に環境要因の改良も重要である．

$$P = G + e \tag{1}$$

水質・水量，餌，飼育方法などの環境要因の改善・改良は，遺伝的能力の改良と同じように表現型値に影響する．たとえ，遺伝的能力が改良された個体であっても，環境要因が悪い条件では，表現型値はその期待値を大きく下回りうることを示している．とくに，水環境の制御がむずかしい水産分野の育種では，このことによって遺伝的能力の改良成果を低く見積もることがないように，注意が必要である．

a. 育種目標と育種計画

(i) 基本方針

社会的ニーズや経済的価値等を考慮して，対象種あるいはその集団をどのように改良したいのかを決め(育種目標の設定)，どのような方法でそれを達成するかを検討する(育種計画)．育種計画では，育種目標としての形質に関する対象集団における遺伝学的情報を得ることが重要である．一般的に，ある目的形質を対象として，1つの対象集団内の育種を考える場合には，集団内の遺伝的パラメータとして遺伝率などの推定がなされ，2つの対象集団間の交雑による育種を考える場合には，相加的遺伝子効果，ヘテローシス効果などの2つの集団間の遺伝的パラメータの推定がなされ，その後の育種計画が立てられる．

また，目的形質が質的形質であるか，量的形質であるかは重要である．育種がむずかしいとされている量的形質であっても，その形質を支配する遺伝子の中には，効果が異なる大きさの遺伝子が混在しており(ポリジーン)，形質の変異のかなりの部分を支配する遺伝子もあれば(メジャージーン)，わずかな遺伝子もある(マイナージーン)．

メジャージーンを保有する個体を選抜対象に選べば，その効果は質的形質には及ばないが，量的形質であっても質的形質と同じようにとりあつかうことができるので，効果的な育種への近道になる．このような個体は，突発的な異常事態時における生残個体や雌性発生などによる遺伝子(座)のホモ化を進めた個体の形質評価によって得ることができる．この場合，雌性発生に用いる個体は，目的形質を有すると推測するに十分な個体であることが重要である．またこのような集団では，遺伝率はきわめて小さいかゼロに近いが，その形質は遺伝しないのではなく，集団内に遺伝的変異がほとんどないことを意味しているにすぎない．それゆえに，このような集団ではどの個体を親に使っても，目的形質について同じ遺伝的背景をもつ確立が高い．目的形質の優劣が対立関係にある集団を使って，F_1, F_2 あるいはバッククロスを作出し，その遺伝様式からメジャージーンによって表現型が支配されている集団を選択することで，育種の効率化を図ることができる．

(ii) 用語解説

育種で用いられるおもな用語を以下にまとめる．

遺伝率(heritability)：表現型値にみられる変異のうち，どれだけが親から子へと遺伝する変異であるかを示す値．

相加的遺伝子効果（additive gene effect）：表現型値に与える効果を遺伝子の平均効果といい，複数の遺伝子が影響を及ぼすとき，平均効果は加算的に働くので，それを相加的遺伝子効果という．

ヘテローシス効果（heterosis effect）：ラバ（雄のロバと雌のウマの交雑種）のように，交雑により雑種に発現する適応性の増進をいう．ヘテローシスの量は交雑集団の平均と元集団の平均値の差によって表される．

質的形質（qualitative trait）：体色が白か黒かのような，不連続分布を示す形質．ニジマスのアルビノのように，メンデルの法則に従った分離比を示す形質をいう．

量的形質（quantitative trait）：体重や体長のような連続分布を示す形質．効果の異なる多数の遺伝子（座）上の対立遺伝子によって支配されている形質をいう．

b. 目的形質の違いによる選抜方法の選択

水産においては，抗病性，酸欠耐性，成長，給餌効率，産卵時期，産卵数，体色などの生産性や商品性に関する表現形質が，おもな育種対象になる．この場合，目的形質の特徴によって，選抜方法を2つに分けることができる．

（i）平常飼育時でも表現型の評価が可能な形質

成長，給餌効率，産卵時期，産卵数，体色のような形質がこれに含まれる．このような形質については，環境要因が同じような条件下では，遺伝子作用の強弱を反映した表現型を直接みていることになる．このため目的とする表現型値の強さを指標として上位選抜を重ねれば，目的形質の改良が行える．

上位選抜では，目的形質に関する優良な遺伝子の選択とホモ化が進むが，十分な数の親を用いている場合には，目的形質以外の形質に関する遺伝子には多様性が保持されるので，近交弱勢を排して目的形質を保持した集団を維持しやすい．上位選抜が採用可能な形質が多い水産分野では，利用価値が高い．サケ科魚類やティラピア，アメリカナマズでは，集団の上位5%程度を親にして継体しただけで，わずか数世代で15～20%の体重増が得られている．

（ii）平常飼育時には表現型の評価が不可能な形質

抗病性や酸欠耐性のような形質がこれに含まれる．このような形質は病気が発生したときや酸欠が生じたときのように，突発的なできごとが起きたときのみに，その形質の評価が可能である．しかし，1世代において突発的なできごとが起こらないときでも，その形質に対する親の選抜は必要である．

これを可能にするものとして，目的形質の原因遺伝子（座）と連鎖して遺伝するDNAマーカーを指標とした選抜がある（マーカー育種）．マーカー育種では，成長における「サイズ」や体色における「色彩」のかわりに，表現型の評価として，抗病性でも酸欠耐性であっても，形質と連鎖して遺伝するDNAマーカーの「多型情報」を使う．

目的形質と連鎖して遺伝するDNAマーカーはどのようにして得られるかを，抗病性を例にして示す．抗病性系統と感受性系統の1対1交配を行い，引き続きF_2家系あるいは戻し交配家系を作出する．このF_2家系あるいは戻し交配家系を用いて感染実験を行い，親子間の表現型値（抵抗性と感受性）と遺伝子型値（DNAマーカーのアリル多型）との対応関係の解析（連鎖解析，**図3.2.4-1**）から，抗病性と連鎖して遺伝するDNAマーカーを見つけ出す．

このときに用いる2つの系統は，目的形質に対する両端（抵抗性あるいは感受性）の表現型を示す個体のみで構成される集団であることが望ましく，理想的には目的形質に対しての遺伝率はゼロがよい（集団内での遺伝的変異がない）．なぜならば，解析家系を準備するときに，その集団内に遺伝的変異があると，その集団から選抜した親魚が必ずしも期待する目的形質を支配する遺伝子（座）を有しているとは限らないからである．また，目的形質を支配する遺伝子（座）はゲノム上のどこにあるかがわからないので，全ゲノムを平均的に効率よく探索するためのDNAマーカーを選択する必要がある．

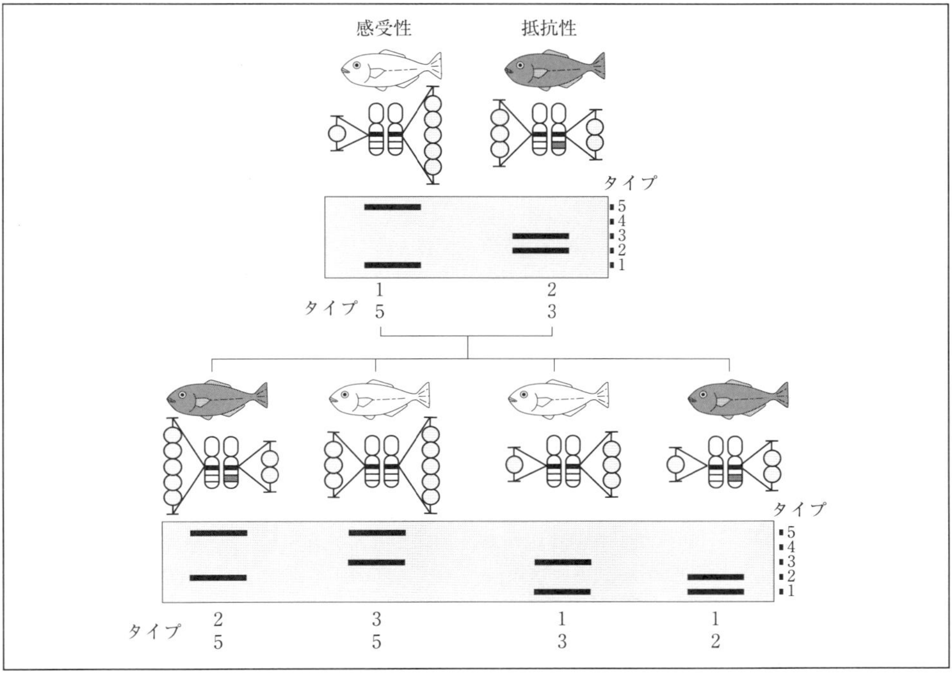

図 3.2.4-1　連鎖解析のイメージ図（抗病性解析を例として）
親子を通じての表現型値と DNA マーカーの多型情報の一致を検討する．ある DNA マーカーが示すタイプ 2 のアリルをもっている個体のみが，親子を通じて抵抗性を示していることから，このマーカーは抗病性遺伝子（未知）と近傍に位置し，しかも，タイプ 2 のアリルは抗病性遺伝子と連鎖して遺伝していると考えることができる．それゆえに，このマーカーで家系内個体を検査したときには，タイプ 2 のアリルを有していれば，その個体は抵抗性であると推定できる．

そのためには，どの染色体（リンケージグループ）のどの位置に，どの DNA マーカーが存在しているかがわかる，遺伝地図を利用する．

連鎖解析によって見つけ出した目的形質と連鎖して遺伝する DNA マーカーの多型情報は，減数分裂時における目的形質を支配する遺伝子（座）と DNA マーカー間の組換えがないこと（連鎖不平衡）を前提に，系統の形質保証と維持管理に使えるほか，実用品種作出を目指した他系統との交雑育種における目的形質付与の確認に使うことができる．マーカー育種で今までに，リンホシスチス病抵抗性ヒラメや冷水病抵抗性アユが作出され，前者は実用化されている．

（iii）用語解説

連鎖解析で用いられるおもな用語を以下にまとめる．

DNA マーカー（DNA marker）：遺伝子コードの有無，塩基配列構造の相違などによって，タイプⅠマーカーとタイプⅡマーカーに分けられる．タイプⅠマーカーはおもに構造遺伝子などに多型を見出したマーカーで，他種間の染色体構造を比較するときのランドマークになる．タイプⅡマーカーは，ゲノム DNA の非コード領域に広く存在する反復くりかえし配列の多型を利用するマーカーである．2～4 塩基程度の反復配列構造を有するマイクロサテライト（microsatellite）は，全染色体にまんべんなく存在し，アリルの多型性も高いので広く使われている，代表的な DNA マーカーである．最近は，DNA の塩基配列中 1,000 塩基対に 1 カ所程度の割合で存在する，1塩基多型（single nucleotide polymorphism : SNP）の利用が増えている．

DNAマーカーのアリル多型〔DNA多型（DNA polymorphism）〕：塩基配列の一部が欠失や置換により変異したり，塩基配列のくりかえし部位における反復配列が変異することによって生じる．遺伝子における変異は対立遺伝子という．一方，遺伝子をコードしない領域での変異は，それと区別する意味でアリル（allele）という．

マーカー育種（marker breeding）：DNAマーカーなどの遺伝子マーカーを指標とし，それを利用した育種．特定の系統の優れた形質をその形質はもたないが他の生産形質などに優れている系統に交雑により導入する場合〔マーカーアシスト浸透交雑（marker-assisted gene introgression : MAI）〕と，集団内で病気の原因遺伝子をもたない個体や高生産性遺伝子をもつ個体などを選抜し，改良する場合〔マーカーアシスト選抜（marker-assisted selection : MAS）〕とがある．

連鎖解析（linkage analysis）：特定の遺伝形質を支配する遺伝子の染色体上の位置を明らかにするための解析．目的形質の表現型とDNAマーカーのアリル多型との連鎖を調べることによって行う．得られた成果は，目的形質を支配する遺伝子の染色体上の位置を明らかにするだけでなく，その遺伝子の近傍に位置するDNAマーカーを使ったマーカー育種に利用できる．連鎖解析は質的形質にも量的形質にも使うが，とくに量的形質の連鎖解析では複数存在する量的形質遺伝子座（quantitative trait loci）を検出することから，QTL解析とよばれることが多い．

連鎖不平衡（linkage disequilibrium）：2つの遺伝子座が連鎖していると，次世代の遺伝子型頻度は親の世代から推定される期待値と異なることになり，この状態を連鎖不平衡という．いいかえると，特定の集団のなかで，ある原因遺伝子があるマーカーのアリルと連鎖不平衡にあるとき，この遺伝子はそのマーカーの近傍に存在するために，世代を通じてそのマーカーとともに伝達されていると推測できる．両者は連鎖して遺伝している．

遺伝地図（genetic linkage map）：2つの遺伝子座の距離が近ければ両者間で組換えを起こす確率が低くなることを利用して，組換え頻度から2つの遺伝子座の相対的な距離を計算し，染色体上（リンケージグループとして，図3.2.4-2）に遺伝子座を順序立てて並べたもの．遺伝子座間の距離はセンチモルガン（cM）として表され，1 cMは，組換え頻度1％に相当する．DNAマーカーを用いた遺伝地図が一般的であるが，蛍光 ***in situ*** ハイブリダイゼーション（FISH）により，染色体上に直接マップされた構造遺伝子に由来するDNAマーカーは，遺伝地図と細胞学的地図を結びつけることができるので，アンカー遺伝子とよばれている．

遺伝地図が公表されている水産有用種：ニジマス，アトランティックサーモン，ブラウントラウト，アメリカナマズ，ティラピア，コイ，ブリ・ヒラマサ，ヨーロピアンシーバス，ギルトヘッドシーブリーム，ヒラメ，ターバット，アトランティックハリバット，ハーフスムースタングソール，パシフィックアバローン，パシフィックオイスター，ヨーロピアンフラットオイスター，クルマエビ，ウシエビ．

c. 将来有望な育種対象種

遺伝地図がすでに公表されている水産有用種は，そのすべてが社会的ニーズの高いものであり，育種対象種である．今後，それらの種では，適した解析家系が準備されれば，遺伝地図を利用した連鎖解析によって，さまざまな形質を支配する遺伝子（座）と連鎖するDNAマーカーの検出が期待でき，それを用いた形質改良がなされるであろう．

そのほか，野生魚を親として得た子を親にして，さらに子を得ることができるようになったウナギやマグロは，社会的ニーズも大きく，育種のなかで最も困難な，野生魚を飼いならすという初期過程を克服したことから，将来の有望な育種対象種となりうる．この場合，野生魚から得た子を次世代の親にする数が少ないと，た

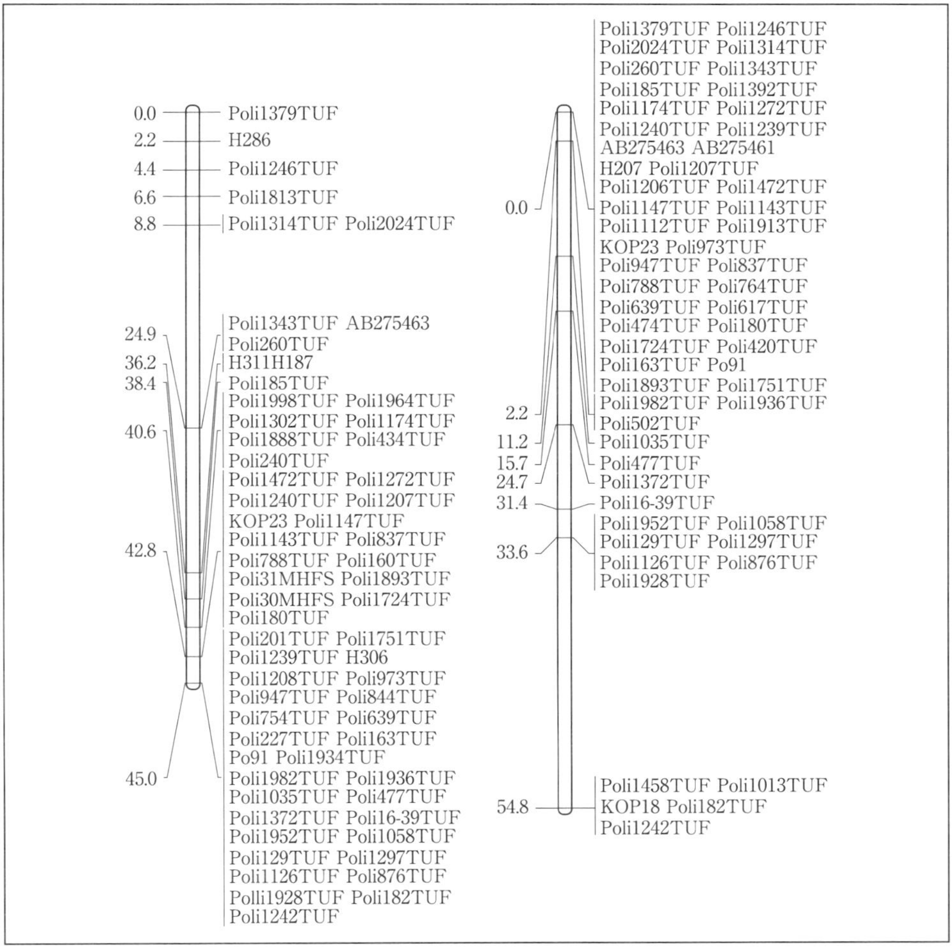

図 3.2.4-2　遺伝地図

ヒラメのリンケージググループ 9，左：雌，右：雄．それぞれの遺伝地図は，上側にセントロメア，下側にテロメアが位置するように書かれている．右の記号はマーカーの名称を示し，左の数値は組換え頻度に基づいて計算した距離（cM）が，起点としたマーカーからの距離として示されている．クラスターの形成は，マーカー間に組換えがなかったことを示している．この遺伝地図から，ヒラメでは雌雄によって減数分裂時に起きる遺伝子の組換え領域が異なることがわかり，雌ではテロメア側で，雄ではセントロメア側で組換え抑制が働いている．

とえその子が量産できたとしてもその子の間では遺伝的多様性は小さく，将来必要となるかもしれない未知の有用遺伝子を欠いた集団になることが予想される（遺伝的ボトルネック）．できるだけ多くの野生魚から次世代の親を養成し，遺伝子多様性を保持した親集団からの量産体制への移行が望まれる．

育種は経済活動の一環であり，育種対象種の選択は社会的ニーズの大きさを含めた総合的経済価値から判断されるものである．

C. 放流用種苗に向けた育種

放流用種苗については，天然における系統群や地域集団に対する放流魚が及ぼす遺伝学的影響を考慮する必要がある．集団の遺伝的組成や遺伝的変異性をアイソザイム遺伝子やDNAマーカー，増幅断片長多型（amplified fragment length polymorphism：AFLP）で調べ，天然集団と異なる遺伝子組成の放流用種苗の大量放流による天然集団への遺伝学的影響が及ばないようにする．ハーディ・ワインベルグの法則との比較によって，集団の遺伝的状態は評価できる．ハーディ・ワインベルグの法則（Hardy-Weinberg principle）とは，集団の大きさが十分に大きく，任意交配が行われ，集団中に突然変異，淘汰，流出などの遺伝的浮動がなければ，集団中の対立遺伝子の相対頻度は変化しないとする考えである．このような集団では，集団の遺伝子組成および遺伝子型頻度は世代を重ねても変わらない．

（岡本　信明）

3.2.5　トレーサビリティ（養殖生産履歴情報）

A. 概　要

食の安全・安心に対する意識が，生産者だけでなく消費者にも広がっており，トレーサビリティという言葉も一般的になってきている．このトレーサビリティとは，「対象となっているもの（商品）の履歴，適用または所在を追跡できること」である．

水産物においては，生産，処理・加工，流通・販売などの段階で，食品の仕入先，販売先などの記録をとり，保管し，識別番号等を用いて食品との結びつきを確保することによって，食品とその流通した経路および所在等を記録した情報の追跡と遡及を可能とする仕組み（システム）をいう．

本項においては，トレーサビリティシステムの川上として位置づけられる養殖生産履歴情報について記載する（トレーサビリティシステム全般については，5.7を参照）．

B. 養殖生産履歴情報の必要性・効果

水産増養殖における養殖生産履歴情報は，① 養殖魚に関する情報の信頼性向上，② 養殖魚の安全性向上，③ 養殖業務の効率性向上にとって重要なものであるため，養殖生産者は養殖作業の状況などの必要な項目を記録しておく必要がある．

このように，養殖生産履歴情報を記録し，表示（公開）することは，平常時には，商品の評価・信頼の維持，品質管理などに有益であるとともに，問題発生時には，原因究明，問題発生範囲の特定，製品回収・撤去の迅速，説明責任の履行などに有益となる．また，消費者には水産物の購買やリスクへの対応にも役立つ．

C. 養殖生産履歴情報の内容

養殖魚の生産履歴にかかわるマニュアル類には大日本水産会やマリノフォーラム21のものがあり，食品の生産情報（誰が，どこで，どのように生産したか）を消費者に提供する仕組みとしては，生産情報公表養殖魚のJAS規格が制定されている．

養殖生産履歴情報内容は，生産者，稚魚，漁場環境，水産用医薬品，餌飼料，出荷などに分類でき，さらに細分化すると**表3.2.5-1**に示すようになる．

また，養殖魚を識別することは重要なことで，識別番号（ロット番号）を設ける必要がある．この際，養殖魚1尾ずつに識別番号を付けることは不可能であると同時に，意味がない．養殖魚は生簀ごとにひとまとまりになっているので，識別番号を1つの生簀単位で付けることが望ましく，この識別番号で，養殖魚のまとまりを管理すればよい．

D. 水産用医薬品

食用に供するために養殖されている水産物は，安全で安心なものを消費者に提供する必要性がある．そのため，これらに使用できる水産用医薬品については，農林水産省が「水産用医薬品の使用について」において，魚種，使用禁止期間，用法（投与方法），用量（使用量），休薬期間の使用基準を定めている．水産用医薬品は水産動物の疾病の診断，治療，予防を目的に使用されるもので，抗生物質，合成抗菌剤，駆虫剤，消毒剤，ビタミン剤，ワクチン，麻酔剤がある．

これらの水産用医薬品を使用した場合には，「動物用医薬品の使用の規制に関する省令」に

表 3.2.5-1　養殖生産履歴情報内容の例

区分	内容	備考
一般事項	履歴作成者	
	履歴作成年月日	
	魚種	
	認識番号（ロット番号）	
生産者	氏名	
	住所	
稚魚	魚種，種類，仕入れ尾数	天然種苗，人工種苗
	医薬品の使用有無，名称	
	仕入れ年月日	
	仕入れ先	
漁場環境	生簀場所	養殖場
	生簀規模，生簀番号	縦×横×深さ
	生簀種類	化繊網，金網
	漁網防汚剤の名称	
	養殖密度	出荷時の生簀あたり
	水温，DO 等	
餌飼料	種類	生餌，MP，DP
	名称，購入量	生餌（魚種の場合は魚種名）
	購入年月日	
	購入先／メーカー	
水産用医薬品	医薬品の使用有無	
	薬剤種類，薬品名	
	投薬期間，休薬期間	
	投薬方法，投薬量	
	ワクチン摂取の有無	
	ワクチン名	
	摂取年月日	
出荷	出荷年月日	
	出荷尾数	
	出荷先	

より，使用年月日，使用場所，魚種名・尾数・平均体重，医薬品名，使用方法・使用量，水揚げ可能年月日，水揚げ年月日，出荷先，を記録し，記録を保管するように規定されている．

E. トレーサビリティの重要性

以上のように，養殖生産履歴情報を記録し，表示（公開）することは，食品（水産物）のトレーサビリティシステムの川上として位置づけられるもので，流通業者や販売業者などへ養殖履歴情報を提供でき，問題が発生した場合には追跡を容易にできる．

また，養殖生産履歴情報をきちんと記録しておくことは，養殖魚の安全性を証明し，消費者に安心して水産物を購入してもらうためにも重要なことである．

（乾　悦郎）

3.3 餌飼料

3.3.1 生物餌料

A. ワムシ

a. 生物学的特性

ワムシ〔輪虫，リンチュウ（rotifer または rotifera）〕とは，輪形動物門 Rotatoria に属する動物プランクトンの総称であり，体の頂部にある繊毛冠が車輪の回転を想像させることが名の由来である．かつては袋形動物門の 1 綱であったが，現在では独立した「門」とすることが通例になっている．地球上に約 2,000 種類存在するが，ほとんどは淡水種で，海域には約 1%が分布するのみである．

ワムシは，ミツバチやアリマキと同様に単性生殖で増殖することが特徴である．動物では一般に体細胞の核相は $2n$ であり，卵形成は減数分裂を経るので核相は n になる．しかし，ワムシの通常の増殖では減数分裂を経過せずに卵がつくられるので核相は $2n$ のままであり，その単為発生によって次世代の雌が生まれる．この単性生殖過程では雄との会合や交尾といったプロセスが省かれるため，個体群の増殖率はきわめて高い．

一方で核相 n の卵が形成されることがあり，その単為発生により半数体（核相 n）の雄が生まれ，雌との交尾によって精子は核相 n の卵を授精し 2*n* の受精卵形成を導く．この過程は両性生殖とよばれ，受精卵は休眠卵あるいは耐久卵ともいわれるように，ふ化まで休眠するために個体群の拡大には貢献しないが悪環境に耐え長期保存が可能である．これらの特性を制御することで，単性生殖による大量培養と，両性生殖による耐久卵の形成を効率的に行う研究も行われている．なお，耐久卵の形成には通常の増殖以上に栄養が必要で，また雄はワムシ個体群の増殖が活発なときに出現するので，「環境悪化が耐久卵形成を誘導する」という説は正しくない．

b. 種苗生産に用いられるワムシ

一般に動物プランクトンは培養が難しく，ワムシ類では淡水種のツボワムシと，海産ワムシとよばれるシオミズツボワムシ複合種（*Brachionus plicatilis* species complex）が大量培養可能である．海産ワムシについては，日本で世界に先駆けて培養技術が開発された1960年代当初から，単にシオミズツボワムシとして扱われていたなかに大型系群と小型系群のあることが知られており，それぞれを便宜的にL型ワムシ，S型ワムシとよんでいた（図3.3.1-1）．また，のちにタイあるいはフィジーなどから南方系の小型系群が導入され，SS型ワムシといわれるようになった．それらの大きさを体を覆う被甲の全長で表すと，成熟個体ではL型ワムシが300 μm前後，S型ワムシ，SS型ワムシはそれぞれ200 μm，160 μm前後であり，また形状ではL型は長形，S型，SS型は幅広型である．

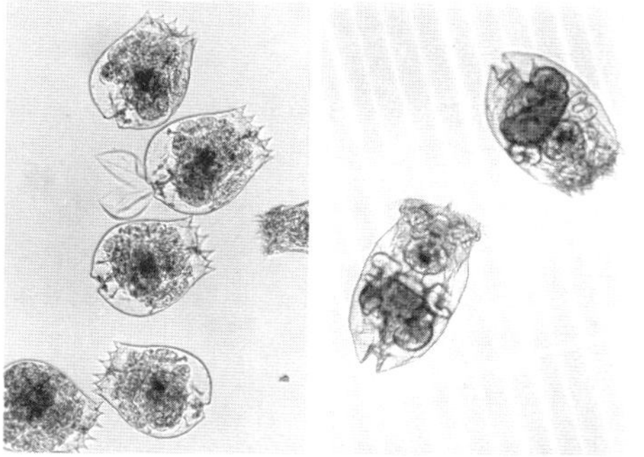
図3.3.1-1　S型ワムシ（左）とL型ワムシ（右）

これらの相違に加えて染色体数の違いが明らかになったことなどから，1993年の国際輪虫シンポジウムでそれぞれを別種とすることが合意された．生理学的特性では，L型は低塩分・低温性，S型，SS型は高塩分・高温性である．

なお，これらの学術的な分類については，近年の遺伝学的手法を用いた研究により，以下のような9種類に分類し表記することが国際的な合意となっている．*Brachionus plicatilis* 複合種は形態上3タイプすなわちL，S，SSに分けられ，L型ワムシは *B. plicatilis* sensu stricto，*B. manjavacas* のほか学名のない2種に，S型ワムシは *B. ibericus* のほか学名のない3種に，SS型ワムシは *B. rotundiformis* となった．近年，種苗生産対象魚種が増加するとともに，仔魚の口径にみあう新たな餌料生物（たとえば口の小さいハタ類には超小型のワムシ）の探索が行われている．一例をあげると，SS型ワムシにくらべ体長で約6割，体幅で3割程度にすぎない超小型ともいうべきスナクムシ科の *Proales similes* が紹介され，培養および種苗生産への応用研究が行われている．

c. ワムシ類の大量培養

海産魚は，ふ化したのち数週間で数百倍の重量にまで成長するので，人工種苗生産においても餌料供給が重要な管理項目となる．ちなみに，体長5 mmのマダイ仔魚100万尾は1日に2億個体のL型ワムシを摂餌し，8 mmでは10億個体が必要であることからも，ワムシの安定大量生産がいかに重要な課題であるかが理解される．

（i）培養液と餌料の発達

ワムシ培養液は，海産ワムシには海水または希釈海水が用いられる．淡水種であるツボワムシには，体の内外のイオンバランスを保つ培養液を用意する必要があり，通常は水道水では成分が不足するため，池水や植物プランクトン培養液の混合が有効とされる．

培養技術に関して最も多くの研究が行われたのはL型およびS型の海産ワムシであり，1960年には1機関あたり数100尾の規模にすぎなかった海産魚人工種苗生産が，ワムシの利用によって1965年には一気に数万尾規模となった．この時代のワムシ培養用餌料には単細胞藻類のクラミドモナスなどを培養して用いたが，複雑な組成の培養液が必要であり，藻類の生産規模がワムシの生産を制限し，ひいては種苗の生産尾数を決定する状況であった．その後，強靱な単細胞藻類で，また後述するEPAを含有しているため現在も利用されている *Nannochloropsis oculata*（通称ナンノまたはナノクロ）と簡易な組成の培養液が導入されて藻類供給が潤沢になり，ワムシ生産は1機関あたり数十万の規模に達した．

さらに1970年代に入ると，藻類の代わりに市販の製パン用酵母を給餌する方法が開発され，屋外の不安定な藻類培養にかかわりなくワムシ生産が可能になったことから，マダイの例では1機関あたり100万尾の種苗生産が可能になった．しかし，酵母にはEPA（エイコサペンタエン酸）あるいはDHA（ドコサヘキサエン酸）といった海産魚の必須脂肪酸が含まれていないため，収穫したワムシを仔魚に与える前に必須脂肪酸を含有する餌料で培養するか，脂肪酸エマルジョンに浸漬するなどの栄養強化が必要になる．また，酵母はワムシの必須ビタミンである B_{12} をも含有しないため，ワムシ培養の立ち上げ時など水中にビタミン産生菌が不足している場合には，前述の *N. oculata* を給餌するか，ワムシが増殖している別の培養槽の飼育水を加えるなどの処置が必要となる．

近年の画期的な技術展開として淡水クロレラの利用がある．工場生産され，1 mL あたり 10^{10} 細胞以上に濃縮されたものが市販されるようになり，現場での培養が不要，酵母よりも飼育水への汚濁負荷が少ない，またビタミン B_{12} を含み，EPA，DHAを含有させたものもあるなどの利点から，急速に普及した．近年仔魚の栄養要求研究が盛んになりつつあるが，アミノ酸であるタウリンが仔魚の生残，成長率を向上させることが明らかになり，ワムシにタウリン強化餌料を摂餌させてとりこませる技術開発も進んでいる．

（ii）培養方法

種苗生産現場でのワムシ培養は，従来は大きく分けて2とおりの技術，すなわち「植え継ぎ式（別名：バッチ式養）」および「間引き式」により行われてきたが，近年密閉できる閉鎖系で自動培養する連続培養が考案され，その原理を既存の水槽に応用した粗放連続培養は，2011年の時点で機関の約半数が採用している．

1）植え継ぎ式培養

餌料を懸濁させた飼育水にワムシを接種したのち，毎日給餌しながら増殖曲線が定常期に達したところですべてを収穫する方式で，その一部は次の培養の接種に利用される．一般に高給餌率のもと数日間の培養で10倍程度に増殖させるので小型の水槽でワムシの必要量を満たせるが，収獲ごとに培養の全体を更新するために労働力を多く必要とすることが欠点である．

2）間引き培養方式

増殖曲線の対数増殖期の終点付近を基準密度として，それを超えた分のワムシを飼育水とともに抜き取り収獲する方法である．この間引き操作ののち飼育水と餌料を補充する方式であり，翌日基準密度を超えれば再び同じ操作をくりかえしながら培養を継続する．間引きと飼育水補充によって水質が改善されるため長期の培養が可能であり，1日の労働が比較的軽いという特徴をもつ．しかし，水質維持の観点から植え継ぎ式培養よりも給餌量を低く設定するので増殖率が低くなり，十分量のワムシを確保するためには必然的に大きな水槽を用意しなくてはならないことが欠点である．

3）連続培養

培養槽の一方から飼育水をポンプなどで連続的に流入させ，他方から同じ流速で飼育水をワムシとともに抜きとり収獲する方法である．もともとは，原生動物や増殖阻害細菌の混入を防ぐ閉鎖的自動培養を目的に開発された．従来から使われてきた大型水槽を利用する粗放連続培養では，抜きとりは通常オーバーフローによっている．連続培養は両者とも一種の流水式飼育であるため，ワムシ密度を無理に高くしない限り水質は良好で長期の培養が可能，また収獲の手間が不要などの利点がある．比増殖率（日間増殖率の自然対数）と飼育水交換率（日間流入量を培養水量で除した値）が等しい場合に培養槽内のワムシ密度は一定に保たれる．実際には多少のずれを生じて培養槽内のワムシ密度が増減するが，平均してこの等式が成立することはワムシ個体群が対数増殖をしていることであり，すなわち活性が高いワムシによって個体群が構成されていることを意味する．

濃縮した10億個体のワムシを宅配便1個で全国へ送ることができる技術は，連続培養による活性の高いワムシで可能になったものであり，また収穫後の栄養強化に際しても強化成分のとりこみが速い．

現在の連続培養の主流はケモスタット（chemostat）とよばれる方式で，流入水の餌料密度（多くは淡水クロレラ）と交換率を一定にしておくとワムシ密度がほぼ一定の範囲に安定するというものであり，密度に振れはあるものの管理が容易であるという利点をもっている．原理的には，餌の供給量が一定であるために，個体群が大きくなると産卵率が低下しワムシの密度は下がるが，その結果餌が余るので産卵率が上昇しワムシが増え，再び餌が不足し産卵率が下がるという過程がくりかえされることになる．

（日野　明德）

B. 動物プランクトン餌料（アルテミア，ミジンコ，カイアシ類）

a. アルテミア

アルテミアはブラインシュリンプともよばれ，水田などに生息するホウネンエビの近縁種である．種苗生産の餌料系列では，ワムシより大型の餌料生物として汎用される．生活史のなかで形成するシスト（耐久卵）が製品化されており，これからふ化するノープリウス幼生を餌料に用いる．世界では全体量の8割以上がエビ養殖に供給されている．アルテミアは，低緯度地域を中心に，世界各地の塩水湖や塩田に分布する．捕食者から逃避する能力は劣るが，低塩分から高塩分への耐性がきわめて強い．

アルテミア属は8種からなる．種間に顕著な形態的差異がないため，核とミトコンドリアDNAの解析によって種を判別する．世界各地に分布する *Artemia parthenogenetica* のように雌の単性生殖のみが知られている種類もあるが，一般に雌雄異体で両性生殖によって増殖する．*A. franciscana* は，南北アメリカ大陸に分布する．とくに，琵琶湖の約7倍の面積を有するグレートソルトレーク（米国ユタ州）では，湖水の塩分が100～250で，捕食者となる魚類等が生息できず，アルテミア資源量はきわめて多い．一方，資源変動や，ふ化率に代表される品質変化も大きく，市場価格に大きな影響を与える．

ふ化したノープリウス幼生は体長が400～500 μmで，この時点では内部栄養を行う．ほとんどのアルテミア種では海産魚の栄養源として重要な高度不飽和脂肪酸のうち，とくにDHAが不足しているので，摂餌を開始する2令幼生に対し，栄養強化が必要である．ふ化後半日で2令になり，このときの体長は約600 μmである．ふ化から24時間経過後に体長800 μmに達する．栄養強化後にアルテミアの体内でDHAからEPAへの短鎖化による変換が進み，DHA量は徐々に減少する．

約15回の脱皮を経て成熟し，成体の体長は8～12 mmである．雌は，ふ化後約8日で成熟し，雌雄の交尾を経て4～6日おきに300前後の受精卵を形成する．至適環境下での寿命は2，3カ月である．雌は，生息に適した環境下では，卵胎生によってノープリウス幼生を産仔するが，高塩分や低酸素などの悪環境に曝されると受精卵の発生は原腸胚（嚢胚）で停止し，厚い卵殻で受精卵がおおわれたシストとなって，母親から産出される．

かつて，配合飼料への餌付けが困難なブリなどの魚種では，アルテミア幼生の次に与える餌料として，養成アルテミアが活用されたが，最近では微粒子人工飼料の開発と普及が進み，マダコ以外に給餌する例は少ない．

b. ミジンコ

淡水魚のなかには，サケ・マス類のように開口直後にすでに消化器系が発達し，配合飼料で飼育できる魚種もいるが，コイやキンギョなどの種苗生産では一般に淡水産ワムシ類のほか，淡水産のミジンコ類が餌料生物として用いられる．国内では，*Moina* 属のタマミジンコが汎用されるが，欧米では *Daphnia* 属を餌料とする例も多い．ミジンコはワムシと同様，雌の単性生殖で増殖し，水質環境の変化にも比較的強いので，量産培養が可能である．

タマミジンコは体長 0.7 ～ 1.2 mm，水温 23 ～ 28°C での寿命は 7 ～ 10 日で，出生後，4，5 回脱皮して成熟し，日令 3 ～ 4 で産仔を開始する．良好な環境下では産仔を 2，3 回行い，1 回あたり約 20 個体を生じる．ポテンシャルとしての個体群増殖率はワムシに匹敵する．ミジンコ類の単性生殖では，1 個体の母ミジンコから雌と雄の両者が生じ，雌も雄も 2 倍体である．雄は雌より長い第 1 触角をもつ．環境の悪化（エサの不足，水質の悪化，過密など）が誘因となって雌が減数分裂を行い，半数体の卵細胞を形成する．これが雄によって受精すると，1 ～ 2 個の卵（タマミジンコでは 2 個）を厚い卵殻が覆う耐久卵を生じる．タマミジンコでは，減数分裂を起こす母親が，単性生殖によって仔ミジンコの産仔も行う．耐久卵は低水温や暗黒，低酸素，乾燥下などで休眠し，環境が好転するとふ化する．休止していた発生の再開には，ワムシやアルテミアの耐久卵と同様，光の照射が引き金となる．

海産ワムシの餌料として開発された市販の淡水産クロレラは，ミジンコの培養にも有効で，小型水槽内での高密度培養が可能である．弱い水流でも十分な酸素を供給できる通気装置の導入によって，20 ～ 30 個体 mL^{-1} で培養できる．また，鶏糞抽出液をミジンコ培養に添加すれば，ミジンコの増殖が促進する．脊椎動物の雌の排泄物に含まれる女性ホルモンの天然エストロゲン（E_2）はミジンコの生殖を活発にする．海水中でも量産培養できるミジンコには，東南アジアのマングローブ域に分布する *Diaphanosoma celebensis* や中国北西部の塩湖に生息する *Moina mongolica* などがある．前者では，タマミジンコに対して開発された大量培養技法をもとに，1 mL あたり 10 個体以上の密度での大量培養が可能である．仔魚もこれをよく摂餌し，良好な生残と成長を示す．

c. カイアシ類

天然で海産仔魚が摂餌する主要な餌料はカイアシ類（コペポーダ）である．カイアシ類は仔魚の必須脂肪酸である EPA や DHA 等を豊富に含み，一般に，これを摂餌した仔魚は成長量や生残率が高いのみならず，高い活力を示す．350 ～ 600 μm のカイアシ類は天然で普通にみられるが，ワムシとアルテミアを用いた餌料系列ではカバーできないことからも，餌料としての優位性は高い．カイアシ類にはノープリウス幼生の大きさがワムシより小さな種類があり，口径の小さな仔魚にとって好適な餌料となる．

一方，餌料生物としてのカイアシ類の研究例は国内では少ない．その理由として，カイアシ類の培養が困難であることのほか，海産魚の必須脂肪酸が不足しがちなワムシやアルテミア・ノープリウス幼生に対して，優れた栄養強化剤が利用できるようになったことや，微粒子人工飼料の性能が向上したこと，冷凍したカイアシ類がカナダや中国などから輸入され，サプリメント的な餌料として利用できるようになったことがあげられる．

しかし，一般に天然の海産動物プランクトンは仔魚にとって高い栄養価値を示し，カイアシ類では DHA の含量がアルテミアの 10 倍以上に達する場合もあるなど，仔魚用餌料として優れた性状を有する．カイアシ類で報告されている EPA : DHA : AA ＝ 1 : 2 : 0.1 の分析値は，仔稚魚にとって理想的な配合である．また，カイアシ類はカロチノイド色素のアスタキサンチンを含むので，稚魚の色調改善や生体内での活性酸素の消去にも有効である．

カイアシ類は各 6 期のノープリウス幼生とコペポダイト幼生を経て，成体（＝コペポダイト 6 期）となる．微細藻類の *Nannochloropsis* やパン酵母の給餌で量産培養できるカイアシ類として *Tigriopus japonicus* があげられる．本種は，25°C，塩分 32 で，約 10 日で成体になり，以後，ほぼ2日に1回の頻度で産卵して，卵嚢から40～50のノープリウス幼生を生じる．雌の寿命は約100日で総産卵数は800以上に達し，内的自然増加率は0.28を示す．

T. japonicus を用いた種苗生産がマダイやイシダイなどで実施され，仔魚が高い活力を示すことが知られている．しかし *T. japonicus* は底生性が強く，水槽内では多くが底面や壁面に分布するので，水中に浮游する餌料を利用する仔魚にとっては，カラヌス目やキクロプス目の遊泳性種と比較して，好適な餌料とはいいがたい．一方，遊泳性カイアシ類を大型水槽内で培養した例では，多くの場合，培養密度は0.1～1個体 mL^{-1} にとどまり，集約的に実施する海産魚種苗生産用の餌料として応用する段階には至っていない．

（萩原　篤志）

C. クロレラ，ナンノクロロプシス

a. クロレラ

クロレラ（*Chlorella* sp.）は，緑色植物門，トレボウクシア藻綱に属する単細胞藻類である（1994年までは緑藻綱，クロロコックム目に属する藻類とされていたが，最近では分子系統学的研究の結果に基づき，緑藻綱とは異なる分類群とされている）．形態はほぼ球状，長径は3～8 μm で，後述のナンノクロロプシスよりはやや大きい．増殖が活発な時期には，鮮やかな緑色になる．2分裂で増殖するが，1細胞内で4，6，8分裂することもある（図3.3.1-2）．

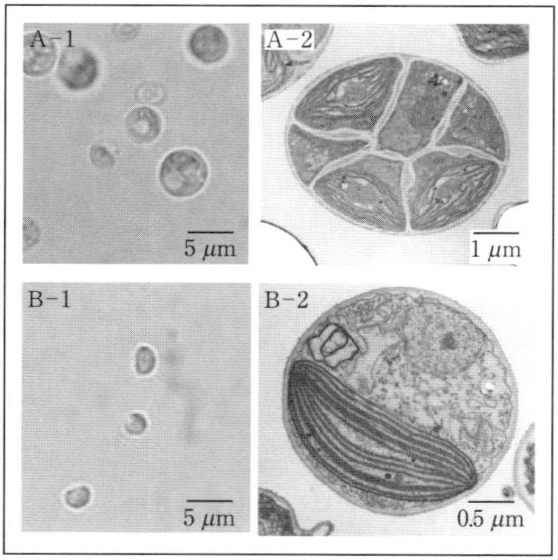

図3.3.1-2　クロレラおよびナンノクロロプシスの形態（光学顕微鏡および透過型電子顕微鏡による観察）
A−1，A−2：クロレラ，B−1，B−2：ナンノクロロプシス．

多くのクロレラは淡水域あるいは土壌に生息する種類であるが，海水域から採集できることもあり，淡水中でも海水中でも増殖する耐塩性種や，海水中でのみ増殖する種もある．培養液の作製は簡単で，天然海水に窒素やリンなどを添加しただけの培養液（シュライバー氏液など）でもよく増える．光合成色素としてクロロフィル *a*，*b* を含む．通常の株は光合成により増殖するが，炭素源として有機物を利用できる変異株も作出されている．

この株は無菌化した培養タンク内で，光を照射することなく高密度に培養できるので生産効率がよく，人間の健康食品として先端の培養技術を導入して大量生産されている．日本では，シオミズツボワムシ（以下，ワムシ）の餌料としていくつかの民間企業で生産され，濃縮された製品が市販されており，多くの海産魚類種苗生産機関に普及している．

日本でワムシ生産が計画的に行われるようになった最大の要因は，品質の良い濃縮淡水産クロレラが，常時購入できる体制が整えられていることによる．クロレラは，おおよそタンパク質45％（乾燥重量換算），総脂質20％，糖質20％，灰分10％を含むが，海産魚類の必須脂肪酸であるEPA（20：5 n-3），DHA（22：6 n-3）といったn-3系高度不飽和脂肪酸を含まない．そのため，クロレラのみを給餌して生産したワムシにはこれらの脂肪酸が含まれず，栄養価は低い．そこで，海産の稚仔魚に給餌する前にEPAやDHAを豊富に含む微生物〔シゾキトリウム（*Schizochytrium*）属の微生物など〕や魚油で栄養を改善する（栄養強化）必要がある．近年は，栄養強化の工程が省略できるよう，人為的にEPA，DHAなどの脂肪酸や β カロテンをとりこませたクロレラや，ワムシの増殖を促進するビタミン B_{12} を有するクロレラも市販され

表 3.3.1-1　ナンノクロロプシス培養液の処方（ESM−NA：小規模培養に使う．FSM−NA：大量培養に使う）

ESM−NA 培養液		FSM−NA 施肥培養液	
成　分	配合量	成　分	配合量
硝酸ナトリウム（$NaNO_3$）	374 mg	硝酸カリウム	535.8 mg
リン酸二水素ナトリウム（$NaH_2PO_4 \cdot H2O$）	12.42 mg	リン酸アンモニウム	76.3 mg
キレート鉄（Fe−EDTA）	12.5 mg	クレワット 32	20 mg
塩化マンガン（$MnCl_2 \cdot 4H_2O$）	0.44 mg	クレワット鉄	3 mg
硫酸亜鉛（$ZnSO_4 \cdot 7H_2O$）	0.11 mg	海水	1 L
塩化コバルト（$CoCl_2 \cdot 6H_2O$）	0.03 mg		
海水	1 L		

ている．このように，クロレラで生産したワムシに海産魚類の必須脂肪酸などをとりこませる工程を，「ワムシの栄養強化あるいは二次培養」というが，日本では栄養強化用にも優れた種々の商品が市販されている．濃縮淡水産クロレラを基盤にしたワムシ培養技術，栄養強化技術は，海産魚類の種苗生産の発展に大きく貢献する最先端の技術である．

ワムシ生産でクロレラを使用する場合，淡水産クロレラが海水中では生育できずに沈降し，時間とともに腐敗することに注意する必要がある．つまり，適切な量を給餌することが重要で，過剰の給餌は，ワムシ培養水の水質悪化を招き，ワムシの活力を低下させる要因にもなる．一方，クロレラはワムシ以外の水産動物の餌料としては不適切である．脂肪酸組成などを改良したクロレラを給餌しても，二枚貝類や甲殻類などの成長および生残率は低い．

b. ナンノクロロプシス

ナンノクロロプシス（*Nannochloropsis oculata*）は，真正眼点藻綱に属する単細胞藻類である．形状はやや変形した球状であり，クロレラよりも小さく，長径は 2 〜 4 μm 程度である（図 3.3.1-2）．光学顕微鏡で見る限り，緑色で小さな球状に見えるため，1985 年までは「海産クロレラ」と称されていた．1986 年以後，透過電子顕微鏡による細胞内微細構造の違いや，光合成色素としてクロロフィル *a* しかもたないことが明らかになり，今では水産分野でもクロレラとは大きく異なる微細藻類であることが認識されている．種苗生産機関では「ナンノ」と略称されることもある．広く日本沿岸域から採集でき，クロレラと同様に，海水に窒素とリンを添加しただけの簡単な培養液でよく増殖する．大量培養には表 3.3.1-1 の肥料を用いた施肥培養液が使われる．増殖は，例外なく 2 分裂による．活発に増殖する時期には，鮮明な緑色であるが，増殖率の低下に伴い，黄緑色になる．屋外での大量培養に用いる培養液は，濾過海水に農業用肥料の硝酸カリウム，過リン酸石灰やリン酸アンモニウム，あるいは水産用肥料である各種ミネラルやキレート剤を添加して安価に作製される．表 3.3.1-1 に，ナンノクロロプシスの小規模（約 30 L 以下）および大規模培養液の組成を示す．

ナンノクロロプシスは，各地の海産魚類生産機関でワムシの餌料として培養されていたが，市販品の濃縮淡水産クロレラが普及するに伴い，省力化のために培養を休止，あるいは最小限にとどめる機関が増えた．その理由として，ナンノクロロプシスを屋外培養中に，細胞数が急減することがあげられる．とくに，水温が 25°C 以上に上昇し，悪天候が続く季節には，急減現象が頻発する．そのため，ワムシの計画的な生産に支障をきたしていた．一方，入手が容易になったクロレラがワムシのおもな餌料となった．ナンノクロロプシスの急減に関する原因は，いまだに特定されていない．

ナンノクロロプシスのタンパク質，総脂質，灰分は，ほぼクロレラと等しいが，高度不飽和脂肪酸の EPA が特異的に多く含まれる．そのため，市販のクロレラが入手できない海外（とくに開発途上国）では，現在もワムシの餌料として使われている．また，急減現象があるとはいえ，他の微細藻類と比較して屋外での培養が容易であり，クロレラと比較して細胞壁が薄いなどの利点もあり，二枚貝類の補助的餌料として珪藻類やハプト藻類と併用給餌されている．さらに，ナンノクロロプシスを海産稚仔魚の飼育水に添加することにより，飼育水中でのワムシの自然増殖を促すと同時に，ワムシを栄養強化できること，仔稚魚飼育水中の過剰な窒素を吸収することなど水質浄化にも有効であることがわかってきた．少量ではあるが，現在もナンノクロロプシスの培養を続けている種苗生産機関はあり，民間企業からもナンノクロロプシスを濃縮した製品が販売されている．

D．珪藻類，ハプト藻類，プラシノ藻類，その他の有用藻類

a．珪藻類

珪藻類は形状から，大きく中心目と羽状目に分類される．中心目に属する珪藻類で餌料生物として利用されている種は，キートセロス属，タラシオシラ属，スケレトネマ属に含まれる．キートセロス属の単細胞性種であるキートセロス・ネオグラシーレ（*Chaetoceros neogracile*）とキートセロス・カルシトランス（*C. calcitrans*）は，二枚貝類や甲殻類，その他の水産無脊椎動物の餌料として広く利用されている．*C. neogracile* は *C. gracilis* とよばれていた種類の正しい学名である（*C. gracilis* は水産分野で利用しているものとは形態的にまったく異なり，別に存在する）．

キートセロス・ネオグラシーレは，長径が 4 ～ 8 μm で，15 ～ 35°C，塩分 20 以上で良好に増殖する（図 3.3.1-3）．そのため，屋外培養も可能であり，甲殻類や二枚貝類の餌料として大量培養されている．一方，キートセロス・カルシトランスはやや小型で，長径が 5 μm 以下である．培養可能な水温も 15 ～ 25°C であり 30°C を超える条件下では著しく増殖率が低下するので，調光調温した室内で培養が行われている．脂肪酸組成から判断した栄養価は，両種ともに大差はなく，EPA 含量は多いが DHA 含量は少ない．細胞の大きさから，口径の小さいふ化直後の浮遊期幼生にはキートセロス・カルシトランスを給餌し，成長して摂餌量が多くなる付着期以後の幼生にはキートセロス・ネオグラシーレを給餌する場合が多い．キートセロス・ネオグラシーレやキートセロス・カルシトランスは寒天培地上にコロニーを形成する．この性質を利用して単種分離を行い，天然海水に窒素，リン，ケイ酸塩類，ミネラル分を加えて作製した培養液を用いて簡単に培養できる．

タラシオシラ属では寒海の沿岸域から採集されたタラシオシラ（*Thalassiosira nordenskioeldii*）がケガニやハナサキガニの幼生に給餌されている．この種は，約 10°C の低温で増殖し，20°C を超える水温では増殖しない．長径が 20 ～ 25 μm の大型種で，脂肪酸組成ではキートセロス属の種類と比較して，DHA 含量が多く栄養価は高い．大型であり，数個が連鎖をつくることもあるため，培養中に沈降する．そのため，安定した大量培養を行うには，培養水を適切に攪拌することが重視される．欧米では，小型種のタラシオシラ（*T. pseudonana*）が培養されているが，30°C 以上では増殖が困難であるため，日本や東南アジアではほとんど培養されていない．

スケレトネマ属のスケレトネマ（*Skeletonema costatum*）は，日本各地の沿岸から採集できるので，クルマエビ類の養殖がはじまった 1960 年代にはさかんに餌料として使用されていた．この種は，砂濾過海水に施肥を行うだけの粗放的な培養でも優占種となりやすいので，大量培養が可能である．ところが，5 個以上の連鎖をつくり沈降しやすいこと，連鎖を形成したスケレトネマは，ふ化直後の幼生には大きすぎることから，日本ではほとんど餌料として使われなくなった．インドネシアなど東南アジアでは甲殻類の餌料として粗放的に培養されている．

羽状目に含まれる単細胞性種では，フェオダクティルム（*Phaeodactylum tricornutum*）が，二枚貝類あるいはイセエビ幼生に与えるアルテミアの栄養強化のための餌料として利用されている．この種は，珪藻類ではあるが痕跡的にケ

イ酸質の殻をもつだけである．そのため，海水をベースにした培養液では，とくにケイ酸塩類を添加する必要はない．高度不飽和脂肪酸としてEPAを含有するが，DHAはほとんど含まない．フェオダクティルムは，10～35℃の広い水温条件で高密度に増殖する特徴があるため，冬期にも給餌する必要がある水産動物の餌料として使用される．また，羽状目の珪藻類で群体をつくり付着する特性をもつ種は，アワビやサザエなど巻貝類や無脊椎動物幼生の付着期以後の餌料として用いられる．付着珪藻類を餌として利用する種苗生産機関では，その海域の流水条件で優占する種を餌として使っているため，特定種を単種培養する事例は少ない．アワビ幼生の成育は，コッコネイス（*Cocconeis* sp.やナビキュラ（*Navicura* sp.）が優先した場合に良好とされている．そのため，コッコネイスをあらかじめ波板に付着させ，優占種となりやすくする操作を行う機関はある．

b.　ハプト藻類

ハプト藻類で餌料として汎用されているのは，パブロバ（*Pavlova lutheri*），イソクリシス（*Isochrysis galbana*）およびイソクリシス・タヒチ株とよばれる *Isochrysis* sp.（Tahiti）である．パブロバとイソクリシスは，ともに長径が4～6 μmで，旋回しながら遊泳する．

パブロバの形態は小判型で，わずかであるがイソクリシスよりも幅（短径）が長い（図3.3.1-3）．20～25℃の条件下で2分裂により増殖するが，30℃以上では増殖率が著しく低下する．そのため，屋外培養はできず，200 L以下の培養器を用いて室内培養されている．これらはEPAとDHAを多く含み，二枚貝類の最も良い餌料と評価され，とくにアコヤガイ類幼生の育成には必須の餌料として使用されている．

一方，イソクリシス・タヒチ株は，パブロバと比較してやや細長く，直線的に遊泳する．20～35℃でよく増殖するので屋外培養も可能である．米国では，レースウェイ方式（水深が浅く，楕円状の屋外水槽）の培養槽を用いて屋外培養されている．ハプト藻類のなかでは最も培養しやすい種であるが，イソクリシス・タヒチ株を給餌した二枚貝類幼生の生残と成長は，パブロバを給餌した幼生と比較して著しく劣る．その原因は明らかにされていないが，イソクリシス・タヒチ株のEPAとDHA含量が少ないことに加え，特徴的に多くの18：4 n-3脂肪酸を含むことが原因と推察される．そのため，タヒチ株は二枚貝類の補助的餌料として使用されている．

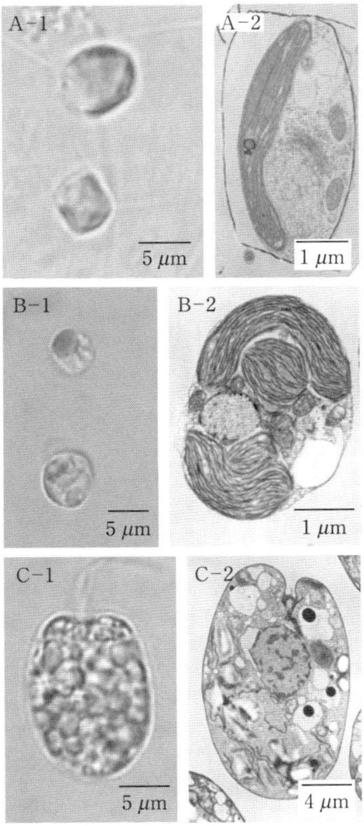

図3.3.1-3　キートセロス，パブロバ，テトラセルミスの形態（光学顕微鏡および透過型電子顕微鏡による観察）
A-1，A-2：キートセロス，B-1，B-2：パブロバ，C-1，C-2：テトラセルミス．

c.　プラシノ藻類

プラシノ藻類のテトラセルミス（*Tetraselmis tetrathele*）は，餌料用微細藻類としては大型種で，長径が15～20 μmである（図3.3.1-3）．

洋梨のような形態で，先端部には4本の鞭毛があり，直線的に活発に遊泳する．ナンノクロロプシスよりも鮮やかな緑色であるが，緑藻綱とは異なるプラシノ藻綱に属する．通常は，遊泳細胞が付着し，不動細胞を形成した後，2分裂する様式で増殖する．頻度は低いが，シストを形成して4分裂することもある．近縁種には群体を形成するものもあるが，餌料として利用される種は単細胞性である（欧米では，*T. chui* や *T. suecica* が使用されている）．テトラセルミスはワムシの餌料として利用できるほか，甲殻類や二枚貝類の付着期幼生の餌料となる．脂肪酸の分析結果から，リノレン酸（18 : 3 n-3）を多く含み，EPA や DHA は少ないことがわかっている．

水温30～35°Cでも増殖し，またナンノクロロプシスと同様に施肥培地でもよく増殖するため屋外培養も可能であるが，原生動物が混入すると補食され細胞密度は急減する．餌料生物としての利用のほか，大きさが適切であることから，輸送船のバラスト水を濾過するために使われるフィルターの性能試験にも使われている．

d. その他の藻類

餌料として使用される頻度は低いが，緑藻類のドゥナリエラ（*Dunaliella* sp.）がウニ類の幼生に給餌されている．ドゥナリエラはEPAもDHAも含まないので，栄養価は低いが，パブロバやキートセロスと併用給餌することにより，ウニ類幼生の正常な発生を促進するとされている．また，アオサと近縁の〔ウルベラ *Ulvella* sp.（通称，アワビ藻）〕が，アワビ稚貝の餌料として利用されている．その他，藍藻類のスピルリナ（*Spirulina* sp.）をワムシ培養排水中で大量培養し，回収したスピルリナを配合飼料に添加する試験も行われている．

（岡内　正典）

E. プロバイオティクス

プロバイオティクスは，宿主の健康増進あるいは成長促進に有効な腸内微生物と定義される．元来，プロバイオティクスは原生動物の生産物で，他の原生動物の増殖を促進する物質をあらわす語彙として提唱され，その後，動物の腸内細菌相に効果的な作用を及ぼす栄養補助剤とされたが，現在は，上記のように微生物本体を表すようになった．

プロバイオティクスの代表例としては，乳酸菌とビフィズス菌がある．これらは，とくに哺乳類の腸管に生息し，腸管の免疫増進，腸内微生物相の調整などの役割を果たしている．動物の腸管ではリンパ球の生産量が多く，人間においてはリンパ球全体の約60％は腸内で生成される．一方，腸内より腸内細菌を（抗生物質などで）除くと，このリンパ球生成量は大幅に減少するが，腸内細菌を再移植すると，その生産は回復する．このように，プロバイオティクスをふくむ腸内細菌は，宿主の免疫増進に大きな役割を担っている．なお，近年の分子生物学的解析により，人体の腸内にはビフィズス菌とクロストリジウム菌の多いことが報告されている．

魚類の腸内細菌は，固有細菌相で構成されているという説と，体外の環境微生物をとりこむため変動するという説がある．哺乳類の研究では，腸管の機能に適した微生物と判断された場合には，これら外部の微生物をとりこむが，その際には免疫寛容が作用し，腸管が外来微生物を排除しないことが明らかになっている．このことから，魚体腸管においても，固有種と体外からの有用種とが腸内微生物相を形成すると考えることができる．

魚体腸管の固有細菌種については，*Vbrio* 属の種が多いとされていたが，分子生物学的解析により，当該属の種の少ないことが報告されている．これまでのプロバイオティクスとして有効と報告されている種は *Vibrio* 種の例もあるが，*Pseudomonas* や *Alteromonas* 属の種が多い．哺乳類でよいとされる乳酸菌，あるいはバチルス（枯草）菌の投与試験も多く行われているが，仔稚魚の場合には有効性は低い（後述）．

魚類種苗生産における上記有用細菌の投与では，良好な結果となる場合が多い．これは，細菌のプロバイオティクスとしての効果と，初期餌料としての効果のあらわれた結果と考えられる．魚類仔稚の初期餌料として微細藻類を与えた場合には，仔稚魚は消化管に藻類の固まりが見えるほどに摂食するが，結局は無給餌のものと同期間しか生残しないことがわかっており，初期生物餌料には概してワムシが採用されている．これに対して，適当な細菌種の投与により，この細菌が腸管にとりこまれ，ガザミ，ウシエビ，ヒラメ，ハタなどの種苗の生残率が飛躍的に向上することが明らかにされている．一方，乳酸菌やバチルス菌を投与した場合には，それほどよい生残率は示さない．これは，乳酸菌，バチルス菌の細胞壁があつく，稚魚の消化に適さないことも一因と考えられる．ただし，成魚の場合には有効とした報告がある．

プロバイオティクスは，整腸作用などをあらわす細菌種を意味しており，バイオコントロール機能のある微生物(3.7.5)とは区別される．プロバイオティクスも腸内において病原菌を排除する場合があるが，これは病原菌に対して拮抗作用を発現するというよりは，(生息の)場や栄養塩の競合などにより，結果として病原菌の定着を阻害することによると考えられている．しかし，動物(の疾病防除)においては，このプロバイオティクスとバイオコントロール微生物とを区別せずに使用する場合が多い．

消化管においてプロバイオティクスの増殖や定着を促進する物質にプレバイオティクスがある．プレバイオティクスとは，宿主には消化困難であり，かつ消化管微生物には栄養となるなどの特徴を保持し，プロバイオティクスを利することにより宿主の健康などに貢献する物質をいう．プロバイオティクスのみの投与では，投与菌はいずれ消化管内の常在菌によって駆逐されることもあるため，消化管中で増殖定着させることが求められており，この点でプレバイオティクスの利用はプロバイオティクスの定着に有効とされている．哺乳類動物には消化されない糖として，一般的にオリゴ糖が使用されており，この糖はビフィズス菌の栄養となり，糖投与後には当該菌が糞便中において優占種となることが報告されている．しかし，魚類におけるプレバイオティクスの研究例は少ない．

（前田　昌調）

3.3.2　配合飼料（飼料形態，栄養素，消化吸収，成長）

A.　消化と吸収

a.　消化器官と消化速度

魚に摂取された飼料は，口腔，咽頭，食道，胃，腸を移動し，その間に消化を受けて吸収可能な大きさまで細分化され，栄養素が腸で吸収される．

魚は天然界で食性に応じた消化機構をもつため，消化器系の構造は魚種によって違いがある．たとえばコイやフナには胃がなく，無胃魚とよばれる．また，サケやブリの腸の先端の部位には幽門垂という消化器官がある．さらに腸の長さは魚の食性と関連があり，一般に肉食性ほど短く雑食性ほど長い傾向にある．摂取した飼料をブリのようにそのまま飲み込む魚もいれば，マダイやコイのように口腔や咽頭の歯で飼料をかみくだいたのち，飲み込む魚もいる．

胃がある魚では，飲み込まれた飼料はいったん胃にとどまる．胃では胃腺からタンパク質分解酵素のペプシンと，ペプシンが働きやすい酸性に保つために酸が分泌され，飼料が消化される．胃で消化を受けて半流動状になった飼料は腸に送られる．魚類の腸は胃から肛門に向かって，十二指腸，腸前部，腸後部，直腸に区別されるが，それらの境界は不明瞭である．十二指腸には膵臓からの消化液が入る膵管と，胆嚢からの胆汁が入る胆管が開口している．消化液にはタンパク質，脂質，および炭水化物を消化する消化酵素と，これら膵臓消化酵素が働きやすいpH域である塩基性に保つために塩基性の液が含まれ，飼料中のタンパク質，脂質，炭水化物が消化されたのち，腸管壁から栄養素が吸収される．幽門垂は腸管内部の表面積を増やすことにより，消化･吸収の効率化に寄与しており，機能的には腸と同じだと考えられている．

飼料が消化管を通過する速度を消化速度という．消化速度は胃内容物の消失時間（gastric

evacuation time : GET）または消失速度（gastric evacuation rate）として表される．これらの指標は魚種（消化器系の構造），魚体サイズ，飼料の物性や組成，飼育水温によって影響される．消化速度は，飼料の量，給餌回数，飼育水温などが増加すると速くなり，魚体サイズが大きくなると遅くなる．また，乾燥した飼料は水分を含む飼料にくらべて消化速度が遅くなる．

b. 消化吸収率

消化吸収率は飼餌料中の栄養素がどれだけ吸収されたかを示す値で，飼餌料や飼料原料の栄養評価に欠かせない．消化率の測定法には，体外消化試験と体内消化試験とがある．体外消化試験は市販消化酵素や魚の消化管抽出液などと試料とを試験管内で作用させる方法で，人工消化試験ともいわれる．実際の魚体内での消化過程を反映していないので正確とはいえないが，簡便に相対的な比較をするときに用いられる．

体内消化試験は生体を用いる方法で，魚に飼料を給餌したのち，摂取した栄養成分に対する吸収栄養成分の割合を算出する方法である．体内消化試験はさらに直接法と間接法とに分けられる．直接法は飼料の摂取量と糞の排泄量を正確に測定しなければならず，水生動物である魚類では困難である．間接法は吸収されない特性をもつ指標物質を飼料に均一に混合して魚に与え，飼料と糞中の単位指標物質あたりの栄養成分の割合から消化吸収率を算出する方法である．間接法は摂餌量や排泄量を測定する必要がなく簡便であることから，現在はもっぱらこの方法が用いられている．間接法による消化吸収率の算出方法は以下のとおりである．

消化吸収率（%）＝100－{100×［飼料の指標物質/糞中の指標物質（%）］×［糞中の栄養成分/飼料中の栄養成分（%）］}

以下には間接法で求めた各栄養素の消化吸収率について述べる．

（i）タンパク質の消化吸収率

魚類は食性，消化器系の多様性にかかわらず，タンパク質の消化吸収率は高い．とくに魚粉の消化吸収率は，魚種や水温による差はあまりなく，85～96%と高い．植物原料においても70～90%程度の値を示す．表3.3.2-1におもな実用原料のタンパク質の消化吸収率を示す．タンパク質を構成する個々のアミノ酸の消化吸収率についても調べられている．その値は，タンパク質消化吸収率とおおむね近似しているが，植物原料のヒスチジンやスレオニンはタンパク消化吸収率より低いとの報告もあるので，飼料中の利用可能な（または消化吸収可能な）不可欠アミノ酸含量の計算時には注意が必要である．

（ii）脂質の消化吸収率

脂質の消化吸収率は油脂の融点と環境水温によって影響される．融点が低い油脂は低水温でも消化吸収率が高い．養魚飼料で多く使用される魚油の融点は低いので，消化吸収率は多くの魚種や環境水温において約90%と比較的高い．一方，牛脂や一部の植物油脂は魚油にくらべ融点が高いので，環境水温が低い時期には消化吸収率が低下する．表3.3.2-2におもな脂質の消化吸収率値を示す．

（iii）炭水化物の消化吸収率

炭水化物のうち単糖類のグルコースなどは，消化酵素の作用を受けずに直接吸収されるので魚種による差はなく，消化吸収率は80%以上の高値を示す．一方，デンプンはグルコースが多数結合した多糖類であるため，吸収に先立ち消化酵素による消化が必要である．炭水化物の消化酵素の一種であるアミラーゼの活性が雑食魚にくらべて弱い肉食魚では，デンプンの消化吸収率が雑食魚にくらべて低い．

同じデンプンでも非加熱の生デンプン（β-デンプン）は加熱したデンプン（α-デンプン）よりも消化吸収率がかなり劣る．これはβ-デンプンが微結晶状態で消化酵素の作用を受けにくいのに対し，α-デンプンは結晶構造が密になっておらず，消化酵素の作用を受けやすいからである．コイのようにアミラーゼ活性が高い魚で

表 3.3.2-1　タンパク質消化吸収率

魚　種	タンパク源（飼料中%）	消化吸収率（%）
コイ	カゼイン	99
	北洋魚粉	90，95
	ゼラチン	97
	コーングルテンミール	91
	脱脂大豆粕	96
	小麦胚芽	90
	ペルー魚粉	78
	脱脂サナギ粉	90
	精製大豆タンパク	92
ウナギ	生サンマ（100）	94
	生サンマ（90）〔α-デンプン（10）含〕	90
	北洋魚粉（90）〔α-デンプン（10）含〕	82
ニジマス	脱脂サナギ（70）〔小麦粉・デンプン（30）含〕	83
	大豆粕（90）〔小麦粉（10）含〕	81，87
	綿実粕（90）〔小麦粉（10）含〕	75
	オカラ（80）〔小麦粉（20）含〕	44
	カゼイン（85）〔デンプン（15）含〕	97
	サンマミール（70）〔小麦粉（20）＋デキストリン（10）含〕	75
	ペルーミール（70）〔小麦粉（20）＋デキストリン（10）含〕	75
	ニシンミール（70）〔小麦粉（20）＋デキストリン（10）含〕	77
	脱核酸トルラ酵母（90）＋ゼラチン（10）	90
ハマチ（ブリ）	イカナゴ（95）＋グルテン（5）	87
	生アジ	91
	アジミール（85）〔α-デンプン（15）含〕	63
	北洋ミール（85）〔α-デンプン（15）含〕	54
	北洋ミール（70）〔α-デンプン（30）含〕	22
	カゼイン	99
マダイ	北洋魚粉（74）〔タラ肝油（20）含〕	73
	北洋魚粉（74）〔コーン油（20）含〕	80
	北洋魚粉（74）〔大豆油（20）含〕	80
	北洋魚粉（74）〔牛脂（20）含〕	78
	カゼイン	98

〔能勢健嗣，魚類の栄養と飼料（荻野珍吉編），p.49−52，恒星社厚生閣（1980）より一部抜粋・改変〕

も α-デンプンの消化吸収率が80%以上なのに対し，β-デンプンでは52～60%と低い値が報告されている．

デンプンがどれほど α-デンプンになっているかを示す値を α 化率という．製造段階で加熱工程がある固形配合飼料では問題はないが，そうでない場合は原料デンプンの α 化率を把握しておくことは，飼料デンプンを効果的に養魚に利用させるうえで重要である．**表 3.3.2-3** にグルコースおよび α または β-デンプンの消化吸収率を示す．

表 3.3.2-2　脂質消化吸収率

魚　種	水温（°C）	脂質源（飼料中%）	消化吸収率（%）
コイ	15	大豆油（15）	89
	25		89
	15	ラード（15）	78
	25		76
	15	ヤシ油（15）	67
	25		90
	15	タラ肝油（15）	91
	25		94
	27.5	硬化油（融点 53°C）（10）	39
		硬化油（融点 53°C）（7）＋タラ肝油（3）	54
		硬化油（融点 53°C）（5）＋タラ肝油（5）	69
		硬化油（融点 53°C）（3）＋タラ肝油（7）	74
		硬化油（融点 53°C）（0）＋タラ肝油（10）	89
ニジマス	17.5	硬化油（融点 53°C）（10）	15
		硬化油（融点 53°C）（7）＋タラ肝油（3）	45
		硬化油（融点 53°C）（5）＋タラ肝油（5）	59
		硬化油（融点 53°C）（3）＋タラ肝油（7）	83
		硬化油（融点 53°C）（0）＋タラ肝油（10）	96
ハマチ（ブリ）	23 ～ 28	コーン油（5）	96
		コーン油（15）	98
		コーン油（30）	87
	23 ～ 28	タラ肝油（5）	97
		タラ肝油（15）	97
		タラ肝油（30）	82
マダイ	25	タラ肝油（9）	97
	25	コーン油（8.5）＋n-3 系高度不飽和脂肪酸（0.5）	95
		牛脂（9）	67
		牛脂（8.5）＋n-3 系高度不飽和脂肪酸（0.6）	80

〔能勢健嗣，魚類の栄養と飼料（荻野珍吉編），p.54−57，恒星社厚生閣（1980）より一部抜粋・改変〕

（iv）ミネラルの消化吸収率

魚粉に含まれるリンの吸収率は魚の胃の有無（胃酸分泌の有無）と関係があることが知られている．養魚飼料の原料として用いられる魚粉中には 15 ～ 25%の灰分が含まれている．その主成分は骨などの硬組織由来の第三リン酸カルシウムを含んだヒドロキシアパタイトである．第三リン酸カルシウムは低 pH 溶液にしか溶けないため，胃からの酸の分泌が不十分な場合は魚粉中のリンは十分吸収されない．そのため，無胃魚のコイにおける第三リン酸カルシウムの吸収率は有胃魚にくらべて低い．吸収が優れるリンの形態としては，可溶 pH 域が広い第一リン酸塩が最も優れ，第二，第三の順で低下する．表 3.3.2-4 に異なるリン酸塩のリンの吸収率を示した．

B. 栄養素とエネルギー

a. タンパク質

タンパク質は 20 種類のアミノ酸から構成されており，タンパク質の種類によってそのアミ

表 3.3.2-3　炭水化物消化吸収率

魚　種	炭水化物源 （飼料中%）	消化吸収率 （%）
コイ	グルコース（10～30）	99
	α-デンプン（20～30）	85～87
	β-デンプン（15）	60
ウナギ	α-デンプン（10）	88
	β-デンプン（10）	52
ニジマス	グルコース（10～30）	99
	α-デンプン（20～30）	65～69
	β-デンプン（25～35）	22～26
		44
ハマチ（ブリ）	グルコース（10～30）	92～94
	α-デンプン（10～20）	52～56
マダイ	グルコース（10～30）	82
	α-デンプン（20～30）	60～66
	β-デンプン（15～25）	30～40

〔竹内俊郎，魚類生理学（板沢靖男・羽生　功編），p.87，恒星社厚生閣（1991）より一部抜粋・改変〕

表 3.3.2-4　各種リン酸塩の消化吸収率

リン酸塩	コイ	ニジマス	マダイ	ブリ
第一リン酸カルシウム	94	94	92	92
第二リン酸カルシウム	46	71	65	59
第三リン酸カルシウム	13	64	44	49
第一リン酸カリウム	94	98	97	96
第一リン酸ナトリウム	94	98	97	95

ノ酸の種類や量が異なる．タンパク質の栄養価はタンパク質消化吸収率と構成するアミノ酸の組成によって既定される．したがってタンパク質原料の種類によってタンパク質の栄養価が異なる．魚が飼料中に必要とするタンパク質量を，タンパク質要求量または至適タンパク質含量という．タンパク質要求量は，厳密には1日体重あたりに必要なタンパク質量のことで，栄養学的な意味合いが強く，魚固有の値となる．実用上は至適タンパク質含量が有益な指標となるため，要求量として扱われる場合が多いが，飼料の組成や給餌率によって変動する（理由は後述）．実際の現場では両者を区別せずにタンパク質要求量と表現することが多い．タンパク質要求量は，稚魚や幼魚を使った給餌試験で求められる．

表 3.3.2-5　最大成長に必要な至適タンパク質含量（飽食給餌）

魚　種	タンパク源	（飼料中%）
大西洋サケ	カゼイン	45
ギンザケ	カゼイン	40
コイ	カゼイン	31～38
ソウギョ	カゼイン	41～43
ウナギ	カゼインおよびアミノ酸	44.5
ニジマス	カゼイン	40
ニジマス	魚粉	35～38
マダイ	カゼイン，ゼラチン，アミノ酸	55
ヒラメ	魚粉	50～65
トラフグ	カゼイン	50
ブリ	イカナゴおよび魚粉	55
ブリ	魚粉	43～48

〔渡邉　武，改訂魚類の栄養と飼料，p.105，恒星社厚生閣（2009）より一部抜粋・改変〕

タンパク質含量が段階的に異なる飼料を一定期間給与して，成長が最大となる飼料中のタンパク含量を要求量とする．**表 3.3.2-5** におもな養殖魚種の至適タンパク質含量を示す．タンパク質要求量は下記の4つの要因に影響される．第1は成長段階で，稚魚や幼魚期の方が成魚期より要求量が多い．第2はタンパク質の栄養価で，タンパク質の消化率やアミノ酸組成が悪いと要求量は高くなる．第3は給餌率で，給餌率の低下とともに要求量が増加する．第4は飼料の可消化エネルギー含量で，飼料中に魚の成長に必要十分なエネルギー含量がない場合，タンパク質がエネルギーとしても使われるため要求量が増加する．つまりエネルギー源として消化が悪く利用されにくい炭水化物を飼料に入れた場合，そこから十分なエネルギーを得ることができず，代わりにタンパク質をエネルギーとして使うのでタンパク質要求量が増加する．

タンパク質を構成するのはアミノ酸であるから，タンパク質要求量はアミノ酸要求量ともいえる．アミノ酸のうち体内で合成できず，飼料から摂取しなくてはいけないものを必須アミノ酸という．アミノ酸の要求量は通常，段階的に特定の必須アミノ酸含量が異なる試験飼料を稚魚や幼魚に与えて一定期間飼育し，その成長や効率が最大に達した飼料中のアミノ酸含量を要求量としている．この場合だとアミノ酸の種類だけ飼育試験をくりかえす必要がある．一方，ある特定の必須アミノ酸の要求量を飼育試験で決定し，残りの要求量は体タンパク質中の必須アミノ酸組成を分析した値から比例計算して求める方法もある．この方法だと一度の飼育試験と全魚体のアミノ酸分析だけでよいので，時間と経費が節約される．**表 3.3.2-6** に成長試験で求めたアミノ酸要求量を示す．

b. 炭水化物

養魚飼料を構成している炭水化物はおもにデンプンで，その役割はエネルギー源と粘結剤（バインダー）である．炭水化物は最も安価で入手しやすいエネルギー源なので，家畜飼料では全栄養素の50％以上を占めている．しかし，魚類の炭水化物利用能は食性の違いにより大きく異なるので，飼料への添加量については注意が必要である．

炭水化物の至適添加量は，コイのように雑食傾向が強い魚種では40～50％と家畜なみに高いが，多くの魚種では通常20％以下である．また肉食傾向の強いブリでは5％以下である．

炭水化物利用能の違いは，デンプンの消化吸収率と吸収された糖の代謝能力にある．デンプン消化吸収率が低い魚種では，デンプン消化酵素であるアミラーゼの活性が低い．したがって炭水化物を多量に飼料に配合しても未利用のまま排出されて無駄になる．一方，単糖類や二糖類の低分子の炭水化物の消化吸収率はいずれの魚種でも75％以上の高い値を示す．しかし，魚類は吸収した糖を速やかに代謝する能力が劣り本来糖尿病体質なので，あまり消化のよい炭水化物を多量に用いるのは好ましくないとされている．**表 3.3.2-7** におもな魚種における炭水化物の至適含量を示した．

c. 脂　質

脂質にはエネルギー源と必須脂肪酸源の2つの役割がある．飼料のエネルギー源としてはタンパク質，脂質および炭水化物があるが，タンパク質は体成長にも使われ，他のエネルギー源より高価なので，飼料のおもなエネルギー源としては脂質と炭水化物が好ましい．しかし，魚類は一般に炭水化物をエネルギー源とする能力が低い種類が多いので，脂質がエネルギー源としてとくに重要な役割を果たす．

飼料中の至適脂質含量は，タンパク質が飼料中に適正量ある場合，肉食性の回遊魚であるブリなどはおおむね15～30％，マダイやヒラメなどは10～15％である．さらに炭水化物をある程度利用できる，雑食や草食性のコイなどは5～15％である．必須脂肪酸は体内で合成できず飼料から摂取する必要のある脂肪酸のことで，生理活性物質の合成や細胞膜の構成成分として不可欠である．

脂肪酸は炭素数と二重結合の位置と数によって分類される．二重結合があるものを不飽和脂肪酸といい，さらに炭素数が20以上のものを高度不飽和脂肪酸という．また，二重結合の最初の位置がメチル基から数えて3つめにあるものをn-3脂肪酸，6つめにあるものをn-6脂肪酸という．動物はn-3とn-6脂肪酸の間の相互の転換ができない．

魚類の必須脂肪酸要求は以下の4つに大別できる．① 炭素数18のn-6系脂肪酸であるリノール酸（18 : 2 n-6）を要求する，② リノール酸と炭素数18のn-3系脂肪酸であるリノレン酸（18 : 3 n-3）の両方を要求する，③ リノレン酸を要求する，④ 炭素数20以上のn-3であるエイコサペンタエン酸（EPA，20 : 5 n-3）やドコサヘキサエン酸（DHA，22 : 6 n-3）を要求する．これらの脂肪酸要求性の多様さは，魚種によって違う適正飼育環境（塩分濃度や水温），食性，さらに脂肪酸の変換能に大きく関係している．① に該当する魚種は現在のところティラピアしか知られていない．② はコイやウナギ，③

表 3.3.2-6　主な養殖魚の必須アミノ酸要求量（飼料中%）

	魚　種	要求量を求めたときの飼料中タンパク質含量（%）	Arg	His	Ile	Leu	Lys	Met & Cys	Phe & Tyr	Thr	Trp	Val
淡水魚	ニジマス	40	1.4	0.6	1.0	1.8	2.1	0.7	1.2	1.4	0.2	1.2
	ウナギ	38	1.7	0.8	1.5	2.0	2.0	1.2	2.2	1.5	0.4	1.5
	コイ	39	1.7	0.8	1.0	1.3	2.2	1.2	2.5	1.5	0.3	1.4
	ティラピア	28	1.2	0.5	0.9	1.0	1.6	0.9	1.7	1.0	0.4	0.8
海水魚	ブリ	45	1.8	1.2	1.2	2.1	2.4	0.8	1.4	2.2	0.3	1.4
	マダイ	48			0.5	1.5					0.4	
	ヒラメ	47	1.6	0.6	0.9	1.8	2.2	0.9	1.8	1.1	0.2	1.2

〔唐沢　豊，動物の栄養，p.302，p.313，文永堂出版（2001）より一部改変〕

はニジマスなど多くの淡水養殖魚が該当する．④は海水養殖魚の多くが該当する．生理活性物質の合成に必要な必須脂肪酸は炭素数20以上の脂肪酸である．

上記の①～③の魚種は，飼料から摂取した炭素数18の脂肪酸を体内で炭素数20以上の脂肪酸に変換する能力がある．そのため炭素数18のリノール酸やリノレン酸が必須脂肪酸となる．一方，海水魚の多くは，このような変換能が低いのでエイコサペンタエン酸やドコサヘキサエン酸を直接与える必要があり，これらが必須脂肪酸となる．**表 3.3.2-8** に数魚種の必須脂肪酸とそれらの要求量を示した．

d. ビタミン

ビタミンは微量で機能を発揮する生命活動に必要な低分子の栄養素である．ビタミンはその溶解性によって，水溶性と脂溶性とに分けられる．多くの水溶性ビタミンは，摂取しても一定量以上は蓄積せずに排泄されるので，絶えず摂取する必要がある．

水溶性ビタミンにはビタミンB群とビタミンC（アスコルビン酸）がありB群は酵素反応に不可欠な補酵素としての役割が重要である．B群にはB_1，B_2，B_6，B_{12}，ナイアシン，葉酸，パントテン酸，ビオチンがある．かつてはイノシトールやコリンもビタミンの中に入れられていたが，その必要量が多いためにビタミン様物質とよばれている．

脂溶性ビタミンとは水に溶けず油脂に溶けやすいビタミンのことで，ビタミンA，D，E，Kの4種類がある．脂溶性ビタミンは体内に蓄積するので，欠乏症になりにくい．一方，過剰に摂取した場合は排泄されにくいので過剰症が起きる．

表 3.3.2-7　数種魚類における適正デンプン量

魚　種	α-デンプン（飼料中%）
淡水魚	
コイ科	40～50
ティラピア	30～40
ナマズ類	30～35
サケ科	20～30
ウナギ	10～20
海水魚	
マダイ	20以下
ヒラメ	19以下
シマアジ	15前後
ブリ	5以下

〔渡邉　武（編），改訂魚類の栄養と飼料，p.114，恒星社厚生閣（2004）より一部抜粋・改変〕

飼料原料中にもビタミンは含まれているが，原料の産地や季節，加工や保存中での損失などがあり一定の値が保証されないので，一般的には要求量のビタミンを混合したプレミックスとして必要量を飼料に添加している．配合飼料の製造や保存中に最も損失しやすいビタミンがビタミンCで，きわめて酸化しやすい．熱を加えないモイストペレットの製造時でもビタミン

表 3.3.2-8　おもな養殖魚の飼料中必須脂肪酸要求量

魚　種	必須脂肪酸（要求量飼料中%）
淡水魚	
ニジマス	リノレン酸（1.0）または n-3 系高度不飽和酸（0.5）
ウナギ	リノレン酸（0.5）＋リノール酸（0.5）
コイ	リノレン酸（1.0）＋リノール酸（1.0）
ティラピア	リノール酸（1.0）
海水魚	
ブ　リ（幼魚以上）	n-3 系高度不飽和酸（2.0）
（仔稚魚）	n-3 系高度不飽和酸（3.9 以上），ドコサヘキサエン酸（1.4 ～ 2.6），ドコサヘキサエン酸（1.4）＋エイコサペンタエン酸（4.0）
マダイ（幼魚以上）	n-3 系高度不飽和酸（0.5 ～ 1.0）
（仔稚魚）	n-3 系高度不飽和脂肪酸（3.0 ～ 3.5），ドコサヘキサエン酸（1.0 ～ 1.6）
ヒラメ（幼魚以上）	n-3 系高度不飽和脂肪酸（1.1 ～ 1.4）
（仔稚魚）	n-3 系高度不飽和酸（3.0 以上），エイコサペンタエン酸またはドコサヘキサエン酸（1.0 ～ 1.6）

〔唐沢　豊，動物の栄養，p.304，p.312，文永堂出版（2001）より一部改変〕

C の多くが酸化されるという．近年では損失を見越して必要量以上を添加する場合や，被覆や酸化しにくいリンや硫酸をエステル結合させた誘導体のビタミン C 製剤が使われている．他のビタミンも直射日光（紫外線）や熱によって分解されて効力を失うので，飼料は日陰に保管し，できるだけ早く使い切るべきである．

ニシン，カタクチイワシ，サンマなどはビタミン B_1 分解酵素（サイアミナーゼ）を多く含む．これら魚介類を未加熱でそのまま，もしくはモイストペレットとしてマッシュと混合して給餌する場合は，ビタミン B_1 欠乏に注意が必要である．このような魚種を生餌として使うと B_1 を多量に添加しても分解されてしまうので，油脂被覆して酵素の作用を防ぐ B_1 製剤が使用される場合がある．

ビタミン欠乏症状を**表 3.3.2-9** に示した．

e. ミネラル

養魚が飼料から摂取しなくてはいけないミネラルの種類は，魚種間差はあるが 14 種ある．それらは主要元素の Ca，P，Mg，K，S および微量元素の Fe，Mn，Zn，Cu，Co，Se，I，Al および F である．ミネラルの生体内での役割は，① 骨格および細胞の構成成分，② タンパク質との結合による細胞や体液中での生理作用や浸透圧の調節，③ 酵素の補酵素，④ 神経の興奮調節や血液の凝固作用への関与，⑤ 体液および血液の酸・塩基調節である．

多くのミネラルは魚類が生息する環境水中に含まれているが，Ca 以外は環境水からとりこむだけでは要求量を充足することができず，飼料からの摂取が必要になる．各種ミネラルのうちで最も要求量の高いものが P である．P の要求量は魚種間であまり差がなく，飼料 1 kg あたり 6 ～ 8 g である．欠乏症により脊椎骨の形成異常や魚体脂質含量が増加する．ミネラルは飼料原料中にも入っているが，ミネラル消化吸収の項に記述したように原料中のミネラルは利用性が悪かったり，他のミネラルの吸収を阻害することがある．そこで通常は化合物（市販試薬品無機物）を飼料添加物または飼料原料として添加する．

ミネラルの利用性を損なうものとして第三リン酸カルシウムとフィチン酸があげられる．第三リン酸カルシウムは魚粉中の骨などの硬組織由来のヒドロキシアパタイトの構成成分である．フィチン酸は植物の P の貯蔵形態で植物原料に含まれている．どちらも 2 価のイオンを

表 3.3.2-9　淡水魚および海水魚におけるビタミン・ミネラル欠乏により生じるおもな症状

症　状	欠乏する栄養素
摂餌不活発	すべての水溶性ビタミン，リン，マグネシウム，亜鉛
遊泳異常	
運動不活発	VB_1，VB_2，VB_6，パントテン酸，葉酸，ナイアシン，VC，マグネシウム
平衡感覚失調	VB_1，VB_6
神経過敏	VE，VB_1，VB_6，ビオチン，マグネシウム
形態異常	
前湾症	VE，VC，マグネシウム
側湾症	VC，リン
短軀症	VB_2，マンガン，亜鉛
脊椎骨変形	VK，銅，マンガン
眼球異常	
白内障，白濁	VB_1，VB_2，マグネシウム，亜鉛，セレン
眼球突出	VA，VE，VB_1，VB_6，VC
体　色	
明　化	VA，VE，VB_1，コリン，リン
白　化	VA（ヒラメ）
暗　化	VB_1，VB_2，VB_6，葉酸
その他	
貧　血	VA，VE，VB_2，VB_6，葉酸，ナイアシン，VB_{12}，VC，鉄
テタニー（筋肉痙攣）	VD，VK，ナイアシン
筋萎縮（セコケ病）	VE，セレン
水　腫	VA，VE，VB_1，VB_6，ナイアシン
皮膚や鱗の炎症やびらん	パントテン酸，ナイアシン，葉酸，亜鉛

VB_1：ビタミン B_1，VB_2：ビタミン B_2，VB_6：ビタミン B_6，VB_{12}：ビタミン B_{12}，VC：ビタミン C，VA：ビタミン A，VD：ビタミン D，VE：ビタミン E，VK：ビタミン K.
〔唐沢　豊，動物の栄養，p.306，文永堂出版（2001）〕

キレート（吸着）して腸からの吸収を阻害する．灰分の多い魚粉やフィチン酸含量の多い飼料を養魚に与えると Zn が十分吸収できず欠乏状態となり，典型的な欠乏症状である白内障が起きることが報告されている．表 3.3.2-9 に代表的なミネラル欠乏症状を示した．

f.　エネルギー

魚類も高等動物と同様に，エネルギー要求を満たすように飼料を摂取するといわれている．したがって，飼料中のエネルギー含量を把握しておくことは適正量の飼料を給餌するのに不可欠である．飼料に含まれる栄養素のうち，エネルギー源となるのはタンパク質，脂質および炭水化物である．飼料あるいは原料のエネルギー含量は，断熱型爆発熱量計で直接測定できる．あるいはタンパク質，脂質および炭水化物の平均的な燃焼熱が 5.6，9.4 および 4.1 kcal g^{-1} であることから，これらをそれぞれの含量に乗じて求めることもできる．

これらの方法で求めたエネルギー量を総エネルギー（gross energy : GE）という．総エネルギーは飼料または原料そのもののエネルギー値であるので，魚が体内で利用可能なエネルギー量を知るには，消化吸収率を加味しなくてはいけない．このようにして求めたものを可消化エネルギーという．

効率的な給餌をめざすためには対象魚種の可消化エネルギーの要求量を知る必要がある．魚の摂取するエネルギー量が少ない場合，飼料タンパク質は魚の増体よりもエネルギー源として使われる．したがって飼料タンパク質を効率よく魚の体成長に利用させるには，飼料中のエネルギーとタンパク質のバランスを考えて配合を設計する必要がある．カロリー・タンパク質比（C/P 比）は，飼料中エネルギー量（$kcal\ kg^{-1}$）を飼料粗タンパク質含量で割った値で，飼料のエネルギーとタンパク質の適正バランスを考える際に利用される．

C. 摂餌と成長

魚の摂餌量は生物要因（魚種，体重），環境要因（水温，溶存酸素濃度，照度，塩分濃度）および飼料要因（大きさや物性，エネルギー含量）などに影響される．一般に摂餌の絶対量は魚体重が増えれば増えるが，体重あたりの摂餌量としての摂餌率は低下する．魚種によって胃や腸の容積が異なるので，同一体重・水温のもとでも摂餌量は異なる．環境要因では水温と溶存酸素濃度の影響が大きい．適水温域内であれば摂餌量は水温が高いほど増えるが，域外になると低下する．溶存酸素が低くなると摂餌量は低下する．

魚への給餌には，魚の摂餌行動が収まるまで行う飽食給餌と，一定量を与える制限給餌がある．さらに毎日給餌と数日おきに与える間欠給餌，1日あたりでは1回と多回給餌，また，手撒きと機械給餌などの区別がある．養魚者は環境条件，生育段階および施設に応じて適切な給餌方法を選択する．たとえば，ブリでは数 g の稚魚段階では毎日数回給餌するが，夏〜秋の高水温期の成魚には1日1回毎日与え，低水温期には2〜3日に1回飽食給餌するのが一般的である．近年では，魚の学習能力と自動給餌機とを連動させて給餌する「自発摂餌」の研究が進められている．自発摂餌では文字どおり，魚自身の食欲に基づいて自発的に給餌機のセンサーに触れることにより飼料が供給されるので，従来の養魚者の判断による給餌にくらべ残餌の削減が可能になるといわれている．

飼料がどれほど効率的に魚の増体に寄与したかを表す指標として，飼料効率または増肉係数が使われる．飼料効率は，飼育期間中の魚の増重量（G）を同期間中の総給餌量（R）で割った値に 100 を乗じて％で表す．

$$飼料効率（\%）= 100 \times G/R$$

これは飼料 100 g によって何 g 増重したかを示す．一方，増肉係数は R を G で割って求め，単位はない．

$$増肉係数 = R/G$$

増肉係数は，体重を増やすのに必要な飼料の量を表す．なお，これらの値を異なる飼料で比較する場合，飼料水分含量を考慮する必要がある．配合飼料間の比較では R を乾燥重量で表して計算するのが一般的である．

D. 飼料形態

日本の魚類養殖はコイ，ウナギ，ニジマスなど淡水養殖が古くから行われ，当時はサナギや生魚（生餌）を主体に与えていたが，現在は全淡水魚種で配合飼料が用いられている．一方，海水魚養殖では現在でもイワシなどの生餌が給餌されているが，後述するモイストペレットやエクストルーディットペレットの開発・導入により配合飼料化が進んでいる．

a. 配合飼料

配合飼料は「飼料の安全性の確保および品質の改善に関する法律」（飼料安全法）の厳しい規制のもとで生産され，一定のルールに従って使用されなくてはいけない．飼料安全法は，粗悪な飼料の流通による飼育動物の生産性低下の防止という生産者保護の側面と，畜水産物の食品としての安全性確保といった消費者保護の側面の2つの意味をもった法律といえる．配合飼料の種類はその形状から粉末飼料，ペレット飼料および，顆粒飼料の3種類に類別できる．

粉末飼料はマッシュまたはコンパウンドともよばれる．粉末飼料とは各種飼料原料を粉砕して混合したものである．単独で使用されることはあまりなく，主としてモイストペレット製造の材料として使用される．例外的にウナギでは粉末飼料に加水して練ったものをペレットに成型せずに与える．

表 3.3.2-10　養魚飼料の種類

飼料分類	乾燥状態	配合飼料の形状	飼料の一般的な名称	対象魚種
生餌	湿		生餌	海水魚
配合飼料	湿	粉末	練り餌	ウナギ
	湿	粉末	モイストペレット（MP）	海水魚
	乾燥	ペレット	ドライペレット（DP）	淡水魚，マダイ
	乾燥	ペレット（浮遊性）	エクストルーディットペレット（EP）	淡水魚，ヒラメなど
	乾燥	ペレット（沈降性）	エクストルーディットペレット（EP）	海水魚
	乾燥	顆粒	クランブル，顆粒飼料	海水魚や淡水魚の稚魚

ペレット飼料はさらに以下の3つに分けられる．モイストペレット（MP）とは粉末飼料と生餌とを1：9～5：5の比率で混合してペレット状に成型したものであり，主として海水魚に使用される．生餌と比較した場合のMPの利点は2つある．1つは栄養剤や油脂を添加して栄養組成を調整できることできること，もう1つは給餌した際の飼料の水中への離散が少ないことである．欠点は生餌同様，貯蔵には冷凍庫が必要なことである．かつては陸上でペレット状に成型してから船で運んで給餌していたが，近年では，養魚家が生簀に船を横付けして船上に設置したMP製造機で機械的に生餌と乾燥飼料とを混合成型して給餌まで行うのが一般的である．

ドライペレット（DP）とは粉末原料と適度の水分とを混合してペレットミルという機械で成型したもので，おもに淡水魚や海水魚ではマダイで使用されている．DPの利点は水分含量が低いので室温保存が可能なこと，栄養成分の調整が可能で成分のバラツキが少ないことなどである．欠点は製造上の制約があることで，直径が大きな（12 mm以上）ペレットができないことと油脂の添加が15％以下に限られること，沈降性の調整ができないことである．

エクストルーディットペレット（EP）とは高温，高圧，高水分下でエクストルーダーという食品製造機械で成型し乾燥したものである．製造方法の特性からできあがった飼料は多孔質になる．この性質のため油が孔に入り込み，飼料中に20％以上の油脂の添加が可能になるとともに，製造条件によって多孔質の割合を変化させることができる．それによって浮力の調整が可能になり，水中での沈降速度を調整できるといった利点がDPの利点に加わった．欠点はDPにくらべて製造コストが高いので飼料価格が高くなることである．EPの使用により配合飼料単独での育成が可能になった魚種も多く，海水魚の配合飼料普及が広まった．

顆粒飼料はおもに仔稚魚用に使われる．そのため粒径は1 mm以下である．製造方法は2つある．1つはEPやDPなどの固形飼料を粉砕してクランブルとよばれる状態にしてふるいでサイズをそろえる方法と，食品産業で使用されている流動層造粒装置や高速攪拌装置などを使い，原料粉末混合物とバインダーから直接製造する方法である．前者はアユの稚魚用に，後者は海水仔魚の初期飼料用に使われる．

現在，淡水魚における配合飼料の普及率は100％だが，海水魚では生餌給餌からMP，さらに固形飼料へと配合飼料の導入が段階的に進んでいるものの，普及率は低い．その理由として，生餌のほうが飼料単価が安い，局地的に手に入りやすい，魚の嗜好性が良いなどである．そのため配合飼料の使用は，同じ対象魚種についても養魚家によって違い，また同じ養魚家でも成長段階，飼育水温などによって飼料を選択する．**表 3.3.2-10** に配合飼料のおもな形態を示す．

b.　配合飼料原料

配合飼料のおもな原料を**表 3.3.2-11** にまとめた．動物性原料は一般にタンパク質含量が高く構成アミノ酸バランスがよいため，タンパク質原料として広く使用される．そのなかでも魚粉は養魚飼料の主原料といってもよく，現在養魚飼料中の配合割合は平均すると50％程度で

表 3.3.2-11　飼料原料の分類

手段別	生餌または モイストペレット	生餌（イワシ，サバ，イカナゴなど）
	配合飼料	魚粉，大豆油粕，コーングルテンミール，フェザーミール，タピオカデンプン，小麦粉，動植物油脂など，ビタミンおよびミネラルプレミックス，ビタミンC, 色揚げ（カロテノイドなど），ポリフェノールなど，健康保持 β-グルカンなど，防カビ剤，抗酸化剤，粘結剤
目的別	栄養成分や 有効成分の補給	魚粉，大豆油粕，コーングルテンミール，フェザーミール，タピオカデンプン，小麦粉，動植物油脂など，ビタミンおよびミネラルプレミックス，アミノ酸，色素
	配合飼料の 品質低下防止	防カビ剤，抗酸化剤，粘結剤，乳化剤，調製剤
	飼料栄養成分の 利用促進	合成抗菌剤，抗生物質，酵素，生菌剤，有機酸
栄養組成別	タンパク質源	魚粉，大豆油粕，コーングルテンミール
	糖質源	小麦粉，タピオカデンプン
	脂質源	動植物油脂
	微量栄養素源	ビタミンおよびミネラルプレミックス，ビタミンC
由来別	動物原料	生餌，魚粉，動物油脂，フェザーミール
	植物原料	大豆油粕，コーングルテンミール，タピオカデンプン，小麦粉，植物油脂
	飼料添加物	ビタミンおよびミネラルプレミックス，防カビ剤，抗酸化剤，粘結剤，乳化剤，調製剤，合成抗菌剤，抗生物質，酵素，生菌剤，有機酸

ある．魚粉は1980年代後半まで北洋または沿岸魚粉として国内で供給されていたが，その後需要を満たせなくなり，現在では南米のチリやペルーのアジやアンチョビーを原料とした魚粉が輸入されている．原料魚を蒸煮した後圧縮して，油を分離し，残った固形分を乾燥させてさらに粉砕したものを魚粉あるいは単にミールといい，魚の可食部以外の加工残滓（頭，骨，尾，内臓）を原料として上記の工程を経たものを荒かす（粕）または魚かすとよぶ．魚粉の利点は粗タンパク含量が高く（60～75%），アミノ酸バランスに優れ, 魚の嗜好性が高いことである．

家畜・家禽処理副産物は，食肉工場などから発生する牛，豚およびニワトリの不可食部分を，煮沸圧搾して脂肪をできるだけ分離し乾燥粉末にしたもので，かつては牛由来のミールが多かった．しかし牛海綿状脳症（bovine spongiform encephalopathy : BSE）問題を受けて，一時的に畜産動物由来の飼料原料はすべて家畜および水産用飼料への使用が禁止になった．その後，日本国内の農林水産大臣確認済みの工場で製造されたニワトリと豚由来の副産物のみ水産飼料への使用が解除された．現在使用可能な原料は，チキンミール，フェザーミール，ポークミール，チキンポーク混合ミールおよび牛由来以外の血粉・血漿タンパク質である．植物性のタンパク質原料は魚粉価格の高騰やBSE問題などから飼料用タンパク源として重要性が増している．

大豆油粕は大豆から油脂を抽出したあと加熱乾燥したものであり，粗タンパク質含量が45%と原料のうちでは高いほうで，魚に対する嗜好性も悪くない．さらにアミノ酸バランスも植物原料のなかではよく，一般に植物原料で不足する養魚の必須アミノ酸であるリシンとメチオニンのうち，リシンが比較的多いことから，従来，世界中で最も多く使用されている養魚用植物原料である．

コーングルテンミールはトウモロコシの胚芽を除いた種実を粉砕したのち，デンプンとタンパク質を分離してタンパク質画分を脱水乾燥させたものである．タンパク質含量が通常使用する植物原料のなかでは最も高く，約65%であることから大豆油粕とならび養魚飼料原料としてよく用いられる．

E．環境に配慮した飼料

持続的な養殖を実現するには環境への配慮が不可欠である．給餌養殖によって環境に負荷される窒素（N）やリン（P）も，飼料の物性と組成の両面を改善することにより負荷低減が可能である．物性面では，できるだけ養魚の食べこぼしがなく，効率よく口に入る飼料を製造して給餌すること，組成面では，摂餌後にNやPを効率よく魚体にとどめることができる飼料を設計することである．

飼料を効率よく養魚に摂餌させるには，海面養殖でいまなお使用されている，生餌ミンチや生餌とマッシュを混合したモイストペレットを，ドライペレットやエクストルーディットペレットのような固形配合飼料に切り替えることで可能になる．生餌を固形配合飼料の給餌に変えることによって，ブリでは負荷が総窒素（T-N）で58%，総リン（T-P）で23%軽減されたという．魚体に効率よく飼料中のNやPを蓄積させるには，過剰なNやPを飼料に入れないことと，NとPの消化吸収がよい飼料原料を用いることが重要である．現在の飼料は成長の速い稚魚期の栄養素要求量をもとに設計されているので，成長が鈍化する成魚期の魚に対しては栄養素が過剰量入っていると考えられている．

Nに対する削減は，飼料タンパク質を体タンパク質合成や生命維持に必要な最低限の量に抑え，余剰タンパク質がエネルギー源として使われないようにする，いわゆる「タンパク質節約効果」を利用すれば可能である．タンパク質がエネルギー源として代謝される過程でアンモニアが生成されるので，過剰なタンパク質摂取はN負荷の増大を意味する．したがって，飼料タンパク質の配合を必要最低量まで減らせば，N負荷が低減できる．さらに，エネルギー源をタンパク質以外の炭水化物や脂質で補うことで飼料に配合するタンパク質が節約できる．

この考えに立ってコイの環境負荷低減型飼料が開発され，従来用いられていた粗タンパク質含量が39%以上のコイ飼料において，良質のエネルギーを加えて可消化エネルギー含量を飼料100 gあたり350 kcal以上にすることにより，タンパク質含量34～36%に下げることができた．結果としてコイ1 tを生産する際に排泄されるT-N量を，成長や飼料効率の低下なしに従来の40%削減できることが報告されている．消化吸収の良い原料を選択して飼料を製造することは，NやPの負荷軽減を図るうえで欠かせない．魚粉には吸収が非常に悪い第三リン酸カルシウムが多く含まれていることから，魚粉の飼料への多用はP負荷を助長する．植物原料中のP量は魚粉の半分以下なので，魚粉を植物タンパク質に置き換え，吸収率が優れた第一リン酸塩などを加えて魚のリン要求量を満たせば，Pの負荷量が削減できる．

（益本　俊郎）

3.4 養殖各論（親魚養成，種苗生産，育成）

3.4.1 クロマグロ

近年，乱獲などによりクロマグロ資源が枯渇のおそれがあるとして，漁獲規制により総漁獲量を抑えるなど，国際資源管理機構の動きが活発化して，資源の回復と持続的漁業を保証する漁業管理方策の確立が強く要請されている．一方，資源をつくり育てる増養殖技術の開発が喫緊の課題となっている．

A．親魚養成

a．原魚，施設，環境および餌飼料

親魚養成用の原魚は天然採捕の幼魚（ヨコワ）を用い，施設として直径30 m，深さ10 mほどの円形合成繊維生簀を使用している．クロマグロは外洋性の大型回遊魚であることから，養殖場の立地条件としては外洋に面し，塩分濃度が高く安定し，溶存酸素に富み20°C以上の高水温が長期にわたる海域が望ましい．親魚養成用の餌飼料は未開発のため，一般の養成用と同様の生鮮または冷凍のイワシ・アジ・サバ類などの生餌を給与しているが，最近の研究でリン脂質やトリアシルグリセロール（トリグリセリド）などを多く含むスルメイカの給与が産卵に有効であることがわかっている．

b. 成熟と産卵

生簀内での産卵は，1979 年 6 月，和歌山県串本の近畿大学養殖場で 5 歳魚において認められたのが最初である．一般的な太平洋クロマグロの成熟・産卵は串本では 5 歳魚から，奄美大島では 3 歳魚から確認されている．産卵の中心は 6 ～ 8 月である．また，産卵盛期の水温は 24 ～ 28℃ である．産卵行動は夕刻からはじまり，1 尾の雌を複数の雄が追尾し，最後には雌に 1 尾の雄が接触すると同時に雌は卵を放出し，すかさず雄が放精して受精が行われる．

クロマグロは通常外観から雌雄の区別ができないが，産卵期の雌は体色に青味が増し，雄は黒味を帯びる．なお，本種は卵巣内に種々の発達段階の卵群が認められる，非同時発生型（卵巣のなかに発生段階の異なる卵が入っている）で多回産卵を行う．受精卵は浮性のため水面に浮上するので，生簀網の内側に沿って水面下 2 m ほどのビニールシートを張り，生簀網から流出しないようにして水面をネットで曳網すれば，ほとんどの卵を回収することができる．

B. 種苗生産

a. 初期飼育

クロマグロの受精卵は無色透明，直径約 1 mm，油球 1 個を有する分離浮性卵で，水温 25℃ で最もふ化率がよく，受精後 29 時間で最初のふ化が認められる．水温 25 ～ 28℃ の条件下で飼育した結果，ふ化仔魚の全長は約 3 mm，ふ化後 3 日目から摂餌を開始し，10 日で 6.5 mm，20 日で 13.7 mm に成長した．稚魚期からの成長は著しく，30 日で 34.9 mm，40 日で 56.7 mm，体重 2.2 g，50 日で 120.2 mm，体重 24.1 g に成長した．

餌料系列は，ふ化後 3 日からワムシ，10 日頃からアルテミア，15 ～ 20 日頃からイシダイやマダイのふ化仔魚，27 ～ 30 日頃からイワシやイカナゴなどのシラスの細断肉を，それぞれ給与した．この細断肉を，稚魚全体がよく摂餌するようになると沖出しを行う．

クロマグロの仔稚魚飼育には 3 つの危機的期間がある．

第 1 は，ふ化後 7 ～ 10 日までに起こる浮上死と沈降死に代表される初期減耗である．浮上死は遊泳力の弱い，ふ化後 7 日前後までに起こる．仔魚は通気による上昇流に乗って水面に浮上し，空気との接触によって仔魚の体表に多数存在する粘液分泌細胞が過剰分泌を誘発して，水面に張りつく形で斃死に至る現象である．対策として水面に人工的に油膜を形成して空気を遮断してやる方法が有効である．また沈降死については，仔魚は夜間ほとんど静止状態になり，揚力を失って沈降死すると考えられることから，夜間の通気を増大させることで改善される．

第 2 は，マグロ独特の激しい共食い現象である．ふ化後 10 日すぎ頃から仔魚の消化器官が急に発達し，成魚型へ移行するに伴って消化酵素活性も上昇して魚食性を示すようになり，攻撃性が増大して共食いが起こると考えられている．その対策としては，他魚種（イシダイ，マダイなど）のふ化仔魚を大量に与えるほか，飼育密度を下げたり，魚体を大小選別して飼育する．

第 3 は，ふ化後 30 日頃からの水槽壁や生簀網への衝突死である．クロマグロの稚・幼魚は光や音に敏感で，これらの刺激による驚愕反応から誘発される突進遊泳によって衝突する．とくに全長 5 ～ 25 cm の時期が衝突多発期であり，急旋回や停止などの遊泳能力の低い発育段階であることが明らかにされている．

b. 中間育成

陸上水槽から沖出しされた稚魚は，種苗サイズの 200 g 以上になるまで中間育成される．クロマグロは酸素要求量がきわめて高く，また皮膚が脆弱なため，沖出しの際のハンドリングには細心の注意が必要である．中間育成ではイカナゴ，イワシなどの切断肉を給与するが，最近この時期の配合飼料の開発がほぼ完成したことによって，格段の技術進歩がみられる．しかし，沖出しからほぼ1歳頃までは，沖出しのストレスや驚愕反応に起因する，パニックによる衝突死などの減耗が大きい．これは，沖出し後約1カ月にわたって夜間電照することで斃死が軽減される．さらにイリドウイルス感染症などの魚病による減耗も認められ，現時点ではヨコワサイズまでの生残率はおよそ35%にとどまる．これからのクロマグロ養殖では，種苗を天然資源に依存することはきわめて困難であることが予測され，人工種苗生産の重要性がますます強まることから，生産技術の早期確立が強く望まれる．

現在までにクロマグロの種苗生産が最も進んでいる近畿大学では，2002年に世界初となるクロマグロの完全養殖に成功した．2011年には21万余尾を沖出しして，全長30～42 cm，体重400～1,300 gのヨコワ57,507尾の生産に成功している．この数値は，日本の養殖用天然ヨコワ採捕尾数の10%強にあたる．

C. 育　成

a. 施設および環境

現在，育成用種苗のほとんどが天然採捕のヨコワに依存している．一方，人工種苗生産はごく一部で使用されはじめたが端緒についたばかりである．しかし，今後種苗を天然資源にゆだねる可能性が低いことから，近い将来，人工種苗に対する依存度が高まることは必至である．

施設は大部分が生簀網方式である．大きさは直径15～50 m，深さ7～20 mの円形，20～40×20～40 m，深さ10～20 mの正方形，20～50×26～150 m，深さ12～25 mの長方形などがある．生簀枠は鋼管または棒鋼を使用するフロート支持枠方式，フロートを連結した連結フロート方式のほか，高密度ポリエチレンパイプそのものを浮体としている浮体支持枠方式がある．

環境として，水深20 m以上，外洋水の流入が多く，しかも波浪の影響が少なく，潮流は1～2ノット，水温範囲は13～28°Cでなるべく長期に高水温が維持できる海域であることが求められる．またクロマグロは酸素要求量が大きいので，溶存酸素量は7 ppm以上で低・貧酸素となるような海域は避ける．そのほか，降雨などで大量の淡水が流入する内湾は不適で，とくに濁水や赤潮はダメージが大きい．

b. 餌飼料と成長

育成用餌料として生鮮，または冷凍のイカナゴ，イワシ類，アジ類，サバ類などを魚体の成長に合わせて用いる．このうち餌料のサイズ，嗜好性，経済性，栄養など勘案して，サバ類の使用が多い．最近，育成用人工飼料の研究も進んでいるが普及に至っていない．

クロマグロの成長に関与する要因のなかでは，水温の影響が最も大きい．冬季の最低水温13～14°Cの和歌山県串本での成長は1歳で体重3～8 kg，2歳で10～30 kg，3歳で平均18 kg，最大50 kg，5歳で平均40 kg，最大80 kgに達する．これに対し，最低水温20°Cの奄美大島の漁場では3歳魚で最大100 kgに達している．ちなみに生簀網養殖での最高成長記録は，串本で15歳の全長2.87 m，体重403.9 kgで，最長生存記録は23歳である．本種の養殖事業では，海域にもよるが3～4年養成して体重30～50 kg程度で出荷するのが最も効率が良いとされている．

（熊井　英水）

3.4.2 ハマチ，カンパチ

一般にブリ類とは，スズキ目アジ科ブリ属のブリ，カンパチおよびヒラマサの3種類をさす．ハマチは，元来天然ブリの成長過程における地方的呼称の1つであるが，養殖ブリは大きさにかかわらずハマチとよばれることが多い．ブリ類の養殖は西日本を中心に行われ，生産量は年間14～16万tで推移し，現在の日本における魚類養殖業のなかで最も生産量が多い．ブリ類養殖のうち，ブリの生産量は全体の約2/3を占め，カンパチは1/3で，ヒラマサはわずかである（2010年現在）．

ブリ類の養殖用種苗の大部分は天然種苗に依存している．日本南部沿岸海域では，流れ藻についた2～10 cmサイズの稚魚（モジャコ）を

4〜6月に採捕して，養殖用種苗としている．その大部分はブリの稚魚であり，ブリより高水温域で産卵するカンパチの稚魚はわずかに混獲される程度である．このように，カンパチは国内での養殖用種苗の確保がむずかしく，ブリにくらべて市場価値が高いにもかかわらずその養殖生産量は少ない．しかし，中国からの輸入種苗を用いた養殖が盛んに行われるようになり，カンパチの生産量は増大している．一方，輸入種苗は供給の不安定性や病原体の国内侵入などが問題となっていることから，ブリ類の養殖用人工種苗の大量生産技術の開発の取り組みも行われ，人工種苗を用いた養殖もはじめられている．

A. 親魚養成

a. 養成施設

ブリ類の親魚養成は，海上小割方式あるいは陸上水槽方式で行われている．海上小割方式では，親魚の遊泳に適し，とりあげが容易であり，波浪に強い構造が求められ，生簀の形は円形，正方形，長方形，六角形などがある．大きさは1辺が5〜10 m，深さ5〜6 mで，材質は鋼管あるいはポリエチレン製のものが使用されている．陸上水槽では，親魚の遊泳に適し，水流がつくりやすく，卵の回収効率の高い構造が求められ，正方形，八角形，円形のものがある．大きさは1辺が5〜10 m，深さ2〜2.5 m，材質はコンクリート製のものが使用されてきたが，近年はFRP製の水槽も設置されている．

b. 養成方法

親魚は，定置網で漁獲された成魚，モジャコから育成した養殖魚，あるいは人工生産魚（種苗）から育成した成魚などを養成して産卵親魚としている．飼育密度は，海上小割では容量1 m^3あたりの魚体重が1.5〜2.0 kgである．一方，陸上水槽では，海水交換率の低さによる飼育環境の悪化を防止するため飼育尾数が少なく，1 kg前後の密度である．養成用の餌料は，かつては生餌を中心に給餌されてきたが，これらの長期間単独投与はビタミンB_1などの欠乏症をひきおこすこと，品質の安定したものを入手することが困難であること，栄養添加物質が餌から溶出しやすく親魚へのとりこみ効率が悪いこと，餌由来の病原生物の侵入が懸念されること，残餌による環境汚染，とくに陸上水槽では水質が悪化しやすいことなどの問題がある．このため，比較的品質が安定し，各種栄養物質を添加しやすいモイストペレットあるいは配合飼料の開発が進められ，生餌にくらべて親魚の成熟および産卵により有効な飼餌料が開発されてきた．

c. 採　卵

採卵は，天然魚由来あるいは人工生産魚由来のいずれの親魚からも可能であり，人工授精による方法と陸上水槽で自然産卵により採卵する方法がある．人工授精による方法では，産卵期に漁獲された天然の成熟個体，あるいは養成した成熟親魚へのホルモン処理により最終成熟を誘導した個体から採卵あるいは採精し，乾導法あるいは湿導法により人工的に授精を行い，受精卵を得るものがある．陸上水槽における自然産卵では，成熟期に水槽内に複数の雌雄を同居させて自然産卵を待つ方法と，成熟親魚にホルモン処理や水温などの環境制御を行って産卵を促す方法があるが，前者の場合は計画的に受精卵を確保することはむずかしい．

自然条件下で養成した親魚の産卵期は海域により異なるが，ブリでは水温18〜20℃，カンパチでは20〜25℃で産卵する．自然条件下で採卵された受精卵を使用した人工種苗は，2魚種とも同時期に出現する天然種苗にくらべて体サイズが小さく，養殖用種苗として利用した場合に天然種苗より成長が遅れる．このため，天然種苗と同等もしくは大型の養殖用種苗を確保するため，環境条件を制御（日長および水温の操作）することにより天然より早期に成熟を促進させ，さらにホルモン処理により12月に産卵を誘発させる早期採卵技術が開発されている．

B. 種苗生産

ブリ類の仔稚魚の飼育はマダイ，ヒラメなどの他魚種とほぼ同じであるが，① 大量の生物餌料を必要とする，② ふ化後10日前後までの減耗が大きい，③ 稚魚期以降もハンドリングに対してきわめて弱い，④ 稚魚期の共食いによる死亡が多い，⑤ 形態異常が多いなどの問題がある．とくに初期減耗と共食いによる死亡はブリ類の共通の問題であり，これらによる死亡は全種苗生産期間中の死亡の 80％以上を占め，全長 30 mm までの生残率は 20 ～ 30％となっている．

a. 餌　料

マダイやヒラメにくらべて成長が速く，生物餌料を大量に必要とすることから，ブリでは，ワムシ，アルテミア幼生に続き，天然カイアシ類（コペポーダ），養成アルテミア，淡水ミジンコ，魚類ふ化仔魚などの多様な生物餌料を大量に使用することで，100 万尾以上の大量生産が可能である．現在では大型生物餌料の代替として配合飼料が開発されており，ブリ類の餌料系列は，シオミズツボワムシ，アルテミア幼生，配合飼料となっている．アルテミア幼生の長期単独給餌を行うと，全長 10 mm 以降に急激に活力が低下し，ハンドリングや他の個体からの攻撃（共食い）によりショック症状の死亡がみられる．これは，ブリ類ではマダイやヒラメにくらべて n-3 系高度不飽和脂肪酸の栄養要求が高く，とくに DHA の欠乏により活力が大きく低下することによるが，仔稚魚の栄養要求に対応した配合飼料を用いることで活力が改善される．

b. 飼育環境

飼育水温は，ふ化仔魚収容時は産卵水温とし，その後は徐々に昇温させて産卵水温より 2℃前後高い温度で維持し，ブリでは 20 ～ 22℃，カンパチでは 24 ～ 26℃が適当とされている．通気は，飼育水中の溶存酸素量を適正に維持するとともに，飼育水を水槽内で循環させるために必要である．とくに飼育初期の仔魚の沈降やそれに伴う大量死亡を防ぐために，通気による水流の形成は重要である．しかし，過度の通気は摂餌と鰾の開腔を妨げるため，飼育の過程で適宜通気量を調整することが必要である．なお，鰾の未開腔は脊椎骨異常による上湾症をひきおこす．とくに飼育水面に生じる油膜は鰾の開腔を阻害するため，鰾が開腔するふ化後 4 ～ 6 日

図 3.4.2-1　ブリ類の行動特性
夜間に水面で睡眠様状態になるブリ仔魚（日齢 30，平均全長 16.7 mm）．

までは油膜の除去も必要である．

c. 成　長

ブリではふ化後 45 ～ 50 日，カンパチではふ化後 35 ～ 40 日で全長 30 mm サイズとなりとりあげを行う．平均全長 15 mm 前後より，個体間の成長差が拡大し，共食いによる死亡が増大する．その防止には，選別により体サイズをそろえ，同一水槽内の成長差を小さくすることが有効である．ブリ類は全長 10 mm 以降に夜間水面に浮遊し「睡眠様状態」になる行動特性がある（図 3.4.2-1）．選別は，夜間に水面で睡眠様状態となった稚魚を飼育水とともにサイホンで別の水槽に設置した選別網（目合い 3 mm）に吸い出して行う．この手法では，配合飼料の餌付けにより種苗の活力を向上させておくことが重要である．

C. 育　成

a. 育成施設

築堤式，網仕切式，小割式の 3 つの形態がある．築堤式・網仕切式は小さな湾の入り口や島と陸地の間を堰堤あるいは網で仕切り，そのなかで養殖する方法であるが，立地条件に制限があることから最近ではこれらの方式の養殖場はほとんどない．小割式は，適度な水深と潮流があり波浪の影響の少ない内湾などの静穏な海面に網生簀を浮かべて養殖する方式である．

生簀の形は正方形，長方形，八角形，円形などさまざまであるが，1 辺が 8 ～ 10 m，深さ 5 ～ 10 m の正方形の形状が一般的である．ま

た生簀枠の材質にも鋼管，強化プラスチック，ゴム，高密度ポリエチレンなどがあるが，鋼管によるものが一般的である．小割式は，表層に方形あるいは格子状に張りめぐらせた側張りロープを四方の方塊に固定し，そのロープに生簀枠の四隅を係留する側張係留方式（図 3.2.1-2）が大部分であるが，潮流のあるところでは潮流の影響を軽減するため，生簀を海底に設置したアンカーより係留する，振らせ方式がある．また，外海に面した波浪の影響の大きいところでは，生簀を中層に沈める方式があり，天井網の中央から海面に達する筒状の網から給餌する沈下式と，給餌の際に生簀を海面まで浮上させる浮沈式がある．

網地には，モジ網，化学繊維製の化繊網，プラスチック製の亀甲網，金属製の金網が使われている．魚体 300 g 以下のサイズではモジ網および化繊網，300 g から出荷サイズでは金網，化繊網，亀甲網を用い，魚の成長につれて網目を大きくする．生簀網を海中に長期間つり下げていると，各種の付着生物が網目をふさぐ．この付着生物は網生簀の海水交流を悪くするため，化繊網では網の交換，亀甲網あるいは金網では網の洗浄を行う．鳥による捕食，飛び出し防止のため，天井網などを設置することもある．

b. 育成方法

養殖用種苗の大部分は天然種苗が使用されているが，人工種苗も一部使用されている．また，中間種苗とよばれるブリでは 1.3 ～ 1.8 kg，カンパチでは 0.6 ～ 1.8 kg の育成した幼魚を購入して養殖種苗とすることも多い．養殖場に輸送されてきた種苗は，予備生簀に収容して選別，餌付け，疾病の確認などを行い，その後養殖施設に移す．中間種苗の場合はほとんど直接養殖施設に収容する．

養殖施設への放養密度は，生簀の大きさ，魚の大きさ，環境条件によって異なるが，育成魚の成長にあわせて低くする．ブリはカンパチにくらべて 90％程度の低密度で育成され，当歳魚ではブリで 15 ～ 18 尾 m^{-3}，カンパチで 16 ～ 20 尾 m^{-3}，2 年魚ではブリで 6 ～ 8 尾 m^{-3}，カンパチで 7 ～ 10 尾 m^{-3} 程度とされている．

餌料は，ブリでは当歳魚がエクストルーディットペレット（EP），2 年魚は生魚と粉末配合飼料を混合したモイストペレット（MP）が一般的であるが，EP 飼料単独で出荷サイズまで飼育する場合もある．カンパチでは稚魚期は EP あるいは MP で飼育し，EP では成長とともに MP に切り替える．

MP における生餌と配合飼料の比率は生餌の価格，飼育水温により調整を行う．低水温時に摂餌が不良になった場合や疾病発生時に投薬が必要になった場合には，配合飼料から嗜好性に優れた MP あるいは生餌を給餌することもある．

給餌量は収容尾数と平均魚体重より算出するが，餌の種類，魚の大きさ，水温，海水交流などの環境条件によって異なる．このため，給餌に際しては摂餌状況をよく観察して給餌量を調節することが必要である．赤潮や疾病などの発生時には餌止めや制限給餌などの給餌量の調整が必要である．給餌は，体重 100 g 以下の幼魚では，1 日 3 ～ 4 回行い，その後，成長とともに 1 日の給餌回数は減らしていく．体重が 300 g 以上では 1 日 1 回の給餌となり，当歳魚の冬以降は 2 日に 1 回の給餌が一般的であるが，飼育水温や出荷計画予定により給餌頻度は養殖場により異なっている．

c. 成　長

ブリの場合，5 ～ 6 月に採捕した体重 1 ～ 30 g のモジャコは，1 年目の 12 月末には 0.7 ～ 2 kg，2 年目の 12 月には 4 ～ 5 kg となる．カンパチの場合，5 ～ 6 月に体重 20 ～ 50 g の稚魚は，1 年目の 12 月末で 0.8 ～ 1.5 kg，2 年目の 12 月には 3 ～ 4 kg となる．一方，12 月産卵由来の早期人工種苗の場合，ブリでは満 1 歳で 2 ～ 3 kg，カンパチでは，満 1 歳で 2.0 ～ 2.5 kg に成長する．

d. 環　境

ブリの養殖適正水温は 15 ～ 28℃ であり，この水温範囲でも 24 ～ 26℃ が最適であるが，カンパチはブリにくらべて養殖適正水温は 1 ～ 2℃ 高い．ブリでは 13℃ 以下，カンパチでは 15℃ 以下の低水温では，ほとんど摂餌をせず，成長が止まるため，冬季に低水温にならない場所が適地とされている．また，冬季に水温が低下する養殖場では，4～5月に中間種苗を購入し，10～12月に出荷する短期間の養成を行うこともある．海水の塩分濃度，溶存酸素量の適正範囲はブリ・カンパチ両者で同様であり，塩分は27以下，溶存酸素量は4 mg L^{-1}以下になると，摂餌不良，遊泳異常となる．いずれも極度に低下した場合には死亡する．なお，良好な養殖場環境を維持するためには，環境負荷の少ない養殖が重要であり，養殖場全体を考慮した収容尾数と生簀配置，給餌方法などを考えることが必要である．

e. 疾　病

ブリ類は，寄生虫症，細菌性疾病，ウイルス性疾病などの疾病を発症する．初期の対応が生残率に大きな影響を及ぼすため，遊泳行動，摂餌状況，死亡状況などの日常の観察，また駆虫，網替え，給餌制限，投薬，死亡魚の回収などの日常の管理が大切である．ハダ虫には薬浴・淡水浴や駆虫剤の経口投与，細菌性疾病には抗生物質の経口投与，ウイルス性疾病には近年急速に普及が拡大しているワクチン接種などによる防疫管理が効果的である．

（塩澤　　聡）

3.4.3 マダイ，ヒラメ

A. マダイ

マダイはタイ科マダイ亜科マダイ属に属し，体は楕円形で偏平である．体色は，背部が紅色で腹部は淡く，頭部はやや紫褐色を帯びる．体の上半部にコバルト色の小斑点が散在し，尾鰭の後縁が黒いのが特徴である．体長は大きいもので80 cm以上にも達する．

本格的なマダイの養殖は，天然産の稚魚（体重1 g）を用いて1970年頃から西日本各地の海面網生簀で行われるようになった．1985年頃からは人工種苗生産技術の開発に伴って，種苗が天然産から人工産へと移行しはじめ，現在ではすべて人工種苗が用いられている．養殖生産量が初めて農林水産統計年報に登場したのは1970年で570 tであった．その後，1990年代から生産量が急激に増加して年間7～8万tで推移し，2009年には70,959 tであった．県別でのマダイ養殖生産量は愛媛県がトップで全体の約35％を占めており，次いで三重県，長崎県および熊本県の順である．

a. 親魚養成

（i）品種改良

養殖用種苗生産においては，選抜育種された成長の速いマダイが親魚として用いられている．われわれは1964年から30余年にわたり成長が速く，形態の美しいものを選んで次の親とする選抜育種を重ねてきたところ，4～5世代目から成長が速くなり，商品サイズ1 kgに到達するまでの時間が短縮された．現在は10世代以上継代された親魚が用いられている．

（ii）陸上水槽養成

海面生簀網で3年以上養成され，選抜された親魚を陸上水槽に収容して，自然産卵を目的とした飼育管理を行う．水槽の大きさは一般的には約60 t容水槽が用いられ，産卵成魚のために日長および水温調節が行われる．日照時間の調節には蛍光灯を用い，水温の制御はボイラーと冷凍機によって行う．産卵用親魚の餌飼料にはオキアミ，イカ，アジおよびサバなどの冷凍生鮮餌料あるいはこれらに粉末配合飼料を混合したモイストペレット（MP）が用いられる．

（iii）成熟・産卵

マダイは多峰型，多回産卵型の成熟・産卵様式であり1尾の雌が毎日産卵する．水温16～23°Cの範囲で産卵し，盛期は18～20°Cである．水温が上昇し，日長が長日化する時期に産卵することから，これらを調節することによって産卵時期の制御は比較的容易である．産卵時刻は養成親魚の水槽内の観察では，通常は午後3時頃からであり，1尾の雌とこれを追尾する複数の雄によって，水面にはねあがるようにして産卵が行われる．水槽内産卵した受精卵はオーバーフローにより採卵ネット（目合い約0.5 mm）で回収される．

b. 種苗生産

マダイの種苗生産は海水魚の中では最も古く

から行われてきており，その飼育技法は他の魚種のお手本となっている．種苗生産期の初期生残率の向上は最も重要な条件であり，陸上水槽飼育から海上生簀への沖出しサイズとなるふ化後50日目の全長約30 mmまでの生残率は良好な場合は60～80％にまで向上している．

（i）飼育水槽と飼育環境

種苗量産を目的とする場合の一般的な水槽は20～100 m^3容で水深は1～2 mでコンクリート製あるいはFRP製が多い．水槽の形状は角形より円形のほうがよい．飼育水は，防疫のために紫外線ランプなどで殺菌する必要がある．飼育水は一般にふ化後4～5日頃まで止水とし，以後は換水式にするが，その割合はふ化後日数に伴い徐々に増加させる．また，止水の期間は70～100万細胞 mL^{-1}の濃度で海産クロレラ（*Nannochloropsis oculata*）などを飼育水に添加する．飼育水温は20～23°C程度とし，エアレーションによって摂餌性の向上や溶存酸素量の安定などを図る．仔魚は摂餌開始と同時に水面で空気をのみこむことで鰾が開腔するが，水面に油膜があるとそれが阻害され無鰾魚となって形態異常になることから，ふ化後4～5日目からスキマー（魚類飼育水槽の水面に浮いた油やゴミをすくいとる器具）により油膜を除去する必要がある．

（ii）餌飼料

マダイ初期飼育の餌料は多くの海水魚と大きな相違はなく，むしろ標準的な初期餌料系列とみてよい．すなわち，仔魚の成長に従って，ワムシ，アルテミアおよび配合飼料の順に与える．マダイ仔魚では生物餌料から市販の配合飼料へと比較的容易に切り替えができる．仔魚へのワムシ餌付けはふ化後3日からとし，それを20日頃（平均全長10 mm）まで与える．次いでアルテミアはふ化後18～28日頃まで，配合飼料はふ化後20日頃からと餌の切り替えを数日以上重複させるのが標準である．また，健全な稚魚生産のために海水魚に必須の高度不飽和脂肪酸を，ワムシはもちろんであるがアルテミアにも栄養強化して与えている．

（iii）中間育成

一般的には，陸上飼育水槽でふ化後約50日目まで飼育し，平均全長30 mm以上になったところで海面生簀に沖出しされる．沖出しから，全長約10 cmサイズの養殖用種苗として役立つ大きさまでの，約2カ月間の飼育を中間育成とよんでいる．この段階では市販の配合飼料のみの給餌で飼育可能である．種苗として出荷される直前には，厳密な選別および計数が行われ，形態異常魚や体表に傷があるスレた魚などは除去される．

c. 育　成

（i）育成施設と環境

養殖施設は小割式網生簀が主流であり，その形状と大きさは地方によって，養殖規模によって異なるが，1辺8 mあるいは12 mの方形枠に深さが3.5 mあるいは4.5 mのポリエチレン網や，養殖尾数の多い業者では直径20～30 m，深さ8～10 mの円形化繊網生簀が用いられる．マダイは20～28°Cの範囲で最もよく摂餌・成長し，17°C以下になると摂餌量が低下し，13～14°Cで激減し，10°C以下ではほとんど摂餌しなくなる．水温が6°C以下で死亡しはじめる．海水の溶存酸素量は3.0 mL L^{-1}以下になると摂餌が悪くなり1.0 mL L^{-1}以下で死亡魚が出はじめる．

（ii）育成方法

成魚への育成に使用するマダイ種苗は主として早春に導入される秋仔と初夏に導入される春仔に大別できる．放養密度は，当歳魚で4～10 kg m^{-3}，1歳魚以上で10～20 kg m^{-3}とされている．餌料は数十年前までは生餌主体であったが，漁場汚染の軽減，作業の省力化，餌料費の軽減および肉質改善などを目標として配合飼料への切り替えが進んでおり，生餌と粉末配合飼料を混合して造粒するMPや現在では完全乾燥配合飼料であるドライペレット（DP）およびエクストルーディットペレット（EP）も用いられている．

マダイを浅海で養殖すると日焼けにより体色が黒化する．そこで，海面生簀の上部を日除けシートでおおう必要がある．おおう期間は長いほうがよく，通常は1年以上である．さらに，出荷前の飼料にはカロチノイド色素であるアスタキサンチンが添加（30～60 ppm）されており，それを数カ月以上与えると赤い体色に改善される．

（iii）成　長

5～6月で全長8～10 cm（体重7～10 g）のサイズのものを養殖生簀に収容して飼育した場合，翌年の4～5月には体重250～350 gとなり，12月になると大きな個体では体重1 kg（全長36 cm）以上となって商品サイズに達する．

（iv）疾　病

マダイは細菌性疾病，ウイルス性疾病，寄生虫症などに感染するが，おもなものはビブリオ病，滑走細菌症，エドワジエラ症，イリドウイルス症，ビバギナ症および白点虫症である．それらの被害を軽減するには予防対策と早期発見による適切な治療が肝要である．

B. ヒラメ

ヒラメはカレイ目ヒラメ科ヒラメ属に属し，その主分布は北海道の太平洋側を除く日本列島全域に広がる．体色を変えて身を保護する性質が顕著である．ブリ等とは異なり天然種苗を大量に集めることが不可能であったことから，ヒラメの養殖用種苗は人工生産する必要があり，1965年には初めて人工種苗が生産された．その後種苗の安定量産と養殖技術の蓄積が進み，1977年頃から養殖生産量が増加して，1983年には農林水産統計年報に初めて648 tの養殖生産量が記載された．その後養殖生産量は1997年の8,583 tをピークにして減少し，2009年には4,654 tと盛期の約半分になった．

a. 親魚養成

ヒラメは雌のほうが雄より成長の速いことが知られている．その差が顕著になる2歳魚になってから，雌・雄の中で大きな個体，正常な体形・色調などを選抜して，親魚候補とする．

（i）養成施設

ヒラメは光，音および振動に敏感であり，とくに親魚水槽の設置場所はこれらの影響が少ない場所を選ぶことが肝心である．親魚養成には濾過循環方式の陸上水槽が用いられる．水槽はおもに鉄筋コンクリート製とFRP製の2とおりがあるが，一般にはコンクリート製のほうが，ヒラメの遊泳や摂餌行動が安定する．

飼育槽の形状は方形で1辺5～6 m，深さ1.2～2.0 mの水量40～90 m^3のものが多く，それに，濾過槽が併設される．各槽の容量比は1：1が理想であるが，多くは濾過槽の割合が50～60％程度であり，効率の良い濾過装置が用いられる．飼育水の循環は併設した貯水槽よりエアーリフトで飼育槽に流れ，オーバーフローによって集卵槽のネット（目合0.5 mm）に入り，受精卵が回収される．

（ii）養成方法

養成密度は魚体の大きさ，年齢により異なるが，1 m^2あたり1～3尾が妥当で収容する雌雄比は1：2が一般的である．親魚養成用の餌料に，以前はアジ，サバ，オキアミなどの生餌を与えていたが，現在はそれらとビタミンC，レシチンなどを添加した市販の配合飼料と混合して造粒したMPを与えて卵質改善が行われている．親魚の病気には寄生虫症が多く，その予防策として換水や水槽底面掃除などの日常管理を怠らないようにすることが重要である．

（iii）成熟・産卵

養殖した1歳魚ヒラメが成熟し，抱卵放精した報告はあるが，良質卵を安定的に確保するには2歳魚以上が望ましい．ヒラメは産卵期間中に何回も産卵する多回産卵魚である．産卵制御法はマダイのそれと似ており，飼育水温と日長時間を調節することで産卵時期を調節することが容易である．その事例として，9月までは10 L（10時間電照）の短日処理をしてその後は15 Lの長日処理とし，飼育水温は8月末まで24～25℃であったものを徐々に低下させ10月から14～17℃範囲で飼育管理した結果，自然条件下の産卵よりも約3カ月早い11月はじめから産卵がみられた．

b. 種苗生産

（i）飼育環境

仔魚の飼育適水温は18～20℃であり，高温で飼育すると雄性化することが知られている．飼育水の管理はふ化後10日目までは飼育水に海産クロレラ（*Nannochloropsis oculata*）を60～100万細胞 mL^{-1} の濃度で添加し，止水，部分換水方式から成長に従って流水方式に切り替える．とくにふ化後20日頃までの飼育水の管理は仔魚の成長，生残に大きく影響し，仔魚期疾病の予防にもつながる．水槽底面の掃除や餌料栄養，給餌量などに注意をはらうことが肝要である．

（ii）餌飼料

餌飼料としては他の有用魚種と同様にワムシ，アルテミア，配合飼料などを仔魚の成長に従って順次与える．ヒラメ種苗生産で問題となっているのは，これら餌飼料の栄養過多が一因となって起こる形態異常や体色異常である．とくに有眼側の白化は餌飼料が原因であるといわれているが，決定的な解決策はない．

（iii）成　長

受精卵は分離浮遊卵でその直径は約0.8 mm，水温18℃においては約40時間でふ化し，ふ化仔魚の大きさは全長約2.5 mmである．ふ化後20日目で約13 mmとなり，右眼の左側への移動がはじまり，ふ化後25日目になると眼の移動が完了した変態個体が出現し，全長約15 mmとなって着底しはじめる．ふ化後40日で全長約20 mm，ふ化後60日で約40 mmとなり，個体差が顕著となって共食いをしはじめるため，2週間に1度を目安とした大小選別をくりかえすことが必要となる．ふ化後90日以上になると全長60～80 mmとなり，養殖用種苗サイズとなる．

c．育　成

（i）育成施設・環境

ヒラメの養殖がはじまった頃は，網生簀や築堤式養殖もみられたが，近年はほとんど陸上水槽方式で，かけ流し式あるいは半循環式で飼育されている．水槽の素材には型枠にシート製（水産用ナイロンターポリン），FRP製，コンクリート製があり，水槽の形には円，四角，八角等があり，面積は60～80 m^2 で深さ90～120 cmが多い．なお，直射日光を避けることでヒラメを落ち着かせ，水槽の汚れを防止するために水槽に遮光幕を兼ねた上屋をする場合が多い．水槽の色は濃グリーンかブルーが一般的で，砂地の色をまねるような工夫もされている．陸上養殖場の立地条件として最も重要な点は良質な海水を低コストで取水できることである．ヒラメは高水温に弱く，26℃を超えると摂餌が劣り，28℃以上になると斃死がみられる．そのため夏季の適水温（23℃以下）の確保が重要であり，清浄な地下海水が揚水できる立地は好条件である．

（ii）飼育方法

ヒラメの餌飼料の種類としては，生餌としてイカナゴ，イワシ，アジがあるが，近年はヒラメ専用のDPおよびEPが開発され普及している．1日の給餌回数は稚魚期で4～5回，100 gサイズで3～4回，300～500 gサイズで2～3回，500 gサイズ以上では1～2回である．適正放養密度は水温，換水率，魚体サイズにより異なるが，水槽の底面積の占有率を70～100％とした場合の1 m^2 あたりの収容尾数を算定すると，体重10 gで255～364尾，100 gで55～78尾，500 gで19～27尾，1 kgで12～17尾が妥当といえる．

（iii）成　長

成熟した天然ヒラメの雌が雄より大きいことに気づき調査したのは，1975年頃のことである．そこで，人工ふ化したヒラメを養成して成長の雌雄差を調べたところ，1歳魚の成長においては雄よりも雌のほうが1.4～1.6倍，2歳魚では1.7～2.1倍となり，雌のほうが雄より成長の速いことがわかった．このことから，雌性発生技術を応用して全雌生産も可能となっている．ヒラメの商品サイズは600 g以上とされ，飼育条件が良ければ雌では稚魚から10カ月，800～1,000 gには満1年で到達する．

（iv）疾　病

ヒラメは底生生活をすることから，飼育水槽内では底に重なり静止している場合が多い．したがって，病気が発生すると蔓延しやすく，また複数の疾病が複合して発生する場合が多い．仔魚期の疾病として代表されるのは1973年に，われわれが発見した「細菌性腸管白濁症」があり，現在においても被害が甚大な場合がある．稚魚からの育成期に発生する疾病のおもなものは，ビブリオ病，滑走細菌症，エドワジエラ症，連鎖球菌症，白点虫症，スクーチカ症およびラブドウイルス病などである．

（村田　修）

3.4.4 フ　グ

日本国内で養殖業の対象となっているフグ科魚類はトラフグのみであることから，ここではトラフグについて記述する．トラフグの養殖は人工種苗の量産技術が開発された1960年代に西日本で広まった．1970年代の生産量は年間100 t以下であったが，1990年代のピーク時には6,000 tにまで増加した．2000年代の生産量は年間4,000～5,000 tで推移しており，ブリ類，マダイ，ギンザケ，ヒラメに次ぎ第5位となっている．1990年代からは中国産の養殖トラフグが低価格で大量に輸入されるようになった．国内産の養殖トラフグは，天然トラフグおよび中国産養殖トラフグとの差別化を図るため，良好な育成環境や上質な肉質を強調するブランド戦略を展開するなど付加価値の高い商品を市場へ投入する動きが強まっている．

A. 採　卵

採卵方法としては，① 天然水域で成熟し排卵直後に捕獲された天然雌親魚から卵を得る方法，② 成熟の数カ月前に捕獲された天然雌親魚を施設に搬入し，短期養成の後に各種ホルモン剤を投与して卵を得る方法，③ 数年にわたり施設で養成している雌親魚に各種ホルモン剤を投与して卵を得る方法がある．

いずれの採卵方法でも，雌親魚が排卵した直後に卵を体外に搾出して媒精しなければ，高い受精率を得ることはできない．そこで，腹部の触診，卵巣内卵の卵径変化，体重の増減などを指標として，排卵の有無を判断する手法が現場で利用されている．

排卵を確認した雌親魚に対しては，ただちに麻酔を施して採卵作業にとりかかる．1人が両鰓孔に人差指を挿入して親魚を吊り上げ，もう1人が腹部を両手で包み込むようにくりかえし圧迫することで，容易に卵を搾出できる（図3.4.4-1）．採卵量は体重3～4 kgの親魚で60万粒，5～6 kgの親魚で100万粒程度である．

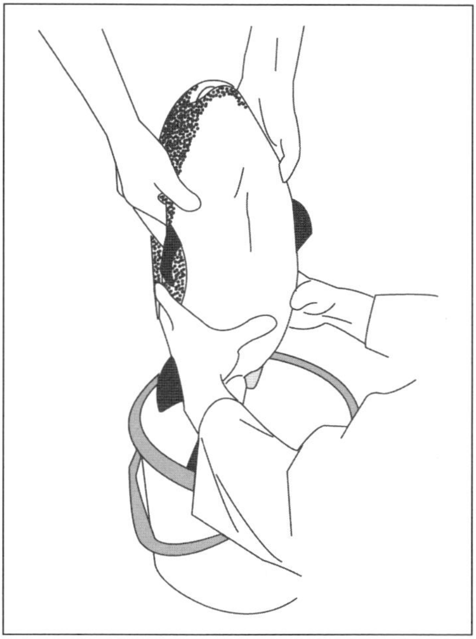

図 3.4.4-1　トラフグ雌親魚からの卵の搾出法

雄親魚についてもホルモン処理を施すことにより，排精を促進することができる．トラフグ精子の運動時間は海水中では1分以内と非常に短いが，ホルモン処理の数日後から約1カ月間にわたり，運動性のある精子を得ることができる．

人工授精の方法は乾導法（搾出した卵と精子を同一容器内で混和させた後，海水を加えて受精させる）が一般的である．人工授精から4時間が経過した後に，発生が進行している受精卵を実体顕微鏡下で観察すると，2～8細胞に卵割しているようすを確認することができる．ただし，トラフグ卵の卵膜表面は不透明であることから，ピンセットなどで卵を転がしながら観察する必要がある．

B. 卵管理

人工授精により得られた受精卵は，容量が

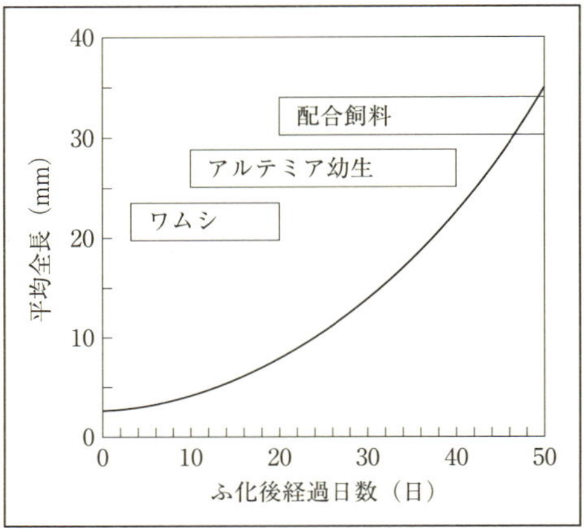

図 3.4.4-2　種苗生産におけるトラフグ仔稚魚の成長と各飼餌料の給餌期間

0.5 m^3 または 1 m^3 のふ化器で管理する．トラフグの卵は直径 1.0 ～ 1.2 mm の沈性粘着卵であり，水槽底や壁面に付着するため，ふ化器への卵の収容量は容量 1 m^3 あたり 1 kg（約 60 万）以下に抑え，強通気および換水率を高く維持して酸素不足を防止する．水温 18℃ では約 1 週間でふ化がはじまるので，ふ化の前日から通気を弱める．大量のふ化が確認できたら，ふ化器への通気および海水の注水を止めて水面付近に集まってきたふ化仔魚を回収し種苗生産水槽に収容する．ふ化仔魚の大きさは 2.7 ～ 3.0 mm である．

C.　種苗生産

種苗生産用の水槽には，屋内に設置された FRP 製もしくはコンクリート製の大型水槽がおもに利用されている．種苗生産水槽へのふ化仔魚の収容密度は容量 1 m^3 あたり 1 ～ 2 万尾とする場合が多い．ふ化後 3 日目頃から摂餌をはじめる．ワムシをふ化後 3 ～ 20 日目，アルテミア幼生を 10 ～ 40 日目，配合飼料を 20 日目以降に与える（図 3.4.4-2）．ワムシおよびアルテミア幼生は，市販の栄養強化剤で DHA や EPA の含量を高めた後に給餌する．飼育水温を 18 ～ 20℃ に保つと，ふ化後 1 カ月で全長 15 mm，2 カ月で 40 mm，3 カ月で 80 mm に達する．仔稚魚どうしの噛み合いを防止するために，照度を低く保つ，緩やかな水流を発生させて遊泳方向を一定に整える，空腹とならないように給餌回数を増やす，過密とならないように複数の水槽に分けるなどの対策がとられている．ふ化 2 カ月後の生残率は 50 ～ 80％であり，それ以降の減耗は少ない．

D.　育　成

種苗生産を専門とする業者が全長 60 ～ 80 mm にまで育てた稚魚を，養殖業者が購入して商品サイズにまで育成する方式が一般的である．約 1 年半で全長 36 ～ 38 cm，体重 0.8 ～ 1.0 kg の出荷サイズにまで成長するが，ウイルスや寄生虫による疾病被害がたびたび発生する．

養殖施設としては，海面生簀網もしくは陸上水槽が利用されている．陸上水槽では海水をかけ流しにする場合と循環式にする場合がある．海面生簀網の利用が大半を占めるが，近年では防疫面で有利な陸上水槽の利用が増えている．さらに，循環濾過装置を利用して海から隔絶した山間部でトラフグ養殖を起業する動きもみられる．

飼餌料には市販のドライペレット，モイストペレットおよび生餌が利用されている．各種飼餌料の利用比率や利用時期は，養殖業者によりさまざまである．トラフグ特有の育成作業として，噛み合いにより魚体が傷つくことを防ぐための歯切り作業がある．また，鰓に寄生するヘテロボツリウムによる被害が育成上の問題となっている．これを軽減するためには，フェバンテルを主剤とした駆虫剤を経口投与する方法，もしくは過酸化水素を有効成分とした駆虫剤で薬浴する方法が有効である．

（鈴木　重則）

3.4.5　ハ タ 類

A.　養殖魚種と稚魚の特徴

a.　養殖魚種

ハタ科（Serranidae）は，ハナダイ亜科（Anthiinae），ハタ亜科（Epinephelinae），およびヒメコダイ亜科（Serraninae）の 3 つの亜科

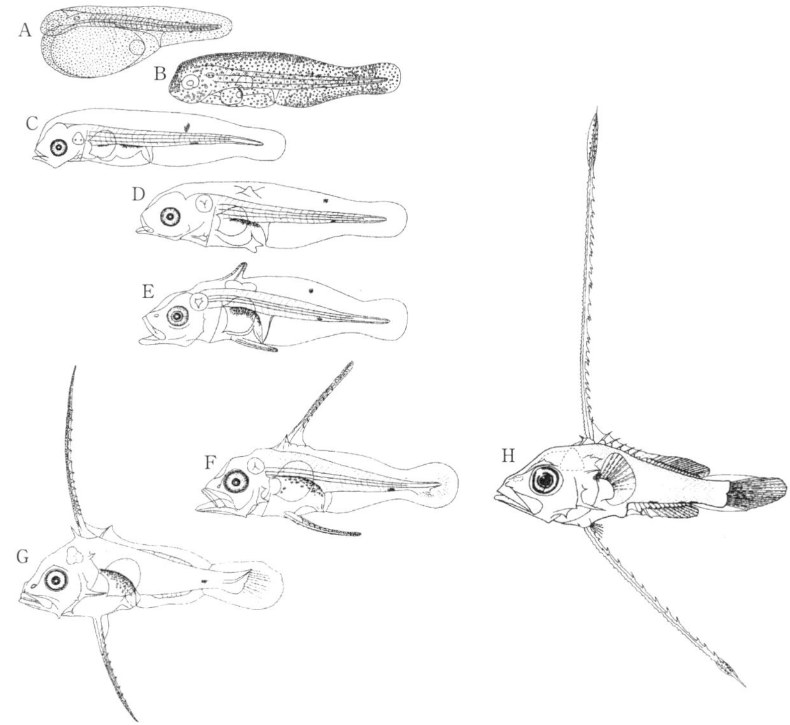

図 3.4.5-1　マハタの前期仔魚（A ～ E）・後期仔魚（F ～ G）の成長とユカタハタ属の 1 種の後期仔魚（H）
A：ふ化仔魚，1.85 mm，B：1 日齢仔魚，2.51 mm，C：3 日齢仔魚，2.60 mm，D：13 日齢仔魚，3.45 mm，E：23 日齢仔魚，4.25 mm，F：25 日齢，4.80 mm，G：28 日齢，6.8 mm，H：中層トロールによってグレートバリアリーフにて採集 5.8 mm．サイズは全長を示す．
〔A ～ G：北島　力ほか，魚類学雑誌，38，p.50（1991）．H：J.M. Leis, B.M. Carson-Ewart, The larvae of Indo-Pacific coastal fishes, p.379, Fauna Malesiana Foundation（2000）〕

に分類される．世界に 64 属 475 種が知られる多種多様な沿岸性魚類を含み，体色や模様も種類や成長の度合いによって多彩であり，さらに肉食性である．全体の概観は亜科によって大きく異なり，全長数 cm ほどのハナダイ亜科ハナダイ類から，2 m を超えるハタ亜科タマカイやカスリハタまでさまざまである．多くの種類が雌性先熟の性転換を行うことでも有名である．大型のハタ類は沿岸岩礁域やサンゴ礁における食物連鎖で上位に立つ．ハタ類は大きくなるものが多いため，また美味で高級食材としての利用と，一部観賞用として利用される種類も含み，多くの養殖魚種が知られる．

ハタ類とは，一般的にはハタ亜科に属する魚類の総称であり，英名はグルーパー（grouper）で 27 属 190 種ほども知られる．ハタ亜科に属する養殖魚種として，マハタ属（*Epinephelus*），サラサハタ属（*Cromileptes*），ユカタハタ属（*Cephalopholis*），ハナスズキ属（*Liopropoma*），スジアラ属（*Plectropomus*），およびバラハタ属（*Variola*）などが知られている．

養殖魚種としてはマハタ属魚類が多く，東南アジアではサラサハタ属魚類も重要養殖魚種である．なお，スジアラ属やバラハタ属魚類は，天然域では大型となり時折シガテラ毒魚としても知られるが，養殖されたものでは無毒である．

なお，シガテラ毒はサンゴ礁周辺に生息する魚類で知られ，強い神経毒であるシガテラトキシンなどを原因物質とする．

実際，多くの種類が各国で試みられている．インド～西部太平洋では，養殖魚種としてマハタ属のマハタ，クエ，タマカイ，ヤイトハタ，チャイロマルハタ，オオスジハタ，カスリハタ，アカハタ，およびキジハタなどがあり，さらにサラサハタ属の サラサハタ，スジアラ属のスジアラ，バラハタ属バラハタなどが種苗生産，また天然域からの稚魚の捕獲により養殖されて生産されている．大西洋や東太平洋では．大型になるナッソーグルーパーやゴリアスグルーパーの養殖が有名である．

b. 仔稚魚の特徴

ハタ類の稚魚は，スズキ亜目の魚類のなかでも背鰭・腹鰭棘が長い伸張形状をもち，特異的な形態をしている．魚類では尾鰭の下尾骨が形成される前を前期仔魚，下尾骨が形成されると後期仔魚と定義される．その後浮遊期から接岸して沿岸に着底し，親と同じ鰭条数に達して稚魚となる．

ハタ類では，後期仔魚において第 2 背鰭棘と第 1 腹鰭棘がかなり伸張する．第 2 背鰭棘長は第 1 腹鰭棘長より若干長く，前者は体長の 50％程度から同体長に近い（90％）マハタまで知られ，さらにユカタハタ属では体長の約 1.5 倍も長いものまで知られる（図 3.4.5-1）．ハタ類では背鰭・腹鰭棘が伸張し，これらの仔魚期における特徴は，浮遊適応と考えられ，長い背鰭・腹鰭棘は流れの抵抗を受けて広範囲の分散を可能にし，彼らの生残率を高めていると推察される．しかし，接岸して稚魚になる頃には，背鰭棘長の割合は親と同じになる．

ハタ類の卵径は 0.5 ～ 1.2 mm ほどであるが，ふ化仔魚は 1.5 ～ 2.3 mm であり，海産魚類のふ化仔魚としては小さい．また，海産魚類の初期餌量として確立された小型のシオツボワムシの一部は仔魚の開口時の口径より大きくて摂餌できない，そして上顎や下顎を含む内蔵頭蓋骨の骨格形成がゆっくり形成されるため摂餌がうまく行えないなどの理由で，卵黄吸収後に外部栄養に転換する頃のステージのふ化仔魚の生残率は低下する．このように，初期発生の形態的特徴がハタ類の養殖を難しくしている理由と考えられている．

（岩槻　幸雄）

B. ハタ類の養殖

ハタ類は，温帯，亜熱帯，および熱帯域に広く分布する．日本における増養殖の対象となるおもなハタ類は，スジアラ属のスジアラ（*Plectropomus leopardus*），マハタ属のマハタ（*Epinephelus septemfasciatus*），クエ（*E. bruneus*），キジハタ（*E. akaara*），アカハタ（*E. fasciatus*），およびヤイトハタ（*E. malabaricus*）である．いずれも美味であることから市場では 1 kg あたり 2,000 ～ 10,000 円前後でとりあつかわれる高級魚である．そのため，日本のみならずアジア，太平洋，およびインド洋周辺諸国においても増養殖の対象種として注目されており，種苗生産や養殖技術についての研究開発が進められている．

a. 仔稚魚の飼育

ハタ類の種苗生産は 1960 年代からとりくまれているが，ウイルス性神経壊死症（viral nervous necrosis : VNN）の発生や，ふ化後 10 日目までに発生する大量死亡が，安定した量産の妨げとなっていた．

近年 VNN の発生対策として，微量のウイルス遺伝子を検出できる nested-PCR 法を用いたウイルス陰性親魚の選別，オキシダント海水での受精卵洗浄，および殺菌処理海水を使用した仔稚魚の飼育などが行われるようになり，以前にくらべ仔稚魚期における当該疾病の発生事例は減少した．

また，ふ化後 10 日目までに発生する大量死亡については，ハタ類のふ化仔魚はその多くが全長 2 mm 以下と小さく，環境変化に対して非常に脆弱であり，さらに卵黄や油球といった内部栄養の吸収が他の魚種とくらべていちじるしく速いことに起因している．そこで初期の飼育においては，水質や照度などの環境変化をできるだけ小さくし，開口直後に十分な摂餌をさせなければならない．そのためには開口直後には仔魚の口径に適した小型のワムシを20個体mL^{-1}以上に維持するように供給し，さらに水面照度を1,000 lx以上の明るい環境に保つことが重要である．また，魚種によってはこの時期の仔魚は水面にはりついて大量死亡するいわゆる「浮上死亡」，さらに夜間に仔魚が水槽の底に沈降して死亡するいわゆる「沈降死」があるため，前者については水面にオイルを滴下し油膜を形成すること，後者については通気や水中ポンプなどを用いて水槽の底層の水流を強めることが死亡を軽減するために有効である．

稚魚期のおもな減耗要因の1つである共食いについては，サイズ選別，飼育密度，給餌方法，そのほかの環境要因などから，さまざまな対策が検討されている．

水産総合研究センターを中心とする国内の各研究機関がこれらの課題に対し精力的に研究を行ってきた結果，ハタ類の種苗生産技術はいちじるしく向上し，現在では数10万尾単位での安定生産が可能になった機関もみられる．

b. 養　殖

日本国内で生産されるハタ類のなかでもマハタ，クエ，およびヤイトハタは比較的成長が速いため養殖対象種として研究が進められている．

なかでもマハタは，すでに1980年代には韓国産の天然種苗を輸入して養殖が行われていたが，種苗単価が高く供給も不安定であり，人工種苗の安定生産が強く望まれていた．その後，種苗生産技術が向上したことによって，近年では国内産の人工種苗が以前にくらべ安価で，比較的容易に入手できるようになってきた．

成魚への養殖方法は，海面に設置した網生簀に全長約15 cmの種苗を導入し，アジ，サバ，イカなどの生餌やモイストペレットなどの配合飼料を給餌する方法が一般的である．マハタ，ヤイトハタは養殖開始から約2年半で出荷サイズである1.5 kgにまで成長する．

現在，ハタ類養殖での問題の1つは養殖期間中に発生するVNNと形態異常である．VNNは夏場の高水温期に発生しやすく，大きな被害をもたらすこともある．しかし，現在VNNワクチンが開発され販売開始が待たれる状況にある．

一方，形態異常に関しては今のところその解決策はないが，水産総合研究センターを中心に各研究機関が連携してハタ類の形態異常に関する防除技術の開発に着手しており，その成果が待たれているところである．

（南部　智秀）

3.4.6　エ ビ 類

エビ養殖が可能になったのは，1934年のクルマエビ（*Penaeus japonicus*，または *Marsupenaeus japonicus*）の研究を発端とする．その当時は1尾の親エビより約1万粒の卵を得てふ化し，ノープリウス（nauplius）よりゾエア（zoea）中期まで飼育することができた．しかし，ミシス（mysis）まで変態するものはごくわずかであった．ミシス幼生期をへて，浮游生活をやめ，もっぱら砂上生活をするものに至っては，数千尾もないのが実体であった．その後，第二次世界大戦，および戦後の混乱により，エビ養殖研究は一時中断された．1963年より，いわゆるコミュニティー法（クルマエビの種苗大量生産に適した方法で，適当な飼料を稚エビの生長段階に対応して投与する，産卵からポストラーバまでの一貫した飼育方法）が試みられ，数百万尾の生産尾数を容易に確保できるようになった．

この時期におけるほかのエビ類に関しては，1960年に中国では大正エビ（*Fenneropenaeus chinensis*）の人工繁殖に成功，1968年には台湾でウシエビ〔ブラックタイガー（*Penaeus monodon*）〕の種苗の大量生産に成功した．このウシエビ養殖は1977年配合飼料の開発に伴って急成長をとげ，1980年台湾の繁殖場総数350社，種苗総生産尾数3億5千万尾に達した．なおバナメイ（*Litopenaeus vannamei*）については1973年にエクアドルで人工繁殖に成功したが，エクアドル近隣各国では天然種苗に恵まれているため，幼生飼育研究は必要とされなかった．しかしクルマエビで開発された方法は，バナメイにはもちろん，ほかのエビ類の幼生飼

表 3.4.6-1　4 種類のエビにおける幼生期のサイズ　(単位：mm)

種　類	卵	ノープリウス N_1 ～ N_6	ゾエア Z_1 ～ Z_3	ミシス M_1 ～ M_3	ポストラーバ P_1
クルマエビ (*Marsupenaeus japonicus*)	0.25	0.32 ～ 0.50	0.92 ～ 2.50	2.83 ～ 4.34	4.90
ブラックタイガー (ウシエビ) (*Penaeus monodon*)	0.25	0.32 ～ 0.55	0.91 ～ 2.78	3.46 ～ 4.42	5.07
クマエビ (*Penaeus semisulcatus*)	0.27	0.34 ～ 0.54	1.07 ～ 2.67	3.27 ～ 4.80	5.29
テラオエビ (*Melicertus teraoi*)	0.28	0.33 ～ 0.56	1.07 ～ 3.02	4.01 ～ 5.13	5.77

N_n：ノープリウス n 期，Z_n：ゾエア n 期，M_n：ミシス n 期，P_n：ポストラーバ n 期.
〔I.C. Liao, T.L. Huang, Coastal Aquaculture in the Indo-Pacific Region (T.V.R. Pillay (ed.)), p.331, Food and Agriculture Organization of the United Nations (1970)〕

育技術の向上に先駆的な役割を果たしている.

以下にはクルマエビ類の幼生飼育と養成について，とくにクルマエビとブラックタイガーを例にあげて説明する.

A. 幼生飼育すなわち種苗生産

a. 親エビと産卵

産卵に用いる雌の親エビの大半は天然ものであるが，最近徐々に人為的に天然親エビを管理し，specific pathogen free (SPF)，または specific pathogen resistant (SPR) の種苗が生産されるようになった．また少数ではあるが人工授精を施す場合もある．すなわち精莢を人為的に雌の生殖器にさしこみ，卵を放出すると同時に精子を与えて体外で受精させる方法である.

b. ふ化飼育

受精卵は，水温 25 ～ 28℃ において，受精後 13 ～ 15 時間でノープリウスの形態でふ化する．ふ化率は 50% 以上，ノープリウスが出現した翌朝から，飼育水中に珪藻類を繁殖させる．また，別の水槽にて事前に大量に繁殖させた珪藻を随時適量添加する場合もある.

ふ化後 30 ～ 35 時間，すなわち産卵から 4 日目でノープリウスは 6 回脱皮してゾエアとなり，飼育水中にて繁殖した珪藻類を摂取する．珪藻以外に別の微細動物，植物を給与する方法もある．ゾエアは 3 ～ 4 日で 3 回脱皮してミシスとなる．このころから食性が完全に植物性より動物性と変化するので，ミシスの尾数を考慮しながらアルテミア (ブラインシュリンプ) のノープリウスを与えはじめる．ほかにはワムシまたはカイアシ類などを与える．このミシスは 3 日間で 3 回脱皮してポストラーバとなる．このころからはアルテミア以外にカイアシ類，またはアサリ肉をミンチして水洗いしたものを与える．最近は各種の人工飼料も使われるようになった.

4 種類のクルマエビ類の各幼生期のサイズを**表 3.4.6-1** に示す．**図 3.4.6-1** は各幼生階段の給餌方法と飼育環境である．脱皮してポストラーバになった第 1 日目を P_1 と称し，通常は P_{20} まで飼育すると体長約 15 mm，体重 20 mg 前後の種苗となり，養殖池へ放養できるサイズとなる.

B. 養　成

図 3.4.6-2 に示したように同じクルマエビ類でも，成長の度合は異なる．成長の一番速いエビはブラックタイガーで，4 カ月で平均 35 ～ 45 g に達するのに対し，ほかのエビはかなり遅い.

養殖環境も種類によって異なる．クルマエビは昼間砂にもぐって生活するため，残餌などによる水質，底質の悪化の影響を受けやすいので，種々の方法で底質の改善が必要である．クルマエビ以外の種類は底砂を必要としないため，かなり高密度での養殖が可能である.

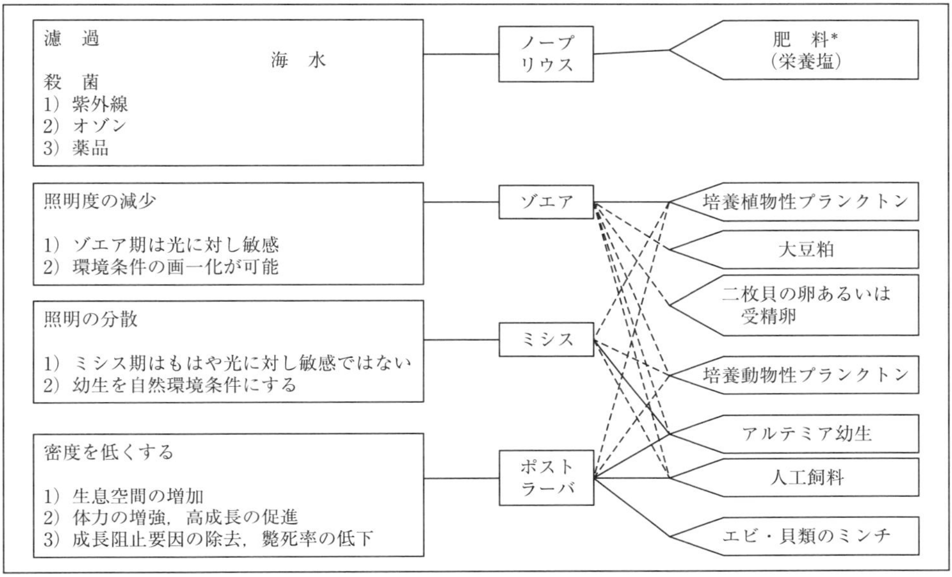

図 3.4.6-1　エビ類の幼生期段階における給餌方式と養殖環境
*混養法のみ．――：最も多く使用されている餌料，……：一部で使用されている餌料．
〔廖　一久，世界のエビ類養殖　その基礎と技術，p.306，緑書房（1990）〕

養殖用の飼料は，地方により，アサリなどの貝類が容易に入手できるところでは，とくにクルマエビの養成に使われる．しかし，他のエビ類は単価が安いこともあり，人工飼料が使われている．

C. とりあげと出荷

市場価格が他のエビとくらべると格段に高いという差があるため，クルマエビは生きた状態で出荷する必要がある．捕獲されたクルマエビは，網かごに入れて送気をしている冷却水槽に収容し，約 8 時間かけて水温を 12 ～ 14°C まで下げる．次に 5 ～ 10°C の低温室で大きさ別に分け，小箱の中にエビとおがくずを交互に積層する．封をした小箱はダンボール箱に収容して出荷する．

その他のエビは，活きエビの価格が高くなく市場の必要性もないため，簡単な冷蔵，冷凍設備があり，新鮮さを保つことができれば差し支えない．

表 3.4.6-2 に 2015 年と 2016 年の五大エビ輸入国の輸入量を示した．表 3.4.6-2 が示すよ

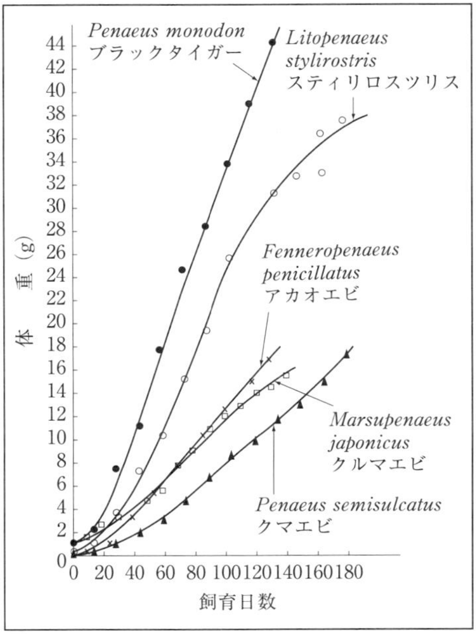

図 3.4.6-2　台湾で飼育されたエビの成長曲線
〔I.C. Liao, Int. J. Aq. Fish. Technol., p.17（1989）〕

表 3.4.6-2　エビ類の五大輸入国（2015，2016 年）　　　（単位：t）

	2015		2016	
1	アメリカ	587,386	アメリカ	605,712
2	日本	213,929	日本	223,772
3	スペイン	164,270	スペイン	164,734
4	フランス	106,621	フランス	110,284
5	デンマーク	79,592	デンマーク	79,807
	合計	1,151,798	合計	1,184,309
	世界の輸入総計	2,324,927	世界の輸入総計	2,380,471

〔FAO 統計資料を参照して作成〕

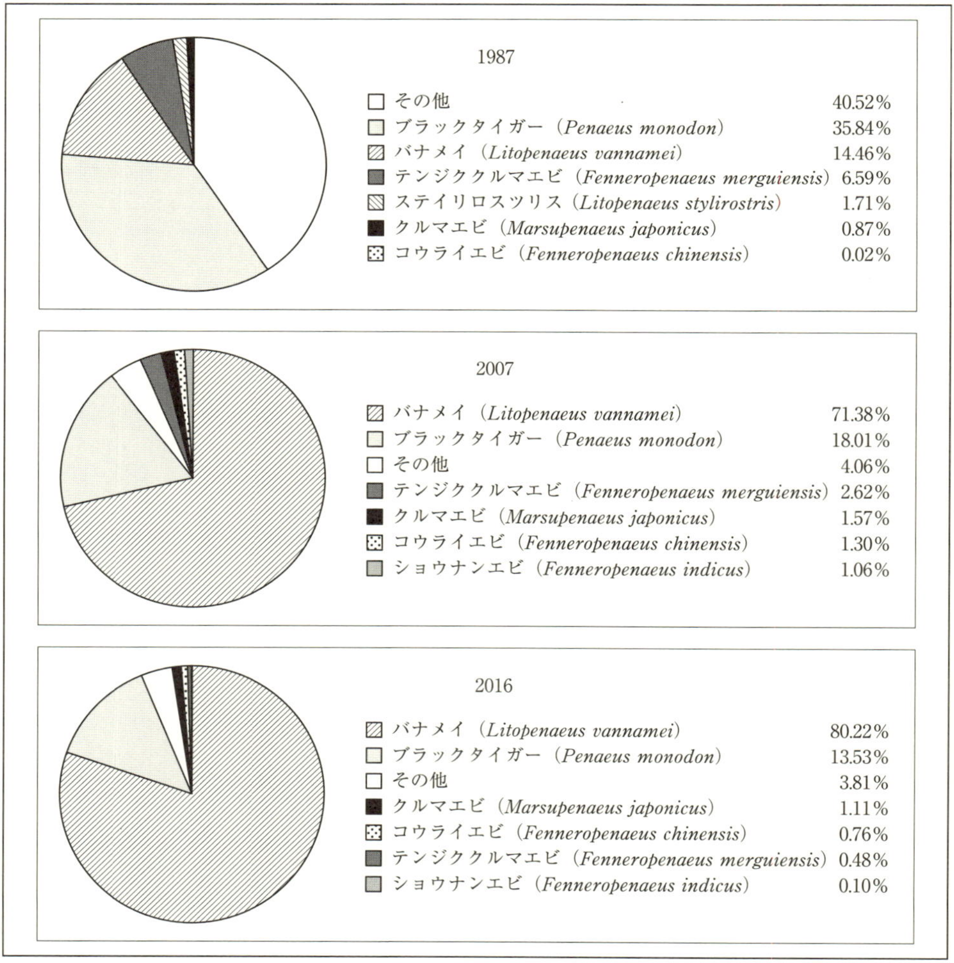

図 3.4.6-3　養殖重要種の生産量（%）の推移
〔FAO 統計資料を参照して作成〕

表 3.4.6-3　養殖重要種の名称（学名，和名と商品名），養殖地と分布域

学名	和名	商品名	養殖地	分布域
Farfantepenaeus brasiliensis Latreille	ブラジリアンエビ	Redspotted shrimp	ブラジル	アメリカ大西洋沿岸～ブラジル
Fenneropenaeus chinensis Obseck	コウライエビ，大正エビ	Fleshy prawn	中国，韓国	中国，韓国，日本
Fenneropenaeus indicus H.Milne Edwards	ショウナンエビ	Indian white prawn	インド，東南アジア，オーストラリア	インド洋沿岸，東南アジア，オーストラリア
Fenneropenaeus merguiensis De Man	テンジククルマエビ，バナナエビ	Banana prawn	インドネシア，マレーシア	東南アジア，オーストラリア，インド洋，紅海
Fenneropenaeus penicillatus Alcock	アカオエビ	Redtail prawn	台湾	台湾，東南アジア～パキスタン
Litopenaeus stylirostris Stimpson	スティリロスツリス	Blue shrimp	コロンビア，エクアドル，パナマ	メキシコ西岸～ペルー
Litopenaeus vannamei Boone	バナメイ，シロエビ	Whiteleg shrimp	中南米諸国，中国，東南アジア，台湾	メキシコ湾～ペルー
Marsupenaeus japonicus Bate	クルマエビ	Kuruma prawn	日本，韓国，台湾ブラジル，イタリア	日本，韓国～東南アジア，インド洋沿岸，地中海の一部まで
Penaeus monodon Fabricius	ブラックタイガー，ウシエビ	Giant tiger prawn, Grass prawn	インド，インドネシア，ベトナム，フイリピン，台湾	日本～インド洋
Penaeus semisulcatus De Haan	クマエビ，アシアカ	Green tiger prawn, bear prawn	クウェート，台湾	日本～インド洋，紅海，トルコ

うに近年日本のエビ市場は減少傾向にあり，1997年を境に，日本のエビ輸入量はアメリカを下回った．

D. 近年の動向

近年エビ養殖には大きな変化が起きている．2,000 t 前後を保ってきた日本のクルマエビ市場は，1980年代の台湾でのブラックタイガー生産に大きな影響を受けた．すなわち，1987年の台湾のブラックタイガーの生産量は約10万 t で，そのうち輸出量が4.26万 t（ヘッドレス），金額として4億7,200万ドル．その年の日本で消費されるブラックタイガーの51％が台湾より輸入されたエビであった．

世界のエビ生産においても，図 3.4.6-3 に示したような変化があり，2004年にはバナメイの生産量がブラックタイガーを上回り，2016年には80.2％を占めるようになった．また，2007年には養殖エビの生産量が天然エビを凌駕した（養殖エビ：329万 t，天然エビの捕獲量：326万 t）．

価格面では2003年を境に下がりはじめ，生産量が上がると逆に単価が下がることを示している．今ではエビも養鶏業のブロイラーに似て安い大衆化した食材になりつつあるのが実状である．

現在養殖されているバナメイなど7種類，および今後の発展に期待がもてるブラジリアンエビ，アカオエビとクマエビのまとめを表 3.4.6-3 に示した．このうちブラジリアンエビとクマエビはたいへん美味であることを特記しておきたい．

エビ養殖の今後の課題において，最重要な

テーマのひとつに，畜産業で行われてきたプロセスと同様に，育種があげられる．

（廖　一久）

3.4.7 カ ニ 類

増養殖の対象となっているカニ類（異尾類を含む）は，ガザミ（*Portunus trituberculatus*），タイワンガザミ（*P. pelagicus*），トゲノコギリガザミ（*Scylla paramamosain*），アミメノコギリガザミ（*S. serrata*），アカテノコギリガザミ（*S. olivacea*），モクズガニ（*Eriocheir japonica*），チュウゴクモクズガニ（*E. sinensis*），ズワイガニ（*Chionoecetes opilio*），ケガニ（*Erimacrus isenbeckii*），タラバガニ（*Paralithodes camtschaticus*），ハナサキガニ（*P. brevipes*）などである．ここでは，事業規模で増養殖が行われているガザミ類とモクズガニ類をとりあげる．

A. ガザミ類

a. 親ガニ養成

ガザミ類は浅海の砂泥底に生息し，繁殖盛期は春から夏で，その間に1尾の雌が複数回産卵する．種苗生産用のふ化幼生を得る方法として，漁獲された未抱卵の成雌を入手し，水槽で短期間養成して産卵させる方法と漁獲された抱卵雌を利用する方法がある．入手した未抱卵雌は交尾済みで，貯精嚢（受精嚢）内に保存した精子で卵を受精させることから，雄を養成する必要はない．雌は産卵時に卵をいったん砂上に落とし，その産出卵を腹肢に絡ませて抱卵することから，水槽底に雌が十分に潜ることのできる質・量の砂を敷く必要がある．

産卵からふ化までの胚発生（抱卵）期間は水温によって大きく異なり，たとえばガザミでは水温15°Cで51日，28°Cで9日を要す．ふ化前日の抱卵雌は0.5～1 kL水槽に移し，止水状態で通気しながらふ化を待つ．ふ化はおもに夜半から早朝にかけて起こり，雌1尾の放卵よりおよそ数10万～数100万尾の幼生がふ化する．

b. 種苗生産

ふ化幼生は第1齢ゾエアとよばれ，ガザミとタイワンガザミでは第2～4齢ゾエア，ノコギリガザミ類では第2～5齢ゾエアを経てメガロパへ変態する．メガロパは鋏脚と腹部がよく発達し，腹肢を用いて遊泳する．次に第1齢稚ガニへ脱皮すると腹部は胸部腹板方向へたたまれて一般的なカニの形態を示すようになる．第1齢ゾエアは20～200 kL規模の大型水槽へ1 KLあたり20,000～40,000尾になるように収容し，止水換水（止水状態であるが定時的に換水する方式）あるいは流水方式で，ワムシ（ゾエア期のカニ），アルテミア（第2・第3齢ゾエア～メガロパ），アミ・アサリミンチ肉（第4齢ゾエア・メガロパ～稚ガニ）を給餌して飼育する．配合飼料も併用給餌される場合が多い．

従来，飼育水中に自然発生した珪藻をゾエアの直接的な餌料あるいは水質浄化の目的で利用していたが，近年ではこれにかわり，飼育水中に残存したワムシの餌としてのナンノクロロプシスや濃縮淡水クロレラを添加する方法が主流である．ガザミとタイワンガザミ幼生の飼育水温は22～30°Cの範囲にあり，塩分は調整していない．ノコギリガザミ類幼生の場合は，飼育水温は29～30°Cに，塩分は淡水を混ぜて22～24‰程度に調整する．ふ化から第1齢稚ガニまでの期間はおよそ2～3週間であり，第1齢稚ガニ（全甲幅3～5 mm）でとりあげて出荷する．種苗生産ではしばしば幼生の大量死亡が発生し，その原因として細菌感染症や真菌病などの疾病，最終齢ゾエアからメガロパへの不完全変態が報告されており，その防除方法の研究開発が進められている．

c. 育　成

東北から九州の範囲で資源増殖を目指した人工種苗の放流が行われている．稚ガニは直接浅海に放流されるか，または陸上水槽や浅海に設置した囲い網でアルテミア，配合飼料，アミ・アサリミンチ肉を給餌して全甲幅10 mm前後まで中間育成し放流される．

ノコギリガザミ類の養殖は台湾や東南アジア諸国を中心に古くから行われてきたが，その養殖生産量は1980～1990年代以降に増加している．また，中国では1990年代以降ガザミの養殖が行われている．ここでは，ノコギリガザミ類を例として，養殖方法の概略を示す．養殖池（素掘り池）は沿岸あるいはマングローブなどの浅海域に造成され，1カ所に水門を設け，潮汐の干満を利用して池水の出し入れを行う形式が一般的である．池周囲の土手には逃亡防止の柵が設置される．また，マングローブ域の一部を竹などの棒とネットなどで作製された柵で囲って養殖する方法も行われている．養殖用の種苗として，人工および天然種苗が利用されている．甲幅3～5 cm，体重10 g前後の種苗を5,000～10,000尾 ha^{-1} の密度で放養し，雑魚や二枚貝などを給餌して4～5カ月間養成すると体重200～500 gの商品サイズに達する．養成期間中の最大の減耗要因は共食いであり，このために収容密度を高くしても生産性は向上しない．収穫はトラップとしてのかごなどを用いて行われる．ノコギリガザミ類は空気中でもしばらくは生存可能であることから，鋏脚と歩脚が動かないように紐で縛って無水輸送され，店頭に並ぶ．

ノコギリガザミ類では，脱皮直後のいわゆるソフトシェルクラブの生産も行われている．漁獲された天然個体を個別にバスケットに収容し，養殖池に浮かべて雑魚などを給餌して養成する．24時間にわたって脱皮の有無を確認し，脱皮直後の個体を収穫する．

B. モクズガニ類

a. 親ガニ養成

モクズガニ類は河川に生息し，秋から春にかけて川を下り，感潮域で交尾・産卵する．種苗生産用のふ化幼生を得る方法はガザミ類と同様であるが，産卵直前に交尾する習性があることから，未抱卵雌を利用する場合には，雄と雌を海水で飼育して交尾・産卵させる必要がある．雌は一度交尾すると貯精嚢内に保存した精子で一繁殖期に数回の産卵・受精をくりかえす．雌1尾からおよそ10万～数10万尾の幼生がふ化する．

b. 種苗生産

種苗生産は春から夏にかけて行われる．ガザミやタイワンガザミと同様に塩分無調整の海水（水温22～25°C）にふ化幼生を収容し，ワムシ，アルテミア，配合飼料，アミ・アサリミンチ肉などを給餌して飼育する．ゾエアは5回脱皮してメガロパに変態する．ふ化から第1齢稚ガニ（甲幅約2 mm）までの期間は22～24日程度である．

c. 育　成

日本では，山形県や山口県などの河川でモクズガニの資源増殖を目指した人工種苗の放流が行われている．稚ガニ期になると種苗生産水槽からとりあげて別水槽に移し，河川水などをかけ流して甲幅4 mm程度まで中間飼育し河川へ放流される．

チュウゴクモクズガニの養殖は中国で行われており，1990年代以降に盛んになった．種苗生産したメガロパを陸上水槽や素掘り池，水田などで体重5～20 gに成長するまで中間育成して養殖する．素掘り池または湖や溜池に設置した囲い網で行う半集約的養殖，ならびに水田，湖および溜池で行う粗放的養殖がある．中間育成・養殖期間中には，柵などで池を囲って養成個体の逃亡を防止することが重要とされる．

半集約的養殖では，早春に10,000～40,000尾 ha^{-1} の密度で種苗を放養し，自然発生した餌に加え，水草や野菜などの植物性および魚介類など動物性餌料を給餌して養成すると，晩秋には125～200 gの商品サイズに達する．素掘り池を使った養殖では，一般的にコイ類が混養される．粗放的養殖ではおもに自然発生した餌料に依存し，水田で6,000～9,000尾 ha^{-1}，湖や溜池で200～600尾 ha^{-1} で放養する．

収穫はかごなどを用いて行われる．無水でもしばらくは生存可能であり，鋏脚や歩脚が動かないように紐で縛って店頭に並べられる．

（浜崎　活幸）

3.4.8 アワビ

日本には約10種のアワビ類が生息しており，このうちエゾアワビ，クロアワビ，マダカアワビ，メガイアワビ，トコブシ，フクトコブシが水産上重要である．いずれも人工種苗生産が可

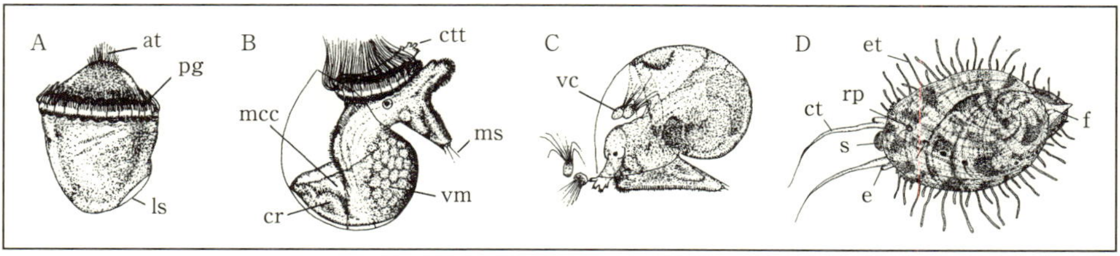

図 3.4.8-1　アワビの成長過程
at：頂毛，cr：鰓の起源，ct：頭部触角，ctt：頭部触角小突起，e：眼，et：上足触角，f：足部，ls：幼殻，mcc：外套腔繊毛，ms：後足部剛毛，pg：口前繊毛環，rp：呼水孔，s：吻，vc：面盤細胞，vm：内臓嚢．
〔關　哲夫，東北区水産研究所研究報告 59 号，p.65−69，水産総合研究センター東北区水産研究所（1997）より一部抜粋〕

能であり，1991 年以降，全国各地の栽培漁業センター等であわせて年間 2,500 万〜 3,000 万個が放流用種苗として生産されている．エゾアワビの生産量が最も多く，全体の 50 %以上を占める（東日本大震災以前の状況）．

A.　生活史

アワビ類は雌雄異体であり，体外に卵と精子を放出して受精する．受精後 1 日以内に坦輪子幼生としてふ化し（図 3.4.8-1, A），その後体の背方で幼殻の分泌がはじまり，遊泳器官の面盤が完成して被面子幼生となる（図 3.4.8-1, B）．幼殻完成後は外部形態の大きな変化がないまま着底・変態可能となる．浮遊期間中は摂餌を行わず，卵黄をおもな栄養源とする．

幼生の発達速度は種や水温によって異なるが，エゾアワビでは 20°C で着底・変態可能となるまで 85 時間かかる．アワビ類浮遊幼生の着底・変態は外部刺激によって誘起される．外部刺激を受けた幼生は，幼殻縁と頭部触覚先端部を基質に接して定位（着底）する．定位した幼生は遊泳器官である面盤細胞と付随する繊毛を脱離して変態を開始し（図 3.4.8-1, C），すべての面盤細胞を脱離した時点で変態を終了して摂餌を開始する．

天然環境下では，変態後間もないアワビ類が紅藻類の無節サンゴモ上に多く生息することが知られており，無節サンゴモはアワビ類の着底・変態を高い割合で安定して誘起することが，室内実験で確認されている．変態直後のアワビには成貝に特徴的な呼水孔（殻にみられる複数の穴）は形成されていない．殻長約 280 μm で変態するエゾアワビでは，第 1 呼水孔の形成は殻長 1.7 〜 1.9 mm ではじまる．第 4 呼水孔は殻長 3.4 〜 3.8 mm で完成し，成貝と同数になるとともに第 1 呼水孔は殻の分泌により塞がれる（呼水孔列の完成）．変態から呼水孔列の完成までを初期稚貝，呼水孔列が完成してから生殖巣の目立った発達が観察されるようになるまで（殻長 40 〜 50 mm）を稚貝（図 3.4.8-1, D），それ以降を成貝という．

B.　採　卵

アワビ類の天然における産卵盛期は秋から冬にかけてであるが，エゾアワビでは生殖巣の発達が 7.6°C を超える水温の積算値に比例するため，季節を問わず成熟の進行を人為的に制御することができる．有効積算水温 500°C・日以上で産卵可能な成貝が出現しはじめ，1,500°C・日以上で生殖巣が最大限に発達し確実な採卵が可能となる．

なお，エゾアワビの成熟有効積算温度（°C・日）は次式 Y_n で表される．

$$Y_n = \sum_{i=1}^{n} (t_i - \theta)$$

ここで，t_i は日々の飼育水温（$t_i < 7.6$ の場合は加算しない），θ は生物学的零度（7.6°C），n は飼育日数を示す．

ほかのアワビ類では，飼育下での成熟の制御がエゾアワビほど容易ではないため，天然で再捕した成熟貝を採卵に用いる場合が多い．摂餌水準も成熟の進行に影響することが明らかにされており，摂餌量の少ない成貝では飽食量を与えたものより生殖巣の発達が遅くなる．

効率的な受精を行うためには，配偶子の放出を雌雄で同期させることが必要である．アワビ類の放卵放精は紫外線を照射した海水によって誘発されることが明らかにされ，この特性を利用した採卵法が広く用いられている．また，過酸化水素を添加した海水も配偶子の放出を誘発することが知られており，一部の種苗生産現場で産卵誘発技術として利用されている．

紫外線照射海水や過酸化水素添加海水がアワビ類の配偶子放出を誘発する機構として，プロスタグランジンの関与が推察されている．ホルモン様物質のプロスタグランジンはアワビ類の放卵放精を誘発する作用がある．紫外線による光分解によって，または過酸化水素の添加によって生じた活性酸素がプロスタグランジンの合成速度を高めるものと考えられている．

C. 浮遊幼生飼育

幼生飼育では水温を一定に保ち，飼育環境を清浄に保つことが重要である．ふ化幼生は水面に向かって遊泳する．ふ化水槽の底部には卵膜や未ふ化卵などが残されており，これらは水質悪化の原因となるため，浮上した幼生をただちに分離する必要がある．分離してから着底・変態が可能となるまでの幼生飼育では，細菌や繊毛虫の増殖に注意する．

止水飼育では少なくとも1日に1回水槽容量と同量の換水が必要となる．連続的に海水をかけ流して飼育することにより，省力化を図ることも可能である．換水時の衝撃や水槽内の流動によって，幼生が損傷しないように注意を払う必要がある．

D. 採苗板飼育

エゾアワビ種苗生産施設の多くでは，付着性微細藻類を自然繁茂させたプラスチック板上に，殻長10～30 mmのアワビ稚貝を付けて摂餌活動を行わせる，いわゆる「舐め板」が浮遊幼生の採苗板として用いられている．舐め板上には，稚貝に食い残された*Cocconeis*属の付着珪藻や緑藻アワビモなど，平面的な群落を形成し付着力の強い藻類が，優占している．板上に優占するこれらの藻類とともに，稚貝が匍匐しながら摂餌する際に分泌される粘液は，浮遊幼生の着底・変態を高い割合で安定して誘起する．

天然環境下での着底基質である無節サンゴモは事業規模での培養が困難なため，種苗生産施設では用いられていない．舐め板を用いた初期稚貝の生産は最も安定しているが，板の作成時における稚貝の付着や剥離に多大な労力がかかること，管棲多毛類などの汚損生物が混入しやすいことなどの問題点がある．採苗板上に付着珪藻を自然繁茂させた後，強い水流を当てたりブラシでこするなどして，立体的な群落を形成する藻類や汚損生物などを落とし，平面的な群落の付着藻類が優占するように管理しているところもある．

採苗板上に残された稚貝の匍匐粘液や優占する付着藻類の細胞外粘液は，変態直後の初期稚貝にとって好適な餌料となる．しかし，殻長が0.7～0.8 mmに達する頃からは初期稚貝は粘液物質だけでは良好に成長できず，付着珪藻の細胞内容物などを摂取する必要が生じる．この段階の初期稚貝にとって餌料価値の高い珪藻は，付着力が強いため摂餌の際に細胞が壊れやすい珪藻や，細胞殻の脆い珪藻である．好適な餌料環境を維持するため，これらの珪藻が板上に安定して優占するように採苗板を管理することが重要である．

E. 中間育成

採苗板上では，初期餌料となる珪藻の単位面積あたりの生産量が限られているため，稚貝の成長に伴いより摂餌効率の高い餌に切り替える必要がある．多くの種苗生産現場では，殻長約5 mm程度に達した段階で採苗板から稚貝を剥離し，飼育かごなどに収容して放流サイズ（殻長20～40 mm程度）に成長するまで中間育成を行う．採苗板から稚貝を移す際には，パラアミノ安息香酸メチルを用いた麻酔剥離によって省力化が図られている．

中間育成期間中の餌は主として配合餌料が用いられているが，海藻類を与える場合もある．

餌料海藻として，コンブ類，ワカメ，オゴノリなどがよく用いられる．配合餌料やコンブ類，ワカメなどの褐藻類を単独で給餌した場合，稚貝の殻は緑色を呈する．一方，天然環境下ではより広範な藻類を餌とするため，殻の色は一般に赤茶色となる．種苗生産されたアワビの貝殻には，放流後も人工飼育時の緑色の部分（グリーンマークとよばれる）が残るため，漁獲されたアワビの貝殻についてグリーンマークの有無や長さを調べることによって，漁獲物中の放流貝の割合や放流時の殻長を推定することができる．

クロアワビ稚貝の中間育成では，4月下旬～8月上旬の水温上昇期に軟体部が萎縮し大量斃死する筋萎縮症の発症が問題となっている．これは飼育海水中に含まれる濾過性病原体による感染症とされており，紫外線照射により病原体を不活性化させることができる．種苗生産の全工程に，一貫して紫外線照射海水を使用することにより発症を防ぐことが可能である．

（高見　秀輝）

3.4.9　ハマグリ，アサリ

A. ハマグリ類の資源と一般生態

日本に生息するハマグリ類は，ハマグリとチョウセンハマグリの2種であり，前者は内湾に面した砂質の河口干潟域，後者は外海に面した砂浜域に生息している．両種を合わせた漁獲量は1950, 1960年代には1～3万tであったが，2000年には1,500 tまで減少している．現在の主要な産地は，ハマグリでは熊本県有明海，大分県豊前海，三重県桑名市，チョウセンハマグリでは，茨城県鹿島灘，千葉県九十九里浜など限られている．近年ハマグリ資源の減少に伴い，朝鮮半島や中国からシナハマグリが輸入されており，海域に移植されたシナハマグリとハマグリとの交雑が懸念されている．

ハマグリ，チョウセンハマグリともに雌雄異体で，浮遊幼生期を経て底生生活に移行する．

a. ハマグリ

ハマグリの産卵期は6～9月で，豊前海における盛期は7月中旬前後である．卵径は60～80 μm，受精後24時間でD状幼生となり，浮遊期間は25～27℃で約10日間である．殻長200～220 μmで遊泳器官であるベラム（面盤）を脱落させ，底生生活に移行する（着底）．着底後60～70日間で殻長2 mmに達する．自然海域では10月から翌年5月にかけては成長が緩慢で2～4 mm程度で越冬し，その後急激に成長して10月には殻長10 mm以上に達する．その後1年に10～15 mm程度成長すると報告されている．最大殻長は100 mm以上に達する．ハマグリの習性として特筆される事象には多量の粘液の分泌と，体から長く伸びる粘液の帯にかかる流体抵抗を利用した移動がある．このため殻長3～5 cm程度のハマグリは，4～11月の大潮から小潮にかけて下げ潮に乗って沖合方向に移動することが観察されている．

b. チョウセンハマグリ

チョウセンハマグリの産卵盛期は鹿島灘では7～8月中旬で卵径は82～84 μm，浮遊期間は10～13日間で（水温20～25°C），幼生の成長速度は水温27°Cで1日9.1 μm，着底時の殻長は180～210 μmである．着底稚貝は水温22～25°Cで1カ月あたり0.57 mmの成長を示す．自然海域における稚貝期以降の成長は，鹿島灘では1年で10 mm，1.5年で25 mm，1.8年で30 mm，2.8年で45 mmとされてきたが，1990年代の調査に基づく殻長組成の解析から1.5年で25 mm，2.5年で50～55 mm，3.5年で65～70 mmと報告された．また，日向灘では1年で6.6 mm，2年で34.3 mm，3年で50.7 mmといった例が報告されている．最大殻長は100 mm以上に達する．

B. ハマグリ類の種苗生産

ハマグリ，チョウセンハマグリとも，人工種苗生産の技術はほぼ確立しており，殻長2～3 mmの稚貝では施設あたり100～1,000万個体の生産が可能である．親貝が採卵適期であれば，加温刺激で容易に放卵放精する．受精卵を目合い30 μmのネットで濾しとって洗浄し，ふ化層に1 mLあたり10～30個体程度の密度で収容する．

ふ化した幼生は飼育水槽に収容し，D 状幼生になってから流水連続給餌方式または止水方式で飼育される．止水方式では数日おきに幼生が流出しないような目合いのネットを張ったふるいを用いて飼育水を交換するが，連続方式では換水作業を省くため水槽に幼生流出を防ぐネットを張ったパイプをとりつけ 1 日あたり 0.5 ～ 2 回転の率で換水する．餌料としては培養した微細藻類〔パブロバ（*Pavlova lutheri*）やイソクリシス（*Isochrysis* spp.）など〕を 1 万細胞 mL^{-1} 程度になるように与える．浮遊幼生が着底を開始したら着底前にサイホンで幼生を回収して底砂を敷いた水槽に移し，着底稚貝の流出を防ぐための排水口ネットをとりつけて飼育する．餌料藻類の密度は 1 mL あたり 2 万細胞程度とし，良好な成長を得るため水温は 20 ～ 30℃とすることが多い．稚貝の飼育には床面積あたりの底面積を多くするために多段式循環水槽が用いられる．稚貝の成長に従って餌料藻類の投与量が増加するため，大量種苗生産の場合は殻長 2 ～ 3 mm までの飼育が限界である．

C. ハマグリ類の増養殖手法

台湾や中国では水槽や池を用いたハマグリ類の粗放的養殖が盛んに行われている．これに対し，日本ではハマグリやチョウセンハマグリは市場価格が高まる殻長 5 cm に達するまで 3 年程度を要するため，人為的な管理下での養殖は行われていない．現段階ではおもに資源添加を目的として天然種苗や人工種苗の移植・放流が行われている．また，導流堤（河川の分流・合流地点，河口などに設置される堤防で，流れと土砂の移動を望ましい方向に導く）の設置など環境改変による増殖法も試みられている．

しかし，ハマグリはその移動習性，チョウセンハマグリは生息域の波浪の激しさのため，人為的な増養殖手法の適用は困難な点が多い．現状では天然資源を有効活用するために，漁獲開始サイズ（漁業調整規則による漁獲規制サイズは殻長 3 cm）をなるべく大きくすることや保護水面を設定して親貝の資源を保護することが現実的である．

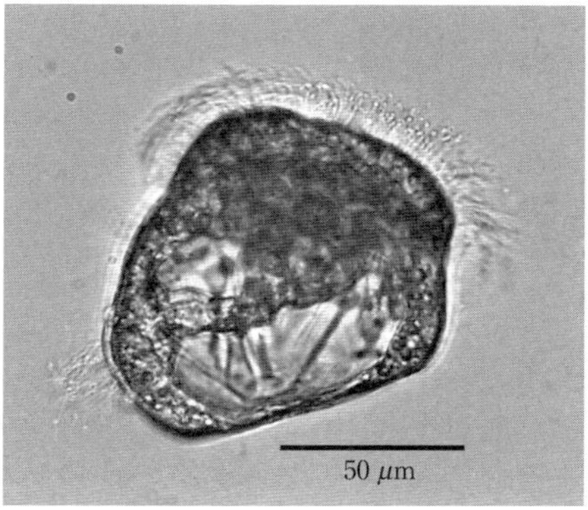

図 3.4.9-1 アサリの D 状幼生（受精 1 日後）
上部の繊毛でおおわれた部分がベラム

D. アサリの資源と一般生態

アサリは内湾に面する前浜干潟，河口干潟，潮下帯など浅海干潟域に広く生息する．全国的なアサリの生産動向は 1983 年の 16 万 t をピークとして急激に減少しはじめ，1987 年に 10 万 t を割り込んだ後も減少傾向は続き，2000 年以降は 4 万 t を下回っている．現在のおもな産地は，東京湾，浜名湖，三河湾，伊勢湾，有明海であり，かつて日本のアサリ生産量の 3 割程度を占めていた周防灘～瀬戸内海西部は大きく生産を減じている．一方，国内生産の減少に伴い韓国・北朝鮮・中国からの輸入が増加し，日本での流通量の 6 割程度は輸入アサリが占めている．

アサリも雌雄異体で，産卵期は東北以北の海域では夏季の 1 回，東北以南では周年浮遊幼生がみられるが，5 ～ 6 月および 10 ～ 11 月の年 2 回が盛期となる場合が多い．雌 1 個体の産卵数は 50 ～ 100 万個，受精卵の卵径は約 60 μm であり，20℃の場合 8 ～ 9 時間後に幼生がふ化し，さらに 10 時間後には D 状幼生となる（図 3.4.9-1）．浮遊期間は 2 ～ 3 週間程度で，水温 20℃では 1 日約 5 μm の成長を示す．着底時の殻長は 200 ～ 230 μm である．自然海域における稚貝の成長は海域により大きく異なる．水温の低い北海道では最初の 1 年で 4 mm，東京湾や有明海では 1 年で 20 ～ 27 mm に成長

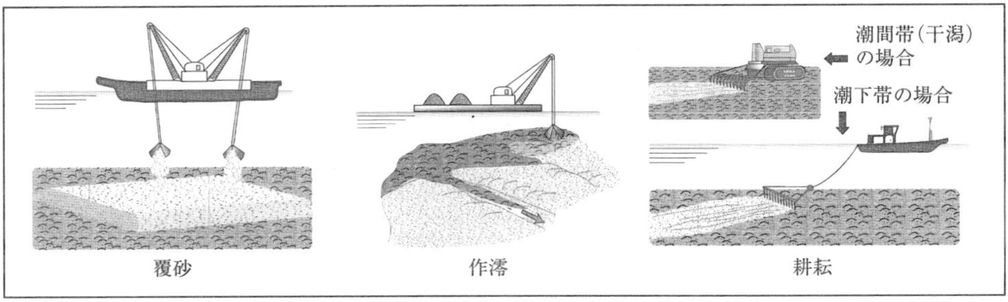

図 3.4.9-2　アサリ増養殖のために用いられる土木的環境改変工法の模式図

したと報告されている．一般的に漁獲サイズとなる殻長 30 mm まで，成長の速い場合は 1 年半程度，遅い場合には 3 年以上かかると考えられる．最大殻長は 70 mm 以上に達する．

E. アサリの種苗生産

アサリ人工種苗生産の技術もほぼ確立しており，殻長 2 ～ 3 mm の稚貝では 1 施設あたり 1 千万個体の生産が可能である．親貝の産卵誘発方法は，10°C 程度の幅で水温を上下させる反復温度刺激が効果的である．受精卵を目合い 30 μm のネットで濾しとって洗浄し，ふ化層に約 4,500 個体 cm^{-2} 程度の密度で収容する．ふ化した幼生は，ハマグリ類と同様に D 状幼生以降は流水式または止水式で飼育される．流水方式での換水率は 1 日あたり 1 ～ 2 回転である．

餌料はパブロバ (*P. lutheri*) やイソクリシス・タヒチ株〔*Isochrysis* sp. (T-ISO)〕などがおもに用いられ，飼育開始時は 1 mL あたり 1 万細胞程度で成長に従って餌料密度を高くし，殻長 200 μm 以上では 1 mL あたり 3 ～ 4 万細胞とする．着底稚貝の飼育は，底砂を敷いた水槽で飼育する方法と，砂を用いず底にネットを張った容器に散水するダウンウェリングといわれる方法がとられている．稚貝への給餌密度はパブロバ (*P. lutheri*) やキートセロス類 (*Chaetoceros* spp.) を 5 ～ 12 万細胞 mL^{-1} 与えている例が多い．ダウンウェリング方式では，稚貝が成長して殻長 1 mm 以上に達したら，容器底面のネットの下側から給水するアップウェリング方式が採用される．アップウェリング方式では，稚貝が多く重なり合っても飼育が可能なため，直径 60 cm の飼育容器に 40 ～ 50 万個体と底面積あたりの収容密度を格段に高めることが可能である．

F. アサリの増養殖手法

アサリはハマグリ類より早く出荷サイズに達するので，さまざまな増養殖手法の適用が効果的である．これまで各地でアサリの増殖を目的とした，さまざまな土木的環境改変の工法が適用されている．底土が泥質で軟弱な場合や砂の移動が激しい場合にこれらを改善するため底面にやや粒径の粗い砂をおおいかぶせる「覆砂（ふくさ）」(客土ともいう)，海水交換を促進したり底面から泥が排除されるように溝を掘る「作澪（さくれい）」，底砂が硬く締まりすぎたりホトトギスマット（イガイ科の二枚貝であるホトトギスガイは，たくさんの足糸を出して砂泥の塊を形成するが，生息密度が高くなると足糸と砂泥が絡まって海底面をマット状におおってしまう）が形成された場合，海底を掘り起こして攪拌する「耕耘（こううん）」などが多く行われてきている (図 3.4.9-2)．

また，アサリもハマグリ類と同様に人工種苗による漁業生産が経済的に成立する段階には至っていないが，生産された稚貝を海上筏式稚貝中間育成装置 (floating upwelling system : FLUPSY，筏にアップウェリング容器をとりつけ，ポンプで給水し，天然の植物プランクトンを給餌する) で中間育成し，さらに保護ネットを敷いた干潟に播き付けて育成する方法が米国では商業化されており，日本でも同様の方式が導入されはじめている．アサリ増殖のための課題は，上記のほかにツメタガイやヒトデ，ナルトビエイなどの食害生物対策，パーキンサスやブラウンリング病などの病虫害対策，貧酸素や青潮による大量死亡，波浪による散逸などがあげられ，さらにハマグリ類同様に漁獲規制による資源管理も重要である．

アサリの養殖を実施している例は少ないが，地まき式と垂下式の2つの方法がとられている．

地まき式では，個人に割り当てられた区画で，底砂の搬入・耕耘，種苗の購入・移植，食害生物の除去などの管理を個人が行う方式で高い生産性をあげている．

垂下式では，コンテナなどに砂を敷いてアサリを収容し筏から水深2～3m層に垂下して飼育する方式で，植物プランクトンなどの餌料を十分に摂食できるため良好な成長を得ている．

いずれも現段階では秋に殻長20mm程度の種苗を搬入して翌年春に出荷する方式であり，貧酸素水塊が出現したり，フジツボなど付着生物の着生が多いために生存率が低くなる夏季にも安定した飼育を可能にすることが課題である．

（日向野　純也）

3.4.10　コンブ，ワカメ，ノリ，アオノリ類

A.　コンブ

一般にコンブとよばれる海藻は，褐藻コンブ目に属し，北海道から三陸沿岸域においてコンブ漁業の対象とされ，乾燥，加工などの処理を経て食品として利用するほか，各産業分野や人々の生活に役立てることができる種類をさす．とくに水産物として価値が高く，よく知られる種類は，コンブ属のマコンブ，ホソメコンブ，リシリコンブ，オニコンブ，ミツイシコンブ，ナガコンブおよびトロロコンブ属のガゴメなどである．コンブには，形態，成分，品質に特徴があり，生産量，利用，流通の状況に応じ，価格および知名度に大きな差異がある．

a.　生活史

コンブは，100年ほど前までは，葉体から放出された遊走子が基質に付着し，発芽するとただちにもとの葉体にかえるものと考えられていた．現在では，コンブは肉眼的な大きさの胞子体世代（無性世代）と，顕微鏡的な大きさの配偶体世代（有性世代）の間で，核相交代を伴う規則正しい世代交代を行うことが知られている．胞子体（コンブの葉体）は複相（$2n$）で，葉面に遊走子（n）が形成される．遊走子が発芽して生じた雄性または雌性の配偶体は単相（n）で，それぞれに形成される精子（n）と卵（n）の受精によって再び複相の胞子体にかえる．

b.　増　殖

コンブは，日本の最も重要な海藻資源の1つであり，生産と流通，利用の歴史は約700年前の鎌倉時代中期からはじまった．コンブ産業の本格的な発展は，明治時代以降のことである．

コンブの増殖事業は，天然漁場の維持と新漁場の造成を目的とするが，漁場にコンブの生育を妨げる原因が生じた場合にその原因を取り除く「漁場改良」と，コンブが生育しない海底に新たにコンブが生育できる条件を整える「漁場造成」に二大別される．実際の海底では，底質条件などが入り組んでいることから，コンブの生育状況はきわめて複雑であり，対象とする漁場の環境条件を総合的に判断して効果的な増殖技術が用いられる．基本的な増殖技術は，「着生基質（自然石やコンクリートブロック）の投入」と「雑藻（草）駆除」である．

c.　養　殖

コンブ養殖は，1949年に北海道水産試験場において初めて可能性が実証され，1950年代に入って高級なマコンブの天然生産が不安定化したことから技術開発の要望が強まり，1970年からはじまった．養殖の対象となるコンブは，高品質で昆布業界から需要が多く，生産者にとっても経済性に優れた高価格なマコンブ，リシリコンブ，オニコンブである．

コンブ養殖技術は，必要な期間により，基本となる2年養殖と，養殖期間を短縮した促成養殖に二大別される．促成養殖は，1960年代に北海道区水産研究所により開発され，種苗生産（施設内における成熟藻体からの採苗）から海面での養成（縄や網を海域に展開した施設にお

ける種苗の生育）の期間を，2年養殖の場合の20カ月から10カ月に短縮したものである．2年養殖では，品質は優れるが，期間の長さから採算性の確保が経営上の問題になっている．

（寺脇　利信）

B. ワカメ

ワカメは褐藻類コンブ目コンブ科ワカメ属に属する海藻で，日本では北海道東北部の寒海域，九州・四国南部の暖海域を除いた沿岸に広く分布し，食用として最も利用されている海藻の1つである．同属にはアオワカメとヒロメがあり，両種ともワカメほどは利用されていないが，和歌山県ではヒロメを珍重し，養殖も行われている．

ワカメは両縁に切れ込みをもった羽状の葉部と扁圧した茎を有し，茎は葉の中央部を貫通し中肋となっている．形態には地域により多様性がみられ，藻体が大型で茎が長く，葉の切れ込みが深い北方系ワカメ（北海道や三陸沿岸などの東日本に分布）や，藻体が小型で茎も短く，相対的に幅が広くかつ縁辺部の切れ込みが浅い葉部をもつ南方系ワカメ（本州太平洋側中南部・瀬戸内海・日本海沿岸に分布）など，いくつかの変種・品種も記載されている．

a. 生活史

ワカメはコンブ類と同じく，胞子体世代（無性世代）と配偶体世代（有性世代）の2つの世代をくりかえす異形世代交代型の生活史を有する．食用とされるワカメ藻体は単年生の胞子体世代であり，春から初夏にひだ状の胞子葉（めかぶ）を形成し，夏までに遊走子を放出した後枯死する．遊走子は基質に着生し，微視的な匍匐糸状の雌雄配偶体となり，夏季を過ごす．秋には雌性配偶体は生卵器を，雄性配偶体は造精器を形成し，造精器から放出された精子と，生卵器上に形成された卵との間で受精が行わる．受精卵は発芽し，1カ月程度で肉眼視できる幼胞子体になる．胞子体は冬～春の間に生長して50 cmから1 mを超える藻体となり，成熟する．

b. 増養殖

ワカメの増殖を目的とした投石や磯掃除，母藻移植は明治より行われていたが，その後配偶体の採苗・培養技術が確立し，1960年代後半から人工採苗による養殖が北日本を中心に全国に広まった．

採苗には，① 胞子体から放出される遊走子を，直接種糸を巻き付けた採苗器に着生させる方法と，② 室内培養により遊走子から配偶体を育成したのち，採苗器に着生させる方法がある．① では，採苗後の採苗器を胞子体の幼芽が出現する秋まで屋内水槽中で管理するのが一般的である．また，② では配偶体をフラスコ内で浮遊した塊状に生長させ（フリーリビング配偶体），秋に細断して採苗器に着生させる．いずれも光，温度条件や窒素・リンなどの栄養塩濃度を配偶体の状態に合わせて管理することが必要であるが，これらの条件の制御や作業が容易なフリーリビング配偶体を用いた採苗が主流になりつつある．

胞子体の幼芽が出現したあと採苗器を海中に垂下し，1～2 cmに生長するまで管理する（仮沖出し）．その後種糸をはずし，さらに太いロープ（幹縄）に巻き付けるか，挟み込みを行い，本養殖に入る．

本養殖の施設には，ロープの張り方により垂下式，筏式，はえ縄式などがある．本養殖開始後のワカメの生長は水温や栄養塩濃度などの海況に影響を受けやすく，沖出し時期やロープを張る水深などの調節や，ワカメの生育に合わせた間引きなどの管理を行う．本養殖開始後，2～3カ月後の春季に収穫が可能となる．ロープから刈り取られたワカメは，湯通し塩蔵や灰乾しワカメなどに加工された後，出荷される．

C. ノ　リ

日本の食用海藻で最も馴染みの深いノリは，紅藻類ウシケノリ目ウシケノリ科アマノリ属の海藻類で，古くから栽培されたスサビノリやアサクサノリ，日本海側で岩ノリとして採取されているウップルイノリなどがある．アマノリ属には，食用とされている種以外にも，マルバアマノリ，オニアマノリ，フイリタサなどきわめて多くの種がある．アマノリ属海藻の葉状体は，1層または2層の細胞からなり，その形態は線形，卵形，円形などで，色彩も暗褐色から紅色，緑色と変異に富む．種の同定形質として，形態の他に雌雄性（雌雄同株か異株か）や，生殖細胞の分割数などが用いられているが，単純な体制から種を識別するための特徴が少ないため，DNA 解析が有効である．

潮間帯から漸深帯まで広く出現するが潮間帯に生育する種が多く，これらの種は干出に強く，広塩性である．とくに古くから食用にされていたアサクサノリは，河口域や干潟に生育することも多い．養殖品種としては，スサビノリやアサクサノリから高収穫性のナラワスサビノリ，オオバアサクサノリなどが選抜育種された．とくにナラワスサビノリは，現在全国各地で盛んに養殖されている．

a．生活史

アマノリ類の生活史（図 3.4.10-1）は，大型で葉状体となる配偶体世代（核相 n）と，微小な糸状体（コンコセリス）である胞子体世代（核相 $2n$）をくりかえす異形世代交代が基本であるが，葉状体から無性的に形成され再び葉状体になる原胞子（単胞子）や中性胞子など，多様な副次的繁殖様式が知られている．

葉状体は一般的に秋から冬の低水温期に出現する．葉状体の幼芽期には，縁辺部の栄養細胞がプロトプラスト化して分離し，原胞子となる．葉状体の生長に伴って，やがて藻体縁辺部の栄養細胞が雌雄の生殖細胞に分化する．雌雄性は種により多様であり，多くは雌雄同株であるが，ウップルイノリやコスジノリなどの雌雄異種の種もある．雌雄同株の種では，雌雄の生殖細胞が葉状体上でそれぞれ集中的に形成され，生殖斑となる．生殖斑は種によって特徴的であり，スサビノリの精子嚢斑はくさび形や縦縞状の明瞭な模様となる．

精子嚢は，栄養細胞から変成した精子母細胞

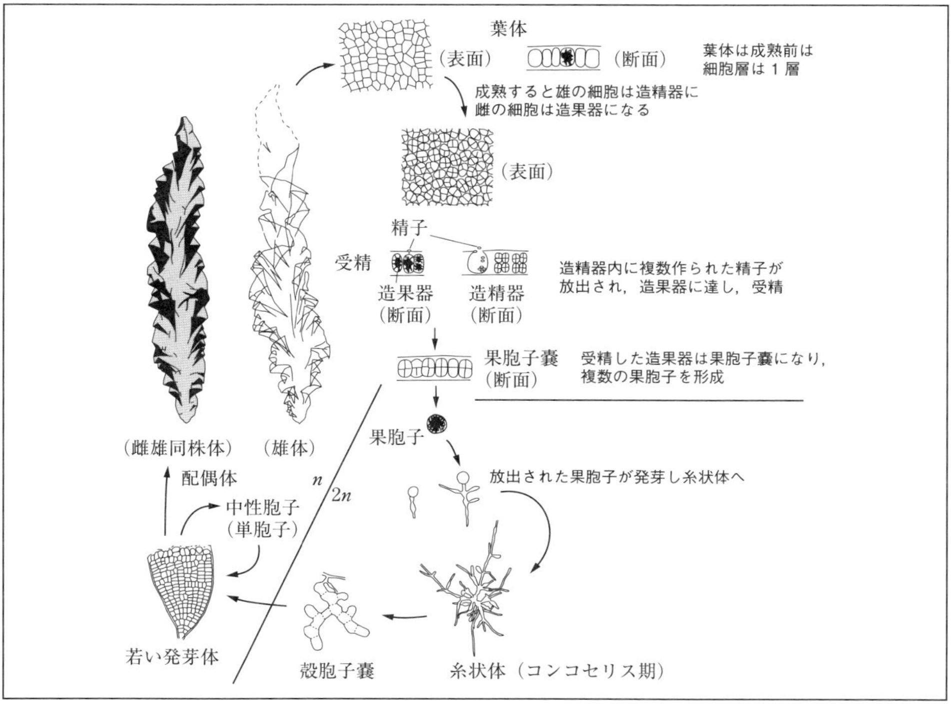

図 3.4.10-1　アマノリ類の生活史（アサクサノリの例）
〔吉田忠生，藻類の生活史集成 第 2 巻 褐藻・紅藻類（堀　輝三編），p.212，内田老鶴圃（1993）より一部抜粋・改変〕

が3次元的に分裂し，1つの精子母細胞から32～128個が形成される．また，同様に栄養細胞から変成した雌性生殖細胞（造果器）は，精子嚢から放出された精子と接合（受精）し，3次元的に分裂して8～32個の接合胞子（果胞子）を形成する．これらの生殖細胞の分裂様式と形成数は種によりほぼ一定であり，重要な分類学的形質となっている．

葉状体から放出された接合胞子は，貝殻などに穿孔し，発芽生長して糸状の胞子体世代（コンコセリス）になる．一般的に，接合胞子は冬から春の間に放出され，夏季は微細な糸状体で過ごす種がほとんどである．培養下では，糸状体は長日条件下でよく生長し，葉状体より生育温度範囲が広く，また好適温度もやや高い．一方，成熟は短日条件下で誘導される傾向がある．夏以降糸状体は成熟し，殻胞子嚢を形成して，殻胞子を放出する．殻胞子が細胞分裂し，発芽する時に減数分裂が起こるとされる．発芽体は生長し，配偶体世代（葉状体）となる．

b. 養　殖

日本ではアマノリ類は古くから利用されており，江戸時代には粗朶（そだ）を用いたひび建てによる栽培が行われていた．ひび建てはやがてノリ網を水平に張る栽培法へと進歩したが，アマノリ類の生活史の全容が不明であったために，天然に放出されるタネの着生に依存した天然採苗の時代が近世まで続いた．1949年にイギリスの研究者により，それまで別の海藻として認識されていた糸状体（コンコセリス）がアマノリ類の胞子体世代であることが発見され，これ以降日本において人工採苗技術の開発が大幅に進展した．

現在のノリ養殖においては，人工採苗が中心である．糸状体の育成は，ノリ漁期の終わりに成熟した葉状体から直接接合胞子をカキ殻に着生させる方法と，フラスコ内に浮遊した状態（フリーリビング）で糸状体を生長させ，細断してカキ殻に着生させる方法がある．夏季の間は，採苗したカキ殻を屋内水槽で光・温度・栄養塩濃度などに留意しながら管理し，糸状体を生長させる．糸状体の成熟がみられる頃，（糸状体上に）形成された殻胞子嚢から放出された殻胞子のノリ網への採苗を行うが，糸状体の生育するカキ殻を，網袋などに入れて野外に設置したノリ網に垂下させる方法や，ビニルシートなどでつくった海面生簀内で採苗する方法（半ズボ式），また機械を用いて殻胞子の懸濁した水槽中でノリ網を回転させ，採苗する陸上採苗法などがある．

採苗したノリ網は数枚重ね，適度に干出を与えながら，幼芽が出るまで海中で育苗する．生育初期の幼芽は原胞子を放出するため，新しいノリ網を重ねることにより，さらに採苗することができる（二次芽取り）．育苗したノリ網は，本養殖（本張り）と，半乾燥状態での冷凍保存に回される．冷凍網については，収穫が終わったノリ網の回収後，順次本張りが行われる．ノリ幼芽の耐凍性を利用した冷凍網技術は，1960年代より開発が進められ，その後急速に普及した．これにより1漁期に複数回の収穫が可能となったほか，天候や海況による生育不振の場合の代替も補償されることとなり，生産量の増加に大きく貢献した．

本張りした1枚のノリ網からは，4～5回ほどノリの生長にあわせて収穫が行われる．本張り期におけるノリ網の展開法には，干潟などに支柱を立ててノリ網を張り，適度な干出を与える支柱方式と，ブイなどで海面にノリ網を張る浮き流し方式がある．1970年前後に普及した浮き流し方式により，海面の広い沖合域での養殖が可能となり，生産量は増加した．しかし，同方式ではノリ網が干出しないため，アオノリや付着珪藻などの競合藻類の着生がしばしば問題になる．近年は，干出を与えることが可能な浮き流し養殖法が開発されている．競合藻の排除については，ノリが酸性に強いことを利用したノリ網の酸処理も行われている．

日本におけるノリ生産量は，板のりにして1960年代で40億枚前後であったものが，1980年代には100億枚を超えるようになった．生産量の増加には，養殖技術の進歩や，機械化の進行，消費の活発化などが関与しているが，養殖が行われている海域の富栄養化も背景にあったことは見逃せない．現在でも，ノリ養殖が活発に行われているのは東京湾や瀬戸内海，有明海などの内湾性の海域である．近年，これらの海域でも栄養塩濃度の低下が進み，養殖ノリの色調が低下する色落ちが，大きな問題となっている．また，沿岸水温が上昇傾向にあり，本来低水温が望ましいノリ養殖の漁期の長さに影響を与えている．このような海の環境変化への対応もこれからのノリ養殖の大きな課題となっている．

（吉田　吾郎）

D. アオノリ類

一般に「アオノリ」とよばれる海藻は，緑藻に属し，佃煮に使われ短冊状の細胞が1層に並んでいる薄い葉体のヒトエグサ属，かけ青のりや粉末青のりとしてお好み焼きなどに利用されるアオノリ属，アオノリ属の代用品アオサ属の種類を指し，インスタント食品への利用の普及により需要が高まっている．

ヒトエグサ属は，江戸時代からの江戸特産品であった佃煮の原料であり，温暖な海域の岩礁帯に広く生育し，主産地が三重，愛知，愛媛などで，昭和初期からアマノリ養殖場の一部でヒトエグサの網を張ってはじまった．

アオノリ属は，主産地が中国・四国地方などで，関東の千葉でも独特の板状に加工したアオノリが生産される．スジアオノリは，高知県四万十川での天然採取が知られ，近年では徳島，岡山，山口，千葉での養殖生産が増えている．

a. 生活史

ヒトエグサ属は，基本的には1年周期で葉体になる配偶体世代（有性世代）と，顕微鏡的な大きさの胞子体世代（無性世代）からなる異形世代交代の生活史を示す．ただし，雌雄配偶子が単為発生する場合も知られ，生活史および胞子体世代と配偶体世代の初期形態の違いから種が分けられている．

アオノリ属には，同型世代交代を行う有性の生活史と，世代交代のない無性の生活史がある．とくに，四国内の高知県四万十川，仁淀川，徳島県吉野川，日和佐川のスジアオノリでは3種類の異なる生活史が知られている．

b. 生　態

ヒトエグサ属は，アマノリ類の藻体とともに潮間帯の最上部の岩礁域に生育し，12月上旬に藻体が肉眼でも確認できるようになり，1月上旬には葉長5～10 cmに達する．藻体は，耐乾性が著しく高く，塩分に対する適応性が高い広塩性で，外海域の高塩分域では小型に，塩分の低い河口域や内湾ほど大型で薄い膜状になる．

アオノリ属も広塩性で，干潮時に淡水となる場所から外海性の場所まで生育する．スジアオノリは，河川内での繁茂時期が冬～春であり，春～夏の降水が少ないと河川内の塩分が高いため，繁茂期間が夏まで延びる．スジアオノリは，ヒトエグサより耐乾性が低く，生育層は深い場所となる．

c. 養　殖

ヒトエグサ養殖は，アマノリ養殖技術を参考にし，ヒトエグサの生態的特性や生活史に合わせて工夫がこらされ完成した．三河湾が発祥地で，1950年頃より盛んになり，アマノリよりも暖海域で可能なことから，中国・四国地方などの日本南西海域の各地へ広がった．

アオノリ養殖は，かつて天然アオノリ採取が行われていたものの，濁りなど河川環境の悪化により天然採取できなくなった地域で多く行われている．徳島県吉野川では，スジアオノリは，過去にアマノリ養殖などの害藻種とされていたが，1970年頃から養殖が開始され，1988年にはほぼ完全に主役に入れ替わった．とくにアオノリ類では，通常の藻体が細断される刺激によって成熟が誘導される現象を人為的に応用した技術により，計画的な採苗が実現した．

（寺脇　利信）

3.4.11　カキ・ホタテガイ

最近，日本ではイワガキ（*Crassostrea nippona*）の養殖に対する関心が高まってきているが，その生産量はまだ少ない．日本の養殖ガキといえば，産業的にも分布量においても今や世界の最重要養殖ガキとなった，マガキ（*C. gigas*）をさす．

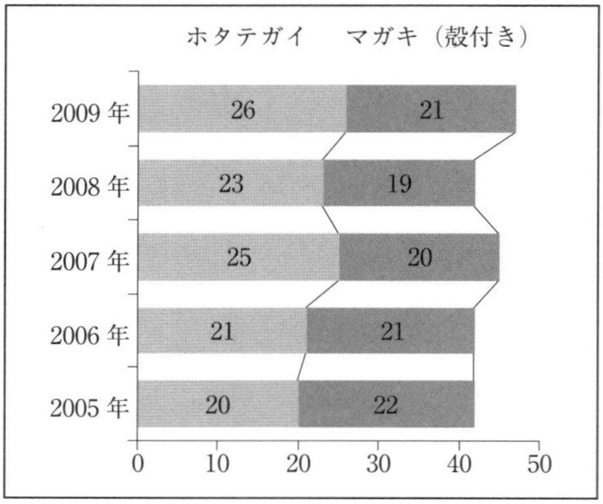

図 3.4.11-1　代表的貝類の生産量の年次推移
両種の生産量はおおむね安定的に推移している．
〔農林水産省，漁業・養殖業生産統計年報（2008 ～ 2010）を参照して作成〕

一方，日本における貝類（養殖・地まき放流・天然採捕）の総生産量の半分以上はホタテガイ（*Patinopecten yessoensis*）のみで占められ，その養殖生産量はマガキと同程度である（図 3.4.11-1）．日本の貝類養殖において大規模に行われているのはマガキとホタテガイに限られる．

A. マガキ

a. 養殖史

（ⅰ）養殖のはじまり

日本はじめ世界各地の貝塚には多くのカキ殻が含まれており，カキが古代人にとっても重要な食料になっていたことがわかる．海岸近くの岩などに付着するカキは発見しやすく逃げられることもないため，原始の人々にとって採捕は容易だったはずである．また，古代人もその魅力的な味わいと滋養強壮の効能に引きつけられていたと考えられる．このように，カキは人類の伝統的なシーフードとして尊重されてきたが，やがて 4 世紀の末頃に帝政ローマで初歩的ながら垂下養殖されるようになった．近代に至って人口増加により海域が汚染され，そのために汚損されたカキの浄化法が真剣に検討されるなど，カキはまさに水産増養殖の思想のみならず，ひいては海洋環境保全の思想をも生み出す源となってきた．

日本のマガキ養殖は天文年間（1532 ～ 1555）に広島湾ではじまり，その方法は石付き養殖か，枝付きの竹などを用いた原始的なひび建て養殖であったらしい．やがて本格的なひび建て養殖法が開発されてマガキ養殖業はいよいよ盛んになり，カキ船による消費地への産直方式がとられるまでになった．さらに，貞享年間（1684 ～ 1688）の記録には広島湾のマガキが東北地方にまで移植されたとある．

（ⅱ）養殖法の変遷

その後も 1950 年頃までは，干潟において，ひび建て，杭打ちおよび地まきによる養殖が旧態依然として行われていた．一方では，1920 年代の前半に筏式養殖法が実用化された結果，干潟より深い海域にも養殖適地が拡大し，また干潟の簡易垂下法もさらに発達してマガキ養殖は全国的産業に発展した．従来，養殖に適さないとされていた三陸地方の内湾が新たに開発され，宮城県だけでも 1950 年代前半には日本全体の 30％以上に及ぶ生産をあげることも珍しくなかった．さらに，1952 年頃のはえ縄式養殖法の導入により波が高い沖合漁場も開発され，生産が飛躍的に伸びた．

（ⅲ）種ガキの輸出

1920 年代の前半はまた，宮城県産マガキの種苗が北アメリカの太平洋岸へ輸出されはじめ，マガキが単なる日本の養殖ガキから世界の最重要養殖ガキへの地位を確立しはじめた転換期である．さらに，1965 年から 16 年間にわたってフランスへも空輸された．その結果，各々の国の新たな産業重要種として定着し，現在では北アメリカ・フランスに限らず，南アメリカ，ヨーロッパ，オセアニアなどでも現地生産された宮城県産マガキの子孫が食されている．

一方，日本と同様に古くからのマガキ生息地である韓国・中国では，日本における筏式養殖とそれに続くはえ縄式養殖の発展に触発されて，マガキの養殖生産量を増加させた．とくに，中国における新養殖場の開発が著しく，生産量は日本・韓国を大きく上回るようになった．

b. 天然採苗・抑制・本垂下

（ⅰ）天然採苗

マガキは卵がそのまま産み出されて体外で受

精する，いわゆる卵生型のカキである．まれに雌雄同体もみられるが，ある繁殖期における成体の性はよく分離されており，機能的には雌雄異体である．栄養条件などによって性転換しやすい．天然採苗による種ガキ生産の母貝群はおもに養殖ガキで，産卵量は養殖場の施設数や養殖密度，また年齢によって決まる．

産卵の好適水温は 23 ～ 30°C で，25°C 以上に達したとき（宮城県では 7 月上旬～ 8 月）が最もよく，これらの期間に 2 ～ 3 回の産卵が行われる．産卵は水温の上昇や降雨による塩分濃度の低下，あるいは精子海水などによって刺激される．生殖巣を十分に発達させ，良好な産卵をするために要する積算温度（有効生殖巣発達積算温度）は，松島湾のマガキの場合，10°C を基準として 600°C である．この 10°C は冬季に退縮していた生殖巣中の精原細胞・卵原細胞の分裂増殖がはじまる春季の水温をさす．

2 ～ 3 週間の浮遊期を経た幼生をホタテガイ貝殻もしくはカキ殻（主体はホタテガイ貝殻）でできた採苗器に付着させる．殻の中央に穴を開けたこれらの殻（原盤）を，長さ 2 m の 15 または 16 番の針金（半鋼線）に 80 枚程度通す．このとき，貝殻が互いに接触しないように長さ 1 ～ 3 cm の塩化ビニル管（スペーサー）を殻と交互に通しておく．幼生の出現状況をみながら 7 月から 9 月にかけて採苗器を垂下する．垂下方法には，① 簡易垂下式，② 筏式，③ はえ縄式があり，簡易垂下式は比較的浅い場所，筏式は前者よりも深い場所，はえ縄式は外洋部で行われている．

（ii）抑　制

抑制処理とは，幼生が付着した採苗器を，浅海域に杭を打ち込み横竹をとりつけた固定柵に平均水面程度の高さになるように置き，種ガキの成長を抑えることをいう．これは採苗が終了した 9 月から翌年の春まで行われる．この方法は「床上げ処理」ともよばれ，これによって干出時間が長くなり，したがって摂餌時間が短縮される．また，寒風にさらされることにより，成長，肥満が抑えられた丈夫な貝殻をもつ抑制種ガキが得られる．このような種苗は本垂下に入った後の成長がきわめて速く，環境変化に対する抵抗力が強い．

（iii）本垂下

本垂下は，抑制処理された種ガキの原盤を針金からはずし，新しい針金に 20 cm のスペーサーと交互に通し直すか，垂下綱に 20 cm 間隔ではさみこみ，長さ 10 m 近くになった連を垂下し育成することをいう．

垂下方法は天然採苗のところで述べた 3 種類と同じである．筏式における筏 1 台の大きさは広島湾では 20 m × 10 m，仙台湾では 9 m × 4.5 m が主流である．広島湾では筏 1 台につき約 600 本，仙台湾では小型のため約 160 本程度吊るしている．はえ縄式は浮樽で浮かせた化繊ロープに垂下綱を吊るす方法で，その規模は 1 台で約 100 m あり，これに約 360 本吊るす．浮樽の両端に桁綱を平行につなぎ綱の両端をアンカーで海底に固定することにより，耐波性が増し，波浪の高い湾口や外洋部での養殖を可能にした．

c. シングルシードと三倍体

（i）シングルシード

卵生型のカキであるマガキでは，発達した生殖巣を切開して得た卵と精子を混合するだけで容易に受精できるので，人工採苗場でもこの切開法によって採卵する．殻高が約 270 μm を超える成熟幼生（変態期幼生）になると，足および 1 対の眼点があらわれ，基質に付着可能な状態になる．このときに成熟幼生より小さい直径約 200 μm のカキ殻粒を基質として用いて，これに 1 個体だけ付着させたものがシングルシードである．

シングルシードは海中に垂下された網かごで育成され，成長にあわせてさらに大きな網目の網かごへ移され養殖される．殻内容積が大きく，身入りのよい一粒ガキが得られ，生食用としての評価が高まっている．

（ii）三倍体

倍数体をもつ動植物は天然にも存在するので，三倍体ガキは遺伝子組換え生物（GMO）として扱われない．マガキの三倍体の生産はアメリカ・フランス・オーストラリアなどで盛んに

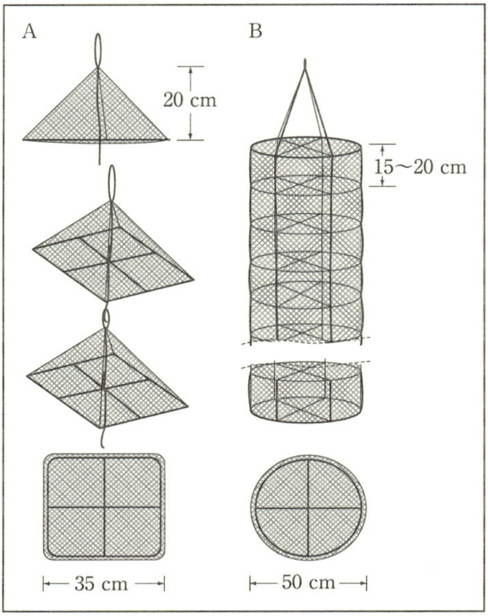

図 3.4.11-2　パールネットと丸かご
A：パールネット（ザブトンかご），B：丸かご（アンドンかご）．

行われ，一定の市場性を確保しているが，日本では種苗生産量を限定しながら広島県でのみ実施されている．

三倍体マガキには2つの利点がある．1つは，完全不妊とはいえないが，ほとんど不妊になるので，普通の二倍体よりも性成熟・産卵に伴うグリコーゲン消費がはるかに少なくてすむ．したがって，周年を通して良好な成長・身入りが維持され，商品価値が高まる．もう1つは，性成熟・産卵に伴う生理的活性の低下が抑制されるので，夏季の大量斃死の発生が少なくなる．これらの利点により，今後日本においても三倍体マガキの生産拡大が見込まれ，とくに生食用として「三倍体の一粒ガキ」の消費拡大が期待されている．

B.　ホタテガイ

a.　養殖史

ホタテガイ養殖に初めて成功したのは，1958年，岩手県山田湾でのカキ養殖筏を用いた耳吊り養殖である．耳吊り養殖は，外耳部にドリルで1.4〜1.7 mmの穴を開けて，そこにテグスまたは「アゲピン」とよばれる特殊なピンを通して垂下縄につなぐ方法である．1本のテグスまたはアゲピンに2個体ずつ，そして1本の垂下縄には130〜150個体のホタテガイが耳吊りされる．この方法は，作業に手間がかかり，貝に付着物が付きやすいが，成長がよく，資材費が安くつく．1964年には青森県陸奥湾で中層はえ縄施設による耳吊り養殖が成功した．

一方，1964年に陸奥湾の漁民が，付着基質としてのスギの葉にタマネギ袋をかぶせた採苗器を開発したことにより，安定的な採苗が可能になった．その後，スギの葉のかわりにネトロンネットや古網が使われるようになり，ホタテガイ採苗器として定着した．また，殻長が6〜10 mmになると採苗器から振るい落としてパールネット（ザブトンかご）に移しかえて3〜6 cmの大きさまで成長させる中間育成技術が確立した．

1968年以降には，本垂下方法として，耳吊りのほかに丸かご（アンドンかご），開閉式ネット，ポケットネットなどによる方法が加わった（図 3.4.11-2）．その結果，陸奥湾では急激にホタテガイ養殖が進展し，その後，北海道，岩手県，宮城県でも盛んになった．

これらの発展には耐波性のある中層はえ縄式垂下養殖施設の導入が大きく貢献している．オホーツク海沿岸での地まき放流（増殖）も，タマネギ袋型採苗器，パールネットによる中間育成の導入により，1975年頃からサロマ湖で生産された種苗を使用して実施されるようになった．続いて，隣の能取湖でも安定した種苗生産が可能になった．

b.　天然採苗・中間育成・本養成

（i）耐波養殖施設

ホタテガイは本来40 m以浅の海底で自由生活をする二枚貝である．跳躍運動と振り子運動を組み合わせて遊泳することもある．このような底生生物を人為的に垂下させることによって成立しているのがホタテガイ養殖である．したがって，垂下中の激しい振動によって貝どうしが衝突し，外套膜を損傷しあう危険が常にある．それゆえ，ホタテガイ養殖においては，波静かな内湾でカキ養殖筏を用いて行う耳吊り養殖を除けば，すべての生産工程を通じて同じはえ縄式の施設が使用される．

基本的には，はえ縄施設全体を海の中層に沈めることによって，はえ縄，垂下かご，そこに収容されているホタテガイに直接波浪の影響が及ばない構造になっている．幹縄（みきなわ）は表面浮子で海中に吊るされ，その間をやや小さい中間浮子で幹縄を中間層に浮かし，幹縄の両端をアンカーで海底に固定している．幹縄の長さは100 mのものから400 mを超える施設まである．

（ii）天然採苗・中間育成

天然採苗は，約40日の浮遊生活を送った付着期の幼生を前述のタマネギ袋型採苗器に付着させて採取する工程をいう．採苗器を4〜6月に中間層に沈めた幹縄に吊るして採苗する．

中間育成は，7〜8月に1 cmまでに成長した稚貝を採苗器から採取し，パールネットに分散，収容してはえ縄施設の幹縄に垂下する工程をいう．パールネットのほかに丸かごが使われる場合もある．パールネットの場合，採苗器から採取した稚貝を1枚あたり100個体程度収容し，2カ月ほど経過した時点で再度1枚あたり20個体程度になるよう分散させる．

（iii）本養成

本養成は翌年の1〜4月に5 cm以上に成育したホタテガイをかごに収容するか，垂下縄に直接耳吊りすることによって出荷サイズになるまで垂下養殖する工程をいう．収容するかごには丸かご，ポケットネット，ハウスとよばれるものが使われる．丸かごには1段あたり10個体程度，ポケットネットには1段あたり6個体程度収容する．

かご養殖，耳吊り養殖のいずれも，はえ縄式養殖施設に垂下され，半成貝（4〜6月に出荷される1年貝），新貝（7〜12月に出荷される1年貝），そして成貝（2年貝以上）として周年出荷されていくが，出荷のピークは4〜9月である．

C. 過密養殖と自家汚染

日本におけるカキ・ホタテガイ養殖場の自家汚染問題は，垂下養殖の展開とともに慢性化し，かつ深刻化しつつある．その本質は，流動性の少ない内湾の海水が富栄養化する状況下で，過密養殖が継続的に行われてきたところにある．このような状況下の海水はすでに自らを浄化する機能を失い，その海底にはこれら二枚貝の糞や偽糞が堆積し，ヘドロ化し，酸素が足りずに有害物質発生の原因となっている場合が多い．この問題の解決には，まず過密養殖をやめることが重要である．次に，浚渫による堆積ヘドロの除去や，外海と湾内との間の海水交換改善によるヘドロの湾外流出が必要である．海水交換の改善には，垂下養殖施設の配置の見直しや作澪が有効である．

（森　勝義）

3.4.12 アコヤガイ（真珠貝）

アコヤガイは，輸出水産物としても重要な位置を占める養殖真珠を生産するための母貝として，西日本で養殖されている．生活適水温は13〜25℃で，この範囲では水温が高いほど代謝機能が盛んである．8℃以下または28℃以上では斃死が多くなる．塩分が低下すると生理機能に変調をきたし，10〜14以下が続くと危険である．酸素欠乏の影響は0.2 mL L^{-1}程度以下になると致命的である．暖流域の内湾海底に生息する二枚貝であるが，かごに入れ，筏から水深2〜5 mに垂下して養殖されている．筏には木枠式やはえ縄式などがあり，工程や漁場により使い分ける．養殖かごも工程に応じいろいろなものが使用される．

A. 種苗生産

種苗は，天然採苗と人工採苗で生産されているが，人工採苗が増加傾向にある．

a. 天然採苗

浮遊幼生が着底する習性を利用して採苗器を海中に吊るして行う．採苗器は，長さ1 mほどのスギ葉の小枝が多く用いられ，設置場所は湾口が狭くて湾奥が広いような水域で，潮流のあるところがよい．産卵は6月にはじまり，7〜8月が盛期で，9月頃まで続く．産卵から付着まで2週間ほどで，浮遊幼生の出現状況を見きわめて採苗器の投入時期を決める．数mmのころに稚貝のついた採苗器ごとちょうちんかごに収容し養殖する．

b. 人工採苗

1980年代から，天然より早い冬～春に大型母貝を生産することを目的に，はじまった．1990年代からは，感染症対策や真珠品質改良などの品種改良も目的になっている．2月頃に栄養源であるグリコーゲンを十分蓄え，かつ真珠生産に向いた優良貝を選別し，水槽内で加温飼育して成熟促進を図る．採卵は昇温や紫外線照射海水などの刺激による「誘発産卵法」と，生殖巣を切開する「切り出し法」があり，親貝の再利用が必要な場合は前者が行われる．切開により得た卵や精子はアンモニア添加海水中で処理して人工授精する．浮遊幼生の飼育は1～数トンの水槽で行う．プランクトンネットを張った篩による換水，投餌などの作業をほぼ毎日行う．餌は培養した珪藻（キートセロス属）と鞭毛藻（パブロバ属）を混ぜて用いる．2週間ほどでプラスチック網地の採苗器に付着させる．殻長約1mmまで水槽で飼育後，採苗器ごと網目の細かいかごに収容し海に出して養殖する．

B. 母貝養成

殻長5～10mmに成長した稚貝は，採苗器からはずして適当な網目のちょうちんかごに収容し母貝に育成する．殻長40～50mm頃までの成長はとくに速く，収容密度が成長に大きく影響する．包丁様の器具によるフジツボ類，カサネカンザシ類，貝類，コケムシ類などの付着生物の除去（貝掃除）や，成長に応じた選別と適当な網目のかごへの入れ替え，淡水や濃食塩水漬浸による付着生物の除去などの作業を適宜行う．殻長約50mmから丸かごに収容し，さらに大きくなるとポケットかご，ブランコかご等と称するかごに並べて貝掃除も高圧噴射水装置のついた機械で効率的に行う．水温，塩分，酸素量等海況の変化や赤潮あるいは魚類等食害動物への対策もとられる．採苗の翌年に殻長約60mm，体重約25gになれば真珠生産用母貝となる．

C. 真珠養殖

真円真珠の養殖技術は日本で発明され，世界に広まった．真珠質を含む貝殻は外套膜から分泌されるが，体内に移植された外套膜組織は貝殻と同じ原理で真珠質を分泌する．球形の核を外套膜片（ピースまたは細胞とよぶ）と密着させて貝の体内に移植して，その貝を養成する．移植された外套膜から真珠袋という組織が核をおおうように形成され，真珠質が分泌されて真珠が形成される．真珠養殖の作業は，順を追って「仕立て」，「挿核手術」，「養生」，「珠貝養成」，「浜揚げ」の工程に大きく分けられる（図3.4.12-1）．

a. 仕立て

挿核手術を行う貝（母貝）の体調を整える処置を総称して，仕立てという．仕立てられた貝は無処置貝にくらべ，術後の回復が早く，真珠の歩留まり，品質もよい．仕立ての生物学的意義は，成熟・産卵その他の生理活動の調節である．生殖巣には核が挿入されるので，卵や精子があると手術に支障があるうえ，できる真珠も良質なものが少ない．そこで後述のように人為的に成熟を抑える（卵止め）か，産卵させる（卵抜き）処置がとられる．さらに，生殖巣の状態にかかわらず，貝の活動を抑制することも重要な内容である．

実際の仕立て作業は，海水交換が少ない箱状の抑制かごに高密度で貝を収容して，貝の生理状態を常に点検する．この間，足糸を切り，かごの詰め替えなどを行うことで生理活動を徐々に下げる．よく仕立てられた貝は開殻しやすく，足の色が淡く膨らみがあり，さらに刺激に対し感受性が鈍い．

秋からはじめて翌年の春まで行う方法と，春にはじめる方法の2つがある．秋からの仕立てでは，冬の間に高密度状態で成熟を抑制し（卵止め），生理状態を低下させた貝を春～初夏の挿核手術に使う．一方，春からの仕立ては夏以降の手術に用いるもので卵抜きと生理的抑制を短期間で行う．成熟した貝を高密度に収容した卵抜きかごを一定期間深層に吊り下げた後，表

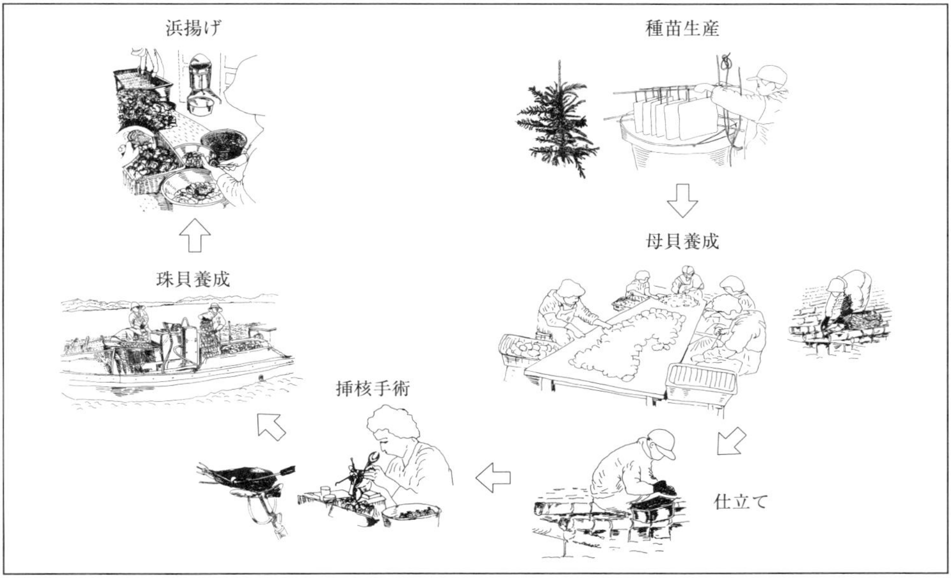

図 3.4.12-1　アコヤガイ真珠養殖の工程
〔和田克彦，真珠をつくる，p.45，成山堂書店（2011）より一部改変〕

層へ移すなどの環境の急変により産卵を誘発（卵抜き）し，同時に生理活動を下げていく．抑制かごと卵抜きかごは総称して仕立てかごとよばれることもある．

b. 挿核手術と養生

仕立てられた母貝は手術前に開殻できない程度に収容し（貝立て），手術直前に室内にもちこみ海水中でゆったりさせると開殻するので，木の栓を挿入して手術に備える（栓さし）．ピース（外套膜片）の採取は真珠質の分泌が盛んで色目のよい貝（ピース貝）を選別し外套膜の縁辺部をはさみで切り取り，貝殻に接する方（表面）の粘液をガーゼでぬぐう．周縁に沿った色素線を中心に数 mm 四方のピースにメスで切る．母貝の栓をはずして殻を開口器で開殻しヘラで鰓をかきわけ，内臓部の観察で手術に向く貝を選別し貝台に固定する．足の基部から先導メスで内臓部まで切り通路をつけ，ピース針でピースを挿入する．次いで挿入器でイシガイ類の厚い貝殻でつくった核を挿入し，ピースに密着させる．このときピースの表面が核に接していなければならない．挿核技術のでき，不できは真珠生産にとくに重要で，熟練を要する．核の挿入数は 2 個入れが多いが，貝と核のサイズに応じて 1 〜 8 個入れもなされる．核は輸入された殻の厚い淡水二枚貝の殻を研磨して球形にしたもので，直径の順に細厘珠（3 mm 以下），厘珠，小珠，中珠および大珠（8 mm 以上）に分けられる．

手術貝（珠貝）は，養生かごに平面に並べ体調を回復させるため静かな海面で吊るし，斃死貝や核が体外に出た（脱核）貝を除く．この養生は，傷が治り真珠袋が正常に形成されるために重要である．

c. 珠貝の養成

養生後，ポケット式，ブランコ式などの「かご」に入れかえ，養成筏に移す（沖出し）．貝掃除や海況に応じた移動などの母貝同様の管理，とくに赤潮，冬季低水温（避寒），低塩分等への対応がとられる．養成期間は手術の年の冬までであるが，大珠や真珠質の分泌を多くする場合は，翌年の冬まで続ける．真珠の採取（浜揚げ）前に，光沢を増すために陸水の影響を受け，水温が適度に下がるような漁場に移す「化粧巻き」または「仕上げ」という作業は，真珠品質向上に重要である．

d. 浜揚げ

真珠の光沢は水温の下がる秋から冬にかけて次第に良くなるので，11～1月に浜揚げが行われる．ナイフで右殻をはずし，閉殻筋を食用にとり，左殻の肉片から真珠をとりだす．大珠は1個ずつとりだすが，中珠以下は肉をまとめて粉砕機で海水に溶解し，底部に沈んだ真珠を収穫する．食塩で表面を磨き商品になる真珠を選ぶ．

日本ではアコヤガイ真珠が主流であるが，マベ，クロチョウガイ，シロチョウガイ，アワビなどの海産種，イケチョウガイ，ヒレイケチョウガイなどの淡水種からも，それぞれ独特の方法で真珠が生産されている．海外での生産が増えて，シロチョウガイ，クロチョウガイやヒレイケチョウガイの真珠の日本への輸入と加工品の輸出が多くなっている．

（和田　克彦）

3.4.13 ウナギ

ウナギの養殖は，明治のはじめに東京深川ではじまったとされている．最初はシラスウナギからではなく，やや成長したものを種ウナギとして大きな池で養成する方法であった．その後，1920年（大正9年）に愛知県がシラスウナギを種苗とする方法を導入し，現在の養殖法がはじまった．

A. 種　苗

種苗となるシラスウナギ（0.2 g）は，12月から次の年の3月にかけて，南日本の沿岸や河口付近で日没後に光で集めて網を使って採捕する．資源保護のため，採捕には都道府県が定めた漁業調整規則による特別採捕を申請し，許可をとる必要がある．申請には漁業組合員であることなどの条件がある．

シラスウナギの漁獲量は1970年頃には100 tもあったが，その後減少し1980年からは50 t以下になり，その減少に伴い1997年には1 kgの価格が100万円になったこともあった．さらに最近では漁獲量が10 t以下となっており，2012年には1 kgの価格が200万円にもなっているなど，養殖経営に大きな負の影響を与えている．シラスウナギ資源の減少を解決するため，1961年から人工種苗の研究が開始された．

B. 養成法

以前は素掘りの露地池養殖が行われ，養殖池は1,000～3,000 m^{2}と大きく，水温は自然のままであった．餌は沿岸で漁獲されるアジ，サバ，イワシなどの鮮魚を与えるか，一度煮てから与えていた．シラスウナギの元池（1番池ともいう）入れからとりあげまでには1年半から2年もかかり，病気にかかることも多く生産性が低かった．ところが1970年代になり，農業でのハウス栽培が実用段階になった頃から，コンクリート池をビニールシートでおおったビニールハウスの加温式養殖（通称ハウス養殖）が主体となった．

種苗のシラスウナギ30～50 kgを深さ50 cm程度，広さが50～100 m^{2}の元池に入れる．飼育水はやや温かい地下水を使用し，重油で池の水温を1日に1～3°Cずつ上げて26～30°Cにする．餌付けには昔はイトミミズを使っていたが，近年では専用の餌付け用の配合飼料を使う．餌付けに10日ほどかかり，その後20日間ほど飼育すると2～3 gに成長したウナギには黒色色素が発達し黒っぽくなる．これらをクロコとよんでいる．次に，元池で育てた養成原料を150～200 m^{2}の2番池とよばれている養成池に移す．水深は50～80 cm程度と浅く，中央から排水する．餌はウナギ用の配合飼料を用い，それに油（フィードオイル），ビタミンやミネラルなどの添加物を加え，1日に2回，体重の2%を目安に与える．この養成中に選別を行い，大きいものは3番池に移すこともある．このように大きさをそろえる選別をくりかえし，その年の丑の日までに200 g程度までに成長させて出荷する．

出荷できるまで成長させたウナギを成鰻といい，4尾1 kgの大きさのものを4Pとよんでいる．丑の日までに出荷する大きさに成長しなかったウナギは，その年の暮れから翌年の正月までに出荷サイズに成長させる．養成期間を短くするポイントは早期のシラスウナギの確保と飼育水温にある．ハウス養殖の生産量は20～40 kg m^{-2}と高く，昔の露地池養殖の10倍以上である．現在の養成法では水質管理も行われ，出荷できるまでの歩留まりは90％以上と非常に高い．

C. 出　荷

出荷サイズまで成長した成鰻は網でとりあげ，集荷場へ運ばれる．そこで胴鰻とよばれているかごに入れ，それらを水通しがよく，水温が低いところにしばらく置く．この作業を活しめといい，泥を吐かせたり臭みをとるために行う．次に，簡単な木製の水路に水とウナギを流しながら，人手で大きさを選別し，10 kgずつ小型のざるに入れる．ざるは10段ほど積み重ねられ，上から冷水シャワーをかけ流し，出荷を待つ．この場所を，ざるを立てて保管することから立て場とよんでいる．

活魚はビニール袋に10 kgずつ入れ，水と氷を入れて酸素を吹き込みカートン箱につめて送る．出荷のしかたは昔とあまり変わらない．最近では，生産地で製品までに加工して市場に出すこともある．これらのウナギには製品検査が行われ，原産地表示をして出荷する．

D. 生産量と輸入量

日本のウナギ生産量は1990年頃までは年間4万tであったが，種苗であるシラスウナギ資源の減少とその価格高騰により生産量がしだいに減少し，2005年には2万tを割っている．現在，最も生産量の多いのは鹿児島県(7,440 t)，続いて愛知，宮崎，静岡の順である．

国内生産量の減少に伴い，1990年頃からはそれまで多かった台湾からの輸入が減少し，それにつれて中国からの輸入量が増加して2000年には10万t近くになった．中国からの輸入の種苗はニホンウナギではなく，ほとんどがフランスから輸入したヨーロッパウナギであった．しかし，ヨーロッパウナギの資源減少も問題となり，さらに2007年6月にはこれらのシラスウナギがワシントン条約の規制対象となって原産国の許可なく輸出できなくなり，ヨーロッパから中国への輸出が減少している．その影響で日本の2008年の中国からの輸入量は3万4千tになった．また，台湾も11月から翌年の3月31日までシラスウナギの輸出禁止を決定し，日本のウナギ養殖にはさまざまな影響を及ぼしている．

シラスウナギの減少や価格の変動は養殖経営にも影響し，1970年頃の経営体数3,000が現在では500以下となっている．

E. 人工種苗

シラスウナギの資源減少を憂慮し，1960年頃から大学や県水産試験場で人工種苗の研究が開始された．1973年12月，世界で初めてウナギの人工ふ化に成功した(北海道大学)．その後も各研究機関で精力的な技術開発が進められたが，ウナギ仔魚のレプトセファルスの育成には成功しなかった．

この人工種苗の研究が開始され30年ほど経過した1999年5月に，水産庁養殖研究所で初めて人工的にレプトセファルス(葉形仔魚)の育成に成功した．この成功にはアクリルのボール型飼育装置の開発とレプトセファルスに嗜好性がある，サメ卵粉末をベースにした飼料の開発が深くかかわっていた．その後も養殖研究所(現在　増養殖研究所)では技術開発が続けられ，2003年5月に世界で初めて人工的にシラスウナギをつくることに成功した．しかし，まだシラスウナギの大量生産には成功していない．大きな問題は，効率的に与えられる栄養価の高い餌の開発である．

一方，ニホンウナギの産卵場調査も古くから行われてきたが，産卵場は不明であった．1991年東京大学海洋研究所の白鳳丸の航海で，マアリアナ海域でレプトセファルス911尾を採集することに成功した．その結果，ニホンウナギはマリアナ海嶺のスルガ，アラカネ，パスファインダーの海山付近で，しかも新月の夜に産卵することが明らかとなった．

さらに，2008年と2009年には産卵場近くで水産庁の調査船などが，産卵にかかわったと考えられる雌雄親魚の捕獲に初めて成功した．この結果は，不明なニホンウナギの産卵の仕組みや産卵生態の解明に役立つとともに，人工種苗生産の技術開発をさらに進めると期待されている．

（廣瀬　慶二）

3.4.14 アユ

アユの養殖および種苗生産には，天然種苗〔両側回遊型アユ（いわゆる海産アユ）と陸封型アユ（おもに琵琶湖産）〕と人工種苗が用いられる．両側回遊型アユは海で採捕後に淡水馴致を行い，そのあと養殖･放流用として育成される．採捕時期は2～4月が多い．琵琶湖産アユは採捕後，そのまま養殖・放流用種苗として飼育されるものと，一時的に蓄養（餌付け）されたあと，養殖・放流用種苗として出荷されるものがある．琵琶湖は淡水湖なので，淡水馴致の必要はない．採捕時期は11月と2月以降となっている．

A. 採卵とふ化

人工種苗の生産には，河川採捕の天然親魚あるいは養成親魚を用いる．天然親魚は秋に産卵場で捕獲した魚を熟度鑑別後，適熟の雌親魚を捕獲当日に採卵に供する．養成親魚は過熟卵への進行を防止するため，少なくとも1日おきに熟度鑑別を行う．採卵は乾導法による人工授精が一般的であるが，最近では人工精漿による培養精液を用いる方法が一部で行われており，乾導法にくらべて良好な発眼率成績が得られている．

採卵数は魚体重に依存し，通常，10,000～50,000粒を採卵できる．受精卵は産卵巣であるシュロブラシまたは濾過材に用いる化学繊維（商品名：サランロック）に付着させる．その後は淡水流水中で管理する．

ふ化適温は12～20℃，受精後14日前後（16℃）でふ化する．

B. 仔稚魚飼育

ふ化仔魚は人工海水または海水で飼育する．種苗生産施設の立地条件から，人工海水は内陸部で，海水は沿岸部で利用されている．したがって，人工海水を使用する場合は循環濾過飼育，海水では流水飼育となる．水質管理が煩雑な人工海水の場合にくらべ，その必要のない海水飼育の方が飼育成績は良好とされる．

ふ化仔魚にはシオミズツボワムシをふ化1日後から給餌する．シオミズツボワムシは配合飼料単独給餌の時期まで投与を継続する．アユの成長に伴い，ふ化30～50日後からアルテミア幼生を併用する．配合飼料の給餌はふ化10日～14日後から徐々に行う．配合飼料単独で飼育可能となるのはふ化後60～90日（全長30～40 mm）である．その間の飼育水温は15～20℃で行う．

C. 淡水馴致および成魚飼育

ふ化後100～150日を経過して，魚体重が0.5 g程度に成長すると，飼育水の淡水化を行う．淡水を少量ずつ注入して5～20日間で飼育水を完全に淡水化する．

淡水馴致後，内陸部の種苗生産施設では流水飼育に移行するが，淡水の確保がむずかしい沿岸部では，中間育成施設へ移動することが多い．人工種苗の多くは河川放流用として出荷される．以前は5 g前後で出荷されていたが，最近では冷水病対策上，10 g以上で出荷されることが多い．

淡水化後の飼育適温は15～25℃であるが，活発に摂餌する20℃以上が望ましい．最近では，魚病対策上，飼育用水は地下水を用いる養殖場が多い．注水量は換水率にして1時間あたり0.3～2回程度の水量が必要である．また，アユが健全に活動可能な溶存酸素量の臨界値は，3.5～4.5 mL L^{-1}とされる．したがって，注水量が少ない場合は，溶存酸素量の不足を補うために水車などの曝気装置を使用する必要がある．

D. 出荷

飼育池は八角形のコンクリート製，自動給餌機を使用した給餌が一般的である．食用魚として出荷される場合の魚体重の多くは60～120 gである．雄は成熟の進行により体色黒化して商品価値が低下するため，その前に出荷されることが多い．雌は子持ちアユとして出荷するため，ある程度卵巣が発達するまで養成する場合もある．

（中居　　裕）

3.4.15 サケ・マス

サケ・マス類の中で日本における養殖対象魚種には，内水面でニジマス，サクラマス（ヤマメ・アマゴ），イワナ，イトウ，コレゴヌス，ヒメマスがあり，全国の広い範囲で養殖が行われている．また海面においては，ギンザケの網生簀養殖が東北地方で行われている．一方，過去に試みられたサクラマスの網生簀養殖は拡大しなかった．

増殖対象魚種としてはシロザケ（サケ），カラフトマス，サクラマスがある．ギンザケ，マスノスケは，増殖の試みが試験的には行われたが増殖対象魚種としては定着しなかった．ベニザケはわが国が分布の南辺域にあたるため，支笏湖や十和田湖などに陸封型のヒメマスとして生息している．

同じサケ・マス類でも養殖と増殖ではその生産手法に大きな差があるため，ニジマスを代表魚種とする養殖対象魚種と，シロザケを代表魚種とする増殖対象魚種に区分して記載する．

A. 養殖対象魚種

養殖対象魚種の代表魚種であるニジマスは北アメリカが原産地であり，明治時代に数回にわたり日本に移植されたのち，内水面養殖におけるサケ・マス類生産量の約 60%，内水面養殖生産高の 20%程度を占める主要な養殖対象魚種となった．漁業・養殖業生産統計年報における 2010 年の内水面養殖でのニジマス生産量は全国で 5,963 t，県別での生産量では静岡県が 1,566 t，長野県が 881 t，山梨県が 677 t となっている．同年のニジマス以外のその他のマス類の生産量は 3,200 t であった．過去において北アメリカ，ヨーロッパ向けを中心として行われていた輸出は，現在皆無である．

a. 親　魚

養殖対象魚種のサケ・マス類は，いわゆる完全養殖の技術が確立されており，親魚を池中で育成し，採卵，ふ化，稚魚生産を行い，商品サイズまで完全に人工管理下で生産を行うことができる．ニジマスにおいては過去には年 1 回であった採卵も光周期の調節や選抜育種による効果で，現在はほぼ通年，卵を入手することができるようになっている．

ニジマスは，雄では満 2 歳魚，雌では満 3 歳魚以上の個体が親魚として使用される．親魚育成時の水温は 5 ～ 13°C が目安とされ，それ以上の水温では産出される卵の受精率が低下するとされている．親魚の育成には長期間を要することから，親魚を育成し採卵する経営体と食用魚の育成をする経営体は異なることが多い．池中で管理されるニジマス親魚には採卵前まで給餌が行われる．成熟期には，熟度の判定を効率的に行えるように親魚は大型の池から小規模の池に移動させ，雌雄別に管理される．他の養殖対象魚種でもほぼニジマスと同様の親魚管理が行われている．

b. 採卵とふ化

ニジマスでは春卵，夏卵，秋卵など年間に複数回の採卵が行われている．イワナ，サクラマス（ヤマメ，アマゴ）では生産量も少ないことから年 1 回の採卵が行われている．海面における網生簀用の種苗生産として，少量ではあるがギンザケの採卵も行われている．ギンザケでは従来は北アメリカを主流とする外国からの輸入卵が主体であったが，細菌性腎臓病など海外からの病原体の侵入に対する配慮から，国産卵の需要が増加している．

サケ・マス類では親魚の成熟度合いの判定は腹部を手でさわった感触から行っている．生活史で複数回の産卵を行うニジマスの採卵は，過去には腹部を手で圧迫して行われていたが，現在はポンプにより空気を腹部に注入して採卵する空気採卵法も採用されている．生涯で 1 回の採卵しか行わないサクラマス（ヤマメ・アマゴ）では切開法により採卵を行う．受精率の向上のため，採卵後の卵は等調液とよばれる生理的食塩水で洗浄を行い，壊卵により出現した卵内容物や親魚由来の血液を除去する．一部では卵洗浄を行わずに乾導法で受精させる方法も行われる．

採卵後の卵はふ化槽で管理されるが，ふ化槽にはアトキンス型，立体式（リーふ化槽），ジャー型などさまざまのものがあり，発眼まで管理するものや，ふ化後浮上までの仔魚期まで管理することのできるふ化槽もある．卵の管理には本州域では12°C，北海道では10°C前後の水温の地下水が用いられている．

卵管理においてはミズカビの付着，増殖による死卵の増加を防止するためブロノポールを主成分とする抗ミズカビ剤が水産用医薬品として使用されている．

発眼に至った卵は検卵により死卵や未受精卵を除去後，種苗生産の行われる場所に移動を行う．発眼卵は物理的な衝撃に対して抵抗性があるため，卵の移動は湿度を保った状態で水を使用せずに行い，長距離の輸送も可能である．生産効率の向上のため，三倍体魚や全雌の作出などのため染色体操作の種々の手法が応用されている．平均水温に日数を乗じた積算温度が管理の目安として用いられ，ニジマスでは受精後の積算温度で330°C，サクラマス（ヤマメ）では405°Cがふ化の目安とされている．通常，ふ化後も卵黄を吸収するまでふ化槽内で管理する．

c. 稚魚飼育

卵黄を吸収して浮上した稚魚には配合飼料が給餌される．給餌の量は水温および稚魚の体重に応じて，ライトリッツの給餌率表を修正した給餌率表が作成されている．配合飼料の組成もほぼ確立されている．サケ・マス類用の配合飼料には，動物性タンパク質として魚粉が使用されるため，魚粉の供給状況が配合飼料の価格が変動する要因となっている．

給餌方法についても改良が行われ，隔日の給餌や自発摂餌による給餌など飼料効率の向上を図る試みがなされている．稚魚期にはビタミン含量等を高めた高性能の配合飼料が用いられている．組成は確立しているが，作製方法を工夫したエクストルーディットペレットなど形態の改良は続けられている．

d. 成魚飼育

飼育に伴い成長に差が生じるため，共食いによる生残率の低下を防止するためや同一サイズでの出荷にそなえるため，個体の大きさをそろえる選別がくりかえし行われる．

飼育期間が長期となるため，病害対策も生産性の向上のためには重要である．サクラマス（ヤマメ・アマゴ）ではせっそう病，伝染性造血器壊死症，細菌性腎臓病が主要な疾病であり，ニジマスでは細菌性腎臓病，ビブリオ病，伝染性造血器壊死症が生産に大きな影響を与えている．

海面での網生簀養殖のギンザケでは，秋季に海水への移動を円滑に行うため徐々に塩分濃度を上げるなどの海水馴致が行われる．

e. 出　荷

養殖魚ではその利用目的に応じて種々のサイズの魚が周年供給されることを求められる．消費者のニーズに合わせた種々のサイズが出荷されるが，従来の体重100 g程度の焼き魚用に加え，近年大型の刺身用サイズの需要が増加している．養殖魚では食品としての品質の向上のため色素の添加，高脂質含量の餌の投与など肉質改善の試みが行われている．親魚生産を目的としない場合には成熟は肉質の低下や外観の悪化を招くため避けなければならず，染色体操作による三倍体化や日照時間の制御による光処理などの方法が応用されている．

B. 増殖対象魚種

日本における増殖対象魚種となっているサケ・マス類の沿岸漁獲量は，2006～2010年の平均でシロザケは20.0万t，カラフトマスは1.5万t，サクラマスは1,000 t程度である．シロザケは東北・北海道が主要な漁獲場所となっているが，カラフトマスは北海道オホーツク海沿岸を中心とした限定された地域の漁獲である．これらの資源は多くの部分が人工増殖事業により維持されており，年間約18億尾の放流用種苗が生産され放流されている．

a. 親　魚

増殖対象魚種となっているサケ・マス類では，原則的に親魚は天然遡上の個体を使用し，採卵も限られた時期に集中して行われる．天然遡上の親魚を使用することから人為的な成熟時期の調整は行われていない．シロザケでは8月下旬から1月まで河川に遡上するが，サクラマスでは本州域での遡上は2月からはじまり，北海道では10月上旬まで遡上するなど，広い時期に及んでいる．シロザケの人工増殖事業では，12月上旬で親魚の捕獲は終了している．

親魚の河川内での捕獲には竹製や鉄製の捕獲装置が使用されるが，仮設や恒久的なものなど河川の状況に応じて形態は種々である．ヒメマスでは，湖沼での捕獲には小型の定置網やすくい網なども使用される．捕獲装置の設置場所が河口付近にある河川では未成熟の個体が捕獲される割合が高く，成熟するまで稚魚の飼育池を流用したり，専用の池を用いて管理する催熟蓄養が行われている．捕獲場所から催熟蓄養場所までは活魚輸送で親魚を移動させている．催熟蓄養の期間はシロザケ，カラフトマスでは1カ月以下であるが，サクラマス，ベニザケでは3～4カ月にも及ぶことがある．いずれの魚種も催熟蓄養期間中の給餌は行わない．

b. 採卵とふ化

増殖対象魚種の親魚でも，養殖対象魚種の親魚と同様に手による感触で成熟度合いを判定し，排卵に至っていると判断された親魚は採卵に供される．採卵は切開法により行われ，採卵された卵は生理的食塩水による洗浄を行うことなく受精の操作が行われる．器具や設備に改良を加え，大量の卵を短時間に採卵することを可能にしている．

雄の個体は1回の採精後廃棄される．受精後の卵は1時間以上，採卵場所において大型の水槽内で吸水させ，卵膜を十分硬化させて物理的な衝撃に対する耐性を増加させたのち，ふ化室へ輸送する．この輸送も，発眼卵と同様に湿度を保ち，卵の移動を防止した専用の輸送箱を用いて，水を入れずに行う．

ふ化室到着後，防疫のために有機ヨード剤による卵消毒を行う．シロザケでは採卵数も多いことから大型のふ化槽が使用されている．通常はふ化槽での管理はふ化直前までであるが，ふ化後の仔魚も管理できるふ化槽も用いられている．養殖対象魚種と同様に発眼後に検卵を行い死卵の除去を行うが，取扱い卵数が多いことから自動化機器が使用されている．

標識の1手法として，卵管理中の水温を人為的に一定時間低下させ，再び上昇させる方法で耳石にバーコード状の標識を付することも行われている．

シロザケでは受精後の積算温度480℃でふ化が開始する．

c. 仔魚管理

養殖対象魚種では，ふ化後もふ化槽内で卵黄を吸収し外部栄養を必要とするまで管理されるが，増殖対象魚種では，ふ化後は砂利を敷き詰めた専用の養魚池で仔魚が管理されるのが一般的である．ふ化直前の卵を養魚池に布設した盆に散布し，ふ化した仔魚が盆から池底に落下したのち，死亡した卵を盆ごと池から除去する方法で，池底の砂利内にふ化後の仔魚だけを移動させる．仔魚期の管理では適正な酸素量を供給するためと，過剰な流速により形態の異常が発生するのを防止するため，注水量の管理が最も重要となる．仔魚は光に対する反応を抑制する意味から，遮光下で管理する．

d. 稚魚飼育

稚魚の飼育に使用する飼料や手法は養殖対象魚種と同様であるが，シロザケ，カラフトマスでは体重1g程度を目安として1～2カ月の飼育が行われ，河川への放流となる．シロザケ，カラフトマスでは稚魚飼育中の選別は行わない．標識放流を行う場合は，標識をつけるために放流前に鰭を手作業により切除することが行われる．

サクラマスでは降海できる幼魚とするため1年半以上に及ぶ飼育が行われる．養殖魚と同様に病害対策も重要となる．とくに降海直前の時期は，脱鱗などによる病原体の進入門戸の増加など大きな生理変化のみられる時期であり，管理上種々の困難がある．

（野村　哲一）

3.4.16 コ　イ

コイ(学名 *Cyprinus carpio*，英名 carp)は，養殖の歴史が長く，最初に完全養殖が確立された魚種である．適水温は 20 ～ 30°C．0°C 近くから 35°C まで生息可能な温水魚で，雑食性で飼育しやすいため，古来より身近なタンパク源として利用されてきた．コイには，部分的に大鱗のあるドイツゴイ系など，いくつかの変種・品種があるが，日本で養殖の対象とされているのは全鱗のコイである．各地域で飼育しやすく成長の良いものが選抜され，地方名をつけた系統が養殖されている．また，養殖魚はヤマトゴイともよばれ，野生のコイとは区別される．国内生産量は，1977 年の約 3 万 t をピークに以後漸減していたが，2003 年にはじまったコイヘルペスウイルス病の蔓延で，前年の約 9,000 t あまりから 3,000 t 台にまで急減した．流通販売は伝統的な活魚輸送で周年行われ，一部加工品も製造販売されている．

A. 親魚養成

雄は 1 歳から，雌は 2 歳から成熟するが，若齢魚より実績のある数年魚が選ばれる．養成尾数は採卵予定数による．雌の体重 1 kg あたり卵 10 万粒を目途に，受精時の雌雄比(1：3)，および採卵回数などを勘案して決められる．親魚候補は，水深 1 m 以上の養成池で，1 m^2 あたり 1 尾程度が配合飼料で飼育される．成熟や産卵期は地方によって異なるが，秋に生殖腺が発達しはじめ，水温が 15°C 以上となる翌年春から初夏にかけて産卵する．なお，人為的な水温と光の調節によって成熟や産卵のコントロールも可能である．

B. 採卵と種苗生産

a. 採　卵

採卵は，水温が 20°C になる頃，自然産卵によることが多い．産卵池に排卵間近で腹部がやわらかい雌と精液が出る雄を選んで収容する．池中には産出卵が付着する魚巣(化学繊維製などの産卵藻)を浮かべ，池底にも沈下卵を付着させる産卵藻や網を置く．産卵行動は産卵藻の設置や 5，6°C の水温上昇などで誘起される．受精卵のふ化に要する積算温度は 75 ～ 80°C で，20°C では 4 日後からふ化がはじまる．ふ化率は 60 ～ 80%である．乾導法(親魚から絞り出した卵と精液を混合し，それらが水に触れて受精するという方法)による人工授精の場合，採卵数は卵重 1 g を約 600 粒として計算する．受精率やふ化率は自然産卵よりも通常やや高い．

b. 種苗生産

ふ化直前の受精卵またはふ化仔魚(毛子)をあらかじめミジンコ類が増殖した稚魚池へ移し，種苗生産がはじまる．10 日くらいでミジンコ類がなくなると，以後は少量の注水をしながら，配合飼料を与える．種苗生産のしかたはさまざまで，全長 4 cm(体重約 1 g)くらいの種苗(青子)までつくる場合や，秋までに体重 80 ～ 120 g 前後の種苗(新子)をつくったり，その途中で，広い池へ分養したり，大きいものから間引きしていくなどの方式がある．ただ，毛子の放養量は，いずれの場合でも 10 a あたり 20 ～ 30 万尾ほどである．

C. 育成法

おもな育成法として下記の 3 方式があり，それぞれ特色をもつ．飼料にはコイ用の配合飼料が用いられる．環境への窒素負荷軽減を考慮した低タンパクの飼料も開発されている．

a. 溜　池

溜池方式には面積 1 ～ 100 ha，水深 3 ～ 5 m ほどの灌漑用の貯水池がおもに利用される．新子の生産に使われる場合もあるが，もっぱら春に新子を放養して，秋の落水時までに 700 ～ 1,500 g に成長させる．このうち小サイズのものを再放養して食用サイズ(切りゴイ：1.5 ～ 2.0 kg)まで育成することもある．生産量は 1 m^2 あたり 0.5 ～ 1.0 kg 程度である．

b. 網生簀

自然の湖沼やダム湖に 5 × 5 m や 9 × 9 m，水深 3 ～ 5 m の網生簀を設置する方式で，主として 10 ～ 100 g の新子を放養し，切りゴイまでの育成に使われる．生産量は湖沼環境によって異なり，通常 1 m^2 あたり 60 ～ 200 kg である．

c. 流水池

河川の用水路から多量の水（毎秒0.5～2.0 t）を飼育池に導入する方式で，新子から，あるいは，1,000 g前後から切りゴイまで，または，出荷前のコイの育成に用いられる．面積20～300 m^2，水深0.8～1.8 mの比較的狭い池で，高密度飼育が可能であるが，飼育適水温の期間が短い．生産量は池の構造にもより，1 m^2あたり20～200 kgである．

d. その他

かつて粗放的に行われていた稲田養鯉方式が，水稲の有機栽培の一環として，小規模に採用されている．

（稲田　善和）

3.5 種苗放流

3.5.1 総　　論

A. 用　語

魚介類の移植・放流は，減少した対象水域の資源を回復させること，あるいは対象水域に存在しなかった有用生物を繁殖させることを目的として，対象生物の親や卵仔稚を他の水域からもちこむか，人工的に生産して放すことである．その後の成長，成熟，産卵による再生産を期待するものと，成長だけを期待するものとがある．卵仔稚の移植・放流には，天然で採集した卵仔稚をそのままあるいは一定期間育成して放流するものと，飼育している親から得た受精卵やそれから得たふ化直後の仔稚，あるいはそれを一定期間育てて大きくした人工種苗を放流するものとがある．

移植は，天然由来の卵仔稚および成体の別の水域への移動を意識した用語であり，人工種苗の場合にはあまり用いない．一方で，放流は，天然・人工の由来および移動の有無にかかわらず，いったん人為的管理下に置いた種苗を水域に放す行為をさす用語である．移植と放流に根本的な差異はない．

B. 歴　史

移植は，日本でも古くから行われてきた．過去の記録には，746年に大伴家持が越中の国主となった際に紀州から有磯貝（アリソガイ）を移植，1081～1084年に神津島のテングサを伊豆白浜に移植，1582年に徳川家康が三河国鷲津より江戸湾佃島にシラウオを移植，1615～1624年に紀伊和歌山藩主浅野長晟が安芸藩転封の際にカキを移植，1781～1789年に房州金谷から伊豆白浜にアワビを移植，1789～1801年に大阪淀川から信濃南佐久郡にコイを移植，などがある．移植した仔稚や成体から土着資源が構築されてその水域の生産に大きく貢献した事例も少なくない．資源がないことが明白な湖沼などの閉鎖水域にワカサギを新規に移植した事例のように，その後の資源増大が明瞭に判断できる事例がある．一方で，天然資源も環境の変動の影響を受けて増減するなかで移植が行われるため，効果が不明瞭な場合が多い．

人工種苗の生産および放流は，1960年代以後に急速に進展した人工種苗の飼育技術の開発と大量生産技術の確立を受けて活発化した．とくに，海産魚の技術的展開には1963年から開始された「栽培漁業」とよばれる水産庁の施策が大きく貢献した．1970年代にはシロザケ，クルマエビ，アワビ類，1980年代にはマダイ，ヒラメ，トラフグ，アユ，ウニ等多くの魚介類種苗の大量生産が相次いで可能となった．このため，天然種苗の採取が困難だった種の生産と放流がはじまっただけでなく，従来はおもに天然採捕種苗の移植が行われていた魚介類でも人工種苗利用への転換が増加した．

C. 基本方針

種苗の移植・放流にあたっては，① 放流の合理性の検討，② 対象資源に応じた放流計画の策定，③ 効率的・経済的な種苗の確保，④ 生態系への配慮，⑤ 効果的な放流の実施と放流効果の検証，⑥ 資源管理，が必要である．

a. 放流の合理性の検討

移植・放流の実施に際しては，社会経済的な要請，生態系への配慮，資源状態の評価，漁獲実態，種苗の入手の可否等から移植・放流の適否の合理性を検討することが必要である．移植・放流には，実施した場合の便益と危険性，および実施しない場合の遺失利益がありえる．考えられる可能性を合理的に検討したうえで実施すべきである．

b. 対象資源に応じた放流計画の策定

対象水域が閉鎖的か開放的かといった点や，対象資源の移動性の強弱を考慮して，利害関係者の同意を得て放流計画を策定しなければいけない．

c. 効率的・経済的な種苗の確保

種苗には天然採集種苗と人工生産種苗がある．疾病等を有することなく，自然環境への適応能力を有する健苗性・種苗性に優れた良質な種苗を経済的に確保するように努める．とくに，人工種苗を天然海域に放流する際には，種苗生産現場から天然海域への病原体の拡散防止に注意を払わなければいけない．栽培漁業における種苗放流に関しては，国，日本栽培漁業協会（現水産総合研究センター）と都道府県が組織した栽培漁業技術開発推進事業全国協議会が「防疫的見地から見た放流種苗に関する申し合わせ事項」をとりまとめている．放流種苗は危険な病原体を保有しないことを原則とし，大量死を起こしている飼育群の放流は見合わせることとなっている．

d. 生態系への配慮

移植や放流は，かつては食料増産だけを考えて行われていたが，近年は，遺伝的多様性や系群への影響など生態系への配慮も必要とされてきている．1992年に生物多様性条約が締結されて日本も加入し，1995年に生物多様性国家戦略が策定され，生物多様性基本法が施行された．生物多様性とは，①生態系の多様性，②種間（種）の多様性，③種内（遺伝子）の多様性の3つのレベルの多様性と定義されている．

（i）人工種苗の利用に必要な配慮

魚介類は少数の親が多数の卵仔稚を産むのが特徴である．そのため，人工種苗の生産技術の向上により，きわめて少数の親，極論すれば一つがいの雌雄から，数十万，数百万の種苗を得ることも不可能ではなくなった．そのような種苗を放流すると，極端に種内の遺伝子の多様性が低下することが懸念される．そこで，放流用人工種苗については遺伝学的観点から，放流予定海域に生息する集団に由来する親から得られる仔稚を用いること，十分な数の親魚集団を用いること，定期的に親魚を更新することに注意が払われてきた．国際連合食糧農業機関（FAO）は，人工種苗生産において近交の影響を防止するために，親魚を継代しないという条件で50尾以上の親を用いることを提唱している．

しかし，天然由来親魚の確保あるいは採卵が困難な場合もあり，現場では人工養成親魚あるいはそれらの継代親魚が使われている場合もある．あるいは，天然親魚を用いる場合でも採卵日が限られる場合にはかかわる親魚数が限定される場合もある．近年では，DNA解析技術が急速に進歩し，遺伝的多様性への影響評価が可能となったことにより，主要放流魚介類についての調査研究が行われている．

（ii）外来種による問題

一方で，アサリの事例のように移植に伴う有害生物による被害拡大や生態系の攪乱に懸念が広がっており，これにも慎重な対応が必要である．

また，淡水域では，北米原産のオオクチバス，コクチバス，ブルーギル，カダヤシ，アメリカザリガニが，急速に全国に拡散した．霞ヶ浦では，有用種の増殖目的で意図的に移植された国内外来種はビワヒガイ，ホンモロコ，ゲンゴロウブナの3種，国外外来種ではソウギョ1種類であったのに対して，ほかに国内外来種が7種，国外外来種30種が確認されており，目的とした増殖種以外の移入の多いことが報告されている．その原因として，養殖魚の移動に伴う混入，遊漁者による意図的な密放流，観賞魚の遺棄が推測されている．

これら外来種の旺盛な繁殖力と食欲により，在来の淡水産資源の減少や駆逐，および生態系の攪乱が憂慮されている．カワスズメ（通称ティラピア），スミクリンゴガイ（通称ジャンボタニシ）も侵入地域で野生化して問題視されている．チュウゴクモクズガニ（通称上海ガニ）

は，外来種被害防止法に基づく特定外来種に指定されており，生きた個体のもちこみは規制されている．これらは日本生態学会から「日本の侵略的外来種ワースト100」に指定された．移植については，食料増産を目的とした増殖能力の高い種の導入であっても食料の確保や増産に寄与せず，結果的には生態系の攪乱や在来資源の減少をひきおこしてしまった事例が多いことから，細心の注意が必要である．

日本魚類学会が希少種を中心とする魚類の放流について，地域集団や生物多様性の保全に考慮した適切な放流のための指針として「生物多様性の保全をめざした魚類の放流ガイドライン」(2005)をとりまとめて公表した．それによると，安易な放流が死滅により無意味となったり，食害により在来生態系に影響を及ぼしたり，遺伝的攪乱を起こす危険性に警鐘をならした．希少種・自然環境・生物多様性の保全をめざした魚類の放流は，放流の是非，放流場所の選定，放流個体の選定，放流の手順，放流後の活動，十分な検討のもとに実施すべきとされている．

(iii) 船舶による移入

貝では，もともと日本に生息していなかったムラサキイガイが1920年代に神戸港で，ホンビノスガイが1990年代末に東京湾で，確認された．原産地は，ムラサキイガイが地中海，ホンビノスガイが北米大陸であり，ともに船舶の船底に付着したり，バラスト水に混じって日本に侵入したものと推定されている．当初は邪魔者として扱われていたが，近年は水産物として漁獲，販売されるようになった．ホンビノスガイはまだ東京湾だけにしかいないが，ムラサキイガイはすでに日本全体に広がって，定着している．今後の動向に注意が必要である．

e. 効果的な放流の実施と放流効果の検証

効果的な放流を行うには，放流後の減耗が最少となる水域，時期，サイズ，数量の把握が必要であり，放流魚の回収率等放流効果を検証して次回の放流計画に反映させるべきである．

多くの魚介類は，種と生息場所ごとに産卵期が限られている．そこから育てた，あるいは育った種苗は時期ごとにサイズが規定され，育成にはコストを要する．一般的に放流サイズが大きくなるほど放流後の生き残りが高くなって漁獲回収が多くなるが，一方でそこまでの育成経費がかかるため種苗費が高価になる．そのため，種苗費と回収率を勘案して，経済的な放流サイズの検討が必要である．

f. 資源管理

放流効果を高めるには，放流後の種苗だけでなく天然魚も含めて適切な資源管理に努めなければならない．放流直後あるいは未成魚期に大量にとりつくしてしまうと放流効果が低いだけでなく，天然魚も含めて乱獲になる可能性がある．

とりすぎ等により状態が悪化している水産資源について，関係漁業者，都道府県，国が一体となって必要な対策を計画的，総合的に実施するために，資源回復計画が順次策定されている．資源回復計画の実施項目としては，漁具や漁期の制限および禁漁区や休漁期間の設定等の漁獲規制，漁場環境の改善のほかに，2011時点で，国が作成する広域資源では全18計画のうち8計画について，都道府県が作成する地先資源では48計画のうち36計画について，積極的培養措置として種苗放流が行われている．

3.5.2 各　　論

A. サ　ケ

a. 藩政期～明治期

サケは，北部日本では古くより秋に漁獲される貴重な食料として，珍重されてきた．宝暦～明和年間(1750～1770年)に村上藩は，すでに三面川(新潟県)において，人為的に定めた区域の産卵場での漁獲を禁止する保護措置を行う種川制度を設定していた．このサケの産卵保護制度は，その後明治時代にかけて東北，北海道に広く普及した．しかし，その漁獲は豊凶の変動が大きく，主産地である北海道のシロザケ来遊数は，1970年頃までは100万尾から1,000万尾の間で毎年大きく変動していたため，安定した増産は長い間の夢であった．明治時代に入って1877年，欧米からの技術導入により，ふ化稚魚の放流がくりかえされたが，漁獲増は認められなかった.

b. 適期・適サイズ放流の導入

その後，北海道で1962年から配合飼料給餌飼育による放流時期の比較試験が行われた結果，沿岸水温が12～13℃のときに，稚魚の魚体重を約3gに育てて放流した場合に回帰率が高いことが解明され，これが放流適期・適サイズであることがわかった．三陸沿岸でも，1970年から行われた海中における大規模育成試験により，放流種苗の大型化と種苗性の向上が回帰率の向上に有効なことがわかり，急速に普及した.

その結果，シロザケの放流数は，1960年代には全国で5億尾であったが，1970年代に急速に増大し，1980年代以後は，北海道で約10億尾，全国で約20億尾の安定した放流が継続されている．放流数に対する漁獲尾数の割合を示す回帰率は，1970年代には北海道が1.9～2.7%，全国計で1.5～2.2%であったが，先述した放流種苗の大型化と適期放流が普及したことで，1990年代以降は，北海道で1.6～6.1%，全国計で2.2～4.2%に上昇した．漁獲尾数は1960年代には約500万尾であったが，1990年代以後は約6,000万尾，20～25万tの歴史的な高水準の漁獲量が維持されている.

c. 環境に応じた管理方策

欧米では，近年人工種苗放流に頼らない自然再生産を重視する管理が尊重されている．一方，日本の河川は北海道も含めて堰堤やダムが多数設置され取水量が多いこともあり，本来の産卵場まで自然に親魚が遡上できる河川はごく少数のため，自然再生産のみに戻すと資源および漁獲が崩壊することは必至である．日本においても貴重な自然河川が残されている場所では，自然の再生産を保護する試みは重要であり，そういった河川では人工種苗放流を控えることも必要である．しかし，取水や構造物により生態系が断絶された河川では，人工種苗放流を活用して高水準のサケの漁獲を維持することが重要となる.

d. 幼魚期の環境変化

一方，シロザケが幼魚期を暮らすベーリング海やアラスカ湾の海洋環境の変化が近年のサケの生存に好環境だったという指摘もある．今後の海洋環境の変化に対して，シロザケ稚魚の生存や回帰がどう変動するかに注意が必要である．また，シロザケの放流効果が高くなり回帰数が多くなった事象と反比例して回帰親魚のサイズが小型化し，成熟年齢が高齢化していることが報告されており，環境収容力を超過している可能性が指摘されている．しかし，人工種苗の大量放流が行われるようになる以前の江戸時代の大漁時にも同様に漁獲サイズは小さかったといわれている．そのため，漁獲サイズは種苗放流の可否によるものではなく，資源豊度が高い場合の一般的傾向と考えられる．さらに，シロザケが幼魚期を過ごす北部太平洋海域は，アメリカ，カナダ，ロシア，日本産のサケ属魚類が幼魚期に混じり合って利用する場であるため，国際的な資源管理が必要である.

サケ属の他種では，カラフトマスの稚魚放流数は1980年代以後約1.4億尾で安定しているが，回帰数は1980年前後の約100万尾から1990年代に約500万尾以上に増加し，資源量が高水準となった．しかし，1991年以後は500～1,500万尾，1～3万tの間で大きな年変動がある．親魚数が多く，卵期が暖冬で産卵期の降水量が多いほど，幼稚魚期の生き残りが高く漁獲量が多い関係があり，1980年代後半に漁獲数が急増した原因には暖冬の関与が推定されている．ほかに，サクラマス1,400万尾，ベニザケ18万尾の放流も行われている.

B. ア　ユ

a. 利用種苗の由来

内水面で最も大規模に移植・放流が行われているのはアユである．2003年時点の全国アンケート調査では，全国の691水域にアユが生息しており，そのうち遡上天然アユのみが生息しているとされたのが75水域あったが，616水域では放流が行われていた．移植・放流用のアユ種苗としては，現在，湖産種苗，海産種苗，河川産種苗，人工種苗が用いられている．湖産種苗は湖内で群泳する小型アユ種苗を捕獲したもので琵琶湖産が大半であり，海産種苗は海面生活から河川遡上に向けて河口近くの海に集まっている種苗を捕獲したもの，河川産種苗は河川遡上したのちに捕獲したもの，人工種苗は親から採卵，ふ化させて人工飼育により春まで育てたものである．

b. 移植の歴史

アユ種苗の移植は1913年に考案され，琵琶湖産コアユを多摩川に移植放流し，生残と成長を確認したことではじまった．翌年に，滋賀県水試が県内河川で追試を行い成果が確認されたことで，その後，全国の河川への放流事業として急速に進展した．一方，海産種苗を用いる方法は，1926年に兵庫県水試で発案され，静岡水試浜名湖分場や神奈川水試での検証が行われ，広がった．人工種苗は1980年代に飼育技術が確立されたことで徐々に拡大した．

アユの漁獲量は，1950年代の6,000 t台から，1980年代には15,000 ～ 18,000 tにいったん増加したが，2003年代に10,000 tを下回り，さらに2006，2007年は3,000 t台に激減した．アユの放流は，内水面漁業用は少数であり大半は遊漁用である．そのため，アユ種苗の移植・放流意欲は，1980年代からのレジャー産業の興隆と2000年以後の減退を反映している．アユ種苗の放流量は，2000年頃には琵琶湖産が約500 t，海産・河川産が約150 t，人工種苗約550 tが放流されていたが，冷水病の懸念から琵琶湖産種苗が忌避され2008年にはそれぞれ241 t，112 t，669 t，合計1億5,000万尾となった．

c. 近年の新たな問題

一方で，近年，冷水病とカワウによる食害が問題となっている．冷水病はもともと北米のマスの病気であったが，国内では1987年に初めて養殖場のアユから確認された．***F1avobacterium psychrophlum***を原因菌とする細菌性疾病であり，貧血や体表の潰瘍などの穴あき症状を呈し種苗の活力低下や斃死をひきおこす．人工種苗も罹病し，感染種苗を移植・放流すると，放流河川で発病し感染が拡大する．

冷水病は，1993年に河川で初めて発生が報告され，2003年には生息水域全体の12.9％にあたる30県，89水域で確認されている．オイカワ，アマゴ，ヤマメ，イワナ，コイ，ギンブナ，ウグイ，ウナギなどの淡水魚から冷水病菌が確認されたものの，自然の状態ではアユからアユへは伝播するが，アユからほかの淡水魚への伝播，およびほかの冷水魚からアユへの伝播はしないと考えられている．2001年度に国，都道府県，全国内水面漁業協同組合連合会などの関係者が集まりアユ冷水病対策協議会が組織された．そこで，2003年度に「アユ冷水病防疫に関する指針」が作成され，養殖場や天然の河川・湖沼への冷水病の拡散防止を目的として，移動・放流種苗は病原菌を保有していないことを原則とし，そのための具体的な措置がまとめられた．関係者の遵守が必要である．

カワウは，2000年以後に各地で増大し，食害被害の増大が報告されている．オイカワなど河川内の他魚種資源の減少によりアユの被害が相対的に増大したり，警戒心が薄い放流直後のアユが集中的に被害を受ける事例が報告されている．しかし，カワウをなくすことはできないため，極端な被害を受けないようにして共存する必要がある．そのために，カワウの駆除，追い払い，魚の保護の3方策を包括した被害軽減策が行われている．

C. ワカサギ

ワカサギの原産地は，北海道網走湖，青森県小川原湖，茨城県霞ヶ浦･北浦，福井県三方湖，島根県宍道湖，秋田県八郎潟が知られている．明治年代の後期から大正年間にかけて，各地に受精卵が移植された．とくに，諏訪湖のワカサギは1913 ～ 1920年に霞ヶ浦・北浦からの移植が行われ，漁獲量が100 tに増加した記録がある．また，各地で溜め池に放養する粗放的養殖も行われ，湖やダムに放流されたものが定着した事例も多い.それらの移植放流の成果として，全国の漁獲量は1950年代には5,000 ～ 7,300 tであったが，1990年以後は3,000 tを下回り，2000年代以降はさらに減少して2,000 t以下となっている．内水面環境の悪化とブラックバスの増大による食害の増加に，需要の縮小を受けて生産意欲が減退した結果と考えられる．

D. ヤマメ，イワナなど渓流魚

これらのサケ科渓流魚の放流は，おもに河川での遊漁対応として行われている．1970年代初頭の漁獲量は，ヤマメ，イワナともに約200 tであったが，1980年代に増加し，1990年以後は，ヤマメが700 t台，イワナが400～500 tに増加した．1970～1980年代の高度経済成長期に，ダムや堰堤の建設や取水の増大による河川産魚類の生活環の断絶に対する補償行為が必要とされ，一方でレジャーの興隆により遊漁者が増えて渓流魚資源の需要が増加した．同時期に，人工種苗生産技術が向上して供給能力が増大したため，全国での放流数は増加した．2004年時点の放流数は，ヤマメ1,682万尾，アマゴ1,297万尾，イワナ951万尾，ニジマス514万尾になっている．

一方，近年では，遺伝的多様性の保全が重視されはじめている．そこで，近年，ゾーニング管理が提唱され，河川のおかれた状況ごとに，遺伝的多様性の保全と，釣り人に喜ばれる釣り場づくり，漁協の経営安定を勘案した，きめ細かい区分管理がはじまった．ヤマメ・イワナなどが生息する河川の状況は，川の大きさ，勾配や水量等がさまざまであり，ダム・堰堤や魚道の設置状況および取水等の利用形態もさまざまであり，遊漁も釣って持ち帰るだけでなく，ルアーフィッシングによるキャッチアンドリリースを楽しむ人も増えている．そのため，一様に放流のみすればよいというものではなく，天然魚も含めた管理が必要である．

E. ホタテガイ

a. 天然資源の変動

ホタテガイは，ほかの二枚貝類と同様に浮遊期や稚貝期の生残率が年ごとに大きく変わるため，稚貝の天然発生量は年変動が大きい．そのため，ほぼ天然資源のみに依存していた1970年以前の漁獲量は，4,989 t（1968年）から60,233 t（1942年）の間で大きな変動をくりかえしてきた．そのため，天然採苗試験が，1930年代にすでに北海道で断続的に行われていたが，効果を得るには至らなかった．

b. 天然採苗の開発

転機になったのは，1964年に陸奥湾の漁業者によって考案されたスギの葉にタマネギ袋をかぶせる方式の採苗器である．この採苗器は，稚貝がよく付着して脱落しにくく，扱いやすく，かつ安価なことで，急速に普及した．次に，この採苗器で収集した稚貝が約1 cmになった後は，はえ縄式施設に垂下したパールネットに移して約3～6 cmサイズまで育てる中間育成手法が開発された．これを用いて，垂下養殖と地まき放流が大規模に発達した．地まき放流では，放流漁場を4～5区画に分割し，年ごとに順番に漁獲する輪採性による管理が発達した．

c. 増産効果

ホタテガイを漁獲した区画では，食害生物であるヒトデの徹底駆除を行った後に，稚貝の放流が密度調整しながら行われるようになった．北海道のオホーツク海沿岸に位置する猿払漁協では，輪採性に基づく種苗の大量放流と外敵駆除の徹底により，漁場の大型底生動物群集のホタテガイ：ヒトデ類：ウニ類比率を，管理実施以前の16：62：21%から87：13：0%に改変させた．ヒトデばかりの海をホタテガイ主体の海に変えたのである．その結果，地まき放流貝が育って母貝集団が形成され，自然発生貝も漁場全体に分布するようになって，安定して約3万 tの漁獲が行われるようになった．

この成功は，1970年代に他地域にも波及し，ホタテガイ漁獲量は1983年に10万 tを超過した．1980年代後半に，放流数が年間30億個を超えて以後は安定した放流が継続されていることを反映して，1994年以後は25～34万 tの間できわめて高位で安定した漁獲が継続されている．

d. 増産と価格

並行して垂下式養殖生産が青森県陸奥湾と北海道噴火湾で発達し，1992年以後は20～27万 tの漁獲量が継続している．両者を合わせた漁獲・収穫量はおよそ50万 tとなり，日本の漁獲量全体の約10%を占める重要産業となった．一方で，生産量の増大に反比例して魚価が低下し，1988年以前に1 kgあたり200～250

円であった単価が，1993 年には 1 kg あたり 127 円にまで下落している．そのなかで，2009 年には噴火湾でヨーロッパザラボヤの大量発生による被害を受け，2010 年には陸奥湾で夏季高水温によるホタテガイ大量斃死があり，対策が検討されている．

F. アサリ

a. 漁獲量の減少と問題点

わが国のアサリ漁獲量は，1960 ～ 1980 年代には 10 万 t 以上であったが，1980 年代後半から一貫して減少傾向となり，2006 年には 35,000 t にまで減少した．覆砂等の工学的対策も行われているが，稚貝の発生がみられなくなった漁場では，需要に対応するために移植放流も増大した．全国では 2006 年時点で 160 億個の種苗の移植放流が行われている．人工種苗の事業的量産技術は確立されておらず，この移植放流のうち人工種苗はわずかに 300 万個であり，試験放流に限られる．放流の目的は，商品サイズに近い種苗を放流して短期的に養成して漁獲，出荷をめざすものや，稚貝や成貝を放流して保護管理し母貝集団の形成を期待するものまで，さまざまである．

漁場の自然環境や漁獲利用実態が場所ごとに異なるため，移植放流を成功させるには，適切な場所に適切な種苗を放流すること，その後の環境が適していること，管理が適切なことが必要である．激しい波浪による流出，貧酸素や赤潮の発生，食害生物の大量侵入があると大量斃死をひきおこす．また，小サイズでの漁獲や根絶やしにする乱獲，あるいは密漁があると台なしとなる．

b. 輸入種苗

1990 年代後半には国内アサリ資源の減少を受けて移植用の国産アサリ種苗の供給も減少し，それを補うために韓国産，中国産や北朝鮮産の輸入種苗の利用が急速に拡大した．これに対して，1990 年代には食の安全・安心への関心が高まり，外国産アサリの輸入に関する産地偽装が社会的に問題となった．これを受けて，2001 年に改正 JAS 法が施行され，水産物については，国産品では漁獲水域名あるいは地域名，輸入品では原産国名の記載が義務化された．二枚貝類が移植された場合には，移植前後のどちらか長期間にわたって生息している場所の記載が必要である．

c. 移植に伴う新たな問題

一方，これらの移植に混じってサキグロタマツメタが日本各地で繁殖し，二枚貝類を大量に摂餌し，アサリ資源の減少に拍車をかけている．1990 年代後半には貝類に寄生するパーキンサス属原虫のアサリへの寄生が国内全域で確認され，産卵への影響が懸念されている．さらに，2000 年代後半には，東京湾でアサリに寄生するカイヤドリウミグモが突如として増大し，アサリの衰弱や死亡をひきおこし問題となった．死亡しない場合でも，見た目が悪いため商品価値を著しく損なう．このように，従来みられなかった外敵生物について，侵入経路がすべて判明しているわけではないが，他地域からの二枚貝類の移植に伴うもちこみの影響が懸念されるため，安直な移植には注意が必要である．

G. アワビ

a. 人工種苗の現状

アワビの移植は，資源が豊富な産地から資源がないかきわめて少ない場所に，親貝または未成貝を放流する方法が古くから行われていた．1910 ～ 1920 年代には各府県水試によって移植放流試験と調査が実施されたが，事業として成立するには至らなかった．その後，1980 年代に人工種苗の量産技術が確立されたことで，人工種苗の放流に移行した．全国でのアワビ類の放流数は，1980 年に 1,000 万個を超え，1990 年代以後は 2,500 ～ 3,000 万個の放流が継続されている．種苗放流数の貝種ごとの内訳は，2008 年時点で大型アワビでは北方系のエゾアワビ 1,493 万個，南方系のクロアワビ 579 万個，メガイアワビ 333 万個，マダカアワビ 10 万個であり，エゾアワビ放流数が約半数を占めている．ほかに，南方系小型アワビトコブシやフクトコブシの放流も行われている．100 万個放流あたりの漁獲量は，エゾアワビで 16 t，クロアワビで 29 t と推定されている．放流アワビは各地先で漁獲されるため，放流の実施は約

80%が漁協を主体として行われている．

b. エゾアワビの事例

1981年の岩手県栽培漁業センターの完成を契機に人工種苗の生産量が増大し，現在では毎年800～900万個の放流が行われるようになった．三陸沖を南下する親潮の流路には年変動があり，三陸沿岸のエゾアワビの秋季産まれの天然当歳稚貝は冬季に親潮が接岸して水温が低下する年に大規模な減耗が起こり，その年級群の漁獲加入する年において天然アワビの漁獲量が大幅に減少することが知られている．一方で，人工種苗は1年間育成して殻長30 mm以上で放流するため，当歳冬季の水温低下の影響を受けない．1985年以後の天然貝の漁獲量は100～400 tの間で大きく変動するのに対して，放流貝の漁獲量は約100 tで安定しており，資源と漁獲の下支えをしている．しかし，放流貝の放流数と漁獲回収数の比である回収率は，3.9～26.2%と漁場によって大きく異なっている．このため各漁場の生産力と漁獲管理を十分に考慮した放流が必要である．

c. クロアワビの事例

神奈川県では，毎年約40万個の約25 mm種苗の放流を続けており，約20 tの漁獲アワビの約90%が放流ものとなっているが，アワビ漁獲量としては昭和初期の約200 tの約1/10水準で低迷している．上記の数値は，人工種苗放流を行わないと，アワビ漁獲量はさらに1/10に減少することを示している．他県，他地域でも放流種苗の混入率は上がっているにもかかわらず，漁獲総量は低迷を続けている事例が多い．

d. 密漁問題

一方，アワビの漁獲量統計と市場統計および輸出入統計データを解析した水産経済分析によると，漁業者による漁獲量と同等量が密漁によって捕獲されていると推測されている．当然ながら，放流貝は天然貝に混じって漁獲されるため，密漁の影響も同等に受ける．とくに密漁では小型の未成貝まで一網打尽に捕獲されるため，親貝が減少する．アワビは親貝の密度が一定以下に低下すると繁殖成功率が急減することが知られており，影響が懸念されている．また，漁業者の密漁は資源管理意識の減退にもつながる．2009年には築地市場をはじめとして東北各地の市場で，漁業団体が発行した原産地証明書がないアワビの排除がはじまった．今後の展開に期待したい．

H. マダイ

a. 人工種苗の現状

海産魚の人工種苗生産は世界に先駆けて日本で開発されたものであり，マダイが先陣を切った．1962年に観音崎水産生物研究所が天然プランクトンを餌料に用いて全長15～20 mmの稚魚22尾の生産に成功したのが嚆矢である．1968年に当時の瀬戸内海栽培業協会伯方島事業場が，初期餌料にシオミズツボワムシを導入したことを契機として，海産魚の人工種苗量産技術が進展した．その後，1980年代に飼育技術が確立されて，各県に続々と栽培漁業センターが設立され，大量生産されたマダイ種苗が西日本を中心に各地で放流されるようになった．全国の放流数は，1980年代前半に1,200～1,600万尾であったが，1990年代後半には2,200～2,400万尾に増加し，2000年以後約2,000万尾となっている．近年は，天然マダイの資源状態が堅調なことに，養殖マダイの拡大による価格低迷が加わって要望が下がり，放流数は漸減傾向にある．人工種苗の添加効率（放流尾数に対する1歳での漁獲加入尾数の割合）を0.3とすると，近年の放流魚由来の漁獲加入尾数は全国で約600万尾と推定される．

b. 天然魚と放流魚の関係

一方，マダイの全国の漁獲量は，近年13,000～16,500 tで推移しており，近年の当歳または1歳での漁獲加入尾数は，全国合計で6,000～1億尾と推定されている．放流魚の混入率（漁獲物に占める放流魚の割合）は数%とされており，上記の放流魚由来の漁獲加入尾数の600万尾にほぼ合致する．

以上のように，現状の放流数での日本全体のマダイ資源に占める放流魚の割合は10%以下である．しかし，マダイ放流魚が成長，移動して漁獲回収される波及範囲は，およそ1県程度の範囲に限られる．東京湾，相模湾，駿河湾，錦江湾，若狭湾，隠岐島などの湾や島嶼部の移動が限られた場所に，数十万尾規模の種苗が放流されている事例では，放流由来の漁獲魚が地域資源の半数を占める事例もみられる．

c. 遊魚による採捕

また，全国の遊漁でのマダイ採捕量は1,800 tと推定されているが，地域別にみると，千葉県，神奈川県，福井県，静岡県等では，漁業者による漁獲量を遊漁による採捕量が上回っている．（遊漁採捕量：漁獲量は，千葉県208 t : 163 t，神奈川県117 t : 37 t，福井県325 t : 261 t，静岡県152 t : 64 t）．これらの県では，放流魚が漁獲魚または遊漁採捕魚に占める混入率も半数程度を占める事例が報告されている．遊漁需要が多い都市近郊では，マダイ資源を漁業者が直接漁獲して利用するより，遊漁船業として利用するほうが経済合理的な場合が多い．

I. ヒラメ

マダイに続いて，種苗の量産が可能となり，沖縄を除く鹿児島県から北海道まで全国の道府県で放流が行われるようになった．それに伴って種苗放流数も増え，1980年当初の約200万尾から急激に増加し，1990年代中旬以後は全国で2,000～3,000万尾の放流が行われている．2000年代以後の放流数は減少傾向にあるが，確実な漁獲回収につなげるために漁獲サイズが大型化したことが影響している．

水産総合研究センター宮古栽培庁舎では，ヒラメの放流効果を漁獲市場で調査する市場調査法を確立した．福島県でも，市場調査体制を確立し，そこに体色異常が少なく約10 cmの大型の良質種苗を放流されている．100万尾放流を開始した1996年以後は回収率8～17%，放流魚の年間漁獲量42～102 tとなっている．

1990年代に水産庁事業として各県で放流効果調査が精力的に行われ，放流サイズと2歳魚までの漁獲回収率との関係の整理が行われた．その結果，全長80～100 mmが経済的な放流サイズとされた．

J. クルマエビ

a. 人工種苗生産の歴史

クルマエビは天然で稚エビが蝟集する性質をもたないため，人工種苗生産技術が確立されるまでは移植と放流の報告はほとんどない．そのなかで1938年に，日本の研究者がクルマエビの採卵やふ化管理および珪藻を餌料とした仔エビの飼育に，世界で初めて成功した．その後，1964年には瀬戸内海栽培漁業協会でクルマエビの放流種苗の大量生産技術開発への取り組みが開始され，1970年には1.2億尾が生産されるようになった．

並行して，西日本各地の県営栽培漁業センターでも生産が行われ，1980～2000年までは全国で2～3億尾の放流が続けられた．1970年代は体長10 mm前後の小型種苗の放流が行われていたが，その後稚エビが外敵から逃避するために重要な夜行性や潜砂性を獲得する，体長30 mm以上の大型種苗放流に徐々に移行し，それとともに放流尾数は2000年以後約1.5億尾に減少している．

b. 放流効果

甲殻類は脱皮をするため標識の装着が困難であり，放流効果調査のための人工種苗の判別ができなかった．放流開始当初は，天然発生稚エビとの体長差を追跡する方法で調査が行われていたが，10 cmを超えるサイズになると干潟から離れて沖合に広域に移動することも相まって，放流効果は不明瞭であった．1996年に，体長30 mm以上の種苗であれば尾肢を切除することで再生尾肢の模様により判別する，尾肢切除標識法が京都府で開発された．この方法を用いて1998～2002年に有明海で毎年約4 cm人工種苗，約1,000万尾の放流実験および追跡調査が行われた結果，回収率は1.4～9.2%と推定された．放流エビは天然エビとほぼ同様の移動生態を示し，成長しながら徐々に有明海奥部から湾中央部を経て，湾口部から橘湾に移動するものと推測された．また，瀬戸内海東部6府県では，1997年から放流クルマエビに尾肢切除標識を施して共同放流および追跡調査を行い，体長50 mmの放流エビは約3カ月後に体長150 mm以上に成長し，累積漁獲回収率は約20％であることを報告している．しかし，このような調査は大規模な標識種苗の放流と広域にわたる漁獲調査が必要なため，実施は困難である．そのため，外海に面して放流エビの広域移動が想定される地域では，効果が実感しにくいことから放流縮小の傾向にある．

K. マツカワ

マツカワは北日本の冷水域に生息する大型の有用カレイ類である．北海道の年間漁獲量はかつての50～100 tから100 kg以下に低下し，絶滅を危惧されるほどに資源が減少した．これに対して，1980～1990年代に人工種苗生産技術の研究開発が行われ，親魚養成および採卵技術，種苗生産技術，ウイルス性疾病対策技術，遺伝的多様性に配慮した採卵技術が確立した．北海道では，1998年に放流尾数が10万尾超となり，市場調査により適正放流サイズを判定し，約10％の漁獲回収が可能なことが明らかになった．

そこで，2006年に事業化されて80 mm人工種苗の100万尾の放流がはじまった．2005年には北海道えりも以西海域で，資源回復計画も策定され，種苗放流とともに小型魚保護を目的とする漁獲努力量の削減措置も実施されている．北海道えりも以西海域のマツカワ漁獲量は100 tを超えるまでに回復し，人工種苗放流を交えた資源の再構築に成功している．しかし，調査の進展に伴って，当初想定していた効果波及範囲を大幅に超過して，成熟サイズになると福島，茨城沖まで移動することが次第に明らかになりつつある．より広範囲での資源管理が必要となっている．

L. ニシン

ニシンは北海道および三陸地方に分布する重要資源である．かつて北海道に豊漁をもたらしたオホーツク海まで回遊する広域型ニシンは衰退し，現在では日本沿岸に点在する地域型ニシン資源が残っている．

この地域型資源の再構築を目的として，1983年から水産総合研究センター北海道区水産研究所厚岸庁舎で，1984年からは東北区水産研究所宮古庁舎でも種苗生産の技術開発をはじめた．厚岸庁舎では，開始当初から10万尾の種苗が生産でき，1993年には45～50 mm種苗を約40万尾生産できるレベルに達した．その種苗を用いて，厚岸湾に全長58～87 mmのサイズごとに放流実験を行って，漁獲回収魚に占める放流魚の調査を実施し，回収率は大サイズほど大きく，60 mm以上であれば4～12％であることを明らかにした．

一方，宮古湾では，1988年以降は毎年約50 mm種苗を10～70万尾の規模で放流し，その結果，1985年には1.2 kgだった漁獲量が2000年代には1～2 tになっている．宮古湾にはもともとニシン資源はなかったため，回収率は平均0.14％でしかないものの，近年の漁獲魚中の放流魚の混入割合は約13％であることから，放流魚の回帰によって産卵親魚群が造成されたと考えられている．

北海道では，石狩湾で160万尾，太平洋側湖沼性ニシン200万尾の種苗放流を行っている．

M. 海洋牧場，餌付け放流

a. 海洋牧場

1977年の200海里体制の幕開けとともに，国の主導で日本の沿岸・近海での有用魚介藻資源の資源培養を図る海洋牧場技術（マリーンランチング計画）の開発研究が行われた．マダイでは，海洋牧場構想のもとで瀬戸内海を対象に大規模な実験が行われた．国の沿岸漁場整備開発事業による漁場造成に，人工種苗の音響馴致放流を組み合わせて，放流魚の初期減耗の軽減または漁獲までの長期滞留を目指した試みである．そのなかでは，浮き漁礁，太陽光発電を利用した自動給餌ブイ，餌料培養漁礁などの開発と検証も同時並行で行われた．一定期間の給餌場への滞留は可能であったが，大量種苗の長期滞留には継続的な大量の給餌が不可欠であり，完全管理が可能な養殖ほどの確実な回収と計画出荷も困難なため，事業的な成立には至らなかった．

b. 餌付け放流

天然魚の漁獲量が少ないシマアジは，アジ科魚類のなかでは最も美味であり，稀少なこともあわせて，高価魚として知られている．シマアジは，採卵も人工種苗生産もきわめて困難であったが，1984年に東京都小笠原水産センターにおいて，1986年には水産総合研究センター増養殖研究所古満目庁舎において，相次いで大量の自然産卵に成功，人工種苗量産が可能となり，種苗を活用して餌付け型栽培漁業技術の開発が試みられた．

シマアジ幼魚は学習能力が高いので，一定の基盤を設定し，そこに給餌を行いながら放流を行い，そこを餌場として2～3週間の餌付けを行うと，基盤を中心とした半径数10 mから数100 mを行動範囲とする餌付け場にとどまるようになる．放流シマアジの餌付け場からの逸散要因には，時化時の給餌停止または餌料不足がある．また，沖縄や鹿児島などの亜熱帯域では，オニヒラアジやイルカなどの大型魚食性動物の来襲があると明らかに逸散した．餌付け場の条件としては，内湾で激しい潮流がなく，視覚目標となる構造物があり，かつ周辺にシマアジが移動・滞留する可能性のある浮き桟橋や魚類養殖場がなくて独立していることと考えられた．そのような条件がそろえば，18カ月にわたって餌付け放流場にとどめることも可能であったが，長期滞留では多大な餌料費を要する．そこで，餌付け期間と再捕効果を検証したところ，約1カ月前後の餌付け期間が最適とされた．当初に目標とした餌付け放流による初期逸散や減耗の防止は可能となったが，漁業者らによる養殖用種苗としての採集利用が止められず，さらに本格的な漁獲サイズである1～2 kgとなると餌付け漁場から離れて100 km以上の移動があり，移動後の分散の把握が困難であった．このため，放流魚の大規模事業への展開は困難であり，行われなかった．

c. 漁港内餌付け放流

一方，食害を受けずに放流環境に順化させるという目的を，特別な経費をかけず既存の施設を利用しながら達成するために，漁港内餌付け放流が試験的に行われている．水産総合研究センター伯方島栽培漁業センターや兵庫県の日本海側でのマダイ，長崎県でのクロダイやマダイ，石川県でのクロダイ，岡山県でのキジハタ，水産総合研究センター宮古栽培漁業センターでのニシンやクロソイについて実施事例があり，放流初期の減耗防止に一定の成果をあげている．

（桑田　博）

3.6 養殖環境の管理と改善

3.6.1 水環境

水産養殖業は限られた水域を占有してそのなかで対象とする水産生物を管理し，商品にまで育成して収穫するという生産システムをとる産業である．自然の水域に暮らす魚介類を漁獲するシステムとの大きな違いは，人間の管理のもとで育成し収穫するため計画生産や品質管理が可能であること，一方，管理のための施設や労力，育成のための飼餌料などに関する投資，さらには飼育環境を適正に保つための労力や投資が必要なことがあげられる．このうち飼育の場である養殖漁場環境を適正に管理し，必要に応じて改善していくことは，養殖業を持続的に行っていくうえで基本となる．

A. 養殖漁場の管理

水産養殖業では，自然の状態とは異なる集約的な生物生産を行う．この生産活動は漁場生態系の物質循環機構に大きな影響を与えるが，その程度は給餌養殖と無給餌養殖で大きな違いがあり，それに伴って適正最大養殖量についての考え方も異なる．

a. 無給餌養殖

無給餌養殖では，海藻養殖に必要な栄養塩や二枚貝養殖で貝類の餌となる植物プランクトンは自然の物質循環の中で生産されるものを利用しており，養殖生物および施設が海域の生態系の一部となっている．養殖生産物をとりあげることは，窒素やリンを水中から除去することになり海域浄化に寄与する．ただし，無給餌養殖であっても長年同じ漁場で集約的な養殖を続けると，養殖施設に付着する動物の排泄物や死骸，貝類養殖では養殖貝の糞や偽糞などが海底に堆積して漁場環境が悪化するので注意が必要である．

ノリ養殖においては，主産地である有明海および瀬戸内海東部において，流入栄養塩濃度の低下や，低濃度栄養塩のもとで増殖できる植物プランクトンの発生により，ノリが利用できる栄養塩が減少し，本来黒色であるノリの色が薄くなり，激しい場合には薄茶色から黄色になる「ノリ色落ち」現象が生じ大きな問題となっている．また二枚貝養殖でも海域の海水交換と植物プランクトンの増殖能力から決まる基礎生産量を超えた過密養殖を行うと餌不足により二枚貝の成長阻害が生じる．

したがって無給餌養殖では海域の生産力を考慮し，過密養殖を避け適正な養殖密度を遵守する必要がある．このような観点から無給餌養殖における適正最大養殖量は「ある漁場内の餌料・環境資源を利用して持続的に生産できる最大の養殖量（carrying capacity）」のように定義されることが多い．

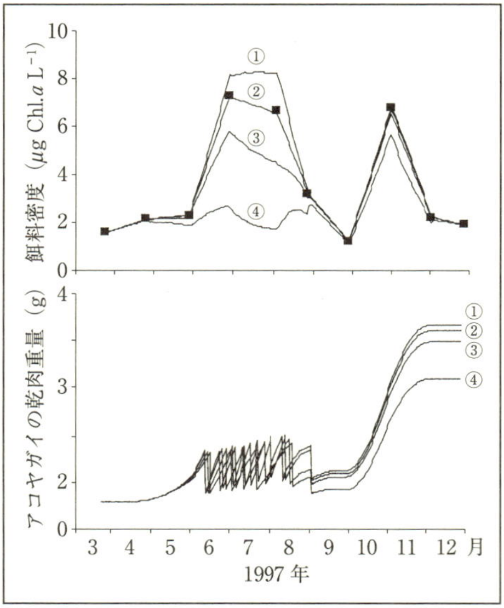

図 3.6.1-1　五ヶ所湾におけるアコヤガイ養殖密度評価モデルの計算結果
① 実際（1997 年）の養殖密度の 0.5 倍，② 実際の養殖密度，③ 2 倍の養殖密度，④ 7 倍の養殖密度〔最盛期（1970 年頃）の養殖密度に相当〕
〔阿保勝之，杜多　哲，水産海洋研究，65（4），p.143（2001）より一部改変〕

餌料環境を基本にしたアコヤガイ養殖密度評価モデルを，三重県五ヶ所湾に適用して得られた計算結果の一例を図 3.6.1-1 に示す．このモデルはアコヤガイ生理モデルと餌料動態モデルからなっており，アコヤガイは餌料生物をエネルギー源として成長し，一方，餌料生物密度は，餌料生物の増殖，アコヤガイの摂餌による減少，海水交換による流出のバランスで決まるという考えに基づくモデルである．図 3.6.1-1 は 1997 年の養殖密度とその年のアコヤガイの成長（図中②）を基本として，養殖密度を 0.5 ～ 7 倍に変化させた場合の餌料密度とアコヤガイの成長を計算したものである．計算結果はアコヤガイによる摂餌が真珠養殖場内の生態系に大きな影響を与えることを示しており，養殖密度の増減は植物プランクトン密度やアコヤガイの成長に大きな影響を及ぼす．とくに五ヶ所湾では夏季には海水交換が小さくアコヤガイ摂餌の影響が相対的に大きいため餌不足となりやすく，過密養殖がアコヤガイの成長や産卵に悪影響を及ぼす．またこの湾において真珠養殖の最盛期（1970 年頃）には過密養殖により餌不足状態であったことがわかる．

b. 給餌養殖

魚類を中心とする給餌養殖では養殖生産に伴う環境への負荷が問題になっており，過密養殖や過剰給餌による養殖漁場の環境悪化が懸念されている．飼育実験の結果によると，魚の体重増加に対する給餌量の比（乾重量比）は，ハマチにモイストペレットを与えた場合 1.7，マダイにドライペレットを与えた場合 2.1 ～ 3.2 程度の値が報告されており，給餌量のうち魚体にとりこまれ収穫される部分は 21 ～ 27％程度と見積もられている．最終的に実際の養殖場では養殖生産量の数倍程度の有機物が環境中に放出されていると考えられる．

これらの有機物は海水・底質中の微生物群集によって分解される．水温成層が発達して上下混合が抑制される夏季には好気的分解に必要な

表 3.6.1-1　持続的養殖生産確保法を受けて定められた環境基準

項　目	指　標	改善の目標となる基準	著しい悪化漁場（指定基準）
水　質	溶存酸素	4.0 mL L^{-1} 以上	2.5 mL L^{-1} 以下
底　質	硫化物	水底における酸素消費量が最大となるときの値を下回っていること	2.5 mg g^{-1} 以上
	底生生物	ゴカイ等の多毛類その他これに類する底生生物が生息していること	半年以上底生生物が生息していないこと
飼育生物	疾病による斃死率	連鎖球菌および白点虫による累積死亡率が増加傾向にないこと	連鎖球菌および白点虫による死亡が低水温期でも毎年のように発生する

〔阿保勝之，養殖海域の環境収容力，p.39，恒星社厚生閣（2006）〕

酸素が欠乏し，貧酸素水塊を形成する原因となる．また魚類養殖場周辺の高濃度の無機栄養塩類はプランクトンの増殖に利用されしばしば大規模な赤潮が発生する．これらのことから給餌養殖場における適正最大養殖量は「漁場の自然浄化力の範囲内，すなわち環境が悪化しない範囲内で生産できる最大の養殖量（assimilative capacity）」と定義される．

養殖漁場の環境改善と疾病の蔓延防止を目的として，1999 年に「持続的養殖生産確保法」が施行された．同法では，生産者が自主的に漁場管理を行うことにしており，漁業協同組合等が養殖尾数を制限するなど自主的に漁場改善計画を作成することになっている．その際に計画作成の目安となるように養殖漁場の改善目標に関する基準が農林水産省告示によって示され，また状況が著しく悪化している養殖漁場を指定する基準（指定基準）が水産庁長官から都道府県に通達された（表 3.6.1-1）．都道府県知事はこの基準を参考に養殖漁場の状態が著しく悪化していると認めたときは「漁場改善計画」作成を勧告し，従わないときは公表することができる．

表 3.6.1-1 に示された底質に関する基準のうち硫化物量を用いた基準がある．これは，海底での酸素消費速度が有機物負荷量の増加に対して上昇する間は生物が有機物を円滑に分解しているので，養殖に伴う有機物負荷は許容範囲内であり，酸素消費速度の最大値に対応する硫化物量は養殖許容量の指標となるという考え方に基づいている．この考えに従って数値計算モデルを作成して底泥の酸素消費速度の最大値を求め，養殖許容量を推定した例を図 3.6.1-2 に示す．この結果によると，約 800 m しか離れていない枝湾口と湾奥部では許容量に 10 倍以上の差があり，養殖区あるいは施設ごとに基準値を考える必要があることがわかる．

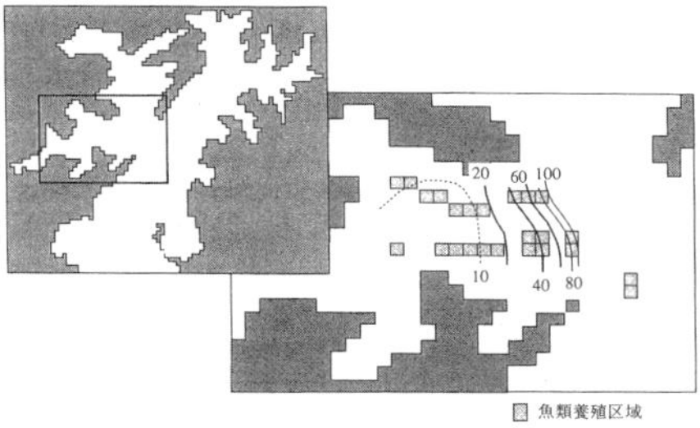

図 3.6.1-2　五ヶ所湾における養殖許容量の推定結果
図中の数字は面積あたりの有機物負荷許容量（μmol O_2 cm^{-2} day^{-1}）を表している．
〔阿保勝之，養殖海域の環境収容力，p.47，恒星社厚生閣（2006）〕

B. 養殖漁場の工学的環境改善手法

既存の養殖漁場を持続的に利用していくためには，過密養殖にならないよう環境収容力（carrying capacity, assimilative capacity）を考慮し適正最大養殖量の範囲内で養殖を行うこと，また持続的養殖生産確保法で示されているように漁業者自身が漁場環境をモニタリングし管理していくことが基本である．しかし場合によっては人為的に漁場に手を加えることによって環境収容力を増大させたり，新たに養殖場を造成することも必要である．環境改善・養殖生産量の増大方策については，工学的手法（湾口

表 3.6.1-2　湾の水理特性と環境改善工法

湾の種類	水理機構・水理特性	水域環境改良保全工法		実施地区例
		自然エネルギー	機械エネルギー	
1. 閉鎖性の深い湾	海水交換が主として拡散によって行われる 海水交換は必ずしも悪くないが，鉛直混合は不良，成層が発達し下層水は低温・高塩分，表層水は高温・低塩分	湾口改良 新水道の開削	鉛直混合（ポンプ，エアバブル）	日向湖 久見浜湾 加茂湖 サロマ湖 仙崎
2. 閉鎖性の浅い湾	海水交換が主として拡散によって行われる 流入外海水は湾奥まで達せず，湾内水は往復運動を行いがちである．湾口から湾奥に向かうにつれて水質が悪くなる	作澪 湾口改良 新水道の開削 潮流制御工		浜名湖 松川浦 潜ケ浦 （松島湾）
3. 開放性の深い湾	海水交換はおもに移流によって行われ，一般には良好 夏季は内部潮汐による海水流動がある．しかし密殖等により人為的に水質悪化が起こる場合がある	潮流制御工 内部潮汐利用	鉛直混合（ポンプ，エアバブル）	野見湾 小筑紫湾
4. 開放性の浅い湾	2. と同じ	作澪 潮流制御工		松島湾

〔漁港・漁場の施設の設計の手引き，p.724，全国漁港漁場協会（2003）〕

の開削，汚泥の浚渫など）や生物・微生物学的手法（光ファイバーを用いた海底照射，中間海底，複合養殖など）が実施されつつある．工学的手法は効果が永続する場合が多いが高コストで，生物・微生物学的手法は効果が狭い範囲に限られる場合が多い．

工学的には養殖漁場の環境改善は，海水交流・交換，鉛直混合，海面曝気の促進などによって行われるが，そのためにはエネルギーが必要である．自然エネルギーとしては，潮汐，流れ，波，内部波，風，副振動，太陽光などがあり，対象漁場の特性をよく調査したうえで，事前に各エネルギーの量的把握を行って利用の可能性を検討することが必要である．機械エネルギーの導入は施設費のほかに運転経費も必要となるので，その使用は極力控え，導入する場合は，その場所，運転時期を慎重に選ぶ必要がある．

漁場を地形的に分類すると，湾域とそれ以外に分けることができる．養殖漁場の多くは静穏な湾域に形成されている．湾域は海水交流・交換の特性によって表 3.6.1-2 のように分類される．この表には湾の海水交流・交換を支配する水理機構・水理特性とともに対応する環境改善工法を示す．海水の流出入に伴うエネルギー損失がおもに湾口部で生じ，湾口部で水位差の大きい湾を閉鎖性の湾，そうでないものを開放性の湾と定義する．また湾口と湾奥との距離が水深にくらべ長くて，底面摩擦抵抗の影響を大きく受ける湾を浅い湾，そうでないものを深い湾と定義する．

なお海水交流と海水交換の定義の違いについて述べておく．海水交流とはある時間あたりの湾口での海水の出入りを示す．たとえば，1 潮汐の間に湾口を通過する流出量および流入量は，それぞれ湾面積と湾内の潮位差の積と等しい．一方，海水交換とは海水交流のうちで湾外水と湾内水との実質的な入れ替わりをさし，湾内外の流れによって異なった値をとる．たとえば上げ潮時に流入した外海水が，湾内の水と混じり合うことなく下げ潮で流出していけば，この場合の 1 潮汐あたりの海水交換率は 0 であり，湾内水を押し出すような 1 方向の流れとなっていれば，海水交換率は 1 となる．工学的環境改善に際しては流動や拡散に関する数値シミュレーションを行って，海水交換率ができるだけ大きな値となるよう工法などの検討を行う

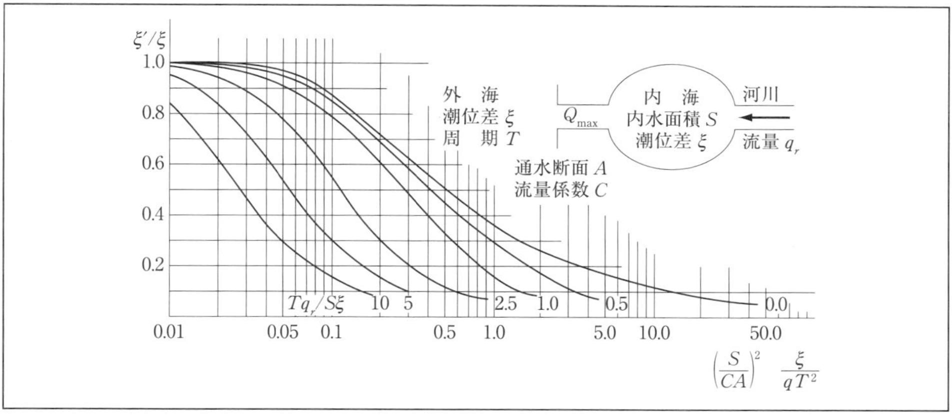

図 3.6.1-3　湾内外の潮位差比
〔漁港・漁場の施設の設計の手引き，p.972，全国漁港漁場協会 (2003)〕

ことが望ましい．

以下では，表 3.6.1-2 に示される工法のうち，代表的な環境改善手法に関して述べる．

a. 自然エネルギーを用いた環境改善手法

（i）湾口改良・新水道開削

この方法は湾口を広げたり，新水道を開削することによって，湾の海水交流・交換を促進するものである．湾の面積にくらべて湾口の有効通水断面積が小さすぎると，上げ潮で外海水が十分に流れ込まないうちに下げ潮となってしまい，潮汐による海水の流出入が阻害される．このような場合は湾口を拡大して海水交流量を増大させる．一方，湾口通水断面積が大きすぎて，潮汐による流出入速度が小さい場合は，海水交流量の減少をきたさない範囲で湾口を縮小して，湾口流速を大きくし海水交換量が最大となるようにする．

この最適湾口通水断面積は，湾内外の潮位差比 ζ'/ζ が 0.95 ～ 0.98 程度に相当する．1 潮汐間の流入量および流出量 Q は湾内水面積 S とその潮位差 ζ' の積となる．湾内外の潮位差比 ζ'/ζ と湾口断面積 A などの地形条件との関係は図 3.6.1-3 のようになる．この図を用いて湾口の形状を変化させた場合の海水交流量を求めることができる．

現在の湾口規模が最適湾口規模より小さく，しかも湾奥に停滞水域が生じている場合は，この水域に新水道を開削して外洋水を導入し，環境改善を図る新水道開削工法が用いられる．この場合も湾口が 1 つの場合に準じて最適湾口規模を求めることができる．

サロマ湖では 1973 年より 1979 年にかけて新湖口開削が行われた．サロマ湖の当時の湖口（以下，現湖口）は西の湖盆の砂州のほぼ中央にあり，幅約 270 m，最大水深 22 m（平均水深 10 m）であったが，湖内面積にくらべて通水断面積が小さいため，現湖口から遠い東部の湖盆は外海水との交流が不活発で漁場が老朽化しつつあった．そこで福島番屋付近の砂州を開削し，外海水を導入してホタテ・ノリ・カキなどの養殖業を発展させることをめざした．この際，海水交流量に関する最適湾口条件は上に述べた方法によって決定された．湾内における流れの詳細や物質収支，溶存酸素（DO）収支などに関しては数値シミュレーションによる効果予測を行う．図 3.6.1-4 は事業前後の流況変化を 2 次元の数値シミュレーションによって求め流入時の流速分布を示したものである．この図より新湖口の開削によりその影響は福島番屋から幌岩を結ぶ線上にまで及んでいることがわかる．

（ii）昨澪

この工法は水深の浅い湾や干潟で局所的に澪

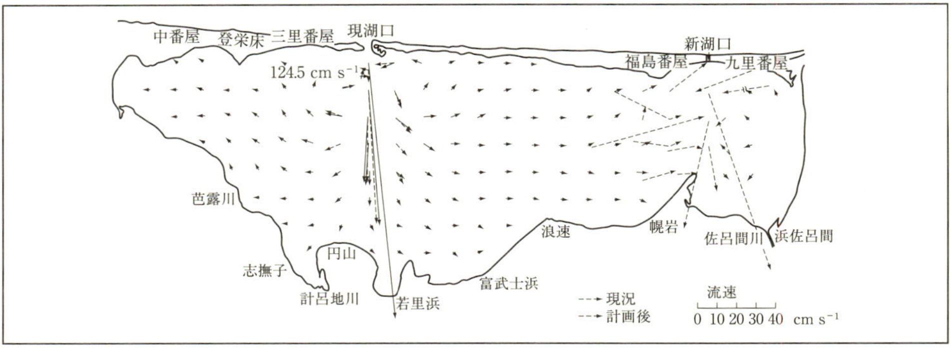

図 3.6.1-4　サロマ湖湖内の流速分布（ほぼ最強流入時）
〔出口利祐，中村　充，水産土木事例と計算法（Ⅰ），p.43，日本水産資源保護協会（1980）〕

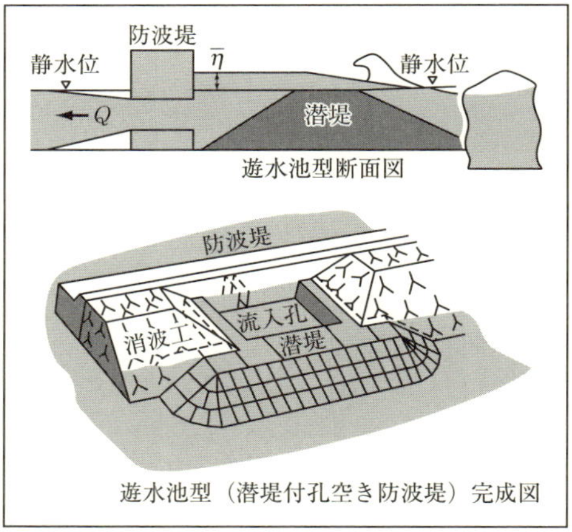

図 3.6.1-5　遊水池型（潜堤付き孔空き防波堤）
潜堤上で強制砕波させることにより，潜堤と消波堤との間に設けた遊水部の水位を上昇させ，消波堤に設けた孔から海水を港内に導く．
〔沿岸漁場整備開発事業施設設計指針　平成４年度版，p.289，全国沿岸漁業振興開発協会（1992）〕

（みお）を掘り，澪部の流速を増大させて海水の交換を促進するものである．一様水深 d の水域に深さ D で十分に大きな幅 $B(>10(D+d))$ の澪筋を造成すると，澪内外の流速比，流量比はおおよそ次式によって見積もることができる．

$$u_m/u = n/n_m(1+D/d)^{2/3} \qquad (1)$$

$$q_m/q = n/n_m(1+D/d)^{5/3} \qquad (2)$$

ここで，u_m, u：澪内外の流速，q_m, q：澪内外の流量，n_m, n：澪内外の粗度係数．一般に両者は等しい．

上式からわかるように水深の浅い部分は深い部分にくらべて底面摩擦の影響を強く受け減速する．そのため上げ潮時には外海の海水が澪筋を通って湾奥まで導かれ，下げ潮時には湾奥の海水の多くが澪筋を通って流出し，海水交換を促進する．この工法は潮差が大きく，水深が浅い水域で適用される．澪筋は現況の流線に沿うように配置する．近年，浅海域干潟が湾内の水質浄化に果たす役割が重視されるようになっており，干潟の海水交換促進手法として用いられることが多い．

（iii）波による海水導入

波は潮汐にくらべて単位時間あたりの波の数が多い．潜堤を配置した場合には，波高が 20 cm 程度の波で，潜堤長さ 1 m あたり 200 $m^3 h^{-1}$ 時程度の流量が期待でき，広さ数 ha 以下の築堤式養殖への海水導入工として用いられている．

外海に存在する波，うねりなどを狭窄することによって波高を増大させ，堰上を越波させたり，堰上で砕波させて堰背後の水位を上昇させる．このようにして得られる水位差によって流れを生じさせる．実際の海では潮位変動があるため，１つの施設を設置すると，潮位によって越波，あるいは砕波による海水導入が交互に生じることとなる．

岩手県種市町では地先に発達している海食台を水産的に利用するため，これに溝を掘って，波による海水導入を行った．コンブの生息の好適流速である 15 cm s^{-1} の流れを生じるよう設計し，これによって昼の水温上昇も抑えた．溝（増殖溝）にはコンブ等を生育させ，これを餌とするウニの増殖を行っている．

漁港内の静穏域を利用した畜養が多くの地区で行われている．漁港内の水質保全を図るため開発された潜堤付き孔空き防波堤（図 3.6.1-5）も同じ原理で海水導入を行う．この施設の大きな特徴は遊水部を設けていることで，そのため導水流速は比較的変動が少ない．また孔を防波堤の下部に設けることで港内の静穏を保つことができる．

b. 動力エネルギーを用いた環境改善工法

動力の利用による環境改善は施設費のほかに運転経費も必要であり原則的には望ましくないが，潮汐や波浪エネルギーを利用して改善することが不可能な場合は，ポンプやエアバブルカーテンなど動力エネルギーを用いた環境改善方法を利用する．

（i）ポンプによる底層悪水排除

湾口が湾内より浅い場合は，湾内への淡水流入や表層の水温上昇によって表層の水が軽くなって密度成層が生じ，下層に低温・高塩分の滞留水塊が形成されて，しばしば無酸素状態となる．ポンプによる環境改善工は底層悪水のみを選択的に取水するもので取り込み口は密度境界面より下に設置する．また上層水を連行しない流量，流速内で排水を行わなければならない．

（ii）エアバブルカーテンによる環境改善工

エアバブルカーテンとは，水中に気泡を噴出させてつくった気泡幕のことである．エアーバブルカーテンに伴う上昇流は表面付近で水平流となって表面曝気を受けながら離れていく．底層ではエアーバブルカーテンに向かう流れが生じて漁場全体の水が対流循環する．この効果は閉じた水域ではとくに有効で，ダム湖などではアオコなどの発生を抑止するために用いられ効果をあげている．

（杜多　哲）

3.6.2 海底土

A. 海底土と関連用語

海底土のより一般的な表現は海底堆積物である．すなわち，海底堆積物は海底の泥，砂，礫などのすべてを含むので，海底土は海底堆積物の一部分ということになる．海底土とほぼ同様に使われる用語として，海底土砂や海底泥がある．土は一般に土砂や泥を含むので，海底土砂は海底土とほぼ同義語であり，海底泥は性状が泥質の海底土のことである．

海底堆積物とほぼ同じ意味で，底質もしばしば用いられる．ただし，海底堆積物がその質を問わない「もの」をさし示す用語であるのに対し，底質は海底を構成する「基質・材質」（material）を意味するとともにその「質」（quality）を示すこともある．たとえば，「底質の採集方法」の底質は「もの」のことで，一方，「底質基準」の底質は「質」（quality）を示している．底質は海域のみならず湖沼や河川においても使われる．

以上からわかるように，海底土と海底堆積物および底質は，特別な場合を除いて，しばしば同じ意味で用いられる．したがって，本項では養殖環境としての海底土を主題とするが，やや広い意味で養殖環境に関連する海底堆積物と底質についても説明する．

養殖環境としての海底土，海底堆積物，底質に関係の深い言葉として，前述の海底土砂や海底泥のほかにも，水底土砂，底泥，海砂，海砂利，海底汚泥，ヘドロ，浚渫泥，浚渫土砂などがある．このうち，水底土砂，底泥は，海域では海底土砂，海底泥と同じである．海底から採取される砂，砂利は海砂，海砂利とよばれており，コンクリート工事などに使われる建設資材として重要なほか，漁場改善のための覆砂や海浜の造成にも用いられる．海底汚泥は汚染された海底泥というある種の評価が加えられたことばである．ヘドロには科学的な定義が十分に与えられていないが，海底汚泥や汚染泥と同様に用いられ，一般には高有機質の泥状堆積物をヘドロとよぶことが多い．浚渫泥，浚渫土砂は浚渫された海底泥や海底土砂のことで，しばしば浅海域の埋立てのほか，養浜，浅場・干潟や二枚貝養殖場の造成などに用いられる．

B. 海底土・底質と水質の関係

底質は水質に対することばであるが，水質が主として水の質（water quality）を表すのに対し，底質は前述のように堆積物の質（sediment quality）とともに海底の基質そのもの（bottom material，bottom sediment）も示す．底質は，海水に接しているので，水質や海水の流動性から影響を受けるとともに，水質にも影響を及ぼす．すなわち，底質と水質は相互関係をもつ．

たとえば，水質汚染の著しい海域では底質・海底土の汚染も顕著な場合が多く，逆に，酸素消費速度の大きい有機質に富んだ底質に接している海水では貧酸素水塊が発生しやすい．また，流動の大きな海域では底質粒子が粗く，流動の小さな海域では底質粒子が細かくなる．すなわち，底質は海水流動の影響を受けやすい．実際に，潮汐の大きな瀬戸内海では，潮流の速い「瀬戸」（海峡部）には砂質の堆積物が，一方，潮流のゆるやかな「灘」などでは泥質の堆積物が卓越している．これは河川において，流れの速い場所と遅い場所で底質が変わるのと基本的に同じ原理に基づく．

したがって，水質と底質はともにその場の環境状況を反映するが，水質と底質ではその指標性に違いがある．その大きな理由は，海水の流動性が底質（堆積物）の流動性よりもはるかに大きいために，海水が常に更新しているのに対し，底質は長期間にわたってその場に堆積した物質を蓄積している点にある．ある定点で水質・底質を連続観測すると，とくに沿岸域では水質が時々刻々，大きく変化するのにくらべ，底質の時間的変化は緩やかである．これは，水質が測定時の瞬間の性質を示すのに対し，底質がその場の時間積分的な性質をもちあわせていることを示している．また，海底堆積物をその鉛直構造が崩れないように採取し，層別に分析すると，いつの時代にどのような物質が堆積したかを知ることができる．したがって，魚類養殖場などが開設されると，その時期以降の堆積層で大きな有機物含有量が観測されるのが一般的である．

C. 海底土の構成要素

海底堆積物としての海底土は，長期間にわたってその場に堆積した物質の総体であるから，実際にはさまざまな物質を含む混合系である．一般的には，河川や陸域から運ばれてきた砂や土壌などの粒子，死んだプランクトンや貝殻などの生物遺骸，大気中から降下した黄砂や火山噴出物などのほかに，そこに生息する各種の底生動物などが構成要素となる．さらに，給餌型の魚類養殖場では，これに魚類排泄物や残餌が加わることになる．とくに，生餌を与える養殖場では分解しにくい骨や鱗の成分が長年にわたって堆積する．

したがって，海底堆積物の構成要素は大きく無機物と有機物に分けられる．さらに，海底堆積物の構成物質は，その形状から粒子態の物質と溶存態の物質に分けられる．粒子態の物質は粒子状物質，溶存態の物質は溶存性物質，水溶性物質などともよばれるが，基本的に同じ意味である．溶存態物質の例としては，堆積物粒子のすきまに存在する間隙水があげられる．粒子態の物質，溶存態の物質は，いずれもが有機物と無機物を含むので，これらの組み合わせにより，堆積物の構成成分は大きく粒子状無機物，粒子状有機物，溶存態無機物，溶存態有機物の4種に区分される．それぞれのイメージとしては，粒子状無機物として砂の粒子，粒子状有機物として微小生物やその死骸，溶存態無機物として間隙水中の無機塩類，溶存態有機物として間隙水中の炭水化物などをあげることができる．このように海底堆積物は，均一の物質ではなく，養殖環境としての海底土もきわめて複雑な混合系の物質である．

海底土を構成する粒子のサイズは，粗い方から順に，礫（粒径 75.0 ～ 2.00 mm），砂（粒径：2.00 ～ 0.075 mm），シルト（粒径：0.075 ～ 0.005 mm），粘土（粒径：0.005 mm 以下）などに区分される．砂をさらに粗砂と細砂に分け，あるいはシルトと粘土（クレイ）をあわせて，シルト・クレイ成分として表示することもある．これらの構成粒子の組成を全体に対する重量百分率で表したものを粒度組成という．海底土の粒度組成は有機物や重金属の含有量など底質とも関係が深い．その理由として，堆積物構成粒子の粒子径が小さいほど単位重量あたりの粒子表面積が大きくなるために重金属などが吸着されやすくなることや，細かい粒子が堆積する流動の少ない環境下では比重の小さな有機物が沈積しやすいことなどがある．以上から，底質の粒度組成は有機物含有量や海水の流動環境とも密接に関係することがわかる．すなわち，底質の粒度組成がわかると，あるいはもっと単純には海底土が砂質か泥質かによって，その場の流動条件や有機物の含有量をおおむね推定することができる．

D. 底質指標

底質の性状を示す一般的な指標としては，前述の粒度組成のほか，比重，含水率，含泥率，pH，酸化還元電位（oxidation-reduction potential : ORP，E_h），色調，温度などがある．pH は物質の溶解度に強く影響するので，有機物の分解などにより酸性物質が生じ，底質が酸性になって pH の値が低下する場合には，金属などが溶出しやすくなる．酸化還元電位は底質中で起きる酸化還元反応を左右するので，たとえば，硫酸還元反応が起きるか脱窒反応が起きるかは基本的に酸化還元電位によって決まることになる．

有機物や栄養塩類，物質循環にかかわる底質指標として，化学的酸素要求量（COD），強熱減量（ignition loss : IL），全窒素（TN），全リン（TP），全硫化物（TS）などがある．IL は乾燥した底質を高温で焼却したときに減少する重量を百分率で示したもので，おおむね有機物の割合に相当する．すなわち，有機物は燃焼しやすく，鉱物粒子は燃焼しにくいという原理に基づいている．TN，TP は底質中に含まれる窒素，リンの総量であって，その形態は問われない．したがって，全窒素，全リンには有機態，無機態，粒子態，溶存態のすべてが含まれる．富栄養海域では一般に底質中の IL，TN，TP の値が大きく，集約的な魚類養殖場ではさらに大きな値が観測される場合が多い．TS は底質中の硫酸塩還元細菌による硫酸還元反応の大きさの目安になる．TS が多い場合には，盛んに硫酸還元が起きたことを示しており，底質の外観は硫化物により黒色を示す．TS が多いことは底質環境が還元的で分子状酸素の欠乏した状態を示しており，また，硫酸還元によって生じる硫化水素は毒性が強いので，このような条件下では好気的な生物は生息することができない．

以上から，これらの底質指標の変化はおおむね連動していることがわかる．つまり，魚類養殖場で残餌や排泄物などの有機物負荷により底質が劣化した場合には，pH の値と酸化還元電位がともに低下し，一方，COD，IL，TN，TP と TS の値が上昇する．底質指標の分布状況を模式的に図 3.6.2-1 に示す．

ここで注意すべきは，窒素やリンが毒性物質ではないことである．むしろ植物プランクトンによる一次生産をはじめ，あらゆる生命現象と生物生産に必須な物質である．したがって，劣化した底質の場合，問題は窒素やリンそのものにあるのではなく，これらを含む有機物が底質中に蓄積しすぎること，あるいは底質中の窒素やリンが海水中や生物体へと持続的に循環しないことにある．窒素やリンとは異なり硫化物は毒性が強いが，この毒性物質は他所から流入した外来性のものではなく，現地性のものであることも重要である．底質中硫化物の起源は海水中に豊富に存在する硫酸イオン（SO_4^{2-}）である．硫酸イオンは海水の基本的構成成分で無毒である．この無毒の硫酸イオンが，還元的条件下で硫酸塩還元細菌により硫化水素（H_2S）に変換されると，ただちに強い毒性を発揮する．すなわち，単純化すれば，外部から毒性物質がもちこまれなくても，底質が有機汚染により酸欠になると，底質中で猛毒が発生するということである．青潮は硫化水素を含む底層貧酸素水塊が湧昇したときなどに生じる「死の水」で，このなかで魚介類が生息することはできない．一方，外来性の代表的な底質汚染物質としては，PCB，ダイオキシンや重金属などがあげられる．

ここまでに示した底質の物理学的，化学的な

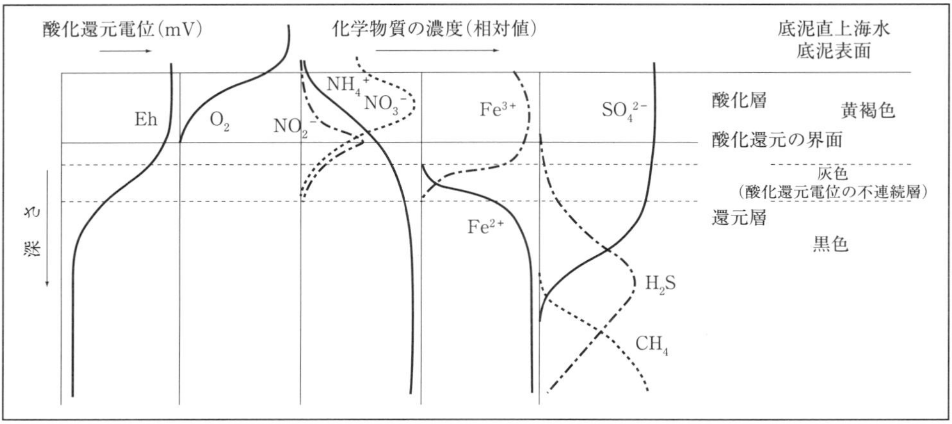

図 3.6.2-1　底泥内の酸化還元電位 (E_h) および化学物質の分布模式図
〔栗原　康，河口・沿岸域の生態系とエコテクノロジー，p.37，東海大学出版会 (1988) より一部改変〕

指標とともに，生物学的な指標(生物指標)も重要である．生物指標の基本は，一定面積に生息する生物種とそれぞれの出現個体数である．一般に，生物生息環境が良好な状態では多数の種が生息する．しかし，環境が悪化すると，次第に汚染や貧酸素に耐性のある特定の種(汚染指標種)しか生息できなくなる．したがって，出現種類数は大きな目安であり，生物種ごとの個体数から種多様性を算出すれば，これもよい指標となる．

E. 海底土の改善と制御

a. 給餌養殖

魚類の給餌養殖，とくに集約的な魚類養殖は，物質収支の観点からすると多量の餌料を与えてその一部を生産物すなわち「水揚げ」として回収する事業であるから，環境負荷の大きな営みである．窒素やリンの量では，与えた量の8割程度が残餌や排泄物などの形で環境負荷となるため，海底土への影響も大きい．そのため，過去には魚類養殖場で底質の自家汚染が発生した事例も少なくない．一方，漁業生産における海面養殖の重要性は増しつつあるため，環境保全に留意した持続的な水産養殖の必要性が高まり，「持続的養殖生産確保法」が制定された経緯がある．水質総量規制の導入されている東京湾，伊勢湾，瀬戸内海では魚類養殖による汚濁負荷(COD，TN，TP)の削減と養殖漁場の環境管理の適正化が求められた．

このような状況のなかで，養殖環境としての底質の改善と制御を行うためには，養殖漁場の汚染の原理を知ることが必要である．魚類給餌養殖の場合，おもな汚染源は排泄物と残餌であり，いずれも水溶性成分と固形(粒子状)成分からなる．このうち，水溶性成分は直接水質汚染をもたらす反面，水の流れによって拡散されやすい．一方，固形成分は沈降して底質への負荷となる．これらの対策として，餌の面では，生餌は水溶性成分が水質汚染をひきおこしやすいことから，単独では使用されなくなり，次第にモイストペレットやドライペレットへの変換が進んだ．また，残餌がただちに堆積して底質を汚染するのを防ぐため，ペレットの浮遊性を高めて沈降しにくくする技術開発も進められた．

b. 養殖環境への影響

魚類の排泄物と残餌による底質への影響は，当然，魚類を大量に飼育し，しかも大量に餌を与える場合に大きくなる．単位面積あたりの海底土への有機物負荷量は，給餌量や放養量，生産量におおむね比例して大きくなる．ただし，残餌や糞は沈降しながら海水の流動性によって拡散するので，これらの沈降物質による底質単

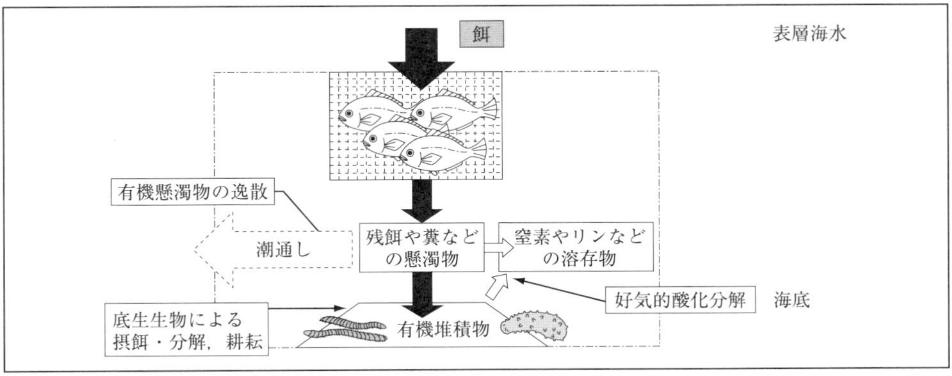

図 3.6.2-2　養殖漁場における自浄能力の概念図
〔松田　治，環境保全型養殖の基本的な考え方，9 月号，p.57，アクアネット（2005）より一部改変〕

位面積あたりの負荷は，海水の流動性が高いほど小さくなり，流動性が同じ場合には水深が大きいほど小さくなる．このような関係から，養殖場における底質への影響は，単純化すれば，養殖負荷（生産量）と海水の流動条件（流速と水深）によって変わることになる．

つまり，流動条件が同じ漁場では，養殖負荷が大きいほど底質が悪化しやすく，また，同じ規模の養殖が行われている場合には，いわゆる「潮通しの悪い」つまり停滞性の強い漁場では，流動性の高い「潮通しのよい」漁場にくらべて自浄能力が低いため底質が悪化しやすい．ただし，この場合の自浄能力は広義の解釈であり，流動による汚染物質の搬出・拡散，有機物の好気的分解や生物学的浄化能を含んでいる．養殖漁場における自浄能力の概念を図 3.6.2-2 に示した．

c.　底質の改善

悪化した底質を改善するためには，前述の汚染原理を逆に利用して，自浄能力が汚染負荷を上回るようにすればよい．すなわち，養殖負荷を減らすこと，流動条件を改善すること，底質の自然浄化力を高めること，を組み合わせる必要がある．このうち，最も人為的に制御しやすいのは放養量や給餌量である．流動条件は基本的に自然条件に支配されるが，養殖施設の配置や数によって制御可能な部分もある．土木工学的な流動条件の改善は，技術的には可能でも，必要なコストやエネルギーが大きく，実用的でない場合が多い．底質の自然浄化力を高めることは，直接的にはむずかしいので，できるだけ有機物負荷が少ない「潮通しのよい」漁場環境をつくって，底生生物の生息環境を改善し，次第に多様な生物がすみつくのを待つ必要がある．

悪化した底質の改善方策として，より直接的な，浚渫，覆砂，酸素注入などの技術も開発されているが，いずれも対症療法的な技術なので，原因療法的な改善技術とは区別して考える必要がある．たとえば，浚渫や覆砂は，かなり大規模なコストや事業を必要とするが，これらは汚泥が堆積することを防ぐ技術ではないので，養殖手法を変えない限りやがて汚泥が堆積することになる．したがって，持続的な環境保全型養殖の観点からは，これらの技術の利用にあたっては十分な検討や配慮が必要である．

F.　浚渫土の有効利用

近年，干潟や藻場の造成や二枚貝増殖漁場の改善，修復には，航路浚渫などで発生した海底土としての浚渫土が使われることが少なくない．背景として，従来の浚渫と埋立てをめぐる関係が大きく変わり埋立て需要が低減したこと，海砂採取の制限，環境修復や自然再生事業の興隆などがあげられる．浚渫土は今後も環境改善資材として有効利用される可能性が高い．干潟や藻場は二枚貝や魚介類の生産現場であるのみならず，潮干狩りやレクリエーションなどで人々が海と多様に接する場でもある．したがって，浚渫土を干潟や漁場の改善に利用することは，最終的には人々の安心と安全にかかわる．しかし，一般的には浚渫土がヘドロ的なマイナスのイメージを伴うことも指摘されている．

一方，浚渫土を干潟や漁場修復などに有効利用することが，本来的に望ましいとする考え方も提唱されている．海で発生した浚渫土は海で利用するのが自然で循環型社会にふさわしい，あるいは，浚渫土は新しい資源的価値をもっている，などの考え方である．新しい資源的価値とは，たとえば，泥質の浚渫土は大量の有機物や栄養塩類を含んでいる，砂質や砂泥質の浚渫土には，採取が大幅に制限されつつある海砂の代替資源としての価値が高い，などである．漁場改善のための覆砂事業に，かつては良質な海砂が大量に使われたが，環境影響などの問題で海砂の供給が制限され，最近では海砂の利用がむずかしい．このため，浚渫土の海砂代替資源としての価値が上がっている．

これまでにも，三河湾湾口部の中山水道の航路浚渫で得られた良質の砂質堆積物は三河湾の人工干潟の造成に大量に使用され，アサリの増産をもたらした．山口県の自然再生事業として知られる椹野川河口干潟の改善にも浚渫泥が利用された．ここではアサリ生息環境の改善のために干潟の耕運もあわせて行われた．英虞湾における藻場・干潟の機能改善のための技術開発は浚渫泥の有効利用を目指したものでもあった．

G. 海底土に関する法律と基準

底質を含めた養殖環境の改善に関する法律としては「持続的養殖生産確保法」(1999) がある．この法律は餌の与えすぎや高密度養殖を控え，漁場環境改善を進めて持続的な養殖生産を実現することに主眼をおく．この法律に基づいて定められた養殖場の環境基準には，新たな考え方として底質の酸素消費量と硫化物量の関係が取り入れられたが，現場では実施困難な部分もあるため，この基準が広く実用に供されているとはいいがたい．一般に，漁場の底質環境に関する基準は，現状では体系的に十分整備されていないので，ここでは関連のものを紹介する．「水産用水基準」(2005) は水質を主対象としているが，底質についても，COD（アルカリ性法）20 mg O_2 g^{-1} 乾泥以下，硫化物 0.2 mg S g^{-1} 乾泥以下，ノルマルヘキサン抽出物 0.1%以下が基準値として採用されている．また，COD，IL，泥分含有率（MC：含泥率に同じ），TS，マクロベントス群集の多様度（H'）などを組み合わせた合成指標が提案され，その有効性が検討されている．浚渫土を漁場改善などに利用する場合には「水底土砂に関する判定基準」にある 33 の有害物質の基準に適合しなければならない．また，これだけでは不十分と考える場合には，「汚泥に関わる判定基準」や「底質の処理・処分等に関する指針」が上乗せ的に利用されることもある．「海洋汚染防止法」（海洋汚染等および海上災害の防止に関する法律）の適用も受ける．浚渫土砂（水底土砂）の海洋投入に関しては，ロンドン条約の改定議定書の考え方を受けて，近年，規制が強化されており，この海洋投入には環境大臣の許可が必要となる．

（松田　治）

3.7 疾病と防除

3.7.1 ウイルス疾病

ウイルスは，DNA あるいは RNA の核酸とタンパク質，種類によっては，さらに被覆する脂質膜（エンベロープ）を基本構造とする．DNA ウイルスと RNA ウイルスに大別することができ，核酸の性状〔核酸が一本鎖か二本鎖か，プラスセンスか，マイナスセンスか（mRNA として機能する配列をプラスセンス，その相補鎖の配列をマイナスセンスという），分節構造（核酸が 1 分子ではなく，何本かに分かれているもの）をとるかなど〕，粒子の形態・血清型などの抗原特性や複製様式などに基づいて国際ウイルス命名委員会によって分類され，目・

科・属・種という分類様式が用いられる．

ウイルスは生きた細胞に感染し，細胞の機能を使って自己の遺伝子を複製させ，さらにウイルスタンパク質をつくらせることにより，子孫のウイルス粒子を構築・産生させ，細胞外に出て，次の新たな細胞へ感染する．多くの場合，ウイルス粒子が放出される時期には細胞が崩壊するため，ウイルスが増殖する臓器では組織の損傷が生じる．そのため，宿主はその生理機能に異常をきたし，修復されない場合には死に至る．魚介類の病原ウイルスでは，一般に増殖温度が宿主の生息水温に近い．個体の発病は，宿主の生体防御とウイルス増殖による組織損傷のバランスであり，宿主側が負けると個体は死に至る．したがって，宿主とウイルスの組み合わせによって，その疾病の発生温度帯がある程度限定されることになる．一部のウイルスでは，感染した宿主細胞を増殖させ，腫瘍形成を誘導するものがある．

ウイルスは，培養細胞を使って病気の生物から分離・培養される．そのため，日常的にウイルス分離に使用できる多くの魚類の培養細胞が樹立され，それぞれのウイルス分離に対して適切な細胞がある．なかには分離培養がむずかしいウイルスもあり，クルマエビ類など甲殻類の培養細胞は今のところ樹立されたものはなく，養殖エビ類の病原ウイルスは分離培養されていない．ウイルスの培養温度は，冷水性魚介類由来では多くが 15 ～ 20℃，温水性魚介類由来では 20 ～ 25℃ 程度が一般的であり，病魚からの分離培養は，疾病発生時の水温付近の温度で行う．

表 3.7.1-1 に日本の主要なウイルス病を示した．魚介類のウイルス病に対する治療薬は，実用化されているものはなく，ワクチンによる予防が可能なもの以外は，防除は一般的な魚病対策および衛生管理による．すなわち，種苗生産施設では，ポリメラーゼ連鎖反応（polymerace chain reaction : PCR）などのチェックで選択した非感染親の使用，ヨード剤やオゾン水等による卵洗浄，UV やオゾン処理等による用水消毒などの隔離飼育により非感染稚魚を生産する．養殖場では非感染種苗の導入と用水の殺菌等の管理，池ごとの飼育機材の使用・管理が有用である．

日本で発生がない海外の主要なウイルス疾病を**表 3.7.1-2** に示した．動物衛生に関する国際機関である国際獣疫事務局（World Organisation for Animal Health : OIE）では，水生生物および水産食品の国際貿易によって伝播し，侵入するとその国の養殖魚介類あるいは天然資源に多大な被害を及ぼすおそれのある疾病を定め（OIE リスト疾病），国際的な監視を行っている．また，日本国内へ侵入した場合，産業や生態に甚大な被害を与えるおそれのある疾病を水産資源保護法で輸入防疫対象疾病に定め，輸入防疫措置をとっている．さらに，国内で発生した場合に養殖生産に甚大な被害を与えるおそれのある疾病を持続的養殖生産確保法で特定疾病として定め，蔓延防止を図っている．輸入防疫対象疾病と特定疾病の内容は同じである．**表 3.7.1-1** および**表 3.7.1-2** にはこれらの管理対象の疾病が含まれている．

A. 伝染性造血器壊死症（infectious hematopoietic necrosis : IHN）

IHN は現在 OIE リスト疾病である．ニジマス，マスノスケ，ベニザケ（ヒメマス），サクラマス（ヤマメ），アマゴの主として稚魚が感染発病する．ニジマス養殖で最も問題となる疾病であり，近年では比較的大型の稚魚でも発病と死亡がみられる．病魚では腹部膨満，眼球突出，体色黒化，筋肉の出血，鰓の退色がみられる．病理組織学的には，腎臓の造血組織の激しい壊死が特徴である．日本には 1970 年にアラスカから輸入したベニザケ卵とともに侵入し，その後，各地のニジマスやアマゴなどに広がった．

原因ウイルスは，ラブドウイルス科ノビラブドウイルス属の infectious hematopoietic necrosis virus（IHNV）である．粒子は，長さ約 160 ～ 180 nm，直径約 80 ～ 90 nm の砲弾型の形態で脂質膜を有し，核酸は全長約 11 キロ塩基（kbase : kb）のマイナスセンス一本鎖 RNA である．血清型は 1 つとされ，いくつかの遺伝子型に分けることができる．脾臓，腎臓，

表 3.7.1-1　日本における主要なウイルス病

病　名	原因ウイルス	主要な感染魚
サケ科魚		
伝染性造血器壊死症*2	IHNV	ニジマス・アマゴ・ヤマメ
伝染性膵臓壊死症	IPNV	ニジマス
サケ科魚ヘルペスウイルス病	SalHV−2	サクラマス・ギンザケ・ニジマス
赤血球封入体症候群	EIBSV	ギンザケ
ウイルス性旋回病	WDV	ギンザケ・ニジマス
淡水魚		
ウイルス性乳頭腫症	CyHV−1（＝CHV）	コイ
ヘルペスウイルス性造血器壊死症	CyHV−2（＝GFHNV）	キンギョ
コイヘルペスウイルス病*1*2	CyHV−3（＝KHV）	コイ
ウイルス性血管内皮壊死症	JEAdV	ウナギ
海産魚		
リンホシスチス病	LCDV	ヒラメ・マダイほか
ウイルス性神経壊死症	SJNNV など	ハタ類ほか多数の海産魚種
ウイルス性表皮増生症	FHV	ヒラメ
ウイルス性腹水症	YATV	ブリ・ヒラメ
ヒラメラブドウイルス病	HIRRV	ヒラメ
ウイルス性出血性敗血症*2	VHSV	ヒラメ・マダイ
マダイイリドウイルス病*2	RSIV	マダイ・ブリ・イシダイほか
甲殻類		
クルマエビのホワイトスポット病*2*3	WSSV（＝PRDV*4）	クルマエビ類ほか
バキュロウイルス性中腸腺壊死症	PjMOV（＝BMNV）	クルマエビ類

*1 日本の特定疾病に指定されている疾病．*2 OIE リスト疾病．（2012 年 3 月現在）
*3 white spot syndrome（WSS）とも呼称．日本ではクルマエビ急性ウイルス血症（penaeid acute viremia：PAV）とも表記
*4 日本では penaeid rod-shaped DNA virus（PRDV）とも表記

心臓，脳を，また，親魚では体腔液を試料として，EPC あるいは FHM 細胞を用いて 15°C でウイルス分離する．細胞変性効果（CPE）は，球形化が特徴で，感染した細胞はブドウの房状に広がる．ウイルスの同定は，抗血清を用いた中和試験，ELISA（enzyme-linked immunosorbent assay）や逆転写ポリメラーゼ連鎖反応（RT−PCR）などによる．ウイルス粒子脂質表面にある突起状のスパイクとよばれる G タンパク質に免疫原性がある．この G タンパク質遺伝子を組み込んだプラスミドが DNA ワクチンとして有用で，カナダで使用されている．

B. 伝染性膵臓壊死症（infectious pancreatic necrosis：IPN）

ニジマス，ギンザケ，アマゴなどのサケ科稚魚が感染発病する．病魚は，狂奔遊泳を示し，外観では体色黒化，眼球突出，腹部膨満がみられる．病理組織学的には，膵臓の腺房細胞およびランゲルハンス島細胞，腎臓の造血組織における巣状凝固壊死が観察される．日本では，1964 年頃から養殖ニジマス稚魚で発生し，以降，全国に広がったが，1985 年頃までにはその発生は減少し，現在に至っている．世界的にもサケ科魚類での被害は散発的であるが，タイセイヨウサケではスモルト期の海面馴致後に

表 3.7.1-2　海外の主要なウイルス病

病　名	原因ウイルス	主要な感染魚
魚　類		
ウイルス性出血性敗血症[*1][*2]	VHSV	サケ科魚・淡水魚ほか
流行性造血器壊死症[*1][*2]	EHNV	レッドフィンパーチ・ニジマスほか
伝染性サケ貧血[*2]	ISAV	タイセイヨウサケ
サケ膵臓病	SPDV	タイセイヨウサケ
コイ春ウイルス血症[*1][*2]	SVCV	コイ・キンギョほか
パイクフライラブドウイルス病	PFRV	パイクほか
アメリカナマズウイルス病	CCVD	アメリカナマズ
甲殻類		
イエローヘッド病[*1][*2]	YHV	クルマエビ類
タウラ症候群[*1][*2]	TSV	クルマエビ類
伝染性皮下・造血器壊死症[*1][*2]	IHHNV	クルマエビ類
モノドン型バキュロウイルス感染症[*1]	PemoNOV (＝MBV)	クルマエビ類
バキュロウイルス・ペナエイ感染症[*1]	PjMOV (=BP)	クルマエビ類
伝染性筋壊死症[*2]	IMNV	クルマエビ類
ホワイトテール病[*2]	*Mr*NV＋XSV	オニテナガエビ
貝類		
カキのヘルペスウイルス病	OsHV-1	ヨーロッパヒラガキほか
アワビのヘルペスウイルス様ウイルス感染症[*2]	AHLV	フクトコブシ

[*1] 水産資源保護法で輸入防疫対象に指定されている疾病．[*2] OIE リスト疾病．(2012 年 3 月現在)

被害がある．原因ウイルスは，ビルナウイルス科アクアビルナ属の infectious pancreatic necrosis virus (IPNV) である．粒子は，直径約 60 nm の球形（正二十面体）の形態を有し，核酸は全長約 2.9 ～ 3.1 kb と 2.7 kb の 2 分節した二本鎖 RNA である．エンベロープはもたない．肝臓，腎臓，脾臓を試料として，BF-2, RTG-2 あるいは CHSE-214 細胞を用い，15°C でウイルス分離する．細胞変性効果は，糸くず状の退縮と核濃縮を特徴とする．分離ウイルスの同定は，抗血清を用いた中和試験，ELISA や RT-PCR などによる．本ウイルスが属するアクアビルナウイルス属には，IPNV と区別しがたいウイルスがサケ科魚種以外にも多数の淡水魚，海水魚から分離され，多くの血清型が知られる．ウイルスのカプシドを構成するタンパク質 VP2 に免疫原性があり，VP2 の遺伝子組換えタンパク質がサブユニットワクチンとして有効であり，ノルウェーで使用されている．

C. サケ科魚類ヘルペスウイルス病

サケ科魚類のヘルペスウイルスとして，salmonid herpesvirus 1 (SalHV-1) および 2 (SalHV-2) が知られる．日本で発生があるのは，SalHV-2 の感染であり，標準株が *Oncorhynchus masou* virus (OMV) であることから，OIE では病名に OMVD を用いている．日本で初めて分離された SalHV-2 は，NeVTA と名づけられ，その後，分離宿主の名称等を与えた分離ウイルスがいくつかあるため，ここでは，SalHV-2 感染症とよぶ．本病は，ヒメマス，サケ，サクラマス（ヤマメ），ギンザケ，ニジマスの疾病である．1974 年十和田湖ふ化場のヒメマス親魚から分離され，その後，ヤマメ，ギンザケでも発生し，さらに養殖ニジマスにも発生がみられるようになり，稚魚から成魚まで感染・発病し問題となっている．肝臓に壊死がみられ，体表に潰瘍が形成される場合と，感染耐過後，顎を中心に頭部，尾部などに腫瘍（基底細胞上皮腫）を生ずる場合がある．ギンザケでは両者が，ニジマスでは前者が，サクラマスでは後者が多い．

原因ウイルスは，ヘルペスウイルス目アロヘルペスウイルス科イクタルリウイルス属のSalHV−2である．粒子は，直径約220～240 nmのエンベロープに囲まれ，内部には100～110 nmの正二十面体のヌクレオカプシドを有する．核酸は，二本鎖DNAである．血清型は1つとされている．腎臓，脾臓，肝臓および脳，さらに潰瘍組織あるいは腫瘍組織から，CHSE−214あるいはRTG−2細胞を用い15℃でウイルス分離する．細胞変性効果は，球形化と多核巨細胞の形成が特徴である．分離ウイルスの同定は，中和試験などの血清学的な方法やPCRなどによる．

D. 赤血球封入体症候群（erythrocytic inclusion body syndrome：EIBS）

マスノスケ，ギンザケ，タイセイヨウサケなどサケ科魚類の疾病である．日本においては，ギンザケ養殖における最も重要な疾病となっている．ギンザケ病魚では，激しい貧血による鰓の退色，肝臓の黄変をおもな症状とする．赤血球の細胞質中に特徴的な封入体が観察され，この封入体および細胞質中にウイルスが認められる．日本のギンザケでは，1986年に突然大発生し，その後，毎年のように発生が続いている．淡水養殖期間では，水温が15℃以下で，おもに5 g程度以上の稚魚で発生する．海面養殖期間では，低水温の時期，2月から6月に体重600 g～2 kgの魚に発生する．15℃以上になると発生は終息に向かう．

原因ウイルスは，直径約75 nmのエンベロープを有する球形の形態のRNAウイルスで，分類学的位置は定まっていない．トガウイルスと考えられているが，最近レオウイルスとの報告もある．本ウイルスは，培養細胞により分離・培養できない．診断は，病魚の症状と赤血球封入体の観察による．封入体は感染初期にしかみられないため，サンプリングには注意が必要である．RT−PCR法による検出法が開発されている．

E. コイヘルペスウイルス病（koi herpesvirus disease：KHVD）

日本の特定疾病に指定される．コイが感染発病し，死亡率は90％に達する．病魚では遊泳の失調，体表面のまだら模様（粘液の分泌過多・過少による），眼球の落ちくぼみ，鰭の欠損，鰓の退色・部分的な壊死がみられる．病理組織学的には，鰓の壊死と過形成，脾臓，腎臓等の壊死がみられる．日本では2003年に初めて発生が確認され，その後，感染したコイの移動とその飼育施設排水により河川湖沼の天然魚が感染し，各地へ急速に拡大した．琵琶湖では2004年に大量の天然コイが死亡した．発生水温は，16～28℃程度で，日本ではおおむね5～6月頃と10～11月頃に発生のピークがみられる．

原因ウイルスは，ヘルペスウイルス目アロヘルペスウイルス科イクタルリウイルス属のcyprinid herpesvirus 3（CyHV−3）である．KHVともよばれる．粒子は，直径約220～240 nmのエンベロープに囲まれ，内部には100～110 nmの正二十面体のヌクレオカプシドを有し，核酸は全長約295キロ塩基対（base pair：bp）の二本鎖DNAである．本ウイルスは，コイ科由来のKF−1，CCB細胞やキンギョ由来の細胞でも増殖するが，細胞の感受性はそれほど高くない．細胞変性効果は，細胞質内の空胞化と多核巨細胞の形成が特徴である．増殖至適温度は，20～25℃である．細胞の感受性が低いため，おもに診断は鰓，腎臓，脳を試料としてPCR等のウイルス核酸の検出による．分離されたウイルスの同定もPCRによる．30℃以上に飼育水温を上げることにより治療が可能であるが，ウイルス保菌魚（キャリア）になる可能性がある．抗ウイルス薬等の治療薬はない．細胞で連続継代し弱毒化したウイルスは，ワクチンとして有用であり，イスラエルで使用されている．

F. マダイイリドウイルス病（red sea bream iridoviral disease：RSIVD）

マダイ，ブリ，イシダイ，マハタなどのスズキ目魚類，ヒラメなどのカレイ目魚類，トラフグ（フグ目）で計30魚種以上の感染が確認されている疾病であり，稚魚から成魚まで罹患し，死亡率は60％に達する．病魚は，体色黒化もしくは退色，体表や鰭の出血，眼球の軽度な突出および出血，鰓の退色，脾臓の肥大と臓器の出血がみられる．病理組織学的には，脾臓の病変が顕著であり，広範な組織の空胞化および細胞質が塩基性色素で染色される大型の肥大細胞の出現が特徴である．この肥大細胞は異形肥大細胞とよばれ，脾臓のほか，心臓，腎臓や鰓などでも観察される．日本では，1990年秋から養殖マダイで発生し，その翌年には西日本の養殖場に広がり，その後，マダイ以外の上記の多数の魚種へ感染した．

原因ウイルスは，イリドウイルス科メガロサイチウイルス属のred sea bream iridovirus（RSIV）である．粒子は，直径約200～240 nmの球形（正二十面体）の形態を有し，核酸は全長約112 kbpの二本鎖DNAである．ヌクレオカプシドに脂質を有し，エーテルやエタノールなどに感受性を示す．本ウイルスに対してGF，KRE-3，BF-2細胞などが比較的高い感受性を示すが，細胞の感受性は低い．細胞変性効果は，球形化し肥大した細胞がバルーン状に細胞面から剥離するのが特徴である．脾臓，腎臓を試料として，GF細胞を用い，20°Cでウイルス分離するが，細胞の感受性が低く，実際の分離はむずかしい．診断は，おもに脾臓スタンプ標本のモノクローナル抗体を用いた間接蛍光抗体法（IFAT）あるいはPCRでのウイルス核酸の検出による．培養ウイルス液をホルマリンで不活化したワクチンを腹腔内に接種すると防御効果があり，日本においてマダイ，ブリ類，シマアジ，ヤイトハタに対して使用されている．

G. ウイルス性神経壊死症（viral nervous necrosis：VNN）

諸外国ではviral encephalopathy and retinopathy（VER）ともよばれる．1980年代後半から種苗生産過程の海産仔稚魚にみられるようになった致死性の高い疾病で，シマアジ，ハタ類などのスズキ目，マツカワ，ヒラメなどのカレイ目をはじめタラ目，カサゴ目，フグ目，計5目25魚種以上で感染が確認されている．多くの魚種では仔魚期のみの発病で死亡率は100％近くに達する．ハタ類およびヨーロッパスズキでは，若魚から未成魚まで比較的大型の個体も発病するため，日本ではハタ類養殖で問題となっている．病仔魚は，摂餌不良や不活発な遊泳を示し，病理組織学的には，脊髄神経，脳および網膜の壊死と空胞変性が特徴である．

原因ウイルスは，ノダウイルス科ベータノダウイルス属のウイルスで，シマアジなどから分離されるstriped jack nervous necrosis virus（SJNNV），ハタ類などの多くの温水性魚類から分離されるredspotted grouper nervous necrosis virus（RGNNV），マツカワなど冷水性魚から分離されるbarfin flounder nervous necrosis virus（BFNNV），トラフグから分離されるtiger puffer nervous necrosis virus（TPNNV）の4つの遺伝子型に分けられる．粒子は，直径約25 nmの球形の形態を有し，核酸は全長約3.1 kbと約1.4 kbの2分節したプラスセンスの一本鎖RNAである．エンベロープはない．遺伝子型と相関して3つの血清型がある．脳あるいは眼球を試料として，SSN-1あるいはそのクローンのE-11細胞を用い20～25°Cでウイルス分離する．増殖至適温度は，SJNNVで20～25°C，RGNNVで25～30°C，BFNNVで15～20°C，TPNNVで20°Cである．分離ウイルスの同定は，RT-PCRによる．診断は，ウイルス分離によるほか，仔魚期では臨床所見とRT-PCRの検出によるが，稚魚期以降の病魚では単なるキャリアであることもあり，RT-PCRだけではなく，病理所見とあわせて判断する必要がある．本病の防除として，ウイルス保有親魚の排除，受精卵の洗浄・消毒，給水の殺菌等による隔離飼育が有効である．海面筏生簀養殖での感染予防として，ウイルス外被タンパク質のサブユニットワクチンおよびウイルス液のホルマリン不活化ワクチンが有効であり，実用化が近い．

H. ウイルス性出血性敗血症 (viral hemorrhagic septicemia：VHS)

日本においては，おもにヒラメの疾病である．

世界的にはニジマスなどサケ科魚類の伝染病として知られており，サケ科魚のVHSは日本の特定疾病に指定され，その侵入が警戒されている．低水温期におもに稚魚が感染して発病する．病魚では腹部膨満，眼球突出，体色黒化，筋肉の出血，鰓の退色がみられる．病理組織学的には，脾臓，腎臓，心筋の壊死が特徴で，脾臓の壊死もみられる．日本では2000年頃から瀬戸内海ヒラメ養殖場で顕在化した．天然魚からもウイルスが検出される．

原因ウイルスは，ラブドウイルス科ノビラブドウイルス属のviral hemorrhagic septicemia virus（VHSV）である．粒子は，長さ約160～180 nm，直径約80～90 nmの砲弾型の形態で脂質膜を有し，核酸は全長約11 kbでマイナスセンスの一本鎖RNAである．血清型は1つとされ，地理的分布を反映したいくつかの遺伝子型に分けることができる．ヨーロッパにおいても海産魚から，またアメリカ五大湖流域においては淡水魚からヨーロッパのニジマスとは異なる遺伝子型のウイルスが分離される．日本のヒラメから分離されるウイルスは，ニジマスに病原性を示さず，遺伝子型でもニジマスのものとは区別される．腎臓，脾臓あるいは体腔液を試料として，EPCあるいはRTG-2細胞を用い，15°Cでウイルス分離する．細胞変性効果は，IHNVと同様に球形化が特徴である．分離されたウイルスの同定は，抗血清を用いた中和試験，ELISAやRT-PCRなどによる．

I．クルマエビのホワイトスポット病（white spot disease：WSD）

本病は，クルマエビ属のエビ類の疾病である．病エビでは，外骨格に白点あるいは白斑の形成，体色の赤変化がみられる．病理組織学的には，中・外胚葉起源の組織である上皮細胞層，結合組織，リンパ器官，造血器，感覚腺で核の肥大化と無構造化がみられる．感染細胞内に包埋体（occlusion body）を形成しない．日本では1993年に中国産クルマエビ種苗を導入した地域で初めて発生し，その翌年には西日本の養殖場に広がった．天然クルマエビからもウイルスが検出される．現在，世界中のほとんどのエビ養殖国に蔓延している．

原因ウイルスは，ニマウイルス科ウイスポウイルス属のwhite spot syndrome virus（WSSV）である．粒子は長さ約400 nm，直径約150 nmの桿状で脂質膜を有し，核酸は約300 kbpの二本鎖DNAである．本ウイルスの分離培養に適した細胞はない．診断には，ウイルス核酸を検出するPCRなどの方法が用いられ，抗体を用いたイムノクロマトグラフィーによるウイルス抗原検出もできる．非感染親の選別，受精卵の消毒，用水の殺菌などによる非感染稚エビの種苗生産が可能である．養殖場では，収穫後の池の消毒，日干しが有効である．多くの甲殻類が本ウイルスのキャリアーとなるため，養殖池への甲殻類の侵入防止も防除となる．

J．海外の重要なウイルス病

コイ春ウイルス血症spring viremia of carp（SVC）は，おもにコイが発病するが，フナ，キンギョなどコイ科魚類も感染する．日本の特定疾病である．ヨーロッパ，中国，カナダ，アメリカにみられる．水温7°Cから14°C程度に上昇する春季に発病する．20°C以上になると終息し，22°Cでは発病しない．病魚は，体色黒化，腹部膨満，眼球突出，皮膚の点状・斑状出血，肛門や鰓の退色などを呈する．肝臓の壊死や腎臓の排泄組織と造血組織の損傷などがみられる．原因ウイルスは，ラブドウイルス科ベシキュロウイルス属のspring viremia of carp virus（SVCV）で，FHMあるいはEPC細胞により20°Cで分離される．

流行性造血器壊死症（epizootic hematopoietic necrosis：EHN）は，おもにレッドフィンパーチ，ニジマスが発病する．日本の特定疾病である．オーストラリアでのみみられる．レッドフィンパーチ幼魚の病魚は，運動失調を示し，体側筋に浮腫などを呈する．腎臓の造血組織と肝臓の巣状あるいは広範な壊死がみられる．原因ウイルスは，イリドウイルス科ラナウイルス属のepizootic hematopoietic necrosis virus（EHNV）で，BF-2細胞により22°Cで分離される．

伝染性サケ貧血症（infectious salmon

anemia : ISA）は，おもにタイセイヨウサケが発病するが，ニジマスなどのサケ科魚類も感染する．ノルウェー，スコットランド，カナダ，チリなどにみられる．病魚は，ヘマクリット（Ht）値5%以下という極度の貧血を呈し，鰓の退色，眼球の出血，眼球突出がみられる．腹水貯留，肝臓と脾臓のうっ血と肥大が顕著で，肝臓のうっ血による暗色化は診断指標の1つである．原因ウイルスは，オルソミクソウイルス科アイサウイルス属の infectious salmon anemia virus（ISAV）である．病魚よりタイセイヨウサケ由来の SHK−1 あるいは ASK 細胞を使用して 15°C で分離される．

（佐野　元彦）

3.7.2　細菌疾病

海外からの養殖対象魚の種苗導入や，新魚種の開発など養殖産業の多様化により，魚類の細菌感染症も変化しており，さらに新しい細菌性疾病の出現や，既知の病原体が異なる養殖対象魚種に感染するなど宿主の拡大等が問題視されている．感染症に対する対策も，治療薬による治療から，いくつかの疾病ではワクチンが認可されその予防法が確立した細菌感染症もある．本項では，海産および淡水の養殖対象魚において認められる，日本におけるおもな細菌感染症について述べる．

A. レンサ球菌症

a. α溶血性レンサ球菌感染症

Lactococcus garvieae が原因細菌である．過去において，*Streptococcus* sp. あるいは *Enterococcus seriolicida* に分類されていた．血液寒天培地において原因細菌を培養するとα溶血性を示す（培地上の細菌集落周囲に緑色環を形成する）ことから，α溶血性レンサ球菌ともよばれる．卵形の形態をした菌体が連鎖を形成するグラム陽性の細菌である．病魚の塗抹標本では，長い連鎖形成はあまり認められず，2連程度の細胞がよく観察される．ブリ，カンパチ，ヒラマサなどのブリ属魚類や，シマアジ，サバに感染する．ブリ属魚類は原因細菌に対して感受性が高く，腹腔内の注射感染において，10^2 以下の細菌数で死亡させる強毒株が存在する．

症状は，感染魚の眼球白濁および突出，鰓蓋内側の出血，尾鰭基部の壊死，心外膜炎がおもな症状である．強毒株は，厚い莢膜を保有しており，魚類の貪食細胞の食作用に抵抗性を示すことから，毒性因子の1つとして考えられる．治療に用いられる治療薬は，マクロライド系抗菌薬やリンコマイシン，オキシテトラサイクリンが用いられるものの，多剤耐性菌が存在する．注射ワクチンや経口ワクチンが市販され，その効果が認められワクチンの使用が養殖場で拡大した．また，α溶血性レンサ球菌と他の病原体との混合ワクチンも市販されている．

L. garvieae は日本の養殖魚類のみならず，日本国内や海外ではニジマス，エビ類，家畜，乳製品，ヒトの糞便からも分離の報告がある．これら菌株と日本のブリ属養殖魚から分離される菌株とは，ファージ型，抗原性，遺伝子型および毒性が異なることが明らかにされている．家畜，ヒト糞便，ニジマス由来株は，ブリ属魚類より分離される菌株と比較して，ブリあるいはカンパチに対して毒性が低いと考えられている．細菌分離は，感染魚の脳，腎臓，脾臓から，ハートインフュージョン寒天培地あるいは市販のトリプティケースソイ寒天培地を用いて 25°C で培養すれば，白色の集落が観察される．診断は，診断用抗血清による凝集試験が一般的である．

b. ランスフィールドC群レンサ球菌感染症

ランスフィールドの分類でC群に型別される *Streptococcus dysgalactiae* が原因細菌のレンサ球菌感染症である．原因細菌を血液寒天培地で培養するとα溶血性を示し，顕微鏡観察では，グラム陽性の球菌が連鎖を形成する．ブリ，カンパチおよびヒラマサにおいて感染報告がある．魚類由来の分離株は，哺乳動物（ウシ，ブタ）由来の同種細菌とは，遺伝学的に異なることが報告されている．カンパチに被害が大きく海水温が 25°C を超える夏季に病勢が強くなり，夏場の飼育にはとくに注意が必要となる感染症で

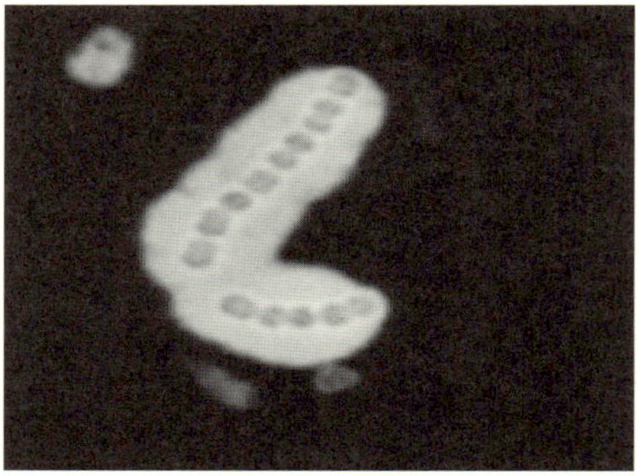

図 3.7.2-1　ニジマス由来 *Streptococcus iniae* の墨汁による陰性染色
連鎖した細菌の外側に大きな莢膜が透明帯として観察される．

ある．海外の養殖魚においても，同様の疾病の拡大が問題になっている．

病魚の症状は，*L. garvieae* 感染症と類似し，心外膜炎と尾鰭基部の壊死が特徴であり，診断には注意が必要である．病魚からの細菌分離は，尾柄部壊死病変部から，トッドヒューイット寒天培地やブレインハートインフュージョン寒天培地を用いて 37°C で 2 日間培養すると，白色の集落が認められる．寒天培地上の集落を生理的食塩水（体液と等張の塩化ナトリウム水溶液）に懸濁すると，自己凝集を示す．ランスフィールド分類で C 群に型別されれば，*L. garvieae* と区別できる．色素のコンゴーレッドを含んだトッドヒューイット寒天培地で培養すると *S. dysgalactiae* の集落は赤色になり，*L. garvieae* と区別されることから選択培地として利用できる．オキシテトラサイクリンには，耐性菌が存在する．診断には，特異プライマーを利用した PCR の報告もある．予防となるワクチンが認可されている．

c. 溶血性レンサ球菌感染症

Streptococcus iniae が原因細菌である．原因細菌を，血液寒天培地で培養すると，集落の周辺が溶血し，透明化することから，β 溶血性レンサ球菌症ともよばれる．感受性のある養殖魚類は，ブリ属魚類以外に，ヒラメ，アジ，サバ，マダイ，アユ，サケ科魚類およびテラピアなどがあげられ，宿主域の広い細菌感染症である．ニジマスおよびヒラメ由来の強毒株は，莢膜を保有しており魚類の貪食細胞の食作用に抵抗性を示すことが報告されており，莢膜が毒性因子の 1 つであると考えられている．病魚の腎臓，脾臓からブレインハートインフュージョン寒天培地などで培養する．1 ～ 2 日で細菌集落（コロニー）が形成される．莢膜が大きなニジマス由来株は粘性のあるムコイド状の集落を形成し，墨汁による陰性染色により菌体のまわりに大きな莢膜が観察される（図 3.7.2-1）．診断は，抗血清によるスライド凝集反応や特異プライマーを利用した PCR が開発されている．治療薬としては，ヒラメでは有効成分としてオキシテトラサイクリンが使用されているが，耐性菌の存在が確認されている．予防となるワクチンは，ヒラメでは注射ワクチンが認可されている．

d. *Streptococcus parauberis* 感染症

S. parauberis は，グラム陽性の α 溶血性のレンサ球菌であり，ヒラメ養殖場において被害の増加が認められる．感染したヒラメの症状として，鰓蓋部の発赤，筋肉の出血が認められる．エリスロマイシンやオキシテトラサイクリンに対して耐性菌の報告がある．抗原型が 2 種類あると報告されており，診断は，抗血清によるスライド凝集反応および特異プライマーを利用した PCR が用いられる．海外においては，オヒョウから分離の報告がある．予防には，抗原型の異なる菌株を用いたワクチンが認可されている．

B. ノカルジア症

Nocardia seriolae によってひきおこされる感染症であり，ブリ属魚類養殖では被害が甚大である．本疾病は，1960 年代からその疾病は知られていたものの，近年になりブリ属魚類にその被害が増加した．寒天平板上の集落の塗抹標本あるいは患部より直接塗沫標本を作製してグラム染色すると，分枝したグラム陽性の糸状菌として観察される（図 3.7.2-2）．培養時間が経過すると染色性と形態に変化が認められる．抗酸性染色により弱抗酸性を示すが，培養時期により染色性が異なる．感染魚からの細菌分離はブレインハートインフュージョン寒天培地，小

川培地等を用いて25℃・7日間程度の培養が必要とされる．培養には，ノカルジア以外の雑菌を殺菌する目的で，4％水酸化ナトリウムで検体を処理し，小川培地に接種し培養することで，比較的簡単に純培養が可能である．淡黄色で表面が粗い不規則な集落を形成する．確定診断として，特異プライマーを利用したPCRが用いられる．感受性のある魚種としては，ブリ，カンパチがおもであるが，ヒラメにも感染の報告がある．

日本のみならず，中国，台湾の養殖魚からも分離・報告例が多数ある．近年，スルファモノメトキシンナトリウムやスルフィソゾールナトリウムを有効成分とする治療薬が認可されている．治療薬として認可されていないが，エリスロマイシンやオキシテトラサイクリンには耐性菌の報告がある．ノカルジア症は，症状の発現により2型に分類することもある．皮下および筋肉に膿瘍や結節が形成される軀幹結節型では，脾臓および腎臓などの器官において，多数の結節形成が確認される．また，鰓表明に多数の結節が肉眼で認められ，時として，塊として認められることもある鰓結節型がある．また，軀幹結節型と鰓結節型の症状を同時に示す病魚も認められる．ワクチンは実用化されていない．

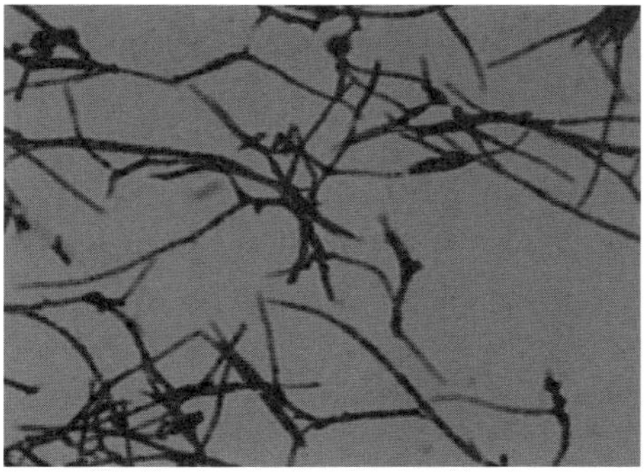

図3.7.2-2　ノカルジア（*Nocardia seriolae*）塗沫標本のグラム染色像
分枝した糸状細菌が認められる．

C. 抗酸菌症（ミコバクテリア症）

Mycobacterium sp. あるいは*M. marinum*に類似した細菌によってひきおこされるブリ属魚類の感染症であり，ブリに大きな被害が認められる．

原因細菌は，強い抗酸性を示す桿菌である．感染魚の症状として腎臓，脾臓などの諸器官に粟粒状の結節が多数認められる．また，血液の混入した腹水が貯留することもある．また，浮き袋の表面にも多数の結節が観察されることがある．感染したブリでは，体色が黄化し，黄疸を示すことがある．診断は，腎臓あるいは脾臓の塗抹標本を作製しZiehl-Neelsen染色（抗酸性染色）すると，貪食細胞内に赤く染色された多数の菌体が確認されることがある．病原体の分離には，ノカルジアと同様に検体を水酸化ナトリウム処理した後，小川培地あるいは寒天を加えたミドルブルックの7H10，7H11培地が用いられる．25℃で3～5週間程度の培養が必要であり，増殖は緩慢である．集落は，黄色を呈する．*M. marinum*は，熱帯魚などにも感染報告例がある．また，ヒトに感染し皮膚病を起こした症例もあるので，注意を払う必要がある．治療および予防法は確立していない．

D. 類結節症

Photobacterium damselae subsp. *piscicida*（＝*Pasteurella piscicida*）によるブリ属魚類の感染症である．感染した病魚の特徴的な症状として，腎臓および脾臓に小白点（類結節）が多数認められることから，一般的に類結節症とよばれる．日本において，おもにブリ属魚類の稚魚で被害の大きい疾病である．海外では，ブリ属魚類以外の養殖魚において，同細菌による感染報告例が多数ある．日本においては，天然のウマズラハギにも同細菌の感染報告例がある．梅雨時期が本疾病の多発時期であるが，秋季に大型のブリ，カンパチの感染が認められることもある．

原因菌は，グラム陰性，非運動性，通性嫌気性の短桿菌であり，新鮮培養菌では，グラム染色すると菌体の両端が濃染した像が観察される．病魚の腎臓あるいは脾臓の塗沫標本を染色すると，白血球に貪食されている細菌が観察できる．貪食された細菌は貪食細胞内で増殖可能であると考えられる．食塩（2～3％）を加えたハートインフュージョン寒天培地を用いて25°Cで2日間培養すれば集落が認められる．その新鮮集落には粘性がある．確定診断は，診断用の抗血清によるスライド凝集反応が一般的である．いくつかの治療薬が認可されており，有効成分としてアンピシリン，オキソリン酸，フロルフェニコール，安息香酸ビコザマイシン，ホスホマイシンカルシウムなどが使用されている．しかし，これらには耐性菌が認められる．治療に使用されるアンピシリンの耐性菌は，不活化酵素を産生する．その不活化酵素の活性の有無を調べることで，分離菌のアンピシリン耐性の迅速診断ができる．近年，油性アジュバントを添加した *L. garvieae* やビブリオ病との混合ワクチンが，注射ワクチンとしてブリおよびカンパチで認可された．

E. 細菌性溶血性黄疸

比較的大型の養殖ブリが感染し，体色の黄化がおもな症状である．カンパチやヒラマサでの報告はない．原因細菌は，現時点では未同定の細菌であるが，ブリでの感染による被害は大きい．感染したブリの症状は，溶血による極度の貧血および高ビリルビン血症であり，体色が黄化し，黄疸になる．とくに，口唇，胸鰭，眼窩および腹部が黄色を呈する．時には，ヘマトクリット値が10％を下回ることもある．また，特徴的内部所見では，感染魚の肝臓の脆弱化や脾臓の肥大が観察される．病原体の分離には，病魚の血液を無菌的に採血した後，細胞培養用の市販のL−15培地に牛胎児血清を10％程度含んだ組織培養液に少量接種し，25°Cで数日間培養する．しかし原因細菌の純粋培養は容易ではない．病魚の血液の塗沫標本に長時間のギムザ染色あるいは高濃度による染色を施すと，長桿菌が観察される．また，血液の生標本を位相差顕微鏡で観察すると，特徴的な前後運動を示す細い長桿菌が観察されることで診断は可能である．特異プライマーを利用したPCRが開発されている．予防法は確立されていない．

F. エドワジエラ症

Edwardsiella tarda によってひきおこされる感染症である．感受性のあるおもな養殖対象魚種として，マダイ，ヒラメ，ウナギなどがあげられる．ウナギにおいては，パラコロ病ということもある．原因細菌は，グラム陰性，チトクロームオキシダーゼ陰性の腸内細菌科に属し，通性嫌気性で周毛を有し運動性のある短桿菌である．しかしマダイ由来の菌株には運動性がないことから非定型 *E. tarda* ということもある．感染した魚類の症状として，ヒラメでは腹水の貯留，肝臓および腎臓における膿瘍形成がまれに認められる．また，解剖せずとも，外見症状として直腸部が脱腸した個体が認められる．病原体の分離は，腹水等を用いて，市販のSS寒天培地で培養する．25°C・2日間程度の培養で，寒天培地上に黒色の集落が形成される．診断は，特異抗血清を用いた凝集反応が一般的である．治療薬として，ウナギのパラコロ病に対してオキソリン酸，フロルフェニコール，塩酸オキシテトラサイクリンなどの経口投与が認可されている．しかし耐性菌の存在が確認されている．実用化されたワクチンはない．

最近，同じエドワジエラ属の *E. ictaluri*（エドワジエラ・イクタルリ）感染症が天然のアユで確認された．米国では，養殖アメリカナマズで *E. ictaluri* 感染症の被害が大きい．アユ病魚の症状としては敗血症状を示し，腹水の貯留が認められるものや，保菌しているが無症状のものもいる．今後，天然のアユも含め養殖アユおよび天然のナマズへの感染の拡大が懸念される．*E. ictaluri* は，*E. tarda* と抗原学的に異なり，診断には特異抗血清による凝集反応および特異プライマーを利用したPCRが用いられている．

G. シュードモナス感染症

a. *Pseudomonas anguilliseptica* 感染症

グラム陰性桿菌 *P. anguilliseptica* の感染による．感染する養殖対象魚としてはウナギ，アユおよびシマアジ，マハタ，イサキなどの海産魚があげられ，低水温時に発生する．症状としては，ウナギでは，腹部の皮膚の点状出血が特徴であり赤点病ともよばれる．マハタでは体表の脱鱗や出血が認められる．また，脳の発赤も特徴的である．病原体の分離には，腎臓および脳から普通寒天培地において20°C・数日の培養で，粘性のあるコロニーが形成される．原因細菌は糖を利用せず，菌体の周囲にエンベロープを保有する．水温が高い時期には，本病の発生は認められない．近年の日本のウナギ養殖では，加温による養殖形態が一般的になり，本疾病はウナギ養殖において認められなくなった．

b. 細菌性出血性腹水病

原因菌である *Pseudomonas plecoglossicida* がアユに感染する．原因細菌は，グラム陰性の短桿菌であり，運動性を有する株と非運動性株が存在するといわれる．ブドウ糖を酸化的に利用する．普通寒天培地を用いて 20 ～ 25℃・2 日間の培養で，乳白色の集落を形成する．アユに注射感染した場合，毒性は強い．

病魚の特徴は，血液が混入した腹水の貯留が典型的な症状である．実験的には，溶菌ファージを用いた治療法が有効であるとの報告があるが，ワクチンと同様に実用化されていない．治療のための水産用医薬品は認められていない．

H. ビブリオ属細菌感染症

a. *Vibrio anguillarum* (＝ *Listonella anguillarum*) 感染症

多くの魚種にビブリオ病が確認されている．海産魚のブリ，カンパチにおいて *V. anguillarum* (＝ *L. anguillarum*) の感染が報告されている．ここではビブリオの名称を使用することにする．原因細菌は，グラム陰性の短桿菌で運動性を有する．感染した魚類は体側部の出血やびらんがおもな症状である．腎臓，脾臓から食塩を含んだトリプティケースソイあるいはハートインフュージョン寒天培地等に接種して 20 ～ 25℃で培養すると，透明感のある集落が形成される．アユおよびサケ科魚類においても同様の細菌による感染症がある．*V. anguillarum* は，抗血清による凝集反応で，いくつかの血清型が報告されている．とくにアユから分離される菌株では，O 抗原に基づき，血清型で J–O–1 (A)，J–O–2 (B) および J–O–3 (C) に属する株が大半を占める．

予防法として，アユおよびサケ科魚類に対して浸漬ワクチンが認可されている．海産魚のビブリオ病に対しては，ブリ属魚類あるいはブリに対して注射ワクチンがそれぞれ認可されている．海産魚のビブリオ病のワクチンは，血清型 J–O–3 (C) に分類される菌株を用いており，注射ワクチンはレンサ球菌〔ラクトコッカス (*Lactococcus garviea*)〕やイリドウイルスとの混合ワクチンがある．

b. *Vibrio ordalii* 感染症

アユ，ニジマスおよび海産魚のクロソイに報告がある．原因細菌は，*V. ordalii* であり，ハートインフュージョンあるいはブレインハートインフュージョン寒天培地で増殖する．*V. anguillarum* と性状が類似するが，アルギニン分解陰性，VP 反応陰性等の諸性状において異なる．*V. ordalii* は，*V. anguillarum* J–O–1 (A) 型の菌株と共通抗原を有するので，診断用抗血清による診断には注意を払う必要がある．

c. *Vibrio vulnificus* 感染症

ウナギ，テラピアでの報告がある．原因細菌は，*V. vulnificus* であり，*V. anguillarum* と性状が類似するが，アルギニン分解陰性，VP 反応陰性，ショ糖からの酸産生陰性などの性状で異なる．ヒトに感染する病原体と魚類由来株では，いくつかの性状で異なるが，公衆衛生上注意を払う必要がある．PCR による診断も報告されている．

d. *Vibrio ichthyoenteri* 感染症

ヒラメ仔魚の細菌性腸管白濁症は，*V. ichthyoenteri* の感染による．感染力はそれほど強くないとされるが，感染発症したヒラメは，消化管の萎縮，白濁を主徴とする．市販の TCBS 培地で培養すると 25℃で 2 日間後には黄色の集落を形成する．血清型はいくつか存在しており，診断には注意を必要とする．実用化されたワクチンはない．

e. クルマエビのビブリオ病

Vibrio penaeicida によるクルマエビのビブリオ病は，症状として，鰓に小黒点が肉眼的に認められる．また，リンパ様器官の腫脹が特徴であり，筋肉が白濁することもある．病原体の分離では，病魚のリンパ様器官からの菌を食塩添加ブレインハートインフュージョン寒天培地等で培養する．抗血清によるスライド凝集反応や

PCRによる診断方法が報告されている．最近，*V. nigripulchritude* によるクルマエビのビブリオ病も報告されている．

I. エロモナス属細菌の感染症

a. 運動性エロモナス感染症

コイ，キンギョ，ウナギ，アユなどの養殖魚に感染する．本疾病は，通性嫌気性のグラム陰性で運動性を有する短桿菌の *Aeromona* 属細菌の感染症の総称である．*Aeromonas hydrophila* に分類される細菌がよく知られている．本菌は，淡水環境の常在菌と考えられており，水温が比較的高い時期に疾病が観察される． 感染魚の症状としては，全身感染による敗血症で死亡する．ウナギでは，鰭赤病ともいう．キンギョ，コイでは，鱗が立ち上がり立鱗状態になることもあり，立鱗病ともいう．日本では，実用化されたワクチンはない．

b. せっそう病

ヤマメ，アマゴ，ヒメマス，イワナなどの淡水の養殖魚は感受性がある．一方，ニジマスは感受性が低いといわれる．*Aeromonas salmonicida* を原因細菌とする疾病である．原因細菌は，グラム陰性の短桿菌であり，非運動性の通性嫌気性細菌である．分離には，普通寒天培地，トリプトソイ寒天培地などが用いられる．15～25°C で1週間程度培養すると，この病原体に特徴的な水溶性の褐色色素を産生する．この褐色色素を産生する細菌を，定型 *A. salmonicida* という．病魚から分離される野生株は，菌体表層にA層を保有し，生理食塩水に懸濁すると菌体は自己凝集する．

せっそう病の特徴的症状として，体側部に感染病巣が形成され，膨隆患部に進行し，潰瘍症状となる．選択培地として，色素のクマシーブリリアントブルー（CBB）を含んだ培地が開発されており，菌体表層にA層を有する菌株は，培地上の集落は青色を示す．ニシン目のせっそう病（淡水で飼育されているもの）に対する治療薬は，有効成分として，オキソリン酸，フロルフェニコール，スルファモノメトキシンナトリウム，塩酸オキシテトラサイクリンが使用されている．海外では，実用化されたワクチンがあるが日本ではまだ実用化されていない．

c. 非定型 *Aeromonas salmonicida* 感染症

非定型 *A. salmonicida* がコイあるいはキンギョに感染し，体側部をはじめとして皮膚炎を発症させる．コイ，キンギョでは穴あき病ということもある．この原因細菌は，褐色色素を産生する定型 *A. salmonicida* と比較し，寒天培地上において，褐色色素の産生が微弱あるいはなく，非定型 *A. salmonicida* という．サケ科魚類以外の魚類から分離されることが多く，診断には，原因細菌の分離による同定試験が必要である．近年では，ウナギや一部の海産養殖魚（ヒラメ，アイナメ）においても非定型 *A. salmonicida* 感染症の報告がある．ウナギにおいては，感染したウナギの症状から本疾病を頭部潰瘍症ということもある．日本ではワクチンは実用化されていない．

J. 細菌性腎臓病

サケ科魚類の細菌性腎臓病の原因細菌 *Renibacterium salmoninarum* は，グラム陽性，非運動性短桿菌であり，莢膜を有する株の存在が知られている．システインや血清などを添加したKDM-2培地を用いて，病魚の腎臓から15°C で分離培養すると，数週間で乳白色の集落が形成される．稚魚期の発症はまれである．感染した魚類の症状として，腎臓が腫大し，白点が認められるのが特徴である．症状から，本疾病の英名（bacterial kidney disease）の頭文字をとりBKDともいう．感染試験においても，症状が出現するのが遅く，また病原細菌の培養に数週間を要するため，培養法とともにPCRなどの迅速診断法が開発されている．日本においては，アユにも発症の報告がある．日本で，認可されたワクチンはない．

K. 滑走細菌症

タイ，ヒラメ，マダイなどの種苗生産時に問題となることが多い．原因細菌は，*Tenacibaculum maritimum*（= *Flexibacter maritimus*）である．グラム陰性の好気性の桿菌であり，特徴的な滑走運動をする．分離した寒天培地上では，周縁が不規則な淡黄色の偏平な集落を形成し，その集落の辺縁は樹根状を示す．感染した病魚の特徴として，鰭の欠損，壊死，皮膚および筋肉の局所的な壊死が認められる．一般的には，内臓からは細菌は分離されない．分離培地は，海水を添加した海水サイトファガ寒天培地あるいはTCY寒天培地が常用される．ワクチンによる予防法は確立されていないが，ヒラメ稚魚では，ニフルスチレン酸ナトリウムによる薬浴が行われている．

L. フラボバクテリウム(*Flavobacterium*)属細菌による感染症

a. カラムナリス病

ウナギ，コイ，高水温期ではニジマスおよびアユにも発生する．グラム陰性，好気性の長桿菌である *Flavobacterium columnare* の感染による．培養には，海水を含まないサイトファガ寒天培地が用いられる．患部の一部を20°Cで数日間培養すると黄色の偏平な集落を形成し，その辺縁は，樹根状を示すことがある．病魚の症状は，鰓，尾柄部，鰭，口部にびらん，壊死を伴う病変が特徴的である．患部の粘質物を顕微鏡観察すると，円柱様の構造を形成する様相がみられることもある．原因細菌は特異な運動をし，寒天培地上では滑走運動する．また，菌体の生標本を観察すると，屈曲運動をすることもある．他の雑菌が多い状態の患部から細菌を分離する場合には，本菌の検出は困難なことが多い．

b. 細菌性冷水病

原因菌 *F. psychrophilum* はグラム陰性の好気性の長桿菌である．改変サイトファガ寒天培地で15°Cにおいて培養すると数日間で，黄色の集落を形成する．細菌性冷水病の特徴として，患部あるいは，筋肉，内臓諸器官から原因細菌が分離される．原因細菌の滑走運動は微弱であり観察がむずかしい．アユやサケ科魚類は感受性を示す．全国各地の河川で天然アユの被害の報告があり，アユ漁業に深刻な影響を与えている．病魚の特徴としては，尾柄部のびらんや潰瘍である．また，内臓諸器官の退色などが認められる．特異抗血清による蛍光抗体法および凝集反応のほか，特異プライマーを利用したPCRによる迅速診断法が汎用される．治療として，アユでは有効成分としてスルフィソゾールナトリウムが経口投与されている．

アユの放流事業により天然水域への蔓延が危惧される．原因細菌は，25°C以上では，増殖が抑制されるために飼育水の加温処理も有効であるが，一方で耐熱株も見つかっている．ワクチンの研究や冷水病に耐病性を有するアユの育種研究が行われている．ワクチンに関しては，有効性が示されてはいるものの現時点では実用化されていない．

c. 細菌性鰓病

原因細菌は，グラム陰性の非運動性で，線毛を有する好気性長桿菌 *F. branchiophilum* である．細菌性鰓病の英名(bacterial gill disease)の頭文字をとりBGDともいう．ニジマス，ヤマメおよびアユに報告がある．病魚の鰓からサイトファガ寒天培地により，15°Cで1週間程度培養すると，淡黄色の円形のコロニーが形成される．コロニーのみでは，冷水病原因細菌のコロニーとは区別しがたい．培地に塩分を加えると増殖が抑制される．病魚の特徴として，感染魚の鰓に病原体が多数付着し，その刺激により鰓薄板の上皮細胞が増生し，互いに癒着する．病原体の分離には鰓が適し，内臓諸器官からの分離はできない．しかも発育の良い雑菌の増殖により，細菌性鰓病の病原体の純培養はむずかしい．診断として，鰓に多数付着する長桿菌の存在を顕微鏡で確認するとともに，特異抗血清による蛍光抗体法による確認を行うのが一般的である．感染魚の塩水浴により，疾病の進行を防ぐことができる．また，PCRによる診断も開発されている．

（吉田　照豊）

3.7.3 寄生虫病

本項では，魚介類に寄生し宿主に顕著な病害を与え，増養殖業および漁業に重大な影響を及ぼす種を中心にとりあげる．粘液胞子虫に関しては，これまで寄生体が単細胞の真核生物である原生動物すなわち原虫として扱われていたが，最近の研究から多核体で，個々の細胞が機能分化し，後生動物（多細胞動物）に入るという説が一般的なことから原虫とは別の疾病分類とした．上記の理由より寄生虫病を原虫病，粘液胞子虫病およびその他の寄生虫病の3つに分け，そのなかで水産業においてとくに重要なものについて説明を付した．

A. 原虫病

近年の分子生物学的研究成果等に基づき，国際原生生物学会が提唱し再構成された分類体系はまだ不確定な部分もあることから，ここでは旧来の分類体系に依拠し概説する．魚介類に寄生する原虫の大半は，肉質鞭毛虫，アピコンプレックス，微胞子虫，繊毛虫およびアセトスポラの5門に属する．

a. 病原体

（i）肉質鞭毛虫類

魚類に病害を及ぼすものはおもに鞭毛虫類である．鞭毛虫類は，1本あるいは複数の鞭毛により運動し，縦分裂により無性的に増殖する．疾病例としては，*Amyloodinium ocellatum* が海産魚の鰓および体表に寄生するアミルウージニウム症，*Spironucleus salmonis* がサケ科魚類の消化管に寄生するヘキサミタ症，*Ichthyobodo* spp. が淡水魚および海産魚の鰓や皮膚に寄生するイクチオボド症および *Crypotobia salmositica* がサケ科魚類の血液中に寄生する血液鞭毛虫症がある．

（ii）アピコンプレックス類

胞子虫類とパーキンサス類がある．胞子虫類では，コクシジウム類の *Eimeria truttae* がサクラマスの幽門垂に，*Goussia carpelli* がコイ科魚類の腸管に寄生することが知られている．パーキンサス類は海産の二枚貝および巻貝に広範に寄生する．*Perkinsus marinus* がアメリカガキで最初に発見され，以後，アカアワビに *P. olseni* が，カナダのホタテガイに *P. qugwadi* が，ヨーロッパヒラガキに *P. mediterraneus* が，アサリに *P. olseni* および *P. honshuensis* が感染したという報告がある．貝類の組織内寄生性で，宿主内では外套膜，鰓，消化盲嚢および足において栄養体として増殖し，宿主外で遊走子を形成して他の貝に感染すると考えられている．

（iii）微胞子虫類

魚類寄生種はいずれも細胞内寄生性で，*Glugea plecoglossi* がアユに寄生するグルゲア症，*Heterosporis anguillarum* がウナギの筋組織に，*Microsporidium seriolae* がブリの筋組織にそれぞれ寄生するべこ病，*Kabatana takedai* がサケ科魚類の筋組織に寄生する武田微胞子虫症がある．クルマエビに寄生する *Agmasoma* 属，*Ameson* 属および *Pleistophora* 属の微胞子虫があり，筋肉の白濁や卵巣腫大をひきおこす．

（iv）繊毛虫類

繊毛虫類は繊毛の分布および口部器官の形態などからキネトフラルミノフォーラ類および少膜類に分かれる．前者には淡水魚の鰓や鰭に寄生する *Chilodonella piscicola* および熱帯魚に寄生する *C. hexasticha* などによるキロドネラ症，白点病の病原体で淡水魚に寄生する *Ichthyophthrius multifiliis* および海産魚に寄生する *Cryptocaryon irritans* がある．後者にはサケ科魚類に寄生する *Trichodina truttae* およびトラフグなどに寄生する *T. jadranica* によるトリコジナ症，およびヒラメなどの海産魚に寄生する *Miamiensis avidus* によるスクーチカ症がある．いずれも換水性の悪い養殖環境の魚類および水族館などの観賞魚に寄生することが多い．

（v）アセトスポラ類

軟体動物および甲殻類などの無脊椎動物に寄生し，ハプロスポリジウム類およびパラミクサ類がある．ハプロスポリジウム類ではアメリカガキに *Haplosporidium nelsoni* が寄生するハプロスポリジウム症およびヨーロッパヒラガキに *Bonamia ostreae* が寄生するボナミア症がある．パラミクサ類にはマガキに *Marteilioides chungmuensis* が寄生する卵巣肥大症がある．それぞれの宿主内で栄養増殖および胞子形成など多様な発達をする．また，欧米のカキ類養殖に甚大な被害をもたらす種もある．

b. 疾　病

（i）肉質鞭毛虫類（イクチオボド症）

遡河性のサケ科魚類であるサケ，カラフトマス，サクラマスおよびベニザケがふ化場におい

図 3.7.3-1　イクチオボドの寄生したサケ稚魚の体表
〔浦和茂彦，養殖，10 月号，p.28，緑書房 (2009)〕

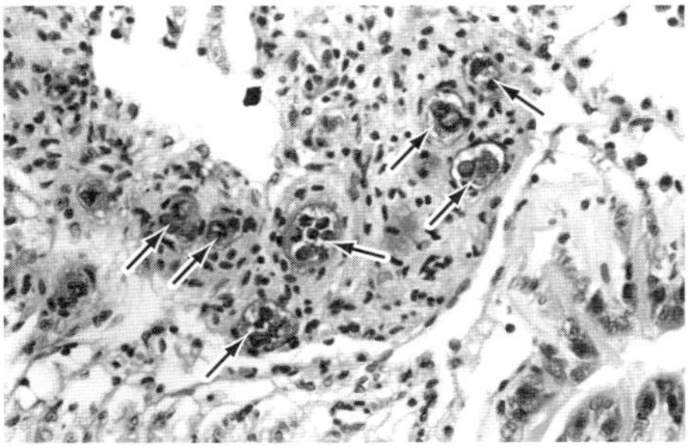

図 3.7.3-2　アサリ鰓にみられたパーキンサス類の栄養体 (矢印)
〔前野幸男，干潟生産力改善のためのガイドライン，p.71，水産庁 (2008)〕

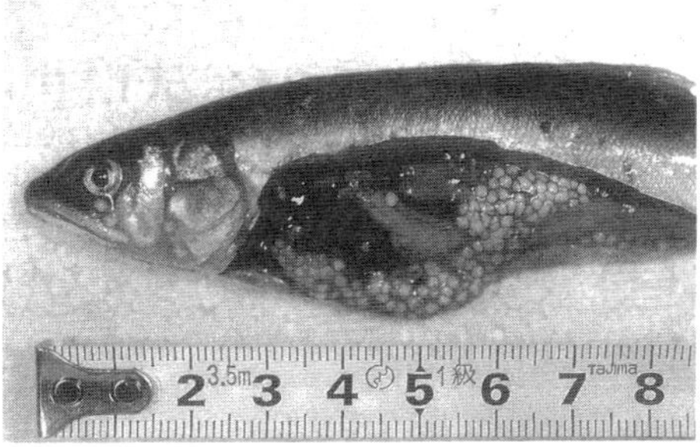

図 3.7.3-3　アユの腹腔内にみられたグルゲアシスト
〔小川和夫，魚類寄生虫学，p.194，東京大学出版会 (2005)〕

て幼稚魚期に発症する．体長約 10 μm で宿主の鰓および体表に寄生する．サケ科魚類に寄生する種は *Ichthyobodo necator* が代表種とされていたが，海産魚のヒラメなどにも寄生するものがあり，同一種で淡水魚，海産魚のいずれにも寄生したり，別種の寄生体が同一魚種に寄生可能なことが明らかになってきた．分子生物学的な解析によると，同属の寄生体は 9 群に分かれ，従来の分類を再検討する必要がある．病理学的には，上皮細胞の壊死および崩壊・剥離，出血をひきおこし，浸透圧調節不全により死に至らしめる (図 3.7.3-1)．有効な駆除方法はない．

(ii) アピコンプレックス類 (パーキンサス症)

カキ類，アサリ類，ホタテガイおよびアワビなど貝類の組織内に寄生し，世界的に分布している．とくに *Perkinsus marinus* がアメリカガキに寄生し外套膜の萎縮，消化盲嚢の退色，成長および生殖腺の発達の遅滞がみられ，しばしば大量死をひきおこし産業的に大きな問題となる．*P. olseni* はヨーロッパアサリ大量死の病原体として報告されている．日本のアサリでも鰓 (図 3.7.3-2)，外套膜および消化盲嚢に *P. olseni* の重度感染がみられることがあるが，その影響は明らかではない．オーストラリアのアカアワビでは *P. olseni* が寄生し結合組織および表皮の損傷および外套膜および足における膿疱形成により商品価値を損なう．*P. qugwadi* はカナダのホタテガイに病原性を有する．

(iii) 微胞子虫類 (アユのグルゲア症)

1964 年に西日本のアユ養殖場で発生して，養殖および天然アユにおいて高い頻度でみられるようになった．致死的な影響はないが，商品価値を損なうことから産業的には重要である．*Glugea plecoglossi* の胞子は長さ 5 ～ 6 μm の長楕円形で，アユの腹腔内に直径数 mm の白色球形のグルゲアシストを形成する (図 3.7.3-3)．虫体が宿主反応により被嚢されて内部で発育増殖する．宿主と寄生体の複合したものをキセノマと称する．キセノマは増大しながら腹腔内で定着し，結合組織に包まれてグルゲアシストとなる．腹部がシストにより膨満し，重篤例では皮下などにもシストが散見される．病状の進行と水温との関連，親魚からの垂直感染の

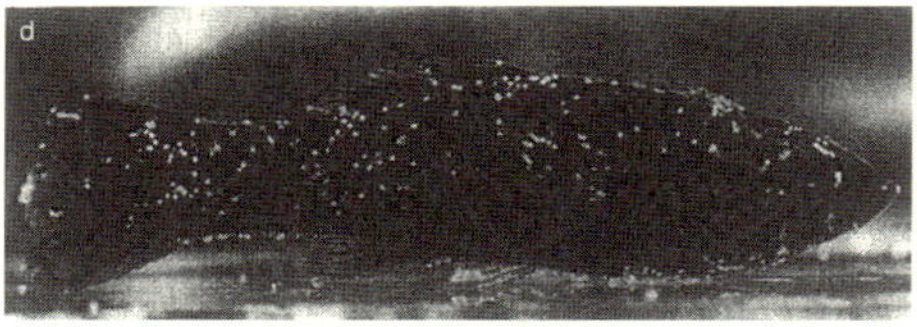

図 3.7.3-4　白点虫の重篤感染漁（ブラックモリー）
〔良永知義，養殖，10 月号，p.23，緑書房（2009）〕

可能性が示唆されているが，実用的な予防・治療方法はまだ開発されていない．

（iv）**繊毛虫類（白点病）・スクーチカン症**

虫体が魚の体表組織内に寄生すると白点として確認されることが病名の由来である（図 3.7.3-4）．淡水魚および海産魚それぞれ異なる種の寄生により発病するが，病原性も高く宿主範囲も広い．マダイ，ヒラメ，トラフグなどの海産養殖においてしばしば大量死の原因となり産業的に重要な疾病である．淡水魚および海産魚の白点病いずれも類似した 5 つの発達段階からなっている．すなわち，魚に寄生している段階のトロホント期，成長した後宿主から離れ基質に付着して生活するプロトモント期，そしてプロトモントはシストを形成し，環境水中で過ごすトモント期に入る．トモント内で細胞分裂により増数し，多数のトマイトをつくり，水中に放出され再び魚に寄生する幼虫のセロント期となる．セロントは，魚の体表，鰭，鰓などの上皮組織内に侵入する．トロホントは宿主細胞を餌に成長し，高水温であれば，約 3 日間で宿主から離脱する．

その病理作用では，上皮組織が広範に壊死剥離するなどの障害による浸透圧調節不全，あるいは鰓に寄生することで呼吸不全となり死へ転帰する．

海産魚の白点病は陸上水槽などの閉鎖性の高い環境で発生しやすいと考えられてきたが，海面生簀養殖においても近年大規模に発生し，経済的に大きな被害が出るようになった．いずれの飼育形態においても，水槽内あるいは漁場に寄生魚をもちこまないことが重要である．

ヒラメ陸上養殖において体表，鰭および脳内に寄生し，表皮の出血あるいはびらんを呈するスクーチカ症がある．*Miamiensis avidus* が原因種でしばしば大量死をひきおこす．本種は条件寄生性で換水率の悪い水槽の残餌および糞などにも生息する．

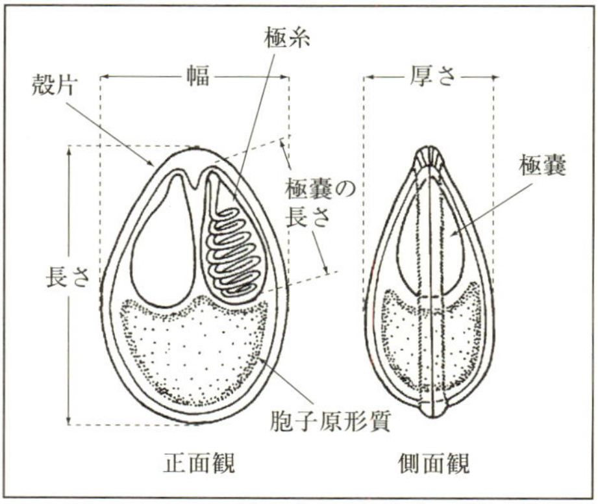

図 3.7.3-5　粘液胞子虫の胞子の形態
〔Lom and Dykova（1992）より改変〕

B. 粘液胞子虫病

ミクソゾア門粘液胞子虫綱に属し，そのほとんどが魚類寄生性でこれまでに 2,000 種以上が記載されている．*Myxobolus* 属の粘液胞子虫を例にその基本構造を図 3.7.3-5 に示した．大きさが 10 μm 前後で，1 個以上の極嚢を有し，胞子原形質，複数個の殻片からなる．極嚢内部には極糸がらせん状に収納されている．分類は殻片の数および胞子の各部分の大きさ，形態，極嚢などに基づく（表 3.7.3-1，図 3.7.3-6）．

その生活環については長い間不明であったが，ニジマスなどのサケ科魚類の旋回病の原因種である，*Myxobolus cerebralis* に関する研究により初めて解明された（図 3.7.3-7）．旋回病は，栄養体が宿主頭骨内に寄生することにより，平衡感覚失調などをきたすもので，外観的には変形や尾部の黒色化を呈する．生活環は魚体内に寄生した粘液胞子が底質に生息する貧毛類（イトミミズ類）にとりこまれ，貧毛類内で放線胞子に変態する．放線胞子は 3 個の極嚢および 3 本の伸長した突起を有する．水中に出た放線胞子が魚の体表や鰓に接触すると，宿主組織内に侵入する．魚体内では，栄養体が核分裂をくりかえし，多核体を形成し，再び粘液胞子が

表 3.7.3-1　おもな粘液胞子虫類の簡易分類表

極嚢の数	極嚢の位置	胞子の形	極嚢の形	寄生部位	属名（図 3.7.3-6 の番号）
1 個		棍棒状		海産魚の胆嚢	*Auerbschia*（1）
		球形		海産魚の筋肉	*Unicapsula*（2）
		流滴型		淡水魚の組織内	*Theiohanellus*（3）
2 個	胞子の両端	両端が尖った			
		ラグビーボール状	流滴型	おもに胆嚢など管腔内	*Myxidium*（4）
		半円形または楕円形	球形	胆嚢など管腔内	*Zschokkella*（5）
		三日月形	八の字型に配列	海産魚の腸管	*Enteromyxum*（6）
	中央で隣接				
	縫合線の両側	左右不対称		泌尿器系	*Parvicapsula*（7）
		左右対称で			
		球形		おもに泌尿器系	*Sphaerospora*（8）
		豆粒形		胆嚢や泌尿器系	*Leptotheca*（9）
		三日月型		海産魚の胆嚢	*Ceratomyxa*（10）
		砲弾型で後端に繊維		淡水魚の泌尿器	*Hoferellus*（11）
	縫合面と一致	球形から紡錘形		組織内	*Myxobolus*（12）
		球形から紡錘形で尾端突起		組織内	*Henneguya*（13）
4 個		球形		胆嚢など管腔内	*Chloromyxum*（14）
4 個以上		星形または正方形		筋肉など組織内	*Kudoa*（15）

〔横山　博，養殖，10 月号，p.32，緑書房（2009）〕

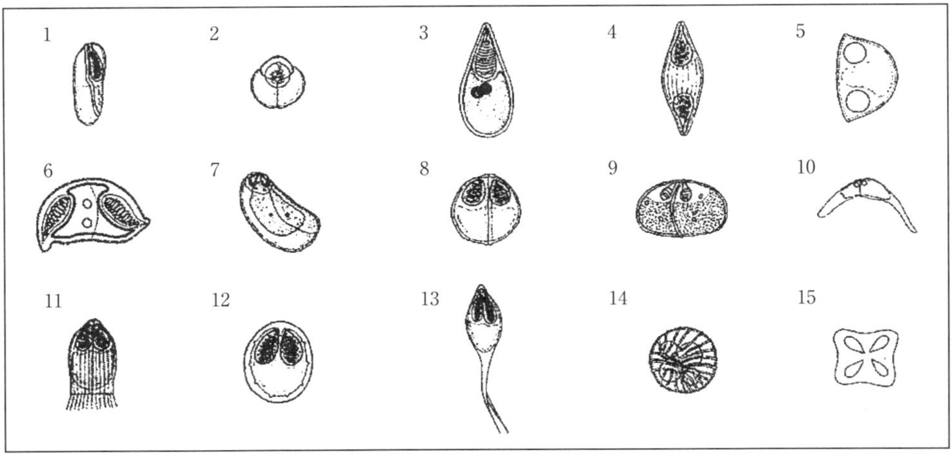

図 3.7.3-6　粘液胞子虫（模式図）
〔横山　博，養殖，10 月号，p.32，緑書房（2009）〕

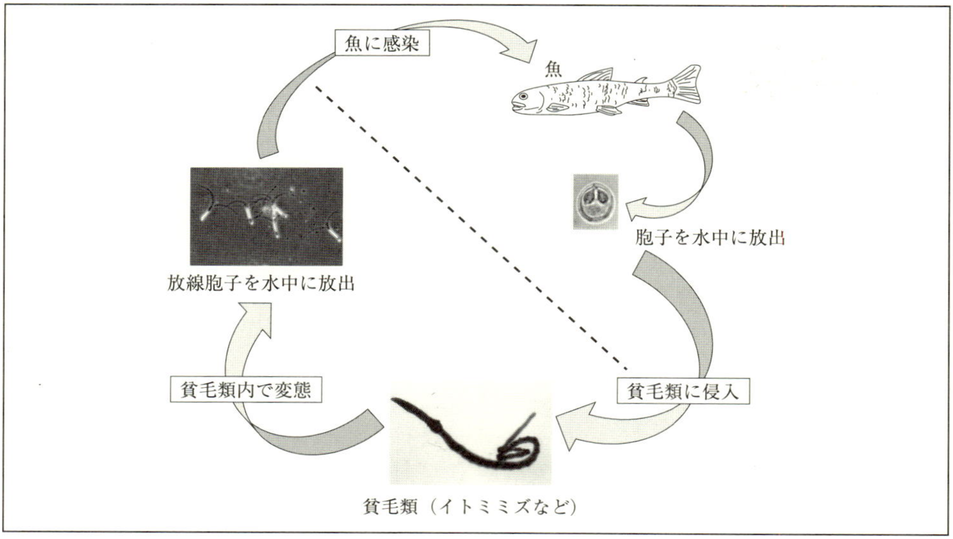

図 3.7.3-7　*Myxobolus cerebralis* の生活環

つくられる．貧毛類が終宿主で魚類は中間宿主であるとの意見はまだ議論の余地があり，魚類および貧毛類が交互宿主（alternate host）とされている．

a. 病原体

魚類の鰓，皮膚，筋肉および神経組織，内臓などの管腔に寄生する．双殻目の粘液胞子虫類としては，ミクソボルス属，セラトミクサ属，ミキシジウム属，テロハネルス属などがあり，淡水魚類および海産魚類いずれにも寄生する．米国のサケ科魚類にみられる前述の *M. cerebralis*，*Ceratomyxa shasta*，ブリの脳に寄生し粘液胞子虫性側湾症の変形をひきおこす *M. acanthogobii*，コイの腸管に寄生する腸テロハネルス症の *Thelohanellus kitauei*，トラフグの腸管に寄生する粘液胞子虫性やせ病の原因と考えられている *Enteromyxum leei* および *Leptotheca fugu*，およびキンギョの腎組織に寄生する腎種大症の *Hoferellus carassii* がある．多殻目の粘液胞子虫はおもに海産魚を宿主とし，筋組織に寄生するものが多い．シイラやメルルーサなどの体側筋に寄生し，「ジェリーミート」とよばれる筋組織融解をひきおこす *Kudoa thyrsites*，沖縄，奄美海域の養殖ブリおよびカンパチの筋肉に寄生する *Kudoa amamiensis* などにより，宿主の商品価値が損なわれる．このほかに，クロダイおよびイシガキダイの体側筋に寄生する *Kudoa iwatai*，トラフグの囲心腔にみられる *Kudoa shiomitsui*，スズキなどの脳に寄生する *Kudoa yasunagai* がある．しかし，海産魚に寄生する粘液胞子虫において生活環が明らかになっている種はほとんどない．

b. 疾　病

（i）ブリの粘液胞子虫性側湾症

1960 年代後半から本州中部太平洋沿岸のブリ養殖場で発生した疾病で，いわゆる「骨曲がり」と称され，水平方向に体型が湾曲を呈することが特徴である（図 3.7.3-8）．当時は発症率が 20 ～ 30％を超える漁場もあった．現在は減少傾向にあるものの，養殖マサバなどの魚種にもみられる．側湾ブリの脳にみられた粘液胞子虫は当初，新種 *Myxobplus buri* と記載されたが，分子生物学的解析などからマハゼの脳に寄生する *Myxobolus acanthogobii* のシノニム（同物異名）であることが明らかとなった．ブリの脳の嗅葉，視葉，中脳腔などに 0.1 mm から数 mm

図 3.7.3-8　粘液胞子虫性側湾症のブリ
a：側面観，b：背面観.

大のシスト（粘液胞子虫が宿主反応により被嚢されたもの）あるいはシスト塊を形成する．変形魚では延髄部周辺に必ずシストがみられ，同部位の神経系が損傷を受けることから筋肉の緊張状態が継続し，変形を誘起すると考えられる．感染は初夏のブリ種苗のモジャコとして漁場で飼育開始する時期に起こり，初秋には脳にシストが確認できる．同時期には軽微ながら湾曲が観察される．時間経過とともに症状が進行，顕在化する．背面からみるとS字状に湾曲していることから，側湾症と呼称される．宿主に致死的な影響はないが，外観の醜悪さから商品価値が損なわれる．同種の粘液胞子虫は，養殖カンパチおよび天然ムツおよびホウボウなどにも寄生し，側湾，背腹湾の変形を惹起するが，興味深いことにマハゼには変形はみられない．

（ii）トラフグの粘液胞子虫性やせ病

1990年代半ばより西日本各地のトラフグ養殖場でみられはじめ，全国に疾病が拡大した．外観は目が落ちくぼみ，頭骨が浮き上がるほどの極度のやせ状態となる（図 3.7.3-9）．剖検的には腸管の脆弱化，腸管内に粘液状の液体の貯留が認められる．組織学的には腸管上皮細胞の

図 3.7.3-9　トラフグのやせ病
〔横山　博，養殖，10月号，p.33，緑書房（2009）〕

剥離がみられ，上皮が広範に崩壊脱落し水分吸収能が損なわれるために脱水をきたし，やせ症状がおこると考えられる．

原因種は，*Enteromyxum leei* および *Leptotheca fugu* である．胞子の形態は，前者では三日月形で2個の極嚢が八の字に配置されており，後者では豆粒形で2個の丸形の極嚢が前端に配置されている．*Enteromyxum leei* は，宿主内では胞子を形成しない．この栄養体は腸管上皮組織で増殖し，腸管から脱落排泄されて，別の魚に経口的にとりこまれ，魚から魚へと直接伝播する．すなわち，媒介者を要せず魚から魚へ感染するという，ほかの粘液胞子虫とは大きく異なる特徴を有する．また，同種はトラフグのほか，マダイ，ヒラメでも確認されている．

（iii）キンギョの腎腫大症

感染したキンギョの腹部が膨満している様相が観察される．これは，原因種である *Hoferellus carassii* の栄養体が，キンギョの尿細管上皮細胞内に寄生し，細胞分裂が亢進，腫大することによる．栄養体が成熟すると胞子が形成され，被包が崩壊し宿主の腎臓から尿とともに排出される．

C. その他の寄生虫病

a. 病原体

魚類に寄生する後生動物は，おもに扁形動物門（単生類，吸虫類），線形動物門（線虫類），鉤頭動物門（鉤頭虫類），環形動物門（ヒル類），節足動物門（甲殻類）がある．単生類は固着器官を使って魚の体表に寄生する．卵生で幼生は繊毛を有し宿主に達すると繊毛を脱落して寄生生活に入る．吸虫類および線虫類は魚が中間宿

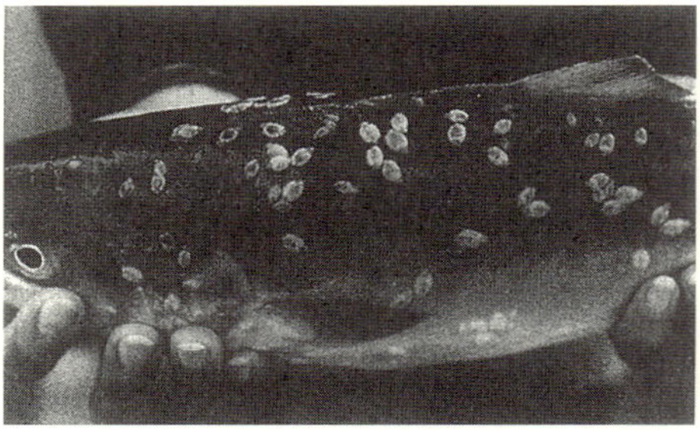

図 3.7.3-10　ブリに寄生するハダムシ
〔養殖技術の新たな展開, p.24, 水産総合研究センター (2010)〕

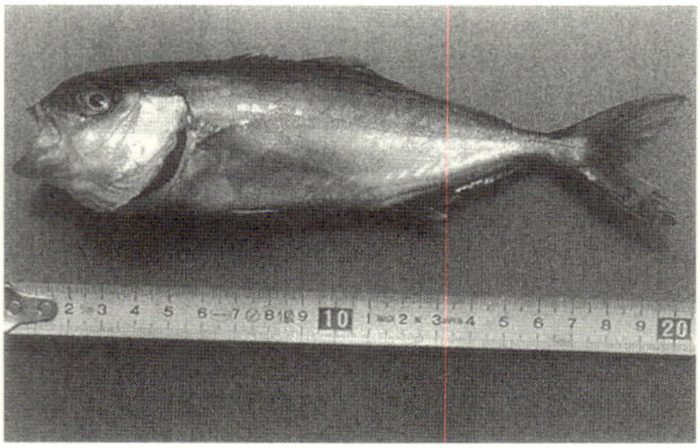

図 3.7.3-11　*Paradeontacylix* 属吸虫が寄生し窒息死したカンパチ
〔小川和夫, 養殖, 10 月号, p42, 緑書房 (2009)〕

主になる場合と終宿主になる場合がある．鉤頭虫類は，雌雄異体であり魚類を終宿主とし，宿主の消化管に鉤の密生した吻部を打ち込み寄生する．魚類寄生性の甲殻類はカイアシ類（コペポーダ），鰓尾類（Branchiura）および等脚類（Isopoda）に属する．線虫類，鉤頭虫類およびヒル類では病原性は明確ではないものが多い．

b. 疾　病

（i）単生類

単生類は，ほとんどが魚類の外部寄生虫で，魚への寄生器官（固着器）の形態により単後吸盤類および多後吸盤類に分けられる．宿主の鰓や体表に寄生し，上皮細胞を摂食する．寄生することで組織の損傷，粘液分泌および組織増生などの病害をひきおこす．卵はフィラメント（付着系）を有し，単独あるいは数珠状に連なり産出される．卵はこのフィラメントにより生簀網や浮体構造物にからまり，繊毛を有するふ化幼生（オンコミラシジウム）となり遊泳し寄生する機会をうかがう．

代表的な疾病には，海産魚のハダムシ症，トラフグのヘテロボツリウム症およびヒラメの貧血症がある．海産魚のハダムシ症は，単後吸盤類の ***Benedenia seriolae*** および ***Neobenedenia girellae*** が原因種である．***B. seriolae*** はブリ，ヒラマサ，カンパチに寄生する（図 3.7.3-10）．***N. girellae*** は，ブリ類以外にもヒラメ，トラフグおよびハタ類など比較的広範に寄生する．寄生魚は寄生刺激により生簀網に体を擦りつけて，体表に出血・びらんなどが観察される．トラフグのヘテロボツリウム症およびヒラメの貧血症では，それぞれ多後吸盤類の ***Heterobothrium okamotoi*** が鰓腔壁などに，***Neoheterobothrium hirame*** が口腔壁などに寄生している．いずれも吸血性のため，重度寄生魚は極度の貧血症状を呈する．

（ii）吸虫類

同じ扁形動物門の重要な寄生虫症に，魚類住血吸虫症（血管内吸虫）があげられる．魚体内でふ化した幼生（ミラシジウム）は水中に放出されて中間宿主に入る．中間宿主内でスポロシストまたはレジアとよばれる幼生となり，内部に多数のセルカリア幼生をつくる．セルカリア幼生は再び水中に放出され，終宿主である魚に侵入し，血管内で成熟する．海産魚に寄生する種の中間宿主については，ゴカイの仲間が 1 種報告されているのみである．ブリ類，フグ類，マグロ類など宿主ごとに寄生する吸虫の種類が異なり，宿主特異性が高い．ブリ類のカンパチおよびヒラマサの鰓の入鰓動脈と心臓には ***Paradeontacylix*** 属の，トラフグの脾臓および肝臓の内臓血管内には ***Psettarium*** 属の，クロマグロの入鰓動脈および心臓には ***Cardicola*** 属の吸虫がそれぞれ寄生する．カンパチに寄生する ***Paradeontacylix*** 属の吸虫では，虫体は血管内で産卵し，産出された卵は血流に乗り，末端の血管や鰓弁に達する．そして鰓薄板内の毛細血管などに多数の虫卵が集積し閉塞する．重度寄生例では鰓が肥厚するほどにもなる．病理作用としては血管栓塞による血行不良そしてガス交換不全による酸欠状態を呈し死に至る(図3.7.3-11).

(iii) 甲殻類

養殖魚に寄生するものはカイアシ類が多く,雌雄異体,外部寄生性で付属肢によって魚に付着する.古くから淡水魚に広くみられるものとしてイカリムシ症があげられる.原因種は*Lernaea cyprinacea*でコペポディド期に魚に感染する.コイやキンギョなどの体表に,ウナギでは口腔壁に寄生する.宿主組織を摂食しながら,脱皮して成虫となる.雄は交尾後死亡するが,雌は固着生活を継続する.治療法としてコイ,フナおよびウナギでは駆虫剤の反復薬浴が有効である.海産魚ではシアマジのカリグス症がある.原因種は*Caligus longipedis*で,体長は数mm,雄が雌より大きく,体表を宿主の匍匐して移動する.シマアジの体表や鰭に付着してカリムス幼生となり,宿主組織を摂食しながら,脱皮して成虫となる.多数寄生による食害と寄生魚が網地へ体を擦りつけることにより,体表がびらんし出血するなどの病害を呈する.

(前野　幸男)

3.7.4 診　断

魚類の疾病診断を行う場合,まず飼育担当者から発症経過,飼育環境,飼育密度,給餌餌料,種苗の由来,死亡状況,症状などを詳しく聞き,状況を把握して検査を行う.感染症が疑われる場合は,診断者自らが養殖場を訪ね,採血と病理組織用検体,病原体の分離あるいは検出用標本のための採材を行う.病魚の患部あるいは腎臓・脾臓等から病原体を分離し,病原体の性状検査,免疫学的検査あるいは病原体特異遺伝子の検出を行って同定を行う.とくに,ウイルス病は一般に病状の進行が速いため,ウイルスの分離・同定に時間がかかる場合やいまだ原因ウイルスの分離･培養ができないものに対しては,ウイルス抗原の検出やウイルス特異遺伝子の検出など迅速な診断法を用いる.症状,病理所見,分離菌の性状,ペア血清中の抗体の増加などを総合的に判断して診断する.既往症の診断を行うには,血清中に存在する病原体に対する抗体を検出する.以下に原因病原体の分離・同定による診断法を記す.

A. 病原体の確認

疾病の原因がコッホの原則(ある微生物がある特定の感染症の病原体であると認められるための条件:① その疾病の病変部に必ずその微生物が見出されること,② その微生物はその疾病にだけみられること,③ その微生物を純粋培養して,感受性のある生物に接種したとき,もとと同じ病気を起こすこと,さらに,その病変部から必ずその微生物が再び分離培養によってとりだされること)を満たし,感染症と判断される場合,病魚の患部には多数の病原体が存在する.

細菌,真菌あるいは原虫症の場合は光学顕微鏡観察で患部の病原体を確認する.生検観察が難しい場合は,染色標本を作製する.同定は原因微生物を純粋分離したのち,性状検査および免疫学的検査あるいは特異遺伝子検出法により実施する.

ウイルスの場合は病理組織学的に特定された病変部の超薄切片を作製してウイルス粒子を確認する.ウイルスの分類に必要な形態学的情報も得られる.分離ウイルスの同定は遺伝子がDNAかRNAに始まり,性状検査と免疫学的手法あるいは特異遺伝子検出法により実施する.

B. 培養法による病原体の分離

細菌感染症および真菌感染症が疑われる場合,普通寒天培地やトリプティケースソイ寒天あるいはポテトデキストロース寒天培地,サブロード寒天培地など選択性のない寒天培地を用いて行う.特定の病原体の関与が疑われる場合は選択培地を用いる.原因菌によっては塩濃度を高くする.患部から白金耳あるいは滅菌綿棒などを用いて検体を採取し,寒天平板培地表面に画線培養を行い,病魚の生息温度付近の温度で5日～1週間培養する.

ウイルスの分離には宿主由来細胞が必要である.魚類ウイルスは比較的広い細胞感受性スペ

表 3.7.4-1　病魚の診断に一般的に用いられている免疫学的手法を用いた診断法

抗原検出法
分離ウイルスの同定・血清型別
中和試験，蛍光抗体法，酵素抗体法
組織内のウイルス抗原の検出
ゲル内沈降反応，共同凝集反応，蛍光抗体法，酵素抗体法，ELISA
抗体検出法
血中抗体の検出：中和試験（中和抗体価），ELISA

クトルを有し，数種の細胞で増殖する．感受性の高い培養細胞を選択して用いる．現在，多くの研究室ではRTG−2，CHSE−214，EPC，FHM細胞を常備している．分離には標的臓器を用いるが，仔魚の場合は全魚体を，稚魚以降は腎臓，脾臓，脳を用いる．肝臓および消化管を用いる場合は毒性に注意が必要である．魚類の場合，多くの細菌およびウイルスは成熟期に卵巣腔液中に出現するため，採卵親魚では卵巣腔液（体腔液）を検査対象とする．供試材料を平衡塩類緩衝液でホモジェナイズ後，濾過除菌（一般に 0.45 μm）して培養細胞に接種する．ウイルスによっては濾過膜に補足されるため，抗生物質液（Anti Ink など）で処理後，接種する方法が用いられる．接種翌日に細胞を観察して毒性をチェックし，被検魚の生息温度で 1 〜 2 週間培養する．その間細胞変性効果（CPE）発現の有無を観察する．ウイルスの科により特有の CPE を示す．分離ウイルスの同定は基本的には中和試験（後述）による．迅速診断には後述の免疫学的手法および遺伝子検出法を用いる．

C. 免疫学的手法による病原体抗原の検出

感染が成立した場合，すなわち病原体が魚の体内に侵入し，そこで増殖をはじめた場合には，患部あるいは標的臓器に病原体が数多く存在する．既知の病原体に対する抗体を準備し，その反応特異性を利用した抗原抗体反応により，病魚の患部あるいは組織内に存在する病原体を検出することができる．また逆に，感染発症後の回復期あるいは感染耐過魚の血液中に存在する，抗体を検出することもできる．この抗原と抗体との反応は，特異性が高く診断の精度も高い．最近は魚類病原体に対するモノクローナル抗体（MAb）が作製され，免疫学的診断法（血清学的診断法）の精度も向上している．**表 3.7.4-1** に示した方法で分離した病原体の同定と血清型別および病魚の患部あるいは臓器中に存在する病原体抗原の検出に有効であり，血清中に存在する抗体の検出による既往症の診断が可能である．免疫学的診断法，同定・型別法には以下の方法が用いられている．

a. 凝集試験

載せガラス凝集板上で，分離した細菌の菌懸濁液に抗血清を反応させると，菌体が凝集して肉眼的に判別可能な凝集塊を形成する．

b. 中和試験

分離したウイルスに抗血清を反応させるとウイルスの感染性が阻止される．分離ウイルスはこの方法により同定される．$TCID_{50}$ 法もしくはプラーク法が用いられる．

c. 蛍光抗体法

抗体に蛍光色素〔fluorescein isothiocyanate（FITC）または tetramethyl rhodamine isothiocyanate（TRITC）〕をチオカルバミド結合で結合させ，蛍光顕微鏡で観察する方法である．蛍光抗体法には反応の手順によって直接法と間接法の 2 つの方法がある．

（i）直接法

目的とする抗原の検出および同定のために，抗体に蛍光色素を結合させ，抗原・抗体結合物中の蛍光色素が発する蛍光を観察する方法．この方法は反応に関与する因子が少ないので非特異蛍光の介入の余地が少ない．

（ii）間接法

まず原因菌抗原に対応する抗血清（1 次抗体）を反応させて抗原・抗体結合物をつくる．次に 1 次抗体に対する蛍光標識抗体（2 次抗体）を反応させる．間接法の長所は，特定の動物（例：ウサギ）で免疫した 1 次抗体を用意すれば，いろいろな抗原に対しても標識抗体は 1 種類（FITC 標識抗ウサギ IgG）ですむこと，感度は直接法と同程度もしくはそれ以上であることである．一方，直接法よりも反応因子が多いため非特異蛍光の介入が問題となることがある．

病魚患部のスタンプ標本や凍結切片あるいは組織標本を用いると，組織内の病原体抗原，原虫や細菌，ウイルス抗原の検出が可能で所在場所を特定できる．

d. 酵素抗体染色法（IP 染色）

蛍光抗体法の蛍光色素のかわりに酵素を標識し，その酵素と基質を反応させ，基質の発色で酵素の存在を観察する方法．蛍光抗体法同様，直接法と間接法で実施できる．酵素抗体法で用いられている標識酵素としては数種が報告されているが，ペルオキシダーゼが広く用いられ，基質としてはオルトフェニレンジアミンが用いられている．魚の組織内に存在する抗原の検出に用いる場合は，組織がペルオキシダーゼをもつため，あらかじめ過酸化水素水などにより組織内に存在するペルオキシダーゼを消去してから実施する．蛍光抗体法同様，本法も抗原の所在場所を特定できる．

e. 免疫拡散法（ゲル内沈降反応）

可溶性の多価の抗原と抗体とが反応して，格子状の結合物をつくり，目に見える乳濁状の沈降物を形成する抗原抗体反応を沈降反応とよぶ．この沈降形成物を肉眼で見て抗原の検出を行う．沈降反応には抗原液と抗体液を直接反応させる重層法や混合法と，アガロースなどのゲルを支持体として，その中を拡散させて沈降物を形成させる免疫拡散法（ゲル内沈降反応）がある．ゲル内沈降反応としてはオクタロニーにより創案された寒天ゲル内沈降反応が広く用いられている．ゲル内を抗原および抗体が拡散して反応し，最適比のところに沈降線が形成される．この方法の優れた点は，抗原および抗体の検出のみならず同定も行えるところである．

f. 共同凝集反応（*Coaglutination test*）

スタフィロコッカス（*Staphylococcus aureus*）のある種の株（Cowan Ⅰ型）の細胞含有特異タンパク Protein A が，抗体タンパク IgG の Fab 部分である反応特異部分を遊離のまま，Fc 部分を非特異的に吸着する性質を応用したものである．安定化した *S. aureus* に抗体を結合させ，この抗体感作 *S. aureus* を診断液として対応する抗原の検索を行う．抗原は可溶性抗原でもよく，抗原と抗血清感作スタフィロコッカスの両者の反応で凝集塊を生成することから共同凝集反応とよんでいる．また本来の載せガラス凝集反応のように抗原である菌体が凝集するのではなく，抗血清を感作したスタフィロコッカスの凝集をもって判定することから，逆受身凝集反応ともいう．特殊な器具を必要としないため，現場での診断が可能である．

g. ELISA 法

酵素抗体法の一種で，試験管あるいはマイクロプレートの中で反応を行い，液層の発色度を測定することから enzime-linked immuno-sorbent assay（ELISA）といい，イライザと略称している．通常 96 well のイライザ用マイクロプレートを用いる．抗原を検出する場合，まず目的抗原に対する抗血清をプレートに固定し，次いで検体を加えて抗原抗体反応により抗原を捕捉する．さらにプレートに固定した血清を作製した動物と異なる種の動物で作製した抗血清を 2 次血清として反応させる．このように 2 種の動物の抗体を用いて，抗原をはさみ込むことからサンドイッチ法ともいう．さらに 3 次血清として 2 次血清に使用した動物の IgG に対する血清に酵素を標識したものを反応させる．基質を加え液層の発色度を比色し抗原を検出する．定量化も可能である．

D. 抗体検出による既往症の診断

病原体の侵入を受けると魚体はこれを非自己と認識し抗体を産生する．魚類の場合も温血動物とほぼ同様の機構により，回復期あるいは感染耐過魚の血清中に抗体（魚類の場合 IgM）が産生される．対応する抗原が存在すると体内だけでなく試験管内（*in vitro*）でも反応する．目的とする病原体由来抗原を準備し，血清と反応させて抗体が存在するかどうか，さらにはその抗体量を測定して既往症を診断することができる．従来，既知の細菌には凝集抗体を，ウイルスに対しては中和抗体を検出し，凝集抗体価および中和抗体価として示してきたが，最近は ELISA による抗体の検出法が普及してきている．

a. 凝集抗体価の測定

病魚から得た血清を段階希釈し，吸光度(OD_{630}) = 1 あるいは McFarand No.3 に調整した菌懸濁液と反応させる．凝集が認められた血清の最大希釈倍数を求め，この値を凝集抗体価とする．血清の希釈に試験管を用いる試験管法と，マイクロプレートを用いるマイクロタイター法がある．現在はもっぱらマイクロタイター法が用いられている．

b. 中和抗体価の測定

病魚から得た血清を段階希釈し，100 $TCID_{50}$ のウイルス液と反応させる．この反応液を接種した well の中で 50％に中和がみられる最大希釈倍数を求め，この値を中和抗体価とする．血清の希釈に試験管を用いる試験管法と，マイクロプレートを用いるマイクロタイター法がある．100 plaque forming unit (PFU) のウイルスを用い，50％プラーク減少を示す最大希釈倍率を求める方法も用いられている．

c. ELISA による抗体の検出

既往症の診断や抗体の検出に用いる場合には，まずプレートに抗原を固定し，被検魚の血清を反応させ，次いで供試魚の IgM に対する血清を反応させる．3.7.4.C.d と同様に基質を加え発色させ，抗体の有無および反応陽性となる血清の最大希釈倍数を測定する．必ず陽性対照および陰性対照の供試魚を準備し，吸光値のベースラインを十分検討しておく．魚類血清を 5％スキムミルクで処理することにより IgM の非特異的反応が大幅に減少する．

E. 病原体特異遺伝子の検出法

現在，培養不可能な細菌とウイルスがいくつか知られている．遺伝子技術の向上により，ウイルスおよび細菌の核酸の塩基配列が解明され，特定の目的遺伝子のみを増幅検出することが可能となり，魚類でも遺伝子診断が可能となった．

a. PCR 法

病魚の患部あるいは標的臓器に存在する病原体特異遺伝子を抽出し，DNA ポリメラーゼ (RNA ウイルスの場合は一度逆転写反応を行い cDNA を作製) による鋳型特異的な DNA 合成反応をくりかえすことによって，2 種のプライマーにはさまれた特定の遺伝子領域を *in vitro* で数十万倍に増幅させる方法である．耐熱性ポリメラーゼの開発により自動化が可能となり，広く普及した．遺伝子量を測定できる定量 PCR (real time PCR) も用いられている．

b. LAMP 法による特異遺伝子の検出

PCR 法を改良し，一定温度で病魚の患部あるいは標的臓器から抽出した遺伝子 (核酸) を増幅し，沈殿物の生製あるいは発色により判定する方法で，サーマルサイクラーやアガロースゲルを必要とせず，ほぼ同等の感度で診断が可能である．

c. DNA プローブ法

目的の核酸に相補的な塩基配列を有するオリゴヌクレオチドを合成し，これにビオチンなどを標識したプローブを用いて病原体特異遺伝子，とくにウイルス遺伝子を検出する方法である．一般には，ビオチン化プローブに蛍光標識あるいは酵素標識アビジンを反応させ，前記蛍光抗体法あるいは酵素抗体法と同様に反応させて，特異蛍光あるいは発色を観察する．本法を用いて，組織あるいは細胞中に存在する目的の核酸とハイブリダイズさせ，核酸を直接検出する方法を，とくに fluorescence *in situ* hybridization (FISH 法) とよんでいる．本法は特異性が高く，また組織標本作製後は手順も簡単で迅速である．ウイルスの同定にも応用可能．

d. DNA チップ法

ガラスなどの基板の上に多種類の DNA 断片や合成オリゴヌクレオチドを貼り付け，遺伝子の働き具合 (発現) を一度に測定し，特定の遺伝子がゲノムに存在するかどうか，変異を起こしていないかどうかなどを調べる目的に使用されている．目的とする病原体の DNA 断片を基盤に貼り付けておき，検体との反応から病原体の遺伝子が存在するかどうか判定できる．複数の病原体が存在しても同時にその存在が確認できる．

F. 診断法まとめ

診断の目的に応じ，検査法を選ぶ必要がある．病原体検査や病理組織学的検査，血液性状による検査をもとに総合的に判断する．病原体検査に関しては，感度が低くても早く確実に診断できる方法を選び，養殖業者との面談中に，なるべく早くかつ正確に推定診断を行う．また，原因菌は1種類とは限らないので，特定の病原体のみを検出して診断するのは危険である．病原体保有の有無の検査やキャリアーの調査では，増菌培養や一度ウイルスを培養して増やした後に，選択培地やnested−PCRを用いて検査を行うが，病魚からの病原体検査と区別して考える必要がある．

G. 疾病防除

魚類は哺乳類と異なり，抗体の主体はIgMである．IgMは卵内からも検出され，受精後の臍嚢内容物からも検出される．しかし仔魚からは検出されなくなり，いわゆる母子免疫は成立しない．それにもかかわらず，魚類は稚仔魚期に免疫応答が成立するまでにかなりの時間を要する．サケ科魚類の場合，液性免疫応答がみられるのは0.3～0.5 g前後，カレイ類のマツカワでは約15 gである．

現在，ワクチン開発が精力的に進められているが，ワクチンが利用できるようになっても，この期間およびワクチン投与後，免疫応答が成立するまでの期間は，予防および防疫対策を実施する必要がある．ブリのように種苗の大部分を天然種苗に依存する魚種ではむずかしいものの，陸上施設でのふ化，種苗生産ではこの期間，可能な限りの防疫対策を講じることにより，病気の発生は最小限に抑えることができる．

現在採用されているふ化場あるいは種苗生産施設における疾病防除対策は，施設の衛生管理，親魚の健康管理あるいは選別，飼育用水の殺菌，飼育水温の調節，飼育排水の殺菌であり，飼育池あるいは生簀への移動および放流に際しての防疫対策は稚仔魚の病原体検査，有用細菌による細菌叢の安定化，天然生薬の利用などである．養殖に際してはワクチンの投与および耐病系の樹立などが求められている．以下，防疫に頼らざるをえないウイルス病対策を中心に述べる．

a. 施設の衛生管理

作業者の手指，長靴の消毒をはじめ，陸上施設では飼育器具類および飼育水槽の消毒が重要である．消毒には市販の消毒薬の中から，残留による魚毒性の少ないものを選び，適切な使用を心がける．消毒済み区域への立ち入りに際しては専用の着衣へ着替える．このような作業従事者への衛生教育が重要である．さらに，消毒剤の反復使用の可否，低温下での活性なども考慮する必要がある．海水のオゾン処理，あるいは電気分解産物であるオキシダントもしくは次亜塩素酸を消毒剤として使用することは，一石二鳥の効果があり，オキシダントによる卵消毒がヨード剤による消毒よりも効果的である．

b. 飼育用水の殺菌

飼育用水の殺菌に関しては紫外線，オゾンあるいは電気分解による殺菌が一般的である．紫外線を用いる場合，病原体の紫外線感受性値をもとにその10倍程度の線量を照射する．魚類の病原体は紫外線感受性から，高感受性グループと低感受性グループに分けられる．高感受性グループには$10^4\ \mu W\ s\ cm^{-2}$，低受性グループには$10^6\ \mu W\ s\ cm^{-2}$程度の照射が必要である．水深は紫外線の透過率を考慮してなるべく浅くとり，影になる部分がないよう水中の大型粒子を除去する．

海水をオゾン処理するとオキシダントが生成され，これが殺菌効果を示す．もちろん，魚にも毒性を示す．まずオゾン処理水槽で殺菌後，活性炭槽を過し残留オキシダントを除去して飼育水とする．魚類病原細菌およびウイルスを99.9%以上殺菌あるいは不活化させるオキシダント濃度と処理時間は$0.1\ mg\ L^{-1}$で1～2分であり，安全率を考慮して通常$0.5\ mg\ L^{-1}$で5分間処理されている．

海水電気分解装置を用いた殺菌や中空糸濾過膜を用いた濾過除菌，ホットプレートを用いた加熱殺菌，あるいはヨードを滴下する方法も有効である．電解殺菌以外は経済的な面や魚毒性等で問題があり，実用化には至っていない．

c. 親魚の選別

採卵用親魚の健康状態の把握とその管理は，種苗生産の成否を左右する．魚類の場合，一般に感染耐過してキャリアーになった個体は，成

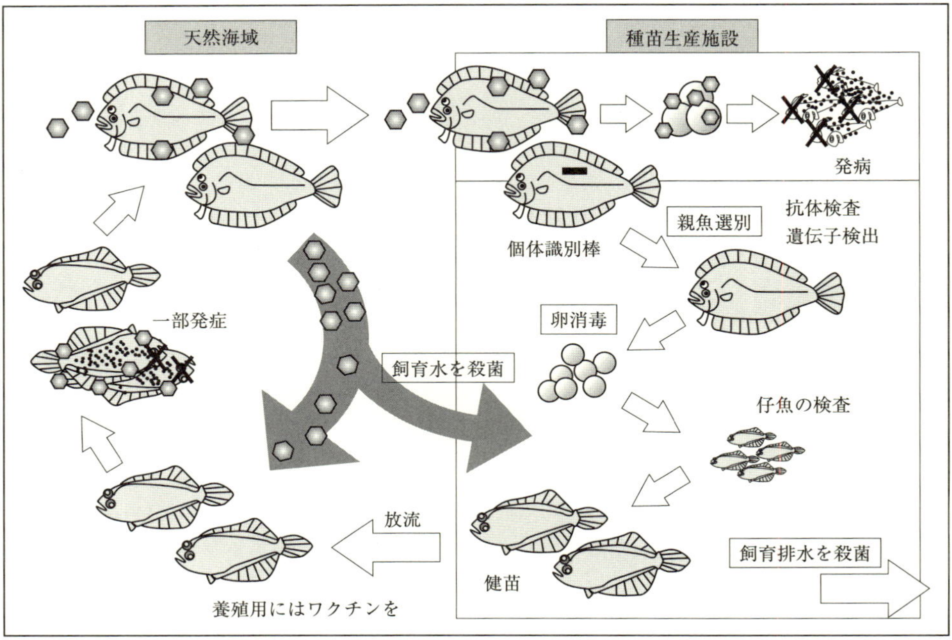

図 3.7.4-1　ヒラメの種苗生産施設におけるウイルス病対策
〔吉永　守，2009〕

熟期に生殖産物，とくに卵巣腔液あるいは精液に病原体が出現する．催熟畜養中に病原体を出す個体が存在すると，群全体に水平感染が起こり，産み出された卵あるいは精子は病原体に汚染され，ふ化仔魚に感染する．このリスクを避けるために，採卵用親魚候補個体の検査を実施し，催熟中の水平感染を防止する．サケ・マス類では，受精後発眼に至るまでに約 1 カ月を要するために，採卵時に卵巣腔液を採取し，細菌およびウイルスの検査を行い，病原体保有状況を把握している．北日本のヒラメおよびマツカワなどの異体類では，親魚候補個体はすべて個体標識され，**図 3.7.4-1** に示すように天然海域での捕獲後，施設への搬入時に抗体検査を実施し，高リスク個体として排除している．さらに，成熟 3 カ月前に再度検査を行い，親魚候補個体を選別している．採卵時に卵および精子を対象に，reverse transcription−PCR（RT−PCR）を用いてウイルス遺伝子の有無を検査し，陽性個体があれば受精卵を廃棄している．上記の飼育用水の殺菌と親魚の検査により，ウイルス性神経壊死症の発生はみられなくなっている．

d. 受精卵の消毒

サケ・マス類の IHN を教訓に，卵表面に付着している病原体を殺し，病原体フリーのふ化・飼育用水で卵管理をする方法が世界的な標準法となっている．稚仔魚期の病気の発生は激減し，ニジマス養殖は産業として成立するようになった．死卵の除去と正常発生胚の消毒，とくに胚の安定期である発眼期にポピドンヨード剤（50 ppm，15 min）での消毒が有効である．他の魚種でも，この卵消毒が導入されているが，魚種により卵径・卵膜の厚み，消毒剤感受性が異なり，それぞれの魚種に適した消毒法が開発されている．

e. 稚仔魚の病原体検査

ふ化仔魚は親魚群毎に水槽に収容し隔離飼育を行う．当然，飼育器具は各水槽専用とし，定期的に消毒を行う．異常遊泳個体あるいは発症個体を見つけた場合は，速やかに検査する．さらに，発症の有無にかかわらず3.7.4の方法を用いて定期的に検査する．ウイルス性神経壊死症およびウイルス性腹水症にはRT–PCRが，ウイルス性表皮増生症およびリンホシスチス病には蛍光抗体法が，ヒラメラブドウイルス病，レオウイルス感染症には培養法が適している．無症状の場合は培養併用PCR法が適している．採血が可能なサイズになれば，抗体検査を行うのが感染履歴に把握には適している．

f. 有用細菌による細菌叢の安定化

受精卵をヨード剤あるいはオキシダント海水で消毒後，紫外線あるいはオゾンで殺菌した飼育用水を用いてふ化仔魚を飼育すると，いわゆる病原体フリー(SPF)魚が得られる．しかし，一部で放流時に細菌感染症に罹りやすい，環境適応が悪いとの指摘があり，飼育魚の細菌叢を正常細菌叢に近づける工夫がなされている．サケ・マス類の場合，正常細菌叢の形成時期は免疫応答成立時とほぼ一致し，それまでは環境中の細菌叢の影響を受ける．そのため，なるべく早く正常細菌叢に近づける必要がある．この場合，病原性がなくかつ抗ウイルス物質や免疫賦活物質を産生する細菌を投与したほうが，より効果的である．

サケ・マス類やヒラメ・マツカワでは，抗ウイルス物質産生腸内細菌の経口投与によるウイルス病の制御効果が認められている．培養法でしらべると，淡水養殖サケ・マス類の腸内細菌は*Aeromonas*属，海産魚の腸内細菌は*Vibrio*属のため，そのなかから抗ウイルス活性のあるものを選び，培養液を飼料に10%の割合で添加して与える．海産稚仔魚の場合は，生物餌料のワムシやアルテミア卵をまず消毒し，ふ化後，抗ウイルス物質産生細菌を添加するとワムシやアルテミアの細菌叢を制御することができる．抗ウイルス物質産生*Vibrio*が優勢となった生物餌料を給餌すると，稚仔魚の腸内細菌叢も添加細菌が優勢となり，腸管内容物に抗ウイルス活性が認められる．これらは糞と一緒に飼育水槽中に放出され，飼育水槽の換水率が低いため，抗ウイルス物質は水槽内に蓄積される．投与菌による障害はなく，上記の防疫対策の効果と相まって，ウイルス性表皮増生症およびウイルス性神経壊死症の発生はみられなくなっている．

g. 飼育水温の調節

サケ・マス類のIHNやEIBS，VHSおよびHIRRVなどのウイルス感染症は，水温が20°Cあるいは15°Cを超えると自然終息することが知られている．HIRRVでは実験感染試験でも15°Cでは死亡がみられなかったことから，以後飼育水温を18°Cに設定するよう指導がなされ，それ以降，日本では発症報告はなくなっている．

h. 飼育排水の殺菌

飼育排水はその量が多く，前述の紫外線あるいはオゾンでの殺菌はコスト的に困難である．しかし，魚病対策はもちろん環境対策からも効果的な排水の殺菌が必要である．海水を電気分解すると，次亜塩素酸が発生する．この次亜塩素酸は，魚類病原微生物に対し0.1～0.5 ppm濃度，1分の処理で良好な殺菌・不活化効果を示す．これに必要な装置は，チタン電極間に海水を通すのみの簡単な構造でよく，小型で安価であり，毎時200～500 tの飼育排水の生菌数を99.9%以上減少させることができる．排水中に含まれる塩素の環境影響評価を行い，適切な運転条件を設定すれば，排水の殺菌処理が可能である．タンパク質を凝集させ加圧浮上などの処理を行えば飼育排水のCOD，SS，全有機炭素量，全リン量，全窒素量およびアンモニア態窒素量を減らすことが可能である．

i. 耐病系の選抜

病原体に感染しても生き残る個体が存在し，一般的には10世代で抵抗性を獲得した個体が優性となり生物は耐病性を獲得するようになる．魚類でも主要養殖魚種を対象に選抜育種が行われているが，被害の大きいウイルス病ではIHNVのようにウイルスの変異が魚の耐病化を上回り，成果が得られていない．現在まで，IHNVに抵抗性のあるギンザケとニジマスとの異種間交配により感受性の低いギンザケの性質を受け継いだニジマスの選抜や，IHN抵抗性を示すクローンニジマスを選抜した例，リンホシスチス病耐病性遺伝子座をマーカーに選抜し

表 3.7.4-2　現在日本で市販されている魚類ワクチン

単独ワクチン さけ科魚類のビブリオ病不活化ワクチン あゆのビブリオ病不活化ワクチン ぶり（ぶり属魚類）のα溶血性レンサ球菌症ワクチン ぶりのビブリオ病不活化ワクチン ひらめのβ溶血性レンサ球菌症不活化ワクチン イリドウイルス感染症不活化ワクチン まはたのウイルス性神経壊死症不活化ワクチン
2種混合ワクチン ぶり（ぶり属魚類）のα溶血性レンサ球菌症およびビブリオ病不活化ワクチン ぶり属魚類のイリドウイルス感染症およびα溶血性レンサ球菌症不活化ワクチン ぶりおよびかんぱち（ぶり属魚類）のα溶血性レンサ球菌症および結節症（油性アジュバント加）不活化ワクチン
3種混合ワクチン ぶりおよびかんぱち（ぶり属魚類）のイリドウイルス感染症，ビブリオ病およびα溶血性レンサ球菌症不活化ワクチン ぶりおよびかんぱちの類結節症，α溶血性レンサ球菌症およびビブリオ病（油性アジュバント加）不活化ワクチン かんぱちのα溶血性レンサ球菌症，ビブリオ病およびストレプトコッカス・ジスガラクチェ不活化ワクチン

たヒラメ，WSD抵抗性ウシエビの樹立などが報告されている．しかし，IHN抵抗性ニジマスおよびWSD抵抗性ウシエビはビブリオ病に弱く，ニジマスはワクチン投与で養殖可能であったがウシエビは養殖系とはならなかった．

j. ワクチン開発の現状

現在市販されているワクチンは，投与方法により浸漬ワクチン，経口ワクチンおよび注射ワクチンに大別される．従来は細菌性疾病に対する浸漬および経口ワクチンが主であったが，マダイイリドウイルス病やレンサ球菌症，類結節症に対する注射ワクチンが開発され，3種混合ワクチンも市販され（表3.7.4-2）高い予防効果が得られている．注射は最も有効な投与方法であるが，対象魚数万尾に接種するのは容易な作業ではない．ブリ属およびヒラメを対象としたワクチン注射装置が開発されている．本装置には電気麻酔装置を組み込むことも可能である．注射時の麻酔の効き過ぎによる死亡や逆に麻酔がかからないなどの事故の防止に役立つ．

k. 今後の対策

水圏に生息する生き物は多種多様であり，魚類のみならず，甲殻類をはじめ軟体動物，藻類さらにはプランクトンまでも研究の対象に入れれば，多くの未知の病原体が存在すると考えられる．現在まで，おもに産業的に被害の大きい魚類ウイルスや細菌，真菌，原虫を対象に研究が展開されてきたが，非病原ウイルスや病原体の生態学的な研究が今後の課題である．同じ増養殖現場でも，施設の形態や規模の違いで，採用される対策が異なる．また海面をそのまま利用する場合は，病原微生物に感受性の高い時期を避けるか，ワクチンを利用する以外に現実的な対処法がない．今後新たな病原微生物に水産業が脅かされないためにも，国内未侵入の疾病に対する防疫体制を整えるとともに，国内でも未侵入の地域に対しては同様の対策を講じる必要がある．

（吉永　守）

3.7.5　バイオコントロール

A. 滅菌および除菌の実態

養殖では，多くの手法を用いて，魚介類の飼育水より病原菌を取り除く，いわゆる滅菌，除菌などの作業が行われている．たとえば種苗生産飼育水の一般的な滅菌・除菌では，微細フィルターによる濾過，紫外線やオゾンによる処理，さらに塩素剤，抗生物質などの薬剤が使用され，一部の薬剤は配合飼料に混合して投与される．

養殖現場の人々は，これらの処置によって水中の微生物が排除され，長期間にわたっていわゆる無菌状態に近い飼育水が維持できると考えがちであるが，養殖水の微生物数の減少は一時的にすぎない．たとえば，抗生物質を飼育水に加えた場合では，薬剤の量と種類によって異なるが，細菌数が数日間にわたって減少，低濃度に維持されたあとに，耐性菌などの増加により，細菌数がほぼもとの濃度まで復元する．濾過やオゾン，紫外線滅菌処理においても，水槽壁，魚体や餌飼料に付着する微生物が，処理装置を通過した後の水中で増殖し，結局はもとの微生物数を示すことになる．

逆に，滅菌処理のあとでは微生物群集間の拮抗作用が減退するため，特定の微生物が増加する場合が多い．たとえば，抗生物質の多用により，これまでウイルスを抑えていた自然細菌が減少し，ウイルスが急増する事例は高い頻度で発生する．

さらに，これらの微生物の排除方法の効果が低いことから，効能が比較的長く続く核酸染色剤（マラカイトグリーンなど），ホルマリン，銅イオン，未精製有機酸などがとくに国外において使用されており，人体に悪影響を及ぼすこれらの薬剤などの使用は，消費者の養殖魚への不信感増大の一因となっている．

B. 養殖におけるバイオコントロール

このような，養殖水より微生物を除去する試みとは異なり，微生物を利用して疾病を防除する方法があり，バイオコントロール（生物学的防除，生物防除：biological control, biocontrol）とよばれる．この方法では，自然界に恒常的に進行している生物間の競合のなかで，主として拮抗作用を利用することにより，病原菌などの病原生物の増殖を抑制，あるいは排除することができる．この実施手法には，大別して 2 種類があり，① 外部より天敵（微）生物を（多くの場合には増殖させた後に）現場に移入して，病原（微）生物を防除する直接的な技術と，② 有害（微）生物を排除する，あるいはその数や機能を低減するような天敵（微）生物を当該生物近辺で増殖させるなどして，当該生物を保護するという間接的技術が内容となっている．養殖に実施されている ① の例では，病原菌（ウイルス，細菌，真菌など）に拮抗作用を示す有用細菌を大量培養して養殖水に添加し，疾病を防除する方法が実用化されている．② の例では，養殖対象種と異なる魚類，または海藻などを併用する混合養殖があり，さらに，ほかの魚種を別の池（水槽）で飼育し，その飼育水を養殖対象種の飼育池に移流する方法もある．これは，魚類と共存する微生物が，養殖対象種の病原菌を抑制する効果を期待した手法といえる．なお，ワムシなどの生物餌料にバイオコントロール生菌を摂食させ，これを魚介類に給与することによる疾病防除方法も国内外において広く採用されている．

水産養殖におけるバイオコントロールは，1980 年代に日本栽培漁業協会玉野事業場（当時）のガザミ種苗生産において初めて実用化された．ガザミ種苗生産では，*Vibrio* 属の細菌による種苗の斃死が頻発し，対症方法として抗生物質を投与したところ，病原菌が大量発生し，種苗の全滅する事態が起きた．抗生物質を飼育水に投与すると，細菌数が減少するため，これらの細菌が抑制していた抗生物質の効かない病原菌が増殖したことに原因する．このような状況で，有効な対症方法としてバイオコントロールが採用され，有用菌の飼育水への添加により種苗生残率の大幅な向上がみられた．

このような方法は，とくに種苗に頻発するウイルス病への対策にも用いられ，いわゆる抗ウイルス細菌を添加することにより，エビ類，ヒラメ，シマアジ，ハタなどのウイルス疾病の防除に効果をあげている．ウイルスの感染能を抑える細菌は，1960 年代に報告され，その後，細菌の生産するプロテアーゼがウイルスの外皮を分解（損傷）することで，ウイルスの失活することも報告された．以降，ワクチン研究が重視されたこともあり，抗ウイルス細菌についての知見の蓄積は少ないが，近年，バイオコントロールに利用する微生物として注目されるようになり，国内においても *Pseudomonas* 属，*Alteromonas* 属の細菌が製品化されている．

C. バイオコントロールにおける微生物の作用

バイオコントロール菌の作用において，抗ウイルス，抗病原細菌・真菌の機能と同時に，選択する菌が魚体に阻害を示さないような株であることが必須となる．種苗は，微生物を消化管に非選択的に取り込む場合が多く，(細胞壁が硬い，病原性があるなどの) 餌料として不適な微生物の場合には短時間で死滅する．このため，バイオコントロール菌の選択においては，とくに脆弱な種苗 (ウシエビ，ガザミ，ヒラメ仔稚など) に給与して，その生残率向上や運動能促進などの効果を検証する方法が有効である．ただし，メダカや観賞魚等の仔稚は，不適な微生物を投与しても短時間では弱らないので，このような効果検証には採用し難い．

微生物の拮抗作用は，抗菌物質がその主役と考えられているが，その他には，栄養物質や (微生物の増殖因子である) 鉄イオンの競合，さらに，微生物どうしの直接的な接触による作用で他を排除する例がある．また，クオラムセンシング (quorum sensing) の効果が注目されている．これは，細菌の一定以上の存在数･量によって，すなわち存在という情報を感知することによって，自身または他の微生物の代謝が変化する現象をいう．クオラムとは，議会における定足数 (議決に必要な定数) を指し，細菌の数・量が一定値を超えたときに初めて特定の物質が生産されることを，案件が議決されることにたとえることで命名された．クオラムセンシングを行う細菌は多種にわたる．これらの菌の生産物が細胞内で DNA，RNA の転写を制御する因子に作用するが，この物質は，自身に働くだけでなく，菌体外に分泌され，他細菌にも作用することが報告されている．さらに，物質は，少数の細菌数においても，同様の作用を起こすことも示唆されている．このような有用菌のクオラムセンシングによる病原菌の抑制は，医学方面では研究が進んでおり，水産養殖分野においても報告されるようになった．

害虫駆除のためのバイオコントロールは農業方面では大きく進展しており，害虫を殺滅する芽胞細菌 (バチルス菌) の 2 種は有名で，その他にも，ウイルス，糸状菌，線虫を利用した方法がある．水産養殖での害虫防除のためのバイオコントロール方法では，生菌の投与により魚体が活性化し，体表の寄生虫が減少した例がある．

(前田　昌調)

4 水産物の化学と利用

4.1 食糧，産業素材としての水産物の特徴（総論）

水産物は人が利用の対象としている水圏生物資源で，とくに食糧および化成品，飼肥料を念頭においた用語である．水圏生物は魚介類・藻類とよばれることも多いが，魚類などの脊椎動物やイカ，エビ，貝類，ホヤ，ウニ，クラゲなどの無脊椎動物からなる動物界のほとんどのものが含まれている．藻類は，陸上植物（コケ植物，シダ植物，種子植物）を除いた光合成を行うすべての生物のことであるが，水産物という場合は肉眼で見える大型藻類である，緑藻，褐藻，紅藻をさす場合が多い．最近では，微細藻類，さらには微生物も利用の対象とされて資源利用開発が盛んに進められている．海産の魚介類・藻類は海産物，海の幸といわれている．水産物は生物の種類が多く，生体成分が多種多様であること，品質低下が本質的に速いこと，供給が変動して不安定であることなどの特徴をもっている．

4.1.1 水産物の多様性と需給

水産物の第1の特徴は生物の種類が多いことで，これらは生鮮食品やさまざまな加工食品として毎日の食膳をにぎわせ，健康的で豊かな「日本型食生活」を支えている．さらに，化成品，飼肥料などへの利用を通して，生活，文化と深くかかわっている．NHK放送文化研究所の調査（2007年）によると，日本人の好きな料理ランキングのトップはすし，第2位は刺身，第5位が焼き魚である．魚料理は肉料理を凌駕しているが，一方で，全世代で魚離れが進んでいる．食品として購入されている多種類の鮮魚を多いほうからあげると，イカ，サケ，マグロ，サンマ，ブリ，エビなどである．貝ではアサリ，ホタテガイ，カキなどの消費が多い．冷凍品はサバ，イワシ，サンマ，サケ，イカが多い．

水産物を主原料とした食用加工品の生産量はおよそ172万t（2013年）である．加工種類別の構成割合は，ねり製品（かまぼこ類，魚肉ハム・ソーセージ）が30.8%と最も高く，次いで冷凍食品（魚切り身，むきエビ，水産物調理食品）が15.0%，塩干品（アジ，サバ，ホッケ，イワシ，サンマなど）が11.5%，塩蔵品が9.7%となっており，これら4種類で生産量全体の7割を占めている．さらに，缶詰，燻製，節製品，レトルト食品，塩辛，魚卵加工品，水産漬物，佃煮，焼きのり・味付けのり，寒天，油脂，飼肥料など多種類の加工品が製造され，消費されている（図4.1.1-1）．

原料を化学反応によって加工して製造する製品を化成品というが，水産物を原料にした化成品には健康食品，医薬品，化粧品，色素，香料，食品添加物，界面活性剤，液晶，高分子凝集剤などがある．国内の水産加工場の数（2013年）

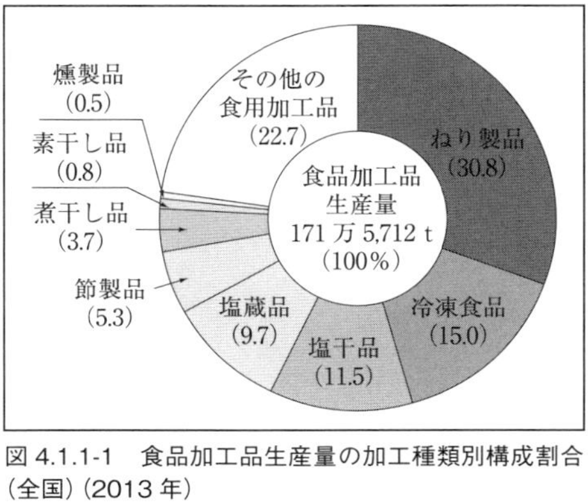

図4.1.1-1　食品加工品生産量の加工種類別構成割合（全国）（2013年）
〔農林水産省，2013年漁業センサス（平成26年）〕

は約8,500工場（うち水産物をとりあつかう冷凍・冷蔵工場は約5,400工場）だが，統廃合が進み減少傾向にある．

4.1.2 生体成分の多様性と栄養成分

水産物の第2の特徴として，生体成分の多様性があげられる．水産物の種類が多いことから，生体成分にもそれぞれに特徴がある．水産物の主要成分は水分，タンパク質，脂質，炭水化物，灰分である．これら成分の比率は一般組成といわれ，成分組成の概要を示すのによく使われている．これらの摂取要求量については『日本人の食事摂取基準2015年版』（厚生労働省）が策定されている．

A. タンパク質

2012年度国民健康・栄養調査によれば，日本人のタンパク質摂取量は1日あたり68.0 gで，このうち動物性タンパク質は36.4 gである．動物性タンパク質の約4割は魚介類から摂取されている．

魚肉のタンパク質含量は20％前後であり，種間や季節変化は比較的小さい．甲殻類や軟体動物では魚類よりやや低い傾向にあり，種間の相違がかなりある．魚肉およびその加工品（ねり製品や節類など）のタンパク質の栄養価は，アミノ酸スコアで卵や牛乳と同じく最高値の100である．甲殻類や軟体動物筋肉のタンパク質は，アミノ酸スコアが多少低い（表4.2.1-2）．魚介肉タンパク質の主成分は遊泳や運動にかかわっている筋原線維タンパク質で，このなかにはミオシン，アクチン，コネクチン，トロポミオシン，トロポニンなどのタンパク質が含まれており（4.2.1），魚介肉の調理，加工適性に大きな影響を与える．コラーゲンは筋肉，真皮，骨，鱗などに多量に含まれている（4.2.2）．

コラーゲンを加熱変性させたものがゼラチンで，保湿性，保水性があり，化粧品やゲル化剤として用いられている．酵素分解したものはコラーゲンペプチドとよばれている．しらこ（精巣）に含まれるプロタミンは抗菌作用があり，食品の日持向上剤として使われている（4.9.16, 4.10.3）．冷凍すり身（4.9.1）は生の筋原線維タンパク質を長期貯蔵できるように開発された食品素材で，おもにねり製品原料に使用されている（4.9.1）．このほか，水産動物にはその生理作用をつかさどるさまざまな酵素が含まれている（4.2.3）．

B. 脂　質

脂質は，生体の膜や顆粒に存在するリン脂質やステロールなどを含む組織脂質と，トリアシルグリセロールを主成分として皮下組織や内臓に存在する貯蔵脂質に大別される．

貯蔵脂質はエネルギー源として重要である．貯蔵脂質含量は種間の相違に加え，同一種でも生殖腺の熟度や栄養条件を反映して季節的に大幅に変動する．たとえばカツオの場合，のぼり鰹（のぼりかつお，春獲り）と戻り鰹（もどりかつお，秋獲り）の脂質含量は0.5％と6.2％で大きな差がある．また，養殖魚では餌料の影響を強く受け，一般に，養殖魚のほうが脂質含量が高い．さらに脂質量は背側より腹側に，内部より表層に多く，血合肉のほうが普通肉よりも含量が高い．肉の脂質量と水分量との間には負の相関関係があり，脂質量が減ると水分量が増大し，両者の和はおよそ80％になる場合が多い．甲殻類，軟体動物の脂質含量は2％以下と少ないものが多い．

魚肉脂質の脂肪酸組成の特徴はn-3系の高度（多価）不飽和脂肪酸の構成比率が高いことである．とくに，畜肉・農産物には含まれないエイコサペンタエン酸（EPA，国際純正・応用化学連合（IUPAC）の系統名ではイコサペンタエン酸という）とドコサヘキサエン酸（DHA）を豊富に含む．

ヒトはリノール酸とα-リノレン酸を生合成できないので，これらは必須脂肪酸である．また，γ-リノレン酸，アラキドン酸とEPA，DHAはそれぞれリノール酸とα-リノレン酸から生合成できる（図4.10.3-1）ものの，必要量を十分に補うことはできない．それゆえ，これら6種類すべての高度不飽和脂肪酸をヒトの必須脂肪酸とみなし，食物から摂取する必要がある．これらには健康食品，医薬品として利用されているものがある（4.9.5）．

水産物から工業的に製造される脂質は水産油脂といい，魚油や肝油がある．魚油は硬化してマーガリンやショートニングの原料あるいは養殖魚飼料などに使われている．

C. 炭水化物

魚肉の炭水化物含有量は少なく，0.1～0.7%であるが，赤身では1%を超える．貝類もグリコーゲン含量が多いが，季節変動も大きく，ホタテガイ貝柱では冬季の0.5%から夏季の3～5%と変化する．甲殻類の殻やイカの甲には*N*-アセチルグルコサミンのポリマーであるキチンがあり，表皮や結合組織にはムコ多糖類がタンパク質と結合したプロテオグリカンとして存在している（4.9.17）．魚類の筋肉では哺乳類と同じく，解糖系で乳酸が生成されるため，死後貯蔵中に肉のpHが酸性になるが，軟体動物筋肉ではオクトピンやピルビン酸が蓄積される．

海藻の多糖類は陸上植物とは異なる特異なものが多く，食物繊維としても重要である．細胞間粘質多糖類として褐藻のアルギン酸，フコイダン，紅藻の寒天，カラギーナンなどがあり（4.4.2），食用として増粘剤，ゲル化剤，安定剤，健康食品などに用いられるほかに，工業用，医薬用として利用されている（4.9.17）．

D. 灰　分

灰分は無機質の総量で，いわゆるミネラル成分である．魚介類では骨，鱗，貝殻，甲殻などの支持組織に多く，体重の1.5%程度を占める．比較的多量に存在するものはナトリウム，カリウム，カルシウム，マグネシウム，塩素，リン，イオウの7元素で，これに鉄を加えることもある．これら以外は微量元素といわれる．

鉄はヘムタンパク質のヘモグロビン，ミオグロビン，シトクロム，酵素のカタラーゼ，ペルオキシダーゼなどの分子中に配位し，また貯蔵鉄としてフェリチンなどに含まれる．亜鉛，銅，マンガン，モリブデン，セレン，ニッケルも酵素の構成成分（cofactor）として存在する．甲殻類や軟体動物の体液中では銅を含むヘモシアニンが酸素運搬の役割を担っている．コバルトはビタミンB_{12}の成分である．フッ素，スズ，バナジウムなども哺乳類に必要な微量元素である．

海藻に多いヨウ素は甲状腺ホルモン（チロキシン，トリヨードチロニン）の原料として必要である．このホルモンは哺乳類では発育促進や基礎代謝の維持などの重要な生理作用を有する．日本人の平均的食事では不足することは少なく，むしろ，ヨウ素強化食品，サプリメントによる過剰摂取を注意する．ヨウ素は海藻を焼いた灰から得られていたが，現在はヨウ化ナトリウムを含む地下水から工業的に製造されている．

生体内の微量元素は食物連鎖や環境中からとりこまれて代謝あるいは蓄積したものであるが，メチル水銀やカドミウム，鉛など有害な重金属が含有されている場合がある．海藻のヒ素は毒性の低い有機ヒ素として含まれている．ヒジキには無機ヒ素も含まれているが，ヒジキの標準的摂取量では，WHOが定めた無機ヒ素の暫定的耐容週間摂取量（provisional tolerable weekly intake : PTWI）である1週間あたり15 $\mu g\ kg^{-1}$体重を超えることはない．

E. ビタミン

ビタミンは生物の生存・生育に必要な微量有機化合物の総称である．ほとんどの場合，生体内で合成することができないので，おもに食品から摂取される．ビタミンは水溶性と脂溶性の2群に分けられる．水溶性ビタミンにはビタミンB群とビタミンCがあり，脂溶性ビタミンにはビタミンA，ビタミンD，ビタミンE，ビタミンKがある．

ビタミンB群はビタミンB_1，B_2，B_6，B_{12}，葉酸，ナイアシン，ビオチン，パントテン酸の8種類があり，生体内において，酵素が活性を発揮するために必要な補酵素として機能している．したがって欠乏症に陥ると，その酵素が関与する代謝系の機能不全症状があらわれてくる．ビタミン摂取要求量については，『日本人の食事摂取基準2015年版』（厚生労働省）に掲載されている．

水産物は種類が豊富なことから，すべてのビタミンが摂取可能である．とくにウナギや血合肉の多いサンマ，カツオ，サバ，イワシなどにはビタミンB群と脂溶性ビタミン（4.3.1.C）が多く含まれており，これらの供給源として優れている．水産白書（2012年度）によると，ビタミンDの78%，ビタミンEの11.8%，ビタミンB_{12}の76%が魚介類からの摂取である．ビタミンCは果物，野菜に多いが，水産物ではノリ，ワカメ，とろろこんぶなどの乾物に多い．ビタミンA（レチノール）は魚類の肝臓やウナギに多い．摂取すると体内でビタミンAに変換される．β-カロテンは緑黄色野菜や海藻に多く含まれる色素の一種である（4.10.3.D.c）．ビタミンDはカルシウムやリンなどのミネラルの代謝や恒常性の維持，骨の代謝に関係しており，不足すると子供のくる病，成人の骨軟化症などが起こる．また，高齢者や閉経後の女性では，骨粗しょう症の原因にもなる．ビタミンE（α-トコフェロール）は抗酸化作用により，体内の脂質酸化を防いで動脈硬化などと関連する疾患を予防する．植物油に豊富に含まれており，魚介類，魚卵，ノリなどにも含まれている．

F. エキス成分

エキス成分は水産物を磨砕し，水あるいは熱湯で抽出される成分のうち，タンパク質，脂質，多糖類，灰分，ビタミン，色素などを除いたもので，遊離アミノ酸，ペプチド，ヌクレオチドとその関連成分，有機酸，第四級アンモニウム塩基などを含む成分である（4.5）．食品のにおい，呈味や食品の変質にかかわっているものが多い（4.5.2）．一般に魚類よりは甲殻類，軟体動物のほうがエキス成分に富んでいる．調味料としてのエキスは水産物の抽出，酵素処理，精製，濃縮などにより製造する．原料由来の成分を含有するもの，またはこれに副原料などを加えたもので，食品に風味を付与する（4.9.12）．

4.1.3 品質低下の速さ

水産物の第3の特徴は，水産物の品質低下と腐敗が農・畜産物にくらべて非常に速いことである．品質の概念は複雑であるが，JAS法の食品品質表示基準に基づき，生鮮食品では名称，原産地，内容量および解凍または養殖したものはその旨を記載する．また加工食品では名称，原材料名，内容量，消費期限または賞味期限，保存方法，原料原産地名などを記載することになっている．しかし，生鮮魚介類の場合，腐敗などによる安全性の低下が起こる前に，新鮮さ，食感的・味覚的おいしさ，テクスチャーが急激に失われるため，鮮度が非常に重要である．加工品の場合にも原料鮮度が製品の品質に大きく影響する．

A. 組織構造と品質

品質低下が速やかに進行するという魚介類の特徴は，水圏生物であるという環境の影響を強く反映した本質的なものである．陸上動物は体重を支えるために，大型動物ほど，太めの骨，強い筋肉や腱をもって体構造を維持している．一方，水生動物は水の浮力によりその体重が支えられているために，骨や腱，筋肉の構造は陸上動物に比較して脆弱である．この組織構造の脆弱性のために，死後の自己消化による組織の軟化や劣化が速く，また，微生物による侵襲を受けやすく，腐敗しやすい．

魚介類を凍結貯蔵した場合も，氷結晶の生成・膨張による細胞組織の機械的損傷が大きく，さらに細胞内外溶液の濃縮による品質劣化が起こりやすい（4.8）．現在，凍結・解凍技術の進歩で未凍結魚との品質の差は縮まっている．一方，海藻は海から揚げると細胞が死に，水分量が多く腐敗が速いので，乾燥品や塩蔵品などに加工される．

B. 生息環境と品質

家畜（哺乳類，鳥類）は恒温動物で，その体温はヒトや気温より少し高い37～40°Cである．この体温は，ほぼ酵素活性の至適温度であり，常に安定した体温のもとで高い活動能力が発揮できる．一方，魚貝類の体温は環境温度に近い．したがって，暖海に生息する魚介類の体温は寒冷な海に生息するものよりも高いが，ヒトや家畜の体温に比較すると，相当低いことになる．そのために体を構成するタンパク質や酵素は低温下でも機能を発揮できるように，柔軟で変化しやすい構造になっている．脂質も低温で流動性の高い不飽和脂肪酸が多く含まれている．また，同じ温度に貯蔵した場合，魚介類のタンパク質は家畜より，また，暖海の魚介類より寒冷な海の魚介類のほうが，構造が脆弱で変性しやすい．魚類のコラーゲンは哺乳類のものより低温でゼラチン化（ゲル化）する．酵素自体の機能も低温での活性が高いので自己消化が速く，さらに微生物の作用も受けやすくなる．

水産物では組織構造や分子構造の脆弱性が結果的に，食品としての品質低下と腐敗を促進しているのである．それゆえ，漁獲から製造，流通，消費までの各過程において，品質保持および衛生管理と安全性確保が重要である．

4.1.4 供給の不安定性

水産物の第4の特徴は漁業生産・供給の不安定性である．世界の天然漁業資源は約9,000万tで頭打ちの状態が続いている（2.1.2.C）が，需要は高まる一方である．種による供給量は季節的にも年によっても大きく変動する．これは漁獲量が，海況，気候などの自然条件に影響されることが大きな理由である．さらに，養殖による生産量の増大と変動，国際間の水産物貿易の拡大による輸出入動向の影響を強く受けるようになっている．わが国では魚介類の輸入量が国内生産量を上回っており，供給の不安定要因となっている．世界的な人口増加と食糧不足が予想されるなかで，国際的な水産資源の持続可能な利用確保と環境保護の視点から漁業規制の強化が進められている．TAC制度（2.7.6），マグロ類の国際管理，商業捕鯨モラトリアム，エコラベル水産物たとえばMELやMSC認証の流通（2.7.10）などがある．水産物の供給量変動と成分含量の変化は，計画生産や製品規格の維持に対する障害となっている．

水産物の不安定な供給構造を安定化させ，緩衝効果を得るためには，水産物の自給率向上，地産地消の拡大，貯蔵技術の高度化，製造・加工技術の効率化（原料歩留まりの改善，処理機械の改良），低利用資源（公海サンマ，オキアミ，ハダカイワシ類，食経験に乏しい魚，低価格魚や小型の雑魚）および廃棄物の完全利用に対する新規技術の開発，高付加価値商品の開発，流通・貿易競争力の強化，漁業外交などが果たす役割が大きい．

（関　伸夫）

4.2 水産物のタンパク質

わが国では動物性タンパク質の摂取量の約半分を水産物に頼ってきた．魚類可食部（生）のタンパク質含量は100 gあたり13.0 g（アンコウ，ギンダラ）～26.4 g（クロマグロ）であり，魚種による差が大きい（『日本食品標準成分表（2010）』）．無脊椎動物では筋肉以外の部分も食用となることが多いため，4.6 g（ナマコ）～21.8 g（タイラガイ）と幅広い．

水産物のタンパク質には，一般に不安定であること，種により性質が異なることなど，畜産物と比較して貯蔵，利用，加工上，不利な点が少なくない．これらの性質は，食用対象の大部分を占める筋肉を構成するタンパク質の性質を反映している．これらの性質を知ることにより，水産物のさらなる有効利用を図ることが可能となる．本節では魚貝類筋肉の構造，構成タンパク質の特徴，産業上有用な酵素の性状について述べる．

4.2.1 筋肉タンパク質

A. 筋肉の構造

魚類の筋肉は高等脊椎動物と同様に，随意筋である骨格筋と，不随意筋である平滑筋（消化管，血管など），心筋とに分類される．骨格筋は腱を介して骨格に固定されており，運動や姿勢の維持に用いられる．魚類体側筋の筋節（筋隔膜を介して接合した体節的構造）は短く，側線に対して直角な⋛字状の連続構造をとっている（図4.2.1-1）．魚類筋肉の微細構造は概して他の脊椎動物のものに似る．

魚類の普通筋（速筋，白筋）と血合筋（遅筋，

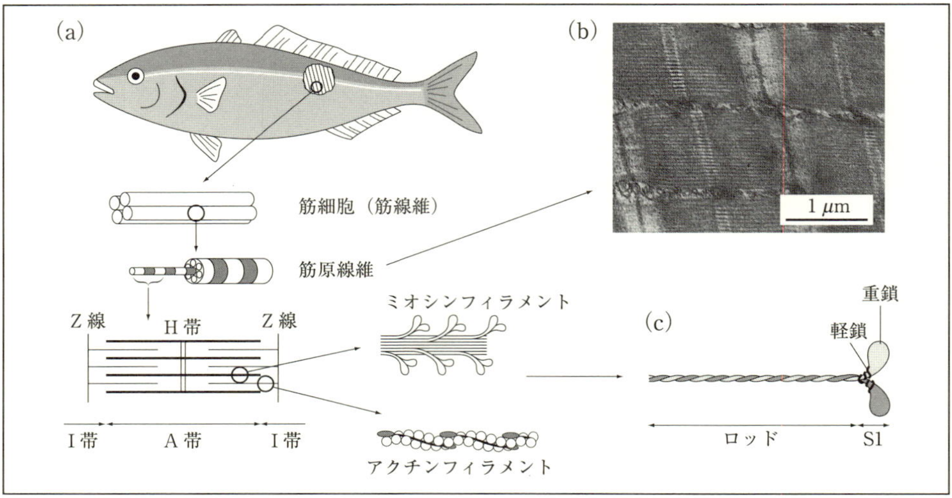

図 4.2.1-1　骨格筋の構造
(a) 筋肉の微細構造，(b) サルコメアの電子顕微鏡像（魚類普通筋），(c) ミオシン分子．

赤筋）には，エネルギー代謝関連酵素の組成，ミオグロビン，脂質およびミトコンドリアなどの含量，毛細血管密度などに明確な差が認められる．マグロ類などの普通筋はミオグロビンに富むため，赤色を呈する．サケ科魚類の肉色は餌由来のカロテノイド（主としてアスタキサンチン）の蓄積によるものである．回遊魚では血合筋の割合が高く，とくにマグロ類では脊椎骨周辺に深部血合筋が発達している．一方，無脊椎動物には，頭足類の外套膜にみられる斜紋筋のような特殊構造をもつものもある．

骨格筋や心筋において観察される横紋構造（筋原線維）は，ミオシンおよびアクチン（後述）それぞれを主体とする2種類のフィラメント（線維）の規則正しい配列によるもので（**図 4.2.1-1**），効率的な筋収縮を可能にしている．調節タンパク質としてトロポミオシンやトロポニンなどがアクチン線維上に存在する．筋収縮は，ミオシンの線維とアクチンの線維がATPの化学エネルギーを利用して相互に滑り込む現象であるが，その制御法には2つの異なる仕組みが存在する．すなわち，骨格筋や心筋では，筋小胞体から放出されたカルシウムイオン（Ca^{2+}）がトロポニンCに結合するのをきっかけに，トロポニンIによって阻害されていたミオシンとアクチンが反応を開始する（アクチン側制御）．筋収縮の引き金となるCa^{2+}は，弛緩時は筋小胞体に蓄えられているが，神経の興奮により放出される．興奮が収まるとCa^{2+}はただちに回収され，筋肉は弛緩する．一方，二枚貝閉殻筋では，ミオシンの調節軽鎖（後述）にCa^{2+}が直接結合することにより筋収縮が始まる（ミオシン側制御）．貝類にもトロポニンをもつものがあり，アクチン側制御も機能していることがうかがわれる．一方，二枚貝の閉殻平滑筋では，ATPをほとんど消費せずに長時間収縮することが可能である（キャッチ収縮）．

B.　タンパク質組成

磨細した筋肉を水や低イオン強度（$I = 0.05$程度）の緩衝液で抽出すると，細胞内（筋原線維の間など），ミトコンドリアなどの細胞小器官，あるいは細胞間に溶けていたタンパク質成分が溶出してくる．この画分は筋形質タンパク質画分とよばれ，筋肉の全タンパク質の20～50%に相当する．ここには種々の解糖系酵素，クレアチンキナーゼ，ミオグロビン，パルブアルブミンなどが含まれる．

筋形質タンパク質画分を除去した残渣を高イ

表 4.2.1-1　魚貝類タンパク質の分子量と等電点

タンパク質	由　来	分子量	等電点
ミオシン(重鎖)	コウイカ	222,217	5.49
アクチン	トラフグ	41,945	5.22
トロポミオシン	シャコ	32,915	4.71
トロポニン C	ゼブラフィッシュ	18,211	3.96
ミオグロビン	キハダマグロ	15,529	9.00
ヘモグロビン(α鎖)	マダイ	15,701	8.55
ヘモシアニン	ガザミ	32,939	5.87
パルブアルブミン	ヒラメ	11,319	4.40
ペプシン	マダラ	34,014	4.48

数値はすべて演繹アミノ酸配列に基づく計算値．サブユニット組成，分子全体の分子量については本文参照．

オン強度($I = 0.5$ 程度)の緩衝液で抽出すると，タンパク質全体の 50 ～ 70%に相当する，塩溶性の筋原線維タンパク質画分が抽出される．この画分には主としてミオシン，アクチン，トロポミオシン，トロポニンなどが含まれるが，無脊椎動物ではほかにパラミオシンなどが含まれる．

残渣をさらに希アルカリ溶液で抽出すると，不溶性画分として筋基質タンパク質画分が得られる．これはタンパク質全体の 10%以下で，とくに魚類では数%程度である．この画分には筋隔膜や細胞膜に存在するコラーゲンやエラスチンなどが含まれる．

血合筋は普通筋とくらべて筋形質や筋基質タンパク質に富むが，筋原線維タンパク質は少ない．この組成の違いは，普通筋が瞬発的な運動に用いられるのに対し，血合筋は持続的な遊泳に用いられることを反映している．

タンパク質は 20 種類のアミノ酸(表 4.5.1-1)で構成される．いずれも，中性 pH において塩基性を示すアミノ基，酸性を示すカルボキシ基，水素原子および側鎖が α 炭素に共有結合している．側鎖が水素原子であるグリシンを除き，α 炭素は不斉炭素原子となるため，アミノ酸には D 型と L 型という鏡像異性体があるが，

表 4.2.1-2　アミノ酸スコア(1973 年 FAO/WHO パターンによる)

種　類	数　値*	種　類	数　値*
マイワシ	100	クルマエビ	74 (Val)
キハダマグロ	100	ズワイガニ	81 (Val)
シロザケ	100	シャコ	96 (Thr)
ウナギ	100	サザエ	71 (Val)
ギンダラ	95 (Trp)	ホタテガイ	71 (Val)
ヨシキリザメ	58 (Val)	アサリ	81 (Val)
ニシン	100	ヤリイカ	71 (Val)
ニジマス	100	マダコ	71 (Val)

*括弧内は第 1 制限アミノ酸(3 文字表記)．

タンパク質構成アミノ酸はごく一部の例外を除き L 型である．タンパク質の大きさ(分子量)はさまざまであり(表 4.2.1-1)，さらに同じタンパク質でも生物種により多少異なることが多い．タンパク質の電荷の総和がゼロになる pH を等電点というが，タンパク質の種類により大きく異なる(表 4.2.1-1)．

C. 栄養学的な特徴

体内で合成できないため，外部から摂取しなければならないアミノ酸を必須アミノ酸という．ヒトではイソロイシン，ロイシン，リシン(リジン)，メチオニン，フェニルアラニン，トレオニン(スレオニン)，トリプトファン，バリン，ヒスチジンの 9 種類である．必須アミノ酸の含量やバランスは，タンパク質の栄養価を決定する要因である．

その指標の 1 つであるアミノ酸スコア(アミノ酸価)は，タンパク質の栄養価を簡便に評価する目的で FAO/WHO 合同特別専門委員会により提唱された．アミノ酸スコアが 100 に近いほど，良質のタンパク質として評価される．魚類には畜産物と同様に 100 のものが多く，良質のタンパク給源である．貝類ではバリンやスレオニンが制限アミノ酸となり，タンパク質としての栄養価が魚類に劣る(表 4.2.1-2)．

D. 構造上の特徴

a. アイソフォームの存在

同一の生物種において，機能は同一であるがアミノ酸配列(一次構造)が異なる複数のタン

パク質成分が存在する場合，これらをアイソフォーム（酵素の場合はとくにアイソザイム）とよぶ．アイソフォームは同一の遺伝子から翻訳される場合と複数の異なる遺伝子から翻訳される場合がある．たとえば，パルブアルブミン（後述）には多数のアイソフォームが認められる．

b. 高次構造

タンパク質の立体構造は原則として，アミノ酸配列によって一義的に決まる．タンパク質の主要な二次構造はαヘリックスとβシートである．タンパク質の機能は，このようにしてできた立体構造と密接な関係にある．完成されたタンパク質の立体構造は複雑で多様であり，それぞれのタンパク質の生理機能と密接な関係にある．たとえば，ホタテガイ由来のミオシンS1（頭部）は，αヘリックスとβシートをあわせもつ立体構造を，またタラ科ホワイティング由来のパルブアルブミンはαヘリックスが主体の立体構造をとり，Ca^{2+}結合のためのEFハンド構造を含む．

c. 天然状態と変性状態

細胞内小器官リボソームで合成されたタンパク質では，瞬間的に天然状態（生体内で完成された構造）に似た二次構造が形成され，柔軟性を保ちながらコンパクトな構造をとった状態となる．これはタンパク質の折りたたみ（フォールディング）の中間状態と考えられる．折りたたみは自律的に進行する場合と，分子シャペロンという一連のタンパク質の助けにより形成される場合がある．立体構造の形成には非共有結合，すなわち水素結合，疎水的相互作用，静電的相互作用，ファンデルワールス力が関与するほか，共有結合（ジスルフィド結合）により安定化される．

タンパク質は遺伝子から翻訳された後，一部が切断されたり，アセチル化やリン酸化などの翻訳後修飾を受けて，最終的な構造をとる．そのため，天然タンパク質の分子量や等電点は**表4.2.1-1**に示した値（アミノ酸配列からの計算値）とは異なることが多い．またタンパク質は後述のように，複数の構成成分（サブユニット）で構成されているものがある．

E. 構造の不安定性と変性

a. 不安定性

タンパク質の折りたたみは負のエネルギー変化を伴い，熱力学的に安定な方向へ進む．立体構造は弱い相互作用の累積により形成される．タンパク質は安定性と柔軟性の微妙なバランスのうえに構造を保ち，天然状態と変性状態との自由エネルギーの差はわずか40 kJ mol^{-1}程度である．タンパク質が生理機能を効率よく発揮するためには，柔軟性のある構造が不可欠である場合が多い．魚貝類のタンパク質は一般に高等脊椎動物のものにくらべると不安定であるが，安定性と生息水温（マグロ類など一部の魚類では体温）は相関関係にあることが，コラーゲン，ミオシン，トリプシンなどで見出されている．魚貝類では死後の鮮度低下が速やかであるが，これは低温における機能獲得のためにタンパク質等の構造を不安定化させてきたことも一因である．魚貝類のタンパク質は哺乳類のものとくらべ概して不安定であるが，アミノ酸配列の違いと安定性の間には明確な関係が認められないことが多い．

b. 変　性

温度，pH，塩濃度，有機溶媒，物理的ストレス（攪拌，高圧など），酸化脂質，重金属イオン，変性剤，界面活性剤などの影響により，タンパク質は変性する．変性は立体構造の崩壊，酵素活性の低下や溶解度の低下，凝集などを伴い，不可逆なケースが多い．一次構造の変化は伴わない．変性状態では分子内部に埋もれていた疎水性残基が表面に露出し，水和状態が変化する．とくに，筋肉タンパク質の主体をなす筋原線維が変性を受けると，保水性や乳化能の低下，ゲル形成能の喪失などを招き，魚肉食品の品質劣化の原因となる．変性の度合いは，塩に対する溶解度，各種プロテアーゼによる消化パターン，ゲル濾過クロマトグラフィー，酵素活性などにより検出ないし定量することができるが，これらの指標の適性についてはタンパク質の種類により異なる．筋原線維やアクトミオシンのATP分解活性（ATPase活性）は，すり身などの品質評価に適用できる．ミオグロビンのメト化率（図4.8.4-5）は赤身魚肉の褐変度合の指標として用いられる．

凍結変性は，氷結晶の成長に伴う塩濃度の局所的増加によりひきおこされる．最大氷結晶生成帯（図4.8.4-2）においてはタンパク変性をはじめとした諸変化が進行しやすいため，適正な貯蔵条件（温度，期間）の設定および貯蔵中の温度変化を抑えることは，品質保持のうえでとても重要である．鮮度，とくに死後における筋肉pHの低下は変性速度に大きくかかわる．糖類や有機酸など，水酸基（ヒドロキシ基）を多数含む物質には冷凍変性防止効果が認められる．冷凍すり身には，凍結貯蔵中のタンパク質変性を防ぐため，ソルビトールなどの糖類が添加される（4.9.2）．

タンパク変性が好ましい変化を伴う場合もある．調理，加工によるタンパク変性は，食感の改善，消化性の向上につながる．加熱によるコラーゲンのゼラチン化も組織の軟化を伴う．かまぼこゲルも筋原線維タンパク質の変性の結果として生じるものであるが，良質の製品を得るためには，加熱調理前の筋原線維タンパク質を未変性状態に保持しておく必要がある．

F. タンパク質成分の特徴

a. 筋原線維タンパク質

（i）ミオシン

ミオシンは分子量約20万の重鎖2本と同2万前後の軽鎖4本，合計6つのサブユニットからなり，全体の分子量は約50万と，大きなタンパク質である．筋原線維タンパク質の約半分を占める．軽鎖は頭部〔サブフラグメント-1（S1）〕と尾部（ロッド）の連結部付近に結合している（図4.2.1-1）．必須軽鎖と調節軽鎖に分類されるが，貝類閉殻筋や平滑筋の調節軽鎖を除き，その機能についてはよくわかっていない．

筋肉ミオシンは2つの頭部と細長い尾部をもつことを特徴とし，尾部を介して会合することにより双極性の太いフィラメントを形成する（図4.2.1-1）．ミオシンフィラメントは，光学顕微鏡下で観察される筋肉の，横紋構造の暗帯（A帯）に対応する．ミオシンのATPase活性やアクチン結合能はS1にあるが，フィラメント形成能はロッドに存在する．また，ロッドの部分はコイルドコイル（二重コイル）構造をとり，生理的条件下においてフィラメント形成にあずかっている．

（ii）アクチン

アクチンは分子量約42,000の球状タンパク質で，筋原線維タンパク質の約20%を占める．重合して二重らせん状の細長いフィラメント（F−アクチン）となり，トロポミオシンやトロポニンとともに筋原線維の明帯（I帯）を形成する．ATPやカルシウムイオンの結合部位をもち，マグネシウムイオン（Mg^{2+}）存在下でミオシンのATPaseを大きく賦活する．

（iii）アクトミオシン

アクトミオシンは筋肉を高濃度の中性塩溶液で抽出することで得られる複合タンパク質である．おもにミオシンとアクチンからなり，線維状の構造をとる．高いMg^{2+}−ATPase活性，超沈殿反応，ATP添加時の粘度低下など，ミオシン単独ではみられない性質を示す．

（iv）トロポミオシン

トロポミオシンは分子量約33,000のサブユニットの2量体であり，分子のほぼ全体がコイルドコイル構造を形成している．アミノ（N）末端とカルボキシ（C）末端で別の分子と重合して細長いフィラメントを形成し，アクチンのフィラメントの溝に沿うように配置している．また，甲殻類や軟体動物の筋肉ではアレルゲンの1つとして同定されている（5.2.5.H）．

（v）トロポニン

トロポニンは分子量約7万のタンパク質複合体で，トロポミオシンと結合するトロポニンT，アクチンとミオシンの相互作用を阻害するトロポニンI，カルシウムイオン（Ca^{2+}）を結合して構造変化を他のサブユニットに伝えるトロポニンCの3つのサブユニットで構成される．この複合体はトロポニンTを介して，トロポミオシン上に約40 nmの周期で結合している．

トロポニンCは，脳からの神経刺激によって筋小胞体から放出されたCa^{2+}が結合すると構造が変化し，その結果として，トロポニンI

の構造変化が起こる．トロポニンIは，ミオシンとアクチン間の相互作用を抑制しているが，構造が変化するとその制御が解除されて筋収縮が始まる．

(vi) パラミオシン

パラミオシンは無脊椎動物に見られる，分子量約10万のサブユニットからなる2量体で，分子のほぼ全体がコイルドコイルを形成する．また，ミオシンと同様に高イオン強度下で筋肉から溶出される．節足動物や軟体動物の筋肉の太いフィラメントの核を形成するタンパク質であり，ミオシンがその表面をおおう．生理機能についてはよくわかっていない．

パラミオシン含量は，サザエ（足筋，蓋筋）やカキ（閉殻筋）で筋原線維タンパク質の40％前後，アカザラガイ（閉殻平滑筋）やマダコ（足筋）で約30％である．無脊椎動物のアレルゲンの1つとして同定されている（5.2.5.H）．

b. 筋形質タンパク質

(i) 解糖系酵素

魚類の普通筋は哺乳類の速筋と同様に糖質をエネルギー源とするため，一連の解糖系酵素が豊富に存在する（4.2.3）．

(ii) ミオグロビン

ミオグロビンは分子量約17,000の球状タンパク質で，1分子あたり1つのヘム〔Fe^{2+}を含む環状の有機化合物（ポルフィリン環，図4.8.7-2）〕を含み，分子状酸素を結合する．魚類のミオグロビンの多くは147アミノ酸からなり，哺乳類のものに比べてやや小さい．魚類の血合筋，マグロ類の普通筋には多量のミオグロビンが含まれる．これらの魚肉の赤色の濃さはその含量に依存し，血合筋では湿重量の5％前後に及ぶこともある．クジラやアザラシなど海産哺乳類の筋肉にはとくに多いが，高濃度のミオグロビンは潜水活動を行ううえで有利とされる．軟体動物の一部にもミオグロビンが見出されている．還元型ミオグロビンの色調は暗赤紫色であるが，ヘムに酸素が結合して酸素化ミオグロビン（オキシミオグロビン）になると鮮赤色を示す．魚類のミオグロビンは哺乳類のものにくらべ自動酸化速度（ヘム鉄の酸化速度）が大きい．そのため，褐色のメト型ミオグロビンを生成しやすく，肉の速やかな褐変の原因となる（図4.8.7-2）．水によく溶けるため，ドリップ中に溶出しやすい．

(iii) パルブアルブミン

パルブアルブミンは分子量約11,000のCa^{2+}結合タンパク質で，多数のアイソフォームをもつ．普通筋に多く含まれるが，血合筋や心筋にはほとんど存在しない．パルブアルブミンの機能については不明な点が多い．魚肉のアレルゲンの1つとして同定されている（5.2.5.H）．

c. 血漿タンパク質

筋肉細胞には含まれないが，血液や血リンパ中に存在するため，筋肉中にも見出され，色調に影響することがある．

(i) ヘモグロビン

ヘモグロビンは赤血球中に存在するヘムタンパク質で，ミオグロビンによく似たポリペプチド鎖（サブユニット）が4つ会合したものである．1つのヘムに酸素が結合すると立体構造が変化し，他のヘムにも酸素が結合しやすくなる（アロステリック効果）．酸素の多い肺胞や鰓の毛細血管では酸素と結合しやすく，酸素が少なく二酸化炭素濃度が高い末梢組織では，酸素を解離しやすい（ボーア効果）．

ヘム鉄の還元・酸化に伴う色調変化はミオグロビンと同様である．ヘモグロビンは一酸化炭素やシアン化水素に対する親和性が酸素にくらべてはるかに強く，これらの物質と強固に結合するため酸素の運搬が阻害される．二酸化炭素濃度が高いと酸素運搬能が下がる現象（ルート効果）は，魚類ヘモグロビンだけにみられる．

アカガイにもヘモグロビンが存在する．無脊椎動物の血漿には，分子量300万以上の巨大ヘモグロビン（エリスロクルオリン）がみられる．

(ii) ヘモシアニン

ヘモシアニンは開放血管系をもつ節足動物や軟体動物の血リンパに存在し，血リンパ中の総タンパク質の90～95％を占める．ヘモシアニンの分子量は生物種により異なるが，数百万から一千万を超える巨大な会合体を形成する．銅原子を含むが，還元型は無色透明で，酸素と結合して青色に変わる．ヘモシアニンはフェノールオキシダーゼ活性を示し，甲殻類の黒変現象の原因となる（4.8.7.E）．

（落合　芳博）

4.2.2 筋基質タンパク質

筋基質タンパク質は，筋肉から筋形質タンパク質と筋原線維タンパク質を抽出し，さらに希アルカリで可溶性のタンパク質を抽出したあとの残渣に含まれる不溶性の成分で，おもにコラーゲンとエラスチンからなる．

A. コラーゲン

コラーゲンは，皮膚，骨，腱，靱帯，角膜，内臓などの結合組織を中心に動物組織に広く分布する，細胞外マトリックスタンパク質である．動物タンパク質として最も多量に存在し，魚類では魚体全タンパク質の 15 ～ 45%，普通筋全タンパク質の 4 ～ 15%がコラーゲンである．コラーゲン分子は，分子量約 10 万（約 1,000 アミノ酸残基）の α サブユニット鎖（α 鎖）3 本が左巻きでらせん状に巻きついたロープ状の構造をとる（図 4.2.2-1）．

これまでに約 20 種類のコラーゲン分子と約 25 種類の α 鎖が見出されている（表 4.2.2-1）．それらのうち最も普遍的に存在するのはⅠ型コラーゲンで，筋肉のコラーゲンの 95%以上がⅠ型である．コラーゲンのサブユニット組成はコラーゲン分子種によってさまざまであるが，Ⅰ型コラーゲンは $\alpha1$（Ⅰ）鎖 2 本と $\alpha2$（Ⅰ）鎖 1 本からなり，そのサブユニット構造は $[\alpha1(\mathrm{I})]_2\alpha2(\mathrm{I})$ のように記述される．Ⅰ，Ⅱ，Ⅲ，Ⅴ，Ⅺ型のコラーゲンは原線維形成コラーゲンとよばれ，コラーゲン原線維を形成する．原線維形成コラーゲン以外にも，原線維結合性コラーゲンや網目形成コラーゲンなどがある（表 4.2.2-1）．

原線維形成コラーゲンは規則的に配置してコラーゲン原線維を形成するので，原線維には電子顕微鏡下で約 67 nm 周期の縞模様が観察される（図 4.2.2-1）．コラーゲン原線維は，さらに集合して光学顕微鏡で観察可能なコラーゲン線維を形成する．

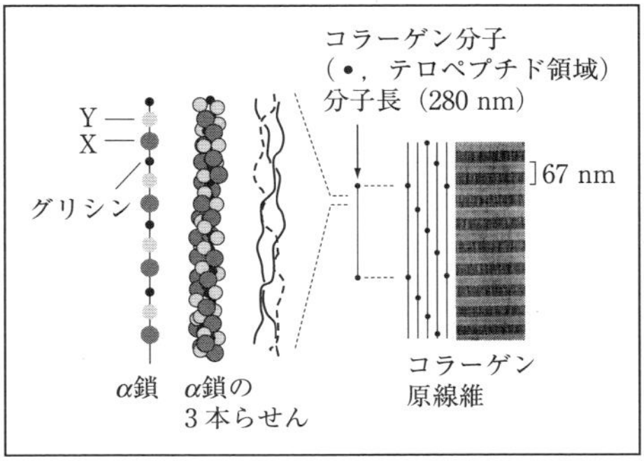

図 4.2.2-1　コラーゲン分子と原線維の構造

コラーゲン α 鎖のアミノ酸配列には，Gly–X–Y というトリペプチドのくりかえしがみられる（X はプロリンで Y はヒドロキシプロリンであることが多い）．プロリンとヒドロキシプロリンは 3 本らせんの外側に位置し，その環状の側鎖間の疎水的相互作用やヒドロキシル基間の水素結合により，らせんを安定化している．一方，グリシンは 3 本らせんの中心に 3 残基ごとに規則的に配置し α 鎖を緊密に集めている．プロリンのヒドロキシ化は細胞内の小胞体内腔で起こるが，その程度は生息温度（体温）が高いほど大きい傾向にある．

ヒドロキシプロリンは正常なコラーゲン 3 本らせんの形成に必要で，プロリンのヒドロキシ化に必要なビタミン C が欠乏すると正常なコラーゲン 3 本らせんが形成できなくなる．その結果，血管壁や結合組織が脆弱化するなどのビタミン C 欠乏の症状があらわれる．

また，コラーゲンには特徴的なアミノ酸としてヒドロキシリシンが 1,000 残基あたり約 70 残基含まれる．このヒドロキシリシンには糖鎖がついたものもある．ヒドロキシリシンの一部はリシルオキシダーゼの作用によってアルデヒド基に変換されたあと，サブユニット間あるいは隣接するコラーゲン分子間の架橋形成に使われる．この架橋は，おもにコラーゲン分子の両末端 2 ～ 3%部分にある非らせん領域（テロペプチド領域）で起こる．それによってコラーゲン原線維の構造が安定化される．この架橋に

表 4.2.2-1　おもなコラーゲン分子種

型	α鎖の構成	重合形態	組織分布
Ⅰ	$[\alpha1(\mathrm{I})]_2\alpha2(\mathrm{I})$	原線維形成	骨，腱，靱帯，皮膚，角膜，内臓，筋肉
Ⅱ	$[\alpha1(\mathrm{II})]_3$	原線維形成	軟骨，脊索，眼球ガラス体
Ⅲ	$[\alpha1(\mathrm{III})]_3$	原線維形成	皮膚，血管，内臓
Ⅳ	$[\alpha1(\mathrm{IV})]_2\alpha2(\mathrm{IV})$	網目形成	基底膜
Ⅴ	$[\alpha1(\mathrm{V})]_2\alpha2(\mathrm{V})$	Ⅰ型に結合	Ⅰ型と同様
Ⅶ	$[\alpha1(\mathrm{VII})]_3$	原線維アンカー	扁平上皮下
Ⅸ	$\alpha1(\mathrm{IX})\alpha2(\mathrm{IX})\alpha3(\mathrm{IX})$	Ⅱ型に結合	軟骨
Ⅺ	$\alpha1(\mathrm{XI})\alpha2(\mathrm{XI})\alpha3(\mathrm{XI})$	Ⅱ型に結合	Ⅱ型と同様
Ⅻ	$[\alpha1(\mathrm{XII})]_3$	Ⅰ型に結合	腱，靱帯

よって形成されるα鎖の2量体および3量体は，それぞれβ鎖およびγ鎖とよばれる．

筋肉中のコラーゲンの量と質は生食した際の食感と密接に関係している．一般にコラーゲン含量が高いほど，筋肉は硬く感じられる．サザエやアワビなど腹足類の筋肉のコラーゲン含量はとくに高く（筋肉全タンパク質の約45%），それによって独特の硬い歯ごたえがもたらされている．

コラーゲン線維は加熱するといったん収縮し，次いで不可逆的に変性して膨潤（ゼラチン化）する．そのため，コラーゲン含量の高い筋肉は生では硬いが加熱すると軟化する．コラーゲンの変性温度は生息温度と相関しており，低温に生息する魚類のコラーゲンは哺乳類のものより変性しやすい．

魚類筋肉のコラーゲンはプロテアーゼの作用も受けやすく，魚肉の死後軟化が速いことの原因として，コラーゲン線維が内因性のプロテアーゼで死後速やかに分解されるためとの説がある（4.7.3）．

B. エラスチン

腱や動脈などの弾性を必要とする組織には，細胞外マトリクスタンパク質として弾性タンパク質のエラスチンが含まれる．エラスチンは分子量約7万，約750残基からなるタンパク質で，コラーゲンと同様グリシンとプロリンに富むが，コラーゲンとは異なりヒドロキシプロリンやヒドロキシリシンを含まない．エラスチンは，リシンを介した分子間架橋により網目状の弾性線維を形成する．そのため，エラスチンの分解物にはリシンの架橋部位由来のデスモシンやイソデスモシンといった化合物が検出される．エラスチンはコラーゲンとともに結合組織を形成するが，筋基質タンパク質中のエラスチンの量は微量であって肉質にはほとんど影響しない．

4.2.3　酵素群

生物の生命活動は，酵素によって触媒されるさまざまな化学反応によって維持されている．酵素は，触媒する化学反応に基づき大きく6つのグループに分類される（表 4.2.3-1）．各グループに含まれる個々の酵素には4つの数字からなる酵素番号が割り振られる．たとえば，加水分解酵素のα-アミラーゼの酵素番号はEC 3.2.1.1である．水産生物の酵素の種類や性質は陸上生物の酵素のものと基本的に同様であるが，水産物の品質や水産加工品の製造原理に密接に関係するものがある．

A. 解糖系酵素

解糖経路は，グリコーゲンやグルコースなどの糖質を嫌気的に代謝してATPおよびピルビン酸を生ずる反応経路であり，11種類ほどの酵素（解糖系酵素）が関与する（図 4.4.1-3）．解糖系酵素は筋形質タンパク質の主成分であり，魚類普通筋のような急激な運動を担う筋肉における含量はとくに高く，エノラーゼ，アルドラーゼ，グリセルアルデヒド3-リン酸デヒドロゲナーゼにATP再生系酵素であるクレアチンキナーゼを合わせた量は，筋形質タンパク

表 4.2.3-1　酵素の分類

グループ	説　明	例
1. 酸化還元酵素 （オキシドレダクターゼ）	第1基質を水素供与体として酸化し，第2基質を水素受容体として還元する反応を触媒する酵素	デヒドロゲナーゼ，オキシダーゼ，ペルオキシダーゼなど
2. 転移酵素 （トランスフェラーゼ）	メチル基，アルデヒド基，ケト基，リン酸基，アミノ基，アシル基などの転移を触媒する酵素	メチルトランスフェラーゼ，アシルトランスフェラーゼ，キナーゼなど
3. 加水分解酵素 （ヒドロラーゼ）	C−O，C−N，C−C，P−O などの単結合を，水をアクセプターとして分解する反応を触媒する酵素	プロテアーゼ，グルコシダーゼ，ヌクレアーゼ，ホスファターゼなど
4. 脱離酵素 （リアーゼ）	基質を非加水的に分解し，二重結合あるいは環化した生成物を生じる反応を触媒する酵素	デカルボキシラーゼ，アルドラーゼ，アルギン酸リアーゼなど
5. 異性化酵素 （イソメラーゼ）	単一分子内で，ある基を分子内で別の位置に転移する反応を触媒し，基質を異性化する酵素	ラセマーゼ，エピメラーゼ，イソメラーゼなど
6. 合成酵素 （リガーゼ，シンターゼ）	ATP などのピロリン酸基の分解に共役して2つの分子を結合させる反応を触媒する酵素	DNA リガーゼ，酸・アンモニアリガーゼなど

質全体の 70%にも及ぶ．

解糖経路で生じたピルビン酸は，好気的条件下（生体内）ではクエン酸回路（TCA 回路）で代謝されて ATP 合成に使われるが，嫌気的条件下（たとえば激しい筋肉運動時や魚介類の死後）では解糖経路で生じた NADH により還元されて乳酸となる．魚類の漁獲時に苦悶死させると筋肉の pH が低下して筋肉タンパク質の変性が起こりやすくなるのは，この乳酸の生成による．乳酸生成による pH の低下は，カツオやサバのようなグリコーゲン含量の高い筋肉で著しい（4.7.1）．

B. プロテアーゼ

プロテアーゼは，タンパク質やペプチドを加水分解する酵素の総称で，タンパク質分子の内部領域のペプチド結合を分解するエンドペプチダーゼ（プロテイナーゼ）と，アミノ末端あるいはカルボキシ末端のペプチド結合を分解するエキソペプチダーゼに分類される．また，反応に関与するアミノ酸残基や補因子の種類により，セリンプロテアーゼ，システインプロテアーゼ，金属プロテアーゼなどに分類される．

魚類の消化管や幽門垂にはペプシンやトリプシン，α-キモトリプシンなどが含まれ，それらは食物中のタンパク質分解に関与する．一方，魚類の筋肉にはマトリクスメタロプロテアーゼ（MMP）やセリンプロテアーゼ，カルパインなどが存在し，それらは細胞の分化や増殖，代謝活性の制御などに関与すると考えられている．また，細胞内小器官のリソソームにはカテプシンが含まれ，細胞内で不要となったタンパク質成分やオルガネラを自己消化により分解代謝する．

産卵期のシロザケの筋肉では生きている状態でも自己消化が起こる．これは，遡上行動により疲弊損傷した筋細胞や筋線維が貪食細胞由来のカテプシン L によって自己消化を受けるためである．

また，ツツイカ類（スルメイカやアメリカオオアカイカなど）の筋肉には，筋肉中のミオシンを分解するプロテアーゼが含まれており，イカ肉からねり製品を製造する際の障害になっている（4.7.3）．

魚肉の貯蔵中の軟化には，MMP の作用が関与する可能性が指摘されている（4.2.2）．この酵素は，本来，細胞の増殖や分化の際にコラーゲンなどの細胞外マトリクスを分解する役割を果たすが，魚類筋肉の場合この酵素が死後になんらかの機構で活性化し，筋内膜や筋線維鞘を構成するコラーゲンを分解して筋肉を軟化させると考えられている．

C. リパーゼ

魚介類に含まれるトリアシルグリセロール，リン脂質，ステロイド，テルペンなどのうち，トリアシルグリセロールをグリセロールと脂肪酸に加水分解する酵素がリパーゼである．リパーゼは，まずトリアシルグリセロールの*sn*-1位のエステル結合を加水分解し，脂肪酸と1,2-ジアシルグリセロールを生じる．ジアシルグリセロールの*sn*-2位の脂肪酸は*sn*-1位に分子内転移したのちリパーゼによって分解され，さらに残りの*sn*-3位のエステル結合もリパーゼにより分解されて最終的にグリセロールと3分子の脂肪酸を生じる（図4.3.3-3）．一方，魚肉のリン脂質は細胞膜結合性のホスホリパーゼA_2により分解される．この酵素は，リン脂質の*sn*-2位のエステル結合を加水分解しリゾリン脂質と脂肪酸を生じる．リゾリン脂質はさらに，別の酵素であるリゾホスホリパーゼにより脂肪酸と極性グリセロール基とに分解される（図4.3.3-4）．

D. 多糖分解酵素

デンプンやグリコーゲンなどの貯蔵多糖は魚介類にとって重要な炭素源であり，それらはアミラーゼ，マルターゼおよびグルコシダーゼの作用によってグルコースに分解される．

一方，甲殻類の外骨格を構成するキチンや，海藻に含まれるアルギン酸，マンナン，キシラン，セルロースなどは難分解性の構造多糖として知られるが，水産生物にはそれらを特異的に分解する酵素が存在する．たとえば，甲殻類を好んで摂餌する魚類の消化液にはキチナーゼが含まれ，この酵素は甲殻類の外骨格成分であるキチンをオリゴ糖に分解する．

また，海藻や植物プランクトンを摂餌する海産軟体動物の消化液には，アルギン酸リアーゼ，マンナナーゼ，セルラーゼなどの多糖分解酵素が含まれ，それぞれ海藻中のアルギン酸，マンナン，セルロースを分解する．

これら水産生物の多糖分解酵素は，陸上の哺乳類にはみられない特異な酵素である．

E. 水産食品加工に関連する酵素

かまぼこなどの魚肉ねり製品は，魚肉タンパク質の熱凝集反応を利用して製造されるが，その製造過程で働く酵素が製品の品質に大きく影響することが知られている．一方，イノシン酸などの魚肉のうま味成分は，ATPから一連の酵素作用を経て生ずる．

a. トランスグルタミナーゼ

魚肉ねり製品は，魚肉すり身に食塩を加えて擂潰し，得られた肉糊を加熱してゲルとしたものである（4.9.1，4.9.2）．このゲルの物性が，筋肉中に内在するトランスグルタミナーゼ（TGase）の作用により大きく変化することが知られている．TGaseは，本来タンパク質中のグルタミン残基にアミンを結合させる酵素であるが，肉糊中ではミオシン重鎖のグルタミン残基とリシン残基の間にイソペプチド結合〔ε-(γ-Glu) Lys〕を形成させる．この反応は，ねり製品の製造においては「坐（すわ）り」とよばれる工程，すなわち肉糊を加熱する前に25℃程度で保持する工程で起こる．TGaseでミオシン重鎖どうしを架橋させると，加熱ゲルの強度は著しく増大する．TGaseによるミオシン重鎖の架橋の起こりやすさは，筋肉に含まれるTGaseの量，およびミオシンの構造安定性やすり身中に含まれるアンセリンなどのTGase阻害物質の量によって決まるとされる．

b. 戻り誘発プロテアーゼ

ねり製品の製造過程で，肉糊を50～70℃でゆっくりと加熱すると，いったん形成されたゲルの強度が低下し，極端な場合には崩壊することがある．この現象は「戻り（もどり），火戻り」とよばれている．戻りの原因の1つは非酵素的なもので，ゲルの網目構造がタンパク質の熱凝集によって不均一化するためとされる．もう1つの原因は酵素的なもので，肉糊中に含まれるプロテアーゼがミオシン重鎖を分解し，ゲルの網目構造を破壊するためとされる．このプロテアーゼは戻り誘発プロテアーゼとよばれ，複数種あることが知られている．その1つは耐熱性アルカリプロテアーゼ（HAP）で，これは

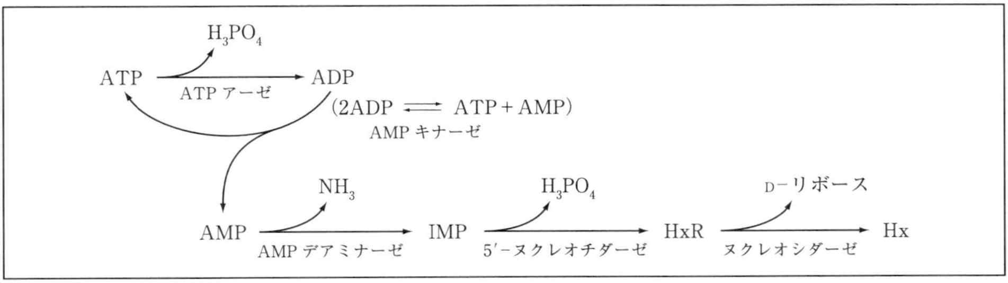

図 4.2.3-1　魚類筋肉中での ATP の酵素的分解

戻りの起こる 50°C 付近の温度帯でのみ活性を示す．もう 1 つはトリプシン様のセリンプロテアーゼで，これは比較的低温でも活性を示す．この酵素には，可溶性のものと筋原線維に結合しているものとがある．

c. トリメチルアミンオキシド脱メチル化酵素

魚類の筋肉に，浸透圧調節物質として含まれているトリメチルアミンオキシド（TMAO）は，魚肉の貯蔵中にトリメチルアミンオキシド脱メチル化酵素（TMAOase）の作用によって，ジメチルアミンとホルムアルデヒドに分解される．ホルムアルデヒドには強いタンパク質変性作用があり，魚肉に含まれる TMAO の数%が分解して生じたホルムアルデヒドによって筋肉タンパク質は不溶性となり，ねり製品原料として利用できなくなる．また，ジメチルアミンは鮮度低下を感じさせるにおい成分の 1 つであり，食品中に含まれることは望ましくない．

スケトウダラの TMAOase はアスパラギン酸ポリマー様のタンパク質であり（186 残基中 179 残基がアスパラギン酸），アスポリン（aspolin）と名づけられた．アスポリンはすり身や筋原線維タンパク質に強く結合しており水晒しでは除去できないが，その活性に必要な補因子である Fe^{2+} や還元剤は水晒しにより除去できる．したがって，水晒しにより TMAOase 活性を抑制できる．

d. ATP 分解酵素

魚肉中の ATP（図 4.5.1-3）は，死後一連の酵素作用を受けて 5′−アデニル酸（AMP），5′−イノシン酸（IMP），イノシン（HxR），ヒポキサンチン（Hx）に順次変換される（図 4.2.3-1）．これらのうち IMP はうま味成分であるため，貯蔵によりその濃度をある程度上昇させた魚肉のほうが食味は良くなる．貯蔵時間がさらに長くなると HxR と Hx が増加する．これを利用し，ATP 関連物質の総量に対する HxR と Hx の相対量（*K* 値）を定量することによって魚肉の生鮮度が判定されている（4.7.1）．

e. 微生物酵素

魚介類に付着している微生物数は，漁獲直後はそれほど多くないが，死後硬直後から急増する．それらの微生物の生産する脱炭酸酵素や脱アミノ酵素によってアミン類などが生じ，その臭気によって鮮度低下が感じられるようになる．さらに微生物が繁殖すると，微生物の分泌するプロテアーゼにより魚体組織の軟化や液化が起こり，さらに異臭も強くなっていわゆる腐敗した状態になる．一方，このような微生物の酵素作用を積極的に利用して，組織を軟化させながらアミノ酸やアミン，有機酸などを生じさせ，独特のうま味や風味を付与したものが発酵食品である．イカやカツオの塩辛，魚醤油などは水産発酵食品の好例である（4.9.11）．魚介類の発酵に関与する微生物として，好気性細菌の *Staphylococcus*，*Micrococcus* や各種の酵母が知られている．

4.2.4　海藻の色素タンパク質

光合成をおこなう紅藻や藍藻には，光合成色素タンパク質（フィコビリタンパク質）のフィコエリトリン（フィコエリスリン），フィコシアニンおよびアロフィコシアニンが含まれる

(1.3.2.A.a). これらの集光色素部分はフィコビリンとよばれ，タンパク質部分とはシステイン残基を介して共有結合している.

フィコエリトリンにはフィコウロビリンとフィコエリトロビリンが結合している. フィコシアニンとアロフィコシアニンには，フィコシアノビリンが結合している. これらフィコビリタンパク質は，クロロフィルでは吸収しきれない波長領域(480 ～ 620 nm 付近)の太陽光を吸収し，光励起エネルギーを光化学反応系にひきわたす. 紅藻と藍藻のフィコビリタンパク質群は，巨大な分子複合体(フコビリゾーム)を形成し，効率的な光エネルギーの吸収をおこなっている. 海藻の色素タンパク質は，栄養源としては注目されていないが，今後，機能性素材としての活用が期待される.

(尾島　孝男)

4.3 水産物の脂質

脂質は，分子中に長鎖脂肪酸あるいは類似の炭化水素をもち，エーテルやクロロホルムなどの有機溶媒に溶ける. 広義には，ステロイド，カロテノイド，テルペンなどを脂質に含める.

多様な生理活性を有するプロスタグランジンやエイコサノイドなどの過酸化脂肪酸や，より複雑な構造をもつリポ多糖やリポタンパク質が，脂質代謝の面からさかんに研究されている.

4.3.1 水産脂質の特徴

A. 魚介類の脂質

魚の組織に含まれる脂質は，化学的に構造を異にする多くの脂質群によって構成されている. これらは，単純脂質，複合脂質および誘導脂質に大別される. 単純脂質は蓄積脂質としておもに皮下組織，結合組織や内臓に分布し，複合脂質は組織脂質として生体膜や顆粒に存在することが多い.

a. 単純脂質

炭素，水素，酸素を構成元素とする単純脂質の多くは，脂肪酸とアルコールがエステル結合しており，通常，アセトンに可溶である. 代謝エネルギー源として重要であるほか，断熱作用による体温保持効果をもつ. また低比重であることから浮力調節への関与が考えられている.

(i) アシルグリセロール

トリアシルグリセロール(triacylglycerol : TAG)は，グリセロールに多種類の脂肪酸がエステル結合した単純脂質で，水産脂質の大部分を占める. TAG は，トリグリセリド，トリアシルグリセリンともいう. 水生生物は偶数炭素数の脂肪酸を有するのが一般的であるが，ボラには著量の奇数総炭素をもつ TAG が存在する.

フィッシャー投影図で TAG の 2 位の脂肪酸基を紙面に向かって左側に配置したとき，グリセロール骨格の炭素に上から順に番号をつけ，それぞれ *sn*-1, *sn*-2, *sn*-3 位とよぶ(図 4.3.1-1). グリセロール骨格の 1 位に脂肪酸基が結合すると，2 位の炭素は光学活性となる. モノアシルグリセロール(monoacylglycerol : MAG)，ジアシルグリセロール(diacylglycerol : DAG)，遊離脂肪酸(free fatty acid : FFA)は，いずれも TAG 生合成，代謝系の中間生成物なので，生体内にはわずかしか存在しない.

(ii) ワックス(ワックスエステル)

真性ワックス(図 4.3.1-2)は，脂肪酸と高級アルコールとがエステル結合している. マッコウクジラやツチクジラなど歯クジラ類の頭油の主成分であるほか，ハダカイワシなどにも多く含まれる. 構成脂肪酸とアルキル基の組成は動物種により異なり，アシル基(脂肪酸基)およびアルキル基の合計炭素数は 32 ～ 38 であるが，42 を超える深海性動物プランクトンもある. ワックスは難消化性のため，ワックス含量の多い水産資源の食用化に際しての障害となる. 化粧品基材や工業用潤滑油として，ヒウチダイのワックスは鯨油ワックスの代わりに多く利用されている.

ジアシルグリセリルエーテル(diacylglycerylether : DAGE, 図 4.3.1-3)の多くは，TAG の *sn*-1 位の脂肪酸エステルが炭素数 14 ～ 22，二重結合数 0 あるいは 1 の高級アルコールのエーテル結合に置換したワックスの一

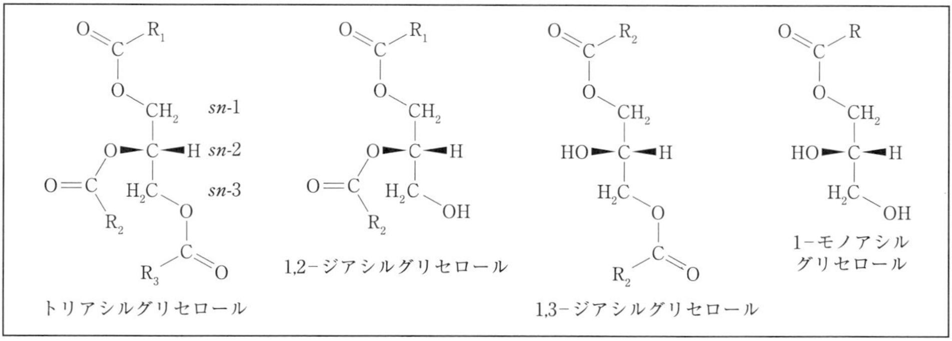

図 4.3.1-1　アシルグリセロール類のフィッシャー投影図

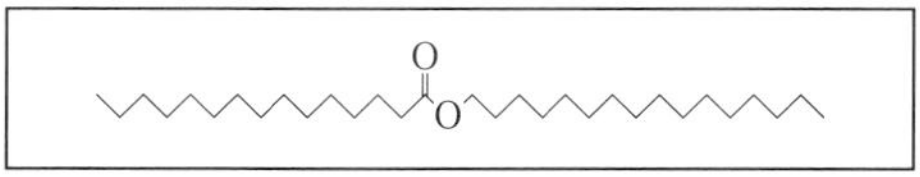

図 4.3.1-2　ワックス

種である．板鰓類の体油や肝油に貯蔵脂質として多く存在するほか，動物プランクトンに比較的広く分布しているが，海藻類および植物プランクトンにはない．DAGE の高級アルコール部位が高級アルデヒドのアルケニル結合に置換した中性プラスマローゲン（図 4.3.1-3）も魚肉や肝臓中にわずかに存在している．

（iii）エステル

ステロール，トコフェロール類，脂溶性ビタミン類などの誘導脂質は，魚体内では脂肪酸とエステル結合して存在する．構造的には単純脂質に分類されるが，機能的には誘導脂質の特性をもつ．

b. 複合脂質

複合脂質は，組織脂質とよばれ，生体膜やオルガネラ（細胞内小器官）顆粒に微量に存在し，水産動植物には普遍的に存在している．リン酸基を含むリン脂質や糖分子を含む糖脂質があり，これらは低温下でアセトンに難溶となる．リン脂質はグリセロリン脂質とスフィンゴリン脂質に，また糖脂質はグリセロ糖脂質とスフィンゴ糖脂質に分類される．グリセロリン脂質とグリセロ糖脂質の脂質部分は DAG であり，スフィンゴリン脂質とスフィンゴ糖脂質の脂質部分は酸アミド結合した脂肪酸である．これら複

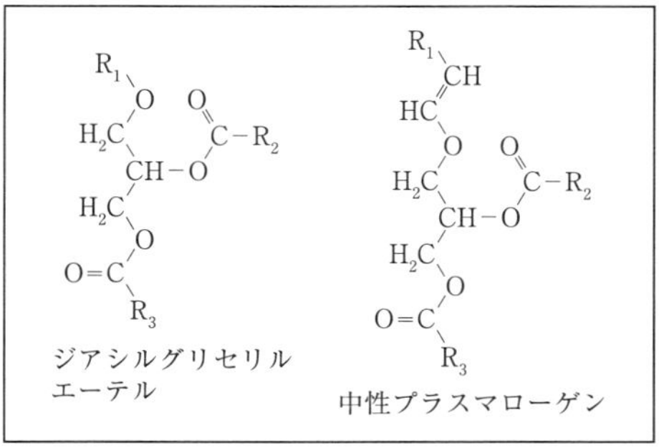

図 4.3.1-3　ジアシルグリセリルエーテルと中性プラスマローゲン

合脂質は，分子中には，親水性部分（リン酸，糖）と疎水性部分（脂肪酸）が共存するので，両親媒性を示す．

（i）グリセロリン脂質

塩基部分にコリンまたはエタノールアミンが結合したホスファチジルコリン（PC，別名レシチン）とホスファチジルエタノールアミン（PE，別名ケファリン）が代表的なグリセロリン脂質であるが，セリンまたはイノシトールが結合したホスファチジルセリン（PS）またはホスファチジルイノシトール（PI）もある．エーテルグリセロリン脂質は，これらの *sn*-1 位の脂肪酸が，高級アルコールまたは高級アルデヒドにおきかわった（後者は別名プラスマローゲン）グリセロリン脂質である．分子中に 2 分子のリン酸基を含むジホスファチジルグリセロール（別名カルジオリピン）も微量に存在する（図 4.3.1-4）．

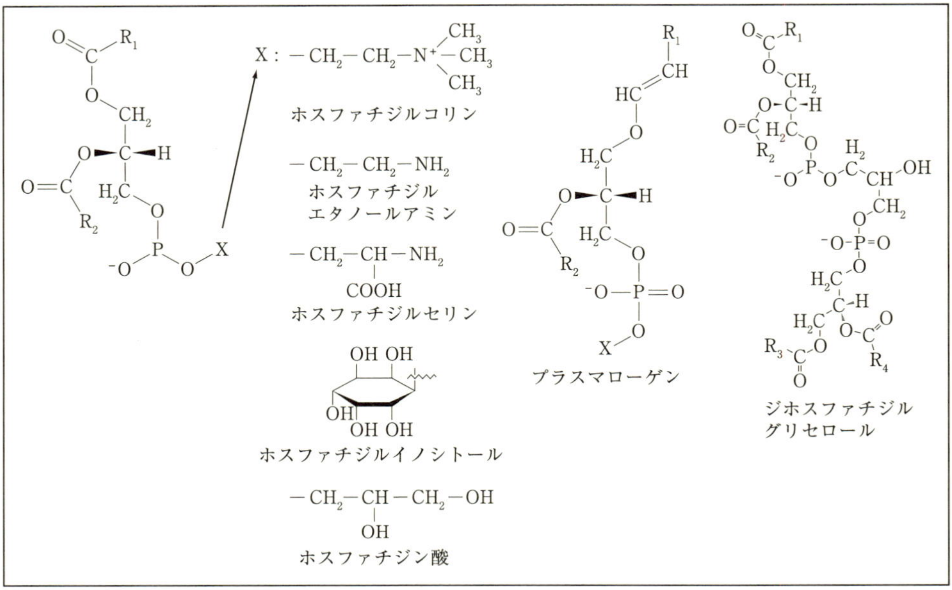

図 4.3.1-4　グリセロリン脂質

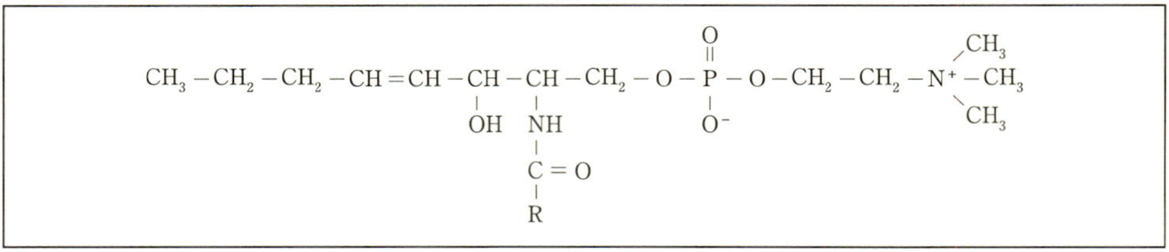

図 4.3.1-5　スフィンゴミエリン

水生動物に最も普遍的に分布する PC は，魚類，甲殻類，棘皮動物では，全リン脂質の約 60%を占める．カイメン，一部のサンゴおよび軟体動物組織中では PE が優勢である．組織中のリン脂質の組成は生物種によって多様で，とくに規則性は認められない．海藻には PC が分布する場合が多いが，珪藻の仲間では PC ではなく含硫化合物のホスファチジルスルホコリンを含む．

PE は全リン脂質の 20 ～ 25%を占め，PC に次いで海産動物に多い．PE 含量は組織により異なり，ウニの細胞ではわずか 1.5%以下であるのに対して，ダツ類の三叉神経では 40%以上，ヤリイカの外套部斜紋筋で 50%以上を占める．海洋微生物では PC よりも PE の割合が高く，60%を超える場合もある．

カイメンでは PS 含量が高く，全リン脂質の約 20%を占める例がある．

PI は PS に次いで多いグリセロリン脂質であり，魚類の肝臓，網膜，節足動物の筋小胞体などでは全リン脂質中の 2 ～ 5%を占める．汽水域に生息するヨシエビ近縁種では 9%以上と高い．ナマズ類肝臓（18.9 %）やウニ類卵膜（23.0%）も，PI の割合が最も高い．

（ii）スフィンゴリン脂質

スフィンゴリン脂質はスフィンゴシンのアミノ基に脂肪酸が結合した主骨格をもつ．スフィンゴミエリン（図 4.3.1-5）はスフィンゴシン水

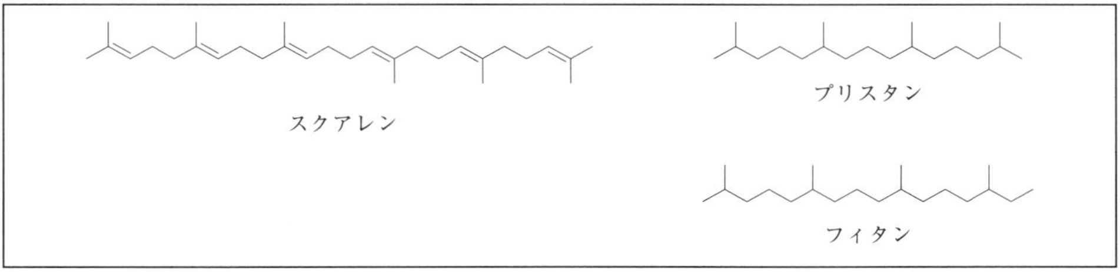

図 4.3.1-6　水生生物がもつ炭化水素類

酸基にコリン塩基が結合したもので，水産生物の組織中に普遍的に存在する．

（iii）**グリセロ糖脂質**

ガラクトースがDAGの水酸基にガラクトシル結合しているが，まれに多糖が結合している．

（iv）**スフィンゴ糖脂質**

長鎖脂肪酸をもち，スフィンゴシンまたはフィトスフィンゴシンなどの長鎖塩基を含んだ糖脂質である．

c.　誘導脂質

脂肪酸，アルコールなどの単純脂質やスフィンゴシンなどの複合脂質が加水分解されることで誘導される脂質である．脂肪酸，炭化水素，グリセロール，ステロール類，カロテノイドなどの脂溶性色素，脂溶性ビタミンなどがあるが，これらのうち脂肪酸の割合が最も高い．

（i）炭化水素

炭化水素には，飽和，不飽和，直鎖，分岐鎖の炭素を含む多様な分子形態が存在する．魚類筋肉や内臓の脂質に不けん化物として含まれるほか，含量は少ないが微生物，藻類，無脊椎動物など，水生生物に広く分布する．サメ類（ラブカを除く）肝油では，イソプレン重合体（トリテルペン）に属する不飽和炭化水素のスクアレン（$C_{30}H_{50}$）が含有炭化水素中の主要成分であり，次いでプリスタン（$C_{19}H_{40}$），フィタン（$C_{20}H_{42}$）が微量存在する（図 4.3.1-6）．プランクトンを摂餌するウバザメには，動物プランクトンに由来すると考えられるプリスタンが全脂質中に約10%含まれる．サメ肝油中のスクアレンとプリスタンの含有量を表 4.3.1-1 に示す．

表 4.3.1-1　サメ肝油中の炭化水素

	脂質含量（%）	脂質中の含量（%）	
		スクアレン	プリスタン
ラブカ	65	28.9	0.4
ウバザメ	63	25	10
ナガラヘラザメ	76.9	1.5	0.6
ヨゴレ	38.7	0.4	0.02
アイザメ属	79.8	62	0.34
ウロコザメ	84	91	—
カスミザメ	81.5	34.4	1.1
ユメザメ属	81	38	0.08
ヨロイザメ	85.8	29.2	0.6
ヘラツノザメ属	85	46	0.2
ニセカラスザメ	67	27	0.1
イチハラビロウドザメ属	88.1	32.9	0.1
オンデンザメ属	59	36.9	0.4
アブラツノザメ	70	0.24	0.12

〔J.C. Nevenzel, Biogenic hydrocarbons of marine organisms, R.C. Ackman (ed.), pp.43–44, CRS Press (1989) より一部抜粋〕

（ii）**カロテノイド**

多くの場合炭素数40で共役二重結合を有するテルペン類のカロテノイドおよびその酸化物キサントフィルは海産生物に広く分布し，180種類以上の同族体が見出されている．遊離の状態で存在するほか，エステル型，配糖体（グリコシド），含硫化合物およびタンパク質複合体が報告されている．

緑藻類には主要カロテノイドとしてα−カロテン，β−カロテン，エキネノン，ゼアキサンチン，ビオラキサンチンが普遍的に分布してい

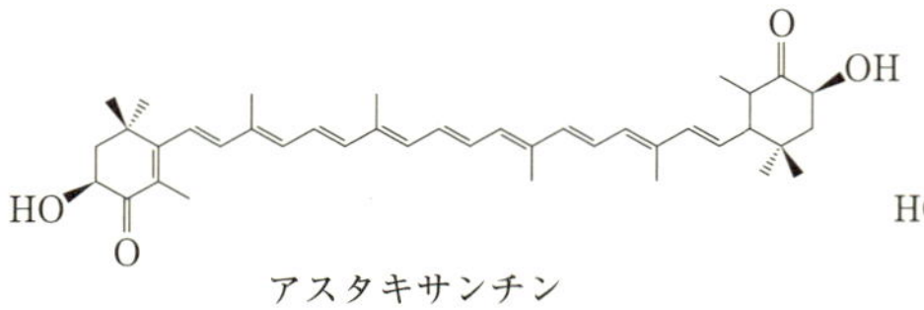

図 4.3.1-7　アスタキサンチンとツナキサンチン

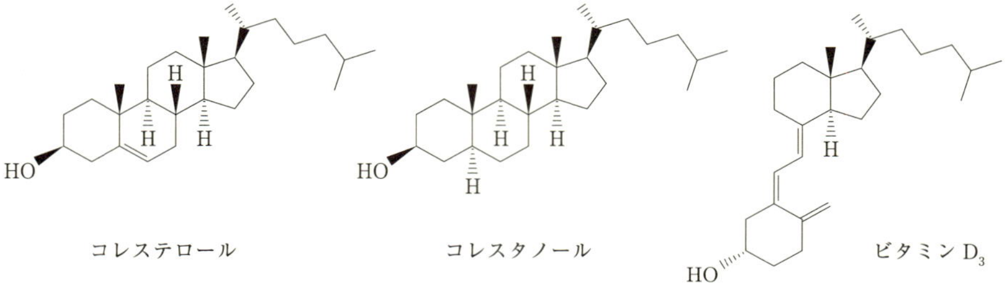

図 4.3.1-8　ステロール類とビタミン D_3

る．紅藻類のカロテノイド組成は単純で，β−カロテン，ルテイン，ゼアキサンチンが主要成分である．褐藻のカロテノイドとしてはフコキサンチンがある．

カイメンは α−カロテン，β−カロテン，γ−カロテン，リコペン，トルレン，アスタキサンチンなどを含み，鮮やかな体色を呈する．このほか，カイメンには他の動物種にはみられない，芳香族化合物の構造を有するカロテノイドが見出されている．ヒトデ類は特徴的にテトラヒドロアスタキサンチンおよびデヒドロアスタキサンチンを有する．貝類に含まれる主要カロテノイドの β−カロテンとルテインは季節変動する．甲殻類では，アスタキサンチンの組成比が高いほか，その生合成前駆体であるエキネノン，カンタキサンチンが含まれる．アスタキサンチンは海産魚体表の赤色の呈色カロテノイドでもある．海産黄色魚では，ツナキサンチンが広く分布するほか，ルテインの組成比が高い魚種もある（図 4.3.1-7）．

（iii）ステロール

水産動物類に含まれるステロールの主成分はコレステロールである．コレステロールは，細胞膜，オルガネラ膜，ミエリン鞘を構成する脂質成分で，とくに，脳神経組織や副腎などの臓器に多量に含まれる．また，胆汁，副腎皮質ホルモン，性腺ホルモン，ビタミン D_3 の前駆体として重要な脂質成分である（図 4.3.1-8）．水産動物類には，コレスタノールや 7−デヒドロコレステロール（7-dehydrocholesterol）などもわずかに含まれている．

コレステロールは成体体重の 0.1 〜 0.2％含まれ，その多くは遊離型として存在するが，血漿，副腎および皮膚などではエステル型で存在する．海藻などの水産植物には β−シトステロール，カンペステロール，スティグマステロールなどの植物ステロールがわずかに含まれる．

（iv）脂溶性ビタミン

トコフェロールはトコール同族体のメチル化誘導体であり，モノメチル体，ジメチル体，トリメチル体などメチル基の数および結合位置により α，β，γ，δ の 4 種類の同族体となる．組織中のトコフェロールおよび脂溶性ビタミン類の含量は魚種によって多様である．餌飼料の摂取状況にも影響される．トコトリエノールはトコールの側鎖（フィチル基）に二重結合を有す

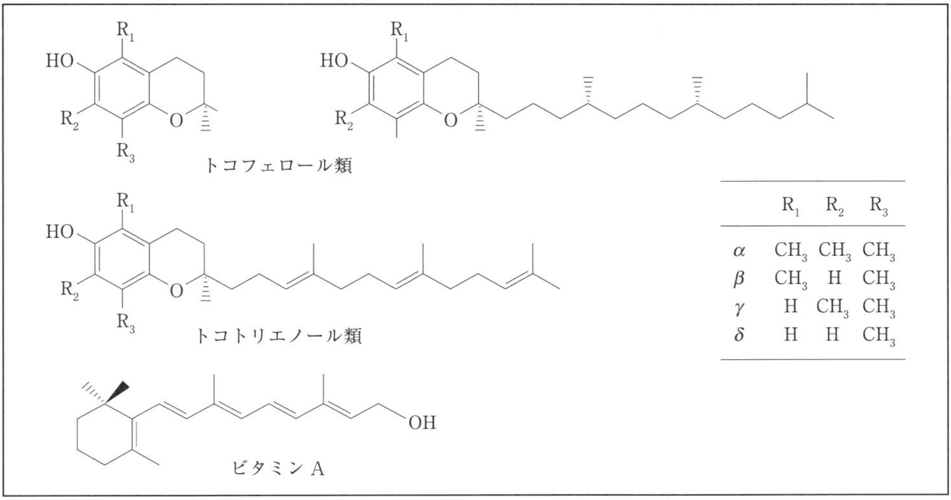

	R_1	R_2	R_3
α	CH_3	CH_3	CH_3
β	CH_3	H	CH_3
γ	H	CH_3	CH_3
δ	H	H	CH_3

図 4.3.1-9　脂溶性ビタミン類

表 4.3.1-2　魚肉の脂質含量と脂質クラスの分布（mg 100 g^{-1} 筋肉）

魚種	全脂質 (%)	TAG	SE + HC	PE + PS	PC	SPM	LPC	UK
サケ	7.4	5,270	930	110	360	50	—	740
ニジマス	1.3	302	251	166	414	—	53	115
ニシン普通肉	7.5	5,666	355	208	470	—	—	310
マアジ普通肉	7.4	6,170	—	140	410	71	10	—
マグロ	1.6	731	134	171	366	—	2	26
マダラ	1.0	98	38	253	390	6.5	—	213
スケトウダラ	0.8	60	90	170	330	—	—	213
ホッケ	7.0	5,310	470	400	490	—	—	170
ヒラメ	1.6	740	240	180	290	—	40	120

TAG：トリアシルグリセロール，SE：コレステロールエステル，HC：炭化水素，PE：ホスファチジルエタノールアミン，PS：ホスファチジルセリン，PC：ホスファチジルコリン，SPM：スフィンゴミエリン，LPC：リゾホスファチジルコリン，UK：未同定.
〔座間宏一，白身の魚と赤身の魚―肉の特性（日本水産学会編），p.53，恒星社厚生閣（1976）より一部抜粋〕

る．同様に α，β，γ，δ の 4 種の同族体が存在する（図 4.3.1-9）．

カロテンの中央開裂によって生成するビタミン A は，サメ肝臓，ヤツメウナギ，ウナギ筋肉および肝臓，アンコウ肝臓，ギンダラ筋肉などに著量存在するが，その他の魚類にはほとんど分布しない．また，ビタミン A とビタミン D_3 は，海藻にはほとんど存在しない．

B. 魚の脂質含量と脂質分布

a. 魚種間の相違

さまざまな魚肉の脂質含量および脂質クラスを表 4.3.1-2 に示す．索餌回遊を行い筋肉脂質含量が高い多脂魚は，筋肉中にミオグロビンを多く含む．一方，底生もしくは広範囲の回遊を行わない定着性魚には，ミオグロビン含量が低い白身魚が多く，筋肉の脂質含量が低い．しか

表 4.3.1-3　漁獲時期および海域の異なるマイワシの脂質含量（%）

漁獲 海域	1月	2月	3月	4月	5月	6月	7月	8月	9月	10月	11月	12月
北海道 東部海域	—	—	—	—	—	—	21.0 ～ 26.0	20.0 ～ 30.0	20.5 ～ 30.5	25.5 ～ 33.0	—	—
房総・ 常磐海域	7.0 ～ 12.0	—	—	—	8.0 ～ 13.0	15.0 ～ 20.5	21.0 ～ 22.0	22.0 ～ 22.5	—	—	12.0 ～ 20.0	11.5 ～ 14.5
山陰海域	18.0 ～ 23.0	13.5 ～ 14.0	2.0 ～ 7.5	8.5 ～ 9.0	5.0 ～ 13.0	12.0 ～ 13.5	2.5 ～ 16.0	2.0 ～ 17.5	4.5 ～ 5.5	2.5 ～ 5.0	2.0 ～ 19.0	16.0 ～ 19.5
九州西部 海域	13.0 ～ 14.0	—	5.0 ～ 6.0	4.5 ～ 5.5	8.5 ～ 9.0	11.0 ～ 11.5	—	—	—	—	—	—

〔熊谷昌士，水産動物の筋肉脂質（鹿山 光編），恒星社厚生閣（1985）を参照して作成〕

表 4.3.1-4　マイワシ筋肉および内蔵脂質含量の季節変化（%）

漁獲時期	体長(cm)	体重(g)	肥満度	普通肉			血合肉			内臓		
				全脂質	蓄積脂質	組織脂質	全脂質	蓄積脂質	組織脂質	全脂質	蓄積脂質	組織脂質
4月下旬	22	70	6.6	1.25	0.38	0.87	1.19	0.54	0.66	1.05	0.4	0.64
6月上旬	22	115	10.8	18.6	17.4	1.21	27.1	25.9	1.22	35.3	33.9	1.41
8月上旬	22	107	10.1	18.6	17.5	1.11	33.8	32.7	1.11	56.4	55.0	1.42
10月中旬	20	80	10.0	14.6	13.6	0.96	27.7	27.0	0.81	36.0	34.9	1.10

〔大島敏明ほか，東京水産大学研究報告，75, p.169－188（1988）より一部抜粋〕

し，赤身魚でも筋肉の脂質含量が低いキハダやビンナガなどの例や，白身魚であってもカラスガレイ，ギンダラやホッケのように脂質含量が高い例外もある．

脂質クラスは，一般にTAGが最も多い．TAGなどの単純脂質は細胞間蓄積性脂質である．リン脂質などの複合脂質のなかではPCが主成分で54～70%を占めている．次にPEの割合が高く，21～45%である．普通肉のリン脂質はこれらの脂質クラスでほぼ占められており，細胞膜などを構成する組織脂肪である．

b. 漁獲時期・海域における相違

多脂魚の多くは，海域により産卵期が異なることと，産卵期に向けて摂餌量が増え，脂質含量（おもに蓄積脂質）が増大することから，漁獲時期や海域によって脂質含量が大きく変動する（**表 4.3.1-3**）．おもに蓄積脂質が増大することにより，脂質含量は増加する．マイワシでは，全脂質含量は内臓で最も高く，普通肉で最も低いが，組織脂質の含量は季節変動もなく，1%程度でほぼ一定している（**表 4.3.1-4**）．

脂質含量が増大すると水分含量は逆に減少する．筋肉タンパク質含量は約20%と周年変動しないので，脂質と水分の合計量は約80%でほぼ安定している．

c. 部位別の相違

脂質含量は，魚体の部位によって異なる．千葉県産マイワシの筋肉脂質含量は，4月には背肉と腹肉間に差はないが，脂質含量が増大する8月には，腹肉の脂質含量が背肉のそれよりも高くなる．

d. 養殖魚と天然魚の相違

養殖魚は天然魚よりも筋肉脂質含量が高い．養殖魚では，天然魚に比べて飼料摂取量が多く運動量が少ないことなどが，その要因と考えられる．

C. 脂質を構成している脂肪酸

a. 脂肪酸の構造と表記

飽和脂肪酸は二重結合をもたず，おもに総炭素数 12 ～ 24 の直鎖カルボン酸である．一方，不飽和脂肪酸は二重結合間に活性メチレン基を 1 つ挟みこんだ 1,4−ペンタジエン構造をとる非共役型であり，すべての結合はシス型である．脂肪酸の総炭素数を A，二重結合数を B，メチル末端から数えて最初の二重結合が存在する炭素の順番を C とした際，A : Bn-C または A : BωC と表記される．たとえば，総炭素数 18，メチル末端から 6 番目の炭素から連続して非共役二重結合を 2 個有するオクタデカジエン酸（リノール酸）は，18 : 2n-6（18 : 2ω6）と略記される．海産無脊椎動物の脂質には，非メチレン中断型の二重結合構造をとる脂肪酸がわずかに存在する．

b. おもな構成脂肪酸

魚類脂質の脂肪酸組成は，脂肪酸の生合成と代謝といった内因性の因子のほかに，摂餌による脂質摂取，生息水温および海水塩濃度の変化，成熟などの外因性因子によっても顕著な影響を受ける．

魚肉に含まれる飽和脂肪酸量は，パルミチン酸（16 : 0），ミリスチン酸（14 : 0），ステアリン酸（18 : 0）の順に多く，これらの合計で飽和脂肪酸の 95％以上を占める．一価不飽和脂肪酸ではオレイン酸（18 : 1n-9），次いでパルミトオレイン酸（16 : 1n-7）の組成比が高い．魚類脂肪酸の大きな特徴は，エイコサペンタエン酸（20 : 5n-3，EPA）とドコサヘキサエン酸（22 : 6n-3，DHA）などの n-3 系高度不飽和脂肪酸（polyunsaturated fatty acid : PUFA）の組成比が高いことである（表 4.3.1-5，図 4.3.1-10）．EPA と DHA は陸上哺乳類筋肉や植物組織にはほとんど含まれていない．

筋肉脂質では，PC や PE の構成脂肪酸は TAG のそれよりも不飽和度が高い．

D. 魚類における脂肪酸合成と代謝

魚類と哺乳類の脂質生合成を比較したとき，最も顕著な相違点は，脂肪酸の不飽和化と鎖長延長にある．魚類の脂質合成活性はそのほとんどが肝臓に局在し，n-3 系脂肪酸の鎖長延長と不飽和化が行われる．これに対し，哺乳類では n-9 および n-6 系の脂肪酸しか異化されない．飽和脂肪酸の鎖長延長と不飽和化は次のように起こる．

（1）脂肪酸アセチル CoA トランスフェラーゼによる 16 : 0 の鎖長延長で，18 : 0 が生成する．また，不飽和化酵素により，16 : 0 から 16 : 1n-7 を生成する．

（2）Δ（デルタ）6 不飽和化酵素により，18 : 0 は 18 : 1n-9 に異化される．さらに，鎖長延長と不飽和化を繰り返し，20 : 2n-9 と 20 : 3n-3 を生成する．

（3）食餌から摂った 18 : 2n-6 から，Δ6 不飽和化酵素により γ−リノレン酸（18 : 3n-6）が生成し，鎖長延長と不飽和化を経てジホモリノレン酸（20 : 3n-6）とアラキドン酸（20 : 4n-6）が生成する．

（4）Δ6 不飽和化酵素により，食餌由来の 18 : 3n-3 から 18 : 4n-3 が生成する．さらに，鎖長延長と不飽和化により，20 : 4n-3，EPA，22 : 5n-3 を経て DHA まで異化される．

このように，魚類における脂肪酸の不飽和化は，18 : 1n-9，18 : 2n-6，および 18 : 3n-3 をそれぞれ前駆体とする n-9 系，n-6 系および n-3 系が，それぞれ独立して進行する（図 4.10.3-1 に一部記載）．

アラキドン酸，EPA および DHA は魚類の必須脂肪酸である（3.3.2 に詳述）．上記のように魚類は，これら必須脂肪酸の前駆体となる 18 : 2n-6 と 18 : 3n-3 の生合成経路をもたないので，とくに海産魚類の発生と稚仔魚期の生育にとって，EPA や DHA の食餌からのとりこみは必須である．

4.3.2 脂質の酸化とその制御

脂質の酸化を促進する因子により，空気中の酸素による自動酸化，光増感剤共存下で進行する光増感酸化，酵素による過酸化があげられる．漁獲物の低温輸送・貯蔵中における不飽和脂質

表 4.3.1-5　魚類および海獣筋肉脂質の主要構成脂肪酸組成

（重量％）

魚種	部位	脂肪酸									
		14：0	16：0	18：0	18：1n-9	18：2n-6	18：3n-3 20：1n-9	20：4n-6	20：5n-3	22：1n-9	22：6n-3
マアジ	普通肉	2.6	18.4	7.3	17.2	0.8	2.5	2.1	6.7	2.6	21.2
	血合肉	2.7	17.4	8.0	19.3	0.8	2.4	2.3	11.0	3.1	20.5
マサバ	普通肉	2.6	19.1	7.1	20.9	2.3	3.5	3.3	5.2	1.2	18.8
	血合肉	1.9	15.8	6.2	17.0	2.3	3.3	3.6	5.9	0.9	23.2
サンマ	普通肉	5.8	9.7	2.2	6.9	1.5	21.2	0.4	7.5	17.5	14.7
	血合肉	5.7	8.9	1.6	6.4	2.3	21.1	0.3	7.3	19.9	13.8
マイワシ	普通肉	4.5	19.1	4.4	10.2	1.5	4.7	2.0	13.4	2.2	21.3
	血合肉	5.0	14.9	5.0	10.3	1.4	4.5	2.0	14.4	2.4	20.4
ブリ（天然）	普通肉	4.8	16.6	4.7	16.1	1.8	5.7	1.6	10.3	3.9	16.5
	血合肉	4.2	15.4	4.1	17.0	1.9	4.8	1.6	11.1	3.6	18.1
カツオ	普通肉	2.4	15.4	5.8	30.7	3.4	3.6	2.4	4.0	1.1	13.5
	血合肉	2.1	17.6	7.1	29.6	3.2	3.6	1.8	3.5	1.8	12.9
マダイ（養殖）	普通背肉	4.9	17.3	4.2	15.3	2.1	5.2	1.6	11.4	2.2	20.8
	血合肉	5.1	16.5	4.3	15.5	3.2	5.6	1.6	11.4	2.4	19.8
マダラ	普通肉	1.6	16.0	4.3	15.2	0.5	2.8	3.5	16.5	0.5	29.5
ニジマス（養殖）	普通肉	2.2	20.2	4.1	25.9	12.1	4.4	1.1	3.1		14.8
アユ（養殖）	普通肉	3.8	25.1	2.8	26.2	8.7	2.5	0.1	4.2	2.7	7.6
マッコウクジラ	体油	7.5	10.0	1.2	26.2	0.5	16.7	—	—	—	—
ゴマフアザラシ	皮下脂肪	1.7	3.2	0.7	16.2	0.6	8.4	0.4	10.6	1.6	26.2
大豆油		—	10.4	4.0	23.5	53.5	—	—	—	—	—
牛脂		3.3	26.6	18.2	41.2	3.3	—	—	—	—	—

〔日本水産油脂協会，魚介類の脂肪酸組成表，光琳（1989）より一部抜粋〕

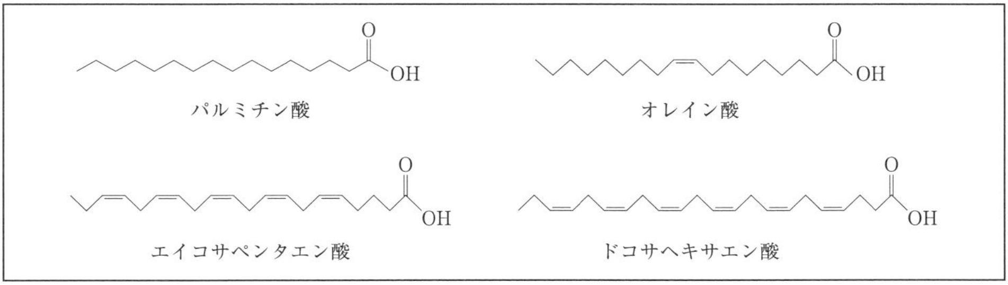

図 4.3.1-10　脂肪酸類

の酸化は，品質に大きな影響を与えることから，これらの制御は不可欠である．

A. 自動酸化

自動酸化は，不飽和脂質からの多様なフリーラジカル分子の生成を伴う．反応の進行に従い，酸化開始期，酸化成長（連鎖移動）期，酸化終了（停止反応）期に分けられる．

a. 酸化開始期

エステル結合した脂肪酸および遊離脂肪酸の1,4−ペンタジエンのビスアリル水素の引き抜きが起こると，脂質分子は不対電子を有する反応性に富むフリーラジカル（R·）を生成する．空気中の酸素は基底状態の三重項酸素（$^3O_2$）であり，他の物質との反応は起こりにくいが，フリーラジカルは $^3O_2$ と容易に反応してペルオキシラジカル（ROO·）を生成する．

b. 酸化成長期（連鎖移動期）

ペルオキシラジカルは共存する未反応の不飽和脂質分子のビスアリル水素から水素を引き抜いてとりこみ，酸化一次生成物として化学的に不安定なヒドロペルオキシド（ROOH）を生成する．魚肉などの複合系では，ヒドロペルオキシドはフリーラジカル，アルコキシルラジカル（RO・），ペルオキシラジカルへの分解を経て，新たにヒドロペルオキシドを生成する．一方で，ヒドロペルオキシドは酸化二次生成物として低分子のアルコール類とアルデヒド類へと分解される．このように，多様なラジカル種の生成を伴う酸化反応の連鎖が起こる酸化成長期では，ヒドロペルオキシドの生成速度は分解速度を上回るので，結果としてヒドロペルオキシドが徐々に蓄積する．

c. 酸化終了期（停止反応期）

酸化反応の進行に伴ってビスアリル水素が反応系中で不足すると，ラジカル類への水素供与が停滞する．これに伴い，ラジカル分子間での電子共有を伴うカップリング反応が起こり，安定な重合体（ROOR′，ROR′，R−R′ など）が生成する．結果として，ラジカル濃度が減少し酸化反応は終息に向かう．この過程では，ヒドロペルオキシドの分解速度は生成速度を上回るので，その蓄積量は減少に転じ，代わりに酸化二次生成物含量が漸増する（図 4.3.2-1）．

自動酸化では，二重結合の数が多い脂肪酸ほど酸化安定性が低くなる．オレイン酸，リノール酸，リノレン酸，EPA および DHA の酸化速度は，酸素吸収量を指標とした場合には 1 : 40 ～ 50 : 100 : 520 : 850 である．

ヒドロペルオキシドの位置異性体の種類は，不飽和度が高くなるほど複雑になる．たとえば，リノール酸メチルの酸化によって生成するヒドロペルオキシドの場合，その位置異性体は共役二重結合を有する 2 種類のみであるが，リノレン酸メチルの自動酸化では，4 種類のヒドロペルオキシド位置異性体が生成する（図 4.3.2-2，図 4.3.2-3）．EPA と DHA の自動酸化では，それぞれ 8 種類および 10 種類のヒドロペルオキシド異性体が生成する．

B. 光増感酸化

光照射によりクロロフィル，ヘムタンパク質およびリボフラビンなどの光増感剤（光を吸収して得たエネルギーを他の物質に渡すことのできる物質）は，光を吸収すると基底状態から励起状態に移行し，光増感酸化をひきおこす（図

酸化開始

$RH \xrightarrow{I} IH + R\cdot$（フリーラジカル）

$R\cdot + O_2 \longrightarrow ROO\cdot$（ペルオキシラジカル）

$ROO\cdot + R'H \longrightarrow ROOH + R'\cdot$（ヒドロペルオキシド）

酸化成長期

$ROOH \longrightarrow RO\cdot + OH\cdot$（アルコキシルラジカル）

$ROOH + M^{2+} \longrightarrow RO\cdot + OH\cdot + M^{3+}$

$ROOH + M^{3+} \longrightarrow ROO\cdot + H^+ + M^{2+}$

$RCOR + h\nu \longrightarrow RCO\cdot + R\cdot$

$R\cdot + O_2 \longrightarrow ROO\cdot$

$ROO\cdot + R'H \longrightarrow ROOH + R'\cdot$

酸化終了期

$ROO\cdot + R'OO\cdot \longrightarrow ROOR' + O_2$（非ラジカル重合物）

$RO\cdot + R'H \longrightarrow ROH + R'\cdot$（アルコール類）

$RO\cdot \longrightarrow R'CHO + R''$ ……（＊）（アルデヒド類）

$RO\cdot + R'\cdot \longrightarrow ROR'$（ケトン類）

$R\cdot + R'\cdot \longrightarrow R-R'$（非ラジカル重合物）

I：酸化開始剤
M：遷移金属類
$h\nu$：光エネルギー

図 4.3.2-1　不飽和脂質の自動酸化機構
酸化終了期における（＊）は開裂反応，ほかは重合反応.

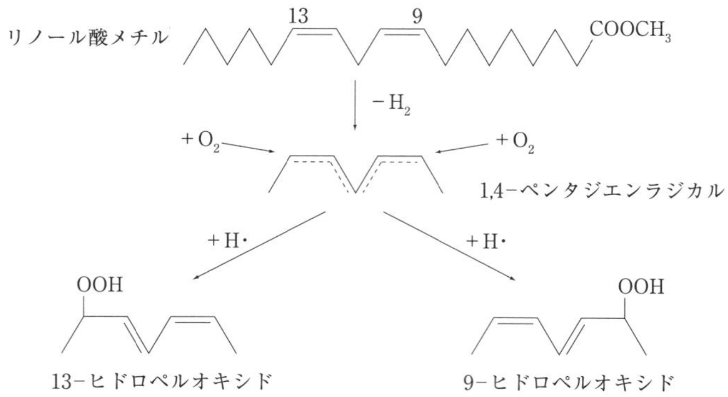

図 4.3.2-2　リノール酸メチルの自動酸化で生成するヒドロペルオキシド異性体

4.3.2-4). 光増感剤には作用機作の異なるⅠ型およびⅡ型の2種類が存在する.

a.　Ⅰ型光増感酸化

リボフラビンなどのⅠ型光増感剤（フリーラジカル開始剤）は，不飽和脂質からフリーラジカル分子を発生させる．Ⅰ型光増感剤の関与する光増感酸化と自動酸化では，それぞれで生成するヒドロペルオキシドの異性体組成は等しい.

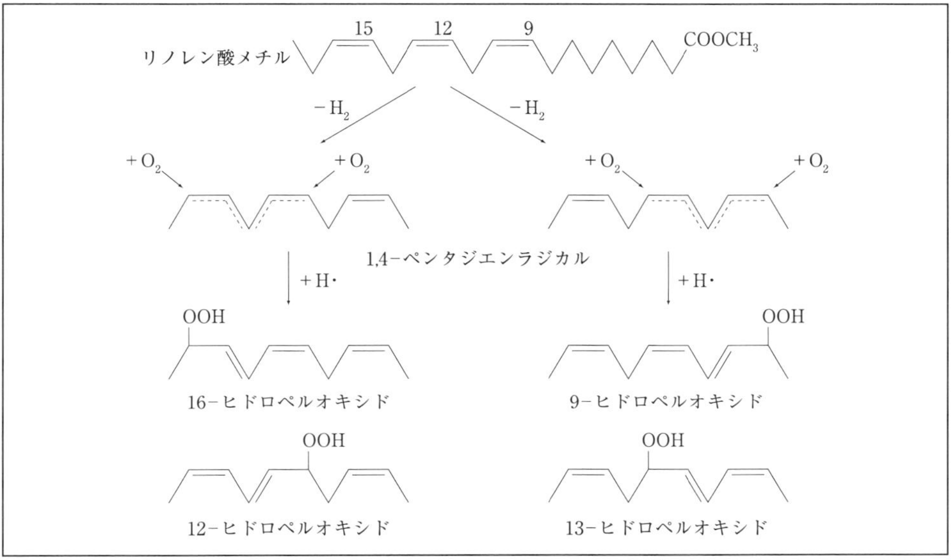

図 4.3.2-3　リノレン酸メチルの自動酸化で生成するヒドロペルオキシド異性体

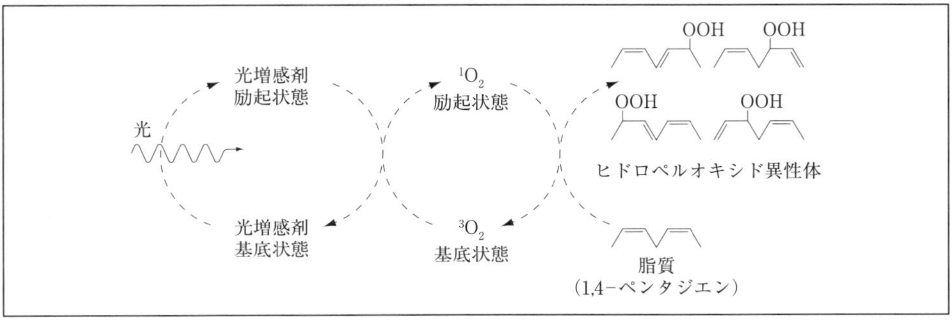

図 4.3.2-4　リノール酸メチルの光増感酸化で生成するヒドロペルオキシド異性体

b.　Ⅱ型光増感酸化

クロロフィルなどのⅡ型光増感剤は，光を吸収すると $^3O_2$ をエネルギー準位の高い一重項酸素 ($^1O_2$) に励起させる．生成した $^1O_2$ は，脂肪酸の不飽和結合に直接結合して (ene 反応)，酸化反応が進行する．自動酸化とは異なり，Ⅱ型光増感酸化過程ではラジカル分子は生成しない．Ⅱ型光増感剤による EPA と DHA の光増感酸化では，それぞれ 10 種類および 12 種類のヒドロペルオキシド位置異性体が生成する．リノール酸メチルの $^1O_2$ による酸化速度は，自動酸化の約 1,500 倍の速さで進行する．

C.　酵素的過酸化

リポキシゲナーゼ (EC 1.13.11.12，lipoxygenase) は，不飽和脂質の特定位置炭素へのヒドロペルオキシ基の付加反応を触媒する．マイワシの皮に含まれるリポキシゲナーゼは，ニジマスの皮と鰓に含まれるリポキシゲナーゼとは基質特異性が異なり，EPA や DHA に対する基質特異性が高い．アユやキュウリウオなど香りをもつ魚類では，ヒドロペルオキシドがリポキシゲナーゼの過酸化で生成し，におい物質の

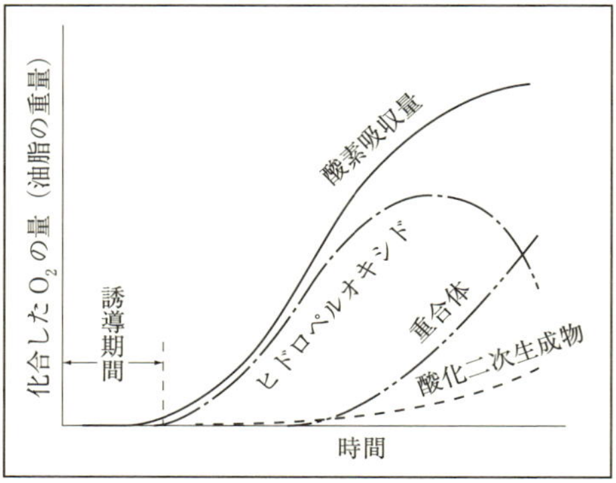

図 4.3.2-5　自動酸化生成物量の経時変化

前駆体となっている（4.6.2.C）.

D. 脂質酸化の指標

酸化一次および二次生成物量あるいは酸素吸収量により，脂質の酸化度を評価する．脂質の自動酸化過程における各種生成物の量的変化を，図 4.3.2-5 に示す．脂質酸化過程における生成物は不安定であるので，以下に述べる 2 種類以上の酸化指標を用いて脂質酸化度を評価することが望ましい．

a. 過酸化物価（PV または POV）

ヒドロペルオキシドを定量する，代表的な脂質酸化指標である．ヒドロペルオキシ基の結合する TAG または脂肪酸基は分子量が異なるので，ヒドロペルオキシド量は，油脂 1 kg に含まれるヒドロペルオキシ基のミリ当量（$mEq\ kg^{-1}$）で表す．十分量の試料が得られる際には，ヒドロペルオキシドによりヨウ化カリウムから遊離したヨウ素を，チオ硫酸ナトリウムで滴定して求める．試料量に限りがある場合や酸化度が低い場合には，蛍光試薬を用いた高感度分析法が用いられる．

b. チオバルビツール酸価（TBA 値）

チオバルビツール酸とアルデヒドとの反応で生成する赤色化合物を吸光法で測定し，油脂 100 g 中のマロンアルデヒド相当量（$mg\ 100\ g^{-1}$）により酸化度を評価する．チオバルビツール酸は多様なアルデヒドと反応性を示すことから，マロンアルデヒド量での表記が問題となることがある．

c. カルボニル価（CV）

カルボニル化合物とジニトロフェニルヒドラジンとの反応生成物であるヒドラゾン類の吸光度を測定し，試料 1 g あたりの含量に換算したカルボニル価は，食品脂質の酸化をより正確に評価する指標とされている．

d. 酸価（AV）

食品を高温で調理すると，アシルグリセロールは水と反応して加水分解を起こし，遊離脂肪酸が生成する．また，脂質酸化二次生成物のアルデヒドは，さらに酸化される過程でカルボン酸を生じる．このような，油脂 1 g 中に含まれる遊離脂肪酸を中和するのに必要な水酸化カリウムの mg 数を酸価といい，油脂の酸化指標として用いられる．

一方，精製油脂の品質評価においては，抽出原料中のリパーゼの加水分解により遊離した脂肪酸含量を精製過程でどこまで取り除いたかを指標として用いるが，この場合は厳密な意味で酸化指標とは異なる．

e. 吸収酸素量による酸化度評価

バイアル瓶に密封した試料に吸収される酸素量を酸化指標とする．酸素はガスクロマトグラフィーやマノメーターで定量する．水分の比較的少ない試料に適用できる．図 4.3.2-5 に示すように，酸素吸収量は脂質の酸化程度をよく反映する指標である．

このほか，電子スピン共鳴スペクトル法により測定したラジカル量を用いて評価する方法や，核磁気共鳴法によりビニル水素やジビニルメチレン水素の減少を定量する方法も提案されている．

E. 脂質酸化の制御

ラジカル連鎖反応の初発物質であるフリーラジカルの生成を抑制するか，あるいはラジカル生成連鎖反応で生成するラジカル類を不活性化することにより，ラジカル生成を終息させる目的で，合成および天然物由来抗酸化剤が広く使われている．また．貯蔵条件を調節することで酸化速度を抑えることができる．

a. 抗酸化剤

ブチルヒドロキシアニソール（BHA）とブチ

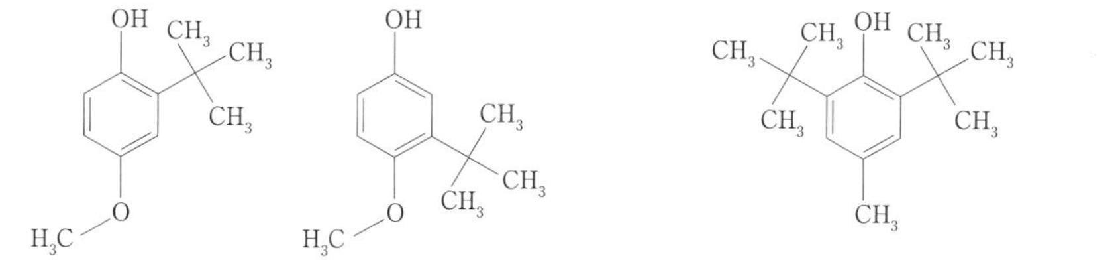

図 4.3.2-6　BHA と BHT

ルヒドロキシトルエン（BHT）（図 4.3.2-6）は，食用の合成抗酸化剤である．食品添加物としての使用量の最大限度は，魚介類の冷凍品（生食用は除く）では浸漬液 1 kg に対して合計で 1 g，乾製品・塩乾品では同 0.2 g までである．天然物由来の α−トコフェロールには使用量の規制はない．近年は天然由来のポリフェノール類の脂質に対する抗酸化性が注目されている．

これらの物質は，ペルオキシラジカルに水素を供与することで自身がラジカル化・重合化して脂質の連鎖反応を中断し，抗酸化作用を発揮する．しかし，このような水素供与による抗酸化物質では，$^1O_2$ による光増感酸化は防止できない．一方，アスタキサンチンや α−トコフェロールは，$^1O_2$ を消去することで脂質光増感酸化の防止剤として有効である．

b. 貯蔵条件

食品の暗所貯蔵は，光が促進する酸化を軽減させる．自動酸化による品質の低下を遅らせる目的で，水産食品を窒素などの不活性ガスとともに酸素非透過性包剤に封蔵するガス置換包装，さらに脱酸素材を同封して酸素濃度をいっそう低下させるガス置換包装，真空包装などが実用化されている．

冷凍魚介類を薄い氷でおおうグレーズ処理は，よく行われる．光線や γ 線などの電磁波および Cu，Fe，Mn などの遷移金属類は脂質酸化を促進するので，低温・暗所での貯蔵およびキレート作用をもつクエン酸塩，酒石酸塩，ポリリン酸塩の添加は，脂質酸化を間接的に遅らせる．

4.3.3　脂質の劣化に伴う水産物の変質

ヒドロペルオキシドや遊離脂肪酸は無味・無臭であり，そのままでは水産物の品質に大きな影響は及ぼさない．しかし，これらから生成する酸化二次生成物の多くは，単独であるいは他の成分と反応することで，水産物の品質に大きな影響を及ぼす．

A. 脂質酸化と品質

ヘムタンパク質（ヘモグロビンやミオグロビン）とこれらの酸化型であるメト化物は，脂質酸化を促進する．ミオグロビン含量が高い血合肉では，脂質酸化は普通肉のそれよりも著しく速い．一方，カツオなどの赤身魚の場合を除き，普通肉のヘムタンパク質含量は低いので，一般に普通肉における脂質酸化は遅い．

ヒドロペルオキシドは，ヒドロペルオキシ基の結合する炭素の両側で電子が 1 つずつ分解物に分配される等分性分解により飽和および不飽和のアルデヒドとアルキルラジカルを生成しやすい（図 4.3.3-1）．さらには，カルボニル化合物（低級アルデヒドやケトン），低級アルコール，低級炭化水素などの低分子酸化二次生成物を生成する．

不飽和脂質の過酸化に伴う一連の化学反応は，食品の品質（におい，味，色沢，物性，栄養価など）だけでなく安全性にも大きな影響を及ぼす（図 4.3.3-2）ことから，脂質酸化による品質劣化防止は微生物による劣化防止と同様に看過できない課題である．

アルデヒドやラジカルにより誘導されるタンパク質の不可逆的変性は，魚肉の保水性および

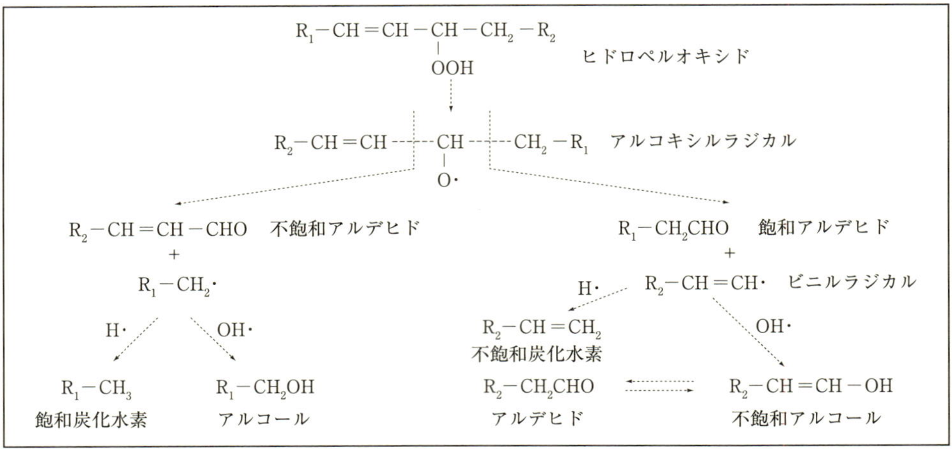

図 4.3.3-1 ヒドロペルオキシドから生成する酸化二次生成物

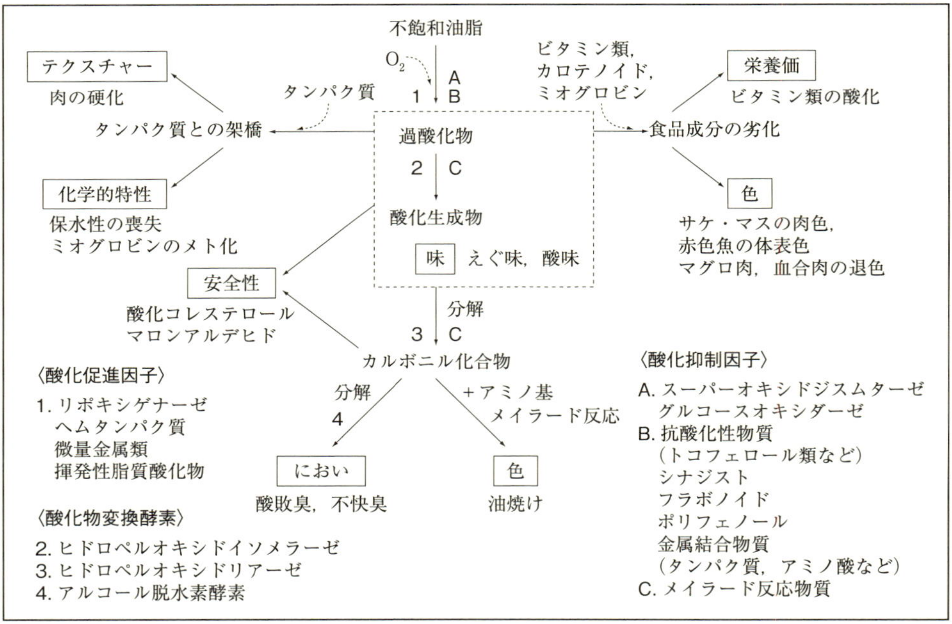

図 4.3.3-2 酸化脂質が食品の品質に及ぼす影響

物性を変化させる．また，共存するビタミン A，D，E を同伴的に酸化して，食品栄養価を低下させる．さらに，多くの水産動植物の赤色から黄色系の体色や肉色に寄与すカロテノイドなどは分子内に多くの共役二重結合を有するので，アルデヒドやラジカルにより酸化されて退色する．マロンアルデヒドは，強い変異原であり，コレステロール酸化物はアテローム性動脈硬化や発がんの危険因子であることから，食品としての健全性に影響する．

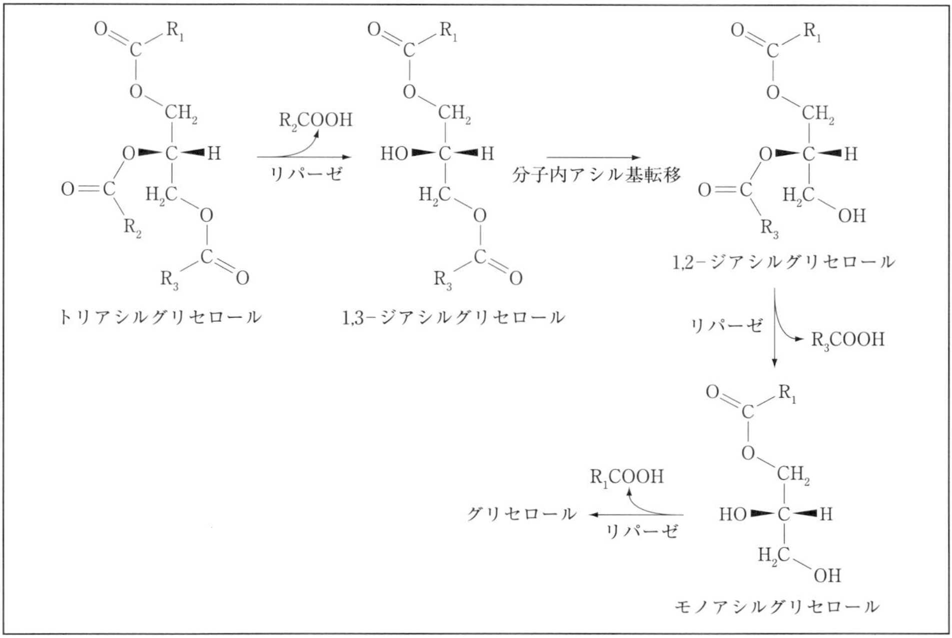

図 4.3.3-3　リパーゼによるトリアシルグリセロールの加水分解

多様なカルボニル化合物には低濃度においても不快臭を呈するものがあるので，においに多大な影響を及ぼす．また，カルボニル化合物はメイラード反応による褐色化により，色調に影響を及ぼす．ヒドロキシ酸は渋味やえぐ味を呈する．さらに，ヘムタンパク質をメト化することで，肉色を劣化させる．

多脂魚の干物では，「油焼け」という鰓蓋や腹部が橙赤色に変色する現象を起こしやすい．カルボニル化合物が関与するメイラード反応が原因であるが，着色物質はいまだはっきり解明されていない．また，脂質含量の高い原料魚から製造されたかつお節は，貯蔵中に皮つき側の表面から内部に向かって灰白色に退色し，削った際に粉状に崩れてしまう「しらた」という状態を示すことがある．これは，ヘムタンパク質のポルフィリン環が脂質酸化二次生成物により開裂されることが原因である．

B. 脂質加水分解と品質

魚肉のリパーゼはTAG分子中の *sn*-1 位の脂肪酸エステル基を加水分解し，その結果，遊離脂肪酸が産生する．さらに，1,2−ジアシルグリセロールの *sn*-2 位の脂肪酸エステル基は，*sn*-1 位に分子内転移し，加水分解されて遊離脂肪酸とグリセロールになる（図 4.3.3-3）．一方，リン脂質に対しては，膜局在性のホスホリパーゼ A_2 が *sn*-2 位の脂肪酸エステル基に作用し，遊離脂肪酸とリゾリン脂質に分解される（図 4.3.3-4）．リゾリン脂質はさらにリゾホスホリパーゼによって遊離脂肪酸と親水性部分へと分解される．

これらの酵素的加水分解は−5℃付近で速やかに進行するが．この理由として，氷結晶の生成による酵素および基質濃度の相対的な増大が考えられる．ホスホリパーゼ A_2 によるリン脂質の加水分解は，*sn*-2 位の脂肪酸エステル基の不飽和度によって反応性が異なることが，多くの魚介類組織で確認されている．

（大島　敏明）

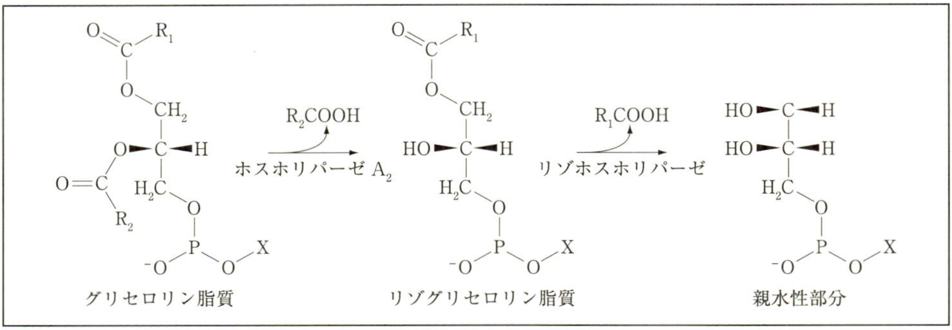

図 4.3.3-4　ホスホリパーゼによるグリセロリン脂質の加水分解

4.4 水産物の糖質

水産物の糖質（炭水化物）は，単糖，少糖のほか，水生動物のグリコーゲン，キチン，ムコ多糖（グリコサミノグリカン）や海藻の多糖など，生物によって含まれるものがさまざまであり，その含有量も生物種，栄養状態，成長段階，季節，地域差などにより異なる．

4.4.1 グリコーゲン

A. 含有量

グリコーゲンは，動物の筋肉，肝臓の細胞質に小さな顆粒で蓄積される多糖である．魚類では，筋肉中には 0.3 ～ 1％程度，通常は 0.5％程度であり，肝臓では 5 ～ 6％に達する．貝類ではカキでの蓄積が多く，マガキでは消化器官と生殖腺の間の結合組織に蓄積され，生殖腺の成熟と関連して 0.5 ～ 10％程度まで増減する．

B. 構　造

グリコーゲンは，グルコースが α-1,4 グリコシド結合で直鎖状に十数個結合して主骨格をつくり，ところどころで α-1,6 グリコシド結合で枝分かれしたグルカンである．分子式は $(C_6H_{10}O_5)_n$，分子量は数百万である．分子構造はデンプンのアミロペクチンに似ているが，アミロペクチンより直鎖部分が短く，全体として枝分かれが多い．分岐間隔はグルコース 3 分子程度，分岐した枝もグルコース 6 ～ 7 分子である．全体の形は球状である（図 4.4.1-1）．

C. 代　謝

血液から筋肉や肝臓にとりこまれたグルコースはエネルギー生産に消費されるが，余剰なものは，筋肉ではヘキソキナーゼにより，肝臓ではグルコキナーゼにより，それぞれグルコース-6-リン酸となり，次いでホスホグルコムターゼによりグルコース-1-リン酸となる．グルコース-1-リン酸はウリジン-二リン酸グルコースピロホスホリラーゼによりウリジン-二リン酸グルコース（UDP-グルコース）となる．UDP-グルコースのグルコース 1 分子はグリコーゲン合成酵素により，すでに細胞内にあるグリコーゲンの非還元末端に結合される．また，グリコーゲンの分枝は α-1,4-グルカン分枝酵素で行われる（図 4.4.1-2）．肝臓のグリコーゲンは筋肉のものより分子量が数倍大きい．

魚類のグリコーゲン分解は，グリコーゲン合成とは異なる経路をたどる（図 4.4.1-3）．グリコーゲンの分解には 2 経路あり，肝臓や筋肉の細胞質内では加リン酸分解が起こり，またリソソーム内では加水分解が起きる．細胞質内におけるグリコーゲンの加リン酸分解経路では，グリコーゲンホスホリラーゼにより α-1,4 結合が切断され，筋肉内では非還元末端からグルコース-1-リン酸を産生する．グルコース-1-リン酸はホスホグルコムターゼによりグルコース-6-リン酸となる．肝臓では，生じたグルコース-6-リン酸は，① 解糖系でピルビン酸を経てクエン酸回路（TCA 回路）に入る，② グルコース-6-ホスファターゼによりグルコースと

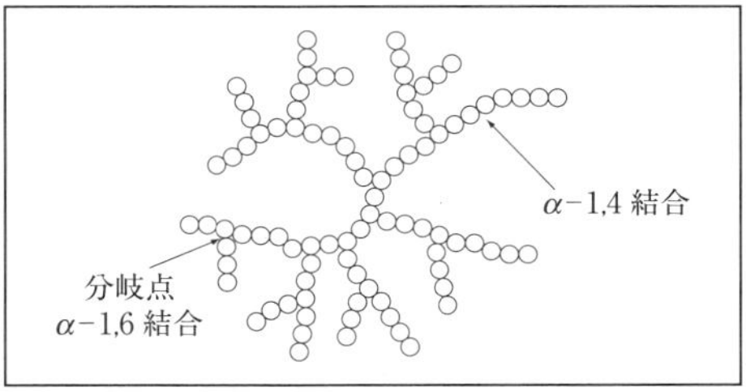

図 4.4.1-1　グリコーゲンの結合様式

なり血中へ放出される，の両方が行われる．一方筋肉では，グルコース−6−リン酸はグルコースを産生することなく，ただちに解糖系に入り，エネルギー生産に使われる．

リソソーム内のグリコーゲンは，酸性 α−グルコシダーゼ（至適 pH 4 付近）によって非還元末端の α グリコシド結合が加水分解され，グルコースが産生する．このグルコースはヘキソキナーゼによりグルコース−6−リン酸を経て解糖系に入る（図 4.4.1-3）．α−1,6 結合はグリコーゲン脱分枝酵素による加水分解によって分解される．なお，グリコーゲンの分解時にはペントースリン酸回路，糖新生系，電子伝達系も関連して機能する．

貝類はさまざまな部位にグリコーゲンを蓄積するが，主要な蓄積部位は種によって結合組織，外套膜，閉殻筋などさまざまである．二枚貝筋肉の嫌気的解糖系の最終産物はコハク酸，プロピオン酸，アラニン，オピン類であり，乳酸はきわめて少ない．オピン類はピルビン酸と数種類のアミノ酸が縮合してできたイミノ酸である，アラニンはピルビン酸とグルタミン酸のトランスアミナーゼ反応によって生成される（図 4.4.1-4）．

4.4.2　海藻多糖類

A.　海藻多糖の分布

海藻多糖は藻体での存在部位によって，① 細胞壁を構成する骨格多糖，② 細胞相互間および細胞壁と細胞質間に充填物質として存在する粘質多糖，③ 細胞内に存在する貯蔵多糖の 3 つに分けられる．

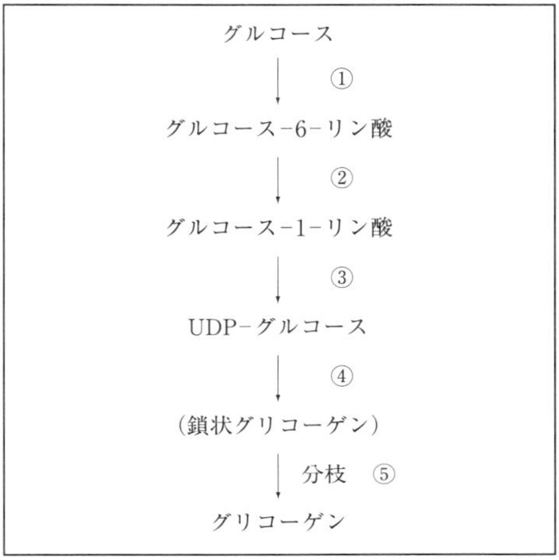

図 4.4.1-2　グリコーゲン合成経路
① グルコキナーゼ/ヘキソキナーゼ，② ホスホグルコムターゼ，③ ウリジン二リン酸グルコースピロホスホリラーゼ，④ グリコーゲン合成酵素，⑤ α−1,4−グルカン分枝酵素．

a.　骨格多糖

緑藻は細胞壁の X 線回折像によって 3 つのグループに分けられている．第 1 グループはバロニア科などごく一部の限られた緑藻で，陸上植物と同様にグルカンが平行に走り，X 線回折像により結晶構造がはっきりしたセルロース I をもつ．第 2 グループはアオサ属やヒトエグサ属など大部分の緑藻が属し，一部のグルカン分子が逆方向に走り，X 線回折像が不鮮明なセルロース II をもつ．第 3 グループはイワズタ科，ハネモ科など X 線回折像の不明なものである．褐藻の骨格多糖はセルロース II とヘミセルロースで構成される．

ワカメのセルロース含量は，胞子体で 3%，配偶体で 4%，成熟配偶体で 5% と，生活環で異なる．紅藻の骨格多糖は，ほとんどの海藻が属す真正紅藻綱ではセルロース II とヘミセルロースで構成されるが，アマノリ属の属す原始紅藻綱ではセルロースがなく，ヘミセルロースの β−1,3−キシラン，β−1,4−マンナンで構成される．

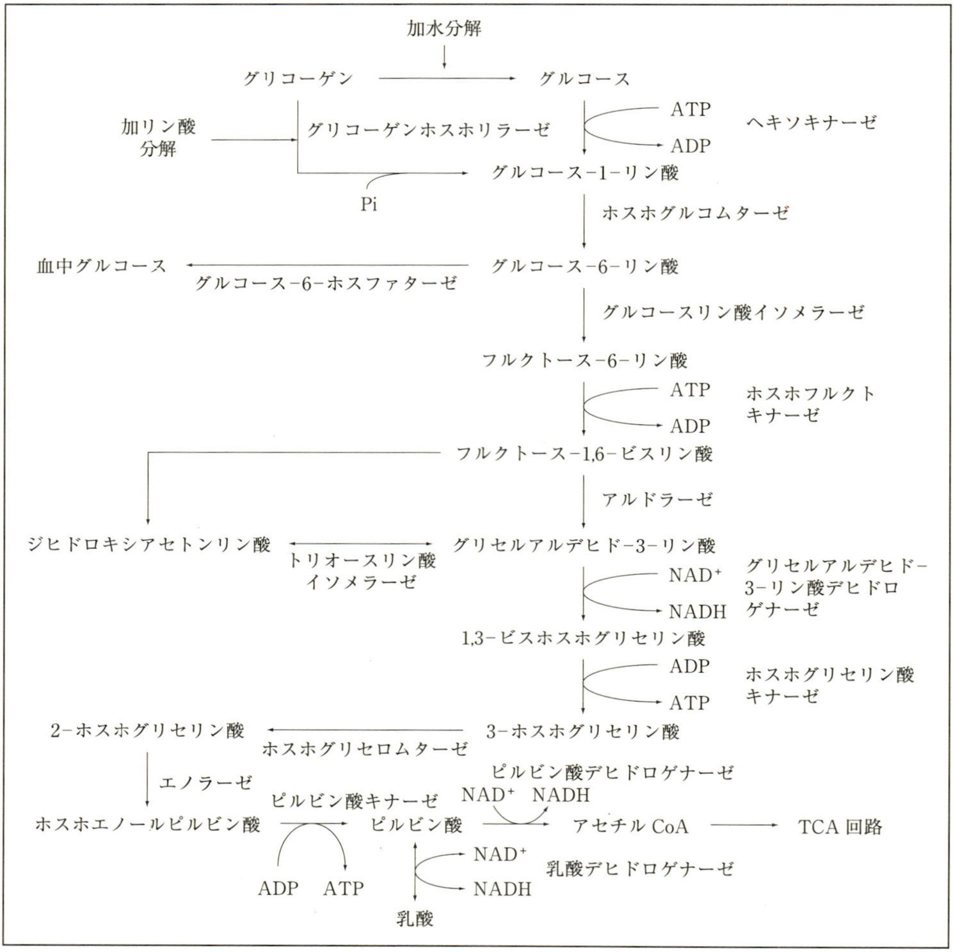

図 4.4.1-3　魚類におけるグリコーゲン分解経路

b. 粘質多糖

（i）分　布

緑藻の粘質多糖としては3種類が知られ，アオサ属，アオノリ属など多くのものが含硫酸グルクロノキシロラムナン（通称ラムナン硫酸）を，シオグサ属，ミル属などが含硫酸キシロアラビノガラクタンを，カサノリ属が含硫酸グルクロノキシロラムノガラクタンをもつ．褐藻のおもな粘質多糖はアルギン酸とフコイダンである．

海藻の種類や部位によってアルギン酸が多いものとフコイダンが多いものとがあるが，通常は両者を含む．藻体中でのアルギン酸は，海中に含まれるさまざまなミネラルと塩を形成し，ゼリー状態で細胞間隙を満たしている．紅藻の粘質多糖としては，寒天･アガロースとカラギーナンのほか，ポルフィランやフノランが知られている．海藻の粘質多糖は産業的に重要な資源である（4.9.17.E）．

（ii）アルギン酸

藻体から希アルカリで抽出される酸性多糖であり，その構成糖はβ-D-マンヌロン酸と

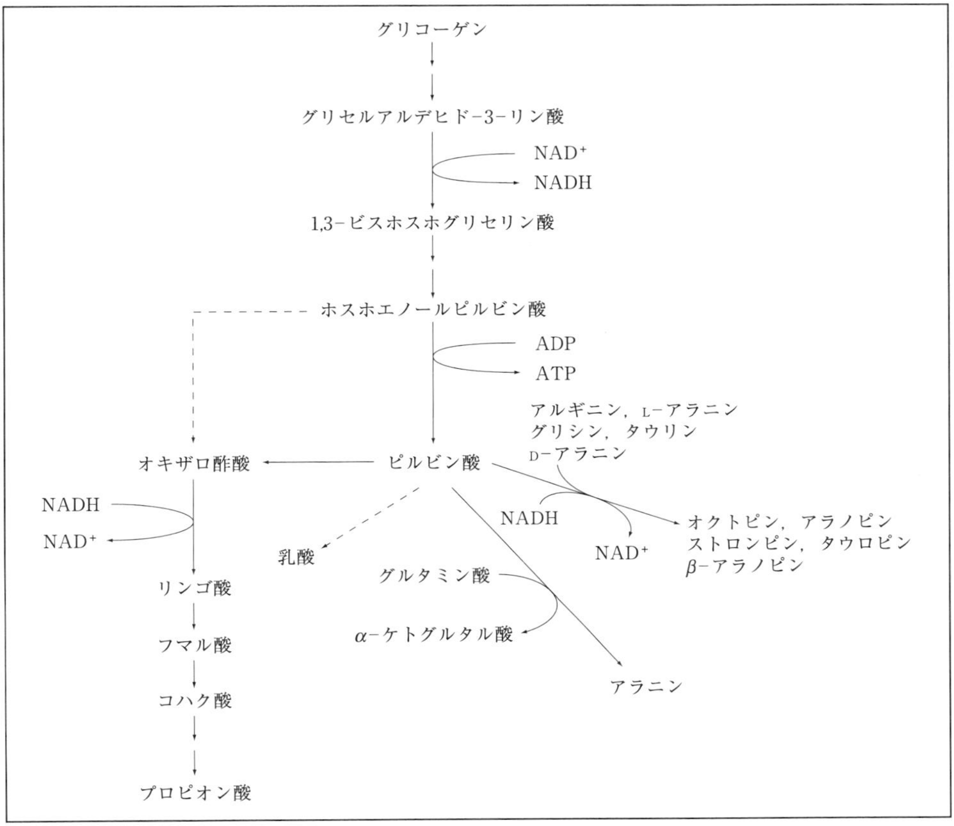

図 4.4.1-4　二枚貝におけるグリコーゲン分解経路

α-L-グルロン酸が 1,4 結合したものである（図 4.4.2-1）．アルギン酸含量はワカメ，アラメ，カジメ，コンブ属に多く，海藻の乾燥重量の 25 ～ 35％に及ぶものもある．夏に多く蓄積される．アルギン酸の分子中にはマンヌロン酸（M）だけが並んだ M ブロック，グルロン酸（G）だけが並んだ G ブロック，M と G が混ざった MG ブロックがある．アルギン酸の M/G 比は海藻の種類で異なり，アラメ，カジメ，コンブ属など一般に 1.4 ～ 1.8 であるが，0.5 や 3 以上のものもある．アルギン酸含量と M/G 比は海藻の部位によって大きく異なる．G ブロックはコンブ属では古い藻体に多いが，茎部では若いもののほうが多い．また，生活環のステージによっても M/G 比は異なり，*Pterygophora californica* では雌性配偶体は M ブロックが G ブロックより多く，雄性配偶体はその逆である．工業用アルギン酸の生産量は中国が世界第 1 位であり，約 1 万 9 千 t 程度（2011 年）生産されている．

（iii）**フコイダン**

フコイダンは L-フコースがおもに α-1,2 結合し，エステル硫酸をもつ硫酸多糖で，ワカメの成実葉，根コンブ，モズク，ガゴメなどの粘質物の主成分である（図 4.4.2-2）．フコース以外にもグルクロン酸，ガラクトース，キシロース，マンノース，グルコースなどを含む複雑な組成である．グルクロン酸量が 5％以下のものを真正フコイダンという．一方，グルクロン酸量が多くて硫酸基量が少なく，またフコース以

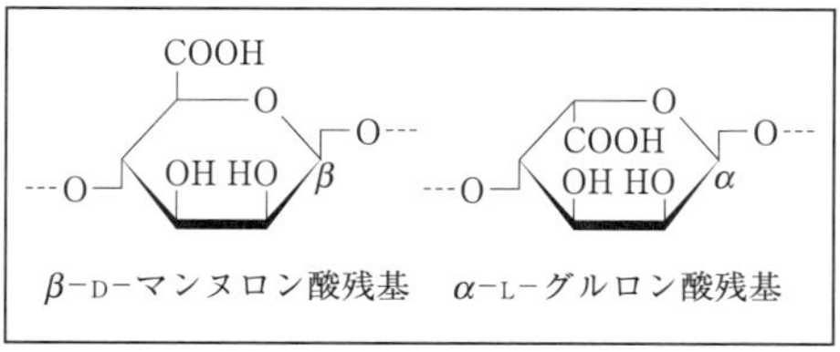

図 4.4.2-1　アルギン酸の構成糖

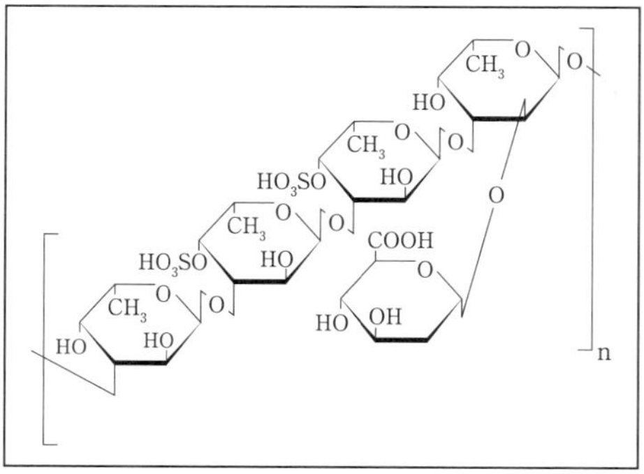

図 4.4.2-2　オキナワモズクに含まれるフコイダンの構造

外にマンノースや他の糖を多く含む含ウロン酸硫酸多糖をフカンという．

フコイダンの含量は藻種，生育場所，生育時期により変動するが，最も多いモズク，オキナワモズクでは乾燥重量の約 25%に達する．なお，ホンダワラの一種には，サルガッサンというフカンが見つかっている．

ヒバマタの一種 *Ascophyllum nodosum* では 3 種類のフコース含有多糖があり，主成分はアスコフィランである．

（iv）寒天・アガロース

紅藻には，藻種により特徴的な硫酸多糖が存在する．テングサ目，スギノリ目，イギス目には寒天が存在する．

寒天はアガロース（中性多糖）とアガロペクチン（硫酸多糖）の混合物であり，アガロースが主成分で約 70%を占め，アガロペクチンが約 30%を占める．アガロースは，D−ガラクトースと 3,6−アンヒドロ−L−ガラクトースが β−1,4 結合した二糖類のアガロビオースどうしが，α−1,3 結合で繰り返し連なる中性の直鎖状多糖

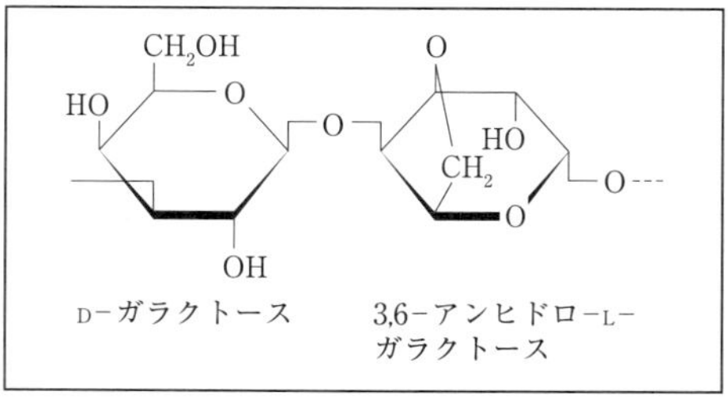

図 4.4.2-3　アガロビオースの構造

である（**図 4.4.2-3**）．アガロペクチンはアガロビオースに少量の硫酸，ピルビン酸，グルクロン酸などの酸性基が結合した複雑な多糖である．これらの少量成分は藻種により異なる．

寒天のゲル強度には藻種による違いや季節変化が認められ，夏季には冬季の 2 倍になることもある．そのゲル形成能はアガロースや 3,6−アンヒドロ−L−ガラクトースが多いほど，また，硫酸基が少ないほど高い．

（v）カラギーナン

紅藻のスギノリ科，ミリン科，オキツノリ科には硫酸化多糖のカラギーナン（カラギナン，カラゲナンともいう）が存在する．硫酸基の数と位置の違いにより 8 種類のカラギーナンが知られている（**図 4.4.2-4**）．D−ガラクトースと 3,6−アンヒドロ−D−ガラクトースが β−1,4 結合してできた二糖類のカラビオースが α−1,3 結合で連なるとともに，エステル硫酸を含む ι（イオータ）−，κ（カッパー）−，θ（シータ）−カラギーナンと，D−ガラクトースと C_2 や C_6 に硫酸基のついた D−ガラクトースの繰り返しでできる ν（ニュー）−，μ（ミュー）−，λ（ラムダ）−，ξ（クシー）−，π（パイ）−カラギーナンである．ν−，μ−，λ−カラギーナンは，それぞれ ι−，κ−，θ−カラギーナンの前駆体と考えられている．

藻種や生活環のステージによって，また，藻体内の組織や細胞間でも，含まれるカラギーナンの種類が異なる．含量は晩春から初夏にかけて最大になり，秋から冬に最小となる季節変動をする．構成成分も 3,6−アンヒドロ−D−ガラクトースと硫酸基は冬に多く，藻体の基部や古

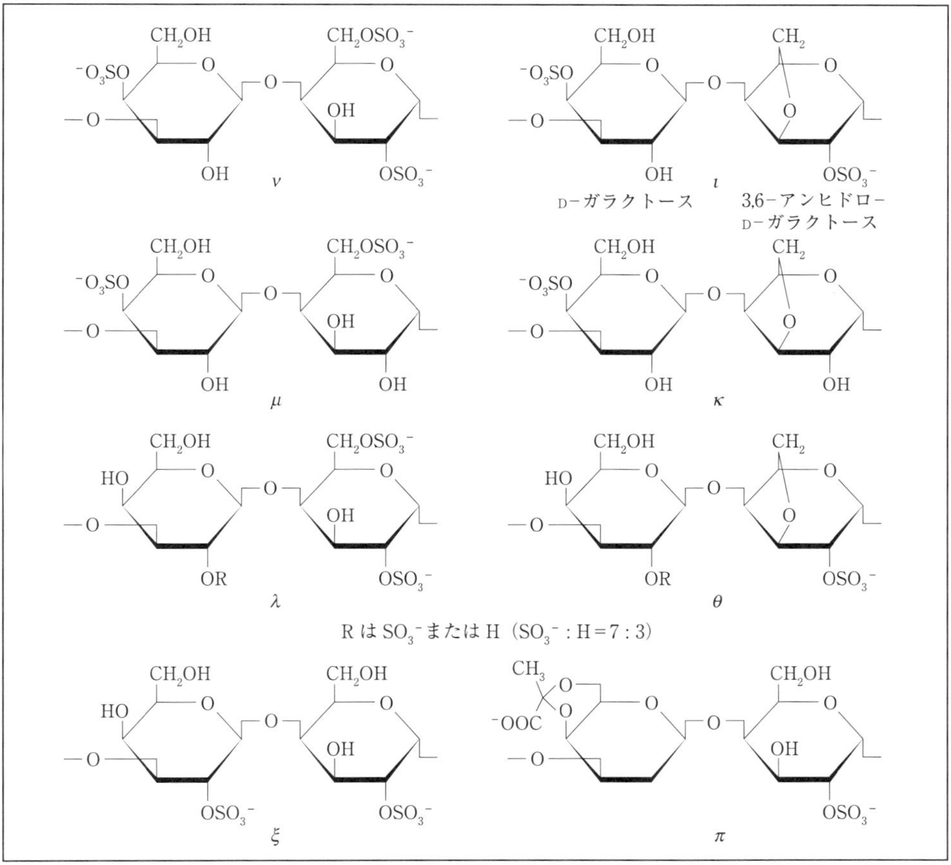

図 4.4.2-4　各種カラギーナンの反復単位の推定構造

い藻体では 3,6−アンヒドロ−D−ガラクトースが多く，硫酸基が少ない．

（vi）**ポルフィラン**

アマノリ属ではガラクトース，3,6−アンヒドロ−L−ガラクトース，6−O−メチル−D−ガラクトースとエステル硫酸からなる，カラギーナン様の硫酸多糖のポルフィランがある．生育環境や培養条件によって，硫酸含量や 3,6−アンヒドロ−L−ガラクトース含量が異なる．

（vii）**フノラン**

フクロフノリやマフノリには D−ガラクトースや 3,6−アンヒドロ−L−ガラクトースの多くが硫酸エステルとなっている多糖のフノランが存在する．その硫酸基含量は 16％程度と多いが，アガロースに似た構造をもつ．フノランは，フノリ類を煮て得られる粘質物の主成分であり，絹織物用糊料として古くから使用されている．マフノリの粘質物は最も優れた粘性をもつ糊料として使われる．

c. 貯蔵多糖

緑藻は粒子状のデンプンをもつ．その構造は α−1,4 結合で直鎖状のアミロースと，α−1,6 結合で分岐したアミロペクチンとからなり，陸上植物とよく似ている．デンプン中の約 80％がアミロペクチンである．海藻のアミロペクチンの性質は，粘度が低い以外はジャガイモデンプンと似ている．

褐藻では，光合成産物のマンニトールから生

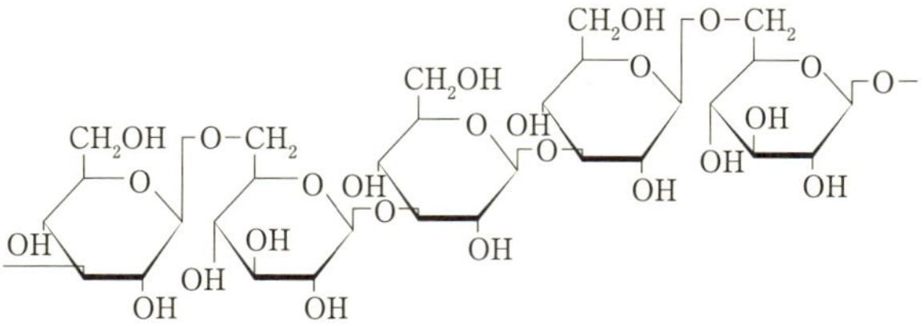

図 4.4.2-5　ラミナランの構造

表 4.4.2-1　葉体の部位からみた海藻の多糖類

海　藻	骨格多糖	粘質多糖	貯蔵多糖
緑藻	セルロースⅠ（バロニア科） セルロースⅡ（アオサ属） β-1,3-キシラン（イワズタ科，ハネモ科，ハゴロモ科，チョウチンミドロ科） β-1,4-マンナン（ミル科，カサノリ科）	含硫酸グルクロノキシロラムナン（アオサ属，アオノリ属） 含硫酸キシロアラビノガラクタン（シオグサ属，ジュズモ属，イワズタ属，ミル属） 含硫酸グルクロノキシロラムノガラクタン（カサノリ属）	デンプン（緑藻一般．藻種によりアミロース型とアミロペクチン型がある）
褐藻	セルロースⅡ（コンブ科，ヒバマタ科など褐藻一般） ヘミセルロース	アルギン酸（コンブ科など褐藻一般） フコイダン（ヒバマタ科など褐藻一般） サルガッサン（ホンダワラ属） アスコフィラン（ヒバマタ属）	ラミナラン（コンブ科，ヒバマタ科など褐藻一般）
紅藻	セルロースⅡ（テングサ科） β-1,3-キシラン（ウシケノリ属，アマノリ属） β-1,4-マンナン（アマノリ属）	寒天（テングサ目，スギノリ目，イギス目） カラギーナン（スギノリ科，ミリン科，オキツノリ科） ポルフィラン（アマノリ属） フノラン（フノリ属）	紅藻デンプン（アマノリ属，ダルス属，オオシコロ属）

〔西澤（1974），小林（1996）を参照して作成〕

成される水溶性β-グルカンのラミナランがある．日本産アラメのラミナランの基本的な構造は，22 個前後のグルコースがおもにβ-1,3 結合で連なるが，約 1/3 はβ-1,6 結合で連結している（図 4.4.2-5）．日本産アラメでは 8～9 月にマンニトールの減少とラミナランの増加（乾燥藻体の 3～4％程度）がみられ，冬にラミナラン含量は 0.1％程度に減少する．ラミナラン分子は藻種により，β-1,6 結合の数や，分岐，分子内マンニトールの有無が異なる．マンニトールとラミナランの含量間には負の相関がある．

紅藻では，紅藻デンプンが存在する．物理化学的性質はアミロペクチンとグリコーゲンの中間的な構造をもつ．ADP-グルコースから生合成される．

これまで述べてきた各種多糖類を，表 4.4.2-1 にまとめた．

B.　海藻に含まれる多糖類の分画

a.　アルギン酸

海藻中のアルギン酸は，Ca^{2+} などの多価陽イオンと塩をつくっているためにそのままでは不溶性である．そのために，希アルカリ性として Ca イオンと Na イオンをイオン交換させ，水溶性のアルギン酸ナトリウム塩として抽出する．その後，酸を加えて水不溶性のアルギン酸として凝固析出させる（図 4.4.2-6）．Ca による凝固析出は Ca がわずかながら残存する場合があるので，酸による凝固析出のほうが品質に優れたアルギン酸ができるといわれる．

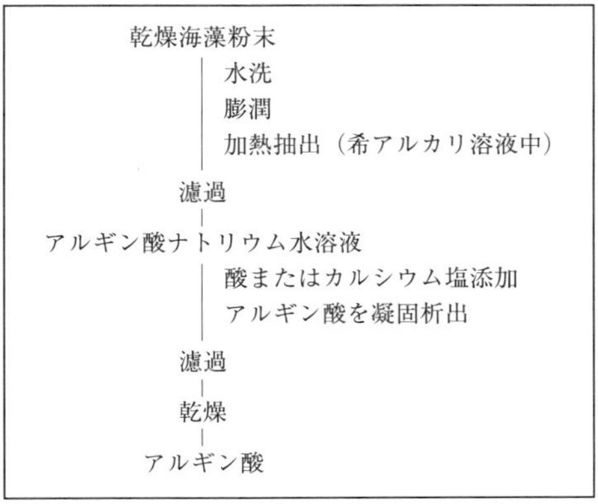

図 4.4.2-6　アルギン酸の分画法の原理

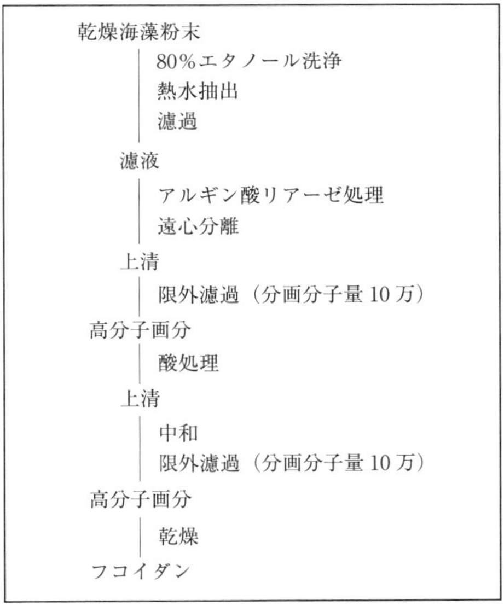

図 4.4.2-7　フコイダンの分画法の原理

b.　フコイダン

フコイダンの分画においては，多かれ少なかれ混在するアルギン酸，ラミナランの除去が重要である．図 4.4.2-7 にフコイダン分画法の原理を示した．フコイダンは褐藻一般の粘質多糖類であるが，中性糖画分，ウロン酸画分，エステル硫酸画分などが藻種により，また，同一藻種でも部位により比率が異なったりして不均一である．そのため，藻種により，最適な抽出方法の検討が必要となる．

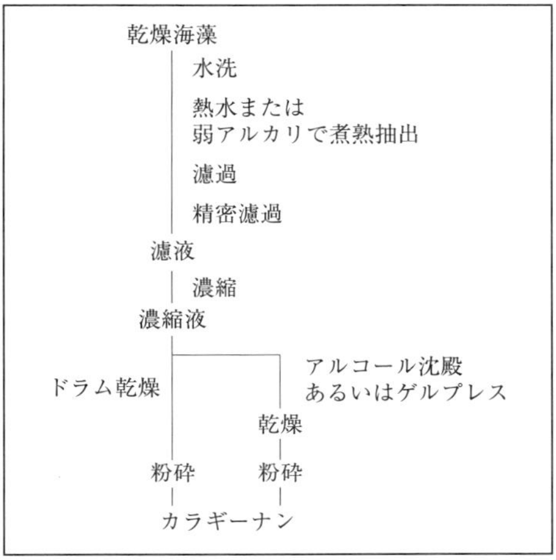

図 4.4.2-8　カラギーナンの分画法の原理

c.　ラミナラン

一般的には，希塩酸溶液中で藻体から抽出する．エタノール沈殿，セチルピリジニウムクロライド(CPC)により混在する硫酸化多糖の沈殿除去，透析などを経て，粗ラミナランを得る．さらに陰イオン交換クロマトグラフィーで精製する．

d.　カラギーナン

現在，工業的に生産されているのは κ-，ι-，λ-カラギーナンである．その工業規模での分画法の原理を図 4.4.2-8 に示す．アルコール沈殿法は高コストであるが，品質のよいものが得られる．ドラム乾燥法はドラムからの剥離助剤(脂肪酸エステルなどの乳化剤)が混入するので，カラギーナンの使用目的に応じて用いられる．ゲルプレスは濃縮したカラギーナン液をゲル化後，凍結・融解，加圧脱水して，カラギーナンを回収する．

（天野　秀臣）

4.5 魚介類のエキス

魚介類や藻類の組織を熱湯，エタノール，その他の化学薬品などを用いて抽出処理し，得られた抽出液または抽出物全体のことをエキスという．この中にはさまざまな化合物が含まれており，一括してエキス成分と称されている．生物の種（グループ）や組織，抽出処理の条件などの違いにもよるが，大部分は低分子量の成分から構成されている．こうした成分の中には生物の生命活動（たとえば，エネルギーの授受や浸透圧調節など）にとって不可欠とされる機能を担うもの，食品の呈味や変質に深く関係するものなども知られている．その意味で，タンパク質や脂質ほど含量は多くないが，きわめて重要な成分といえよう．

ここでは，まず魚介類のエキスの量および主要なエキス成分の分布について述べ，続いてそれらの呈味上の役割について概説する．とくに断らない限り，エキスの抽出の対象となった部位は筋肉とする．

4.5.1　各種成分とその分布

A.　エキスの含量

筋肉中の含量はエキスの抽出方法によっていくぶん違いがあり，無脊椎動物では 5 ～ 7%（軟体動物で 5 ～ 6%，甲殻類 5 ～ 7%）とされ，魚類ではこれらよりも低く 1 ～ 5%とされている．これまでに詳細な研究は行われていないが，一般に魚類よりも軟体動物や甲殻類のような無脊椎動物のほうが肉の味が濃いとみなされているところから，魚類よりもエキスの含量が多いことは確実である．また，魚類のなかでもサメ類のほかにマグロ，カツオなどのいわゆる赤身魚の方がマダイ，ヒラメなどの白身魚よりも多い．さらに，エキス成分のなかには分子中に窒素原子を含むもの（窒素成分）と含まないもの（無窒素成分）があり，一般に前者（4.5.1B.a ～ h）のほうが後者（4.5.1.B.i, j）よりも量的に多いとされている．魚介類の種やグループだけではなく，漁獲された時期，生息環境などによっても含量は変動する．

B.　エキス成分

a.　遊離アミノ酸

タンパク質を構成するアミノ酸の大部分は，エキス中に遊離の形で見出される．一般に筋肉タンパク質を構成するアミノ酸の組成は魚介類を通じてほとんど差がみられないが，遊離アミノ酸組成は種（またはグループ）による差が著しいことや分布が特定のアミノ酸に偏っていることなどが特徴となっている（**表 4.5.1-1**）．

魚類では，マグロ，カツオなどの赤身魚にヒスチジンがきわめて多く，その含量は 1,000 mg 100 g^{-1} を超すことも珍しくない．これらの魚類は活発に遊泳するので，ヒスチジンはその際に生成したプロトンを緩衝化する役割があると考えられている．マグロ，マサバ，ブリなどでは，普通肉とくらべて血合肉のヒスチジン含量は低い．そのほかのアミノ酸は，いずれの魚種でもヒスチジンより含量が低く，また組成も赤身魚と白身魚の間で目立った違いはみられない．

タウリンは分子中にイオウを含むアミノ酸誘導体（2−アミノエタンスルホン酸またはアミノエチルスルホン酸）であり，タンパク質を構成しないが，一般に魚介類のエキス中には比較的多い（**表 4.5.1-2**）．甲殻類や軟体動物には，魚類よりも多く含まれているが，畜肉や鶏肉には，ほとんど含まれていない．魚類では，海産魚と淡水魚の区別なく含まれている．赤身魚の場合，普通肉よりも血合肉中に豊富に含まれている．

軟体動物では種によって多少の違いはあるものの，概してタウリン，グリシン，アラニン，アルギニンおよびプロリンが多い．またアカガイ，マガキなど二枚貝では β−アラニンに富むものがある．淡水産の無脊椎動物は，海産のものとくらべて遊離アミノ酸の総量は少なく，タウリンもほとんど含まないことがある．無脊椎動物では浸透圧の維持や調節に，このような，非必須アミノ酸やタンパク質を構成しないアミノ酸などを使っている可能性が高いとされている（**図 4.5.1-1**）．また，D 型アミノ酸はタンパク質を構成しないアミノ酸であるが，軟体動物や甲殻類などには D−アラニンが多量に含まれている．ハマグリやズワイガニでは 100 g あたりそれぞれおよそ 260 および 110 mg が見出されていて，遊離アラニン総量の半分近くにも達するとされる．

表 4.5.1-1 遊離アミノ酸含量（mg 100 g^{-1}）

1. 魚 類

	キハダ	カツオ	マサバ	ブリ	マアジ	シロザケ	マダイ	ヒラメ	ネズミザメ
アスパラギン酸	1	3	—	1	1	+	+	+	7
トレオニン（スレオニン）	3	4	11	9	15	3	3	4	7
セリン	2	3	6	9	3	5	3	3	10
グルタミン＋アスパラギン		2	7		—		2	1	
グルタミン酸	3	7	18	12	13	7	5	6	12
プロリン	2	+	26	2	6	+	2	1	7
グリシン	3	9	7	11	10	13	12	5	21
アラニン	7	23	26	24	21	32	13	13	19
シスチン	—	—	—	—	—	—	—	—	—
バリン	7	4	16	4	6	3	3	1	7
メチオニン	3	1	2	2	1	1	+	1	6
イソロイシン	3	2	7	3	1	2	3	1	5
ロイシン	7	3	14	5	5	3	4	1	8
チロシン	2	3	7	3	1	4	2	1	5
フェニルアラニン	2	3	4	2	1	1	2	1	4
トリプトファン	—	+	—		—	1	—	—	—
ヒスチジン	1,220	1,110	676	1,160	289	67	4	1	8
リシン（リジン）	35	11	93	42	54	3	11	17	3
アルギニン	1	—	11	1	3	3	2	3	6

2. 無脊椎動物

	クルマエビ	イセエビ	ズワイガニ	アサリ	ホタテガイ	マガキ	クロアワビ	マダコ	アオリイカ
アスパラギン酸	+	+	10	21	+	84	9	22	8
トレオニン（スレオニン）	13	6	14	13	38	80	82	7	10
セリン	133	107	17	24	6	31	95	15	15
グルタミン＋アスパラギン			+						2
グルタミン酸	34	7	19	103	99	208	109	29	4
プロリン	203	116	327	16	36	292	83	8	1,030
グリシン	1,220	1,080	623	329	613	169	174	23	896
アラニン	43	42	187	130	82	133	98	15	178
シスチン	+	+	—	5	3	14	—		—
バリン	17	19	30	14	10	26	37	9	11
メチオニン	12	17	19	11	12	12	13	4	4
イソロイシン	9	17	29	10	3	25	18	6	6
ロイシン	13	12	30	20	+	33	24	6	5
チロシン	20	11	19	16	2	17	57	2	—
フェニルアラニン	7	6	17	20	4	30	26	4	—
トリプトファン	+	+	10	—	—		20	2	
ヒスチジン	16	13	8	9	10	+	23	2	1
リシン（リジン）	52	21	25	25	7	31	76	8	6
アルギニン	902	674	579	94	935	92	299	146	689

－：検出せず，＋：痕跡量．

b. ペプチド

エキス中に存在するジペプチドで，これまでに化学構造が解明されているのはカルノシン，アンセリンおよびバレニンの3種であるこれらはβ–アラニンとL–ヒスチジン（またはその誘導体）からなるジペプチドである．また，トリ

表 4.5.1-2　魚介類におけるタウリンの含量

(mg 100 g^{-1})

カツオ	16	マダコ	538
キハダ	26	アオリイカ	310
マサバ		スルメイカ	230
普通肉	26	クロアワビ	946
血合肉	973	アサリ	661
ブリ		ホタテガイ	176
普通肉	11	マガキ	955
血合肉	1,040	クルマエビ	150
シロザケ	30	イセエビ	68
マダイ	138	オキアミ	206
マダラ	77	ガザミ	214
ヒラメ	171	ズワイガニ	243
マフグ	121	タラバガニ	372
コイ	125		
ネズミザメ	44		

ペプチドではグルタチオン（グルタミン酸–システイン–グリシン）のみである（図 4.5.1-2）.

これらのジペプチドはいずれも分子内にイミダゾール環をもち，その分布はきわめて特異的である（表 4.5.1-3）．すなわち，これらのペプチドはいずれも無脊椎動物および大部分の白身魚類にはほとんど検出されず，サメ類，赤身魚類のなかでも高い遊泳能力をもつカツオ，マグロ類にはアンセリンが多い．また，サケ類にも比較的多い．しかし，赤身魚の血合肉中のアンセリン含量は普通肉中のそれの 1/10 ～ 1/4 にすぎないとされる．カルノシンはカツオ，ウナギおよび鯨類に比較的多いが，バレニンは，ナガスクジラやイワシクジラなどのヒゲクジラに多く，1,500 mg 100 g^{-1} を超す例が知られている．一般に，このようなイミダゾール環をもつジペプチドは，潜水や遊泳活動の盛んな哺乳類に豊富に検出される傾向がある．

多くの魚介類のエキスには広くトリペプチドのグルタチオン（還元型）が含まれている．最も多量に含まれているのはホタテガイの閉殻筋であり（24 mg 100 g^{-1}），その他の魚介類では 1 ～ 6 mg 100 g^{-1} 程度にすぎない．また，グルタチオンの酸化型も検出されるが，含量は還

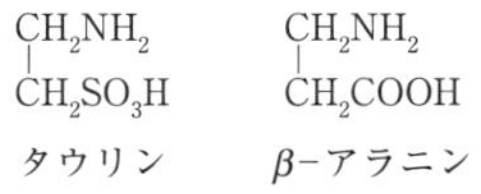

図 4.5.1-1　タウリンと β–アラニン

元型にくらべてかなり低い.

魚介類の組織に含まれるエキスを酸加水分解すると，数種のアミノ酸が増加してくるので，少なからずペプチドが含まれていることは確実であるが，どのような化学構造のペプチドが含まれているかについての詳細は不明である.

c. ヌクレオチドとその関連物質

ヌクレオチドには，アデニン，グアニン，シトシン，チミン，ウラシル，ニコチン酸アミドなどを塩基成分とする多数の化合物が含まれるが，魚介肉ではアデニンヌクレオチドが主要成分である．このヌクレオチドには主なものとしてアデノシン三リン酸（ATP，図 4.5.1-3），アデノシン二リン酸（ADP）およびアデニル酸（AMP）が検出される．死直後の静止筋では，これらのなかで活動のエネルギー源となる ATP が量的に最も多いが，徐々に分解が起こりヒポキサンチンに至る（4.7.1.A）．表 4.5.1-4 には，魚類の死後に起こるヌクレオチドとその関連物質の量的変化をまとめた．これらのヌクレオチド類には魚類の味にかかわるものもある.

魚介類の死後に ATP は急速に分解するが，その分解経路に関して，これまでの知見をまとめると，以下のとおりとなる.

(1) 魚類を含む脊椎動物の筋肉では，ATP はイノシン酸（IMP，図 4.5.1-3）を経由してイノシンへ分解され，さらに分解が進むとヒポキサンチンに至る（図 4.7.1-1）.

(2) 軟体動物や原索動物のマボヤでは，ATP はアデノシンを経由してイノシンやヒポキサンチンへと分解されるものと考えられていたが，一部には IMP を経由して分解される場合もあることが明らかとなった.

(3) 甲殻類では一部の例外もあるが，ATP は IMP を経由するものが主流と考えられる．し

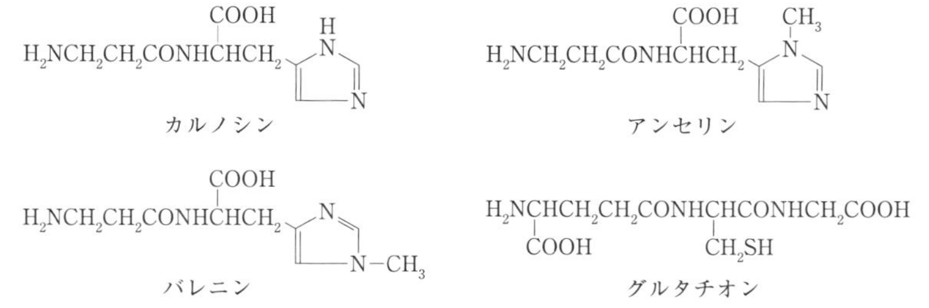

図 4.5.1-2　エキス中のジペプチド類とトリペプチド（グルタチオン）

たがって無脊椎動物では上記の両経路が存在することになる．

これらの魚介肉では，このように死後の時間経過に伴って ATP の分解が進行するので，生成した分解物の比は鮮度の指標（*K* 値など）として利用されている（4.7.5.B）．

d.　トリメチルアミンとそのオキシド

トリメチルアミン（TMA）は第三級アンモニウム塩基化合物に属し，魚臭成分として周知の物質である．新鮮な魚介類の組織中には一般にきわめて少なく，そのかわりに TMA が酸素添加された形のトリメチルアミンオキシド（TMAO）が多く含まれている．

TMAO は魚類ではタラ類に比較的多いが，軟骨魚類の諸組織には著しく多いことが知られている（表 4.5.1-5）．一部の例外はあるものの，一般に淡水産の種には海産のそれとくらべて含量が低い．軟骨魚類では尿素とともに浸透圧の維持に役立っていると考えられる．

軟体動物のうち，イカ類は TMAO を多量に含むが，貝類には一般にきわめて少ない．また，淡水産のものには海産のものよりもはるかに少ないことは周知の事実である．

TMAO は鮮度低下に伴って，主として細菌の作用により TMA に還元され，臭気の原因となる．一方，高温で加熱すると分解して次式のようにホルムアルデヒドとジメチルアミン（DMA）が生成するが，この反応はタラ類やエソ類などのもつ酵素の作用によっても進行し，鮮度低下臭の一因となる（4.6.1.A）．また TMAO は，ミオグロビンと反応してマグロ青肉の発生原因となる（4.8.7.C.b）．

表 4.5.1-3　カルノシン，アンセリンおよびバレニン含量（mg 100 g^{-1}）

	カルノシン	アンセリン	バレニン
キハダ	55	234	0
メバチ	＋	859	0
カツオ	252	559	0
マサバ	0	0	0
マアジ	0	3	0
ブリ	0	0	0
シロザケ	5	549	2
マダイ	0	2	0
ウナギ	542	＋	＋
ヨシキリザメ	0	34	4
ネズミザメ	0	1,060	0
ナガスクジラ	140	5	1,500
イワシクジラ	131	6	1,840
マッコウクジラ	196	126	3
マイルカ	447	93	489

＋：痕跡量．

$$(CH_3)_3NO \longrightarrow HCHO + (CH_3)_2NH$$

TMAO　　ホルムアルデヒド　　DMA

e.　ベタイン類

魚介類のエキス中で量的に多いものにベタイン類がある．この物質は第四級アンモニウム塩基化合物に分類され，一般的に分子内に *N*-メチル基を 1 ～ 3 個含む．鎖状ベタインと環状ベタインが知られているが，最もよく知られているのは鎖状ベタインに属するグリシンベタインで，単にベタインともよばれることもある．魚類中の含量は低いが，無脊椎動物では高く（表 4.5.1-6），後述のように呈味にも関与して

表 4.5.1-4　ヌクレオチドおよび関連物質の含量（mg 100 g^{-1}）

	部位	経過日数	ATP	ADP	AMP	IMP	イノシン	ヒポキサンチン
ブリ*1	普通肉	0	385	30	4	7	—	—
		2	10	9	8	264	16	1
ニジマス*1	普通肉	0	179	44	15	117	—	—
		6 時間	24	13	5	219	27	3
スズキ*1	普通肉	0	375	51	10	21	8	4
		6	15	13	21	101	78	37
トヤマエビ*2	腹部筋肉	0	335	89	33	—	—*3	
		28	9	7	46	56	165*3	
ケガニ*2	腹部筋肉	0	298	75	10	—	—*3	
		35	18	20	121	69	31*3	
スルメイカ*2	外套膜	0	379	65	19	—	＋*3	
		20 時間	42	123	163	—	36*3	
アカガイ*2	足筋	0	290	51	14	—	—*3	
		10	26	28	199	—	3*4	
ホタテガイ*2	閉殻筋	0	176	50	54	—	—*3	
		1	47	50	53	—	80*3	
エゾアワビ*2	足筋	0	177	25	7	—	—*3	
		45	15	39	106	—	—*3	

*1 氷蔵.
*2 −5°C 貯蔵.
*3 イノシン＋ヒポキサンチンをイノシンとして表示.
*4 イノシン＋ヒポキサンチンをアデニンとして表示.
—：検出せず，＋：痕跡量.

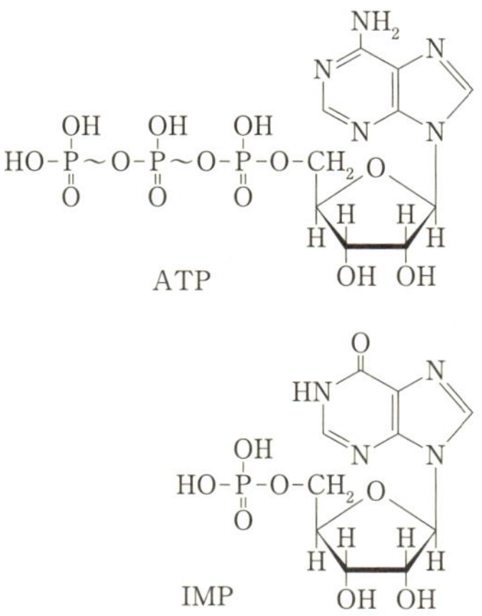

図 4.5.1-3　ATP と IMP
〜は高エネルギーリン酸結合を示す.

いる．このほか β-アラニンベタイン，γ-ブチロベタイン，カルニチンなども鎖状ベタインに属する（図 4.5.1-4）.

環状ベタインにはホマリン，トリゴネリン，スタキドリンなどがある（図 4.5.1-5）．これらは概して海産の無脊椎動物の組織に多く含まれる．とくにホマリンは，淡水産の甲殻類や軟体動物の組織中には低含量であることから，浸透圧の調節に関与している可能性がある.

f.　グアニジノ化合物

魚介類に含まれる代表的なグアニジノ化合物（図 4.5.1-6）には，アミノ酸の一種アルギニンやクレアチンがある．生体内ではともにアルギニンリン酸やクレアチンリン酸として，ホスファゲン（高エネルギーリン酸結合をもつ化合物）を構成している．ホスファゲンは，激しい筋肉活動に際して次の反応によって ATP の供給に役立つので，エネルギーの貯蔵形態の 1 つとみなされる.

表 4.5.1-5　トリメチルアミンオキシドの含量（mg 100 g^{-1}）

クロマグロ	21	ズワイガニ	357
メバチマグロ	18～86	イワガニ	213
カツオ	8～101	アカエビ	311
マサバ	32～243	クルマエビ	391
ブリ	36	マダコ（外）	182
シロザケ	10	アオリイカ（外）	1,470
マダラ	412～980	（腕）	627
スケトウダラ	306～1,040	スルメイカ（外）	1,740
マダイ	258	（腕）	924
アユ	10	イタヤガイ（閉）	281
フナ	1	マガキ（閉）	2
ウナギ	—	ハマグリ（閉）	—
ホシザメ	1,460	アサリ	3
ヨシキリザメ	1,390	クロアワビ	1
イサゴガンギエイ	1,360	サザエ	2

外：外套筋，腕：腕筋，閉：閉殻筋，—：検出せず．

クレアチンリン酸 + ADP
$\rightleftharpoons$ クレアチン + ATP

アルギニンリン酸 + ADP
$\rightleftharpoons$ アルギニン + ATP

これらはエキスの調製時には分解するので，魚類のような脊椎動物ではクレアチンが（表 4.5.1-7），また無脊椎動物では遊離のアルギニン（表 4.5.1-1）が，それぞれ多量に見出される．

このほかにもホスファゲンは，おもに無脊椎動物，とくに環形動物にグリコシアミンリン酸，ヒポタウロシアミンリン酸，タウロシアミンリン酸，ロンブリシンリン酸，オフェリンリン酸などが検出されている．グアニジノ化合物として，これら以外にアグマチン，アステルピン，アルカイン，オクトピン（後述），クレアチニン，γ-グアニジノ酪酸，γ-ヒドロキシアルギニンなど多くの化合物が存在している．これらのうち，クレアチニンはクレアチンリン酸やクレアチンから非酵素的に生成するが，一般にエキス中の含量は多いとはいえない．

g. オピン類

海産の軟体動物の筋肉にはグアニジノ化合物のオクトピンが見出されることがある．この物質は，図 4.5.1-7 のように NADH の存在下でオクトピン脱水素酵素の作用によってピルビン酸とアルギニンが還元的に縮合することによって生成する．

表 4.5.1-6　グリシンベタイン含量（mg 100 g^{-1}）

シロザケ	4	クルマエビ	640
マダラ	102	ズワイガニ	357
コイ	10	マダコ（腕）	821
カマス	14	アオリイカ	732
カレイ	75	スルメイカ（外）	571
エイ	210	アワビ	668
ツノザメ	70	マガキ（可食部）	805
アブラツノザメ	29～282	ハマグリ（可食部）	808

腕：腕筋，外：外套膜．

多くの軟体動物，とくに頭足類や二枚貝の筋肉は乳酸脱水素酵素の活性が弱く，その代わりにオクトピン脱水素酵素の活性が強い．そのためアルギニンリン酸（ホスファゲンの一種）の分解に際して生成したアルギニンが基質となって上記の反応が進む．動物を長時間にわたって空気中に放置したり，激しい運動を強制したりするとオクトピンの蓄積が起こりやすいとされ

$(CH_3)_3\overset{+}{N}CH_2COO^-$ グリシンベタイン

$(CH_3)_3\overset{+}{N}CH_2CH_2COO^-$ β-アラニンベタイン

$(CH_3)_3\overset{+}{N}CH_2CH_2CH_2COO^-$ γ-ブチロベタイン

$(CH_3)_3\overset{+}{N}CH_2CH(OH)CH_2COO^-$ カルニチン

図 4.5.1-4　鎖状ベタイン

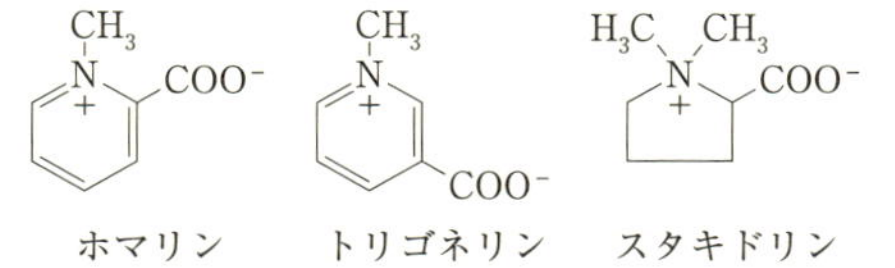

図 4.5.1-5　環状ベタイン

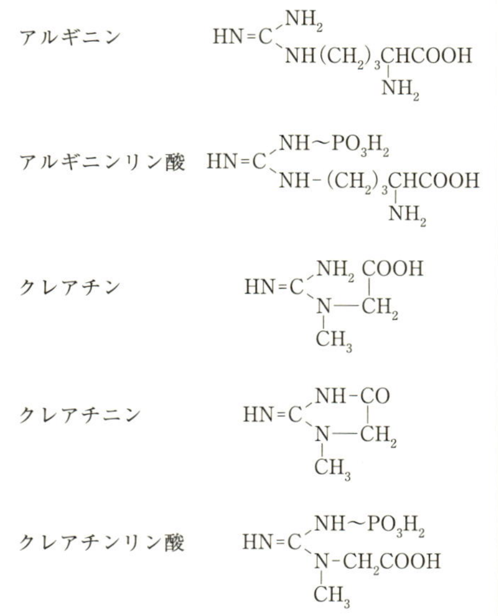

図 4.5.1-6　グアニジノ化合物
～は高エネルギーリン酸結合を示す.

表 4.5.1-7　クレアチン含量（mg 100 g^{-1}）

キハダ	372*	シロザケ	645
メバチ	435*	マダイ	439
カツオ	337*	メバル	508
マサバ	453	ヒラメ	675
マイワシ	444	コイ	452
ブリ	497	ウナギ	341
マアジ	446	ネズミザメ	507

*クレアチニンを含む.

ている．また，これらの動物の死後にも多量に蓄積し，ホタテガイの閉殻筋ではおよそ 860 ～ 980 mg 100 g^{-1} にも達する．

アルギニンの代わりにアラニン，グリシン，タウリン，β-アラニンなどが基質になって同様な反応が進行すると，それぞれアラノピン，ストロンビン，タウロピン，β-アラノピンなどが生ずる．前述のオクトピンを含めて，これらを一括してオピン類とよぶ．

h. 尿　素

一般に脊椎動物，無脊椎動物ともに尿素の含量は低く 15 mg 100 g^{-1} 以下であるが，例外は海産のシーラカンスや軟骨魚類のサメ・エイ類で，それらの体内には 2 g 100 g^{-1} 近くにも達する量の尿素が含まれる（表 4.5.1-8）．このような軟骨魚類は尿素を体内の浸透圧維持に利用していると考えられている．淡水産のエイにはこのような高濃度の尿素は含まれていない．

サメ肉は腐敗すると強いアンモニア臭を発生するが，これは微生物の作用で尿素が分解され，図 4.5.1-8 に示すようにアンモニアが生成するためである．

i. 有機酸

エキス中の無窒素成分のなかでは，有機酸と糖類（後述）が量的に多い．魚介類に見出される有機酸としては酢酸，プロピオン酸，ピルビン酸，シュウ酸，フマル酸，リンゴ酸，コハク酸，乳酸，クエン酸などがあるが，含量が比較的多いのは乳酸とコハク酸である（図 4.5.1-9）．

乳酸は一般に魚類の筋肉で含量が多い．マグロ，カツオなど回遊性の赤身魚では 600 ～ 1,200 mg 100 g^{-1} にも達することがある．一方，底生のタラやカレイ類など白身魚では

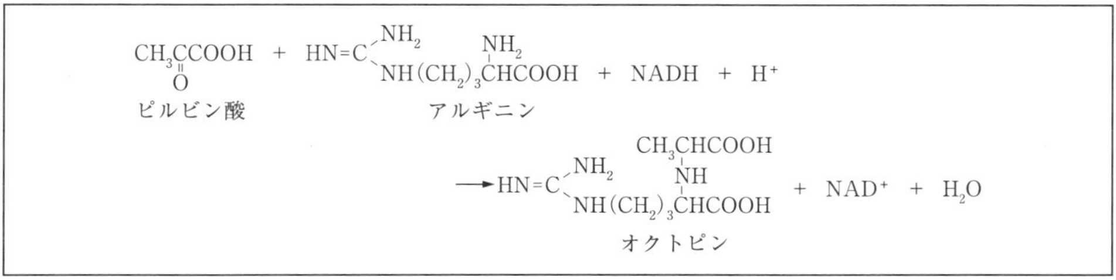

$$CH_3CCOOH + HN=C\begin{smallmatrix}NH_2\\NH(CH_2)_3CHCOOH\end{smallmatrix} + NADH + H^+$$
$$\underset{ピルビン酸}{\|O} \quad \underset{アルギニン}{NH_2}$$

$$\longrightarrow HN=C\begin{smallmatrix}NH_2\\NH(CH_2)_3CHCOOH\end{smallmatrix} + NAD^+ + H_2O$$
$$\underset{オクトピン}{\overset{CH_3CHCOOH}{NH}}$$

図 4.5.1-7 オクトピンの生成反応

表 4.5.1-8 尿素含量（g 100 g^{-1}）

シーラカンス	1.86
ホシザメ	1.71
ネズミザメ	1.52
シロザメ	1.68
アカエイ	1.81
イトマキエイ	1.83

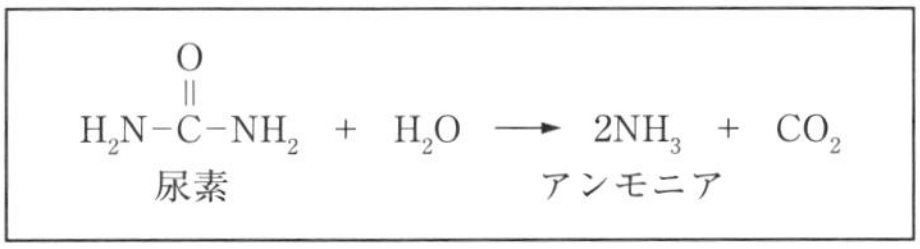

表 4.5.1-9 乳酸およびコハク酸含量（mg 100 g^{-1}）

	乳 酸	コハク酸
マサバ	684	15
かつお節*	3,420	96
イセエビ	232	27
クルマエビ	130	6
アサリ	1〜5	18〜238
ハマグリ	26	80
カキ	52	59

*mg 100 g^{-1} 乾物重量.

$$H_2N-\overset{O}{\underset{\|}{C}}-NH_2 + H_2O \longrightarrow 2NH_3 + CO_2$$
$$\underset{尿素}{} \qquad\qquad \underset{アンモニア}{}$$

図 4.5.1-8 尿素の分解

$$\underset{乳酸}{CH_2CH(OH)COOH} \qquad \underset{コハク酸}{\begin{smallmatrix}CH_2COOH\\CH_2COOH\end{smallmatrix}}$$

図 4.5.1-9 代表的な有機酸

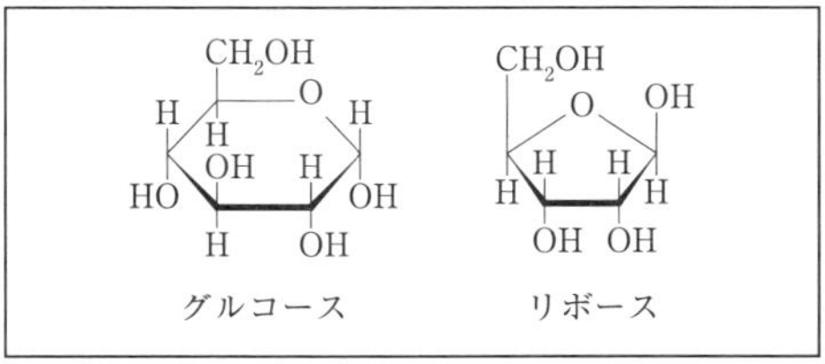

図 4.5.1-10 グルコースとリボース

200 mg 100 g^{-1} を超すことはまれである．この有機酸は，おもにグルコースが解糖系を経由して分解することによって，筋肉中に蓄積する．体内ではグリコーゲンがグルコースの供給源の1つとなっているので，グリコーゲン含量の多いマグロ，カツオなど回遊性魚類では底生の白身魚よりも乳酸の蓄積が多い傾向がある．無脊椎動物のエビ，カニ類では一般に乳酸の蓄積が起こりやすく，その量は上記の底生魚のレベルであるが，イカ類や貝類などの軟体動物では乳酸が蓄積しにくく，そのかわり前記のオクトピンなどのオピン類が蓄積しやすい．またアサリ，ハマグリなどの貝類では，コハク酸の蓄積が認められ（表 4.5.1-9），その含量は水揚げ後の時間経過に伴って増加する傾向がある．

j. 糖 類

魚介類のエキス中にしばしば見出される遊離の糖類は，おもにグルコースとリボースである（図 4.5.1-10）．このうちグルコースは魚類や甲殻類（カニ類）では 100 mg 100 g^{-1} を超すことはない．動物の死後に肉を貯蔵すると徐々に増加する傾向があるとされている．バフンウニの生殖巣では鮮度のすぐれたものでも 200 mg 100 g^{-1} 近い値を示し，二枚貝では 300 mg 100 g^{-1} にも達することがある．

エキス中のリボースは，魚介類の死直後にはほとんど検出されないが，時間経過に伴って魚類でも無脊椎動物でも主としてイノシンの分解

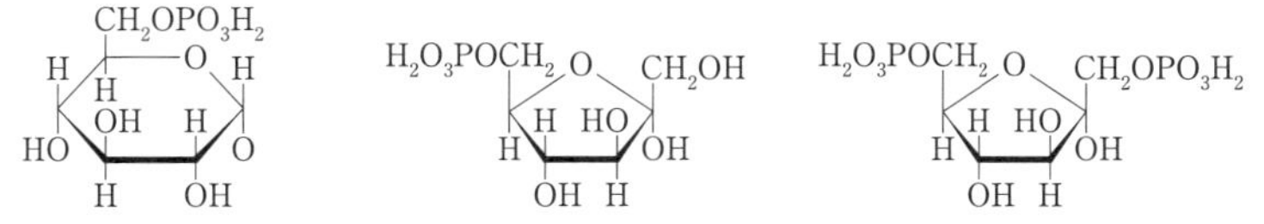

図 4.5.1-11　糖リン酸

時に生成することがある．また解糖系中間体のグルコース−6−リン酸，フルクトース−6−リン酸，フルクトース−1,6−ビスリン酸など糖リン酸（リン糖）が認められる（図 4.5.1-11）．このうちグルコース−6−リン酸とフルクトース−6−リン酸は，魚類や貝類に発現するオレンジミートの原因物質となっている．

4.5.2　エキス成分と呈味

かつお節粉末に熱湯を注いでだしをとると，味はこのだし（エキス）のほうへ移り，だしがらのほうはほとんど無味となってしまうことから，エキスが味の本体となっていることがわかる．魚介類には上述のとおり多数のエキス成分が含まれているが，そのすべてが呈味成分となっているわけではない．

呈味成分の同定に，最も多用されている分析手法は，オミッションテストである．この方法は，もとのエキス（天然エキス）の組成を模して試薬を混合した合成エキスを調製し，その後にこのエキスから個々の成分を順に除去して味質がどのように変化するかを官能テストによって調べ，各成分の味への寄与を検討するというものである．この方法は煩雑ではあるが，エキス中のどの成分が実際に呈味に関係するかを突きとめることができる．これまでに多くの魚介類エキスにオミッションテストが適用され，呈味成分が明らかにされた（表 4.5.2-1）．ここではおもにこの方法によって得られた知見に基づいて，基本味や「こく」，まろやかさ，複雑さなどに関係する物質について述べる．

A. 基本味物質

a. 甘　味

クルマエビ，イセエビ，ズワイガニなどの甲殻類やアオリイカ，ホタテガイなどの軟体動物では 600 mg 100 g^{-1} を超す量のグリシンが含まれており（表 4.5.1-1），それらの肉の甘味に寄与している．ズワイガニでは，グリシンが甘味だけではなくうま味も発揮するといわれている．プロリンはやや苦味のある甘味をもつが，アオリイカとイセエビの呈味成分となっている．アラニンも甘味をもち，バフンウニ，ズワイガニ，イセエビ，アオリイカ，ホタテガイなどの呈味成分となっている．ズワイガニでは，前述のとおり L−アラニンよりも甘味度の強い D−アラニンがおよそ 40％も含まれているので，その甘味の一部はこの型のアミノ酸による可能性が高い．

TMAO は淡い甘味をもち，イセエビやアオリイカの呈味成分とされている．しかし，まずい種類とみなされているソデイカにはこの物質が多量に含まれていて，必ずしもこの物質による甘味の効果が呈味力の発揮に寄与しているのかどうか明らかではない．

b. 塩　味

塩味は呈味の発現にきわめて重要である．これまでに呈味成分の詳細が明らかにされた多くの魚介類では，NaCl は単に塩味を付与するだけではなく，他の味を発現するために必須の成分とされている．たとえば，ズワイガニの合成エキスを用いたオミッションテストによると，甘味，うま味の発現のみならず，苦味の抑制，その種特有な風味（味の持続性，複雑さ，こく，まろやかさ，海産物らしさなど）の発現にも大きく寄与することがわかっている．

c. 酸　味

マグロやカツオなどの赤身魚エキスでは，pH が 5.5 ～ 6.0 になることがある．これは死

表 4.5.2-1　魚介類の呈味成分

エキス成分	ブリ	かつお節	イクラ	バフンウニ	ズワイガニ	イセエビ	アオリイカ	ホタテガイ
グルタミン酸	○	○	○	○	○	○	○	○
グリシン				○	○	○	○	○
アラニン				○	○	○	○	○
プロリン						○	○	
バリン				○				
メチオニン				○				
リシン（リジン）		○						
ヒスチジン	○	○						
アルギニン					○	○	○	○
グリシンベタイン				○	○	○	○	
アデニル酸					○	○	○	○
イノシン酸	○	○	○	○		○		
グアニル酸				○	○			
イノシン		○	○					
アデノシン			○					
グアノシン			○					
カルノシン		○						
ウラシル			○					
AC	○							
クレアチニン		○						
グルコース			○					
乳酸		○						
TMA			○					
TMAO						○	○	

○：呈味成分.
AC：α-アミノ酪酸などを含むアミノ化合物，TMA：トリメチルアミン，TMAO：トリメチルアミンオキシド.

後に乳酸の生成やATPの分解が起こり，プロトンが増加することによる．ブリのエキス（pH 5.7）では，アルカリを添加してpHを中性付近にシフトさせると，赤身魚特有の風味が失われてしまうので，上記の酸性域を保持することがこの種の魚類の風味発現に必要であることがわかる．かつお節では，乳酸が100 g（乾物重量）中に3 gも含まれるが，酸味だけではなく，味全体をまとめる役を担うといわれている．

コハク酸は，やや収斂味のある酸味を呈し，日本酒の呈味成分とされている．アサリやハマグリでも貝類特有の呈味を与えるが，ホタテガイでは呈味成分と認められていない．

d. 苦　味

アルギニンは苦味をもつアミノ酸であり，軟体動物や甲殻類のエキスに含まれる多量のアルギニンは苦味を与えるとみなされる．しかし，ホタテガイ閉殻筋のエキスはほとんど苦味を感じない．この理由は，エキス中のNaCl，グルタミン酸，AMPなどがこの苦味を強く抑制するからであり，この場合，アルギニンはむしろ複雑感やこくを増加させる方向に働くとされている．バリンはウニのもつ特有の苦味の発現に寄与する．メチオニンも苦味をもつアミノ酸であり，ウニ独特の味の発現には不可欠である．さらに，この物質が微量存在すると，グルタミン酸の味がより濃厚に感じられるようになる．

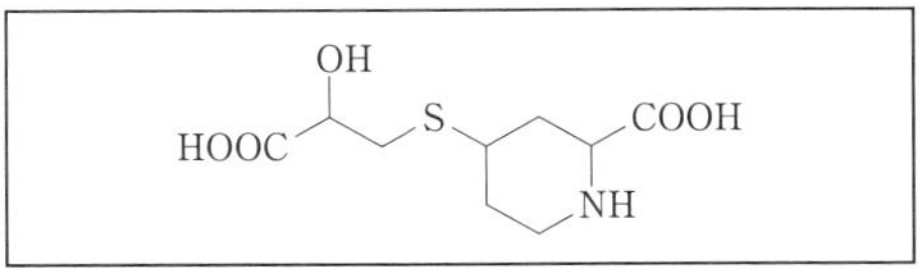

図 4.5.2-1　プルケリミン

最近，バフンウニの生殖巣中に苦味をもつ新規物質（プルケリミン）が見出された（図 4.5.2-1）．この物質は，成熟した雌性のみに出現することが多く，実際に多量であれば著しい苦味を発揮する．

e. うま味（旨み）

うま味は基本味のひとつとみなされている．魚介肉エキスに含まれるグルタミン酸は，そのうま味発現に必須の成分といえる．概して無脊椎動物に多いが，魚類には少なく，モノナトリウム塩（MSG）の閾値（味覚刺激を感じる最小濃度）とされる0.03％に達しないものが多い．しかし，IMPやAMPなどのヌクレオチドが共存すると，相乗効果が出現するので，明らかにうま味が感じられるようになる．ブリのエキスでは，IMPはうま味発現のみならず酸味の抑制，こくなどの強化という役割ももつことも知られている．

無脊椎動物たとえば軟体動物では，AMPがうま味の発現に寄与している．グルタミン酸との間に相乗作用が働くが，その呈味力はIMPよりもかなり弱い（約18％）．ホタテガイやアサリの合成エキスを用いたオミッションテストでは，AMPはうま味以外にも甘味の付与，苦味や酸味の抑制などの作用がある．ヌクレオチド以外の核酸関連物質では，イノシンがかつお節の，ヒポキサンチンがタラの呈味にそれぞれ関係するとされているが，より詳細な知見はまだ得られていない．

B. こく，まろやかさ，複雑さなどに関係する物質

カツオ肉には多量のヒスチジンが含まれており，したがって，かつお節にも著量のヒスチジンが検出される．しかし，そのだしの中で，このアミノ酸がどのような味を発現するのか，これまで明らかではなかった．近年になってヒスチジンが，だしに酸味とうま味を付与するとみなされるようになった．ブリでもオミッションテストによってヒスチジンがこくの増強に寄与することがわかった．

かつお節のだしにはジペプチドのカルノシンとアンセリンが含まれている．オミッションテストによって，後者は量が多いにもかかわらず風味に寄与せず，少量しか含まれていない前者は合成エキスから除くと微妙な味の変化をひきおこすという．イワシクジラにはイミダゾールジペプチドのバレニンが多量に含まれていて，こくとうま味の増加に寄与するとみなされている．グルタミン酸，システイン，グリシンからなるトリペプチドのグルタチオンについても知見が得られている．すなわち，純水に溶解させたグルタチオン（0.2％）は酸味を呈するが，ホタテガイの合成エキスに添加すると，甘味やうま味以外に「厚み」，「ひろがり」，「持続性」などが強められる．この現象は，その成分自体の味は単純であっても，添加した食品に含まれる他の成分の影響を受けて，まったく異なった複雑な味を生成する例の1つと解釈できる．

これまでグリシンベタインは爽快な甘味を呈するとされており，アワビやズワイガニでは，甘味のみならずうま味にも関係するとされていた．しかし，最近になってこの物質による甘味付与の効果は，従来考えられてきたほど強いものではなく，むしろこれらのエキスの味に濃厚感や複雑感をもたらす効果のほうが強いとみなされるようになった．

こく，複雑さ，まろやかさなどに関係するものは上述の有機成分だけではなく，無機成分のなかにも認められている．魚介類のエキスにはNaCl以外にカリウム，リン酸などのイオンも含まれ，これらもこく，複雑さ，まろやかさなどの感覚を与え，おいしさの発現に必要なものである．また，マグネシウム，カルシウムイオンもこのような感覚を与える．これらの物質は，総じてきわめて少量で有効であり，多量であれば苦味や収斂味を呈するようになる．その意味では一種の隠し味の効果ともいえよう．ちなみに通常はエキス成分の範疇に入れないが，それ自体はほとんど無味とされる高分子物質，たとえば，タンパク質，脂質，グリコーゲンのような多糖類も，こくなどの発現に関与するものが多いことが知られている．

（坂口　守彦）

4.6 水産物のにおい

嗅覚受容体に化学物質の分子が結合することで嗅細胞内において脱分極が誘発され，その活動電位が情報として脳へと送られ，においとして感じる．嗅覚が感じる感覚はヒトでは300種以上ある嗅覚受容体に特異的であり，したがって，化学物質に感じる嗅覚も実に多様である．水産物に限らず，多くの食品の嗅覚に達する揮発性化合物と嗅覚が感じる感覚との関連についての研究は，当初は揮発性成分のガスクロマトグラフィー質量分析法などの精密機器分析と官能検査により行われたが，1980年代以降は，嗅細胞に対する分子生物学的手法を導入することで，嗅覚応答によるにおい受容のメカニズムが急速に解明されてきた．

4.6.1 水産物のにおい成分

水産物の多くは鮮度低下，調理・加工，貯蔵などの要因によりにおいに寄与する化合物を生成するが，それらの種類と生成過程は実に多様である．

A. 揮発性含窒素化合物

トリメチルアミン（TMA）は，魚類筋肉に含まれるトリメチルアミン-*N*-オキシド（TMAO）が微生物酵素により還元されて生成する第三級アミンである（図4.6.1-1）．アンモニアは魚類筋肉中のAMPの脱アミノ反応で生成するほか，筋肉タンパク質などの含窒素化合物から鮮度低下に伴って生成する．TMAOおよび尿素含量が高い板鰓類筋肉は，微生物酵素によるTMAとアンモニアの生成量が多い（図4.6.1-2）．TMAの嗅覚閾値（においを認知できる空気中での最小濃度，表4.6.1-1）は0.000032 ppmでありアンモニアの1.5 ppmに比較してきわめて低いので，不快臭の発生に大きく関与する．

ピペリジン，ピロリジンの環式第二級アミン類，プトレシン，スペルミジン，スペルミンなどのポリアミン類にはTMAと類似した生臭みがあり，川魚や河川に遡上したシロザケ（ブナザケ）特有のにおいを特徴づけている（図4.6.1-1）．

腐敗が進行すると，強い糞臭を呈する環状アミンのスカトールとインドールが生成する．これらは，微生物により魚介類のタンパク質が分解されて遊離するトリプトファンから，複数の生成経路における脱炭素，脱アミノを経て生成する（図4.6.1-3）．

B. 揮発性低級脂肪酸

酢酸は魚介類がきわめて新鮮でもわずかに存在するが，鮮度の低下に伴って生成するプロピオン酸，酪酸，イソ酪酸，吉草酸（バレリアン酸），イソ吉草酸などの炭素数5～6の脂肪酸が不快臭の原因である．これらの揮発性低級脂肪酸は遊離アミノ酸が微生物による脱アミノ反応をうけて生成する経路と，脂質二次酸化生成物であるアルデヒドから酸化生成する経路がある．吉草酸のアミノ誘導体である5-アミノ-*n*-吉草酸は魚体表面粘液中に存在し，血生ぐさ臭を呈する（図4.6.1-4）．

C. 揮発性カルボニル化合物

アルデヒド，ケトン，低級脂肪酸などのカルボニル基をもつカルボニル化合物の多くは，不

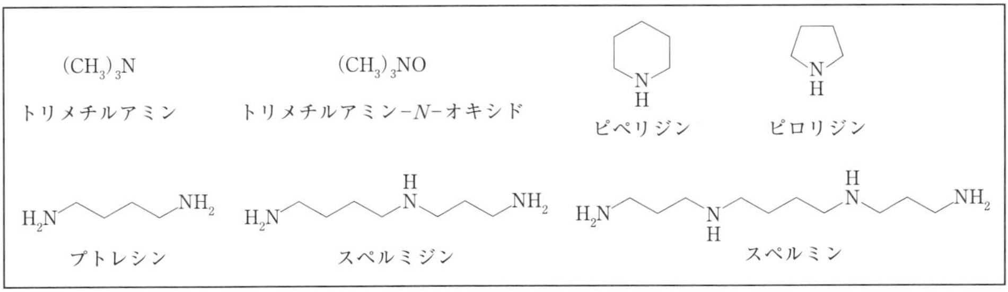

図4.6.1-1　揮発性含窒素化合物

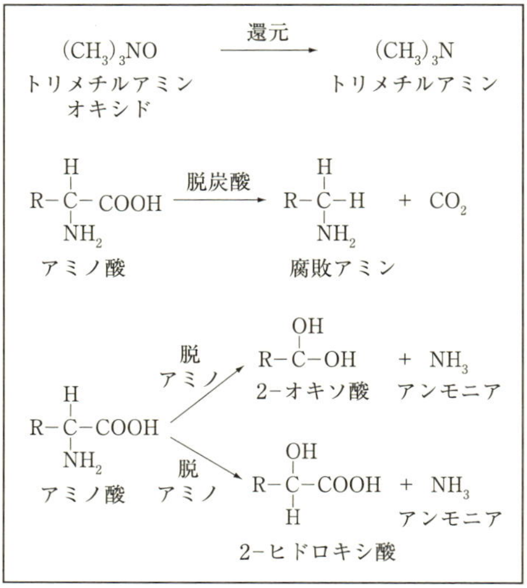

図 4.6.1-2　微生物による TMA，腐敗アミン類およびアンモニアの生成

飽和脂質の酸化一次生成物であるヒドロペルオキシドの開裂によって生じる（4.3.3）．水産物脂質中に存在割合が高い n-3 系脂肪酸由来のカルボニルは 4−オクタジエン−3−オン，2,4−ヘプタジエナール，2−ヘキセナール，2,4,7−デカトリエナール，1,5−オクタジエン−3−オール，1,5−オクタジエン−3−オンなどが，n-6 系脂肪酸由来のカルボニルには 1−オクテン−3−オール，2−ノナジエナールなどである．個々のカルボニル化合物は特有のにおいを呈するが，嗅覚閾値が低いものは生成量が少なくてもにおいに強く影響する．

鉄などの遷移金属，食塩，pH，熱，光などの電磁波，抗酸化性物質の有無など，不飽和脂質の酸化に影響する種々の因子によりカルボニル化合物の生成は影響を受けるので，水産物の脂質含量，貯蔵条件，加工条件などにより同じ水産物種であってもにおいの感じ方は異なる．

D. 揮発性含硫化合物

硫化水素，メタンチオール（メチルメルカプタン），ジメチルスルフィド（DMS），ジメチルジスルフィド（DMDS）などの揮発性含硫化合物（図 4.6.1-5）は，システインなどの含硫アミノ酸を前駆体として生成される．いずれも嗅覚閾値が低く，少量でもにおいを感じる．DMS の前駆体であるジメチル−β−プロピオテチン（DMPT）は単細胞藻類で生合成されるが，食物連鎖により魚介類に取り込まれたのちに分解され，DMS を生成する．硫化水素とメタンチオールは食品の加熱による含流アミノ酸の熱分解で生成される．含硫化合物の多くは卵が腐ったようなにおいの原因となる．緑藻類と紅藻類において合成・蓄積された DMPT は，鮮度低下に伴い DMS へと分解されて磯臭の原因となる．緑藻類のアサクサノリやスサビノリを原料として製造される干しのり，テングサやオゴノリなどから製造される寒天などでは，原藻の鮮度が悪いと磯臭を感じることがある．

表 4.6.1-1　おもなにおい化合物の嗅覚閾値

物　質	嗅覚閾値（ppm）
アンモニア	1.5
トリメチルアミン	0.000032
ピペリジン	0.063
ピロリジン	1 ～ 10
インドール	0.0003
スカトール	0.0000056
吉草酸	0.000037
イソ吉草酸	0.0015
4−ヘプテナール	1
2,4−ヘプタジエナール	10
2−ヘキセナール	17
2,4,7−デカトリエナール	150
1−オクテン−3−オール	10
1,5−オクタジエン−3−オール	10
1,5−オクタジエン−3−オン	0.001
2−ノネナール	0.08
trans−2,*cis*−6−ノナジエナール	0.01
硫化水素	0.00041
メタンチオール	0.0007
ジメチルスルフィド	0.001 ～ 0.01
ジメチルジスルフィド	0.0022
ジオスミン	0.0000065
アクロレイン	0.0036
ピリジン	0.063

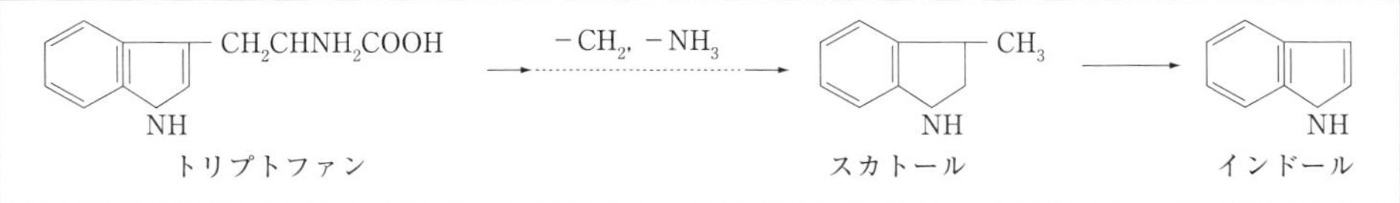

図 4.6.1-3　微生物によるトリプトファンからスカトールとインドールの生成

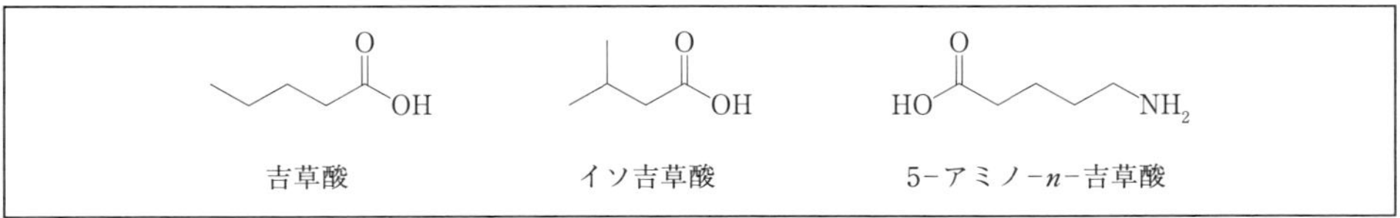

図 4.6.1-4　揮発性低級脂肪酸

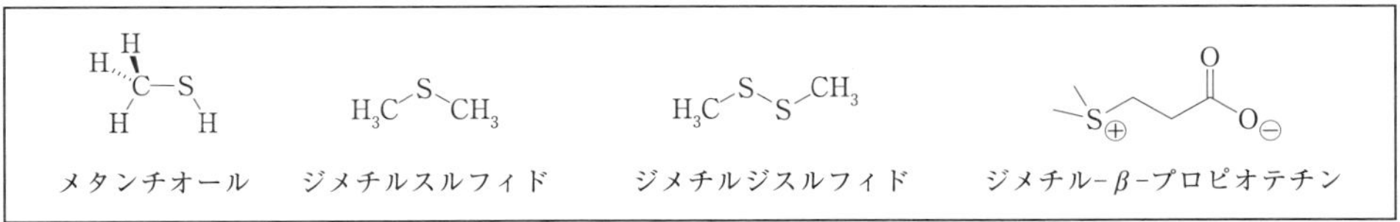

図 4.6.1-5　揮発性含硫化合物

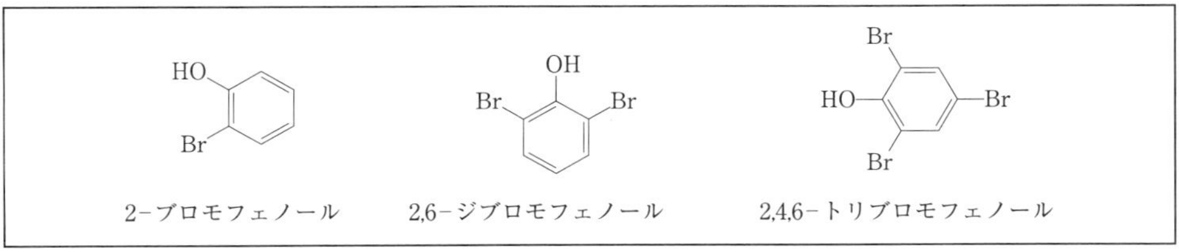

図 4.6.1-6　ブロモフェノール類

E. ブロモフェノール類

ニベ類に発生することがある消毒薬に似たにおいには，3 種の 2-，3-および 4-ブロモフェノール異性体，2 種の 2,4-および 2,6-ジブロモフェノール異性体，2,4,6-トリブロモフェノールの同族体が関与するが，このなかで嗅覚閾値が最も低い 2,6-ジブロモフェノールが主要なにおい成分である（図 4.6.1-6）．ブロモフェノール類を特異的に生成・蓄積した植物プランクトンからの食物連鎖による魚類へのとりこみが原因とされる．

F. 着臭成分

異臭として魚介類にみられることがある石油臭は，重油の流出事故や船舶からの燃料油の漏出などにより海水中に放出された，主として炭化水素類が魚介類にとりこまれることで発生する．

ニジマス，ウナギ，アメリカナマズ，エビなどの淡水，汽水域に生息する魚介類にみられるカビ臭あるいは泥臭は，富栄養化水域で発生する藍藻の一種が生成するジオスミン〔(4*S*, 4a*S*, 8a*R*)-4,8a-ジメチル-1,2,3,4,5,6,7,8-オクタヒドロナフタレン-4a-オール〕や 2-メチルイソボルネオールが原因である（図 4.6.1-7）．ジオスミンの嗅覚閾値は非常に低いので，におい物質として重要である．

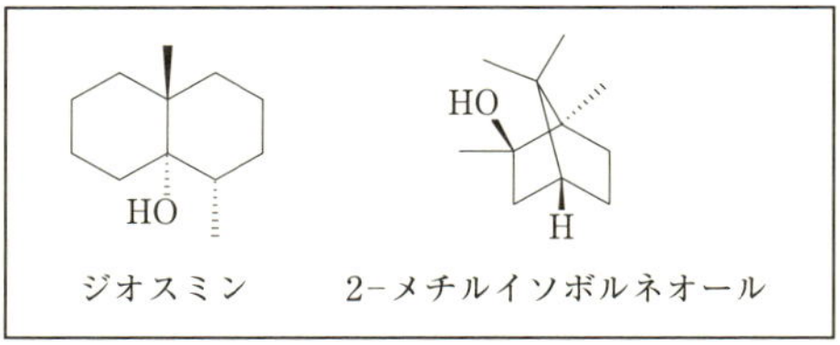

図 4.6.1-7　カビ臭・泥臭の原因物質

4.6.2　においの発生に関与する因子

鮮度のよい水産物には，においをほとんど感じない．鮮度が低下するにつれてにおい物質が生成されるが，鮮度がよくても独特のにおいをもつ水産物もある．また，加熱調理は独特のにおいを醸し出す．

A.　鮮度低下

魚介類死後の時間経過に伴って進行する自己消化や二次汚染微生物の作用により，においに関与する化合物が生成される．いずれの場合も酵素作用による化学変化が原因であることから，水産物組織の脆弱性，pH，貯蔵温度と経過時間が密接に関係する．揮発性アミン類の多くは塩基性であり，酸性条件下では揮発しにくい（図 4.6.2-1）．

赤身魚では，死後 pH が速やかに低下するので，普通筋解硬後の筋肉は鮮度がかなり落ちても pH 6.5 を上回ることはまれであり，揮発性アミン類が生成したとしてもにおいを感じることは少ない．一方，白身魚では鮮度低下が進むと普通筋は pH 8.0 程度まで容易に上昇するので，揮発性アミン類の生臭さを強く感じるようになる．

B.　加工，調理加熱

マアジを煮熟すると生臭さが強くなるが，これは加熱中に増加する TMA による．また，煮熟したマイワシに感じる特有なにおいは，TMA のほかに不飽和脂質の酸化で生成したカルボニル化合物が原因である．

魚介類を焙焼する際には煮熟する場合よりも表面温度が高くなるが，調理時間によってもにおい化合物の組成は大きく異なる．メイラード反応の際に副反応として進行するストレッカー

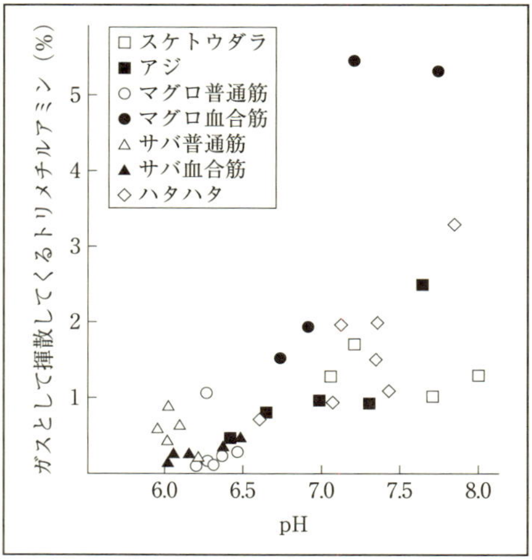

図 4.6.2-1　トリメチルアミンの揮散量と魚肉 pH の関係
〔飯田遙ほか，東海区水産研究所報告，104，p.87（1981）より一部改変〕

分解がにおい物質の生成に関与する．マサバやイワシの焙焼臭はアセトアルデヒド，プロピオンアルデヒド，アクロレインなど 18 種の揮発性カルボニル化合物が関与している．アオリイカやシバエビの焙焼臭に関与する物質は 2−メチルピリジン，3−メチルピリジン，2−メチルピラジンなどの含窒素化合物が特異的である（図 4.6.2-2）．魚類の焙焼臭に関与する炭化水素類は検出されることが少ない．

食品の加熱によりシステインやメチオニンなどの含硫アミノ酸は熱分解されて硫化水素とメタンチオールを生成する．缶詰やレトルト食品では，これらの揮発性含硫化合物が密封容器内に蓄積し異臭の原因となることがある．

C.　水産物を特徴づけるにおい

アユの独特な香気は，餌料の付着珪藻類からとりこまれる．さらに，n-3 系高度不飽和脂肪酸からリポキシゲナーゼにより産生されるヒドロペルオキシドが，さらにリアーゼによる脱離をうけて生成する 1−オクテン−3−オール，*cis*−6−ノネン−1−オール，*trans*−2,*cis*−6−ノナジエナールなどの炭素数 9 個のアルコールとアルデヒドが香気に関与している．これらの酵素

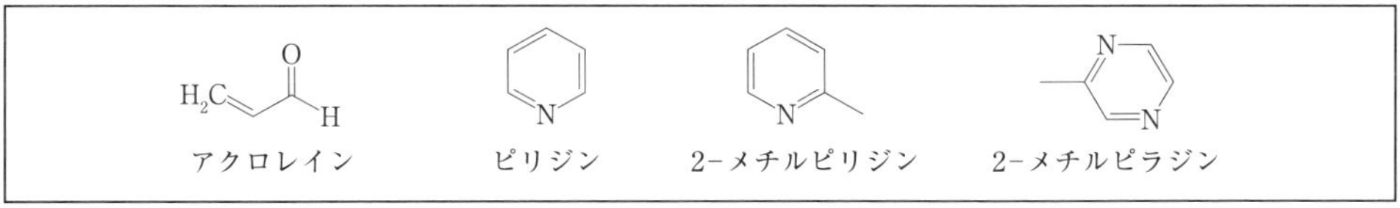

図 4.6.2-2　アクロレインと揮発性含窒素化合物

反応は魚皮や血液で進行すると考えられている．リポキシゲナーゼによる特異なカルボニル化合物の生成は，キュウリウオや五大湖に生息する小型淡水魚 emerald shiner (*Notropis atherinoides*) の特有なにおいの要因である．

太平洋産マガキ (*Crassostrea gigas*) のメロン様のにおいには，*trans*−2,*cis*−6−ノナジエナールと 3,6−ノナジエン−1−オールなどの炭素数 9 個のカルボニル化合物が関与している．この特有なにおいをもたない大西洋産カキ (*C. virginica*) には，これらのカルボニル化合物は検出されない．一方，いずれのカキにおいても感じられる重い感じのマッシュルーム様においには，DMDS，ジメチルトリスルフィドの含硫化合物と炭素数 7 ～ 8 個の不飽和アルコール類が関与している．

ホヤは，漁獲後の時間経過とともに独特のにおいが強くなることから，敬遠されることがある．組織中で，アルキルスルホヒドラーゼによりアルキル硫酸塩が加水分解されて生成する，シンチアオールと命名された炭素数 8 と 10 の直鎖アルコール類が，ホヤの特有なにおいに関与している．

D. 水産加工品のにおい成分

かつお節の香気はカツオ本来の成分のほかに焙乾工程の燻煙成分，脂質酸化物質，カビ付け工程で微生物が生成する成分など多様な化合物（炭化水素類 37 種，アルコール類 42 種，アルデヒド類 36 種，ケトン類 49 種，エステル類 5 種，フェノール類 27 種，エーテル類 21 種，酸類 27 種，ラクトン類 11 種，フラン類 18 種，窒素化合物 38 種，含硫化合物 4 種，チアゾール 5 種の計 320 種）が微妙なバランスで混合されたことにより得られる．その中で 2,6−ジメトキシフェノール誘導体，シクロテン，*cis*,*cis*−1,5,8−ウンデカトリエン−3−オール，1,2−ジメトキシ−4−メチルベンゼン，*cis*−4−ヘプテナール，2,5−オクタジエン−3−オール，3−メチル−2−シクロペンテノン，2,3−ジメチル 2−シクロペンテノン，2−メチル−2−ブテン−4−オリド，3−メチル−2−ブテン−4−オリド，2,6−ジメトキシ−4−エチルフェノール，2−ウンデカノンなどが，かつお節の特有なにおいの形成にとって重要である．

乾燥海藻の主要なにおい成分である DMS は，乾燥工程で前駆体 DMPT の酵素分解により生成される．海藻脂肪酸の α 位に特異的に酸素が結合して生成するヒドロペルオキシドの，酵素的分解により長鎖不飽和アルデヒドを生じる機構は，海藻に特徴的なにおい成分の生成機構である．

（大島　敏明）

4.7 魚介類の死後変化

魚介類が死亡すると，生体内でさまざまな死後変化が起こるが，死後変化に伴って起こる諸現象は，食品素材としての品質にさまざまな影響をもたらす．本節では，魚介類の死後変化を生化学的変化と物理的変化に分けて説明するとともに，これらを利用した鮮度判定法について述べる．

4.7.1 死後の生化学的変化

A. ATP 関連化合物の変化

魚介類の筋肉は運動，遊泳器官であり，筋収縮の素反応はミオシンとアクチン間での ATP のエネルギーを利用した相互作用である．エネルギーはミオシンによる ATP の加水分解で得

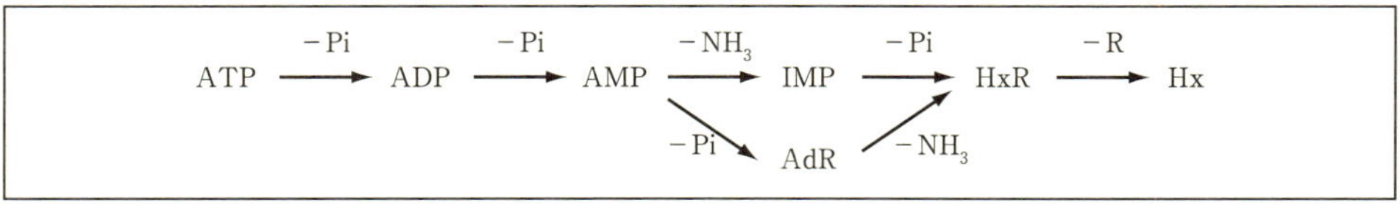

図 4.7.1-1　ATP の死後分解経路
上段は魚類および一部の無脊椎動物の経路，下段の AdR を経由するのは無脊椎動物の経路．ATP：アデノシン三リン酸，ADP：アデノシン二リン酸，AMP：アデニル酸，IMP：イノシン酸，HxR：イノシン，Hx：ヒポキサンチン，AdR：アデノシン，Pi：無機リン酸，NH_3：アンモニア，R：リボース．

られ，ATP はリン酸を失い，ADP に変化する．ADP は鰓からとりいれた酸素を使い，酸化的リン酸化系で ATP に再生される．魚肉中の ATP 濃度は 10 μmol g^{-1} 程度である．ATP の再生にはグリコーゲンの化学エネルギーが用いられるため，遊泳能力の高い魚類の筋肉は高濃度のグリコーゲンを貯蔵している．また，ATP 再生に必要な酸素供給のために，筋肉中にミオグロビンを多量に含む．マグロなどの回遊魚や鯨類の筋肉が赤色を呈するのは，ミオグロビン中のヘム鉄に起因する．魚介類は直接的な ATP 再生のため，筋肉中に ATP 濃度の 2 倍程度の高エネルギーリン酸化合物であるクレアチンリン酸（軟体動物，甲殻類ではアルギニンリン酸）を含む．このリン酸化合物は ADP にリン酸基を転移することで ATP を再生する（4.5.1.B.f）．このため，ATP が減少する前にクレアチンリン酸の減少が起こる．

心臓が停止して魚介類が死ぬと，血流の停止に伴い，鰓からの酸素の供給が絶たれ，酸化的リン酸化系での ATP 再生が停止する．魚介類の死後も，筋肉を含めすべての細胞は ATP を消費し続けるので，ATP の減少が起こる．ATP は，死後しばらくの間はクレアチンリン酸からのリン酸交換反応で再生されるが，クレアチンリン酸の減少に伴って ATP も減少していく．

死後，筋肉中の ATP は次々に酵素分解を受けて消失し，最終的にヒポキサンチン（Hx）にまで変化する（図 4.7.1-1）．魚類の ATP 分解経路は IMP を経由するが，無脊椎動物の場合は魚類と異なる場合もある（4.5.1.B.c）．AMP のアミノ基を切断し，IMP に変換させる AMP デアミナーゼの活性が低いため，AMP はリン酸を失いアデノシン（AdR）に変化する反応を受ける．その後，アミノ基が切られ HxR になる．

一般的に酵素反応は温度と時間によって決定されるので，分解の程度を知ることでこの魚介類が置かれた履歴（温度・時間の積分値）を推定することができる．この原理に基づいた鮮度指標が K 値である（4.7.5.B）．

B.　pH の変化

貯蔵エネルギー物質であるグリコーゲンは，解糖系でピルビン酸にまで代謝されたあとでアセチル CoA を経てクエン酸回路（TCA 回路）に至る（図 4.4.1-3）．しかし，酸素供給が絶たれた死後の嫌気的条件ではクエン酸回路に入らず，最終化合物としてグルコース 1 分子あたり 2 分子の乳酸が生成され，蓄積される．グリコーゲン含量の高いマグロ，カツオ，イワシ，サバなどの赤身魚では乳酸が高濃度に蓄積され，筋肉の pH が低下する．pH が低下すると筋肉タンパク質の変性が促進され，食品として利用する場合に大きな問題となる．

ブリやマグロ類に発生するやけ肉（灰褐色の水っぽい筋肉部位）は，水揚げ時に魚が暴れて筋肉の pH が低下し，かつ体温が高いときにおこるもので，筋原線維タンパク質の酸変性が原因と考えられる．

死後の筋肉の pH 低下は K 値にも影響を与える（4.7.4.B.a）．

C.　死後硬直の発生

魚類および無脊椎類の筋肉中で ATP から ADP への変化に寄与するのは筋肉収縮である．筋肉は，ATP をエネルギーとして収縮運動を行うが，これには Ca イオンが関与している．

生きている筋肉細胞では，筋小胞体にCaイオンがとりこまれ，筋収縮が起きないように低Ca濃度に維持してATPの消費を抑えている．また，消費より再生が上まわり，常に高濃度で維持される．しかし，死後，ATP消費が進み，ATP濃度がμmol g^{-1}オーダーにまで低下すると，Ca濃度による制御ができなくなり，筋肉は残っているATPを使って収縮する．これが，死後硬直といわれている現象である．近似的には筋肉の死後硬直はATPの消失とともに起こる．

魚介類を苦悶死させた場合は，死に至るまでの運動（筋収縮）でATPは消費され，死んだときのATP濃度は著しく減少する．すると，貯蔵中のATPが消失するまでの期間が短縮され，結果として死後硬直が早く起こる（表4.7.1-1）．魚市場では，硬直前の活け締め魚は活魚と同等に評価され，商品価値が高いので，死後硬直の遅延は大きな経済価値を生む．

魚介類の死後のATPの分解（図4.7.1-1）は，IMPまでは比較的速やかに反応が進行するが，IMPからHxRへの反応速度は小さく，結果として，魚肉中にIMPが蓄積されることになる．このIMPは呈味成分であるので，これが蓄積されK値が低い魚肉は，刺身として高く評価される．このIMPからHxRへの反応がK値を決める事実上の律速段階である．ATPの分解に関与する酵素群は，図4.2.3-1に示した．

一方，無脊椎動物のATP分解経路は魚類と異なる．AMPのアミノ基を切断し，IMPに変換させるAMPデアミナーゼの活性が低いため，AMPはリン酸を失いAdRに変化する反応を受ける．その後，アミノ基が切られHxRになる．

さまざまな魚介類の貯蔵中におけるATP関連化合物の量的変化は，表4.5.1-4に示した．

D. 揮発性塩基窒素の発生

魚介類を長期間保存すると，各種の揮発性塩基窒素（VBN）が生成する．代表例として，トリメチルアミンオキシドからトリメチルアミンやジメチルアミンが生成され，これらが魚臭の原因となる．さらに，貯蔵後期には増殖した細菌の働きでさまざまなVBNが生成される（4.7.5.B.c）．

表4.7.1-1　天然および養殖ヒラメの死後硬直の進行とATP消失

試料区分（10°C保存）	硬直開始〜完全硬直到達時間（h）	筋肉中のATP濃度が1 μmol g^{-1}以下になるまでの時間（h）
即殺区		
養殖ヒラメ	6〜32＜	＞32
天然ヒラメ	6〜32＜	32
苦悶死区		
養殖ヒラメ	2〜8	2
天然ヒラメ	2〜8	4

〔山中英明，魚類の死後硬直，p.75，恒星社厚生閣（1991）より一部抜粋〕

4.7.2　死後の物理的変化

A. 硬直から解硬，軟化

魚介類の死後の物理的変化のうちで肉眼的にも顕著なのは，魚体の魚体硬直とそれに続く解硬，軟化である．硬直が発生する機構については先に4.7.1で述べた．一方，筋肉の軟化機構については多くの原因が提唱されている．まず，貯蔵した魚肉に力を加えると結合組織が容易に破壊されるようになり，結合組織の構造が疎になってくる．また，貯蔵中の魚肉をホモジナイザー（粉砕器）で微細化すると，サルコメア（筋原線維の最小単位）数の少ない（短い）筋原線維が調製される．一方，筋原線維のサルコメアの構造とミオシン，アクチンなどの主要タンパク質の変化は起こらない．これらの事実やさまざまな研究から，筋肉の軟化原因として，① 結合組織（細胞外マトリックス）の破壊，② 筋原線維の脆弱化，③ ミオシン–アクチン間の結合の脆弱化，があげられており，これらが複合的に関与していると思われる．結合組織の破壊は，コラゲナーゼによるコラーゲンの分解が関与している．肉の身割れも結合組織の破壊が主因である．

筋原線維の脆弱化は，死後硬直により発生した張力がZ線（図4.2.1-1）に持続的に緊張を与えたことで，その構造が弱くなったのが原因

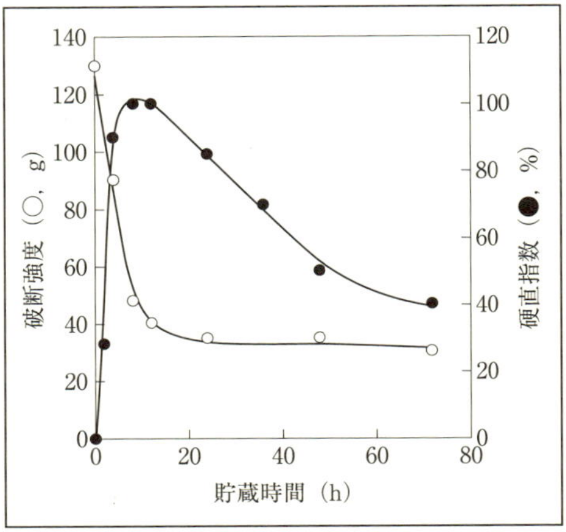

図 4.7.2-1　冷蔵庫に保管したマイワシの硬直と筋肉の物性
4°C保存. 3 mmの円柱プランジャーで破断強度を測定.〔山中英明，魚類の死後硬直，p.44，恒星社厚生閣(1991)より一部抜粋〕

である．また，筋原線維の構造を維持するタンパク質〔Z線を構成しているα–アクチニンとアクチン，ミオシンフィラメントを連結してサルコメアの構図を保つコネクチン（タイチン）〕の酵素的分解も関与している．なお，筋原線維の脆弱化には，死後，筋小胞体から放出されたカルシウムイオンが関与しているという説もある．

魚類の硬直度を簡便に数値化したのが硬直指数である（図 4.7.5-2）．これまで，魚個体の硬直と筋肉の硬さは相関すると信じられてきたが，近年は両者を別に考えるべきだという考えに変わっている．魚肉にプランジャーを押し込み，破断荷重を求めると，その値は貯蔵時間とともに小さくなり，この減少は硬直中も進む．典型的な例として，イワシを4°C保存したときの結果を示す（図 4.7.2-1）．硬直指数は死後8～10時間で100%に達するが，そのときには魚肉の破断強度は最小値にまで低下する．マダイ，ブリでも同じような結果が得られている．

4.7.3　自己消化

魚介類の筋肉に含まれるタンパク質は，貯蔵中に徐々に分解を受ける．これには，① 筋肉に含まれるプロテアーゼによるものと，② 微生物が増殖し，それが生産する酵素によるものがある．このうち，① の内在性の酵素による分解を自己消化とよぶ．すべてのタンパク質は寿命をもち，生きているときは絶えず分解と合成が繰り返され，常に機能に優れたタンパク質として存在する．このタンパク質の合成はリボソームで行われ，分解はリソソームで行われる．リソソームにはカテプシンB，Lなどのシステインプロテアーゼが存在し，死後はこれらによる分解が顕著となる．これ以外に，細胞のアポトーシス原因酵素としてのカスパーゼ，コラーゲンを分解するマトリックスメタロプロテアーゼ，さらに数種の筋原線維結合型のプロテアーゼが，タンパク質分解に関与している．

エビやオキアミのように消化器官が筋肉組織に接近している場合は，死後の組織の脆弱化により内臓の消化酵素（トリプシンなど）が筋肉に漏れ出し，本来非水溶性の筋肉タンパク質を分解して，水溶化することで，歩留まりの低下や加工適正の劣化をひきおこしている．

また，スルメイカに代表されるツツイカ類の外套膜筋肉には，非常に強いメタロプロテアーゼが存在する．この酵素はミオシンにのみ作用し，分子中央付近のたった1カ所で2つの内部断片に切断する．イカ個体を冷蔵，冷凍保存中には自己消化はさほど問題とならないが，イカ外套膜に食塩を添加し，ミオシン線維を溶解させると，切断箇所を露出させることになり，自己消化を促進する．さらに温度が上昇すれば，それだけ酵素活性を上昇させることとなる．これが，イカ外套膜筋から優れた加熱ゲルが製造できない理由である．なお，コウイカ類の外套膜筋肉にはこの酵素が含まれないので，このような問題はない．

（今野　久仁彦）

4.7.4　鮮度保持技術

水産物の鮮度を保つ技術は，食品衛生的な考えに基づく微生物の増殖の抑制を目的とした低温保蔵から，消費者の高品質訴求に対応した，高鮮度・高品質を求める「活き」の保持へと変化しつつある．活魚は高い価格で取り引きされているが，適切に鮮度処理された鮮魚であれば死後硬直前のものは活魚と同等の価格で取り引きされる．ここでは，水産動物の鮮度を保つ技術として致死条件，保管温度，保管中のガス環境の影響について述べる．それぞれ多様な技術が開発，提唱されているが，実際の流通にあたっては対象となる水産物の特性，目的とする保持時間などにより最適な方法を選択することが肝要である．

A. 致死条件

魚は漁獲される際に暴れることにより筋肉中のATPを著しく消費し，その後の硬直などの品質変化が速く進行する．活け締め処理は，水揚げ時に魚の頭部や鰓の奥に包丁を入れ運動中枢である延髄を切断する即殺法の1つである．魚が暴れずに死に至るため即殺直後の筋肉中ATP濃度を高く維持でき，硬直を遅らせることが可能になる．マダイ，ハマチ，ヒラメをはじめとした養殖魚の出荷時に行われる．

活け締め処理の後に，エアガンや金属製ワイヤーで脊髄を破壊することは，活け締め後に起こる魚体の痙攣を抑制し，マダイ，ハマチの死後硬直の遅延に有効とされている．

また，鰓の付け根や尾部の一部を切ることによる脱血処理は，筋肉部に血が回るのを防止し，新鮮な肉色が保持され，マグロ，カツオなどの回遊性赤身魚の鮮度保持に有効である．

シャーベットアイス（4.8.3.C）や氷と水を混合した氷水に生きた状態から直接投入する氷水締めも行われる．この方法は投入後もしばらくの間は魚が生きているので，活け締めのような即殺とは異なるものの，漁獲された魚を急速に冷却する効果があり，大量の魚を水揚げする場合などに用いられる．

致死前の取り扱い条件としては，漁獲後の短期蓄養が活け締め後の鮮度低下の抑制に有効である．漁獲時の暴れにより筋肉中のATP含量は低下し，乳酸の蓄積によりpHは低下するが，数時間の安静蓄養により回復し，活け締め後の死後硬直までの時間が延長される．また，一定の期間，生息水温より低温下で蓄養することにより，筋肉中ミトコンドリアのATP合成酵素量が増え，死後の筋肉組織中でのATP合成が持続するため，結果的にATPの消失が抑制されて死後硬直が遅延される．

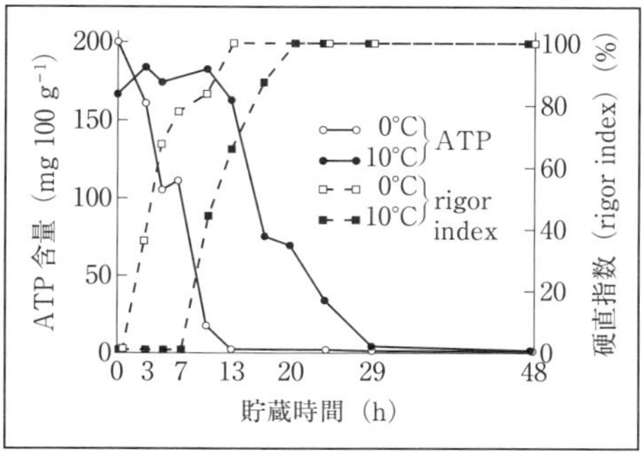

図 4.7.4-1　マダイの保管温度と品質変化
〔岩本宗昭ほか，日本水産学会誌，51 (3)，p.444 (1985)〕

B. 保管温度

これまで，魚介類はなるべく低温，すなわち氷温で貯蔵するのが鮮度保持の観点から優れていると信じられてきたが，死後硬直の観点からは異なる結論が得られている．すなわち，氷温保存より10°C保存のほうがATPの減少が遅れ，結果として死後硬直も遅くなる．これは，筋小胞体へのCaイオンのとりこみ能が氷温より10°Cのほうが高く，筋肉中のCa濃度を低く保つことができ，収縮のためのATPの消費が抑制されるためであると説明されている．この効果は養殖，天然マダイ，ブリおよびヒラメなどで実証されている．しかし，筋肉中の種々の生化学反応や微生物の増殖は温度が高いほど速く進行するので，死後硬直に至った後の魚体はできるだけ低温に保つ必要がある（図 4.7.4-1）．

C. ガス置換保存

活ホタテガイより貝柱を取り出して保存すると，ATPの消失に伴い貝柱が収縮し，商品価値を失う．その際，100%酸素ガス雰囲気中で保存すると，空気中（酸素20%）よりもATPの消失と貝柱の収縮が遅延される．生体組織におけるATPの再生には酸素が必要なため，貝柱

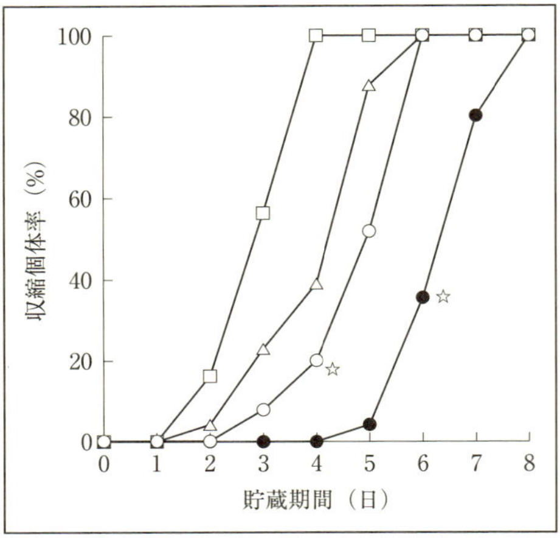

図 4.7.4-2　ホタテガイ貝柱のガス置換包装による収縮の防止（5°C）
● O_2 = 100 %，　△ O_2：CO_2 = 80：20，　□ O_2：CO_2 = 60：40，○空気．☆は初期腐敗．
〔木村　稔ほか，日本水産学会誌，66（3），p.476（2000）〕

を高濃度の酸素にさらすことにより，組織レベルでの呼吸反応が維持され，組織中のATP濃度が高く保たれることにより，「活き」が保持される（図 4.7.4-2）．

4.7.5　水産物の鮮度判定

水産物の鮮度は，流通時の価格や利用加工法に大きく影響するので，客観的に判断することは経済的観点からも重要である．そのため，従来から水産物の鮮度に関しては多くの判定法が提唱され，一部は実際に流通，加工時にも利用されている．しかしながら水産物の鮮度自体，多面的なものであり，鮮度そのものの見方が，流通の場面により大きく異なるため，いずれの鮮度判定法も一長一短があり，完全なものではない．したがって，それぞれの判定法の原理をよく理解し，状況に応じて最も適した方法を選択することが重要となる．一般に水産物の鮮度判定方法は，官能的方法，化学的方法，物理的方法，微生物学的方法に大別される．以下にその概要をとりまとめる．

A.　官能的方法

食品の味，香り，硬さなどをヒトの感覚により評価する手法を官能評価という．ヒトを用いた評価であるがゆえに主観的なものと考えられがちであるが，的確な手法と統計学的解析に基づいた官能評価の結果は十分な客観性をもつ．複数の試料間の差の有無や，味の強弱を判定するような分析型の官能評価と，美味か否か，好みなどを尋ねる嗜好型の官能評価に大別される．水産物の鮮度判定によく用いられる項目としては，外観（体表の光沢・粘液・縞模様の程度，眼球のくぼみや白濁，鰓の色，筋肉の透明感，内臓の融解），におい（生ぐさ臭，腐敗臭），硬さ（魚体の弾力，刺身としての硬さ）などがある．評価に従事する人（パネル）の協力体制や熟練の程度，官能評価の実施方法，結果の統計解析など，客観的な結果を得るために配慮すべき点は多いが，水産物の鮮度判定項目の中で，とくににおいの評価などついては，高額な分析機器を用いるよりも高感度な判定が可能である．

B.　化学的方法

a.　*K*　値

生きている組織中には含まれないが，死後，生化学的変化により生成，蓄積される成分の含量が鮮度の指標として用いられる．代表的なものが*K*値である．4.7.1に述べたように，水産動物の筋肉中には，筋収縮運動などのエネルギー源として1gあたり数μmolのATPが含まれている．死後は，呼吸の停止により酸素の供給が途絶えるためATPの再生経路が働かなくなり，ATPは分解，消失し，数時間から数日後にはその分解産物であるイノシン（HxR）とヒポキサンチン（Hx）が蓄積する（魚類と無脊椎動物では途中の分解経路が異なるが，最終産物は同様である）．*K*値は，このATP関連化合物の割合から鮮度を判定するものである．総ATP関連化合物量に占める，リン酸をもたない化合物（HxR + Hx）の割合（%）として定義され，この値が小さいほど新鮮と考えられる．

$$K\text{値}(\%) = (\mathrm{HxR} + \mathrm{Hx}) / (\mathrm{ATP} + \mathrm{ADP} + \mathrm{AMP} + \mathrm{IMP} + \mathrm{HxR} + \mathrm{Hx}) \times 100$$

生鮮水産物の官能的鮮度と K 値はよく対応していることから，K 値は鮮度の化学的な指標として広く用いられている．鮮魚として一般に販売されているものは K 値が 15 ～ 35％で，20％以下が刺身用として，40％以下は焼魚，煮魚用として利用されている．

ATP およびその関連成分は，筋肉より水溶性低分子画分を抽出し，高速液体クロマトグラフィーなどにより定量分析されるが，K 値を測定する専用装置も開発されている．

ATP から Hx までの分解は特異的な酵素反応による化学反応によるものであり，反応は温度に大きく影響されることから，K 値の上昇は死後の魚介類の時間経過と温度履歴を表しているといえる．実際に 8 種類の水産物を氷蔵で保管した際の K 値の変化をみると，時間の経過により一様に K 値は増加した（図 4.7.5-1）．

K 値上昇の程度は，魚種により大きく異なっている．これは，ATP の分解に関与する酵素の量および質，筋肉内の pH などの生化学的環境が，水産物の種類や死に至る履歴などによって異なることが原因である．たとえば赤身魚の筋肉で速やかに起こる pH の急激な低下は，K 値にも影響を与える．ATP の分解はいずれの段階も酵素反応により進行するので，反応にかかわる酵素が pH の低下によって失活すれば，代謝は途中で停止する．もし，一連の反応が IMP よりも前で停止すれば，貯蔵を続けても K 値は低いままに維持され，K 値から判断すればあたかも鮮度が高いようにみえる．それゆえ，pH 低下が顕著な赤身魚の鮮度を K 値で判断する場合は，注意が必要である．このように，K 値から水産物の鮮度を判定する際には，魚種ごとの特徴をあらかじめ把握しておく必要がある．

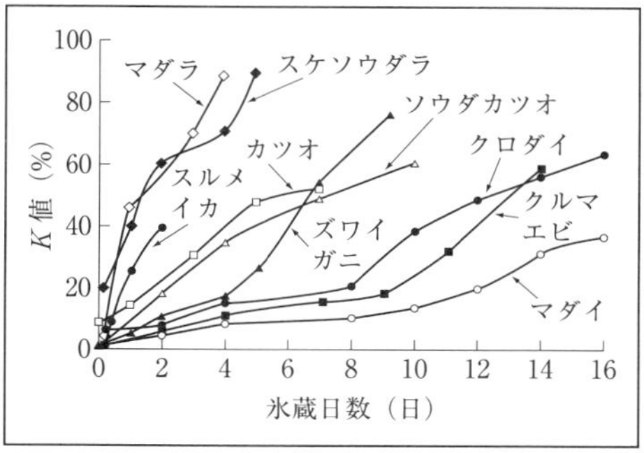

図 4.7.5-1　各種水産物氷蔵中の K 値の変化
〔山中英明，魚介類の鮮度と加工・貯蔵（渡邉悦生編著），p.10，成山堂書店（1998）より一部追加〕

b. エネルギーチャージ値

魚介類の死後，ATP が分解，消失することにより筋肉中のミオシンとアクチンが不可逆的に結合し，死後硬直が起こることから，K 値が上昇するよりも早い段階の鮮度指標として筋肉中の ATP 含量が用いられる．また，ATP の分解・消失に注目した他の指標としては，エネルギーチャージ（AEC）値がある．これは ATP の分子内の高エネルギーリン酸結合に注目したもので，下記の式により算出される．

$$\text{AEC 値} = (\text{ATP} + 1/2\text{ADP}) / (\text{ATP} + \text{ADP} + \text{AMP}) \times 100$$

c. 揮発性塩基窒素

腐敗を伴うような長期間の保存中の鮮度変化を議論する場合は，揮発性塩基窒素（VBN）が有効な指標である．貯蔵中にトリメチルアミンオキシド（TMAO）からトリメチルアミンやジメチルアミンが生成され，これらが魚臭の原因となる．さらに，腐敗が起きるような貯蔵後期には増殖した細菌由来の脱炭酸酵素により，遊離アミノ酸から COOH 基が除かれ，アンモニア，γ-アミノ酪酸，プトレシン，カダベリン，ヒスタミンなどのアミンに変換される．そして，含硫アミノ酸からは硫化水素やメチルメルカプタンなど不快な臭気原因物質が生成される．一般に 30 ～ 40 mg 100 g^{-1} で初期腐敗と判定されるが，先に述べた K 値の上昇とくらべると，かなり遅い鮮度変化を表している．なお，サメ類では筋肉中の尿素や TMAO 含量が高く，VBN の測定は適さない．ATP の分解に伴うプロトンの放出や解糖の生成物である乳酸の蓄積による筋肉中の pH の低下（4.7.1.B）を測定する方法もある．pH の低下は，筋原線維タンパク質の変性をひきおこすため，赤身魚の鮮度な

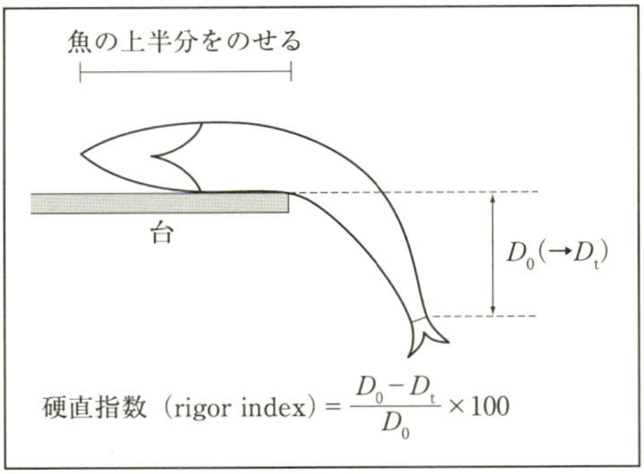

図 4.7.5-2　死後硬直の測定方法
〔尾藤方道ほか（1983）〕

らびに加工適正の判定に重要である．

C.　物理的方法

死後に起こる魚体の硬直と解硬の程度は，水産の流通現場で最もよく用いられている鮮度評価法の 1 つである．もっぱら官能的に評価されるが，硬直の度合いを示すものとして数値化することも可能である．魚類の硬直度を簡便に数値化したのが硬直指数である．すなわち，即殺後，魚体の頭部側から半分を水平台に置き，自然に尾を垂れさせる（図 4.7.5-2）．そして，水平台の延長線と尾鰭の基部との距離（D_0）を測定する．硬直が進むに従い，垂れ下がっていた尾部は起き上がってその距離は小さくなり（D_t），まっすぐになったところでゼロになる．これを硬直度 100%とみなす．

一方，刺身とした際のテクスチャーは，プランジャーとロードセルを装備した物性測定装置などにより数値化されるが，魚種ごとに異なった測定条件が用いられており，広く認知された方法はない．また，魚体の導電率などの電気的特性を測定し鮮度指標とするセンサー（トリーメーター）も開発されているが，魚種ごとの差が大きく，また解凍魚の評価には利用できないなど，課題点は多い．

D.　微生物学的方法

鮮度低下の最終段階は微生物が増殖した腐敗状態である．水産物に付着している微生物は低温細菌とグラム陰性桿菌が中心である．これらは魚体表皮の粘液，鰓，腸管内に多くみられるが，時間経過に伴い筋肉内にも移行する．通常，魚肉 1 g 中に 10^6 ～ 10^7 個の細菌がみられると初期腐敗，10^8 個で腐敗と判定される．

（吉岡　武也）

4.8 水産物の冷凍・冷蔵

今日，刺身や握りずしなど魚介類を生食する食習慣は世界的な広がりを見せている．魚介類の生食は，わが国で発達した固有の食文化であり，その品質管理のためのさまざまな工夫は経験的な知恵として人々の間で継承され今日に至っている．近年になり冷蔵と冷凍の技術が開発されると，わが国ではこれらの技術を魚介類の品質管理のためにいち早く取り入れ，高度なコールドチェーンシステムとして整備してきた．魚介類は畜肉にくらべ死後の品質低下が速いため，とくに精度の高い冷蔵と冷凍技術が必要であり，そのために関連技術の進歩が促された．わが国で発達したマグロ肉の超低温冷凍技術はその一例である．

本節では，「冷蔵」とは約 10℃ から氷結点までの凍らない状態での低温度で貯蔵することをいい，「冷凍」とは凍っている状態のことをいうことにする．また，「凍結」は凍っていないものを凍らせることに使用する．

なお，冷凍を refrigeration の訳語として，熱を奪い温度を低くする広い意味に使用し冷蔵をも含める場合もあるが，本節では上記のように冷凍と冷蔵は区別して使用する．

4.8.1　低温貯蔵による品質保持原理

魚介類の品質は，生化学反応（酵素反応を含む）や微生物の作用などによりタンパク質変性，脂質劣化，色素変化，その他化学成分の変化・腐敗などが起こり低下する．低温貯蔵することで魚介類の品質を保持する原理は，品質低下に関与する上記の反応速度を遅くし変化を小さくすることに基づく．

魚介類の品質に関係する生化学反応速度（酵素反応速度含む）と，微生物増殖速度は，アレ

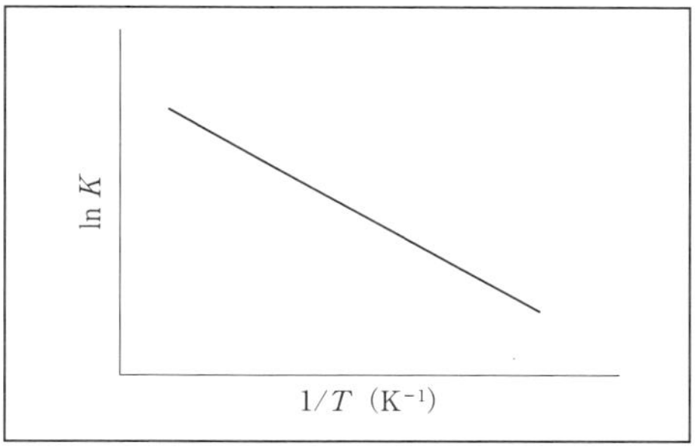

図 4.8.1-1　生化学反応および微生物増殖速度の温度依存性（アレニウス解析）

ニウス式とよばれる以下に示す式に従い変化すると考えれば，理解しやすい．

$$K = A^{*} \exp(-\Delta E/RT)$$
$$\ln K = \ln A^{*} - (\Delta E/RT)$$

A^{*} は頻度因子，ΔE は活性化エネルギー，R は気体定数，T は絶対温度である．

アレニウス式の意味するところは，図 4.8.1-1 に示すように生化学反応速度（K）または微生物の増殖速度（K）の対数値は，絶対温度の逆数（$1/T$）に対して一定の温度範囲で直線関係となることである．すなわち，生化学反応も微生物増殖も温度を下げると指数関数的に速度が減少するので，生鮮魚介類やその加工品の品質は低温度に貯蔵すればするほど著しく安定化し，同様に腐敗も著しく遅くなる．反対に温度が上昇すれば，微生物の増殖速度は指数関数的に速くなる．以上で説明した関係については，凍らない温度帯での例示がほとんどであるが，氷結点以下の温度帯でも魚肉筋原線維タンパク質の凍結変性速度やマグロ肉ミオグロビンのメト化速度でも成り立つことが証明され，冷凍温度下での品質変化の法則性を説明するデータとなっている．

4.8.2　低温貯蔵に利用される温度帯

低温貯蔵の温度帯は氷結点を境に非冷凍領域と冷凍領域に区別される．氷結点（freezing point）は，生鮮魚介類では $-3 \sim -1$°C にあり，加工品では水分量や配合剤の種類・濃度で異

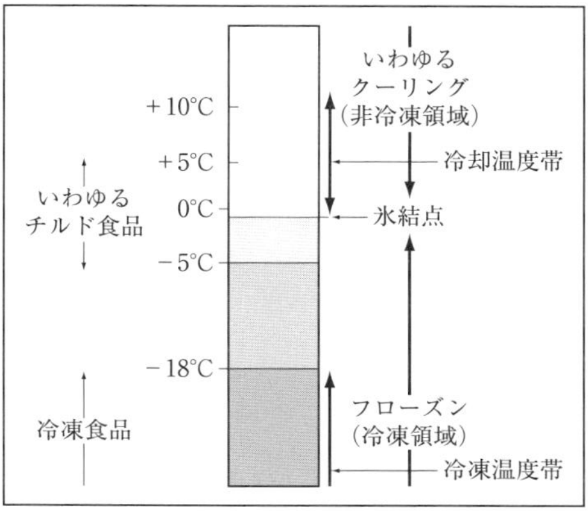

図 4.8.2-1　食品の低温貯蔵温度帯の区分
〔新版　食品冷凍技術, p.3, 日本冷凍空調学会（2009）〕

なる．

冷蔵温度帯は非冷凍領域の $+10$°C から氷結点までが，また冷凍温度帯は冷凍領域のうちの -18°C 以下が，国際的な慣例として推奨されている．チルド温度帯については明確な定義がないが，旧科学技術庁（1965 年 1 月）の「コールドチェーン勧告」では $-2 \sim +2$°C を，農林水産省（1975 年 3 月）の「食品低温流通協議会」がまとめた食品の低温管理では $-5 \sim +5$°C を，食肉を対象とした国際慣行では $-1 \sim +1$°C を，それぞれ提示しており，わが国の商業的食品流通では上限は $5 \sim 10$°C で下限は $-5 \sim 0$°C（氷結点）とかなり幅広く考えられている（図 4.8.2-1）．

そのほか，氷温貯蔵法とよばれる方法がある．これは 0°C 以下で氷結晶が生成しない温度帯を利用する方法で，貯蔵しながらこの温度帯で起こる生化学的反応や酵素反応を活用した，熟成などを行う加工技術としても利用されている．パーシャルフリージング（partial freezing）法は水産物を -3°C で貯蔵する方法であり，生鮮魚介類では表面など一部が凍るところから部分凍結法ともよばれている．超低温冷凍は，とくに定義はないがマグロ類の冷凍保管におもに利用されており，その温度帯は $-70 \sim -40$°C である．

なお，倉庫業法施行規則運用方針によれば冷

表 4.8.2-1　倉庫業法施行規則運用方針による冷蔵室の保管温度級別

冷蔵室の級別	保管温度
C_3 級	＋10°C 以下－2°C 未満
C_2 級	－2°C 以下－10°C 未満
C_1 級	－10°C 以下－20°C 未満
F_1 級	－20°C 以下－30°C 未満
F_2 級	－30°C 以下－40°C 未満
F_3 級	－40°C 以下－50°C 未満
F_4 級	－50°C 以下

蔵室の保管温度の級別は表 4.8.2-1 のように定められており，冷蔵室の保管温度として最低温度と級別を記載することが義務づけられている．

4.8.3　氷　　蔵

氷蔵は魚介類の品質保持のための代表的な冷蔵法で，漁獲後の運搬船から小売店まで広く用いられている．氷蔵には水氷法と揚げ氷法がある．氷蔵の冷却の原理は，0°C の氷が融解して 0°C の水に相変化するときに，氷 1 kg あたり 334 kJ (80 kcal) の大量の潜熱を周囲から奪うことによるもので，冷却効率は高い．

A.　水氷法

水氷法は，水と氷を混ぜた状態で冷却する方法である．漁獲後の運搬船などで大量の漁獲物を速やかに冷却したい場合は，海水と氷を混ぜる海水氷が用いられる．しかし，海水氷で冷却されたイワシ類などの魚体温度を測定すると，必ずしも十分に冷却されていない場合が多い．氷の量が少ない場合もあるが，それだけでなく氷が水に浮くために，表層の魚は冷却されるが下層の魚が冷却されにくいことも原因である．また，水の密度が 4°C で最も高くなるためタンクの底に 4°C の水がたまり，温度の最も低い 0°C の水が上層に押し上げられ，全体の水が 0°C まで冷却されるのに非常に時間がかかる．そのため，タンクなどに魚と十分な量の氷を入れて貯蔵しても，魚は 0°C までなかなか冷却されない．この対策として，冷却水を上下で循環させる，あるいは氷と魚をサンドイッチ状に挟むなどの工夫が必要である．

B.　揚げ氷法

魚介類と砕氷を混合して冷却する方法であり，断熱性の優れた魚箱の底に氷を敷き（しき氷），その上に氷と魚を積み（つみ氷），同時に魚の腹腔に氷を抱かせ（抱き氷），最後に全体に氷をかけて（掛け氷）完了する．

C.　シャーベットアイス

シャーベットアイスとは，細かい粒子状の氷のことである．従来の砕氷やキュービック状氷にくらべ魚体を傷つけにくく，氷の表面積が大きいことから冷却効率も高く，流体の性質をもっているのでポンプにより吸い上げやすい．近年，漁船や産地市場等で魚介類の冷却に普及してきた (4.8.6.B)．

4.8.4　凍結・冷凍保管・解凍

水産物（魚類筋肉細胞）の凍結・冷凍保管・解凍の過程における水分子の挙動（模式図）を図 4.8.4-1 に示す．筋肉細胞がタンパク質と水分で構成されているとみなすと，凍結とは水分がタンパク質から分離して水分子どうしが結晶化して氷を形成する過程といえる．次の冷凍保管の過程では形成された氷結晶はそのまま維持される場合と，さらに大きく成長する場合がある．解凍過程では，氷結晶はとけて水となり，水分子が再びタンパク質に吸収され，筋肉細胞が復元する．しかし，凍結から解凍までの過程でタンパク質が変性すれば，タンパク質は水分子を再吸収できず復元は不完全となり，品質は著しく低下する．

A.　凍結について

a.　凍結のプロセス

食品を冷凍するための最初の工程は凍結である．図 4.8.4-2 では食品の凍結曲線を示す．凍結は 3 段階に分けて説明できる．

段階① は食品の温度が氷結点温度まで冷却される予冷のプロセスである．

段階② は氷結が始まる期間で，食品内部のおもな水が氷に相変化する．段階② のはじまりには下向きのピークがみられる場合があるが，これを過冷却とよび，食品中の水が氷結点

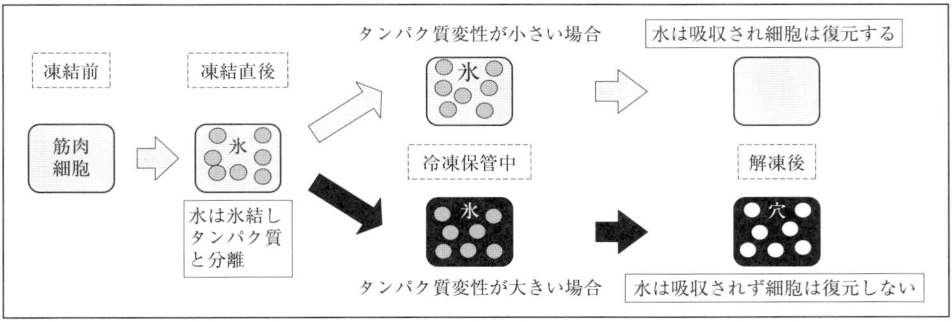

図 4.8.4-1　魚類筋肉細胞の凍結・冷凍保管・解凍の過程における水分子とタンパク質の挙動

で凍結せずに液体のままで存在する現象である．この過冷却が解消されるといったん温度が上昇して凍結がはじまるが，凍結直後からしばらくは凍結潜熱が外部に放出されるだけで温度は低下せず一定温度を保つ．魚介類可食部肉の氷結温度は−0.75〜−0.25℃付近にある．自由水の大部分が氷になると温度は徐々に低下しはじめる．氷結温度の−5℃付近から−1℃くらいまでの間は氷の結晶が大きくなりやすく最大氷結晶生成帯とよばれる．大きな氷結晶が生成すると魚介類の細胞組織に物理的な変形を与え品質劣化に影響するので，水産物の凍結過程においては，最大氷結晶生成帯を素早く通過させることが重要である．

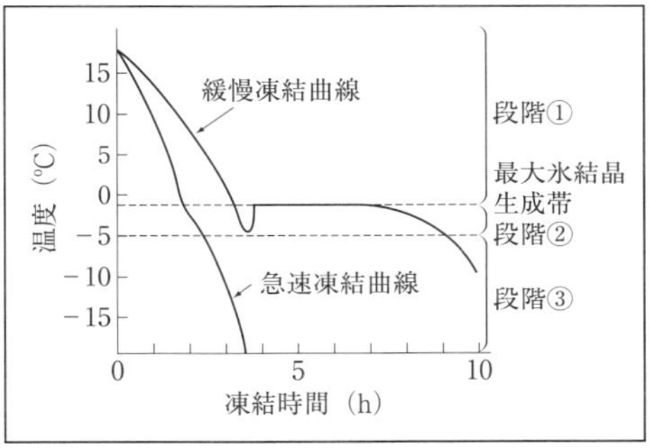

図 4.8.4-2　食品中心部の凍結温度曲線
〔新版　食品冷凍技術，p.20，日本冷凍空調学会（2009）〕

段階③は最大氷結晶生成帯を経過した食品が凍結終温度まで冷却されるプロセスである．凍結終温度は次に予定されている冷凍保管温度以下に設定し，品温が凍結終温度に平衡化した後に冷凍保管に移行しなければならない．凍結装置（4.8.6.A）とは異なり，一般に冷凍保管庫の凍結能力は小さいので，冷凍保管温度に達していない凍結品を冷凍保管庫に入れると，凍結品に緩慢凍結状態が生ずるとともに，冷凍保管庫の温度を上昇させるおそれも生じる．

b. 凍結速度

凍結速度は，① 氷結前線の進む速さの平均値，または② 食品の中心部が一定の温度帯を通過するに要する時間など，さまざまな考え方がある．氷結前線速度の考え方は Plank によると，−5℃の前線が 1 時間に表面から進入する距離（cm）で表し，急速凍結は，＞5〜20 cm h^{-1}，中速凍結は，1〜5 cm h^{-1}，また緩慢凍結は 0.1〜1 cm h^{-1} と区別している．現実に行われている凍結方法では，0.1〜5 cm h^{-1} の範囲が一般的である．

凍結速度は食品の表面では速く，中心部になるほど遅くなるので，食品全体に一定の凍結速度をあてはめることはできない．たとえば，マグロ類では GG（ギル・アンド・ガット）といって内臓と鰓を除去しただけの大きな魚体のまま凍結するのが一般的で，表面近くは急速凍結となるが中心部の凍結速度は遅くなる．

c. 氷結晶の生成

生物細胞の外部は内部にくらべて溶質濃度が薄いので，緩慢に冷却すると溶液濃度の薄い細胞外部から氷結晶が形成される（細胞外凍結）．

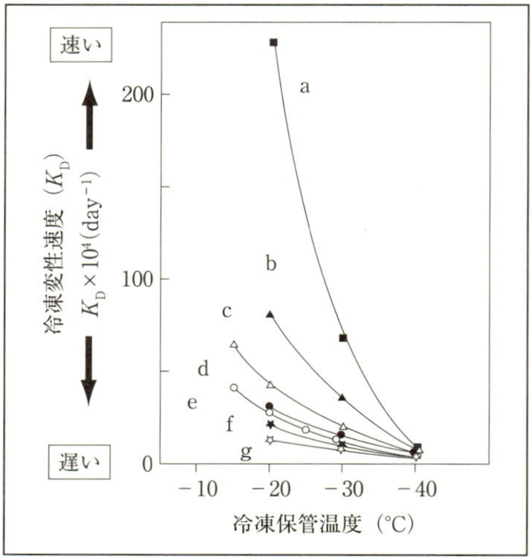

図 4.8.4-3 冷凍保管温度と魚類筋原線維タンパク質の冷凍変性速度 (K_D) の関係
a：ムネダラ，b：スケトウダラ，c：シロザケ，d：マイワシ，e：マサバ，f：テラピア，g：メバチ

このとき，細胞外部にできた氷は細胞内の水をひきよせさらに大きく成長するので，細胞は脱水と氷結晶により圧迫されてゆがみを生じる．一方，急速に冷却すると，細胞内外の溶液は氷結温度に速やかに到達し，細胞の内外でほぼ同時に微細な氷結晶が形成される．このような場合には多くの氷結晶が細胞組織の内部で形成される（細胞内凍結）．氷結すると水の体積は約10%増加するので，氷結晶の生成は組織細胞の変形や損傷をもたらす．なお，凍結直後に解凍すると，氷結晶の生成状態にかかわらず筋肉細胞は凍結前に近い状態に復元される．しかし，冷凍保管期間が長くなると氷結晶の生成状態の影響があらわれ解凍ドリップ量の生成が多くなるので，冷凍水産物の品質保持には細胞内に微細な氷結晶を生成させることが望ましいとされている．

氷結晶の生成状態は，凍結速度の遅速だけでなく，魚介類の鮮度の状態でも異なる．すなわち，死直後の高鮮度の状態で急速凍結すると細胞内に微細な氷結晶が形成されやすく，これは筋肉の高いpHとATP含量が水分子とタンパク質の親和性を高めた効果と考えられる．高pHと高ATP含量の凍結魚肉状態をつくりだすためには，とりあげ時のストレスを最小限となるように即殺し，神経の切断や脱血処理を迅速かつ適確に行い，ただちに急速凍結を行うことが必要である．以上の処理はマグロ遠洋延縄漁業などで行われており，最近ではカツオ，ブリ，サバなどに拡大しつつある．なお，このような処理を行った魚類でも，後述するように低温度に冷凍保管しなければ，これらの処理の効果を十分生かすことはできない．

B. 冷凍保管について

a. 水産物の冷凍保管温度帯

FAO/WHO国際食品規格委員会（コーデックス（Codex）委員会）の「冷凍食品取り扱い基準を適応する範囲」および国際冷凍協会による「冷凍食品の製造と取り扱いについての勧告」によれば，冷凍保管の品温は−18°C以下であることが条件となっており，一般的な食品の品質を1年間保持できる温度として設定している．しかし水産物は畜肉より不安定であり，−18°Cは長期間の冷凍保管温度として不十分である．現実に，水産物の冷凍保管温度は−30〜−20°Cの温度帯が利用されており，さらにマグロ類などでは，−70〜−40°Cの超低温域が利用されている．他の水産物でも超低温保管が採用される傾向にあり，品質保持のための保管温度の重要性が強く認識されている．

b. 冷凍保管温度と魚肉タンパク質の変性

魚肉タンパク質の冷凍変性は，冷凍保管温度と密接な関係（図4.8.4-3）がある．保管温度が高くなれば変性速度は指数関数的に増大する．その増大の程度は魚種によって異なり，生息水温の高いメバチやテラピアの冷凍耐性は高く，生息温度の低いムネダラやスケトウダラは冷凍耐性が低い．しかし，冷凍保管温度を−40°C付近まで下げると，いずれの魚種でも変性速度は遅くなるとともに魚種間の差も小さくなり，冷凍耐性は著しく安定化する．超低温保管はタンパク質の安定化に有効である．

c. 冷凍保管温度と脂質の劣化

脂質の安定性も冷凍保管温度の影響を受ける．マサバ肉を−40〜−15°Cに保管し6カ月

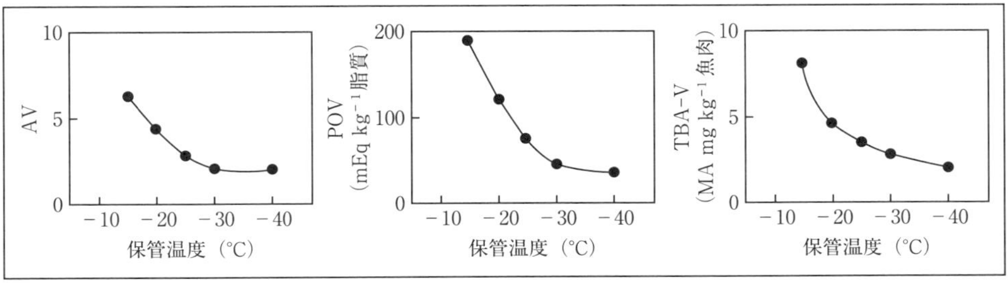

図 4.8.4-4　マサバ肉の冷凍保管温度（6 カ月保管）と脂質の劣化

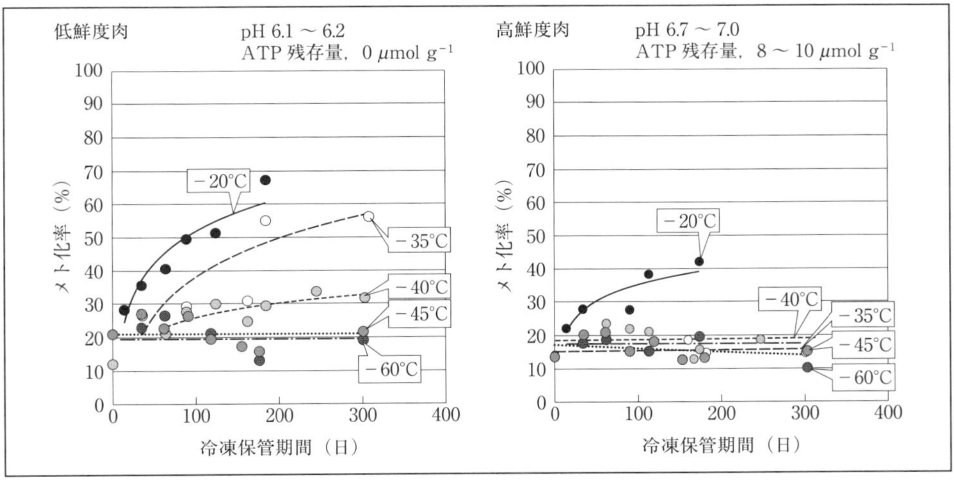

図 4.8.4-5　メバチの鮮度および冷凍保管温度とミオグロビンのメト化率の変化

後に酸価（AV），過酸化物価（POV），TBA 値（TBA-V）を調べたところ冷凍保管温度が −30℃ 以上では，いずれの値とも温度が高くなるにつれて指数関数的に上昇したが，冷凍保管温度が −40 ～ −30℃ では非常に安定化する（図 4.8.4-4）．

d. 冷凍保管温度とミオグロビンのメト化

マグロの赤色色素ミオグロビンの安定性は冷凍保管温度と密接に関係しており，マグロの赤色を安定に保つには −40℃ の超低温保管が必要である．ミオグロビンの安定性は保管温度だけでなく鮮度とも関係があり，ATP 含量と pH が高い高鮮度メバチの場合は −35℃ 以下であればミオグロビンは長期間安定であり赤色が保たれるが，ATP が消失し pH が 6 付近まで低下したメバチでは，−45℃ 以下の冷凍保管温度が必要である（図 4.8.4-5）．

C. 解凍について

凍結や冷凍保管中に影響を受けた冷凍水産物の品質は，解凍技術で回復できるものではないので，解凍技術に過度の期待を抱いてはならない．また，冷凍魚介類の筋肉細胞では，凍結時の鮮度条件によっては解凍時に筋収縮，解糖系代謝，ミオグロビンのメト化などの生化学的反応が強烈にひきおこされ，品質に影響する．水は相変化により氷になると，比熱は約 1/2 倍，熱伝導率は約 4 倍となる．それゆえ水産物の凍結時には，表面から氷ができることで冷却速度は増大するが，解凍時には表面の氷がとけるため冷却速度が低下する．凍結より解凍過程のほ

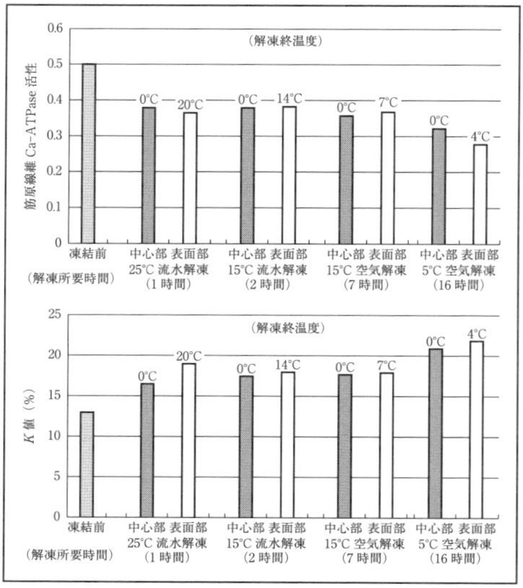

図 4.8.4-6 解凍速度がマサバの筋肉タンパク質変性および K 値におよぼす影響

うがより時間を要し，氷結晶が大きくなる．なお，脂質は相変化で熱伝導率も膨張率もあまり変わらない．

a. 解凍方法

解凍はとけた水が再び細胞組織に吸収され，柔構造が復元される過程であるが，水分の再吸収に長い時間は必要ではない．それよりも，緩慢解凍では，氷がとける温度帯（−5 〜 −1°C，最大氷結晶生成帯に相当）で氷結晶が大きく成長するので，この温度帯を速く通過させるための解凍条件の設定が重要である．空気解凍では20°C 以下の風速 5 m s^{-1} 程度の飽和湿度の空気が，また水中での解凍では 10°C 以下の流速 2 〜 5 m s^{-1} の流水の使用が望ましい．流水解凍時における曝気は，解凍を促進し水産物の汚れを落とす効果がある．その他の機械的な解凍には，マイクロ波解凍法，静電気解凍法，加圧解凍法などがある（4.8.6.C）．

b. 解凍によるタンパク質変性の進行と K 値の変化

解凍の過程でも水産物のタンパク質は変性し，食品の品質に影響を及ぼす．解凍速度を変えて魚肉を解凍したときに所要時間が長くなるほどタンパク質の変性はやや大きく起こる．すなわち，解凍所要時間が 1 時間の急速解凍に比べ 16 時間かかった緩慢解凍では，筋原線維タンパク質の変性は 16 〜 24 % 増加した（図 4.8.4-6）．同時に K 値も急速解凍に比べ緩慢解凍では 16 〜 30% 程度増加した．なお，タンパク質変性も K 値も，同じ所要時間であっても解凍終温度が高くなる表面部のほうが中心部より影響が大きくなるので，解凍終温度が高くならないようにすることも重要である．

c. 解凍硬直

遠洋はえ縄マグロ漁業では，できるだけ生きた状態で捕獲し，迅速で適確な致死処理と脱血処理を行ったのちに速やかな凍結を行い，船内の超低温保管庫に貯蔵する．このように処理されたマグロ肉は品質が良く，高値で取り引きされるが，一方で急速に解凍すると強烈な硬直現象（解凍硬直）も起こす．仲買人は以上の現象をよく知っており，凍結マグロの尾部に水をかけて急速解凍を行って解凍硬直の有無を確認し，値決めの参考にする（4.8.8.A）．

解凍硬直を起こすようなきわめて鮮度のよい魚介肉では ATP やクレアチンリン酸が致死直後のレベルに維持されているが，一方，氷結晶の生成で筋小胞体の膜構造が破壊されカルシウム調整機能が失われている．そのため解凍時に筋小胞体から筋肉中へカルシウムが漏出し，残存する高濃度 ATP のエネルギーを利用して強烈な筋収縮が起こると考えられている．これが解凍硬直現象であり，筋肉を変形させるとともにドリップを流出させる．

解凍硬直を起こすような魚介肉は，ATP 含量や pH が致死直後の高いレベルに維持されている．高 pH および高 ATP 含量は凍結中のタンパク質の安定化に重要な役割を果たしているので，解凍硬直を防止するために鮮度を落としてから凍結することは得策ではない．冷凍中でも温度帯によっては ATP の分解などの生化学的反応が進行しているので，解凍硬直を防止する最適な方法としては，解凍途中で ATP 含量を一定量以下に減少させてから完全解凍するとよい．実際に，割烹やすし店の専門家は，凍結マグロ肉のATPを消失させるのに最適の解凍温度帯や解凍速度を経験的に把握しており，解凍硬直のないおいしいマグロ肉を提供している．

D. 凍結速度と冷凍保管温度の複合的影響

冷凍水産物の品質は凍結速度や冷凍保管温度などの影響を受け，それらが解凍後の品質に反映する．凍結速度と冷凍保管温度の複合的影響について，魚類筋肉細胞の復元状態から評価した結果を図4.8.4-7に示す．最も復元状態の良かった条件は，急速凍結と−40°C保管の組み合わせで，次は緩慢凍結と−40°C保管の組み合わせであり，復元が悪かったのは凍結速度の遅速にかかわらず−20°C保管の場合であった．すなわち，凍結速度の遅速よりも冷凍保管温度の高低が筋肉細胞の復元の良し悪しに影響し，低温度保管が品質にとくに重要であることを示している．

凍結速度の影響は，同じ冷凍保管温度で比較すると，急速凍結のほうが解凍後の復元はやや良いが，冷凍保管温度の影響を翻すほどではない．以上の結果は魚肉タンパク質の冷凍変性の結果からも証明されている．また長期の保管では，貯蔵温度を変動させないことも，タンパク質の冷凍変性の抑制に有効である．たとえば，2つの温度の間でくりかえし変動を与えると，タンパク質は2つのうちの高いほうの温度で一定に冷凍保管した場合より変性速度は速くなり，貯蔵温度の変動の影響は著しく大きい．

E. 冷凍保管温度と保存期間の関係

a. time-temperature tolerance (TTT)

冷凍保管温度が低い場合は食品のシェルフライフ(shelf life)が長く，冷凍保管温度が高い場合はシェルフライフは短い．この関係を脂質の酸化度，ビタミンCの減少，色の変化，テクスチャーの変化，官能評価などで数量化したアメリカの冷凍食品の品質に関する，時間，温度と許容限界，すなわちTTTとよばれる研究がある．さまざまな冷凍食品の冷凍保管温度とその許容期間が規定された．この係数を利用することで，冷凍食品が保管中に温度変動があったときも計算上シェルフライフが求まる．

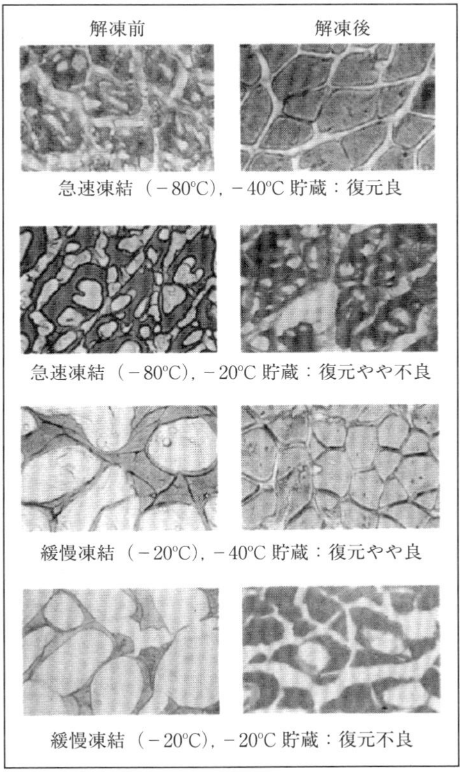

図4.8.4-7　凍結速度と冷凍保管温度による凍結中および解凍後の筋肉細胞の状態
マサバ筋肉の10カ月間保管後の状態．

b. product, process, packaging (PPP)

しかし，言うまでもなく同種の食品でもシェルフライフは同じではない．シェルフライフが生じる原因として，① product（原料の熟度・生産地の違い・収穫後の取り扱いの違い），② process（製造過程における処理温度の管理状況と製造方法の違い），③ packaging（製品をどのような材質でどのように包装するのか）の3つの要素によって，影響を受けると考えられる．これらをまとめて，PPPファクターという．

（福田　裕）

4.8.5 冷凍機

食品の冷却，凍結，低温貯蔵に必要な低温装

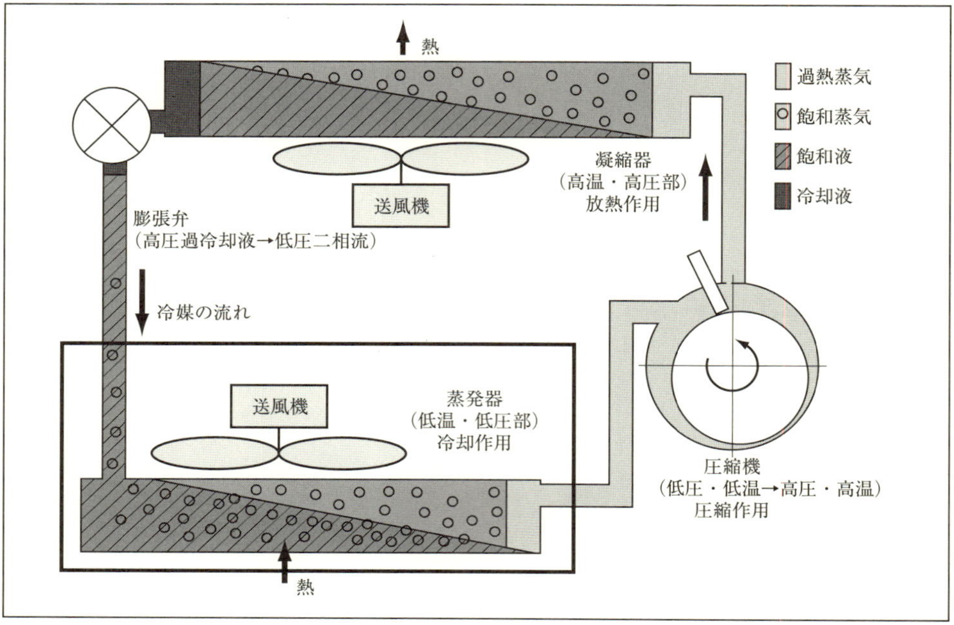

図 4.8.5-1　冷凍サイクルにおける冷媒の状態変化の概略図

置は，それらの装置に相応の冷凍方式，外気との防熱，食品搬送などの周辺設備から構成されている．現在使われている冷凍方式には蒸気圧縮式，吸収式のほかに，ごく小容量対応の電子冷凍式があるが，本項では水産分野で最も多く使われている蒸気圧縮式をとりあげる．

A. 冷凍の原理

冷却・凍結対象物（水産物など）から熱を奪って，常温の周囲流体（通常は空気か水）に放出して，水産物などの温度を下げて冷却・凍結するプロセスを冷凍といい，これを実現する装置を冷凍装置という．

熱を搬送する媒体を冷媒といい，冷媒液の蒸発するときの潜熱を利用して水産物などから熱を奪って冷却・凍結する熱交換器部分を蒸発器という．熱を取得して蒸発した冷媒蒸気を吸引しながら圧縮して，その冷媒蒸気を常温の周囲空気または水と熱交換するときに液化しやすくなるような温度（凝縮圧力）まで高めて送り出すのが，圧縮機の役割である．圧縮機から吐き出された冷媒の保有する熱を放出する部分を凝縮器といい，ここでは高温高圧の冷媒蒸気は大量に存在する常温の周囲空気または水と熱交換され凝縮（液化）する．そして，この常温・高圧の液冷媒を絞り弁を介して低温・低圧の液冷媒とし，これを蒸発器に供給すればサイクルが完成する．この絞り弁は，冷媒流量を調節する役目も果たしており膨張弁という．この蒸発→圧縮→凝縮→膨張→蒸発のサイクルを冷凍サイクルという．図 4.8.5-1 に冷凍サイクルにおける冷媒の状態変化の概略図を示す．

B. 冷　媒

蒸気圧縮式の冷凍サイクルにおける熱の搬送媒体が冷媒である．冷媒は大別してフルオロカーボン系と自然冷媒系に分類される．

a. フルオロカーボン系冷媒

以前はフロンとよばれていた．chlorofluorocarbon（CFC）系，hydrochlorofluorocarbon（HCFC）系，hydrofluorocarbon（HFC）系に分類される．HFC 系は，オゾン層を破壊する CFC 系と HCFC 系とは異なり，成層圏に到達する以前に対流圏で分解されて，オゾン層破壊

表 4.8.5-1　各種ブラインの特性と使用例

無機・有機の区分	ブラインの種類	濃　度	共晶点	実用的使用下限温度	使用例		備　考
					直接浸漬	間接冷却・凍結	
無機系ブライン	塩化カルシウム水溶液	29.9 wt%	− 55°C	− 40°C	(○)	○	金属材料の腐食大につき注意が必要
	塩化ナトリウム水溶液	23.2 wt%	− 21.2°C	− 19°C	○	—	
	二酸化炭素	100 wt%	− 56.6°C	− 45°C	—	○	冷凍保安規則の適用
有機系ブライン	エチレングリコール系水溶液	80 wt%	− 52.8°C	− 40°C	—	○	わずかな腐食性あり
	プロピレングリコール水溶液	80 wt%	− 33.8°C	− 20°C	(○)	○	低温域で粘性大
	エタノール水溶液	60 wt%	− 43.5°C	− 35°C	○	—	陸上の使用に限る消防法の限界濃度
	有機酸塩系水溶液	52 wt%	− 57°C	− 50°C	—	○	低温域でも粘性小腐食性大で密閉系用

の影響がないように設計されている．

b.　自然冷媒

自然界に存在する物質を冷媒とする自然冷媒は，オゾン層を破壊せず，地球温暖化にも冷媒として使用する程度ならほとんど影響しない．自然冷媒の 1 つにプロパン，イソブタンなどの炭化水素（hydrocarbon：HC）系の冷媒があげられるが，可燃性・爆発性の問題があり，家庭用冷蔵庫や小型冷蔵ケースなど小充填量の機種に限定されている．

地球環境を重視する企業・団体では大型の冷却・凍結設備にアンモニア冷媒を採用した新方式のユニット型も開発されている．その毒性，引火性，悪臭から，地震などで漏れたときの地域環境への対応のために，冷媒充填量を抑えてアンモニア吸収槽などを設けた機械室に設置し，熱搬送には別な冷媒（二次冷媒）が用いられている．近年は二次冷媒に二酸化炭素を用いた冷凍設備が，注目を浴びている．

c.　ブライン

被冷却物と冷凍サイクルの冷媒（一次冷媒）との間の熱搬送に使う間接冷却媒体を二次冷媒というが，そのうち用途温度範囲では凍結しない濃度に調整した無機系・有機系の塩の水溶液をブライン（brine）といい，この冷却方式を間接冷却という．冷蔵室の冷却や製氷・凍結に用いる．

カツオ漁船では塩化ナトリウム（食塩）水溶液のブライン浸漬凍結が行われている．陸上では消防法の制限から濃度 60 wt％以下のエタノール水溶液が使われている．そのほかに冷蔵倉庫などではギ酸塩，酢酸塩，グリコール系水溶液および二酸化炭素が間接冷却に用いられる．**表 4.8.5-1** に各種ブラインの濃度と共晶点（塩が析出する温度），使用限界温度，使用例を示す．

D.　冷媒と地球環境

a.　使用規制

モントリオール議定書に基づきオゾン層保護法が 1988 年に制定公布され，CFC 系は 1995 年末をもって新規の生産・輸入が停止された．HCFC 系は日本を含む先進国では，1989 年を基準年として 1996 年から段階的に削減を開始し，新規生産は 2010 年で中止して 2020 年で生産を全廃するとし，その間は補充用冷媒に限るとしている．

オゾン層破壊物質である CFC 系，HCFC 系の代替冷媒としての HFC 系は，他のフルオロカーボン系と同様に温室効果ガスとして地球温暖化に大きく影響する．1992 年の国連総会で

表 4.8.5-2　冷媒の地球環境破壊係数・用途・規制

種類	記号	オゾン層破壊係数	地球温暖化係数*1	おもな用途	全廃時期などの規制
FC	R11	1（基準）	4,750		1995 年に全廃
	R12	1	10,900	カーエアコン	
	R502（R115/R22）	0.334	4,680	低温ケース	
HCFC	R22	0.055	1,810	冷凍・空調	2020 年に全廃
HFC	R134a	0	1,430	カーエアコン	CFC，HCFC と共に排出抑制・回収・破壊が法的に義務付けられている
	R23	0	14,800	超低温	
	R32	0	675	空調用	
	R404A	0	3,920	冷凍用	
	R407C	0	1,770	空調用	
	R410A	0	2,090	空調用	
	R507A	0	3,990	冷凍用	
HFO	R1234yf	0	4	カーエアコン	R134a から切り換え
自然冷媒	プロパン	0	3	主として冷凍などの小型低温用途	可燃性ガスとしての対策が必要
	ブタン	0	1		
	イソブタン	0	3		
	二酸化炭素	0	1（基準）	低温用	とくになし
	アンモニア	0	0	低温用	漏洩対策必要

*1 IPCC 4 次レポート（2007 年），積分期間：100 年値.

採択された「気候変動枠組条約」や 1997 年の気候変動枠組条約第 3 回締約国会議（COP3：京都会議）では，二酸化炭素などに加えて HFC 系も規制対象となって排出量の削減目標が決められ，わが国では「地球温暖化対策の推進に関する法律（温対法）」が制定された．しかし，HFC 系は冷媒としての特性（安定性，低毒性，燃焼性，電気的性質など）が他の自然冷媒（たとえばアンモニア）よりも非常に優れており，今後も広い容量範囲で使用せざるを得ない．2014 年制定の「フロン類の使用の合理化および管理の適正化に関する法律」（フロン排出抑制法）では，フロン類の大気中への排出を抑制するため，フロン類の使用の抑制，フロン類を使用した機器の管理の適正化（排出量の抑制，充填・回収・再生・破壊等フロンの類の排出抑制），製造業者ならびに使用側管理者の責務等を定め，罰則規定も設けられている．

b. 環境に及ぼす影響

表 4.8.5-2 に，各種冷媒のおもな用途と地球環境破壊係数を示す．ここで，オゾン層破壊係数（ozone depletion potential : ODP）とは，オゾン層の破壊に関与する程度を表す値として用いられ，同一質量のガスが大気に放出された場合のオゾン層への影響を CFC の R11 と比較した値である．また地球温暖化係数（global warming potential : GWP）とは，二酸化炭素を基準として質量ベースで示し，計算する時間の長さ〔積分期間（ITH）〕により計算値が変わるが，指標として一般的に 100 年値を使用する．

表中の R1234yf はハイドロフルオロオレフィンという新冷媒で，地球温暖化係数も大幅に改善されている．今後も優れた新冷媒の開発が期待される．

c. 冷凍機の使用電力と環境

地球温暖化対策を議論する場合は冷媒単独ではなく，冷媒の直接排出による二酸化炭素換算の影響と，その冷凍設備を寿命まで使うことによる運転継続するための電力分の火力発電所からの間接排出による二酸化炭素換算の影響を合

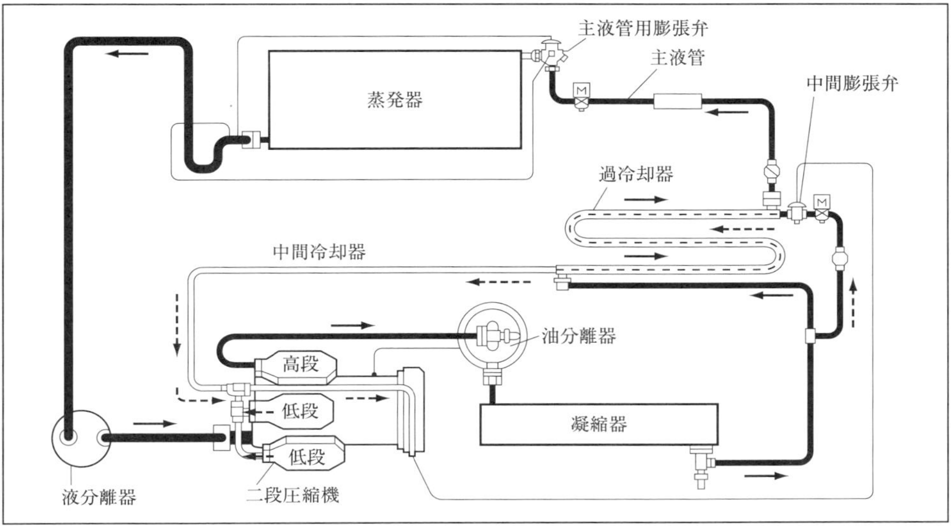

図 4.8.5-2　二段圧縮式冷凍機の接続例

算した総等価温暖化影響（total equivalent warming impact : TEWI）の評価方法が提唱されている．間接排出分が 80％を超えるという試算から，冷凍装置全体の効率が非常に重要な意味をもつことになる．冷凍装置の効率を示す指標として，装置の成績係数（coefficient of performance : COP）があり，その装置の得られる冷凍能力（kW）を，運転するために必要な電力（kW）で除した値で表す．

E. 蒸気圧縮方式の冷凍機器

a. 圧縮機

圧縮機では，次に続く凝縮器における冷媒蒸気の液化（熱放出）を容易にするため，冷媒を断熱圧縮して高温高圧の状態にする．蒸気圧縮式に用いられる圧縮機には，圧縮機構の形式により分類すれば往復式（ピストン式），ロータリ式，スクロール式，スクリュー式，ターボ式（遠心式）があり，冷凍容量により使い分けられている．

−40℃以下の凍結設備の用途では，中間冷却器を用いた二段圧縮式が用いられる．これは，同一系統内の冷媒を使って低い蒸発圧力（低圧）から凝縮圧力（高圧）まで一気に圧縮することはせずに，圧縮機を低段側と高段側に分け，凝縮器からの冷媒液を過冷却させつつ低段側圧縮分の吐出冷媒蒸気の過熱度を抑制する方法である．図 4.8.5-2 に二段圧縮式冷凍機の接続例を示す．図のように 1 台の圧縮機内に低段・高段の両方を有する形式を，コンパウンド圧縮機という．

マグロの超低温保管倉庫の場合は庫内温度 −60℃の低温を得るために，低温側圧縮機（たとえば R23 のような高圧冷媒）と高温側圧縮機（R404A など）の冷媒系統を異にして，低温部の凝縮器（R23）を高温部の蒸発器（R404A）で冷却する二元冷凍（カスケード方式）が用いられる．

b. 凝縮器

凝縮器には水冷式と空冷式がある．

水冷式の熱交換器の形式は横形シェルアンドチューブ式かプレート式が用いられる．冷却水は一般に冷却塔（クーリングタワー）で循環水量の約 1％の水の蒸発潜熱で冷やされ，循環させて使用する．

空冷式の熱交換器の形式は，プレートフィンチューブコイルと軸流ファンによる強制対流によって圧縮機からの高温過熱冷媒を放冷，凝縮し，さらにその凝縮液を過冷却して膨張弁に送り込む．近年は重耐塩処理されたプレートフィンコイルの出現により空冷式が海岸付近でも使われるようになった．

装置によって冷媒充填量が多い場合は，凝縮器下流に受液器を設ける場合がある．

c. 膨張弁

膨張弁を通過することで冷媒は断熱膨張し，外部の熱を奪うことのできる低温となる．このように膨張弁は，凝縮器からの高圧冷媒液を減圧して，蒸発器に低温・低圧冷媒として送り込む役割を担っている．また，蒸発器に過剰な冷媒液が送り込まれないように，蒸発器出口にとりつけた感温筒により温度（伝達は感温筒内に封入された冷媒の圧力を介する）を検出し，膨張弁の頂部のダイアフラムを介して冷媒流量を自動調整している（温度自動膨張弁）．蒸発器が多数のコイルに分岐している場合には，膨張弁から出た冷媒液が均等に配分されるように分配器（ディストリビュータ）がとりつけられる．

マグロ保管庫など超低温倉庫や凍結庫では，高精度で温度制御するために，膨張弁の入口，出口，庫内，蒸発器出口の温度あるいは圧力を電気信号で検出して最適制御を行う電子膨張弁が用いられる．

d. 蒸発器

蒸発器は，冷凍装置の用途により仕様が決まる主要機器である．ここでは，膨張弁で減圧された冷媒が低温・低圧の気液二相流となっており，負荷側から取得した熱で冷媒液が蒸発して目的とする冷却・凍結作用が行われる．

冷媒液を膨張弁から蒸発器に送り，冷媒の蒸発作用で対象物を直接冷却する方式を，直接膨張式（直膨式）冷却という．また，蒸発器で冷却されたブラインをポンプにより搬送して別の熱交換器で対象物（空気など）を冷却する方法を，間接冷却式という．

冷蔵（倉）庫や冷風を吹き付ける方式の凍結装置（エアブラストフリーザ）用の蒸発器は，プレートフィンコイルと送風機を一体化したユニットクーラーが用いられる．水やブラインなどの液体を冷却する蒸発器には，シェルアンドチューブ式やプレート式熱交換器が用いられる．

一方，大型の凍結設備では，速やかな冷却を達成するため，蒸発する冷媒量の２～５倍の冷媒をポンプで蒸発器に送り込む液循環式蒸発器を用いることがある．冷媒はタンク（低圧受液器）に貯留されている．この場合，蒸発器内で発生した冷媒蒸気は未蒸発の液とともに低圧受液器に戻るため，圧縮機にはその上部の飽和蒸気のみが吸い込まれ，凝縮器で液化された冷媒液はフロートスイッチと連動させた絞り弁を介して再び低圧受液器に戻される．

e. 補　機

スクリュー圧縮機にはその構造上，出口に油分離器が必要である．また，負荷変動が激しい装置の場合には，圧縮機入口付近に冷媒蒸気と液を分離するための液分離器（サクションアキュムレータ）を設置し，これによって液冷媒が圧縮機に入り込むのを防ぐ．

f. 各機器の接続

a～eまでの各機器を接続するための冷媒配管の種類，管径，勾配の方向，トラップの取り付けなど冷媒の種類，使用する温度帯などにより選定条件があるので注意を要する．

冷媒配管の基本事項を列挙すれば，① 冷媒が外部に漏れないこと（真空運転時には空気が侵入しないこと），② 圧縮機から冷媒とともに飛び出した冷凍機油が途中で滞留せずに確実に再び圧縮機に戻るように最適な管内流速と勾配が得られ，③ 過大な圧力損失を生じない配管太さが選定され，④ 冷媒の種類と高圧あるいは低温条件に適した配管材料が使用され，⑤ 配管内に異物（空気などの不凝縮性ガス，水分，金属粉，砂など）が混入していないこと，⑥ 低温配管の外表面に結露を生じないように適当な防熱が施されていること，⑦ 振動や膨張・収縮などの機械的応力で破損しない工夫がされていることなどである．

E. 冷凍機を使った水産関係の設備

a. 冷蔵庫

漁港周辺では，イワシ，サバ，サンマなどの多獲性魚はある時期に集中して大量に水揚げされるため，鮮魚で流通する分の残余は凍結処理されたあと保管する．このため製氷装置，貯氷庫，凍結庫に併設して冷蔵庫が設置される．冷蔵庫の庫内温度は－30℃前後，収容能力は1,000～3,000 tほどのものが多く，大型の床置式ユニットクーラー（蒸発器）上部から導いて天井に吊り下げた木製あるいは布製ダクトにより庫内全体に冷気を分配する．外壁・天井は結露を生じない程度の断熱効果を有し，床は積荷の荷重に耐えうる保温材を用いたうえで凍上防止策を講じなければならない．凍上とは冷蔵倉庫などの床下で地中の水分が凍結して，地面と床がふくれあがる現象である．床を高くして空気層を設ける高床式や，通気管を地中に埋め込んで換気する通風式などの方策をとって防止する．

生鮮魚運搬船や，マグロ船などの凍結後の超低温凍結貯蔵および超低温運搬船の冷蔵倉には，引き抜き縦フィン付アルミニウム合金管のヘアピンコイルを天井にはりめぐらした自然対流式の蒸発器が用いられる．とくにマグロの魚倉室温は，1985年以降から高品質保持のために－60～－50℃と低温化の傾向にある．多目的冷蔵運搬船には直膨式ユニットクーラーが用いられる．

陸上でのマグロの長期保管用冷蔵庫には，二段圧縮式あるいは二元冷凍式冷凍機とユニットクーラーの組み合わせで－60～－50℃の庫内温度に保持された平屋建ての数トン級から自動立体倉庫を併設した多層階の数万トン級まである．1972年に最小容量3.7 kW（電動機容量）の二段圧縮機が開発されて以来，3.3 m^2 程度の小型プレハブ冷蔵庫でも容易に－40℃以下の庫内温度が得られるようになって，品質のよい刺身用マグロが全国各地に供給されるようになった．庫内温度（吸込み空気温度）を－25～＋30℃に設定可能な通常の冷蔵・冷凍コンテナのほかに，－60～－10℃に設定可能な超低温冷凍コンテナも出現している．

一方で，近年は地球環境問題に関連して省エネルギーの観点から，過度の低温化を見直す傾向もみられる．

冷蔵庫の冷凍負荷には，① 防熱壁を通して侵入する熱負荷，② 防熱扉開閉時に侵入する換気負荷，③ 搬入する漁獲物を冷却するための熱負荷，④ ユニットクーラー用ファンが発生する熱負荷，⑤ 庫内照明，フロアヒーター，作業員，庫内で使う搬送装置の動力などが発する熱負荷に大別される．

b. 冷水装置

水産物に直接触れない間接冷却式の冷水装置は，蒸発器内の接水部に汚物が付着するおそれがないので，プレート熱交換器やシェルアンドチューブ式熱交換器を使ったウォータ・チラーやブラインチラーなどの循環式を用い，水の出・入口の温度差は5℃前後である．海水に直接触れる冷却海水（refrigerated sea water : RSW）用には熱交換器の部材にはチタンや特殊ステンレス鋼材を用いる．

一方，水産物に直接触れた水の再循環は，熱交換器への汚物付着など衛生管理上の問題があるので一過式の方法を採用するが，原水と使用する冷却水の温度差が15～20℃以上にもなり，これを一気に冷却するには氷蓄熱による対応となる．氷蓄熱方法には大別して，① 冷却管の外側に氷を生成し外側から解かす外融式と，大きな氷の塊中に埋まった管に負荷側の水を流すように切り換えて氷を解かす内融式の2種類のスタティック型，② 多数の小型球形カプセル内に融解潜熱を有する化学蓄熱剤を封入して蓄熱するケミカル型，③ 製氷機からの移氷あるいは流動性のリキッドアイスを氷蓄熱タンクにためるダイナミック型の3種があり，用途，負荷の種類，設置場所の条件に合わせて選定される．

4.8.6 水産物の凍結装置と解凍装置

A. 凍結装置

凍結設備は常温状態の被凍結物（魚）の中心温度を凍結点以下（一般的には－18℃以下）に冷却して，それに含まれる大部分の水分を凍らせて固形化し，品質・工程上の制約から所定時間内に操作する装置をいう．伝熱媒体別には空気式（エアブラスト式），ブライン浸漬式，接触式および液化ガス式などがある．凍結装置内での処理法からは連続自動搬送式（インライン

表 4.8.6-1　おもな凍結設備の種類と分類

伝熱媒体・方式別	食品の搬送方式（食品の流れ）	
	自動搬送（インライン式）	手動搬送（バッチ式）
空気式（エアブラスト）	トンネル式ネットコンベア スパイラル式ネットコンベア 流動床式（フリューダイズド）	送風式凍結庫（リーチイン，ウォークイン，トラックイン） 管棚式送風凍結庫 送風式凍結庫（トロリー，ラック）
ブライン浸漬式	ブライン浸漬ネットコンベア	ブライン浸漬槽式
接触式	スチールベルト（バンド） ドラム式	コンタクト（立型，横型）
液化ガス式	ネットコンベア	リーチイン

式）と，一定量をまとめて凍結庫に入れて処理するバッチ（batch）式がある．

漁獲量が定かでなく，形状も一定の大きさにそろわない船上や漁港周辺の設備などの用途にはバッチ式，計画的に大量生産が可能な魚のフィレーやかまぼこなどの水産加工品などには連続自動搬送式が用いられる．**表 4.8.6-1** に伝熱媒体と搬送方式により分類したものを示す．表の中でも水産関係に比較的多用される凍結設備について説明する．

a.　送風式凍結庫（バッチ式エアブラストフリーザー）

リーチイン型の 50 kg 程度の小型のものから数トン単位を凍結処理するトラックイン型の大型設備まである．150 ～ 200 mm 厚さの防熱壁で囲まれた空間に，通風を妨げないように被凍結品を配列（積付け）して，凍結用ユニットクーラーすなわちプレートフィン式コイルで用途により -60 ～ -30°C の低温に冷却した空気（風速 3 ～ 10 $m\ s^{-1}$）を送風機によって循環させ，被凍結品に吹きつけて，1 バッチごとに凍結する．デフロスト中の暖気が冷却器から放散されないように，ダンパーを装備し短時間に除霜を終えることも可能である．自動搬送装置が付属していない分，設備価格が安く，被凍結品の形状の制限はなく，凍結時間は品物や凍結パン（12 ～ 15 kg 単位の上面開放の容器）の形状（主として厚さ）により決まるので，不ぞろいであっても類似の形状の魚類をまとめて 1 バッチごとの時間を設定すればよく，汎用性に優れている．凍結完了ごとに台車あるいはフォークリフトによる搬入・搬出作業が必要であるが，水産基地ではこの方法が主流になっている．7 t 分のマグロを懸吊（けんちょう）式で 30°C から -60°C まで 24 時間以内に凍結可能な，二元冷凍装置（冷媒 R23/R404A）を大型コンテナに組み込んだ凍結装置も製品化されている．

送風式凍結の一種に，バッチ式の送風管棚凍結庫（セミエアブラストフリーザー）がある．周囲を防熱された庫内には蒸発冷媒が通る天井コイルがあり，さらに被凍結物を収容する棚自体が冷却コイルとなっている．棚に載っている被凍結品を熱伝導利用により冷却すると同時に，風速 1.5（空のとき）～ 3 $m\ s^{-1}$（充填時）の送風凍結を併用する．マグロの船上凍結では 1 尾ずつ並べてこの方式で処理される．庫内空気温度は年々低下の一途をたどり近年は -65 ～ -60°C になっている．管棚を構成する冷却コイルは引き抜き加工されたアルミニウム成型品を使用して熱伝導のよさと漁船の軽量化にも寄与している．魚種やサイズごとに冷凍パンに入れたものを管棚に収容し凍結後は冷蔵室に移動する方法は，水産基地では広く普及している．

b.　ネットコンベア式フリーザー（連続式エアブラストフリーザー）

保冷した凍結庫内にネットコンベア式の自動搬送装置が設置されている．直線的かつ平面的にエンドレスに被凍結品を搬送する形式をトンネルフリーザーとよび，スパイラル状で立体的に回転ドラムの円周面を移動させながら搬送する形式をスパイラルフリーザーとよぶ.

トンネル式のネット幅は600～2,000 mmほど，長さが10～20 mほどで処理量は300～1,000 kg h^{-1}クラスが多く使われている．通過時間は被凍結物の厚さ，入出庫温度，庫内空気温度，風速条件によるが10～30分程度の用途に使用される．近年，被凍結物の上下両面から間欠的に風速45 m s^{-1}前後の冷風を吹きつける衝突噴流式も出現し，凍結時間の短縮化に成功した例もある.

スパイラル式のネット幅は300～1,000 mm，通常10～20段の巻き段数，段ピッチは150～200 mm，ドラム径はネットベルト幅の約4.4倍が必要とされ，処理量は200～3,000 kg h^{-1}で，通過時間はトンネル式より長く30～60分程度のものに適用されることが多い.

両方式とも，ネットコンベア上の被凍結品は移動中に送風凍結するためのプレートフィンコイル蒸発器と大風量の送風機がユニット化され同じ凍結庫内に設置されていて，冷風の流し方は各社それぞれ工夫した方法を採用しているが，通常−40～−35℃の冷風を風速3～10 m s^{-1}で被凍結品に吹きつけている．ネットベルトの移動スピードはインバータ制御により可変が可能である．かまぼこなどの水産加工場や冷凍食品工場などでインライン化されて用いられている.

c. 流動床式凍結装置

底面に多数の小さい孔の開いたステンレス鋼板製のトレイに被凍結品を置き，下から冷却空気を上に向かって吹き上げ被凍結品を流動させながら凍結する方式で，出口部にせき(堰)を設けて送り量を調節する．むきエビなどの粒状物の凍結に適している．凍結処理能力は1時間あたり850～7,000 kgと幅広い範囲で用意されている．食品の形状が小さいので凍結時間が数分間と短くバラ凍結(individual quick freezing : IQF)の典型例である.

d. ブライン浸漬式凍結装置

ブラインチラーから送り出された冷ブライン中に被凍結食品を浸漬する．両者が直接接触するので，送風式凍結にくらべて熱伝達率が20～40倍と大きく，大幅な凍結時間の短縮が可能である．遠洋カツオ船やカニ加工船での凍結には，食塩水ブラインが用いられる．使用するブラインはこのほかに，塩化カルシウム，プロピレングリコール，陸上での使用に限定されるが60 wt%以下のエタノール水溶液がある．空気中の水蒸気が冷ブラインの表面に触れて結露混入すると，ブライン濃度が下がる．これによってブラインの凍結点が上昇すると冷凍機側の熱交換器を凍結させてしまうので，ブラインの濃度管理が必要である．バッチ式のほか，ブライン槽の中を自動搬送させる方式や，ネットコンベア上にブラインを散布する連続式もある.

e. 接触式凍結装置（コンタクトフリーザー）

フラットタンクという中空のアルミニウム製冷却板の内部に低温ブラインまたは低圧冷媒の気液二相流を流して冷却し，これを上下に十数枚重ねて設置した装置である．この冷却板の間に被凍結品を差し込んで，上部から油圧装置で圧力を加えて直接接触によって凍結する．被凍結品と冷却媒体とは金属板1枚を介して直接接触する．固体間熱伝導により，凍結能力が大きいわりにはコンパクトな装置で，エビ，イカおよび小型魚のブロック，冷凍すり身など定形のもののブロック凍結(block quick freezing : BQF)に適し，トロール船などに多く用いられている．わが国や東南アジアでは横型が，EUやロシアでは縦型が多く使われている.

このほかに接触式の例として，超低速で回転する金属製ドラムの中に−40～−35℃の冷ブラインを循環させ，ドラム表面に比較的薄い形状の被凍結品を張りつけて，1回転する間に凍結したものを掻きとる方式のドラムフリーザーがある.

f. スチールベルトフリーザー（ベルトフリーザー）

通風法と接触法の組み合わせ式で，トンネル状の凍結庫内にエンドレスに接合した厚さ1 mm前後，幅1.2～1.5 mのステンレス鋼板製のベルトコンベアを，両端に設置した直径600 mm前後の回転ドラムで張力を保持しながら移動させ，コンベア上の被凍結品に向けて上方の冷却器から冷気を吹きつける．また，ベルト下面を別途冷却するため，ベルトに接する直膨式冷却板や冷ブラインを吹きつける装置を設けている．ブラインの濃度管理や衛生管理のむずかしさから，近年はベルトの下側に冷風を吹きつける方式もある．

ベルトとの接触状態のよい平板状の食材に採用され，とくに食品底面にネット跡が残らないのでホタテ貝柱などの凍結に用いられる．

g. 液化ガス凍結法

液体窒素（沸点 −196℃），液化二酸化炭素（沸点 −78.5℃）などの液化ガスのもつ低温と気化潜熱を利用して，これらを被凍結品に直接噴霧して急速凍結する方法で，バッチ式やトンネル式（連続式）がある．いくら瓶詰の凍結など高級食材に用いるバッチ式の例がある．冷凍機が不要で設備費は安価であるが，食品 1 kg あたりの凍結に液化ガスを 1 kg 以上も消耗するために，ランニングコストが高価であるという難点がある．

h. 凍結能力と凍結処理量

凍結設備に必要な凍結能力を求めるには，① 防熱壁を通して侵入する熱負荷，② 凍結庫扉の開閉時に侵入する換気負荷，③ エアブラスト式の場合は送風機が発生する熱負荷，④ 庫内照明，フロアヒータ，庫内で使う搬送装置の動力などが発する装置負荷と，被凍結品を初温から凍結終温までの冷却・凍結・過冷却に要する正味負荷とに大別される．ここでは正味負荷の計算についてのみ説明する．

$$\Phi_{\mathrm{net}} = T[c_1(t_a - t_f) + L \cdot f + c_2(t_f - t_b)]/3{,}600$$

ここで，Φ_{net}：被凍結品の凍結に要する正味負荷（kW），T：時間あたりの凍結処理量（$\mathrm{kg\,h^{-1}}$），c_1：被凍結品の凍結前の比熱（$\mathrm{kJ\,kg^{-1}\,K^{-1}}$），$t_a$：被凍結品の初温（℃），$t_f$：被凍結品の凍結点温度（℃），$L$：被凍結品の凍結潜熱（$\mathrm{kJ\,kg^{-1}}$），$f$：凍結率（$= 1 - t_f/t_b$），$c_2$：被凍結品の凍結後の比熱（$\mathrm{kJ\,kg^{-1}\,K^{-1}}$），$t_b$：被凍結品の終温（℃）．

凍結処理量 T（$\mathrm{kg\,h^{-1}}$）は，装置に収容可能な被凍結品の質量 M（kg）とその被凍結品の形状，温度条件，凍結設備の方法で決まる凍結時間 θ_{net}（min）およびバッチ式の場合の入出庫に要する準備時間 θ_{prep}（min）から，次式で表される．

$$T = 60M/(\theta_{\mathrm{net}} + \theta_{\mathrm{prep}})$$

この式において，連続式の場合は $\theta_{\mathrm{prep}} = 0$ である．凍結設備を新しく設計する段階では，凍結時間の推算は重要な作業である．

B. 製氷装置

水産物を 0℃ に保持できる氷は，水氷法，上げ氷法，抱き氷，敷き氷，積み氷など旧来の氷蔵法にとって必要不可欠である．氷の有する取り扱いの簡便さ，食品に対する安全性，融解潜熱（334 $\mathrm{kJ\,kg^{-1}}$）の大きさ，被冷蔵品を凍らせないなどの特性をいかして，各方面で多様に用いられている．水産物の生産から流通までいずれの現場でも，氷の安定供給は必須要件である．漁港や卸売市場には製氷工場が併設されている．

a. 角氷製造装置（缶式製氷装置）

−10℃ 程度に冷却された塩化カルシウムブラインがアジテータにより攪拌・流動している製氷槽内に，135 kg 用結氷缶 10 〜 20 本程度を缶グリッドに組み込み，それぞれの缶に原料水が注入されると，製氷槽内に浸漬して後約 2 昼夜を経て結氷が完了する．ブラインの冷却は製氷槽内の両側に設置されたヘリングボーンコイルが直膨コイルの役割をしている．製氷缶の移動，脱氷，注水などの作業は天井を走行するクレーンによって行われる．製氷後の氷はそのままの形，または約 3 cm に砕氷されて，貯氷庫に一時保管される．製氷能力日産 1 t に必要な冷凍能力は，熱損失30％とした場合に6.8 kW となる．

b. 自動製氷装置

各種形状の小形氷を自動的につくる装置がある．

（ｉ）プレート製氷装置

プレート製氷装置は，数枚の垂直に設置されたステンレス鋼板製などの結氷板内面に

−20 〜 −15°C の蒸発温度の冷媒を通している．各板の両表面には原料水が散布され，一部は氷となって付着成長する．氷厚が 15 〜 50 mm に達すると冷却を停止して，結氷板をホットガスで加熱して脱氷する．氷は砕氷機で氷厚と同程度の大きさに不定形に砕かれ，専用貯氷庫で一時保管される．

（ii）フレーク製氷装置

フレーク製氷装置の一例は，次のとおりである．固定式円筒形の蒸発器内で −20 〜 −15°C の冷媒を蒸発させ，研磨された円筒内面の結氷面に沿って，毎分 1 〜 3 回転する回転筒からカーテン状に原水を散布し，落下水をポンプで再循環させる．散水された水は，冷やされた結氷面を落下する間にある厚さの氷に成長するので，散水装置と同軸で遅れて後方にとりつけられた氷掻き取り器でこの氷を掻き落として，製氷機の下部にある貯氷庫にためる．できたフレーク氷は十分に冷やされているので氷の表面は乾いており，再氷結しない．

c. シャーベット海水氷製造装置

近年，シャーベット状の海水氷を製造する装置が開発され，漁港や蓄養基地などで使用されている．たとえば，二重壁の横型ドラムの外側に蒸発冷媒を通し，内面に海水を流して凍らせた氷核を回転ロータで掻き出す方式があり，日産 7.5 〜 30 t のユニットを組み合わせて必要量を確保する．−0.5°C から −5°C まで，0.1°C 単位で温度調節可能な装置もあるが，一般には −2°C 前後の低温維持が可能である．氷の粒子が 0.1 mm と小さく当たりがやわらかいために魚体の傷つきや変形が少ない，接触面積が角氷にくらべて広いために冷却効果が高い，鮮度維持期間も真水氷保管の場合よりも長い，魚体に近い塩分濃度のために浸透圧の変化による肉質の変化を最小限に抑えるなどのメリットがある．またポンプによる搬送が可能であることも，作業上大きなメリットである．欠点は氷の温度が下がりすぎて魚体が凍結したり，魚種によっては眼球の濁りや魚体表面が変色したりすることがある．また，真水氷よりも融解が速いなどがあげられる．

表 4.8.6-2　おもな解凍設備の種類と分類

媒体・熱源	装置・方式
空気	静止空気解凍（自然対流・低温微風），加温送風解凍，加圧送風解凍
水（塩水）	浸漬解凍（静止水，流水，流水発泡，氷水），散水（スプレー）解凍，打撃散水解凍
水蒸気	減圧解凍（真空解凍），常圧（高温）解凍，低温高湿度送風解凍（過熱水蒸気利用）
電気	誘電加熱解凍（高周波） 誘電加熱解凍（マイクロ波） 遠赤外線解凍
組み合わせ解凍	上記解凍方法の組み合わせ

C. 解凍装置

凍結過程はできたばかりの氷を介した固体熱伝導であるのに対し，解凍過程は表面の融解した水を介した流体熱伝導である．0°C の氷の熱伝導率が 2.22 $W\,m^{-1}\,K^{-1}$ であるのに対して，水は 0.571 $W\,m^{-1}\,K^{-1}$ で約 1/4 と小さく，水のほうが熱を伝えにくい．このことが凍結技術にくらべ解凍技術が難しい理由である．また，凍結は冷却しすぎることによる問題はないが，解凍は，操作終了時に食品全体の品温を 0°C 付近に維持しなければならいという課題がある．また，解凍後の保管温度が品質に大きな影響を与えるので，解凍完了後に冷蔵保管庫に自動的に切り替わることが望ましい条件の 1 つである．表 4.8.6-2 に媒体・熱源別に分類したおもな解凍方式の一覧を示した．以下，水産関係でよく使用される解凍装置について説明する．これらは，用途により使い分ける必要がある．

a. 空気解凍装置

風速 1 〜 6 $m\,s^{-1}$ の範囲で送風する空気の顕熱を使った汎用性の高い解凍装置で，加熱源は電気ヒーター，蒸気，ヒートポンプである．スプレー式加湿装置を付属している．温度・時間設定をプログラム制御し，たとえば最初は吹き出し空気温度を 18°C で開始して徐々に下げていき，解凍の最終段階で −2°C の締め工程を入れるなどの工夫がされている．顕熱主体の解凍の場合は解凍むら（ばらつき）が生じやすい．ヒートポンプを熱源とする機種は冷凍機を有するので，解凍後の保冷が可能である．

加圧送風型は直径1～2.6 m，長さ1～10 mの横型加圧容器内の空気を0.3 MPaに加圧して，電気ヒーターで0～30℃に加温し，庫内風速0.5～3 $m\ s^{-1}$の密度の大きい空気の顕熱で解凍する．冷凍機による冷却機能も備え解凍後の保冷が可能であり，プログラム制御による最適運転機能付の機種もある．

b. 水解凍装置

流水型は，魚の種類にもよるが水温0～15℃，流速0.5～1.5 $m\ s^{-1}$の流水槽の中で解凍する方法で，2～3％の冷食塩水解凍機もこの方法が使われている．

打撃散水型は懸垂された凍結ブロックに対して10℃前後の水を勢いよく吹きつけ，その打撃力で被解凍品を結合している氷を解凍する．被解凍品は長時間にわたり水に浸漬しないので，吸水膨潤することもなく－2℃前後の半凍結状態が得られる．水温保持のための熱源は蒸気吹き込み，熱水注入あるいは電気ヒータで制御される．小型魚のブロックに適している．このほかに発泡型，スプレー型などがある．

c. 水蒸気解凍装置

凝縮潜熱2,478 $kJ\ kg^{-1}$（10℃），水蒸気分圧1.23 kPa（10℃）のときの滴状凝縮熱伝達率が約40,000 $W\ m^{-2}\ K^{-1}$という，大きな値を有する水蒸気の熱特性を利用したのが，水蒸気解凍の特徴である．衛生的であるというメリットも有している．水蒸気発生を減圧下で行うものと常圧下で行うものの2種類がある．

減圧型は，円筒型密閉容器（庫内）の空気を真空ポンプで抜いて1.23～2.33 kPaに減圧し，水を10～20℃の低温で沸騰させる．熱源は容器底部の水に供給する水蒸気で，冷たいところから集中して凝縮するので解凍むらが生じることなく，流水解凍とほぼ同じ速さで空気解凍より2～3倍速い．

常圧型は通常の冷蔵室内に，温水を気液接触器に供給して発生させた相対湿度95％の湿り空気を被解凍品に吹きつけて，水蒸気の凝縮潜熱を利用する気液接触法式があるが，被解凍品の温度が上がり過ぎないよう注意が必要である．

低温高湿度解凍式は，常圧下で10℃前後の冷気に過熱水蒸気を吹き込んで相対湿度100％を得る方式である．プログラム制御により，解凍途中から相対湿度100％を保持しつつ空気温度を下げ，解凍終了時の食品の中心温度と表面温度の差を小さくできる．ドリップ量が少ないうえに最も温度の低い部分から優先的に解凍が進むので，解凍むらが生じることもない．さらに解凍後は冷蔵保管室に切り替えることが可能な，汎用性の高い装置である．

d. 接触式解凍装置

コンタクトフリーザーと同様の構造で，フラットタンク部の冷媒あるいはブラインのかわりに25℃前後の温水を通して解凍する．形状の整った熱物性の比較的均一な冷凍すり身などに好適である．

空気の8,500倍の熱伝導のよさをもつアルミニウム板を被解凍品に接触させ，板の裏側にフィンをつけて表面積を拡大して，送風機により加温する金属接触型がある．マグロの厚さ25 mmのサクを十数分で解凍することができる．

e. 誘電加熱式解凍装置

電磁波の周波数を3～3,000 MHz程度まで高めると，食品中の高分子の極性基や低分子の物質，とくに未凍結の水分子に特異的に働き，それらを回転，振動させた結果の摩擦熱で，食品の表面と内部を同時にきわめて速く発熱させることができる．この原理を用いて食品を解凍する．3～300 MHzを用いる高周波型と2,450 MHzを用いるマイクロ波型に分けられるが，他の解凍方式と異なり，表面・内部を同時に短時間に加熱するので，両型ともに－5～－3℃以上の解凍操作は困難で，半解凍段階で止める必要がある．

高周波型は誘電体である冷凍品を2枚の電極板の間に置き，13 MHzの高周波電圧を加えて内部発熱させて解凍するが，不定形あるいは電解質を多量に含むものには不適で，冷凍すり身のように形状と品質が規格化された食品素材に適する.

マイクロ波型は，加熱装置への使用が認められている2,450 MHzのマイクロ波を全方向電界に照射して加熱する．食品への電磁波の浸透性は落ちるが，局部過熱はそれほどはなはだしくはない．水と氷のマイクロ波吸収能の相違によるランナウェイ（加速度的な部分加熱）現象，被解凍品の組織のむら，不規則な形状およびマイクロ波自身の分布密度のむらなどが原因で生じる解凍むらが，技術的問題点である．これらの問題点を解決するために各種工夫がなされ，他の方式との組み合わせによるコンベア式など，大量に処理する装置が多く実用化されている.

（古川　博一）

4.8.7 冷凍水産物の品質に影響をおよぼす成分の化学的変化

冷凍によって起こる各種成分の化学変化と成分間相互作用は，水産物の品質に大きな影響を及ぼす．本項では，筋肉タンパク質，脂質，ミオグロビンなどの品質要素に起こる冷凍中の化学変化について説明する.

A. 筋肉タンパク質の冷凍変性

筋肉タンパク質の構造が凍結過程で変化して本来の性質を失うと，解凍ドリップの増加，食感の劣化，加工適性の喪失などの原因となる．魚類筋原線維タンパク質の冷凍変性は保管温度に依存していることを，すでに4.8.4で説明した．筋原線維は筋線維を構成している細い線維で，その質量の半分をミオシンが占める．ミオシンは魚肉の品質を支配する重要なタンパク質なので，ミオシンの状態を調べることで魚肉タンパク質の品質情報が得られる．ミオシン分子の頭部にはATPase活性部位があり，また尾部には高イオン強度の塩溶液に溶ける性質があるため，これらの機能を指標として，冷凍変性のメカニズムや変性の程度を知ることができる.

ミオシンの冷凍変性のメカニズムは加熱変性とは必ずしも同じではないことがわかってきた．ミオシンを加熱しても，また冷凍しても，時間経過に伴ってCa-ATPase活性は低下するので，ミオシンの頭部に変性が生じていることは間違いがない．しかし，ミオシンの塩溶解性は，加熱では大きく低下するが，冷凍では低下の度合いが小さい．すなわち，ミシン尾部の構造変化は加熱変性では大きく冷凍変性は小さいといえる．また加熱では筋収縮を制御するタンパク質（トロポミオシンやトロポニン）の構造が破壊されるほど強い変性が生じるのに対して，冷凍変性ではそこまで激しい変性は起こらない．以上のように，凍結によって起こる魚肉タンパク質の変性は，加熱にくらべて穏やかな変化である.

凍結・冷凍保管・解凍過程の諸条件が筋肉タンパク質の冷凍変性に及ぼす影響については，4.8.4.Dを参照されたい.

B. 脂質の冷凍による劣化

魚介類の脂質は，トリアシルグリセロールを主体とする貯蔵脂質と，リン脂質を主体とする組織脂質で構成される．組織脂質は魚類では0.6～1.0％程度含まれ細胞膜などに存在する．貯蔵脂質は皮下組織や筋肉の結合組織などに存在する．含量は，タラなど白身魚には少なくイワシやサバなど赤身魚では多く魚種で異なり，また同一の魚種でも季節，生息海域，部位でも異なり，たとえばマイワシでは3～30％の幅で変動する.

a. 冷凍による水産物脂質の加水分解

魚介類の脂質，とくにリン脂質は貯蔵中に加水分解酵素によって分解され，遊離脂肪酸を生成する．脂質加水分解酵素の作用は冷凍保管中にも進行し，保管温度が高いほど加水分解は進行するが，リン脂質では－29℃でも遊離脂肪酸の分解が進み（図4.8.7-1），風味の劣化に影響すると思われる.

b. 冷凍による水産脂質の酸化

魚介類の脂質には高度不飽和脂肪酸が多く含まれ，空気中の酸素によって自動酸化が進行する．自動酸化で最初に過酸化物が生成し，そのおもな形態はヒドロペルオキシドである．魚肉脂質の過酸化物価は冷凍保管温度が高くなるにつれて増加するが，－30℃以下になると進行

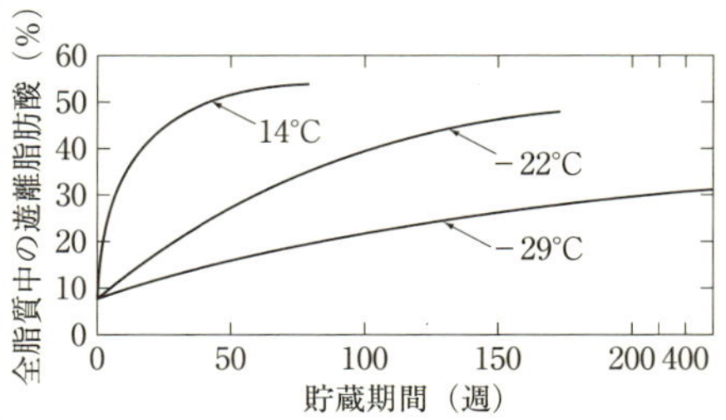

図 4.8.7-1　マダラ肉の冷凍保管温度とリン脂質の加水分解による遊離脂肪酸の増加
〔新版　食品冷凍技術, p.85, 日本冷凍空調学会(2009) より一部抜粋〕

は非常に遅くなる(図 4.8.4-4). 過酸化物は自動酸化の進行に伴い, 高分子重合体を形成したり, あるいは二次分解により低級脂肪酸やアルデヒド・ケトンなどカルボニル化合物を生成する. これら二次生成物は, 酸味・渋味・刺激臭を発生し水産物の風味低下原因となる. 同時に, 脂質の酸化によって生じたカルボニル化合物は窒素化合物と反応して, メイラード反応によって黄色やオレンジ色の着色物(4.8.8.B) を生成し, 冷凍水産物の外観を損なう. このように脂質の酸化に起因する冷凍水産物の風味劣化と外観の変化を総称して, 「油焼け(freezer burn)」という.

C. 冷凍によるミオグロビンの変化

マグロなどの筋肉の赤色は, ミオグロビンの濃度と状態で変化する. マグロ類筋肉の赤色色素ミオグロビンは－35°C 以上の温度に冷凍保管すると比較的速い速度でメトミオグロビンに変化し褐色になるため, マグロ類は－40°C 以下の超低温度に保管されるようになった. ミオグロビンの状態はマグロ肉の品質を規定する重要項目である(図 4.8.4-5).

ミオグロビンは筋肉細胞中で酸素の貯蔵と供給の役割を担っている. 魚類血合筋中の含量が普通筋より高いが, マグロ類では普通筋でも高含量であり, クロマグロでは 490 ～ 590 mg 100 g^{-1}, メバチでは 162 ～ 232 mg 100 g^{-1} と, サバの 7 ～ 9 mg 100 g^{-1} より圧倒的に高い.

a. ミオグロビンの状態と色調

ミオグロビンは Fe (鉄) 原子を含むヘム部分とタンパク質部分のグロビンから構成されている(図 4.8.7-2). 死後の筋肉内は酸欠状態となっているので, 凍結マグロも生鮮マグロも内部の筋肉は, ミオグロビンから酸素分子が離れた還元型ミオグロビン(デオキシミオグロビン) の状態であることが多く暗赤紫色を呈するが, 空気中に放置すると酸素と結合しオキシミオグロビンとなり鮮紅色となる. この変化を酸素化(あるいはブルーミング) という. しかし, 長時間冷蔵したり冷凍保管温度が高いときは, ヘム部の鉄イオンが酸化されて Fe^{2+} (2 価) から Fe^{3+} (3 価) になりメトミオグロビンが生成され, 肉色は褐色に変化する. 生体内では, メト化は還元酵素によって元に戻るが, 死後のメト化は不可逆的であり戻らない.

ミオグロビンは pH 6.5 付近では安定であるが, pH 6 以下になると急激に安定性が低下しメト化が進行するので, pH の高い鮮度のよい状態で凍結したほうが褐変化を抑制できる. また, メト化は温度や塩濃度の上昇でも促進される.

b. ミオグロビンの関与する異常変色

鮮度保持技術の進歩に伴って今日ではあまりみられなくなったが, かつて冷凍カジキ類で緑変現象が発生した(グリーンミート, 青肉). これは鮮度低下に伴い繁殖した微生物が硫化水素を発生し, ヘム色素と反応して緑色色素スルホミオグロビンを生成することが原因とされた. マグロ肉の加熱時には淡青色や緑色を呈することがある(ブルーミート, 青肉). これは, トリメチルアミンオキシド(TMAO) とミオグロビンの反応とされている. かつお節に起こる「しらた」現象は, ヘムによる脂質酸化の促進が原因といわれている(4.3.3.A).

異常変色の範疇に入るものではないが, CO (一酸化炭素) 処理によりミオグロビンを発色させたマグロ肉が問題となった. CO を反応させミオグロビンをカルボニル型にすると鮮やかなピンク色になり, その色調が長時間維持される. このような処理は鮮度を偽装することとな

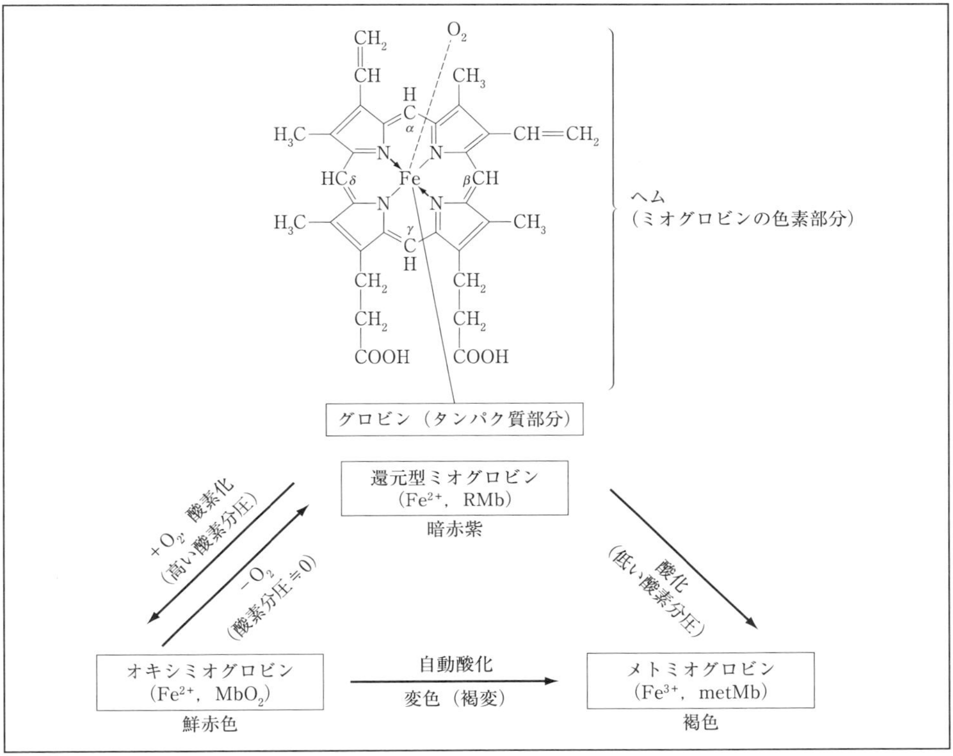

図 4.8.7-2　ミグロビンの状態と色調の変化
〔新版　食品冷凍技術，p.88，日本冷凍空調学会（2009）〕

り，また CO は人体に有害であるので，日本では禁止しているが，禁止措置をとっていない国もあるので注意が必要である．

D. カロテノイド系色素の冷凍による退色

サケ・マスの肉色やタイ・キチジ・メヌケ類などの魚皮は，カロテノイド系である赤色のアスタキサンチンと黄色のツナキサンチンが主要な成分である．これらは脂溶性であり，多数の共役二重結合をもつため，電子状態の変化に伴い吸収波長が移動し色調が変化しやすい．容易に空気酸化が促進しやすく不安定である．赤い魚肉の退色は，アスタキサンチンが酸化・異性化によって共役系の破壊・分解が起こり，無色の化合物に変わることが原因である．赤色魚皮の退色は，リポキシゲナーゼが不飽和脂肪酸に作用して生成した過酸化物が，アスタキサンチンに作用し酸化・退色に至る．冷凍による赤色魚類の退色現象も，同じ機序によるものと推測される．

E. メラニンの生成による冷凍エビ・カニ類の黒変

エビ・カニ類の黒色化は，鮮度低下によっても生成するが，凍結解凍した場合に著しく進行する．一般に甲殻類のチロシンや DOPA（3,4-ジヒドロキシフェニルアラニン）にフェノール酸化酵素（phenoloxidase）が作用して DOPA キノンを生成し，さらに黒色色素のメラニンが生成する．フェノール酸化酵素様活性を示すヘモシアニンは冷凍中も安定で，長期保管中に緩慢に，そして解凍中に急激に活性化されてメラニンが生成するといわれている．エビの黒変は頭胸部，歩脚，尾扇に，カニでは脚関節部や外殻の傷がついた部位に特徴的に発現する．黒変は筋肉の軟化や腐敗よりも早く起こる現象で，安全性に問題はないが，品質低下の前兆である．

防止方法として，① 外傷の防止，② 鮮度低下の防止，③ チロシンおよびフェノール酸化酵素の除去（頭部・内臓・外殻の速やかな除去，洗浄と脱血），④ 酵素群の不活化（速やかな冷凍保管・加熱），⑤ メラニン形成にかかわる酸化反応の防止（真空・添加物の使用）などがある．

添加物による防止法として，亜硫酸水素ナトリウムとアスコルビン酸が食品衛生法で許可されている．これらの酸化防止剤では，亜硫酸水素ナトリウムは使用基準 0.1 g kg^{-1}（エビむき身中，またはカニ可食部中で二酸化イオウとして）以下の制限がある．亜硫酸水素ナトリウムはトリメチルアミンオキシドを還元して人体に有害なホルムアルデヒドを生成する．また，アレルギー物質同様の作用（仮性アレルゲン）を示すので，FAO/WHO 国際食品規格委員会（コーデックス（Codex）委員会）で食物アレルゲンとしての表示が規格化された．アスコルビン酸はキノン体を還元することでメラニンの生成を防止するが，この反応はアスコルビン酸が消失すると黒変の進行が始まる，可逆的作用である．

F. メイラード反応による褐変化

カツオ缶詰では，開缶後に空気との接触で褐色に変色し焦げ臭を発生することがある．この現象は，グリコーゲンの解糖系代謝反応における中間生成物のグルコース-6-リン酸（G6P），フルクトース-6-リン酸（F6P），フルクトース-1,6-ビスリン酸が蓄積し，エキスとして含まれるヒスチジン，アンセリン，クレアチンなどと反応するメイラード反応（アミノ-カルボニル反応）が原因である．高鮮度の状態で凍結されたカツオが，冷凍保管中に解糖系補酵素ニコチンアミドアデニンジヌクレオチド（NAD）が特異的に消失する温度帯に置かれた場合，解糖系代謝が途中で停止して G6P や F6P を蓄積すると推測される．カツオ加熱肉における褐色化肉を，オレンジミートとよぶ（4.9.4.D）．

防止対策として，グリコーゲン含量の高い高鮮度の状態で凍結した場合は，解糖系代謝が進行しない低温度で冷凍保管し，解凍後はグリコーゲンの消失を確認してから加熱処理をすることが効果的とされている．

加熱による褐変現象は凍結ホタテ貝柱でも起こることがある．上記と同様の現象であるが，ホタテ貝柱の解糖系代謝は魚肉よりも緩慢に進行するので，グリコーゲンから G6P や F6P への代謝を停止させることが重要である．褐変化の抑制には，凍結ホタテ貝柱を解凍しないで，そのまま加熱することが効果的である．

G. 冷凍焼け

魚介類の冷凍焼けは，氷結晶が昇華して表面が乾燥し，空気との接触で生じる現象である．冷凍焼けの著しい場合は，表面が乾燥するだけでなく，内部まで孔が侵入し，空気との接触が深部にまで及ぶことがある．乾燥と空気との接触によって，脂質酸化，メイラード反応，ミオグロビンのメト化などにより褐変現象が起こり，場合により焼け焦げたように見えるので，冷凍焼けといわれる．冷凍焼けによる乾燥はタンパク質変性もひきおこし，解凍後に魚肉が復元せず食感や風味も損なわれる．

冷凍保管中の乾燥は，保管温度の変動，デフロストによる影響，ストッカーの開閉，品物の出し入れなどによって，冷凍食品表面と冷凍庫内の雰囲気の蒸気圧に大きな差が生じたときに起こりやすい．冷凍魚介類の表面乾燥を防止するために，アイスグレーズが用いられる．アイスグレーズとは食品表面につくられた氷の膜のことである．

（福田　裕）

4.8.8 水産物凍結貯蔵各論

水産物の冷凍は，魚種ごとに特徴的な処理を必要とする場合が多い．本項では各魚種の概略を述べる．

A. マグロ類

凍結マグロはおもに遠洋はえ縄漁業による．一般的な作業手順は，漁獲後ただちに即殺，中枢神経破壊，内臓，鰓，ヒレ除去，胸部，尾部血管の切断，脱血，洗浄の後，凍結を行う．苦悶させないこと，脱血処理を十分に行い素早く魚体温を低下させることが重要である．凍結法は通常管棚式のセミエアブラスト凍結法により，−60～−55°Cで24～36時間程度凍結する．凍結操作終了後，冷却清水中に数回浸漬してグレーズ処理し，魚体の乾燥と酸化を防ぐ．その後，−60～−50°Cの貯蔵倉庫に積み重ねて保管する．近年では，凍結処理の効率化のため，船上でフィレやロイン（四つ割）に解体加工後，凍結する方法も実施されている．

市場における凍結マグロの品質判定は，おもに尾部を切断し急速に水で解凍したときの断面から得られる情報〔① 肉色，② 肉の盛り上がり（ちぢれ）具合，③ 脂の乗り具合，④ 血栓等異常肉の有無など〕がおもな評価項目である．急速解凍時に解凍硬直し尾部断面が盛り上がる個体は，ATP 含量がきわめて高い．すなわち，生きて漁獲された高鮮度品と判定される．なお，高鮮度品を解凍する際には，解凍硬直を起こさないよう注意深く解凍する必要がある（急速解凍しない）．

マグロ肉は美しい肉色が商品価値上重要であるが，凍結貯蔵中に筋肉色素タンパク質のミオグロビン（Mb）の酸化（メト化）により，次第に褐色化する（図 4.8.4-5）．メト化防止に−35°C以下の凍結の有効性が明らかにされて以降，−60～−50°Cの超低温凍結・貯蔵が行われている．

B. カツオ

近海カツオは大半が鮮魚として流通するが，遠洋カツオは一本釣り，旋網によって周年漁獲され凍結される．一般にかつお節等の加工用には脂肪が少ないカツオが，たたきやロインなどの生食用には脂肪の多いものが用いられる．一度に多量に漁獲されるカツオには，短時間で凍結できるブライン凍結が多く利用される．魚倉内タンクで−18～−15°Cに冷却した約20%の塩溶液（ブライン）中に漁獲したカツオを投入する．一本釣で1本ずつブライン凍結しとくに鮮度がよいもの（B1 凍結品）は，刺身やカツオたたき用などに用いる．漁獲量が多く凍結能力を超える場合には，カツオを冷却海水中で一時冷却保存し随時ブライン凍結を行うが，加熱加工用に使われることが多い．

1970 年代，ブライン凍結カツオを原料とした缶詰肉で，焦げ臭のある黄褐色の変質肉（オレンジミート）が発生し問題となったが，これは高鮮度原料での凍結処理が影響している現象であり，グリコーゲンの解糖反応中間生成物によるメイラード反応（糖−アミノ反応）に起因することが明らかにされている（4.8.7.F）．

C. 小型赤身魚（アジ・サバ・イワシ・サンマ）

日本近海で漁獲される比較的小型の赤身魚であり，輸入魚とともに凍結品が各種加工品原料として用いられる．一時期に集中して漁獲されるため，一般的に冷凍パンに並べて BQF 凍結される場合が多いが，1本ずつブライン凍結した IQF 品もある．多脂肪で血合肉も多いため，凍結貯蔵中の脂質の酸化（4.8.7.B.b）やそれに伴う油焼けの防止のためにアイスグレーズ処理や包装により表面乾燥を防止するとともに，酸素を遮断し，低温（−30°C 以下）での保管が必要である．サンマは冷凍・解凍処理による変化が比較的少なく，漁獲時期以外は年間を通じて解凍サンマが生鮮品とほぼ同等の扱いで販売される．

これら赤身魚はエキス成分中にヒスチジンを多く含むので，ヒスタミン中毒防止のために解凍や加工処理工程中での温度上昇には注意が必要である．

D. サケ・マス

サケ類は筋肉中にカロテノイド色素のアスタキサンチンを蓄積し肉色が赤色～桃色を呈する（4.8.7.D）が，冷凍保管中に赤い色調が薄くなると商品価値が低下する．退色防止には，−30°C以下での低温保管が必要である．サケ塩蔵品やスモークサーモンなどの加工品製造の際は，カロテノイドの退色防止のため，加工時の塩漬液にアスコルビン酸ナトリウムなどの酸化防止剤を使用する方法が採用されている．凍結は，ステンレス棚にドレスを並べ，エアブラスト凍結するのが一般的である．

E. タラ類・カレイ類

白身魚の代表であるタラ・カレイ類は，骨や皮を除去した冷凍フィレ・冷凍すり身の原料として重要である．鮮度低下が速く，冷凍耐性も低いため，緩慢な凍結条件下では肉がスポンジ化しやすい．漁獲後は低温下での迅速な処理，十分な凍結保管温度の確保が必要である．タラ類ではTMAO含量が高く，鮮度低下や凍結保管中のホルムアルデヒド生成が品質劣化の要因となる(4.5.1.B.d)．

F. 赤色魚類(マダイ，アマダイ，キンメダイ，アカウオ等)

一般に「赤もの」とよばれ，表皮や鱗にアスタキサンチンなどのカロテノイド色素を含む(4.8.7.D)．体表の色調が商品価値に影響するが，色素の酸化による退色は－10°C以上では急速に，－30°C貯蔵中にも徐々に進行するため，十分な凍結保管温度の確保が必要である．姿焼き用マダイなどでは外観を大切にするため，鱗，鰭，尾を損傷しないように丁寧にとりあつかい，IQFでは急速凍結後部分的にシャワーグレーズを施し，損傷を防ぐ．またBQFでは魚をパンに並べたあと，上まで真水を張り急速凍結を行う．凍結原料の解凍の際には，表皮の光沢が損なわれないように，2%程度の塩水で解凍する場合が多い．

G. イ　カ

イカはラウンド，つぼ抜き，開き，ロール，チューブ状に鰭部を切断したものなど，各種の処理形態で凍結される．イカの筋肉組織は魚類と異なり方向性の異なる環状筋と放射状筋が層状に整然と重なり合っていて強固であり，冷凍耐性の強いものが多い．

H. エビ・カニ

エビは一般的にBQF凍結される．あらかじめ冷水を注入した凍結パンに並べて凍結し，凍結後グレーズ処理を数回くりかえしてからインナーカートン詰めする．このような注水凍結法は輸送時の振動による歩脚，尾扇の折損を防ぎ，表面の乾燥を防止するほか，潜熱量の大きい氷衣により外気の温度変動を吸収する役割を果たす．カニは一般的にエアブラストで急速凍結される．エビ，カニ類は氷蔵または解凍後の貯蔵中に歩脚，頭胸甲部，尾扇付近が徐々に黒変し，商品価値が低下する(4.8.7.E)．

I. カ　キ

カキは他の貝類に比べ組織がとくに脆弱なため，凍結原料はきわめて新鮮なものを使用する必要がある．鮮度低下が進むと肉質，肝臓の軟化，色素の流出による変色が起き，ドリップ量も多くなる．通常凍結むき身はIQFとするが，貯蔵中の乾燥や酸化による黄変，異臭の発生を防止するため，アイスグレーズ処理が重要である．食品衛生法では生食用カキの保存温度は－15°C以下に定められているが，実際の凍結においてはより低温が望ましい．

J. 魚卵類

食用として流通する魚卵製品にはすじこ，いくら，ますこ(サケ，マス類)，たらこ，辛子明太子(スケトウダラ)，かずのこ(ニシン)，キャビア(チョウザメ)，からすみ(ボラ)，とびっこ(トビウオ)など，多くの種類がある．生卵で流通するものは少なく，塩蔵や醤油漬けなどの処理をされたものが多い．近年では消費者の健康性志向を反映し低塩分，高水分化の傾向にあり，低温保管が必要である．魚卵製品の保蔵性は種類により，また同じ種類でも原卵の性状，処理方法や保蔵条件により異なる．長期間の品質保持には－40°C程度の低温保管が望ましい．いくらでは，液体窒素による急速凍結が行われる場合もある．なお，冷凍かずのこのように，凍結損傷による食感低下防止のため－15°C付近での保管が必要とされるものもある．

K. 塩干・塩蔵品

水産物の塩干品，塩蔵品は，本来は食塩による脱水と乾燥によって魚肉の水分活性を低下させ，微生物の繁殖を防いで貯蔵性を与えた製品であるが，近年はソフト化，低塩化志向により低塩分・高水分の製品が増え，冷蔵状態での貯蔵性に乏しいため，大半の塩干品が－20°Cかそれ以下の温度で凍結流通されている．加塩により脂質が酸化やすいため，脂肪酸化防止措置が必要であり，塩干品の例では，①できるだけ低温で乾燥を行う，② 乾燥製品はプラスチックシート等で真空包装やガス置換包装し，酸素との接触を避ける，③ 温度変動の少ない低温（−30℃以下）で凍結保管する，④ 酸化防止剤を含む塩水で浸漬処理するなどの対応がなされている．

L. ねり製品

水産練製品は凍結による離水や食感の低下が生じやすく，通常は製造後チルドで流通販売されるが，正月や盆など需要の集中期には計画的生産のために凍結保管される．凍結方法は，正月用板付きかまぼこや細工かまぼこなどに限り，液化ガス（液体窒素など）を用いた急速凍結が行われている．液化ガスを用いる方法は組織の損傷が少なく解凍して戻りが非常によい利点をもつが，ランニングコストが著しく高いことが欠点である．

（岡﨑　惠美子）

4.9 水産加工品各論

4.9.1 冷凍すり身

A. 概　要

2013年（平成25年）の，陸上において生産された水産加工品の生産量は約172万tであった．そのうち最も多くの生産量を占めるのはねり（練り）製品（30.8%）である（図4.1.1-1）．

魚肉タンパク質は強い加熱ゲル形成能を有している（4.9.2.C）．冷凍すり身は，洗浄した魚肉に冷凍変性防止効果のある糖類を加えることで，ゲル形成能を損なうことなく長期保管を可能としたタンパク質素材である．おもにねり製品原料として用いられる．1959年（昭和35年）頃，北海道立水産試験場において耐凍性の弱いスケトウダラ魚肉の冷凍変性を防止する技術として開発された．冷凍すり身の開発によって，ねり製品の製造が海況の影響を受けず，計画生産できるようになった．その需要は日本，欧米，東南アジア，中国と多岐にわたり，surimiは，世界に通用する技術用語となっている．

冷凍すり身の特徴は，① 魚肉の加熱ゲル形成能を，長期にわたって維持できることにある．糖類による冷凍変性の防止効果により，−20℃以下の貯蔵であれば1～2年程度の長期保存が可能である．また，② 不可食部をあらかじめ除去して魚肉だけを凍結しているのでねり製品の製造時に原料前処理が不要であり，廃棄物処理が軽減される．さらに③ 解凍後，ただちに原料素材として使用できるので工場立地が海岸部に限定されず，また，計画的生産が可能である点も食品素材として重要な特徴である．一方，欠点としては，① 魚肉タンパク質の凍結変性防止に用いる糖類に甘味があり，② 加熱条件によってはメイラード反応が進行して褐変化が起きることがある．また，③ 冷凍すり身の品質（加熱ゲル形成能）は外見では判断できない．

B. 製造原理

a. 製造工程

原料魚の頭部・内臓などを除いてから採肉機でミンチ状の肉塊（落とし身）を採取し，これを2～20倍量の水で洗浄して（水晒し工程），脂質，血液，水溶性タンパク質などを除く．この操作を数回繰り返して筋原線維タンパク質を精製したあと，脱水して冷凍変性防止剤（糖類）などを加え，コンタクトフリーザーを用いて急速凍結して製品となる．また，脱水工程の前後いずれかに，裏ごし器やリファイナーを用いた結締組織・夾雑物（すじ・皮など）の除去工程が入る．

上述の脱水肉に糖類を添加したあと，凍結せずにチルド流通する場合もある．この場合，単に魚肉すり身，あるいは生（なま）すり身という．

冷凍すり身は，その製造工程中に加熱操作を伴わないので，魚肉ねり製品の成分規格から「大腸菌群の規格」が，また製造基準から「殺菌の基準」が，それぞれ適用除外される．また，添加物の使用基準では，魚肉ねり製品への使用が認められているソルビン酸とソルビン酸カリウムの添加が，認められていない．

b. 水晒しの意義

水晒し工程は，無機塩類（鉄，銅，カルシウム，マグネシウムなど)，脂質，血液，水溶性タンパク質などの除去が目的であり，色調や魚臭の改善およびゲル形成能を高める効果がある．工船内の工場で製造される洋上すり身の場合は，落とし身に対し 1.5 ～ 5 倍程度の水で水晒しを 1 ～ 2 回実施した後にスクリュープレスを用いて脱水する．一方，陸上すり身工場では，落とし身に対して 10 ～ 20 倍の水が使われ，水晒し回数も複数回に及ぶ．洋上すり身では，多量の水を使用することが困難であるが，原料鮮度が良好であるため色調や魚臭を改善する必要が少なく，また，落とし身に対して数倍程度の水による水晒しでも，水溶性タンパク質の除去が可能である．

c. 添加物の効果

無塩すり身の場合，冷凍変性防止剤として糖類(ショ糖とソルビトール)を単独または混合で 5 ～ 8%添加する．ショ糖単独では加熱時の褐変化が起こりやすく，また甘味が強いので，ソルビトールと併用する場合が多い．タンパク質に対する糖類の保護効果は分子構造中に OH 基が多いものほど強い傾向にあり，ショ糖とソルビトールは優れた保護効果を示す．後述の加塩すり身の場合は，糖類を 8 ～ 10%と食塩を 1 ～ 2.5%添加して凍結する．重合リン酸塩は使用しない．

無塩すり身には，0.2%程度の重合リン酸塩を添加するのが一般的である．重合リン酸塩の添加には，製品の pH を中性領域に維持する pH 緩衝効果(筋原線維タンパク質は中性領域で安定)と，塩ずり過程における筋原線維タンパク質の溶解促進効果があり，加熱ゲルの物性向上に寄与する．

糖類以外にもタンパク質の安定性に影響をおよぼす食品成分(添加物)がある．分子構造中に複数の COOH 基を有するグルタミン酸，アスパラギン酸，クエン酸，およびグルコン酸などの Na 塩が強いタンパク質保護効果を示し，塩基性のアミノ酸であるヒスチジン，リシンは変性を促進する傾向がある．糖類やアミノ酸などの添加物は，筋原線維タンパク質に直接働きかけるのではなく，周囲の水の構造性を強めて筋原線維タンパク質を安定化させる．

d. 無塩すり身と加塩すり身

冷凍すり身には，食塩を加えないで凍結した無塩すり身と，あらかじめ魚肉を塩ずりしてつくる加塩すり身がある．現在では貯蔵性に優れた無塩すり身が主流である．冷凍すり身の開発当初は加塩すり身の需要が多く，とくに細工かまぼこ用として使用された．加塩すり身は半解凍状態のまま低温ですり上げるのがコツであるが，坐り(4.9.2.C)の状態となりやすいため，ダレを嫌う細工かまぼこに最適である．どちらのすり身でも弾力のある良質のゲルを得るためには，低温度下で解凍や攪拌を行うことにより，製品成型前の坐り現象を避けることがポイントとなる．

C. 世界のすり身の生産動向

冷凍すり身は，わが国をはじめ北米，南米，ロシア，東南アジアなど世界各地で，スケトウダラ，ホキ，ミナミダラ，チリマアジ，ヘイク類，イトヨリ類，グチ類，キントキダイ類などを原料として，年間 72 万 t(2012 年)生産される．わが国の需要量は約 35 万 t であるが，51%が輸入に依存している．近年，わが国のすり身需要量は減少傾向にあるが，東南アジア，欧州での需要が伸びてきている．

日本：国内では，スケトウダラ，ホッケ，イワシなどを陸上すり身工場で生産している．総生産量は，2012 年：9 万 6 千 t である．これ以外に大手水産会社や食品会社の海外関連企業がスケトウダラやイトヨリダイなどのすり身を生産し，輸入している．スケトウダラすり身の輸入量は 2012 年：13 万 1 千 t である．

米国：スケトウダラ，パシフィックホワイティングの冷凍すり身を洋上すり身工船と陸上すり身工場で年間約 14 万 8 千 t 生産(2012 年)している．

ロシア：スケトウダラ冷凍すり身をすり身工船で生産している．

タイ：イトヨリ，キンメダイ(キントキダイ)，グチ，エソなどの冷凍すり身を中心に陸上工場で年間約 6 万 5 千 t(2012 年)を生産している．

インド：イトヨリ，シログチ，キグチ，タチウオ，エソ冷凍すり身を年間約1万2千t(2012年)生産している．

チリ：ミナミタラ，ホキの冷凍すり身を洋上すり身工船で，アジすり身は陸上工場で生産している．

アルゼンチン：ミナミタラ，ホキの冷凍すり身を洋上すり身工船で年間1万3千t(2009年)を生産している．

D. 原料魚

かまぼこ原料の冷凍すり身は，世界各地から供給される．原料魚類の生息温度と筋原線維タンパク質の温度安定性との間には密接な関係がある(図4.9.1-1)．したがって，原料魚のタンパク質を安定にとりあつかうには，その魚種の生息水温以下の温度で管理する必要がある．この事実は魚肉タンパク質を加工食品原料として活用する際の重要な管理点となる．

a. 寒帯性魚類

(i) スケトウダラ［タラ目タラ科］
(*Theragra chalcogramma*；walleye pollack, Alaska pollack)

日本海側の山口県以北，太平洋側では宮城県以北からオホーツク海，ベーリング海と北太平洋に広く分布する．米国でのスケトウダラの漁期は，自然保護と資源管理を目的に1月から3月までのA・Bシーズン，8月のCシーズンおよび9月から11月までのDシーズンに分割して漁獲されている(2010年現在)．生産される冷凍すり身の等級は，原料魚の鮮度で決められる．

(ii) ホッケ［カジカ目アイナメ科］
(*Pleurogrammus azonus*；ataka mackerel)

日本海側とオホーツク海側の2系列群れに分類され，北海道沿岸で漁獲される．すり身は釧路，網走，紋別，稚内の陸上工場でおもに生産されているが，最近では米国でもホッケ洋上すり身の生産が増えている．

(iii) ミナミダラ［タラ目タラ科］
(*Micromesistius australis*；southern blue whiting)

ニュージーランド海域および南米パタゴニア海域の水深400～600mに多く分布し，オキアミ，ハダカイワシ，ソコダラなどを摂餌している．産卵期は南半球の冬場(8～9月)である．

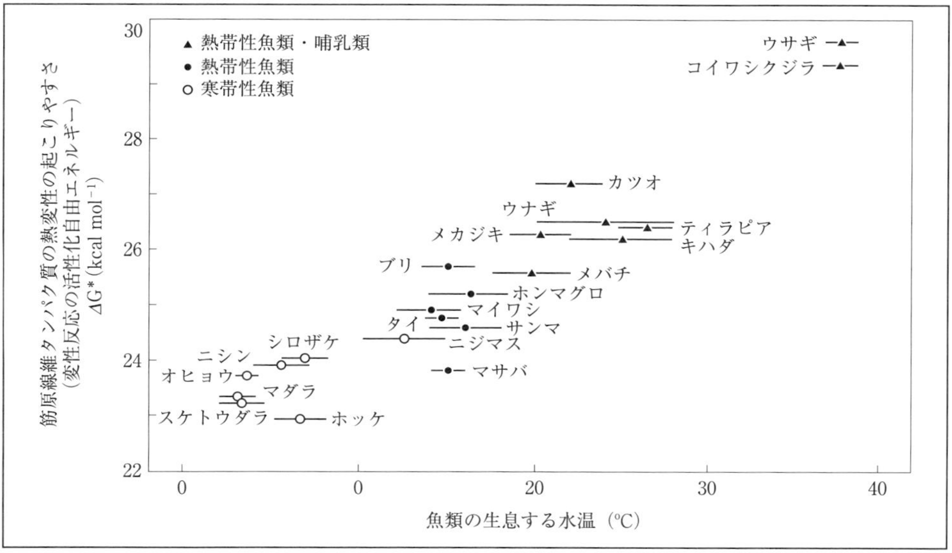

図4.9.1-1　魚類における筋原線維Ca-ATPaseの熱変性の起こりやすさと生息水温の関係
〔橋本昭彦ほか，日本水産学会誌，48(5)，p.682(1982)〕

(iv) ホキ[タラ目メルルーサ科] (*Macruronus novaezelandiae* ; hoki, blue grenadier)

ニュージーランド周辺やオーストラリアの水深300～800 mに分布している．時折，900 m以深の深海域でも混獲されることがある．体長60～68 cm程度で成熟し，最大1 mを超えるものもある．

b. 温帯性魚類

(i) シログチ[スズキ目ニベ科] (*Pennahia argentatus* ; silver croaker, white croaker, silver jewfish)

水深40～160 mの砂泥底に群れをなして生息し，産卵期は4～8月である．朝鮮半島南部から東シナ海に多く分布し，日本近海では，南房総以南で漁獲される．

(ii) エソ類[ハダカイワシ目エソ科]

日本海沿岸から東シナ海，南シナ海，インド洋，紅海と広く分布しており，マエソ(*Saurida undosquamis* ; brushtooth, lizard fish)，ワニエソ(*Saurida tumbil*)，トカゲエソ(*Saurida elongata*)の3種類がすり身原料に用いられる．

(iii) マイワシ[ニシン目ニシン科] (*Sardinops melanostictus* ; Japanese sardine, Japanese pilchard)

赤身魚肉のゲル形成能が弱い理由は，漁獲直後に筋肉中のグリコーゲンが解糖系酵素で分解して乳酸を生成し，これによって筋肉のpHが速やかに酸性に低下(pH 5.8～6.0)してタンパク質が酸変性するためである．マイワシをすり身原料にする場合は，0.1～0.2%程度の重曹溶液で水晒しを行い(アルカリ晒し)，すり身製品のpHを中性に調節する．また筋肉の脂質含量が高いので，製品への脂質の混入を防ぐ工夫(採肉調整，水晒し工程での浮上脂質の除去など)が求められる．

(iv) アジ類[スズキ目アジ科]

以西底びき網で漁獲されるマアジ(*Trachurus japonicus* ; Japanese jack mackerel)と，チリマアジ(*Trachurus murphyi*)は，南太平洋の中・東部に生息する．日本産のマアジよりほっそりとしているが，30～50 cmの大型になる．マイワシ同様，死後の筋肉pHが微酸性になるので，アルカリ晒しが採用される．

(v) パシフィックホワイティング[メルルーサ科] (*Merluccius productus* ; Pacific whiting, Pacific hake)

北アメリカ西海岸の米国カルフォルニア州からカナダのブリティッシュコロンビア州の沿岸に分布する．魚体に寄生する胞子虫に由来するプロテアーゼがすり身製品に混入することが多い．この酵素活性は冷凍しても失活しないので，加熱時にタンパク質分解が起きてゲルを崩壊させる．このプロテアーゼに対する可食性阻害剤として，卵白や血漿タンパク質が知られており，加工食品の製造時に添加される．

(vi) イトヨリダイ[スズキ目イトヨリダイ科イトヨリ属] (*Nemipterus virgatus* ; golden threadfin bream)

5属26種類が存在し，わが国南部から東シナ海，南シナ海の熱帯，亜熱帯のインド洋から北西オーストラリアおよび太平洋西部に生息する．近年，生産量が増加し，スケトウダラに並ぶ代表的な輸入すり身となっている．輸入すり身の主要生産国は，タイ，インド，ベトナム，インドネシアである．

(vii) キントキダイ[スズキ目キントキダイ科]

タイでキンメダイ冷凍すり身といわれている魚は，キントキダイ(*Priacanthus macracanthus* ; red bigeye)で，キンメダイ目キンメダイ科の魚とは異なる．キントキダイは，わが国南部から太平洋熱帯部，オーストラリア，インド洋，紅海に分布する．

c. 熱帯性魚類

(i) ヨシキリザメ[ネズミザメ目ネズミザメ亜目メジロザメ科] (*Prionace glauca* ; blue shark)

肉質は，水分が多く「水もの」(アオザメ，モウカザメは「硬もの」という)とよばれる．マグロ類と同様に筋肉に蓄積する水銀の含量に留意する必要がある．

(ii) クロカジキ[スズキ目サバ亜目マカジキ科]

マグロ，カジキ類などの遠洋漁業の大型魚は，

1955 年頃には魚肉ソーセージ・ハムの原料として大量に使用されていた．クロカジキ（*Makaira mazara*；Indo-Pacific blue marlin），シロカジキなどのカジキ類は，肉色が淡く，うま味もある．現在はほとんど使用されていない．

d. 淡水魚

中国では国内のすり身生産量が増加している．原料は淡水魚が主流で，最も生産量が多いのはハクレン（*Hypophthalmichthys molitrix*）を原料とした陸上すり身である．その他の淡水魚，コクレン，ソウギョ，コイなどからも生産されている．

E. 冷凍すり身の品質

冷凍すり身の品質は，おもにゲル形成能によって評価される．冷凍すり身を解凍後，2～3%の食塩を加えると，筋原線維タンパク質中のミオシンとアクチンが溶解してゾル状（肉糊）になる．これを 80～90°C でボイルすると弾力性に富んだ「かまぼこゲル」が得られる．このゲルに球状（たとえば直径 5 mm）あるいは円筒形のプランジャーを一定速度（60 mm min^{-1}）で押し込み，試料の表面が突き破れるまで荷重する．そして，表面破断時の加重量を破断強度（g），その際のプランジャーの移動距離を破断くぼみ（cm）として測定し，かまぼこの硬さとしなやかさを評価する．

すり身の色調が加工製品の品質にとって重要な場合（たとえば，スケトウダラすり身）は，色調（ハンター方式による白色度）と微細な皮の混入度合いも品質評価の対象となる．ゲル化反応の最適条件（温度–時間）は魚種によって異なるので，ゲル物性による品質判定は製品ごとに決定する必要がある．坐り効果を用いて加熱ゲルを調製して評価する場合が多い．

魚肉タンパク質の変性度合いを生化学的に評価する場合には，その指標としてゲル形成の主体を担うミオシンの Ca-ATPase 活性が用いられる．ミオシンを精製することなく筋原線維やアクトミオシンに含まれる状態で活性測定できる．

4.9.2 ねり製品

A. 概　要

ねり製品とは，食品衛生法によると「魚肉を主原料として，擂（す）り潰し，これに調味料，補強材，そのほかの材料を加えて練ったものを蒸し煮・焙り焼き・湯煮・油揚げ・燻製などの加熱操作によって製品化した食品」と定義されている．具体的には，かまぼこ，はんぺん，ちくわ，さつま揚げなどのかまぼこ類と魚肉ハム・魚肉ソーセージを指す．これらは，タンパク質を豊富に含んだ加工度の高い伝統食品として，高く評価されている．2012 年度の国内生産量は，かまぼこ類が 47 万 4 千 t，魚肉ハム・ソーセージが 6 万 3 千 t である．食肉加工品（ハム，ソーセージ，ベーコン類）の合計生産量（2012 年度：52 万 2 千 t，日本ハム・ソーセージ工業協同組合）と比較すると，魚肉ねり製品が日本の食生活にとってきわめて重要な加工食品であることがわかる．

B. 製造工程

生鮮魚肉を直火で加熱すると，熱凝固して液汁を放出し，もろくて弾力に乏しい凝固肉に変化する．しかし，生鮮魚肉を粉砕して水晒しすると，皮下脂肪，水溶性タンパク質，血液，臭気成分などが除かれて筋原線維タンパク質が精製される．この脱水肉に食塩を加えて擂り潰し，肉糊としてから加熱すると，しなやかで弾力のある肉質（加熱ゲル）に変化する．以上がねり製品の製造原理である．

現在のねり製品は，冷凍すり身（4.9.1）を主原料として工業的に生産されている．解凍した冷凍すり身を，擂潰（らいかい）機にて「空摺（からず）」りし，続いて約 3%の食塩を加えて「塩摺（しおず）り」をする．この塩摺りは品質を左右する重要な工程である．この塩摺り身に調味料などを添加して攪拌する本摺りを経てペースト状の肉糊が調製される．この肉糊は姿・形を整えるために空板や竹串や型抜き等で成形される．これを蒸す・焼く・ゆでる・揚げるなどの加熱方法を用いて加熱ゲルを形成し，同時に殺菌（75°C 以上）を兼ねることで，色沢・外観・

香味・足（弾力）が調和したねり製品に仕上がる．

C．魚肉タンパク質のゲル形成能

a．かまぼこの足

魚肉の主要タンパク質であるミオシンとアクチンは，0.3 mol L^{-1} 以上の NaCl 溶液に溶解し，アクトミオシンという複合タンパク質を形成する．魚肉に食塩を加えて擂潰・溶解して得た肉糊は，高濃度のアクトミオシンゾルである．これを加熱すると，タンパク質の構造変化が起こり，タンパク質分子間や分子内で水素結合や疎水的相互作用などの非共有結合性の化学反応が起きてかまぼこゲルが形成される．かまぼこの物性は「足」とよび，歯切れよく，しなやかな食感を「足が強い」（逆は足が弱い）という．

b．坐（すわ）りと戻り

4.9.2.B に示した肉糊を，4 ～ 40°C の低温で保持すると，肉糊はやわらかいゲルを形成する．これを「坐り」現象という．得られた坐りゲルを 90°C 付近で加熱すると，塩摺り肉を直接加熱した場合よりも強靱なゲルを形成する（二段加熱）．ねり製品の製造では，この坐り現象を利用して求めるゲル物性を得る．坐りゲル中ではミオシン分子間に強固な共有結合が起こっており，この構造の形成が，二段加熱によって起きるゲル物性の強化に貢献している．坐りゲル中の重合反応には，タンパク質間架橋酵素（トランスグルタミナーゼ）が関与しており，さらにタンパク質分子の特定温度における構造変化との共同作用によって坐り現象が起きると考えられる．

一方，肉糊を加熱してゲル化する際に 50 ～ 70°C 付近に数十分間保持すると，いったん形成されたかまぼこゲルの物性劣化やゲルの崩壊が起きる．この現象を「戻り（もどり）あるいは火戻り」と称し，タンパク質ゲルの構造変化と内因性プロテアーゼの関与で説明されている．

D．ねり製品の種類

加熱方式によって，① 蒸し加熱によるかまぼこ類，② 焼き加熱による焼きかまぼこ，ちくわ，笹かまぼこ類，③ ゆで加熱によるはんぺん，なると類，④ 揚げ加熱による薩摩揚げ類に分類される．また，これら伝統的な製法と異なる製品類が開発されている．⑤ その他では，カニ風味かまぼこ，特殊かまぼことしてのリテーナかまぼこ，ケーシングかまぼこについても紹介する．

a．蒸し加熱

（i）小田原かまぼこ

扇形に盛り付けた表面がなめらかな製品である．この起源は約 200 年前といわれており，沿岸で漁獲されたシログチやオキギスを主体に，イサキ，カマス，ムツなどを原料として用い，当初はちくわの形態でつくられた．その後 150 年ほど前に現在の板付きかまぼこの形態となり，加熱方法も「焼き加熱」から「蒸し加熱」に変わり，小田原かまぼこの原型をなした．白く，しわのないキメの細かい外観と弾力のある食感が特徴である．なお，水晒し工程は，小田原かまぼこの製造が発祥であるといわれている．

（ii）昆布巻きかまぼこ

富山県の名産品であり，コンブの上に肉糊を薄く延ばして渦巻状に巻いて蒸した製品である．北前船交易がさかんであったころ，越中の米を北海道に運ぶ見返りとして大量に越中にもちこまれたコンブを利用したねり製品である．古くは地先で漁獲された魚を使用したが，現在ではスケトウダラの冷凍すり身が主原料である．

（iii）その他

蒸し加熱によって製造されるかまぼこには，そのほか静岡県，愛媛県名産のしのだ巻き，今治地方の簀巻きかまぼこ，福井県敦賀地方のみりん焼きなどがある．

b．焼き加熱

焼き通し方式のかまぼことは，炭火，ガス火，電熱などの直接加熱で焙焼して製造される製品の総称である．おもに，エソ，シログチ，ハモなどを原料魚として入手できる関西以西で生産されるが，宮城県の笹かまぼこもこの範疇に入る．また，ちくわ類もおもに焼き加熱でつくられる．ちくわには全国各地に特産品があり，生食用の「生ちくわ」と煮込みやおでん種として用いられる「焼きちくわ」に大別される.

(i) **大阪焼きかまぼこ**

肉糊を板付けして蒸した後，表面にみりんなどを塗り，焼き炉で表面を焙り焼きして焼き色を付けた製品である．一方，焼き通しかまぼこは，大阪焼きかまぼこと同様に古くから関西地方で親しまれ，高級かまぼことして扱われる．昔は，瀬戸内海で獲れたハモを主原料としていたが，その後，漁獲量の減少により底びき網のシログチにハモを混ぜてつくられた．

(ii) **白焼きかまぼこ**

地先のエソを原料として萩・仙崎（山口県）が発祥とされる．焼きかまぼこと同様の製造方法で生産されるが，表面に焼き色をつけずに白いまま仕上げ，原料魚の本来の味を生かすため，甘さをできるだけ抑え，粘り，弾力がともに強いのが特徴である．

(iii) **なんば焼き**

紀州田辺（和歌山県田辺市）の名産とされ，江戸時代の文化文政のころに南蛮焼きの名で本格的につくられた．かつては，近海で獲れるエソ，ムツ，トビウオなどを原料としていたが，近年は紀伊水道周辺で漁獲されるエソが原料として使われる．肉糊を 10 ～ 12 cm 角の鉄製の容器に流し込み，直火で焙り焼く．きわめて強い弾力を特徴としている．

(iv) **笹かまぼこ**

宮城県の仙台市，塩釜市，石巻市などの名産品である．明治時代初期にヒラメの大漁が続き，その利用と保存のために肉糊を手のひらで叩いて木の葉形に成形して焼いたのがはじまりである．近年では，スケトウダラ冷凍すり身が主原料になったが，高級品はヒラメ，キチジなどの近海魚を原料としている．

(v) **豊橋ちくわ**

1837 年に愛知県豊橋市の水産業者が，香川県に金毘羅詣でに出かけた際にちくわ製造現場を見かけ，これを参考にして地先の原料魚を用いてつくったのが最初であるといわれている．また，生ちくわの原型といわれ，全国的に普及した製品でもある．

(vi) **野焼きちくわ**

島根県出雲地方で古くからつくられている，トビウオ（アゴ）を原料とした大型の高級ちくわである．原料魚の塩摺り身にデンプン，ブドウ糖，地元独特の調味酒である自伝酒を加え，鉄くしに巻きつけて焙り焼きしてつくる．トビウオがもつ濃厚なうま味と地伝酒の香りがうまく調和した独特の風味に特徴があり，大きな製品は長さ 80 cm，重さ 1 kg にもなる．

(vii) **黄金ちくわ**

明治時代初期に長崎市深堀町で製造されたのがはじまりで，長崎県の名産である．東シナ海や長崎近海でとれるエソを主原料とし，カナガシラ，コダイ，コチ，キグチなどを混ぜ合わせてつくった．現在では，エソの他に，グチやスケトウダラも使用される．そのままで，わさび醤油をつけて食する．

(viii) **ぼたんちくわ**

スケトウダラ，アブラツノザメ，ヨシキリザメなど原料として用い，肉糊をちくわ状に成形し，ボタンの花状の膨らみをつけながら焼き上げるのが特徴である．現在のおもな生産地は，宮城県と青森県である．おでんなど煮込み専用のちくわで，煮込んだあとに煮汁を多く吸い込んでふっくらとやわらかくなるように仕上げる．冷凍ちくわとして流通している．

(ix) **その他のちくわ類**

愛媛県八幡浜市と宇和島市が主産地である皮ちくわや，ちくわの穴の中にチーズを詰めたチーズ入りちくわなどがある．ねり製品類はチーズとの相性がよく，ちくわ以外に笹かまぼこやはんぺんにダイス状のチーズを混ぜ合わせた製品もある．東京が主産地の白ちくわ（ゆで加熱でつくられる）は，おでん種のちくわ麩の原形といわれる．

c. ゆで加熱

肉糊を成形して，85 ～ 90°C の湯中で加熱したものであり，浮きはんぺん，しんじょ，つみれ，なると巻きなどがある．

(i) **浮きはんぺん**

東京の名産であり，おでん種やお吸い物の種とされる．アオザメ，ホシザメ，カスザメ，ヨシキリザメなどのサメ類を主原料として，山芋，調味料，デンプンなどを加え，空気を抱き込むようにすりあげて熱湯に浮かせゆでたものである．ふわふわとしたやわらかい食感が特徴である．

（ii）しんじょ

京都の名産品であり，白身魚の肉糊に山芋と卵白を混ぜてゆでたものや蒸したものである．原料の魚種により，タイしんじょ，エビしんじょ，ハモしんじょ，キスしんじょとよばれ，揚げたものは揚げしんじょという．そのままわさび醤油で食べるか，焼いたり，椀種として用いられる．

（iii）つみれ

典型的な家庭料理で，調製した肉糊をつみとりながら鍋や熱湯中に入れてつくるため，「つみいれ」から「つみれ」とよばれるようになった．イワシ，サンマ，サバ，小アジなど，味がよく足が弱い赤身魚を使用するため，デンプンなどを加えて団子状に成形する．おでん種や汁物の具，煮物などに使われる．

（iv）なると巻き

静岡県焼津市が最大の生産地であり，スケトウダラすり身を原料として紅白の肉糊を調製し，なると巻き成形機により特有な渦巻き模様をつくりだす．これは，おでんや茶椀蒸し，ちらし鮨や中華料理の具材として使われる．

（v）その他の製品

肉糊を糸状にして熱水中でゲル化させた魚そうめんは，京都の名産品であり，サメのすじ（筋，軟骨）を主原料としているすじかまぼこは，関東地方の，イワシ類の肉糊を薄く半月形に成形してゆでた黒はんぺんは，静岡県の名産である．大阪のあんぺい（あんべい）は，ハモが主原料のゆでかまぼこで，半月形で扁平な形状をしたものを吸い物の椀種として用いる．

d. 揚げ加熱

揚げ加熱かまぼこ類の生産量は，かまぼこ類のなかで最も多く，全国各地で生産されている．原材料には，地先で水揚げされる鮮度のよいエソ，シログチなどが使われるが，イワシ，アジ，ホッケ，スケトウダラなどの冷凍すり身も用いられる．

（i）つけ揚げ

味付けした肉糊を揚げたものをいい，琉球地方の「チキアーゲ」に由来するとされている．鹿児島を中心とした九州地方では「つけ揚げ」とよばれ，関東地方では「さつま揚げ」，関西地方では「てんぷら」とよばれる．地元でとれるエソ，ハモ，シログチのほかに，底びき網でとれるサバ，イワシ，サメなどに豆腐，多量の砂糖，ニンジン，ゴボウなどの野菜，エビ，イカ，キクラゲなどを加えてすりあげ，三角形，楕円形，小判型，梅の花型などに成型した後，油で揚げてつくられる．

（ii）じゃこてんぷら

愛媛県宇和島地方の特産で，沿岸で漁獲されるホタルジャコ，ヒメジなどの小魚の頭と内臓を除き，皮や骨付きのままミンチにかけて食塩を加え，成形して油で揚げたものである．色は，やや黒いが，魚の味が生かされた弾力のある独特の風味と食感が特徴である．

（iii）いか巻き

つけ揚げの生地に細長く切ったイカを巻き込んだものである．これは，イカの風味とその食感が好まれる．ごぼう巻きは，同様にゴボウを巻き込んだもので，独特の風味としゃきしゃきとした食感が特徴である．

（iv）魚河岸揚げ

豆腐とスケトウダラのすり身を混ぜ合わせて揚げたもので，一般のかまぼこ類に比べ，軟らかくなめらかな食感が特徴である．大豆タンパク質の乳化力を生かした製品である．

e. その他

（i）カニ風味かまぼこ

1970年代に新潟県と広島県の業者によって開発された新しい形態のねり製品である．海外では，冷凍すり身からつくられる主要製品である．製品は3つの形態に分類され，① カニ様に表面を紅色に着色した板状かまぼこを細断し，カニ肉の繊維状にした刻みタイプ，② 刻みタイプを肉糊でつなぎ合わせたチャンクタイプ，③ カニエキスや香料を混合した肉糊を板状，薄いシート状に成形し，加熱後製麺機で細断し，これを収束機で棒状に束ねて表面を紅色に着色したスティックタイプがある．いずれも，カニ足様のみずみずしい食感と風味に人気があり，生食だけでなくサラダを中心にさまざまな料理に利用される．欧米ではスープやシチューの具材としても使用されている．

（ii）リテーナかまぼこ

保存性を高める目的で，新潟県の業者によって1960年代に開発された．成形した板付きかまぼこを加熱前に合成樹脂フィルム（セロファンやプラスチック）で包装後，リテーナーとよばれる金属製の型枠に入れて蒸気加熱して作られる．加熱後の微生物による二次汚染が防止できるため，保存性が改善されて広域流通が可能となり，全国各地に広まった．

（iii）ケーシング詰めかまぼこ

山口県，兵庫県，福岡県，愛知県，東京都，北海道などで長期・常温保存を目的として開発された製品である．肉糊をケーシングフィルムに詰めて密封し，120°Cで4分間加熱殺菌した製品である．

（iv）その他

ほたて風味かまぼこ，まつたけかまぼこ，削りかまぼこ，鮮魚カステラ，〆かまぼこ，伊達巻き，珍味かまぼこなどがある．慶弔時などに用いられる細工かまぼこは，さまざまな色を用いて高度な装飾技術を組み合わせてつくられる伝統の技が映えた芸術品である．

E. ねり製品の品質評価

大きく分けて，①色沢・外観，②香り・味，③足（食感，弾力）の3要素を評価して総合的に判断する．ねり製品の色沢・外観は，表面のしわの有無，つや，着色と焼き色具合などで評価する．香り・味は，生臭さや油焼け臭がなく，新鮮な魚肉の加熱臭やみりんなどの発酵調味料の香りがよく調和したものを優れた製品とする．味は，うま味，塩味，甘味の3つが基本味となり，甘味の使い方が地方や製品により特徴があるが，基本味が良く調和しているものがよい．足は，ねり製品の命といわれ，3つの評価中で最も重視される．食感から見た足の構成要素は，硬さ，弾力，歯切れ，きめ，粘り，しなやかさなどであり，これらの食感を総合して，足の良し悪しを判定する．

官能評価は，多くの試料を短時間で試験するのに向いているため，簡便法として使われている．かまぼこを一定の厚さ（5～10 mm）に切り，口に入れて前歯で噛み切ったり，奥歯で噛み砕いたりするときの食感，口の中での馴染み，のど越しのよさなどから魚肉ゲルの強さと質を判断する．折り曲げ試験は，3 mmの一定の厚さに細片し，手指で2つ折りにし，さらに4つ折りにして割れやすさ，亀裂の入り方を観察する．通常，市販かまぼこ類では4つ折りしても亀裂を生じない．

ねり製品の物性は，製品の種類によってそれぞれ特徴があるので，共通の物性評価法はない．工程管理の一環として，冷凍すり身のゲル形成能測定に準じて製品の物性を測定することがある．

（加藤　登）

4.9.3 冷凍食品

A. 概　論

a. 歴　史

食料を冷却して保存性を高めることは，生活の知恵として古代から行われてきており種々の文献にて確認することができる．食品を凍らせて貯蔵することは，たとえば厳寒地に住むエスキモーなどの人々により自然に応用されてきている．食品を冷却・凍結する方法は，低気温下での凍結や氷蔵利用からはじまり，気化熱や氷と塩による氷点降下を利用した寒剤による冷却が応用された．さらには1830年代にフランスにて冷凍食品製造の基礎となる圧縮式冷凍機の原機が製作され，1867年にアンモニア圧縮式冷凍機が開発されるなど，科学技術の進歩とともに大きく発展した．1870年代には，アンモニア圧縮式冷凍機を搭載した汽船にてアルゼンチンからフランスへ羊枝肉が海上輸送された．現在のような冷凍食品は，1930年代のアメリカにて商業化された．

日本での冷凍産業の幕開けは，1900年初頭に鳥取県でアメリカ製の冷凍機を使った魚の冷凍と人工の凍豆腐を製造したのがはじまりである．1919年には北海道やロシアに冷蔵庫をつくり，冷凍水産物を冷凍運搬船で運ぶ事業システムが構築された．昭和初期（1926年）頃からは日本の遠洋漁業が最盛期となり，水産各社は洋上漁獲物の鮮度を保つために冷凍を行うようになった．それに伴って各漁港基地の冷蔵庫，漁船の凍結設備，冷凍運搬船の建造が活発に行われた．日中戦争，第2次世界大戦中は軍隊向けに冷凍食品がつくられた．戦後は経済発展とともに東京オリンピックや大阪万博などのイベントや給食などで冷凍食品は大量に利用されるようになり，その後，需要は大きく伸び今日に至っている．

b. 市場動向

2008年に日本で消費された冷凍食品は247万tであり，その内，国内生産量は147万t，生産金額は6,662億円である．日本と世界の主な国における冷凍食品の国民1人あたりの消費量（2006年統計）は，日本（21.1 kg），米国（71.5 kg），アイルランド（48.4 kg），スウェーデン（47.0 kg），イギリス（43.2 kg），ドイツ（30.9 kg），フランス（26.3 kg）などである．日本での消費量は米国などにくらべて低く，女性の社会進出など食を取り巻く社会環境の変化もあり，今後さらに拡大することが期待されている．

c. 冷凍食品の定義

冷凍食品には，水産物，農産物，畜産物などの素材冷凍食品と，これらの素材を組み合わせた調理冷凍食品，冷凍菓子類に大別される．冷凍食品は，これらさまざまな食品の品質を，とれたて・つくりたての状態で長期間保存・流通し，消費者に届けて消費することを目指して生産されている．たとえば野菜などの冷凍前未加熱冷凍食品は，レトルト処理やチルド流通商品に比べて加工変性処理の程度が少ないなど，品質がより生に近い状態で長期保存を可能にしたものである．すなわち，冷凍食品は喫食段階で調理処理の余地を残した商品であり，とれたて・つくりたての商品特徴を実現できることが強みである．

冷凍食品については，食品としての安全性や品質を保証するため，あるいは商品情報を正確に伝えるために，わが国では法律や規制，基準などにより，さまざまな定義が定められている．冷凍食品の定義については，民間自主規格（日本冷凍食品協会）が1970年に発足し，1973年に食品衛生法，1978年に日本農林規格（JAS）に法制化された．

（ｉ）食品衛生法における定義

厚生労働省が定めている食品衛生法では，冷凍食品を「製造し，又は加工した食品（清涼飲料水，食肉製品，鯨肉製品，魚肉ねり製品，ゆでだこ及び，ゆでがにを除く）及び切身又はむき身にした鮮魚介類（生かきを除く）を凍結させたものであって，容器包装に入れられたものに限る」と定義し，冷凍食品の保存基準として－15°C以下で，清潔で衛生的な合成樹脂，アルミニウム箔または耐水性の加工紙で包装をして保存することとなっている．なお，上記の（　）内に除外する旨が記載されている各食品は，凍結前状態での加工基準，成分規格，保存基準がすでに定められており，これらを凍結したものについては，たとえば冷凍魚肉ねり製品，冷凍ゆでだこ，生食用冷凍かきのように呼称し，－15°C以下で保存することを規定している．

（ii）日本農林規格における定義

農林水産省のJAS法（2008年改正）においては，調理冷凍食品として，冷凍フライ類，冷凍しゅうまい，冷凍ぎょうざ，冷凍春巻，冷凍ハンバーグステーキ，冷凍ミートボール，冷凍フィッシュボール，冷凍米飯類及び冷凍めん類が適用を受けている．この規格における調理冷凍食品は「農畜水産物に，選別，洗浄，不可食部分の除去，整形等の前処理及び調味，成形，加熱等の調理を行ったものを凍結し，包装し及び凍結したまま保持したものであって，簡便な調理をし，又はしないで食用に供されるものをいう」と定義されている．また品質基準で，品温は－18°C以下であることが定められている．

冷凍食品の保存温度は，食品衛生法では－15°C以下，日本農林規格（JAS）では－18°C

以下と決められている．保存温度の指示が異なる理由は，食品衛生法では衛生的な観点から－15℃以下としているのに対して，日本農林規格では飲食料品等について一定の品質（おいしさにかかわる味，食感，色調など）を保証することから，当初の品質を1年間程度は保つために－18℃以下での保存を規定していることによる．日本冷凍食品協会の自主規格でも－18℃以下の保存を規定している．

（iii）冷凍食品の概念

冷凍食品の定義は機関によってさまざまであるが，世界に共通した概念として以下の4項目が共有されている．

(1) 下処理がしてある：魚であれば頭や骨，皮，内臓などの不可食部分を消費者にかわって除去し，三枚おろしや切り身にして冷凍食品とする．利便性を高めることとなるが，それ以外に，不可食部分を除去することにより無駄な輸送や冷凍保存コストを削減できる（たとえばラウンド魚よりはフィッシュブロックで運んだほうがコストも安く，フードマイレージも低下する），処理現場で大量に派生する不可食部分はミールや魚油生産に有効利用することが可能となり，廃棄コストの低減と環境負荷を下げることができる．

(2) 急速凍結されている：食品を冷凍する際，組織が壊れて品質が変わらないようにするために，細胞内に大きな氷結晶を作らないような凍結速度，すなわち最大氷結晶生成帯（通常－5～－1℃）を短時間で通過する凍結を行う（4.8.4.A）．

(3) 消費者包装がなされている：包装により，流通過程での商品の汚染や乾燥，脂質酸化を防ぐことが可能となる．また，包装には，名称・原材料名・添加物・内容量・賞味期限・保存方法・凍結前加熱の有無・加熱調理の必要性・製造者名または販売者名および住所（輸入品の場合は原産国名）・使用方法・取扱上や保存上の注意事項等，消費者が購入し消費する際に参考となる情報が書かれている．

(4) 品温を－18℃以下に保持する：冷凍食品の生産から流通・貯蔵・販売の各段階をコールドチェーンでつなぎ－18℃以下を保っている．－18℃以下に保存することにより，おおよそ1年間，品質を保つことができることは，米国で行われた冷凍食品の時間−温度許容限度（time-temperature tolerance : TTT）研究（4.8.4.E）で明らかにされている．

d. 冷凍食品の安全性の保証，規格基準，法律と規制

冷凍食品は集中生産方式で大量に生産されるので，危害被害が起こると規模も甚大となる．食の安全に関しては，近年，中国産冷凍ホウレンソウなどで基準値を超える農薬が残留した問題や鳥インフルエンザ，牛海綿状脳症（BSE）問題などが立て続けに発生し，さらに2007年から2008年にかけて中国製冷凍ぎょうざ農薬中毒事件など生命の安全性を脅かす重大な事件もひきおこされた．また，食品の産地偽装事件として，水産物では冷凍ウナギ蒲焼きの産地偽装もあいついだ．冷凍食品に限ったことではないが，消費者には食の安全性に対する不安が高まり，従来の食の安全を保証する仕組みだけでは不十分という事態となった．

2006年に日本では，野菜や畜水産物に使う農薬や動物用医薬品，飼料添加物の食品への残留を規制するポジティブリスト制度を導入した．また冷凍食品製造業界では，自主規格・基準について2008年に「冷凍食品認定制度」として改定を行い，冷凍食品の品質と衛生の向上，製造・流通時の管理体制の強化を行っている．実際には契約した生産者のみに原料調達を限定したり，ほ場や養殖場の管理，飼料から親魚，卵，種苗や加工管理，原材料の由来や製品流通上のトレーサビリティの構築など，安全面に厳格に対処した生産管理や検査体制を強化している．

冷凍食品の成分規格を表4.9.3-1に，表示に関する法律などを表4.9.3-2に示した．

成分規格では，凍結前の加熱処理の有無や喫食前の加熱の必要性により，4つに分類されている．無加熱摂取冷凍食品は「冷凍食品のうち製造し，または加工した食品を凍結させたものであって，飲食に供する際に加熱を要しないとされているもの」，加熱後摂取冷凍食品は「冷

表 4.9.3-1　冷凍食品の成分規格

分　類	成分規格			
	1gあたり細菌数（一般生菌数，g^{-1}）	大腸菌群	*E.coli*	腸炎ビブリオ（最確数，g^{-1}）
無加熱摂取冷凍食品	10万以下	陰性		
加熱後摂取冷凍食品（凍結前加熱済）	10万以下	陰性		
加熱後摂取冷凍食品（凍結前未加熱）	300万以下		陰性	
生食用冷凍鮮魚介類	10万以下	陰性		100以下

表 4.9.3-2　食品の表示に関する法律

法律等の名称	表示等の主旨	表示対象食品	表示すべき事項
食品衛生法	飲食による衛生上の危害発生の防止	容器包装に入れられた加工食品（一部生鮮品を含む）	名称，使用添加物，保存方法，消費期限又は賞味期限，製造者氏名，製造所所在地等，遺伝子組換え食品，アレルギー食品，保健機能食品の表示
農林物資の規格化及び品質表示の適正化に関する法律（JAS法）	品質に関する適正な表示	生鮮食品，加工食品，玄米及び精米	名称，原材料名，内容量，保存方法，消費期限又は賞味期限，製造者または販売者（輸入品にあっては輸入業者）の氏名または名称及び住所，食品添加物，原産国名（輸入品以外は省略），遺伝子組換え食品，有機食品，その他必要な表示事項
不当景品類及び不当表示防止法（通称：景品表示法）	虚偽，誇大な表示の禁止		
計量法	内容量等の表示		内容量
健康増進法	健康及び体力の維持，向上に役立てる	販売される加工食品等で，日本語により栄養表示する場合	栄養成分，熱量，表示単位
東京都消費生活条例（東京都独自の条例）	他法による規制のない商品の品質に関する適正な表示	調理冷凍食品，かまぼこ類，はちみつ類，カット野菜・フルーツ	原材料，内容量，消費期限又は賞味期限，保存方法等

凍食品のうち製造し，または加工した食品を凍結させたものであって，無加熱摂取冷凍食品以外のもの」で，凍結前加熱済品と凍結前未加熱品がある．生食用冷凍鮮魚介類は「冷凍食品のうち切り身またはむき身にした鮮魚介類であって生食用のものを凍結させたもの」として規定されている．

調理冷凍食品を販売する場合には，「食品衛生法」，「JAS法」，「景品表示法」，「計量法」，「健康増進法」および「東京都など自治体の条例」に基づき，**表 4.9.3-2** に示す内容の表示が義務づけられている．また，食品衛生法では，とくにアレルギーを起こしやすい食品（特定原材料）について表示を義務づけている．アレルギー発症数，重篤度から表示が義務化された7品目と，可能な限り表示することを推奨された18品目が定められている（**表 5.2.5-2**）．水産物では，アレルギー物質を含む特定原材料2品目，特定原材料に準ずるもの5品目が定められている．

B.　水産冷凍食品の原料，製造方法

水産冷凍食品としては，各種商品が開発され販売されている．本項では，加工素材として利用されている水産冷凍食品のフィッシュブロック，日本で急速に販売を伸ばしている調理冷凍水産食品として骨なし魚，および電子レンジ対応冷凍食品について述べる．

a. フィッシュブロック

フィッシュブロックは，スケトウダラ，タラ，ホキ，メルルーサ等の白身魚あるいはサケなどを原料とする．米国，チリー，アルゼンチンなどでは漁獲した生原料を用い，あるいは中国，タイなどではドレス処理冷凍品を解凍した原料を用いて生産される．

漁獲生原料を用いた製造方法は，まず，魚体洗浄後，除鱗，ヘッドカット，内臓除去，フィレ処理，スキンレス処理を行いスキンレスフィレとする．これらの工程は，フィレマシンやスキンナーなどを利用し機械化されている．スキンレス処理にて皮とともに血合肉をほとんど取り除いたフィレを，ディープスキンフィレとよぶ．製品歩留まりは低下するが，凍結保存中の血合肉の酸化による品質低下を抑制することができる．スキンレスフィレは，次のキャンドリング工程（フィレの下から光をあて，フィレの品質状態を監視する）にて，骨（ピンボーンなど）や寄生虫（アニサキスなど），ヒレ，皮，打ち身などが目視で検査され，品質不良フィレは人手により手直しされる．スキンレスフィレは，一定規格の冷凍パンの内側に同サイズ規格の防水性厚紙容器を置き一定量を入れ，パン立て計量が行われる．その際，ブロック上下表面のフィレについては，血合肉がブロックの内側になるように並べられている．その後，凍結膨張によるブロック形状変形の影響を少なくするために，高圧力を加えながらコンタクトフリーザーにより急速凍結をする．

凍結後，骨などの異物混入を検出するために，X線を利用した検査が行われている．凍結されたものをフィッシュブロックとよび，形状（縦・横・高さ）や細菌数，骨，寄生虫数が国際規格で管理され，添加物は使用されていない．

一方，冷凍ドレスを解凍した原料を用いたフィッシュブロックの生産は，中国やタイあるいはベトナムなどにおける安い人件費を活用し人手により行われている．フィッシュブロックの製造規格は生原料を使用した場合と同様であるが，冷凍原料を解凍してスキンレスフィレとし再度凍結すると，タンパク質変性が進行して水分保持能力が低下する．加熱調理時の水分保持能を補い，食感を改善するために重合リン酸塩が使われる場合もある．

生原料を用いたフィッシュブロックは1回凍結品，冷凍ドレスなど冷凍品を解凍しフィッシュブロックとしたものを2回凍結品とよぶが，品質が違うので価格差があり，最終商品も異なる．フィッシュブロックは，凍結したまま切り出したものに衣をつけたフィッシュスティックやフィッシュバーガーのパテなどの冷凍食品素材として，欧米を中心に世界で広く使用されている．

b. 骨なし魚

フィッシュブロックは，欧米型「骨なし魚」である．日本では，1990年代の後半から頭，尾，皮を残し外観は普通の魚と変わらないが，骨を除いた骨なし魚が生産・消費されはじめた．製造方法の概略は，冷凍ラウンド原料魚を解凍後，頭部を残して丁寧に背開きをし，内臓や太い中骨を除去し，さらにピンセットで小骨を除去後，結着剤で身をはり合わせ整形し，急速凍結，グレーズ処理後，包装し製品としている．製品中の骨の残存を検出するために，X線装置による検査が行われている．

人手による大変手間のかかる処理であり，衛生状態や品質を維持するために低温短時間処理も条件となる．人件費の安い中国，タイ，ベトナムなどでの生産が主流である．

骨を除去した魚を元の形に戻すために使用されている結着剤には，酵素製剤のトランスグルタミナーゼ（微生物由来，タンパク質のグルタミン残基とリシン残基間でペプチド結合形成作用を有す），乳タンパク質，魚ゼラチン，卵白，トウモロコシ粉などが用いられている．

おもな魚種としては，アジ，イワシ，カレイ，サケ，タチウオ，ホッケなどがある．骨なし魚は皮を残してあり，魚の姿や皮と身の間の魚のおいしい部分を楽しむことができ，日本型食文化に対応した骨なし魚が開発されたと思われる．高齢者向け病院食として開発されたが，骨なしの利便性から一般の病院食，給食，介護施設食，総菜，レストラン，一般家庭にも広く利用されてきている．市場規模は，2004年で約155億円である．

c. 電子レンジ対応冷凍食品

冷凍食品の喫食時の調理方法は，油ちょう，オーブン，電子レンジなどによる加熱，あるいは加熱しない自然解凍などである．加熱方法の中では，電子レンジ加熱調理は簡便な調理方法なので，電子レンジの普及とともに各種商品が開発された．そのため電子レンジ対応食品は冷凍食品の主流商品となっている．

電子レンジ加熱は2450 MHzのマイクロ波を使用し，水分子の動きによる発熱を利用している．発熱に伴い内部で水蒸気が発生するため，フライなどの衣が湿気を帯びてしまい，揚げたてのサクサク感が失われることが技術課題となる．このような衣の物性を維持するために，中種（食品素材）の表面を油脂によりコーティングし水蒸気吸収を制御する技術や水蒸気を吸収しにくいパン粉の開発，および中種の水分調整など各種技術開発や工夫が行われている．

（木村　郁夫）

4.9.4 缶詰・瓶詰・レトルト食品

A. 概　要

1804年にフランスのニコラ・アッペールによって瓶詰の原理が発明されてから200余年が経過した．わが国では，1871（明治4）年に長崎奉行の松田雅典がポルトガルの宣教師からイワシ油漬缶詰の製法を教わったのが缶詰生産のはじめとされている．商業的には1877（明治10）年に，北海道開拓使石狩缶詰所でサケ缶詰が初めて生産された．

明治から大正にかけてサケ，マス，カニの缶詰が本格的に生産され，昭和に入り，マグロ，イワシ，サバ，イカなどの缶詰も生産されるようになった．1960年代までは水産缶詰の多くが輸出されていたが，1971年の円の変動相場制への移行に伴い，輸出は減少に転じた．さらにサバ，イワシの漁獲量が大幅に減少したこともあって，1980年をピークに輸出は激減した．最近では，おもに国内市場向けに多種類の水産缶詰が製造，販売されている．

このように加工食品としての缶詰の歴史は古く，製造方法，容器および用途等の分野でさまざまな変遷を経て今日に至っている．とくに容器の発展には著しいものがある．金属缶ではスチール缶，アルミニウム缶，ティンフリー・スチール（tin-free steel）缶がある．ティンフリー・スチール缶は鉄の薄板にクロムメッキをしたもので，耐食性に優れている．また，従来からの内面塗装缶に代わりポリエチレンテレフタレート（PET）系フィルムを直接鋼板に貼りつけて缶に成形する技術や，缶切り不要のイージーオープン蓋などが実用化した．ガラス瓶では耐熱強化ガラスの使用や，さまざまな蓋のとりつけ方法が開発された．また1950年代に，缶詰に代わる軍用食として高温殺菌が可能なプラスチック容器（パウチ，カップ，トレー，チューブ，ボトルなど）が開発された．国際的にはレトルトパウチ（retort pouch）とよばれ，わが国ではレトルト食品と命名されている．レトルト食品は，宇宙食にも採用されている．

2009年の水産缶詰・瓶詰製品の生産量はそれぞれ約109,000 tと8,600 t（内容重量）である．缶詰では「マグロ・カツオ類」が最も多く，瓶詰では，ほとんどが「ノリ」である．

B. 製造原理

缶詰の製造原理は，以下の3つの要素から構成されている．まず，① 前処理をした原料に調味液等を加えて容器に詰め，② 次いで缶の場合は二重巻締法で，プラスチック容器の場合はヒートシール法で密封し，③ 最後に密封した容器をレトルト（圧力釜）に入れ，酵素および一般細菌はいうまでもなく耐熱性有芽胞細菌も不活性化する条件下で加熱殺菌して商業的無菌（完全な殺菌ではなく食品として安全性が高度に確保されるレベルの殺菌のこと）を達成する．

常温での長期保存を可能にするための，缶詰・瓶詰，レトルト食品の加熱殺菌における指標菌は，致命的な毒素を産生するA型およびB型ボツリヌス菌（*Clostridium botulinum*）の耐熱性芽胞である．公衆衛生上，ボツリヌス菌は重

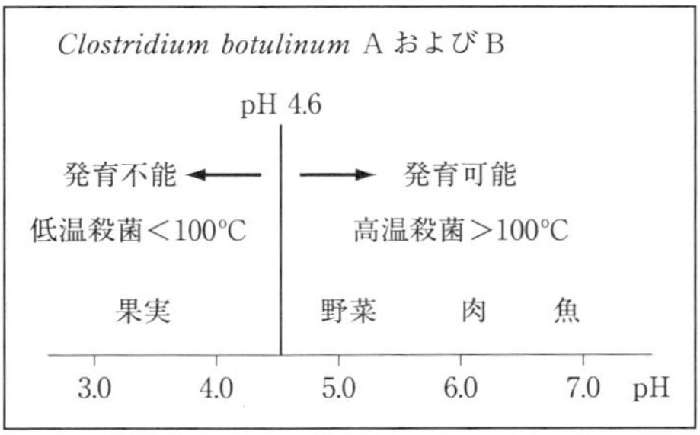

図 4.9.4-1　ボツリヌス菌の最低発育 pH

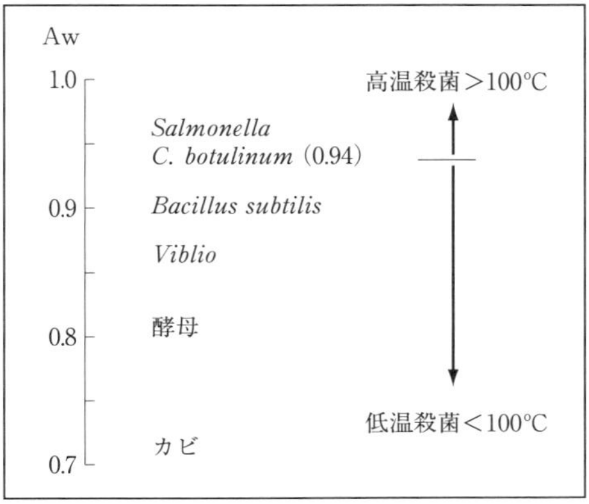

図 4.9.4-2　ボツリヌス菌等微生物の最低発育水分活性

要な細菌であるが，そのほかに水産物にあっては変敗性有芽胞細菌として *Bacillus subtilis*, *B. licheniformis*, *Geobacillus stearothermophilus*, *Clostridium sporogenes* などが報告されている．

A 型および B 型ボツリヌス菌の最低発育 pH は 4.6（図 4.9.4-1）であり，最低発育水分活性は 0.94（図 4.9.4-2）である．pH 4.6 以下または水分活性 0.94 以下ではボツリヌス菌は発育できない．水産缶詰には最終平衡 pH が 4.6 を超え，かつ最終平衡水分活性も 0.94 を超える製品が多いので，少なくともボツリヌス菌の芽胞を不活性化するのに必要な 120℃ で 4 分間相当以上の温度−時間条件で加熱殺菌されている．

C. 製造工程

缶詰の製造工程は，原料の選別，前処理，容器への充填，脱気，密封，加熱殺菌・冷却から構成されている．

a. 原　料

鮮度が低下した原料の使用は，製品の品質に影響を及ぼす．したがって水産缶詰工場は，鮮度の良い原料が入手しやすい漁港に立地している．ただ近年は冷凍技術が進歩し，遠洋でとれるマグロ・カツオ，サケ，カニ等は漁獲後急速凍結された高品質の冷凍原料を解凍して使用する場合が多い．

原料の鮮度指標には，他の水産食品と同様，*K* 値が採用されている．核酸関連物質は熱に安定であるため缶詰製品の鮮度指標となりうることが判明している．サバ水煮缶詰の場合，*K* 値 40％を超えると原料として不適であることが官能的に確認できる．

またサバ科の魚では，付着する細菌の酵素によってヒスチジンが脱炭酸して生成するヒスタミンにより，アレルギー症状を起こすことが知られている．ヒスタミンは熱に安定なため，サバ科魚の缶詰製品の品質指標にされている．FAO/WHO 国際食品規格（Codex）によればヒスタミンの最大量はツナ缶詰で 200 mg kg^{-1} 以下となっているが，米国の水産食品における HACCP 規則（危害分析重要管理点：Hazard Analysis Critical Control Point，強制法，5.6.1）では，ヒスタミンの管理限界はより厳しく 50 ppm 以下を要求している．

b. 原料の調製

生鮮魚の場合は水洗し，頭，内臓等を機械的にまたは手作業で除去した後，適当な大きさに切断する．凍結原料の場合は解凍後同様の操作を行う．その後マグロなどの大型魚の場合はクッカーに入れて蒸気で中心温度が 65℃ になるまで蒸し煮する．蒸し煮によって魚肉のタンパク質が熱変性し，その後のクリーニング作業（除骨，鱗・皮・血合い肉などの除去）が容易になる．

サバ，イワシなど小型魚の場合は缶に詰め，蓋をしない状態で蒸気ボックス内を通過させ，出てきたドリップ（煮汁）は捨て，新たに塩水，調味液，油などを缶に注液する．塩水への浸漬や加熱によるドリップの除去は，血液や水溶性

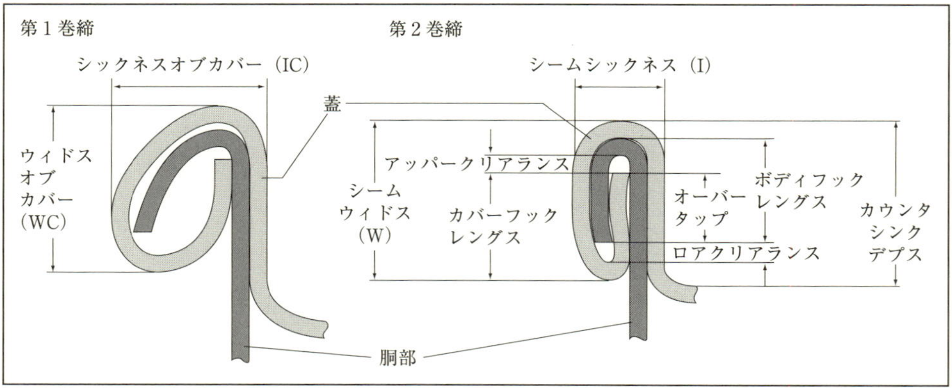

図 4.9.4-3　二重巻締部の断面図
〔缶詰用金属缶と二重巻締，日本缶詰協会（1996）〕

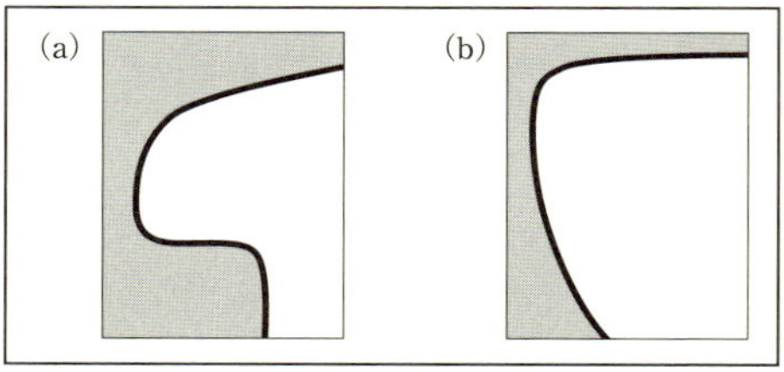

図 4.9.4-4　二重巻締機における巻締ロールの溝の形状（断面図）
(a) 第 1 巻締ロール：胴部と蓋を巻き込むため深い溝の形状，(b) 第 2 巻締ロール：巻き込まれた部分を圧着させるため浅い溝の形状.
〔缶詰用金属缶と二重巻締，日本缶詰協会（1996）〕

タンパク質を溶出することによる臭気の抑制や加熱時のカード（凝固タンパク質）形成を抑制する意義がある．なお，水煮缶詰を製造する場合は，肉片を塩水に浸漬した後，水切りしてそのまま缶に充填する．加熱によって肉片からドリップが発生し，それが缶内を満たすので「水煮」という．

c. 充填・脱気

原料の調製を終えたものを金属缶，ガラス瓶，プラスチックパウチなどの容器に充填する．これに油漬けの場合はサラダ油，味付けの場合は調味液を加える．国内消費用の各種缶詰の固形量は，日本農林規格（JAS）で規定されている．輸出規格も各種省令で定められている．

容器内に残存する空気（酸素）は，内容物を酸化して風味および色調を低下させるほか，金属缶内面の腐蝕や加熱殺菌時に容器を膨張させる要因になるので，密封前に必ず脱気工程がある．その方法としては，① 真空の雰囲気下で容器を密封（真空巻締機を使用），② 内容物を加熱し，熱い状態で密封（ホットパックという），③ ヘッドスペース（上部空隙）部分に蒸気を噴射しながら密封（スチムフローという）するなどの方法がある．

d. 密　封

缶詰の場合は蓋をのせ，真空二重巻締機で真空密封する．瓶詰の場合は内容物を加温した状態でキャップを乗せ，蓋付け機で密封する．パウチでは側面を押すことによって液面をシール面近くまで押し上げることによって封入空気を出来るだけ少なくしながらヒートシーラーで内面どうしを熱溶融させて密封を行う．

缶の二重巻締は，リフター，チャック，第 1 巻締ロール，第 2 巻締ロールから構成される装置で行われる．巻締部の断面図を図 4.9.4-3 に，巻締ロールの溝の形状（断面図）を図 4.9.4-4 に示す．

リフターに缶をのせ，チャックで缶蓋を押さえ，第 1 巻締ロールで缶胴のフランジ部分と缶蓋のカール部分とを互いにかみあわせ，第 2 巻締ロールで二重巻締部分を圧着させる．缶蓋のカール部の内側にはシーリングコンパウンドが塗布されており，圧着した際，二重巻締部の隙間（アッパークリアランスおよびロアクリアランス）を完全に埋める役割を果たしている．二重巻締は，有資格者（日本缶詰協会認定「巻締管理主任技術者」）のもとで巻締機の調整および正しい操作を行うことが求められる．

一方，外層がポリスチレンまたはナイロン，中層がアルミニウム箔，内層がポリプロピレンの3層で構成されるレトルトパウチの場合は，内層のポリプロピレンどうしをホットバー（180～200℃）で溶融させ，次にこれを圧着してシールする方法（加熱圧着法）が採用される．この際，シール面に水滴，油，繊維質等のかみこみがないよう注意する必要がある．ヒートシール直後は高い温度を維持しているため製品のハンドリングには十分注意する必要がある．密封工程はHACCPにおける重要管理点の1つである．

e. 加熱殺菌

(i) 方　法

密封を終えた缶詰は，バスケットに収容され，レトルト（圧力釜の一種）と称される装置を用いて殺菌される．熱媒体には蒸気，熱水のいずれかが使用される．また回転式と静置式がある．回転式では，釜内に入れた食品棚を回転させて缶内容物を攪拌し，中心温度を速やかに上昇させることができる．水産缶詰には蒸気を熱媒体にした静置式レトルトが一般的に使用されている．一方，レトルト食品の殺菌には，レトルト内に熱水を満たして殺菌する熱水式レトルトがあり，水圧がかかることで，熱膨張によるパウチの膨張・破裂を防ぐ．また，熱水をシャワーとして噴出させるレトルトがあるが，この場合は空気加圧を併用してパウチの膨張を防ぐ．

缶詰・瓶詰・レトルト食品にあっては，長期間の常温流通を可能にするため，一般細菌の栄養細胞はいうまでもなく，有芽胞菌も死滅させるための加熱殺菌が施される．国際的に缶詰の加熱殺菌効果の判断には，A型およびB型ボツリヌス菌が指標菌とされている．この場合，容器内で最も温度が伝わりにくい部分（冷点：

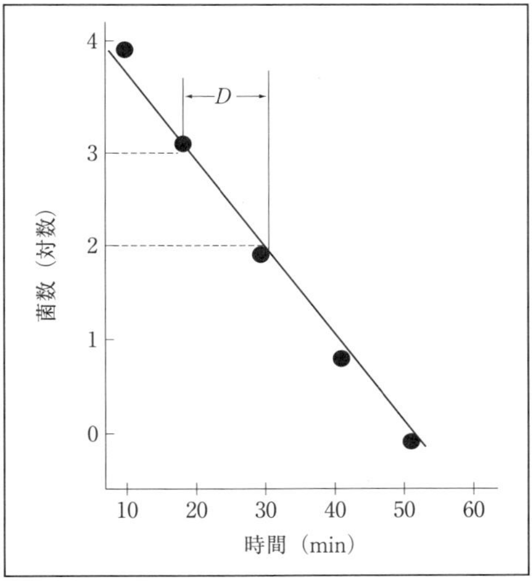

図 4.9.4-5　細菌の加熱処理による生残曲線

cold spot）が少なくともボツリヌス菌の芽胞を不活性にするだけの熱量を受ける必要がある．

加熱殺菌に影響を及ぼすおもな要因として，① 内容物の初温，② 缶型および固形物サイズ，③ 容器への食品充填量，④ レトルト（釜）のカムアップタイム（熱媒体導入開始後釜の温度が所定の殺菌温度に達するまでの所要時間のことで，短すぎると釜内に空気が残存し，長すぎると製品の品質が低下する），⑤ レトルト内の温度分布の均一性（釜の構造的問題），⑥ レトルト内での容器の並べ方（熱媒体と接触できる隙間があること）等があげられる．

(ii) 加熱殺菌理論

一般に殺菌温度を上昇させると，細菌効率（殺菌速度）は指数関数的に増大する．この温度の影響は一般の化学反応（温度を10℃上昇させると反応速度は2倍程度の増加）の場合よりも著しく大きい．したがって，できるだけ高温で短時間の加熱殺菌をすれば，効果的に細菌を死滅させられると同時に，品質への影響を小さくすることができる．

図 4.9.4-5 に細菌の生残曲線を示す．このように生残菌数の対数値と加熱時間の間には直線関係が認められる．これは菌の死滅の様相が一

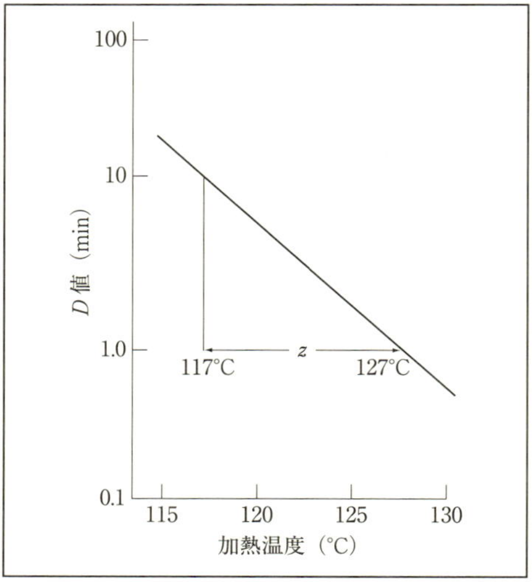

図 4.9.4-6　細菌の加熱致死時間曲線（この図での z 値は 10°C）

次反応であることを示している．この曲線の勾配が急であれば菌は急速に死滅し，勾配が緩やかであれば菌の死滅は緩慢であることを示す．同図において，一定温度で細菌を加熱したとき，菌数を 1/10 に減少（1 対数周期低減）させるために必要な時間（min）を D 値と称する．D 値は細菌の耐熱性指標に用いられる．また，D 値の対数値と加熱温度の間にも直線関係が成立する（図 4.9.4-6）．これを加熱致死時間曲線と称し，また図中で 1 対数周期にまたがる温度（°C）を z 値といい，D 値の 10 倍の変化に対応する温度変化を意味する．すなわち z 値とは，芽胞を死滅させる時間を 1/10 に短縮するのに必要な温度変化を意味する．ボツリヌス菌など多くの芽胞菌の z 値は，10°C 前後のものが多い．この図の場合は D 値 = 13 min，z 値 = 10°C である．z 値とは D 値の 10 倍の変化に対応する温度変化を意味する．これら細菌の熱感受性のパラメータは，加熱殺菌条件の算出に不可欠なものである．

表 4.9.4-1 に水産食品の変敗原因菌の熱感受性パラメータを示す．加熱殺菌の効果を調べる生物学的インジケーターとして，一般には耐熱性有芽胞菌の *Geobacillus stearothermophilus* と *Clostridium sporogenes* が用いられ，医療器具の殺菌などでは 1 ml 中のこれらの芽胞数を 10^5 から 10^0 まで減らす（5 対数周期低減，5D 低減）ことを目標に加熱殺菌される．これに対してボツリヌス菌の場合は強力な毒素を産生する食中毒細菌であるという理由から，これらの菌よりもはるかに厳しい 12 対数周期低減化（12D 低減）が目標にされている．この根拠は，初発菌数が 6×10^{10} のボツリヌス菌芽胞を殺滅させるのに 120°C・4 分間の加熱処理が必要であったという研究報告に由来している．すなわち，缶詰・瓶詰・レトルト食品においては，120°C・4 分間の殺菌，あるいはそれと同等以上の殺菌効果のある条件で加熱殺菌する必要がある．この殺菌条件は，食品衛生法でも規定さ

表 4.9.4-1　一般法による致死値の算出

殺菌時間（分）	冷点の温度（° C）	致死率 L_i
0	29.4	0.000
5	31.5	0.000
10	41.6	0.000
15	57.9	0.000
20	74.5	0.000
25	84.8	0.000
30	92.5	0.001
35	98.3	0.005
40	102.3	0.013
45	105.6	0.028
50	108.1	0.050
55	110.1	0.079
60	111.4	0.107
65	112.5	0.138
70	113.5	0.166
75	113.9	0.191
80	114.4	0.214
85	114.7	0.229
90	93.4	0.002
100	78.2	0.000

$\Sigma L_i = 1.314$
F_0 値 $= \Sigma L_i \times 5$
$= 1.314 \times 5$
$= 6.570$ (min)

れている．

（iii）**殺菌効果の算出法**

実際の殺菌工程では，昇温と冷却が連続的に行われるので，芽胞の殺滅に効果を発揮する100°C以上に製品が置かれた期間の殺菌効果を積算して，その安全性を評価する．缶詰を加熱殺菌する場合の殺菌効果を示す値を，*F*値（致死値）という．ある一定の殺菌温度（基準温度）で*S*分間保持した際の殺菌効果を*F* = *S*と表す．とくに，*z*値が10°Cで殺菌温度がレトルト殺菌における基準温度である121.1°C（250°F）の場合の効果を，F_0値と称する．*z*値を利用すると基準温度と異なる温度で加熱殺菌した場合の殺菌効果も，F_0値に換算できる．ボツリヌス菌芽胞（*z*値＝10）の場合，120°C・4分間の殺菌効果はF_0 = 3.1（121.1°Cで3.1分間の殺菌効果）に相当する．

F_0値を算出するには一般法（general method）および公式法（formula method）があるが，ここでは前者について述べる．

はじめに加熱殺菌工程における温度履歴曲線を求める．まず，温度センサーを当該缶詰の冷点（容器内で最も温度が伝わりにくい部分）に固定し，冷却終了時まで経時的に温度変化を測定する．次に冷却終了後，温度–時間履歴曲線から一定間隔ごとの冷点での温度を読み取る（**表4.9.4-1**：ここでは5分間隔で読み取っている）．そして，読み取られた温度に対応する致死率（L_i）を，致死率表$\log^{-1}[(T_i-121.1)/10]$から求める（**表4.9.4-1**に結果を掲載した）．ここでいう致死率とは，121.1°Cにおける殺菌効果を基準（1.000）とした際の，各温度における殺菌効果の相対値である．致死率表は，各種専門書〔『缶詰手帳』（日本缶詰協会）など〕に掲載されている．

表4.9.4-1は5分間隔のデータであるため致死率L_iの総和に5をかけると，F_0値＝6.570を算出することができる．この場合，F_0値は3.1を超えているので，安全な殺菌が行われたと評価することができる．

各殺菌温度における致死率L_iは，（1）式からも求めることができる．*F*値（基準温度121.1°Cの場合はF_0値）とは，L_iの総和である（2）式から求められている．

$$L_i = 10^{\left(\frac{T_i - T_r}{z}\right)} \qquad (1)$$

$$F_0 = \sum_{i=1}^{n}(L_i \times t_i) = \sum_{i=1}^{n}(L_i) \times t_i \qquad (2)$$

L_i：致死率，T_i：殺菌温度，T_r：基準温度（121.1°C），t_i：時間間隔，*F*：致死値，*n*：データ数，*z*：z値（°C）．

f. 冷　却

計画どおりの温度時間条件で加熱殺菌が終了すると，ただちに冷却する．緩慢な冷却は過度の加熱による品質の低下を招くほか，商業的殺菌を前提としているので，残存する高温性細菌が発育する可能性がある．また，急速に冷却（減圧）すると，容器内の圧力と釜の雰囲気の圧力の間に大きな圧力差を生じ，缶の場合は永久変形を起こし，レトルトパウチでは袋が破裂する．これらを防止し，製品温度を速やかに低下させるため，レトルト内に水を充填して冷却する方法が一般的である．

g. 箱　詰

品名，使用原材料，添加物を使用した場合はそのリスト，製造者氏名・住所，製造所固有記号，賞味期限等JAS法や食品衛生法で要求されている表示事項が網羅されていなければならない．表示が適正で，缶に打撲や変形がないことを確認したのち箱詰めする．

D. 缶詰の品質

水産物は有機酸の含有量が少ないので果実缶詰にみられるような缶内面腐食が発生する機会は少ない．また缶詰は酸素や光線が遮断されているため，内容物の化学変化が少なく長期保存が可能である．製造後50年経過したタラバガニ缶詰において多少褐変はしているもののまだ十分に食べられるだけの品質を保持していたという報告がある．以下に水産缶詰の品質等について述べる．

a. 品　質

水産缶詰は，前述したような理由で長期間品質が安定して保持される．ただし原料処理によっては固有の品質問題が起こることがある．その1つにカニ，エビなどの血リンパ（銅を含むヘモシアニン）が水洗やボイル工程で除去されず残存した場合は，銅と加熱によって生じるスルフィドなどのイオウ成分とが反応してスポット状に青変を起こす（カニ缶詰のブルーミート，青肉）ことがある．またカツオで鮮度がきわめて良好な場合，解糖反応の中間生成物であるグルコース−6−リン酸およびフルクトース−6−リン酸とアミノ酸（ヒスチジンほか）が反応してオレンジ色に変色することがある（4.8.7.F）．一般にこの反応はメイラード反応（アミノ−カルボニル反応）といわれている．解凍条件を工夫してこれらの糖が蓄積しないようにしてから加工することで防止されている．いずれも安全性には問題はない．

味付けおよび味噌煮の製品では，貯蔵温度が高い場合に缶が膨らむことがある．その原因は，醤油や味噌に多く含まれているアミノ酸が一部カルボニル化合物と反応して，二酸化炭素を放出することにある．これをアミノ酸のストレッカー分解（strecker degradation）といい，これらの製品ではしばしば起こる現象である．

カニ，サケ，ツナ，貝類等の缶詰でストラバイト（struvite）と称されるガラス状結晶が析出することがある．大きいサイズのものでは口を怪我するおそれがあるので，防止対策がとられている．この結晶はリン酸アンモニウムマグネシウム（$MgNH_4PO_4 \cdot 6H_2O$）である．魚介類に含有する成分どうしが反応して生成したもので毒性はなく，胃酸で溶解する．ストラバイトはpHが高い場合に生成しやすいので，pH管理（クエン酸などによるpH調節）により予防する．マグロ缶詰ではpH 6.3以下にすることで防止できる．

b. 安全性

国際的な食品の安全管理の切札とされているHACCPは，EUや米国ではいち早く水産食品に強制的に適用された．欧米でも魚は健康によいということから魚の消費が増えているが，それに伴って微生物的，化学的危害による事故も急増したためである．一方，わが国にあっては任意ではあるが「総合衛生管理製造過程」と称する制度がスタートしている．水産缶詰のカテゴリーである「容器包装詰加圧加熱殺菌食品」は平成10年にその対象に指定された．このなかで危害は以下のように指定されている．

生物的危害：クロストリジウム属，腐敗微生物，黄色ブドウ球菌，セレウス菌．

化学的危害：ヒスタミン，貝毒，重金属，抗生物質・抗菌性物質，洗浄剤，殺菌剤．

物理的危害：人体に危険な異物．

ヒスタミンは熱に安定であるため，缶詰の場合でも鮮度が良くない原料を使用するとアレルギー問題を起こすことがある．前駆体のヒスチジンを多く含むサバ科の魚で問題になる．前述したように米国ではヒスタミンによるアレルギー症状がしばしば問題になるため，ツナ缶詰で50 ppmという規制値が設定されている．

自然毒の代表的なものとしてサキシトキシン（saxitoxin）がある．ホタテ貝，カキ等の中腸腺に多く含まれている麻痺性貝毒であるが，貝柱には微量である．比較的熱に安定で，100°C前後の調理程度では分解されないが，缶詰のような強い加熱殺菌を施せば有意に分解するという報告がある．

重金属としては，カジキのような大型魚は食物連鎖の形でメチル水銀を含有するが，水銀中毒を起こすような事態にはならない．ただ米国では妊産婦にあってはカジキの摂取は控えるよう勧告されている．米国では魚のメチル水銀のアクションレベルとして1 ppmが設定されている．缶詰の原料にされるビンナガ，キハダに1 ppmを超えるものは皆無であることが報告されている．

そのほかの化学的危害物質については，国際的には適正製造基準（Good Manufacturing Practice：GMP）を遵守することで対応することが勧告されている．

生物的危害の重要管理点として密封と加熱殺菌の工程が，物理的危害の重要管理点として金属検出器またはX線検査装置の工程が特定されており，その監視と記録が必要である．

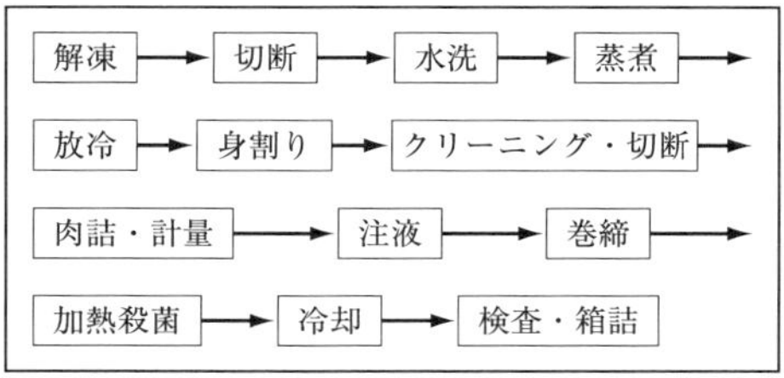

図 4.9.4-7　マグロ類油漬缶詰の製造工程

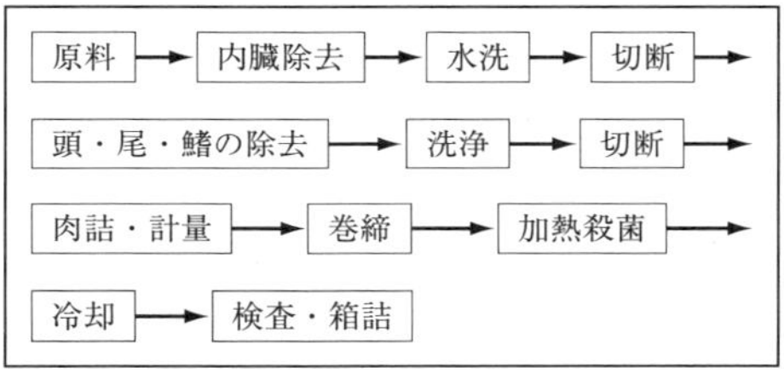

図 4.9.4-8　サケ水煮缶詰の製造工程

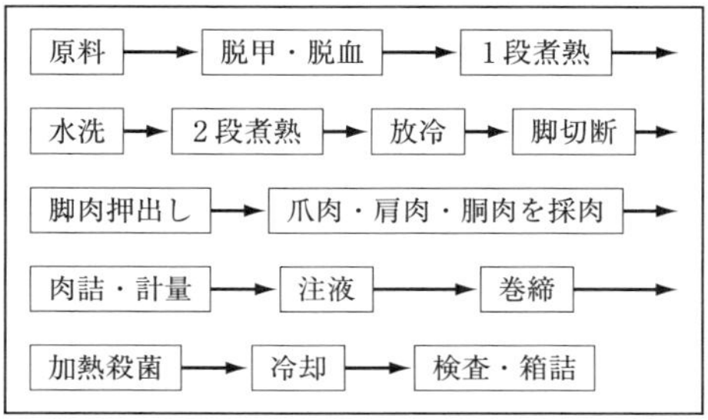

図 4.9.4-9　カニ水煮缶詰の製造工程

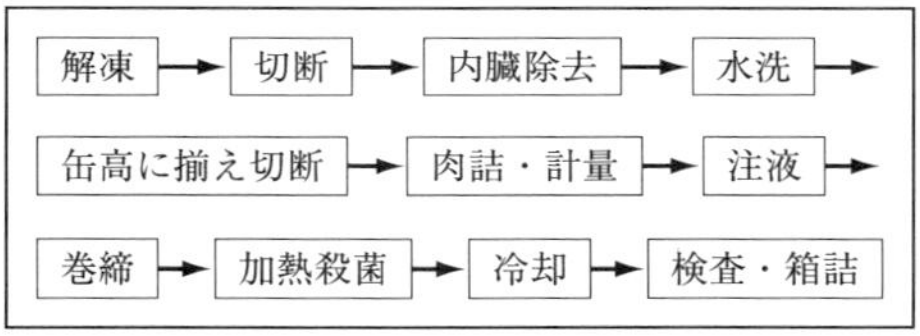

図 4.9.4-10　サバ水煮缶詰の製造工程

E. おもな水産缶詰の製造方法

a. マグロ類油漬缶詰

原料にはキハダ，ビンナガが用いられる．またカツオが用いられる場合もある．図 4.9.4-7 に製造工程を示す．

魚体の中心温度はタンパク質が凝固する 65°C までクッカー内で蒸煮を行う．蒸煮後は清浄な環境下で魚体温度が 40°C 以下になるまで放冷し，続いて身割りする．クリーニング工程とは，骨・血合肉・付着する内臓の除去等の作業を行い精肉にすることである．マグロ缶詰はわが国の缶詰（飲料を除く）のなかで最大の生産量がある．マグロには健康によいとされる DHA やペプチドが相当量含まれているので缶詰製造時に発生する廃棄物や煮汁エキスの再利用が進んでいる．

b. サケ水煮缶詰

原料にはベニザケ，ギンザケ，シロザケ，マスノスケなどが用いられる．沖獲りした鮮度の良い原料を使用する．かつては工船で缶詰が製造されていたが，近年は陸上でつくられている．図 4.9.4-8 に製造工程を示す．

c. カニ水煮缶詰

原料にはタラバガニ，ズワイガニ，ケガニ，ハナサキガニなどが用いられる．

2段煮熟を行う理由は，血リンパを凝固しない温度（60°C・10 分）で第1段階の煮熟を行い，十分に洗い流すためである．血リンパには銅を含み，これが残存するとイオウ化合物と反応して変色するからである．さらにその後水洗して未凝固の血リンパを除く．その後温度を上げ（95°C・2 分間）第2段階煮熟を行ってタンパク質を凝固させる．図 4.9.4-9 に製造工程を示す．

タラバガニ水煮缶詰は高級品としての地位を保っている．しかし国内資源の減少により，近年はサハリン，カムチャッカなどロシア産のものがかなり輸入されている．缶に詰められた爪肉，肩肉，胴肉の身くずれを防ぐため，硫酸紙で内容物全体を包んでいる．

d. サバ水煮缶詰

1980 年ごろまでは，イワシと並び代表的な多獲性赤身魚として大量に水揚げされた．1,000 万ケースを超える缶詰が生産され活発に輸出されていたが，近年は資源が縮小し，生産量は最盛期の 1/4 以下となっている．図 4.9.4-10 に製造工程を示す．

水煮缶詰のほか味付け，味噌煮，油漬，照焼の缶詰などがある．

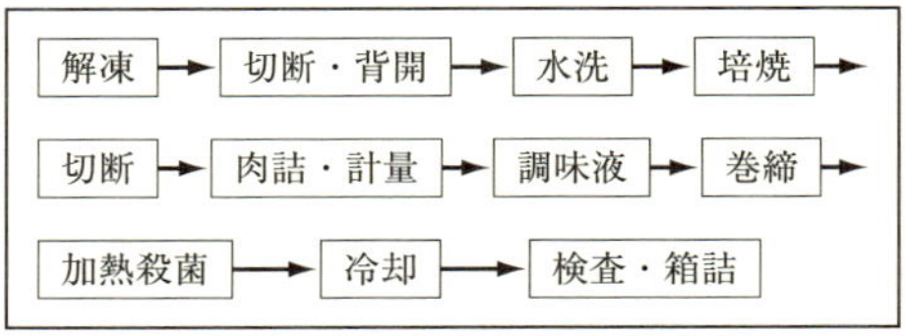

図 4.9.4-11　サンマ蒲焼缶詰の製造工程

サバはイワシ同様，EPA が豊富に含まれるが，缶詰では空気や光が遮断されるので酸化が起きない．また骨もやわらかくなっているので骨ごと食べられ，健康面で非常に優れた食品である．

e.　サンマ蒲焼缶詰

サンマの水揚げはサバ，イワシのような減少はみられていない．サンマ缶詰の代表的なアイテムには，蒲焼缶詰がある．図 4.9.4-11 に製造工程を示す．原料には冷凍原料が好適である．

サンマの腸内には赤いひも状の寄生虫（赤虫と称される）がいて，加熱殺菌で完全に死滅するが，製品に死骸が残る．内臓除去および洗浄の工程で取り除く．蒲焼のほか味付け，トマト漬け等の缶詰がある．サンマも EPA 含量の高い魚種である．

f.　その他

イワシ缶詰（水煮，味付け，トマト漬け，蒲焼，油漬け等），イカ味付け，カキ（燻製，水煮），ホタテ貝柱（水煮，燻製）赤貝（味付け），アサリ水煮，エビ（水煮），のり佃煮などがある．

F.　高真空缶詰

従来の水煮缶詰では原料に水，塩水，調味液を加えてつくられていたが，これらの液体を微量（10 mL 程度）しか加えず，固形物のうま味や肉質を重視した缶詰である．液体をごく少量しか含まないので，固形物の周囲に大量に存在する空気を排除するため，高真空にする必要がある．

G.　食品（レトルト食品）

レトルトパウチ（retort pouch）は 1950 年代に米陸軍 Natic 研究所で従来の缶詰に代わる軍用食として，官民共同開発された．国際的には容器だけでなくその内容物を含めたものの総称とされ，わが国では容器をレトルトパウチとよんで区別している．

1969 年国内メーカー 2 社が共同して耐熱性プラスチック容器を使ったレトルトカレーを開発し，世界初の商業生産がはじまった．その後も生産量は順調に伸び，今や日本はレトルト食品の商業生産では世界をリードしている．

a.　製造方法

製造工程は基本的には缶詰と同じで，原料の調製，充填，密封（ヒートシール），加熱殺菌，冷却である．

容器には耐熱性のあるポリプロピレン／アルミ箔／ポリエステルを積層してつくられた袋，トレー，カップ，チューブなどが用いられている．業務用食品の 3～5 kg 入りパウチの場合は，ナイロンを加えた 4 層のフィルムから構成される容器が用いられている．

缶詰には剛性のある金属缶が使用されているが，レトルト食品にはフレキシブルパウチが使用されているため，食品を製造するうえで以下のような注意が必要である．

(1) シール部分に液だれや食品のかみこみがあるとシール不良の原因になる．

(2) 加熱殺菌・冷却の工程で急激に圧力が変化すると，パウチでは破袋，トレー容器では変形が起こるので，常に殺菌釜の圧力を容器内の圧力より高くして加圧加熱，加圧冷却を行うか，あるいは殺菌釜と容器内の圧力をほぼ等しくする等圧殺菌を行うことが不可欠である．

b.　特　徴

レトルト食品の特徴としては，次のような点があげられる．

(1) 積層フィルムの中間層にアルミ箔が使用されているので光および空気が完全に遮断される．したがって缶詰と同様に長期のシェルフライフを有する．

(2) パウチにあっては容器の厚みが缶に比べて半分以下であり，両面から容器中心部に迅速に伝熱される．したがって加熱殺菌および冷却の時間が短くて済む．

(3) ヒートシール法で直線状に密封できるので，用途に応じていろいろなサイズの容器が使

図 4.9.4-12　各種レトルト食品，大きいサイズの平袋は業務用マグロ類水煮

用できる．

c. 現　状

2010 年現在，わが国のレトルト食品の総生産量は約 32 万 t である．うち水産食品は 1990 年代には 1 万 t 近い生産量があったが，最近は 6 千 t 程度に減っている．レトルト食品のおもなアイテムはカレー，パスタソース，中華合わせソース，釜飯の素などで，水産のカテゴリーの代表例としては業務用のマグロ類水煮や油漬がある（図 4.9.4-12）．また成形容器にパックされたベビーフードもある．水産製品にはサケ雑炊，タラ雑炊，白身魚ドリア，マグロと野菜の混合煮などがある．また，嚥下困難者や咀嚼が不自由な高齢者などを対象にしたユニバーサルデザインフード（たとえば誤飲を避けるため水や液体にとろみ付け，スパウト付チューブにパックして提供）や，無菌性が求められる病院食などにもレトルト食品が活用されている．

レトルト食品は，一般細菌のみならず芽胞までも死滅させた無菌の食品であるため，食事由来の汚染を避ける必要がある大きな手術をした患者（たとえば骨髄移植）の病院食や介護食品としても活用されている．また大災害への備蓄食としても国際的に注目されているなどその活用が広範囲に広がっている．

（森　光國）

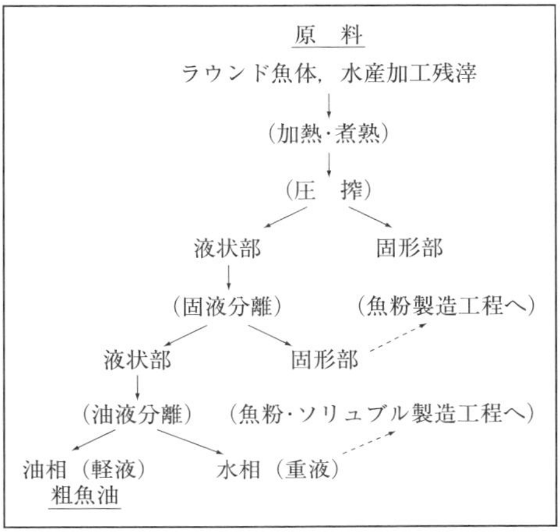

図 4.9.5-1　粗魚油の製造方法

4.9.5　油脂製品

水産物からの油脂製品として産業上最も重要なものは，水産加工残滓もしくは水産物そのものから魚粉とともに製造される魚油である．水産油脂製品のほとんどはこの魚油を原料として製品に応じた種々の加工が施され利用されている．

A. 粗魚油

a. 製造方法

魚油の原料となるのは，水産加工の際に派生する非可食部（頭部・内臓・骨・鰭等），またはカタクチイワシのような小型の多獲性魚類の場合はその魚体すべて（ラウンド）である．粗魚油の製造方法を図 4.9.5-1 に記した．

まず新鮮な原料を煮熟，圧搾し固形部と液状部に分ける．固形部は乾燥され魚粉になり，液状部から数回の遠心分離操作により油分を分離し粗魚油（crude oil，原油）を得る．

b. 品質の管理

粗魚油は酸価（AV），水分夾雑物（M & I），不けん化物（USM），酸化指標〔過酸化物価（PV），アニシジン価（AnV）〕，色調，脂肪酸組成により評価がなされるが，これらの数値は原料となる魚種，部位，鮮度状態，製造条件（温度 × 時間）に大いに依存することから，粗魚油

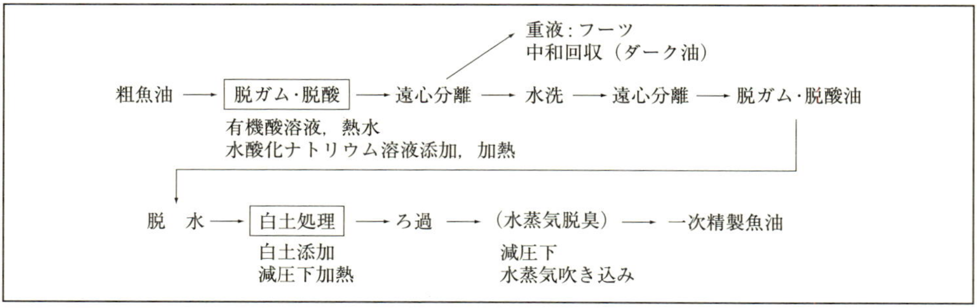

図 4.9.5-2　魚油の一次精製方法

製造における重要な品質管理項目になっている．EU 域内にて生産もしくは輸入される食用魚油の場合，原料の総揮発性塩基窒素（TVBN）が 60 mg 100 g^{-1} 以下という制限が設けられている．粗魚油は特有のにおいと色があるためそのままでの利用は少ないが，比較的酸化を受けにくいことから魚油加工製品の原料としてグローバルに流通している．

c. 世界の動向

主要生産国はペルー（年間約 20 万 t）とチリ（同約 10 万 t）が突出しており，米国，デンマーク，日本，アイスランド（年間約 6 万～ 7 万 t）が続く．南米の主要原料は，大型のまき網船で漁獲・曳航され直接ミール工場へ水揚げされるアンチョビー類，イワシ類，アジ類であり，両国の重要な産業となっている．ペルーは世界一の魚油生産国かつ輸出国であることから，ペルーのアンチョビー漁獲量が世界の魚油市場に大きな影響を及ぼしており，東部太平洋赤道付近におけるエルニーニョ現象の発生は世界の魚油の供給に大幅減少をひきおこす．とくに 1997 年から 1998 年にかけて発生した大規模なエルニーニョ現象の際にはペルーのアンチョビー漁獲量が激減し，世界の魚油市場が大混乱した．米国の主要原料はイワシ類のメンヘーデン，北欧はタラ類のブルーホワイティングで，ともにラウンドを原料に用いている．

日本における粗魚油年間生産量は，2010 年統計では約 6 万 t（輸入約 2 万 1 千 t）であり，主要原料はラウンドよりも都市加工残滓，水産加工残滓が多く 90％以上を占め，ラウンド原料が多い他の主要生産国とは異なっている．粗魚油はほとんどが 1 次精製を経て各種用途に加工される．

B. 一次精製魚油

a. 製造方法

抽出された粗魚油中には，種々の非アシルグリセロール物質（非グリセリド物質）として遊離脂肪酸，ガム質（リン脂質，樹脂状物質），ステロール，着色物質，におい物質が含まれる．これらの不純物は精製油の品質に大きく影響するため，さらなる加工を経て流通される．粗魚油の一次精製法を図 4.9.5-2 に示す．

リン酸やクエン酸などの有機酸または熱水による脱ガム工程，水酸化ナトリウムによる脱酸工程，白土や活性炭による脱色工程からなり，基本操作は植物油の一次精製と同様であるが，魚油は構成脂肪酸の不飽和度が高いことから酸化されやすく，酸素との接触および高温状態を可能な限り避ける工夫が必要である．

（i）脱ガム工程

粗魚油中からリン脂質を主体とするガム質および水和物質，酸化促進因子である微量金属等を除去することが目的である．しかし，魚油は大豆油のような植物油に比較してリン脂質が少ないことから，ガム質を分離せずに酸処理し，ガム質を沈殿しやすい状態にしたまま次の脱酸工程に移る方法も用いられる．

（ii）脱酸工程

主として粗魚油中の遊離脂肪酸を除去することが目的であり，一部の不けん化物，酸化物質，微量金属も除去される．粗魚油中の遊離脂肪酸を中和するのに十分な量の水酸化ナトリウムを添加して遠心分離を行い，油中の遊離脂肪酸を油脂に不溶の脂肪酸せっけんの形にして除去する．除去された脂肪酸せっけん分はフーツとよばれ，その後中和され浮上油として回収される（ダーク油）．ダーク油はボイラー等の燃料油として使用される．なお，特殊な精製法として遊離脂肪酸とステロール類を高真空化で蒸留するフィジカルリファイニングがあり，水酸化ナトリウムによる脱酸と比較して歩留まりがよいこと，得られる脂肪酸が高純度であること，排水処理への負荷が大きく減少することから注目を浴びている．

（iii）脱色工程

80°C 以上に保ち活性白土に着色物質，酸化物質，酸化促進物質を吸着させる．本工程に活性炭を単独または並行して用いることによりダイオキシン類や PCB などの環境汚染物質を減少させることも行われている．必要に応じて真空水蒸気蒸留（ストリッピング）を施し，におい成分や揮発性成分を除去することも行われる．

b. 用　途

一次精製を経て得られる魚油は脱酸魚油あるいは脱酸・脱色魚油とよばれ，ビタミン E やエトキシキンなどの抗酸化剤を添加した後，約 70％が水産養殖飼料用魚油（フィードオイル），15％が食品加工用魚油として流通される．魚油は大豆油やパーム油といった主要植物油脂に比較して高価であるものの，養殖魚にとって必須の高度不飽和脂肪酸（EPA，DHA）を含有していることから，水産養殖飼料として欠くことができず，海外においてもフィードオイルとしての利用が最も多い．

C. 食品加工用魚油

一次精製を施した魚油はさらなる工程を経て種々の製品に加工される．

a. 硬化油

硬化油とは，魚油を構成する不飽和脂肪酸の二重結合部位に Ni や Cu の触媒存在下にて水素を結合させて二重結合を減少させた後，水素添加特有の臭気を水蒸気蒸留により脱臭した加工油脂のことである．硬化油のほか水素添加油ともよばれる．水素添加反応に用いる触媒や温度・圧力条件を変えることにより，種々の物性および安定性の油脂が製造できる．魚油は他の動植物油よりも構成する脂肪酸の鎖長が長く，ヨウ素価（IV）が高く不飽和脂肪酸の種類も多いため，得られる硬化油は独特の物性を示し，マーガリンやショートニング用の油脂として利用される．食品加工魚油の利用としては硬化油が最も多いが，水素添加の結果として二重結合がトランス化したトランス脂肪酸も生成するため，トランス脂肪酸の健康への悪影響を懸念してその消費量は減少してきている．

b. 高度精製魚油

高度精製魚油は，魚油を構成する脂肪酸のなかでもとくに栄養学的に重要である，高度不飽和脂肪酸 EPA と DHA を多く含み，かつそのまま食用に適するようにほとんど無味無臭なまでに精製した油脂の総称である．

脱臭もしくは不純物を除去する精製技術としては，溶剤と特定の吸着剤を用いたカラム精製，減圧下にて揮発性物質を除去する分子蒸留，短行程蒸留，真空水蒸気蒸留（ストリッピング）がある．とくに高真空状態で蒸留を行う分子蒸留と短行程蒸留はにおい物質などの成分に加えてダイオキシン類や PCB などの環境汚染物質，コレステロール等の不けん化物，遊離脂肪酸を除去することが可能であり，高度精製魚油の製造に有効な技術である．

また，魚油中の EPA と DHA の濃度を高める技術として，魚油そのもの，あるいは溶剤と混合した魚油を冷却して不飽和度の低い固形脂を分別し，液状油中の EPA と DHA 濃度を高めるウィンタリングや，特定のリパーゼを用いて EPA もしくは DHA の濃度を高める酵素処理があげられる．

高度精製魚油は育児用調製粉乳，経腸栄養剤，健康食品，一般食品に広く用いられる．とくに育児用調製粉乳には DHA を多く含むカツオ精製魚油とマグロ精製魚油が用いられ，アジア・欧州で魚油由来 DHA 強化調製粉乳として広く販売されている．なお，一般的な魚油とは異なり極性脂質であるリン脂質を構成する脂肪酸中にEPAとDHAを多く含むオキアミ油は，健康食品やサプリメントとして販売されている．

D. 医薬品

魚油を構成するトリアシルグリセロール（TAG）をエタノールとのエステル交換反応（エタノリシス）によりエチルエステル化し，特定脂肪酸のエチルエステルを濃縮したものが医薬品として認可・販売されている．脂肪酸のうちEPAを高度に濃縮したエチルエステルは日本で閉塞性動脈硬化症と脂質異常症（高脂血症）の治療薬として，また特定割合のEPAとDHAを濃縮したエチルエステルが，欧州の一部と米国で重度脂質異常症患者の中性脂質低下と心筋梗塞再発予防の薬として認可･販売されている．なお，海外の一部の国では魚油の自然な状態であるTAG態に加えエチルエステル態，エチルエステルを再度TAGに合成した再構成TAG態の製品が魚油サプリメントとして販売されている．

E. その他の水産脂質

a. スクアラン

アイザメやツノザメなどの深海性サメ類の脂質には炭化水素であるスクアレンが特異的に多く含まれる．スクアレン分子内の6個の二重結合をすべて水素添加して脱臭したものがスクアランであり，独特の触感から皮膚用の化粧料基材に不可欠なものとして用いられている．

b. ワックスエステル

ヒウチダイ（オレンジラッフィー）の不可食部から採取されるヒウチダイ油は，高級アルコールと高級脂肪酸からなるワックスエステルを豊富に含んでいる．このワックスエステルは，そのままで皮革加工のなめし剤として，また，二重結合部位に硫黄を結合させた硫化油として切削機械の潤滑油に利用されている．ヒウチダイ油の高度不飽和酸の二重結合部位を選択的に水素添加した部分水素添加ヒウチダイ油は，スクワランと同様，化粧料基材として用いられている．

なお，国際鯨類委員会（IWC）による商業捕鯨禁止が施行される以前は，水産ワックスエステルとしてマッコウクジラから得られるマッコウ油が用いられており，上記の利用法以外にもワックスエステルから高級アルコールへの金属Na還元工程により化粧料用高級アルコールが製造されていた．

c. コレステロール

コレステロールは魚油中の不けん化物中に含まれており，一次精製の脱酸工程からダーク油として，または分子蒸留等の留出分として魚油より除去される．これらダーク油および分子蒸留留出分を原料に用い，さらに濃縮・精製することにより魚油由来のコレステロールが得られ，化粧料用の乳化剤やエビ類の飼料，食品添加物として使用されている．

（郡山　剛）

4.9.6 調味加工品

魚介類や海藻類を濃厚な調味液に浸漬するか，または濃厚調味液を加える処理と煮熟，乾燥，焙焼，圧搾，冷却などの加工処理を組み合わせて呈味性と保存性を付与した加工品を調味加工品という．多種多様の製品があり，加工工程の組み合わせにより，表4.9.6-1のように分類される．

A. 調味煮熟品

魚介藻類を醤油，砂糖，水飴などを含む調味液で煮熟した製品で，原料，製品ともに多くの種類がある．古くから地方名産品とされている製品も少なくない．原料として，魚類（イカナゴ，シラウオ，ワカサギなど），貝類（アサリ，ハマグリなど），軟体動物（イカ），甲殻類（エビ，アミなど），海藻類（コンブ，アオノリなど）の生原料，乾燥品，半乾製品が用いられる．風味は生原料が優れているが，保管や輸送の容易な乾製品の使用が圧倒的に多い．

a. 近年の動向

調味煮熟品の代表である佃煮は地域伝統的な製品が多い．また一方，自然食品，健康食品，スローフード等の視点から見直されている面もある．近年，消費者の食嗜好の変化に対応した減塩，低糖，ソフトな食品開発，個食ニーズに

表 4.9.6-1　調味加工品の分類

分類	製品	
調味煮熟品	佃煮類（佃煮，飴煮，甘露煮，しぐれ煮，角煮），煮貝，魚味噌など	魚介藻類を調味液で煮熟した製品
調味乾燥品	小魚みりん干し（さくら干し），クジラのたれ（干し肉），鮭とば，さきいか，ふりかけ，塩こんぶ，でんぶなど	魚介藻類を調味し，煮熟・乾燥・焙焼・圧延等の処理をした製品
調味焙焼品	蒲焼き，儀助煮，魚せんべい，味付けのり，照焼など	魚介類を調味し，焙焼した製品

対応した個包装化，おにぎりの具などとしての中食産業を通じた消費が進展し，水産物佃煮類生産量は年間 10 万 t 前後の生産量を維持し続けている．佃煮生産量の約 40％をこんぶ佃煮が占めている．

b. 保存原理

魚介類を醤油と高濃度の砂糖を含む濃厚な調味液中で水分含量が 20 ～ 30％になるまで 100 ～ 120℃ で煮熟すると，耐熱性芽胞以外の細菌は死滅する．伝統的な佃煮類では塩分が 10％前後，糖分がおよそ 50％あり，水分活性が 0.65 ～ 0.85 と低い．製造後に細菌やカビが付着しても，これらの増殖は抑えられ，長期間保存が可能である．しかし最近は，塩分濃度が低く高水分でやわらかい製品が好まれるため，長期保存が期待できない製品が増えている．

保存性確保のため，ソルビン酸やソルビン酸カリウムは食品衛生法で許可された範囲（ソルビン酸として製品 1 kg に対し 1 g 以下の添加）での使用が可能であるが，製造段階で調味料が濃縮されるため，製品への浸透量が許容範囲であるかどうかみきわめる必要がある．一方，保存料を使用しない製品の需要も高く，保存性の確保を包装法で解決したいとする傾向が強い．

一般にチルドまたは冷凍状態で流通されるものが多い．また，常温流通可能な調味加工品では耐熱性およびガスバリア性の高い包材に製品を詰め，真空包装あるいは含気包装した後再加熱（加熱殺菌）したり，無菌包装することで保存性を確保しているものも多い．

c. 調　味

調味料は天然調味料，うま味調味料のほか，着色料，保存料などによって調製される．それぞれに用いられる種類は表 4.9.6-2 に示すとおり多様である．これらの添加物は，製品に対する保存性，風味のほか色調，光沢，および粘稠性の付与または原料の軟化などの効用をもつ．

B. 調味乾燥品・調味焙焼品

原料の調味液浸漬に加えて，焙焼または乾燥の処理を施した製品である．代表的な調味乾燥品として，みりん干し，さきいか（するめさきいか：するめを裂いて調味・乾燥した製品，ソフトさきいか：生鮮・凍結原料を調味・乾燥した製品），味付けのり，魚せんべい（調味した魚介類をせんべいに仕上げた製品），そぼろ（煮熟後，もみほぐされた白身魚肉の焙乾品），でんぶ（ゆでて繊維状にほぐした魚肉を調味して煎った製品）などがある．

a. 近年の動向

調味乾燥品の歴史は比較的新しい．近年における乾燥機，伸展機，焙焼機，裂き機などの開発普及と並行し，さきいかなどイカ製品は著しく発展したが，1990 年代をピークに現在では漸減傾向にある（生産量約 1 万 t/年）．みりん干しは常温流通可能な製品も多いが，消費者の低塩分化や高水分化志向を受けて，調味液濃度の低下や漬け込み時間の短縮，乾燥度合いを弱めるなど，工程管理の変更により薄味でソフトな製品が多くなっている．

b. 保存性の確保

ソフトさきいかや低水分のみりん干し類では，酸味料やリン酸塩などを利用して製品の pH を下げて保存性や保存料の効果を高めたり，調味料の浸透量を多くして水分活性を低下させ

表 4.9.6-2　調味加工品に用いられる各種原料

材料		備考
主材料	各種魚介類	焼く，干すことにより保存性を高める，身を締め，身くずれを防ぐ，うま味を濃厚にする，香ばしさを与え，生臭みを抑える
副材料	番茶	生臭みを抑える，泥臭さを抜く，身くずれしない，骨までやわらかくする
	梅干し	生臭みを抑え，骨や組織を軟化し，あっさり仕上げる
	ショウガ，山椒	生臭みを抑える，味を引き締める
調味料	醤油，たまり	塩辛さと，香ばしい香り，光沢を与える
	砂糖，黒砂糖，ざらめ	甘味，香ばしさ，光沢を与える
	水飴	身くずれせず，砂糖より身が締まらない，表面になめらかさと光沢を与える，水飴の粘稠性により調味液が佃煮の表面に付着し，微生物の繁殖を防ぐ
	酒	生臭みを抑え，骨や組織を軟化し，あっさり仕上げる風味を与える
	みりん	甘味，風味，色沢を付与する．高級品に多く使用される
	酢	骨や組織を軟化させる（とくにコンブなどの海藻類），生臭みを抑える，味をあっさり仕上げる，防腐効果
	だし	コンブ，かつお節，シイタケ，貝などから調製
	塩	調味，保存性向上，原料洗浄時にヌメリを洗い流す働きもある
添加物	寒天，アラビアゴム，デキストリン，可溶性デンプン	粘稠性を与える．佃煮やみりん干しに光沢を与える．調味液を製品に付着させる
	グルタミン酸ナトリウム	うま味調味料．うま味の増強．酸味，苦味，塩味の緩和．イノシン酸を含む食品では相乗作用によりうま味を増大
	コハク酸，コハク酸ナトリウム	うま味調味料，貝類の有力なうま味成分
	イノシン酸ナトリウム，グアニル酸ナトリウム	うま味調味料．呈味性核酸関連化合物．イノシン酸ナトリウムはグルタミン酸ナトリウムとの相乗効果によりうま味増強効果
	ソルビン酸，ソルビン酸カリウム	保存料
	ステビア	甘味料

たり，包装時に脱酸素剤を同封してカビの発育を防止する．

c. メイラード反応による褐変

さきいかや白身魚の乾燥品では，製品の貯蔵中に褐色に変色し，商品価値を低下させる場合がある．これは，メイラード反応（アミノ–カルボニル反応）による非酵素的褐変である．おもに糖類のうちカルボニル基（>C＝O）をもつ還元糖と，アミノ基（$-NH_2$）をもつ魚介肉や調味料中のアミノ酸，ペプチドなどが反応して褐色色素（メラノイジン）を生成することによるもので，製品の貯蔵温度が高い場合に褐変の進行が速い．褐変に関与する還元糖として，魚介類筋肉中のグリコーゲンが解糖反応により分解されて生成する糖リン酸（グルコース–6–リン酸）や，核酸関連物質に由来する遊離のリボースが主要なものと考えられている．褐変の抑制には，原料の鮮度保持，製品の低 pH 保持，低温保管が有効である．なお，ほどよい褐変は，特有の香気や色調に寄与する．

C. 漬物類

魚介類の切り身などを各種の副原料に漬け込んで製造した酢漬け，かす漬，みそ漬などの漬物類は，漬け込み工程で材料中の呈味成分が適度に魚介肉中に浸透して熟成が促進され，風味が付与される．酢漬けでは食酢により魚肉 pH が低下するため，塩溶性タンパク質の溶出が抑制され，肉質が締められる．これらの工程で微生物の発育も抑制されるが，近年の製品は漬け込み期間の短いものが多いため，チルドや冷凍での流通が必要である．

（岡﨑　惠美子）

4.9.7　塩蔵品

A. 生産の概要と製造原理

a. 生産の概要

塩蔵品とは，食塩を用いて魚介藻類または魚卵に貯蔵性を付与した製品の総称である．魚醤油や塩辛などの水産発酵食品を含めることもあるが，本項では，それらを除いて魚介類の塩蔵品について述べる．2010 年における塩蔵品の生産量は約 19 万 4 千 t（魚卵塩蔵品を含む）であり，およそその半数はサケ・マスを原料とした製品である．次いで，サバ，サンマ，タラ類およびイワシ類の塩蔵品が多く生産されている．おもな生産地は，北海道（サケ・マス，タラ類，サンマ），青森県（サバ，サケ・マス），宮城県（サケ・マス，タラ類），および千葉県（サケ・マス，サバ，イワシ類）などである．サケ・マスの塩蔵品の原料は，アラスカ，カナダ，およびロシア産ベニザケ，チリ産養殖ギンザケ，ならびにチリおよびノルウェー産養殖トラウト（海産ニジマス）などの輸入凍結品が主体であり，サバ塩蔵品のほとんどもノルウェー産輸入原料から製造されている．

b. 製造原理

塩蔵によって魚介類に貯蔵性が付与されるのは，魚肉中への食塩の浸透と魚肉内外の浸透圧の差による魚肉からの脱水（浸透圧脱水）により，魚肉の水分活性が低下して，微生物の増殖が抑制されるからである．しかし，近年では消費者の嗜好の変化と低温流通の発達により，塩蔵品は低塩化する傾向にあり，貯蔵性よりはむしろ嗜好性が重視されている．魚肉中の食塩含量が 15％以上であれば，水分活性は大きく低下するので，塩蔵品の貯蔵性は高まるが，現在流通している塩蔵品の食塩含量は 2 ～ 6％程度であり，長期間の貯蔵には低温流通が不可欠となっている．一方，魚肉中に食塩を浸透させるとともに，浸透圧差により水分量を調節する手法は，塩蔵品だけでなく，塩干品，調味加工品，および水産漬け物など多くの水産加工品の製造過程における一次処理として広く用いられている．

B. 塩蔵法

a. 振り塩漬けと立て塩漬け

魚肉中に食塩を浸透させる方法として，振り塩漬け（撒き塩漬け）と立て塩漬けの 2 つの方法がおもに用いられている．振り塩漬けは固形の食塩を魚体に散布するか，あるいはすりこむことにより，魚肉中に食塩を浸透させる手法である．振り塩漬けでは，食塩は魚体表面付近の水に溶解して魚肉中に浸透する．振り塩漬けは特別な施設・設備を必要とせず，食塩をむだなく利用できるが，食塩の浸透や魚肉水分量の変化が不均一に起こりやすく，また長期間の塩蔵では脂質酸化が起こりやすいなどの問題点がある．一方，立て塩漬けは，所定濃度の食塩水に魚介類を浸漬して，魚肉中に食塩を浸透させる手法である．立て塩漬けでは，原料全体を食塩水に浸漬するので，食塩の浸透や魚肉水分量の変化が均一に進行することや脂質酸化が起こりにくいなどの長所がある反面，産業的に実施する際には，設備や容器を必要とすることや振り塩漬けにくらべて食塩の損失が多いことなどの欠点がある．これら両塩蔵法の欠点を補うために，振り塩漬けによって魚体から浸出した液に周辺の食塩が溶解した飽和食塩水を利用して，立て塩漬けする改良法が用いられることがある．

b. サケ・マスの塩蔵法

従来のサケ・マスの塩蔵品のほとんどは，内臓と鰓を除去した魚体を原料として，多量の食塩を用いた振り塩漬けにより製造される新巻さけや山漬けであった．このうち山漬けは，魚体重量の 30％前後の食塩を魚体に散布して，魚体を山積みし，さらに重石で加圧して脱水を促進した製品である．魚体から浸出する液は排出できるように工夫されている．しかし，このような方法では，魚体の中でも肉厚の背側と肉の薄い腹側では食塩の浸透量が大きく異なることに加えて，多量の食塩を用いることから低塩化に対応した塩蔵品の製造が困難である．このため現在では，低塩化と食塩含量の部位差の低減を目的として，フィレーを立て塩漬けした定塩さけが塩蔵さけの主体となっている．定塩さけは，頭部と内臓を除去したドレス原料を背骨に沿って裁断したフィレーを原料として，10％から飽和に至る濃度の食塩水で一昼夜以上，立て塩漬けすることにより製造されている．定塩さけの食塩含量は2～6％程度のものが多い．

このような消費者の嗜好に対応した製造法の変化は，サバの塩蔵品についてもみられ，背開きにした原料を振り塩漬けした塩さばとともに，フィレーを立て塩漬けした製品も生産されるようになっている．さらに近年では，サケ・マスなど大型魚の塩蔵品の製造における塩漬け時間の短縮と食塩含量の部位差の低減のために，食肉加工で用いられている塩水注入装置を使用して，高濃度の食塩水を直接魚肉に注入するインジェクションが行われることもある．

C. 塩蔵中の成分変化

a. 食塩の浸透と水分量の変化

塩漬けによる魚肉中への食塩の浸透は，魚肉の外側の食塩水の浸透圧に依存することから，振り塩漬けの施塩量や立て塩漬けに用いる食塩水の濃度が高いほど浸透量が大きい．一方，塩漬けに伴う魚肉水分量の変化には，魚肉内外の浸透圧差とともに食塩の浸透による筋原線維タンパク質の保水性の増加も拮抗的に影響を及ぼしている．すなわち，低濃度の食塩で塩漬けする場合には，食塩による浸透圧脱水効果を食塩の浸透による筋原線維タンパク質の保水性の増加が打ち消すために，魚肉の水分量は増加する．塩漬けに用いる食塩の濃度が増加すると，浸透圧脱水が強く起こるようになり，魚肉の水分量は減少する．

魚肉中への食塩の浸透量は塩漬け時間とともに増大するが，魚体の外側の食塩濃度よりもかなり低濃度でみかけ上の平衡状態となる．これは，魚肉中に浸透した食塩の魚肉内部における移動がきわめて緩やかに起こるためである．その結果，塩漬けした魚肉の表層部では食塩濃度が高く，魚肉表面から内部に向かうほど食塩濃度が低下して，表層部と中心部の間には食塩の濃度勾配が形成されている．一方，塩漬けした魚肉内部では水分の移動も緩やかに起こる．このため，水分量は魚肉表層部で高く，表面から内部に向かうほど減少して，水分の勾配が形成されている．塩漬けした魚肉を低温貯蔵すると，魚肉内部の食塩と水が緩やかに移動して，塩漬した魚肉内部で形成された食塩濃度と水分量の勾配は低減する．

b. 遊離アミノ酸の変化

立て塩漬けでは，魚肉の呈味成分として重要な遊離アミノ酸は，食塩水中に溶出する．遊離アミノ酸の溶出は，食塩水の浸透圧とは無関係に，単純拡散によりひきおこされる．いいかえると遊離アミノ酸の溶出は塩漬け時間のみに依存することから，立て塩漬けに伴う遊離アミノ酸の溶出を抑制し，塩蔵品の遊離アミノ酸含量を高めるためには，低濃度の食塩水に長時間塩漬けして食塩の浸透量を調節するよりも，高濃度の食塩水に短時間塩漬けするほうが有利である．このように魚肉中の遊離アミノ酸は塩漬け時間とともに食塩水中に溶出するが，食塩水と魚肉中の遊離アミノ酸の濃度が必ず同じになるわけではなく，かなりの量の遊離アミノ酸が魚肉中に残存している状態でみかけ上の平衡状態となる．これについても，魚肉中の遊離アミノ酸の移動速度がきわめて遅いことが関係していると考えられている．

c. タンパク質の変化

魚肉中の水溶性タンパク質である筋形質タンパク質および塩溶性の筋原線維タンパク質も，立て塩漬けにより溶出するが，溶出量は魚肉中のそれらの総量からみるときわめて少ないことから，魚肉表層部のタンパク質のみが溶出していることが明らかである．塩蔵中には，食塩濃度の増加とともに，筋原線維タンパク質の変性と凝集も進行する．塩漬けしたスケトウダラ魚肉などでは筋原線維タンパク質中のミオシン分子間に共有結合に匹敵する強度の強固な結合が形成され，その多量化反応が進行する．このような筋原線維タンパク質の変化は，ねり製品の坐り工程で起こるそれと類似している．塩漬けした魚肉中で起こる筋原線維タンパク質の変性の進行は，食塩濃度に依存することから，魚肉表層部では強く起こるが，内部では緩やかに進行する．

一方，長期の塩蔵中には，自己消化酵素の作用により，タンパク質の一部が加水分解して遊離アミノ酸やペプチドが生成することもある．

D. 塩蔵品の貯蔵中に起こる品質変化

低塩化した塩蔵品の微生物による品質劣化を抑制するためには，冷凍を含めて低温で貯蔵・流通し，生鮮魚と同様にとりあつかうことが不可欠である．低塩分で長期間の塩漬けする場合についても低温下で実施することが必要である．また，脂質酸化は低温下でも進行する．とくに脂質含量の多い魚種を原料に用いる場合には，脂質酸化生成物として低級脂肪酸やカルボニル化合物などが蓄積すると，塩蔵品の臭気や食味が変化し，さらにこれらが遊離アミノ酸などの含窒素化合物と反応すると，メイラード反応（アミノ–カルボニル反応）による褐変，すなわち油焼け（4.8.7.B.b）が脂質含量の多い腹部を中心にみられるようになる．塩蔵品の貯蔵中に起こる脂質酸化を抑制するためには，酸素との接触をできるだけ避けることが必要である．

（大泉　　徹）

4.9.8 乾 製 品

A. 概　論

乾製品は，魚介類の貯蔵法として最も簡便な方法で，魚介類の水分を減らすことによって，細菌の増殖を防ぐという原理を利用したものである．最近では単に乾燥して貯蔵性を付与するだけでなく，呈味やテクスチャーの向上を目的とした前処理が行われ，他の保存技術（低温や包装）との併用によって比較的乾燥度の低い製品（半乾製品）が消費者の嗜好ともマッチして広く普及するようになった．乾製品は，乾燥の前処理法や乾燥方法の違いにより素干し品，塩干品，煮干し品，凍乾品，焙乾品などに分類される．

B. 製造の原理

a. 乾燥原理

魚介類を乾いた空気中に放置すると，魚体表面から水分が蒸発する．しかし，筋肉は均一な水分系からなるとみられるので，内部と表層との間で水分含量に差が生じ，水分は内部から表層に拡散する．すなわち，乾燥は，表面からの水分の蒸発と内部における水分拡散の2要素からなる現象で，表層からの蒸発と内部における移動の連続的なくりかえしによって，乾燥が進む．

通常は表面からの蒸発が先行し，うわ乾きの状態になりやすい．とくに高温での急速な乾燥は表面のみが過乾燥となり，内部の乾燥が滞ることがある．このような場合にはいったん乾燥を中止して，積み重ね，覆いなどをして内部の拡散のみを行わせ，魚体中の水分の均一化を図った後，再び乾燥を行う．この操作をあん蒸（あんじょう）といい，高い乾燥度を要する製品の工程では欠かせない．

魚肉では，肉が厚く表面積が相対的に小さいものより，肉が薄く相対的に表面積の大きいもののほうが，内部の水分移動が容易に表面に到達するので，速やかに乾燥する．乾燥速度は内部の水の表面への移動拡散に支配されるが，脂質が水の移動を阻害したり，煮熱や塩蔵による肉質の変性が移動を容易にする場合もある．塩干品や調味乾製品などの製造工程で行われる塩漬け処理や調味液漬け処理は，塩味や甘みを付与するとともに水分の一部を除去して乾燥を早め，乾燥中の変質防止にも役立っている．

（川﨑　賢一）

b. 保蔵原理（水分活性の調節）

微生物の増殖を抑制し，魚介類の腐敗を防ぐためには水を除去すればよい．乾製品はこの原理に基づいて経験的に製造され保蔵されてきた伝統食品である．しかし，水をどれだけ除去すれば微生物の増殖を阻止できるかは食品によって，また，微生物の種類によって異なる．食品中に存在する水はすべて同一状態ではなく，タンパク質や糖類などと強く結合している結合水，これらと緩く結合，または束縛されず自由に運動できる自由水などがある．これらの水の中で微生物が利用できるのはおもに自由水である．すなわち，食品の貯蔵性は全水分ではなく自由水を中心に考えなくてはならない．

このような立場から考え出されたのが，水分活性（Aw）という概念である．Awとは食品中に存在する水分子のうち，食品成分に拘束されていない水分子（自由水といい，微生物が増殖に利用できる水分子）の割合を示す尺度で，p_0をある温度での純水の平衡水蒸気圧，pをその温度での食品の平衡水蒸気圧とすると，$\mathrm{Aw} = p/p_0$と定義される．この値を用いることにより，見かけの異なる乾燥品，塩蔵品，糖蔵品などと微生物の増殖の関係を，微生物の水利用性という観点から統一的に理解することができる．

Awは食品に存在する水の自由度を示すので，同じ水分量でもAwが低いほど保存性は高くなる．細菌はAwが0.90以下になると大部分は増殖できない．また，酵母はAw 0.88，カビ類はAw 0.80以下になると増殖できなくなる．なお例外もあり，耐浸透圧性酵母はAw 0.61でも生育する．

乾製品はAwを低下させることで微生物の増殖を抑えて，保蔵性を高めている．たとえば，多くの素干し品のAwは0.90以下であり，煮干品では0.60以下の製品もある．しかし製品の貯蔵中には，テクスチャーや色調の変化など食品としての品質劣化が起こることから，低温貯蔵やガス包装技術などを組みあわせる必要がある．

（川﨑　賢一，藤井　建夫）

c. 乾燥法

食品の乾燥法には，太陽の輻射熱，風，冷気などの自然環境を利用して乾燥する天日乾燥法や凍乾法と，機械装置により温度，湿度，圧力，風速などを調節した空気で乾燥する熱風および温風乾燥法，冷風乾燥法，焙乾法，真空乾燥法，真空凍結乾燥法，噴霧乾燥法，マイクロ波乾燥法などがあるが，魚介類には真空乾燥法，噴霧乾燥法，マイクロ波乾燥法はほとんど利用されていない．

（i）天日乾燥法

太陽の輻射熱で原料を加温して水分の蒸発を促進させ，表面をおおっている湿った空気の層を風によって取り去ることによって乾燥する方法である．この乾燥法は，特別な設備を必要としないので，経済的な乾燥法であるが，雨天には乾燥ができないばかりでなく，乾燥中の製品に雨が当たると製品の品質が著しく損なわれ，また，紫外線による脂質の酸化促進が起こるなどの欠点もある．

（ii）凍乾法

凍乾法は夜間の気温が－5°C前後，日中の気温が0°C以上になるような寒冷地で行われる．原料を戸外の干し場に置いておくと，夜間には冷気で原料中の水の大部分が氷結する．翌日，気温が上昇すると，氷は融解して水分が流出する．このとき，原料中の水溶性成分の大部分が水とともに流出して失われる．夜間の凍結と日中の融解をくりかえすことにより原料は脱水，乾燥する．凍乾品は，肉質がスポンジ状の多孔質で，ほとんど水溶性成分を含まないという特徴がある．なお，自然の冷気で凍結させる代わりに，冷凍装置が使われることもある．

（iii）熱風および温風乾燥

加熱した空気を用いて原料を加熱することにより，水の蒸発を促進するとともに，表面の湿った空気の層を取り去って乾燥する方法である．原料を乾燥用の棚に並べて乾燥機内に収納し，加熱空気を送って乾燥する．熱源は重油バーナー，スチーム，薪などがある．熱風乾燥法はおもに魚粕や魚粉の乾燥に用いられ60～90°Cに加熱した熱風を製品表面に吹きつけて乾燥する．温風乾燥法は室温ないし50°C程度の温風を送って乾燥する方法で，乾燥は比較的速いが，温度が高いと表面の肉が変性を起こしやすい．

（iv）冷風乾燥法（除湿乾燥法）

冷凍機で冷却除湿した冷風を用いて乾燥する方法で，温度15～35°C，湿度20％前後に調節した空気を循環させて乾燥する．乾燥は原料と冷風との間の水蒸気圧の差によって起こり，乾燥速度は遅いが，原料はほとんど加熱を受けないので，脂質の酸化やメイラード反応による褐変は起こりにくく，温風乾燥にくらべ品質のよいものが得られる．

（v）焙乾法

原料を焙乾炉で薪を燃やして直接乾燥する方法で，熱源に薪以外，炭火，電熱，ガスストーブなどが用いられる．加熱により水の蒸発が促進されるとともに，自然に発生する対流によって湿った空気が除かれる．焙乾法では，原料は比較的高温にさらされるため，上乾きを起こしやすい．この方法は節類製造に用いられる．

（vi）真空凍結乾燥法

魚介類を凍結状態におき，減圧下で水を氷結状態から直接気体に昇華させて乾燥する方法である（4.9.15）．肉質を変性させずに乾燥できる利点があるが，装置が高価であり，また乾燥効率が悪いので，用途は限定される．水産物における代表的用途は，インスタントラーメンなど長期保管食品の具材となる小エビやかまぼこの乾燥である．

d. 変質・変敗

乾燥中に起こる一般的な変質現象としては，タンパク質の変性，色素の変退色，脂質の酸化などがある．乾燥工程では，微生物の増殖を回避するため，製品を高水分のままで高温に長時間置くことを避けねばならない．水分の多い半乾製品は，微生物による変敗を受けやすい．

一般に乾燥が不良のときは，微生物の繁殖でアンモニアやアミン類が増加する．イワシやサバでは，微生物の作用により，肉中に多く含まれるヒスチジンからヒスタミンが生じ，渋みを呈したり，ヒスタミン中毒を起こすこともある．甲殻類では自己消化酵素やチロシナーゼが強いため，加熱によって酵素を失活させないと，タンパク質の分解，メラニン色素の形成による黒変が起こる．

貯蔵中に起こる変質現象としては油焼け，褐変などがある．また，カツオブシムシ類やダニ類など水分の低い乾燥したタンパク質を好む虫による食害もあり，これらはアレルギーの原因になることもある．

e. 各種乾製品

（i）素干し品

原料をそのまま，または適宜に調理し，水洗いして乾燥させた製品である．洗浄に海水や希食塩水を用いた製品は，食塩の吸湿性のため貯蔵性が悪く光沢も劣る．このため，これらを使用した場合，最後に真水で洗浄して塩分を除いてから乾燥する．おもな製品としてタラ，カレリ，ワカメ，ノリ，コンブの素干し品，するめ，身欠きにしん，干しかずのこ，田作り，たたみいわし，くちこなどがある．

（ii）塩干品

原料を適宜に調理し，塩漬けしてから乾燥した製品である．塩漬けは，原料に食塩を直接振りかける振り塩漬けや食塩水中に漬け込む立て塩漬けがある（4.9.7.B）．一般に，十分に乾燥して貯蔵性のよい製品をつくる場合には振り塩漬けが用いられ，薄塩の生干し品のように塩漬けの主な目的が味付けにある場合は立て塩漬けが用いられる．おもな製品として，イワシ，アジ，サンマ，サバ，カマス，タラなどの開き干し，くさや（ムロアジ，トビウオなど），からすみ，ふかひれ，塩ブリ，フグ，ハタハタ，シシャモ，カレイなどの丸干しがある．

（iii）煮干し品

原料を煮熟してから乾燥した製品である．煮熟により後の乾燥が容易になるとともに，微生物や酵素は不活性化するので，乾燥中の変敗は少ない．おもな製品として，煮干しいわし（カタクチイワシとマイワシ），干しえび，貝柱，干しなまこ，しらす干し，干しあわび（明鮑，めいほう）などがある．

（iv）凍乾品

原料を凍結した後，融解する操作をくりかえすことによって乾燥した製品である．凍乾法によって製造されている水産加工品には，寒天と北海道・東北地方で生産されるスケトウダラの寒干し品がある．

（v）調味乾製品

原料を濃厚な調味料に浸漬あるいは添加して調味し，煮熟・乾燥・焙焼・圧延などの処理をした製品である．調味料の添加は味付けと脱水の効果のほかに，製品の艶だしや水分活性を高め保存性を増す効果も付与される．おもな製品は，みりん干し，儀助煮，さきいか，味付けするめ，味付けのり，魚せんべい，ふりかけ，でんぶなどがある．

（川﨑　賢一）

4.9.9　節類（かつお節など）

節（ふし）とは魚肉を煮熟後，燻して十分に乾燥した製品をいい，かつお節が代表的な製品である．かつお節の製造工程は複雑であり，多段階の焙乾，カビ付け工程を経て製品化される．かつお節では，カビ付けまで終了した製品は「本枯れ節」とよばれるが，焙乾後のカビ付け工程を省いた「荒節」の生産も多い．節類は，薄片状に削った削り節などの形態で調味料（だし）用の素材として使用される．また，製造工程において煮熟，あるいは煮熟後に軽く焙乾を行っただけの「なまり節」も食用製品としての地位を確立している．

A.　原　料

節の原料となる魚種は，カツオ，ソウダガツオ（マルソウダ），ゴマサバ，ウルメイワシ，ムロアジ，トビウオなどで，製品はそれぞれ，かつお節，そうだ（宗田）節，さば節，いわし節，あじ節，あご節などとよばれている．北海道では産卵期のサケ（ブナザケ）からも節が製造されている．代表的なものはかつお節で，カツオ以外の小型魚種を加工したものは雑節とよばれる．

かつお節の原料にはカツオ（*Katsuwonus pelamis*）が用いられる．かつお節の品質は原料魚の脂質含量の影響を強く受け，かつお節の原料に適したカツオの脂質含量は 1 ～ 3％程度である．脂質含量の高い原料で製造したかつお節は，「油節」とよばれ，製造や貯蔵中に脂質酸化に由来する香味や色調の低下を起こしやすい．また，原料の鮮度も重要で，死後硬直中の自己消化の進んでいない原料は，身割れや色調の劣化が起こらず，良質の製品の製造に適している．カツオは鮮魚だけではなく遠洋海域で漁獲され凍結されたものが多く使用され，かつお節の生産は周年行われている．かつお節以外の雑節においても，かつお節と同様の原料特性が求められる．

B.　製造方法

かつお節の一般的な製造法は次のとおりである．かつお節以外の雑節においても，魚種や魚体の大きさによって原料処理方法が異なるが，基本的製法はかつお節に準じており，削り節に加工されるためカビ付けをしない場合が多い．

(1) 生切り：解凍した原料魚を水洗いし，頭部および腹肉の一部（はらも），内臓を除去する．水氷中で血抜きしたのち，身おろしする．比較的小型（2 ～ 3 kg）のカツオでは，上身，下身から 1 本ずつの亀節をつくる．大型（3 ～ 4 kg 以上）のカツオでは，片身をさらに側線に沿って背肉部と腹肉部とに断ち割り（相断ち），それぞれ「雄（男）節」，「雌（女）節」とする．これらを「本節」という（図 4.9.9-1）．

(2) かご立て・煮熟：身おろしした肉片は，形を整えながら煮かごに並べ，煮熟する．煮熟条件は原料の鮮度によって異なり，鮮度が良好な場合には，煮熟水の温度が 75 ～ 80℃ で煮かごを煮釜に投入する．より高温の煮熟水に投入すると肉の急激な収縮によって身割れが生じる場合がある．一方，鮮度が不良の場合には湯温 80 ～ 85℃ で投入し，加熱による肉収縮を十分に行わせて低温水中での身伸びを防ぐ．投入後，煮熟水の温度を上げ，97 ～ 98℃ に到達してから亀節では 45 ～ 60 分，本節では 60 ～

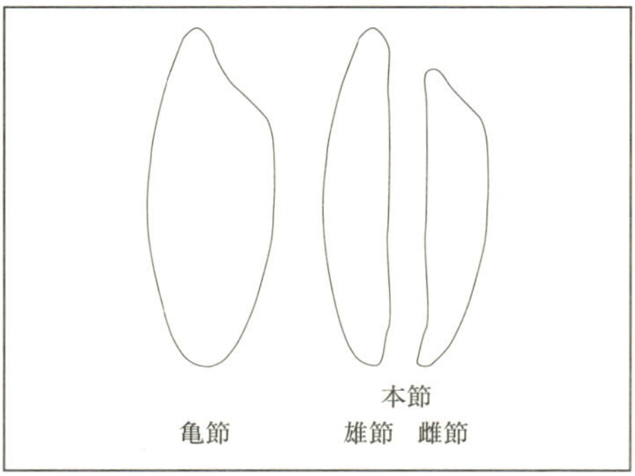

図 4.9.9-1　亀節と本節

90分煮熟する．

(3) かご離し・骨抜き：煮熟が終了したら，煮かごを煮釜から取り出して肉が締まるまで放冷する．次いで，1節ずつ煮かごから取り出し，水中で身崩れしないように注意しながら骨抜きする．骨の残存は焙乾中に節の身割れやよじれの原因となる．骨抜きに続いて，雄節では頭部側から2/3弱，雌節や亀節では1/2弱の表皮と皮下脂肪を手指でこすって除去する．

(4) 1番火（水抜き焙乾）：骨抜きした節はせいろに並べ，焙乾室（急造庫）で堅木の薪を燃やして焙乾（燻乾）し，節の水分除去を行う．火床から上昇してくる空気温度110～140℃で，節の表面が淡褐色になるまで約1時間焙乾する．1番火の終わったものを「なまり節」という．

(5) 修繕：一晩放冷（あん蒸）したのち，身おろしや骨抜き工程でできた節の身割れや損傷した部分に，そくい（もみ）をへら等ですり込んで整形し修繕する．また，取り残した小骨を除去する．そくいは，中落ちから削ぎ落とした生肉と煮熟肉とを2：1の割合で混合し，擂潰，裏ごししてつくる．

(6) 焙乾：修繕を終えた節は，再び1番火と同様に焙乾する（2番火）．通常，亀節では8～10番火，本節では10～12番火まで焙乾する．各焙乾工程の間にはあん蒸をはさみ，節内部の水分の表面への拡散移動を促して節の水分の均質化を図り，乾燥効率を向上させる（間欠焙乾）．焙乾の終わった節は表面が燻煙のタール質でおおわれて黒褐色を呈し，「荒節（鬼節）」とよばれる．

(7) 削り：荒節を半日～1日天日乾燥した後，箱に詰めて3～4日放置（あん蒸）すると表面がやや湿潤してやわらかくなるので，皮のついている部分を残して表面を薄く削り取ってタールや脂肪を除去し，節を整形するとともに，次のカビ付け工程で節の表面にカビが増殖しやすいようにする．削り終わった節は，表面が赤褐色なので「裸節（赤むき）」という．

(8) カビ付け：裸節を2～3日間日乾した後，木箱に詰め，あるいはカビ付け庫内で，温度・湿度を制御（約27℃，湿度85～88%）しながら10～15日間放置し，節の表面にカビを増殖させる．これを1番カビという．カビで覆われた節を日乾し，表面のカビをブラシなどで払い落としたのち再びカビ付け（2番カビ）を行う．通常はこのカビ付け操作を4回（4番カビ）まで行い．4番カビが終わって製了した節を「本枯れ節」という．本枯れ節の水分は18%程度であり，その後，市販されるまでの貯蔵中，節の表面にカビが増殖するたびに日乾で除去されるので，水分は市販品では13～15%程度となる．

カビ付けで増殖するカビは，1番カビでは主として青緑色を呈する *Penicillium* 属であり，2番カビ以降，徐々に *Aspergillus glaucus*，*A. ruber*，*A. repens* などの淡緑灰色を呈する *Aspergillus* 属が優勢となる．温度と湿度を調節した室の中で，これらの *Aspergillus* 属優良カビの純粋培養によって得られた胞子を種菌として裸節に散布して，カビ付けする方法も行われている．

かつお節製造において優良カビといわれる菌種は，いずれも *A. glaucus* グループに分類され，脂肪分解作用は強いが，タンパク分解力は弱い．かつお節カビの菌糸，胞子は，かつお節の表層部のみに存在し，肉組織内部にはみられないが，カビ付けの効果にはかつお節の表面の菌糸，胞子ばかりでなく，節内部に浸透した酵素の関与もあると考えられる．

C. カビ付けの効果

カビ付けは風味改善や風味低下抑制に寄与している．一般に次のような効果があげられている．① 優良カビの増殖により水分が減少する．② カビの増殖による分解と資化によって脂質が減少する．また，カビの代謝産物として抗酸化物質を産生するによって脂質酸化が抑制される．脂質の分解はだし汁の濁り防止，酸化による香味低下の抑制に寄与する．③ 燻煙由来のフェノール類のメチル化や分解などにより節類特有の香気のまろやかさが醸成される．④ 悪臭成分トリメチルアミンが消費され減少する．⑤ 優良カビの増殖によって不良カビの増殖が抑制される．⑥ 増殖するカビの色が節の乾燥程度の目安となる．

D. 貯蔵中の劣化

一般に節類は，高い保存性を有している．しかし，脂質含量の高い原料で製造したかつお節は，油節とよばれ，貯蔵中に節の表面から灰白色化するとともに肉質がもろくなることがある．この変色現象を「しらた」という．節の表面，とくに皮付側の表面に発生し，次第に節の内部に進行する．しらたの発生原因は，節表面の脂質の自動酸化による過酸化物の生成であり，筋肉組織のミオグロビンに作用してそのポルフィリン環を開裂し，退色させると推定されている．

E. 製　品

a. 製品形態・用途

節類は，日本料理の調味加工（だし）におけるきわめて重要な素材として利用されてきた．かつお節は薄片状などに削って利用されるが，一般家庭で節を削ることは少なく，削り節形態での流通・利用が多くなり，さらに，抽出調製済みの簡便な液体だしの利用が拡大している．かつお節の製品形態としては，節そのままの製品（本枯節，荒節）とそれを薄片状に削った削り節などがある．また，削り節には形状により，薄削り，厚削り，糸削り，砕片などがある．

各種節類の削り節のなかでも，かつお削り節の生産量が最も多い．かつお削り節には，かび付けした枯れ節を削ったかつお節削り節と，かび付けしていない荒節を削った花かつおの2種類がある．花かつおは，おもにだしをとるのに利用されており，直接料理にふりかける場合は削り節（砕片）を用いる．

カツオ以外の小型魚種を加工した雑節は，ほとんど削り節原料となり，特有の香味を生かして業務用のだしの素材として用いられる．そうだ節やさば節の削り節は，濃厚なだしをとることができるため，単独あるいは他の節製品と混合してそばつゆ，ラーメンスープのだしに使用されることが多い．また，おでんや煮物のように濃い味が求められる料理にも適している．あご節（トビウオ）は，煮干しや焼き干しの姿干し品，その粉末品の形態で販売され，ラーメンスープの材料，そうめんや雑煮などのだし汁に利用される．

現在では，混合削り節を含めたほとんどの製品において，ガスバリアー性と防湿性に優れた積層フィルムの袋が包材として用いられ，袋内を窒素などの不活性ガスで置換したガス置換包装が行われている．この包装は，酸化による色調や香味の変化防止と，削り節の商品特性である花の膨らみを維持するために有効である．削り片の大きい花かつおや混合削り節では，比較的大袋に入れて流通している．かつお節削り節などの薄削りを破砕した砕片では，開封後すぐに使い切るのを目安に3～5gの小袋包装とし，それを10袋程度まとめてピロー包装としている．

b. なまり節

一般にカツオやマグロ（ビンナガ）の節を煮熟したもの，または軽く焙乾して表面のみを乾燥させたもの（若節）で，料理素材として用いられている．製品の品質は鮮度に依存し，高鮮度なものほどうま味に富む．また，脂質含量はさほど品質に影響しない．最近では，真空包装した一般小売品が増えて製品も多様化してきた．真空包装品では煮熟が終わった節を成型（骨除去）した後に真空包装し，さらに熱水で殺菌処理される．

（川合　祐史）

4.9.10　燻 製 品

A. 概　論

燻製品は人類が火を利用するようになった時代からつくられていたと推測される．たき火などの側に置いてあった魚介類や獣肉が自然に燻され，独特な香りがつき，貯蔵性もよくなっていることに気づいたことから，見出された方法と思われる．日本で水産加工技術として製品が製造されるようになったのは比較的新しく，江戸時代に欧米から製法が伝わってからである．燻製品は，燻煙温度の違いにより冷燻品，温燻品，熱燻品，液燻品などに分類される．

B. 製造原理

燻製品は，肉類，水産物やその加工品などを原料に種々の燻材で燻してつくる．これにより，煙が原料に浸透し，特有の香味と色調が付与される．また，燻煙中に原料から水分が除去されると同時に，煙の揮発性成分であるフェノール系化合物（フェノール，クレゾールなど），アルデヒド類（アセトアルデヒド，ホルムアルデドなど），有機酸（酢酸，プロピオン酸など），アルコール類（エタノール，メタノールなど）などが原料表面に沈着する．これらの成分が腐敗や脂肪の酸化を抑制し，貯蔵性を向上させている．

C. 製造法

a. 原　料

水産物の燻製品の原料としてサケ・マス類，ニシン，タラ，サンマ，イワシ，サバ，ホッケ，イカ，タコなどがある．原料は，生鮮魚，冷凍魚を問わず利用され，外傷のないもの，脂肪が適度にのったものが用いられる．原料の脂肪分は冷燻法で 7 ～ 10％，温燻法で 10 ～ 15％が適している．脂肪の少ない魚体は外観および歩留まりが悪く，香りのつきが悪いうえ，味もよくない．一方，脂肪の多いものは乾燥が困難で，燻乾中に腐敗したり，油焼けを起こしやすい．

b. 燻製室

燻製室は燻煙の発生方式により分けられる．室内で燻煙を発生させる直下方式と，別に発生させた煙を燻煙室に導く方式とがある．前者は調理に用いられるものの，産業的にはほとんど使用されてない．後者は温度や湿度を調節しやすいので，工業的に広く使用されている．いずれの場合でも燻製室は室内の温度，湿度および燻煙の分布が均一になるように設計されていなければならない．煙成分の中に，3,4−ベンツピレンやベンツアントラセンなどの発がん物質が発生する場合がある．これらの物質は発煙温度が低い場合には発生しないので，発煙温度を 400°C 以下に調整できる装置が使用されている．直下方式の場合，火床と原料との間隔が重要で，冷燻では 1.5 ～ 2 m，温燻では 1 m 程度とする．近すぎると燻煙のタール分が製品に付着し，黒ずんだり，色むらが起こりやすい．

最近では全自動の燻煙室が開発され利用されている．また，燻煙発生装置は燻材を燃焼させて煙を発生させるが，金属と木材を摩擦することによって煙を発生させる方式もある．

c. 燻　材

燻製品の風味の決め手となる．燻材には各種木屑を使用するが，樹脂を多量に含有するスギ，マツ，ヒノキなどの木材は煤が多く，刺激の強い特有の臭気と，苦みを与えるのであまり用いられない．主としてよい香りの煙を出し，徐々に燃焼して多量に煙を発生し，煤煙の少ない堅木が用いられる．わが国で使用されている堅木のチップはサクラ，ブナ，ミズナラ，リンゴ，オニグルミ，カシワ，カエデ，シラカバ，クリ，カシ，ナラなどである．外国ではヒッコリ，カバ，ポプラ，メスキート，オールダー，エルム，ライトオークなどが使用される．燻材は使用時に十分乾燥されていて水分量が 20 ～ 30％のものが良く，水分が多い生木を用いると，製品にタール分の付着が多くなる．また，燻煙中に有機酸が増加して製品の酸味が強くなり，風味が低下する．

d. 燻煙成分と効果

燻製品の貯蔵性は主としてその乾燥度合（水分活性の低下）に依存しているが，燻煙成分は香りだけでなく，その貯蔵性や保存性にも関与している．燻煙の主成分を表 4.9.10-1 に示した．煙成分のなかでとくにフェノール類，アルデヒド類は燻製品特有の香りをもたらす．抗菌作用や殺菌作用のあるものはフェノール類，アルデヒド類，有機酸類で，とくにホルムアルデヒドの殺菌効果は強い．

また，これらは単独での作用のほかに，相乗効果によってさらに強い抗菌効果を示す．しかし，これらの成分は製品の内部までは浸透できないため防腐効果は製品の表面付近に限られる．フェノールやクレゾールなどのフェノール類は，殺菌効果のほかに魚類皮下脂肪に溶け込んで自動酸化を抑制し，製品の油焼け防止効果も有する．

D. 燻煙法

a. 冷燻法

保存を目的とした燻煙法で，比較的低温で長時間（20°C 前後で数週間）燻煙処理を行う．製品の塩分量は 8 ～ 10％と高く，水分量も 40％

表 4.9.10-1　燻煙のおもな成分

分　類	主成分
有機酸類	ギ酸，酢酸，プロピオン酸，酪酸など
アルコール類	エタノール，メタノール，プロパノール，アリルアルコールなど
アルデヒド類	ホルムアルデヒド，アセトアルデヒド，プロピオンアルデヒド，バレルアルデヒド，イソバレルアルデヒド，イソブチルアルデヒドなど
フェノール類	フェノール，クレゾール，グアヤコール，4-メチルメトキシフェノール，4-エチルグアヤコール，オイゲノールなど
ケトン類	アセトン，メチルエチルケトン，ペンタノン，ブタノン，メチルブタノン，メチルペンタノンなど
エステル類	ギ酸メチルエステル，酢酸メチルエステルなど
フラン類	エチルフラン，5-メチルフルフラール，アセチルフランなど
炭化水素	ベンゼン，トルエン，キシレンなど

〔小泉千秋，大島敏明，水産食品の加工と貯蔵，p.132，恒星社厚生閣（2005）〕

前後である．冷燻法は燻乾初期の悪変を防ぐため，また，肉の締まりをよくするため，振り塩漬けして魚体から水分を除く．真水で塩抜きして，過剰な塩分と腐敗しやすい可溶性成分を除去する．その後，水切り風乾し，燻乾する．燻煙処理中の温度は 15 ～ 23°C で，これ以上高いと原料の腐敗が進行する．また，温度が低いと乾燥に時間がかかる．水産物の場合，はじめの 1 週間は 18°C 程度からはじめて，2 週目に 22°C まで上げ，3 ～ 4 週目から仕上げまでは 25°C まで上げる．塩味が強く乾燥されているので保存性が良く，3 カ月以上の保存が可能である．

おもな冷薫品にべにざけ棒燻品，にしん冷燻品がある．べにざけ棒燻はベニザケの塩蔵品を塩抜きし，頭部と腹部を除去後，3 週間ほどかけて冷燻した製品である．製品塩分量は 7%，水分量は 48%程度である．室温でも長期保蔵が可能であるが，脂質酸化，虫害，カビの発生を防ぐため，製品はバリア性の高いフィルムを用いて真空包装して冷凍で貯蔵する．にしん冷燻品はニシンをラウンドまたは内臓と鰓を除去した後，15 ～ 20%の食塩水で塩漬けし，塩抜き後，約 1 カ月かけて燻乾する．製品は塩分量 6%，水分量 38%程度であるが，脂質含量が高いことから，冷凍貯蔵と低温流通は欠かせない．

b. 温燻法

製品に風味を付与することを目的とした製法で，比較的塩分の低い原料を高温で短時間燻煙した製品である．立て塩漬けまたは振り塩漬けで原料の水分を除き，真水で塩抜きした後，風乾し燻煙する．燻煙温度は 30 ～ 80°C と高く，3 ～ 8 時間の短時間で燻乾する．塩分量は 2 ～ 6%，水分量は 40 ～ 70%である．このため保存性は期待できず，低温貯蔵が必須で，長期には凍結貯蔵が必要である．最近では，風味を付加するため，塩漬けの際に，塩，砂糖，化学調味料，有機酸などを添加している．塩と砂糖の割合は企業によって異なるが，砂糖のほうが多い場合もある．

魚類温燻品には，サケ，ニシン，スケトウダラ，サンマ，イワシ，サバ，ホッケなどがある．サケフィレー燻製品は，サケ・マス類のフィレーを原料にした温燻製品で，塩分量 3.8%，水分量 64%程度である．スモークサーモンは塩蔵べにざけを原料とし，水分活性が高く，生に近い状態のものをいう．燻乾後，真空包装をした後，凍結して流通する．おもにホテルやレストランの業務用としてつくられたが，最近は一般消費者の需要が急増している．

このほかに，イカ，タコ，ホタテ貝柱，スケトウダラ，クジラベーコンなどを調味後に燻乾した調味燻製品がある．イカの調味燻製品はイカ胴肉（外套膜）を 55 ～ 60°C で剥皮し，80°C で 2 ～ 3 分間煮熟する．冷却後調味液に浸漬し，風乾してから 50 ～ 70°C で 3 ～ 5 時間燻乾する．胴肉を 2 ～ 3 mm に胴切りにし，再度調味付けして製品とする．塩分量 3.6%，水分量 43 ～ 44%程度である．これらの製品はいずれも貯蔵中に品質が低下するため，凍結，冷蔵などの低温貯蔵が必要である．

c. 液燻法

食品に燻液を添加することで，燻煙処理を行わず食品に燻煙臭を付与する．燻液（スモークフレーバーともいう）は，木材を燃焼または乾溜（空気を遮断した状態で燃焼）し，その溜分（木酢液）から，あるいは煙を冷却捕集，または水に吸収させた後，精製してつくられる．この場合，燻材に対する国民の嗜好が異なり，燻液の成分も原木の違いによってさまざまなものがある．アメリカではヒッコリー，日本はクヌギやナラ，ヨーロッパではオーク（カシ）が好まれる．この燻液は前述の燻煙成分を含有しているため，これを薄めて直接浸漬，塗布，噴霧などの方法で，また，食品に直接添加することで，燻煙臭を付加する．燻煙臭が付加された原料は，必要な水分量まで乾燥して製品とする．燻液中に含まれる3,4−ベンツピレンやベンツアントラセンなどの発がん物質は発煙温度を400℃以下にすることで，また，溜分を蒸留法で精製することによって取り除かれる．

（川﨑　賢一）

4.9.11　発酵食品

水産発酵食品は腐敗しやすい魚介類を有効利用するための保存法の1つとして発展した加工食品である．腐敗を起こす有害微生物の増殖を極力抑制しながら保存し，その間に魚介類の組織中の自己消化酵素ならびに有用微生物の作用によって，原料成分の一部が分解して特有の風味が醸成される．

農畜産発酵食品の製造にはおもに微生物作用がかかわるが，水産発酵食品では微生物作用だけでなく自己消化など酵素作用の関与も大きい．また，水産発酵食品は，限定された地域で小規模に生産されるものが多く，原材料や製法も多様であるため，多種多様の形態の製品が存在する．すなわち，① 伝統的製法による高塩分の塩辛，魚醤油など魚介類を塩漬け（または塩水漬け）にしてつくられる塩蔵型発酵食品と，② 魚介類を塩蔵した後，米飯や糠などに漬け込み，微生物の自然発酵を促し熟成させるなれずしや糠漬けなどの漬物型発酵食品の2種類に大別される．塩蔵型発酵食品の食塩濃度は高く，風味醸成は概して微生物作用よりも原料魚介類組織の自己消化酵素作用の寄与が大きい．漬物型発酵食品の風味の醸成には，原料魚肉の自己消化ばかりでなく，米飯漬け込み以降における乳酸菌など微生物の発酵作用の寄与も大きい．

くさやの製造に用いられる魚の浸漬用塩水（くさや汁）も発酵産物とされている．100年以上同じ塩汁が，繰り返しくさやの製造に用いられており，くさや汁中に存在する *Corynebacterium* 属細菌の産生する抗菌物質が製品の保存性に関与することが指摘されている．また，かつお節は，乾燥食品として分類されることもあるが，微生物（カビ）利用食品という意味では発酵食品の1つである．

A. 塩　辛

a. 加工原理

塩辛の本来の加工原理は，高濃度の食塩の添加（原料比10%以上）によって水分活性を下げて，原料および製造環境に由来する腐敗微生物の増殖を抑制すると同時に，熟成中に魚介類筋肉や内臓に由来する消化酵素（プロテアーゼ等）によって，徐々に筋肉および内臓が消化され，アミノ酸をはじめとしたうま味成分が生成される．さらに熟成中に，高塩分でも増殖可能な微生物によって安定な微生物相が形成され，塩辛らしい風味がひきだされる．

b. 種　類

各地にさまざまな塩辛が存在し，イカ（肉と肝臓）の塩辛「いか塩辛」，カツオ内臓（胃・腸・幽門垂）の塩辛「酒盗（しゅとう）」，サケ・マス類の腎臓の塩辛「めふん」，アユの内臓（卵巣，精巣，消化管等）や魚体肉部を原料とした「子うるか，白うるか，苦うるか，切込みうるか」，バフンウニやムラサキウニの生殖巣を食塩と調味液で調製した「うに塩辛（粒うにと練りうに）」やナマコの消化管の塩辛「このわた」，また，アミ，ホヤなどさまざまな魚介類原料を用いた塩辛が知られている．塩辛類の年間生産量は，2万7千t（2008年度）で，そのうちいか塩辛が83%を占める．いか塩辛は1万1千t(51%)が北海道，7千t(32%)が宮城県で生産されている．

伝統的な手法によるいか塩辛では食塩含量が10%を超えるが，消費者の健康志向や嗜好性の変化，低温流通の発達に伴って，1970年代より徐々に低塩化が進んだ．今日では市販流通品のほとんどが5～7%の食塩含量であり，保存を第一の目的としない生鮮調味加工品としての塩辛類の多様な商品開発が進められている．この低塩分の甘口塩辛の登場によって，いか塩辛の生産量は大幅に増大した．

いか塩辛には表皮がついた状態の胴肉および頭脚肉を原料とする「赤作り」，表皮を除去した胴肉のみを用いる「白作り」，白作りにイカの墨を添加した「黒作り」の3種類がある．赤作りが最も一般的で生産量も多く，黒作りは富山地方の名産品とされている．いか塩辛の原料には，近海産スルメイカが最適であり，ニュージーランドスルメイカ，アルゼンチンマツイカなども用いられるが，酵素源としての肝臓はスルメイカのものが用いられる．

c. いか塩辛の製造法

保存食品あるいは常温流通食品としての赤作りの伝統的製造法は，細く裁断したイカの胴肉，頭脚部に3～5%の肝臓と10～20%の食塩を加えてときどき攪拌しながら常温で漬け込み，熟成させる(10～20日間)．

一方，今日主流となっている低塩分の塩辛は，あらかじめ5～10%の食塩を加えて熟成させた肝臓ペーストを，細切りしたイカ肉に対して3～7%加え，さらに，糖類，アミノ酸，有機酸，アルコールなどからなる調味料を7～10%ほど添加する．製品によっては，風味を加えるため麹を添加する．これを比較的低温で3～7日間ほど熟成させて製品とし，冷蔵保管流通させる．

いか塩辛は熟成中に，イカ肉および肝臓中の酵素の作用によりタンパク質が分解し，呈味性のアミノ酸類が生成する．熟成中の筋肉の軟化には10%以上の食塩存在下でも安定な肝臓中のカテプシンBおよびL様酵素による筋原線維の分解が関与している．

d. いか塩辛の成分と品質

イカ肉，肝臓および食塩のみで調製した最も基本的な赤作り塩辛(用塩量10%)では，熟成過程で表皮ブドウ球菌 *Staphylococcus epidermidis* が優勢となる比較的単純な細菌叢を形成し，塩辛らしい香気成分の形成に寄与している．肝臓を添加しない塩辛ではこのような傾向は観察されず，腐敗の進行も速い．また，イカ墨を添加した黒作りは墨無添加の赤作りに比較して保存性が優れている．イカ肝臓中の低分子成分，イカ肉中のトリメチルアミンオキシド，イカ墨汁中に含まれる溶菌酵素リゾチーム(またはその近縁酵素)およびそれ以外の熱安定性成分などが食塩の共存下で有害細菌を抑制することが報告されている．すなわち，用塩量の多い伝統的塩辛においては，食塩存在下で熟成中に生成する各種の低分子物質による水分活性の低下作用，さらに食塩とイカ肉および肝臓あるいは墨汁の成分が協同的に熟成中の細菌叢の形成因子となり，安全性と風味の醸成に寄与している．

低塩分の甘口塩辛では，冷蔵保存と各種の調味料成分など添加物によるpHや水分活性の調節，低温保存などの複数のハードルが微生物学的安全性を担っているが，2007年9月には低塩分のイカ塩辛を原因食品とする広域食中毒が発生した．原因菌は腸炎ビブリオ *Vibrio parahaemolyticus* O3：K6であり，塩辛類の極度の低塩化は腸炎ビブリオ食中毒のリスクを高めることが指摘されている．

B. 魚醤油

a. 定義と種類

魚醤油は魚醤ともよばれ，魚介類をおもな原料とし，高濃度に食塩を添加して腐敗を防止しながら長期間保存熟成させてつくる発酵調味料であり，穀類醤油とは異なる独特の強い風味を有する．秋田県の「しょっつる」，石川県の「いしる」，香川県の「いかなご醤油」がわが国の三大魚醤とされてきた．しょっつるはハタハタのほかカタクチイワシ，マイワシ，小サバなど，いしるはイカの肝臓，いかなご醤油はイカナゴを主原料とした魚醤油である．これらに類似の製品は，東南アジア諸国で広く用いられており，ベトナムのニョクマム（nuoc mam），タイのナムプラ（nam pla），フィリピンのパティス（patis）などが有名である．

近年では，伝統的魚醤油の特有の風味を利用した食品の開発や，日本人の嗜好や利用形態の多様化に適合した新しい魚醤油の開発も行われている．また，地域の特産品としての特徴ある原料を用いた魚醤油の開発，低利用魚介類の有効利用，さらに環境に配慮した食品加工のあり方として，水産加工副産物を原料とした魚醤油製造が脚光を浴び，多種多様な製品がつくられている．また，これらの原料特性に応じて製法の多様化がみられる．

魚醤油の国内需要は 6,000 t 程度（2002 年）であり，他の調味料との配合状態で供給されるものも多く，4,000 t 程度ある．国内生産は 1,000 t 程度で，北海道で 500 t 以上の生産がある．他は主として東南アジアからの輸入でまかなわれる．

b. 製造法

基本的な製造法は，まず新鮮な魚介類に 20 ～ 30％の食塩を添加しながら容器に漬け込み，6 カ月から 2 年間熟成させる．熟成したものをもろみとよび，これを濾過，火入れし，製品とする．

近年，日本では，魚介類をミンチ状にして麹と食塩を加えて加温熟成する技術が普及している．麹の酵素作用で製造日数の短縮を図り，低コストで風味を改善した魚醤油が製造できる．またタイでは，液を搾った残渣に再び塩水を加えて再熟成させる製法も行われている．

魚と食塩のみで製造される伝統的魚醤油は，一般に熟成中の微生物数が少なく，魚介類の肉や内臓中に含まれる自己消化酵素によって魚介類のタンパク質がアミノ酸やペプチドに分解され，濃厚な呈味を有する調味料となるが，長い熟成期間における好塩性微生物の作用は風味の醸成にかかわると考えられている．また，比較的高温環境下で熟成させる東南アジアの魚醤油では，好塩性のタンパク分解性細菌の作用が指摘されている．

魚介類に麹と食塩を加えて熟成させる魚醤油では，麹の諸酵素群による原料成分の分解のほか，麹中の糖分が熟成中に増殖する微生物によってアルコール類や有機酸類に変えられ，香味の向上に寄与する．さらに耐塩性微生物スターターの利用により，特有の魚臭さの低減や麹を使用した際の色調の褐変化を克服する技術が提案されている．

産卵回帰シロザケ（ブナザケ）を原料として，麹のほか 3 種の耐塩性微生物（*Zygosaccharomyces rouxii*，*Candida versatilis* および *Tetragenococcus halophilus*）を同時に接種したのち，加温醸造することにより，遊離アミノ酸が多く，アルコールと醤油様の香気によって魚臭が改善され，穏やかな味わいで淡色化した魚醤油が製造されている．

C. なれずし（馴れずし）

a. 製造原理

なれずしは，前処理工程としての塩漬けと自然発酵工程である本漬けによって製造される．塩漬け工程では，脱水を促して肉質が硬く締まるとともに，腐敗菌の増殖が抑制される．さらに，本漬け工程では，米飯や糠床で乳酸菌や酵母による発酵が進行して有機酸が生成し，pH が急激に低下する．熟成中は魚肉の自己消化が進行し，アミノ酸，核酸などが生成する．また，pH 低下によってカルシウムやコラーゲンが可溶化するため，骨組織や結合組織が軟弱化する．さらに十分な発酵熟成過程によって有機酸，アルコール，エステル類などが生成し，原料に応じた特有の風味が発現する．

なれずしは，現在のすしの原形とも考えられており，塩蔵した魚肉を米飯と交互に積み重ねて，長期間自然発酵（乳酸発酵）させた保存食品である．米飯が形をとどめないほどに長期間十分に発酵させた「本なれずし」と，塩漬，米飯漬期間ともに短く，発酵した米飯も魚とともに食べる「生なれずし」がある．

代表的本なれずしは，滋賀県の「ふなずし」である．生なれずしには，和歌山県の「さばなれずし」，東北，北海道の「いずし」などがある．

生なれずしでは，麹を添加して熟成を促進させる手法が北陸，東北，北海道など気温の低い地方で考案され，なれが浅いための生臭味を防ぐために野菜や香辛料を入れ，これが「いずし」となった．

b. ふなずし

ふなずしの原料にはニゴロブナやゲンゴロウブナを用い，鱗と鰓，内臓を取り除き（つぼ抜き），卵巣を体内に残したまま魚を数カ月から1年間塩漬（用塩量約50％）する．その後，米飯と魚を交互に漬け込み，重石をかけながら4～6カ月間熟成させる．ふなずしの米飯漬けは，気温の高い夏期に行われ，米飯漬け開始後すぐに *Lactobacillus plantarum* などの乳酸菌その他の細菌および酵母が増加する．それに伴ってpHが低下し，米飯部では1週間以内にpH 4.0以下になる．フナ筋肉中のpH 2.2～6.0で安定な自己消化酵素カテプシンDがふなずし熟成の一要因と考えられている．

ふなずしの熟成中には，乳酸をはじめとする有機酸，アミノ酸などの呈味成分の増加もみられる．ふなずしは独特の強いにおいを有しており，重要な香気成分としてはエタノール，酢酸，*n*-酪酸，*β*-フェニルエチルアルコール，乳酸エチルなどがあげられる．

c. さばなれずし

腐りずしともよばれる紀州の「さばなれずし」は，約1カ月間塩漬け（用塩量15～20％）した後，塩抜きしたサバで米飯を包み込んで漬け込み，5～10日間熟成させたものである．ふなずしにくらべて熟成期間が短く，においやなれ具合いも弱い．さばなれずしの本漬け熟成中には，乳酸菌の増殖などによりpHは5.0以下にまで低下する．サバのほかに，小アジ，サンマ，アユなどを用いた類似のなれずしが各地でつくられている．

d. いずし

いずしは，北海道，東北地方の冬の伝統的保存食品で，製法は地域や家庭により異なる．主原料としてはサケをはじめとして，ハタハタ，ニシン，カレイ，ホッケなどを使用し，原料魚肉を塩蔵後，またはそのまま，短時間の酢漬けを施した後，米飯･麹，野菜類を積層し，食酢，酒などの調味料とともに漬け込み，1～2カ月間熟成させる．「はたはたずし」は秋田県の特産品で，ハタハタを原料としてつくられるいずしの一種である．

昔から自家製のいずしは，ボツリヌス *Clostridium botulinum* E型菌による食中毒の主要な原因食品となっていた．ボツリヌスE型菌は，嫌気性，芽胞形成性の土壌細菌で，増殖最低温度は3.3℃と低いが，pH 5.5以下または塩分5％以上では増殖できず，10℃以下では毒化しない．したがって，すし類の安全性を確保するには，低温の清浄な水と環境下での製造が前提であり，さらに原料を高塩分で塩蔵し，かつ熟成中の乳酸発酵によってボツリヌス菌が増殖しえないpHにまで素早く低下させることが基本である．また，冬期間は乳酸発酵が進行しにくいため，いずしの製造工程に原料の短時間酢漬け工程を導入することによって確実にpHを低下させる必要がある．これによって，最初からボツリヌス菌の増殖機会をなくし，安全ないずしが生産できる．

北海道において商業生産に採用されている短時間の酢漬け工程（仮酢漬け）と低温熟成を基本としたシロサケいずしの風味向上には，熟成中に優勢となる乳酸菌 *Leuconostoc mesenteroides* subsp. *cremoris* と各種酵母が寄与している．また，優勢菌叢の形成には熟成温度などの環境要因が強く影響し，10℃以上の熟成温度では乳酸菌などの細菌類が優勢となり，乳酸発酵食品の性質を示す．

D. 糠漬け

魚の発酵食品としての糠漬けは，イワシ，サバ，ホッケ，ニシン，サンマ，フグなどを塩蔵または塩蔵後乾燥した後，食塩を含む米糠あるいは米糠と少量の麹，唐辛子などに漬け込んで熟成させたものである．石川県を中心に日本海沿岸や北海道でつくられ，石川県から鳥取県にかけての日本海沿岸地域では「へしこ」あるいは「こぬか漬け」とも称される．

糠漬けにおいても，なれずしと同様に自己消化と微生物作用により熟成が進行し，糠漬けの魚肉および糠，麹から分解生成した各種のアミノ酸や有機酸が呈味に寄与すると考えられている．糠漬けの熟成中の微生物は，乳酸菌と酵母が主で，漬け込み初期から盛期にかけて急激に増加する．

石川県の特産であるフグ卵巣の糠漬けでは，長期の高塩分の塩蔵とそれにひきつづく糠漬け熟成工程中に，卵巣の毒成分の浸出液や糠への拡散・流出，構造変化が起こり，その結果，卵巣の毒性は大幅に低下する．製品は毒性検査を受け，安全性が確認された後に出荷される．

（川合　祐史）

4.9.12 調 味 料

A. 概　要

水産物を原料とした調味料はエキスとよばれるものが主流で，水産物をおもに水で抽出し固形分を除いて製造される．それらは水産エキスまたは水産物エキスといわれている．日本では，かつお節や昆布からとる「だし」がその代表で，古くから料理に香りやうま味を付与する調味料として用いられてきた．その歴史はカツオの身肉の煮汁から生産された堅魚煎汁（かた魚イオリ）が飛鳥時代の「大宝律令」や平安時代の「延喜式」の記録にあり，これが水産エキスの原型といえる．

商業的には1923年にかつお節メーカーが「液体かつお節」，「かつおの素」を生産したのがはじまりとされている．1959年に大手水産会社が生産を開始した鯨肉エキスが，即席ラーメンの味付けに利用されると本格的に生産されるようになった．1980年代に入ると，水産エキスをはじめとするエキス類は，加工食品の発展とともに加工食品の調味に不可欠なものとなり生産量が増加した．さらに，本物・健康志向の流れのなかで，水産エキスは天然調味料の1つとして，食品の天然・本物感をより印象づける目的で用途が広がっていった．また，牛海綿状脳症（BSE）問題の影響で，畜肉エキスの代替としても水産エキスの使用が伸びている．

一方，世界各地では，古くから魚介類を塩漬けし，液化させた魚醤油がある．古代ローマにおいて，リクアメン（liquamen）あるいはガルム（garum）とよばれる魚醤油は，基本的な調味料として使用されていた記録がある．また，東南アジアでは魚やエビを原料とした魚醤油が製造され，今も万能調味料として使われている（4.9.11.B）．また，イベリア半島で，小魚の頭と内臓を除去し塩漬けしたものを原料につくられるアンチョビーソースも調味料として利用されている．

B. 水産エキス

a. 種類と用途

魚類，貝類，甲殻類および海藻類系に大きく分けられる．魚類系の代表はかつお節エキスであり，かつお節やかつお節製造時に出る削り屑を抽出してつくられる．また，かつお節や缶詰の製造時に出る煮汁を濃縮したものがかつおエキスであり，これらは水産エキスの中で最も生産量が多く，めんつゆ，味噌汁等のスープ類や加工食品の香り・風味付けに利用されるほか，カレーの隠し味にも用いられる．他の魚類エキスには，まぐろエキスや煮干しエキスがあり，魚類エキスは全般に和風系食材の調味に用いられている．

貝類系には，乾燥かきを製造する際の煮汁やカキを熱湯で抽出した煮汁からつくられるかきエキスがあり，中華食材の味付けや中華ソース等に使用される．また，ホタテ缶詰および干し貝柱をつくる際の煮汁を原料につくられるほたてエキスは，ホタテ独特の甘味と上品な風味をもち，中華食材を中心に幅広く用いられている．そのほか，あさりエキスは，即席味噌汁，クラムチャウダーやボンゴレスパゲティソース等の食材の風味付けに用いられている．

甲殻類系の代表は，かにエキスで，冷凍ボイルガニや缶詰製造時に出る煮汁を原料とし，カニかまぼこやしゅうまいの風味付けに利用される．えびエキスは，エビ加工時に出る頭部・殻部や干しえびなどを煮出してつくられ，スナック菓子やめんつゆの隠し味として使用されている．

海藻類系の代表はこんぶエキスで，マコンブ，利尻コンブ，羅臼コンブや日高コンブから水やアルコールで抽出して製造される．こんぶエキスは汎用性があり和風系食材の調味やめんつゆに使われるほか，スナック菓子にも利用されている．

b. 製　法

原料には，干物や缶詰製造時に出る煮汁や水産物の抽出液を用いる．形態は，液体とそれを濃縮したペーストおよびそれらを乾燥・粉末化した粉体の3種類がある．液体は，抽出液を分離・濾過後，無菌充填したもので，加工工程が少ないため水産物本来の微妙な香りや味が残る．ペーストは，煮汁や抽出液を，分離・濾過→濃縮（固形分濃度65％程度）→殺菌→充填→包装の工程を経て製品化される．また粉末は，煮汁・抽出液を，分離・濾過→濃縮→乾燥→粉末化→包装工程で製造する．以下各工程の概略を説明する．

（i）抽　出

風味成分を損なわず効率的に抽出することが重要で，一般に熱水や水（上水やイオン交換水）で抽出を行い，抽出効率を上げるためにタンパク質分解酵素を添加する場合もある．香りや色を重視する場合は，エタノールや超臨界二酸化炭素を使った抽出も行われる．また，かつお節などとくに香りを重視するエキスでは，水蒸気蒸留で香り成分を抽出したものと熱水で味成分を抽出したエキスとをブレンドする形態もある．

（ii）分離・濾過

振動ふるい機，遠心分離機，フィルタープレスを組み合わせて行う．油分の除去が必要な場合では，シャープレス型超高速遠心分離機や自動排出型三層分離機が用いられる．

（iii）濃　縮

濃縮は，水分活性を下げ保存性を上げ，貯蔵・包装や輸送コストの低減を図るのが目的で，風味成分を散逸させないように濃縮することが肝要である．装置としてはおもに真空濃縮装置で行われるが，香りや味を損なわないような濃縮法として膜濃縮装置も使用される．

（iv）殺　菌

ペーストタイプや噴霧乾燥を行う前のエキスの殺菌は，加熱殺菌が主体で，ジャケット付加熱槽を用いた回分式加熱殺菌やモノチューブ型連続加熱殺菌装置が使用される．

（v）粉末化

粉末化は，乾燥させることで保存安定性，包装・輸送性に加え簡便性の向上を図るのが目的である．エキスを減圧下で噴霧し，直接乾燥・粉体にするスプレードライヤーやベルト式連続真空乾燥機，ドラム乾燥機で乾燥後に粉末化する方法がある．香気・味成分を損なわないようにデキストリン，乳糖やシクロデキストリンを一定量エキスに溶かしたものを乾燥させる．

エキスの風味成分は，熱や酸素の影響を受けやすいため，各製造工程では熱履歴が少なく酸素と触れないような工夫が必要とされる．

C. 魚醤油

発酵食品に分類されるが，漬物や加工食品の隠し味として，うま味やこく味付けに幅広く使用されている．また，食品の異味，異臭のマスキングや塩味の低減等の目的でも使用される（4.9.11.B）．

D. 成分と味

水産調味料の成分中で，含呈味に重要な役割を果たすのが遊離アミノ酸である（**表 4.9.12-1**）．水産物の種類によりアミノ酸の種類や含有量に特徴がある（**表 4.5.1-1**）．

次に呈味に影響する成分として，魚類に多い核酸関連物質のイノシン酸がある（4.5.2）．イノシン酸はグルタミン酸との相乗効果で強いうま味を呈する．イノシン酸はとくにかつお節に多い成分で，和風だしは，かつお節のイノシン酸と素干しこんぶのグルタミン酸とを組み合わせてうま味をひきだす．有機酸では，魚類・エビで乳酸が多く，貝類には貝類独特のうま味成分であるコハク酸が含まれる．

そのほかの成分として，味の広がりと厚み（こく味）に関係するグルタチオン等のペプチド類，ホタテガイの味の濃厚さに関係するグリコーゲン，コンブの風味をひきだすマンニトール等の糖類がある（4.5.2）．

E. 生産動向

2010年度の水産系エキスの生産量（食品化学

表 4.9.12-1　水産調味料の遊離アミノ酸組成（mg g^{-1}）

	まぐろエキスペースト	かつおエキスペースト	かつお節エキスペースト	ほたてエキスペースト	かにエキスペースト	えびエキスペースト	こんぶエキス	カタクチイワシ魚醤油
タウリン	13.7	9.1	2.5	5.9	3.1	13.0	0.0	2.8
アスパラギン酸	0.4	4.6	0.6	3.4	3.7	0.8	2.2	7.9
トレオニン（スレオニン）	0.4	2.0	0.3	1.5	1.9	0.7	0.0	3.8
セリン	0.5	2.4	0.4	1.7	1.9	0.5	0.0	3.9
グルタミン酸	1.0	3.7	1.3	5.7	5.7	9.0	4.6	8.9
グリシン	0.8	4.7	0.5	15.2	12.2	31.6	0.0	2.6
アラニン	1.7	5.0	0.7	6.1	8.5	5.4	0.2	6.1
システイン	0.0	1.5	0.0	1.6	2.1	1.9	0.0	0.5
バリン	1.3	2.7	0.9	1.9	2.2	0.9	0.0	5.0
メチオニン	0.8	1.0	0.0	0.4	0.7	0.5	0.0	2.0
イソロイシン	0.2	1.2	0.2	0.8	0.6	0.5	0.0	3.2
ロイシン	0.8	2.7	0.4	1.6	1.0	1.4	0.0	4.2
チロシン	2.6	1.6	0.0	0.0	0.4	1.2	0.0	3.3
フェニルアラニン	2.5	2.5	0.4	0.0	0.7	1.7	0.0	3.9
リシン（リジン）	3.7	5.8	1.1	2.5	2.6	2.4	0.0	5.6
ヒスチジン	16.6	21.5	7.2	0.0	0.7	0.0	0.0	2.3
アルギニン	0.6	3.0	0.3	5.6	9.9	3.5	0.0	3.7
ヒドロキシプロリン	0.0	0.0	0.0	6.1	3.8	0.0	0.0	0.0
プロリン	0.0	3.6	0.0	4.1	6.4	1.5	0.0	2.9
合計	47.6	78.6	16.8	64.1	68.1	76.5	7.0	72.6

新聞しらべ）は，約5万4千tで，そのうち，缶詰や水産加工品の海外依存の流れのなかで，煮汁や加工残渣を原料とする水産エキスも海外依存の割合が増えている．今後は，中国をはじめ海外での加工食品の生産や販売が拡大することが予想され，それに伴い水産エキスも海外での生産や需要が増えていくものと予測される．一方，水産エキスに含まれる，タウリン，アンセリンや各種ペプチドには機能性が見出されており，水産調味料は調味だけではなく健康に役立つ食材として注目されていくと考えられる．

（島田　昌彦）

4.9.13　魚卵加工品

わが国では，魚卵加工品に対する嗜好が強く，古くからすじこ，いくら，かずのこおよびたらこ等の塩蔵品が生産されてきた．これら伝統的な魚卵塩蔵品は，現在でも根強い需要があるが，近年，コールドチェーンの整備や冷凍技術の発達により，調味加工した新しいタイプの低塩分製品が多く生産されるようになった．

魚卵製品を製造するうえで重要な点は，その成熟度が製品の品質に大きく影響することがあげられ，品質の良い製品を得るためには，原料の選定が重要となる．また，魚卵製品は非加熱で喫食される場合が多く，衛生管理には十分注意する必要がある．

原料は，輸入に依存する割合が大きくなっている．とくに，スケトウダラ卵は4万t，ニシン卵は1.4万t（塩蔵卵含む）であり，ニシンはそのほかにラウンドの形態で4万t輸入されているので，両者の魚卵製品の大半は輸入原料でまかなわれていることになる（統計は2005年度）．

魚卵加工品の国内生産量はサケ・マス卵を原料としたすじこ・いくら等の塩蔵品，醤油漬け製品がそれぞれ9,000 t，1.3万t，スケトウダラの卵巣を原料としたたらこ，めんたいこがそれぞれ，1.9万t，2.4万t，ニシンの卵巣を原料とするかずのこは1万tであり，そのほか調味かずのこも相当量生産されている（統計は2005年度）．

A. サケ・マス卵

a. すじこ

すじこはサケ・マスの卵巣をそのまま塩蔵したものである．以下にサケ卵を原料とした場合の製造例を示す．原料は，やや未成熟のほうが良品が得られる．

鮮度が良いうちに採卵し，卵巣を冷却した2～3%前後の食塩水で洗浄する．漬け込みは飽和塩水中で行う．漬け込み時間は卵の鮮度，成熟度や大きさなどによって加減するが，通常20～30分程度である．

製品は放置すると黒ずみやすいことから，発色剤として亜硝酸ナトリウムを飽和塩水に溶かして使用する．製品の亜硝酸の残存量は亜硝酸根として5 ppm以下と規制されており，亜硝酸ナトリウムの使用量は，飽和塩水中の濃度として100～200 ppm程度が適当であるとされる．

漬け込み後，水切りし，選別しながら容器に詰め，低温～室温で数日間容器を積み重ねて加圧熟成する．熟成中にすじこ中の亜硝酸残存量は規制値以下まで減少する．弾力があり，明度の高い紅赤色が良品とされる．

近年，生産量はいくら製品に押されているが，依然として根強い需要がある．いくらとともに北海道が主産地である．

b. いくら

サケ・マスの卵巣から卵粒のみを分離し，塩蔵したものをいくらという．いくら原料にはおもに国内産のシロザケ卵が用いられ，すじこ原料よりやや成熟が進んだ卵巣を原料とする．木枠等に張った網に卵巣を押しつけることで卵粒を分離する．卵粒を冷却した2～3%の食塩水でよく洗浄し，水切りする．漬け込みは飽和塩水中で攪拌しながら行う．漬け込み時間は，卵粒の成熟度や大きさにもよるが，通常10分前後である．漬け込み後，数時間～一晩，低温で水切りする．水切り中は卵の表面が乾燥しないように気をつける．製品はすじこのように黒ずむことはなく，亜硝酸ナトリウムを用いることはほとんどない．

醤油漬けいくらは，いくらと同じ方法で卵巣から分離した卵粒を醤油，みりんなどを含む調味液に一晩程度浸し，味付けしたものである．液切りしたものが主流となっている．製品の塩分はすじこが約5%なのに対し，いくら製品は2%前後なので日持ちはしない．このため，長期保管の場合，凍結貯蔵する．原料に，過度に成熟した卵を用いると通称「ピンポンだま」といわれる著しく卵膜の固い製品ができるので，注意が必要である．製造後のいくらは凍結保管状態で流通される場合が多い．製品価格の高いいくら製品の凍結には，しばしば液体窒素凍結が利用される．

B. スケトウダラ卵

a. たらこ

スケトウダラ卵巣の塩蔵品である．原料は国内産（北海道近海産）と輸入冷凍卵が用いられる．原料卵の成熟度が重要であり，未成熟卵（通称ガム子）や過度に成熟した卵（水子）とよばれる原料から製造しても良質なものは得られず，適度に成熟した卵（真子）が原料として最適である．卵巣を入れた容器に食塩と着色剤や調味料等を溶かした漬け込み液を加え，一定時間ごとに容器を回転させて5～24時間漬け込む．食塩は卵に対して6～8%程度，漬け込み液の量は10%前後である．漬け込み後は，低温で約1日間水切りして製品とする．

すじこと同様に保管中に色調が黒ずむため，色調の改善に亜硝酸ナトリウムが使用されることが多い．製品の亜硝酸残存量は，亜硝酸根として5 ppm以下に規制されている．

卵の色調は個体差が大きく，色調をそろえるため着色料が用いられることが多い．また，漁獲後，抱卵のまま長時間放置すると胆汁色素が卵に付着し，製品価値を下げるため，速やかに採卵する必要がある．北海道が主産地である．

b. からしめんたいこ

からしめんたいこは，スケトウダラの卵巣を唐辛子を主原料とする調味液等で味付けしたものである．1980年代から生産量が飛躍的に伸び，現在ではたらこ生産量を上回っている．製法はたらこから製造する方法が一般的であり，たらこに唐辛子粉末，みりんおよびかつお節エキスなどを含む調味液に低温で数日間漬け込み，調味液を十分浸透させて製品とする．原料のたらこは，上記のたらこの製法に準ずる．福岡県が主産地で生産量の7割を占めている．

C. ニシン卵

a. かずのこ

ニシンの卵巣を原料とする．未成熟卵（若子）は卵質がやわらかいため，かずのこ原料として不向きである．原料のほとんどは輸入に依存しており，かずのこ原料としてはカナダやアラスカなどの太平洋沿岸産のニシン卵が用いられる．これらの成熟卵は卵粒どうしが結着して強く固化する性質があり，身締まりや歯触りのよい良質なかずのこ原料となる．

抱卵ニシンから製造する場合は採卵後，5％前後の食塩水で血抜き後，飽和塩水に1～2日浸漬し，卵を固化する．血液等による汚れが強い場合には，過酸化水素を含む塩水中で脱色することがある．この場合，最終製品の完成前に過酸化水素を完全に分解または除去することが義務付けられており，酵素（カタラーゼ）を用いた過酸化水素の分解処理が行われる．

貯蔵は飽和塩水中で行われ，貯蔵温度は製品が−15～−10℃の，凍結しない温度帯である．そのほとんどが北海道で生産され，とくに留萌地区の生産量が多い．食べ方は，数時間塩抜きし，一般的には醤油と調味料により味付けして食する．

b. 調味かずのこ

原料は，カナダ東部沿岸などの大西洋産のニシン卵が用いられる．これらのニシン卵は，太平洋産ニシンと比べて卵粒どうしの結着力が弱く，やわらかいため，かずのこ原料に不向きとされる．採卵→血抜き→塩固めまではかずのことほぼ同じで，塩抜き後，醤油，みりんおよび糖類などを含む調味液中で味付けする．液漬けのまま，あるいは液切りしたものが製品となるが日持ちしないので，長期保管の場合は凍結貯蔵する．かずのこは正月向けの季節商材であるが，調味かずのこは惣菜に近く，周年商材といえる．

D. その他の魚卵加工品

上記のほかに生産量は少ないが，ボラの卵巣を塩蔵･乾燥した塩干品であるからすみや，チョウザメの卵巣を卵粒分離し塩蔵したキャビアなどがあり，いずれも高級珍味とされる．また最近では，トビウオ卵（醤油漬けや塩漬け）がすしネタや総菜原料として一般的になってきたが，原材料はインドネシアやペルーなどから輸入されている．

（飯田　訓之）

4.9.14 魚　粉

A. 概　要

魚粉（フィッシュミール）は魚類あるいはそれらの頭部，内臓などを乾燥し，細粉としたものの総称である．

魚粉製造は保存性に乏しい魚類の加工技術の1つである．加熱によりタンパク質を変性させ，水分および油分の分離を容易とし，続いて圧搾および適度に粉砕することにより乾燥を容易として均質性を高め，さらに，固形分を乾燥することにより保存性を高める．とくに工程中の加熱は原料中の酵素失活により品質を安定化，細菌の死滅により安全性を向上させる．魚粉の製造工程では，フィッシュソリュブル（原料の煮汁を濃縮したペースト状の濃縮製品），魚油および骨などが同時に生産される．

B. 生産と需要

a. 生　産

1948年には「食料魚粉製造業資格審査合格工場」が311工場あり，うち52工場が動力機械

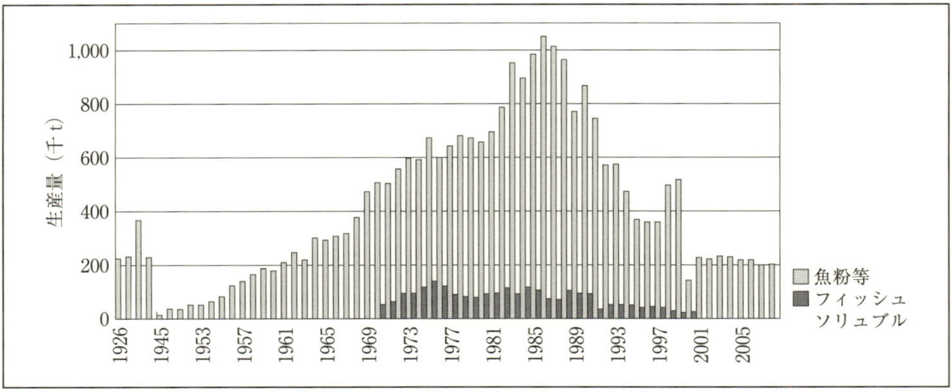

図 4.9.14-1　日本における魚粉等およびフィッシュソリュブルの生産量

を設備していた．2009年現在の「魚介類由来タンパク質の製造工程に関する農林水産大臣の確認を行った製造事業場」は，157事業所である．

原料魚は多獲性の低利用資源であり，1950年ころはイワシ，サバ，スケトウダラなどが全魚体で，また，カツオ，キハダなどの加工残滓が用いられた．2003年以降は加工残滓および都市残滓が原料の90%以上を占めている．

日本の魚粉などの生産は，1987年には100万tに達した．その後，マイワシ資源とともに減少したが，2000年以降は20万t前後のほぼ安定した生産を維持している（図 4.9.14-1）．

b. 国内需要

牛海綿状脳症（BSE）問題を契機として，2001年以降，魚粉の牛用飼料への使用が禁止された．これは，原料（加工残滓や都市残滓）中に哺乳類由来のタンパク質が検出されたという調査結果に基づく措置であった．これによって魚粉の生産量が減少したが，飼料原料としての需要は安定しており，年間30万t以上が使用されている．牛以外の畜産動物用飼料における魚粉の配合比率は減少傾向にあるが，養魚飼料中への配合比率は50%以上とほぼ安定している．魚粉は窒素およびリン酸を豊富に含有し，農業および園芸用肥料原料にも使用される．

c. 世界生産

総生産量は440万t（1977年）から699万t（2000年）の間を推移しているが，主要な生産国はペルー，チリ，タイ，米国，中国，日本などである．このうち，ペルー，チリおよびエクアドルの3国は輸出能力が高く，わが国にとっても重要な地位を占めている．3国の主要原料はアンチョビーおよびチリマアジであり，これらの漁獲量と魚粉生産量はエルニーニョ現象の影響を大きく受ける．

近年魚食魚の養殖生産が急増しており，中国，ノルウェー，チリなどで養魚飼料原料としての魚粉需要が著しく高くなっている．原料魚資源および需要の状況から，トンあたり価格は，2000年の400ドル台から2007年以降は1,100ドル以上に急騰している．

C. 製造方法

①原料を熱湯（煮熟）または水蒸気で直接加熱（蒸煮）する湿式法，②原料を数百度の加熱空気で直接もしくは二重釜により加熱する乾式法，③有機溶剤を使用し，脱水と脂質除去を1工程で行う溶剤抽出法，④内在性および添加したタンパク質分解酵素を積極的に利用する消化法，⑤その他（エクストルーダー，油ちょう，超臨界液体，発酵などを活用した技術）がある．現在は品質の安定性に勝る湿式法が主である．乾式法は製造装置の構造が単純であるが，過度の加熱が起きたり，加熱が不均一となる可能性がある．製品の過度の加熱は，栄養価の低下をもたらし，またヒスチジンに富む赤身魚では畜産動物に胃潰瘍を発生させるジゼロジンが生成

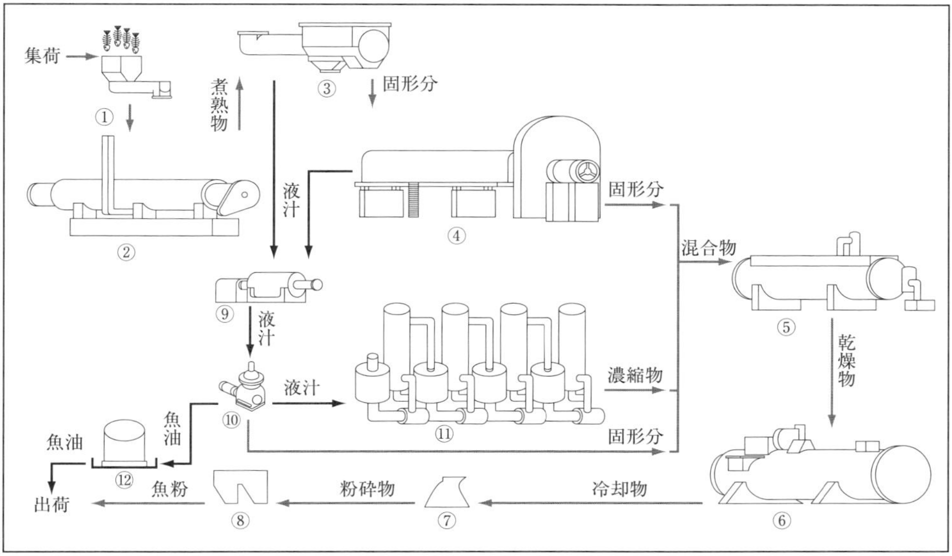

図 4.9.14-2　湿式法による魚粉製造工程
① 原料ホッパー，② クッカー（蒸煮機），③ ストレーナコンベア（水切り搬送機），④ スクリュープレス（圧搾機），⑤ ドライヤー（乾燥機），⑥ ミールクーラー（空冷機），⑦ 粉砕機，⑧ ミールタンク（魚粉貯蔵庫），⑨ デカンター（二相分離型連続式横型遠心分離機），⑩ オイルセパレーター（三相分離型連続式横型遠心分離機），⑪ エバポレーター（減圧濃縮装置），⑬ 魚油タンク．

するおそれがある．

D. 製造工程

加工残滓などを集荷，原料とした湿式法工場の例を図 4.9.14-2 に示す．近年，使用機器に著しい変化はないが，製品の品質・安全性が重要な要素となった．このため，異原料の混入および腐敗の防止，使用機器素材のステンレス化，異物の除去，密閉式スクリューコンベアによる異物混入および微生物汚染の防止，装置の定期的清掃，必要に応じて滅菌工程の導入，製品の二次汚染防止などの工夫が行われる．図中には 1 ラインのみを示したが，集荷を定期的に行う必要から複数ラインを設備している．

なお，立地および環境基準によっては，液汁は魚油を回収した後，フィッシュソリュブルとしての出荷や濃縮工程を省略し廃棄される場合がある．

E. 魚粉の種類

農林水産省水産物流通統計年報では，1997 年までは魚種ごとの魚かす，荒かす，魚粉，1998 ～ 2000 年は身かす・荒かすおよび魚粉，2001 年以降は身かす・荒かすを合わせた魚粉に集約している．

市場において，魚粉は，原料魚・原料の形態・製造方法などにより，① ホワイトミール，② ブラウンミール，③ アジミール，④ アンチョビーミール，⑤ 北洋魚粉，⑥ 沿岸魚粉，⑦ 北洋工船ミール，⑧ トロールミール，⑨ ホールミール，⑩ スクラップミール，⑪ 身かす，⑫ 魚かす，⑬ 荒かす，⑭ 調整魚粉などと称される．調整魚粉は，需要者の求める成分基準に従い，農林水産大臣確認済み工場で製造された魚粉を用い，主として一定の粗タンパク質含量になるようにブレンドをしたものである．一般にタンパク質含量の高い魚粉に低い魚粉を加えて調整する．

F. 安全性・品質基準

法律などにより，定められた有害物質および有害微生物による汚染，魚粉への魚介類以外の哺乳類などの混入は認められていない．農林水産省では「飼料の安全性の確保および品質の改善に関する法律（1953年4月11日・法律第35号）」を定め，関連する法律などを整備している．単体飼料としての魚粉に関しては，粗タンパク質の最小量，粗灰分の最大量，揮発性塩基窒素（VBN）の最大量（含有量が0.6％を超えるもの）を表示する必要がある．

微生物汚染としてはサルモネラ菌汚染検査が，魚介類以外の成分の混入に対しては，顕微鏡検査およびDNA検査などが重要である．

有害物質に関しては，「飼料等への有害物質混入防止のための対応ガイドラインの制定について」に基づき，鉛・カドミウム・水銀・ヒ素の4重金属の基準値が定められている．規定の分析法で検出されないこととして指導が行われている物質としてはメラミン，マラカイトグリーンなど6成分がある．また，養魚飼料としては抗酸化剤としてのエトキシキン・BHA・BHTの合計値が150 ppmを超えないこととされている．関連する法律などを遵守する必要がある．

関連業界は品質評価にあたり独自の自主的基準を設けている．項目は安全にもかかわるが，水分・粗脂肪・粗灰分・酸価・VBN・ヒスタミンなどの最大値，粗タンパク質の最小値が多く用いられる．

（中添　純一）

4.9.15　海藻加工品

A.　コンブ

漁獲したコンブを天日乾燥後，さらに乾燥室で乾燥させて生産する．天日乾燥のみで生産する場合もある．得られた乾燥葉体を用途に応じて細断して製品化したり，加工品の原料とする．

天然コンブの生産量は生重量で年間7.4万t程度，養殖コンブは年間4.3万t程度である（2010年）．国内産コンブでは需要量をまかなえないので，中国から輸入している．

a.　素干しこんぶ

元ぞろいコンブはマコンブ，リシリコンブの基部を10～15 cm切り落とし，伸ばして乾燥後，葉元を三日月状に切り，長さを90 cm程度になるように元をそろえて束ねたものである．長切りコンブはナガコンブ，リシリコンブ，ミツイシコンブ，ホソメコンブ，ネコアシコンブなど幅が細く，丈の高いコンブを乾燥し，100 cm程度の長さに切って束ねたものである．折りコンブは茎部を切り取ったマコンブ，リシリコンブ，ミツイシコンブなどを乾燥し，一定の長さに折りたたんだもので長さはコンブの種類によって異なる．

b.　おぼろこんぶ

乾燥コンブを食酢に浸漬し，引き伸ばして再度乾燥後，表層から薄片状に削ると黒おぼろこんぶとなる．次いで髄層が削られると白おぼろこんぶができる．

c.　とろろこんぶ

乾燥コンブを食酢に浸漬してやわらかくし，これを数十枚重ねて加圧して固形状とした後，側面から細糸状に削ったものである．

d.　塩こんぶ

乾燥品を2×3 cm程度の長方形に切り，醤油と砂糖を主とした調味液で煮る．乾燥後，粉末調味料や副原料と混合して，味を整える．

B.　ノ　リ

食用ノリは養殖されたアマノリ属スサビノリが主であり，アサクサノリは非常に少ない．ノリ養殖には支柱式養殖法と浮き流し式養殖法があり，支柱式養殖法による生産量が約60％である．ノリ網上で12～15 cmに生長したノリを専用の機械で摘み取り，海水でよく洗って異物を除き，その後真水で洗い塩分を除く．チョッパーで細断し，真水とともに専用の全自動抄製機の簀（す）の上に流し込む．水だけが簀から流失し，ノリは簀の上に残る．ノリは簀ごと乾燥機で水分が約10％になるまで乾燥される．ここまではノリ養殖者が行う．この水分含量では長期保存に耐えないので，問屋や加工業者で水分が約4％になるように60～90℃程度で再乾燥され（火入れ），素干しのりとなる．これをベルトコンベア上で品温160～175℃程度で20～30秒焼くと緑色の焼きのりとなる．焼きのりに，醤油，砂糖，みりん，そのほかを混合した調味液をつけて味付けのりができる．素干しのり，焼きのり，味付けのりはいずれも光や湿度により変質しやすいので，保存には乾燥剤や脱酸素剤の利用のほか，冷凍保存，冷蔵保存，窒素ガス充填などが用いられる．素干しのりは全型（19 × 21 cm）で年間 85 億枚程度生産され（2010 年），需要を満たしている．

C. のり佃煮

緑藻ヒトエグサの乾燥品を原料とする．原料を水洗で異物除去をして脱水後，醤油，砂糖，ブドウ糖果糖の液糖，水あめ，カラメル，アミノ酸系調味料などを混合してつくった調味液で浮かし煮をする．アマノリを用いた製品もわずかに生産されている．ヒトエグサの生産量は 640 t 程度（2010 年）であり，国産品で需要は満たしている．

D. ワカメ

天然ワカメの生産量は生重量換算で年 1,500 t 程度，養殖ワカメで 5.2 万 t 程度である（2010 年）．国産ワカメでは需要量をまかなえないので，外国からの輸入量は年々増加している．とくに近年中国からの輸入増加が著しく，年 23 万 t 程度（2010 年）に達している．流通製品の大部分は湯通し塩蔵わかめとカットわかめである．

a. 湯通し塩蔵わかめ

生ワカメを熱湯中に 30 秒から 1 分間漬けて藻体を緑色にする．これを冷却・水切り後，30 〜 40％程度の食塩を混合し，葉状部分のみ製品化する．

b. カットわかめ

湯通し塩蔵わかめを適当な大きさにカット後，脱塩，乾燥したものである．流通するワカメの大部分はカットわかめであり，湯通し塩蔵わかめがこれに次ぐ．

c. 乾燥わかめ

生鮮ワカメを天日乾燥した素干しわかめは，貯蔵中に変色しやすいので最近はあまり生産されない．灰干しわかめは，生ワカメに草木灰をまぶして 1 日天日乾燥し，その後洗浄して灰を落とし，脱水，乾燥を行う．灰中のアルカリ成分によってクロロフィルの分解を抑えるとともに，アルギン酸分解酵素の働きを抑えることで緑色の保持と葉体の軟化を防止している．最近は良質な草木灰の入手が困難で生産量がわずかとなったが，一部で活性炭を利用したものが生産されている．生ワカメを水洗後，すのこ上で天日乾燥し，整形したもの（60 cm × 20 〜 30 cm 程度）を板わかめという．

E. ヒジキ

刈り取ったヒジキは海水でよく洗い異物を取り除いた後，天日乾燥して素干しひじきをつくる．素干しひじきを水戻し後，数時間蒸煮して，藻体をやわらかくするとともに褐藻タンニンの渋みを抜く．90°C で乾燥後，つや出しと防カビのために褐藻アラメの加工工程で出るポリフェノールに富む煮汁に漬ける．100°C で再度乾燥後，葉の部分を集めて芽ひじきとし，茎の部分は長ひじきとする．年 7,000 t 程度の国内生産量だけでは需要を満たせないため，韓国から 2,600 t 程度，中国から 2,000 t 程度輸入している（2010 年）．

F. モズク

モズクやオキナワモズクを採取後，海水でよく洗い夾雑物を除き水切りする．これに食塩を混合し，塩分濃度 20 〜 25％の塩蔵品とする．塩蔵品は水洗して塩分を除去後，蒸煮し，甘酢や二杯酢などで味付けした少量のパック詰めとする．モズクを調味料とともに凍結乾燥したインスタントスープもある．モズク加工品の生産量は年 8,000 t 程度（2010 年）あり，国産品で需要は満たしている．

G. トサカノリ

赤とさかのり，青とさかのり，白とさかのりの 3 種類が製品化されているが，いずれも紅藻トサカノリから製造される．赤とさかのりは，生トサカノリを塩蔵，水切り後，塩を振りかけて天日干ししたものである．青とさかのりは，生トサカノリを緑色になるまで食品添加物用水酸化カルシウムを添加した海水に浸漬して色調を変える．続いて水酸化カルシウムを水洗除去後，水切りし，食塩を混合して製品化する．白とさかのりは，生トサカノリを天日干しと水酸化カルシウム処理によって漂白したものである．いずれも海藻サラダに使用される．

H. オゴノリ

生オゴノリを，藻体が緑色になるまで食品添加物用水酸化カルシウム溶液中に漬け，水洗後，水切りを経て30％程度の食塩を加えて製品とする．食用としては刺身のつまとして使用される．また，水酸化カルシウム処理をせずに工業寒天の原藻としても使用される．

I. 海藻由来多糖類

海藻からは，食品原料や化成品原料として各種の多糖類が生産される．食品原料の代表は寒天である（4.9.17.E.c）．

（天野　秀臣）

4.9.16　凍結乾燥食品

A. 概　要

凍結乾燥法は，減圧環境下では水分が凍結状態で昇華するという物理現象を利用した乾燥法である．凍結した食品を高真空状態に保持して水分を蒸発させるので，加熱による成分変質を防ぐことができる．食品だけでなく，医薬品や化成品の製造分野や研究現場で広く利用されている．フリーズドライ食品，エフディ（FD）食品等の名称でよばれる．食品分野への適用は1960年代で，当初は欧米における軍用食や宇宙食などが利用目的であったが，その後一般的な食品の製造法の1つとなった．当時，欧米での生産の中心はインスタントコーヒーであり，これが日本に輸入されたことで，「フリーズドライ」という言葉が広く浸透した．国内では1960年に凍結乾燥味噌が量産化され，食品製造用の凍結乾燥機が実用化された．その後，即席麺用具材の製造に導入され，1970年代後半から凍結乾燥食品の市場が大きくひらけた．

表 4.9.16-1　水の沸点と気圧の関係

水の沸点（°C）	気圧（Torr）	気圧（Pa）
100	760	101,325
87	500	66,661
50	92.5	12,332
0	4.6	613.3
−10	2	266.6
−20	0.8	106.7
−30	0.3	39.9
−40	0.1	13.3
−50	0.03	3.9
−60	0.008	1.1

凍結乾燥食品の特徴は，乾燥収縮が少なく多孔質構造であるため再水和によって復元性に優れ，色調や香り，味，ビタミン類の成分も良好に保持されており，低水分のため長期保存が可能である．欠点は吸湿性が強く，脂質酸化しやすく，組織が脆いことなどがあげられる．

B. 製造原理

凍結乾燥は，食品中に含まれる水分をいったん氷の結晶として凍結させ，真空条件下において熱エネルギーを加えて昇華させることにより，氷結晶を水蒸気に変えて除去する方法である．一般に水産物の乾燥によく用いられる冷風乾燥や天日乾燥などの，非凍結状態のもとに，水分を蒸発によって水蒸気に変えて除去する方法とは異なる．昇華の現象をわかりやすく説明するため，**表 4.9.16-1** に水の沸点と蒸気圧の関係を示す．水は1気圧（760 Torr，101,325 Pa）の環境では100°Cで沸騰して水蒸気となるが，高い山の上など，たとえば富士山頂では気圧が2/3気圧（500 Torr，66,661 Pa）と低いため87°Cで沸騰して水蒸気となる．すなわち水には気圧が下がると沸点が下がるという性質がある．気圧をさらに下げると，水の三重点1/165気圧（4.6 Torr，613.3 Pa）では沸点が0°Cまで下がり，さらに1/380気圧（2 Torr，266.6 Pa）まで下げると，沸点は−10°Cに下がる．このような低圧環境では，水は氷の状態から水蒸気になる．この現象が昇華といわれる現象であり，水の沸点が−50～−20°Cとなるようなきわめて低圧環境，すなわち高真空状態で凍結状態にある被乾燥物を加熱して，水分を昇華乾燥する方法が凍結乾燥である．昇華乾燥の過程は，凍結原料の表面からはじまり，中心部に向かって水分が除去され乾燥が終了するまでに10～24時間かかり，他の乾燥方法にくらべて乾燥時間が長い．

C. 凍結乾燥設備

図 4.9.16-1 に凍結乾燥設備の構成図を示す．被乾燥物を真空乾燥させる気密性の高い乾燥チャンバー，被乾燥物に昇華熱を供給する加熱棚，乾燥チャンバー内の空気を排出する真空ポンプ，昇華した水蒸気を氷として再凝結させるコールドトラップ，被乾燥物を運送する搬送キャリアから構成される．

D. 製造工程

凍結乾燥食品の製造工程は，大きく分けて原料前処理，予備凍結，昇華乾燥，選別，計量・包装・梱包からなる．

a. 原料前処理

原材料の種類によって工程は異なるが，おもに即席麺具材向けの水産物原料では，洗浄，切断，加熱調理を行う．即席麺の具材として代表的な水産物は，エビ，イカである．エビはインドで漁獲されるプーバランやカリカディという品種の小型のエビであり，頭部と殻部をむいたものを原料として使用する．イカはアメリカ，メキシコ，ペルー，アルゼンチンなどで漁獲されるムラサキイカ，アメリカオオアカイカ，マツイカの足部や胴肉部を薄くスライス状に加工したものを原料として使用する．

凍結乾燥では，試料の厚みが乾燥所要時間に大きな影響を与える．厚みは最大でも 3 cm 以内とすることが望ましい．前処理された原料は区分けされたアルミ製のトレイ皿に充填され，搬送キャリアに並べられる．

b. 予備凍結

搬送キャリアにより前処理された原料を冷凍庫に入れてよく凍らせる．急速にかつ完全に凍結するようにエアブラストで −30°C 程度まで一気に冷却する．予備凍結は乾燥食品の成否を左右する重要な工程の 1 つである．

c. 昇華乾燥

予備凍結した原料を冷凍庫から出して，搬送キャリアを伝わって，乾燥チャンバー内に入れる．次に真空ポンプを使用して乾燥チャンバー内を 10 ～ 270 Pa の高真空状態にする．次に乾燥棚を 30 ～ 60°C に加熱し，凍結原料に昇華潜熱を与えることにより乾燥を行う．このとき原料の表面から昇華した水蒸気は，コールドトラップとよばれる −40°C 以下に冷却された水分凝縮器に氷として補集される．乾燥製品の水分を 5%以下にするのに約 15 ～ 20 時間かかる．乾燥を終了した時点で高真空状態を解除して大気圧に戻し，乾燥した製品をとりだす．

d. 選別工程

乾燥を終えた製品をコンベア上に流して人間

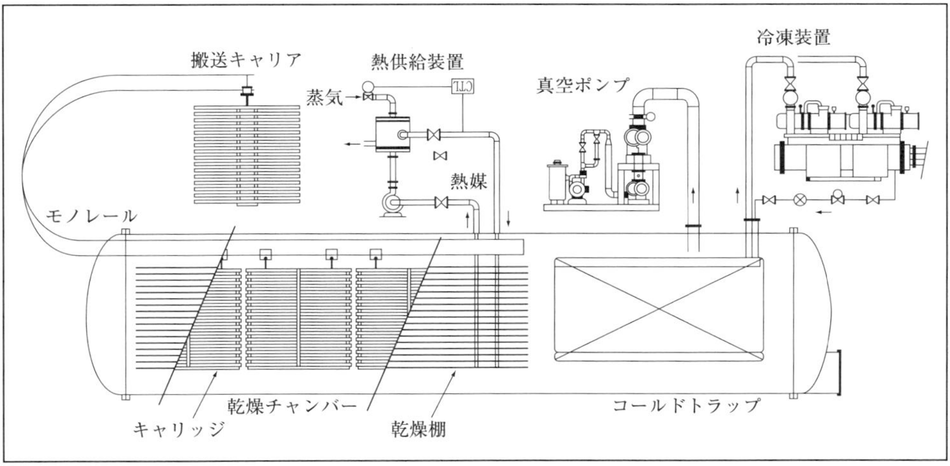

図 4.9.16-1　凍結乾燥設備の構成図
〔冷凍，第 79 巻，p.628，日本冷凍空調学会（2004）〕

表 4.9.16-2　2009 年度の凍結乾燥食品生産量（t）

品　目	2009 年度合計	国内生産量	輸入数量
エビ・魚介類	620	340	280
畜肉類	1,871	1,870	1
野菜類	1,454	363	1,091
粉末味噌類	1,448	1,448	
コーン類	776	26	750
山芋類	354	354	
イチゴ・果実類	500	332	168
茶漬け・ふりかけ類	243	243	
健康食品食品素材類	297	297	
その他成型加工素材類	378	278	100
合計	7,941	5,551	2,390

の目視選別によって異物をとりのぞく．さらにその後，強力な磁石の下を通過させ，最後に金属検出機やX線異物検査機を通す．

e. 製品の形態，包装

選別工程を終えた製品の重量を計量し，所定の包装容器に乾燥剤を入れて充填して密封し，段ボール箱で梱包する．また吸湿しやすい製品や脂質を多く含んだ製品は酸素を遮断する包材で包装する．また脱酸素剤を入れる工夫もされている．

E. 生産動向

1970 年代に即席麺用具材としての凍結乾燥食品の市場が大きくひらけ，1980 年から 1999 年にかけて日本国内での凍結乾燥食品の生産規模は乾燥棚面積にして約 22,200 m^2，製品数量として約 7,000 t までに成長した．しかしながら，その後，中国，台湾，タイ，ベトナムなど海外での凍結乾燥食品の生産が増加し，そのうちとくに中国から日本国内へ海外産の輸入品が増加してきたため，2000 年度以降は，日本国内での生産規模を縮小して海外生産へシフトする動きとなった．表 4.9.16-2 に 2009 年における主要凍結乾燥食品の生産量を示したが，水産物の凍結乾燥品であるエビ・魚介類（イカなど）は国内生産量 340 t，海外生産量は 280 t，合計で 620 t である．

国際競争の流れから，今後の水産物の即席麺用具材や成型加工品の生産は，国内外の供給バランスをとりながら継続されていくと考えられる．また水産物由来の健康食品素材や機能性食品素材などの高付加価値素材の凍結乾燥食品開発によって，新規需要の模索をしていく展望が考えられる．

（西本　真一郎）

4.9.17　化 成 品

A. キチン・キトサン

a. 原料と製造法

キチンはカニやエビなどの甲殻類の殻やイカの軟骨などに含まれる高分子多糖類である．分子内にアミノ基を含む単糖である *N*-アセチル-D-グルコサミンが，*β*-1,4 結合により直鎖状に連なった強固な構造をもち，希酸や希アルカリ，一般の有機溶剤にはほとんど溶解しない．一方キトサンは，キチンの脱アセチル化体（*β*-1,4-ポリ-D-グルコサミン）であり，水産物のなかには見出されておらず，天然では唯一，接合菌類の細胞壁にその存在が知られている．

キトサンは，キチンを原料として熱濃アルカリ処理による脱アセチル化反応により調製することができる．現在，工業的に利用されているキチン，キトサンは，その多くがカニの缶詰や冷凍エビフライなどの製品加工時に副生する殻を原料として，製造されている．殻には，キチンのほかに主成分としてタンパク質と炭酸カルシウムを含んでいるため，殻を5%水酸化ナトリウム溶液によって90°Cで1時間処理することで除タンパクし，水洗後2.5%塩酸溶液によって室温で8時間の脱カルシウム処理を行い，水洗することでキチンが得られる．さらにキチンを48%水酸化ナトリウム溶液中で80°C・6時間処理後水洗することで，キトサンが得られる．このようにして工業的に製造されているキトサンの脱アセチル化度は，一般的に70～90%程度である．

b. キチン・キトサンのさまざまな応用

キチンは，特殊な溶媒に溶解後，湿式法により紡糸（繊維化）され，生体吸収性の手術用縫合糸として利用されている．さらに，繊維を細断後圧縮乾燥して不織布とし，熱傷時の創傷カバー材としても利用されている．キチンは生体適合性が高く，抗原性が低いため，このような医療材料としての利用が進んでいる．また，キチンを化学合成によりカルボキシメチル化することで，水溶性キチンとすることができ，保湿剤としてスキンケアクリームなどの化粧品に配合されている．しかしキチン自体の工業利用は数量的には少なく，その大部分はキトサンや，*N*-アセチルグルコサミンおよびグルコサミン塩酸塩など単糖類の原料として使用されている．

キトサンは，第一級のアミノ基が遊離の状態で存在するカチオン性の高分子多糖類であり，希酸に容易に溶けることからさまざまな成形が可能となるため，キチンと比較して工業利用が進んでいる．キトサンは，酸水溶液中ではカチオン性に帯電する高分子電解質であるので，カチオン性凝集剤として用いられている．食品製造工程での清澄，沈降，濾過促進剤として利用されるほか，排水処理における活性汚泥凝集剤としても利用されている．

キトサンは生分解性であるため，凝集した活性汚泥を飼料や肥料に転用できる利点がある．キトサンには抗菌作用があり，キトサンを添加した抗菌性繊維が製造され，乳幼児用の肌着や，マスク，ガーゼ，包帯などの衛生用品に応用されている．また，食品添加物として漬物や惣菜類の保存性向上剤としても利用されている（4.10.3.B.a）．

このほか，シート状やビーズ状にも成形が可能であり，シート材料としては分離膜や紙，ビーズ材料としてはバイオリアクターや液体クロマトグラフィー用の担体として検討され，その一部は実用化されている．

キトサンには植物病原菌に対する抗菌性や，植物の抵抗性誘導活性（エリシター活性）に基づく植物成長促進効果が認められており，農業分野における利用も進んでいる．

B. グルコサミン

N-アセチルグルコサミンとグルコサミン塩酸塩は，キチンを塩酸や酵素によって加水分解して製造されている．*N*-アセチルグルコサミンは，キチンを濃塩酸で溶解後緩やかな加水分解反応によりキチンオリゴ糖を生成し，その後キチナーゼや*N*-アセチルグルコサミニダーゼなどのキチン分解酵素によって分解して得られる．一方，グルコサミン塩酸塩は，キチンを濃塩酸中で完全加水分解することにより得られる．いずれも結晶性の白色粉末である．*N*-アセチルグルコサミンは，皮膚コンディショニング剤として化粧品に配合されている．グルコサミン塩酸塩は，医薬品の錠剤を打錠する際の緩衝材として医薬品添加物リストに収載されている（4.10.3.B.b）．

C. コンドロイチン硫酸

a. 原料と構造

コンドロイチン硫酸は，サメやエイなどの軟骨魚類の軟骨や，イカの中骨や皮，サケの鼻軟骨（氷頭）などに含まれる酸性ムコ多糖類の一種で，タンパク質と結合したプロテオグリカンの形で存在している．通常軟骨中には，乾燥量の20～40%程度含まれるが，魚種や部位によって含有量が異なる．コンドロイチン硫酸は，硫酸化された*N*-アセチルガラクトサミンと，グルクロン酸からなる二糖を基本構成単位とし，糖に結合する硫酸基の位置と数によってコンドロイチン硫酸A，B，C，D，E等の異性体が知られている．サメやエイの軟骨ではCとDタイプが比較的多く含まれ，イカの中骨ではE

タイプが，サケの鼻軟骨ではAとCタイプが多く含まれている．

b. 用　途

コンドロイチン硫酸は，保水性や潤滑性などの物理化学的特性や，抗炎症作用，血液凝固阻止作用などの生理機能を応用して，さまざまな産業利用が行われている．医薬品としては，関節症用注射剤，点眼剤，皮膚疾患用の軟膏，関節痛や神経痛向けの内服薬などがある．皮膚の保湿作用を目的とした化粧品にも配合されている．

工業用原料としては，サメのヒレ，頭骨，背骨などの軟骨が最も広く使われており，近年はサケやイカの軟骨を使用した製品も開発されている．用途によって製法や品質はさまざまであるが，一般的に医薬品や化粧品原料，食品添加物として利用されているコンドロイチン硫酸は，Na（ナトリウム）塩の形であり，高度に精製されているのに対し，機能性食品用のコンドロイチン硫酸（4.10.3.B.c）は，タンパク質が結合した複合体の形で製品化されている．医薬品用のコンドロイチン硫酸は，軟骨を原料として，アルカリ処理やタンパク質分解酵素によって結合しているタンパク質を分解する．熱水抽出後不溶物を濾過し，エタノールなどの有機溶剤による分別沈澱法によって，分解されたタンパク質を除去し，コンドロイチン硫酸を精製する．イオン交換樹脂や第四級アンモニウム塩による精製を併用することもある．

D. ヒアルロン酸

魚類の軟骨中には，コンドロイチン硫酸と，同じムコ多糖類の一種であるヒアルロン酸も微量含まれていることが知られている．ヒアルロン酸は，コンドロイチン硫酸と同様に関節疾患用注射剤や化粧品原料，機能性食品原料として幅広く利用されているが，工業用原料としては，ヒアルロン酸を比較的多く含む鶏冠（トサカ）が中心であり，水産資源を原料としたものは2012年現在では見あたらない．なおヒアルロン酸は，微生物による発酵法によっても製造されている．

E. 海藻多糖

a. アルギン酸

褐藻類に含まれる主要な粘質多糖であり，現在最も幅広く，産業利用が進んでいる海藻多糖の1つである．D−マンヌロン酸とL−グルロン酸の2種のウロン酸が異なる割合で連なった構造をもつ（図4.4.2-1）．褐藻の種類，生育場所，季節や部位によっても含量が異なるが，アラメ，コンブ，アカモクなどでは，乾燥量あたり10〜30％程度含まれる．原料の海藻は，アルギン酸含有量が多く，資源が豊富で採集が容易であることなどの条件を満たす南米チリ産の *Lessonia nigrescens* や北米西海岸産 *Macrocytis pyrifera*（通称ジャイアントケルプ）などが利用されている．

原藻を水洗後，藻体を軟化させるために希酸で膨潤させる．次に希アルカリ溶液中で熱水抽出し，濾過後硫酸酸性下でアルギン酸をゲル化して凝固析出させる．析出物を脱水し，炭酸ナトリウムなどで中和後，ナトリウム塩として乾燥する．遊離のアルギン酸は，水に不溶であるが，ナトリウム塩やカリウム塩は溶解し，高粘度の液体となる．アルギン酸ナトリウムの溶液粘度は，分子量の大きさに依存する．

アルギン酸ナトリウムは，食品添加物としてはアイスクリームやチーズなどの保形材，増粘安定材として広く利用されている．プロピレングリコールのエステル結合誘導体も開発され，カルシウムイオン濃度の高い乳製品や，pHの低い果汁飲料の安定剤としても利用されている．

アルギン酸ナトリウムの水溶液とカルシウム塩の水溶液を接触させると，瞬時にイオン架橋反応が起こり，ゲル化する．この性質を利用して，球形や紡錘形に成形したゼリー状食品をつくることができ，人工いくらや人工ふかひれなどの加工に利用されている．医療分野では繊維化したものが創傷カバー材や止血材に利用されている他，歯の鋳型などにも用いられている．

医薬品添加剤としては，アルギン酸ナトリウムとアルギン酸プロピレングリコールエステルが，結合剤や懸濁剤，分散剤などの目的で使用されている．繊維工業では，布地に柄を染める時に使われる捺染用糊料として利用され，現在世界のアルギン酸総生産量の半分以上がこの用途に消費されている．さらには，製紙用のコーティング剤やサイジング剤，溶接棒を加工する際に使う粘結剤などとしても利用されている．

b. カラギーナン

紅藻類に多く含まれ，硫酸基をもつ酸性多糖類である（4.4.2.A.b.v）．化成品としては3種類の異性体，すなわちカッパー（κ），ラムダ（λ），イオタ（ι）が流通している．分子中に3.6アンヒドロ結合があり，また硫酸基の量が少ない順にゲル化性が強い（$\kappa > \iota > \lambda$）．

カラギーナンは，おもに紅藻のツノマタ類やキリンサイ類などを原料として製造されている．現在はフィリピンやインドネシア沿岸で大量に養殖されているキリンサイが主原料となっている．原藻を洗浄後，アルカリ性下で熱水抽出する．次に濾過して不溶物を除いた抽出液に一定量のアルコールを加え沈澱させ，沈殿物を脱水し乾燥する．抽出時のpHや加熱条件を調整することで，性質の異なるカラギーナンを製造することができる．

カラギーナン（κ，ι）の分子鎖は，二重らせん構造により絡み合い，室温でゲル化する．また，力をかけると容易に流動し，静置すると粘性を回復して再びゲル化するという性質（チキソトロピー性）がある．この性質を利用して，食品工業ではゼリー，プリン，アイスクリームなどのデザート類に最も多く用いられている．またチョコレート，ジュース，ハム・ソーセージなどにも乳化剤，安定剤，結合剤などの目的で使用されている．ゲル化はK^+やCa^{2+}によって促進される．

とくにカラギーナンは，ミルクカゼインとの結合性が高いため乳製品の安定化に適している．また，芳香剤，歯磨き，化粧品などの安定化剤や，ペットフードや養蚕用餌料の結着剤としても利用されている．球状に微粒子化したものは，酵素や菌体を固定化するバイオリアクターの担体としても利用されている．

c. 寒天・アガロース

寒天は，紅藻のテングサ目，スギノリ目などに含まれ，主成分であるアガロースと，アガロースに少量の硫酸基，グルクロン酸，ピルビン酸などが結合した酸性ガラクタンであるアガロペクチンとの混合物である（4.4.2.A.b）．アガロースとアガロペクチンの割合は原藻の種類により異なり，寒天の物理化学的性質を決定する要因となっている．寒天は，原料のテングサを微酸性下で煮沸し，抽出液を濾過後放冷してゲル化させる．ゲル化したものを角状に裁断し，凍結と乾燥を繰り返して製品とする．

寒天は食用のほか，微生物や植物組織用培地の固形化材として広く利用されている．また，醸造時の清澄補助材，マスカラ，クリームなどの化粧品添加剤，歯科領域における石膏模型をつくる際の印象材などとしても利用されている．医薬品添加剤としての目的は，製剤の結合，懸濁，賦形などである．

一方，寒天をさらに精製してつくられる高純度のアガロースは，電気泳動用の基材やゲル濾過クロマトグラフィー用担体などのファインケミカル分野への応用が進んでいる．アガロースを球状の微粒子に成形したものは，その内部が水素結合によって3次元構造を保ち，網目状となって，物質の分子篩い効果をもつ．ゲル濾過クロマトグラフィーはこの特性を利用したもので，分子量の違いによって成分を分離精製する方法である．アガロースの濃度によって分子量の適用範囲を調整することができる．

d. フコイダン

コンブ，ワカメ，モズクなどの褐藻類に含まれる酸性多糖類の一種である（4.4.2.A.b）．L-フコースとエステル硫酸を主成分とし，そのほかにグルクロン酸やガラクトース，キシロースなどを含んでいる．海藻の種類によってその組成が大きく異なることから，フコースを多量に含む酸性多糖類の総称とされることもある．

フコイダンの工業原料としては，オキナワモズク，ガゴメ，メカブなどが利用されている．ガゴメは北海道函館沿岸に繁茂している．高粘性のフコイダンを含み，食品素材や化成品原料として資源増殖が行われている．オキナワモズクは，鹿児島県から沖縄県にかけての沿岸部で人工養殖され，おもにモズク酢の原料として出荷されている．

オキナワモズクのフコイダンは葉体を熱水抽出し，濾過，限外濾過膜による脱塩・精製・濃縮を経て，粉末化される．粉末中のフコイダン含量は約80%である．オキナワモズク由来のフコイダンは，フコースの含有率が高いことが特徴で，製品の分子量は20～30万である．また,硫酸基によるアニオン性が強く,セルロースゲル電気泳動を用いた分析では，ヘパリンと同程度の電荷をもつことが確認できる．

F. プロタミン

プロタミンは，サケやタラなどの魚類の精巣（しらこ）中で成熟した精子のDNAと結合している塩基性のタンパク質である．プロタミンを構成するアミノ酸は，塩基性のアミノ酸であるアルギニンが最も多く，モル比で60～70%を占めるため，水溶液中ではアルカリ性を示す．

工業原料として最も利用されるのがサケのしらこであり，塩基性タンパク質を酸抽出し，中和，濾過，精製してプロタミンを得る．製品はわずかに特有な味がある粉末で，通常，プロタミンを50%以上含む．プロタミンには，グラム陽性菌や陰性菌に対する抗菌性があり，とくに耐熱性芽胞菌に対して強い抗菌性が認められている．一方，カビや酵母に対する抗菌性は比較的弱い．プロタミンの抗菌性は，とくに中性領域で効果的であり，水産ねり製品や惣菜，パン，菓子類など幅広い食品の日持ち向上目的で使用されている．

G. コラーゲン製品

a. コラーゲン

コラーゲンは，生体中の主要な構造タンパク質の1つで，筋肉，皮，鱗，骨，腱，血管などに含まれ,全タンパク質の約3割を占めている．1本の分子量が約10万のポリペプチド鎖が3本らせん状構造を形成している（図4.2.2-1）．主要な構成アミノ酸はグリシンであり，プロリンやヒドキシプロリンも多く含む．コラーゲンは水に不溶であるが，加熱変性するとポリペプチド鎖がほぐれ，可溶性のゼラチンとなる．

b. ゼラチン

ゼラチンは，約40°C以上ではゾル状態であるが，40°C以下ではゲル化する．このゾル-ゲル変換性がゼラチンの最大の特徴であり，この性質を利用した産業利用が盛んである．古くは「ニカワ」としてサメの皮などを原料につくられ，弓矢や農耕器具などの接着剤として利用されていた．工業的には，おもにサメやオヒョウの皮を原料として用いる．魚皮を水洗・脱脂後，石灰漬け（アルカリ処理）して組織を軟化させる．さらに水洗後，硫酸や塩酸によって脱灰する．その後熱水抽出，濾過，濃縮，乾燥の諸工程が行われる．煮魚料理が冷えるとできる「にこごり」がまさにゼラチンであり，日本料理をはじめとして，さまざまな料理や加工食品の固化剤（ゼリー化剤）として利用されている．ゼラチンのゼリー強度は，原料や製造時の処理条件によって調整される．

ゼラチン最大の工業用途は写真用感光材料の結合剤であるが，その大部分は豚や牛など畜産動物の骨や皮を原料として製造されたものが用いられている．医薬品やサプリメントで使用されるカプセルもゼラチンでつくられている．おもに粉末や顆粒状成分を充填するハードカプセルと，油性の懸濁液やペースト状の成分を充填するソフトカプセルの2種類がある．2001年の国内における牛海綿状脳症発症牛の確認以降，カプセル原料を牛由来ゼラチンから，豚や魚由来ゼラチンに移行する動きが出てきている．

c. コラーゲンペプチド

魚の皮，骨，鱗などに含まれるコラーゲンを熱水抽出後，酵素分解や酸分解によって分子量500～10,000程度まで低分子化することでコラーゲンペプチド（加水分解コラーゲン）が得られる．ゼラチンと異なり，コラーゲンペプチドは低温でもゲル化せず，高濃度に溶解することが可能である．髪の毛の保湿効果やダメージ修復効果などが期待され，シャンプーやトリートメント，ヘアダイなどのトイレタリー用品に利用されている（4.10.3.C）．

H. 水産化成品の健康性機能

これまで工業原料として取り扱われていたさまざまな化成品のなかには，健康性機能を有する成分が存在する．これらについては，4.10でまとめて述べる．

（又平　芳春）

4.10 水産物と健康

4.10.1 水産物摂取量と各国平均寿命

FAO の「Appendix Ⅰ—Fish and Fishery Products—Apparent Consumption」に，各国の水産物摂取量が1995年から記載されている（データは1995～1997や2003～2005のように，3年間の平均値として表示されている）．1人あたりの1年間の水産物摂取量の3年間平均値を比較すると，1995年以降，ほとんどの地域で摂取量が増加していることがわかる．とくに，オセアニア（オーストラリアとニュージーランド）で19.1 kg/年から24.7 kg/年，中近東（エジプト，リビア，スーダン）で7.0 kg/年から10.9 kg/年，北米（米国とカナダ）で21.1 kg/年から24.2 kg/年，東・東南アジア〔インドネシア，韓国，シンガポール，ベトナムなど（日本を除く）〕で24.7 kg/年から27.8 kg/年，EU（西ヨーロッパ15カ国）で23.3 kg/年から25.7 kg/年と，他の地域にくらべて増加が大きい．一方，減少した地域は，東アフリカ（ケニヤ，タンザニアなど，4.7 kg/年から4.0 kg/年）と南アメリカ（アルゼンチン，ブラジル，チリ，ペルーなど，10.0 kg/年から8.5 kg/年）のみである．表4.10.1-1に，水産物摂取量の多い主要国を示したが，島国で摂取量の多いことがわかる．水産物摂取量と健康との関係については，簡単に結論づけることは難しいが，一般的に肉食よりも魚食のほうが健康的とのイメージがある．実際，欧米諸国（北米，EU，オーストラリア）での水産物摂取量の増加は，こうした健康への影響を意識しているためと考えられる．

2006年の水産白書では，主要国の国民1人あたりの魚介類摂取量と平均寿命との関係がグラフ（図4.10.1-1）に示され，魚介類摂取量が多い国ほど平均寿命の高い傾向がわかる．ただ，平均寿命には，医療水準，社会保障，社会情勢（内戦等）などが大きくかかわっており，こうした要素も考慮する必要がある．

水産物摂取，とくに魚油の摂取が特定の疾患予防と密接な関係のあることが，さまざまな疫学調査や魚油を用いたヒトに対する効果確認試験などで明らかにされている．魚油には，特徴的な脂肪酸としてエイコサペンタエン酸（EPA）やドコサヘキサエン酸（DHA）といった

表4.10.1-1　水産物摂取量の多い主要国（1人あたり年間摂取量：kg/年）

国名	1995～1997	1997～1999	1999～2001	2001～2003	2003～2005
モルジブ	169.8	203.3	187.3	190.6	179.8
アイスランド	91.1	90.6	91.5	91.4	90.5
ファラオ	86.1	86.5	86.5	87.5	86.0
グリーンランド	84.1	84.3	84.3	85.0	85.0
キリバス	74.2	75.5	75.2	75.2	75.1
日本	69.1	64.1	66.1	66.9	63.2
セイシェル	64.9	57.6	58.7	61.7	62.7
仏領ポリネシア	63.4	48.8	49.5	48.5	46.9
ポルトガル	59.8	60.2	57.4	57.1	55.4
ホンコン	56.6	54.6	58.0	62.9	62.1
マレーシア	55.7	57.7	60.0	60.6	55.4
ガイアナ	55.3	51.5	39.7	38.2	59.6
クック諸島	54.1	53.4	44.6	66.9	51.1
韓国	51.2	47.8	52.4	52.6	53.4
ノルウェー	50.1	51.1	50.0	49.5	49.5

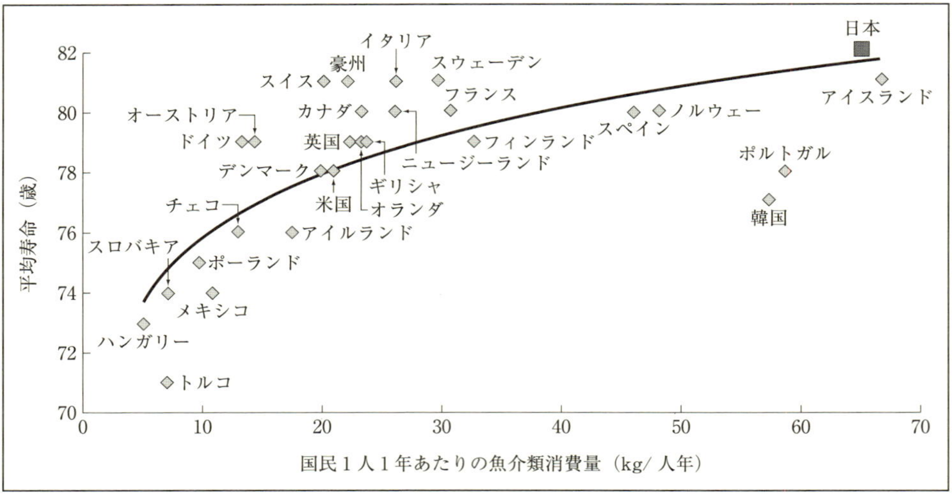

図 4.10.1-1　主要国の国民 1 人あたりの魚介類摂取量と平均寿命との関係
データは 2004 年の値.
〔水産白書　平成 19 年度版を参照して作成〕

n-3 系高度不飽和脂肪酸（メチル末端から数えて 3 番目に最初の二重結合を含む）が多く含まれる．水産物由来の n-3 系高度不飽和脂肪酸の生理作用は，動物実験などを用いて科学的検証が行われ，とくに，心筋梗塞などの冠動脈疾患の予防効果については，ほぼその有用性が確認されている．冠動脈疾患の原因となる動脈硬化は，過度のカロリー摂取，とくに動物性脂肪摂取の増大と運動不足が基礎的な要因と考えられている．動脈硬化の発症機構についてはいまだ不明な点も多いが，その最大の危険因子は，肥満や脂質代謝異常と考えられている．魚油中の EPA や DHA は，中性脂肪低下作用，LDL コレステロールの低下作用，血圧低下作用，血栓の生成抑制作用などを有するため，動脈硬化の発症リスクを軽減する．このことは，多くのヒトに対する効果確認試験により確認されている．

4.10.2　水産物摂取による日本型食生活の特徴

水産物摂取による疾病のリスク軽減作用については，日本でも種々の疫学調査などが行われている．表 4.10.2-1 は，日本の 6 府県の 40 歳以上の男約 12 万 2 千人と女約 14 万 3 千人（計 26 万 5 千人）についての食生活と，1966 年から 1982 年まで 17 年間の死亡との関係を調査したものである．この間死亡数は男約 3 万 2 千人，女約 2 万 4 千人（計 5 万 6 千人）であったが，いずれの疾患においても，魚介類を摂取したほうが死亡のリスクは軽減されている．この調査では，がんや肝硬変のリスクも魚介類摂取で低下することが示されている．大腸がん，肺がん，子宮頸がん，肝臓がん，前立腺がんなどは，冠動脈疾患と同様，脂肪の摂取過多が原因の 1 つと考えられている．水産物に多く含まれる EPA や DHA の摂取は，脂質代謝を改善し，血圧を正常に保つことなどにより，これらの生活習慣病のリスクを軽減していると考えられる．

しかし，表 4.10.2-1 で示された魚介類の摂取による疾病リスクの軽減作用は，単に魚介類に含まれる脂質などの成分だけによるものではなく，魚介類を中心とした日本型食事の影響と考えるべきであろう．すなわち，魚介類の摂取量が多いのは日本型食事の特徴であり，こうした食事は魚介類だけでなく，野菜や穀類を多く摂取する低カロリー食でもある．ただし，ここ

表 4.10.2-1　魚介類摂取頻度別性・年齢標準化死亡率比

死　因	魚介類摂取頻度				有意差 (p)
	毎日	ときどき（週 2 〜 3）	まれ（月 2 〜 3）	食べない	
総死亡	1.00	1.07	1.12	1.32	＜ 0.001
脳血管疾患	1.00	1.08	1.10	1.10	＜ 0.001
心臓病	1.00	1.09	1.13	1.24	＜ 0.001
高血圧症	1.00	1.55	1.89	1.79	＜ 0.001
肝硬変	1.00	1.21	1.30	1.74	＜ 0.001
胃がん	1.00	1.04	1.04	1.44	＜ 0.05
肝臓がん	1.00	1.03	1.16	2.62	＜ 0.05
子宮がん	1.00	1.28	1.71	2.37	＜ 0.0001
観察人年	1,412,740	2,186,368	203,945	28,943	

〔浜崎智仁，魚油と心疾患，p.31，日本脂質栄養学会（1993）〕

でいう日本型食事は，カロリーが不足しがちで，塩分が多かった第二次世界大戦以前の日本食を指すのではなく，高度経済成長により庶民にも広まった欧米食と，それまでの伝統食が混合した新しい食形態のことである．内容的には，必要なカロリーを満たし，植物性タンパクと動物性タンパクが 1 : 1，脂質エネルギー比が 20 〜 25%，脂肪の摂取内容では，動物：植物：魚介 ＝ 4 : 5 : 1，n-3 系高度不飽和脂肪酸と n-6 系高度不飽和脂肪酸（メチル末端から数えて 6 番目に最初の二重結合を含む）の比率が 1 : 4 といった特徴を示す．こうした食形態により日本人の寿命が延びたと考えられている．

現在，食糧の世界的な流通と大量消費，大規模なレストランチェーンの展開等により，各地域における独自の食文化は崩壊し，家庭での料理の伝統の断絶なども問題となっている．各国では，都市化が進行し，市販の冷凍食品，菓子類，清涼飲料などの消費や外食の拡大がみられる．これらの食事は基本的に脂肪や糖を多く含む高カロリー食であり，肥満の増加，それに伴う糖尿病，高血圧などの疾病の増大，さらには，動脈硬化やがんといった生活習慣病に対するリスクも増大している．これに対して，欧米を中心に，新しい食形態をどのように構築するかという点がクローズアップされており，各国民の健康に対する関心は非常に高い．こうしたなか，疫学調査などに端を発した多くの研究により，水産物は高カロリー食の弊害を予防するうえでとくに有効であり，日本型食生活は最も理想的な食形態と考えられるようになった．

しかし，日本においても状況は程度の差こそあれ，欧米と同じ問題（脂肪や糖の摂取過多）が起きており，とくに若年層で問題が深刻化しつつある．水産物の重要性を意識した食育はこれまでに以上に重要となってきている．

（宮下　和夫）

4.10.3　健康機能性を有する水産物含有成分（各論）

A. 機能性脂質

a. 水産脂質の機能性

水産脂質の健康機能性が最初に注目されたのは，1960 年代にデンマーク人研究者ダイエルベルグらがイヌイットを対象に行った疫学調査の報告である．魚や海獣類を多食するグリーンランド在住のイヌイットは，ほぼ同じ量の脂質を摂取しているデンマーク在住の白人と比較して，循環器系障害の発生率がきわめて少ないことが確認され，摂取した脂質に含まれる脂肪酸のうち水産脂質に特有の n-3 系高度不飽和脂肪酸であるエイコサペンタエン酸 EPA（20 : 5 n-3）が多く含まれているからではないかと報告した．

その後，EPA と同じく水産脂質特有の脂肪酸ドコサヘキサエン酸 DHA（22 : 6n-3）も，循環器系疾患の予防と治療に有効であることが認

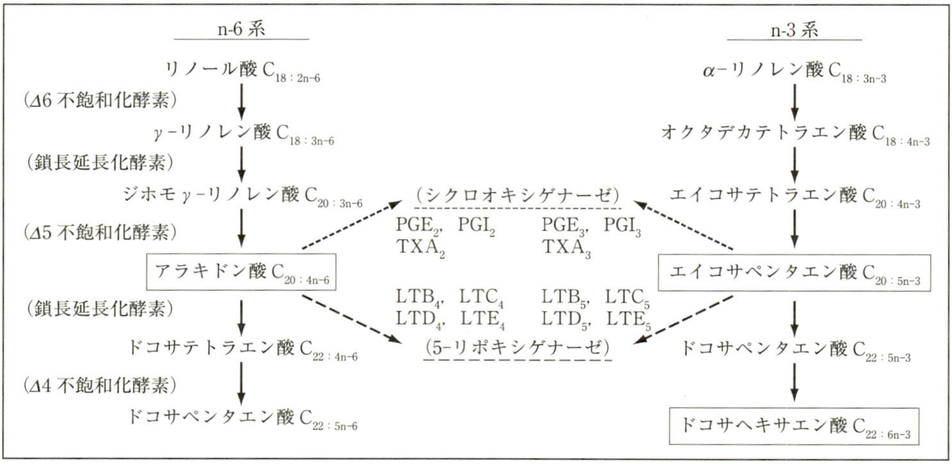

図 4.10.3-1　n-3 系，n-6 系高度不飽和脂肪酸の生合成経路とエイコサノイド
(　) 内：反応に関与する酵素．

められた．

EPA と DHA は末端メチル基から数えて 3 番目の炭素に最初の二重結合を有する n-3 系の高度不飽和脂肪酸であり，植物油脂に多い必須脂肪酸のリノール酸 (18 : 2n-6，末端メチル基から数えて 6 番目の炭素に最初の二重結合を有する n-6 系高度不飽和脂肪酸) とともに生体内で重要な役割を果たしている．図 4.10.3-1 に両系列の生合成経路を示したが，両系列とも前駆物質は動物体内で合成できず，動物や高等植物では既存の二重結合よりメチル末端側へ 2 重結合を導入することはできないため，n-6 系脂肪酸が n-3 系脂肪酸に変換されることはない．n-3 系脂肪酸と n-6 系脂肪酸の代謝は同じ酵素で行われることから，両系列の脂肪酸代謝は競合関係にある．また，人体内では α-リノレン酸 (18 : 3n-3) からの EPA への変換は少なく，そのためヒトは EPA および DHA を多く含む水産物からこれらを摂取する必要がある．

n-6 系脂肪酸のアラキドン酸 (20 : 4 n-6) と n-3 系脂肪酸の EPA・DHA は，生体内酵素のシクロオキシゲナーゼによりプロスタグランジン (PG) やトロンボキサン (TX)，5-リポキシゲナーゼによりロイコトリエン (LT) と，人体にとって重要な生理活性物質 (エイコサノイド) に変換されることから (図 4.10.3-1)，両系列の脂肪酸を偏ることなく摂取する必要がある．DHA は摂取した一部が脂肪酸生合成酵素の逆反応により EPA に変換されることに加えて，脳・神経・網膜の細胞膜の主要な構成脂肪酸であること，血液 / 脳関門を通過できることから，これらの器官においても重要な働きをしていると考えられている．

b. EPA と DHA の原料

ほとんどすべての水産脂質に含まれているが，市場流通量と脂質中の含有量の点から産業的に重要なものとしては，EPA は南米のアンチョビー・マイワシのラウンドから抽出されるイワシ油，北米のメンヘーデン油，イワシ油，DHA は日本・タイ・中米のカツオ・マグロ類残滓の油脂があげられる．プランクトン食性の強いイワシ油の EPA 濃度は同じ国内でも漁獲海域・時期・年度による変動が大きいのに対し，カツオ・マグロ油の DHA 濃度は魚種ではカツオ，部位では眼窩からの抽出油が高いものの，比較的一定しているのが特徴である．

c. EPA と DHA の濃縮技術

機能性脂質である EPA と DHA は，その製品の使用目的によって原料油脂の脂肪酸組成のままから 96% 以上の高濃度に濃縮したものまでさまざまな形態が存在する．濃縮方法については各国の食品・サプリメント・医薬品の法律規制に制限されるが，以下に代表的なものを記す．

(1) ウィンタリング：原料魚油をそのまま，もしくは油脂の分別に使用できる溶剤であるアセトンを魚油に加えて冷却することにより，比較的不飽和度の低い（二重結合の少ない）融点の高い固形脂を自然沈降または濾過等により分離する．不飽和度の高いEPAとDHAは液状油中に濃縮される．溶剤ウィンタリングの場合，濃縮程度は歩留まりの問題からイワシ油でEPA30％程度まで，カツオ・マグロ油でDHA35％までが一般的である．溶剤を用いない場合は1～2%程度の上昇にとどまり，EPAとDHAの濃縮目的よりも固形脂に起因するサプリメントの曇り解消に用いられる．

(2) リパーゼ反応：不飽和度の低い脂肪酸を選択的に分解するリパーゼを用いる．これを原料魚油に作用させ，EPAおよびDHA以外の脂肪酸を遊離脂肪酸の形で加水分解し，グリセリド画分に濃縮されたEPAとDHAを分離精製する．溶剤ウィンタリングよりも濃縮程度は上がるが，ある程度まで反応が進むとグリセリド画分に不飽和度の高い脂肪酸が多くなり，反応は一定に達する．用いるリパーゼの種類を変えることによりEPAとDHAのいずれかの脂肪酸を選択的に濃縮することが可能である．

原料魚油のトリアシルグリセロール（TAG）1分子中のEPAおよびDHAの結合数は1分子または2分子のものが大部分で，3分子結合しているものは非常に少ない．よってさらに濃度をあげるためにはTAGを分解し脂肪酸またはモノエステルの形にして濃縮を行う必要がある．

二重結合数の違いを利用した分離方法として尿素付加法，銀錯体形成法，クロマトグラフィー法，炭素数の違いを利用した分離法として蒸留，超臨界二酸化炭素抽出がある．これらの分離法を組み合わせることにより90%以上のEPAおよびDHAの製造が可能となっており，サプリメント・医薬品として世界各国で流通している．

d. EPAとDHAの用途

（i）食　品

国際的には1999年に開催された国際脂肪酸脂質研究学会（ISSFAL）において，成人におけるn-3系高度不飽和脂肪酸とn-6系高度不飽和脂肪酸の適正摂取量が定められた．米国のFDAはn-3系不飽和脂肪酸についてサプリメントおよび一般食品での冠状動脈心疾患に関する限定的強調表示（Qualified Health Claim）を許可している．EUでは欧州食品安全機関（EFSA）が循環器系疾患の予防の観点からEPAとDHAあわせて250 mg/日の摂取を推奨している．

EPAとDHAを含むn-3系不飽和脂肪酸の摂取不足は，皮膚炎などの障害をもたらす．厚生労働省「日本人の食事摂取基準」（2015年版）では，1日あたり摂取目安量（18～29歳の成人男性：2.0 g，同女性：1.6 g）としている．また，EPAとDHAを有効成分として含む食品（飲料，魚肉ソーセージ）が中性脂肪低下作用を有する特定保健用食品として，許可されている．

DHAは母乳にも脂質重量の0.2～1.0%含まれており，乳児の脳や網膜の発達に重要な役割を果たしている．このことから，日本・韓国・欧米において育児用調製粉乳に添加されていたが，2007年のFAO/WHO国際食品規格委員会（コーデックス（Codex）委員会）において育児用調製粉乳へのDHAとn-6系高度不飽和脂肪酸であるアラキドン酸の添加が推奨された．この推奨を受けてDHAの調製粉乳への添加はより拡大すると思われる．

（ii）医薬品

1990年日本でイワシなどの青魚から製造された高純度EPAエチルエステルが閉塞性動脈硬化症の治療薬（医薬品）として世界で初めて認可され，1994年には高脂血症（現在は脂質異常症という）にも適応症が拡大された．英国においてもEPAとDHA混合物のエチルエステルが脂質異常症と心筋梗塞再発予防の薬として承認され，EU諸国の一部と米国にて販売されている．

e. その他の機能性脂質

EPAとDHA以外の健康機能性脂質成分とし

ては，① 甲殻類や魚類のカロテノイド色素アスタキサンチン，② オキアミ・魚卵およびイカ肝油に豊富に含まれるリン脂質，③ 魚油からのコレステロールがある．アスタキサンチンは一重項酸素の消去能力を有することから生体内抗酸化物質として，水産脂質のリン脂質はリン脂質そのものというよりも EPA と DHA を含有したリン脂質としてその相乗効果が期待されている．

（郡山　　剛）

B. 糖　質

a. キチン・キトサン

キチンおよびキトサン（4.9.17.A）は難消化性の食物繊維であり，その生理機能が解明されるにつれ，機能性食品素材としての利用が注目されている．キチン，キトサンの生理機能については数々の報告があるが，とくにキトサンに関するものが多い．これは，キチンが水にまったく不溶であるのに対して，キトサンは分子内に第一級アミノ基をもち，酸との塩を形成して pH 5 以下で水に溶ける性質があるため，生理機能を発現しやすいことに基づいている．すなわち，経口摂取したキトサンは胃酸により膨潤，溶解し，小腸から大腸にかけて pH が上昇する段階でゲル化すると考えられている．その過程で，たとえば胆汁酸と結合してその排泄を促すことで胆汁酸の腸肝循環によるコレステロールの吸収を抑制し，結果的に血中コレステロールを低下させると考えられている．

厚生労働省は，特定保健用食品として，キトサン配合食品に「コレステロールが高めの方に適した食品です」という健康表示を許可している．これまでにキトサンを含むビスケット，カニかまぼこ，インスタントラーメン，青汁などの特定保健用食品が認められている．コレステロール低下を期待できるキトサンの有効摂取量としては，1 日あたり 0.5 ～ 3.0 g 程度である．

またキトサンには血中尿酸値低下作用が報告されている．食品中には，体内で尿酸の基質となる核酸などのプリン体が多く含まれたものがある．高尿酸血症は痛風や尿路結石，腎障害などの要因となるため，プリン体の摂取制限など食事療法を含めた生活指導が行われる．キトサンは，このプリン体を消化管内で吸着し，排泄促進することにより血清尿酸値の上昇を抑制する効果が期待されている．

このほかにもキトサンには，免疫機能調節，高血圧改善，整腸などの健康機能が報告されている．

b. グルコサミン

グルコサミンは，キチンを分解して得られる単糖類であり，*N*–アセチルグルコサミンとグルコサミン塩酸塩の 2 種類が機能性食品素材として市販されている（4.9.17.B）．グルコサミンやガラクトサミンなどのアミノ糖は，ヒアルロン酸やコンドロイチン硫酸などのムコ多糖類の主要構成糖であり，関節軟骨や皮膚，結合組織などに広く分布している．ムコ多糖類は加齢とともに減少し，関節障害や，皮膚の老化現象などの要因となっている．

ヨーロッパでは，グルコサミン塩酸塩を原料として製造されるグルコサミン硫酸塩が，1980 年代前半から変形性関節炎用治療薬の有効成分として使用されている．米国では，1990 年代前半からグルコサミン塩酸塩や *N*–アセチルグルコサミンが関節の健康維持を目的としたダイエタリーサプリメントの原料として使用されはじめ，現在大きな市場を形成している．最近，日本においても変形性膝関節症患者を対象とした，グルコサミン塩酸塩や *N*–アセチルグルコサミンの経口摂取による臨床試験における有効性が報告されている．

c. コンドロイチン硫酸

コンドロイチン硫酸（4.9.17.C）の健康機能としては，関節症の改善，便秘の改善，運動負荷時の CPK（クレアチニンキナーゼ）値，乳酸値および血糖値の低下，血中尿酸値の低下，不定愁訴の改善などが報告されている．コンドロイチン硫酸は，関節機能の維持を期待するサプリメントにグルコサミン塩酸塩と一緒に配合されている例が多い．また最近は，コラーゲンペプチドを主成分とする美容飲料に添加されている例もある．ただし機能性食品素材として利用されているものは，魚類の軟骨から抽出し，完全にコンドロイチン硫酸を単離精製したものではなく，結合タンパク質も共存した状態で製品化されていることから，タンパク質の生理機能も合わせたものとして評価されるべきである．一般の加工食品では，魚肉ソーセージ，マヨネーズおよびドレッシングに用途が限定された食品添加物としても利用されている．

d. 海藻多糖

海藻多糖の健康機能としては，血清コレステロール低下作用，血糖値上昇抑制作用，整腸作用，血圧降下作用，免疫調節作用，有害物質吸着除去作用などが知られており，多糖の種類によってその効果が異なっている．

アルギン酸（4.9.17.E.a）のコレステロール低下作用には多くの臨床試験報告例があり，その作用機序は，腸管内における胆汁酸の排泄効果に基づくものと考えられている．また，整腸作用についても臨床試験において効果が確認されており，特定保健用食品として，「コレステロールが高めの方に」と「おなかの調子を整えたい方に」という2つの健康機能表示が認められている．

フコイダン（4.9.17.E.d）には，抗菌性，ヘパリン様抗凝血活性，活性酸素消去活性，免疫細胞賦活作用，腫瘍増殖抑制作用などの生理機能が報告され，産業用途もこれらの効果を期待したサプリメントや食品が多い．

C. タンパク質・ペプチド

a. プロタミン

プロタミン（4.9.17.F）は，抗菌性を利用した食品の日持ち向上剤としての用途が知られているが，最近，高脂肪食と同時摂取した場合の脂肪吸収抑制効果が報告されている．プロタミンは脂肪分解酵素である膵リパーゼに対し活性阻害作用をもつことから，脂肪の分解と吸収を抑制すると考えられている．

一方，プロタミン自体は消化酵素の1つであるトリプシンによって一部が分解されアルギニンを生成する．アルギニンは血管内皮細胞にある一酸化窒素合成酵素の基質になるため，プロタミンは一酸化窒素の産生促進を介した血管拡張作用を有し，これによる血圧低下や血流循環の改善効果が期待される．

b. コラーゲンペプチド

最近，コラーゲンペプチド（4.9.17.G.c）を肌質改善効果が期待される美容食品素材として利用する動きが広がっている．もともと真皮の主要な構成成分であり，以前から化粧品などに配合されていて素材の認知度が高いこと，女性が抱くイメージが良いことなどからブームとなって，錠剤やカプセル形態のサプリメント，飲料，菓子，乳製品，デザート，パン，納豆，豆腐，カップラーメン，鍋スープに至るまでさまざまなコラーゲンペプチド配合食品が生まれ，大きな市場を形成しつつある．近年，コラーゲン特有のジペプチドが，線維芽細胞の増殖を促進することで傷の修復を促進し，皮膚の状態を改善する可能性が示唆された．経口摂取されたコラーゲンペプチドがもたらす生理機能の作用機序については，今後の研究が待たれる．

c. アンセリン・カルノシン

魚類の筋肉中には，アンセリンおよびカルノシンが遊離の状態で多く含まれている．クジラの筋肉中に含まれるバレニンと合わせ，イミダゾールジペプチド類として総称される．アンセリンは，β-アラニンと1-メチルヒスチジンが，カルノシンはβ-アラニンとヒスチジンが結合したジペプチドである（図4.5.1-2）．

カツオや，マグロ，サケ，サメなど回遊性の大型魚類の筋肉中には，とくにアンセリンが大量に含まれ，カツオでは一般に筋100gあたり1,000mg程度と，非常に高含量である．このことから，アンセリンの生理的存在意義として，回遊魚が持続的に遊泳する際の嫌気的運動に伴い生成する水素イオンに対する緩衝作用や，筋肉pHの低下に対する抑制作用が推測されている．

アンセリンは，カツオやマグロの肉から熱水抽出し，イオン交換樹脂等により精製して得られる．カルノシンは，アミノ酸からの化学合成法が確立されており，消化器系の医薬品原料として利用されている．アンセリンやカルノシンには，活性酸素消去能に基づく抗酸化性や，自律神経調節作用，抗疲労効果，尿酸値低下効果などの健康機能が報告され，新たな機能性食品素材として注目されている．

d. かつお節ペプチド，イワシペプチド，海藻ペプチド

魚介類のタンパク質を原料とするペプチドとして，最も生理機能性の研究が進んでいるのが，血圧降下作用をもつペプチドである．特定保健用食品の関与成分として認められているのは，かつお節，イワシ，ノリ，ワカメを起源とするものであり，それぞれ酵素処理によって低分子化を行い，通常2～4個程度のアミノ酸が結合した構造のペプチドを得る．

これらのペプチドは，アンジオテンシン変換酵素の活性阻害作用をもち，生体内の昇圧系の1つであるレニン–アンジオテンシン系におけるアンジオテンシンⅡの産生を抑制することで血圧上昇を抑えると考えられている．臨床試験においても魚肉由来ペプチドの血圧上昇抑制効果が確認されており，これを利用した特定保健用食品が開発されている．活性中心として同定されているペプチドの構造は，起源や製法によってさまざまであるが，たとえばイワシの場合は，バリルチロシンというジペプチドが活性中心とされている．

D. その他

a. タウリン

タウリン（2–アミノエチルスルホン酸）は，イカやタコ，カキなどの魚介類に多く含まれる含硫アミノ酸誘導体で，ヒトでは心筋，筋肉，脾臓，脳，肺，骨髄などに存在している．体内ではシステインから合成される．胆汁の主要な成分である胆汁酸と結合しタウロコール酸などの形で存在する．消化作用を助けるほか，神経伝達物質としても作用する．好中球が殺菌の際に放出する活性酸素や過酸化水素の放出を抑える作用もある．

肉体疲労時には尿から排出されやすくなることから，滋養強壮目的のドリンク剤などに配合されている．化学合成によって生産されている．

b. L–カルニチン

L–カルニチンは，リシンとメチオニンから合成され，カツオなどの筋肉中に多く含まれる．脂質代謝の補因子であり，細胞内のミトコンドリアに脂肪酸を運搬する役割が知られている．すなわち，脂肪酸がミトコンドリア内でβ酸化を受けて燃焼されるために必要な成分である．国内では50年ほど前から狭心症や慢性胃炎などの治療薬の有効成分として用いられていたが，2002年から食品としての利用が認められたことから，近年は体脂肪燃焼効果や，抗疲労効果などを期待する飲料やサプリメントに応用される例が増えてきている．

（又平　芳春）

c. 色　素

おもな水産物の色素成分としてはメラニン，カロテノイド，フィコビリンなどが知られている．

（i）カロテノイドを含むもの

これら色素成分のうち，栄養機能性がよく研究されているのはカロテノイドである．カロテノイドがわれわれの体を維持するうえできわめて重要なことは広く理解されている．とくに，β–カロテン，α–カロテン，β–クリプトキサンチンなどは，吸収されるとビタミンAとなるため，必須の栄養素である．一方，こうしたビタミンA前駆体としての役割（プロビタミンA活性）以外の生理作用（ノンプロビタミンA活性）も，カロテノイドは示す．

8個のイソプレノイド（C_5H_8）からなるカロテノイドの基本骨格は，光合成を行う植物や微生物によってのみ生合成できる．動物はこうした生合成能力はないが，食事（餌）として摂取したカロテノイドを体内で代謝変換するため，多様なカロテノイドが天然界に存在することになる．動物にとって植物などから得たカロテノイドは，生体機能を維持するうえで重要な役割を担う．

水産物由来のカロテノイドも，植物プランクトンや海藻がその第一次生産者である．水産動物が示す赤や黄の体色は，摂取したカロテノイドやその代謝物に起因している．紅藻中にはβ–カロテン，ゼアキサンチン，フコキサンチンなどの複数のカロテノイドが見出されるが，褐藻や珪藻中には，主としてフコキサンチンのみが含まれる．褐藻や珪藻が生産するフコキサンチンは天然に存在するカロテノイドのなかで最も生産量が多い．一方，魚類の体色もカロテノイドに起因しており，黄色はツナキサンチン，赤色はアスタキサンチンが蓄積されることによる．さらに，エビ，カニなどの甲殻類の赤色もアスタキサンチンに由来している．甲殻類中のアスタキサンチンは遊離体のほか，キチンやタンパク質などの高分子にエステル結合した状態でも存在している．

（ii）カロテノイドの抗酸化作用

生理作用がよく研究されている水産物由来カロテノイドは，アスタキサンチンとフコキサンチンである．いずれも抗酸化作用を示すため，抗炎症作用や抗酸化作用に基づく生体防御作用を示すとされている．カロテノイドは一重項酸素（活性酸素の一種）に対して強力な消去作用を示す．一重項酸素は基底状態の酸素（三重項酸素）よりも高いエネルギー状態にあり，不飽和脂肪酸などの生体成分と容易に反応し，過酸化物を生成する．生じた酸化物は分解し，さまざまなフリーラジカルを産生し，生体にダメージを与える．一方，カロテノイドは，分子中の多数の共役二重結合間の振動により，一重項酸素が放出するエネルギーを受け取ることができる．受け取ったエネルギーは熱として放出されるため，一重項酸素は不活性化される．

カロテノイドが一重項酸素の消去作用を示すには，共役化した 9 個以上の二重結合を有する必要がある．ほとんどのカロテノイドは，こうした構造を有するため一重項酸素を消去できるが，共役二重結合数が多いものほど一重項酸素の消去能力は高い．アスタキサンチンには，共役化したカルボニルの二重結合も存在するため，共役二重結合の総数が 13 個となり，非常に強い一重項酸素消去能を示す．アスタキサンチンの強い抗酸化活性は，その生理作用を説明するバックグラウンドとして理解されており，機能性素材として，化粧品や食品への応用が行われている．

（iii）カロテノイド特有の生理作用

フコキサンチンは強い抗酸化作用も示すが，フコキサンチンのみに認められている特異的な生理作用（抗肥満作用と抗糖尿病作用）は，遺伝子・タンパク質レベルでの制御に基づいた分子機構により説明されている．すなわち，フコキサンチンの抗肥満作用は，白色脂肪細胞中の特定のタンパク質（UCP1）の発現誘導に基づくものであり，その抗糖尿病作用は脂肪細胞からのインスリン抵抗性を誘導するアディポサイトカインの発現制御によることが明らかにされている．

水産生物中にはフコキサンチンのような特異な構造を有するカロテノイドが存在する．こうした特定のカロテノイドのみが示す生理作用や，カロテノイドによる生理作用の強弱については，分子レベルでの生体調節作用，とくにシグナル因子としてのカロテノイドと，その受容体との関係に基づいて検討することにより，今後新たな知見が得られる可能性がある．

4.10.4　水産物由来の特定保健用食品

A. 機能性食品

食品の役割は，ヒトが生きていくうえで最低限必要な栄養素やエネルギーを補給する機能（一次機能），味や香りなどの感覚機能を満足させる効果（二次機能），生体防御・疾病予防などの生体調節作用（三次機能）に大別できる．ただ，食品の三次機能の重要性が認識されたのは比較的最近であり，1984 年にはじまった文部省特定研究の成果によるところが大きい．ここで，得られた情報は世界に発信され，機能性食品（functional foods）の概念が確立された．

B. 表示の問題

a. 特定保健用食品と栄養機能性食品

機能性食品に対する消費者の関心は高く，産業界でも，食品業界などを中心としてさまざまな研究開発が行われている．一方，行政サイドでも機能性食品の表示制度に関する検討会が 1988 年に発足し（機能性食品懇談会），「身体の機能又は構造に影響を及ぼす」製品は薬事法に触れるとの考えから，従来用いられていた「機能性食品」にかわる用語が必要とされた．そこで，健康に寄与する成分を含有する食品について，厚生労働省が評価し，健康表示を認めたものとして「特定保健用食品」が 1991 年に規定された．特定保健用食品は，個別の食品を別々に評価し，食品に健康表示を許可する世界最初の制度として，その英訳（foods for specified health uses）の頭文字をとり，FOSHU として海外でも広く知られるようになった．

2001 年には，① 個別評価型の特定保健用食品と ② 規格基準型の栄養機能食品の 2 種類が保健機能食品として規定された．栄養機能食品は，基準化された栄養素が上限値と下限値の範囲で含まれていれば，特定保健用食品のように個別の許可を受けることなく，定められた栄養機能の表示ができる食品である．ただし，栄養機能食品には「本品は多量摂取により疾病が治癒したり，より健康が増進できるものではありません」という注意喚起の表示が義務づけられている．

b. 表示上の規則

2012 年 3 月現在で，特定保健用食品としての表示が許可された商品は 990 品目に達した．特定保健用食品には保健作用を示す食品成分が含まれているが，直接的な生理作用は表記できない．たとえば，オリゴ糖，乳酸菌，食物繊維などは，整腸作用やコレステロールおよび血糖値の制御作用を示すが，こうした成分を含む特定保健用食品には，「おなかの調子を整える」，「コレステロールが高めの方に適する」，「食後の血糖値の上昇を緩やかにする」などの表記をする．そのほか，「血圧が高めの方に適する」，「ミネラルの吸収を助ける」，「虫歯の原因になりにくい」，「歯を丈夫で健康にする」，「食後の血中中性脂肪値が上昇しにくい」などの保健作用を有する特定保健用食品が販売されている．水産物由来の特定保健用食品としては，海藻由来の食物繊維（アルギン酸）やエビ・カニ由来の食物繊維（キチン・キトサン）を含むもの，イワシペプチドやワカメペプチドを含むもの，魚油を含むものなどが知られている．

C. 各食品のもつさまざまな機能

a. 食物繊維

食物繊維とはヒトの消化酵素で分解できない食品成分のことであり，水に可溶な水溶性食物繊維とセルロースに代表される不溶性食物繊維に大別できる．海藻中には多くの水溶性食物繊維が含まれており，種類によりその組成は異なる．

食物繊維には保水性，ゲル形成能，吸着能力，イオン交換能などの物理化学的性質があり，こうした特性がその保健作用と大きくかかわっている．動物由来の難消化性多糖類（キチン・キトサン）も同様の機能を有する．また，食物繊維は，ビフィズス菌などの善玉菌を増殖させ，悪玉菌を減少させることで，腸内環境を改善し，整腸作用を示す．

吸収した食べ物（食塊）に食物繊維が含まれていると，その保水性により食塊は膨潤し，胃内の滞留時間が長くなる．このため，食物の胃から小腸への移動が遅れ，グルコースなどの栄養素の吸収が緩慢になる．また，食物繊維によるゲル形成が腸内で起こることでもグルコースの吸収は緩慢となり，血糖の上昇が抑制される．コレステロールは，食物繊維により吸着されやすく，このため，コレステロールの排泄が促進される．一方，食物繊維は胆汁酸に対しても吸着能を示し，胆汁酸の腸管からの再吸収を阻害することで，コレステロールの再吸収を阻害する．

b. タンパク質・ペプチド

タンパク質は三大栄養素の 1 つであるが，その分解物（ペプチド）の生理作用についても多くの研究が行われており，いくつかのペプチドに血圧低下作用のあることが明らかになっている．魚肉や海藻タンパク由来のペプチドにもこうした効果は認められており，特定保健用食品の成分として利用されている．

血圧の制御にはさまざまな生体調節機構が関与しているが，レニン-アンジオテンシン系による血圧制御系もその 1 つである．アンジオテンシンは，ペプチドの一種であり，アンジオテンシン I，II，III が知られている．このうち，

IIが最も強い活性（血圧上昇作用）を示す．アンジオテンシンの生成は，腎臓からのレニン（タンパク質分解酵素）の分泌に端を発する．レニンは，アンジオテンシノーゲン（糖タンパク質）を加水分解してアンジオテンシンIとし，次いでアンジオテンシンI変換酵素（ACE）が，アンジオテンシンIからアンジオテンシンIIを生成する．水産タンパク質から得られるペプチドのいくつかは，ACEの阻害活性を有し，これにより血圧低下作用を示す．

なお，ACE阻害活性を有するペプチドは，まず，ACEの基質となる構造をとることが必須である．また，消化によりその構造が変化するので，消化分解後にもACEの基質となりうる構造を有すること，あるいは，そのまま吸収され，ACEの基質となってアンジオテンシンIに対する拮抗阻害を有することが必要である．このため，試験管内（インビトロ）での酵素阻害作用に基づくスクリーニングで得たペプチドについて，さらに高血圧自然発症ラット（SHR）などを用いた経口投与試験で血圧降下作用を確認する必要がある．

こうして得たペプチドを含む食品について臨床栄養実験を行い，これらのデータをそろえたうえで特定保健用食品として販売するための申請が行われる．

c. 魚　油

魚油中には，n-3系の高度不飽和脂肪酸としてドコサヘキサエン酸（DHA）とエイコサペンタエン酸（EPA）が含まれている．DHAとEPAは，肝臓中の脂肪分解酵素の働きを促進する一方で，脂肪合成酵素の活性は阻害する．この作用は，血中の中性脂肪値が高いときのみにみられる．DHAとEPAの脂質代謝に及ぼす効果については多くの研究がなされており，中性脂肪だけでなくコレステロールの低下作用なども認められている．DHAやEPAを含む食品が中性脂肪低下作用を示すことはよく知られており，特定保健用食品の有効成分としての活用が期待されるが，その保存安定性の低さから，用途範囲は限られ食品のみにとどまっている．

d. その他の食品

これらのほか，サプリメントや健康食品として販売されている水産物由来の成分には，魚の皮由来のコラーゲン，甲殻類から得られるキチン・キトサンやその分解物（グルコサミン）などがある．しかし，これらは特定保健用食品としては認可されていない．特定保健用食品として認可を受けるためには，科学的な裏づけのあること，ヒトの臨床実験データがあることなどいくつかの条件が必要であり，コラーゲンやキチン・キトサンは，保健作用を表示する要件を満たしていない．

コラーゲンは動物の関節や真皮を構成するタンパク質であり，ヒトでは全タンパク質のほぼ30％を占める．コラーゲンの加水分解物はゼラチンとして食用にされるほか，化粧品や医療用（人工皮膚の材料など）へも応用されている．大動物（ウシやブタ）や魚類の皮膚や骨などが，コラーゲンの主原料である．一方，キチン・キトサンの分解物（グルコサミン）は，生体内ではヒアルロン酸の原料となりうる．ヒアルロン酸は，関節，皮膚などに多く，軟骨などこれらの組織を維持するうえで必須な成分である．老化とともにヒアルロン酸は減少していくことが知られており，ヒアルロン酸やコラーゲン，あるいはグルコサミンを摂取することにより，老化に伴う関節障害などの予防あるいは治療が可能との根拠に基づく製品が多く市販されている．しかし，ヒアルロン酸（ムコ多糖類）やコラーゲン（タンパク質）は高分子のため，消化の際に分解されて吸収される．このため，効果の科学的検証は難しい．また，グルコサミンや低分子コラーゲンについては，吸収されたとしてもヒアルロン酸やコラーゲンに再合成される保証はなく，これらの補給という視点では，ヒトでの有効性に関する科学的裏づけは今のところない．

（宮下　和夫）

4.11 水産加工における廃棄物処理

地球はそれ自体が巨大な閉鎖系である．閉鎖系である以上，そのなかでバランスのとれた物質循環を維持しなければ，廃棄物が蓄積し，破綻をきたす．2000年に「循環型社会形成推進基本法」，2008年には第2次「循環型社会形成推進基本計画」が閣議決定され，関係法令が制定，改正されるなど法的整備を経て，現在あらゆる産業が「持続可能な発展（sustainable development）」を意識した活動を迫られている．2007年前後におけるわが国の総廃棄物量4億7千万tに占める水産廃棄物の量は0.7%程度（水産加工，流通，小売，外食産業および家庭ゴミなどとして排出した総量）と少ないが，水産廃棄物はすぐに腐敗し，保管が困難であることから，その処理と有効利用はとくに漁港漁村や周辺地域において重要な課題になっている．

「水産廃棄物」とは漁業活動に伴って生じる「漁業系廃棄物」および水産加工業者が排出する原料残渣（産業廃棄物）のことをいう．漁業系廃棄物には漁労の際に損傷して商品価値のなくなった水産物，駆除されたヒトデ，雑海藻などの「生物系廃棄物」のほかに，魚網，魚箱，老朽化漁船などの「資材系廃棄物」がある．

4.11.1 水産廃棄物の状況

魚の可食部の割合は歩留まりのよいもので6割，歩留まりの悪い魚では4割程度ということもある．よって，残りの40～60%が残滓といわれる廃棄物として排出される．水産廃棄物総量の農林水産統計そのものとしての資料はないが，水産庁漁政部加工流通課が，2007年の農林水産省「食料需給表」を基に魚介類消費仕向量－食用利用可能量から独自に算出しており，年間318万t（2007年）と推計している．そのうちの30%にあたる88万tはミール（20万t），魚油（6万t）の原料として利用されているが，残りの230万tの利用が課題になっている．このうち流通，小売，外食産業の残滓および家庭ゴミなどを除いた80万t前後が水産加工時に排出される量と推定される．わが国最大の水産加工廃棄物排出地域である北海道はこのうちの半分を占めており，2009年度の水産加工廃棄物総量は40万tに及ぶ．また種類別発生量は，ホタテガイウロ：33,140t，イカゴロ：9,299t，ホタテガイ貝殻：181,272t，付着物：79,768t，魚類残渣：95,397t，漁網：1,412tであった．ここで，ホタテガイウロとは，貝柱と貝殻を除く残りのすべての組織のことをいうが，狭義にはホタテガイの中腸腺をさすことも多い．イカゴロとはイカの内臓のことをいうが，肝臓のみをさす場合もある．このほかに，ヒトデが駆除のために約15,177t水揚げされている．

A. 貝　殻

a. 貝殻再生利用への道

北海道で最も排出量が多い貝殻は，各地域で漁場・藻場，土壌改良剤や泥濘化防止剤への応用を筆頭に，有望な利用への道がひらけつつあり，リサイクル率は50%以上に達している．しかしその一方で，発生する量の集中化に対応しきれず，処理しきれない分は埋め立てまたは焼却後に埋め立てに回されているのもまた現実である．貝殻への付着物が多い地域では，再利用が大きく制約されたり，付着物除去に大きなコストがかかったり，付着物除去のための風化処理用地確保が困難になってくるなどの問題がある．ちなみに風化には1年を要するといわれる．

このような現状の地域に対し，付着物が少ない地域，たとえば青森県ではすでにホタテガイ貝殻に多様な利用方途を開発しており，他地域でもすでに実用段階にあるもしくはそれに近いものも少なくない．また，除菌・消臭剤，防カビ剤，食品添加物，壁材，塗料など，すでに製品化されているものもある．北海道の場合は面積が広大であり，貝殻利用の事業化が進んでいる地域と，付着物の多さが障害となって事業化が進まない地域とが共存しているが，土質改良剤，路面防滑塗料，チョークは商品化されている．

b. カキ殻を用いた環境保全

一方，カキ殻の方は人工漁礁部材を中心に本格利用されつつある．一例を図 4.11.1-1 に示す．現在（2009 年），国は JF 全漁連と共同で，藻場や干潟などの環境・生態系保全活動を支援する制度を具現化しつつある．貝殻漁礁は，貝殻の隙間に魚介類の餌を増やし，産卵場になるとともに小型魚には隠れ場を提供する．その小型魚を目当てに中型魚も集まり，環境保全と水産資源の回復を同時に実現できる点で，今後最も有望な貝殻の利用方途の 1 つと考えられている．漁礁の製造にあたっては，漁閑期の漁業者が漁礁の貝殻パイプ（側面が格子状）に貝殻を詰める作業をするなど貝殻人工漁礁の作製に携われる点でも期待されている．単にカキ殻を砕かずに海底に 10 cm 程度撒いただけでも，アマモが貝殻に根を絡ませて草体を支持させることが確認されており，魚介類の産卵場の創成にきわめて有効である．アマモに限らず産卵場や稚魚の「揺りかご」になる海藻は多い．このような漁場改良材へのカキ殻の利用に加え，各地で水質浄化材への利用も進みつつある．カキ殻の港湾土木への利用も早い時期より開発されている．とくに最近は石油会社が原油のイオウ分を除去することによって副生したイオウを貝殻と併用したコンクリートを開発し，耐久性に優れた製品開発を進めている．先の北海道でも，コンブ礁としての貝殻の利用が展開されている．

図 4.11.1-1　貝殻をネットに詰めた藻場礁，増殖礁〔海洋建設株式会社ホームページ〕

c. 法律の問題

漁業者が貝殻を増殖礁や藻場礁として利用する場合，漁業者自身が排出した貝殻を漁業者自身の手で漁礁用に適切に処理し，自分で利用すれば「廃棄物の処理及び清掃に関する法律（廃掃法：1970 年制定，2008 年最終改正）」の適用を受けないとされているが，実際には廃棄物投棄との区別が難しい場合も少なくない．いったんリサイクル材として処理されたものを有価で漁業者あるいは建設業者が事業で漁場に散布する場合は廃掃法の適用を受け，リサイクル材としての取り扱いを受けるためには水産庁が示しているガイドライン，すなわち有効性，安全性，市場性，安定性の 4 項目満たしていることを証明する必要がある．一方，公的事業として漁場造成や藻場の造成に貝殻や他の水産副次産物を用いる場合は，費用対効果表の提出が求められる．よって，廃棄物の広域的処理の特例等各種の特例や認定制度，構造改革特区の活用を図っていかなければならない．

ここで課題となっていることは，誰が貝殻リサイクル材の水産への有用性の判断をするかという点である．貝殻を用いた漁場の供用にあたっては，管理者を明確にし，管理者は有用性・安全性に対するモニタリングが義務づけられる．以上のことから，当然のことながら廃棄物として排出し，清掃等漁礁材としての処理をほどこさないでそのまま海に投棄した場合は廃掃法のみならず，環境法令である海洋汚染防止法（Law Relating to the Prevention of Marine Pollution and Maritime Disaster［同義］海洋汚染等及び海上災害の防止に関する法律）にも触れる．水産系廃棄物の有効利用を推進する場合における法規制については北海道開発土木研究所が表 4.11.1-1 のようにまとめている．

B. イカの内臓（イカゴロ）

イカゴロにも同様の法律が当てはまる．すなわち，イカゴロを用いてはえ縄漁用の餌を製品として製作し，はえ縄漁に用いた場合は，たとえ大半のはえ縄漁用の餌が水中で崩壊してなくなっても，それは廃掃法や海洋汚染防止法には触れないが，魚に対して同様の誘引効果があるという理由でイカゴロの凍結ブロックを海に沈

表 4.11.1-1　規制下での廃棄物の利用形態*[1]

利用形態	取引条件	廃棄物処理法		他の法令
有価物としての利用	有価での取引	基本的には適用範囲外		いずれの場合も他の環境法令（例：海洋汚染等及び海上災害の防止に関する法律，水質汚濁防止法，水産資源保護法など）は適用される．利用の適切性・有効性や安全性について厳しく追及される
廃棄物の再生利用	無償での提供	適用	・大臣の認定*[2]や指定*[2]もしくは一般廃棄物は市長村長の指定*[3]，産業廃棄物は都道府県知事の指定*[3]が必要 ・国など*[4]による再生利用の場合は法令に基づく許可や認定・指定などの手続きは不要 ・認定・指定による再生利用者は処理業（収集運搬や処分）の許可は不要 ・認定再生利用の場合は産業廃棄物処理施設の設置許可も不要 ・再生利用の申請は，処理業者等の申請よりも申請費用が安価	
廃棄物の処理（処分）	逆有償（処理費支払）または無償での取引	適用	・排出者自身以外の者が行う場合は収集運搬業や処分業の許可が必要	
			・国等*[4]が直接行う行為は業者の許可は不要（運搬等を委託する場合は，受託業者は許可業者でなくてはならない）	
			・廃棄物処理施設に該当する場合は，施設設置の許可が必要	

*[1] 産業廃棄物を基本に記述しているが，一般廃棄物か産業廃棄物かによって，基準や制度が異なる場合がある．また特例もあるので，自治体等に確認を要する．
*[2] 再生利用認定制度，広域再生利用指定制度．
*[3] 市町村長や都道府県知事による再生利用指定．
*[4] 国・都道府県・市町村を意味するが，都道府県が一般廃棄物の再生や処理を行う場合は許可が必要．
〔佐藤朱美ほか，北海道開発土木研究所月報，666, p.33 (2003)〕

めたような場合は，廃掃法および海洋汚染防止法に触れる．

イカゴロはタンパク質，脂質，タウリンに富み，非常に優れた餌料や肥料になる．しかしその利用にあたっては，生物濃縮によってもたらされたカドミウムを除去する必要があり，餌料・飼料で 2.5 ppm 以下，肥料で 5 ppm 以下にまで低減しなければならない．カドミウム除去技術としては，酸浸出/電解法および競争吸着法が確立している．前者は脱脂後，イカゴロ中でタンパク質と結合しているカドミウムを硫酸浸漬することにより解離させ，硫酸水溶液中にカドミウムを溶出させることによって，それを陰極板上に還元析出させる除去法である．後者は吸着サイトが非常に多いキレート樹脂が存在すると，カドミウムは有機物に戻らずキレート樹脂に移動することを応用した除去法である．この場合，キレート樹脂は有機物の近くに存在する必要があるが，競争吸着法では攪拌することにより，液相のカドミウム濃度を常に低く保ち，有機物からのカドミウム解離を促進することができる．前者では養魚用のミールへの利用が目指されており，後者ではカドミウムフリーのイカの塩辛がすでに製品になっている．

C. ホタテガイの内臓（ウロ）

酸浸出/電解法はイカゴロよりも先に，ホタテガイの狭義のウロすなわち中腸腺からのカドミウム除去技術として実用化された．カドミウムを除去したウロはすでに養魚用のミールとして利用されているが，強酸処理によってカドミウムを溶出させる工程を経ていることから，通常のミールよりも品質面で劣り，増量用のミールとしての利用価値にとどまっている．しかし，埋め立てが限界にきている現状にあっては，中腸腺の処理法として重要な役割を担っている．

ホタテガイの中腸腺はエイコサペンタエン酸（EPA）およびドコサヘキサエン酸（DHA）が結合したリン脂質に富み，その利用が期待されはじめている．一方，広義のウロには外套膜，生殖巣，消化管等が含まれ，それぞれコラーゲン，DHAが結合したリン脂質およびペクテノロン，セルラーゼやアルギン酸リアーゼなど有用な酵素の給源としての利用が検討されている．

D. シロザケの皮

シロザケの皮から得られたコラーゲンはコラーゲン補給食品として利用されているのみならず，高度に品質を高めたものは，ライフサイエンス研究における細胞培養マトリクス（細胞の足場）として製品化されている．しかし，その需要は小規模にとどまっているのが現状である．サケ皮コラーゲンは，創傷被覆材としての研究も進められている．創傷被覆材とは大やけどを負った際に自分自身の皮膚が再生するまで傷口を保護する人工皮膚の一種をいう．最近，創傷被覆材作製時にシロザケのしらこからとったDNAを併用することにより，自身の皮膚の再生がより順調に進み，創傷被覆材としての性能がいっそう高まることが認められた．

E. しらこ

シロザケのしらこからはプロタミン（4.9.17.F，4.10.3.C）が防腐剤，DNAが健康食品として製品化されている．発がん性物質がDNAの二重螺旋にざっくりと刺さりこむ「インターカレーション」という現象を応用し，DNAをフィルターに固定化して環境水を通過させ，発がん性物質をフィルター上に捕捉して定量する方法が開発されている．DNAを固定化したフィルターは，発がん性物質を含む排気ガスや空気清浄機のフィルターとしても一部製品化されている．一方，シロザケのしらこDNAをアルギン酸フィルムに含浸させると，銀イオンのアルギン酸フィルムへの含浸量が上がり，抗菌力が大きく向上する．よって，食品関連産業のみならず，医療用のシートへの応用が期待されている．DNAの応用範囲は広く，可及的に長いままでシロザケのしらこDNAを精製することによって，論理回路，機能性ナノワイヤーをつくる試みもなされている．

しらこのプロタミンには塩基性アミノ酸のアルギニンが60％も含まれており，アルギニンのよい供給源にもなる．このようにしらこの利用には大きな可能性があるが，現状では発生するしらこの一部しか利用されていない．その理由は，集荷や鮮度管理の問題に加え，時期による入荷変動の大きさなどで採算が合わない場合が多いからである．一般に，しらこに限らずこれらの点は水産廃棄物の有価物化において共通した課題になっている．

F. 卵　巣

サケ，マス，タラ，ニシン，シシャモなどの卵巣は水産食品として大きな商品価値をもつ．しかし，一定の基準を満たしていない卵巣や断片化したもの，商品価値のないその他の魚卵やホタテガイの卵巣は廃棄物になっている．一般に水産動物の卵巣にはDHAに代表される高度不飽和脂肪酸が結合したリン脂質が豊富であり，その有望な供給源と考えられている．高度不飽和脂肪酸が結合したリン脂質には，高度不飽和脂肪酸そのものの有用機能（4.10.3.A）に加えて，リン脂質形態ならではの有用機能促進性や脳卒中予防などの新規有用機能もあり，今後の利用が期待されている．

G. 魚腸骨

魚の処理残滓である内臓，頭，骨，皮は魚腸骨とよばれ，ミールに加工されて，有効に利用されている．しかし，魚肉部分も入れないとタンパク質が不足してミールとしての価値が大きく低下するため，雑魚をまるごと加えてタンパク質を補っている．魚の処理残滓には皮，ウロコ，骨，頭の軟骨などが含まれており，それらを単体で得ることにより，コラーゲンを得ることが可能となる．事実一部は製品化されており，シロザケの頭部軟骨からはコラーゲンとコンドロイチン硫酸を含む健康食品，ウロコからはコラーゲンおよびハイドロキシアパタイトを含む栄養強化剤や競争馬等への脚強化用補助食品が事業化されている．しかし，一般に水産コラーゲンはゼラチンとしての利用面においては畜産由来のコラーゲンより優れている点が少なく，また精製コストが割高になるなど，本格的な需要には結びついていないのが現状である．

H. ヒトデ

ヒトデの大量発生による漁業被害は，以前よりもさらに深刻な状況になっている．とくに北海道においては，ますます深刻さの度合いを増している．ホタテガイへの被害を筆頭に，ツブかごやカニかご，刺網漁業などで，漁場の縮小，漁獲量の減少，作業効率の低下，漁網の損傷，羅網魚の食害などが数多く報告されている．漁業被害縮小のため，定期的な駆除が行われ，その量は北海道に限っても，前記のように年間1万5千t前後にも及ぶ．とくに根室管内における被害が著しく，根室市だけでも約4千t駆除されている．しかもその発生量は，年々増加する傾向にある．駆除されたものは，積み上げたまま放置すると悪臭を放つなどの環境問題を起こし，その駆除処理費用が自治体および漁業者のきわめて大きな負担となっている．

このような背景から，駆除したキヒトデの有効利用方途の開発が強く望まれてきた．これまでに，外皮に含まれる豊富な無機質を利用し，ヒトデを原料とする有機肥料が事業化されている．そのほかキヒトデは，成分としてサポニンやガングリオシドが豊富に含まれていることが知られている．サポニンはステロイド配糖体であることから，さまざまな害虫の防除作用があるとされ，肥料への利用研究がなされてきた．肥料にする場合であっても，重金属の残存量が問題となるので注意が必要である．肥料化のためには残存カドミウムが5 ppm以下，水銀が2 ppm以下，ヒ素が50 ppm以下でなければならない．

ガングリオシドには神経突起作用などがあり，神経疾患に対する薬剤としての研究が進められている．またキヒトデには有用な脂質としてセレブロシド（グルコシルセラミド）およびEPAが豊富に含まれている．

ヒトデは水揚げ後すぐに悪臭を放つようになるので，利用を図る場合は可及的速やかに煮熟する必要がある．これによって腐敗が抑止されるとともに脱塩され，また保水性を低下させることによる脱水効果もある．ヒトデは中国ではあたり前に食されており，日本でも熊本県の天草地方では卵巣を食してきた．すなわち，基本的には食経験があるので，安全だといえる．しかしヒトデは雑食性であるがゆえに汚染海域のものは重金属をはじめ，有害物を含んでいる可能性が高い．よってヒトデが生育する環境水の汚染状況とヒトデそのものの汚染度の点検はヒトデを利用するうえで不可欠である．民間企業によって，ヒトデから発酵法により製造された防虫・防鳥剤，消臭剤，植物活力剤や健康食品がすでに製品化されている．

I. クラゲ

クラゲのうち，とくにエチゼンクラゲはしばしば日本各地で大発生をくりかえしており，巨大な群が底びき網や定置網に充満して深刻な漁業被害をもたらしている．また混獲されたエチゼンクラゲの毒により，同じ網にかかった魚介類の商品価値を下げてしまう被害も続出している．

中国ではエチゼンクラゲは食用に加工されており，加工のしかたによっては刺身のような食感が得られる．日本国内でもその特性に合った利用法を追究しようという動きがみられるが，爆発的な大量発生には対応できていない．

J. 資材系廃棄物

魚網は高品質なナイロンよりできており，リサイクル素材として非常に優れている．しかし廃棄魚網は全国津々浦々に点在しており，集荷のむずかしさがリサイクルを阻んでいる．FRP（fiber reinforced plasticsの略で，fiber＝繊維，reinforced＝強化された，plastics＝プラスチックのこと）の漁船は回収後粉砕，加熱され，セメント焼成等にマテリアルリサイクルされている．発泡スチロール，プラスチック系の魚箱や段ボールは回収後，再生インゴット，再生プラスチックや再生段ボールにリサイクルされている．

4.11.2 水産加工場の廃棄物と処理法

一般に，水産系廃棄物は水産加工業者や漁業者自らが処理場まで搬入するか，収集運搬業者によって処理場へ運ばれる．水産加工業者が排出する廃棄物は産業廃棄物に分類され，漁業者が排出するものは一般廃棄物扱いになる．餌料や飼料となるものは飼料工場へ搬入される．リサイクル施設がない地域では，多くの場合焼却処理後埋め立てに回されている．ホタテウロのように，生物濃縮による重金属の存在が問題になっているものの処理は「金属等を含む産業廃棄物に係る判定基準を定める省令（1973 年 2 月 17 日総理府令第 5 号）」で定められている基準を満たさなければ適正処理を行うことができない．

A. 魚類の加工工場

魚類の加工工場では，魚腸骨および水溶性タンパク質をおもに含む大量の排水が発生する．魚腸骨はミールや発酵調味料に加工されるが，大量の排水を処理することによって，余剰汚泥やフロス（泡状の浮きかす）が発生する．余剰汚泥やスカム（浮きかす）は脱水した後，堆肥型発酵法による産業廃棄物として処理される．処理された排水はしばしば中水（飲用には不適だが，洗浄には使える水）として再利用される．

ただし，圧倒的多数を占める小規模な水産加工工場では，規制外の水処理未実施の施設が多い．

B. 貝の加工工場

ホタテガイでは体重のわずか 15％程度の貝柱に商品価値が集中し，他の約 85％は事実上廃棄物扱いになっている．ただし，体重の約半分を占める貝殻は 4.11 に示したように，リサイクル材としての利用が進みつつある．残りの 35％が中腸腺，外套膜，生殖巣，消化管，その他内臓や体液であり，産業的にはこの広義に「ウロ」とよばれている廃棄物の処理が，貝殻付着物の処理と並んでとくに大きな問題になってきた．外套膜に関しては，すでに外套膜だけをとりだす機械が開発されて加工場で使われているが，釣餌や珍味に少量の需要があるに過ぎず，大半が有効活用されていない．北海道南部では酸浸出/電解法に基づいた「ウロ」のミール化リサイクル工場が稼働しているが，あらかじめボイルしてから搬入しなければならないなど委託処理費に加えてボイルの経費もあり，加工業者への大きな負担になっている．

C. イカ・タコの珍味加工工場

イカおよびタコの加工工場では，ゴロとよばれる内臓部分と皮がおもに発生する．内臓部分は収集運搬業者によってバキュームカーで回収され，処理場に運ばれている．一方，皮の部分はイカせんべいなどイカの風味付けに有効利用されている．

4.11.3　高度利用の方向

A. 貝　殻

近年，環境修復が叫ばれるようになってきた．漁場や藻場の再生のみならず，干潟や砂浜などの環境・生態系保全にも貝殻およびその破砕物が有効であることが最近の研究で明らかになっている．とくに近年，漁港整備や沿岸の道路整備に伴う干潟や砂浜の消失が著しいため，今後，環境修復における本格的な貝殻の利用が期待される．

B. ウロ（広義）

現状では一部がミール原料になったり，外套膜が機械によって分離され，その一部が釣餌や珍味に加工されているが，いまだに多くの地域では焼却後埋め立て処理が施されている．

しかし，近年外套膜から良質なコラーゲンをとりだす技術，中腸腺から高度不飽和脂肪酸が結合したリン脂質を抽出する技術が開発され，事業化に向けての検討が行われている．また，重金属を除去したものをホタテ風味の調味液にする研究も継続されている．

C. ゴ　ロ

酸浸出/電解法（4.11.1.B）の欠点を解決するために開発された競争吸着法は，強酸を使用しない温和な重金属除去法であり，ゴロを原料としたさまざまな食品の製造に応用できると期待されている．現在のところ，イカの塩辛しか製品として販売されていないが，さまざまな加工品やレシピの提案が待たれている．

D. 展　望

本節で明らかなように，水産廃棄物を「廃棄物から資源」に切り替え，循環型社会を構築していくには，技術面のみならず，経済面，法制度など多方面からの努力，支援が不可欠である．また，異なる産業間の密接な連携なくしては循環型社会の構築は達成できない．

とくに，最も現実味がある堆肥化・肥料化においては，副資材として畜産系ふん便や農産・林産廃棄物を適宜適量配合し，水分や空隙を調整することが必要であり，農産，畜産との連携が強く求められている．

このような連携はバイオガス化事業でも重要である．事実，バイオガスプラントにおいて主原料となる家畜ふん尿に水産廃棄物を混入させると，メタンガス発生に対するブースト効果は著しく，5～20倍のメタンガスが得られる．しかし，水産廃棄物単独では塩分濃度が高過ぎるなど，メタン発酵に適さない場合が少なくない．よって，この点においても他の産業と連携する仕組みづくりが不可欠になっている．

（高橋　是太郎）

5 水産食品衛生

5.1 食品衛生の概要

5.1.1 食品衛生の概念

日常，われわれが口にしている食品は，長い歴史のなかで選択されてきたので，有毒・有害なものは排除されているはずである．しかし現実には，飲食によってさまざまな健康危害がひきおこされている．その代表例は食中毒で，わが国では毎年1,000～2,000件の中毒事件が発生し，3～4万人の患者を出している．さらに，食品添加物の使用，食品における農薬の残留，内分泌攪乱化学物質（環境ホルモン）による食品汚染，遺伝子組換え食品の増加，食物アレルギーの増加，食品流通の国際化など，食品の安全性にかかわる要因はますます複雑になってきている．したがって，飲食によってひきおこされる健康危害を防止するためには，腐ったものは食べない，あるいは食品衛生に関する知識を習得するといった個人の努力だけではとうてい不可能で，公共の力による技術的，制度的対応が必要となる．

このような公共の努力を食品衛生といい，制度の根幹をなしているのが食品衛生法である．なお，1955年に世界保健機関（World Health Organization：WHO）では「食品衛生とは，生育，生産，製造から最終消費に至るまでの全過程における食品の安全性，完全性，健全性を確保するために必要なすべての手段をいう（"Food hygiene" means all measures necessary for ensuring the safety, wholesomeness and soundness of food at all stages from its growth, production, or manufacture until its final consumption)」と定義している．ここでいう「必要なすべての手段」が公共の努力に相当し，科学技術という自然科学的側面はもとより，それに基づいた判断・施策という社会科学的側面をも含んでいる．

5.1.2 食品衛生法

A. これまでの流れ

食品衛生法は，戦前にあった食品衛生に関する法規（「飲食物その他物品の取締に関する法律」，「飲食物営業取締規則」，「飲食物用器具取締規則」など）を統合一体化した法律として，1947年12月24日に公布され，1948年1月1日に施行された．戦前の取り締まり中心の行政から，科学的技術に基づいた指導行政の姿勢に大きく改められている．食品衛生法はその後，社会情勢に応じて改正が重ねられ，しだいに整備されて今日に至っている．最近では1995年5月24日に，天然添加物の明確化をはじめとした食品添加物の見直し，総合衛生管理製造過程という名称での危害分析・重要管理点方式（Hazard Analysis and Critical Control Point：HACCP）の導入など，かなり大幅な改正（1996年5月24日より施行）が行われた．次いで2003年8月29日には食品安全基本法（5.1.3参照）の制定に伴い，抜本的な改正が行われた．さらに2009年6月5日にも食品衛生法の一部が改正されたが，これは食品および添加物の表示を管轄する機関が，消費者行政を統一的・一元的に推進する新組織として発足した消費者庁（発足は2009年9月1日）に移ることになったためである．

B. 現在の食品衛生法

現行の食品衛生法は11章79条からできている．第1章（第1～4条）は総則である．旧食品衛生法の第1条では「この法律は，飲食に起因する衛生上の危害の発生を防止し，公衆衛生の向上及び増進に寄与することを目的とする」と述べられていたが，2003年8月29日の改正により，「この法律は，食品の安全性の確保のために公衆衛生の見地から必要な規制その他の措置を講ずることにより，飲食に起因する衛生上の危害の発生を防止し，もって国民の健康の保護を図ることを目的とする」という記載になり，国民の健康の保護が最も重要であるという食品安全基本法の精神が明確にうたわれている．食品安全基本法に沿って新たに追加された国や都道府県などの責務（第2条），営業者の責務（第3条）のほか，食品，食品添加物，器具，営業などの用語の定義が掲げられている（第4条）．

第2章（第5～14条）では，人の健康を損なうおそれがある食品および添加物の製造，加工，販売などの禁止，食品および添加物の規格基準の設定，HACCP施設の承認などが述べられている．残留農薬などのポジティブリスト制度を導入したこと（第11条），HACCP施設の承認を更新制（3年程度）にしたこと（第14条）は，これまでの施策からの大きな変更である．第3章（第15～18条）では人の健康を損なうおそれがある器具および容器包装の製造，販売などの禁止ならびに器具および容器包装の規格基準の設定が，第4章（第19～20条）では食品，添加物，器具，容器包装に関する表示基準と誇大表示・広告の禁止が，第5章（第21条）では食品添加物公定書の作成が述べられている．第6章（第22～24条）では，国（＝厚生労働大臣）が監視指導の実施に関する指針を定め（第22条），その指針にのっとり都道府県等でも食品衛生監視指導計画を策定できる（第24条）ようにしたが，これらもこれまでの施策からの変更である．

第7章（第25～30条）では食品，添加物，器具および容器包装の検査に関する規定ならびに食品衛生監視員制度が，第8章（第31～47条）では登録検査機関の登録，更新などが，第9章（第48～56条）では食品衛生管理者の設置など営業者が遵守すべき事項，公衆衛生に与える影響が著しい営業についての許可制度などが述べられている．第10章（第57～70条）は雑則であるが，第64条では食品安全基本法に沿ってリスクコミュニケーションの義務がうたわれている．第11章（第71～79条）は罰則である．

5.1.3 食品安全基本法

A. 制定までの背景

1990年代後半から，堺市でのO157による集団食中毒事件（1996年），乳製品会社大阪工場が製造した低脂肪乳等による集団食中毒事件（2000年），BSE牛の確認（2001年），偽装牛肉事件（2002年）など，食品の安全・安心に対する国民の信頼を揺るがす事件があいついで発生してきた．こうした状況のなかで2003年7月1日に，食品の安全性確保を推進するための憲法ともいうべき法律として食品安全基本法が施行され，同時に中立的立場から危害因子のリスク評価をする食品安全委員会が発足した．また，上述したように，食品安全基本法にあわせて食品衛生法も抜本的に改正された．

B. 概　要

食品安全基本法は3章38条からなっている．

第1章（第1～10条）は総則で，第1条に「科学技術の発展，国際化の進展その他の国民の食生活を取り巻く環境の変化に適確に対応することの緊要性にかんがみ，食品の安全性の確保に関し，基本理念を定め，並びに国，地方公共団体及び食品関連事業者の責務並びに消費者の役割を明らかにするとともに，施策の策定に係る基本的な方針を定めることにより，食品の安全性の確保に関する施策を総合的に推進することを目的とする」と述べられている．その基本理念は，国民の健康の保護が最も重要であるという基本的認識の下に（第3条），食品の安全性の確保のために必要な措置を食品供給行程の各段階において適切に（第4条），国際的動向および国民の意見に配慮しつつ科学的知見に基づいて講じることである（第5条）．さらに基本理念にのっとり，国と地方公共団体は食品の安全性の確保に関する施策を策定し実施する責務を有し（第6条，第7条），食品関連事業者は，食品の安全性の確保について一義的な責任を有することを認識し必要な措置を適切に講ずること，正確かつ適切な情報の提供に努めること，国と地方公共団体が実施する施策に協力することが責務とされている（第8条）．消費者も食品の安全性確保に関し知識と理解を深めるとともに，施策について意見を表明するように努めることによって食品の安全性の確保に積極的な役割を果たすことが求められている（第9条）．

第2章（第11～21条）では，食品の安全性の確保に関する施策の策定にかかる基本的方針として，リスク評価（食品健康影響評価：第11条），リスク管理（国民の食生活の状況等を考慮し，リスク評価結果に基づいた施策の策定：第12条），リスクコミュニケーション（施策に関する情報の提供，施策について意見を述べる機会の付与，関係者相互間の情報および意見の交換の促進：第13条）という概念を導入している．リスクコミュニケーションという概念はこれまでなかったが，食品の安全性確保にあたっては情報を公開し，広く国民の意見をとりあげるという姿勢を明確にしている．

さらに第3章（第22～38条）は，関係行政機関から独立して科学的知見に基づき客観的かつ中立公正に食品のリスク評価を行う機関（食品安全委員会）に関する条文である．これまではリスク評価は厚生労働省が，リスク管理は厚生労働省と農林水産省が担ってきたが，厚生労働省のように，リスク評価と管理の両方を担っていると管理に合わせた評価に陥りやすいという批判に応えたものである．

5.1.4 食品衛生行政

食品安全基本法の制定以来，食品衛生行政はリスク評価，リスク管理，リスクコミュニケーションの3つの観点から，食品安全委員会，厚生労働省および農林水産省の3つの機関の分担あるいは連携により実施されている．

A. リスク評価体制

リスク評価は，リスク管理を行う厚生労働省および農林水産省から独立して内閣府に設置された食品安全委員会が行っている．食品安全委員会の権限は強く，リスク評価結果に基づいて厚生労働省と農林水産省に勧告する権限や，厚生労働省と農林水産省に対して施策の実施状況を監視し勧告する権限をもっている．食品安全委員会は7名の委員から構成され，その下に専門調査会が設置されている．専門調査会としては，企画等専門調査会のほか，危害要因（添加物，農薬，動物用医薬品，器具・容器包装，化学物質・汚染物質，微生物・ウイルス，プリオン，かび毒・自然毒等，遺伝子組換え食品等，新開発食品，肥料・飼料等）に対応した11の専門調査会が設けられている．

B. リスク管理体制

食品の安全性確保に向けて種々の施策を策定したり，監視や指導，取り締まりなどを行うリスク管理は，厚生労働省（医薬食品局食品安全部）と農林水産省（消費・安全局）が分担しているが，食品衛生法を所管している厚生労働省の役割はとくに大きい．厚生労働省における施策策定は，食品安全委員会のリスク評価結果などを踏まえて，医薬食品審議会の食品衛生分科会（専門の有識者で構成）が行っている．日常的な監視や指導には，公務員である食品衛生監視員があたっている．国の食品衛生監視員は主として検疫所に勤務し，輸入食品の監視，指導などを，地方自治体の食品衛生監視員は主として保健所に勤務し，営業施設の監視，指導などを行っている．

C. リスクコミュニケーション体制

リスク評価機関およびリスク管理機関が，消費者や食品関連事業者などに対して広く情報を提供し，意見交換を行うというリスクコミュニケーションの重要性は，食品の安全性確保にとって重要であることはいうまでもない．この当然ともいえるリスクコミュニケーションが食品安全基本法で初めて義務づけられ，リスク評価機関（食品安全委員会），リスク管理機関（厚生労働省，農林水産省）が個別に，あるいは連携して実施することになっている．リスクコミュニケーションを円滑に機能させるため，リスク評価機関やリスク管理機関からの一方的な情報提供だけでなく，国民も知識を深め積極的に意見を述べていくことが求められている．

（塩見　一雄）

5.2 食中毒

5.2.1 食中毒の定義

食物は本来，それ自体が有害であるとか，健康に危険があるということはないはずであるが，日常の実生活のなかでは，飲食に起因する疾病が少なからず起こる．食中毒（foodborne disease）とは，そのうち食中毒微生物の汚染に基づくもの，有害化学物質や有害金属によるもの，自然毒などに起因するもので，医師が具体的にその急性症状から食中毒と判断できるものである．

食中毒の分類のしかたは，原因物質によるのが一般的である．わが国の厚生労働省の食中毒統計もその分類法をとっており，**表5.2.1-1**のように，微生物性食中毒，化学性食中毒，自然毒食中毒に大別している．なお，栄養摂取の不良による疾患や異物による傷害，食物を通して体内に入る寄生虫による感染などは通常，食中毒とはしない．ただし，原虫によるものは食中毒としてとりあつかわれている．

従来，細菌性食中毒と伝染病は，ヒトからヒトへの伝染性や発症菌量などが異なるとされていたが，食中毒菌のなかにも発症菌量の少ないものや伝染性のあるもの，発症機構が伝染病と同じものもあり，学問的に区別することは難しくなってきた．これまで伝染病菌としてとりあつかわれてきたコレラ菌，赤痢菌，チフス菌，パラチフス菌も，1999年に施行された「感染症予防新法」では，飲食物を経由してヒトに腸管感染症をひきおこした場合には食中毒菌としてとりあつかわれることとなった．

5.2.2 食中毒発生状況

日本の食中毒発生状況は，1996年までの約20年間をみると大まかに年間500～1,200件程度，患者数3～4万人であったが，近年はとくに変動が激しく，堺市でのO157事件のあと1997年から2000年にかけては，事件数が2,000～3,000件に急増した．

最近（2001～2010年）では年間1,000～2,000件，患者数2.5万～4万人で推移しており，事件数の約90%，患者数の97%が微生物性食中毒である．近年はこれまでみられなかったカンピロバクターやノロウイルスなどによる新興の食中毒が増える傾向にある．とくにこの10年間は，件数ではカンピロバクターが，患者数ではノロウイルスが第1位の年が多くなっている（**図5.2.2-1**）．このほか，年によって変動はあるが，自然毒によるものが全事件数の約10%，患者数で約1%，また化学性食中毒が全事件数の1～2%，患者数でも1～2%発生している．なお食中毒による死者は，最近では10人前後に減少しているが，その大部分が自然毒（フグ毒やキノコ毒など）によるものである．

原因食品別では，複合調理食品（弁当，惣菜など）が1位，次いで魚介類とその加工品，食肉類とその加工品，野菜とその加工品の順である．原因施設別では，飲食店，家庭，旅館が多い．死者数は家庭が多いが，これは家庭料理で

表5.2.1-1　食中毒の分類

微生物性食中毒	(1) 細菌性食中毒	
	① 感染型	サルモネラ，腸炎ビブリオ，カンピロバクター，病原大腸菌など
	② 毒素型	ブドウ球菌，ボツリヌス菌など
	(2) ウイルス性食中毒	ノロウイルスなど
	(3) 原虫による食中毒	クリプトスポリジウムなど
化学性食中毒	(1) 有害化学物質	ヒスタミン，PCB，農薬など
	(2) 有害金属	水銀，カドミウムなど
自然毒食中毒	(1) 動物性自然毒	フグ毒，貝毒など
	(2) 植物性自然毒	キノコ毒，ソラニンなど

のフグおよびキノコが原因となるためである．

5.2.3　微生物性食中毒

A. 魚介類と関係深い食中毒

現在日本では，ウイルスや原虫を含めて20数種類の微生物（表5.2.3-1）が食中毒微生物として，食品衛生法の対象とされている．これらのうち，水産食品と関係深いものは，腸炎ビブリオとボツリヌス菌，ノロウイルスである．また食中毒統計では化学性食中毒として扱われているアレルギー様食中毒（5.2.5.C）も重要である．

以上のほか，サルモネラや腸管出血性大腸菌のように，本来魚介類とは直接関係のない菌種による大規模食中毒が水産物でも発生している．

a. 腸炎ビブリオによる食中毒

腸炎ビブリオ食中毒はおもに生の魚介類で起こる感染型食中毒で，2000年頃までは長い間，事件数，患者数とも，サルモネラとともにわが国の細菌性食中毒のトップの座を占めていたが，最近は年間20～100件，患者数200～2,000人程度にまで減少している．

腸炎ビブリオ（*Vibrio parahaemolyticus*）は大

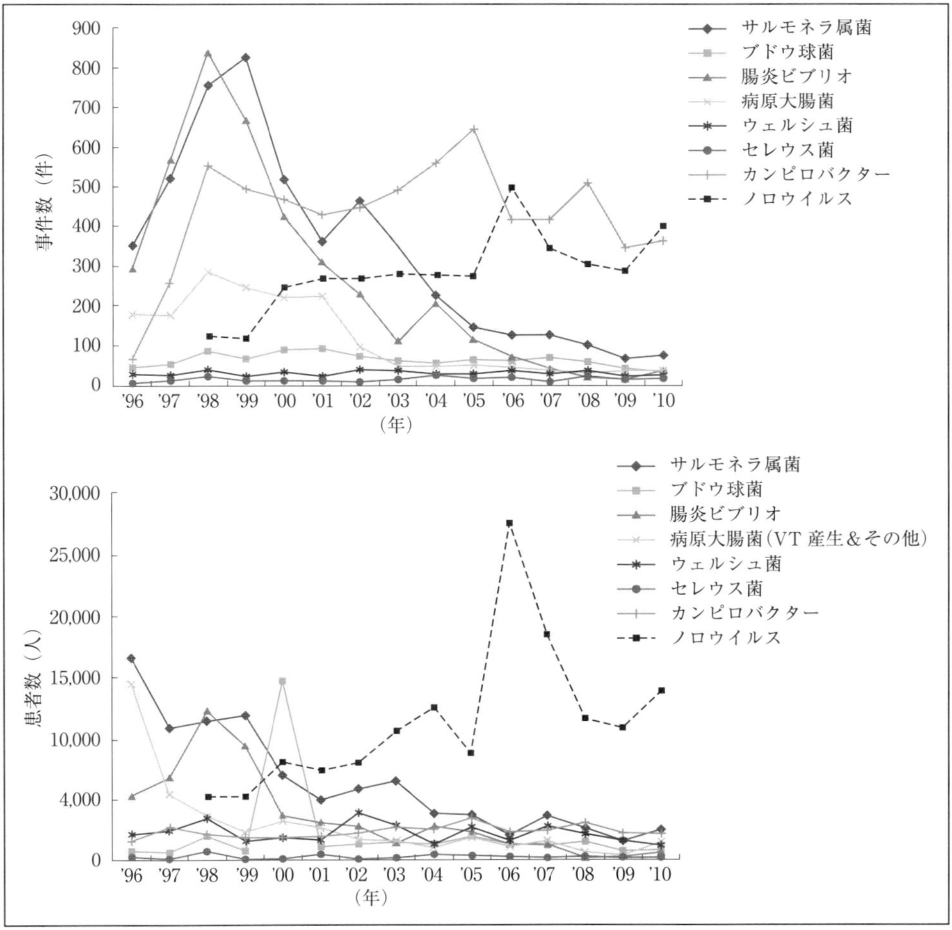

図5.2.2-1　原因微生物別にみた食中毒事例数，患者数の推移
〔厚生労働統計を参照して作成〕

表 5.2.3-1　日本で指定されている食中毒微生物

食中毒細菌	サルモネラ* (*Salmonella*) ブドウ球菌 (*Staphylococcus aureus*) ボツリヌス菌 (*Clostridium botulinum*) 腸炎ビブリオ (*Vibrio parahaemolyticus*) 腸管出血性大腸菌* その他の病原大腸菌 ウェルシュ菌 (*Clostridium perfringens*) セレウス菌 (*Bacillus cereus*) エルシニア・エンテロコリチカ (*Yersinia enterocolitica*) カンピロバクター・ジェジュニ／コリ* (*Campylobacter jejuni/coli*) ナグビブリオ (*Vibrio cholerae* non-01) コレラ菌 (*Vibrio cholerae* 01) 赤痢菌 (*Shigella*) チフス菌 (*Salmonella* Typhi) パラチフス A 菌 (*Salmonella* Paratyphi A) その他の細菌 　エロモナス・ヒドロフィラ／ソブリア (*Aeromonas hydrophila/sobria*) 　プレシオモナス・シゲロイデス (*Plesiomonas shigelloides*) 　ビブリオ・フルビアリス (*Vibrio fluvialis*) 　リステリア・モノサイトゲネス* (*Listeria monocytogenes*) など
ウイルス	ノロウイルス* (*Norovirus*) その他のウイルス 　A 型肝炎ウイルスなど
その他	クリプトスポリジウム* (*Cryptosporidium*) サイクロスポラ* (*Cyclospora*) など

*新興・再興感染症.
〔厚生労働統計を参照して作成〕

きさ 0.4 〜 0.6 × 1 〜 3 μm のグラム陰性桿菌で，端在性の 1 本の鞭毛をもち活発に運動する．通性嫌気性で，食塩無添加培地では増殖せず，2 〜 3% の食塩添加培地でよく増殖する好塩細菌で，増殖温度域は 10 〜 43℃ (至適温度は 30 〜 37℃)，増殖の pH 域はアルカリ性に強く，4.8 〜 11.0 (至適 pH は 7.5 〜 8.5) である．0.5% 酢酸中では数分で死滅する．増殖可能な水分活性の下限は 0.94 である．最適条件下での世代時間は短く約 10 分である．熱抵抗性はサルモネラよりやや弱く，$D_{53°C}$ = 0.9 〜 4.0 分，60℃・10 分以内で死滅する．

潜伏期間は普通 8 〜 12 時間，おもな症状は下痢と腹痛，嘔吐で，37 〜 38℃ 台の発熱がみられる．下痢は必発症状で水様性のものが多い．一般に経過は良好で，発症後 12 時間ほどで回復に向かう．

腸炎ビブリオの病原性因子は耐熱性溶血毒 (thermostable direct hemolysin : TDH) で，患者からの分離株は血液寒天培地で溶血性 (神奈川現象とよばれる) を示す．腸炎ビブリオ食中毒事件のなかには，TDH と構造的に類似の易熱性溶血毒 (TDH-related hemolysin : TRH) による事件も報告されている．

原因食品は近海産魚介類の刺身，すしなどによるものが多いが，そのほかに魚のてんぷらやフライ，塩焼きなど (加熱不足) によるものも多い．低塩分の漬物やイカ塩辛による食中毒も発生している．また，生の魚介類を扱った調理器具，食器，手指などを介した二次汚染によるものも多く，炒り卵や卵焼きなども原因食品となりやすい．

腸炎ビブリオ食中毒が魚介類で多発するおもな理由は，日本人が生食を好むことと，腸炎ビブリオが好塩性で海の沿岸部や汽水域に生息するため，魚介類がこの菌に汚染されやすいことがある．また腸炎ビブリオ食中毒はとくに夏季に集中して発生がみられるが，これはこの菌が夏季の沿岸海水に多いために夏場の魚が汚染されている可能性が高いからである．

腸炎ビブリオ対策としては，漁獲後の魚介類の洗浄には清浄な海水を用い，また加工には飲用適の水を用いるなどの注意が必要である．腸炎ビブリオは真水中では速やかに死滅するので，調理前に真水の流水でよく洗うことも，除菌対策として効果がある．腸炎ビブリオは10°C以下ではほとんど増殖できないので，漁獲後，加工，流通時を通じて低温保持をすることは防止策としてきわめて重要であり，短時間でも冷蔵庫に保存するなどの注意が必要である．また二次汚染による事件も多発しており，その防止も重要である．腸炎ビブリオは熱に弱いので，加熱調理食品では調理後早く食べれば安全である．

b. ボツリヌス菌による食中毒

ボツリヌス食中毒は典型的な毒素型食中毒で，発生件数は少ないがきわめて致死率が高い食中毒である．日本では1951年に，北海道岩内郡でニシンいずし（魚の発酵食品）による最初のE型菌食中毒が発生して以来，2010年までの60年間に119件が発生，540人が発症，114人が死亡しており，致死率は21％である．

ボツリヌス菌（*Clostridium botulinum*）は偏性嫌気性で，胞子を形成するグラム陽性桿菌である．その大きさは0.8～1.2×4～6 μmで，周毛を有して活発に運動する．産生する神経毒素の抗原性の違いによりA～G型に分類され，ヒトに中毒を起こすのはおもにA，B，E型毒素である．このうちA型とB型の一部（タンパク分解性菌）は胞子耐熱性が強い（$D_{112°C}$ = 1.23分）．一方，B型の一部とE型（タンパク非分解性菌）は胞子耐熱性は弱い（$D_{80°C}$ = 0.6～1.0分）が，低温（3.3°C）でも増殖する．

ボツリヌス毒素の本体は分子量約15万の単純タンパク質で，強い神経毒活性を示す．この毒素は易熱性で，80°C・20分，100°C・1～2分の加熱により不活性化される．毒力は強力で，1 gで1,400万人を殺すことができ，フグ毒の300倍以上といわれている．

潜伏期間は通常8～36時間で，主要症状はまず吐き気，筋力低下，脱力感，便秘，嘔吐などの症状が現れ，その後，神経症状（複視，眼瞼下垂，瞳孔拡大，嚥下困難，歩行困難など）が起こり，重症例では呼吸困難となって死亡する．

欧米では古くからA，B型菌によるソーセージ，缶詰，瓶詰での食中毒で多くの死者を出している．わが国での原因食品は，1984年6月の熊本県産の辛子レンコンによる中毒（11人死亡）など数例を除いて，ほとんどがいずしで，原因菌もE型菌という特徴がある．E型菌は胞子の形で土壌，海，湖の底土などに広く分布しており，3.3°C以上で増殖できる．

ボツリヌス菌は偏性嫌気性であるため，生鮮な魚介類や野菜を摂取して食中毒を起こす可能性は小さいが，真空包装やガス置換包装，缶詰，瓶詰などでは増殖する可能性がある．

予防には次のような対策がとられる．

（1）加熱により胞子を殺滅する．E型菌胞子は比較的耐熱性が弱く80°C・20分程度で死滅するが，A, B型菌（タンパク分解性菌群）は耐熱性が強く，120°C・4分以上（115°C・12分，110°C・36分，100°C・360分）の加熱が必要である．

（2）温度，pH，水分活性，食塩濃度などを食品中の菌が増殖・毒化できないような条件にする．ボツリヌス菌は3.3°C以下（E型菌），pH 5.5以下，水分活性0.94以下，または食塩5％以上で増殖・毒化が抑制される．

（3）真空包装や脱酸素剤封入包装はボツリヌス菌が増殖しやすいので，非加熱殺菌の食品では低温貯蔵を併用する．

（4）喫食直前に加熱する．ボツリヌス毒素は易熱性で，100°C・1～2分程度の煮沸により破壊される．万一毒ができても，加熱して食べる食品では失活するので中毒は起こりにくい．

c. ノロウイルスによる食中毒

ノロウイルス食中毒は，わが国では1998年より正式に微生物性食中毒としてとりあげられるようになった新しい食中毒である．

ノロウイルス（*Norovirus*）は2003年までは小型球形ウイルス（small round structured

virus : SRSV）とよばれていたもので，エンベロープをもたない直径 27 ～ 38 nm の球形ウイルスである．一本鎖 RNA を遺伝子にもち，カリシウイルス科に分類される．ノロウイルスはヒト空腸上皮細胞に感染して細胞を破壊する．10 個程度で感染・発病し，24 ～ 48 時間の潜伏期間の後に下痢，吐き気，嘔吐，腹痛，発熱，頭痛などの症状を起こす．このような症状が 1 ～ 2 日続いたのち治癒し，後遺症は残らない．

ノロウイルスの感染経路は，① 汚染食品によるもの，② 感染者からの二次感染によるもの，③ 空気中などからの直接感染の 3 つに大別される．原因食品としてかつては生カキまたは酢ガキが多かった．そのほかに飲料水（わき水，井戸水など），弁当，惣菜などが原因食品と考えられる例が増えている．また最近は食品以外に，嘔吐物のエアロゾル飛沫感染や蛇口，ドアノブなどの汚染などによるウイルスの直接感染（ヒト–ヒト感染とよばれる）も増えている．

食品を介した感染を防ぐには，原因食品となりやすい貝類の生食を避け，十分に加熱（85°C，1 分以上）することが効果的である．また二次感染防止には手洗いやうがいが有効である．調理器具などは洗剤で十分に洗ったあと，次亜塩素酸ナトリウム（塩素濃度 200 ppm）で拭くか，熱湯で 1 分以上加熱する．

B. その他の食中毒

a. サルモネラによる食中毒

サルモネラはウマ，ウシ，ニワトリなどの家畜の腸管内に広く分布している菌群であり，食肉，乳，卵やそれらの加工品を介してヒトに食中毒を起こす．サルモネラ食中毒の主要症状は急激な発熱，頭痛などの全身症状と，嘔吐，下痢，腹痛などである．普通は 1 週間以内に回復する．

かつてサルモネラ食中毒の原因菌は血清型チフィムリウム（*Salmonella* Typhimurium）によるものが主流であったが，1987 年以降，欧米諸国を中心にエンテリチディス（*S.* Enteritidis : SE）によるものが急増しており，日本でも 1989 年以降同菌による食中毒が増加したが近年は減少している．

最近の SE 食中毒の原因食品は，SE 汚染鶏卵やそれを使用した自家製マヨネーズ，アイスクリーム，ババロア，タマゴサンド，オムレツなどである．サルモネラは 60°C・20 分程度の加熱で死滅するが，これらの食品はほとんど無加熱か，加熱程度の低い食品であり，調理原料として用いた鶏卵中の SE が食品の製造・貯蔵中に増殖したものと思われる．

1999 年に全国 46 都道府県で 1,505 人の患者が発生した乾燥いか菓子による食中毒では，海鳥の糞に由来すると考えられる原因菌の *S.* Oranienburg が，衛生管理の悪さからイカ原料加工場の多くの器具・機材や従業員を汚染しており，また流通経路の複雑さが食中毒の規模を拡大させることとなった．

予防対策としては，まず SE 汚染のない鶏卵の供給が望まれる．また肉や卵は十分に加熱（75°C，1 分以上）し，卵の生食は新鮮なものに限り，二次汚染にも注意が必要である．

b. 腸管出血性大腸菌による食中毒

大腸菌はもともとヒトや動物の腸管内に住んでおり，ヒトには無害な菌であるが，中には胃腸炎や下痢を起こすものがあり，それらは病原大腸菌とよばれる．病原大腸菌は発症機構の違いから，① 毒素原性大腸菌（ETEC），② 腸管病原性大腸菌（EPEC），③ 腸管侵入性大腸菌（EIEC），④ 腸管付着性大腸菌（EAEC），⑤ 腸管出血性大腸菌（EHEC）の 5 種類に分けられているが，そのなかでもとくに重篤な症状を起こすものが血清型 O157 : H7 を主とする腸管出血性大腸菌（志賀毒素産生性大腸菌ともよばれる）である．

大腸菌は腸内細菌科に属し，大きさ 1.1 ～ 1.5 × 2.0 ～ 6.0 μm のグラム陰性，非胞子形成の通性嫌気性菌で，周毛性の鞭毛で運動する．増殖温度域は 7.0 ～ 45.6°C（至適温度 37°C），pH 域は 4.3 ～ 9.0（至適 pH 7 ～ 7.5），増殖可能な水分活性の下限は 0.95，食塩濃度 6 ～ 8% まで増殖できる．耐熱性はサルモネラよりもやや弱く，$D_{60°C}$ = 45 秒，$D_{62.8°C}$ = 24 秒である．

腸管出血性大腸菌は通常の大腸菌にくらべ，形態，生理・生化学的性状に基本的な差異はない（ただしβ-グルクロニダーゼ非産生，ソルビトール非発酵）が，志賀赤痢菌と同じ志賀毒素（ベロ毒素ともいう）を産生し，ヒトに血性下痢，溶血性尿毒症症候群などを起こす．

腸管出血性大腸菌は1982年，アメリカで同一チェーン店のレストランで販売されたハンバーガーで食中毒が多発した際に発見され，その後もカナダ，イギリスの老人ホームや保育所などで集団発生例が次々と報告されている．わが国でも，腸管出血性大腸菌による散発事例は1984年以降，毎年数件ずつみられていたが，集団事例も1990年に埼玉県の幼稚園での事件（患者268人，死者2人）以来，1996年5月の岡山県邑久町での事件（患者468人，死者2人），同年7月の堺市での事件（患者5,727人，死者2人）など続発している．最近では2011年4月に焼き肉チェーン店でのユッケによる食中毒（患者181名，死者5名）が発生している．

この食中毒の潜伏期間は7～10日と長く，初期症状は風邪に似ているが，比較的抵抗力の弱い老人や乳・幼児などが感染した場合に激しい腹痛と下痢に始まり，発症後2～3日目に血便，3～7日で無尿，乏尿，貧血出血傾向が続き，その後重症化すると溶血性尿毒症症候群，脳症などに移行，最悪の場合には死亡する．

アメリカ，イギリス，カナダなどで起こった集団食中毒では，ハンバーガー，牛肉，牛乳，ローストビーフ，アルファルファ，レタスなどが原因であり，一般的には牛糞の汚染が感染源と考えられる．

O157の感染力は強く，普通の食中毒よりもはるかに少ない菌量（100個程度）でも発症し，ヒトからヒトへ感染する例も多く知られている．症状も一般の下痢性食中毒より重いにもかかわらず，今のところ適当な治療法が確立されていない．

予防対策としては，O157はウシが感染源と考えられることから，まず農場や屠場，乳製品工場，食肉製品工場での衛生管理が重要である．また少量菌で感染することから，調理段階での二次汚染防止も重要であり，汚染作業区域の区別や，サラダなどの非加熱食品と肉類の接触をなくし，器具・器材の使い分けと使用後の殺菌などがとくに重要である．また，低温保存を徹底することと，加熱調理食品では75℃・1分以上の加熱をし，野菜などは次亜塩素酸ナトリウムなどで洗浄することが推奨されている．

c. カンピロバクターによる食中毒

カンピロバクター（*Campylobacter*）は大きさ0.2～0.5×0.5～5 μmのグラム陰性，運動性のらせん菌で，微好気性（酸素濃度3～15%で増殖）である．現在17種類に分類され，これらのうち*Campylobacter jejuni*と*C. coli*が下痢症の重要な原因菌である．これらは30～45℃で増殖（至適温度は42～43℃）する．室温では死滅しやすいが，冷蔵や凍結状態では長期間生存する．また増殖pH域は5.5～8.0（至適pHは6.5～7.5）である．酸性域や乾燥には弱い．また耐塩性は低く，食塩濃度1.5%以下でしか増殖しない．水分活性の下限は0.987である．熱抵抗性は大腸菌よりやや弱く，牛乳中で72℃・20秒，60℃・80秒間で死滅する．

2001～2011年のカンピロバクター食中毒の発生状況は，件数で第1位，患者数でもノロウイルスに次いで第2位である．年間250～500事例，患者数2,000～3,000人程度の発生がみられる．散発事例が多く，発生場所は飲食店が多い．

カンピロバクター食中毒は他の食中毒と異なり，潜伏期間は1～7日と長く，下痢，腹痛，発熱，全身倦怠感などが主症状である．下痢は一般に水様性または粘液性で，血便を示すことがある．ギラン・バレー症候群（急性発症の多発性神経炎で，手足の軽いしびれからはじまり，四肢の運動麻痺で歩行困難となる）や関節炎などを併発することがある．

*C. jejuni*および*C. coli*はウシ，ブタ，ニワトリなどの家畜や家禽が健康状態で腸内に保菌することが多い．調査例によると，とくに*C. jejuni*はニワトリに50～80%，*C. coli*はブタに55%と，サルモネラ以上に高率に保菌されている．市販鶏肉の汚染率は20～70%と高率である．カンピロバクター食中毒は潜伏期間が長いため，原因食品を特定できないことが多い

が，原因食品が判明したもののうちでは，鶏肉（とり刺し，とりわさなど）による事例が40%と圧倒的に多く，次いで飲料水（29%），焼き肉（8%）などである．

カンピロバクター食中毒は少量感染（5×10^2個）でも発症するので，食肉を食材として用いるときには生食を避け，十分加熱（65°C以上，数分）することが感染防止のためには必要である．また二次汚染の防止にも注意が望まれる．

d. ブドウ球菌による食中毒

ブドウ球菌食中毒は，かつては多発していた．最近では2000年に加工乳で大規模食中毒（患者13,420名）が発生したのを除くと，発生件数（年間30～100件程度），患者数（700～2,000人程度）とも減少している．

原因菌の黄色ブドウ球菌（*Staphylococcus aureus*）は単にブドウ球菌ともいわれる．耐塩性の通性嫌気性菌で，ヒトの皮膚，鼻腔，塵埃，下水などに広く分布している．食品への汚染源としてはとくにヒトの手指の化膿巣が重要で，ほかに喉や鼻腔に存在しているブドウ球菌が咳やくしゃみ，手指などを介して食品を汚染することが多い．

ブドウ球菌は食品中で増殖する際に毒素（エンテロトキシン）を産生し，これが食品とともに摂取されて食中毒を起こす．この毒素は耐熱性が強く，120°C・20分の加熱でも完全には破壊されない．したがって，食品中にブドウ球菌が増殖して毒素がつくられたときには，ふつうの加熱調理では菌は死滅しても毒素は破壊されないため，加熱食品でも食中毒が発生することになる．

ブドウ球菌による食中毒の潜伏期は通常1～5時間で，症状は吐き気，嘔吐，下痢，腹痛が起こる．とくに激しい嘔吐は本中毒の特徴である．一般に経過は軽く，1日程度で回復する．原因食品は握り飯および弁当類によるものが60～70%と圧倒的に多い．ほかに生菓子，菓子パン，惣菜類，学校給食，会食料理などが多い．いずれも作業従事者の手指からの汚染が原因である．

ブドウ球菌による食中毒の起因物質であるエンテロトキシンは耐熱性が強いため，食品中でこの菌が増殖して毒素がつくられた場合には，食前の加熱は予防対策にはならない．したがってブドウ球菌による食中毒を予防するためには，手指の洗浄，調理器具の洗浄殺菌などを徹底し，とくに化膿巣のある人は直接食品に触れないようするなど，本菌による汚染を防ぐことが重要である．また，汚染があっても，10°C以下ではほとんど増殖できないので，低温貯蔵により増殖・毒化を防ぐことも重要である．

e. ウェルシュ菌による食中毒

ウェルシュ菌食中毒は，食品中で増殖した大量のウェルシュ菌を摂取して腸炎を起こす食中毒であるが，その主因は本菌が小腸管内で増殖し胞子を形成する際に，過剰に産生された胞子殻の構成タンパクが菌体の自己崩壊により放出された単鎖ペプチド（エンテロトキシン）であることから，この食中毒は感染型でなく毒素型として扱われ，ブドウ球菌による食中毒（食品内毒素産生型）とは区別して，生体内毒素産生型とよばれる．

ウェルシュ菌（*Clostridium perfringens*）は大きさ0.7～2.4×1.3～19 μmのグラム陽性，端在性胞子を形成する非運動性の偏性嫌気性細菌である．増殖温度域は12～50°C（至適温度は43～47°C），増殖pH域は5.0～9.0（至適pHは7.2），増殖可能な水分活性の下限は0.93，食塩濃度の上限は7%である．ボツリヌス菌などにくらべて嫌気性が比較的弱い条件でも増殖でき，至適条件下での世代時間は10～12分と短い．胞子の耐熱性は$D_{98.8°C} = 26$～31分である．

エンテロトキシンは加熱に弱く（$D_{60°C} = 4$分），また酸にも弱くpH 4以下で破壊される．

ウェルシュ菌食中毒の潜伏期は8～12時間である．本食中毒のおもな症状は激しい水様性下痢と腹痛であり，嘔吐，発熱はまれである．経過は一般に軽症で，24時間以内に快方に向かう．

日本での発生件数は年平均30件程度で比較的少ないが，患者数は2,000人前後で，学校での事例が多いこともあって1件あたりの患者数が多いという特徴がある．ウェルシュ菌食中毒の原因食品は，おもに食肉の調理食品（カレー，シチューなど），魚介類の調理食品（煮物など）である．

ウェルシュ菌はヒトや動物の腸管内，土壌，下水，塵埃などに広く自然界に分布していて，食材が汚染を受ける機会は多い．しかも多くは胞子の状態で存在しているので，調理加熱後も生残している可能性が高い．ウェルシュ菌食中毒の発症のためには大量（一般に 10^8 個）の菌の摂取が必要であるため，予防対策としては，食品中での本菌の増殖を阻止すること（加熱後すみやかに食べ，室温に長く置かないこと）が最も重要である．また低温貯蔵や食べる前に十分に再加熱して，増殖している菌を殺菌することも予防に有効である．

（藤井　建夫）

5.2.4　自然毒食中毒

動植物が体内にもっている毒成分に起因する食中毒を，自然毒食中毒とよんでいる．自然毒食中毒は，微生物性食中毒とくらべると件数，患者数はそれほど多くないが，フグ毒やキノコ毒のように致命率の高いものがあるので，食品衛生上きわめて重要である．自然毒は動物性自然毒と植物性自然毒に分けられるが，食中毒をひきおこす動物性自然毒はすべて魚介類由来である．

A.　魚類の毒

a.　フグ毒

フグ目魚類（フグ科，ウチワフグ科，ハリセンボン科，ハコフグ科など）のうち，フグ毒をもつものはフグ科に限られている．フグの毒性は種類や組織（一般的には卵巣と肝臓の毒性が高い）によって異なるだけでなく，同一種でも個体差・季節差・地域差が著しい．フグ中毒の症状は通常食後 20 分～ 3 時間であらわれる．最初に唇や舌先のしびれが起こり，指先のしびれが続く．頭痛や腹痛を伴うこともある．次いで歩行困難，言語障害が起こり，重篤な場合は呼吸麻痺により死亡する．致死時間は 4 ～ 6 時間と早い．

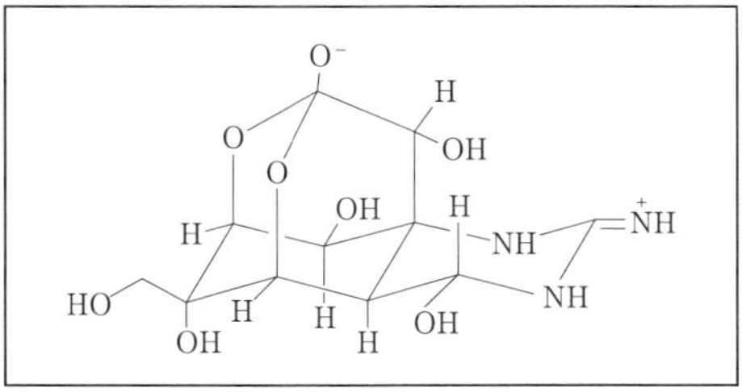

図 5.2.4-1　フグ毒（テトロドトキシンの構造）

フグ毒の本体はテトロドトキシン（TTX，図 5.2.4-1）で，ナトリウムチャネルをブロックして細胞膜上の興奮伝達を停止させる強力な神経毒である．TTX はフグのほかにも，両生類のカリフォルニアイモリ，*Atelopus* 属のカエル，魚類のツムギハゼ，棘皮動物のモミジガイ類，節足動物のオウギガニ類，軟体動物のヒョウモンダコ，肉食性巻貝（ボウシュウボラ，バイ，キンシバイなど），扁形動物のツノヒラムシ類，紐形動物のヒモムシ類，紅藻ヒメモサズキなど多様な生物に存在が確認されている．このうち，肉食性巻貝では TTX 中毒の例もある．さらにフグの腸内細菌や海洋細菌（*Vibrio* 属，*Pseudomonas* 属など）のなかには TTX を生産するものが見いだされており，TTX は細菌からはじまる食物連鎖を通して TTX 保有動物に蓄積されると考えられている．

b.　シガテラ毒

シガテラとは，熱帯海域から亜熱帯海域，とくにサンゴ礁海域に生息する魚類の摂食によって起こる致死率の低い食中毒のことである．自然毒による急性食中毒としては世界最大規模で，患者数は毎年 2 万人以上と推定されている．シガテラの最も特徴的な中毒症状は，ドライアイスセンセーションとよばれる温度感覚異常で，そのほかに筋肉痛，関節痛などの神経系障害，血圧低下などの循環器系障害，下痢，嘔吐などの消化器系障害がみられる．

シガテラ毒魚は数百種に及ぶといわれているが，とくに問題となる魚種はウツボ科のドクウツボ，カマス科のドクカマス（オニカマス），

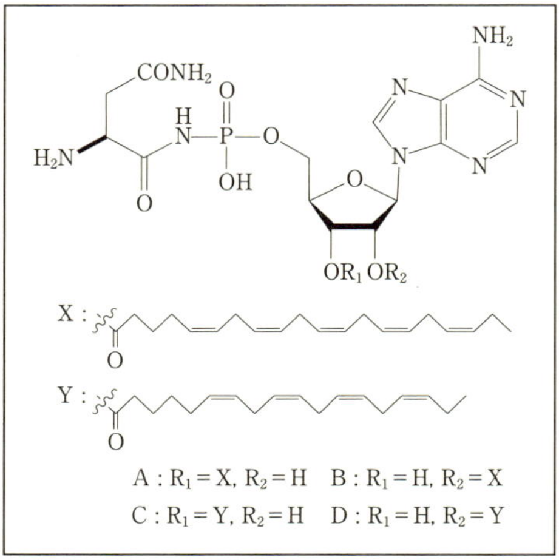

図 5.2.4-2　ジノグネリン A ～ D の構造

スズキ科のバラハタ，フエダイ科のバラフエダイ，ブダイ科のナンヨウブダイ，ニザダイ科のサザナミハギなどの約 20 種である．同じ魚種でも個体，漁獲場所，漁獲時期により無毒から強毒まで著しい差があり，中毒の予知を困難にしている．

シガテラ毒は複雑な構造をしたポリエーテル化合物で，主成分は脂溶性のシガトキシンである．シガテラ毒の産生者は石灰藻などの海藻に付着している有毒渦鞭毛藻 *Gambierdiscus toxicus* で，食物連鎖を通して魚類に蓄積される．

c.　魚卵毒

卵巣に毒成分を含み，食べると嘔吐，下痢，腹痛などの胃腸障害をひきおこす魚が知られている．わが国で古くから有名なものには，北海道を主産地とするタウエガジ科のナガズカがある．ナガズカが練り製品原料として本州に出荷されるようになった 1960 年頃に，中毒事件が一時的に続発した．原因となった魚卵毒は，ジノグネリン A ～ D（図 5.2.4-2）である．

d.　コイの毒

コイ科魚類の胆のうは，眼精疲労，咳，聴力などに効果があるとして中国や東南アジアでは古くから珍重されているが，胆のうの摂取により腎不全や肝不全などを伴った中毒が発生し，死者も出ている．わが国でも中毒例がある．毒成分は 5α-キプリノール硫酸エステル（図 5.2.4-3）である．なお，わが国では，コイの筋肉（こいこく，あらいまたはみそ煮）による中毒事件が 1976 ～ 1978 年にかけて一時的に九州で多発したが，原因毒は不明である．

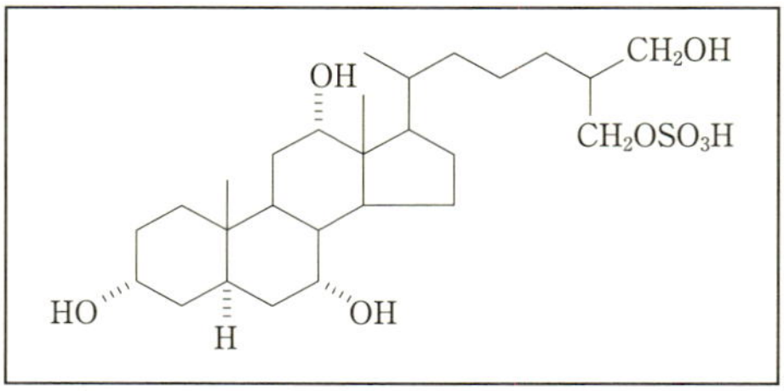

図 5.2.4-3　5α-キプリノール硫酸エステルの構造

e.　パリトキシン

ブダイ科のアオブダイの肝臓摂食により筋肉痛，関節痛，ミオグロビン尿症などを伴った中毒事件がわが国でこれまでに十数件発生し，数名の死者も記録されている．本中毒の原因毒は，複雑な構造をしたパリトキシン様毒と考えられている．また，ハコフグの肝臓摂食による中毒事件が最近何件か発生しているが，中毒症状や毒成分の性状からやはりパリトキシン様毒が疑われている．なお，熱帯域ではマイワシやニシンなどの近縁種による死亡率の高い食中毒〔ニシン類（Clupeidae）が原因であるためクルペオトキシズムとよばれている〕が散発しているが，原因毒はパリトキシン類縁毒であると突きとめられている．

f.　異常脂質

筋肉中の脂質が原因で下痢を起こす魚として，ギンダラ科のアブラボウズ，クロタチカマス科のバラムツおよびアブラソコムツが知られている．アブラボウズの場合，脂質の主成分は一般の魚と同様にトリグリセリドであるが，脂質含量が 50％近くに達するほど異常に高濃度なため，下痢が起こる．一方，バラムツとアブラソコムツの場合，脂質の主成分は下痢を起こすワックスエステル（高級脂肪酸と高級アルコールのエステルで，単にワックスということもある）である．バラムツは 1970 年に，アブ

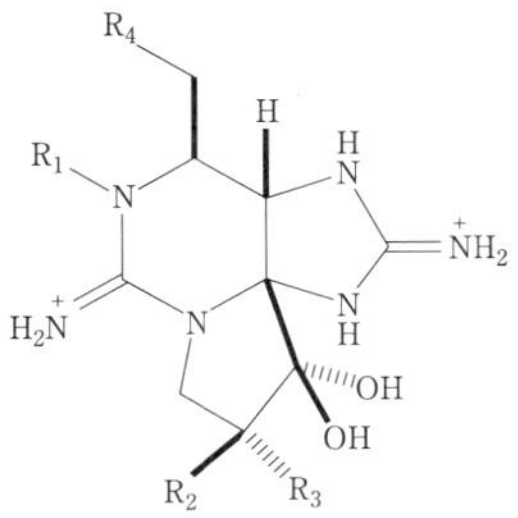

	R1	R2	R3	R4
サキシトキシン	H	H	H	$OCONH_2$
ネオサキシトキシン	OH	H	H	$OCONH_2$
dc サキシトキシン*	H	H	H	OH
ゴニオトキシン−1	OH	H	OSO_3^-	$OCONH_2$
ゴニオトキシン−2	H	H	OSO_3^-	$OCONH_2$
ゴニオトキシン−3	H	OSO_3^-	H	$OCONH_2$
ゴニオトキシン−4	OH	OSO_3^-	H	$OCONH_2$
C1	H	H	OSO_3^-	$OCONHSO_3^-$
C2	H	OSO_3^-	H	$OCONHSO_3^-$
C3	OH	H	OSO_3^-	$OCONHSO_3^-$
C4	OH	OSO_3^-	H	$OCONHSO_3^-$

*デカルバモイルサキシトキシン

図 5.2.4-4　麻痺性貝毒成分の構造

ラソコムツは1981年に食用禁止になっている．

g. ビタミン A 過剰症

ハタ科のイシナギの肝臓を摂食すると，食後30分〜12時間で激しい頭痛，発熱，吐き気などの中毒症状がひきおこされる．2日目頃からは，顔面や頭部の皮膚の剥離という特異な症状が伴う．肝臓に多量に含まれるビタミンAが原因で，中毒はビタミンA過剰症とよばれている．イシナギのほかに，大型魚（サメ，マグロなど），とくに老成魚の肝臓のビタミン含有量が高く，中毒を起こしている．なお，イシナギの肝臓は1960年に食用禁止になっている．

（塩見　一雄）

B. 二枚貝の毒

a. 麻痺性貝毒

濾過食性の二枚貝が，餌となるプランクトンに含まれる麻痺性の毒成分を蓄積して毒化し，この毒化した貝類をヒトが食べることで起こる食中毒が麻痺性貝毒である．原因となる毒成分を生産する渦鞭毛藻プランクトンは10種ほど知られており，国内では *Alexandrium tamarense*，*A. catenella*，*A. tamiyavanichii*，*Gymnodinium catenatum* の4種類の渦鞭毛藻プランクトンによる二枚貝の毒化が起こっている．

麻痺性貝毒の本体はサキシトキシンとその同族体で（図5.2.4-4），現在では20種類以上の成分が見つかっている．成分ごとに毒性の強さは異なっており，たとえばサキシトキシンはC1の百倍以上強い毒性を示し，フグ毒（テトロドトキシン）とほぼ同じ強さである．その作用機序はフグ毒と同じであり，ナトリウムチャネルを特異的に不活化し神経や筋肉の刺激伝達を阻害してしびれやけいれんなどの麻痺症状をひきおこす．重篤な場合は呼吸困難で死亡する．加熱には比較的安定で，一般的な調理の加熱で不活化されることはない．

厚生労働省は二枚貝類について食品衛生法上の測定方法と規制基準値を定めている．抽出液をマウス腹腔内に投与して致死時間を測定する方法により，可食部の毒量が1gあたり4MU（1MUは20gのマウスを15分間で殺す毒量）を超えた場合に食品衛生法違反となる．生産者はこれを超える毒量の貝類については出荷を停止し，市場に流通した二枚貝類で食中毒が起こらないようにしている．

なお，麻痺性貝毒の原因となる有毒渦鞭毛藻が発生した海域で毒化するのは二枚貝だけではない．ホヤは濾過食性であり，毒化したホヤを食べて食中毒が起きた例が国内で報告されている．沿岸部に生息し肉食性あるいは腐肉食性が

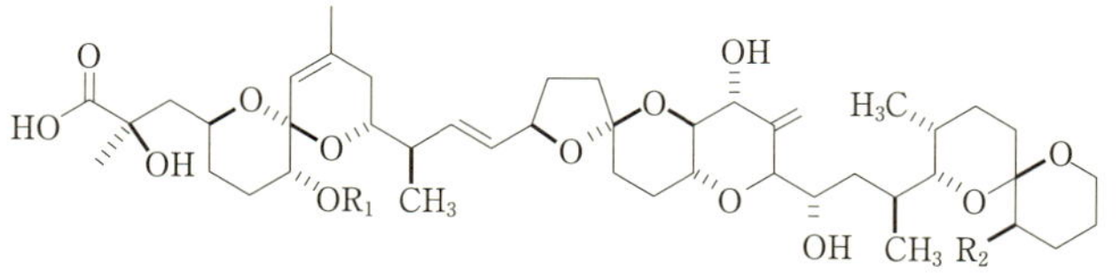

	R_1	R_2
オカダ酸	H	H
ディノフィシストキシン-1	H	CH_3
ディノフィシストキシン-3	acyl	CH_3

図 5.2.4-5　下痢性貝毒成分の構造（オカダ酸群）

あるカニ類や巻貝類では，餌生物となる二枚貝などに由来する麻痺性貝毒成分を肝膵臓などの内臓部に蓄積して，毒化するものがある．国内ではトゲクリガニやイシガニ，海外ではアメリカンロブスターなどで麻痺性貝毒成分が見つかっている．そのため，現在では二枚貝を捕食する生物についても食品衛生上の規制基準値が設けられている．このほか，輸入された西洋トコブシから麻痺性貝毒成分が見つかった例があるが，この巻貝は藻食性であり，どのような経路で毒化したかわかっていない．

b.　下痢性貝毒

下痢性貝毒は，1976 年と 1977 年にムラサキイガイやホタテガイを原因食品として東北地方で発生した下痢や嘔吐を症状とする食中毒をきっかけに，日本国内で初めて見つかった食中毒である．細菌性の食中毒でも同様の中毒症状を示すが，加熱調理された食品でも発症し，発症までの時間が短いことが異なる．

下痢性貝毒の原因成分はオカダ酸群（図 5.2.4-5），ペクテノトキシン群およびイェソトキシン群に分類され，いずれもポリエーテル化合物である．このうち，オカダ酸群に属するオカダ酸およびディノフィシストキシンは下痢を起こすことが確認されているが，ペクテノトキシン群とイェソトキシン群はマウス腹腔内投与による致死活性は認められるものの，下痢原性はオカダ酸群に比べて低いとされ，その扱いが議論されている．

EU ではイェソトキシンに関して，2002 年に従来の規制基準値を緩和する措置がとられた．国内では，下痢性貝毒は厚生労働省により食品衛生法上の測定方法と規制基準値が定められている．抽出液をマウスに腹腔内投与する方法で，可食部 1 g あたり 0.05 MU（1 MU は 16 ～ 20 g のマウスを 24 時間以内に殺す毒量）を超える場合に食品衛生法違反となる．オカダ酸群の毒成分は *Dinophysis* 属の *D. acuminata*, *D. fortii* など数種の渦鞭毛藻から検出されており，これらを餌とした二枚貝類が毒化して，下痢性貝毒の原因となると考えられている．このほか，*Prorocentrum lima* は付着性の渦鞭毛藻であることから二枚貝の毒化と関係があるかは不明だが，下痢性貝毒成分をもつ．また，海外では，二枚貝以外の生物でも下痢性貝毒成分による毒化が見つかっており，ノルウェーではブラウンクラブというカニ類で実際に食中毒が起こっている．

c.　記憶喪失性貝毒

アミノ酸の一種であるドウモイ酸を原因成分とする食中毒で，吐気，腹痛，下痢，頭痛などのほか，特徴的な症状として重症例で記憶喪失が認められる．1987 年にカナダ大西洋岸のプリンスエドワード島周辺で起きたムラサキイガイによる食中毒では死者も出た．ドウモイ酸は紅藻類のハナヤナギにも含まれており駆虫薬の成分としてすでに知られているが，前述のカナダの食中毒では，珪藻の *Pseudo-nitzschia multiseries* に産生されたドウモイ酸が，この珪藻を餌とした二枚貝に蓄積し食中毒の原因となった．ドウモイ酸を産生する珪藻は，同じ *Pseudo-nitzschia* 属や *Nitzschia* 属など数種が知られている．なお，ドウモイ酸についても魚類のアンチョビーや，ダンジネスクラブの肝膵臓から検出されたという報告がある．国内ではこれまでドウモイ酸による食中毒は起こっていないが，*P. multiseries* の分布が報告されており，注意が必要である．

C. 巻貝の毒

a. バイの毒

1965年に静岡県沼津産のバイを原因食品として，視力減退，瞳孔散大，口渇，言語障害などを症状とする食中毒が起こり，その後ネオスルガトキシン，プロスルガトキシンが食中毒の原因物質として単離された．問題となったバイは肉食性であり，毒性が中腸腺に局在したことから毒の由来は外因性とされている．また，バイの中腸腺や生息域の環境試料中からこの毒を生産する細菌が分離され，毒化への関与が示唆された．静岡県以外でも新潟県や福井県でバイによる食中毒が発生した例はあるが，中毒症状が異なっていたことなどからテトロドトキシンの蓄積による食中毒が疑われている．なお，別種ではあるが，ムシロガイ科のキンシバイという巻貝で2007年と2008年に麻痺性の食中毒が起こり，原因毒はテトロドトキシンであると報告されている．

b. 唾液腺の毒

エゾバイ科のヒメエゾボラやエゾボラモドキなど，ツブ貝とよばれることがある巻貝を食べたときに，「アブラ」に酔うといわれる中毒症状がみられる．「アブラ」というのは唾液腺のことで，この部分にはテトラミン $(CH_3)_4N^+$ が含まれている．このテトラミンを摂取すると，食後30分程度で頭痛，めまい，船酔感，視覚異常などの中毒症状があらわれる．ただし，テトラミンは体外への排泄が比較的早いため，症状も通常は数時間内に回復する．食用となる巻貝では唾液腺を除去して食用とすることで食中毒を防いでいる．

c. アワビの毒

アワビの内臓は地方によりウロやツノワタなどとよび，珍味として食べる習慣がある．しかし春先にこれらを食べたのちに日光を浴びると，顔面や手足に腫れや痛みを生じる中毒症状を起こすことがある．原因物質はアワビ中腸腺に含まれるピロフェオホルバイド *a* であり，これを摂取したことで起こる光過敏症がその症状の原因であることがわかっている．この物質はクロロフィル *a* の誘導体であり，アワビの餌である海藻類に由来すると考えられているが，春先だけにアワビ内臓に蓄積する理由はわかっていない．

D. 甲殻類の毒

南西諸島などに生息するオウギガニ科のウモレオウギガニ，ツブヒラアシオウギガニ，スベスベマンジュウガニなどからは，サキシトキシンなど麻痺性貝毒成分が見つかっており，食中毒も起きている．なかには1gあたり数千MUを超える多量の毒をもつ個体が見つかっている．また，毒の蓄積部位も特徴的で，内臓部だけではなく鋏や付属肢の筋肉と外骨格（殻）にも多量の毒を蓄積していた．

これらのカニ類の毒化と，二枚貝の毒化をひきおこす有毒渦鞭毛藻プランクトンの出現には関連がなく，胃内容物から見つかった，ある種の紅藻類（*Jania* sp.）がもつ麻痺性貝毒成分の関与が示唆されている．しかし，その紅藻類の毒量もカニに蓄積していた毒量に比較すると少量であり，毒化機構はまだ完全に解明されていない．またスベスベマンジュウガニは，麻痺性貝毒成分だけではなく，フグ毒であるテトロドトキシンもあわせてもつことがわかっている．

このほか，シンガポールやフィリピンでヒロハオウギガニやウロコオウギガニからパリトキシンが見つかっている．カニ類以外では，カブトガニからフグ毒（テトロドトキシン）と麻痺性貝毒成分が見つかっている．東南アジアではカブトガニを食用とする国もあるため，実際に食中毒が起こり死者も出ている．

E. 海藻の毒

国内ではオゴノリとその近縁種であるツルシ

ラモによる食中毒があり，3人の死亡例が報告されている．中毒では嘔吐，下痢，胃痛などの症状があり，重篤な場合は急激な血圧低下があり死に至っている．

これらの症状をひきおこす原因はプロスタグランジン類と推測されており，原因藻体中の酵素の働きにより生成したと考えられている．生のオゴノリや，軽くゆでた程度に調理されたものを摂食した場合に中毒が起こっており，通常，食品として販売されているオゴノリはアルカリ処理されているため，これまで問題となったことはない．

一方，海外ではカタオゴノリによる食中毒で死亡例があり，原因物質としてポリカバノシド類が推定されている．

（及川　寛）

5.2.5 化学性食中毒

食品の原料となる動植物あるいは食品そのものに，本来含まれていないはずの有害化学物質の汚染，混入，生成などが原因で発生する食中毒を，化学性食中毒とよんでいる．化学性食中毒は，発生件数および患者数は微生物性食中毒や自然毒食中毒にくらべるとはるかに少ないが，これまでにヒ素ミルク中毒事件，カネミ油症事件といった大規模な食中毒事件を経験しているので軽視できない．また，長期間摂取による慢性中毒事件（水俣病やイタイイタイ病）の原因となった化学物質もあり，発がん性の点で安全性が懸念されている化学物質も多い．

A. 有害金属

a. 水銀（Hg）

水銀は原子番号80の元素で，金属のなかでは常温常圧で唯一液体である．水銀による中毒事件としては，1956年に熊本県・鹿児島県にまたがって発生した水俣病と，1964年に新潟県で発生した阿賀野川水銀中毒事件（新潟水俣病とか第二水俣病ともよばれる）が有名である．両事件とも工場廃液に含まれていたメチル水銀が原因で，メチル水銀は食物連鎖を介して魚介類に濃縮され，汚染魚介類を食べた沿岸住民に大きな被害が出た．中毒症状は中枢神経系障害で，初期には四肢末端と口唇周辺のしびれ感が，進行すると歩行障害，視野狭窄，難聴などがあらわれ，重症の場合は死に至った．これらの水銀中毒症状は，1937年にイギリスの農薬工場で発生した神経症がメチル水銀中毒であることを報告したハンターとラッセルにちなんで，ハンター・ラッセル症候群とよばれている．

日本では，魚介類について総水銀0.4 ppm，メチル水銀0.3 ppm（水銀として）という暫定的規制値が定められており，これを超える濃度の水銀を含む魚介類の流通は禁止されている．ただし，マグロ類（マグロ，カジキおよびカツオ），内水面水域の河川産の魚介類（湖沼産の魚介類は含まない），深海性魚介類（メヌケ類，キンメダイ，ギンダラ，ベニズワイガニ，エッチュウバイガイおよびサメ類）は適用外となっている．

b. ヒ素（As）

ヒ素は原子番号33の元素で，古くから自殺や他殺に用いられてきた代表的な毒物である．1955年，岡山県を中心に西日本で発生したヒ素ミルク中毒事件は，日本における最大の食中毒事件で，患者12,159人，死者130人にも達した．原料乳に安定剤として添加された第二リン酸ナトリウムに，不純物として含まれていたヒ素（亜ヒ酸と推定されている）が原因で，ドライミルク中のヒ素含量は20〜30 ppmであった．中毒症状としては，発熱，下痢，腹部の腫れ，皮膚の色素沈着などがみられた．

一般に，陸上生物のヒ素含量はppbのオーダーであるのに対し，魚介類のヒ素含量はppmのオーダーと非常に高いことが知られ，食中毒をひきおこしたドライミルク中の含量を超えるものも珍しくない．しかし，魚介類に含まれるヒ素の大部分は図5.2.5-1に示すような水溶性有機化合物（主成分は海産動物ではアルセノベタイン，海藻ではアルセノシュガー）で，毒性・代謝に関する実験結果からこれらヒ素化合物は食品衛生上問題ないと考えられている．なお，ヒ素の基準値は食品に対しては定められていないが，水道水では0.01 mg L^{-1} 以下と

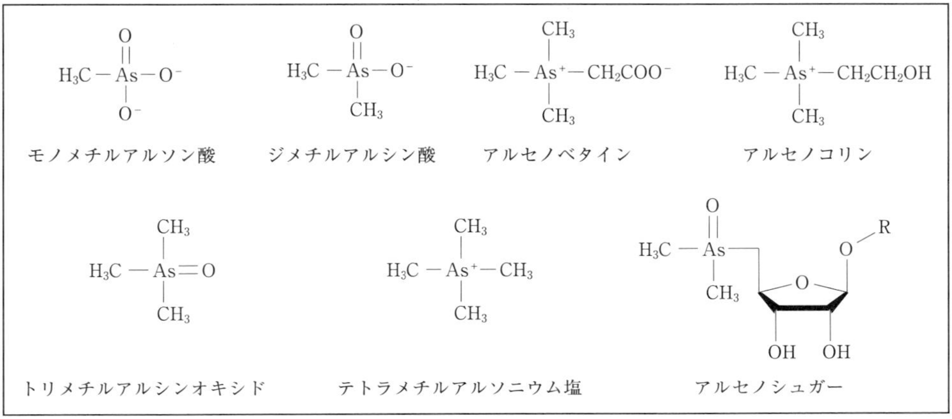

図 5.2.5-1　魚介類に含まれる水溶性有機ヒ素化合物の構造

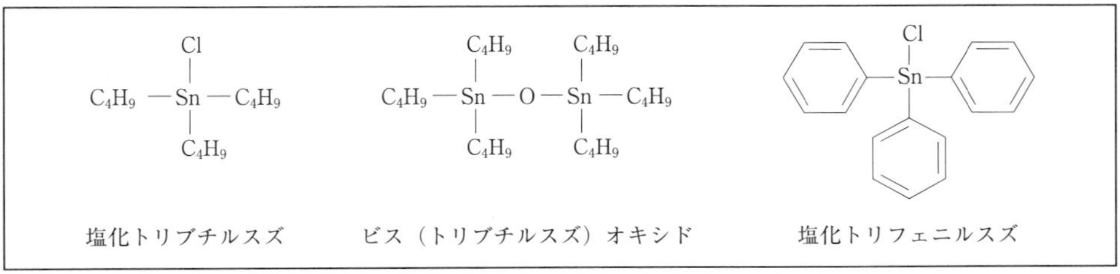

図 5.2.5-2　代表的なトリブチルスズ化合物およびトリフェニルスズ化合物の構造

なっている．

c.　スズ (Sn)

スズは原子番号 50 の元素で，メッキ材料として用いられている．缶ジュースや缶詰（とくに野菜や果物といった酸性食品の缶詰）ではメッキに用いられたスズが多量に溶出し，下痢，腹痛を主症状とする中毒をひきおこすことがある．清涼飲料水については，スズ 150 ppm 以下という規格が設けられている．

スズの毒性が最も問題になっているのは，貝類や藻類の付着を防ぐために船底塗料や養殖用の漁網防汚剤に用いられてきた，トリブチルスズ化合物およびトリフェニルスズ化合物（図 5.2.5-2）による海洋汚染である．海水に溶出したスズ化合物が魚介類に高濃度に蓄積し，ヒトへの健康影響が懸念されている．なお，有機スズ化合物は内分泌撹乱化学物質の 1 つであり，イボニシなど沿岸に生息する巻貝のメスのオス化（インポセックスとよばれている）をひきおこすことが明らかにされている．

d.　カドミウム (Cd)

カドミウムは原子番号 48 の元素で，大規模な慢性中毒事件としては富山県神通川流域の住民で発生したイタイイタイ病が有名である．イタイイタイ病は 1955 年に原因不明の奇病として報告されたが，その後の調査により，神通川上流の亜鉛・鉛精練所からの鉱滓，廃水中に高濃度に含まれていたカドミウムにより飲料水や穀物が汚染されたためであることがわかった．腎障害と骨軟化症が主要な症状で，疼痛（とくに大腿部と腰部の痛み）を伴う．日本人のカドミウム摂取に最も大きく関与しているコメについては，0.4 mg kg^{-1} 以下（玄米および精米）という規格が設定されている．急性中毒はまれであるが，1966 年に東京都で，うどんゆで機械のメッキに使われたカドミウムがうどんに移行

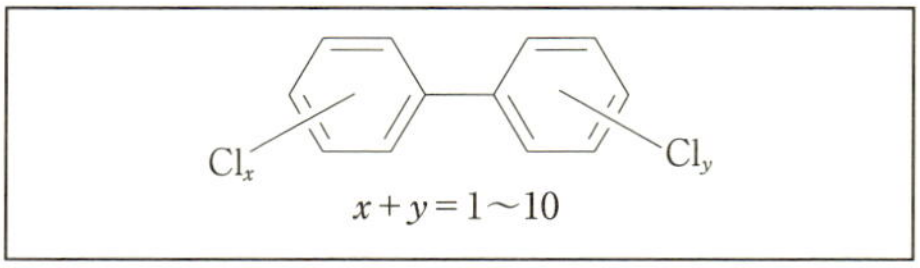

図 5.2.5-3　PCB の構造

して，吐き気，嘔吐を主症状とする事件が発生している．

B. PCB

polychlorinated biphenyls（PCB）は図 5.2.5-3 に示す構造のポリ塩化ビフェニルの総称で，塩素の数および置換位置により 209 種が存在する．耐酸性，耐アルカリ性，耐熱性，絶縁性，接着性，伸展性などに富む優れた物理化学的性質を有するので，熱媒体，トランスなどの絶縁油，複写紙用などとして世界的に大量に使用された．

しかし，PCB は難分解性のため環境汚染，とりわけ魚介類への蓄積を招くことがわかった．さらに，1968 年に北九州で発生した米ぬか油によるカネミ油症事件（米ぬか油中毒事件，ライスオイル中毒事件ともいう）でその毒性も注目された．本中毒事件は，米ぬか油の加熱脱臭工程で熱媒体として使用していた PCB が，パイプの腐食により油中に漏れたことが原因である．

こうした状況を受けて，1972 年に PCB は生産・使用が中止になるとともに，食品中の PCB の暫定的規制値が表 5.2.5-1 のように定められた．なお，PCB による環境汚染は現在に至るまで続いており，また PCB は内分泌撹乱化学物質の 1 つでもある．

表 5.2.5-1　PCB の暫定的規制値

対象食品	規制値（ppm）
魚介類	
遠洋沖合魚介類（可食部）	0.5
内海内湾（内水面を含む）魚介類（可食部）	3.0
牛乳（全乳中）	0.1
乳製品（全量中）	1.0
育児用粉乳（全量中）	0.2
肉類（全量中）	0.5
卵類（全量中）	0.2
容器包装	5.0

C. アレルギー様食中毒

イワシ，サンマ，サバ，カツオ，マグロなどの赤身魚の筋肉中には遊離ヒスチジンが高濃度に含まれている．貯蔵条件によっては，モルガン菌（*Morganella morganii*）のような腸内細菌や *Photobacterium phosphoreum*，*P. histaminum* などの，海洋細菌が産生する脱炭酸酵素の作用を受け，ヒスチジンからヒスタミンが生成されることがある（図 5.2.5-4）．

ヒスタミンは胃液分泌促進，血管透過性亢進，毛細血管の拡張，血圧低下などの作用をもつ．そのため，ヒスタミンが高濃度に蓄積した魚を摂取すると，顔面紅潮，じんましん，腹痛などのアレルギーに類似した症状がひきおこされ，これらはアレルギー様食中毒とよばれている．アレルギー様食中毒は，化学性食中毒のなかでは非常に重要で，化学性食中毒の発生件数および患者数のいずれも 3/4 を占めている．

なお，アレルギー様食中毒と食物アレルギーの一種である魚アレルギーとを混同しないようにしたい．アレルギー様食中毒の原因魚は赤身魚に限られ，赤身魚の筋肉に蓄積したヒスタミンを一定量以上摂取すると，誰でも症状を呈する．それに対して魚アレルギーでは，ほとんどすべての魚種が原因になり，体内の免疫系を介してマスト細胞から放出されるヒスタミンなどにより発症するが，発症は一部のアレルギー体質の人に限られている．

D. 変敗油脂

食用油脂を空気中に放置すると空気中の酸素により酸化され（自動酸化という），味やにおいが悪くなるとともに粘度も高くなる．このような油脂の劣化を変敗または酸敗という．油脂の自動酸化においては，炭素-炭素二重結合（C=C）をもつ不飽和脂肪酸（RH）が重要な役割を担っている．

まず，不飽和脂肪酸中の二重結合に隣接した炭素に結合している水素が引き抜かれ，フリーラジカル（R·）が生成される．フリーラジカル

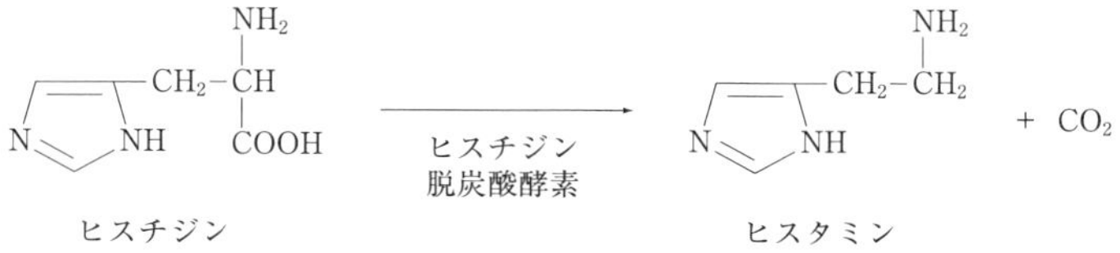

図 5.2.5-4　ヒスチジンからのヒスタミン生成

の生成は光，熱，金属イオンなどにより著しく促進される．フリーラジカルは空気中の酸素と反応してペルオキシラジカル（ROO·）になり，次いでほかの脂肪酸から水素を引き抜きヒドロキシペルオキシド（ROOH）が生成される．この際，同時にフリーラジカルが生成されて酸化反応は連続的に進行することになる．油脂酸化の1次生成物はヒドロキシペルオキシドであるが，ヒドロキシペルオキシドは不安定で，アルデヒド，ケトンなどといった2次生成物に容易に変化する．一方，ラジカルどうしの反応により重合体も生成し，油脂の粘度を高めることになる．

油脂の酸化生成物（過酸化物）は有毒で，即席焼きそば，即席ラーメン，揚げせんべい，ポテトチップスなどを原因食品とする中毒例がある．なお，水産動物油脂は陸上植物油脂とくらべて高度不飽和脂肪酸（炭素−炭素二重結合の数が多い脂肪酸）の含量が高いので，自動酸化を受けやすい．

E. 内分泌攪乱化学物質（環境ホルモン）

内分泌攪乱化学物質（外因性内分泌攪乱化学物質あるいは内分泌攪乱物質ともいう）とは，内分泌系の機能に有害な影響を与える外来性の化学物質である．内分泌系の機能（生体の恒常性，生殖，発生，行動など）は内分泌器官から分泌される各種ホルモンの作用によって調節・制御されているが，内分泌攪乱化学物質は生体ホルモンの合成，分泌，輸送，結合，作用あるいは分解を妨害するので，一般には「環境ホルモン」という名前で知られている．

内分泌攪乱化学物質としては，トリブチルスズ，フェニルスズなどの有機スズ化合物，PCBやダイオキシンといった有機塩素系化合物，DDT，BHCなどの有機塩素系農薬，ポリカーボネート樹脂の原料であるビスフェノールAなどがあげられている．内分泌攪乱化学物質の環境汚染による野生動物への影響としては，イボニシなど沿岸巻貝のインポセックス（原因は有機スズ化合物），フロリダのアポプカ湖に生息するワニの生殖器異常（原因はDDTなど），アメリカに生息する鳥類のくちばしの奇形（原因はダイオキシン）など枚挙にいとまがない．しかし，ヒトへの影響については因果関係が実証されている例はない．

F. N−ニトロソ化合物

N−ニトロソ化合物とはニトロソ基（−N=O）をもつ化合物の総称で，実験動物に対して発がん性を示す．N−ニトロソアミン（単にニトロソアミンともいう）とN−ニトロソアミドに分けられ，前者は二級アミンと亜硝酸とのニトロソ化反応で，後者は二級アミドと亜硝酸とのニトロソ化反応で生成する（図 5.2.5-5）．

N−ニトロソ化合物のもとになるアミンやアミドは魚介類，穀類，茶などに含まれるが，タラやニシンにとくに多量に含まれるジメチルアミンが最も問題になる．ジメチルアミンはこれら魚類が生鮮時に含んでいるのではなく，トリメチルアルシンオキシドから貯蔵中の酵素作用あるいは加熱調理中の熱分解を受けて生成する．

一方，N−ニトロソ化合物のもう1つの因子である亜硝酸の由来源は，野菜類（とくにダイコン，ホウレンソウ，コマツナなど）に高濃度に含まれている硝酸塩である．硝酸塩は野菜貯蔵中の微生物の作用やヒト唾液中の微生物の作用で還元されて亜硝酸になる．ニトロソ化は酸性条件で進行するので，N−ニトロソ化合物は

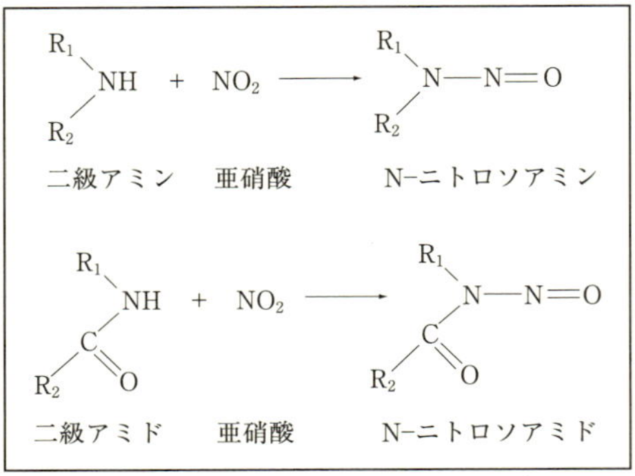

図 5.2.5-5　二級アミンまたは二級アミドと亜硝酸の反応による N−ニトロソ化合物（N−ニトロソアミンおよび N−ニトロソアミド）の生成

ヒトでは胃内で生成すると考えられる．

G. 農　薬

a. 農薬の分類

農薬は化学農薬と生物農薬に大別される．一般的に農薬といえば，農作物（樹木および農林産物を含む）を害する菌，線虫，ダニ，昆虫，ネズミ，雑草，ウイルスなどの防除に用いる殺菌剤，殺虫剤，殺そ剤，除草剤などの化学農薬を指している．そのほか，農作物の生理機能の増進または抑制に用いる成長促進剤や発育抑制剤，収穫後に倉庫などで害虫駆除に用いる燻蒸剤，さらには使用に際しての補助剤（溶剤，増量剤，乳化剤など）なども化学農薬に含まれる．

一方，農作物の病害虫の防除のためには天敵生物（天敵昆虫，天敵線虫，天敵微生物）や生物由来の成分であるフェロモンも利用されているが，これらは生物農薬と総称されている．

b. 残留基準値の設定法

食品中に残留する農薬等（農薬のほかに，動物用医薬品および飼料添加物を含む）に関しては，食品衛生法に基づいて残留基準が定められている．残留基準とは，食品に残留する農薬等の限度値を定め，これを超える食品は市場に流通しないように規制する基準である．農薬等の残留基準値は，通例個々の農薬等について食品別に，

$$\mathrm{ADI} \geqq \sum F_{\mathrm{n}} \cdot S_{\mathrm{n}}$$

を満たすように定められている．ここで ADI（acceptable daily intake）は個々の農薬等の一日許容摂取量〔当該化学物質（ここでは個々の農薬等）について，一生涯摂取しても健康へ有害な影響が認められないとされる 1 日あたりの摂取量〕，F_{n} は国民栄養調査に基づく食品ごとの一日平均摂取量，S_{n} は食品ごとの残留基準値である．すなわち，すべての食品について基準値まで農薬等が残留していたとしても，摂取する農薬等の総量は ADI を超えないようになっている．

各種安全性試験を行い，生物学的なすべての有害影響が対照群に対して，統計学的に有意な変化を示さなかった最大の投与量すなわち最大無毒性量（no observed adverse effect level : NOAEL）を求め NOAEL を安全係数（不確実係数）で割れば，この値が ADI になる．安全係数としては一般的に 100 が採用されているが，これはヒトと動物との感度の差を 10 倍，ヒトの個人差を 10 倍と見積もっているからである．

c. ポジティブリスト制度

従来，食品中に残留する農薬等に対しては，ネガティブリスト制度（原則として自由な中で，してはいけないことだけを定める制度）がとられ，残留基準のないものは基本的に流通の規制はなかった．しかし，残留基準がない農薬等もヒトの健康被害を招くおそれがあるので，2006年5月29日からポジティブリスト制度（原則として自由がない中でしてよいことだけを定める制度）が施行されている．

まず，これまで残留基準が定められていた農薬等については基準値をそのまま継承する．これまで残留基準が定められていなかった農薬等のうち，国際基準や欧米の基準があるものについては暫定的な基準を設定し，残りの大部分についてはヒトの健康を損なうおそれがないとして，厚生労働大臣が告示した一律基準（0.1 ppm）を採用している．なお，ヒトの健康を損なうおそれのないことが明らかであると厚生労働大臣が指定する農薬等（食品添加物とし

表 5.2.5-2　アレルギーを起こすおそれのある原材料を含む加工品の表示

表　示	原材料
義務化 （特定原材料）	エビ，カニ，卵，乳・乳製品，小麦，ソバ，落花生
奨励 （特定原材料に準ずるもの）	アワビ，イカ，イクラ，オレンジ，キウイフルーツ，牛肉，クルミ，サケ，サバ，大豆，鶏肉，バナナ，豚肉，マツタケ，モモ，ヤマイモ，リンゴ，ゼラチン

ても使用が認められているオレイン酸やレシチン，日常で食品に用いられている重曹など 65 種類）は例外で，食品中に残留していても基本的に流通の規制はない．

H. 食物アレルギー

近年，食物アレルギーは患者数の増加のため大きな社会問題となっている．アレルギーの原因となる食品は食習慣や摂取量などを反映して国によって異なるが，日本の場合，乳幼児では卵と牛乳が，成人では魚介類がとくに重要である．

a. 発症機構

アレルギー体質の人では免疫系が異常であったり過敏であったりするため，食品成分を非自己として認識し退治する方向に働いてしまう．これが食物アレルギーである．食物アレルギーの大半は典型的なⅠ型アレルギー（即時型アレルギー）で，アレルギー体質の人では，アレルギー誘発物質（アレルゲン）に対して特異的なイムノグロブリン E（immunoglobulin E : IgE）抗体が多量に産生される．IgE はレセプターを表面にもつマスト細胞と結合するが，ここにアレルゲンが侵入してマスト細胞表面の IgE と架橋するように結合すると，マスト細胞から化学伝達物質（ヒスタミンなど）が放出されアレルギー症状がひきおこされる．マスト細胞は皮膚，気道，腸管などに多く存在するので，それぞれの部位で特徴的なアレルギー症状（たとえば，皮膚ならじんましん，気道ならぜんそく，腸管なら下痢）があらわれることになる．

b. アレルギー表示制度

食物アレルギーによる健康危害を未然に防ぐ方策として，食品表示による消費者への情報提供が有効であると考えられる．日本ではこの問題にいち早く取り組み，2001 年 4 月に，世界に先駆けてアレルギー物質を含む食品の表示制度を施行した（1 年間の猶予期間あり）．本制度の開始当時は，症例数が多いまたは重篤な症例（アナフィラキシーショック症例）が多い 5 品目（小麦，ソバ，卵，乳，落花生）が特定原材料として定められ，これらを原材料として用いた加工食品ではその旨を表示することが義務づけられた．また，魚介類 7 品目（アワビ，イカ，イクラ，エビ，カニ，サケ，サバ）を含む 19 品目は特定原材料に準ずるものとして表示することが推奨された．その後，2004 年 10 月にはバナナが特定原材料に準ずる品目として追加され，さらに 2008 年 6 月 3 日にはエビ，カニが特定原材料に格上げされ表示が義務化されることになった（2 年間の猶予期間あり）．現時点では，特定原材料は 7 品目，特定原材料に準ずるものは 18 品目となっている（表 5.2.5-2）．

c. 魚介類のアレルゲン

食物アレルギーの誘発物質（アレルゲン）は食物中のタンパク質である．主要アレルゲンは，魚類ではパルブアルブミン（12 kDa の筋形質タンパク質），甲殻類および軟体動物では共通してトロポミオシン（35 ～ 38 kDa のサブユニット 2 本からなる筋原線維タンパク質）である．両タンパク質とも加熱に対して非常に安定であるので，加熱調理ではアレルギーは防止できない．主要アレルゲンのほか，魚類ではコラーゲン，甲殻類ではアルギニンキナーゼ，カルシウム結合性筋形質タンパク質（sarcoplasmic calcium-binding protein）およびミオシン軽鎖もアレルゲンとして同定されている．

（塩見　一雄）

5.3 水産物の腐敗

5.3.1 腐敗の定義

食品が微生物の作用によって種々の悪臭成分（アンモニア，硫化水素，酪酸など）を生成し，最後には食べられないものになってしまう現象を腐敗とよぶ．

かまぼこにネトや褐変が生じたり，魚肉に酸味がしたり，缶詰内容物が変質する場合のように，腐敗臭が強くなくまだ完全には可食性を失っていないような場合には，腐敗といわず変敗ということがある（変敗という用語は油脂の酸化に対しても使われる）．

腐敗はタンパク質を多く含む食品で顕著であるが，そのほか，ご飯や野菜，果実類などでもごく一般的にみられる．

食品にはさまざまな微生物が付着しているが，それらの微生物のうち，食品の成分やpH，塩分濃度，食品が置かれた環境（温度，気相など）に適したものだけが増殖して優占し，食品を腐敗に導く．このような微生物を腐敗微生物という．

食品の成分や微生物の種類にもよるが，食品中の細菌数が1gあたり10^7～10^8程度に達すると，においや外観の変化によって腐敗が感知されることが多い．一般に，生菌数や揮発性塩基窒素量などが腐敗の指標として用いられる．このほか海産魚ではトリメチルアミンが用いられることもある．

5.3.2 腐敗による化学成分の変化

腐敗により食品成分はさまざまな変化を受ける．とくににおい成分の変化が著しいが，そのほか，食中毒の原因となる腐敗アミンの生成やネト，色素の産生，あるいは包装食品の膨張を起こすガスの発生などの変化がみられる．

A. におい成分

食品の腐敗臭は，食品の種類や包装の状態，貯蔵の条件などによって異なる．一般に海産の魚介類では，アンモニアとトリメチルアミンがおもなにおい成分である．

a. アンモニア

腐敗によって生成されるアンモニアは，おもに食品成分中にエキス成分として存在するアミノ酸に由来する．微生物によるアミノ酸の分解は，① 脱炭酸反応によるアミンの生成，② 酸化的脱アミノ反応によるアンモニアとケト酸の生成，③ 直接の脱アミノ反応によるアンモニアと不飽和脂肪酸の生成，④ 還元的脱アミノ反応によるアンモニアと有機酸の生成の4つの経路によって行われる．これらのうち，酸素の供給が十分な場合には，おもに ② の酸化的脱アミノ反応が進行する．

サメ，エイなどの板鰓類の魚では，筋肉中に多量の尿素を含んでいるので，それらが死ぬと，各種細菌がもつウレアーゼの作用で多量のアンモニアを生成する．

b. 硫化水素，メルカプタン

硫化水素，メチルメルカプタン，エチルメルカプタン，ジメチルサルファイドなどのイオウ化合物は微量で感知される成分であり，*Shewanella*，*Alteromonas* など種々の細菌によって含硫アミノ酸から生成される．

c. 酪酸，酢酸

酪酸は，食品が嫌気的な条件下で腐敗した際に生成される代表的な悪臭成分の1つである．*Clostridium* 属細菌ほか一部の嫌気性細菌によって生成される．また酢酸は大腸菌，*Vibrio*，*Acetobacter* などによって生成される．

d. エチルアルコール

エチルアルコールをはじめとするアルコール類は食品の味や保存性に関係するが，食品のにおいにも関係する．エチルアルコールは酵母やヘテロ発酵型乳酸菌によって生成される．

e. トリメチルアミン

トリメチルアミンは海産魚介類に特有の腐敗臭成分である．トリメチルアミンオキシド還元酵素をもつ *Shewanella*，*Alteromonas*，*Vibrio*，*Flavobacterium* などの細菌によって，魚介類のエキス成分であるトリメチルアミンオキシドから生成される．

B. その他の腐敗産物

a. ヒスタミン

アミノ酸が細菌の脱炭酸作用を受けると，ヒスタミンやプトレシン，カダベリンなどのアミン類が生成される．そのうち，ヒスタミンはアレルギー様食中毒の原因物質として食品衛生上とくに重要であり，遊離のヒスチジンを多量に含む赤身魚がこの食中毒の原因食品となりやすい．*Morganella morganii*，*Citrobacter freundii*，*Raoultella planticola*，*Photobacterium damselae* などが代表的なヒスタミン生成菌である．

b. 乳　酸

食品中に生成される乳酸は食品の味や保存性にも関係し，*Lactobacillus*，*Lactococcus*，*Leuconostoc* などの乳酸菌などによって生成される．

c. ガ　ス

缶詰やレトルト食品，包装されたハムや魚肉ソーセージ，かまぼこなどの食品中で炭酸ガス・水素ガスが生成されると膨張の原因となる．これらのガスは，おもに *Clostridium* などの嫌気性細菌が糖を分解することによって生成される．包装食肉製品でみられる膨張は，ヘテロ型乳酸菌による CO_2 ガスが原因となっていることもある．

d. ネ　ト

魚肉ソーセージやかまぼこなどの表面にみられるネトの主体は *Bacillus*，*Micrococcus*，乳酸菌などの集落である．これらのネトは粘液様で，強いにおいをもっていることが多い．ショ糖を含むかまぼこにみられるネトは *Leuconostoc mesenteroides* の産生するデキストランである．

5.3.3　水産物の腐敗の様相

食品の腐敗にどのような微生物が関係するかということは，原料の種類だけでなく，加工や貯蔵工程の影響も大きい．とくに加熱殺菌工程があるような場合には，食品原料の種類よりも，非加熱食品か加熱食品かといった食品のタイプごとに共通性がみられることのほうが多い．ここでは，生鮮食品の例として ① 鮮魚を，加熱殺菌食品の例として ② 缶詰と ③ 魚肉練り製品をとりあげ，腐敗の様相について述べる．

A. 鮮魚介類の腐敗

魚介類の死後における鮮度低下は，① 自己消化酵素による貯蔵初期の生きのよさの低下と，② それに遅れて進行する腐敗（細菌による）の 2 つに大別することができる．

魚介類は畜肉にくらべて腐敗しやすいが，その理由は，① 魚介類の皮膚には 1 cm^2 あたり 10^3 ～ 10^5 と多数の細菌が付着しており，② それらのなかには低温でも増殖できるものが多い，③ 畜肉にくらべて結合組織の発達が悪く，肉質も弱い，④ 筋肉の自己消化作用が強い，⑤ 死後の筋肉の pH 低下が比較的少なく，畜肉より細菌の増殖に適していることなどによる．

魚介類の腐敗の進行の程度は，同じ貯蔵条件であっても，魚種，付着細菌相，死後変化（死後硬直の前後など），漁獲後の二次汚染などの要因によって異なる．そのうえ魚介類は同じ魚種であっても，部位，大きさ，季節，生息環境，餌料などによって成分組成が異なるので，腐敗の様相は複雑である．

a. 冷蔵魚

鮮魚の腐敗は付着細菌の種類，数などにより異なるが，冷蔵条件下では，中温菌は増殖できず，低温菌も一般には温度が低いほど増殖が抑制されるので，貯蔵温度の影響は大きい．たとえば，新鮮なマアジを 0 ～ 5°C に貯蔵した場合，生菌数が 1 cm^2 あたり 10^8 に達し腐敗に至るまでの日数は，5°C では約 5 日，0°C では約 10 日である．わが国近海で漁獲された魚を 0.5°C で貯蔵した際の腐敗時のフローラは *Vibrio*，*Pseudomonas* など，低温での増殖速度の速いものが多い．

b. 冷凍魚

冷凍による細菌の死滅の程度は，凍結・解凍時の条件のほか菌の種類によっても異なるが，魚の場合せいぜい 1 桁減少する程度である．

凍結により，凍結に弱い *Pseudomonas* や *Vibrio* が死滅し，耐凍性の *Moraxella* と球菌類が生残するので，解凍魚を冷蔵した場合のフローラは非凍結魚の場合と異なり，解凍時に多

表 5.3.3-1　水産練り製品の加熱条件と貯蔵条件

品　名	加熱条件	貯蔵条件
無包装・簡易包装かまぼこ	75°C 以上	—
特殊包装（ケーシング詰，リテーナ成形）かまぼこ	80°C・20 分またはそれ以上	10°C 以下*
魚肉ハム・ソーセージ	80°C・45 分またはそれ以上	10°C 以下*

* 120°C・4 分，pH 5.5 以下，水分活性 0.94 以下のいずれかの製法によるものは常温で可.

く生残した *Moraxella* が最も優勢となる.

c.　ガス置換貯蔵魚

ガス置換貯蔵では CO_2 ガスによる増殖抑制効果が顕著で，腐敗までの時間はほぼ 2 倍に延長される．ガス置換貯蔵魚の腐敗時の細菌フローラは，魚種，漁獲海域や貯蔵時のガス組成，温度，貯蔵日数などにもよるが，わが国近海で漁獲された魚では *Vibrio-Aeromonas* 群細菌が優占する傾向にある．開封後の細菌フローラは *Pseudomonas* が優勢となる．なお，ガス置換貯蔵中も細菌は死滅しないので，途中で開封した場合にはおもに *Pseudomonas* によって速やかに腐敗が進行する.

B.　缶　詰

缶詰は食品を容器に詰め，脱気後密封し，加熱殺菌したもので，保存性のきわめて高い食品である．なかでも水産缶詰は，わが国で最も歴史が古く，生産量も多い．缶詰の殺菌条件は，ボツリヌス菌の殺滅を目的として，F_0 値 4 以上とすることが決められており，一般に 108 ～ 116°C で 60 ～ 120 分程度の加熱が行われている．しかし微生物のなかには，このような条件でも死滅しない細菌も存在し，*Bacillus stearothermophilus*（$D_{120°C}$ = 4 ～ 5 分）や *Clostridium thermoaceticum*（$D_{120°C}$ = 5 ～ 46 分）のようにきわめて耐熱性の強いものもいる．これらは高温細菌であり 40°C 以下では増殖しないので，ふつうは問題となることは少ないが，ホットベンダーで加温販売されるコーヒー缶詰などでは問題となったことがある.

缶詰の製造工程は大部分が機械化，自動化されているが，管理が不十分な場合には製品が変敗することがある．缶詰の変敗は缶の外形から，フラットと膨張（程度によりフリッパー，スプリンガー，スウェル）に分けられている．その原因の多くは殺菌不足か，殺菌後の冷却水などからの二次汚染（密封不良）によるものである.

C.　魚肉練り製品の腐敗

魚肉練り製品（かまぼこ，ちくわなど）の製造工程には加熱工程があるため，貯蔵性のよい加工品と思われやすいが，無包装および簡易包装製品の加熱条件は 80°C・数十分ほど（**表 5.3.3-1**）であり，この程度の加熱では原材料に由来する細菌のかなりのものが生残する．練り製品中の生残菌は，加熱温度が 70°C 以下ではおもに球菌が検出され，75°C を超えると有胞子桿菌のみとなる.

魚肉練り製品は，ボツリヌス中毒防除の立場から，特殊な製法によるもの以外は**表 5.3.3-1** のような加熱・貯蔵条件が決められている．魚肉ハム・ソーセージと特殊包装かまぼこでは，加熱後に E 型菌以外のボツリヌス菌が生残し毒化するおそれがあるため，10°C 以下での貯蔵が義務づけられている．ただし，120°C・4 分加熱，pH 5.5 以下，水分活性 0.94 以下のいずれかの製法による場合にはそのおそれがないため，除外されている.

魚肉練り製品の腐敗原因菌は包装形態によって異なる．無包装および簡易包装製品では，表面が細菌やカビにより二次汚染されるので，表面から先に変敗が起こるのが通常である．包装かまぼこでは変敗菌は加熱後に生残する有胞子細菌（*Bacillus*）による場合が多く，斑点や気泡，軟化，膨張などの変敗を生じる．ただし，これらの原因菌は中温菌が多いので，10°C 以下で流通，保存すればかなりの期間腐敗しない.

（藤井　建夫）

5.4 水産物と寄生虫

5.4.1 魚介類から感染する寄生虫

魚介類の寄生虫は原虫，粘液胞子虫などのような単細胞生物や，扁形動物，菱形動物，鉤頭動物，環形動物，紐型動物，線形動物，軟体動物，および節足動物などの多細胞生物まで分類学上で広く分布する．扁形動物〜線形動物はかつて蠕虫類といわれていた．

このうち，扁形動物（吸虫類，条虫類）と線形動物（線虫類）に分類されている寄生虫のなかに，生きた虫体をとりこむことにより人体内でいろいろな障害や疾患をひきおこすものがいる．これらについて言及する．また，これらのほかにも，養殖ヒラメの摂食による下痢，嘔吐，腹痛などの症状がみられる一過性の食中毒は，最近になって粘液胞子虫類の *Kudoa septempunctata* が原因であることがつきとめられた．本虫を原因とする食中毒事例は，後述の寄生虫とともに厚生労働省の食中毒統計において，原因物質または病因物質としては「その他」としてとりあつかわれることとなった．なお，食品衛生上の問題がないと考えられている寄生虫については，省略する．

A. 吸虫類

a. 形態および生活環

口吸盤と腹吸盤をもち，これが di（ふたつの）stoma（開口部）とみなされ，ジストマとよばれていた．魚介類が媒介する，吸虫類の一般的な生活環の概略を図 5.4.1-1 に示す．終宿主までに 2 種の中間宿主を経ることが多く，卵から成虫になるまで順に，ミラシジウム→スポロシスト→レジア→セルカリア→メタセルカリアとよばれる形態の時期を経る．第 1 中間宿主の体内でセルカリアまで発育し，セルカリアは水中に遊出後に侵入するか遊出しないで捕食されることにより，第 2 中間宿主へ寄生する．第 2 中間宿主内でメタセルカリアに発育して終宿主へ寄生する．なお例外もあり，たとえば日本住血吸虫は食品を媒介せず，ミヤイリガイから水中に遊出したセルカリアが人体に経皮感染する．

b. 代表的な有害な吸虫類

人体に寄生する吸虫類の代表例と，第 1 および第 2 中間宿主の生物の例を表 5.4.1-1 に示す．このほかにも鳥類を終宿主とするギムノファロイデスによる消化器障害や，クリノストマムによる咽頭異物感などの報告例がある．

B. 条虫類

a. 形態および生活環

条虫類はすべて寄生性である．成虫は頭部以降が片節とよばれる細かく仕切られた組織からなる．片節の連なりはストロビラとよばれ，各々の片節内に雌雄両者の生殖器を備えている．魚介類が媒介する条虫類の生活環を図 5.4.1-2 に示す．終宿主までに 2 種の中間宿主を経ることが多く，卵から成虫になるまで順に，コラシジウム→プロセルコイド→プレロセルコイドとよばれる形態の時期を経る．

b. 代表的な有害条虫類

広節裂頭条虫，日本海裂頭条虫，大複殖門条虫などが小腸に寄生することによって下痢，腹部違和感などの消化器症状を呈する．虫体を駆虫した際に，長さ 10 m 前後に達した例もある．これらの寄生虫は真田紐に似ていることから，俗にサナダムシともよばれる．広節裂頭条虫と日本海裂頭条虫は形態が似ているが，PCR 法を用いてチトクローム C オキシダーゼのサブユニット 1 遺伝子の DNA 配列を解析，比較することにより同定できる．

C. 線虫類

魚介類に寄生する線虫類は，ヒトが固有宿主ではないので幼虫は成虫にまで発育することはないが，人体にさまざまな障害をもたらす．代表的なものについて記す．

a. アニサキス

クジラやアザラシの仲間を終宿主とし，消化管内に寄生している．海中に放出された卵内で第 1 期幼虫としてふ化後，第 2 期幼虫となってオキアミなどに捕食されると第 3 期幼虫に発育する．これを捕食した魚類やスルメイカなどの内臓や筋肉に寄生する．寄生した魚介類を海産哺乳類が摂取すると，第 4 期幼虫を経て成虫

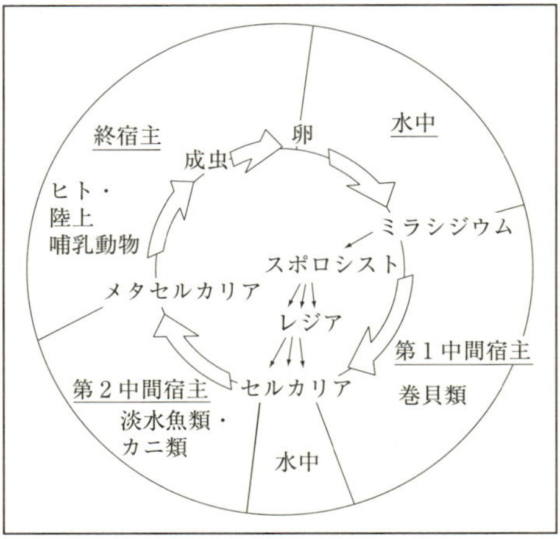

図 5.4.1-1　人体に寄生する魚介類由来の吸虫類の生活環

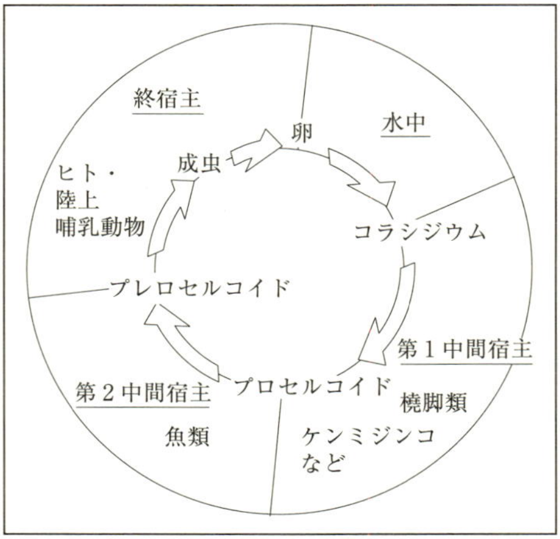

図 5.4.1-2　人体に寄生する魚介類由来の条虫類の生活環

表 5.4.1-1　吸虫類の媒介生物への伝播経路の一例

吸虫名	第 1 中間宿主	第 2 中間宿主
肝吸虫	マメタニシ	モツゴ ワカサギ コイ
横川吸虫	カワニナ	アユ シラウオ ウグイ
ウェステルマン肺吸虫	カワニナ	サワガニ モクズガニ アメリカザリガニ
宮崎肺吸虫	ホラアナミジンニナ	サワガニ
有害異形吸虫	ヘナタリ	ボラ シマイサキ マハゼ
棘口吸虫類	モノアラガイ ヒラマキモドキ	ドジョウ タナゴ カエル類（幼生）

になる．ヒトが生きた第3期幼虫を摂取すると，胃や腸内に穿孔してアニサキス症をひきおこすことがある．一方，アニサキスは即時型アレルギーの原因でもあり，死んだ虫体もアニサキス特異 IgE 保有者に対して危険な場合がある．同様な症状は，近縁種のシュードテラノーバによってもひきおこされることが知られている．

b. 顎口虫類

イヌやネコなどを終宿主とする有棘顎口虫，ブタやイノシシを終宿主とする剛棘顎口虫やドロレス顎口虫，イタチを終宿主とする日本顎口虫などによる人体感染例がある．いずれもケンミジンコ類を第 1 中間宿主，次いで淡水魚やカエル類などを第 2 中間宿主とする寄生虫で，これらの筋肉や内臓に第 3 期幼虫が寄生している．肉食性淡水魚やヘビ類などが寄生生物を捕食した場合，捕食者は待機宿主となる．ヒトが生きた虫体を摂取すると消化管から体内に入った後に皮下に移動して，皮膚爬行症のほか，種々の障害をひきおこす．

c. 旋尾線虫

タイプテンとよばれる体長約 1 cm の線虫が，ホタルイカの内臓に寄生していることがある．踊り食いや刺身などで内臓を生食することにより本虫が人体にとりこまれると，腸閉塞や皮膚爬行症などをひきおこすことで食品衛生上の問題となった．これを契機に 2000 年 6 月に旧厚生省から，生食用のホタルイカの取り扱いと販売に関する通達が出された．なおタイプテンはホタルイカのほかに，ハタハタやタラ類などにも寄生報告がある．

（嶋倉　邦嘉）

5.5 食品添加物

5.5.1 食品添加物とは

食品添加物（以下添加物と記す）とは，食品衛生法において「食品の製造の過程において又は食品の加工もしくは保存の目的で，食品に添加，混和，浸潤その他の方法によって使用するものをいう」と定義されている．すなわち製品の最終段階までに除去や中和などにより残存しなくても，1度でも製造工程で使用されるものは添加物である．

添加物は，行政上では① 食品衛生法に基づき厚生労働大臣が定めた「指定添加物」，② 1995年に改正された食品衛生法の公布の時点で使用が認められていたが，香料と一般的な食品を除く天然の動植物由来の「既存添加物」，③ 天然の動植物由来で食品の着香の目的で使用される「天然香料」，④ 天然の動植物で一般に食用とされる「一般飲食物添加物」に分けられる．2011年12月現在，この順に423，365，約610，約100品目の使用が認可されている．

5.5.2 食品添加物の規格および基準

A. 添加物の規格

規格とは成分規格のことで，安定した品質の製品を確保するために最低限守るべき項目を添加物ごとに示したものである．純度のほか，有害なヒ素や重金属，さらに添加物の種類によっては製造時の副産物などの上限値が定められている．成分規格は指定添加物だけではなく，必要に応じて既存添加物についても定められている．

B. 使用基準

成分規格の条件を満たしたものでも過剰摂取による影響が生じないように，使用できる食品の種類，量，目的，および方法が添加物の品目ごと，あるいは対象食品ごとに定められた基準（5.5.4）である．使用基準は多くの指定添加物と一部の既存添加物，および一般飲食物添加物に設けられているが，安全性が高く日常的に食用とされ，設けられていないものもある（例：L－グルタミン酸ナトリウム）．また，着香の目的に限り使用が認められているので，天然香料には使用基準は設定されていない．

C. 製造基準

添加物製造時の条件を定めたもので，不溶性の鉱物性物質の使用時や食品添加物製剤の製造時の規制，組み換えDNA技術によって得られた微生物を製造に利用する際の条件，特定牛の脊柱を原料とする場合の制限などが記されている．そのほか，中華めん製造用の「かんすい」や，天然物から得られる色素や香料などの抽出溶材に関する規定も記されている．

D. 表示基準

添加物の名称，製造者や販売者として記載すべき事項，使用基準，保存基準，成分規格，および表示量に関する規定があるものに対し，重量パーセントや色価などの表示方法について決められている．

E. 食品添加物公定書

食品衛生法第21条において厚生労働大臣が作成する．添加物に関する通則，一般試験法，試験に使う試薬・試液のほか，上記A～Dの規格や基準が収載されている書籍で，1960年に第1版が公表されたあとに追補・改訂が重ねられ，2007年に第8版が発刊されている．

5.5.3 食品添加物の表示

A. 表示の対象となる食品

消費者庁により通知された「食品衛生法に基づく添加物の表示等について」において，添加物を表示しなければならない食品が規定されている．それらの食品群を表5.5.3-1に示す．

B. 活字の大きさ

文字（活字）は8ポイント（JIS活字12級）以上．ただし，表示面積が30～150 cm^{2}程度の場合には5.5～7.5ポイント（JIS活字8～11級）で表示することが認められている．なお，酒類については表示面積が150 cm^{2}以上でも7.5ポイントで表示できる．

C. 表示の場所

容器包装を開かなくても容易に見える場所

表 5.5.3-1　添加物を表示すべき食品（食品衛生法第19条第1項の規定に基づく表示の基準に関する内閣府令より）

1	マーガリン
2	酒精飲料（アルコール1%以上の飲料および溶解して同濃度以上になるものを含む）
3	清涼飲料水
4	食肉製品
5	魚肉ハム，魚肉ソーセージおよび鯨肉ベーコンの類
6	シアン化合物を含有する豆類
7	冷凍食品（製造し，または加工した食品（清涼飲料水，食肉製品，鯨肉製品，魚肉ねり製品，ゆでダコおよびゆでガニを除く）および切り身またはむき身にした鮮魚介類（生カキを除く）を凍結させたものであって，容器包装に入れられたものに限る）
8	放射線照射食品
9	容器包装詰加圧加熱殺菌食品
10	鶏の卵
11	容器包装に入れられた食品（前各号に掲げるものを除く）であって，次に掲げるもの イ　食肉，生カキ，生めん類（ゆでめん類を含む），即席めん類，弁当，調理パン，そうざい，魚肉ねり製品，生菓子類，切り身またはむき身にした鮮魚介類（生カキを除く）であって生食用のもの（凍結させたものを除く）およびゆでガニ ロ　加工食品であって，イに掲げるもの以外のもの ハ　アンズ，オウトウ，かんきつ類，キウイ，ザクロ，スモモ，西洋ナシ，ネクタリン，バナナ，ビワ，マルメロ，モモ，リンゴ
11の2	牛の食肉（内臓を除く）であって，生食用のもの（容器包装に入れられたものを除く）
12	大豆，トウモロコシ，バレイショ，菜種，綿実，アルファルファ，てん菜，パパイヤおよびこれを原料とする加工食品（当該加工食品を原材料とするものを含む）
13	特定保健用食品
14	食品添加物

に，日本語で表示することになっている．

D. 表示方法

a. 物質名による表示

「食品衛生法施行規則」や「既存添加物名簿収載品目リスト」中の添加物名を，例外（5.5.3 E参照）を除き原材料名中に重量の多い順ですべて表示する．ただし，一般的な簡略名や類別名があれば，厚生労働省通知「食品衛生法に基づく添加物の表示等について」の「簡略名一覧表」の名称（たとえば「L-アスコルビン酸」は「ビタミンC」，「V. C」など）を使用できる．また，同種の添加物を併用する場合も簡略化できる（たとえば「ピロリン酸四ナトリウム」と「ポリリン酸ナトリウム」を併用した場合に「リン酸塩（Na）」など）．

b. 用途名併記による表示

甘味料，着色料，保存料，糊料（増粘剤，安定剤，ゲル化剤），酸化防止剤，発色剤，漂白剤，防かび剤（防ばい剤）の8種類は，用途名もあわせて表示したほうがわかりやすいので，物質名とともに記す（たとえば「保存料（ソルビン酸K）」など）．ただし，「色」の文字を含む着色料は，用途名を省略できる．また，増粘安定剤を複数使用した場合，物質名の代わりに簡略名「増粘多糖類」を使用でき，増粘の目的で使用する場合は「増粘剤」という用途名を省略できる．

c. 一括名による表示

使用目的を一括名で表示できる添加物がある．たとえば複数の物質を調合した香料は，配合した物質すべてを記すよりも「香料」のほうがわかりやすい．ほかにもイーストフード，ガムベース，かんすい，酵素，光沢剤，酸味料，チューインガム軟化剤，調味料，豆腐用凝固剤，苦味料，乳化剤，pH調整剤，および膨張剤と表示できる．調味料にはアミノ酸，核酸などあるが，たとえばL-グルタミン酸ナトリウムは「調味料（アミノ酸）」，5′-イノシン酸ナトリウムは「調味料（核酸）」と表示でき，これらを混合して添加した場合，使用量や目的から代表となるグループに「等」をつけ，「調味料（アミノ酸等）」と表示できる．

d. 特定原材料由来の添加物における表示

アレルギー物質として表示義務のある特定原材料（小麦，ソバ，卵，乳，落花生，エビ，カニ）由来の天然香料を除く添加物を含む食品には，当該添加物とともにその添加物が当該特定原材料に由来することを併記する（たとえば「アセチルグルコサミン（カニ由来）」など）.

E. 表示が免除されるもの

a. 製造上で表示が免除されるもの

（i）栄養強化の目的で添加されたもの

栄養強化剤すなわち加工中に減ったり失われたりしたものや代替食品での不足量を補填するビタミン類，ミネラル類，アミノ酸類などについては，栄養強化の目的で添加する場合には記載が免除される.

ただし，栄養強化の目的以外で使用すると，表示する必要がある．また栄養強化の目的で使用しても，JAS法に基づく個別の品質基準で表示義務のある製品（魚肉ハムおよび魚肉ソーセージ，食用植物油脂など21品目）には，表示する必要がある.

（ii）加工助剤

食品の完成前に取り除かれるもの，または中和や分解によって最終的に食品に通常含まれる成分に変わるものであってその成分の量を明らかに増加させないもの，あるいは最終製品中の量がごくわずかで，食品の品質にはその成分による影響を及ぼさないもの．これらのうちのどれか1つに該当するものを加工助剤という.

（iii）キャリーオーバー

次のすべての条件にあてはまるものをキャリーオーバーという．すなわち①食品の原材料を製造または加工するときに使われた添加物が最終食品の完成時に残っていて，しかも②その食品の製造過程では使用されず，③最終食品中ではその添加物が効果を発揮する量よりも有意に少ない.

しかし，一般に添加物を含む原材料が最終食品に原形のまま存在する場合や，調味料，着色料，香料など五感で感知できるような添加物では最終食品にも影響するので，副原材料といえどもキャリーオーバーとはならない.

b. 販売上で表示が免除されるもの

計り売りや対面販売されるもの，容器販売されていないもの，包装面積が30 cm^2 以下のものには添加物の表示が免除される．ただし，かんきつ類やバナナに防かび剤（防ばい剤）を使用した場合には，用途名と物質名を表示する必要がある.

5.5.4 食品添加物の安全性

A. FAO/WHO合同食品添加物専門家会議（JECFA）

国連のFAOおよびWHOは，この会議（FAO/WHO Joint Expert Committee on Food Additives : JECFA）を設けて添加物の安全性評価を行っている．JECFAは各国の添加物規格に関する専門家および毒性学者からなり，添加物の安全性試験の結果を評価してADI（後述）を決定し，公表している．各添加物のADIは国際的に採用されている．ADIは次項のB～Dの手順によって定められる.

B. 食品添加物のリスク評価

ラットやイヌなどの実験動物，培養細胞や微生物などを用いた毒性試験を実施する．①動物に投与して急性毒性を，②餌量に混ぜて一定期間反復投与し，発がん性や慢性毒性など種々の異常の有無や体内動態を，③胎児への影響を調べ催奇形性や，二世代にわたる投与による影響などを試験する．培養細胞や微生物に対しては変異原性試験などの細胞毒性を調べる.

C. 最大無作用量〔No Observable (Adverse) Effect Level : NO (A) EL〕

各種毒性試験の結果から，生涯摂取し続けても有害な影響がまったくみられない最大の投与量を，実験動物の体重1 kgあたりのmg（$mg\ kg^{-1}$）で表した量.

D. 一日許容摂取量（ADI）

最大無作用量を基にして実験動物とヒトの動物差としての感受性の違いを10倍，年齢，性別，健康状態などによる感受性の個人差を10倍とし，全体で100倍の安全率を見込んだ算出量で，1日にヒトの体重1 kgあたり摂取する食品添加物のmg（mg/kg体重/日）として表される.

5.5.5 食品添加物各論

水産物に関する添加物のうち，代表的なものについて記す．このほかにも乳化剤，保水剤，粘着防止剤などに分類される添加物が使用される加工品もあるが，ここでは省略する．

A. 甘味料

サッカリンナトリウム，D-ソルビトール（ソルビット）などがある．

サッカリンナトリウムには使用基準があり，魚介加工品（魚肉ねり製品，つくだ煮，漬物および缶詰または瓶詰食品を除く）には $1.2\ \mathrm{g\ kg^{-1}}$ 未満，海藻加工品およびつくだ煮には $0.50\ \mathrm{g\ kg^{-1}}$ 未満，魚肉練り製品には $0.30\ \mathrm{g\ kg^{-1}}$ 未満，魚介加工品の缶詰および瓶詰には $0.20\ \mathrm{g\ kg^{-1}}$ 未満とされている．

D-ソルビトールはタンパク質の変性防止のために，冷凍すり身製造時に添加される．

B. 着色料

いくつかの農畜産物に加えて水産食品については，タール色素およびこれらのアルミニウムレーキ，二酸化チタン，ノルビキシンカリウム，ノルビキシンナトリウムは，魚肉漬物，鯨肉漬物，こんぶ類，鮮魚介類（鯨肉を含む），ノリ類，およびワカメ類などに使用してはならないという使用制限がある．かまぼこ，魚肉ソーセージや魚肉ハムなどは対象外なので，タール色素などが使われた商品もある．既存添加物ではアナトー色素（ベニノキ由来），コチニール色素（エンジムシ由来）などが使用された製品がある．

C. 保存料

ソルビン酸やソルビン酸カリウムには使用基準があり，ウニ，魚肉練り製品（魚肉すり身を除く），鯨肉製品に $2.0\ \mathrm{g\ kg^{-1}}$ 以下，イカやタコ燻製品に $1.5\ \mathrm{g\ kg^{-1}}$ 以下，魚介乾製品（イカ燻製品およびタコ燻製品を除く）やつくだ煮には $1.0\ \mathrm{g\ kg^{-1}}$ 以下が使用量である．水産加工品のほかにもチーズや果実酒などにも使用が認められているが，使用量は食品によって異なる．安息香酸（安息香酸ナトリウムも可）はキャビアに使用が認められているが，使用量は $2.5\ \mathrm{g\ kg^{-1}}$ 以下とされている．既存添加物の一例として，魚類の精巣から得られた塩基性タンパク質（プロタミン）を主成分とする「しらこたん白抽出物」がある．

D. 糊料（増粘剤，安定剤，ゲル化剤）

紅藻類から得られるカラギーナン，マメ科のグァーから得られるグァーガム，マメ科のイナゴマメから得られるカロブビーンガム（ローカストビーンガム），グラム陰性菌 *Xanthomonas campestris* から得られるキサンタンガムなどの既存添加物がある．

E. 酸化防止剤

ジブチルヒドロキシトルエン（dibutylated hydroxy toluene : BHT），ブチルヒドロキシアニソール（butylated hydroxyanisole : BHA），エリソルビン酸，*dl*-α-トコフェロール（ビタミンE），L-アスコルビン酸（ビタミンC）などが用いられる．BHTおよびBHAは，魚介冷凍品（生食用冷凍鮮魚介類および生食用冷凍カキを除く）およびクジラ冷凍品（生食用クジラ冷凍品を除く）の浸漬液に対して $1.0\ \mathrm{g\ kg^{-1}}$ 以下，魚介乾製品および魚介塩蔵品に対して $0.20\ \mathrm{g\ kg^{-1}}$ 以下という使用量が決められているが，BHTとBHAを併用する際には両者の合計量で $0.20\ \mathrm{g\ kg^{-1}}$ までとされる．エリソルビン酸は練り製品のほか，蒸しダコなどにも用いられる．近年は，ビタミン系の酸化防止剤も多く使われている．

F. 発色剤

色素ではないが，添加した食品の色調に関与する添加物．代表的なものは亜硝酸ナトリウムで，亜硝酸根（亜硝酸イオン）がミオグロビンと結合すると製品の色調の安定化などに効果がある．水産物では亜硝酸根としての最大残存量が，鯨肉ベーコンで $0.070\ \mathrm{g\ kg^{-1}}$，魚肉ソーセージおよび魚肉ハムで $0.050\ \mathrm{g\ kg^{-1}}$，魚卵製品では $0.005\ \mathrm{g\ kg^{-1}}$ とされている．

一方，亜硝酸根は発がん物質であるニトロソアミン類の生成に関与するともいわれている．

G. 漂白剤

かずのこ調味加工品（干しかずのこおよび冷凍かずのこを除く）に，漂白剤として亜塩素酸ナトリウムが使用され，浸漬液中の最大限度は $0.50\ \mathrm{g\ kg^{-1}}$ で，最終製品の完成前に分解または除去することという使用制限が設けられている．エビや生カニのむき身には亜硫酸ナトリウムや次亜硫酸ナトリウム，ピロ亜硫酸カリウム，ピロ亜硫酸ナトリウムなどが用いられる．エビ，カニのほかにも各種食品に使用が認められているが，使用量は食品により異なっており，エビ，カニに対しては二酸化イオウとしての残存量が $0.10\ g\ kg^{-1}$ 未満と決められている．

H. 調味料

昆布のうま味成分であるL-グルタミン酸ナトリウム，かつお節のうま味成分である5′-イノシン酸二ナトリウムなどは，家庭用の調味料としても使用されている．これらを併用するとうま味に相乗効果があるので，両者の混合物も販売されている．そのほか，シイタケのうま味成分である5′-グアニル酸二ナトリウム，シイタケとかつお節の両方のうま味をもつ5′-リボヌクレオチド二ナトリウムなども各種加工品に用いられる．コハク酸一ナトリウムとコハク酸二ナトリウムは貝類のうま味成分として使用されている．

I. 結着剤

ピロリン酸四カリウム，ピロリン酸四ナトリウム，ピロリン酸二水素二ナトリウム，ポリリン酸カリウム，ポリリン酸ナトリウム，メタリン酸カリウム，メタリン酸ナトリウムは魚肉ねり製品の結着性や保水性を高めるために用いられる．結着の目的には各々のリン酸塩単独ではなく，複数を混合した結着剤製剤を用いることが多い．

さらに，ポリリン酸ナトリウムには水産缶詰におけるストラバイドの生成やアサリの黒変に対する防止効果が，メタリン酸カリウムには寒天の抽出効率向上や褐変化防止効果などもある．

使用基準のない食品添加物であるので，過剰摂取すると重合リン酸塩はカルシウムと結合し，その結果カルシウムの吸収を阻害することが考えられる．

（嶋倉　邦嘉）

5.6 HACCPシステム

5.6.1 HACCPの概要

近年欧米先進国では，大腸菌O157やサルモネラなど新興・再興感染症とよばれる各種病原体による疾病が急増しており，このような衛生上の危害を防止するためにHACCPという新しい衛生管理システムの導入が積極的に進められている．わが国でも1995年に食品衛生法が改正され，HACCPの考え方が「総合衛生管理製造過程」というよび方で導入された．

HACCPとは，Hazard Analysis and Critical Control Pointの略称で，「危害分析重要管理点（監視方式）」と訳されている．ここでいう危害とは，健康に害を及ぼすおそれのある生物学的，化学的または物理的な要因（**表5.6.1-1**）である．このうちHACCPが最も有効なのは生物学的要因（食中毒・腐敗細菌）に対してである．

このシステムは，食品の原材料の生産から最終製品の消費に至るまでの段階ごとに，発生するおそれのある危害因子（たとえばボツリヌス菌など）とその発生要因（殺菌不足など）をあらかじめ分析し，それを防除するために必須な対策（十分な殺菌など）を立て，これがいつも守られていることを監視（温度モニタリングなど）・記録することにより，危害の発生を未然に防止する科学的な衛生管理システムである．このシステムが効率よく機能するためには，施設設備や従業者の衛生といった一般的衛生管理事項が実施されていることが重要である．

加工場でHACCPを導入するには，**表5.6.1-2**に示すCodexの12手順に沿って施設・製品ごとにHACCPプランを構築しなければならない．日常的な衛生管理はそのプランに基づいて行われる．この12手順のうち，手順1～5は手順6～12の7原則を実行するための準備段階である．

5.6.2 一般的衛生管理プログラム

HACCPは，原材料の生産から製品の流通・

表 5.6.1-1　HACCP で対象とする危害

生物学的危害	食・水系感染症・食中毒 　消化器系感染症細菌*：赤痢菌，チフス菌，パラチフス A 菌など 　ウイルス：ノロウイルス，A 型肝炎ウイルスなど 　食中毒細菌：腸炎ビブリオ，サルモネラ，黄色ブドウ球菌，カンピロバクター，病原大腸菌，ボツリヌス菌，ウェルシュ菌，セレウス菌，NAG ビブリオなど 　人畜共通感染症細菌*：リステリア，連鎖球菌，炭疽菌など 　マイコトキシンと産生菌 　ヒスタミンと産生菌 　寄生虫とクリプトスポリジウムなど原虫 腐敗細菌 高度のカビ，酵母汚染
化学的危害	化学物質：重金属，残留農薬，残留抗生（抗菌）物質，PCB など 自然毒：マリントキシン，毒草，毒キノコなど
物理的危害	危険な異物：金属片，ガラス片など

*1999 年から施行の「感染症新法」では，従来の「伝染病」は「感染症」として整理されている．

表 5.6.1-2　HACCP の 7 原則と 12 手順

手順 1　HACCP チームの編成	HACCP システムを作成するには，まず製品について専門的な知識や技術を有する者で HACCP チームを編成する
手順 2　製品の記述	HACCP システムを適用しようとする製品について，その原材料，製品の特性，製造加工法，保存流通方式，製品の安全性確保に関するすべての情報を記述する
手順 3　意図する用途の確認および使用法	対象製品はどのように使用するのかを確認し，消費対象が一般健康人であるのか，または乳幼児・老人・病院食などの特別の用途であるのかを確認する
手順 4　フローダイヤグラムの作成	製品の原材料受け入れから出荷までの作業工程を記したフローダイヤグラムを作成する
手順 5　フローダイヤグラムの現場確認	フローダイヤグラムが現場の実状を示しているかどうかを，実際の作業現場で作業中に確認し，実情と異なれば修正する
手順 6　危害分析（原則 1）	原材料および加工工程について発生しうるすべての危害原因物質をリストアップし，それらの発生要因および制御のための防止措置を明らかにする
手順 7　重要管理点の決定（原則 2）	フローダイヤグラムの各段階において，食品衛生上の問題発生が起こらないところまで危害の原因物質をコントロール（除去または低減）できる手順，作業段階を重要管理点（CCP）と決定する．CCP の数はできるだけ少なくする
手順 8　管理基準の確立（原則 3）	各 CCP ごとに危害制御のための管理基準を設定する．管理基準には温度−時間，水分活性，pH，食塩濃度，官能的所見などが用いられる
手順 9　モニタリング方法の確立（原則 4）	管理基準が許容範囲内にあることを測定または観察する方法を設定する
手順 10　管理基準逸脱時の措置の確立（原則 5）	逸脱が生じたとき，工程に対して誰がどのような是正措置をとるのか，逸脱した製品の処置（廃棄など）はどのようにするのかなどを明記しておく
手順 11　検証方法の確立（原則 6）	HACCP が計画どおり機能しているか，また有効に機能しているかについての検証方法を決めておく
手順 12　記録の保管システムの確立（原則 7）	上記のチェック，検証，措置などを文書化して保管する方法を決めておく

消費に至る間の，食品の流れに注目した衛生管理システムである．したがって HACCP を効率よく進めるためには，生産現場および加工場の環境や施設設備の衛生管理，従業員の教育訓練および健康調査というような衛生管理が十分行われていることが必要である．それによって

製造環境からの微生物汚染を未然に防止することができ，製造工程中の重要管理点（critical control point : CCP）の数を絞り込んで，食品自体のCCPのコントロールに注意を集中することができる．

HACCPシステムの導入にあたってあらかじめ整備しておくべき衛生管理項目は一般的衛生管理プログラムとよばれ，**表5.6.2-1**のような項目が含まれる．このプログラムは，欧米では適正製造基準（good manufacturing practice : GMP）として以前から行われているのに対し，わが国ではこの点の取り組みが遅れているため，HACCPの導入に際してはまずこれらの整備が必要となる．

イクラのO157食中毒事件（1998年）や乾燥いか菓子のサルモネラ食中毒事件（1999年），加工乳のブドウ球菌食中毒事件（2000年）などの大規模食中毒の原因として明らかになるのは，日常的な衛生管理の不備と微生物に対する認識不足に起因する問題（一般的衛生管理プログラムの問題）が大部分ということである．したがって一般的衛生管理事項の整備だけでも，多くの事故が防止できるということになる．

表5.6.2-1　一般的衛生管理プログラムのおもな内容

施設・設備の衛生管理
施設・設備，機械・器具の保守管理
鼠族・昆虫の防除
使用水の衛生管理
排水および廃棄物の衛生管理
従事者の衛生管理
従事者の衛生教育
食品などの衛生的取り扱い
製品の回収プログラム
試験・検査に用いる設備などの保守管理

5.6.3 HACCPのメリット

従来の品質・衛生管理では最終製品の微生物または物理，化学的検査が主体であったが，これでは万一問題が明らかになっても，その時点では製品はすでに流通してしまっていることになる．また抜き取り的なサンプリングだけではすべての製品が安全であるという保障はない．HACCPの第1のメリットは食品衛生上の危害を科学的な考え方によって未然に防止できること，またその結果，消費者や流通業者への信頼性が向上されるということである．

第2に，HACCPシステムでは，製品の出荷時点までにすべてのCCPの監視結果が管理責任者の手元で掌握でき，管理項目に問題が生じたときには即対応できるという利点がある．すなわち，製品の事故防止や事故発生時に適切な対応ができることである．

3番目のメリットは，各工程におけるチェックポイントの監視記録を保存することが義務づけられるので，万一問題が生じた場合の原因究明も迅速かつ合理的に行え，自社製品にPL訴訟が生じたような場合にも記録に基づいて対応できることである．

4番目のメリットとして，経費と時間の節約があげられる．これまでの品質・衛生管理は最終製品の一般生菌数や大腸菌数測定など手間と時間のかかる作業によるのが普通であったのに対し，HACCPでは管理条件の設定やシステムの検証などの場合を除けば，日常的な微生物検査は不要となり，CCPごとに温度測定程度のモニタリングで対応できるので，人員と経費がかなり削減できることになる．ただしHACCPが適正に機能するためには，従事者の訓練と微生物のよくわかる専門家を配置することが重要である．

HACCPの効果は単に直接的なコストの減少だけでなく，その導入によって生産効率が改善されること，品質が向上，クレームが減少し，消費者の信頼が増すことや，従業員の意識や志気が高まり社内の雰囲気が活性化されることなど，副次的な効果も大きい．

5.6.4 ISO 22000

ISO 22000とは，Codexの12手順に沿ったHACCPシステムと品質マネージメントシステムを組み合わせた食品安全マネージメントシステムの規格である（2005年9月発行）．国際標準化機構（International Organization for Standardization : ISO）は，国際貿易の円滑化のために工業分野の国際的な標準規格を策定するための組織であり，製品の品質や環境の国際的な管理システムの標準化のために，ISO 9001（品質マネージメントシステム）や ISO 14001（環境マネージメントシステム）などの規格を策定・発行している．

従来の HACCP は製造工程の衛生管理に重点が置かれており，いくつかの問題点をかかえている．フードチェーン（食品供給プロセス）全体の関係や責任分担，情報交換などが配慮されていない点，またいわゆる一般的衛生管理プログラムをどの程度行うかによって，構築する HACCP プランが大きく異なってくるにもかかわらず，その両者の関係や，プログラム実施状況の確認，また実際にシステムをどのように運用し，維持，改善していくかということなどがあいまいである点などである．

このようなことから，国際的に普及しつつある ISO 9001 の規格を用いて，Codex の HACCP12 手順の不足を補った食品安全マネージメントシステムを確立したものが ISO 22000 といえる．Codex の HACCP12 手順との主要な違いは次のとおりである．

(1) 従来の HACCP では一般的衛生管理プログラムの部分は HACCP の前提事項と位置づけられているが，ISO 22000 では，そのうち，工場の設備や器具の整備のような製造環境の衛生管理に類する部分への取り組みを「前提条件プログラム（prerequisite program : PRP）」とし，攪拌機の洗浄のような製造工程に関する一般的衛生管理プログラムを「オペレーション PRP（OPRP）」として分けた．

(2) 従来の HACCP では製造工程における食品安全ハザードの管理は CCP に重点が置かれているが，ISO 22000 では CCP と OPRP の両者を用いて管理する．

(3) ISO 22000 では OPRP と CCP によって管理が行われるが，これらが本当に機能しているかどうかをみる「妥当性確認」のチェックを明確にした．

したがって，ISO 22000 では，食品安全ハザード管理の手段として，従来はなかった OPRP という考え方をとりいれ，PRP，OPRP，HACCP の三者を適切に組み合わせたシステムとなっている．

（藤井　建夫）

5.7 トレーサビリティ

5.7.1 トレーサビリティの概要

A. 概　要

大手乳製品会社の食中毒事件，BSE や鳥インフルエンザ，遺伝子組換え食品，産地偽装表示，残留農薬問題，輸入品の増大などによる食の安全・安心に対する要望の高まりを受け，消費者が安心して安全な食品を購入でき，また食品事故発生時の製品回収を容易にするためのトレーサビリティシステムの構築が急がれている．2004 年の Codex 委員会決定によれば，「食品トレーサビリティ」は「生産・加工および流通の特定の 1 つまたは複数の段階を通じて，食品の移動を把握できること」と定義されている．すなわち食品トレーサビリティシステムは，食品の生産，加工，流通などの各段階で，仕入れ先，販売先などの記録をとり，保管し，識別番号などを用いて食品との結びつきを確保することによって，食品とその流通した経路・所在などを記録した情報の追跡と遡及を可能とする仕組みである．あくまでも食品の移動を把握するシステムであり，製造工程や流通過程における食品の安全（衛生）管理や品質管理，環境管理を直接的に行うものではない．

B. 内部（インターナル）トレーサビリティと外部（チェーン）トレーサビリティ

内部トレーサビリティは，1 つの企業・団体内の閉じた環境範囲内のトレーサビリティであり，商品の製造段階における原材料・資材の内容，工程作業の内容，入出荷の日時，商品情報などの記録・管理を行い，履歴の追跡が可能な状況にする仕組みである．これに対し，外部トレーサビリティは，異なる企業間やサプライチェーン全体での商品流通工程を対象としたも

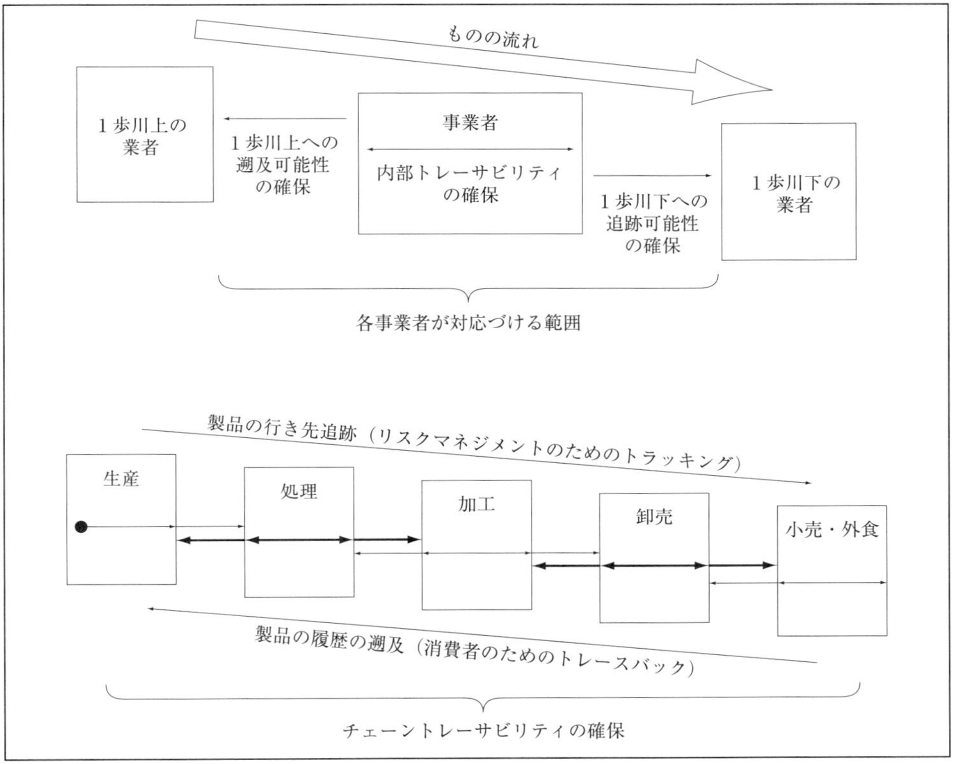

図 5.7.1-1　トレーサビリティの概念図
〔食品トレーサビリティシステム導入の手引き（食品トレーサビリティガイドライン），p.21，「食品トレーサビリティシステム導入の手引き」改訂委員会（2008）〕

ので，異なる企業・団体間における商品の移動履歴などを，サプライチェーンにかかわるすべての事業者が追跡・利用できるような仕組みである．リコール対応や流通在庫の把握のためには，内部トレーサビリティとともにサプライチェーン全体を通じた協力体制が必要であり，共用性の高い性質をもった情報伝達体制の構築が必要である（図 5.7.1-1）．

5.7.2　トレーサビリティに関連する規格・基準

A. 国内外の規格・基準

トレーサビリティに関連する規格・法規についての国内外の動向を表 5.7.2-1 に示す．EU では，BSE の関係から 2000 年にウシ・牛肉に，2005 年からはすべての食品と飼料などに，トレーサビリティが義務化された．これは仕入れ先と販売先が識別でき，行政がその情報を利用できるシステムで，問題のある製品の撤去・回収への担保措置として位置づけられている．日本国内では，ウシ・牛肉（2003），コメ（2011 より施行予定）で義務化されているが，これら以外は，現段階では事業者の自主的な取り組みに任されている．

食品トレーサビリティに関係する国際規格として，ISO/DIS 22005（飼料及び食品チェーンにおけるトレーサビリティシステム設計及び実施のための一般原則と基本的要求事項）がある．このほか，生産情報公表 JAS 規格（牛肉・豚肉・農産物を対象），GAP（農業行動規範），

表 5.7.2-1 トレーサビリティ規格・基準等についての国内外の動き

2000	EU	牛および牛肉のトレーサビリティ義務化
2001	カナダ	食品回収プログラムへのトレーサビリティの導入
2002	米国	バイオテロリズム法により，国内の食品関連企業には登録，輸入食品については原産国からの情報開示が制度化
2003	日本	「牛の個体識別のための情報の管理及び伝達に関する特別措置法」制定．すべてのウシに10桁の識別コードを付与し，生産，処理，流通に関する情報の一元管理を義務化
2003	EU	遺伝子組換え物質（GMO）にトレーサビリティ義務化
2004	Codex	Codex 委員会（FAO/WHO）一般原則部会で，トレーサビリティの定義を決定
2005	EU	食品一般法によりすべての食品と飼料などにトレーサビリティ義務化
2005	ISO	ISO 22000（食品安全マネジメントシステム）が，国際規格として発行
2006	EU	ノルウェーで開発された水産物トレーサビリティシステム（TraceFish 標準）の導入
2007	ISO	ISO22005（食品トレーサビリティ認証）が，国際規格として発行
2009	日本	「米穀等の取引等に係る情報の記録及び産地情報の伝達に関する法律（米トレーサビリティ法）」交付

ISO 22000（食品安全マネジメントシステム）など，トレーサビリティの実施が規格の要件の1つに含まれるものもある．

国内の法規，すなわち「農林物資の規格化及び品質表示の適正化に関する法律（JAS 法）」，「薬事法」，「飼料の安全性の確保及び品質の改善に関する法律（飼料安全法）」，「食品衛生法〔第3条第二項（記録作成と保存の義務），第19条　表示の基準の制定，第20条　虚偽表示の禁止〕」，「健康増進法」，「不当景品類及び不当表示防止法（景品表示法）」，「製造物責任法」，「計量法」，「食品安全基本法」，「牛海綿状脳症対策特別措置法」，「不正競争防止法」なども，適正な記録，保管，開示の観点で関連性がある（表 5.7.2-1）．

B. ガイドラインの策定

各業界におけるトレーサビリティシステム普及に向け，行政主導で食品品目別ガイドライン作成が行われている．これらは自主的にトレーサビリティシステムにとりくむ事業者のために示されたものであり，法的拘束力はない．ガイドラインには，一般的にはトレーサビリティシステムに関する考え方，導入方針，導入手順，システムが備えるべき要件などが文書として整理されている．水産物ではこれまでに養殖魚，貝類（カキ・ホタテ），ノリについて作成された．

5.7.3 水産物へのトレーサビリティシステム導入の課題

A. EU における TraceFish

TraceFish は水産物のチェーントレーサビリティを規定する，おそらく唯一の国際的な取り組みであり，これに準拠した事業者の水産物が日本にも輸入されている．EU の資金援助によるプロジェクト（2000 ～ 2002）の成果としてノルウェーが作成し，養殖魚・天然魚の生産から流通，小売りに至る各段階の事業者における製品の識別と，記録すべき情報の要求事項を規定したもので，ノルウェーの生産・加工段階を中心に普及が進み，水産物の国際的取引に影響を与えている．

B. 日本国内への導入における問題点

日本国内でのトレーサビリティシステム整備は，ホタテ貝柱の EU 輸出製品など，一部の導入要因と効果が明確なものから導入されつつあり，各方面で実証試験が行われているが，一般的にはモデルや生産履歴の開示にとどまっているものが多い．表 5.7.3-1 には，水産物におけるトレーサビリティ導入の目的と効果の例を示した．

トレーサビリティシステム導入を困難とする水産物特有の問題として，① 水産物流通が魚

表 5.7.3-1　水産物におけるチェーントレーサビリティの目的と効果の例

目　的	事業者にとっての効果（ビジョン）
安全管理の支援	問題発生時に，フードチェーンを通じた問題商品特定，販売停止措置等により，被害発生・拡大を抑制．原因究明，再発防止策に寄与．薬剤使用等の安全性に関わる履歴を検証可能にする
表示の信頼性確保	表示事項（産地，飼料，使用薬品等）につき，事業者間の伝票等の記録により検証可能にし，誤った表示を未然に防止することで，小売店や消費者からの表示に対する信頼を確保する
商品の多様化や価値向上の支援	特色のある生産方法等による差別化製品が，加工・流通段階で他製品と混合されずに消費者まで届くことを，生産履歴等を参照可能とすることにより保証し，消費者からの評価・信頼を維持する
責任の明確化と品質向上の促進	問題発生時の事業者責任の明確化，フードチェーンを通じた品質管理情報（品質向上のための生産段階での工夫，水揚げ・活締め日時，流通温度履歴など）の共有により，品質向上を促進する
消費者への履歴情報の提供	情報が検索可能であることを高く評価する消費者へのアピール，差別化商品・ブランド化商品など事業者のこだわり等の詳細情報を提供することにより，消費者から理解が得られる
輸出振興への足がかり	国際的水産物取引において，トレーサビリティ確保や記録の管理が，相手先との交渉で有利になる
漁業資源管理への貢献	MSC 認証（漁業資源管理に基づく，環境に優しい漁業の認証）など，生産環境や生産管理の記録やそのとりくみが消費者まで継承されることにより，自社アピール・消費者の環境配慮促進につながる
業務の効率化	各事業者の既存システム（安全・仕入・製造・販売・在庫管理など）との連携・統合や履歴情報の分析により，業務改善・経費削減・従業員の意識向上・既存システムの効率化につながる

種別，流通チェーン別に細分化され，相互の関連が希薄である，② 流通過程が卸売業者や仲卸などを経由する複雑な多段階流通であり，かつロットの統合や分割が頻繁に起こる，③ 水産物が多品種・多獲性である，④ 経営の厳しい小規模事業者が多く，経済的負担，労力負担が大きい，⑤ 運用面での作業環境が厳しい（鮮度や衛生面から大量の水や海水を使用するなど），⑥ 品質が鮮度に大きく依存する水産物の生産・流通過程での取り扱いは時間との闘いであり，労力負担の増大が品質上のデメリットとなる危険性がある，⑦ 品質が自然条件に左右されやすく，工程管理のみで品質を保証できない，などの理由があげられる．またトレーサビリティ導入には手間やコスト負担が生じるが，トレーサビリティ確保自体が最終製品の価格に反映できるほどの差別化とはなりにくい．これらを克服した運用面や IT 面でのシステム構築が望まれている．導入しようとする事業者がそれぞれ目的を明確にして，トレーサビリティ導入にとりくむことが必要である．図 5.7.3-1 には，複雑な水産物流通の例として，鮮魚の例を示した．

C. 国内水産物へのトレーサビリティ導入事例

国内において，養殖魚では餌への肉骨粉配合（2001），フグの寄生虫駆除にホルマリン使用（2002），中国産稚魚で養殖したカンパチからアニサキス検出（2005），薬剤や抗生（抗菌）物質に対する消費者の関心などを受け，トレーサビリティ確保の必要性が高まった．2006 年には飼育中の養殖管理情報を含めたガイドラインが策定され，生産した養殖魚の安心・安全情報の提供能力を保証する適正養殖業者認定制度も設けられた．グローバル商材として流通されるブリ，輸入品との差別化を図る必要のある国産ウナギ等の分野では，積極的にトレーサビリティ導入にとりくんでいる．

カキ・ホタテ等の貝類は，種類や時期により貝毒・ノロウイルスなど海水中のプランクトンやウイルスに由来する危害要因があり，各産地

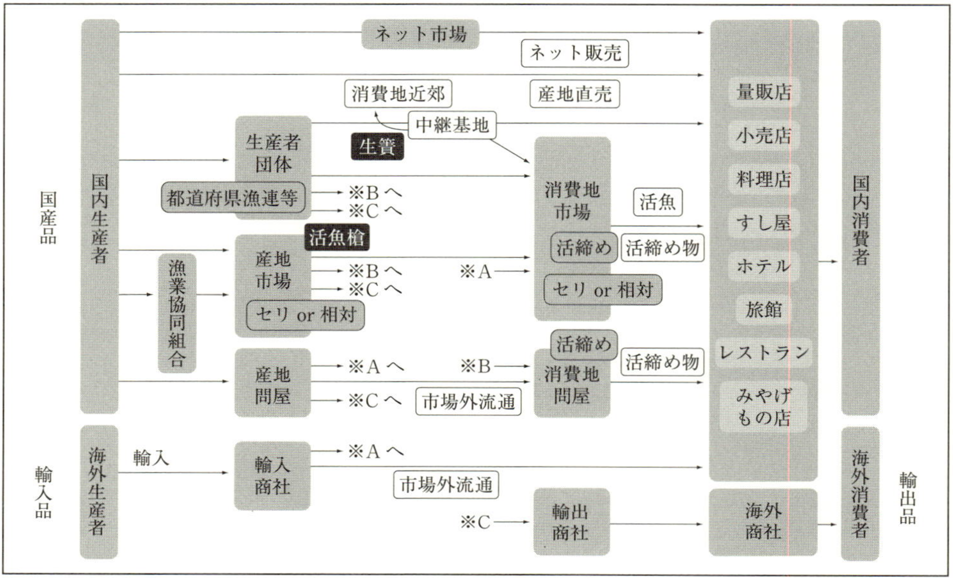

図 5.7.3-1　鮮魚の流通の例
〔提供：海洋水産システム協会〕

で海域や期間を定めモニタリングを行っているため，正しい産地・日付表示は取り引きの公正化や消費者の健康被害からの保護のために必須である．産地表示偽装問題が頻発するなか，被害発生時の原因特定や迅速かつ無駄のない商品回収を目的として，貝類を対象としたガイドライン（2005）が策定され，現在では生産者の殻むき・出荷段階から加工業者がパックした製品の販売先までの追跡と遡及ができるトレーサビリティシステムが構築されている．

ノリについては，乾物であり健康危害のリスクが少ない食品ではあるが，JAS 法による「加工食品品質表示基準」により原料原産地名表示が義務づけられ，トレーサビリティ確保による表示の検証が必要とされたことから，ガイドライン（2006）が策定され部分的に導入されている．

なお，食品メーカーによる缶詰などの水産加工食品製造においては，内部トレーサビリティが進展してきており，共通識別コードの普及が進みつつある．また，EU への輸出商品はトレーサビリティを要件として含む EU-HACCP 認証を取得する必要があることから，ホタテなどでは積極的にとりくまれている．トレーサビリティ導入にとりくんでいる各種水産物の特徴について，表 5.7.3-2 に示した．

5.7.4　トレーサビリティシステムの仕組みの構築

トレーサビリティシステムは，生産・加工・流通における食品の移動の把握のための，「識別」，「対応づけ」，「情報の記録」，「情報の蓄積・保管」，「検証」を実施するための一連の仕組みである．ルールや手順，それらを文書化した手順書，組織・体制，およびプロセスと経営資源（人員，財源，機械，設備，ソフトウエア，技術・技法），教育・研修などからなる．

電子データベースやそれを扱う電子機器などの情報システムは，トレーサビリティシステムの 1 構成要素となりうるが，それだけではトレーサビリティシステムにはなりえない．また，電子データベースなどの情報システムを利用せ

表 5.7.3-2　水産物へのトレーサビリティの現状と導入において留意すべき特徴の例

おもな導入意義	対　象	留意すべき特徴	トレーサビリティの現状
養殖魚 ・問題発生時の対応 ・履歴情報提供による養殖魚への消費者のイメージ向上 ・鮮度維持など品質向上の促進	ブリ類，タイ，ウナギ，アユなど	【生産単位】 種苗の収容，給餌，投薬，健康状態の把握，出荷を生簀単位で行う．成長に応じた分養により，魚群の分割・統合が発生 【薬剤】 抗生（抗菌）物質投与，ワクチン接種など．投与可能な薬品の使用基準あり 【種苗】 人口種苗，天然種苗，中間種苗等の種苗供給者から入手 【飼料】 生餌，MP，EP 等が使用される．牛肉骨粉，重金属，ダイオキシン，遺伝子組換え飼料等，飼料安全法による規格・基準がある 【流通・加工段階】 国産魚，輸入魚が混在 ラウンド，フィレー，切り身，刺身，すし等，種々の形態で販売 産地で締める場合と，消費地で締める場合がある 輸送・保管・卸売・小売り段階での温度変化により品質が左右される 【表示】 産地（県など），魚種名，養殖，解凍（JAS 法）	【生産】 生産履歴記録の取り組みは大幅に前進 【函詰め・出荷，卸売・小売】 魚函にロットが表示されない．既存伝票にはロットが記録されない （一般的に，函詰めラインは機械化未実施，日付を特定できる表示が受け入れられていない）
貝　類 ・産地表示の信頼性向上 ・食中毒のリスク管理強化の必要性 ・商品価値向上	カキ・ホタテ	【生産】 「養殖」とされる貝類の多くは人工的給餌や投薬を必要とせず，天然の海水・湖水域で生育．マガキ・ホタテは人工的に種苗を育て，養殖筏で垂下，または放流 海域内での移動は小さく，海域内の水を大量に濾過．海域のプランクトンやノロウイルスによる毒化の可能性から，海域ごとのモニタリング，出荷停止のルールなどがある 【販売形態】 マガキは韓国・北朝鮮・中国から生鮮品として多く輸入 活貝，殻付き貝，むき身，生貝柱，むき身凍結品，冷凍貝柱等，種々の形態で販売 一般にマガキは生産者段階，ホタテは加工業者段階で殻むき処理．処理場や加工場の登録，衛生検査実施の基準・制度がある カキでは「生食用」，「加熱用」を区別	【生産】 宮城県ではカキ生産者のほとんどがトレーサビリティシステムに参加し，地域をあげて偽装防止にとりくんだ 対 EU HACCP にトレーサビリティが必須要件であり，EU 向けホタテ製品でとりくんでいる 家族経営的な加工業者が多い．手順書に従う業務の習慣が乏しい
	アサリ・シジミ	【生産】 アサリ，シジミは基本的に天然で，資源管理による乱獲・密漁の防止が必要 【流通】 一般にアサリ・シジミは産地問屋，消費地卸，小売の各段階で小分け アサリ・シジミは韓国・北朝鮮・中国から生鮮品として多く輸入	

（つづく）

表 5.7.3-2　つづき

おもな導入意義　対　象	留意すべき特徴	トレーサビリティの現状
ノ　リ ・表示の信頼性向上 ・問題発生時の原因追及と再発防止	【生産】 夾雑物混入（藁など），異味異臭が発生することがある．品質が海域の水質，油濁，化学物質汚染等に影響される 【流通】 漁協での等級検査，漁連を通じた共販，ノリ加工業者による加工が一般的 中国・韓国からの輸入量増大傾向．輸入数量は輸入割当制度により決定 【表示】 原産地（原産国名）（乾ノリ・焼きノリ・味付けノリ）（JAS 法）	全国的に取り引きの形態が共通．紙の帳票等により，漁連の入札販売単位（漁協・製造期間・等級ごとのロット）のレベルでのトレーサビリティはおおよそ確保

表 5.7.4-1　伝達情報の表現形式と媒体の例

文字・数字/紙の書類	ラベル，梱包材，証明書，送り状，請求書，納品書など．記録媒体間で転記する際に人手が必要．台帳に記入する方法やコンピュータで管理する方法がある
バーコード/紙媒体	食品のラベルやパッケージ等に印刷し，情報をやりとりする．読み取りは，バーコードリーダーなどの自動読み取り装置を使用
二次元コード/紙媒体	食品のラベルやパッケージ等に印刷し，情報をやりとりする．バーコードよりも多くの情報を盛り込むことができる．データの追記ができないため，新たな情報を加えた二次元コードを発行する必要がある．QR コードは携帯電話で読み取ることができ，急速に普及している
電子情報/電子タグ	電子情報をタグ（カードやラベル）に内蔵された超小型電子記憶装置（集積回路：IC）に記憶させ，情報をやりとりする方法．一定の周波数の電波で行う．自動認識装置により非接触でデータの読み取り，書き込みができる．高価である

ずに，帳票などの管理のみでトレーサビリティシステムを構築することも可能である．**表 5.7.4-1** には，情報伝達方式は各種のものがあるが，コストやシステム環境，対象物の特性などを考慮して選択される．

商品と情報の伝達方法は 2 種類に分類され，① 商品と情報が同時に流れる「情報伝達型」と，② 別々に流れる「識別子伝達型」とがある．近年では，二次元コード（QR コード）などを識別子としインターネット上で情報を一括管理する ② の方式の開発・普及が進展しつつあり，システムの開発や普及に向けた取り組みが行われている．

（岡崎　恵美子）

6 水産法規

6.1 国内制度

漁業は日本においてきわめて長い歴史をもっている．江戸時代には現在の漁業権，入漁権の原型である漁場利用の権利関係が形成されたといわれるが，漁法の発達につれ漁場をめぐる争いも多くなった．このため，日本の漁業法規は漁場を誰に，どのように使わせ，それを誰が決めるかを基本として発達してきた．これを近代法として集大成したものが現在の漁業法へと受け継がれ，水産資源保護法や水産業協同組合法へと発展した．

一方，日本についても1996年に国連海洋法条約が発効し，その実施法である排他的経済水域における漁業等に関する主権的権利の行使等に関する法律や，海洋生物資源の保存および管理に関する法律が成立した．

いずれの場合も，移動性を有する漁船が，回遊性を有する水産資源を追いかけながら活動する漁業行為について，都道府県の間や国と国の間の境界がほとんど画定していないという現実がある．さらには，関係国間の妥協の産物として生まれた国連海洋法条約の中の最大持続生産量（MSY）についても現実にはその存在自体あるいはその状態が特定できるか疑問があるなかで，さまざまな運用上の苦心を重ねながら実務が行われている．

現在の日本の水産法規は，このような漁業管理等に関する法規のほかにも，水産振興・流通，災害補償・保険，漁船・船員等実に多岐にわたっているが，そのうちおもなものについて，以下に概要を記す．

6.1.1 海洋制度に関する法律等

新たな国際海洋秩序の枠組みを規定した国連海洋法条約は，1996年7月，日本について効力を発生した．その際，日本は，排他的経済水域などの水域設定，排他的経済水域における生物資源の適切な保存・管理措置の実施等，同条約に対応するための法律を整備した．

さらに，2007年7月には，海洋利用の活発化，海洋環境問題の顕在化等の海洋の管理と利用を巡る内外の情勢変化を踏まえ，海洋に関する基本姿勢の明確化，海洋に関する施策を集中的かつ総合的に推進するための体制の整備等を目的とした海洋基本法が施行され，ここに日本の海洋政策推進体制は一応の完成をみた．

その後は，海洋基本法に基づき策定された海洋基本計画に従い，さまざまな海洋施策が総合的かつ計画的に推進されている．

A. 海洋基本法

a. 法の目的

海洋に関し，基本理念を定め，国，地方公共団体，事業者および国民の責務を明らかにし，ならびに海洋に関する基本的な計画の策定その他海洋に関する施策の基本となる事項を定めるとともに，総合海洋政策本部を設置することにより，海洋に関する施策を総合的かつ計画的に推進し，もってわが国の経済社会の健全な発展および国民生活の安定向上を図るとともに，海洋と人類の共生に貢献することを目的として制定された法律である．

b. 基本理念

海洋に関する基本理念として，① 海洋の開発および利用と海洋環境の保全との調和，② 海洋の安全の確保，③ 海洋に関する科学的知見の充実，④ 海洋産業（海洋の開発，利用，保全等を担う産業）の健全な発展，⑤ 海洋の総合的管理，⑥ 海洋に関する国際的協調，の必要性が規定されている．

c.　基本的施策

海洋に関し国が講ずべき基本的施策として，① 海洋資源の開発および利用の推進，② 海洋環境の保全等，③ 排他的経済水域等の開発等の推進，④ 海上輸送の確保，⑤ 海洋の安全の確保，⑥ 海洋調査の推進，⑦ 海洋科学技術に関する研究開発の推進等，⑧ 海洋産業の振興および国際競争力の強化，⑨ 沿岸域の総合的管理，⑩ 離島の保全等，⑪ 国際的な連携の確保および国際協力の推進，⑫ 海洋に関する国民の理解の増進等，が規定されている．

d.　総合海洋政策本部

海洋に関する施策を集中的かつ総合的に推進するため，内閣に，総合海洋政策本部が設置されている．本部は，本部長（内閣総理大臣），副本部長（内閣官房長官および海洋政策担当大臣）および本部員（本部長および副本部長以外のすべての国務大臣）をもって組織され，① 海洋基本計画の案の作成および実施の推進，② 関係行政機関が海洋基本計画に基づいて実施する施策の総合調整，③ その他海洋に関する施策で重要なものの企画および立案ならびに総合調整に関する事務をつかさどる．

e.　海洋基本計画

政府は，海洋に関する施策の総合的かつ計画的な推進を図るため，① 海洋に関する施策についての基本的な方針，② 海洋に関する施策に関し，政府が総合的かつ計画的に講ずべき施策，③ その他海洋に関する施策を総合的かつ計画的に推進するために必要な事項を内容とする海洋基本計画を定めなければならない．また，おおむね5年ごとに情勢の変化を勘案し，施策の効果に関する評価を踏まえ，基本計画の見直しを行い，必要な変更を加えることとされている．

現在（2012年時点）の海洋基本計画は，2008年3月に閣議決定・公表された．基本計画は5年後を見通して策定され，「海洋における全人類的課題への先導的挑戦」，「豊かな海洋資源や海洋空間の持続可能な利用に向けた礎づくり」，「安全・安心な国民生活の実現に向けた海洋分野での貢献」を目標に，基本法に定める6項目の基本理念に沿った施策展開の基本的な方針，基本法に定める12項目の基本的施策について，集中的に実施すべき施策，関係機関の緊密な連携のもとで実施すべき施策等総合的・計画的推進が必要な海洋施策等を定めている．

B.　領海及び接続水域に関する法律

国連海法条約が日本について効力を発生したことに伴い，領海法が改正され，1996年7月に施行された．領海を基線から12海里の線（その線が日本と向かい合っている外国との中間線を超えている部分については，中間線または外国との間で合意した線）までの海域とすること，直線基線の採用，内水または領海からの追跡に関する日本の法令の適用等を規定している．

C.　排他的経済水域及び大陸棚に関する法律

本法および次法は，国連海法条約が日本について効力を発生したことに伴い1996年7月に施行された．排他的経済水域を基線から200海里の線（外国との中間線を超えている部分については，中間線または外国との間で合意した線）までの海域（領海を除く）・海底・海底下に設定すること，大陸棚は基線から200海里の線（外国との中間線を超えている部分については，中間線または外国との間で合意した線）までの海域（領海を除く）および200海里の外側にあっては国連海洋法条約第76条にしたがい政令で定める海底・海底下とすること，排他的経済水域および大陸棚における日本の法令の適用等を規定している．

D.　排他的経済水域における漁業等に関する主権的権利の行使等に関する法律

この法律は，日本の排他的経済水域内の漁業資源の保存管理について沿岸国の権利を適切に行使するための規定を定めたものであり，1996年7月に施行された．具体的には日本の排他的経済水域内で漁業を行おうとする外国人に対する許可制度を規定する内容となっている．

この法律ができるまでも，日本は漁業水域を設定し同水域内での外国人の漁業活動を規制していたが，漁業水域は一部水域に限定され内容も暫定的なものであった．本法の制定により，日本の排他的経済水域全域に漁業に関する主権的権利が行使されることとなった.

本法では，外国人が日本の排他的経済水域で漁業や養殖（探索や集魚，漁獲物の運搬，加工などの行為も含む），水産動植物の採捕（3 t 未満の船舶により行う竿釣り，手釣りなどの軽易な場合を除く）を行おうとする場合には，それらに係る船舶ごとに農林水産大臣の許可を受けなければならず，この許可の内容として漁業種類，魚種，漁獲量，操業海域，操業期間などが定められる.

許可を行う場合は，他国との漁業協定などに基づき相互入漁を行っている場合に限られ，2009 年現在，日ソ地先沖合協定，日韓漁業協定，日中漁業協定に基づきロシア，韓国，中国の漁船が日本の排他的経済水域で操業を行っている．許可内容の漁業種類，魚種，漁獲量などは日本の水域の資源の状況，相手国水域における日本の漁船の操業状況などを踏まえ，毎年行われる漁業交渉により定められ，その際，必要に応じて禁止期間，漁具規制などの詳細な制限または条件が付される.

許可を受けた外国人が許可内容に違反した場合は，罰金および漁獲物等の没収が課されるが，他の漁業法令違反のような懲役や禁固などの体刑は科されず，また担保金を支払った場合には速やかに釈放される．これは，国連海洋法条約で，排他的経済水域における漁業法令違反に対し沿岸国が体刑を科すことを禁じるとともに，担保金提供による早期釈放を義務づけているためである.

E. 領海等における外国船舶の航行に関する法律

海洋基本計画における主要な施策の 1 つである海洋の安全に関する制度の整備の一環として，2008 年 7 月に施行された．周辺海域における不審船，密輸・密航等犯罪にかかわる船舶の侵入や航行の秩序を損なう行為を防止するため，領海等において外国船舶が正当な理由なく停留等を行うことを禁止し，これに違反している外国船舶に対する立入検査・退去命令の措置等を規定している．この命令に違反した場合は懲役または罰金が科される.

（長谷　成人，本田　直久）

6.1.2 水産政策に関連した法律など

日本の水産政策は，以前は，1963 年（昭和 38 年）に制定された沿岸漁業等振興法に示された方向に沿い，① 生産性の低い沿岸漁業および中小漁業の発展を促進すること，② これらの従事者が他産業従事者と均衡する生活を営むことができるようにすることを政策目標として，生産性の向上，経営の近代化等の施策を講じ，一定の成果をあげてきた.

しかしながら，制定後約 40 年が経過するなかで，① 国連海洋法条約の締結（平成 8 年）など本格的な 200 海里体制への移行，周辺水域の資源状況の悪化等による漁業生産の減少，担い手の減少・高齢化の進展等，情勢の変化が生じたこと，② 一方で，国民から，動物性タンパク資源としての水産物の安定供給についての重要性が再認識されるとともに，品質・安全性の確保等，新たな期待が寄せられるようになった.

このような情勢の変化を踏まえ，水産分野についての新たな政策の理念や施策の基本方向を明らかにし，個別の立法，予算措置等による施策を一定方向に誘導するいわゆる宣言法として水産基本法が 2001 年（平成 13 年）6 月 29 日に公布，施行された.

A. 水産基本法

a. 目　的

水産に関する施策について，基本理念及びその実現を図るのに基本となる事項を定め，並びに国及び地方公共団体の責務等を明らかにすることにより，水産に関する施策を総合的かつ計画的に推進し，もって国民生活の安定向上及び国民経済の健全な発展を図ることを目的とする（1 条）.

b. 基本理念

水産基本法は，水産に関する施策についての基本理念として，まず，水産物の安定供給の確保を掲げ，具体的には，① 将来にわたり，良質な水産物を合理的な価格で安定的に供給する（2 条 1 項）．② 水産物の供給にあたっては，水産資源の持続的な利用を確保するため，海洋法に関する国際連合条約の的確な実施を旨として水産資源の適切な保存および管理を行うとともに，水産動植物の増殖および養殖を推進する（2条2項）．③国民に対する水産物の安定的な供給については，水産資源の持続的な利用を確保しつつ，日本の漁業生産の増大を図ることを基本とし，輸入を適切に組み合わせて行う（2条3項）と規定している．続いて，水産業の健全な発展を掲げ，具体的には，①水産業については，国民に対して水産物を供給する使命を有することにかんがみ，水産資源を持続的に利用しつつ，高度化・多様化する国民の需要に即した漁業生産と水産物の加工・流通が行われるよう，効率的かつ安定的な漁業経営の育成，漁業・水産加工業・水産流通業の連携の確保，および漁港，漁場その他の基盤の整備により，水産業の健全な発展を図る（3条1項）．②漁村が漁業者を含めた地域住民の生活の場として水産業の健全な発展の基盤たる役割を果たしていることにかんがみ，生活環境の整備その他福祉の向上により，漁村の振興を図る（3条2項）と規定している．

c. 責務等

国は，水産に関する施策についての基本理念にのっとり，水産に関する施策を総合的に策定し，実施する責務を有し（4条1項），さらに，水産に関する情報の提供等を通じて，基本理念に関する国民の理解を深めるよう努めなければならない（4条2項）と規定している．また，地方公共団体は，基本理念にのっとり，水産に関し，国との適切な役割分担を踏まえて，その地方公共団体の区域の自然的経済的社会的諸条件に応じた施策を策定し，実施する責務を有する（5条）と規定している．

d. 水産物の安定供給確保に関する施策

食料である水産物の安定供給の確保に関する施策については，食料・農業・農村基本法および第2節（12～20条）に定めるところによる（12条）と規定したうえで，具体的には，水産資源の適切な保存および管理（13～14条），水産資源に関する調査および研究（15条），水産動植物の増殖および養殖の推進（16条），水産動植物の生育環境の保全および改善（17条），海外漁場の維持および確保（18条），輸出入に関する措置（19条），国際協力の推進（20条）について規定している．

e. 水産業の健全な発展に関する施策

効率的かつ安定的な漁業経営の育成（21条），漁場の利用の合理化の促進（22条），人材の育成および確保（23条），漁業災害による損失の補てん等（24条），水産加工業および水産流通業の健全な発展（25条），水産業の基盤の整備（26条），技術の開発および普及（27条），女性の参画や高齢者の活動の促進（28～29条），漁村の総合的な振興（30条），都市と漁村の交流等（31条），多面的機能に関する施策の充実（32条）について規定している．

B. 水産政策審議会

水産政策審議会は，水産基本法および個別法の規定により権限に属された事項を処理する機関として，農林水産省に設置（35条）されている．処理すべき事項として具体的には，①年次報告（いわゆる水産白書）の作成（10条），水産基本計画の策定（11条）等にあたって，政府は，水産政策審議会の意見を聞かなければならないと定めている．また，水産政策審議会は，②農林水産大臣または関係各大臣の諮問に応じた水産基本法の施行に関する重要事項の調査審議や，③①および②に関する大臣への意見提出，④漁業法等の規定により権限に属された事項を処理する（36条）と規定されている．

C. 水産基本計画

政府は，水産に関する施策の総合的かつ計画的な推進を図るため必要な事項を内容とする水産基本計画を定める（11条1項）と規定している．水産基本計画に定める具体的な事項は，①水産に関する施策の基本的な方針，②水産物の自給率の目標，③水産に関し，政府が総合的かつ計画的に講ずべき施策，④その他，水産に関する施策を総合的かつ計画的に推進するために必要な事項（11条2項）であり，自給率の目標については，その向上を図ることを旨とし，日本の漁業生産および水産物の消費に関する指針として，漁業者その他の関係者が取り組むべき課題を明らかにして定める(11条3項), 並びに, 食料・農業・農村基本法に掲げる食糧自給率の目標との調和を保たなければならない(11条4項). また, 水産基本計画のうち漁村に関する施策に係る部分については, 国土の総合的な利用, 整備および保全に関する国の計画と調和が保たれたものでなければならない(11条5項)となっている.

この水産基本計画は, 水産基本法のもとで推進される具体的な施策の中期的な指針としての性格を有するものであり, 水産業をめぐる情勢の変化を勘案し, 並びに水産に関する施策の効果に関する評価を踏まえ, おおむね5年ごとに変更する(11条8項).

なお, 水産基本計画の策定および変更にあたっては, 水産政策審議会の意見を聴かなければならず(11条6, 9項), 水産基本計画を定めまたは変更した場合は, 遅滞なく国会に報告するとともに, 公表しなければならない(11条7, 9項).

D. 食育基本法

近年, 経済発展に伴う国民生活水準の向上, ライフスタイルの欧米化, 食事に対する優先順位の低下が顕著になってきた. これに伴い, 栄養の偏り, 不規則な食事, 食品の浪費, 肥満が増加する一方で過度の痩身志向も存在するなど, さまざまな問題が指摘されるようになった. このようななか, 1999年頃から, 農林水産省, 厚生労働省, 文部科学省, 食品安全委員会, さらには地方公共団体や民間団体などにより, 食育を推進するためのさまざまな取り組みが活発化した. とくに, 2002年には自民党において食育調査会が設置され, 2004年に, 自民党および公明党により「食育基本法案」が参議院に提出された. 法案は2005年に衆参両院で可決, 成立した.

この法律では,「食育を, 生きる上での基本であって, 知育, 徳育及び体育の基礎となるべきものと位置付けるとともに, 様々な経験を通じて「食」に関する知識と「食」を選択する力を習得し, 健全な食生活を実践することができる人間を育てる食育を推進する」ことを求めている(前文). そのうえで, 食育が,「国民の心身の健康の増進と豊かな人間形成」に資するよう(2条), また「食に関する感謝の念と理解」を深めるよう推進されるべき(3条), などの基本理念が示されている. さらには, 食育が,「我が国の伝統のある優れた食文化, 地域の特性を生かした食生活, 環境と調和のとれた食料の生産とその消費等に配意し, 我が国の食料の需要及び供給の状況についての国民の理解を深めるとともに, 食料の生産者と消費者との交流等を図ることにより, 農山漁村の活性化と我が国の食料自給率の向上に資するよう推進されるべき」ものとしても示されている(7条). さらには, 食育の推進に関する施策の総合的かつ計画的な推進を図るため, 内閣総理大臣を会長とする食育推進会議が, 食育推進基本計画を作成することとされている(16条).

(大久保　慎, 八木　信行)

6.1.3　漁業および水産資源保護に関する法律等

日本の漁業生産は, 漁業調整と水産資源の保護培養のために漁場利用の秩序を定める漁業法や水産資源保護法により規律されている. さらに, 特定の海洋生物資源に対してはその漁獲可能量を定める制度により, 外国人に対してはその漁獲を規制する制度により補完され, 漁業生産全般を規律する仕組みとされている.

A. 漁業法

a. 沿革と目的

漁業法の原形は, 大宝律令(701年)の雑令で「山川藪沢の利は公私これを共にす」とされたことに始まり, 律令要略(1741年)の「山野海川入會」で「磯は地付き根付き次第, 沖は入會」として幕藩体制の一般原則とされたことにより確立された. この原形は明治期以降の漁業法において, 漁業自由の原則, 沿岸地先の漁業権制度, 沖合の漁業許可制度としてうけつがれている.

現在の漁業法は, 漁業調整委員会等の運用による水面の総合利用により漁業生産力を民主的に発展させることを目的として1949年に制定されたものである（昭和 24 年法律第 267 号）.

b. 適用範囲

漁業法は，日本の領土，内水，領海，排他的経済水域および大陸棚，ならびにこれらの外にある日本船舶において，すべての者に適用される（属地的効力）．さらにこれらの外にある日本国民に対しても，法の目的を達成するために必要とする範囲内において適用される（属人的効力）．ただし，水面の所有者が占用して私的に利用する私有水面には原則として適用されない．

c. 漁業権

（i）漁業権の意義と性質

漁業権とは，漁場を管轄する都道府県知事または農林水産大臣によって免許された内容（漁業種類，漁場の位置および区域，漁業時期等）の範囲内で営利の目的をもって水産動植物の採捕または養殖をする権利である．漁業権は物権とみなされ，このことにより漁業権を妨害する他人の行為を排除し，予防する権利が法的に保護される．漁業権は免許する行政庁への登録を第三者への対抗要件とするが，貸付は禁止される．存続期間は最長でも共同漁業権などで 10 年，定置漁業権などで 5 年に限定されるほか，存続期間中であっても公益上の理由や法令違反によりとり消されることもある．また，時効，先占，慣習などにより取得することはできない．

（ii）漁業権の種類

漁業権には，定置漁業権，区画漁業権および共同漁業権の 3 種類がある．

1）定置漁業権

定置漁具を使用する漁業を営む権利であって，身網の設置場所の水深が 27 m 以上の大規模なもの，北海道においてサケをおもな漁獲物とするものなどが対象となる．

2）区画漁業権

水産動植物の養殖業を営む権利である．区画漁業権は養殖目的物を逃さないように一般の水面から区画して一定の区域内に保有する方法によって，次の 3 種類に分類される．

第 1 種区画漁業：養殖の施設や装置を水面に敷設することによって他の水面から区画して養殖するカキ垂下式養殖業，魚類小割り式養殖業，ノリひび建て養殖業など．

第 2 種区画漁業：石，竹，網などで水面を囲って養殖するクルマエビ築堤式養殖業など．

第 3 種区画漁業：対象種の特性を利用して他の水面から区画して養殖する貝類地まき式養殖業など第 1 種および第 2 種区画漁業に該当しない養殖業．

3）共同漁業権

一定の水面を共同に利用して次に掲げる漁業を営む権利である．

第 1 種共同漁業：藻類，貝類，イセエビなどの定着性水産動物を目的とする漁業．

第 2 種共同漁業：網漁具およびえりやな類を移動しないように敷設して営む漁業（定置漁業権，第 5 種共同漁業を除く）．

第 3 種共同漁業：地びき網漁業，地こぎ網漁業，動力漁船を使用しない船びき網漁業，飼付漁業，つきいそ漁業（第 5 種共同漁業を除く）．

第 4 種共同漁業：瀬戸内海等で行われる特殊な漁業である寄魚漁業，鳥付こぎ釣漁業（第 5 種共同漁業を除く）．

第 5 種共同漁業：琵琶湖や霞ヶ浦などを除く内水面，久美浜湾，与謝海で行われる漁業（第 1 種共同漁業を除く）．

（iii）経営者免許漁業権と組合管理漁業権

定置漁業権および一般の区画漁業権については，漁業権の免許を受けた権利者自らが漁業権の内容である漁業を営む．このような漁業権を経営者免許漁業権と通称している．

一方，共同漁業権，特定区画漁業権および入漁権については，免許を受けた漁業協同組合自らは漁業権の内容である漁業を営まず，もっぱら漁業権の管理を行い，その組合員が漁業権行使規則等に従い免許された内容の漁業を権利として営む．このような漁業権を組合管理漁業権と通称している．特定区画漁業権とは，ひび建て養殖業や藻類養殖業などであり，これらの養殖業は漁場利用上の特性が共同漁業権に類似するため組合管理漁業権としてとりあつかわれている．

組合管理漁業権ごとに定められる漁業権行使

規則等には，その漁業を営む者の資格や操業のルールが規定される．制定や改廃には水産業協同組合法に基づく特別議決と都道府県知事の認可が必要である．さらに第1種共同漁業権と特定区画漁業権については，特別議決前にその漁業権の漁場が属する地区の組合員の2/3以上の書面同意が必要である．なお，これらの漁業権を分割，変更または放棄するときも特別議決前に同様の書面同意が必要となる．

d. 入漁権

入漁権とは，ほかの組合が免許を受けた共同漁業権または特定区画漁業権の漁場において，その漁業権の内容の全部または一部を営む権利であり，物権とみなされる．入漁権は共同漁業権等の免許を受けた組合と入漁する組合との間の入漁権設定の契約によって設定される．

e. 漁業許可制度

漁業を営むことは本来一般国民の自由であるが，これを放任すると水産動植物の繁殖保護や漁業調整に支障が出ることがある．このため漁業法では，農林水産大臣または都道府県知事が，特定の漁業に従事する漁業者や漁船の数などを制限したうえで許可し，その許可を受けた者だけが特定の漁業を営む自由を回復するという，漁業許可制度を設けている．

漁業許可制度において，政府間の取決めや漁場の位置の関係などから国が統一して制限措置をすることが必要な遠洋カツオ・マグロ漁業や沖合底びき網漁業などは指定漁業として政令指定され，許可する船舶の総トン数別隻数などの総枠規制を行う大臣の許可漁業とされている．また，指定漁業には該当しないが国の統一的な規制が必要なズワイガニ漁業などについては，漁業法および水産資源保護法に基づく農林水産省令において特定大臣許可漁業と規定され，大臣の許可漁業とされている．

一方，原則として都道府県の地先沖合で操業される漁業であって，地域の実情に応じて個別的，具体的に誰に許可するかを判断することが適当な小型まき網漁業や機船船びき網漁業などについては，漁業法および水産資源保護法に基づく都道府県漁業調整規則により知事の許可漁業とされている．しかし，都道府県の地先沖合で操業される漁業であっても資源保護や県間にまたがる漁業調整上の問題から，その管理を各知事の判断のみに委ねることが適当でないものがある．これに該当する中型まき網漁業や小型機船底びき網漁業などは，漁業法に知事の許可漁業であることが直接規定され，大臣が都道府県別の隻数などを統一的に制限していることから，法定知事許可漁業と通称されている．

f. 漁業調整委員会等

漁業調整委員会とは，海区漁業調整委員会，連合海区漁業調整委員会および広域漁業調整委員会であり，その設置された海区または海域の区域内の漁業に関する事項を処理する．内水面においては，各都道府県に設置された内水面漁場管理委員会が同様の事項を処理する．

海区漁業調整委員会は，海面および海面として指定された琵琶湖や霞ヶ浦などの湖沼について農林水産大臣が定めた64海区に設置され，地方自治法に規定される都道府県に置かれる執行機関である．漁業者と漁業従事者が公選する漁民委員9人（指定海区6人），都道府県知事が選任する学識経験委員4人（同3人）および公益代表委員2人（同1人）の計15人（同10人）で構成される．

連合海区漁業調整委員会は特定の目的のために必要に応じて複数の海区を合わせて設置され，各海区漁業調整委員会の委員から選出された各同数の委員で構成される．

広域漁業調整委員会は，全国的・広域的な水産動植物の繁殖保護等の観点から，国の常設機関として太平洋広域漁業調整委員会，日本海・九州西広域漁業調整委員会および瀬戸内海広域漁業調整委員会が設置されている．

漁業調整委員会等は，水産動植物の繁殖保護その他漁業調整のために必要があるときは，関係者に対し，水産動植物の採捕の制限または禁止その他必要な指示を出すことができる．この指示自体には強制力はないが，知事または大臣の裏付命令により罰則を伴う強制力をもつこととなる．知事は，漁業調整規則の制定改廃，漁業権の免許内容の事前決定などを行う場合，必ず海区漁業調整委員会の意見を聴かなければならないほか，海区漁業調整委員会には入漁権の設定等の裁定を行うなどの権限が付与されている．

g. 内水面の第5種共同漁業権と遊漁規則

内水面の第5種共同漁業権の免許は，水産資源の保護と一般国民のレクリェーションとしての釣りなどの漁場を維持するために，その水面が増殖に適した環境にあることと，免許を受けた漁業協同組合は必ず増殖を行うことを条件として免許される．免許を受けた漁業協同組合が増殖を怠っている場合，都道府県知事は自らが定める増殖計画に従い増殖すべきことを命令し，この命令に従わないときは免許をとり消さなければならない．

内水面の第5種共同漁業権の免許を受けた漁業協同組合は，その漁業権の漁場について，組合員以外の一般国民の釣り等の遊漁のために管理し，自らの負担で増殖を行う義務を負う．その義務の見返りとして，遊漁規則を定めて知事の認可を受けることにより，その漁業権の漁場で行われる一般国民の釣り等の遊漁を制限し，漁場管理と増殖の費用にあてるための遊漁料を徴収することができる．

B. 水産資源保護法

a. 沿革と目的

1949年(昭和24年)頃，乱獲に陥った以西底びき網漁業等を国家補償により減船整理するための法的裏付けとして水産資源枯渇防止法(昭和25年法律第171号，昭和26年廃止)が制定された．また，1951年，GHQのいわゆる5ポイント計画の勧告を受け，水産資源保護に関する法令を整備することなどが閣議決定された．

このような背景の下，それまでは漁業法に規定されていた水産資源の保護培養に関する規定および廃止する水産資源枯渇防止法の内容を移し替えるとともに，新たに保護水面制度を設けるなどして，1951年に議員立法により水産資源保護法は制定された(昭和26年法律第313号)．水産資源保護法は，水産資源の保護培養を図り，かつ，その効果を将来にわたって維持することにより，漁業の発展に寄与することを目的としている．

b. 概　要

水産資源保護法の適用範囲は漁業法と同じである．

漁業法と同様に水産資源保護法は，農林水産大臣または都道府県知事が水産資源の保護培養のため必要と認めるときは，許可漁業，禁止漁業，水産動植物の採捕制限等に関する農林水産省令または都道府県知事規則を定めることができる．また，爆発物または有毒物を使用しての水産動植物の採捕，内水面におけるサケの採捕について，原則として禁止している．

農林水産大臣は水産資源の保護培養のために必要と認めるときは，特定大臣許可漁業の漁業種類および水域別に許可隻数の定数を定めることができる．現に許可を受けている隻数がこの定数を超過しているとき，農林水産大臣はその超過分の許可のとり消しなどをしなければならない．

農林水産大臣または都道府県知事は，水産動植物の保護培養のために保護水面を指定して管理することができる．保護水面の区域内において，埋立てや浚渫(しゅんせつ)の工事，水路，河川の流量等の変更を来す工事をしようとする者は，保護水面を管理する農林水産大臣または都道府県知事の許可を受ける必要がある．

このほか，水産動物の輸入防疫に関する農林水産大臣の許可制度などの規定が設けられている．

C. 海洋生物資源の保存及び管理に関する法律

この法律は，1996年に日本が国連海洋法条約の締約国になったことに伴い，同条約上，沿岸国に課された義務である漁獲可能量(total allowable catch : TAC)に基づく海洋生物資源の保存管理を適切に実施するため，所要の規定を定めたものである(平成8年法律第77号)．

年間の上限漁獲量である漁獲可能量を利用した資源管理は，欧米諸国を中心として広く行われているが，日本の資源管理は，従来，漁業法等の許可制度に基づく隻数調整や操業規制などの漁獲努力量規制を基本としてきた．しかしながら，国連海洋法条約の義務規定を履行する必要があること，外国漁船に漁獲割当てを行おうとする場合にあらかじめ漁獲可能量を定めておく必要があること，日本周辺水域の水産資源の状況を踏まえ漁獲可能量を利用したより直接的な資源管理を行う必要があると考えられたことなどの理由から，この法律を定め漁獲可能量制度を導入することとしたものである．

漁獲可能量制度の対象となる水域は，日本の排他的経済水域，領海および内水（内水面を除く）ならびに大陸棚である．国連海洋法条約上は排他的経済水域での漁獲可能量を定めるよう求めているが，多くの水産資源は排他的経済水域，領海を問わず分布回遊すること，大陸棚にも主権的権利が及ぶことから，一括して対象水域とすることとしている．

漁獲可能量を定める魚種（第1種特定海洋生物資源）は，漁獲量の多い重要魚種，外国人の割当てを行う必要のある魚種などから政令で定めることとしており，2011年現在，サンマ，スケトウダラ，マアジ，マイワシ，サバ（マサバおよびゴマサバ），スルメイカ，ズワイガニの7魚種が対象魚種となっている．漁獲可能量は，これら魚種の資源状況を基礎とし，関係漁業の経営事情などを勘案して農林水産大臣が定めることとしており，その決定にあたっては水産政策審議会の意見を聴かねばならないこととされている．

漁獲可能量制度は，日本の排他的経済水域等における海洋生物資源の保存管理について農林水産大臣が定める基本計画と同計画に即して都道府県知事が定める都道府県計画を中心に組み立てられている．

基本計画では，① 海洋生物資源全般の保存および管理に関する基本方針，② 漁獲可能量対象魚種の資源の動向，③ 漁獲可能量，④ 大臣管理漁業の種類別に定める数量および実施すべき施策に関する事項，⑤ 都道府県ごとに定める数量などが定められ，さらに2001年の法改正により，漁獲努力可能量に関する事項も定められることとされた．

漁獲可能量制度は当該資源の年間の採捕量を定められた数量の枠内に収めようとする制度であり，日本国民の行う漁業，遊漁のほか，外国人の採捕分もその対象となる．外国人の採捕分についての管理は「排他的経済水域における漁業等に関する主権的権利の行使等に関する法律」に基づく許可や承認を通じて行われるが，日本国民による採捕分は，現行の漁業管理の体系にあわせて漁獲可能量を分割し，それぞれ管理が行われる．すなわち，指定漁業などの大臣管理漁業にかかる漁獲可能量（大臣管理量）の管理は大臣が，知事許可漁業や漁業権漁業，自由漁業，遊漁にかかる漁獲可能量（知事管理量）は知事が管理することとしているが，それぞれの管理すべき量は漁獲実績などを勘案して決定される．

基本計画の策定は水産政策審議会の意見を聴いて行うこととしているが，資源状況や漁業実態などの変化に合わせるため，少なくとも毎年1回，変更すべきかどうか検討することとされており，実際に漁獲可能量や各管理量の変更に伴う計画変更が年に複数回行われている．

漁獲可能量の配分を受けた都道府県においても，基本計画に準じた都道府県計画を策定し配分量の管理が行われ，この都道府県計画を定める際や変更する場合には海区漁業調整委員会の意見を聴くこととされている．また，第1種特定海洋生物資源以外の資源について都道府県独自に年間の漁獲量の定めることもできる．

漁獲可能量の管理は，漁業種類ごとの漁獲努力量の調整等によって配分量内に収める手法と漁業者や漁船毎に割り当てて管理する手法とがあるが，日本では基本的に前者を採用しており，日々の操業調整によって管理が行われている．大臣または知事は，採捕量の調整が適切に行われるよう，必要に応じて採捕の数量等を公表することで関係漁業者に注意を喚起し，その後，大臣管理量，知事管理量を超えないよう必要があると認めるときは，関係漁業者に対し助言，指導，勧告を行う．さらに採捕数量が各管理量を超え，または超えるおそれが著しいと認める場合は，当該特定海洋生物資源をとることを目的とする採捕を停止するよう命じることができる．

一方，日本では，従来から操業の調整を漁業団体が漁業実態に合わせ自主的に行ってきた経緯があり，漁獲可能量の管理にあたっても，このようなシステムを活用することが適当である．このため本法では，関係漁業者間で協定を締結し各管理量を管理することを認めており，2012年現在，大臣管理量についてはすべて関係漁業者が協定を締結し自主的管理を行っている状況である．なお，本法では大臣または知事が漁業者等ごとに管理量を割り当てる個別割当方式も整備されているが，関係漁業者が多く割当てや管理が難しいことなどの理由で，現時点で同方式の活用は行われていない．

管理量を管理するためには，採捕数量を適切に把握する必要がある．このため本法では割当てを受けた漁業種類の漁業者に対し採捕数量を報告するよう義務づけているが，関係漁業者の数が多く報告数量の事務処理が膨大であること，報告について漁業者の負担を軽減させる必要があることなどから，コンピューターネットワークを活用し市場を通じて水揚げ数量を入手することにより採捕数量の迅速かつ正確な把握が行われている．

本法では，漁獲可能量制度のほか，漁獲努力可能量制度についても規定されている．これは漁獲可能量を設定するに必要となる詳細な資源情報はないが，より適切な管理が必要と考えられる資源について期間を定めて漁獲努力量を定めるものである．この漁獲努力量は操業隻数と操業日数を乗じた数としており，2012年現在，アカガレイ，イカナゴ，サワラ，トラフグなど9種類の海洋生物資源が，第2種特定海洋生物資源として政令により制定されている．

D. 外国人漁業の規制に関する法律

日本の周辺水域では多種多様な漁業が行われているが，とくに沿岸域では，多数の零細な沿岸漁業者が一定の秩序の下，漁業を営んでいる．このような沿岸域で外国漁船が無秩序に操業を行った場合，漁業調整や資源管理に重大な影響が生じるおそれが高い．このため，外国人漁業の規制に関する法律（昭和42年法律第60号）では，竿釣り，手釣りなどの採捕が軽易な場合を除いて領海内（内水を含む）において外国人の漁業を禁止し，領海内で漁業を行った場合には懲役刑を含む罰則を科している．

また，外国漁船が日本周辺の水域で漁業活動を増大させた場合に日本の漁業秩序にさまざまな影響が生じるおそれがある．このため，日本近海での漁業活動をできるだけ抑制させるよう，外国漁船の日本の港や領海の利用を規制している．すなわち，外国漁船は日本の港に寄港しようとする場合は，漁獲物等の輸入や海難を避けるための場合を除いて農林水産大臣の許可が必要となり，また外国漁船は領海内で漁獲物（外国から積み出された漁獲物を除く）を他の船舶に転載してはならないこととされている．

E. まぐろ資源の保存および管理の強化に関する特別措置法（まぐろ法）

本法律は，日本がマグロの漁獲と消費に関して世界でも有数の特別な地位を占めていることにかんがみ，マグロ資源の保存及び管理の強化を図るために所要の措置を講じ，マグロ漁業の持続的な発展とマグロの供給の安定に資することを目的（1条）として，議員立法により特別措置法として制定された（平成8年6月21日法律第101号）．農林水産大臣は同資源の管理強化を図るため基本方針を定めるものとしている．政府は，マグロ資源の保存管理のため国際機関で適切な措置がとられるよう，また必要な国際協力を推進するよう努めることとしている（3条）．他方，同大臣は，わが国が加盟している国際機関の取り決めをわが国の漁業者によって遵守されるよう必要な措置を講じることとしている（4条）．それとともに，特徴的なこととしては，政府は外国の漁業者によるマグロ漁業の活動が，保存管理措置の有効性を減じていると認められるときは，国際機関へ当該活動の抑止措置を要請するとともに，当該政府に当該活動を改善するよう要請し（5条），それでも改善されていないと認められるときは，外国為替及び外国貿易法第52条に基づき外国からのマグロの輸入を制限することができることとしている（7条）．なお，農林水産大臣はこの法律を施行するため，マグロ漁業者のみでなくマグロ流通，加工事業者，団体から必要な報告をさせることができる（10条）こととなっている．本法律制定の背景には，便宜置籍国マグロ漁船による国際保存措置を減殺する活動があった．

F. 絶滅のおそれのある野生動物の種の保存に関する法律および文化財保護法

絶滅のおそれのある野生生物の種の保存に関する法律（種の保存法）は，絶滅のおそれのきわめて高い種の保存を図ることにより良好な自然環境を保全することを目的とし，1992年6月に制定（1993年4月施行）された．この法律のもとで，絶滅のおそれの高い種が「希少野生動植物種（国内希少野生動植物種，国際希少野生動植物種及び緊急指定種）」に指定され，指定種については，① 生きている個体の捕獲，殺傷などの禁止，② 生きている個体・死体・はく製・標本などの譲り渡し・譲り受けなどの禁止，③ 販売などを目的とした陳列の禁止が定められている．さらに，国内希少野生動植物種に指定されている種のうち，その生息・生育環境の保全を図る必要がある種について「生息地等保護区」を指定し，また，個体繁殖の促進，生息地等の整備などが必要な種について「保護増殖事業」を行うこととなっている．なお，種の保存法は，後述の絶滅のおそれのある野生動植物の種の国際取引に関する条約などの国際取極を担保し，国際取引が禁止された種を国際希少野生動植物種に指定し，国内取引を規制している．

文化財保護法（1950年8月施行）は文字どおり文化財を保護するための法律であるが，史跡，記念物などの歴史的文化遺産とともに学術上価値の高い野生生物を「天然記念物」に指定し，指定種の捕獲や個体に危害を及ぼす行為の禁止，生息地開発の許可取得義務づけなどを定めている．なお，世界的にまた国家的に価値がとくに高いものを特別天然記念物（トキ，ニホンカモシカなど）に指定している．また，生物種のみならず，動物の場合は生息地，繁殖地，渡来地などを，植物の場合は自生地なども指定することができることとなっている〔鯛の浦（千葉県小湊），ホタルイカ群雄海面（富山県）など〕．

（香川　謙二，木島　利通，黒萩　真悟，
末永　芳美，長谷　成人）

6.1.4 水産に関連した環境保全に関する法律など

水産に関連した環境保全に関する法律としては，以下のような法律が制定されている．このうち，水質汚濁防止法および海洋汚染防止法は一般法であり，事業所等からの排出基準，油・廃棄物の海洋投棄の禁止を定めている．一方，瀬戸内海環境保全特別措置法，有明海八代海等再生特別措置法は，特定区域を対象とした特別法であり，瀬戸内海では富栄養化の防止，有明海では環境の改善と漁業の振興を規定している．

A. 水質汚濁防止法

a. 法の目的

公共用水域および地下水の水質の汚濁の防止を図ることで国民の健康を保護するとともに生活環境を保全し，ならびに工場および事業場から排出される汚水および廃液に関して人の健康に係る被害が生じた場合における事業者の損害賠償の責任について定めることにより，被害者の保護を図ることを目的としている（1970年制定）．

b. 特定施設，排出基準

政令によって定められた，特定施設を設置しようとする事業者は特定施設の種類，処理の方法などの事項を都道府県知事に届け出なければならない．特定施設を設置する工場または事業場から公共用水域へ排出される排水については排水基準が適用され，環境省令で定められた要件に該当する特定地下浸透水については，地下へ浸透させることが禁止されている．これに違反した者に対して，都道府県知事は特定施設の構造・使用の方法などの改善命令または排出水の排出の一時停止を命ずることができる．

B. 海洋汚染防止及び海洋災害の防止に関する法律など

a. 廃棄物の処理及び清掃に関する法律と海洋汚染防止及び海洋災害の防止に関する法律の関係

廃棄物の海洋投入は，廃棄物の処理及び清掃に関する法律，ならびに海洋汚染防止及び海洋災害の防止に関する法律により規制されている．廃棄物の処理及び清掃に関する法律は，廃棄物の処理全般（海洋投入を含む）を規制しており，加えて廃棄物の投入が船舶，海洋施設および航空機から行われる場合に，特別法としての海洋汚染防止法による規制がかかることとなる．

b. 海洋汚染防止及び海洋災害の防止に関する法律

この法律は，船舶および海洋施設から海洋へ油や廃棄物が排出されることを規制し，海洋汚染および海上災害の防止のための措置等を講ずることにより，海洋環境の保全ならびに国民の生命，財産の保護に資することを目的としている（1970 年制定）．廃棄物の規制に関するおもな内容として，次のようなものがある．

① 何人も，海域において，船舶から油および廃棄物を排出してはならない．ただし，人命救助のための油または廃棄物の排出など，特別の場合はこの限りでない．また油による海洋の汚染を防止するため，船舶に対して，ビルジ等排出防止装置の設置，汚濁防止管理者の乗船，油記録簿の備え付け等が義務づけられている．

② 一定量以上の油が排出されたときは，原因者は油の排出があった日時，場所，その状況などをただちに最寄りの海上保安機関に通報し，かつ排出油の防除のための応急措置を講じなければならない．また，総トン数 150 t 以上のタンカーの所有者，500 kL 以上の油保管施設の設置者などは排出油防除資機材を備えつけておかなければならない．

③ 海上保安庁長官には，油などの防除措置命令，緊急の場合の原因船の退去命令，一般船舶の当該周辺海域の航行制限などの権限がこの法に基づいて与えられている．

C. 瀬戸内海環境保全特別措置法

瀬戸内海の環境の保全に関する計画の策定等に関し必要な事項を定めるとともに，特定施設の設置の規制，赤潮等による被害の発生の防止等に関し特別の措置を講ずることにより，瀬戸内海の環境の保全を図ることを目的として，前身の瀬戸内海環境保全臨時措置法（1973 年制定）が 1978 年に改正された法律である．水質に関係するおもな内容として，次のようなものがある．① 特定施設を設置しようとする者は，府県知事または政令市長に許可を受けなければならない，② 環境大臣は，瀬戸内海の富栄養化による生活環境に係る被害の発生を防止するため必要があると認めるときは，関係府県知事に対し，第 5 条第 1 項に規定する区域において公共用水域に排出される燐その他の政令で定める物質の削減に関し，指定物質削減指導方針を定めるべきことを指示することができる．

D. 有明海八代海等再生特別措置法

有明海及び八代海の再生に関する基本方針を定めるとともに，当該海域の特性に応じた環境の保全及び改善，水産資源の回復等による漁業の振興に関し実施すべき施策に関する計画を策定し，実施を促進するなど，特別の措置により，国民的資産である有明海及び八代海を豊かな海として再生することを目的としている法律である（2002 年制定，2011 年改正）．有明海及び八代海を再生するための特別措置に関するおもな内容として，次のようなものがある．① 関係県（福岡県，佐賀県，長崎県，熊本県，大分県及び鹿児島県）は，漁業の振興に関し実施すべき施策に関する計画を定める，② 関係県が行う漁港漁場整備事業のうち，政令で定めるものにつき，補助率の特例を定める，③ 環境省に「有明海・八代海総合調査評価委員会」を置き，委員会は有明海及び八代海等の再生に係る評価を行い，主務大臣に意見を述べることができることとなっている．

（香川　謙二）

6.1.5　水産振興・流通に関する法律など

水産業は，時代の変遷とともに，さまざまな課題に直面してきた．とりわけ，漁業や養殖業の外部で生じるさまざまな変化，すなわちビジネス環境の変化や自然環境の変化などに適切に対応することが，産業活動を継続するうえで，また社会に最適な配分を達成するうえで重要な課題となっている．以下の法律は，そのようななかで，水産業における生産，貿易，流通，消費の各段階において生じるさまざまな課題に関し対応し，水産物を国民に持続的かつ安定的に供給する効果を期待したものとなっている．

A.　持続的養殖生産確保法（養殖法）

この法律（平成 11 年 5 月 21 日法律第 51 号）は，① 漁業協同組合等による養殖漁場の改善を促進することと，② 特定の養殖水産動植物の伝染性疾病の蔓延防止のための措置を講ずることによって持続的な養殖生産の確保を図り，養殖業の発展と水産物の供給の安定を図ることを目的としている（1 条）．「養殖漁場の改善」とは，定義で，餌料の投餌等により生じる物質（残餌，糞等）のため養殖動植物の生育に支障が生じまたは生じるおそれのある養殖漁場において，これらの物質の堆積等の防止を図ることと，養殖水産動植物の伝染性疾病の発生と蔓延を助長する要因を除去または緩和することによって養殖漁場を養殖水産動植物の生育に適する状態に回復または維持することとしている．また，「特定疾病」とは，国内における発生が確認されていないか，国内の一部のみに発生している養殖水産動植物の伝染性疾病で，蔓延した場合は重大な損害を与えるおそれのあるもので，農林水産省令で定めるものとしている（2 条）．現在，コイ科，サケ科の魚類とクルマエビ属のエビ類に対して 11 の疾病が指定されている（2011 年現在．同法施行規則 1 条）．

農林水産大臣は，持続的な養殖生産の確保を図るため基本方針を定め，養殖を行う区画漁業権を有する漁業協同組合等はこの方針に沿って漁場改善計画を作成し，都道府県知事（管轄が明確でない場合は大臣）に同計画が適当である旨の認定を受けることができることとされている．漁業協同組合等が基本方針に即した養殖漁場利用を行わず，状態が著しく悪化していると認めるときは，知事は漁場改善計画の作成，改善のための必要な措置をとるよう勧告をし，それでも従わなかったときは，その旨を公表できることとしている．公表後も措置をとらなかった場合は，知事は漁業権に制限または条件をつけることができることとし改善の担保を図っている．

また，特定疾病にかかりまたはその疑いがある場合，その所有者または管理者に，知事は移動の制限または禁止，焼却，埋却等の処分等を命令することができることとしている．また，そのような命令により損失を受けたものに対し，知事は損失の補償をしなければならないこととなっている．なお，知事は伝染性疾病の予防のため，その職員のうちから魚類防疫員を命じ，またこれに識見のある者に魚類防疫協力員を委嘱することができるようにしている．なお，養殖に関する法律としては，真珠養殖事業法および真珠養殖等調整暫定措置法があったが，規制緩和および独占禁止法適用除外からはずすことを目的にそれぞれ 1998 年および 1999 年に廃止された．その後，本法律は養殖全般を対象に疾病防除を加え新たに制定された．

B.　漁業経営の改善及び再建整備に関する特別措置法（漁特法）

a.　沿　革

オイルショックを契機とする石油および石油関連製品の価格高騰，都市化・工業化の進展による漁場環境の悪化および 200 海里問題を中心とする国際環境の変化などに対処するため，漁業経営が困難となっている中小漁業者（漁業を営む個人または会社であって，その常時使用する従業者の数が 300 人以下であり，かつ，その使用する漁船の合計総トン数が 3,000 t 以下であるもの，漁業を営む漁業協同組合および漁業生産組合）への再建資金の融通の円滑化，特定業種の構造改善の推進，隻数の縮減を必要とする業種における減船の円滑な推進などの措置を講ずることにより，漁業の再建整備を図ることを目的として，1976年度に制定された（当時の法律名は，漁業再建整備特別措置法）．

その後，2001年に水産基本法が制定され，効率的かつ安定的な漁業経営の育成のためには，経営意欲のある漁業者が創意工夫を生かした漁業経営を展開できるようにすることが重要であり，国はそのために必要な施策を講ずるとする経営政策の基本的な考えが明らかにされたことなどを背景に，2002年度に改正が行われた．その結果，① 現法律名への変更，② 水産基本法の基本理念を踏まえて「効率的かつ安定的な漁業経営の育成」を図るため，沿岸を含む全漁業種類を対象に意欲ある漁業者などが創意工夫を生かして行う経営改善の取り組みを支援する，漁業経営改善制度の創設などが措置された．

b. 漁業経営改善制度

経営改善意欲のある漁業者や，そのような漁業者を構成員とする漁業協同組合などが，国の定める漁業経営の改善に関する指針に即して漁業経営の改善を図る計画（改善計画）を作成し，国（政令で定める「遠洋かつお・まぐろ漁業または遠洋底びき網漁業を主として営むもの」に限る）または都道府県の認定を受ける仕組みを設け，国または都道府県は，認定を受けた改善計画の実現のために必要な低利資金の融通などの支援措置を講ずる制度．

なお，従来の中小漁業構造改善制度では，業種，規模などによる制限が設けられていたが，本制度では撤廃されており，意欲のある漁業者であれば誰でも計画を策定できることとなっている．

c. 漁業経営再建制度

経営が困難となっている中小漁業者（政令で定める「遠洋かつお・まぐろ漁業または遠洋底びき網漁業を主として営むもの」に限る）であって，その経営の再建を図ろうとする者が，漁業経営再建計画（再建計画）を作成し，国の認定を受ける仕組を設け，国は，再建計画に従い融通された債務の整理などに必要な資金について漁業者団体などが行う利子補給に対し補助を行い，もって中小漁業者の漁業経営の再建を図ろうとする制度．

なお，その他の業種については，従来は都道府県が計画の認定を行っていたが，三位一体の改革に伴う2005年度の漁業経営維持安定資金の税源移譲などの取組が行われた結果，国の統一的指示に基づき，都道府県が同様の制度で実施している．

d. 整備制度

国際環境の変化，水産資源の状況などに照らし，減船措置などを行うことが必要であるものとして政令で定められた業種「遠洋かつお・まぐろ，遠洋底びき網漁業など」について，自主的に減船などの漁業の整備を図ろうとする者が，計画（整備計画）を作成し，国の認定を受ける仕組を設け，国は，認定を受けた整備計画の実現のために必要な低利資金の融通などの支援措置を講ずる制度．

e. 漁業離職者に対する措置

漁業を取り巻く国際環境の変化などに対処するめに実施された減船措置に伴い発生する離職者に対し，就職のあっせん，職業訓練の実施などを政府が行う努力規定が本法に設けられている．また，前述の離職者のうち政令で定める業種に従事していた者であり船員になろうとする者に対しては，本法に基づき，職業転換給付金が支給される．

C. 外国為替及び外国貿易法（外為法）

外国為替及び外国貿易法（以下「外為法」という）の目的は，「外国為替，外国貿易その他の対外取引が自由に行われることを基本とし，対外取引に対し必要最小限の管理又は調整を行うことにより，対外取引の正常な発展並びに我が国又は国際社会の平和及び安全の維持を期し，もって国際収支の均衡及び通貨の安定を図るとともに我が国経済の健全な発展に寄与すること」とされている（1条）．

外為法は，1949年に，「外国為替及び外国貿易管理法」として制定されたが，当時の日本経済を取り巻く環境を反映して，「対外取引原則禁止」の建前となっていた．当時，政府は産業政策として外貨割当制度を実施しており，外貨支払の必要が生じる行為である輸入について，その数量を制限する仕組みとなっていた．

その後，1980年の改正において，外為法は対外取引を原則自由とする法体系に改められ，現在では貿易に関する事前の許可や届出はおおむね不要となっている．ただし，一部には，輸入承認や事前確認が必要となる品目も存在する．水産物では，前者の例としてクジラやマグロ類の一部，後者の例としてはワシントン条約付属書ⅡまたはⅢに掲載されている種などをあげることができる．さらには，輸入割当てを受けた後でなければ輸入ができない品目（いわゆる非自由化品目）も存在しており，この例としては，ワシントン条約付属書Ⅰに掲載されている種，および，昭和中期に存在した対外取引原則禁止から続いている輸入割当制度が維持されている品目（2010年時点においてアジ，サバ，イワシなど19品目）をあげることができる．

このような輸入貿易管理は外為法がその基本となっているが，実際の手続きについては，政令以下の省令や告示等により行われている．以下に，その体系を記載する．

まず，外為法において，「外国貿易及び国民経済の健全な発展を図るため，貨物を輸入しようとする者は，政令で定めるところにより，輸入の承認を受ける義務を課せられることがある」との規定がなされている（52条）．これを受けて，具体的な管理の方法と輸入手続きが，政令などで定められている．

とくに，輸入貿易管理令は，輸入管理の具体的方法を定めた政令であり，以下の規定が存在する．まず，経済産業大臣は，「輸入割当てを受けるべき貨物の品目，輸入の承認を受けるべき貨物の原産地又は船積地域その他貨物の輸入について必要な事項を定め，これを公表する」ことが求められている（3条）．つまり，輸入割当てと輸入承認が必要な品目はあらかじめ公表しておく必要があるという，輸入公表の規則を定めている．輸入承認の手続きについては，輸入割当てを受けることを要する品目を輸入する場合や，その他輸入公表で必要とされる場合には，貨物を輸入しようとする者が経済産業大臣に申請書を提出し，輸入承認を受けなければならないと規定されている（4条）．続いて輸入割当てについては，原則として貨物の数量により割当てを行うこと，また経済産業大臣は，割当てを行う際には当該貨物についての主務大臣（水産物であれば農林水産大臣）に協議しなければならないこと，またこれらの貨物を輸入しようとする者は，経済産業大臣に申請して，当該貨物の輸入に係る輸入割当てを受けた後でなければ，輸入の承認を受けることができないことなどが規定されている（9条）．

また，以上の規定に関する具体的な手続きは，経済産業省令で定める仕組みとなっている．輸入貿易管理規則は，輸入貿易管理令により定められた管理方法の実際の運用面に関する規定として定められた経済産業省の省令であり，輸入者がとるべき必要な手続きおよび手続きに必要な書類の様式等が定められている．

さらに，諸手続きに関する毎年の変更点などを含め，具体的な事項は，経済産業省の広報や通商弘報に掲載される．これには，輸入割当ての申請手続きなどを定める「輸入発表」や，主として法規の解釈および運用等について一般的な注意事項を発表する「輸入注意事項」がある．

輸出の手続きについては，外為法では，特定の貨物について輸出の許可等を受ける必要があるとされている（48条）．これを受け，輸出貿易管理令が定められており，漁船などを外国に輸出する際には経済産業大臣の承認を受ける必要があるとされている（2条）．水産物の輸出にあたっては，輸出先の国が設定する衛生基準などに合致していることの証明書や，地域漁業機関が定める漁獲物の統計証明書・再輸出証明書などが必要となる場合もある．ただし，これらの証明書は，輸出国（すなわち日本政府）が輸出者に対して要求している書類というよりも，輸入国側が輸入者に対して要求している書類である場合が多く，したがって日本の外為法に具体的な規定が存在しているわけではない．

D. 農林物資の規格化及び品質表示の適正化に関する法律（JAS法）

この法律（昭和25年5月11日法律第175号）は，当初農林物資規格法として制定され，その後1970年（昭和45年）の法律の改正により，現法律名に至っている．

この法律は農林物資の規格の制定と普及，また，品質の適正な表示を行わせることにより農林物資の生産，流通の円滑化，消費者の需要に即した農業生産の振興ならびに消費者の利益の保護を目的としている（1条）．制定当時は，農林物資の品質改善や取引の公正化を目的にJAS規格制度から発足したが，近年は食品の偽装表示などもあり，原材料，原産地など品質に関する一定の表示を「品質表示基準」に従い義務つける表示制度が法律事項に加わった（19条の13，2項）．

JAS規格制度は，農林水産大臣が農林物資の種類（品目）を指定して制定することとされ，①品位，成分，性能等の品質，②生産の方法，③流通の方法のいずれかについての基準を内容として制定が可能となり（2条3項），民間の第三者がJASマークを添付することができる製造業者等を認定する仕組みとなっている．この登録認定機関に対して国は事後監視型で，農林水産大臣は登録基準への適合命令，業務改善命令を出すことができることとしている（17条の10，11）．

品質表示基準制度は，1999年の改正により，一般消費者向けのすべての飲食料品について区分ごとに守るべき基準を定めなければならない（19条の13）とされ，①生鮮食品品質表示基準，②加工食品品質表示基準が定められた．①については「名称」と「原産地」が表示事項とされ，生鮮水産物についても適応される．なお，水産物については個別品質表示基準として冷凍を解凍したものには「解凍」，養殖されたものには「養殖」の表示が義務づけられている．また，加工食品については「名称」，「原材料名」，「内容量」，「賞味（消費）期限」，「保存方法」，「製造業者等の氏名又は名称及び住所」の6点が表示事項とされている．なお，加工度の低い一部水産物には「原料原産地名」の表示が求められている．

また，2009年9月の消費者庁の発足に伴い，JAS法の一部（19条の13第1項～3項）について同庁が事務をつかさどることとされた．

E. 食品衛生法，不正競争防止法，不当景品類及び不当表示防止法（景品表示法）

いずれも，食品に関する表示に関連のある法律である．

食品衛生法（昭和22年2月24日法律第233号）は，飲食に起因する衛生上の危害の発生を防止し，もって国民の健康の保護を図ることを目的とする．

景品表示法（昭和37年5月15日法律第134号）は，商品および役務の取引に関連する不当な景品類および表示による顧客の誘引を防止して，公正な競争を確保し，もって一般消費者の利益を確保することを目的としている．

不正競争防止法（平成5年5月19日法律第47号）は，事業者間の公正な競争を確保するため，不正競争の防止等の措置等を講じ，国民経済の健全な発展に寄与することを目的としている．不正競争の定義として15の行為が掲げられているが，その1つに商品の原産地，品質，内容，製造方法，用途もしくは数量等について誤認させるような表示をする行為も対象とされている．

消費者の利益の擁護等を任務として2009年9月1日に消費者庁が設立され，これらの法律は，それぞれの法において法目的，罰則規定・手続き，所管官庁（従前，順に厚生労働省，公正取引委員会，経済産業省）も異なっていたが，設立に伴いJAS法および食品衛生法の一部，ならびに景品表示法の事務が消費者庁に移管された．

（赤塚　祐史朗，末永　芳美，八木　信行）

6.1.6 漁港漁場の整備・地域振興に関する法律など

人間が生活する場は陸上にあり，食料である水産物は海に存在する．その境界に港が存在し，海の幸を人間の生活圏にもち込むために欠かせない場を提供している．また漁村は，人間の生活の場でもある．そこは，漁業者に生活の場を提供し，雇用を維持させる機能を有し，伝統漁法，食文化，信仰などを維持させる社会的な機能も発揮している．

漁港や漁村は，漁業以外の側面でも，物資の運搬や災害時の行方不明者の捜索などにおいて，重要な役割を果たしている．漁港や周囲の護岸が自然災害を軽減する役目を果たすと同時に，漁村の住民が海難救助に従事し，また赤潮などの異常海象や汚染，不法投棄などの発見と通報を行い，さらには漁業集落の活動を基に沿岸域に形成された日常的な監視ネットワークが国境侵犯や密入国の阻止などに貢献している状況がある．このように国民の生命財産を保全する役割を果たす基盤を提供しているのが漁港・漁村である．

加えて近年では，漁業に関係する活動にとどまらず，遊漁，ダイビング，潮干狩りなど海洋性レクリエーション，さらにはタラソテラピー（海洋療法），水産物直販店，シーフードレストランといった活動の基盤を提供し，さまざまな背景をもった人々の交流の場を提供・促進している．白砂青松の海岸美などに溶け込む漁船，定置網や天日干しなど美しい日本の漁村の風景を創出していることも，アメニティー（快適さ）を提供するうえで重要な機能といえる．

このように漁港，漁場，漁村は多様な価値を国民に提供している．これを円滑に，また安定的に実施するため，以下の法律などが整備されている．

A. 漁港漁場整備法

漁港漁場整備法（昭和 25 年 5 月 2 日法律第 137 号）は，漁港漁場の整備を総合的かつ計画的に推進し，適正な漁港の維持管理により，豊かで住みよい漁村の振興に資することを目的とした法律である．

この法律は当初，漁港法として制定（1950 年）されたが，日本周辺水域内の水産資源の持続的利用と安全で効率的な水産物供給体制を整える必要性が生じたことから，2001 年に漁港漁場整備法に改正され，水産資源の増大から水産資源の漁獲，陸揚げ，加工流通までを一連の水産物供給システムととらえた漁港と漁場の一体的・総合的な整備が図られることとなった．

さらに 2007 年に，排他的経済水域において国が漁場整備を施工する旨を追加した．

a. 漁港の種類と施設

漁港とは，天然または人工の漁業根拠地となる水域および陸域ならびに施設の総合体で，全国に 2,914 漁港（2011 年）が指定されている．利用範囲が地元漁業を主とするもの（第 1 種漁港），県内船が利用する程度のもの（第 2 種漁港），利用範囲が全国的なもの（第 3 種漁港）および離島その他辺地にあって漁場の開発または漁船の避難上とくに必要なもの（第 4 種漁港）の 4 種類がある．第 3 種漁港のうち，水産業の振興上とくに重要な 13 の漁港（八戸，気仙沼，石巻，塩釜，銚子，三崎，焼津，境，浜田，下関，博多，長崎，枕崎）が特定第 3 種漁港に指定されている．なお，所在地の地方公共団体が漁港管理者として，漁港管理規定（条例）を定め適正に漁港の維持，保全およびその運営等を図る責務を負っている．また，漁船の停係泊，出漁準備，水産物の陸揚げ・処理・加工・流通，増養殖や資源管理の拠点等の漁港の機能を果たすため，配置される漁港施設には次のものがある．

（i）基本施設

防波堤・防砂堤・護岸などの外郭施設，岸壁・船揚場などの係留施設，航路・泊地の水域施設．

（ii）機能施設

道路などの輸送施設，航路標識などの航行補助施設，漁港施設用地，漁船漁具保全施設，給水・給油などの補給施設，種苗生産施設などの増殖および養殖用施設，荷さばき所・蓄養施設・製氷施設などの漁獲物の処理・保蔵および加工施設，漁業用通信施設，診療所などの漁港厚生施設，漁港管理施設，漁港浄化施設，廃油処理施設，廃船処理施設，漁港環境整備施設．

b. 漁港漁場整備事業

漁港漁場整備事業とは，漁港施設の新設，改良，補修等，および相当規模の水面で行う魚礁の設置と水産動植物の増養殖の推進ならびに漁場の保全等のための事業をいう．本事業のうち重要な事業を特定漁港漁場整備事業といい，当該事業計画の策定に際し，地元住民等の意見を幅広く反映させるため，公告縦覧を行い，計画策定後に，農林水産大臣に届出，公表することとされている．

地区ごとの事業は，漁港漁場整備事業の推進に関する基本的な方向，配慮すべき環境との調和に関する事項等を内容とする農林水産大臣の定める漁港漁場整備基本方針に基づき実施される．また，本事業の総合的かつ計画的な実施を図るため，事業の実施目標および事業量を内容とする漁港漁場整備長期計画を定めている．2007年度～2011年度を計画期間とする第2次漁港漁場整備長期計画では，① 自給率目標達成のために水産物を約14.5万t増産，② 拠点漁港において高度な衛生管理対策下での水産物の出荷割合と陸揚岸壁が耐震化された漁港の割合の向上，③ 漁業集落排水処理人口比率の向上と防災機能が強化された漁村の人口比率の向上を目標とし，約7万5千haの新たな漁場整備，約150地区の水産物流通拠点地区や約485地区の水産物生産拠点地区の整備，約280地区での集落排水施設等の整備を推進することとしている．

B. 公有水面埋立法

現に公共の用に供し，国の所有に属する水流または水面（公有水面）について，特定の者に埋立（干拓を含む）による土地の造成を認め，竣工を条件に所有権を与えるもの（1921年制定）であり，漁業権者等の権利者の同意と都道府県知事の免許を必要とする．自然環境への影響等社会情勢の変化を踏まえ，1973年に免許出願内容の公開，環境保全および災害防止への配慮等免許基準の明確化や埋立地権利移転，用途変更の規制の導入等の改正が行われた．

C. 遊漁船業の適正化に関する法律

a. 法の概要

遊漁船業とは，船舶により乗客を漁場に案内し，釣り等により魚類その他の水産動植物を採捕させる事業をいう．本法は，1988年に発生した遊漁船と潜水艦との衝突海難事故を契機として，遊漁船の利用者の安全の確保および利便の増進ならびに漁場の安定的な利用関係の確保に資することを目的に，都道府県知事への遊漁船業の届出制を柱として制定（1988年）された．

制定後も，遊漁船の海難事故および漁場利用をめぐる漁業者とのトラブルが多発したこと，損害を受けた遊漁船の利用者に対して十分な補償がなされないといった問題が発生したことから，① 遊漁船業を営もうとする者は都道府県知事への登録が必要となり，一定の基準を満たさない業者は登録が拒否されること，② 遊漁船業者には，事業の実施方法を定めた業務規程の届出等を義務づけ，③ 不適切な営業を行う業者に対する登録の取消しや業務停止命令が可能となるなど，登録庁の監督権限を強化等を内容として，2002年に大幅な改正が行われた．

b. 遊漁船業者の登録

遊漁船業者の登録を受けるためには，遊漁船の定員1人あたりの填補限度額が3,000万円以上の損害賠償保険に加入する必要がある．また，遊漁船上で利用者の安全管理等を行う遊漁船業務主任者を選任する必要がある．遊漁船業務主任者の選任基準は，海技士（航海）または小型船舶操縦士免許の受有，実務研修の修了および農林水産大臣認定講習の修了である．

c. 遊漁船業者の義務

遊漁船業者には，業務規程の届出のほか，気象および海象に関する情報の収集，利用者名簿の備え置き，水産動植物の採捕制限および漁場の使用制限の内容周知，営業所および遊漁船における標識の掲示等の義務がある．

（橋本　牧）

6.1.7 水産制度金融

一般に漁業では収益性が低いこと，生産リスクが高いこと，借り手である漁業者の信用力担保力が弱いことから，これを補完し，水産施策を推進するうえで必要な事業に対し，資金供給を行うために水産制度金融が設けられている．また，漁業者の信用力を補い，資金の融通を円滑にするための中小漁業融資保証保険制度も広義の水産制度金融の範疇に入る（図6.1.7-1）．

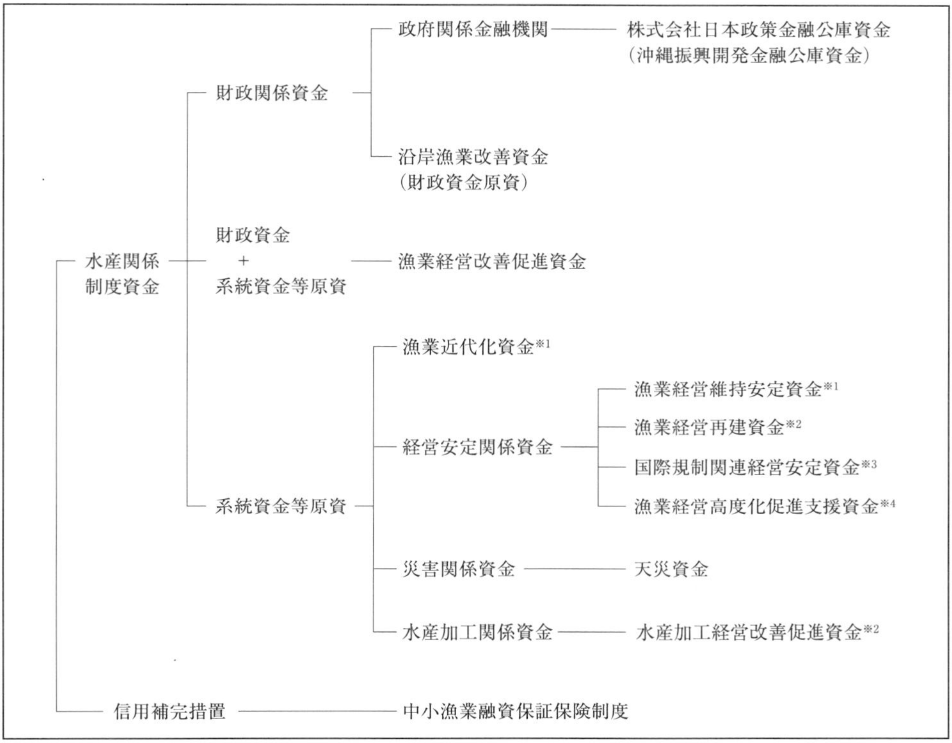

図 6.1.7-1 水産関係制度金融の体系(概要図)

※1 2005 年度より，漁業者団体への直接助成分を除き，都道府県へ税源移譲した資金.

※2 2005 年度より，都道府県へ税源移譲した資金.

※3 2006 年度より，漁業者団体への直接助成分を除き，都道府県へ税源移譲した資金.

※4 2005 年度より，都道府県へ税源移譲した資金.

A. 株式会社日本政策金融公庫資金(沖縄県においては，沖縄振興開発金融公庫資金)

「株式会社日本政策金融公庫法」の施行に伴い，農林漁業金融公庫，国民生活金融公庫，中小企業金融公庫，国際協力銀行が解体･統合し，2008 年度に創設.

漁業者に対し，漁船建造など漁業の生産力の維持増進に必要な長期かつ低利の資金で，農林中央金庫その他一般の金融機関が融通することを困難とするものを融通する制度である.

B. 沿岸漁業改善資金

「沿岸漁業改善資金助成法」に基づき 1979 年度に創設.

困難な状況に置かれている沿岸漁業従事者などが自主的にその経営・生活を改善していくことを積極的に助成することを目的に，近代的な技術または漁撈の安全確保のための施設などの導入(経営等改善資金)，漁家生活改善のための合理的な生活方式の導入(生活改善資金)および青年漁業者などによる近代的な沿岸漁業の経営方法または技術の習得(青年漁業者等養成確保資金)に必要な資金を都道府県(国が 2/3，都道府県が 1/3 を負担して造成する都道府県の特別会計)から無利子で借りることができる制度である.

C. 漁業経営改善促進資金

1995 年度に創設.

「漁業経営の改善及び再建整備に関する特

別措置法（漁特法）」に基づく漁業経営改善計画に認定を受けた漁業者を対象に，その経営の改善の円滑な推進を資金面で支援することを目的に，漁業信用基金協会が融資機関に低利で預託し，融資機関が協調融資により低利の短期運転資金を貸し付ける制度である．

D. 漁業近代化資金

「漁業近代化資金助成法（平成17年度に都道府県が行う利子補給に対する国の助成措置が削除されるとともに漁業近代化資金融通法に改名）」に基づき1969年度に創設．

漁業者などが漁協系統資金を活用し，資本装備の高度化および経営の近代化を図ることを目的に，漁船や漁業施設建造などに係る融資に対し，国や都道府県が利子補給助成などを措置する制度である．

E. 漁業経営維持安定資金

「漁業経営の改善及び再建整備に関する特別措置法」に基づき1976年度に創設．

漁業の経済的諸条件の著しい変動，漁業をとりまく国際環境の変化等により経営が困難に陥っている漁業者に対し，融資機関がその経営の再建を図るため，緊急に必要な固定化債務の整理などのための資金を融通し，国や都道府県が利子補給助成を措置する制度である．

F. 漁業経営再建資金

1986年度に創設．

経営が困難となっている漁業者のうち，経営再建の意欲があり，自助努力と関係機関の支援・協力を前提として再建が可能な者に対して，融資機関が新たに低利の資金を融通し，都道府県が利子補給助成の措置を講ずる制度である．

G. 国際規制関連経営安定資金

1978年度に創設．

諸外国の200海里体制の定着に伴う国際漁業条約・協定による操業規制，漁業規制等の強化が中小漁業者の経営に与える悪影響を勘案し，融資機関がこれら漁業者に対し漁業経営に緊急に必要な低利の資金を融通し，国や都道府県が利子補給助成の措置を講ずる制度である．

H. 漁業経営高度化促進支援資金

2000年度に創設．

今後の周辺水域の適切な保存管理と持続的利用を基本とする枠組みの構築に対応しつつ，自らの創意と工夫により収益を確保しうる意欲と能力のある経営体を主体とした経営構造を確立し，漁業経営の高度化を図ることを目的とする．融資機関がこれら漁業者に対し資源管理型漁業や漁獲物の流通高度化等の取り組みを総合的に支援するために必要な低利の資金を融通し，都道府県が利子補給助成の措置を講ずる制度である．

I. 中小漁業融資保証保険制度

「中小漁業融資保証法」に基づき1952年度に創設．

中小漁業者などの漁業経営に必要な資金の融通の円滑化を図ることを目的とする．金融機関の貸し付けなどについて，漁業信用基金協会がその債務を保証するとともに，中央漁業信用基金がその補償などにつき保険を行い，あわせてその保証につき必要な資金の融通を行う制度である．

（赤塚　祐史朗）

6.1.8 災害補償・保険に関する法律など

A. 漁業災害補償法

漁業災害補償法は，漁業共済事業の制度およびそれを運営する漁業共済団体の組織等について規定した法律であり，この法律に基づいて漁業共済事業が実施されている．

a. 事　業

漁業共済事業は，中小漁業者の営む漁業について，異常な事象または不慮の事故によって受けた損失を補てんし，これをもって中小漁業者が安心して漁業を継続できるようにすることを目的とした事業である．基本的には保険の理論に基づき運営されており，漁業者が補償の水準に応じた共済掛金を支払うことで，事故が起きた場合には定められた共済金を受け取ることができる仕組みとなっている．また，国は漁業者の支払う掛金に補助を行うなどの措置を講じており，自然災害等の影響を受けやすい漁業活動を国が側面から支援することで，国としての災害対策の重要な一翼を担うものにもなっている．

漁業共済事業は，① 漁獲共済，② 養殖共済，③ 特定養殖共済，④ 漁業施設共済の 4 種類があり，これ以外に地域の漁業共済組合が独自に実施する地域共済事業がある．漁獲共済と特定養殖共済は，漁船漁業や貝類・藻類養殖業をおもな対象としており，契約期間中の生産金額（数量 × 価格）が過去の生産実績等を基に定められる補償水準に達しない場合に，減収分を一定割合で補償する「収穫高保険方式」を採用している．一方，養殖共済や漁業施設共済は，災害等で損害を被った数量に単位あたり共済価額を乗じて得た金額を補償する「物損保険方式」を採用しており，養殖共済では養殖水産物の死亡，流失等による損害を，漁業施設共済では使用中の養殖施設または漁具（定置網，まき網）の損壊等による損害を補償するものとなっている．

b. 組　織

漁業共済事業は，各都道府県に設けられた漁業共済組合が漁業者と共済契約を結ぶことで成立する．漁業共済組合と漁業者との間で共済契約が成立したときは，漁業共済組合と共済組合の連合会組織である全国漁業共済組合連合会との間に再共済契約が成立し，さらに全国漁業共済組合連合会と政府の間にも保険契約が成立することで事業に伴うリスクの分散が図られている．なお，国は特別会計を設けてこの保険事業を実施している．

B. 漁船損害等補償法

漁船損害等補償法は，漁船保険事業の制度およびそれを運営する漁船保険団体の組織等について規定した法律であり，この法律に基づいて漁船保険事業が実施されている．

a. 事　業

漁船保険事業は，不慮の事故により被った漁船の損害や，燃料油の流失や他船への損害等漁船の運行に伴って生じた不慮の費用負担等に対応するための保険事業を実施することで，漁業者の経営の安定に資することを目的とした事業であり，漁業共済事業同様，保険の理論に基づき運営されている．

漁船保険事業は，① 漁船自体を保険の目的として，これが沈没，損傷などの事故により損害を被った場合に補てんする漁船保険，② 漁船の運航に伴って生じた不慮の費用あるいは損害賠償責任に基づく損害を補てんする漁船船主責任保険，③ 漁船の運航に伴って，乗組船主に死亡その他の事故が生じた場合に一定額を支払う漁船乗組船主保険，④ 漁船に積載した漁獲物等の損害を補てんする漁船積荷保険などの種類があるが，漁船保険事業の特徴として，一般の保険では免責事由になる戦乱，襲撃，だ捕，抑留といったものによる損害を補てんする特殊保険が漁船保険の範疇に用意されていたり，本法以外の法律（漁船乗組員給与保険法）により乗組員が抑留された場合の給与の支払いを保障するための漁船乗組員給与保険が設定されるなど，漁業活動の特殊性を踏まえたものとなっている．なお，国は漁船保険の普通保険や漁船船主責任保険等の基本的な保険については掛金補助を行っている．

b. 組　織

漁船保険事業は，各都道府県に設けられた漁船保険組合が漁業者と保険契約を結ぶことで成立する．漁船保険事業についても漁業共済事業と同様，中央団体（漁船保険中央会）や国と再保険関係を結ぶことで事業のリスク分散が図られているが，保険種類のうち，特殊保険と漁船乗組員給与保険については，中央団体を経由せず，直接，漁船保険組合と国が再保険関係を締結する形をとっている．また，国の再保険事業は特別会計により会計処理が行われている．

C. 激甚災害に対処するための特別の財政援助等に関する法律（激甚災害法）

a. 法の目的

激甚災害法は，著しく激甚である災害が発生した場合において，応急措置や災害復旧の迅速かつ適切な実施等のため災害対策基本法の規定を受けて，国の地方公共団体に対する特別の財政援助又は被災者に対する特別の助成措置について規定するものである．

b. 水産施設に関する激甚災害制度

国民経済に著しい影響を及ぼすなど著しく激

甚である災害が発生した場合，政府は，中央防災会議の意見を聴いたうえで，政令でその災害を「激甚災害」として指定するとともに，当該激甚災害に対し適用すべき措置をあわせて指定する．

激甚災害に指定されると，地方公共団体が実施する災害復旧事業の国庫補助の嵩上げなど特別の財政援助等が講じられ，水産施設関係では，漁港および海岸，水産業共同利用施設が対象となっている．国庫補助の嵩上げ率は，激甚災害の復旧事業費に係る地方公共団体の負担額や標準税収入によって異なるものの，通常の災害復旧事業費に比べ，1～2割程度の嵩上げ率となっている．

激甚災害は，中央防災会議が定めている指定基準に基づいて指定され，全国レベルの激甚災害は「本激」，局地的な激甚災害は「局激」とよばれる．指定基準は，全国または災害が発生した地方公共団体の漁港等公共土木施設災害復旧事業費の見込額や漁業等被害見込額，全国の標準税収入や漁業所得推定額などから定められている．

（内海　和彦，橋本　牧）

6.1.9　漁船・船員に関する法律など

漁船は，漁業の基本的な生産手段として，漁船登録等について漁船法の適用を受けるほか，日本の船舶の範囲等を定める船舶法，船舶の安全確保を目的とした船舶安全法等の適用を受ける．また，漁船に乗り組む船員については，船員および船舶所有者の権利・義務等を定める船員法および航行の安全を確保するために，船舶に乗り組ませるべき船舶職員の資格等を定めている船舶職員および小型船舶操縦者法の適用を受ける．

A.　漁船法

漁船の建造を調整し，漁船の登録および検査に関する制度を確立し，かつ，漁船に関する試験を行い，もって漁船の性能の向上を図り，あわせて漁業生産力の合理的発展に資することを目的としている（1950年制定）．本法律において「漁船」とは，① もっぱら漁業に従事する船舶，② 漁業に従事する船舶で漁獲物の保蔵または製造の設備を有するもの，③ もっぱら漁場から漁獲物またはその製品を運搬する船舶，④ もっぱら漁業に関する試験，調査，指導もしくは練習に従事する船舶または漁業の取締りに従事する船舶であって漁ろう設備を有するもののいずれかに該当する日本船舶をいう．

a.　漁船建造等の許可

長さ10 m未満の動力漁船を除き，動力漁船の建造，動力漁船への改造・転用に際しては農林水産大臣または都道府県知事の許可を受けなければならないこととなっている．

大臣許可対象：指定漁業または農林水産大臣の許可その他の処分を要する漁業に従事する動力漁船または総トン数20 t以上の動力漁船（都道府県知事の許可その他の処分を要する漁業に従事する動力漁船を除く）．

知事許可対象：都道府県知事の許可その他の処分を要する漁業に従事する動力漁船またはその他の動力漁船．

b.　漁船の登録

漁船は，総トン数1 t未満の無動力船を除いて，その所有者がその主たる根拠地を管轄する都道府県知事の備える登録原簿に登録を受けたものでなければ，これを漁船として使用できないこととなっている．また，登録票の交付を受けた日から5年ごとに，漁船および登録票について当該都道府県知事の検認を受けなければならないこととなっている．

c.　依頼検査

漁船の操業能率の向上，操業上の安全，性能の向上等を図るため，漁船の所有者から，① 船体，② 機関，③ 漁ろう設備，④ 漁獲物の保蔵又は製造の設備，⑤ 電気設備，⑥ 航海測器設備に関する検査の依頼があった場合，農林水産大臣は検査を行わなければならないこととなっている．

B.　船舶法

日本船舶の資格とこれに必要な条件，日本船舶のもつ権利・義務が定められている（1899年制定）．この法律に従い，漁船の所有者は，日本に船籍港を定め，その船籍港を管轄する管海官庁に総トン数の測度を申請しなければならず，登記を行った後，管海官庁に備えてある船舶原簿に登録を行わなければならない．登録が終了すると，管海官庁から船舶国籍証書が交付される．また，この規定の適用対象外である総トン数20 t未満の漁船にあっては，漁船法に基づき都道府県知事が交付する漁船登録票をもってこれに代えている．

C. 船舶安全法

船舶は，船体，機関の構造等が，航行する海域における天候，波浪等の条件に十分耐えうるものであること，および万一海難に遭遇した場合にも，人命の安全の確保ができるように救命・消防設備等必要な設備が備えられていることが求められる．このため船舶安全法では，船体，機関，排水設備，操舵，繋船および揚錨の設備，救命および消防の設備，居住設備，衛生設備，航海用具，荷役その他の作業の設備，電気設備等に関する要件を定めている（1933年制定）．船舶の所有者は，船舶を航行させる場合にあっては，これらの要件に従う義務を負っており，当該要件が確実に満たされるよう，総トン数20 t以上の漁船にあっては国，総トン数20 t未満の漁船（日本の海岸から12海里以内の海面または内水面において従業するものを除く）にあっては日本小型船舶検査機構が行う検査を受けなければならない．検査には，船体等の製造段階から行われる製造検査（長さ30 m以上），5年ごとに行われる定期検査（20 t未満の漁船にあっては6年）およびその間に行われる中間検査等がある．

航行する海域によって必要となる設備等の要件は異なることから，漁船にあっては，漁船特殊規則により，総トン数20トン以上の漁船については，第一種，第二種および第三種の3種類に区分されており，小型漁船については，小型第一種および小型第二種に区分して定められている．また，漁船特殊規程では，漁船の特殊性を考慮すべきものについて，その要件が定められている．

D. 船舶職員及び小型船舶操縦者法

船舶職員として船舶に乗り組ませるべき者の資格ならびに小型船舶操縦者として小型船舶に乗船させるべき者の資格および遵守事項等を定めることにより，船舶の航行の安全を図ることを目的とするものである（1951年制定）．小型船舶に関して，船舶職員から小型船舶操縦者を分離するとともに，小型船舶操縦士に係る資格区分を再編成するほか，小型船舶操縦者が遵守すべき事項を明確化する必要があったことから，2002年に船舶職員法が改正され，現在の名称に改められた．

この法律でいう船舶職員とは海技士，小型船舶操縦者とは小型船舶操縦士のことをいい，海技士にあっては，航海，機関，通信，電子通信の4つの分野ごとに，乗り組み対象となる船舶の種類（船の大きさ，航行する区域等）に応じた免許が設けられている．小型船舶操縦士にあっては，小型船舶（総トン数20 t未満の船舶および1人で操縦を行う構造の船舶であって，その運航および機関の運転に関する業務の内容が総トン数20 t未満の船舶と同等であるものとして国土交通省令で定める総トン数20 t以上の船舶をいう）の船長をいい，1級小型船舶操縦士（外洋免許），2級小型船舶操縦士（沿岸免許），特殊小型船舶操縦士（水上オートバイ免許）の3つの資格区分に分けられている．

E. 船員法

船長の職務および権限，紀律，雇入契約，給料その他の報酬，労働時間，休日および定員，有給休暇，食料ならびに安全および衛生，年少船員，女子船員，災害補償，就業規則など，船員（日本船舶等に乗り組む船長および海員ならびに予備船員）および船舶所有者等の権利・義務を定めている（1947年制定）．原則として5 t以上の船舶に適用されるものであるが，定置漁業に従事する漁船等，政令で定められている30 t未満の漁船については適用除外となっているほか，労働時間，休日および定員の規定についても漁船は適用対象外となっている．

（森　高志）

6.1.10 水産関係の行政組織・団体等に関する法律など

水産関係の行政組織としては，農林水産省，その外局としての水産庁がある．国の組織は国家行政組織法により，また農林水産省設置法で水産庁の組織についてその事務の範囲，所掌が定められている．地方公共団体にあっては，地方自治法にのっとり，その事務を担任し，水産関係部署などの必要な内部組織を設置している．また，水産に関連する団体等については，① 独立行政法人通則法および個別法に基づく独立行政法人(地方公共団体の関連では地方独立行政法人法に基づく地方独立行政法人)，② 従来民法によって設立されてきた社団法人や財団法人(2008 年 12 月 1 日以降 5 年以内に，公益法人 3 法に基づき公益社団・財団法人か一般社団・財団法人のいずれかへ，または解散を選択への移行期にある)，③ 水産業協同組合法に基づき設置される漁業協同組合などがある．これ以外に，1998 年に特定非営利活動促進法(NPO 法)が施行され，④ 同法に基づく水産に関係する NPO 法人も設立されてきている．

A. 水産業協同組合法

この法律は，漁民等の自主的な組織である水産業協同組合の組織，事業，管理等についての法律関係を規律するもので，漁民および水産加工業者の協同組織の発達を促進することによって，経済的弱者として観念される漁業者等の経済的社会的地位の向上，水産業の生産力の増進を図ることを目的としている(昭和 23 年法律第 242 号)．

水産業協同組合には，漁民の組織する漁業協同組合，漁業生産組合および漁業協同組合連合会，水産加工業者の組織する水産加工業協同組合および水産加工業協同組合連合会，漁協等が行う共済事業の上部組織である共済水産業協同組合連合会の 6 種類があるが，ここでは漁業協同組合(漁協)を中心に記述する．

漁協の構成員である組合員については，組合が真に漁民のための組織であることを確保するため，その資格が厳しく制限されている．とくに組合の議決権を有する正組合員は，組合の地区内に住み，漁業(養殖を含む)を営み，または漁業に従事する日数が年間 90 日から 120 日までの間で組合の定款で定める日数を満たしている者に限られているが，この資格を満たす者は申請すれば正組合員となることができる(内水面については漁業で生計を立てている者がほとんどみられないことから，遊漁など採捕を行う者も組合員になることができ，その日数要件も 30 日以上 90 日以内と沿海漁協に比べて緩やかになっている)．組合員資格については，2007 年の法改正によってさらに厳格化され，組合員資格審査に関する規定を定款に定めなければならないこととされた．また，組合は地区外の漁民や操業日数が足りない者についても准組合員として組合が行う事業を利用させることができるが，准組合員は組合の議決に加わることはできない．なお，組合員は，その資格要件を満たさなくなった場合には，組合員の資格を失う．

組合は，組合員への資金の貸し付けや貯金などの信用事業，組合員の事業や生活に必要な物資の供給事業，漁獲物などの販売，共同利用施設の運営，共済事業などの各種事業を行うことができ，これら事業を通じて組合員のために直接奉仕することを目的としているが，法律で規定のない事業は行うことができない．

組合を設立しようとする場合は，正組合員になろうとする者 20 人以上(特定の漁業からなる業種別組合は 15 名以上)が発起人になり，定款を作成のうえ，行政庁の認可を経た後，登記しなければならない．

組合には役員として理事および監事をおくが，組合の意志決定は総会で行われ，その業務執行を理事会が決定し代表理事が実際の業務を執行する．総会は組合の最高意志決定機関であり，役員の選任，定款や規約の変更，事業計画，事業報告，漁業権に関することなど，組合にとって重要な事項は総会の議決が必要である．通常の議決は過半数で決するが，組合にとってとくに重要な事項である定款の変更，組合の合併や解散，組合員の除名，漁業権に関することなどは2/3以上の多数による議決を必要とする.

組合は自主的な組織ではあるが信用事業など各種の経済事業を行っており，組合運営は組合員だけでなく組合関係者にも大きな影響を及ぼす．このため組合に対して，その運営が適切であるか否かを確認するための監督や必要な指導が行政庁によって行われる．組合が法令や定款に違反している場合には是正するよう必要な命令を行うことができ，命令に従わない場合には解散を命じることもできる.

B. 漁業協同組合合併促進法

漁業協同組合は，地先漁業権の管理団体としてだけでなく，漁獲物の販売事業や漁業資材などの購買事業，貯金，資金の貸し付けなどの金融事業など各種経済事業を行っており，漁業者や漁村経済にとってなくてはならない存在である．しかしながら，漁協は規模が小さいところが多く，漁業者の要望に応じた事業活動を進めるためには，組合の規模を拡大し経営基盤を強化することが必要である. このような事情から，漁協合併を促進することを目的として本法が制定された（昭和42年法律第78号).

この法律では，全国漁業協同組合連合会が合併の促進に関する基本的な方向等を定めた基本構想を作成し，各都道府県の漁業協同組合連合会が基本構想に基づき合併に関する基本計画を定め，各漁協は，基本計画を踏まえ，それぞれ合併計画を定めることとしている．合併計画については都道府県知事が認定し，計画が適切に実施されるよう支援や指導が行われる．合併計画の知事への提出の期限は, 2008年度末となっており，現在は，本法に基づく合併計画の提出や決定は行われていない.

C. 農林水産省設置法，農林水産省組織令，農林水産省組織規則

国家行政組織法において国の行政機関の組織は法律で定めるものとされており，農林水産省は農林水産省設置法（平成11年7月16日法律第98号）に基づき食料の安定供給の確保，農林水産業の発展を図ることなどを任務として設置されている．農林水産省の外局として水産庁が設置され，水産庁は水産資源の適切な保存および管理，水産物の安定供給の確保，水産業の発展ならびに漁業者の福祉の増進を図ることを任務としている．また，水産庁には，審議会等として水産政策審議会，特別の機関として広域漁業調整委員会，地方支分部局として漁業調整事務所をそれぞれ設置することが規定されている.

農林水産省組織令には水産庁における部課の構成や所掌事務，漁業調整事務所の名称や位置などが規定され，さらに農林水産省組織規則には課に置かれる室などの名称および所掌事務が規定されている.

D. 独立行政法人通則法

独立行政法人とは，この法律をもって新規に確立された制度に基づく法人である．同法で「独立行政法人」とは，「国民生活及び社会経済の安定等の公共上の見地から確実に実施されることが必要な事務及び事業であって，国自らが主体となって直接に実施する必要のないもののうち，民間の主体にゆだねた場合には必ずしも実施されないおそれがあるもの又は一の主体に独占して行わせることが必要であることを目的として設立される法人」と定義されている.

独立行政法人は，おもに従前の特殊法人，認可法人，試験研究機関や検査検定機関等の国の施設等機関がその事務を廃止のうえ，この事務を承継する形でこの法人とされた．本法律は，独立行政法人の運営の基本その他の制度の基本となる共通事項を定めたものである（平成11年7月16日法律第103号)．なお，個々の法人の名称，目的，業務の範囲等に関してはそれぞれの個別法で定められる.

E. 独立行政法人水産総合研究センター法

この法律は，独立行政法人水産総合研究センターの名称，目的，業務の範囲等に関する事項を定めている個別法である（平成11年12月22日法律第199号)．組織の名称は上記のとおりであり，目的は，① 水産に関する技術の向上に寄与するための総合的な試験および研究等を行うとともに，さけ類およびます類のふ化および放流を行うことと，② 海洋水産資源開発促進法に規定する海洋水産資源の開発および合理

化のための調査等を行うこととしている．目的に記された業務の範囲として，試験研究に必要な種苗および標本の生産および配布，栽培漁業に関する技術の開発も行うこととしている．

同センターは設立の沿革として，2001 年にそれまでの 9 つの水産庁研究所を統合して新たに独立法人水産総合研究センターとして発足した．2003 年，これに認可法人海洋水産資源開発センターおよび社団法人栽培漁業協会の業務を承継し，さらに 2006 年に独立行政法人さけます資源管理センターと統合した．このような業務の承継・統合の結果，わが国の水産関係を代表する総合的な研究開発機関となっている．

F. 公益法人 3 法

公益法人 3 法（① 一般社団・財団法人法，② 公益法人認定法，③ 整備法）は，従前の民法による主務官庁による公益法人の設立許可制度を改め，民間非営利部門の活動の健全な発展を促進するため，登記のみで法人が設立できる制度を創設したものである．① の法律（平成 18 年 6 月 2 日法律第 48 号）は，一般社団法人，一般財団法人の設立，組織，運営および管理について定めたものである．設立するには，定款を作成することや，社員総会の権限，召集等を求めている．② の法律（平成 18 年 6 月 2 日法律第 49 号）は学術，技芸，慈善等の不特定かつ多数の者の利益の増進に寄与するものを公益事業と定めており，公益目的事業を行う一般社団・財団法人は，行政庁である内閣総理大臣または都道府県知事に対し，申請することによって，公益法人としての基準に適合すると認められれば，公益社団法人または公益財団法人の認定を受けることができる，このための措置を定めている．③（平成 18 年 6 月 2 日法律第 50 号）は従前の民法による公益法人の，新たな公益法人制度への移行制度を定めたものであり，施行日（2008 年 12 月 1 日）から起算して 5 年を経過する日までの期間内に，行政庁の認定を受けた場合には，一般社団・財団法人に，また ② の法律の認定を受けた場合は，公益社団・財団法人になることができることを定めている．また，新たな法人に移行する間の経過措置，認可の申請にあたって虚偽の申請をした場合や，認定を受けたあと登記を怠った場合等の解散の手続き等の措置を定めている．各種ある水産関係社団・財団法人もこれらの法律にのっとり，新たな法人へと移行することになる．

（赤塚　祐史朗，木島　利通，
黒萩　真悟，末永　芳美）

6.1.11 国際協力に関する法律など

水産分野における日本の国際協力は，潜在的に大きな利用可能性を有している水産資源の合理的かつ持続的利用の促進を目的とし，日本の国際協力の目的の 1 つである開発途上国における「食料の確保」や「貧困対策」等にも大きく寄与している．また，世界有数の漁業国であり世界最大の水産物輸入国・消費国である日本としての責任を果たす一翼を担いうるものとなっている．

なお，実施にあたっては，対象国が日本漁船の操業状況や科学的根拠に基づく水産資源の持続的利用を支持する国であるかとの点も含め，総合的に考慮されている．

A. 独立行政法人国際協力機構（JICA）

a. 組織の概要

独立行政法人国際協力機構（Japan International Cooperation Agency : JICA）は，独立行政法人国際協力機構法に基づく独立行政法人で，開発途上地域等の経済および社会の開発もしくは復興または経済の安定に寄与することを通じて，国際協力の促進ならびに日本および国際経済社会の健全な発展に資することを目的としている．

b. おもな業務内容

開発途上国に対する協力内容として，以下の 3 つの分野に分けられる．

（i）技術協力

国際協力機構が海外で実施する中心的な事業の 1 つで，現場の状況に応じた協力計画を相手国と共同でつくりあげ，日本と開発途上国の知識・経験・技術を活かして，一定の期間内でともに問題を解決していく取り組みを行っている．とくに，開発途上国が抱える課題に対して，「専門家の派遣」，「研修員の受入」，「機材の供与」等の投入を柔軟に組み合わせた技術協力プロジェクトとして協力を行っている．

（ii）有償資金協力

開発途上国に対して低利で長期の緩やかな条件により，経済社会基盤整備のための開発資金（円借款）について貸し付けを行い，開発途上国の発展の取り組みを支援している．

（iii）無償資金協力

開発途上国に対して返済の義務を課さない資金協力であり，開発途上国の経済社会開発に資する計画に必要な施設，資機材および役務（技術および輸送等）を調達する資金について供与している．

c．水産分野の取り組み

水産分野については，「活力ある漁村の振興」，「安定した食料供給（水産資源の有効利用）」，「水産資源の保全管理」を目標に掲げ協力を実施している．これまでの協力として，漁業開発，資源管理，流通，水産加工，養殖，環境保全，水産行政，漁村開発等と多岐にわたっている．

具体的には，以下の視点から，技術協力，有償資金協力，無償資金協力を通じて協力を行っている．

（i）水産資源の有効活用

水産物を有効活用するため，鮮度を低下させずに流通させるための施設（漁港，魚市場）の整備，新たな付加価値を加えるための加工技術の向上．

（ii）水産資源の保全管理

持続的な漁業を行うための資源状況の調査，資源を増大させるための環境整備．

（iii）漁民・漁村の貧困削減

簡易な加工技術の導入による付加価値向上および低投入による粗放的な養殖業の振興を通じて漁家収入の多様化・向上を図る．

（iv）行政・コミュニティレベルでの能力開発

水産資源を管理するための法律，規則，行政の施策や体制の整備，コミュニティの活動などについての人材育成．

B．財団法人海外漁業協力財団（OFCF）

a．組織の概要

財団法人海外漁業協力財団（Overseas Fishery Cooperation Foundation of Japan : OFCF）は，海外漁場の確保と開発途上国の水産業の開発・振興のための経済協力・技術協力（以下「海外漁業協力事業」）を一体的に推進することにより，日本の漁業の維持・発展と水産物の安定供給の確保に資するため，1973 年 6 月 2 日に設立された団体である．

b．おもな業務内容

（1）合弁企業の設立に要する資金の貸付等の経済協力事業．

（2）技術移転を図るための専門家の派遣，途上国における人材育成を図るための研修等の技術協力事業．

（3）海外の地域における漁業等に関する情報の収集および提供．

（4）水産資源の持続的利用を目指した国際的な資源管理の推進に資する事業．

c．おもな活動

海外漁業協力財団がこれまで海外漁業協力事業を実施した国は，大洋州，アフリカ地域，北南米，アジア地域と世界中にわたり，延べ 138 カ国・地域・国際機関（2010 年現在）となっており，日本の海外漁場の確保に果たしている役割は非常に大きなものとなっている．

現在，諸外国の 200 海里水域において日本の漁船が操業を行うためには，その見返りとして，入漁料の支払いのほか，さまざまな海外漁業協力事業の実施が求められており，また，国によっては，200 海里水域内での外国漁船の操業を認めず，合弁企業の設立等によってしか操業を認めていない国もある．

海外漁場の確保は，日本の食料安全保障の問題と切り離せないものとなっている．世界的に水産物への需要が増大し，海外漁場の確保をめぐる競争が激化しているなかで，今後とも日本が水産物を確保していくうえで，海外漁業協力事業の重要性はますます高まっている．

C. 東南アジア漁業開発センター（SEAFDEC）

a. 組織の概要

東南アジア漁業開発センター（Southeast Asian Fisheries Development Center : SEAFDEC）は，東南アジア地域における食料事情の改善を図るため，加盟国相互の協力や他の国際機関および政府との協力を通じ，本地域における漁業開発の促進に寄与することを目的として，1967年12月28日に設立された地域国際機関である．加盟国はASEAN（タイ，マレーシア，フィリピン，シンガポール，インドネシア，ブルネイ，カンボジア，ラオス，ミャンマー，ベトナム）＋日本の11カ国である．SEAFDECには，事務局（タイ・バンコク）とともに専門分野ごとの4つの部局が置かれている．

（i）訓練部局［TD］（タイ・サムットプラカーン）

海洋漁業に関する広範囲な訓練のほか，漁具，漁法や船舶技術に関する技術開発および人材育成，沿岸漁村社会経済研究を行っている．

（ii）海洋水産調査部局［MFRD］（シンガポール）

漁獲後の水産加工技術，食品安全性，品質管理に関する調査研究・普及を行っている．

（iii）養殖部局［AQD］（フィリピン）

魚介類の養殖技術および種苗生産ならびに魚病に関する調査研究，専門家の訓練，知識および情報の普及を行っている．

（iv）海洋水産資源開発管理部局［MFRDMD］（マレーシア）

地域の水産資源の調査開発管理に関する研究，訓練および普及を行っている．

b. おもな活動

設立以来，東南アジア地域における漁業，養殖業，水産加工業に関する技術開発，調査研究ならびに訓練を行っている．近年は，政策に関する活動の強化にも努めており，ASEAN-SEAFDECミレニアム会議（2001年11月）では，「ASEAN地域における持続可能な漁業の食料安全保障への貢献のための行動計画」を採択し，加盟国協調の下，同決議等をフォローアップするための事業を優先的に実施してきた．こうした活動に対し，2007年11月に開催されたFAO総会にて「マルガリータ・リザラガ・メダル」が授与されるなど，地域内外から高い評価を得ている．

日本はSEAFDEC加盟国から約56万t（2006年）の水産物を輸入しており，東南アジア地域での持続的な漁業・養殖業の推進を図ることは，日本にとって食料の安定供給の観点からも重要な取り組みである．このため，日本はSEAFDECに対し，ASEAN＋1（日本）という枠組みの下，技術協力，人的・財政的支援を通じ，国際漁業問題にも配慮しつつ東南アジア地域における持続的漁業・養殖業の発展を図っており，SEAFDECは設立40年を経た今でも「日本の顔」がよく見える地域国際機関となっている．

（勝山　潔志）

6.2 漁業に関する国際条約

魚は国境にかかわりなく移動する．主として沿岸水域で生息するものもいれば，200海里内外を移動するものもいる．マグロは大洋をまたいで大回遊する．多くのサケは内陸の河川で産卵しその子はその河川からはるかに離れた海洋で成長してまた元の河川に戻ってくる．

このような特性をもつ魚の資源を持続的に維持し，これを採捕する漁業を有効的に管理するためには，近隣国間による協力や多国間による合意に基づく行動が必要となってくる．

そのため，漁業については古くから近隣国間の取り決めが存在していた．とくに，第2次世界大戦以降，国際漁業について，2国間協定や多国間協定により設置された地域漁業委員会を通じた関係国間の協力が行われてきている．

6.2.1 国際連合による条約など

A. 海洋法に関する国際連合条約（国連海洋法条約：UNCLOS）と策定経緯（第一次，第二次，第三次国連海洋法会議）

第2次世界大戦後，各国の関心が海洋における生物・鉱物資源に集まりだすと，沿岸国は，漁業，大陸棚の鉱物資源といった特定の経済的目的に沿った形で領海を超えて管轄権を主張するようになり，たとえば1945年にアメリカが「トルーマン宣言」を，1952年には韓国が「李承晩ライン」を，チリ・ペルー・エクアドル3国が「サンチャゴ宣言」をそれぞれ行った．

そこで，こうした各国の管轄権の主張を整理し，海洋についての国際法のあり方を明確にするため，1958年国際連合の主導で第一次国連海洋法会議が開催され，「ジュネーブ海洋法四条約」，すなわち「領海及び接続水域に関する条約」（1964年発効），「公海に関する条約」（1962年発効），「漁業及び公海の資源の保存に関する条約」（1964年発効），「大陸棚に関する条約」（1966年発効）の4つの条約が作成された．ただし，日本は当時伸長しつつあった日本の遠洋漁業の利益に反するとして後二者には加入しなかった．

その後，領海の幅員をめぐって1960年に第二次国連海洋法会議が開催されたが合意に至らなかった．

1967年の第22回国連総会におけるパルド・マルタ共和国大使の新提案（深海海底を「人類の共同財産（common heritage of mankind）」とし，国際機関による管理を企図したもの）を契機として1973年には第三次国連海洋法会議が招集され，発展途上国も巻き込んだ長い議論の末，1982年に国連海洋法条約（United Nations Convention on the Law of the Sea : UNCLOS）の草案がジャマイカにて可決され，1994年に発効した．日本については1996年7月に効力が生じた．

国連海洋法条約は，全17部320条の本文および9の附属書ならびに実施協定からなり，その内容は，12海里の領海，国際海峡，200海里の排他的経済水域（exclusive economic zone : EEZ），大陸棚とその限界，閉鎖海，深海海底，海洋環境の保護，海洋の科学調査，紛争処理の手続きを含む総括的内容で，世界の海の憲法とよばれている．本条約に基づき国際海洋法裁判所が設置されている．

2010年9月現在，161の国と地域が締結している．

この条約の中で，漁業についてとくに注目すべき点は次のとおりである．

(1) 沿岸国は排他的経済水域（EEZ）内の天然資源に対して主権的権利（sovereign rights）をもつ．（56条）具体的には，沿岸国はそのEEZ内における魚類の漁獲可能量を決定し，その他必要な保存管理措置を講じる義務を負う（61条）．その際には，資源を最大持続生産量（MSY）を達成させる水準に維持し，また沿岸漁業社会の経済的ニーズなどを勘案しなければならない（同条）．

(2) 沿岸国はEEZ内の生物資源の最適利用を促進するため，自国の漁獲能力を決定し，余剰分については，許可証の発給やその他の条件を課して他国の漁獲を認める（62条）．

(3) 2以上の沿岸国のEEZに存在する，またはEEZ内とその外の公海の双方に存在する資源（ストラドリング・ストック，後述）（63条），マグロ等の高度回遊性魚類（highly migratory species）（64条），海産哺乳動物（marine mammals）（65条），サケなどの溯河性魚類〔河川で産卵し海洋で生育しまた産卵のために元の河川に戻ってくる（anadromous stocks）〕（66条），ウナギなどの降河性魚種〔産卵のために海洋に戻るが生活史の大部分を河川で過ごす（catadromous species）〕（67条），カニや貝などの定着性種族（sedentary species）（68条）等については別途規定がなされている．

(4) EEZ内での沿岸国の漁業規則の違反者に対して沿岸国は拿捕を含む取締り権限をもつが，保釈金の支払いに応じて速やかに拿捕した船と乗組員を釈放する（73条）．

(5) 公海においては，各国は，直接にまたは地域漁業管理機関を通じて，自国の漁船と漁業者が公海生物資源の保存・管理に協力することを確保するために必要な措置を執る(116～119条).

B. 国連人間環境会議とその影響(国連環境計画，ワシントン条約など)

環境問題についての世界で初めての大規模な政府間会合である国連人間環境会議(United Nations Conference on the Human Environment)は1972年6月5日から16日まで，スウェーデンのストックホルムで開催された．この会議において「人間環境宣言」および「環境国際行動計画」が採択された．これを実行するため，国連に環境問題を専門的に扱う国連環境計画(United Nations Environment Programme : UNEP)が設立された．

ストックホルム会議は，特定の種の野生動植物の輸出，輸入，輸送に関する条約を作成するよう勧告し，その後の交渉を経て1973年にいわゆるワシントン条約(絶滅のおそれのある野生動植物の種の国際取引に関する条約：CITES)が採択された(後述)．

また，この会議は，10年間の商業捕鯨モラトリアム(一時停止)も採択したが，同年の国際捕鯨委員会(IWC)において科学委員会は，これを科学的根拠がないとして否決した．しかしながら，後述するように，IWCは1982年には商業捕鯨のモラトリアムを決定することとなる．

C. 環境と開発に関する国連会議(国連環境会議：UNCED)

環境と開発をテーマとする首脳レベルでの国際会議である，環境と開発に関する国連会議(United Nations Conference on Environment and Development : UNCED)が1992年6月3日から14日までブラジルのリオデジャネイロで開催された．世界172カ国の代表のほか，世界各国の産業団体，市民団体などの非政府組織(NGO)を含め延べ4万人を超える人々が集う国連史上最大規模の会議となり，世界的に大きな影響を与えた．

この会議の成果として，持続可能な開発に向けた地球規模での新たなパートナーシップの構築に向けた「環境と開発に関するリオデジャネイロ宣言」(リオ宣言)と，この宣言の諸原則を実施するための行動計画である「アジェンダ21」および「森林原則宣言」が合意された．また，別途協議が続けられていた「気候変動枠組み条約」と「生物多様性条約」への署名がこの会議の場で開始された．さらに，国連の社会経済理事会の下に「持続可能な開発委員会」を置くことが合意された．

漁業については，とくに，公海漁業資源の保存・管理に焦点が当てられ，後述する国連公海漁業協定の締結交渉へとつながっていく．

D. 国連公海漁業協定(UNFSA)

タラ，イカ，ヒラメ・カレイなどその分布海域がEEZ内とその外側の公海の双方にまたがっている，いわゆるストラドリング魚類資源に特別の関心を有するカナダ，ノルウェー，アルゼンチン等の沿岸国は，1991年から開催されていたUNCEDにおいて，この問題を提議し，隣接公海におけるこれら資源に対する沿岸国の特別の利益(具体的には，隣接公海においても沿岸国のEEZ内の措置と同等の措置をとらせる)を主張した．これに対して，EU，日本，アメリカ，韓国などの公海漁業国が，この主張は沿岸国の管轄権の拡大であると強く反発した．沿岸国側は，多数派工作として，南太平洋島嶼国，オーストラリア，ニュージーランド等高度回遊性魚類資源に関心を有する沿岸国を引き込み論争となった．この問題は，UNCEDでは解決されず，国連で引き続き協議することとなった．

UNCEDのアジェンダ21を受けて，1992年秋，ストラドリング魚類資源および高度回遊性魚類資源に関する会議開催の国連総会決議が採択され，1993年から会議が開催された．1995年8月には実質問題の合意に至り，コンセンサスで最終協定案を採択した．本協定は2001年に発効．日本については2006年9月6日に発効した．

本協定の主要点は以下のとおり．

(1) 科学的根拠に基づく両魚類資源の管理のため，沿岸国と遠洋漁業国は，直接にまたは地域漁業管理機関を通じて協力する.

(2) EEZ内での沿岸国の保存管理措置と公海での地域漁業管理機関の保存管理措置との間に一貫性(compatibility)を保つ.

(3) 地域漁業管理機関の加盟国または当該機関が定める保存管理措置に合意する国のみが, 両魚類資源の利用機会を有する.

(4) 旗国は, 自国漁船による保存管理措置の遵守を確保し, 違反漁船に対する取締りを行う.

(5) 地域漁業管理機関が対象とする公海水域において, 当該機関の加盟国である本協定の締約国は, 本協定の他の加盟国(当該機関の加盟国か否かを問わない)の漁船に乗船し検査できる.

本協定が締結された後, 南東大西洋における漁業資源の保存・管理に関する条約や中西部太平洋まぐろ類条約等いくつかの新たな条約・協定が, 本協定の内容に沿った形で作成された.

E. 国連食糧農業機関(FAO)「責任ある漁業のための行動規範」

「責任ある漁業のための行動規範(Code of Conduct for Responsible Fisheries)」とは1995年10月31日第28回国連食糧農業機関(FAO)総会において「責任ある漁業」の実現のために採択された, 法的拘束力はもたない自主的な規範である(以下「行動規範」).

a. 沿　革

「行動規範」策定の直接の契機となったのは, 1992年5月メキシコがFAOとの協力のもとにカンクンで開催した「責任ある漁業に関する国際会議(カンクン会議)」である. この会議は, 当時, 東部熱帯太平洋におけるマグロまき網漁業において, イルカの混獲(漁獲対象魚種であるキハダとともに一緒に泳いでいるイルカも獲ってしまうこと)が問題になっており, アメリカがイルカを混獲している国からのキハダの輸入を禁止したことに端を発している.

メキシコは, その禁輸対象国となったことから, 当時のGATT(関税及び貿易に関する一般協定)にアメリカを提訴し, パネル勝訴までは勝ち取った. さらに, メキシコは, アメリカの貿易措置を批判しつつ, どういう漁業であれば国際的に受け入れられるのか, すなわち,「責任ある漁業」と言えるのかを議論する目的で同会議を開催した.

会議の成果として採択された「カンクン宣言」は, 環境と調和した持続的な漁業資源の利用, 生態系や資源に悪影響を及ぼさない漁獲および養殖の実施, 衛生基準を満たす加工を通じた水産物の付加価値向上, 消費者への良質の水産物を供給, の4点を包括する概念として「責任ある漁業」を提示した. さらに, 同会議は, FAOに対し,「責任ある漁業に関する国際行動規範」を策定するよう要請することも合意した. この会議の直後, 同年6月に開催された「開発と環境に関する国連会議(UNCED)」においても「責任ある漁業」への取り組みとFAOの関与が確認された. また, 同年9月に開催された「FAO公海漁業技術会合」においては,「行動規範」策定の過程で公海漁業問題についてもとりくんでいくこととされた.

これらの合意を受けて, FAOは, まず, 現在の「行動規範」6条となった「一般原則」の策定から着手し, その後, その一般原則をベースとして他のより技術的な条項の策定も進めていった. そして, 公海上の漁業に関してはUNCEDを機に国連の場で協議が行われ1995年8月に合意された「国連公海漁業協定」の内容と整合性をとりつつ, 1995年10月に第28回FAO総会で「行動規範」が採択された. また,「行動規範」より早期の策定を期していた「公海上の漁船による国際的な保存・管理措置の遵守を促進するための協定(フラッギング協定)」も1993年11月に第27回FAO総会で採択され,「行動規範」と不可分一体をなすものと位置づけられた.

b. 概　要

「行動規範」は, 協定や条約と同じく条文の形をとるが, 法的拘束力はもたない自主的な規範と位置づけられており, その一般原則は, 漁業の権利と資源保存の義務の両立, 持続的開発の実現, 予防的アプローチの適用等,「責任ある漁業」という理念を構成する基本的な原則を列挙している.

「行動規範」の実施を促進するために，FAOは，「責任ある漁業のための技術指針」を策定している．これまでに，「漁業操業」，「予防的アプローチの漁業および新たな魚種の導入への適用」，「漁業管理」，「責任ある水産物利用」，「責任ある水産貿易」など28の技術指針が策定されており，今後も同様の指針の策定が期待される．

国や地域レベルでも「行動規範」実施のための取り組みは行われている．たとえば，米国は，「行動規範」の実施のために，1997年「行動規範の実施計画」を，2012年にはその改訂版を策定した．東南アジア漁業開発センター(SEAFDEC)は，「行動規範」の地域化を進め，漁業操業，養殖，漁業管理，漁獲後の処理と貿易の4つの分野で地域ガイドラインを作成した．FAOは，2年ごとに「行動規範」および関連する国際行動計画の実施状況について進捗状況を調査し，FAO水産委員会(COFI)に報告している．また，1999年から2年ごとに「行動規範」の実施に貢献した個人や団体に対し「マルガリータ・リザラガ・メダル」を授与している．

F. FAO公海上の漁船による国際的な保存・管理措置の遵守を促進するための協定(フラッギング協定)

「行動規範」と同時並行的に進められたがこれより早く1993年に策定された，「公海上の漁船による国際的な保存・管理措置の遵守を促進するための協定(フラッギング協定)」は法的拘束力をもつ国際協定であるが，これも，「行動規範」と不可分一体をなすものと位置づけられている．

1992年に開催されたカンクン会議およびFAO公海漁業技術会合において国際的な資源保存措置を免れるために船籍登録国を変えるリフラッギングにつき緊急な抑止措置が必要とされた．そこで，最終的には「行動規範」の一部に組み込まれることを前提としつつも厳正な取締りを確保するために法的拘束力をもたせた国際協定策定を目標として，リフラッギング問題を特定してとくに迅速な対応(ファスト・トラック)によってこの問題が協議された．1993年2月にFAOが開催した「漁船のリフラッギング問題対策に関する専門家会合」を皮切りにFAOや国連本部で精力的な協議と検討が進められ，同年11月の第27回FAO総会でフラッギング協定は採択された．この過程で本件問題が船籍移行(リフラッギング)のみならず船籍を移す(フラッグ・アウト)側とそれを受け入れる(フラッグ・イン)側の双方に規制を課す必要が指摘され，漁船登録行為(フラッギング)そのものを対象とする条約となった．

同条約は，漁船が船籍を登録している旗国の責任，当該漁船に関係する詳細な事項が記録されている漁船の記録の保持の義務づけ，非締約国の取扱い，紛争の解決など，公海上で操業する漁船による国際的な保存管理措置の遵守を促進するための具体的な方策が網羅されている．FAOは，本件条約の受諾書の寄託先および漁船情報の提出先となっている．

本件条約は，2003年4月23日に第25番目の受諾がなされた時点で発効し，2013年5月時点で39カ国が受諾している．日本も2000年6月20日に受諾している．

G. 食料安全保障のための漁業の持続的貢献に関する京都宣言及び行動計画

「行動規範」の策定を進める一方で，FAOは1996年11月の開催を目途に「世界食料サミット」の準備を進めていた．そして，日本政府は，同サミットに先立ち漁業の食料安全保障に対する重要性を確認することを目的とし，FAOとの協力の下，1995年12月に京都で「食料安全保障のための漁業の持続的貢献に関する国際会議(京都会議)」を開催した．

同会議で採択された「食料安全保障のための漁業の持続的貢献に関する京都宣言及び行動計画」は，徒に環境保護のみを協調するだけでなく，環境とも共存した漁業の持続的発展とその世界食料安全保障への貢献の必要性を確認し，そのためには「行動規範」に基づく責任ある漁業の実施が必要であることを明確にするものであった．同会議の結果が報告されたことにより，世界食料サミットにおいて採択された「ローマ宣言」中でも食料安全保障に対する持続的漁業の貢献が明確に位置づけられるとともに，同宣言に付属する行動計画において京都宣言および活動計画に言及しつつ，とくに「行動規範」を実施することにより責任ある持続的な漁業資源の利用と保存にとりくみ，食料安全保障のために漁業資源を長期間持続的に最適利用することの重要性が確認された．

H. FAO 過剰漁獲能力，海鳥，さめおよびIUU 対策行動計画

「行動規範」の実施促進のために，FAO は，「過剰漁獲能力の管理，海鳥の混獲削減及びサメ類の保存管理に関する国際行動計画（International Plans of Action : IPOAs）」を加盟国とともに策定し，1999 年 2 月の第 23 回 FAO 水産委員会で採択した．さらに，「不法，無報告及び無規制（IUU）漁業を防止，阻止及び排除するための国際行動計画」も同様に 2001 年 3 月の第 24 回水産委員会で採択した．

これらの国際行動計画は，「行動規範」の遵守を確保するために，とくに加盟国の関心が高い重要事項について「行動規範」を補完する形で国際的に合意されたものである．「行動規範」同様，法的な拘束力はもたない自主的な合意文書と位置づけられてはいるが，各加盟国も，国際行動計画を実施するための国内行動計画の策定や国内法の整備により国内での実施促進にとりくんでいる．日本も，過剰漁獲能力の管理に関する国際行動計画に基づき大幅な減船を行ったほか，海鳥の混獲削減およびサメ類の保存管理のための国内行動計画を策定している．

（野村　一郎，渡辺　浩幹）

6.2.2　専門機関による国際条約，地域協定など

A. 南極に関するもの

南極大陸の発見・探検に伴って，イギリスをはじめとする 7 カ国が南極大陸の一部の領土権を主張することとなった．しかし，1957 ～ 1958 年の国際地球観測年（IGY）での国際科学協力の成功により，南極地域の平和的利用などを目的とし，日本，アメリカ，イギリス，フランス，ソ連など 12 カ国（原署名国）により 1959 年に「南極条約」が採択され（1961 年発効），領土権の主張は凍結された．なお，領土権を主張する国（イギリス，ノルウェー，フランス，オーストラリア，ニュージーランド，チリ，アルゼンチン）をクレイマント，領土権を主張しないと同時に他国の主張も否認する国（日本，アメリカ，ロシア，ベルギーなど）をノンクレイマントとよび，南極条約においては，領土に関する締約国の地位を害してはならないこととなっている．

この南極条約のもとに，「南極のあざらしの保存に関する条約」，「南極の海洋生物資源の保存に関する条約」，「環境保護に関する南極条約議定書」が採択され，これらの条約などを総称して，南極条約体制という．

a. 南極条約

南極条約（Antarctic Treaty）の基本原則としては，南極地域の平和的利用，科学的調査の自由と国際協力の促進があげられる．

本条約の締約国は 2011 年 1 月現在 48 カ国であるが，締約国のなかでも，条約前文に記載されている原署名国（12 カ国）および，本条約に加入し南極に基地を設けるなど科学調査活動を実施している国（16 カ国）は，「南極条約協議国（Antarctic Treaty Consultative Parties）」と称され，南極地域に関する共通の利害関係のある事項について協議を行い，法的拘束力をもつ措置について勧告する権限を有している．原署名国である日本は，1960 年に本条約を批准し，南極条約締約国となっている．

b. 環境保護に関する南極条約議定書

南極条約協議国会議は，野生生物および環境の保護についての重要性を認識し，1964 年に南極の動植物相の保存に関する合意措置を採択し，その後，これを発展させる形で，1991 年に「環境保護に関する南極条約議定書（Protocol on Environmental Protection to the Antarctic Treaty）」とその附属書（Ⅰ～Ⅴ）を採択した（1998 年発効）．

本議定書および附属書は，南極地域の環境と生態系を包括的に保護することを目的としており，議定書本体では，国際協力の促進，鉱物資

源活動の禁止，環境影響評価の実施，南極条約協議国会議に助言する環境保護委員会（Committee for Environmental Protection）の設置，査察のための措置，紛争解決手段などが規定されている．また，附属書Ⅰは南極地域における活動の環境影響評価の詳細，附属書Ⅱは南極の動物相および植物相の保存，附属書Ⅲは廃棄物の処分および廃棄物の管理，附属書Ⅳは海洋汚染の防止，附属書Ⅴは地区の保護および管理について規定している．なお，未発効であるが，環境上の緊急事態から生じる責任に関する附属書Ⅵが2005年に採択されている．

c. 南極の海洋生物資源の保存に関する条約

1970年代，ソ連ほかポーランド等東欧圏諸国による南氷洋における底魚類などの漁獲の急増により，南極海域の生物資源の保存について世界的に関心が高まり，南極条約締約国会議は，1980年に「南極の海洋生物資源の保存に関する条約（Convention on the Conservation of Antarctic Marine Living Resources）」を採択した．日本は，1982年4月7日の本条約発効日と同日に本条約を締結している．なお，締約国数は2009年6月現在34カ国・機関・地域である．

また，本条約に基づき，「南極の海洋生物資源の保存に関する委員会（Commission for the Conservation of Antarctic Marine Living Resources : CCAMLR）」が設立され，条約締結国のうち，条約を採択した会合に参加した国および，条約対象の生物資源の調査活動または採捕活動に従事している国などが同委員会の構成国（2011年4月現在25の国と機関）となっている．

本条約は，鳥類を含む南極の海洋生物資源の保存（合理的利用を含む）を目的としており，資源管理の基本政策が生態系管理であることが大きな特徴である．この生態系管理の考え方から，南極条約の適用範囲は南緯60度以南の地域であるが，本条約の適用地域は南緯60度以北，具体的には南緯60度と南極収束線との間の地域を含んでいる．

このCCAMLRの適用地域では，2009年6月現在，おもにメロ底はえ縄漁業とオキアミトロール漁業が行われており，日本もこれらの漁業に参加している．しかし，メロを対象としたIUU漁業が大きな問題となっており，このためCCAMLRでは，漁獲証明制度，IUU漁船リスト，入港検査などさまざまな保存措置が採択されている．

d. 南極のあざらしの保存に関する条約

1964年および1966年の南極条約締約国会議において，南極のアザラシ資源の保存のために各協議国が自主的にとるべき措置として，同資源の猟獲に関する勧告が採択された．しかし，南極条約では，条約水域内の公海に関する国際法に基づくいずれの国の権利または権利の行使をも害するものではないと規定されており，南極条約締約国以外の国のアザラシ猟への参加を排除できないことから，1972年に「南極のあざらしの保存に関する条約（Convention for the Conservation of Antarctic Seals : CCAS）」が採択された（1978年発効）．日本は1980年に加盟し，締約国数は2009年6月現在16カ国である．

本条約の目的は，南極のアザラシの保護，科学的研究および合理的な利用を推進しかつ達成すること，ならびに生態系の満足すべき均衡を維持することである．また，本条約の適用範囲は，南緯60度以南の海域であり，対象種は，ミナミゾウアザラシ，ヒョウアザラシ，ウェッデルアザラシ，カニクイアザラシ，ロスアザラシ，ミナミオットセイ属である．この対象種に対し，本条約の附属書において，年間猟獲許容量，禁猟期，禁猟区域，保護区域などの保存措置が規定されている．

B. 環境に関するもの

a. 絶滅のおそれのある野生動植物の種の国際取引に関する条約（CITES）

Convention on International Trade in Endangered Species of Wild Fauna and Flora（CITES）は1972年に開かれた国連人間環境会議の勧告に基づき設立され，絶滅のおそれのある野生動植物について国際取引の規制を通じて保護をはかることを目的としている．1973年

3月3日に米国のワシントンで本条約が採択されたことからワシントン条約ともよばれている．日本は1980年に条約を批准した．CITESでは，野生動植物の保全のため，国際取引を規制する必要がある種を条約附属書に掲載して取引きを規制している．当該附属書には3つのカテゴリーがあり，以下のとおり，絶滅危惧の度合いにより規制の程度が異なっている．

附属書Ⅰ：とくに絶滅のおそれの高いものであって，一切の商業取引が禁止されるもの．科学調査目的あるいはその他の理由で取引を行う場合，輸出国および輸入国それぞれの輸出入許可書の発給を必要とする（パンダ，シーラカンスなど）．

附属書Ⅱ：取引を規制しないと，近い将来に附属書Ⅰ掲載が必要となるおそれのある種で，取引きに際しては輸出国による輸出許可書の発給を必要とする（カバ，フラミンゴなど）．

附属書Ⅲ：締約国が自国における資源保護を目的として，自国の輸出者に輸出許可書の取得を課すとともに，当該種を自国に輸出しようとする他国に対し原産地証明の提供等の協力を求めるもの〔セイウチ（カナダ），宝石サンゴ（中国）など．括弧内は附属書Ⅲ掲載国〕．

現在，日本の水産業に関係する種として，全ての鯨類（大型鯨類はすべて附属書Ⅰ掲載），ジンベイザメなどのサメ類数種，ヨーロッパウナギなどが附属書に掲載されている．また，漁業対象種ではないものの，漁業で混獲されることの多いウミガメ類（全種）やアホウドリ類も附属書に掲載されている．

商業漁業の対象となっている水産種を附属書に掲載しようとする提案については，CITESはFAOと協力してその妥当性を評価することになっている．この背景の1つには，保全生物学の絶滅リスクと水産資源学の乱獲との間に大きな概念の違いがある点が存在しているといえる．

たとえば，水産資源学的には，ある資源がMSYレベルを超えて減少するようになると乱獲とみなされるが，初期資源のおよそ半分のレベル，すなわちMSY付近にある場合，当該資源は理想的な利用状態にあるとみなされる．一方，CITESなどの生物保全に関する条約のクライテリア（掲載基準）に照らした場合，50%以上の減少は絶滅のリスクがある「著しい減少」とみなされるのが一般的である．そのため，水産資源学的にはMSYレベルにあるとみなされる資源が，保全生物学的には種の存続が危ぶまれる個体群レベルにあると結論づけられることにもなりうる．

一般に個体数が多い水産資源は，仮に10億尾が5億尾になったところで，これだけで種の絶滅リスクが高まることにはつながらないだろう．一方，保護されている種について，100個体が50個体に減少すれば，これは絶滅リスクが格段に高まったこととみなされる．このように，水産資源学と保全生物学で論じられる個体群の規模には，量的なギャップがある場合が多い．CITESでは，これが正しく認識されないまま議論がなされているとの問題が生じている．

さらに，アフリカゾウやクジラに代表されるように，巨大であるとか特異的な形状を有する生物が保護生物としてシンボル化されるという問題点もある．その結果，資源回復などにより附属書掲載クライテリアを満たさなくなったことが科学的に証明された種について，本来は行われるべきダウンリスティング（附属書Ⅰから Ⅱへの格下げ）あるいは附属書からの削除がなされないという点も問題視する声が多い．

b．生物の多様性に関する条約（CBD）

CITESやラムサール条約などの特定の種や環境の保全の取り組みだけでは生物多様性の保全を図ることができないとの認識から，新たな包括的な枠組みの設立が提案され，1987年から国連人間環境計画の主導により条約交渉が進められた．その結果，1992年にリオデジャネイロで開催されたUNCEDにおいて生物の多様性に関する条約（Convention on Biological Diversity（CBD））が採択された．UNCED翌年の1993年に条約が発効し，2012年2月末現在，192の国とEUがこの条約を締結している．日本は1992年に署名し，1993年の条約発行時の加盟国である．

条約の大きな目的は，① 地球上の多様な生物をその生息環境とともに保全すること，② 生物資源を持続可能であるように利用すること，および ③ 遺伝資源の利用から生ずる利益を公正かつ衡平に配分することである．なお，本条約に関連して，生物多様性に悪影響を及ぼすおそれのあるバイオテクノロジーによって改変された生物の移送，取り扱い，利用の手続き等について定めた，カルタヘナ議定書が採択されている．

2008 年には，本条約のもとで，水産対象種を含む水生生物の多様性保全に向けた海洋保護区の設定のための設置基準（クライテリア）および地域選定のための指針（ガイダンス）が採択された．

2010 年には日本の名古屋で第 10 回締約国会議が開催され，遺伝資源へのアクセスと利益配分（ABS）に関する名古屋議定書と，2011 年以降の新戦略計画（愛知目標）が採択された．とくに後者においては，「少なくとも 2020 年までに，陸上と陸水域の 17%，沿岸と海洋の 10%を，保護区や他の効果的な保全手段によって有効かつ公平に保全する」との内容を含んでいる．愛知目標には法的拘束力はないが，日本は会議の議長国でもあり，目標達成に向けた作業を実施することが課題となっている．

c. 移動性野生動物種保全条約（ボン条約）

本条約は，条約採択地になぞらえてボン条約とよばれるほか，略称で CMS（Convention on Migratory Species of Wild Animals）とよばれることが多い．1979 年にドイツのボンで採択され，1983 年 11 月に発効した．2011 年 10 月現在，116 カ国が加盟している．日本は本条約の内容が CITES などのほかの条約と重複していることなどを理由に加盟していない．

ボン条約では，渡り鳥のほか，トナカイ，ウミガメ，昆虫類などの移動性動物の種と生息地の保全について，研究調査や保全のための国際的なガイドラインを取り決めている．さらに，絶滅のおそれのある移動性の種を附属書 I に，国際協定を通じた協力により保全状態を改善する必要がある移動性の種を附属書 II にそれぞれ掲載して，移動を確保するための生息地の保全・回復や外来種の制御などを加盟国に求めている．また，本条約のもとで，アホウドリおよびミズナギドリの保護管理に関する協定，ウミガメ類の保護管理，及びサメの保護管理に関する覚書が策定されている．

この附属書には，鯨類等の海産哺乳類，ジンベイザメなどのサメ類も掲載されているが，たとえばミンククジラのように資源的に豊富な種も掲載されており，掲載根拠が必ずしも科学的に明確ではない点に問題がある．そのため，CITES におけると同様，科学的根拠に基づかない恣意的な条約運用（附属書掲載）により，あるいは，保全生物学の絶滅リスクと水産資源学の乱獲との概念が正しく認識されないことにより，水産資源の持続可能な利用に対する悪影響が生じることも懸念される．

d. 廃棄物その他の投棄による海洋汚染の防止に関する条約（ロンドン条約）

陸上で発生した廃棄物等の投棄による海洋汚染を防止することを目的として作成された条約であって，人間の活動から海洋環境を守るための世界的な条約としては最も古いものの 1 つである．1972 年 11 月に採択され，1975 年 8 月に発効，日本は 1973 年に署名を行い，1980 年 10 月に批准書を寄託，同年 11 月に国内発効した．

その後，1996 年 11 月に本条約の規制内容をさらに強化することを目的とした議定書が採択され，2006 年 3 月に発効したことにより，海洋投棄および洋上焼却について，それまで投棄を禁止する物質が定められていたものが，原則すべて禁止となった．海洋投棄を検討できるものとしては，条約の附属書 I に掲載される浚渫（しゅんせつ）物，下水汚泥，魚類加工かす，天然起源の有機物質等に限定された．さらに，海洋投棄を行う場合には，附属書 II（廃棄物評価フレームワーク）の規定および附属書 II の実行上のガイドラインに従い，各々の廃棄物の海洋投棄が海洋環境にもたらす影響を予測・評価したうえで，規制当局の許可を得ることが必要となった．

e. 船舶による汚染の防止のための国際条約（1973年海洋汚染防止条約）

1973年に国際海事機関（IMO）で採択された「船舶による汚染防止のための国際条約」は，「1954年の油による海水の汚濁の防止のための国際条約」に代わる海洋汚染の防止を目的とする包括的な条約である．油，化学物質，梱包された有害物質，汚水や廃棄物などによる汚染を対象としたが，各国の技術レベルなどの問題が残っていたため，1978年まで長期にわたって未発効となっていた．

f. 1973年海洋汚染防止条約に関する1978年議定書（マルポール条約73/78）

正式名称を「1973年の船舶による汚染の防止のための国際条約に関する1978年の議定書」といい，船舶の運航や事故による海洋の汚染を防止するための条約として，1978年2月に採択され，1983年に発効した（日本は1983年6月に加入）．本条約は，1973年海洋汚染防止条約が未発効となっている間の，1976年および1977年にタンカー事故による海洋油汚染が深刻化したことにより，1978年に，IMOのタンカーの安全と汚染防止に係る会議において，1978年の議定書が作成され，1973年海洋汚染防止条約と統合させる形で採択された．

発効当時は，5つの附属書を含み，油類（附属書Ⅰ）はもとより，ばら積み有害液体物質（附属書Ⅱ），梱包して輸送する有害物質（附属書Ⅲ），糞尿及び汚水（附属書Ⅳ）および漁網の消失も含めた廃棄物（附属書Ⅴ）が規制の対象となっていたが，新たに大気汚染を防止することが必要となったことから，1997年に大気汚染が規制の対象とする附属書Ⅵが追加されている．

日本において，本条約は海洋汚染等及び海上災害の防止に関する法律により担保されている．

C. 海産哺乳動物に関するもの

鯨類や鰭脚類（アザラシ，アシカなど）を含む海産哺乳動物については，これらを他の生物資源と同様に持続的に保存管理しつつ利用していくという考え方と，海産哺乳動物は特別であり基本的には資源の多寡にかかわらず保護すべきという考え方がある．両者の考え方は，国際捕鯨委員会（IWC）における捕鯨問題をめぐる対立にみられるように，時に鋭い感情的，政治的対立を伴う．他方，海産哺乳動物の保存管理に関する法的な規範は1982年の国連海洋法条約により規定されている．

国連海洋法条約（65条）では，各国は海産哺乳動物の保存のために協力することが求められ，とくに鯨類については，その保存，管理および研究は適当な国際機関を通じて行うこととなっている．また，海産哺乳動物をめぐる上記の事情を反映し，同条は，沿岸国や国際機関が，海産哺乳動物の開発を国連海洋法条約の規定より厳しく制限したり禁止する権利や権限を制限していない．

なお，保存（conservation）という概念には利用が含まれる（たとえば，オックスフォード英語辞典，南極の海洋生物資源の保存に関する条約第2条第2項）が，IWCにおいてはこれが完全な保護の意味に歪曲されて使われており，実際は倫理観や価値観に基づく主張が，あたかも「保存」という法的に確立された概念に基づくものであるとの誤解を生みだす状況をつくりだしていることから，問題視されている．

また，鯨類は，国連海洋法条約（64条）に規定される高度回遊性の種として条約附属書Ⅰに含まれている．附属書Ⅰには，マグロ類や海洋性サメ類が含まれており，この規定のもとでは鯨類はマグロなどのように，適切な保存管理措置のもとで利用される資源として扱われている．

a. 国際捕鯨委員会（IWC）

国際捕鯨委員会（International Whaling Commission : IWC）は，「鯨類の適当な保存を図って捕鯨産業の秩序ある発展を可能にする」ことを目的として，1946年に締結された国際捕鯨取締条約（International Convention for the Regulation of Whaling : ICRW）に基づき，1948年に設置された委員会であり，日本は，1951年に加盟した．

IWCには，科学委員会，技術委員会，および財政委員会などの常設委員会，先住民生存捕鯨や違反などを扱う付属委員会が設置されており，原則として毎年，年次会合を開催する．適用水域としては，締約国政府の管轄下にある母船，鯨体処理場および捕鯨船，ならびにこれらによって捕鯨が行われるすべての水域を含んでおり，締約国の排他的経済水域や陸上施設までも条約適用対象となっている．また，条約対象鯨種は捕鯨の対象である大型鯨類であり，すべてのヒゲクジラ類（シロナガスクジラ，ナガスクジラ，イワシクジラ，ニタリクジラ，ミンククジラ，クロミンククジラ，ザトウクジラ，コククジラ，ホッキョククジラ，セミクジラ，コセミクジラ）と大型のハクジラ（マッコウクジラ，ミナミトックリクジラ，トックリクジラ）である．

IWCには捕鯨国・非捕鯨国を問わずいかなる国の政府でも加盟できることとなっており，分担金を支払う義務と会議の議題や決議に投票する権利を有する．2011年12月現在の加盟国数は89カ国である．

IWCは，条約に定められている鯨資源の保存および利用のために必要な規制措置を導入することができ，具体的な規制は条約附表に規定される．附表の修正は委員会の決定（賛成票および反対票の合計の3/4以上が必要）によって行われるが，異議申し立てを行った国には規制措置が適用されない．規制措置としては，保護鯨類の指定，利用可能な鯨種についての捕獲枠や体長制限，捕鯨の時期，使用する漁具，装置および器具，捕獲報告ならびに他の統計的および生物学的記録の収集などがあるが，後述の商業捕鯨モラトリアムの導入により，これらの規制措置は効力を有していない．

（i）商業捕鯨モラトリアム

鯨類の資源量推定に必要な科学的情報に不確実性があるとの理由で，1982年に商業捕鯨を一時停止（モラトリアム）することが採択された．この商業捕鯨モラトリアム規定は，最良の科学的助言に基づいて再検討される規定となっており，遅くとも1990年までに，同規定の鯨資源に与える影響につき包括的評価を行うとともに，この規定の修正および他の捕獲頭数の設定につき検討することとしている．しかし，この見直しは反捕鯨勢力の強い抵抗により実現していない．

なお，日本，ノルウェー，ペルーおよびロシア（旧ソ連）は条約の規定に従い，定められた期間内に異議申し立てを行った．しかし，ペルーは1983年7月22日に異議申し立てを撤回，日本も，母船による商業捕鯨については1987年5月1日から，また沿岸におけるミンククジラおよびニタリクジラの商業捕鯨については1987年10月1日から，マッコウクジラの商業捕鯨については1988年4月1日からモラトリアムが効力を生ずる形で異議申し立ての撤回を行った．ノルウェーは現在この異議申し立てに基づく合法な商業捕鯨を行っており，また，アイスランドは一時IWCを脱退したものの，2002年に再加盟し，その際商業捕鯨モラトリアム規定に留保を付したことから，同規定に拘束されず商業捕鯨を行っている．

（ii）改訂管理方式（Revised Management Procedure：RMP）と改訂管理制度（Revised Management Scheme：RMS）

商業捕鯨モラトリアム導入の理由とされた科学的情報の不確実性に対応するために，IWC科学委員会は科学的不確実性を考慮し，かつ，鯨類資源を枯渇させることなく捕獲を継続できる捕獲枠算出方式である改訂管理方式（RMP）を，長年の検討の結果，1992年に完成させた．RMPは科学的不確実性を検討するため，シミュレーションによる数値実験を導入している．RMPでは，過去の捕獲数のデータと目視調査による資源推定値を用いて，捕鯨がはじまった時点の資源量（初期資源量）と資源の増加率を推定したうえで，現在の資源量が初期資源量の54％以下であれば捕獲を禁止し，54％以上の場合に限り，推定された現在の資源水準，資源の増加率〔正確には，最大持続生産量（MSY）〕に応じて捕獲枠を算定する．また，RMPでは捕獲量の算定の際に資源量の推定精度を考慮している．すなわち，推定精度が悪い場合ほど捕獲枠を小さく設定する仕組みになっており，安全への考慮がなされている．

RMPは完成したものの，反捕鯨国はこれに監視取締制度等を加えたRMS（改訂管理制度）が完成しなければ商業捕鯨の再開は認めないとの条件を追加した．RMSをめぐる議論は，さらに，その採択の前提として捕獲調査のあり方や商業捕鯨再開の手順等を盛り込んだRMSパッケージに拡大したが，結局14年間にわたる議論にもかかわらず合意が得られず，2006年に作業は事実上中断し，完成は無期延期となった．

（iii）鯨類捕獲調査

1982年の商業捕鯨モラトリアム導入は，鯨類の生物学的情報（資源量，死亡率等）が不足し，不確実であるとの理由であったことから，日本は，商業捕鯨モラトリアムを撤廃するために必要な生物学的情報を収集するため，1987/1988年から南極海において鯨類捕獲調査を開始した．また，1994年からは，北西太平洋の鯨類の系群構造などを解明するために北西太平洋鯨類捕獲調査を開始した．

反捕鯨団体等は本件調査を疑似商業捕鯨と非難しているが，これらの調査は国際捕鯨取締条約第8条の規定に基づくもので，右条約のほかの規定には拘束されない．また，第8条第2項では，捕獲調査により捕獲されたクジラは実行可能な限り利用し，それに伴う取得金は政府の指示により使用することが義務とされており，調査後の鯨体の販売をもって疑似商業捕鯨と非難することはできない．

南極海捕獲調査については，1997年5月に調査の成果に関する中間レビュー会合が開催され，IWC科学委員会から高い評価が示されるとともに改善点等も示された．また，2006年12月には18年間の調査結果のとりまとめに基づくレビュー会合が開催され，同調査が所期の目的を達成していることが確認され，高い評価を得た．2005年11月よりは第2期調査を開始し，調査目的に南極海の海洋生態系の把握などを加えるとともに，調査対象種としてナガスクジラおよびザトウクジラを追加した（ただし，ザトウクジラは採取していない）．

北西太平洋捕獲調査については，1999年に第Ⅰ期調査が終了し，2000年2月には北西太平洋ミンククジラ捕獲調査のレビュー会合が開催された．本調査についても，各国の科学者より高い評価が得られた．その後，鯨類と漁業との競合関係の解明も目的に加えられ，新たに調査対象としてニタリクジラおよびマッコウクジラを追加した第Ⅱ期調査を開始した．さらに，2002年よりイワシクジラを調査対象に加えるとともに，日本沿岸域の捕獲調査も開始し，2004年に再度調査の拡充を行った．

（iv）沿岸小型捕鯨

日本の沿岸小型捕鯨業は，北海道網走，宮城県鮎川，千葉県和田浦，和歌山県太地を根拠地とし，従来ミンククジラを主対象として操業を行ってきたが，商業捕鯨モラトリアム導入以降ミンククジラの捕獲が不可能となったため，IWC規制対象種となっていないツチクジラやゴンドウクジラを捕獲して細々と経営を継続している．日本は，このような沿岸小型捕鯨の伝統を保持し，商業捕鯨モラトリアムによって疲弊した地域経済を救済する観点から，1988年以来沿岸捕鯨でのミンククジラの捕獲枠をIWCに要求してきた．IWC加盟各国の理解は年々深まり，数回にわたり沿岸小型捕鯨地域の救済を求める決議が採択されたが，捕獲枠設定には合意が得られなかった．

2007年に開催された第59回IWC年次会合においては，提案内容を大幅に変更し，数々の妥協案を盛り込んだ．具体的には，①先住民生存捕鯨と同様，鯨肉を地域消費に限定，②ミンククジラの捕獲頭数は空欄とし交渉に応じる，③捕獲による資源へのインパクトを不変にするため，現在の北西太平洋の捕獲調査のミンククジラ捕獲頭数から右捕獲頭数を差し引く，④透明性の確保，監視取締体制（MCS）の強化および監視委員会の設置などを含む提案を行った．それにもかかわらず，反捕鯨国の反対のためにコンセンサスが得られず，投票を取り下げざるを得なかった．

(v) 先住民生存捕鯨

IWCは，商業捕鯨モラトリアムの導入にもかかわらず，先住民地域社会の生存に必要であるとして，アメリカ，ロシア，グリーンランド，セントビンセントに対し，先住民生存捕鯨の継続を容認している．ホッキョククジラ，コククジラなどが捕獲対象となっており，捕獲枠は5年ごとに附表の修正により更新されてきた．

(vi)「IWCの将来」プロジェクト

IWCでは，日本を含む鯨類の持続的利用支持国と反捕鯨国との勢力が拮抗し，双方の対立によって効果的な意思決定がなされない状況が続き，IWCの存在自体が疑問視される事態に至っている．このような状況を打開するため，IWC議長の主導により，2007年から「IWCの将来」プロジェクトが開始された．これは，IWC加盟各国が関心を有する各種の問題（沿岸小型捕鯨捕獲枠，調査捕鯨，サンクチュアリーの設置など33項目があげられている）を組み合わせ，パッケージとして一括解決することでIWCの崩壊を防ぐというものであったが，2010年の第62回年次会合においても合意が形成されず，この作業は実質的に中断した状態となった．

b. 北大西洋海産哺乳類委員会（North Atlantic Marine Mammal Commission : NAMMCO）

北大西洋における海産哺乳動物の調査，保存，管理における協力に関する取極（Agreement on Cooperation in Research, Conservation and Management of Marine Mammals In the North Atlantic）に基づき，北大西洋の地域間での協議と協力を通じて北大西洋海域の海産哺乳類（小型鯨類および鰭脚類を含む）の保存と合理的管理および調査研究に貢献することを目的とする．海洋生物資源の合理的管理と保存，最適利用を原則とし，1992年にノルウェー，アイスランド，グリーンランドおよびフェロー諸島により設立された．日本，ロシア，カナダがオブザーバーとして参加している．

NAMMCOは海産哺乳動物の持続可能な利用を支持しているが，おもにIWCの管轄外である小型鯨類と鰭脚類に関する研究と捕獲枠の設定を行い，IWCとの直接的対立を回避してきている．

組織として，理事会，管理委員会，科学委員会，財政運営委員会，捕獲方法委員会などを有する．

D. マグロに関するもの

2011年現在，マグロに関する国際漁業管理機関は5つある．この5つの管理機関により，マグロの管理に必要な世界中の水域をすべてカバーしている．1994年に発効した国連海洋法条約第64条（高度回遊性の種）により，マグロに関しての国際規律が定められている．同条約の附属書Ⅰに高度回遊性の種が規定されており，マグロ類，カジキ類などに加え，サンマ類のほか海洋性サメ，クジラ目が同対象種として記載されている．

しかしながら，同条約の発効以前にまぐろに関する国際条約（ICCAT）が1950年にすでに発効しており，最新では2004年にWCPFCが発効している．

日本は，世界有数のマグロ漁業国であり消費国でもある．今日まで日本は，マグロの資源保存管理，持続可能な利用を推進しており5つの条約のすべてについて加盟している．

a. 全米熱帯まぐろ類委員会（Inter-American Tropical Tuna Commission : IATTC）

マグロに関する条約では最も古い条約である．1950年に発効している．太平洋の東部を適用海域としている．日本の加盟は1970年である．条約の正式名称は，「全米熱帯まぐろ類委員会の設置に関するアメリカ合衆国とコスタ・リカ共和国との間の条約」という．通称を，IATTC・全米熱帯まぐろ類委員会という．正式名称のとおり，当初はアメリカとコスタ・リカの間で結ばれた条約であったが，徐々に加盟国数が増加していき，19カ国に加えEU，台湾が加盟し，さらに協力的非加盟国・地域が1つ参加している（2011年現在）．現行の条約では近年の保存措置に対して対応が不十分になってきたことから，現行条約を明瞭化または補完するため条約改定がなされ，2010年8月に発効した．改定条約は全米熱帯委員会強化条約，または，採択されたグアテマラの都市の名をとって「アンティグア条約」とも称される．

おもな保存管理措置はまき網漁船の禁漁期間の設定，延縄漁船のメバチの年間総漁獲量の上限設定等である（2011 年現在）．

なお，事務局は米国サンディエゴ市ラ・ホヤに置かれている．

b. 中西部太平洋まぐろ類委員会（Western and Central Pacific Fisheries Commission：WCPFC）

マグロに関する条約では最も新しい条約である．2004 年に発効した．日本の加盟は 2005 年である．条約の正式名称は，「西部及び中部太平洋における高度回遊性魚類資源の保存及び管理に関する条約（中西部太平洋まぐろ類条約）」という．通称を，WCPFC・中西部まぐろ類委員会という．加盟国・地域・機関は 25 に及ぶ．これに加え参加領土が 7，協力的非加盟国が 9 つ参加している（2011 年現在）．

なお，事務局はミクロネシア連邦のポンペイに置かれている．条約適用水域は太平洋のほぼ西経 150 度（一部 130 度）の経線から西側の水域である．西経 150 度の経線を境に西側を WCPFC，東側水域を前述の IATTC で分轄（一部重複）した形となっている．

なお，日本の沖合にあたる北緯 20 度以北の条約水域に分布する魚種に関する措置の決定は，北小委員会の勧告に基づいて行われる仕組みとなっている．

おもな保存管理措置は，クロマグロの漁獲努力量の現状レベル凍結，メバチの漁獲量削減，まき網の集魚装置使用操業の禁止期間設定などである（2012 年 3 月現在）．

c. 大西洋まぐろ類保存国際委員会（International Commission for the Conservation of Atlantic Tunas：ICCAT）

マグロに関する条約では IATTC に次いで歴史のある条約である．1969 年に発効している．日本は発効当初から加盟している．条約の正式名称は，「大西洋のまぐろ類の保存のための国際条約」という．通称を，ICCAT・大西洋まぐろ類保存国際委員会という．加盟国・地域・機関はまぐろ類委員会では最大の 49 に及ぶ．これに加え，協力的非加盟国が 3 つ参加している（2011 年現在）．

なお，事務局はスペインのマドリードに置かれている．条約適用水域は大西洋全域（接続する諸海を含む）．

おもな資源管理措置は，クロマグロの東大西洋の総漁獲可能量の大幅削減，地中海のまき網操業期間の大幅縮小．メバチ，メカジキの漁獲枠の設定などである（2011 年）．

d. インド洋まぐろ類委員会（Indian Ocean Tuna Commission：IOTC）

マグロに関する条約では比較的新しい条約である．1996 年に発効している．日本は同年発効当初から加盟している．条約の正式名称は，「インド洋まぐろ類委員会の設置に関する協定」という．通称を，IOTC・インド洋まぐろ類委員会という．加盟国・地域・機関は 30 に及ぶ．これに加え，協力的非加盟国が 2 つ参加している（2011 年現在）．

この ITOC は，FAO の枠組みのもとで設立されている（1 条）ことから，FAO の関与が強いことに特徴がある．

なお，事務局はセイシェルのビクトリアに置かれている．条約適用水域はインド洋．

主たる保存管理措置は，メバチ，キハダの禁漁区域の設定および資源評価データ収集のための一定比率のオブザーバー乗船期間の拡大などである（2011 年現在）．

なお，IOTC の前身としては，インド洋漁業委員会（Indian Ocean Fisheries Commission：IOFC）が存在していた．インド洋漁業委員会は，1967 年に FAO 理事会で採択された決議に従い設立された機関であり，南極海域を含めたインド洋において，すべての海洋生物資源を対象として資源管理と保全を推進する目的を有していた．しかしながら，この委員会は漁業活動を規制する具体的な手段を有してはおらず，また条約水域内での主要漁獲対象魚種であるマグロ類の管理に関しては，インド洋まぐろ類委員会（IOTC）が1996年に発足するなどしたため，委員会は形骸化し，1999年のFAO理事会で正式に破棄された．

e. みなみまぐろ保存委員会（Commission for the Conservation of Sourthern Bluefin Tuna：CCSBT）

ミナミマグロ資源と漁業については1982年以来日本，オーストラリア，ニュージーランドの3カ国で非公式協議を行ってきた．これを公式の枠組みとして設立したのが，ミナミマグロのみを対象とする本条約である．1994年に発効している．本条約は上記経緯から，当初日本，オーストラリア，ニュージーランドの3カ国で締結された．条約の正式名称は，「みなみまぐろの保存のための条約」という．通称を，CCSBT・みなみまぐろ保存委員会と称している．同委員会への加盟国はその後韓国とインドネシアの加盟により5カ国に及ぶ．これに加え，拡大委員会へ漁業主体台湾として加盟しており，さらに協力的非加盟国・機関が3つ参加している（2011年現在）．

なお，事務局はオーストラリアのキャンベラに置かれている．条約適用水域は特定の対象水域はない．

おもな保存管理措置は，国別の漁獲枠の設定，漁獲証明制度の導入などである（2011年現在）．

f. 北太平洋に生息するまぐろ類及び類似種に関する国際科学委員会（ISC）

1995年に日米合意に基づき，北太平洋に生息するマグロ類および類似種の保存と合理的利用のための科学的調査および協力の拡充を目的に設立．日本のほか，カナダ，台湾，韓国，アメリカ，メキシコ，中国が参加．IATTC，FAO，PICES，WCPFCがオブザーバー参加．事務局はなく，各国がボランタリーで年次会合，作業部会を運営し，北太平洋に分布するクロマグロ，ビンナガ，カジキ類の資源状況を分析している．資源評価結果は，WCPFCでの管理方策策定のために参照される．

g. 太平洋共同体事務局（Secretariat of the Pacific Community：SPC）

太平洋共同体事務局は，1998年2月に南太平洋委員会を発展的に拡大した太平洋の島嶼国を中心とする地域協力機構である．漁業管理だけを専門とする機関ではなく，経済開発協力や教育などについても活動を行っている．加盟国は，太平洋の島嶼国22カ国およびオーストラリア，フランス，ニュージーランド，アメリカの4カ国を加えた合計26カ国である．日本は加盟国ではないが，科学者レベルでマグロやカジキ類などの共同研究を行う例がある．

この前身となる機関が，南太平洋委員会（South Pacific Commission：略称は同じくSPC）である．これは，南太平洋に植民地を有する，または有していたイギリス，アメリカ，フランス，オランダ，オーストラリア，ニュージーランドの6カ国（後にオランダは脱退）が，1947年に，第2次世界大戦後の安定を図るために，域内の社会・経済・文化的向上を目指して，南太平洋委員会設立協定（キャンベラ協定）に基づき創設した機関であった．南太平洋委員会は，加盟国が南太平洋だけにとどまらなくなった事情を反映し，設立50年である1997年を期してその名称を現在のものに変更した．

h. 南太平洋フォーラム（South Pacific Forum：SPF）および太平洋諸島フォーラム（Pacific Island Forum）

太平洋諸島フォーラムは，太平洋諸島フォーラム設立協定（Agreement Establishing the Pacific Island Forum）に基づき2000年に設立された国際機関であり，地域の一体化を強化し，経済成長を促進させることなどをその目的としている．参加メンバーは，南太平洋域内の島嶼国等に，オーストラリアとニュージーランドを加えた16の独立国・自治領である（2011年現在）．日本は加盟国ではないが，3年ごとに日本・太平洋諸島フォーラム首脳会議（通称島サミット）を開催し，連携を深めている．

この前身が，1971年に設立された南太平洋フォーラム（South Pacific Forum）であり，旧宗主国が主導していた南太平洋委員会に対して，こちらは島嶼国の主体性を堅持する性格が強い．

なお，漁業に関する具体的な活動は以下の

FFAで実施されている側面がある．

i. フォーラム漁業機関（Forum Fisheries Agency：FFA）

フォーラム漁業機関は，SPFの漁業機関としてFFA設立協定に基づき，加盟国の排他的経済水域内における漁業資源の管理に関する助言などを行う機関として1979年に設立された．FFA参加メンバーは，太平洋島嶼国にオーストラリアとニュージーランドを加えた17カ国である（2011年現在）．

その後，FFAに加盟する一部諸国が1982年にナウル協定を締結し，域外の遠洋漁船に対してマグロ漁業などの入漁許可を与える際にその条件を統一化するようになったことを受けて，FFAが域外国と折衝を代行する体制も整備された．また，公海を含めてマグロなどの高度回遊性魚類を保存管理するために，1994年から中西部太平洋における高度回遊性魚類の地域漁業管理機関設立を目的に，中部および西部太平洋における高度回遊性魚類資源の保存管理に関する多国間ハイレベル会合（通称MHLC）を主導し，その結果，2000年に中西部太平洋まぐろ類条約（6.2.2.D.b）が採択された経緯がある．その後隻日数制度（vessel days system：VDS）の導入し中西部太平洋のマグロ類管理を主導している．

E. サケ・マスに関するものなど

サケ・マスに関しては国連海洋法条約（1994年発効）において，第66条で溯河性資源の条項が定められた．

サケ・マスは，養殖や遊漁用の南半球への移入を例外として，本来北部太平洋および北部大西洋に生息する．サケ・マスは陸地にある河川に溯上して産卵する性質を有することから，捕獲が容易であり，かつ人間の食用として広く利用されてきた．サケ・マスに関する多国間条約は太平洋と大西洋におのおの条約が締結されている．そのほかに，2国間の条約が，日本とロシア，アメリカとカナダの間に存在する．なお，ここでは，サケ・マスと歴史的関係の深い，日米加の3カ国間で締結された北太平洋漁業条約（または日米加漁業条約，INPFC，1953年発効）で日本は西経175度以東のサケ・マス，北米系オヒョウ（東部ベーリング海を除く）およびカナダ系ニシンの一部の漁獲を自発的に抑止する義務を負わされてきた経緯があることから，関連するオヒョウに関する協定についても後にふれる．

a. 北太平洋溯河性魚類委員会（North Pacific Anadromous Fish Commission：NPAFC）

1992年の北太平洋漁業条約（INPFC）廃止とともに本条約の締結の結果，1993年からINPFCに置き換わる形で本条約が発効した．北太平洋における溯河性魚類の系群が，主としてカナダ，日本，ロシアおよびアメリカの河川その他の水域に発生することを認め，この4カ国で締結された条約である．条約の正式名称は，「北太平洋における溯河性魚類の系群の保存のための条約」という．通称を，NPAFC・北太平洋溯河性魚類委員会という．その後2003年に韓国が加盟し，5カ国間の条約となった（2011年現在）．

なお，事務局はカナダのバンクーバーに置かれている．条約水域は北緯33度以北の北太平洋および接続する諸海であって200海里外の公海の水域である．

本条約の特徴は，条約水域である公海において溯河性魚類を対象とする漁獲が禁止される（科学的調査を除く）点にある．また，締約国は溯河性魚類の違法な採捕を防止するための措置や，この条約の締約国でない国または団体が，条約水域において溯河性魚類の漁獲を防止しまたは混獲を最小化するよう協力することを取り決めている．

対象魚種は商業的利用頻度の高いサケ・マス類7魚種である．

b. 北大西洋さけ保存機関（North Atlantic Salmon Conservation Organization：NASCO）

北大西洋のサケ系群の保存，回復，繁殖と合理的管理を推進するために締結された条約に基づき設立された機関．カナダ，デンマーク（フェロー諸島，グリーンランドに関して），EU，ノルウェー，ロシア，アメリカの6つの国・機関がメンバー（2011年現在）．なお，アイスランドは経済情勢の悪化のため2009年末をもって脱退した．1984年に設立された条約の正式名称は，「北大西洋におけるさけの保存のための条約」である．

事務局はイギリスのエジンバラに置かれている．本条約は北緯36度以北大西洋の沿岸国の漁業管轄水域を越えて回遊するサケに適用される．

本条約の特徴は，沿岸国の漁業管轄水域を越えてのサケ漁業は禁止される．領海基線から12海里外の漁業管轄水域内でのサケ漁業も禁止されるが，西グリーンランドの領海基線から40海里以内およびフェロー諸島の漁業管轄水域内は例外的に認められる．

F. 魚種一般に関するもの

個別の魚種について漁獲枠を設定し，漁業管理を実施している国際機関は，世界を広く対象とするものは例外的であり，一般には，海域別かつ魚種別に機関が設立されている．これは，管理すべき魚類の分布範囲が海洋ごとにおおむね限定されていること，また関係国も地域ごとに異なるメンバーとなっている実情を反映しているといえる．以下に紹介するものは，これまで紹介してきたマグロなどの高度回遊性魚類，サケなどの溯河性（さっかせい，そかせい）魚類，海産ほ乳類以外の対象魚種に主として焦点を当てたものとなっている．

a. 中央ベーリング海におけるスケトウダラ資源の保全及び管理に関する条約（ベーリング公海条約）

中央ベーリング海におけるスケトウダラ資源の保存および管理に関する条約は，この海域におけるスケトウダラ資源の保存管理および適正利用を図ることを目的としている．条約の発効は1995年であり，加盟国は，日本，アメリカ，中国，韓国，ロシア，ポーランドとなっている（2011年現在）．

ベーリング海の中央部には，ドーナッツホールとよばれる公海域が存在している．1980年代において200海里体制が確立されたことに伴い，日本などの遠洋トロール漁船がアメリカなどの200海里内の漁場を失い，これに前後して公海であるこの漁場に進出した．このためこのドーナッツホールで漁獲量が急増し，1989年のピーク時には日本，中国，韓国，ポーランドで合計140万t以上のスケトウダラを漁獲した．しかしその後は漁獲量が急減し，1992年には1万tまで落ち込んだ．

条約では，資源状況に応じてスケトウダラの漁獲可能水準を決定し，これを国別に割り当てることとなっている．しかしながら，1996年11月の第1回年次会議において，資源状況が低位水準であることを理由に，条約水域ではスケトウダラの漁獲を行わないことが決定された．2011年においてもこの状況が継続し，ドーナッツホールでのスケトウダラ漁業は停止状態にある．

b. 北東大西洋漁業委員会（North-East Atlantic Fisheries Commission：NEAFC）

北東大西洋の漁業についての今後の多数国間の協力に関する条約（Convention on Future Multilateral Cooperation in the Northeast Atlantic Fisheries）に基づき1982年に設立された委員会であり，北東大西洋の漁業資源の保存および最適利用を促進することなどを目的としている．条約の署名は1980年11月である．

現在の加盟国等は，デンマーク（フェロー諸島およびグリーンランド），EU，アイスランド，ノルウェー，ロシアであり，日本は，カナダなどとともに協力的非加盟国となっている（2011年現在）．

なお，この委員会は，1959年に発足した北東大西洋漁業委員会（North-East Atlantic Fisheries Commission：NEAFC）が母体となっており，1970年代からは，北海のニシン資源など北東大西洋に分布する漁獲対象種について総漁獲可能量（TAC）を国別に割り当てるなどの管理を実施していた．しかしながら，1977年に沿岸国が200海里宣言を行ったため，条約水域の大部分が沿岸国の排他的経済水域となった．このため，関係国が新条約を策定し，現在に至っているものである．現在の管理水域はヨーロッパ大陸沖の大西洋に散在する公海域であるが，漁業活動の大部分が沿岸国の排他的経済水域内で実施されているため，1970年代以前と比較して現在ではNEAFCの影響力は低下している．

c. 国際太平洋おひょう委員会（International Pacific Halibut Commission : IPHC）

太平洋のオヒョウの資源の保存管理のためにアメリカおよびカナダの間で結ばれた2国間の条約．その歴史は古く，1923年に「北太平洋のおひょう漁業の維持のための条約」が署名され，翌24年に発効した．その後の条約と改訂議定書は当初の条約の内容を引き継いでいる．条約のもと，IPHCは資源の保存と漁業に関する規則を勧告する機能を有している．漁期と漁獲割当の管理も行っており，1991年カナダが個別船別割当，続いて1995年アメリカが個別漁獲割当を導入した結果，短期で終了していた漁期間の延長につながった．現在，事務局はシアトル（アメリカ）のワシントン大学キャンパス内にある．

d. 北西大西洋漁業機関（Northwest Atlantic Fisheries Organization : NAFO）

北西大西洋の漁業についての今後の多数国間の協力に関する条約（Convention on Future Multilateral Cooperation in the Northwest Atlantic Fisheries）に基づき設立された機関であり，北西大西洋の漁業資源の最適利用，合理的な管理および保存を促進することを目的としている．発効は1979年1月であり，日本加盟は1980年1月である．加盟国等は，カナダ，キューバ，デンマーク（フェロー諸島およびグリーンランド），EU，フランス（サン・ピエールおよびミクロン），アイスランド，日本，韓国，ノルウェー，ロシア，ウクライナ，アメリカとなっている（2011年現在）．

カラスガレイ，アカウオなどに対して，漁具の規制や船舶の登録，漁獲のモニタリングなどを行うとともに，漁獲量の国別配分を行っている．日本はカラスガレイとアカウオの漁獲枠を若干ながらも有している（2011年現在）．

なお，NAFOの前身が北西大西洋漁業国際委員会（International Commission for the Northwest Atlantic Fisheries : ICNAF）である．

この委員会は1949年から1978年まで存在し，北西太平洋における漁業資源を最大持続生産量に維持させることを目的として，複数の漁業資源について総漁獲可能量を決定するなどの活動を行っていた．しかしながら，1977年以降，加盟国である沿岸国が200海里宣言を行い，条約水域の大部分が沿岸国の排他的経済水域となったため，その機能は形骸化した．このため委員会は1979年に正式に解散し，その機能はNAFOに移行した．

e. 地中海一般漁業委員会（General Fisheries Council for the Mediterranean : GFCM）

地中海漁業一般委員会協定に基づき設立された委員会であり，地中海および黒海ならびにこれらに接続する水域において，海洋生物資源の開発・保存・合理的管理および最適利用の促進を目的としている．協定の発効は1952年2月であり，日本の受諾は1997年6月である．加盟国等は地中海および黒海の沿岸国を中心に23カ国とEUとなっている（2011年現在）．

対象魚種はすべての海産生物であり，これらの種に対する保全と管理に関する科学的な助言だけでなく，養殖業に関する管理やモニタリングも実施している．条約水域は，地中海および黒海およびそれらの接続水域である．この海域は，各国とも排他的経済水域を設定していないため，比較的広い海域を管轄している状況がある．

G. 海洋科学研究・教育に関するものなど

海洋は，各国にまたがって存在し，また同じ漁業資源を近隣諸国で共有している場合も多い．このような状況から，科学研究や教育についても，国際的な協力を推進する機関が多く設立されている．以下においては，その主要なものを解説する．

a. 国際海洋探査委員会（International Council for the Exploration of the Sea : ICES）

1902年にデンマークのコペンハーゲンで設立された，海洋・漁業にかかわる最も古い政府間機関．そのおもな活動内容と目的は，北大西洋における海洋の環境・生態系・生物資源に関する情報交換を通じて海洋生態系と人間活動との相互関係についての科学的知見を向上させる，という点にある．ICESには，100以上のさまざまな専門家・研究グループ，ワークショップ，委員会などが設置されており，2011年現在，ヨーロッパ・北米の20カ国が加盟している．なお，後述するPICESは，「北太平洋におけるICES（Pacific ICES）」を意識した略称とされている．

b. 政府間海洋学委員会（Intergovernmental Oceanographic Commission : IOC）

1960年に国連教育科学文化機関（UNESCO）内に設立された組織．日本はIOC発足時からのメンバー国である．IOCの役割は，海洋にかかわる研究・持続可能な開発・環境保護・より良い管理のための能力開発・意志決定などの分野において，国際協力の推進やプログラム調整を行うこととされている．IOCは，総会・執行委員会および事務局からなるが，これらに加えて多くの補助組織が設置されている．2012年3月現在，IOCのメンバー国は143カ国である．

c. 国際科学会議（International Council for Science : ICSU）

1931年に科学とその応用分野における国際的活動を推進することを目的として設立された非政府・非営利の国際学術機関．具体的活動目標としては，科学や社会における重要な課題の識別とそれらへの対処，あらゆる分野や国家の科学者間の関係の促進，国際的な科学の目標に対する（人種・国籍・言語・政治的立場・性別を問わず）あらゆる科学者の参加の促進，科学界と政府・市民社会・民間部門の間の建設的な対話を促進するための独立した権威あるアドバイスの提供，などがあげられている．ICSU創立以来，日本からは日本学術会議が代表として加入している．

d. 南極研究科学委員会（Scientific Committee on Antarctic Research : SCAR）

1957～1958年のIGY（国際地球観測年）に南極で活動する12カ国の科学研究を調整するため，前述のICSU（国際学術連合会議）により設立された南極研究特別委員会（Special Committee on Antarctic Research）から発展した組織であり，1961年に現在のScientific Committee on Antarctic Researchとなった．SCARのおもな目的は，南極で研究活動を行うすべての科学者のための現地調査活動を検討し，南極条約加盟国間の科学研究の協力と共同作業を促進するというもので，南極条約システムに対して科学的な助言を行う．

e. 北太平洋海洋科学機関（North Pacific Marine Science Organization : PICES）

1992年，「北太平洋の海洋科学機関に関する条約」により設立された海洋科学機関．現在の加盟国は，日本，韓国，中国，アメリカ，カナダ，ロシアの6カ国である．PICESの活動海域（関係海域）は，北緯30度以北の北太平洋およびそれに接する海域であるが，科学的理由によりさらに南方に拡大することができる．活動目的は，関係海域における生物資源，生態系，環境，気候，陸域と海域の相互関係，人為的影響等に関する海洋科学の促進と調整，関係情報・資料の収集と交換の促進およびこのための国際協力である．

H. 水産物貿易・漁業経済に関するもの

水産物は，生産国内で消費されるだけでなく，世界的に広く国際貿易に供される物品である．また，養殖業も含めてその生産の多くが発展途上国においてなされている．このような性質にかんがみ，国際貿易や国際経済に関する国際機関や国際枠組みにおいて，水産物の貿易自由化といった漁業に関する問題がとりあげられることがある．下記a～dにあげた国際機関・枠組みは，地域漁業管理機関（RFMO）のように漁業の管理に特化したものではないが，国際貿易等の諸課題を扱う一環として漁業問題に関与している．経済社会のグローバル化が進むなかで，これら国際機関・枠組みの役割や活動は世界の漁業・水産業を考えるうえでますます重要になってきている．

一般に貿易自由化は，当該国や地域の貿易を促進することにより経済の活性化につながる．その一方で，海外からの安価な製品との競争にさらされることにより，一部の国内産業や品目に対して悪影響を与えるおそれがある．また，近年の国際取り極めは物品の貿易にとどまらない幅広い事項を対象としていることから，当該国においてそれまで維持されてきた制度や慣習の変革が求められることがある．よって，貿易自由化を含む国際的な経済連携を進めるにあたっては，地域社会や社会的弱者に対する悪影響が回避・緩和できるよう，国際交渉において配慮すると同時に，国内における適切な措置が必要となることに留意する必要がある．

なお，水産資源は，その多くが国際的に共有されており，持続的な資源管理を達成するためには国際的な協力が求められる．漁業管理体制が十分でないまま無秩序な貿易自由化を推し進めた場合には，短期的な利益の追求から乱獲を惹起し共有の水産資源の枯渇につながりかねない．よって，水産物貿易の自由化を検討する場合には，資源の保存管理の努力が損なわれないような配慮が必要である．

a. 世界貿易機関（World Trade Organization : WTO）

WTOは，1947年のガット（GATT）を発展させる形で設立された国際機関であり，2011年11月現在153の国や関税地域が加盟している．GATT時代から国際貿易推進のための取り組みがなされており，複数回開催された多角的貿易交渉（ラウンド）の結果，各国の関税の引き下げ，貿易障壁の低減などが実現されてきた．とくに1993年に妥結したウルグアイラウンド合意を受けて，1995年にWTO設立協定が発効し，国際機関としてのWTOが正式に発足するに至った．今日，WTOは，貿易や関税に関する一般原則を規定するGATTを基本とし，農業協定や補助金・相殺措置協定に加え，サービス貿易に関する一般協定（GATS）や知的所有権の貿易関連の側面に関する協定（TRIPS）などの諸協定を有しており，物品のみならずサービスの貿易や知的財産権の保護についても対象に含んだ，幅広い活動を行っている．

2001年から開始されたドーハラウンドは，途上国の開発を最重要課題の1つに据えたうえで，農業，非農産品（NAMA），サービス，ルール，紛争解決，開発，貿易と環境など，幅広い事項を交渉の対象としている．また，漁業に関連する事項としては，NAMA交渉分野において水産物の関税削減が検討されているほか，ルール交渉分野においては漁業補助金の規律策定に関する議論がなされている．

このうち，漁業補助金の規律策定に関する議論では，補助金・相殺措置協定が従来目的としている貿易歪曲の是正ではなく，過剰漁獲能力および過剰漁獲の抑制を念頭において議論が行われており，WTOが新たに環境問題をとりこもうとする試みとして認識されている．漁業補助金の規律のあり方をめぐっては，漁業管理の役割を重視し過剰漁獲・過剰漁獲能力につながる補助金に限定した禁止を主張する日本，韓国，台湾，EU，カナダに対して，一部の例外を除いて補助金の幅広い禁止を主張するアメリカ，オーストラリア，ニュージーランド，アルゼンチンなどがあり，加えて，今後漁業を発展させるため，途上国に対して特別かつ異なる扱い（S & D）を要求する中国，ブラジルなどとの間で複雑な対立がある．このため，2007年11月に議長テキストが発出された後も，日本を含む多くの国から提案が提出され議論がなされているが，補助金の禁止を含めた基本的な点について各国の立場が収束せず，2011年12月に開催された閣僚会合では，ラウンド交渉は行き詰まった（impasse）との認識が示された．

b. 経済協力開発機構（Organization of Economic Cooperation and Development : OECD）

OECDは，マーシャルプランの受入体制として1948年に発足したOEEC（欧州経済協力機構）を前身とし，その後北米地域が参加する等の改組を経て1961年に設立された国際機関である．社会・経済分野において多岐にわたる活動を行っており，自由主義経済発展のための先進国フォーラムという性格が強い．2011年12月現在34カ国が加盟している．

6

OECDには農業委員会や水産委員会等の下部機関があり，それぞれの専門分野に関して検討を行っているが，ほかの国際機関にくらべて経済学的な分析に強みを有しているとされる．水産委員会が扱っている課題は，各国漁業政策のレビュー，水産物認証制度の分析，資源回復に関する経済学等であり，政策形成の場というよりも調査・分析を通じて政策形成に資する情報を提供するフォーラムとしての性質が強いが，2008年には漁船減船措置のガイドラインといった漁業に関する規範の形成を行っている．

なお，漁業は，途上国による生産が多くを占めており，資源が国際的に共有されていることから，問題の検討にあたっては先進国のみならず発展途上国の参加が望まれる．この点OECDはメンバーシップが先進国に限定されている機関ではあるが，すでにチリやメキシコが正式加盟しているほか，ほかの新興国をオブザーバーなどとして確保することにより，幅広い関係国の参加を確保する努力が講じられている．

c. アジア太平洋経済協力（Asia Pacific Economic Cooperation : APEC）

APECは，アジア太平洋地域における経済協力のための国際枠組みであり，2011年現在で21カ国・地域が参加している．APECは貿易促進だけでなく，さまざまな経済協力分野の活動を行っており，その機構としては，首脳会議・閣僚会議といった政治レベル会合のもとに，事務レベルによる各種委員会，作業部会が設置されている．

APECの意義は，アジア太平洋地域の先進国・途上国が一同に会することのできる枠組みにあるが，地域漁業管理機関（RFMO）のようにそれ自体で強制力のある漁業・資源管理措置を実施するわけではなく，地域レベルの情報および意見交換を通じて調査・研究および政策実施を促進するためのフォーラムとの位置づけがなされている．

APECによる漁業・海洋問題の検討は，経済・技術協力運営委員会の下に設置された漁業作業部会（FWG）および海洋資源保全作業部会（MRCWG）において行われており，これまで，IUU漁業の廃絶推進，持続可能な開発と海洋環境保護および食料安全保障など，アジア太平洋地域において関心の高い特定の課題について情報および意見交換を行っている．

両作業部会は，2011年までに3回の海洋関連大臣会合を開催しており，また，2012年には，海洋と漁業の問題を効率かつ適正に協議するため，海洋・漁業作業部会（OFWG）として1つの作業部会に統合されることとなった．

d. 自由貿易協定（Free Trade Agreements : FTA）および経済連携協定（Economic Partnership Agreement : EPA）

貿易自由化の取り組みは，WTOにおける多角的貿易交渉のように世界規模で進められるものと，WTOの例外措置として特定の地域や2国間で個別に結ばれて実施されるものとがある．後者には，自由貿易協定（FTA）および経済連携協定（EPA）がある．FTAは，関税撤廃などを通じて主として物品の貿易自由化を進めるためのとりきめであり，EPAは，物品貿易に限らず，投資・サービスの自由化，人の移動および知的財産権の保護等，より幅広い経済分野の連携を推進するものとされている．

日本は，これまでアジア地域（シンガポール，マレーシア，タイ，インドネシア，ブルネイ，アセアン全体，フィリピン，ベトナム，インド），ラテンアメリカ地域（メキシコ，チリ，ペルー），および欧州地域（スイス）における13の関係国・地域とのEPAを締結しており，さらに，オーストラリア，韓国，湾岸協力理事会（GCC）などの国・地域と協定を交渉中である．また，APECを母体とするアジア太平洋自由貿易圏構想（FTAAP）に向けた先進的な取組として，環太平洋パートナーシップ協定（TPP）の策定に向けた議論が行われており，日本もTPP交渉参加に向けて関係国との協議を行っている（2011年現在）．

（板倉　茂，猪又　秀夫，香川　謙二，木島　利通，坂本　孝明，末永　芳美，森下　丈二，森　高志，諸貫　秀樹，八木　信行，山田　陽巳）

6.2.3　日本の2国間条約等

第2次世界大戦後，日本が結んだ漁業に関する2国間条約は隣国のソ連および韓国との交渉がそのはじまりとなる．ソ連とは1956年に公海上にブルガーニンライン（サケ・マス漁業規制区域）を発したために，日本は公海自由の原則に反する国際法違反としつつも，やむなく交渉入りし，また，韓国は1952年に李承晩ラインを宣言したため，日本は抗議するとともに交渉入りをした．ソ連との間には同年に，韓国との間には1965年にようやく2国間条約が結ばれた．なお，中国による東シナ海での拿捕が起きたが同国との間には国交がなかったため，民間協定が締結された．他方，カニ，ツブ貝のような生物資源に対し，大陸棚主権宣言をする国（アメリカ，ソ連など）と，公海資源との見解をとる日本との間でこれら資源の漁獲に関し2国間条約が結ばれた．その後，第三次海洋法会議が行われるなか，1977年にアメリカとそれに続きソ連が200海里の設定を行ったことから，世界の海に展開していた日本の漁業のため，海洋法条約の成立を待たずに，一気に2国間の200海里入漁交渉を開始した．遠洋に出漁していた日本の底びきやイカ釣り，マグロ漁業のための入漁交渉も世界中の各国との間でなされるようになった．日本周辺水域では，操業を展開していたソ連の漁船団に対して，ソ連による200海里規制に対抗するため，日本も1977年に200海里漁業水域暫定措置法を制定し，沿岸国としての条約を締結するに至った．近隣諸国との関係においては相互主義の立場もありロシア，韓国，中国と相互入漁の形で条約が維持されている．しかし，年月を経るにつれて沿岸国の主権的立場が強まり，入漁に対する厳しい条件が付与され，入漁国数も減少していった．現在ではカツオ・マグロ漁業を主体に条約が維持されている．

A.　漁業に関する日本国と大韓民国との間の協定（日韓漁業協定）

1998年11月28日署名，1999年1月22日発効．

a.　相互入漁水域

日本と韓国の排他的経済水域を対象水域として，沿岸国主義に基づく相互入漁が実施されている．沿岸国は資源状態等を考慮して相手国漁船の漁獲割当量その他の操業条件を毎年決定し，自国水域での操業を許可するとともに必要な漁業取締を実施している．

b.　暫定水域

領有権をめぐり日本海および東シナ海の一部の水域で双方の排他的経済水域の境界を画定できなかったことから，双方水域に暫定水域を設定し（協定9条），同水域では相手国の国民および漁船に対して漁業に関する自国の関係法令を適用しないこととされた（旗国主義）．両国は，暫定水域の海洋生物資源が過度な開発によって脅かされることがないよう，日韓漁業共同委員会での協議を通じて，自国の漁業者に対して漁業種類別の漁船の最高操業隻数を定めるなど適切な管理を行うことについて協力することとされている（同附属書Ⅰ）．

c.　日韓漁業共同委員会

日韓漁業共同委員会は毎年1回開催され，相互入漁水域については相手国漁船の操業条件等に関し協議し，暫定水域についてはこの水域の海洋生物資源の保存と管理について協議し，協議の結果を両締約国に勧告すること等を任務としている．

B.　漁業に関する日本国と中華人民共和国との間の協定（日中漁業協定）

1997年11月11日署名，2000年6月1日発効．

a.　相互入漁水域

協定水域は，日中両国の排他的経済水域となっており，沿岸国主義に基づきそれぞれの排他的経済水域における相互入漁を実施している．この場合，日中両国は，資源状況等を考慮し，自国排他的経済水域内における漁獲割当量その他操業条件を毎年決定するとともに，国際法に従い自国排他的経済水域内において取締りなどの必要な措置をとることとされている．

b.　暫定措置水域

日中間の排他的経済水域の境界画定について

は，中間線を主張する日本と衡平原則を主張する中国との間で主張が異なり，境界が画定していない．このため，東シナ海の北緯30度40分と北緯27度の間に暫定措置水域を定め，日中両国の伝統的な漁業活動への影響を考慮しつつ，海洋生物資源の維持が過度の開発によって脅かされないことを確保するため，適当な保存措置および量的な管理措置をとることとされている．また，取締りその他必要な措置については自国の国民および漁船に対してのみ必要な措置をとることとされている．

c. 以南水域（北緯27度以南の東シナ海）

北緯27度以南の東シナ海の協定水域および東シナ海より南の東経125度30分以西の協定水域（南シナ海における中国の排他的経済水域を除く）については，既存の漁業秩序を維持することとされている．

d. 日中漁業共同委員会

協定の目的を達成するため，日中漁業共同委員会が設置され，① 排他的経済水域内における相互入漁についての魚種，漁獲割当量その他具体的な操業の条件および以南水域を含めた操業秩序の維持，海洋生物資源の状況および保存に関する事項等を日中両国政府に勧告するとともに，② 暫定措置水域に関する事項について協議，決定するなどの任務を有している．日中両国政府は，① の勧告を尊重しおよび② の決定にしたがって必要な措置をとることとされている．

e. 中間水域

2000年2月26，27日の両日に北京にて行われた閣僚級協議において，暫定措置水域の北限線以北の東シナ海水域の東経124度45分から東経127度30分の水域においては，日中両国の漁船がそれぞれ相手方の許可証を取得することなく操業できるよう措置することとされた．

C. 日本国政府とソヴィエト社会主義共和国連邦政府との間の両国の地先沖合における漁業の分野の相互の関係に関する協定（日ソ漁業協定）

この協定は，1977年5月27日に締結されたソ連の地先沖合での日本漁船の漁獲手続きを定めた協定（日ソ漁業暫定協定）と，同年8月4日に日本の地先沖合でのソ連の漁船の漁獲手続きを定めた協定（ソ日漁業暫定協定）を統合して一本化する形でつくられた相互入漁に関する漁業協定である．国連海洋法条約が採択されたことを考慮し協定された（1984年12月7日署名，同年12月14日発効）．

次の，日ソ間のサケ・マスに関する協定と区別するため「日ソ（ロシアに変わってからは日ロ）漁業協定」と略称している．この協定のもと，日ソ（日ロ）漁業委員会を設け，同委員会で相互の漁獲割当量・操業区域等の操業条件を協議したのち，各政府は具体的な操業条件を決定することとしている．具体的な漁獲割当は相互入漁枠分と見返り金を払う形の有償入漁枠が設定されている．なお，相互入漁の安定を図るため，わが国の民間団体から研修生の受け入れと協力費として機材供与を行っている．

D. 漁業の分野における協力に関する日本国政府とソヴィエト社会主義共和国連邦政府との間の協定（日ソ漁業協力協定）

この協定は，① 母川国（ロシア）に発生する溯河性魚種（サケ・マス）の非母川国（日本）の漁獲および溯河性魚種に関する科学的調査等の協力，ならびに② 北西太平洋の生物資源の保存と管理等に関する漁業分野における協力の枠組みを定めたものである（1985年5月12日署名，同年5月13日発効）．この協定のもとに，日ソ漁業合同委員会が設けられ，日本の200海里内と，200海里の外側（公海）での漁獲の条件についての協議を行い，その結果が両国間の合意により採択される．日本は，母川国の溯河性魚種（サケ・マス）の再生産のための協力金を負担している．前述の北太平洋溯河性魚類保存条約（NPAFC）が署名された1992年以降，公海での操業は停止された．これに伴い，ロシアの200海里内での漁獲の条件について民間協議で交渉が行われてきた．2006年からは，日ソ漁業協定および日ソ漁業協力協定の枠組みのもと，政府間で割当量等について協議している．

E. 日本国政府とロシア政府との間の海洋生物資源についての操業の分野における若干の事項に関する協定（北方四島での操業枠組み協定）

ソ連から変わったロシアとの２国間で新規につくられた漁業に関する協定．北方四島周辺水域における北海道沿岸漁民の安全操業に資するべくつくられた（1998年2月21日署名，同年5月21日発効）．

両国政府は，協定の付表に示される北方四島の周辺の12海里以内の緯度経度で定められた水域内において日本漁船による操業が実施されるため，また，生物資源の保存，合理的利用および再生産のため，協力することとしている．操業はそれぞれの団体間の毎年合意される了解覚書に従って実施される．また，日本国の団体により生物資源についての操業，保存および再生産に関連して，右覚書に従い支払いが行われるよう措置をとることとしている．スケトウダラ，ホッケ，タコ，その他が対象になっている．

F. 貝殻島昆布協定

1963年6月10日発効，1977年ソ連の200海里設定により中断，1981年8月25日再締結，発効．「日本漁民による昆布採取に関する北海道水産海とソヴィエト社会主義共和国連邦漁業省との間の協定」は，歯舞諸島の一部である貝殻島の周辺（12海里内）の定点で囲まれた水域において日本の漁業者が安全に昆布採取を行うために北海道水産会とソ連漁業省との間で結ばれた民間協定（1963年の協定の日本側団体は大日本水産会であった）．同水産会は採取料をロシア側に支払っている．操業隻数は375隻以内．

G. 遠洋漁業関係の２国間条約等

a. 漁業に関する日本国政府と南アフリカ共和国政府との間の協定（日・南ア漁業協定）

1977年に締結．2002年7月に南アが破棄通告を行い，2003年1月31日に協定が失効している．

b. 漁業に関する日本国政府とカナダ政府との間の協定（日・加漁業協定）

1978年に締結．1999年をもって日本漁船の入漁は途絶えているが，協定の破棄通告等は行われておらず存続している．

c. 漁業に関する日本国政府とフランス共和国政府との交換公文（日・仏漁業協定）

1979年締結．2001年2月をもって日本漁船の入漁は途絶えているが，協定の破棄通告等は行われておらず，存続している．

d. ギルバート諸島の地先沖合における漁業に関する日本国政府とギルバート諸島との間の協定（日・キリバス漁業協定）

署名日：1978年6月26日．

発効日：1978年6月26日．

有効期間：1978年6月26日～1980年6月25日（以降は協定破棄通告後，6カ月間の失効猶予期間を伴う自動延長）．

なお，政府間協定の枠組みのもとで，操業条件等について次の２つの民間漁業協定が締結されている．

（ｉ）日・キリバス民間漁業協定

署名日：2010年11月16日．

有効期間：2010年11月16日～2013年11月15日（以降は協定破棄通告後，3カ月間の失効猶予期間を伴う自動延長）．

協定当事者：日本かつお・まぐろ漁業協同組合．

対象漁法：マグロはえ縄，カツオ一本釣り．

（ⅱ）日・キリバス単船まき網協定

署名日：2010年11月16日．

有効期間：2010年12月1日～2011年11月30日（以降は協定破棄通告後，3カ月間の失効猶予期間を伴う自動延長）．

協定当事者：海外まき網漁業協会．

対象漁法：単船まき網．

e. 漁業に関する日本国政府とソロモン諸島政府との間の協定（日・ソロモン漁業協定）

署名日：1978年9月20日．

有効期間：1978年9月20日．

発効日：1978年9月20日～1979年9月19日（以降は協定破棄通告後，6カ月間の失効猶予期間を伴う自動延長）．

なお，政府間協定の枠組みのもとで，操業条件等について次の2つの民間漁業協定が締結されている．

（i）日・ソロモン諸島民間漁業協定

署名日：2006年10月11日．

有効期間：2007年1月1日～2007年12月31日（以降は協定破棄通告後，4カ月間の失効猶予期間を伴う自動延長）．

協定当事者：日本かつお・まぐろ漁業協同組合．

対象漁法：マグロはえ縄，カツオ一本釣り．

（ii）日・ソロモン単船まき網民間漁業協定

署名日：2006年10月11日．

有効期間：2007年1月1日～2007年12月31日（以降は協定破棄通告後，4カ月間の失効猶予期間を伴う自動延長）．

協定当事者：海外まき網漁業協会．

対象漁法：単船まき網．

f．マーシャル諸島の地先沖合における漁業に関する日本国政府とマーシャル諸島との間の協定（日・マーシャル諸島政府との間の協定）

署名日：1981年3月25日．

発効日：1981年4月1日．

有効期間：1981年4月1日～1983年3月31日（以降は協定破棄通告後，6カ月間の失効猶予期間を伴う自動延長）．

なお，政府間協定の枠組みのもとで，操業条件等について次の2つの民間漁業協定が締結されている．

（i）日・マーシャル諸島民間漁業協定

署名日：1993年9月11日．

有効期間：1993年9月1日～1994年8月31日（以降は協定破棄通告後，4カ月間の失効猶予期間を伴う自動延長）．

協定当事者：日本かつお・まぐろ漁業協同組合，全国近海かつお・まぐろ漁業協会．

対象漁法：マグロはえ縄，カツオ一本釣り．

（ii）日・マーシャル単船まき網民間漁業協定

署名日：1999年10月25日．

有効期間：1999年9月1日～2000年8月31日（以降は協定破棄通告後，4カ月間の失効猶予期間を伴う自動延長）．

協定当事者：海外まき網漁業協会．

対象漁法：単船まき網．

g．漁業に関する日本国政府とツバル政府との間の協定（日・ツバル漁業協定）

署名日：1986年6月2日．

発効日：1986年6月2日．

有効期間：1986年6月2日～1988年6月1日（以降は協定破棄通告後，6カ月間の失効猶予期間を伴う自動延長）．

なお，政府間協定の枠組みのもとで，操業条件等について次の2つの民間漁業協定が締結されている．

（i）日・ツバル民間漁業協定

署名日：2010年2月18日．

有効期間：2010年3月1日～2011年2月28日（以降は協定破棄通告後，4カ月間の失効猶予期間を伴う自動延長）．

協定当事者：日本かつお・まぐろ漁業協同組合，全国遠洋かつお・まぐろ漁業者協会．

対象漁法：マグロはえ縄，カツオ一本釣り．

（ii）日・ツバル単船まき網民間漁業協定

署名日：2010年2月18日．

有効期間：2010年3月1日～2011年2月28日（以降は協定破棄通告のなされた漁期の末日までの失効猶予期間を伴う自動延長）．

協定当事者：海外まき網漁業協会．

対象漁法：単船まき網．

h．漁業に関する日本国政府とオーストラリア政府との間の協定（日・豪漁業協定）

署名日：1979年10月17日．

発効日：1979年11月1日．

有効期間：自動延長．

マグロ延縄漁船が入漁してきたが1997年11月から入漁なし．2001年5月オーストラリアは寄港禁止措置の解除をしたが，条件が整わず入漁なし．

i．海洋漁業に関する日本国政府とモロッコ王国政府との間の協定（日・モロッコ漁業協定）

署名日：1985年9月11日．

有効期間：2012年1月1日～2012年12月31日．

対象漁法：マグロはえ縄.

j. 漁業に関する日本国政府とセネガル共和国政府との間の協定（日・セネガル漁業協定）

署名日：1991年10月14日.

2002年以降，日本漁船の入漁は中断しているが，協定の破棄通告等は行われておらず，存続している.

対象漁法：マグロはえ縄，まき網.

H. 主要民間漁業協定

（i）日・セイシェル民間漁業協定

署名日：2007年4月18日（日本かつお・まぐろ漁業協同組合），1990年7月13日（海外まき網漁業協会）.

有効期間：2009年11月1日から海賊問題収束まで同条件で延長.

協定当事者：日本かつお・まぐろ漁業協同組合，海外まき網漁業協会.

対象漁法：マグロはえ縄，単船まき網.

（ii）日・モーリタニア民間漁業協定

署名日：2010年12月14日.

有効期間：2010年12月14日～2013年12月13日.

協定当事者：日本かつお・まぐろ漁業協同組合.

対象漁法：マグロはえ縄.

（iii）日・パラオ民間漁業協定

署名日：1992年1月10日.

有効期間：1992年2月1日～1993年1月31日（以降は協定破棄通告後，6カ月間の失効猶予期間を伴う自動延長）.

協定当事者：全国近海かつお・まぐろ漁業協会，海外まき網漁業協会.

対象漁法：マグロはえ縄，カツオ一本釣り，単船まき網.

（iv）日・ガンビア民間漁業協定

署名日：1991年12月10日.

有効期間：自動延長（休眠中）.

協定当事者：日本かつお・まぐろ漁業協同組合.

対象漁法：マグロはえ縄.

（v）日・ミクロネシア連邦民間漁業協定

署名日：2009年7月24日.

有効期間：2009年10月1日～2019年9月30日.

協定当事者：日本かつお・まぐろ漁業協同組合，全国近海かつお・まぐろ漁業協会，海外まき網漁業協会.

対象漁法：マグロはえ縄，カツオ一本釣り，単船まき網.

（vi）日・ギニア・ビサウ民間漁業協定

署名日：1993年11月15日.

有効期間：署名後自動延長（休眠中）.

協定当事者：日本かつお・まぐろ漁業協同組合.

対象漁法：マグロはえ縄.

（vii）日・マダガスカル民間漁業協定

署名日：2008年10月3日.

有効期間：失効.

協定当事者：日本かつお・まぐろ漁業協同組合.

対象漁法：マグロはえ縄.

（viii）日・ナウル民間漁業協定

署名日：2010年12月7日.

有効期間：2011年1月1日～2011年12月31日（以降は協定破棄通告後，4カ月間の失効猶予期間を伴う自動延長）.

協定当事者：日本かつお・まぐろ漁業協同組合.

対象漁法：マグロはえ縄，カツオ一本釣り.

（ix）日・ナウル単船まき網民間漁業協定

署名日：2010年12月7日.

有効期間：2011年1月1日～2011年12月31日（以降は協定破棄通告後，4カ月間の失効猶予期間を伴う自動延長）.

協定当事者：海外まき網漁業協会.

（x）日・フィジー民間漁業協定

署名日：1998年6月28日.

有効期間：1998年7月1日～1999年6月30日（以降は協定破棄通告後，4カ月間の失効猶予期間を伴う自動延長）.

協定当事者：日本かつお・まぐろ漁業協同組合，全国遠洋かつお・まぐろ漁業者協会，海外まき網漁業協会.
対象漁法：マグロはえ縄，カツオ一本釣り，単船まき網.
(xi) 日・タンザニア民間漁業協定
署名日：2010年1月11日.
有効期間：2012年1月11日～2013年1月10日，1年間（自動延長）.
協定当事者：日本かつお・まぐろ漁業協同組合.
対象漁法：マグロはえ縄.
(xii) 日・ガボン民間漁業協定
署名日：2007年11月14日.
有効期間：2007年11月14日～2012年11月13日.
協定当事者：日本かつお・まぐろ漁業協同組合.
対象漁法：マグロはえ縄.
(xiii) 日・モーリシャス民間漁業協定
署名日：2009年4月17日.
有効期間：2011年5月17日～2013年5月16日，2年間（自動延長）.
協定当事者：日本かつお・まぐろ漁業協同組合.
対象漁法：マグロはえ縄.
(xiv) 日・コートジボワール民間漁業協定
署名日：2002年8月28日.
有効期間：署名後自動延長（休眠中）.
協定当事者：日本かつお・まぐろ漁業協同組合.
対象漁法：マグロはえ縄.
(xv) 日・サントメ・プリンシペ民間漁業協定
署名日：2008年3月24日.
有効期間：自動延長.
協定当事者：日本かつお・まぐろ漁業協同組合.
対象漁法：マグロはえ縄.
(xvi) 日・パプア・ニューギニア民間漁業協定
署名日：2011年10月13日.
有効期間：2012年1月1日～2012年12月31日.
協定当事者：海外まき網漁業協会.
対象漁法：単船まき網.
(xvii) 日・カーボベルデ民間漁業協定
署名日：1996年11月26日.
有効期間：自動延長.
協定当事者：日本かつお・まぐろ漁業協同組合.
対象漁法：マグロはえ縄.
(xviii) 日・モザンビーク民間漁業協定
署名日：2009年10月23日.
有効期間：2012年1月1日～2012年12月31日.
協定当事者：日本かつお・まぐろ漁業協同組合.
対象漁法：マグロはえ縄.
(xix) 日・ギニア民間漁業協定
署名日：1995年11月29日.
有効期間：署名後自動延長（休眠中）.
協定当事者：日本かつお・まぐろ漁業協同組合.
対象漁法：マグロはえ縄.
(xx) 日・赤道ギニア民間漁業協定
署名日：2009年2月28日.
有効期間：2009年2月28日～2012年2月27日.
協定当事者：日本かつお・まぐろ漁業協同組合.
(xxi) 日・シエラレオネ民間漁業協定
署名日：1990年11月2日.
有効期間：自動延長（休眠中）.
協定当事者：日本かつお・まぐろ漁業協同組合.

（城崎　和義，末永　芳美，日向寺　二郎，福田　工）

7 水産経済

7.1 漁業および養殖業に関する経済

7.1.1 総　　論

日本の漁業生産量は1980年代まで増加傾向にあり，とくに1984年から1988年までのピーク時においては年間1,200万t以上の漁業生産をあげていた．しかし，その後急速に減少し，2004年以降は500万t台となっている．

2009年における漁業生産量は，約540万tであり，ピークから約730万t減少したことになる．このうち，440万tがマイワシの漁獲量減少である．これは，1990年頃に海況が変化し，日本近海でマイワシ資源が崩壊したことが主因である．また，180万tが遠洋漁業生産量の減少であり，こちらは，1982年の国連海洋法条約の成立に前後して，日本遠洋漁船が外国の200海里水域から撤退を余儀なくされたことが主因である．減少の残り約110万tについては，マイワシ以外の漁業資源の減少による側面と，魚価の低迷や燃油高などで操業が縮小した経済的な側面が存在している．

漁業生産金額についても，ピーク時の1980年代には全国合計の名目生産額が3兆円近くあったものが，2009年には1.5兆円となった．1990年代以降は，国内の漁業生産金額よりも水産物輸入総額の方が高い年もある状況となっている．

（八木　信行）

7.1.2 漁業および養殖業の動向

農業が家族経営を主体としているのに対し，漁業では動力船非使用の小規模な家族経営から，3千tを超える大企業経営まで，きわめて多様な漁業構造が存在している．以下，① 沿岸漁業，② 沖合漁業，③ 遠洋漁業，④ 養殖業，⑤ 内水面の水産業に分けて，漁業センサスによるデータを踏まえながら，現状を解説する（本節で引用する数字は，特段の断りがないかぎり，2008年の漁業センサスによるデータである．なお，漁業センサスは5年に1回実施される）．

A. 沿岸漁船漁業

a. 概　要

沿岸漁業は，漁船非使用漁業，無動力船および10t未満の動力船を使用する漁業，定置網漁業をさす．漁業制度としては，漁業権（共同漁業権・定置漁業権）漁業を中心に，知事許可漁業，自由漁業もそのなかに入っている．地先資源に依拠し，おおむね県境内で日帰り操業を行う．多種多様な漁法により地域色の強い多種類の水産物を漁獲している．生産量は近年徐々に減少している．農林水産省による漁業養殖業生産統計年報では，2009年の生産量は約130万tとなっており，1970年代から1980年代にかけて200万t前後の生産をあげていた時期と比較すればその減少が見てとれる．

b. 特　徴

（i）個人経営体

経営体は，家族従事者を中心とする個人経営体がその大部分（約8万7千経営体）を占め，その他の形式（共同経営，会社経営，漁業協同組合による経営などの合計約2千経営体）を大きく上回っている．約8万7千ある個人経営体が主として従事する漁業種類の内訳を多いものから示すと，「採貝・採藻」が約2万，「その他の釣り」が約1万8千，「その他の刺網」が約1万6千などとなっている．なお，「その他の釣り」とは，沿岸カツオ釣り，沿岸イカ釣り，ひき縄以外の釣り漁業である.

沿岸漁業では，年間販売金額が300万円未満の経営体が6割以上を占める．使用する漁船の大きさは10 t未満であるが，その内訳は3 t未満のものを使用する経営体が約4万6千を数える．そして，3 t未満の漁船を使用する経営体では，その5割以上が年間販売金額100万円以下である．個人自営主として漁業のみで生計を維持するのは容易ではないと考えられる.

沿岸漁業の個人経営体約8万7千のうち，専業は約4万1千である．兼業は，第1種兼業（漁業所得を主とする兼業）が約2万4千，第2種兼業（漁業所得を従とする兼業）は約2万2千である．統計上は，世帯員のなかに自営漁業以外の仕事をするものがいれば兼業とみなされる．沿岸漁業は，海上労働のうえに深夜早朝操業が多いため，自営漁業に従事している本人が兼業に従事することは難しいように思われるが，季節的に本人が兼業を行っているケースも少なくない．2008年の漁業センサスからは実態を把握することは難しいが，過去の調査から類推すれば，農業と兼業している例が多いとみられる.

（ii）定置網漁業

零細な経営体が多い沿岸漁業のなかにあって，例外的に定置網漁業は年間販売金額の大きな経営体が多数を占める傾向にある．たとえば，小型定置網漁業であっても，約3,600ある経営体のうち年間販売金額が300万円未満の経営体は36%にとどまっている．また，大型定置網漁業とサケ定置網漁業は，合計で1,100程度ある経営体のうち，年間販売金額が5千万から1億円のものが239経営体，1億円から2億円のものも23経営体存在している．なお，大型定置網漁業およびサケ定置網漁業は，網の購入などで投下する資本規模が大きく個人経営体での運営は難しいとの背景もあり，その経営の中心は，共同経営および企業経営となっている.

（iii）沿岸漁業の地位

沿岸漁業は，生産金額および数量が減少している状況ではあるものの，その減少割合は，沖合漁業・遠洋漁業にくらべて小さい．とはいえ，零細な個人経営体が多く，高齢化も進み，食料供給部門としての役割は今後ともそれほど大きくない．ただし，沿岸漁業者は全国津々浦々で漁業を営んでおり，地域社会における雇用の維持を通じた漁村社会の安定，さらには海洋生態系の監視やモニタリング機能など，多面的な機能を発揮する地域産業としての役割が存在している.

B. 海面養殖業

a. 概　要

日本の沿岸では，沿岸漁船漁業と並行して，海面養殖業が営まれている．海面養殖業とは，特定区画漁業権により集団的に海面を利用して魚介類や海藻類などを養殖するものをさす．生産量は，漁業養殖業生産統計年報によれば，1980年代後半以降2009年までおおむね年間120万～130万tの間で安定して推移している.

沿岸漁業よりも海面養殖業のほうが1経営体の年間販売額は大きく，約2万の経営体のうち，年間販売額が1千万円以上の経営体は47%存在する．一方で，年間販売金額が300万円未満の経営体は18%にとどまっている.

海面養殖業は，魚類養殖などの給餌養殖業と，藻類・貝類を中心とする無給餌養殖業に大別できる．経営体の数は，前者よりも後者のほうが多い.

b. 給餌養殖業

給餌養殖業の代表的な魚種はブリ類とマダイであるが，その他，マグロ，ヒラメ，トラフグ，ギンザケなども養殖の対象となっている．給餌養殖は，水質などの養殖環境，種苗の調達，餌料の調達の3つがそろって初めて成り立つ.

餌料については，マダイはその9割以上が配合飼料であるが，カンパチを含むブリ類は生エサが半ばをこえ，マグロは生エサが100%近い．多餌・多病・多薬と揶揄されていた1980年代以前の生産体制と比較すれば，近年は改善が進んでいるが，今後とも，生エサから配合飼料の開発，配合飼料における植物性タンパク質の代替が課題となっている.

また，養殖魚の種苗についてもブリが天然種苗に，カンパチも中国からの輸入に全面的に依存している．近年脚光を浴びているマグロも，人工種苗はまだ緒についたばかりでありであり，人工種苗の使用は一部でなされているにすぎない．一方，マダイ，ヒラメ，トラフグ，ギンザケなどについては，技術開発努力の結果，種苗のすべてを人工種苗でまかなうことが可能である．種苗を天然資源に依存している養殖では，資源を保全するためにも，また防疫面からも，人工種苗を安価に生産する技術開発が待たれている．

給餌養殖では，経営体数は80年代以来減少しつづけており，個人経営体が激減する反面，企業経営体の規模拡大が進んでいる．とくに近年では大手資本が参入する傾向がみられ，2008年では30経営体が年間販売金額10億円以上に達している．ただし，給餌養殖は，経営規模が他の沿岸漁業より大きいとはいえ，収入および支出の変動幅が大きく，経営的には不安定な要因を抱えている側面がある．

c. 無給餌養殖業

無給餌養殖は，ノリ，ホタテガイ，カキ，ワカメ，コンブ，真珠などの対象として営まれている．

無給餌養殖のなかで経営体数が最も多いのは，ノリ養殖業である．ノリ養殖業は，全国の約4,900ある経営体のうち，年間販売金額が300万円に満たないものは7%であり，逆に1千万円以上の経営体が70%を占めている．また，ホタテガイ養殖業も，ノリ養殖業ほどではないが，1千万円以上の年間販売額を上げている経営体が全体の52%存在する．一方で，カキ養殖業では規模の小さな経営体が比較的多く，年間1千万円以上の販売をあげている経営体は30%程度となる．さらに，ワカメ養殖業では，1千万円以上の年間販売額をあげている経営体は12%にすぎない状況にある．

これらの無給餌養殖では，ほぼ例外なく輸入品と日本国内市場で競合する構図があり，生産物の単価が低迷するなかで，ノリの乾燥機材や燃油など，資材価格が上昇し，経営環境は厳しい．

d. 特　質

養殖生産は，天然魚を漁獲する採捕生産とは異なり，規格化された高鮮度の水産物を市況をみながら計画的に出荷できる利点を有するため，量販店が主導する現代的な流通消費スタイルに適合しているといえる．また，沿岸で営まれている沿岸漁船漁業（10 t未満の漁船を使用）は家族経営が主体である一方，養殖業では，無給餌養殖において家族経営が多いとはいえ，給餌養殖業においては企業経営がその中核をなしている．沿岸における水産業では，往々にして零細な個人経営を念頭におきがちであるが，大型定置・サケ定置とあわせ，給餌養殖業が企業経営として確立している点は注目すべきである．

C. 沖合漁業

a. 概　要

沖合漁業とは，10 t以上の漁船を使用して営む海面漁業のうち，定置網漁業と遠洋漁業を除いたものをさしている．これらは大臣許可漁業の一部と，知事許可漁業の一部を含むものであり，大中型まき網・中小型まき網・沖合底びき・サンマ棒受網・近海イカ釣り・沿岸イカ釣りが主要業種である．10 t以上の漁船を使用し，日本の排他的経済水域内を主漁場として，多くが日帰り，または長くても1週間程度の操業となっている．

多魚種少量生産の沿岸漁業に対して，沖合漁業は少魚種多量生産の操業が多い．また，漁獲物は，食用だけでなく加工用，さらには飼餌料用にもまわる．さらに食用といっても，沿岸漁業が高価格の刺身用商材となる魚種を多く生産するのに対し，沖合漁業では，刺身用よりも，むしろ焼魚・煮魚といった惣菜用を多く生産している．ただし，沖合漁業でもその一部には高品質を追求する釣りやはえ縄漁業（マグロ・カツオ・イカなど）を含んでいる．

生産量は，漁業養殖業生産統計年報によれば，ピークの1984年に700万t近くあったものが，マイワシ資源の崩壊などにより2009年には241万tにまで減少した．

b. 動　向

10 t 以上の動力漁船を使って漁船漁業経営を営む経営体数は急速に減少しており，1988 年に 2 万 3 千経営体存在したものが，2008 年には約 1 万 5 千経営体となった．

沖合漁業では漁業種類の違いや経営規模に差が大きいために単純な比較は困難であるが，農林水産省「漁業経営調査報告」から漁業収益の状況を概観すれば，50 t 以上の経営階層では支出に占める燃油費の割合が増加しており，赤字幅が拡大する主要因となっている．他産業に比較して，総資産の減少，収益力の低下が目立ち，設備投資のかなりの部分を借入金に依存した状況にある．流動比率が恒常的に 100%を下回っていることから，短期的な資金繰りも厳しい状況にある．

このため，代船建造が進まず，減価償却期間を超えた船齢 20 年以上の漁船を使った操業が各地で一般化している．経営効率のよい操業や地球環境に配慮した新鋭技術を導入した漁船像が示されても，現実には老齢船を使って操業を継続せざるをえない厳しい経営環境が存在している．

ただし，沖合漁業が操業する海域は，世界でも有数の漁場であり，また日本市場も世界のなかで屈指の市場である．付加価値を高めるための生産を行いつつ，流通販売面での経営戦略を見直すことなどを通じて，安定的な収益増加が可能になる要素も存在している．

D. 遠洋漁業

a. 概　要

遠洋漁業とは，遠洋底びき網，以西底びき網，大中型遠洋カツオ・マグロ 1 そうまき網，遠洋マグロはえ縄，遠洋カツオ一本釣り，遠洋イカ釣りの 6 漁業をさす（2007 年現在，2002 年までは北洋はえ縄・刺網を含む）．これらはいずれも大臣許可漁業である．

遠洋漁業の漁獲量は，ピークである 1973 年に 399 万 t を記録したが，2008 年には約 44 万 t となり，35 年間で約 10 分の 1 に減少した状況にある．このおもな理由は，国連海洋法条約による 200 海里体制がはじまったことで，日本漁船が従来の漁場から閉め出されたことによる．

6 漁業を主として営む経営体の数は近年も減少を続けており，2008 年で 144 となった．このうち，東シナ海で操業する以西底びきは 2 経営体であり，漁獲量も 7,800 t（2008 年）と，消滅寸前といってよい．遠洋イカ釣りも 2 経営体であるが，近海イカ釣り・沿岸イカ釣りのスルメイカとは異なり，加工用のアカイカを中心に，おもに南米漁場で 17,200 t（2008 年）を漁獲する．遠洋底びき網もわずか 6 経営体，もともとアメリカ・ロシア海域でスケトウダラを中心に北洋冷凍魚を漁獲していたが，200 海里体制の成立により，1990 年から完全にしめ出され減船が進んだ．

b. カツオ・マグロ漁業

残りは，大中型遠洋カツオ・マグロ 1 そうまき網の 18 経営体，遠洋マグロはえ縄の 92 経営体，遠洋カツオ一本釣りの 24 経営体である．これらはいずれも対象魚種がカツオ・マグロ類などの高度回遊性魚種であり，日本の排他的経済水域内よりも，公海や外国の排他的経済水域内が主漁場となっている．日本における沿岸沖合漁業の場合は，市場と漁場が近接しているという優位性が存在しているが，日本から遠く離れた遠洋においてはその優位性が発揮できず，諸外国の漁業とまったく同じ条件で競争することになる．遠洋マグロはえ縄漁業を例にとれば，中国大陸の労働力の低賃金および 3 交代制による厳しい操業条件に日本が対抗するのは容易ではなく，また華人系ネットワークを背後にもつ豊かな資本蓄積にも及ばない．さらに，国際的な規制を無視して操業する IUU 漁船もマグロ漁業には多く存在した．日本漁船が正規の漁獲枠を用いて漁獲したマグロが，違法に漁獲されたマグロと同じ市場で競合する可能性もある．現在においては，ICCAT などの地域漁業機関で対策がとられてはいるものの，対象種や漁法が限定されているという問題点も存在している（第 6 章）．

さらに，諸外国と異なり日本のマグロ市場は刺身用の食材が多く流通している．刺身用のマグロを生産するために，これまで日本漁船は，まき網よりもはえ縄漁業に重点をおいてきた．はえ縄操業のほうが，商業価値の高い個体を選択して漁獲することができ，また船上での処理も容易に行えるとの理由による．しかし，まき網は，漁獲効率が高い漁業であり，近年では世界的に普及するようになり，カツオ・マグロ類の生産量も圧倒的に大きい．日本の遠洋はえ縄マグロ漁業が減船などにより急速に隻数を減らした一方で，台湾などでは大型のまき網船を増加させている．今後，資源保全の面においても予断を許さない状況が継続する可能性も懸念されている．

E. 内水面漁業

内水面漁業は，河川，湖沼などで行う漁獲漁業および養殖業をさす．内水面漁業の生産量のピークは1970～1980年代にかけてであり，全国で20万t程度の生産量をあげていたが，その後減少傾向となり，2009年では8万t程度の生産量となった．この原因としては，ダム建設などによる河川環境の変化で漁獲対象となる資源の水準が減少したこと，淡水魚介類消費の低迷などが問題視されている．また最近では，大型の鳥類であるカワウが増殖し魚類を捕食する被害（2005年の被害額は約200億円にのぼると推定されている）や，ブラックバスやブルーギルなどの外来魚種が大繁殖して在来種に被害を与えることも新たな問題として加わった．

おもな対象魚種は，漁獲漁業ではサケ・マス類，シジミ，アユであり，養殖業ではウナギ，マス類，アユなどである．生産金額の面では，ウナギ養殖が突出して大きい．ただし，ウナギ養殖業は，1990年代から中国で養殖されたウナギが日本市場に大量に輸出されはじめたことから価格形成力を失ったこと，また近年では養殖種苗である天然のシラスウナギの漁獲量が激減して種苗価格が高騰したこと，また養殖用水を加熱するために使用する燃油が高騰したことなどから，その経営についてはきわめて厳しい状況となっている．

（小野　征一郎）

7.1.3 経営体数と生産者数

A. 漁業経営の特徴

漁業経営は，漁船などの設備を調達し，労働力などを投入して魚介藻類を漁獲し，あるいは種苗や餌料などの原材料から養殖魚介藻類を生産し，そしてそれらを販売することによって完結する．したがって，漁業経営を把握するためには，漁船などの固定資本と，労働力や原材料などの流動資本，販売によって得られた収入，さらには資金調達に関するファイナンス手段や，税制などを把握したうえで，これを行うことが重要となる．

a. 資　本

海面漁船漁業では，投下する固定資本のうち船舶資本が占める割合が多く，5～100tに属する階層の固定資本額に対する船舶資本額の比率は6～8割となっている．

一方，養殖業においては，投下する固定資本のうち船舶資本が占める割合が1～4割となっており，漁船漁業と比較すると低い．また，養殖業では，流動資本の比率が高く，とくに種苗や餌料が必要となる魚類養殖業（ブリ類，マダイ）ではこの比率が無給餌養殖業（ホタテガイ，カキ，ワカメ，ノリ，真珠）より高い．

b. 労　働

海面漁船漁業の労働の特徴は，10t未満の漁船漁業においては家族労働が中心であり，20t以上になると雇用者による労働量が家族労働量を上回る点である．また，養殖業では家族労働を中心とした経営が大半であるが，ブリ類養殖業やカキ類養殖業では雇用者による労働量が家族労働量を上回る地域もある．漁業全体を概観すると，10t未満の漁船漁業や養殖業の経営体数が多いため，一般的に漁業経営体は家族労働に依存しているといえる．しかし，漁業経営者が高齢化し，なおかつ担い手が少ないことから，将来多くの漁業経営体は存続が困難な状況になることも予想される．

c. 支　出

海面漁船漁業の支出の特徴は，支出（減価償却や見積家族労賃含む）のうち労賃（雇用労賃および見積家族労賃）の比率が最も高く，3～6割となっている点である．また，燃油費も，近年の高騰により，労賃に次いで高い支出の比率となっている場合が多い（全支出の1～2割を占める）．

一方，養殖業における支出の特徴は，魚類養殖業では圧倒的に餌代のシェアが高く，全支出の6～7割を占める点である．また，魚類養殖業の全支出に占める燃油費，労賃は，それぞれ数パーセント，1割程度である．無給餌養殖業では，漁船漁業と同様に，全支出に占める労賃の比率が高く，4～5割となっている．

すなわち，漁船漁業や無給餌養殖業では労賃が経営成果に強く影響し，魚類養殖業では餌代が経営成果に強く影響する構造を有している．

d. 収　入

漁業経営体の収入は水産物価格との関係が強い．しかしながら，水産物価格は大きく変動する性格があり，零細な漁家が持続的に経営を維持するためには種々の支援（漁業協同組合・行政の支援，漁業共済，融資など）が必要とされる．

（宮田　勉）

B. 生産者数と就業構造

a. 生産者数

漁業就業者は，1953年の79万人から1983年に44.7万人，1993年に32.5万人と減少傾向が続き，2003年は23.8万人である．また，漁業就業者の大半は戦後一貫して男子であり，現在は83.6％が男子であるが，家族労働が中心の個人漁業経営体では，女性が陸上労働部門を担うことが多い．なお，2006年における海面漁業・養殖業の経営体数は12万1千であり，このうち94％は家族労働を中心とした沿岸漁業経営体である．

日本の漁業就業者の特徴は，存在形態が多様なことである．これは，漁業構造が，漁業資源や地理的条件の多様性によって階層的・業種的に複雑であることが関係している．存在形態別の構成を概観すると，自営漁業就業者はここ20年で4割ほど減少して2003年は17.6万人であり，雇われ漁業就業者は同5割以上減少して6.3万人である．また，沿岸漁業就業者は20年間で4割減少して2003年は20.9万人であり，沖合・遠洋漁業就業者が同7割以上減少して2.9万人である．このように，全体的な減少傾向のなかで，現在は沿岸の自営漁業就業者の占める割合が相対的に高まっている．このことは，沖合・遠洋漁業が，1970年代以降の200海里体制の定着や多獲性浮魚資源の変動によって縮小した影響による．しかし，沿岸の自営漁業就業者も，戦後の経済混乱期に大量に流入した昭和1けた生まれ世代が中心のため，高齢化が著しく，近い将来に減少が予想される．なお，漁業就業者の実態を理解するためには，このほかにも地域別や漁業種類別，専業兼業別などに存在形態を多面的にとらえる必要がある．

b. 就業構造

従来から漁業の新規就業構造は，世襲に近い特徴を有しており，自営漁業については漁家子弟，雇用型漁業は船主や船頭の地縁血縁者に新規就業者が多い．また10～20歳代の新規就業者が多いことから，学校卒業直後に就業する新規学卒者のほうが，他産業を経由する離職転入者より多い傾向がある．しかし，漁業経営の不安定さや漁村生活の不便さから，若年者の漁業離れが生じており，新規就業者は年間1,200～1,500人にとどまる．

また，30～50歳代の壮年期の漁業就業者は，漁業への加入も漁業からの離脱も少ない傾向がみられる．このような働き盛り世代の滞留傾向は，漁業の就業構造が他産業との流動性をほとんどもたないことを示す．

さらに，60歳以上の高齢期の漁業就業者は，操業を漸減させつつ70歳代半ばまで働き続ける傾向がある．このため，他産業では定年退職を迎える年齢を超えても漁業を続けることで，所得の確保や健康維持，周辺住民との交流など多方面にわたる利益を受けている．この結果，漁業は「高齢者に優しい産業」と評価される．ただし，若年者が漁業離れによって漁村から流出していることから，高齢者のみの漁業世帯が増加しており，今後は介護や孤立化など高齢化社会の有する問題が出現することが危惧される．

（大谷　誠）

C. 高齢化問題

日本の漁業では，漁業就業者数の減少と高齢化が進行している．2007年の漁業就業者数は20万4千人（対前年比3.8％減）であり，男性就業者17万1千人のうち65歳以上の漁業者が37.4％（1997年は27.0％）を占めている．後継者がいない経営体が多く，新規漁業就業者も2007年は1,081人にとどまった．若い担い手の不足，高齢化の進展は，上記した代船建造の遅れ，船齢進行の背景となっており，将来の漁業活力の低下をもたらす要因の1つとして懸念されている．

操業の効率化を進めることにより脆弱な現在の漁業生産構造を改善し，利益が確保できる体質に産業を転換して初めて若い担い手の確保が可能となることから，水産業の体質強化を目指した関係施策の継続的な推進を図っていくことが必要である．また，ILO基準を具備するなど漁船の労働環境を改善していくことや，他産業なみの賃金水準確保，漁村での就業定着を支援する生活環境を含む諸条件整備を推進していくことは，担い手確保，さらには定住人口の維持・増加による漁村そのものの振興に結びつくことから，総合的な推進が求められている．

なお，沖合・遠洋漁業においても日本人漁船労働者は不足している．2006年の雇用労働者数は2万3千人であり，5年前に比較して30％減少している．日本人漁船労働者の不足に対応して，海外基地方式，マルシップ方式による外国人漁船部員の乗船が認められているが，その数は3,592人（2007年3月末現在）であり，対前年比3％減となった．

（田坂　行男）

D. 漁業協同組合の経営

漁業協同組合は組織基盤を強化するために合併を推進していることから，1980年には2,164組合存在していたが，2006年には1,264組合にまで減少した．これに伴って，漁業協同組合あたりの正・準組合員数は近年増加傾向にあり，2006年に初めて300人/漁業協同組合を超過した（1970年以降）．なお，これらのデータは漁業協同組合のなかでも圧倒的なシェアを占める沿海地区の出資漁業協同組合であり，以下も同様のデータに基づいている．

漁業協同組合で行うことのできる事業は，①漁獲物などの運搬・販売・加工・保管，②資金の貸付・預貯金，③漁業や生活に必要な物資の販売，④共済に関連したサービス，⑤漁場利用・調整，資源管理・増殖，⑥組合員への指導，⑦共同利用施設運営などがあり，地域の事情などによって漁業協同組合が行う事業数や組み合わせは異なる．以下でいくつかの事業について説明する．

a. 販売事業

水産物は一般的に腐敗性が高く，漁獲後速やかに水産物を消費地にまで届けることが必要不可欠である．また，一般的に，漁獲される魚介藻類は多種多様であり，なおかつサイズなどもまちまちである．このような漁獲物や養殖生産物などを集約・商品化して消費地へ移送・販売する事業が販売事業である．販売事業は，漁業協同組合の主要な収入源となっている．しかし，水産物価格の低迷，漁業生産者の減少，資源の悪化などによって生産金額は減少傾向にあることから，販売事業も縮小傾向（近年は微減傾向）にある．

b. 信用事業

一般的に漁獲量や魚価の変動が大きいため，漁業経営を安定させるしくみが必要である．信用事業は組合員への貸付や預貯金などを実施しており，とくに貸付部門は漁業経営を支援するうえで重要な役割を果たしている．近年，この信用事業の基盤を強化するため，漁業協同組合から信用漁業協同組合連合会への信用事業譲渡が進展している．漁業協同組合信用事業の貸出金と信用漁業協同組合連合会の貸出金の動向をそれぞれ概観した結果，2000年度末から2008年度末までの期間において，漁業協同組合の貸出金は6割減少し，信用漁業協同組合連合会の貸出金は3割減少していたことから，漁業経営体数の減少を考慮したとしても貸出金額は低減傾向にある．

c. 購買事業

漁業資材，燃油，生活物資などを販売する購買事業は，漁業経営体にとって重要な役割を担っている．毎月安定的な収入を得ることが困難な漁業経営の特性上，漁業資材や燃油などの購入代金を現金決済することは漁業経営体にとって大きな負担となる．当事業は一般的にそのような特性に対応していることから，漁業経営体にとって非常に重要である．とくに，離島などのようにこれらの物資が入手困難な地域ではさらに重要性が増す．購買事業は，他事業が縮小傾向にあるなか，縮小傾向にない．

d. 収支動向

各事業について，近年の収支動向を概観すると，販売事業，購買事業，漁場利用事業，漁業協同組合が漁業などを経営する漁業自営事業などは利益を出しているが，信用事業，共済事業，加工事業，指導事業などの事業は損失を出している．とくに，信用事業や指導事業の管理費は，販売事業を除いて最も高い費用となっており，漁業協同組合経営にとって負担となっている．信用事業は譲渡によって効率化を図っているが，指導事業の効率化は今後の課題である．

e. 管理費

管理費は漁業協同組合経営にとって負担となっており，その管理費のうち人件費が6割占めることから，人員削減を実施してきた結果，漁業協同組合の職員は1992～2006年の15年間で3割減少した．

漁業協同組合は，組合合併，管理費の削減，信用事業の譲渡による不採算部門の効率化など，組合員への負担を強いつつ種々の努力をしているが，それでも3割の組合が当期損失を計上している状況にある．

（宮田　勉）

7.1.4 漁業資源や漁場の保全に関する課題

A. 日本における公的な漁業管理

日本の漁業管理は，公的管理として，漁獲可能量制度（total allowable catch : TAC 制度，図7.1.4-1②）および資源回復計画（図7.1.4-1③）を柱とし，沿岸漁船漁業に資源管理型漁業（図7.1.4-1①）が存在する．TAC制度が沿岸部門を含みつつも沖合部門を中心に，排他的経済水域の外をも含む大型・広域の多獲性資源（サバ類，アジ，マイワシ，サンマ，スルメイカ，スケトウダラ，ズワイガニ）を対象とし，資源回復計画が大臣と知事の許可漁業にまたがり都道府県域を超える，主として底魚資源を対象とする．資源管理型漁業の多くは漁協内の，県域を超えることの少ない定着性資源を中心としている．

資源回復計画は水産基本法の制定に伴い「海洋生物資源の保存及び管理に関する法律」（通称TAC法，1996年制定）を改正し（2001年），2003年から漁獲努力量管理制度（total allowable effort : TAE制度，操業日数・隻数などの漁獲努力量の上限を設定する）を導入した．TAEの魚種は，カレイ類5種のほかイカナゴ・サワラ・トラフグ・ヤリイカが政令で指定されている．主体が国の広域資源回復計画（2010年3月末現在17計画）と，都道府県の地先資源回復計画（同33計画）があり，さらに漁業種類に着目した国による包括的資源回復計画（同16計画）もはじまっている．北太平洋海域のマサバ·瀬戸内海のサワラが著名であるが，TAC魚種を含みカレイ・ヒラメ・ベニズワイガニ・トラフグなど多様な魚種からなる．業種としては小型底びきが代表的で，とくに包括的回復計画では大部分を占める．

TAC制度は中小資本漁業の上中層がおもに担い，操業範囲に中国・韓国・ロシアとの領土問題を抱え，量的にも沖合漁業の中核であるのに対し，資源回復計画の多くは中小漁業の下層に属し，漁船漁家をも含み沿岸漁業の延長上にある．資源管理型漁業は1988年漁業センサスから，漁業管理組織が集計されている．2008

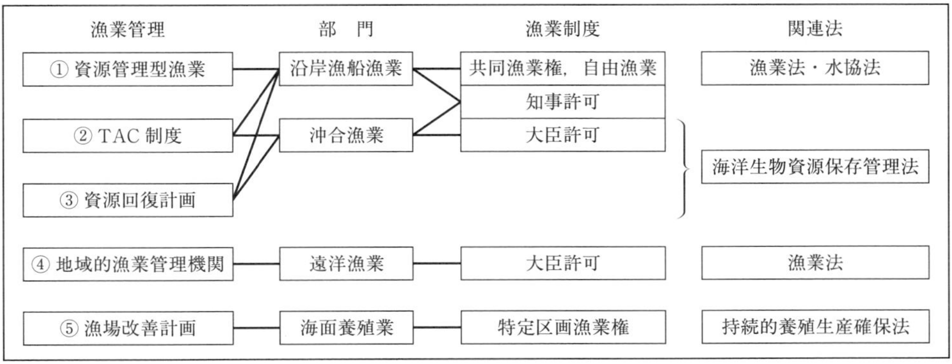

図 7.1.4-1　日本の漁業管理

年の 1,738 組織のうち採貝・採草がのべ 831 を占め，続いて刺網，小型底びきとなる．

B. 養殖業における漁業管理

養殖業に対しては，持続的養殖生産確保法(1999) に基づく漁場改善計画制度（図 7.1.4-1 ⑤）がある．とくに魚類養殖業において，過密養殖による漁場汚染，それによるコスト上昇を背景に漁協を漁場環境管理者と位置づけ，水質・底質・養殖密度・餌料総量などの基準を自主的に定め，漁場環境を改善しようとする制度である．しかし魚類養殖価格の長期的低迷により，環境基準を超える過密養殖が常態化し，漁協自身が養殖業者との共犯関係に陥り効果はあまりあがっていない．

C. 国際的な漁業管理

公海などの国際漁場で操業する漁業は，地域的漁業管理機関による国際的な管理規制（図 7.1.4-1 ④）が実施されている（第 6 章参照）．規制内容についてはここではそのような漁業の代表例のカツオ・マグロ漁業について述べる．カツオ・マグロ漁業は，日本では刺身需要を満たすため，魚体の鮮度保持などが容易なはえ縄漁業を中心としている．これに対し，世界的には缶詰需要を満たすためのまき網漁業が主流である．はえ縄漁業はアジアを中心に 10 カ国程度にとどまるが，まき網漁業はグローバルに営まれ，生産効率が高く漁獲量はカツオを含め，はえ縄の 5 倍以上に達する．はえ縄国である日本では減船が進んでいるが，過剰漁獲努力量の削減が必要なのは，はえ縄よりもまき網である．アメリカ・台湾・スペイン・フランスといった代表的まき網国のなかには，むしろ新造船を積極的に推進している国もある．とくにまき網には国際的な対応を行うべき課題が多く存在している．

D. 展　望

以上，日本の漁業管理を概観したが，定置漁業と内水面漁業・養殖業を除けば，TAC 制度・資源回復計画を基軸に制度的に整備されている．世界 3 大漁場の 1 つに恵まれ，また世界一の水産物市場をもつ日本は同時に世界で最高級の漁業技術（装備）をもつ．高技術が漁獲競争を激化し，他方で競争が技術発達を促し，コスト上昇が加速された側面がある．さらに 1 人あたり GDP が 4 万ドルを超える高所得国の賃金コストが重なり，高コスト構造が形成されている．

漁獲競争を規制する漁業管理体制を築きあげることができれば，農業とは異なり自然条件（漁場条件）に恵まれた日本水産業は，高コストを克服することが可能であろう．それが戦前以来，水産業の最先進国であった日本の直面する課題であり，それを乗り越えることにより，漁場・市場の備わった日本水産業の展望を切り開いていくことができよう．

なお，日本においては，一部魚種では TAC として漁獲枠を政府が配分しているが，沿岸では漁業権制度により漁獲できる海域を政府が配分している．したがって，沿岸では漁業者は，魚だけでなく，漁場の保全にも関心をはらう構造が存在する．このような背景もあり，藻場・干潟の減少に関しては，全国各地で漁業者が中心となって，漁場の維持・開発を目指して種苗の移植，干潟の耕耘などの活動が積極的に行われ，国もその活動を財政的側面から支援するなど，資源回復に向けたさまざまな活動が展開されている．藻場・干潟は，稚魚の生育場所などとして大切な機能を有していることが漁業者に情報共有されているために，このような動きが生じていると考えることもできる．

7.1.5 生産者の経営改善に関する政策課題

A. 日本の国際競争力

日本において漁業生産者の経営が悪化している理由の1つに，国際競争力の弱さをあげることができる．国際競争力は一般に，国際経済取引における競争力の強さをさす．通常，輸出競争力のことであるが，それは価格競争と非価格競争からなり，漁業に即していえば，漁場・資本・労働力，ならびに品質・技術・マーケティングが競争力のおもな要因である．また国際競争力は為替相場によっても左右され，円高が輸入を，円安は輸出を加速させる．漁業は生産価格に占める賃金コストが大きい労働集約的産業であり，日本の高賃金・高所得は国際競争力を低下させる，円高につぐ外的要因であろう．さらには，政府の補助金政策によって左右される側面も存在する．OECDが発表したデータをみるかぎり，政府による漁業者への直接的・間接的支払額を漁業生産金額で割った日本の比率は，ノルウェー，米国，EUなどよりも低い．

世界の水産物輸出国としては中国・ノルウェー・タイ・アメリカが並ぶ(2007年，金額)．工業とは異なり自然条件に強く規定される漁業では，漁場条件が輸出競争力の第1の要因となる．遡河性(さっかせい，そかせい)の天然サケ・マスではこの傾向は明白であり，養殖サケ・マスにおいても，ノルウェーのフィヨルドの急深が養殖サケの成長に好適な条件を提供する．また，アメリカの最大の輸出産品はスケトウダラすり身であり，それが200海里体制下において，日本・韓国等の入漁国を排除するアメリカナイゼーションにより達成されたことはよく知られている．エビについても，養殖のみならず天然を含め，漁場の要因が大きい．

漁場に次いで，資本・労働力が重要であるが，漁業を外貨獲得源とする中国・タイなど多くの途上国が，加工業を含めて低賃金に依拠する．また，輸出国のうちでは高賃金となるノルウェーでは，生産・加工を通じて機械化がなされ，また陸上での外国人労働者の比率が高い．

B. 日本の経営課題

一方，日本漁業を検討すれば，前述したように沿岸・沖合漁獲物が漁場条件に恵まれていることは確かであるが，高賃金に加え動向は円高が続いている．このため，とくに漁獲漁業部門では，遠洋部門に基盤をおいていた大手資本はほぼ撤退し，200海里体制後，中小資本および漁家により担われている．

国際競争力を上げるためには，漁場条件，生産体制，加工流通販売体制など，すべての側面を見直すことが課題となる．

a. 新たな2つの方向性

日本の経営課題として，2点があげられる．1つめの課題は，直接的な価格競争(コスト競争)ではなく，世界で最大の水産物市場に依拠した非価格競争に活路を求めることである．ブランド戦略，安心安全面における品質向上に加えて，インターネット販売，朝市などの生産者直販といった，旧来の卸売市場機構を超えた積極的なマーケティング活動が期待される．2つめの課題としては，日本近海の漁場有利性を活かし，コストダウンをはかるための生産体制と流通の体制整備があげられる．資源管理体制についても，上記の販売戦略に寄与できる形となるよう，随時見直すことが重要である．

b. 経営改善にむけた新たな施策の展開

政府が主導する政策にも，生産と加工などを一括して改革する趣旨のものが存在する．たとえば，水産庁が官民連携で2007年度からはじめた「漁船漁業改革推進集中プロジェクト」では，将来にわたって水産物の安定供給を担う漁船漁業者に対して，漁業者および地域が一体となって漁獲から加工・販売に至る生産体制を改革して，収益性重視の経営への転換を促すものであり，この制度を活用したプロジェクトが各地で推進されている．

青森県八戸市では，網船，運搬船2隻，探索船1隻の計4隻体制で操業していた従来の大中型まき網漁船団が，探索機能付き運搬船1隻，運搬機能付き網船1隻の2隻体制にくみかえられ，乗組員の削減（52人から33人へ），燃油費の節約などコスト削減が実現された．また，沖合底引き網漁業では，省エネ・省人化を目的として漁船の小型化を図るとともに，これまで利用度の低かった水産物も積極的に水揚げして，地元加工場においてすり身原料として利活用していくことが検討されるなど，漁業と魚市場，加工業が連携して水産物の付加価値向上，販路拡大にとりくんでいる事例もある．地域の水産関連産業を巻き込んだ事業として展開していることがプロジェクトの特徴であり，水産業クラスター形成に発展し，水産地域の活性化に寄与していくことが期待される．

c. 経営改善にむけたさらなる展開

また，燃油使用量削減は，操業コストの削減だけでなく，温室効果ガスの排出削減も兼ねた対策となる．漁船漁業に適用可能な省エネルギー対策としては，① 操業の見直し（航行速度の抑制や積み荷の軽減），② 船体の改良，③ 機関部の改良（ハイブリッド電気推進システムの小型漁船への導入など），および ④ 漁具や漁撈機器の改良（高い強度を有する繊維を用いた漁網の軽量化，イカ釣り漁業やサンマ棒受け網漁業で用いられる集魚灯へのLED灯導入など）がある．これらの効果を検証し，技術を普及させることが課題となっている．

（小野　征一郎，田坂　行男）

7.1.6　金融に関する政策課題

A. 水産制度金融

漁業経営にあっても一般企業同様その経営にあたっては，漁船，漁具などの取得のためのまとまった資金が必要である．しかし，一般企業に比較して，漁業経営にあっては対象とする資源や海況の変動，魚価の動向など不確実な変動要因が多く，融資を受けるための信用力・担保力に劣る側面があるのが実情である．

このため，とくに民間資金では対応がむずかしい，長期かつ低利の資金供給を行うために設けられているのが水産制度金融であり，資金使途や貸付対象者等に応じて日本政策金融公庫資金（旧農林漁業金融公庫資金），漁業近代化資金，漁業経営改善促進資金，漁業経営維持安定資金等が設けられている．

B. 資金需要の縮小傾向

漁業も一部の沿岸漁業を除き他の産業同様，戦後の荒廃から再出発した産業であり，国民への動物性タンパク質の供給拡大を国是とし，政策的にも「沿岸から沖合へ，さらには沖合から遠洋へ」と一貫して外縁的拡大を図ってきた．このような背景から資金需要も年を追うごとに拡大し，漁業経営は資本の蓄積よりも，より大型でより能力の高い漁船へ，あるいは単船経営から複船経営へと投資がなされ，質的転換ではなく規模の拡大を招く傾向があった．

しかしながら，1977年以降いわゆる200海里時代を迎えると減船があいつぐ一方，日本の200海里のなかでも一部魚種において資源の減少が進み，漁業経営体数の減少が進行した．このような漁業経営体数の減少に並行し，資金需要は急激に縮小していくこととなる．

図7.1.6-1に1981～2006年の約25年間における主要な水産制度資金の貸付残高と漁業経営体数の推移を示した．漁業経営体数の減少に伴う資金需要の縮小は，現在まで続き，2006年の漁業経営体数は1981年の約半数まで減少したことに伴い，2006年の水産制度資金の貸付残高は1981の約1/5にまで減少している．

C. 他の漁業経営支援策

水産制度金融以外の漁業経営支援策としては，漁船の滅失・沈没・損傷等の不慮の事故により生じた損害を補てんし，漁業経営の安定に資するための漁船損害等補償制度（漁船保険）があり，水産庁では，漁船損害等補償制度の安

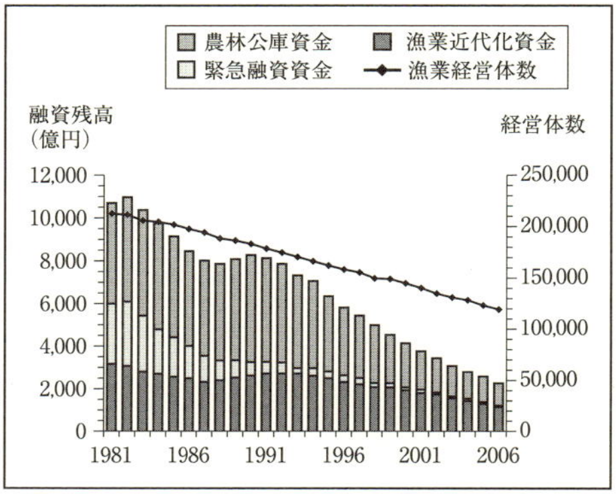

図 7.1.6-1　主要な制度資金の融資残高と漁業経営体数の推移
〔水産白書および水産庁資料を参照して作成〕

定化を図るため，漁船保険中央会，漁船保険組合が行う保険事業の再保険事業を行っている．

加えて，中小漁業者が営む漁業について，漁獲金額が不漁等によって減少した場合や養殖水産動植物の死亡，流失等による損失を補てんし，漁業再生産の阻害の防止および漁業経営の安定に資するため，漁業災害補償制度（漁業共済）がある．漁業災害補償制度は，保険対象や漁業種類等に応じて，4 種類に分けられている．すなわち，① 漁獲金額が不漁等により減少した場合の損失を補てんする「漁業共済」，② 養殖している魚類が死亡や流失した場合等の損害を補てんする「養殖共済」，③ ノリやワカメなどの特定の養殖業について生産金額が減少して生産数量が一定量に達しない場合の損失を補てんする「特定養殖共済」，④ 供用中の養殖施設または漁具の損壊等による損害を補てんする「漁業施設共済」の 4 種類である．

さらに，漁業収入安定対策事業（積立ぷらす）として，漁業者の収入が減少した場合に，国と漁業者が拠出した積立金によって補てんする事業も 2008 年から開始された．また，2011 年からは加入要件も緩和され，漁業共済の共済掛金の追加的な補助も拡充された．これは，計画的に資源管理や漁場改善にとりくむ漁業者を対象として，水産資源の管理・回復を図りつつ，漁業者の収入の安定等を図ることを目的しているとされる．

（富塚　叙）

7.1.7　生産者の就業者対策に関するもの

1950 ～ 1960 年代の就業者対策は，戦後の経済混乱期に大量に労働力が流入したことから，沿岸の漁業就業者の過剰就業が問題視された．このため，沖合や遠洋への漁場拡大によって，生産構造の近代化効率化を図るとともに，漁業就業者の他産業への流動化を促進する対策がとられた．

1970 年代から 1990 年代にかけては，漁業就業者が半減するとともに，高齢化のきざしがみえはじめた．その一方で，200 海里体制の定着やオイルショック，さらに資源の変動や魚価の低迷など，資源や漁場，経営など漁業をとりまく環境が悪化した．このため，就業者対策は，次代を担う若い新規就業者の確保対策と，減船による雇われ漁業就業者の転職対策が併存した．

このような状況下，新規就業者の確保対策は，漁業を魅力的な産業とすれば確保されるという前提のもとに，漁業所得の向上や労働環境の改善に向けて，公共事業による漁港整備や魚礁設置，低利融資による機械化や省力化の促進に重点がおかれた．

1990 年代以降になると，漁業就業者の減少と高齢化が顕著となったことから，新規就業者の確保を重要な政策的課題として今日に至る．具体的な対策としては，漁村の過疎化対策としての機能も合わせて，漁業と何ら関係をもたない都市住民の I ターン就業を促進するため，就業情報の提供や漁業研修機会が創設などの対策が行われている．

（大谷　誠）

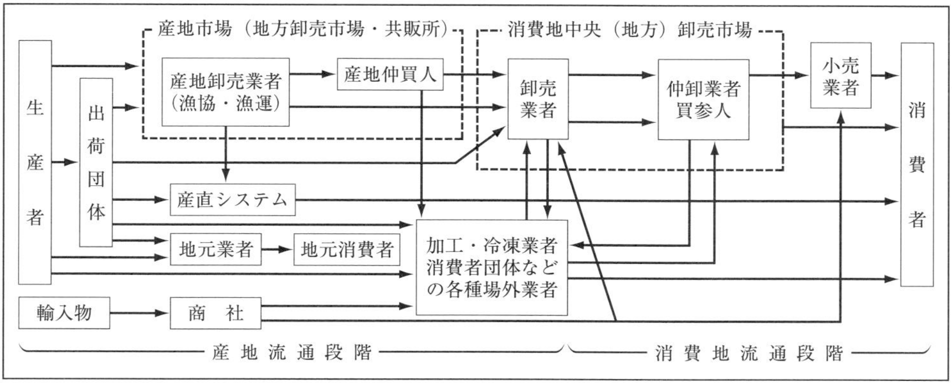

図 7.2.1-1　水産物のおもな流通経路

7.2 水産物の国内流通

7.2.1 総　　論

流通は生産と消費を結ぶ経済的活動の 1 分野であり，具体的には生産と消費との間に存在する人的隔たり，場所的隔たり，時間的隔たりなどを埋める経済活動である．生産者によって供給される生産物が流通によって初めて商品となるといってよい．

流通の具体的な機能としては，所有権の移転となる売買・決済（商的流通），輸送・保管（物的流通），情報伝達（情報流通）などの基本機能に，金融や危険負担といった補助的機能がある．

水産物の場合は，生産者から供給される商品が消費者に至るまでの流通機能は多くの経済主体（中間業者）によって担われる．水産物は鮮魚，冷凍，塩干などの多様な形として存在する（鮮魚のおもな流通経路は図 7.2.1-1）．まず生産者が産地市場の卸売業者（大抵は漁協組織）に生産物を委託し，卸売業者はそれを産地仲卸業者（産地仲買人）にセリ・入札で販売する．産地仲卸業者はせり落とした水産物を消費地卸売市場の卸売業者に委託し，卸売業者が消費地仲卸業者などを相手にセリ・入札などで販売する．そして消費地仲卸業者などは，仕入れた水産物を小規模商店や飲食店などに販売する．工業製品や青果物などの他の商品流通にくらべると，産地市場が存在するなどによって長く複雑な流通経路となっていること，産地市場や消費地市場などの多段階において価格形成が行われていることなどが特徴としてあげられる．産地市場や消費地卸売市場を経由する流通を市場流通といい，市場を経由しない流通を市場外流通という．

7.2.2 水産物の市場流通

A. 卸売市場の定義

市場流通は 1971 年に成立した卸売市場法によって整備された卸売市場を経由する流通形態であるので，制度流通ともよばれる．卸売市場法は，1923 年に制定された中央卸売市場法を改正したものであり，この法律によって卸売市場は大きく ① 中央卸売市場，② 地方卸売市場，そして ③ その他の市場の 3 種類に分けられている．

① 中央卸売市場は「都道府県，人口 20 万人以上の市，又はこれらが加入する一部事務組合若しくは広域連合が，農林水産大臣の認可を受けて開設する卸売市場」（卸売市場法第 2 条第 3 項）であり，② 地方卸売市場は「中央卸売市場以外であって，卸売場の面積が一定規模（政令規模：青果市場 330 m^2，水産 200 m^2（産地市場は 330 m^2），食肉 150 m^2，花き 200 m^2）以上のものについて，都道府県知事の許可を受けて

開設されるもの」(卸売市場法第2条第4項)とし，③その他の市場は上記中央卸売市場および地方卸売市場以外の卸売市場とされている．このように，とくに水産物流通においては，地方卸売市場としてはさらに消費地市場と産地市場の2種類に分けられて，それぞれの面積規定がなされている．水産物流通においては，多くの漁協が運営する荷捌き所がその他の市場として機能している．

このように，水産物流通の基本制度として位置づけられている卸売市場制度は，その開設区域，開設者，市場の種類などについて厳格な規定と許可条件が設けられ，それによって卸売市場の合理的配置と商圏をめぐる市場間競争を極力避けるねらいがみてとれる．

B. 卸売市場の機能

卸売市場の機能としては，品ぞろえ(商品開発)機能，集・分荷機能，物流・配送機能，価格形成機能，決済機能，情報発信機能などが期待されている．卸売市場のこのような流通機能を担うおもな経済主体としては，卸売業者，仲卸業者，売買参加者(買参人)などが制度設計されている．ただし，卸売市場流通の担い手は中央卸売市場と地方卸売市場とでは若干の違いがみられる．中央卸売市場の場合には，卸売業者(俗に「荷受け」ともいう)，仲卸業者(産地市場の場合には仲買人，買受人などともよばれている)，売買参加者，買出人，関連業者などの多様な経済主体が存在しているのに対して，多くの地方卸売市場には基本的には卸売業者と仲買人の2種類しか存在しない．産地仲買人にはさらに小売(店舗あり，店舗なし＝行商)，卸，出荷，加工などの諸業態があり，出荷仲買人が主要業態となっている産地市場が多い．

卸売市場法ではこのような流通主体に関しても厳格な資格規定を設け，それぞれの役割と機能を定めている．中央卸売市場を例にあげると，次のようになる．卸売業者は市場内において出荷者から集荷した物品を仲卸業者および売買参加者に卸売の業務を行う組織で，大臣の許可を必要とし，企業数は単数または少数複数(一般的には2社)としている．仲卸業者は開設者の許可を受け，卸売業者からの卸売物品を価格評価し，仕入れて仕分け調整して市場内の定められた店舗において販売することを業務としている．1市場に多数の仲卸業者が存在するが，その具体的な数は市場によって大きく異なっている．

売買参加者は大口需要をもつ小売業者，加工業者，給食業者や外食業者などの買出人のなかで，開設者の承認を受けて，仲卸業者とともに卸売業者から直接卸売りを受けることのできる者である．買出人は，仲卸業者が場内において開いた店舗から品物を仕入れるレストラン・ホテル・魚屋・スーパーなどの業務用需要家や小売業者などである．その資格については，とくに規定はない．関連業者は市場本来の業務を遂行するうえで必要と認められる補完的な業務を営むものである．

中央卸売市場では市場の開設者と卸売業者は別人格であり，開設者は施設を整備し，それを卸売業者や仲卸業者などの市場業者に貸与する．そして，原則として開設者となる地方公共団体は卸売市場法に基づいて，市場業者の日々の取引を監督する．

このように，中央卸売市場を典型とする日本の卸売市場流通制度においては，流通機能を具体的に担う流通主体に関して厳しい資格要件が規定され，企業が市場流通に自由に参加することは事実上許されてはいない．

C. 取引上の規制

また，卸売市場法では，市場での取引についてもさまざまな規制を課してきた．

たとえば，荷主と卸売業者との間に関しては，①委託集荷の原則(1971年の卸売市場法38条，以下同)＝買付集荷の禁止，②受託拒否の禁止(法36条)，③差別的取り扱いの禁止(法36条)などがあり，卸売業者と仲卸業者との関係に関しては，①セリ・入札販売の原則(法34条)＝相対販売の禁止，②自己計算による卸売の禁止(法38条)，③卸売業者による第三者販売の禁止(法37条)，④仲卸業者の直荷引きの禁止(法44条)などの原則が定められている．そして卸売業者に関しては，①全量即日上場(各市場業務条例)，②受託手数料以外の報償の収受の禁止（法41条）＝定率手数料の原則，③卸売の相手方としての買受けの禁止（法40条），④商物一致（法39条）＝市場外にある物品の卸売の禁止などの規制を課していた．

これらの規制は同時に日本の卸売市場制度を特徴づけてもいる．特徴の第1は，卸売市場は公的機関によって開設されて国民生活の安定に資する公共的役割が担わされる一方，その経済的機能は私企業によって担われる私企業的性格をあわせもっていることである．第2は，卸売業者が手数料商人であるのに対して，仲卸業者が差益商人として機能し，経済的性格が異なる私企業によって卸売市場流通機能が担われていることである．第3は少数の卸売業者は独自に需給調整ができないようになっていることである．需給調整の役割はもっぱら供給に関しては荷主となる出荷者が，需要に関しては仲卸業者がそれぞれ担うように仕組まれているのである．そして第4は，そのかわりに卸売業者は集荷・市場整備・取引の実施・信用供与などのサービスを提供することに徹し，仲卸業者は場内に限定した評価，小売分荷，配送などの役割に特化している．第5は不特定多数の供給者と不特定多数の需要者の存在が制度創設の基本認識となっている点である．

また，水産物流通において，消費地市場に加えて産地市場が存在し，一般商品よりもさらに多段階となっている理由としては，広範囲の沿岸地域から多様な商品を集めて規格ごとまた用途ごとに選別仕分けを行う必要がある点，腐敗性・非貯蔵性という水産物の商品特性のため迅速な商品処理が必要である点，産地で迅速に決算することで零細な漁家の経営安定化が図られる点などがあげられている．

水産物にかぎらず，商品流通における卸売業者の存在意義そのものについては，ホールの第一原理として知られる取引総数単純化の原理で説明されることがある．これは，生産者と消費者との間に展開される取引において，流通業者としての卸売業者が介在したほうが，社会的に取引回数が節約されることを説明している．

いま，仮に3名の生産者と4名の消費者が直接取引を行うとすると，その場合の総取引回数は3×4＝12回が必要となるが，もし卸売業者が取引を仲介すれば，取引の総回数は3＋4＝7回ですむことになり，経済全体としては12－7＝5回の取引数を節約することになる．したがって，取引に卸売業者が介在することによって，経済全体の取引効率が上がることがわかる．

7.2.3 近年における市場流通の変質

A. 市場外流通の拡大

これまでの水産物流通においては，市場流通（＝卸売市場機構流通）が主流をなしてきたが，近年ではその地位低下が著しく，水産物を市場に経由させないで取り引きする市場外流通が拡大しつつある．市場外流通のなかには，産地直送・直売（地産地消のための直売店・直販店・道の駅・海の駅など），インターネット販売，漁業生産者や漁協・漁連組織，輸入商社などの供給者およびスーパーや生協などの需要者が直接に取引を行うなどの流通形態（産直システム）があり，それらは「中抜き」やサプライチェーン・マネジメント（SCM）の動きなどとして捉えられることもある．

市場流通の地位を測る指標として，水産物の総流通量に占める市場流通の総取扱量の割合となる市場経由率がある．水産物の市場経由率は1989年の74.6％から2008年の58.4％へと低下の一途をたどっている．市場経由率の低下は，すなわち市場外流通の伸長を意味するものであり，水産物流通においては卸売市場の地位低下現象は否めない．

卸売市場流通の地位低下の原因としては，日本企業の海外進出，輸入水産物の急増，外食資本や流通資本による食市場への参入，食構造や小売構造の激変，食品産業の伸長，物流技術，POS（販売時点情報管理システム）・VAN（付加価値通信網），EOS（電子式補充発注システム）など情報技術の進展などがあげられる．

B. 問題打開の取り組みと法改正

卸売市場流通の地位低下を背景に，卸売市場流通にかかわる多くの経済主体は厳しい経営問題に直面するようになった．このような問題を打開し，卸売市場の競争力を高めるために，卸売業者や仲卸業者などの市場関係者はさまざまな努力を払い，その結果，先述のような卸売市場法によって定められた取引規制という建前と，現実の市場取引のとの間に大きな隔たりが生まれた．

たとえば，農林水産省『卸売市場データ集』によると，中央卸売市場における水産物のセリ・入札取引の割合は1992年時点ですでに34.0％となり，2009年時点では20.2％まで低下し，品目別でみると，2009年時点において鮮魚が33.5％，冷凍が13.9％，塩干・加工が4.5％となっている．また，同期間における受託集荷の割合は39.3％から26.0％へと下がり，品目別では2009年時点において鮮魚が42.2％，冷凍が10.0％，塩干・加工が3.4％となっている．さらに，中央卸売市場における水産物の第三者（その他）販売の割合は2007年時点において21.9％に達している．

このような建前と実態との隔たりを埋めるべく，また流通をとりまく環境条件の変化に柔軟に対応し，卸売市場の競争力を高めるために，これまで卸売市場法は数次にわたり改正されて，先に述べた市場取引をめぐる規制は大きく緩和されるようになった．たとえば，1999年および2004年の2回にわたる法改正によって，「公正・公開・効率」の原則が新たに確立されて，セリ・入札取引原則の廃止，商物一致原則の緩和，委託集荷規制の廃止・買付集荷の自由化，第三者販売・直荷引きの弾力化（省令対応），卸売手数料の弾力化（2009年4月より施行）などが図られた．このような法的改正によって，卸売市場流通は従来のような流通とは全く異なる姿をみせるようになっている．

（婁　小波）

7.2.4 水産物の価格形成

A. 水産経済における分析

人々の欲する商品（財ともいう）は，市場で高い価格がつけられる．その場合，生産者はその財をより多く生産するインセンティブをもつ．したがって，市場では人々の欲する財が多く生産され，あまり欲さない財の生産量は少なくなるという自動調節機能が働いている．

ある1つの財・サービスの市場に注目し，他の財・サービスの影響を考慮せずに価格や需給量の決定を分析する方法を部分均衡分析という．他方，すべての財・サービスの市場を同時に分析する方法を一般均衡分析という．水産経済の分析では，水産物の市場に焦点を当てるため，以下では部分均衡分析について解説する．

B. 部分均衡分析

ある財について価格とその価格における消費者の需要量の関係を表す曲線を需要曲線という．価格が低いほど消費者の購買意欲が高まるため，一般に需要曲線は右下がりになる．財の価格をP，需要量をQとしたとき，

$$-(\Delta Q/Q)/(\Delta P/P)$$

を需要の価格弾力性という．需要の価格弾力性が小さく需要曲線の勾配が急である場合，漁業者は魚がとれすぎた際に価格下落による収入減を需要増で補えないため，大漁貧乏に陥りやすい．

ある財の価格とその価格における生産者の供給量の関係を表す曲線を供給曲線という．価格が高いほど生産者は多く売りたいため，一般に供給曲線は右上がりとなる．財の価格をP，その財の1単位の生産にかかる費用（限界費用）をMCとすると，生産者は追加的1単位の生産から$P-\mathrm{MC}$の利潤を得る．生産者の利潤最大化行動を仮定すると，生産者は追加的1単位の生産から得られる利潤（$P-\mathrm{MC}$）が正であるかぎり生産量を増加させ，$P-\mathrm{MC}=0$となる生産量まで生産する．よって，利潤最大点においては生産者の供給する価格と限界費用は等しく（$P=\mathrm{MC}$），価格と生産量の関係を表す供給曲線と限界費用と生産量の関係を表す限界費用曲線は等しくなる．

図7.2.4-1は，右下がりの需要曲線と右上がりの供給曲線を示している．需要曲線と供給曲線の交点E*において，均衡価格P*と均衡数

量 Q*が決定する．実際の価格が均衡価格 P*を上回ると，生産者の供給量が消費者の需要量を上回り超過供給が発生する．これは市場に財が余っていることを意味するので財の価格は下落する．実際の価格が均衡価格 P*を下回ると，消費者の需要量が生産者の供給量を上回り超過需要が発生する．これは市場に財が不足していることを意味するので財の価格は上昇する．そのため，市場の価格と数量は，均衡価格 P*と均衡数量 Q*に収束する．このように価格が変化することで市場が調整されることをワルラス的調整という．他方，数量が変化することで市場が調整されることをマーシャル的調整という．

ただし，以上のような議論は，市場が完全競争状態にあることを前提としている．完全競争状態の市場が形成されるためには，商品が同質的であること，信頼できる情報が簡単に瞬時に得られること，多数の売り手や多数の買い手が存在し，それぞれがプライス・テイカーとして行動していることなどが必要とされている．

しかしながら，実際の経済においては完全競争状態の市場が成立しないこともむしろ多い．たとえば，鉄道運賃などに代表されるように，価格水準を行政などの公的機関が認可するなどして価格統制を行っている場合や，独占企業や寡占企業が自らを有利とする価格水準を設定している場合，正しい情報が得られない場合などの場合に，そのような状況となる．

そのなかにおいて，水産物は多数の零細な生産者と零細な需要者を前提に，セリ・入札取引が基本である卸売市場機構流通が中心となっているために，競争価格が形成される品目として認識されている．

「大漁貧乏」という言葉に象徴されるように，水産物は大量に漁獲され水揚げされると，市場価格は一気に低下し，その結果漁業経営が赤字となるケースが歴史的事実として存在する．漁が少ないときには価格が上昇するというのが，この大漁貧乏の逆の状況であるが，それはある意味では水産物の価格は完全競争のもとで需給バランスも敏感に反映して形成されることを物語っている．

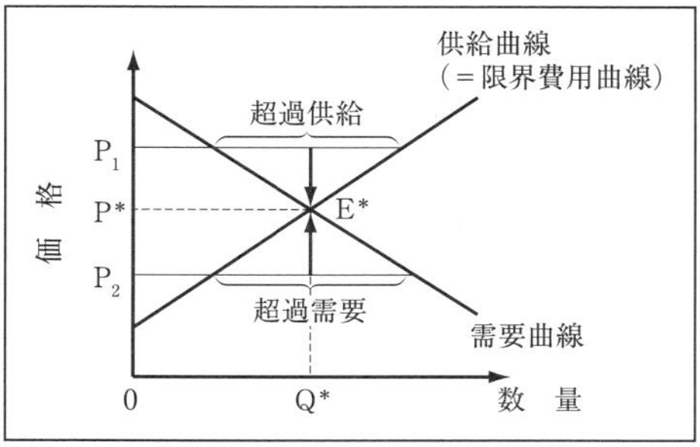

図 7.2.4-1　需給均衡の分析

C. 水産物における価格形成と問題点

a. 5 段階の価格形成

市場流通を念頭においてみれば，水産物では基本的には 5 つの段階において価格形成が行われている．すなわち，① 漁業者手取価格，② 産地市場価格，③ 消費地中央卸売市場価格，④ 仲買人店頭価格，⑤ 小売価格（または飲食店頭価格）の 5 つである．漁業者手取価格とは産地市場価格から卸売業者（その多くは漁協が担当）の手数料ならびに必要な諸経費を差し引いた値段である．産地市場価格は，理論的には当該産地市場においてセリ・入札の形で調整される需給均衡点で決定されるが，その水準は出荷先となる消費地中央卸売市場の取引状況に規定される．消費地中央卸売市場価格も理論的にはセリ・入札・相対などの取引方法で需要と供給が調整され，それらが一致する均衡点で形成される．

b. 問題点とその背景

しかし，今日水産物価格形成においていくつかの変化が生じている．たとえば，一部の魚種において産地市場価格と消費地市場価格の格差が広がっていること，産地市場においては供給量の減少に見合った価格上昇がみられなくなり価格形成の上方硬直現象がみられること，小売価格と生産者手取価格との価格格差が大きく，生産者手取価格が低迷していることなどがあげられる．農林水産省の調査によると，2005 年時点において生鮮水産物に対する消費者の支払価格（＝小売価格）を 100 とした場合に，生産者の手取価格はわずか24に過ぎず，農産物の44にくらべてもはるかに低い水準となっている．

このような変化が生じた背景の1つには輸入水産物の増加があげられる．円高を背景とする購買力の上昇や開発輸入・代替輸入の進行などを背景に1980年代以降輸入水産物は急増し，それが国内水産物の需給関係に大きく影響を及ぼしている．

さらに小売構造の変化を背景として，市場で力を有する経済主体が変化したこともあげられる．水産物流通においては，かつては産地問屋が，また1980年代までには中央卸売市場の有力卸売業者が相場をつくるなどの力を有していたが，1990年代以降になるとスーパーなどの量販店や外食チェーンなどの大口需要家の力が増した．その結果スーパーは，自身の業務を効率的･合理的に展開するうえで重要視する定量･定質（定型）・定時・定価という「四定条件」を流通チャネルの各経済主体に求めるようになった．そのなかでもとくに「定価」要求が，事実的に「低価」となって，それが「瓶のふた」的な役割を演じて，水産物の価格形成に大きな影響を及ぼすようになったとされる．

そして3つ目に，飽食社会を迎え，過剰ともいえる水産物輸入を続けている今日的な市場条件のもとで，なおかつ「プッシュ型」流通を基本性格とする水産物市場流通それ自体の抱える構造的問題があげられる．取引方法なども含めた市場流通の見直しを含めて対応を考えることが重要である．

（大石　太郎）

7.2.5 産地市場の再編統合

水産物産地市場の機能強化を推進し，水産物流通コストの削減を図るとともに，多様化・高度化する需要者のニーズに的確に対応するためには，産地市場を再編・統合し，経営の強化を図ることが重要と認識されている．

実際，水産庁は2001年3月に「水産物産地市場の統廃合及び経営合理化に関する方針（水産庁長官通知）」を発出し，これを受けて都道府県は産地市場再編整備計画を定めた．これによると，2001年時点で全国917あった産地市場が2010年までにおおむね763に統合されたことになっている．

これまでに再編・統合した事例では，複数の市場を，国道へのアクセスの良い漁港内に1本化し，漁港も周辺漁港で水揚げされる水産物の集中化に対応できるよう陸揚岸壁や荷捌き所，清浄海水導入施設等の整備を進めた結果，市場の取扱量が統合前の年間取扱量の合計の2倍以上となったとする報告も存在する．これは，従来の集荷地域以外からも水産物が搬入され，単位重量あたりの輸送コストが低減されるとして仲買人の新規参入もあいつぎ，出荷範囲ではなかったエリアにも新規に搬出されるようになったためとみられている．

産地市場の再編・統合にあたって，対象漁業種類・魚種等を考慮した集荷圏を設定することのほか，交通事情が良好な場所に配置すること，水揚げ地点から産地市場までの距離を陸送（片道）でおおむね40 km（自動車で約1時間）以内を目安とすること，統合市場間の連携および役割分担について考慮することなども重要である点が指摘されている．

また，高速道路の延伸と物流システムの高度化を背景として，漁獲物の多くは遠隔消費地へ搬出されるのが一般的となっているが，後述する地球温暖化対策の視点に立てば，トラック輸送による域外搬出比率をどこまで抑えられるかは重要な課題となる．国は，国内一次産業の振興対策の一環として「地産池消」視点を強化する姿勢を有しており，水産業においても実現可能なビジネスモデルの検討がはじまっている．

（横山　　純）

7.2.6 衛生管理体制の強化

A. 安全・安心な水産物提供への課題

流通拠点としての産地市場の機能を再編・統合する課題と同時に，安全・安心な水産物を提供できるよう衛生管理体制のいっそうの強化も重要な課題となっている．

近年，食肉における狂牛病（BSE）の発生や産地表示偽装，食品への異物混入等，食をめぐる問題が世界的規模で勃発し，消費者の安全・安心に対する要請は非常に強い．とくにわが国では，魚介類を加熱処理しないで食べる食習慣があり，水産物の鮮度管理はもちろん，生鮮物の微生物繁殖防止に注意をはらう必要がある．

1997年，国連食糧農業機関（FAO）と世界保健機関（WHO）の合同機関であるFAO/WHO国際食品規格委員会（コーデックス（Codex）委員会）において「食品衛生の一般原則」が採択され，生産物，工程などの個別衛生規範とともにその付属文書として「HACCP（Hazard Analysis and Critical Control Point）システムおよび適応のためのガイドライン」が示された．このことを受けて現在では，食品の衛生管理方法としてHACCP方式が世界のスタンダードになりつつある（HACCPについては7.3.6）．加えて，PL法（製造物責任法）の施行に伴い製造者責任の明確化が求められるようになり，食品分野では食料の一次生産から連続して食品の安全性を確保する必要が生じている．水産物流通のうち，加工場から消費地市場，量販店に至る工程では，自治体において営業許可を与えるための基準を設定してきた経緯から，HACCP対応に向けた施設の改善等が進んできているが，漁獲から加工に至る工程ではこうした基準がなく，生産地ごとの施設管理者の自主的な取り組みにとどまっている．

B. 政府の取り組み

政府は，2007年度水産基本計画や漁港漁場整備長期計画を改正し対策の必要性を明確にするとともに，2008年度には漁港を水産物の生産から陸揚げ，流通・加工までの一貫した供給システムの基盤との認識の下，具体的な整備・管理基準である「漁港における衛生管理基準について（水産庁漁港漁場整備部長通知）」を策定し，対策の徹底化を図っている．

このうち，漁港漁場整備法に基づき農林水産大臣が定めた漁港漁場整備長期計画について詳説すると，2007～2011年度における5年間の重点整備目標の1つに，「水産物の生産から陸揚げ，流通・加工までの一貫した供給システムの構築に当たり，生産コストの縮減や鮮度保持対策，衛生管理対策に重点的に取り組むことにより，国際競争力の強化と消費者に信頼される産地づくりの実現を図る」ことが規定されている．目指すべきおもな成果として，「水産物の流通拠点となる漁港で取り扱われる水産物のうち，漁港漁場整備事業を通じた高度な衛生管理対策の下で出荷される水産物の割合を，23％（2004年度）から概ね50％に向上させる」こともあわせて規定されている（2012年度を初年度として計画期間を5年間とする新たな長期計画が策定されており，目標値が概ね70％になっている）．

また，漁港漁場整備長期計画を受けて，2008年6月には漁港の衛生・管理基準が定められている．同基準では，衛生管理体制の向上を図る際の目安として，レベル1～3の3段階での基準が示されている．レベル1は，漁港で混入する可能性のある危害要因について，食中毒菌の混入を防止するために必要と考えられるすべての項目で必要最低限の措置が講じられていると判断される漁港基準，レベル2は同項目において現時点で食中毒菌の混入のないことが確認され，かつ効果の持続化が期待されると判断される漁港基準，レベル3はレベル1・2を満足したうえで衛生管理に対する総合的管理体制が確立されていると判断される漁港基準とされている．この基準で評価される項目は，**表7.2.6-1**に示すとおり，「水環境（水・氷の供給，排水処理）」，「水産物の品質管理」，「作業環境（施設配置，陸揚げから出荷エリア）」となっている．

C. 食品事業者の取り組み

消費者の「食」への信頼向上に努めるため，近年，これまでのような行政主導の取り組みではなく，食品事業者自らが創意工夫や経営発展をいかしてとりくんでいこうとする動き（フード・コミュニケーション・プロジェクト（FCP））が出はじめている．これは，食品事業者（食品製造業者・食品卸売業者・食品小売業者），食品事業者と関係をもつパートナー，消費者が，

表 7.2.6-1　漁港における衛生管理基準

視　点	区　分	衛生管理評価項目
水環境	泊地環境	泊地環境の保全・排水の適正処理
	水の供給	良好な作業環境確保のための洗浄水利用 設備・器具等への適正な洗浄水利用 魚介類への適正な海水利用
	氷の供給	清潔な氷の供給
水産物の品質管理	温度管理等	温度管理 時間管理・損傷防止
作業環境	陸揚げ・荷捌き	廃棄物等の適正処理 防風防雨防塵対策 鳥獣等侵入防止対策 車両の進入対策 陸揚げ・荷捌き環境の清潔保持
	積込・搬出	積込・搬出環境の清潔保持 運搬車両の清潔保持
	関係者の清潔保持	人の管理 便所等の管理

「消費者コミュニケーション」,「サプライチェーンマネージメント」,「衛生管理」の観点から協働で実現化を図っていこうとするものである．すなわち，食品事業者が行う信頼向上のための取り組みを消費者に正しく伝えるようにすることで，消費者の声が食品事業者のいっそうの取り組みの充実につながり，食品事業者への信頼が高まるという，好循環の実現を期待するものである．2008 年度から進められており，2012 年 3 月現在 1,240 の企業・団体が参加，今後の活動が注目されている．

また，消費者に生産物の品質等に関する情報を積極的に発信できるよう，トレーサビリティシステムの活用を図るための設備を整えようとする動きも出ている．ただし，トレーサビリティシステムの導入は，2011 年の現時点においても，いずれの漁港とも試行的な段階である．多くは出荷時に 2 次元コードを添付することで，生産地情報を消費者に確認してもらえる体制をとっており，産地偽装などの対策に効果を得ている．

しかし，こうした取り組みが出荷量の増大や付加価値向上につながっているとは必ずしもいえず，今後は流通経路情報や流通の各段階での衛生管理情報を提供できるよう工夫していくことが求められている．

（田坂　行男，横山　　純）

7.2.7　価格政策

ノルウェーや EU などでは，政府が法律などを定めて，水産物の産地価格の最低水準（最低価格制度）を設定しているが，日本の場合は，水産物価格は市場にゆだねられている部分が大きく，政府が水産物の価格政策を展開する余地はきわめて限られている．

日本の場合，水産物において価格政策らしい政策は魚価安定基金によって展開される「水産物需給調整保管事業」程度である．この事業は，ある漁獲物の集中的な水揚げによる産地価格の低落を防ぐために，事業実施団体となる漁業協同組合などの関連団体が一時的に当該漁獲物の一部を買い取って保管し，市況が回復した時点で市場に再放出する市場隔離政策を実施するのに際して，必要な買取資金や保管経費などを助成し，さらに事業が赤字になった場合には無利子融資などの助成を行う制度である．

しかし 2006 年度の制度改革までは，これらの制度は制度設計された当初の事業実施団体および事業対象品目がごく限られたものとなっており，さまざまな条件制約によってその効果は限定的であった．2006 年以降，事業対象品目や事業実施団体などの事業内容の充実が図られ，「安定供給契約型」調整保管事業などが新たに導入されるなどしており，事業のさらなる効果の発揮が期待される．

（婁　　小波）

7.2.8　エコラベル

水産エコラベル制度とは，水産物における生産時の環境影響，とくに水産資源管理や生態系保全に関する情報を表示するものである．具体的には，環境破壊を防止しつつ，漁業資源を適切に管理保全して漁獲された水産製品にエコマークのようなラベルを添付し，消費者に情報提供を行うしくみをさす．

環境保全に関心を有する消費者が，ラベル付きの製品を選択的に購入することで，環境負荷が少ない漁業で生産された製品が選択的に消費されて市場で生き残る一方，管理不十分で過剰漁獲などに陥っている漁業は市場から退出させられる，という効果をねらったものといえる．

この制度の先駆けとなったのは，1997年に設立されたMarine Stewardship Council（MSC）である．MSCによるエコラベル製品は，2000年から流通が開始され，日本でも2006年以降，大手の流通小売業がMSCの流通加工認証を取得し，MSC製品の国内流通を開始した．また生産者としては，2008年以降，漁業管理認証を取得した例が何件か存在する．

日本独自の水産エコラベル制度であるマリン・エコラベル・ジャパン（Marine Eco-Label Japan：MEL）も2007年に設立された．この枠組みのもとでも，2008年以降，複数の国内生産者グループが認証を得ている．この制度も，その設立目的は，水産資源の持続的利用や生態系の保全を図るための資源管理活動を積極的に行っている漁業を支援し，かつ消費者をはじめとする関係者による，水産資源の持続的利用や海洋生態系保全活動への積極的参加を促進することを目的とするとされている．

エコラベルは，政府主導の強制的なものではなく，民間団体が主導するボランタリーな枠組みである．そのため，いろいろな基準が乱立するおそれがあり，また環境保全の基準や目的について一貫性がない多数のラベルが市場に氾濫すれば，消費者の混乱を招き，当初意図していた効果が得られないおそれもある．このような問題から，FAOは，水産物エコラベルに関する統一的なガイドラインを策定し，認定・認証の基準や手続きなどを標準化した．FAOによる水産物エコラベルガイドライン策定の議論は，1997年から開始され，2005年3月のFAO水産委員会において「海洋漁獲漁業からの魚及び水産製品のエコラベリングのためのガイドライン」が採択された．ガイドラインは，民間団体などが行う任意のエコラベル付与に関し，①漁業管理の状況，②漁獲対象資源系群の状況，③漁業が生態系に及ぼす影響，の3つの側面を考慮し付与を決定することとされている．また，認証を第三者機関が行うことも重要な要件となっている．先述したMSCとMELでは，自己の認証制度は国際ガイドラインに準拠しているとしている．

なお，エコラベルは，消費者が支払ったプレミアが，流通段階で吸収されずに保全活動を行う漁業者まで届くことが重要であるが，これについてはまだ不明な部分が多いため，エコラベル制度が資源の保全につながるのかは不明な部分も存在する．今後，エコラベルを機能させる流通構造は何か，また情報を消費者に的確に提供するために流通はどうあるべきかなどについて，議論を重ねていく必要がある．

（八木　信行）

7.3 水産物加工

7.3.1 総　論

水産加工業は，漁業活動からもたらされる原料を利用した製造業であり，全国の水揚げ地域に集積する業態である．このため，技術や市場など地域に蓄積された経営資源は，前浜における漁業生産物を中心に成立してきた．しかし，漁獲の不安定化などにより，輸入原料を使用するケースも増えるなど，水揚げ地域の漁業動向に制約されない操業形態も形づくられるようになった．

たとえば，大規模水産加工産地である青森県八戸や千葉県銚子などでは，しめさばや塩蔵サバを製造する際に，日本におけるサバ資源の減少期には輸入サバを積極的に利用するなどしていた．しかし，近年，輸入サバ価格が高騰し，一方で国内のサバ資源の回復が進むなか，国産サバへの転換が迫られた．ただし，品質の違い

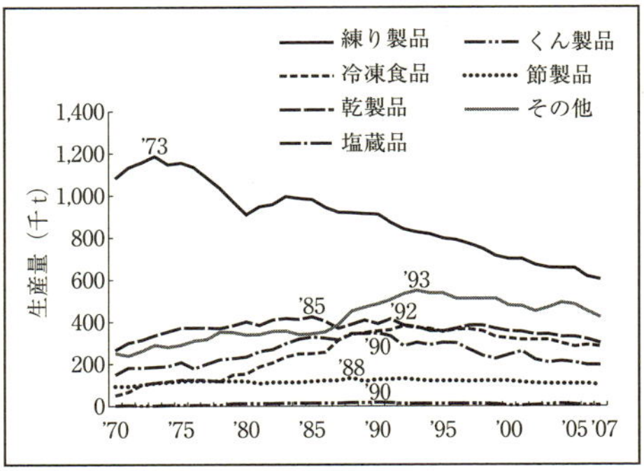

図 7.3.2-1　水産加工品の生産動向
図中の年次は各品目の生産量がピークの年を示したもの.
〔水産物流通統計年報（1970～2007）を参照して作成〕

や転換コスト，輸出拡大による国産原料の高騰から, 業績の向上には至っていない状況がある.

一方で，大規模水産加工産地とは異なり，地域特有の資源を利用した水産加工業の動向は地域毎の多様性をみせている．たとえば, 相模湾, 駿河湾，遠州灘に点在するシラス加工などは, その原料の全量を当地で水揚げされる漁獲物に依存する水産加工業である．漁獲されたシラスは即日加工され，量販店や道路沿いの店舗など地域内で販売されるもので，地域内需要と密接に関連し原料も当地に依存し完結する水産加工業となっている.

水産加工製品は種類も多く，原材料も多様なものを使用している．それぞれの状況をよく確認したうえで，議論を行うことが重要である.

（廣田　将仁）

7.3.2　水産加工品の生産・消費動向

水産物加工製品のおもなものは，かまぼこやちくわに代表される練り製品である．練り製品は，1973 年の約 120 万 t をピークとして以後減少が進み，2007 年には約 60 万 t となっている．一方，練り製品を除く水産加工品は，1990 年前後まで増加傾向で推移してきたが，その後あいついで減少傾向に転じている．その結果, 水産加工品全体の生産量も，1990 年頃までは

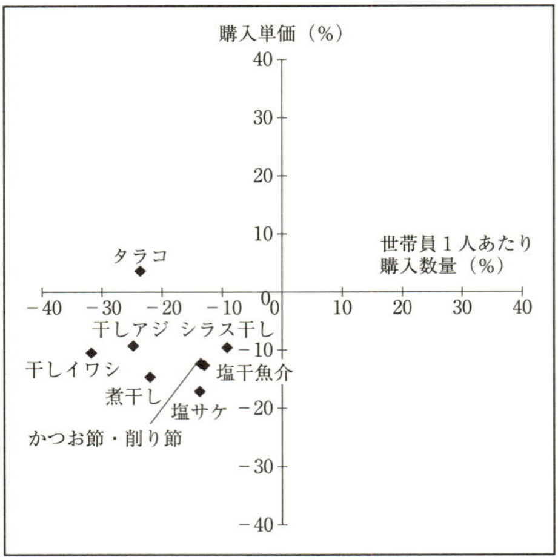

図 7.3.2-2　家計における水産加工品の購買動向（2007 年/1997 年）
〔家計調査年報（1997，2007）を参照して作成〕

増加傾向であったが，それ以降減少傾向となっている（図 7.3.2-1）．なお『工業統計表』によると，2006 年の水産加工業の生産金額は 3 兆 1,313 億円で，ピーク時（1992 年）の 4 兆 4,820 億円よりも 1 兆 3,500 億円（30%）減少している．また，2006 年の水産加工業の生産金額は, 同年の食品製造業の生産金額 22 兆 6,732 億円の 14%を占めている.

図 7.3.2-2 は，家計における 2007 年の水産加工品の購買動向を 10 年前の 1997 年と比較したものである．同図に示されるように，同統計にとりあげられた水産加工品の多くは，この 10 年間に世帯員 1 人あたり購入数量と購入単価がともに減少しており，多くの品目で需要の減退傾向が進んでいることがわかる．そしてこのことが，近年水産加工品の生産量が減少していることのおもな原因とみられる.

（三木　克弘）

7.3.3　水産加工業の経営動向

水産加工業における経営指標（TKC 経営指標）に基づき，2002 年度と 2007 年度を比較すると，収益性指標としての売上高対経常利益率

では，冷凍水産食品製造業，水産練製品製造業でそれぞれ2.3%から1.8%，3.2%から1.8%へと下落し，その他水産食料品製造業でも1.9%から1.7%へわずかに下落，主要業種を中心に全体として低落傾向にある．また，1人あたり人件費をみると冷凍水産食品製造業と水産練製品製造業でそれぞれ274千円から245千円，312千円から292千円へと下落がみられた．その他水産食料品製造業でも，266千円から258千円と低下し，主要業種を中心に全体的に低い水準に向かう傾向がある．すなわち水産加工業では，利益率が低下し人件費水準も下降していくという，会社にとっても従業員にとっても厳しい状況があるといえる．

このような人件費の縮減に反して主原料など材料費の構成比上昇もまた水産加工業経営にかかわる課題となっている．材料費比率は，冷凍水産食品製造業，水産練製品製造業でそれぞれ40.5%から41.9%，33.3%から40.0%へとともに上昇しており，その他水産食料品製造業では46.1%から45.4%にわずかに下降するものの，主要業種ではとくに原材料比率の上昇がみられる．近年では，輸入原料の高騰や国内漁獲の不安定化など原料調達にかかわる環境は厳しくなってきており，経営に及ぼす影響は非常に大きなものとなってきた．

今日の水産加工業の経営動向を経営指標からみたとき，その状況は全体的に収益性が低下する方向にあり，人件費の縮減など厳しい条件を伴いながら，現状をしのごうとしている姿が想定される．加えて原材料費の比率を上昇せざるをえないなど，原料調達環境も不安定化しているという状況にある．

7.3.4 原材料事情の動向と影響

水産加工原料については，とくに近年，海外における水産物消費の高まりにより国際市場での水産物価格の上昇や，国産水産物輸出の急伸など，国内水産加工業の原料コストの高騰が存在する．

国産原料を軸としつつ資源減少期を境に輸入原料使用を定着させたサバ加工では，漁獲量の削減や買い付け競合によりノルウェー産輸入原料が高騰し，また中国やアフリカに対する輸出の拡大により国産サバ価格の高騰にもみまわれた．幸いにして資源が回復基調にあることや，2008年以降の円高により海外輸出が減速したことから，国産原料への回帰を図りながら経営を維持している状況がある．

また，サケ・マス加工の原料であるチリ産ギンザケやトラウトは，2002年頃から価格が上昇したが2007年を境に価格下落に転じており，為替相場や製品市況などの影響を受けながらも主要素材として定着している．その一方，国産秋サケは海外への輸出が顕著となり，2003年以降，一貫して価格は上昇したが，国内加工は海外輸出を前提とした凍結加工であるため好調であった．ただし，円高の進行と世界不況の影響で2008年以降は輸出が鈍化し，またこの年度は不漁であったため業績は再び不安定となった．

練り製品の主原料である北米産スケソウダラ冷凍すり身は，近年，欧米市場におけるタラ類需要が活発化した影響から，国際相場が一貫して上昇してきたため，国内練製品メーカーの主原料コストは著しく上昇した．その一方，国内の製品価格は低下する傾向にあるため原料高・製品安に悩まされる状況である．北米産冷凍すり身に代替するものとしてイトヨリなど南方系冷凍すり身などの使用拡大を図るが，世界的な水産物需要の高まりにより，この先行きも懸念されている．

他方，近年加工生産額の上昇が著しい乾燥ナマコや干しアワビの原料価格の上昇も，また顕著である．これらはおもに中国での消費を前提とした製品価格の上昇と，これに原料価格が牽引されたものである．乾燥ナマコでは，価格が従来の2倍を超えるところも多く，国内の切ナマコ加工などにおいて原料調達が困難になった．またアワビでは，国内需要に対応した鮮鮑業者が価格上昇著しい干しアワビ加工へと転換する例があいついだが，2008年の世界同時不況などを契機として干しアワビ製品在庫が滞留し，原料である国産アワビの浜相場が大幅に下

7

落するなど漁業生産にまで大きな影響を及ぼした．

加工原料は，国内市況よりも国際商品市場の動向に大きく影響されるようになり，あわせて国内の漁業生産にまで影響を及ぼしている．

7.3.5 水産加工業における商品化プロセス

水産加工業における販売・流通は，かつては卸売市場等を通して行われるものが多かったが，近年は食品専門問屋の営業窓口や帳合を通しながら，加工業者が直接納入するケースも増えている．

とくに食品偽装や衛生問題が社会的に注目を集めるなか，量販店との取引条件において製造過程の衛生水準が厳しく問われるようになり，量販店との取引を契機として工場の衛生管理工程と設備を整備するものがあいついだ．ここでは，HACCPのような第三者の認定基準を選択するというよりも取り引きする量販店の独自基準に従うことが多い．量販店との取引業者はこれにより峻別されることもあり，衛生管理に多大な設備投資を費やし販売量を確保した業者と，従来のように卸売市場に販売をゆだねる小規模業者に二分化する傾向にある．この傾向は，大規模産地のみならず地域の水産加工集積においても顕著である．

一般的に新製品などの商品化において，多くの小規模水産加工業者では独自の開発製品を市場に投入する機会は少なく，大手流通業者の提示する企画に従うケースなどがある．しかし近年，各地の中核的な水産加工業者を中心に，積極的な新商品開発が独自に試みられるケースもまた多くみられるようになった．とくに衛生管理工程を整備し，量販店との取引関係を築いてきた水産加工業者にみられるが，従来のように製造領域に人員配分を傾斜した経営組織を改め，営業や企画，衛生管理，製造の各セクションにおける担当者間の情報交流・共有を推進し，消費者目線を重視した商品開発体制をとろうとするケースもあらわれている．市場性のある新商品の提案力を強めることにより，量販店との取引を有利に進めようとするなど，食品製造企業として独自の基盤を確立しようと模索する動きがより顕著になってきた．

（廣田　将仁）

7.3.6 水産加工場等の衛生管理

1995年の食品衛生法の改正に伴い，HACCPの承認制度（任意制度）が導入され，さらに1998年に食品の製造過程の管理の高度化に関する臨時措置法が制定され，食品の衛生管理システムの国際標準であるHACCPの導入が促進されることとなった．食品衛生法上は，水産物では魚肉練り製品が承認対象の食品と規定されている．

同制度は，国内では任意制度であるが，米国およびEUでは，それぞれ義務化された基準があるため，輸出向け加工品をとりあつかう製造業者等は，基準を遵守することが必要となっている．HCCAPは，① 危害分析の実施，② Critical Control Point（CCP）の決定，③ 管理基準の設定，④ CCPのモニタリング，⑤ 検証作業，⑥ 記録の実施，⑦ 修正の実施の7つの原則から成立している．水産加工場では，① の危害分析においてとりあつかう水産品に応じて検討が必要となる．すなわち，生物的危害として，① 鳥類などの糞から漁獲物へ付着するサルモネラ菌，② 海中に常在しており港内環境の悪化等により増殖する腸炎ビブリオ菌，③ 魚類の消化官，甲殻類・貝類の内臓等に存在するボツリヌス菌などの菌類の汚染が問題となる．また，化学的危害として，① フグがもつ強力な毒素のテトロドトキシン，② サバに代表されるヒスタミン中毒（アレルギー様食中毒）などの魚類特有の毒について事前の危害分析が不可欠である．さらには，建屋・機材などから発生する物理的危害の検討も必要となる．

漁港においても，2008年度に水産庁から「漁港の衛生管理基準について」が発出され，荷捌き所の衛生管理にかかる取り組みが開始されたところである．

（浅川　典敬）

7.3.7 水産系廃棄物のリサイクルおよび省エネルギー対策

水産系廃棄物の有効活用は，循環型社会構築に資する施策としても重要である．廃棄物の全容を正確に把握することは困難であるが，2005年度水産庁が全国関係市町村に行ったアンケート調査の結果から概要を把握することができる．主として漁港と水産加工場から発生する水産系廃棄物の総量は，約65万tであり，加工場から出る残滓とホタテ・カキの殻で全体の約8割を占めている．ホタテ・カキは，産地が偏在しており，廃棄物もこれらの地域に集中している．また，そのリサイクルは全体で約85%と比較的進んでおり，加工残滓・カキ殻などは9割以上のリサイクル率となっている．また，その利用方法は，大別して，① 肥料による緑農地利用，② バイオ燃料等のエネルギー利用，③ 埋立材等の建設資材利用，④ その他利用（健康食品など）となる．

水産系廃棄物の活用を図る際の課題は，① 含水率が高く，容易に分解する有機物を多く含むこと，② 資源の季節変動性が大きいこと，③ 資源の偏在性により収集コストがかさむこと，④ エネルギー利用の場合，化石燃料と比較して経済性が不利なことなどとなっている．

また，省エネルギー対策では，水産庁が水産分野における温室効果ガス排出量推計を行うとともに，温室効果ガス削減に向けたさまざまな検討を行っている．水産加工に関係する現場では，「コンブ・ワカメ・ノリの製品製造工程」，「トラックによる運搬工程」，「水産加工業等から排出される魚アラの処理工程」など多様な場所で取り組みが求められており，各工程の技術特性に着目しつつ排出量削減の可能性把握と削減に向けてとりくむことが課題となっている．

（浅川　典敬，田坂　行男）

7.4 水産物消費

7.4.1 世界の水産物消費

世界人口は急激に増加しており，2050年には91億人と現在の約1.5倍に達すると推定されている．このなかで世界的に1人あたりの水産物需要が増加していることから，世界の水産物に対する需要はさらに高まると予測される．

世界の水産物需要市場が拡大する背後要因としては，発展途上国における人口の増加，物流インフラや情報技術の進展などを背景とする需要人口の拡大，経済発展による所得の向上に伴う動物性タンパク質の需要増加，アメリカやEUなどにおいてみられるBSEや鳥インフルエンザ問題などを背景とする安全・安心志向の高まり，さらには健康・ヘルシー志向などを背景とする世界的な和食ブームなどによる魚食文化の世界的な定着などをあげることができる．たとえば，中国では，経済発展に伴って沿海部を中心に高級食材である海産魚需要が増えていることや，農村部においてもこれまで以上に淡水養殖魚を摂取するようになっていることから，世界の水産物消費量は増え続けている．

（田坂　行男，婁　小波）

7.4.2 日本の消費状況

日本は世界で屈指の水産物消費市場であり，世界の人口100万人以上の国のなかで，日本ほど多種類の水産物を多量に摂取する国民はいない．現在でも動物性タンパク質のほぼ4割を，水産物が供給している．このような食生活は，日本が南北に細長く，寒流と暖流が交錯し，日本近海が世界でも屈指の優良漁場であることから，自然的・歴史的に形成されてきた．

A. 日本人の年間水産物平均消費量

日本における1人あたりの年間水産物平均消費量は，1962年に50 kgを超えてから1970年代半ばまで急上昇をみせ，その後横ばいとなったものの，1980年代に入ると再び増加基調で推移し，1988年には最高の72.1 kg（粗食料ベース，純食料ベースでは37.2 kg）に達する．しかし，その後バブル崩壊とともに消費量は減少傾向に転じ，2007年には56.9 kgまで落ち込み，1967年の水準に逆戻りしている．近年では，水産物消費量の減少が各年代において確認されているが，なかでもとくに若年層での減少が著しく，また高齢者による「加齢効果」（年齢の増加とともに消費量も相対的に増加すること）もあって，減退しつつあると指摘されている．

購入される水産物の上位5品目の構成をみると，1965年には上位からアジ，イカ，サバ，カレイ，マグロの順となっているのに対して，2009年にはサケ，イカ，マグロ，サンマ，ブリの順となっている．近年では，サケ，サンマ，ブリの進出が目立つ．『水産白書（平成22年版）』を参考に上位品目の購入動向をみてみると，1965年を基点としてサバ，イカ，アジ，イワシといった，いわゆる大衆商材で調理が必要な品目の購入量が落ち込んでいるのに対し，マグロ，サケ，カツオ，サンマなどの刺身商材となりやすい品目の購入が増加している．

そこで，『水産白書』（平成22年版）に基づいて，1人あたりの水産物消費量がピークであった1988年と2008年との国内市場における水産物の需給関係をみてみると，国内生産量は1,199万t（うち食用712，非食用486）から503万t（食用443，非食用60）と半減する一方で，輸入量は370万t（食用259，非食用111）から485万t（食用336，非食用140）へと増加していることがわかる．また，非食用国内消費仕向量は458万tから225万tへと大幅な減少がみられる．ここから輸出や在庫量を省いた最終的な食用国内消費仕向量は890万tから715万tへと減少している．国内生産量の減少率にくらべ，食用国内消費仕向量の大きな減少がみられないのは，輸入が国内生産の減少を補っているからである．輸入と国内生産の構成割合をみると，1980年代半ばには輸入が全体（輸入＋国内生産）の1割強であったが，その割合は徐々に高まり，2002年には4割とピークに達し，その後は若干の低下がみられるものの，依然として3割強のシェアを有する．

B. 日本人の1日平均摂取カロリー

また，日本人の1日の平均摂取カロリーの変化をみると，1990年代中頃より減少傾向が続いていることがわかる．たとえば，厚生労働省『国民栄養調査』によると，1975年の2,189 kcalをピークに減少傾向にあり，1995年時点で2,042 kcal，2007年時点では，1,898 kcal程度となっている．また，農林水産省『食料需給表』によれば，供給カロリーベースでは，1996年の2,670 kcalをピークに，2007年の2,551 kcalへと減少傾向が続いている．カロリー摂取量のここ10年の変化を年齢別にみると，とくに20から30歳代の女性の摂取カロリーの減少が著しく，若年女性の食生活が大きく変化していることが伺える．

飽食社会といわれる日本であるが，1人あたり平均摂取カロリー水準は欧米諸国と比較して非常に低い．たとえば，FAOのデータによると，2007年における各国の1人あたり平均摂取カロリーは米国が3,748 kcal，イギリスが3,458 kcal，フランスが3,532 kcal，ドイツが3,547 kcalとなっているのに対して，日本は2,812 kcalと大きな開きがみられる．

人々の摂取する食料の品目構成も，大きな変化がみられるようになっている．『食料需給表』によると，品目別の国民1人・1日あたり供給熱量の構成比では，穀類・いも類・でんぷん・豆類などの穀物系の供給熱量比率は1965年の69％から，2005年の49％へと大幅に低下している．それに対して，野菜・味噌・醤油を除くその他の食品，なかでもとくに肉・牛乳および乳製品・油脂類などの摂取量比率は高くなってきている．すなわち，従来は主食に重心をおいた熱量摂取であったものが，肉，牛乳・乳製品や油脂類を中心にその他の副食品の摂取量が伸び，多様な食材が摂取されるようになってきたといえる．魚介類・海藻類を合わせた水産物に着目してみると，供給熱量に占めるその比率は1965年から1905年にかけて3.2％から5.5％に増加している．しかし，肉類は同期間において1.9％から6.5％に伸びており，1990年代に入るとシェアが逆転している.

このような「魚離れ」について，さらに統計をみることとしたい．厚生労働省『国民健康・栄養調査報告』から1995年から2004年までの動物性タンパク質の摂取量をみると，10代，20代が肉類中心，40代以上は魚介類を多く摂取するという従来までの摂取構造が次第に崩れ，2004年には40代でも魚介類と肉類の摂取量が逆転し，50代以上でも魚介類の摂取量が大きく減少している.

総務省『家計調査年報』からも「魚離れ」の傾向がうかがえる．家計における1人1年あたりの生鮮魚介類購入量は，1960年代半ばでは約16 kgであったがその後漸減傾向にあり，2005年には生鮮肉類と同程度の12.7 kgとなった.

C. 食生活変化の背景

このような食生活変化の背景として，食料輸入の増加や食産業の発展などの食の供給構造の変化，多国籍食生活（食の洋風化）の定着や都市化の進行，生活スタイルの変化や余暇ニーズの向上，さらには核家族化や「個食」傾向や簡便化志向の進行などがあげられる．とくに，核家族化のなかで女性の社会進出が進み，高齢者の増加や1人世帯の増加などによって，調理に手間をかけず，対価を支払っても食のサービスを購入するようになったことが，簡便化志向と相まって食の外部化を促している．また，消費社会の成熟により味覚の重視に加え，目でも楽しむ食のレジャー化，ファッション化が生じ，食への要望はバブル期にはグルメブームとなって，外食産業の隆盛を巻き起こし，さらなる食生活のサービス化を促している.

一方で，1970年代より急速に進んだ食の洋風化への反省として，1980年代にはアンチテーゼとしての「日本型食生活」が推進されている．日本型食生活とは，米，大豆，野菜，魚などの伝統的な食料消費構成に，畜産製品，果物などが加わった，適正PFC熱量比率（栄養バランス）に収まる理想的な状態の食料消費パターンをさしている．また近年では輸入依存型食生活への反省に立って，食の安全・安心を確保し，食料自給率を維持するために国民的運動として「食育」政策が推し進められるようになっている.

なお，このような日本の魚介類消費の低迷とは逆に，世界では健康志向や和食ブーム，新興国における魚食の増加などにより，食用水産物の供給量は右肩上がりで増加しつづけている．かつて日本は世界の食用水産物総供給量の2割近くを消費していたが，近年は7%程度まで低下している．とはいえ，1人あたりの水産物消費量は依然として60 kg前後の水準を維持しており，世界の重要な消費市場である状況は続いている.

（小野　征一郎，婁　小波，田坂　行男）

7.4.3 食　育

日本国内においては，一次産業を国際競争力のある産業に育成していくと同時に，国民の食生活改善を通じて国内一次産業がもつ価値を再認識してもらう活動として，農水省を中心に，「食育運動」が展開されている.

水産物においても，かつて季節の祭事において，地魚を伝統的な料理方法で食してきたという魚食文化が各地にあり，また地元でとれた高鮮度の魚介類をさまざまな調理方法で食することを基本とする食生活があった．それにもかかわらず，さまざまな社会経済的要因を背景にそれらが崩壊し，現在では漁獲されても産地価格が形成されずに処分される魚がみられるなど，食料政策上大きな問題となっている．このようなことから，水産分野においても食育運動へ参画していくことは，国民の食生活の面だけでなく，産業振興の視点からも重要である（6.1.2.D参照）.

（田坂　行男）

7.4.4 経済分析における消費者余剰と生産者余剰

本項では，需給均衡によって水産物の価格が形成される理論的な説明（7.2.4）を延長させ，消費者余剰と生産者余剰についてさらに説明を加える．各経済主体が市場を通じた取引から得

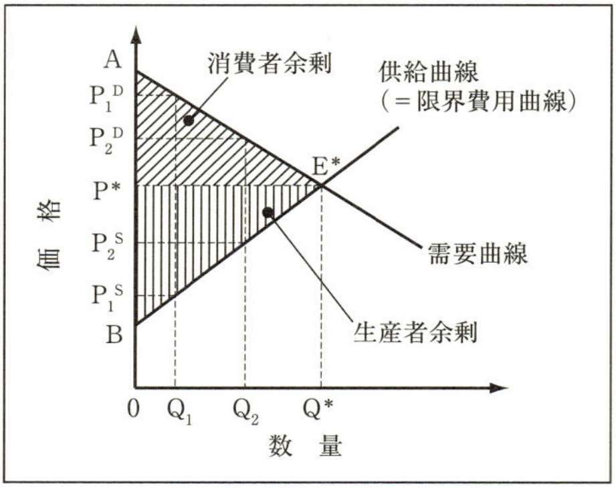

図 7.4.4-1　余剰の分析

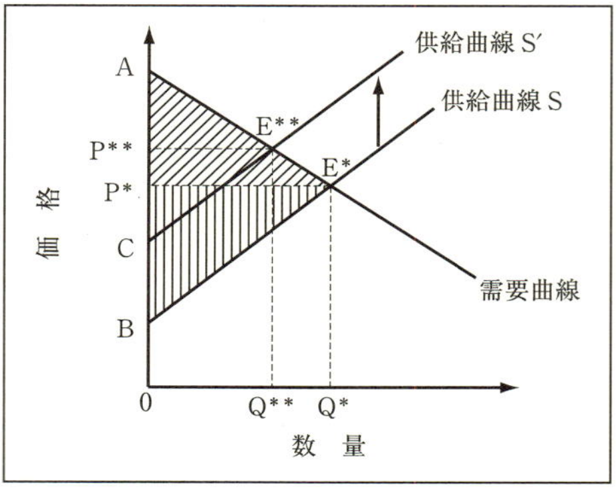

図 7.4.4-2　余剰の変化の分析

る利益を余剰という．とくに，需要者が得る利益を消費者余剰，供給者が得る利益を生産者余剰といい，社会全体で得られる余剰を総余剰という．

いま，図 7.4.4-1 の供給曲線と需要曲線の交点 E*において，市場が均衡しており，価格 P*で数量 Q*の取引が実現しているとする．このとき，消費者はもし数量が Q_1 の水準しか需要できない場合には P_1^D の価格だけ支払う意思があり，数量が Q_2 の水準のときには P_2^D の価格だけ支払う意思があるが，均衡点では数量 Q*がすべて均衡価格 P*の水準で購入できている．そのため，図形 AP*E*（の面積）は消費者が支払った価格以上に得た利益を表しており，これを消費者余剰という．

一方，生産者はもし数量が Q_1 の水準であるときには限界費用 P_1^S で生産でき，Q_2 の水準であるときには限界費用 P_2^S で生産できるが，均衡点 E*では数量 Q*がすべて均衡価格 P*の水準で販売できている．そのため，図形 BP*E*は均衡点において生産者が要した費用以上に得た収入（つまり利潤）を表しており，これを生産者余剰という．

消費者余剰と生産者余剰を合わせた図形 ABE*は，均衡点で実現された社会全体の利益を表しており，総余剰という．

図 7.4.4-2 は，ある養殖漁業において飼料価格の高騰により限界費用が上昇し，供給曲線が S から S′ にシフトしたケースを示している．このとき市場均衡点が E*から E**に移行することに伴い，養殖魚の均衡価格は P*から P**に上昇し，均衡数量は Q*から Q**に減少する．その結果，総余剰は図形 ABE*から図形 ACE**に減少することになる．

（大石　太郎）

7.5 水産物の国際貿易

7.5.1 総　　論

水産物の国際貿易は活発である．FAO の統計は，1970 年代以降，水産物の生産量増加に伴い水産物の貿易量も増加していることを示している．2009 年現在，世界で生産された水産物の約 38％は，生産国で消費されず輸出に回されている状況である．

水産物の輸出においては，世界の水産物輸出量の過半数に相当する 57％（金額換算では 48％）を，途上国が輸出している．途上国全体では，水産物の純輸出（輸出 － 輸入）金額は，年間 200 億ドルを超えており，これはコーヒー，ゴム，バナナ，砂糖などの農産品よりもはるかに多い金額である．

途上国から輸出された水産物の 8 割近くは，先進国が輸入している．これは，先進国における水産物需要が高いことはもちろんのこと，加えて，先進国の水産物関税水準が途上国に比較してきわめて低いことも，影響していると考えられる．OECDによれば，EU，日本，アメリカにおける水産物の平均関税率は，それぞれ4.2%，4.0%，0.2%であるが，これに対し，途上国では数十%の関税を徴収している国も多数存在する．

水産物に限らず，貿易がもたらす一般的な効果について，経済学では次のような説明がなされることが多い．

(1) ある財の貿易を行えば，輸出国ではその財の値段が上昇し，消費者余剰（買い手の支払い許容額から実際に支払った金額を差し引いたもの）は減少する．しかし，それを上回る規模で生産者余剰（売り手が受け取った金額から生産に要する費用を差し引いたもの）が増加するため，国全体の総余剰は増加する．

(2) 輸入国でも，その財の値段が下落するため生産者余剰は減少する．しかし，それを上回る規模で消費者余剰が得られるため，こちらも国全体の総余剰が増加する．

(3) したがって，各国が，比較優位をもつ産品の生産に特化すれば，世界全体で経済の総生産が拡大し，ひいてはすべての国で人々の生活水準の向上に役立つ．

確かに，現実の世界においても，近年，水産物貿易が拡大しているのは先述したとおりである．しかしながら同時にわれわれは，水産物貿易が負の外部性（環境の悪化など）をもたらす可能性についても，適切な注意をはらう必要がある．

（八木　信行）

7.5.2　世界の水産物需給と水産物貿易

世界の水産物需要市場は拡大を続けている．FAOの統計によれば，1961年に2,746万tだった世界の水産物総需要量は，1980年には5,000万t台，2003年には1億t台を突破し，2007年には10,982万tに達している．1961年から2007年までの半世紀の間に年平均6.4%の成長率で需要が伸びている．

世界の1人あたり平均需要量（供給ベース）は1961年の9kgから2007年の16.7kgまで増加している．近年，とくに中国，ロシア，EU，アメリカ，韓国，東南アジア諸国などの諸地域において消費の伸びが著しい．たとえば，中国では1960年代には平均4.6kg/人・年であった食用魚介類の供給量（粗食料ベース）は，2000～2007年には24.5kg/人・年に拡大し，その水準は北米（平均21.7kg/人・年）やEU（平均21.0kg/人・年）よりも高くなっている．もっとも，近年日本はその消費量を減らしてはいるものの，2007年時点においてなお60kg台を維持しているので，世界的にみてもきわめて消費性向の強い良質な市場となっていることがうかがえる．

7.5.3　日本の水産物輸入

A. 動　向

日本の水産物輸入は，図7.5.3-1が示すように，1990年代後半まで増加基調で推移してきた．輸入量は2002年に3,821tに達してピークを迎え，輸入金額は1997年に1兆9,456億円でピークとなったが，その後は減少傾向で推移し，2005年以降は数量・金額とも落ち込みが顕著である．2009年の輸入量は2,596t，輸入金額は1兆2,967億円となり，それぞれのピーク時とくらべると22%減，33%減となる．

日本の水産物貿易は，かつては外貨獲得のための手段として輸出が輸入を上回る時期もあったが，高度経済成長期を経て，変動相場制に移行した1970年代に入るとその構図は逆転した．そして海洋法条約発効前に主要国があいついで200海里を設定し，1977年には実質的な200海里時代を迎えて，輸入量・金額は飛躍的に増加した．また，この時期は日本市場をターゲットとして日本企業の海外進出，特に合弁会社として海外への投資も進んだ．その後も円高に後押しされて輸入は伸び続け，1985年のプラザ合意からバブル経済にかけては，国内生産量の低迷もあって，水産物輸入は激増する．

バブル経済崩壊後は日本の水産物輸入金額は減少傾向をみせるようになったが，世界的には1993年のGATT・ウルグアイラウンドの合意

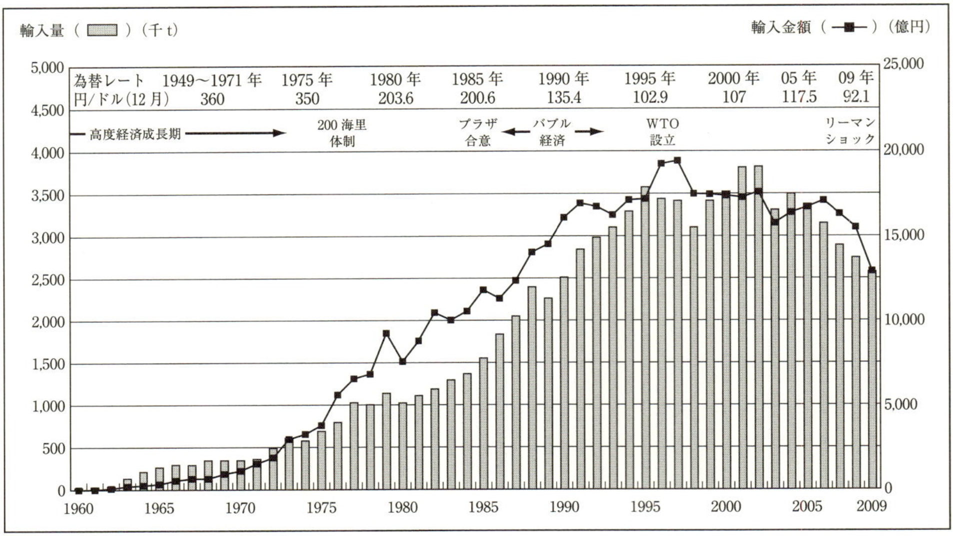

図 7.5.3-1　日本の水産物輸入量・輸入金額の推移
輸入数量については，製品重量ベースの数値で，真珠，魚粉などの非食用も含む.
〔貿易統計および水産白書を参照して作成〕

などによって，食料貿易の自由化が進み，水産物貿易は拡大の道をたどっている．2007年の世界の水産物総輸入高に占める日本の割合は数量ベースで8%，金額ベースで14%となる．近年は消費の低迷などにより水産物輸入も減少傾向で推移しており，2008年にはリーマンショックを発端とする世界同時不況が発生し，2008年から2009年にかけては数量で172 t減（6%減），金額では2,677億円（17%）の減少となった．

B. 品目構成

輸入の品目別構成をみると，**表 7.5.3-1** の示すとおりとなる．エビ類，マグロ・カツオ類，サケ・マス類が常に上位3品目を構成している．1980年代後半に，エビ類は食料品全体のなかにおいてもトップの輸入品目となり，エビ類に限らずマグロ，カツオ，サケ・マス，カニなどの生鮮魚介類は重要な輸入品目となった．2008年にエビ類は金額ベースでマグロ・カジキ類と入れ替わり，2009年の輸入金額はマグロ・カジキ類が1,868億円，エビ類が1,720億円，サケ・マス類が1,339億円となっている．

輸入先国構成をみると，1990年代からアメリカ，中国が上位2カ国として固定され，2000年代からチリが上位に加わった．

C. 問題点

水産物輸入はしばしば問題も指摘されている．まず第1は過剰輸入による輸入国側の国内漁業の衰退と雇用の喪失である．仮に労働市場が完全であれば，1つの産業部門が衰退しても他の部門に労働力が速やかに移動するのであろうが，日本における労働市場はそうなってはいない．漁業の場合，生産者は生産現場である漁場から近い沿岸コミュニティーに生活の場を有しており，兼業のため別の土地に移ることも困難である．また，漁業者だけでなく，沿岸地域社会も影響を被る．沿岸の地域では，主要な産業が漁業であるところが多い．加えて，漁業活動自体が，多くの沿岸漁村において地域文化の継承など，生産以外の多面的な機能も有している．漁業の衰退は，漁業者個人だけでなく，地域にも社会経済的な影響を及ぼす問題となる．

第2は，資源乱獲問題や環境問題である．多くの国では，水産物はしばしば外貨獲得の手っ

表 7.5.3-1　品目別・国別輸出入金額の推移

		1985年		1990年		1995年		2000年		2005年		2010年	
		品目・国	金額	品目・国	金額	品目・国	金額	品目・国	金額	品目・国	金額	品目・国	金額
輸入	品目	エビ類	3,386	エビ類	4,076	エビ類	3,686	エビ	3,268	エビ	2,352	エビ	1,813
		サケ・マス類	1,166	マグロ・カジキ類	1,486	マグロ・カジキ類	1,819	マグロ・カジキ類	2,233	マグロ・カジキ類	2,190	マグロ・カジキ類	1,724
		マグロ・カジキ類	860	サケ・マス類	1,395	サケ・マス類	995	サケ・マス類	1,153	サケ・マス類	1,095	サケ・マス類	1,444
	国	アメリカ	2,190	アメリカ	3,146	アメリカ	2,300	中国	2,672	中国	3,554	中国	2,421
		韓国	1,641	韓国	1,679	中国	1,942	アメリカ	1,688	アメリカ	1,579	タイ	1,127
		台湾	1,372	台湾	1,418	タイ	1,468	ロシア	1,391	チリ	1,035	アメリカ	1,122
輸出	品目	真珠	826	真珠	541	真珠	390	真珠	475	真珠	302	サケ・マス類	180
		サバ缶詰	157	魚粉	140	マグロ・カジキ類	80	マグロ・カジキ類	110	サケ・マス類	147	真珠	176
		魚粉	150	練り製品	137	練り製品	43	貝柱調製品	103	貝柱調製品	116	干しナマコ	128
	国	アメリカ	1,080	アメリカ	343	香港	281	香港	347	香港	436	香港	638
		台湾	206	香港	276	アメリカ	194	アメリカ	322	中国	273	中国	294
		香港	240	台湾	238	台湾	99	韓国	166	アメリカ	306	アメリカ	235

単位：億円.
〔貿易統計および水産白書を参照して作成〕

取り早い手段として使われ，輸出を優先する結果，資源乱獲や沿岸環境の破壊をひきおこす場合がある．資源の乱獲問題については本章の7.5.7で詳しく触れるのでそちらに譲るが，天然漁獲魚だけでなく，養殖で沿岸環境などが破壊される点も問題視されている．輸出のために行われるエビ養殖業はしばしば自家汚染などによる連作障害が発生し，畑やマングローブ林を伐採してつくった養殖漁場の荒廃が起き，また，給餌養殖の場合には過剰投餌や過剰養殖などによる環境汚染も起きるとの報告も多い．

日本は水産物輸入国として，世界のなかで適切な資源管理の義務を負う．また，環境問題への対応，あるいは国内地域経済との調整などといった問題を，考慮に入れた対応が必要となろう．

7.5.4　日本の水産物輸出

A. 動　向

かつて日本も水産物輸出大国であった．図7.5.4-1によると，輸出量は変動を伴いながらも1980年代後半まで増加傾向で推移していた．

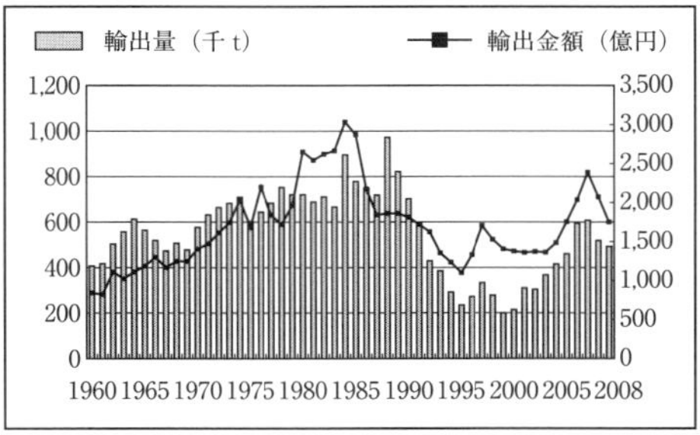

図 7.5.4-1　日本の水産物輸出量・輸出金額の推移
輸入数量については，製品重量ベースの数値で，真珠，魚粉などの非食用も含む．
〔貿易統計および水産白書を参照して作成〕

輸出額は1984年に3,033億円，輸出量は1988年に981 tでピークを迎え，その後は減少に転じたものの，2000年代に入ってから再び増加しはじめた．戦前・戦後の水産物貿易は外貨獲得の有力な手段となって漁業は日本の主力産業として位置づけられていた．なかでもとくに真珠や魚類の缶詰，魚粉等が多く輸出されていた．また，1980年代は大量に漁獲されていたイワ

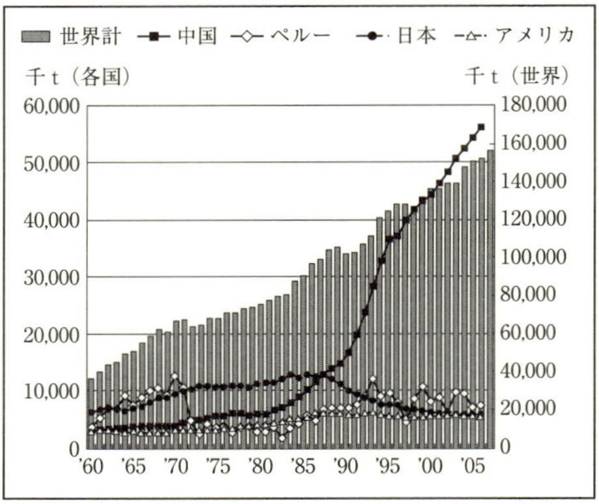

図 7.5.5-1　世界の水産物総生産量の推移
〔FAO, Fishstat（Capture Production 1950−2009）を参照して作成〕

シが魚粉の原料とされていたが，マイワシ資源の激減によって輸出も消滅した．

近年は世界的な水産物需要市場が拡大し，国の輸出振興策も加えられて，水産物の輸出は再び増加基調に転じた．2005 年以降，農林水産省は食料品の輸出促進を政策的優先課題として掲げている．ノルウェーなどでは，以前から官民をあげて積極的に水産物の輸出振興を図っているなか，最近になってようやく日本も本格的に輸出促進を図る作業に着手した状況になったといえる．

たとえば，北海道漁業協同組合連合会では，国内での魚価低迷を背景として，秋サケを中国に，ホタテを EU･アメリカに，コンブを台湾･中国，サンマをロシアなどに輸出するための振興策を講じ，実績を上げている．なかでもとくに将来的に有望な市場とみられるアジアの市場を中心に，戦略的な輸出振興策が講じられている．その結果，近年輸出量・金額はともに順調な伸びをみせていたが，2008 年にはサケなどの国内生産量の減少や世界的経済の低迷，円高の影響によってブレーキがかかっている．2009 年の農林水産物の輸出金額は 4,454 億円で，水産物はその 4 割にあたる 1,724 億円を輸出している．

B. 品目構成

輸出品目別構成をみると，真珠（191 億円）が常にトップに位置し，それに次いでホタテ貝（143 億円），サケ・マス類（131 億円）などが続く．輸出先国構成をみると，アメリカが 1980 年代までは常にトップの輸出先市場として君臨していたが，1990 年代に入ってから香港にその座を奪われた．2000 年代からは中国も輸出先国として上位 3 カ国に加わるようになった．2009 年に上位 3 カ国・地域への輸出金額をみると，香港が 500 億円，アメリカが 274 億円，中国が 231 億円となっている．香港へは高級中華料理の材料となるアワビ，フカヒレ，貝柱など単価の高い水産物が輸出され，生産地では重要な産業として位置づけられている．もっとも，香港に輸出されるこれらの高級中華食材はその一部が中国に再輸出されており，香港市場の背後には中国市場がある．

7.5.5　世界の水産物生産状況

A. 需要の高まり

水産物需要市場の拡大に応える形で，世界の漁業総生産量は増加し続けている．1961 年に 4,050 万 t であった総生産量は 1988 年には 1 億 t を突破し，2007 年には 1.56 億 t に達し，この 47 年間の年平均成長率は 6%となっている．しかし，このような漁業生産の増加は養殖業や内水面漁業の発展によるところが大きく，この傾向はとくに海面漁業生産量が頭打ちとなる 1990 年代以降において顕著である．しかも，1990 年代以降の世界的な漁業生産の増産は中国による寄与が高く，現在では養殖漁業が国内総生産の 6 割以上を占める中国の漁業生産量が，世界の総生産量の 4 割近くを占めるに至っている．なお，食用魚介類の供給量ベースでは，中国は世界総供給量の 33%のシェアをもつ（図 7.5.5-1）．

B. 貿易の重要性の高まり

しかし，1990 年代後半以降に入ると，世界の水産物総需要の増加テンポに生産の増加が追いつかなくなるようになり，世界の水産物需給バランスは大きく崩れるようになっている．つ

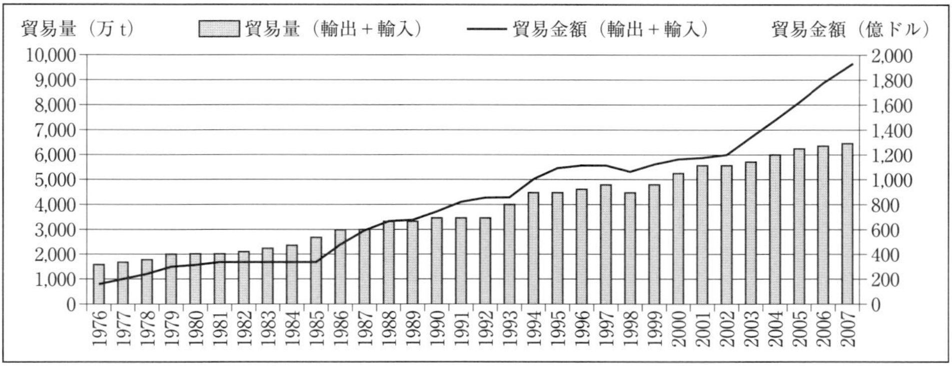

図 7.5.5-2　世界の水産物貿易高の推移
〔FAO, Fishstat Plus（Commodities Production and Trade 1976–2007）を参照して作成〕

まり，需要の伸びに供給の伸びが追いつかない状況が続いているのである．このような需給ギャップに対応するように，水産物貿易は盛んに行われるようになっている．

FAO の統計によると，最近 30 年間において世界の水産物貿易量は約 4 倍，貿易金額は約 10 倍の増加となっている（図 7.5.5-2）．水産物輸出量は生産量の増加に伴い増加し，輸出割合は総生産量の 30 ～ 40%にも達している．同様に消費の拡大とともに輸入も増大し，総消費量に占める輸入量の割合は近年 30%に迫りつつある．このような拡大しつづける世界の水産物市場において，貿易の重要性がますます高まっているといえる．

水産物の輸出国は世界的に広がり，チリやアメリカ（1980 年代半ば），ペルー（1990 年代），中国（2000 年代）といったように，輸出国第 1 位の国は次々と入れ替わってきている．そのなかでもとくに中国の台頭が著しく，2007 年現在全世界の輸出量・輸出金額ともに約 10%のシェアを占めている．輸入量に関しても 2000 年以降中国の台頭が著しく，2005 年には日本を抜いて輸入量第 1 位の国となり，2007 年時点では全世界の輸入量の 10%のシェアを占めている．しかし，輸入国は輸出の場合よりも多様化してはおらず，輸入金額ベースでは日本，米国，EU 諸国のシェアが高い結果となっている．

C. 日本の地位と動向

このような世界の水産物貿易展開のなかで，日本の地位は低下してきている．かつては北洋のサケ・マス，カニ缶詰，冷凍マグロなど遠洋漁業で漁獲される水産物を欧米諸国向けに輸出する有数の水産物輸出国であった日本は，1970 年代のオイルショックや 200 海里体制の確立による遠洋漁業の衰退などを背景に，輸出国として地位が低下した．1976 年以降輸出量は減少し，世界の水産物輸出用に占めるシェアは 2000 年には 0.8%にまで低下した．以降は微増の傾向にあるが，2007 年時点でも全体の 1.8%を占めるにすぎない．

一方，高度経済成長期の国内需要の拡大，1985 年プラザ合意後の円高を背景に，水産物輸入は増加し，1971 年を境に日本は水産物輸出国から水産物輸入国へと転化した．世界の水産物輸入に占める日本のシェアは 1990 年代前半の 16%前後まで微変動しながらも順調に増加したが，その後は消費の低迷や円安などを背景とする購買力の低下に伴って減少している．実際，日本の水産物の単位（輸入）数量あたりの平均輸入価格も 1996 年以降は減少の一途をたどり，長引く景気の低迷から家計における食料消費支出も減少傾向にあり，低価格化の要請が高まってきた結果と考えられる．

（婁　　小波）

7.5.6 国内的な政策課題

1993年に合意したGATT・ウルグアイラウンドや，1995年のWTO設立，さらには2カ国または数カ国間におけるFTA（自由貿易協定）やEPA（経済連携協定）が近年日本と複数の国の間で締結されている．

日本の場合，水産物の輸入関税水準は農産物のものと比較して低く，1993年のGATT・ウルグアイラウンド合意後の時点で，4％である点は，先述のとおりである（7.5.1）．実際，水産物の輸入は，消費者にとっては安価な商品が購入できるというメリットがあるとともに，スーパーなどの量販店，専門店，外食産業・中食産業，食品産業等にとっても，一定の規格の水産物が大量かつ安価に確保できるなどのメリットを享受できる．

しかしその一方で，水産物の輸入は，国内の食料自給率の低下をもたらした（図7.5.6-1）．ピークの1964年には日本の水産物自給率は113％であったが，その後は減少傾向が続き，近年では約60％程度となり，最盛期から半減近くとなった．また，水産物貿易の進展に伴い，外国で生産された水産物の抗生物質や残留薬品問題などの食の安全・安心問題がクローズアップされるようになり，これに伴い外国産の水産物を国産であるように偽って偽装表示する犯罪も生じている．

安全・安心等の問題に対応するための措置として，EUやアメリカでは，HACCP制度（7.3.6）を導入し，衛生基準を満たさない外国産品を輸入しない措置などが導入されている．これらについては内外無差別の原則に従って制度設計を行えばWTO上も問題とはみなされない可能性がある．日本の場合も，同様の制度を国内の生産現場や加工現場に課しつつ，貿易面における非関税障壁をEUやアメリカが実施するレベルにそろえることも検討課題といえる．

7.5.7 水産物貿易と環境問題

A. グローバル化の影響

グローバル化が進展するなかでは，環境や労働に関する規制が厳しい先進国から，基準が整備されていない途上国に生産の場が移る，いわゆる底辺への競争（race to the bottom）という問題が懸念されはじめた．漁業においても，とくに1990年代以降，途上国での現地消費が存在せず漁獲規制が甘かった漁獲対象種が資源枯渇に陥る例が，複数みられている．また，漁獲規制が導入されている漁業であっても，IUU漁業〔illegal（違法），unreported（無報告），unregulated（無規制）漁業〕により，同様の問

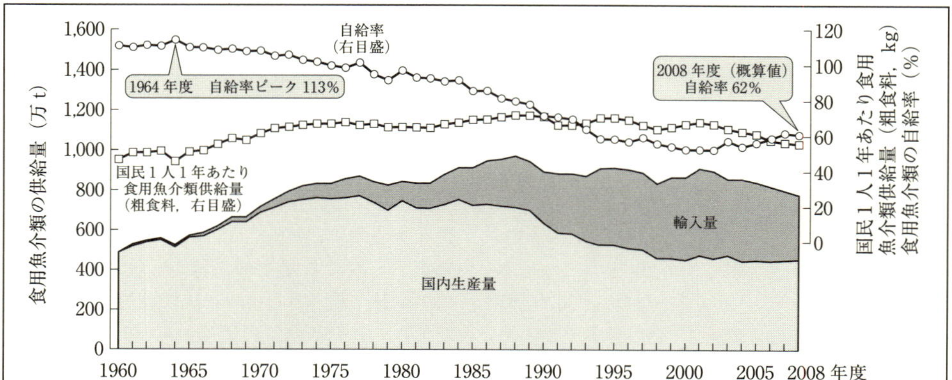

図7.5.6-1　食用魚介類の自給率等の推移
自給率（%）＝国内生産量÷国内消費仕向量
〔食料需給表および水産白書を参照して作成〕

題が発生している．

多くの国で，十分な漁業管理が実施されていない理由には，経費的な要因が存在していると考えられる．規制を制定するためには資源調査が必要であり，また規制を実行する段階においても，監視取締対象となる海域が広大であるために相当な経費が必要になる．OECDが2003年に出版した報告によれば，1999年に加盟国が漁業管理活動を行うために費やした金額は合計25億ドルであり，その大部分が取締活動や調査研究のための費用であったとされている．OECDは先進国が加盟している国際機関である．途上国を含めれば世界での漁業管理経費はさらに莫大なものになるであろう．

このように，適切な漁業管理を実施するための漁業者の費用負担（自由に操業できないことによる機会費用のロスなどを含む）も生じるなか，市場において，資源管理費用を反映させた商品とさせていない商品が混在する場合，後者の価格競争力が高いために，正規の活動を行う前者が駆逐される懸念も存在する．

監視が十分できない場合は，違反へのペナルティー（罰金額）を大幅に上げることで対処すべきといった指摘も存在する．しかしながら，大きな罰金を科されても，たとえば株式会社では，オーナーの責任は自己所有する株式の範囲内での有限責任にとどまるなど，関係者の責任を必要以上に問えない場合もある．罰金の増加は，必ずしも特効薬とはならない可能性が指摘されている．

B. IUU対策としての貿易措置

以上のようななかで比較的良好な成果を上げているのが，貿易措置の導入である．たとえば，マグロ大型はえ縄漁業の場合，1980年代から，規制を逃れるために便宜置籍を行い無秩序な漁獲を行う船が出はじめ，ピーク時の1990年代後半から2000年代前半では世界の同型漁船の20%までもがIUU漁船であったと計算されていた．この問題に対処するため，ICCAT（6.2.2.D.c）などの地域漁業機関では，違法に漁獲された魚が国際貿易の対象にならないようにするために漁獲物の証明制度と正規漁船の登録制度（ポジティブリスト）を実施するなどした結果，現在では，IUU問題は解消に向かっている．輸出国と輸入国が協力して非正規品を国際取引から除外する方策が功を奏したと考えてよいだろう．

ただし，マグロの場合，大型はえ縄漁船を対象とした対策が成功しても，次に中型はえ縄漁船や，まき網漁船で問題が生じる展開が多くみられ，底辺への競争がここでも続いている点に留意しておく必要はある．

このような水産物の貿易禁止は，輸入国が一方的な措置として導入する例も顕著になっている．たとえばECは，マグロだけでなくすべての漁獲漁業生産品に漁獲証明制度を義務づけ，これを有していない輸入品は輸入の禁止ができる制度を2010年から導入している．また米国でも，2007年に成立したマグナソン・スティーブンソン法において，IUU漁業国または混獲漁業国として証明された国からの水産物禁輸措置等を導入できることになっている．

輸入国が一方的に貿易制限を導入することは，本来的にはWTOにおいて正当化することは難しいが，海洋生物などの有限天然資源を保全するための貿易制限に対してWTOはきわめて寛容であるとの一面を有しているため，IUU対策を目的とするECやアメリカの措置も，内外無差別の原則を遵守しながら導入するかぎりにおいては，WTO上の問題は問われない可能性がある．

日本は，EU・アメリカと並び，世界において水産物の3大市場を構成しており，EUやアメリカと同水準の禁輸措置を日本が導入しない場合は，IUU漁業による漁獲物が日本市場だけに向けられることになる．その結果，世界の資源管理体制への脅威が継続し，資源の悪化を招くことで将来的に生産者と消費者双方が損害を被る結果となる．日本は，このような事態が生じる危険性に留意し，対応策を議論する時機にきているといえるだろう．

7.6 生態系サービスと多面的機能

7.6.1 総　論

水産業による年間生産金額は2009年には1.5兆円となったが，これが同年の日本のGDP約490兆円（内閣府統計）に占める割合は0.3％である．水産物の加工流通，造船，漁具，餌料などの関連産業を含めても，日本のGDPの数％以下の数字に過ぎないであろう．

しかしながら，一方で，市場で取り引きされる財の価値だけから農林水産業や自然環境の価値を判断してはならないとする議論も存在する．その1つが，生態系サービスであり，もう1つが多面的機能である．双方とも市場で取り引きされていない価値であるため，値段を直感的に測ることが困難である点は共通している．ただし両者は，使用されてきた意味あいは若干異なっている．前者は，生態系そのものが保全されていることでさまざまな環境的な貢献が存在している点に着目しているのに対し，後者は，農林水産業が存在することでさまざまな社会的・環境的な貢献が存在している点に着目するものとなっている．

7.6.2 生態系サービス

A. 定　義

生態系が提供するさまざまな物質や機能を総称して，生態系サービスという．経済学では，サービス（用役）は，グッズ（財）と区別して使用されるが，生態系サービスは，単に物質循環機能などのサービスだけでなく，食用魚介類（厳密にはグッズ，すなわち財になる）を提供することも含んだ概念として使用されるのが一般的である．

B. 4つのカテゴリー

生態系の破壊の実態を地球規模で把握するため，国連環境計画の主導のもとで，国際共同研究「ミレニアム生態系評価計画」が2001～2005年に行われた．この報告書では生態系サービスを次の4カテゴリーに分けている．

（1）供給サービス：食料，水，木材，繊維，薬品などの人間の生活に必要な物資の供給をさす．水産物，医薬品原材料を含む生理活性物質，遺伝子資源，栄養塩や深層水などが含まれる．

（2）調整サービス：環境を制御する機能をさす．気候の調整，大気や海洋の化学組成の調整，ガス代謝，有毒物質の分解や無毒化などが含まれる．

（3）文化的サービス：精神的充足，美的な感動，宗教の基盤，芸術活動やレクリエーションなどの場となっていることをさす．生態系の多様性が豊かな文化の基盤となることは今日広く認められている．

（4）基盤サービス：生態系がもつ栄養塩循環，一次生産，土壌形成などの機能をさす．

C. 経済的な価値

これらのサービスは市場で取引対象となっていないために，その経済的な価値を直接知る手段はない．したがって，アンケートを用いる仮想評価法（CVM）などで価値を推定することが行われている．

生態系サービスの経済的な価値評価を行い，その結果，地球全体で年間平均33兆米ドルの価値があることを示した研究も存在する．そのうち海洋における生態系サービスの価値は地球全体で年間平均約21兆ドルとされている．漁業的価値はその1割に満たない価値であり，栄養塩循環や排水処理などのサービスにくらべるとかなり低いとの見積もりがなされている．こうした計算では，その厳密性などにいくつか問題点が指摘されてはいるものの，本来は貴重な価値を有していながら，その経済価値が一般に認識されていない生態系の重要性を示した点で，大きな意義が存在している．

D. 劣化の進行と課題

海洋においても，生態系サービスの劣化は速い速度で進んでいる．日本国内の海岸線は，環境省が2004年に報告した調査結果によれば，自然海岸は55％を残すのみであり，とくに東京湾では自然海岸はわずか5％となっている．人工海岸は，ほとんどの場合垂直の護岸になっており，堆積によって形成されるフラットな砂浜や干潟と比較すると，生物相や生物量は貧弱で物質循環機能も劣っている．また，藻場についても沿岸域で多様な魚介類の産卵生育の場となっているが，磯焼けや水質汚染，埋め立てなどにより消失が進んでいる．2009 年の『水産白書』では，日本の藻場は過去 20 年間に 3 割減少し，干潟は過去 50 年間に 40%減少したとしている．このような変化は，漁業資源の再生産能力に悪影響を及ぼすだけでなく，海洋生態系が本来有している窒素やリンなどの物質循環機能や，懸濁物除去機能なども奪う作用がある．

漁業対象資源が減少する理由は，過剰漁獲だけに限らない．海洋環境の変動や，人間が行う沿岸開発などで生じる生息域の減少などにより，生態系サービスが劣化することで，漁業対象資源が減少することが懸念されている．過剰漁獲の場合は，漁業対象資源が減少すれば漁獲をいったん停止させれば数年程度の短時間で資源回復する可能性があるが，生態系サービスの劣化は，これを回復するためにはより長い時間がかかるものが多い．漁業を持続可能な産業として維持するためにも，生態系サービスの保持は重要な課題となっているといえる．

（八木　信行）

7.6.3　漁業の多面的機能

水産業および漁村の多面的機能については，2003 年農林水産大臣から日本学術会議会長に対して「地球環境・人間生活にかかわる水産業及び漁村の多面的な機能の内容及び評価について」諮問がなされ，2004 年に答申が出された．この答申では，水産業および漁村の多面的機能を，① 食料・資源を供給する役割（本来の機能），② 自然環境を保全する役割，③ 地域社会を形成し維持する役割，④ 国民の生命財産を保全する役割，⑤ 生活と交流の「場」を提供する役割の 5 項目に整理している．

これらは，漁業生産活動と一体的に発揮される機能（一体性，結合性）であって，誰もが享受できるという公益性を有しており（公益性，公共財性），その機能を評価する市場は存在しない（非市場性，外部経済性）という特性をもつ．

また，これら機能は，漁場，漁港，漁村などの場において，漁業者や地域住民などの社会的集団により発揮されるものとなっている．

漁業および漁村の多面的機能，ならびに農業および農村の多面的機能が重要であるとの側面は，たとえば，WTO 交渉などにおいて議論の対象となる．たとえば，貿易自由化などにおいて輸入国の農業が衰退することになれば，多様な機能が損なわることになるため，貿易自由化は慎重な議論が必要になっているといった意味あいで使用されることがある．一方で，前出の生態系サービスについては，生物多様性条約締約国会議などで，各国は GDP だけでなく生態系サービスなどを含めた国家勘定を新しくつくるべきで，それによって生態系サービスの価値が正しく認識される経済体制になる，といった意味あいで使用されている．

（長野　章，八木　信行）

7.6.4　漁村の機能

A.　漁村の定義と役割

多面的機能を発揮する場の 1 つである，漁村について検討する．

漁村とは，一般的に，漁業およびこれに関連ある生業に従事する家々を比較的多く包含している集落をさす．すなわち，漁村は，漁船係留や漁獲物の流通加工を包含した処理を行う場である漁港と，漁業関係世帯が生活をする漁業集落が一体となって成立する．

漁村を定量的な指標を用いて整理する場合，漁業集落という概念を用いる．漁業センサスでは漁業基地を核として，その漁業基地の利用関係にある漁業世帯の居住する範囲を社会生活の一体性に基づいて区切る．この区切った範囲のうち，漁業世帯が 4 戸以上存在するものを漁業集落と定義している．漁業センサスによると，6,298 の漁業集落が存在する（2008 年）．また，水産庁の漁港背後集落調査によれば，漁港の背後に存在する集落は，全国に 4,648 集落となっている(2010年).

これらの集落は，水産物を供給する地域として重要な役割を担っているが，資源状況の悪化，社会情勢の変化などにより，疲弊する漁村が顕在化し，漁村振興が重要な課題となっている．また，生活環境や生産環境については，これまでにも改善の取り組みが実施されてきているが，依然として，下水道などの生活基盤の整備が遅れているほか，厳しい労働環境，災害に対する脆弱性といった問題が残されている．そのため，全国の多くの漁村においては，水産業およびその周辺産業を含めた就業機会の減少や人口の流出・減少，さらには著しい高齢化などの問題が顕在化している．高齢化率が50%以上の所謂限界集落の漁村が全国で525集落存在し(2010年)，また65歳以上の高齢化率は，全国平均値より約9ポイント高い32.2%となっており(2010年)，共同体の運営が困難となる限界集落が増加している状況にある．

B. 自然・社会・経済の側面からみた漁村

自然(環境)，社会(生活，文化)および経済(産業)の側面から，漁村の現状や推移を分析する．

まず，自然(環境)に関する側面については，漁村の半分以上が過疎地域であり，山村，辺地，離島，半島といった条件不利地域に立地している．集落の前面は海，背後地形は，半数以上が崖や山が迫るという狭隘な地形に立地しているという特徴がある．集落は，沿岸部に立地し立地特性から家屋が高密度に連なり，地震・津波，高波・高潮等の自然災害に対して脆弱である．

また，社会(生活・文化)的な側面については，漁村の過疎化・高齢化は急速に進み，とくに離島等条件不利地域の人口はその傾向が著しい．集落の立地状況から，都市と比較して生活基盤の整備が立ち遅れており，とくに下水道普及率は，小都市の約68%(2006年3月末)に対して漁村(漁港背後)では約53%(2009年3月末)と著しく低い．

経済(産業)的な側面では，漁業生産量・生産額・魚価の低迷，漁業生産コストの増加など漁村の基幹産業である水産業が不振である．小さい漁村ほど漁家率が高い傾向があり，漁業への依存度が高い．

C. 漁村の多面的機能

漁村の多面的機能としては，漁業者を含めた地域住民の生活の場であるとともに，食や漁業，祭りなどの地域固有の文化が継承され，豊かな自然環境に恵まれており，海水浴，遊漁などの海洋性レクリエーションの場，自然体験活動を通じた自然や人とのふれあい，交流の場としての役割を果たしている点があげられる．さらに漁村では，漁業者らが中心となって藻場・干潟の保全・管理等の活動を通じて海の自然環境や生態系の保全に加え，海域環境の監視や海難救助などが行われている．

このような漁村を一般国民はどのようにとらえているかは，既往のアンケート結果にあらわれている．漁村の良いイメージとしては，新鮮な魚介類，豊かな自然景観などの地域資源があげられる．一方，悪いイメージとしては，公共交通の不便さや生活環境整備の遅れなどが指摘されている．漁村の豊かな自然環境や文化・伝統，人とのふれあいを求めて，都市住民は漁村との交流を望んでおり，受入側の漁村も交流の必要性を感じている．

海洋レジャーのニーズも依然根強い傾向にある．海洋レジャーなどのニーズに対し，漁家経営の多角化による新たなビジネスチャンスの可能性がある．このため，地域の宝である文化的な漁村景観など，地域資源の適切な維持・保全やこうした地域資源を活用した地域活性化の取り組みが重要である．取り組みの中核的役割を担う人材や女性の，積極的な活動・活躍，漁業以外の主体の参画が地域活性化の起爆剤として期待される．

また，昨今，新鮮な地魚を活用した直売所や郷土料理を提供する漁家レストランなどにより，都市部からの来訪者の増加を図るとともに，これらの施設運営を通じた雇用の創出や，衛生管理の高度化などのとりあつかいの工夫等により，水産物の付加価値を向上させブランド化の確立に成功するなど，漁村活性化に資するさまざまな取り組みが行われている事例もある．

以上のように漁村は，自然環境と社会・生活，経済・産業が相互に密接にかかわった社会構造を形成するとともに，水産業の基盤を提供すると同時に，自然環境や生態系の保全，国民の生命・財産の保全等の多面的，公益的な機能を有している．

D. 漁村における課題

漁村の人口流出・減少，少子高齢化が今後も続けば，漁業，水産業だけでなく，教育，医療，交通機関といった地域住民への社会的サービスがさらに低下し，漁村の衰退が加速度的に進行することが懸念される．こうした漁村の衰退が進行するなかでは，漁業生産を担う効率的かつ安定的な経営体数を確保し，将来にわたって国民への水産物の安定供給を確保することは困難となってくる．さらに漁村が，多様化する国民のニーズへの対応，地域経済・文化への貢献，公益的機能の発揮という役割を果たせなくなれば，漁村だけの問題にとどまらず，これらの恩恵を享受してきた国民にとっても大きな損失となる．

これらの課題に対応し，漁村がその役割を今後とも果たしていくためには，① 漁村の自然，社会，経済の特性を踏まえ，行政や研究機関の連携・協力，ハード・ソフトの総合的な活用，他産業との連携・協力等を通じて，行政や漁業関係者だけでなく，多様な主体の参画を促し，② 水産資源の基礎生産力の向上，地域の特性を活かした産業づくりなど水産業の健全な発展を図るとともに，③ 安全で豊かで住みよい生活環境の改善，自然環境の維持・保全など，地域が主体となった活力ある漁村の再生を進め，自然（環境），社会（生活・文化），経済（産業）が調和，あるいは共生した，持続可能な環境社会システムを構築していくことが重要である．

（中泉　昌光，長野　　章）

7.6.5　漁港・漁場の整備

A. 計画的な整備の推進

漁港築造の記録は文禄年間まで遡ることができるが，近代漁港整備は，1950 年に議員立法により漁港法が成立したことにはじまる．これにより，第 9 次までの漁港整備長期計画のもと，漁港の整備が計画的に推進された．一方，漁場整備は，1974 年に沿岸漁場整備開発法が策定され，第 4 次の沿岸漁場整備開発計画に至るまで着実に展開されてきた．その後，2001 年に漁港と漁場の一体的整備を推進するため，漁港法の改正により漁港漁場整備法が制定された．国は整備計画制度を改め，整備の考え方を示した漁港漁場整備基本方針を策定し，整備目標等を定めた漁港漁場整備長期計画は閣議に諮られることとなった．漁港漁場整備基本方針は，法律上以下の 5 項目を定めることとされている．

① 漁港漁場整備事業の推進に関する基本的な方向，② 漁港漁場整備事業の効率的な実施に関する事項，③ 漁港漁場整備事業の施行上必要とされる技術指針に関する事項，④ 漁港漁場整備事業の推進に際し配慮すべき環境との調和に関する事項，⑤ その他漁港漁場整備事業の推進に関する重要事項．

2011 年度に閣議決定した第 3 次漁港漁場整備計画（計画期間 2011 ～ 2015 年度）では，東日本大震災からの復興，新たな資源管理体制化での水産資源管理の強化，加工・流通業の持続的発展と安全な水産物の安定供給の実現などの水産分野にかかる課題を克服することを目指して，重点課題を定めている．この長期計画では，① 災害に強く安全な地域づくりの推進，② 水産物の安定的な提供・国際化に対応できる力強い水産業づくりの推進，③ 豊かな生態系を目指した水産環境整備の推進の 3 項目を成果目標としている．さらに具体的な指標として，高度な衛生管理のもと出荷される水産物の割合を 29%（2009 年）から概ね 70%に，陸揚げ岸壁の耐震化率を 20%（2009 年）から概ね 65%に向上させることとしている．

B. 漁港・漁場整備の新たな展開

従来の整備はもっぱら不足ストック量の底上げであったが，近年はストックの質的向上やストックマネジメント手法による施設の維持管理に事業が移行しつつある．また，資源状況の悪化などにより，施設の遊休化などが課題となっている漁港も散見されることから，既存ストックの有効活用も今後の重要な課題である．漁村の環境整備は，漁業集落環境整備事業による下水道の整備（2009年整備率：49%）と防災機能の強化が重点施策として実施されている．現行の事業制度は，漁港，漁場，漁村を総合的に振興する観点から，沖合から漁村まで網羅的な整備が可能なしくみとなっており，さらにソフト事業と有機的な連携を図りつつ総合整備が実現している．

また，漁場造成は，従来の補助事業に加え，2007年度から国の直轄事業によるフロンティア漁場整備事業が開始され，TAC魚種を対象として排他的経済水域における漁場の造成を推進している．

さらに，漁村の振興は水産行政上の重要な課題であり，近年国の施策として，離島漁業再生支援交付金や地域資源活用プログラムなどの取り組みがなされている．とくに離島は，漁業の前進基地のほか，自然環境の保全や国境監視・海難救助等について重要な多面的機能を発揮しており，これらの国益を維持・増進する観点から，漁場の生産力の向上に関する取り組みなどを支援する離島漁業再生交付金制度が2005年度から開始された．さらに，2009年度から，水産資源の保護・培養に重要な役割を果たし，水質浄化などの公益的機能の発揮する藻場・干潟など優れた環境・生態系の保全活動を支援する，環境・生態系保全活動支援交付金が制度化され，環境保全などの活動に対し支援が行われることとなった．

今後とも，このように，漁業および漁村の多面的機能や，生態系サービスを維持するための対策を継続することは重要なテーマといえる．

（浅川　典敬）

水産用語解説と略語

水産分野にかかわる用語と略語のうち，とくに重要なものを以下にまとめる。

用語解説（五十音順）

用語解説	英　語	説　明
3,6-アンヒドロ-L-ガラクトース	3,6-anhydro-L-galactose	寒天のアガロビオースを構成する単糖
ADI	acceptable daily intake	当該化学物質について，一生涯摂取しても健康へ有害な影響が認められないとされる1日あたりの摂取量
ATP アーゼ活性	ATPase activity	ATP の高エネルギーリン酸結合で加水分解する酵素の働き．数 mM レベルの Ca^{2+} 存在下におけるミオシン ATP アーゼ活性（Ca-ATP アーゼ活性）は，魚介類筋肉タンパク質の変性度合いを評価する指標となる
F 値	*F*-value	加熱殺菌効果を定量的に評価する値．缶詰の場合，*z* 値が 10°C で，殺菌温度が 121.1°C の場合の殺菌値を F_0 値という．よって，F_0 = 3.1 とは，121.1°C で 3.1 分間殺菌した効果を意味する
GATT ウルグアイラウンド	GATT Uruguay Round	1986 年から 7 年余りにわたって行われた GATT（関税と貿易に関する一般協定）における 8 回目の多角的交渉．貿易に関する交渉に加えて，GATT にかわる機関として WTO（世界貿易機関）の設立が決まった
GG	Gut and Gill less	漁獲した魚の鰓と内臓を除去した状態のこと．マグロなど大型魚を貯蔵する際に用いられる処理形態
HACCP	hazard analysis and critical control point	食品の原材料から最終消費に至るまでの危害因子と発生要因を事前に分析し，必要な対策の監視，記録により危害の発生を防止する科学的な衛生管理システム
IQ 制度（個別割当制度）	individual quota system	TAC（漁獲可能量）を個別の漁業者や漁船ごとに割り当て，割当量を超える漁獲を禁止して TAC を管理する制度
ISO 22000	ISO 22000	Codex の 12 手順に沿った HACCP システムと品質マネージメントシステムを組み合わせた食品安全マネージメントシステムの規格である．ISO は国際標準化機構の名称
ITQ 制度（譲渡性個別割当制度）	individual transferable quota system	個別割当制度の割当を他者に譲渡できるもの
IUU 漁業	illegal, unreported, and unregulated fisheries	国際的な漁獲規制に違反する違法操業船，漁獲量等の操業報告を国際機関に行わない漁船，また，無規制な漁船の総称
K 値	*K*-value	魚介類の化学的鮮度指標．ATP 関連化合物の割合から鮮度を判定する．*K* 値は，総 ATP 関連化合物量に占める HxR と Hx の合計割合（%）として定義され，この値が小さいほど新鮮であると判断される
LED 漁灯	LED fishing light	発光ダイオード（LED）を光源とする漁灯
n-3 系脂肪酸	n-3 tatty acid	末端メチル基から数えて 3 番目の炭素に最初の二重結合を有する不飽和脂肪酸．α-リノレン酸，EPA，DHA など

用語解説	英　語	説　明
n-6 系脂肪酸	n-6 fatty acid	末端メチル基から数えて6番目の炭素に最初の二重結合を有する不飽和脂肪酸．リノール酸，γ−リノレン酸，アラキドン酸など
NO（A）EL	no observed（adverse）effect level	安全性試験において，生物学的なすべての有害影響が対照群に対して統計的に有意な差を示さなかった最大の投与量．最大無作用量（最大無毒性量）という
O 抗原	O antigen	細菌などの細胞壁の抗原であり，リポ多糖が本体である
PCB	polychlorinated biphenyl	ポリ塩化ビフェニルの総称．カネミ油症事件の原因物質．難分解性の化合物で，環境汚染が問題となっている
TAC（漁獲可能量）制度	total allowable catch（TAC）system	対象資源の管理のため，年間の漁獲量の上限を設定・関係漁業に配分し，その採捕量を管理する制度
VPA	virtual population analysis	年齢別漁獲尾数と自然死亡係数を利用して資源尾数と漁獲係数を求める方法の総称．コホート解析ともよばれる
アイスグレーズ処理	ice glaze treatment	凍結品の表面に氷の膜を形成させて，空気と遮断する貯蔵技術．表面乾燥や脂質酸化を抑制できる
青肉		→グリーンミート，ブルーミート
アオノリ	green laver	緑藻に属し，佃煮に使われ「短冊状の細胞が一層に並んでい」る薄い葉体のヒトエグサ属，かけ青海苔や粉末青海苔としてお好み焼きやなどに利用されるアオノリ属，アオノリ属の代用品アオサ属の種類の総称である．和名が「アオノリ」の海藻種はない
赤潮	red tide	単細胞微細藻類が水 1 mL あたり数千細胞密集することにより起こる，水面の着色現象．発生件数の約 10% 程度が魚貝類斃死を伴うが，原因はさまざまで毒性物質による呼吸障害や水塊無酸素化が考えられている
赤身魚	dark-flesh fish	カツオ，マグロなど活動性の高い魚類の総称．筋肉中のミオグロビン含量が多い
アガロース	agarose	寒天のおもな多糖成分で，二糖類のアガロビオースどうしが α−1,3 結合でくりかえし連なったもの
アガロビオース	agarobiose	寒天中の反復単位で，$_{\mathrm{D}}$−ガラクトースと 3,6−アンヒドロ−$_{\mathrm{L}}$−ガラクトースが β−1,4 結合した二糖類
アガロペクチン	agaropectin	アガロビオースに少量の硫酸，ピルビン酸が結合した，寒天の多糖類
卓越年級（群）	dominant year class	資源加入までに生き残った個体数がほかの年よりも特別に多い年の年級群をさす．一般に卓越年級群の存在により漁獲量は増大する
アクチン	actin	筋原線維の細いフィラメントを形成する主要タンパク質で，ミオシンと反応して，筋収縮を起こす
アクトミオシン	actomyosin	筋肉を高濃度の中性塩溶液で抽出することで得られる複合タンパク質．おもにミオシンとアクチンからなり，繊維状の構造をとる．魚肉のゲル形成能は，塩ずり肉糊中のアクトミオシンの加熱ゲル化反応に起因する
上げ潮	flood	干潮から満潮までの間で海面が上昇しつつあるとき．満ち潮ともいう
揚げ氷法	storage with crushed ice	魚介類と砕氷を混合して冷却する方法．断熱性の優れた魚箱の底に氷を敷き，魚介類を置いてから氷をかける

用語解説	英　語	説　明
アサクサノリ	*Pyropia tenera*, nori	ノリの原藻．やわらかく味がよいが病気に弱いため，近年の生産量は非常に少ない
足（あし）	Ashi, gel-texture of surimi-based products	食塩で魚肉タンパク質を溶解させた肉糊を 4 ～ 40°C の低温で保持すると，柔らかいゲルを形成する現象．この坐りゲルを 90°C 付近で加熱すると，塩擂り肉を直接加熱した場合よりも強靱なゲルを形成する（二段加熱）
アニサキス症	anisakiasis	生きたアニサキスが胃壁や腸壁に穿孔することによって，差し込むような激痛に見舞われる疾患
浮子綱（あばづな）	corkline	網漁具に使う浮き（浮子）がとりつけられた綱
油焼け	rancidity, freezer barn	製造後に日時の経過した脂質含量の高い魚の乾製品や冷凍品などにみられる，鰓蓋や腹部が橙赤色に変色する現象．脂質の酸化に伴って生成したカルボニル化合物が関与するメイラード反応が原因である
アマノリ	laver	ノリの原藻でアマノリ属をさす
網裾	(net) foot	網漁具の沈子綱側部分の名称で，操業中または敷設中の網漁具の下になる部分
アミノ-カルボニル反応	amino-carbonyl reaction	還元糖などのカルボニル化合物とアミノ酸などのアミノ化合物との非酵素的反応による褐変現象．メイラード反応ともいう
アミノ酸スコア	amino acid score	食品中のタンパク質の品質を評価するためのスコア．タンパク質を体内で利用するには必須アミノ酸がバランスよく含まれている必要があり，それらがすべて必要量以上存在する場合にはスコアが 100 となる．アミノ酸パターン（必須アミノ酸の理想的な量）を基準にして，最も比率が少ないアミノ酸（制限アミノ酸）の比率（制限アミノ酸が含まれる量 ÷ 制限アミノ酸のアミノ酸パターン量）をいう
網船	purse seiner	まき網を搭載して，投揚網を行う船
アミロース	amylose	デンプンの 20 ～ 30% を占める多糖類．グルコースが α-1,4 結合したもの．熱水に可溶
アミロペクチン	amylopectin	デンプンの 70 ～ 80% を占める多糖類．アミロースのような直鎖に α-1,6 結合で分岐した短いグルコース側鎖をもち，熱水不溶
粗魚油	crude fish oil	水産加工の際に派生する非可食部またはカタクチイワシのような小型の回遊性多獲性魚類の場合その魚体全体から抽出された油分，魚原油
アラゴナイト	aragonite	霰石．斜方晶系の結晶構造をもつ炭酸カルシウムの結晶．天然では 2 番目に多い
荒節	katsuobushi without molding	節類の製造において，魚肉の煮熟，焙乾後の製品であり，カビ付けを行わないもの
アルギン酸	alginic acid	褐藻類の産生する酸性の粘質多糖．マンヌロン酸とグルロン酸をもつ．藻体から希アルカリで抽出される
アルセノベタイン	arsenobetaine	海産動物に含まれる主要な有機ヒ素化合物．急性毒性はなく，摂取されても短時間で体外に排泄されるので食品衛生上の問題はない

用語解説	英　語	説　明
アレルギー様食中毒	allergy-like food poisoning	赤身魚（イワシ，サバ，マグロなど）の筋肉に蓄積されたヒスタミンによるアレルギー様の症状を呈する食中毒．ヒスタミンは，赤身魚の筋肉に高濃度に含まれている遊離ヒスチジンから微生物の脱炭酸酵素作用を受けて生成
あん蒸	aging in drying process	魚介類を乾燥する場合，表面の水分の蒸発と，内部における水分の拡散のくりかえしによって乾燥する．通常は表面からの蒸発が先行し，上乾きになりやすいため内部の水分が残り，かえって乾燥が阻害される．このような場合に，いったん乾燥を中止して行う，魚体内の水分の均一化を図る操作をいう
イカ角（づの）	jig for squid	イカ釣り漁業に使う擬餌針で，擬餌針の下端には釣針が笠状に束ねられて群鈎を成し，擬餌針を貫通する芯材とともに重錘機能も発揮する（群鈎錘（ぐんこうすい）とよばれる）．この針笠の針先にはカエシがなく，釣獲されたイカが自動的に擬餌針から外れる構造となっている
活（い）け締め	brain spiking	水揚げ時に魚の頭部や鰓の奥に包丁を入れ延髄を切断する即殺法．即殺直後の筋肉中ATP濃度を高く維持できるので，硬直を遅らせることができる．マダイ，ハマチ，ヒラメなど養殖魚の出荷時に行われる．なお，養殖魚を活魚で出荷する前に，水槽の水質悪化などを防ぐために絶食状態で飼育することを活け締めという場合もある
いずし	fermented seafood with vegetables, boiled rice and koji	魚肉，野菜，米飯・麹を積層して漬込み，熟成させた製品．ボスリヌス中毒対策のため，通常魚肉は短時間の酢漬けを行う．北海道，東北地方でつくられる
異形世代交代	heteromorphic alternation of generation	多くの海藻類がその生活環において，復相（$2n$）の胞子体（無性）世代と単相（n）の配偶体（有性）世代を交互に繰り返すが，それぞれの世代の示す形態が異なる場合を示す語彙．一般的に，どちらかの世代が顕微鏡視野レベルの微小な世代であることが多い
以西底びき網漁業	large trawl in East China Sea fishery	東シナ海・黄海で総トン数15 t以上の動力漁船により行われる，農林水産大臣の許可を必要とする底びき網漁業
磯焼け	barren ground, coralline flat, deforested area	何らかの原因で海中林が潮下帯浅所まで著しく縮小して無節サンゴモ群落が拡大した結果，海中林に生活を依存する有用な生物も消失するため，産業的に著しい被害が発生する現象．テングサの大量枯死など有用海藻の消失による場合にも用いられる
異体類	flatfishes	カレイ目魚類の総称．ヒラメ類，カレイ類，ウシノシタ類などを含む
一次精製魚油	semi refined fish oil	粗魚油に含まれる非グリセリド不純物（ガム質，遊離脂肪酸，着色物質）を除去した油脂．脱酸油，脱酸・脱色油
一日許容摂取量	acceptable daily intake	→ ADI
一般衛生管理プログラム	prerequisite program	施設・設備の衛生管理や保守点検，従事者の衛生教育など，HACCPを導入するにあたって，あらかじめ整備しておくべき衛生管理事項

用語解説	英　語	説　明
イノシン酸	inosine monophosphate	ヌクレオチドの一種で，魚肉などのうま味物質
陰性染色	negative stain	対象物の周辺を黒く映し出すことで，対象物の微細構造を観察する染色
ウィンタリング	wintering	魚油の精製技術．原料魚油をそのまま，あるいはアセトンを加えて冷却することにより，不飽和度が低く融点の高い脂質を析出・固化させて分離する．不飽和度の高い EPA や DHA を液状油中に濃縮できる
ウェルシュ菌	*Clostridium perfringens*	作り置きのシチュー，カレー，コロッケなどで食中毒を起こす嫌気性胞子形成細菌．病原因子は腸管内で胞子形成時に産生される易熱性のエンテロトキシンで，生体内毒素型に分類される
魚醤油	fish sauce	魚介類に高濃度の食塩を添加して長期間保存熟成させ，タンパク質分解を促してつくる発酵液体調味料．麹や耐塩性微生物スターターを加えて製造した製品もある．魚醤ともいう
浮魚	pelagic fish	表層遊泳性魚類の総称．一般に産卵・索餌のために広い範囲の回遊を行う
うま味物質	umami substance	基本味のうちうま味に寄与する物質．魚介類ではイノシン酸とグルタミン酸がこれに相当する
ウロ	mid-gut gland and viscera	貝類の肝膵臓およびその他内臓
運搬船	carrier	漁獲物を漁場から水揚げ地まで運搬する船．漁場に残る船に燃油や食料，清水なども運搬する
エイコサノイド	eicosanoid	炭素数 20 の高度不飽和脂肪酸からリポキシゲナーゼ，シクロオキシゲナーゼ酵素により生成される生理活性物質群．プロスタグランジン，ロイコトリエン，トロンボキサン群がある．血小板凝集，血管収縮，炎症，アレルギーに関与する．IUPAC ではイコサノイドの表記を推奨している
エイコサペンタエン酸	eicosapentaenoic acid	EPA．総炭素数 20 の n-3 系脂肪酸で 5 個の二重結合を有する．さまざまな生理機能がある．国際純正・応用化学連合（IUPAC）の系統命名法では，イコサペンタエン酸ともいう
永年温度躍層	parmanent thermocline	→主温度躍層
栄養価	nutritional value	飼料や飼料原料の栄養的価値のことで，含まれる栄養素の量，組成および消化吸収率に左右される
栄養強化	nutritional fortification, nutritive fortification	餌に不足している成分を人為的に添加し，動物の栄養要求を満たすようにすること．海産魚種苗生産では，ワムシに EPA（エイコサペンタエン酸）や DHA（ドコサヘキサエン酸），タウリンなどをとりこませて仔稚魚に給餌する
エキス	extract	抽出物のこと．カツオや昆布のだしは，この一例
エクストルーダー	extruder	元来は射出成形に用いられたが，改造することにより魚粉製造の加熱・脱水・脱脂・粉砕を同一装置内で可能とした．1 軸式と 2 軸式がある
エクストルーディットペレット	extrude pellet	粉末原料を高温，高圧，高水分下でエクストルーダーという機械で成型し乾燥した飼料

用語解説	英　語	説　明
エクマン流	Ekman current	一様な風が一定で吹き続けた場合に起こる海面付近の流れ．コリオリの力の作用で流れの向きは風下に対して北（南）半球では右（左）45度方向になり，水深とともに向きはさらに右（左）にずれていく．また流速は水深とともに指数関数的に減少する．海面から積算した体積輸送量は風下に対して北（南）半球では右（左）直角方向に向く
エコーグラム	echogram	魚群探知機において，深度を縦軸に，時間を横軸にとり，エコー信号を画像化したもの
エコー積分器	echo integrator	計量魚群探知機において，エコー強度を積分し，平均散乱強度を計算する回路またはその処理
エコラベル水産物	ecolabelling of fish and fishery products	持続可能で適切に管理され，環境に配慮して漁獲されたことの認証を受けた水産物．イギリスに本部のある海洋管理協議会（Marine Stewardship Council : MSC）が管理するMSC認証やマリン・エコラベル・ジャパンが運営するMarine Eco-Label（MEL）がある．いずれも品質保証ではない
エスチュアリー循環	estuarine circulation	河口付近とそれから遠く離れた地点の間で生じる圧力場の不均衡を解消するために上層で沖向きに低塩分水が流れ，下層で岸向きに高塩分水が流入する密度流
エトキシキン	ethoxyquin	強い機能をもつ合成抗酸化剤．食品添加物としては認められていないが，抗酸化剤として魚粉への添加が認められている
エネルギー要求	energy requirement	魚が代謝活動や成長に要するエネルギー量のこと
エラスチン	elastin	動脈や腱などの伸張性の組織に含まれる弾性タンパク質
エルニーニョ現象	El Niño event	東部太平洋赤道付近で表面海水温が上昇する現象．南米ペルー沖では湧昇流が抑制されプランクトン発生が減少した結果，アンチョビをはじめとするイワシ類の漁獲が減少する
沿岸湧昇	coastal upwelling	カリフォルニア沖やペルー沖などで，風の作用によって深層水が上層に運びあげられる現象．深層水は栄養塩類を多く含むので，湧昇域は生物生産が高く，好漁場となる
塩水楔	salt wedge	弱混合型のエスチュアリーで，塩水が下層を楔形に遡上する現象
遠洋底びき網漁業	large trawl on distant water fishery	公海または外国の200海里内で総トン数15 t以上の動力漁船により行われる，農林水産大臣の許可を必要とする底びき網漁業
塩類細胞	chloride cell	魚類の鰓上皮に分布するミトコンドリアに富んだイオン輸送細胞．発育初期には体表に分布する
大目網	big mesh size	網目の大きな網地
沖合底びき網漁業	offshore trawl fishery	おもに都道府県の地先沖合で，総トン数15 t以上の動力漁船により行われる，農林水産大臣の許可を必要とする底びき網漁業
オキナワモズク	*Cladosiphon okamuranus*	粘質多糖フコイダンを多く含む褐藻
オゴノリ	*Gracilaria vermiculophylla*, chinese moss	工業寒天の原藻や刺身のつまに使われる髪の毛のように細い紅藻

用語解説	英　語	説　明
オッタートロール	otter trawl	水の抵抗を利用して，底びき網を水平方向に広げる装置オッターボード（otter board）を使用する，底びき網漁法
オピン	opine	ピルビン酸を含む有機酸と種々のアミノ酸とが還元的に縮合した化合物
おぼろコンブ	sliced tangle	酢でしめたコンブを表面から薄片状に削ったもの
オミッションテスト	omission test	魚介類の合成エキスから個々の成分を順に除去して官能検査を実施することによりエキスの味に寄与する成分を決定する方法
親潮	Oyashio	北海道の沖合から三陸東方沖に南下する寒流．枝分かれしながら南下するため，沿岸に近いほうから親潮沿岸分枝（第一分枝），親潮沖合分枝（第二分枝）とよばれる
オレンジミート	orange meat	新鮮なカツオを加熱した際に生じる褐色肉のこと．蓄積したグルコース-6-リン酸などとエキス成分間で起こるアミノ-カルボニル反応が原因
温水性魚類	warm water fish	概ね20°C以上の水温において，活発に摂餌して成長する魚類の総称であり，淡水魚ではコイ科魚類やウナギ・ナマズなどがある
温度躍層	themocline	混合層底部から下の，水温が深さとともに急激に下がる層
海岸線	coastline	陸と海の境界である汀線．日本の地形図上の海岸線では略最高高潮面（最大満潮時の水面）が陸地と接する線のことをいう
海況	oceanographic condition	水温，水塊および海流などから総合した海の状態
海中林	marine forest	岩礁海底で林冠を形成する大型多年生のコンブ目，ヒバマタ目褐藻が優占する海藻群落．モ場と記載する場合，藻場とともに砂浜域の海草群落も含む
飼付け放流	releasing techniques with acclimation at a platform	放流魚を，放流前に一定の場所に学習付けしてから放し，放流後も一定期間その場所で給餌を継続することによって，放流直後の減耗を抑える放流手法
海底堆積物	marine sediment	海底に堆積している泥，砂，礫，生物遺骸など全ての堆積物の総称
解凍	thawing	凍結物中の氷結晶を融解すること．水産物では，溶解した水が再び組織に組織に吸収され，柔構造が復元する過程
解糖系	glycolytic pathway	嫌気的条件下でグルコースを分解してエネルギー（ATP）を供給する代謝経路で，魚や畜肉では最終産物として乳酸を生じる．好気的条件下ではクエン酸回路へ基質を供給する．死後の魚肉は嫌気的になるので，解糖系が作動する
解凍硬直	thaw rigor	筋肉中のATP濃度が高いまま凍結した魚を急速解凍すると，その過程で筋肉が収縮し，強烈な硬直現象が起きる．高鮮度の遠洋はえなわマグロなどで見られる
海面高度	sea surface height	ジオイド面から測った海面の高さ．波浪など小さな空間スケールの海面の凹凸は海面高度としては考慮しない

用語解説	英　語	説　明
海洋観測指針	Manual on Oceanographic Observation	気象庁発行の海洋観測マニュアル．船舶で実施する水温，塩分などの計測方法，手順，データ処理法などを具体的に示している．また海水の状態方程式に基づく計算法などが掲載されている
海洋前線	oceanic front	→潮境
海洋牧場	marine ranching	海域を網などで囲うことなく，漁場造成を行った場に種苗放流を行い，音響給餌などにより一定範囲から離れることなく育成管理し漁獲までつなげる，牧畜をイメージした増殖手法
外来種	alien species	意図的か非意図的かにかかわらず他地域から人為的に持ち込まれた種
海陸風	land and sea breezes	陸と海の比熱が異なることにより，日中には海から陸へ，夜間には陸から海へと吹く風
加温式養殖	fish culture in warmed water	飼育池をビニールでおおい，重油ボイラーで水温をあげて魚の成長を早める養殖，ウナギでは一般的
駆け廻し	Danish seine	漁船より，ひき綱，網，ひき綱の順に漁具を投入し，海底のある範囲を包囲したのちに漁具を巻き上げることで漁獲を行う漁法．日本では底びき網漁法の 1 つとしてとりあつかわれる
加工残滓	fish processing offal	水産缶詰など水産加工業より生じた残滓．高鮮度のものが含まれ，大量に生じることが多く，新たな資源として見直されている
過酸化物価	peroxide value	代表的な脂質酸化指標のひとつである．ヒドロペルオキシ基の結合するトリアシルグリセロールまたは脂肪酸基は分子量が異なるので，ヒドロペルオキシド量は，油脂 1 kg に含まれるヒドロペルオキシ基のミリ当量 ($mEq\ kg^{-1}$) で表す
ガス病	gas disease	水中に窒素や酸素が過飽和に溶存するときに，魚の組織内に気泡が発生することによる異常であり，気泡病ともいう
かつお節	boiled, smoke-dried and molded skipjack tuna	カツオ肉（フィレ）を煮熟後，多段階の焙乾（燻乾），カビ付け工程を経た乾製品．カビ付け工程を省いたものは荒節とよばれる
神奈川現象	Kanagawa phenomenon	腸炎ビブリオの病原性株によって起こる血液寒天培地上での溶血現象
加入	recruitment	水産生物の成長過程で，初期減耗が終了し，漁場に移動し，漁獲対象となりうる状態になること
加入あたり漁獲量	yield per recruitment (YPR)	成長・生残モデルから予測される漁獲量を加入尾数で割ったもの．加入が一定だった場合に期待される漁獲量の相対値を示し，資源診断に用いられる
加入あたり産卵親魚量	spawning stock per recruitment (SPR)	成長・生残モデルから予測される産卵親魚量を加入尾数で割ったもの．加入が一定だった場合に期待される産卵親魚量の相対値を示し，資源診断に用いられる
カビ付け	molding	節類の製造において，煮熟，焙乾後に，節の表面にカビを発育させる工程．水分，脂質の減少と風味の醸成を図る
カラギーナン	carrageenan	紅藻の粘質多糖である．二糖類のカラビオースが α-1,3 結合で連なる．カラゲナン，カラギナンと同義

用語解説	英　語	説　明
カロテノイド	carotenoid	テルペノイドの一種で，水産生物に広く含まれている．基本構造に $C_{40}H_{56}$ を有する化合物の誘導体であるが，炭素と水素のみで構成されたカロテン類と，それらの酸化物を含むキサントフィル類とがある
環境収容力	carrying capacity environmental capacity	個体群の増殖に関する生態学の概念であり，限られた空間で特定の種が維持できる最高の個体群レベルをさす．個体群増殖のロジスティック理論では上限値Kがそれにあたる．天然海域においては変動する海洋条件やそこでの生態系の影響を受けるので環境収容力を一定値として見積もることは難しい
環境ホルモン	environmental hormone	→内分泌攪乱化学物質
完全養殖	complete culture	養殖対象生物の誕生から次世代への継続の全生活史を人工管理下で完結できる養殖形態．たとえば，魚類では，親魚からの採卵，受精，ふ化，稚魚育成，成魚育成，親魚の育成，そして採卵のサイクルを継続的に養殖施設内で行うことが可能な養殖技術をさす．ニジマス，コイ，タイ，ヒラメなどで確立されているが，ウナギ，クロマグロなどでは技術開発段階である
干潮	low water	海面が最も下降しきった状態．低潮ともいう
寒天	agar	紅藻の粘質多糖である．アガロース約70%とアガロペクチン約30%からなるガラクタン
乾導法	dry method	人工授精に際して行う媒精法であり，水分をぬぐった容器に卵を受け，精液を混合した後に水を加える方法
カンピロバクター	*Campylobacter jejuni/coli*	微好気性細菌で，鶏肉（焼き鳥，とり刺しなど）で起こりやすい食中毒の原因菌．近年，日本では発生件数が最多
記憶喪失性貝毒	amnesic shellfish poisoning (ASP)	ドウモイ酸を蓄積した貝類を食べることで起こる食中毒．重傷例では記憶喪失を症状とする
危害分析重要管理点	hazard analysis and critical control point	→ HACCP
キサントフィル	xanthophyll	カロテノイド色素のうち，構造に水酸基を含む黄色色素の総称．光合成の補助色素
季節温度躍層	seasonal thermocline	温度躍層のうち季節変化をする部分
基線	baseline	通常は海岸の低潮線とされるが，海岸線が著しく屈曲しているなどの場合は適当な地点を直線で結ぶ直線基線を設定することもできる
北太平洋亜熱帯モード水	North Pacific Subtropical Mode Water	北太平洋の亜熱帯循環系北西部黒潮および黒潮続流の南側海域で形成されるモード水
北太平洋中央モード水	North Pacific Central Mode Water	黒潮続流の北側，亜寒帯前線との間に形成されるモード水
北原の法則	Kitahara's law	魚群は一般に潮境付近に集群する傾向にあるという経験則
起潮力	tide generating force	地球上の物体に働く，月と太陽（天体）の万有引力と，天体と地球の公転による遠心力との合力．天体の万有引力は地球上の各点で異なるが，遠心力は地球上の全点で同じであるため，起潮力は地球上の各点で異なる．潮汐力ともいう

用語解説	英　語	説　明
キチン	chitin	天然の高分子で，カニやエビなどの甲殻類，節足動物などの外殻（外骨格），キノコ類，真菌類の細胞壁を作る主成分で，*N*-アセチル-*β*-D-グルコサミンが1,4結合したムコ多糖類．キチンを加水分解すると，モノマーのD-グルコサミンになる
キトサン	chitosan	キチンを濃アルカリ溶液とともに加熱し，脱アセチル化した物質．キトサンは凝集吸着剤，医療用，健康食品などに利用されている
機能的成熟	functional maturity	実際に繁殖（交尾，産卵）が可能な状態に達すること
揮発性塩基窒素	volatile basic nitrogen	魚介類を長期間保存すると生成する塩基窒素（アミン類）を含む揮発性化合物の総称．アンモニアが主体であるが，トリメチルアミン，ジメチルアミンなども含まれる．これらは鮮度低下に伴う魚臭の原因となる．タンパク質食品の腐敗指標物質
揮発性含硫化合物	volatile sulfur-containing compounds	硫化水素，メタンチオール（メチルメルカプタン），ジメチルスルフィド，ジメチルジスルフィドなどがある．含硫化合物の多くは卵が腐ったようなにおいの原因となる．嗅覚閾値が低く，少量でもにおいを感じる
揮発性低級脂肪酸	volatile nitrogen-containing compounds	炭素数10以下の低級脂肪酸のうち，常温，常圧で揮発性を有する炭素数5～6の脂肪酸．遊離アミノ酸が微生物による脱アミノ反応をうけて生成する経路と，脂質二次酸化生成物であるアルデヒドから酸化生成する経路がある
基本味	basic taste	原味ともいわれる．甘味，塩味，酸味，苦味およびうま味のこと
ギャップ更新	gap dynamics	植物群落の重要な維持機構．林冠があれば林床には光はあまり届かないが，林冠木が枯死し空地となった林床には光が差し込むので，後継群が形成される
給餌養殖	fish culture by feeding	餌料を投与して魚を養殖する生産方式．魚類養殖の大部分は給餌養殖によって行われている
急性毒性	acute toxicity	動物の複数群に量の異なる化学物質を投与し，中毒量や致死量などを調べる．毒量の指標は被験動物中の半数が死亡する量（50% lethal dose : LD_{50}）を用いるのが一般的である
休眠	dormancy	生命活動の一時的な停止現象.休眠状態にあるワムシ，ミジンコ，アルテミアなどの耐久卵では，発達がほとんど停止し，代謝も著しく低下する
漁海況	fishing and oceanic conditions	漁場と漁期を付加した漁況に影響を与える海洋条件および海洋条件を組み込んだ漁況のこと
漁海況予報	forecast of fishing and oceanic conditions	漁獲状況やそれに関連する海況を予報すること
漁獲可能量制度	total allowable catch（TAC）system	→ TAC 制度
漁獲係数	fishing mortality coefficient	漁獲によって減少する個体数の減少速度を表す係数．一般に記号 *F* で表される
漁獲証明制度	catch documentation scheme（CDS）	漁獲から市場までのすべての流通実態を1つの文書に記録し，流通の透明性を確保する制度

用語解説	英　語	説　明
漁獲努力量	fishing effort	漁獲のために投下した資本・労働等の量．操業した漁船数，トン数，人員や日数，操業回数などで表す
漁獲量	catch per unit of effort	漁具数や漁船の操業日数などで漁獲努力量を定義とした場合の単位漁獲努力あたりの漁獲量のこと．資源量の指標
魚かす	fish scrap	原料魚を煮熟・圧搾し乾燥，一部原型が残った半製品．しめかす，身かすともいう．荒かすは不可食部を原料としたもの
漁況	fishing condition	漁獲量の時間的な変化の状況
漁業協同組合	fisheries cooperative association	漁業を営む個人および法人を組合員とする協同組合で，水産業協同組合法に基づき設立される
漁業権	fisheries right	漁業法に基づき，都道府県知事の免許を受けて公共水面において漁業を営む権利であり，定置・区画・共同漁業権の3種類がある
漁業センサス	fishery census	わが国の漁業における生産構造，就業構造，管理組織の実態等を把握するために，海面漁業，内水面漁業，流通加工を対象として5年に1度行われる大規模調査
漁具能率	catchability coefficient	単位漁獲努力あたりの漁獲係数（漁獲率）．漁具の性能の大小を表す．漁獲能率ともいう
魚群探知機	fish finder	超音波の直進性，等速性，反射性を利用して，水中に超音波を垂直に発射し，魚の単体や群れ，海底にあたって返ってきた信号をディスプレイ上に表示する
漁場	fishing ground	漁業生産が一定の期間成立する水域をいい，漁獲対象生物の分布密度が高い
漁場形成機構	mechanism of fishing ground formation	好漁場が形成されるしくみ
魚捕部	bunt	網漁具において最終的に漁獲物を集めてとりこみを行う部分
魚腸骨	viscera, bones, skins, and head	魚肉以外のすべての部分
漁灯	fishing light	誘集・駆集・回避などの行動を灯光によって起こさせ，漁獲対象種の行動を制御して，漁獲を促進させる機能をもつ灯具
魚粉	fish meal	魚類あるいはそれらの頭部，内臓などを乾燥し，細粉とした製品の総称．おもに飼料に利用される
距離減衰補正	time varied gain (TVG)	魚群探知機において，エコー強度は距離とともに減衰するので，それを補正する回路または処理
筋基質タンパク質	stromal protein	肉基質タンパク質ともいう．筋肉から筋形質タンパク質と筋原線維タンパク質を抽出した残りの画分．おもにコラーゲンとエラスチンからなる
筋形質タンパク質	sarcoplasmic protein	筋肉細胞の細胞質などに存在する水溶性のタンパク質の総称で，解糖系酵素，ミオグロビンなどが含まれる
筋原線維タンパク質	myofibrillar protein	筋原線維を構成するタンパク質の総称で，ミオシン，アクチンなどが含まれる．筋肉の高塩濃度処理により溶出される

用語解説	英　語	説　明
クオラムセンシング	quorum sensing	微生物が一定の数量に達すると，細胞内の特定の遺伝子が発現し，新たな作用物質を生成する事象．微生物が他微生物に作用して遺伝情報の発現もおこなうことから，有用菌による病原菌の抑制にも応用できる．クオラムとは，議会の（議決に必要な）定足数をいう
グリーンミート	green meat	メカジキフィレなどが鮮度低下して，増殖細菌によって硫化水素が発生したとき，ヘム色素と反応して緑色を呈する現象．青肉とよばれることもある
グリセロリン脂質	glycerophospholipids	グリセリンを骨格とする複合脂質．塩基部分にコリンまたはエタノールアミンが結合したホスファチジルコリンとホスファチジルエタノールアミンが代表的なグリセロリン脂質である
グルコサミン	glucosamine	キチンを分解して得られる単糖類．*N*–アセチルグルコサミンとグルコサミン塩酸塩の 2 種類が機能性食品素材として利用されている
グルタミン酸	glutamic acid	アミノ酸の一種で，うま味物質として知られる
黒潮	Kuroshio	日本の南岸に沿って2～3ノットの速さで流れる暖流．北太平洋の海洋循環の一部をなす海流で，その流路変動は海況や漁況などに大きな影響を及ぼす
黒潮親潮移行域	Kuroshio-Oyashio transition region	黒潮と親潮が出あう三陸東方沖の海域．世界有数の潮境漁場が形成されることで知られる．混合水域ともいわれる
黒潮前線	Kuroshio front	黒潮と沿岸水の間に形成される海洋前線
クロレラ	*Chlorella* sp.	分類学的には緑藻綱とは異なるトレボウキシア藻綱に属する単細胞藻類とされている．ワムシの餌料として淡水産クロレラが市販され，ワムシの生産の安定化・省力化が可能になった
クロロフィル	chlorophyll	植物色素の一種で，光合成を中心に行う．クロロフィル *a* と，*a* から変異した *b*，*c*，*d* の 4 種がある
クロロフルオロカーボン	chlorofluorocarbon (CFC)	オゾン層保護法でオゾン層破壊物質に指定された塩素を含む化学物質の 1 つで，冷凍空調用の冷媒で，特定フロンといい 1995 年で新規の生産・輸入は停止された．R12 が代表的な冷媒である
燻製品	smoked product, smoked food	各種食品を種々の燻材でいぶしてつくる加工食品．燻煙過程で原料から水分が除かれ，同時に燻煙中の揮発成分が付着することで，貯蔵性が向上する．冷燻品，温燻品，熱燻品，液燻品に大別できる
系群	stock	特定の資源管理目標に対して等質とみなすことができる個体群の単位．すなわち，資源変動考察のための単位であり，必ずしも遺伝学的あるいは進化生物学的に定義される集団とは限らない
形態的成熟	morphological maturity	二次性徴が発現した状態
憩流	slack	潮流の流向が変わるときに流れが止まること．転流ともいう
計量魚群探知機	quantitative echo sounder	魚群エコーを積分して求めた平均散乱強度を対象種のターゲットストレングスで割ることにより，魚量を定量化する機能を備えた魚群探知機
化粧巻き	pearl luster promotion	真珠の収穫前に光沢を増すような環境で養殖すること

用語解説	英　語	説　明
削り節	sliced fushi	節を薄片状に削った製品，あるいはそれを粉砕した製品．かつお節などの一般的利用形態である
桁網	dredge	重い鋼製の桁で網を広げる底びき網漁法
結節	nodule	内臓や軟部組織などに異物が侵入することで炎症や代謝異常などが生じた結果形成された，境界明瞭な充実性の病巣
下痢性貝毒	diarrhetic shellfish poisoning (DSP)	オカダ酸やディノフィシストキシンなどを蓄積した貝類を食べることで起こる食中毒．下痢や嘔吐などを症状とする
健全臨界値	minimum level of dissolved oxygen for normal life	魚類が正常に摂餌，成長し，健全な生活をするために必要な最小限の溶存酸素量
コイヘルペスウイルス病	koi herpesvirus disease (KHV)	日本へは2003年に海外より侵入したと考えられているコイに特異的なウイルス病
降河回遊魚	catadromous fish	生活史のなかの長期間を淡水で過ごし，産卵のために海へ降河する魚（ウナギ類など）
硬化油	hydrogenated oil	油脂を構成する不飽和脂肪酸の二重結合部にNiやCuの触媒存在下にて水素を結合し二重結合を減少させ，水蒸気蒸留により脱臭した加工油脂．硬化魚油はマーガリンやショートニング基材として利用される．水素添加油
高高潮	higher high water	1日2回の高潮のうち高いほう
抗酸化剤	antioxidant	酸化防止する機能がある物質．脂質成分の酸化を抑制するために食品などに添加される，合成抗酸化剤として BHA (butylated hydroxy anisole)，BHT (dibutyl hydroxy toluene)，エトキシキンなどがあげられる
抗酸性（菌）染色	acid-fast staining	抗酸菌を選択的に染色する染色法である．抗酸菌は，難染色性であるが，一度染色されると酸やアルコールで脱色されにくい性質を利用した染色法
甲状腺ホルモン	thyroid hormone	甲状腺から分泌されるアミノ酸誘導体のホルモンで，ヨウ素が3個結合したトリヨードチロニンと，4個結合したチロキシンがある．体内のタンパク質合成やエネルギー代謝などを高める機能がある
合成エキス	synthetic extract	魚介類のエキスを模して純品の試薬を混合調製したエキスのこと．再構成エキスともいう
紅藻デンプン	floridean starch	紅藻の貯蔵多糖．アミロペクチンとグリコーゲンの中間的な物理化学的性質を有する
光束消散係数	beam attenuation coefficient	媒体内における光束の消散率をその媒体の厚さで割ったもの
酵素抗体法	enzyme labeled antibody test	酵素で標識した抗体を用い，抗原を検出する方法
抗体検査	antibody test	血清中の特異抗体の有無を調べる検査．定量も可能
高低潮	higher low water	1日2回の低潮のうち高いほう
高度回遊性魚種	highly migratory species	遊泳能力が高く，排他的経済水域の内外を問わず大洋全域を広く回遊する魚種

用語解説	英　語	説　明
高度不飽和脂肪酸	polyunsaturated fatty acid	PUFA. 複数の二重結合を有する不飽和脂肪酸. 多（価）不飽和脂肪酸ともいい，n-6 系脂肪酸のリノール酸，γ-リノレン酸，アラキドン酸，および n-3 系脂肪酸の α-リノレン酸，エイコサペンタエン酸（EPA），ドコサヘキサエン酸（DHA）などがある．生物餌料ではとくに海産魚の成育に必要な EPA，DHA，ArA の含量が注目され，栄養価の評価指標となる
ゴーストフィッシング	ghost fishing	本来の漁具構造から脱落して海底に残された網が漁獲を続ける状態
小型底びき網漁業	small trawl fishery	総トン数 15 t 未満の動力漁船により行われる，都道府県知事の許可を必要とする底びき網漁業
国際海事機関	International Maritime Organaization	船舶の構造・設備，危険貨物の取扱いなどの海上の安全，能率的な船舶の運航，有害物質の海洋投棄やバラスト水による生物移動など海洋汚染の防止に関し，勧告や国際条約の採択等を行うことを目的としている国連機関
国際食品規格委員会	Codex alimentarius commission（CAC）	消費者の健康の保護，食品の公正な貿易の確保等を目的として，1962 年に FAO および WHO により設置された国際的な政府間機関．国際食品規格（コーデックス，Codex）の作成などを行っている
骨格多糖	skeletal polysaccharide	海藻の細胞壁を構成する多糖．緑藻，褐藻，紅藻それぞれが特徴的なものをもっている
コレステロール	cholesterol	水産動物類のステロールの主成分であるコレステロールは，細胞膜，オルガネラ膜，ミエリン鞘の構成脂質成分である．とくに，脳神経組織や副腎などの臓器に多量に含まれる
ゴロ	hepatopancreas and viscera	イカの肝膵臓およびその他内臓
混獲	bycatch	漁業の対象となる魚種に混じって，他の魚などが一緒に漁獲されること
混合層	mixed layer	海面下の水温塩分などが一様になっている層．冬季に発達し海域によっては数百 m の厚さに達する．おもに海面での冷却と風のかき混ぜによって形成される
コンドロイチン硫酸	chondroitin sulfate	軟骨魚類の軟骨やサケの鼻軟骨（氷頭）などに含まれる酸性ムコ多糖類．タンパク質と結合したプロテオグリカンの形で存在している．工業用原料，食品・医薬品材料に利用されている
コンブ	kelp, tangle	褐藻コンブ目に属する大型の寒帯性褐藻．北海道から三陸沿岸域においてコンブ漁業の対象とされ，乾燥，加工などの処理を経て食品として利用するほか，各産業分野で材料などに役立てることができる種類の総称である．食用，だし，アルギン酸原料として重要．和名が「コンブ」の海藻種はない
最大持続生産量	maximum sustainable yield	その資源にとり現状の生物学的・非生物学的環境条件のもとで持続的に達成できる最大（あるいは高水準）の漁獲量
最大氷結晶生成帯	zone of maximum ice crystal formation	氷結温度の −5°C 〜 −1°C の温度帯．食品一般の凍結過程では品温が低下しにくく，氷結晶が大きくなりやすい

用語解説	英　語	説　明
下げ潮	ebb	満潮から干潮までの間で海面が下降しつつあるとき．引き潮ともいう
サルモネラ	Salmonella	鶏卵，鶏肉，食肉などによって起こりやすい感染型食中毒の原因菌．1999年に乾燥いか菓子による大規模・広域食中毒が起こった．最近の流行血清型はエンテリチディス（Enteritidis）
三倍体ガキ	triploid oyster	基本数の3倍の染色体数をもつ倍数体であるカキ．ほとんど不妊になるので，良好な成長・身入りを示し商品価値が高い．養殖中の夏季大量斃死が少ないという利点もある
産卵誘発（法）	induced spawning	必要な時期に合わせて良質の卵が採取できるように，水温上昇，紫外線照射海水の導入，ホルモン処理などの刺激を親魚に与える方法
ジアシルグリセリルエーテル	diacylglycerylether	トリアシルグリセロールの *sn*-1位に，二重結合数0あるいは1の高級アルコールがエーテル結合したワックスの一種．板鰓類の体油や肝油に貯蔵脂質として多く存在する
塩辛	salted and ripened seafood	魚介肉および内臓などに高濃度に食塩を添加して保存性を付与し，熟成させた製品．熟成中に筋肉や内臓の酵素によって旨味成分と特有の風味が醸成される
潮境	oceanic front	異なる水塊間の境界であり，水温・塩分などの物理特性が不連続的に変化する．海洋前線，潮目ともいう
塩干品	salted and dried product	原料を適宜に調理し，塩漬けしてから乾燥した製品．しおざけ，くさや，からすみ，ふかひれ，シシャモやカレイの丸干しなど
潮目	oceanic front	→潮境
紫外線殺菌	ultraviolet disinfection	生物に障害を与える紫外線を用いて殺菌する方法
シガテラ	ciguatera	熱帯海域から亜熱帯海域，とくにサンゴ礁海域に生息する魚類の摂食によって起こる致死率の低い食中毒
シガトキシン	ciguatoxin	シガテラの主要な原因毒．分子量1,110の脂溶性ポリエーテル化合物
志賀毒素	Shigatoxin	腸管出血性大腸菌食中毒の病原因子で，ベロ毒素ともいう．赤痢菌の毒素でもある
資源量指数	abundance index	資源量の相対的な大小を表す指数．資源分布や漁獲努力の偏りの影響を補正するため，漁区別CPUEに各漁区面積を掛け合わせたものの総和として計算する．資源量指数を漁場の総面積で割ると資源密度指数が得られる
死後硬直	rigor mortis	生物の死後，筋収縮がおこって体が硬直する現象．筋肉中のATPの減少に伴っておこる
自己消化	autolysis	魚介類の筋肉タンパク質が，漁獲後，貯蔵中に，内在性酵素（プロテアーゼ）によって徐々に分解を受けること
脂質酸化一次生成物	primary lipid oxidation product	おもにヒドロペルオキシドを指す．脂質の自働酸化成長期において，ペルオキシラジカルは共存する不飽和脂質分子のビスアリル水素から水素をとりこみ，複数種のヒドロペルオキシドを生成する．これらは，食品の品質低下の要因となる

用語解説	英　語	説　明
脂質酸化二次生成物	secondary lipid oxidation product	脂質の自働酸化で生成したヒドロペルオキシドは，低分子のアルコール類とアルデヒド類へと分解され，さらに酸化されてケトン類を生成する．これらを脂質酸化二次生成物と総称する．カルボニル基を有するアルデヒドとケトンは，カルボニル化合物とよばれる
止水式養殖	culture in still-water	溜池など止水状態の池で，植物プランクトンの繁殖により酸素を供給して魚を飼育する方式．水槽を使用する場合でも，換水を大幅に減らす養殖方式にも用いる
雌性先熟	protogyny	雌として成熟した後，雄に性転換する現象
ジゼロジン	gizzeroisine	ヒスチジンとリシンから合成される物質でニワトリの筋胃潰瘍症を起こす．魚粉製造工程でも過度の加熱で生じる
自然死亡係数	natural mortality coefficient	漁獲以外の要因によって減少する個体数の減少速度を表す係数．一般に記号Mで表される
持続的養殖生産確保法	Sustainable Aquaculture Production Assurance Act	養殖漁場の環境改善と疾病の蔓延防止を目的とした法律(1999年施行)．漁業協同組合などが，魚病の予防を含めた養殖漁場改善に自主的に取り組むことを中心に据え，これが容易になるよう制度的な手当を講じることとしている．また日本に未侵入・未定着の特定の魚病については蔓延防止措置を講ずる事が定められている
湿導法	wet method	人工授精に際して行う媒精法であり，水中に卵を取り出して精液を加える方法
実用塩分	practical salinity	15°C，1気圧での塩化カリウムの標準溶液(1 kg中塩化カリウム32.4356 g)の電気伝導度に対する標本海水の電気伝導度の比で定義される．過去の資料との数値的な連続性に配慮して値を定義している．単位はなく，値そのものの物理的意味もない
自動イカ釣機	automatic squid jigging machine	イカ釣り漁船の舷側に配列し，釣機群として集中制御してイカを釣るロボット．両端または片側にリールのついたシャフトをモーターで回し，リールに巻き取った20～30個の擬餌針(イカ角)を連結した釣具ラインを船上からイカの遊泳層に降ろし，シャクリ動作を伴う巻上げでイカの擬餌針捕捉行動を起こさせて釣獲する
ジノグネリン	dinogunellin	ナガズカの卵巣に含まれる毒成分．A～Dの4成分がある
ジブロモメタン	dibromomethane	紅藻サンゴモ類などが生産，分泌する揮発物質．ウニ幼生の変態誘起物質
締環	purse ring	沈子綱に適当な間隔をおいてロープ等でとりつけられた金属環で，これに通した環綱を締めると網底を塞ぐことができる
ジメチル-β-プロピオテチン	dimethyl-β-propiothetin	単細胞藻類で生合成されるが，食物連鎖により魚介類にとりこまれたのちに分解され，ジメチルジスルフィドを生成する
主温度躍層	main thermocline	亜表層から中層(水深およそ500～1,000 m)にかけてみられる温度躍層で，季節変化がほとんどない部分．永年温度躍層に同じ
種苗生産	seed production	養殖または放流に使用可能なサイズの健全な魚介類仔稚を育てること

用語解説	英　語	説　明
種苗放流	seed stocking	資源の増大を目的として，天然採苗または人工生産した種苗を放流すること
消化吸収率	digestibility	飼料中の栄養素がどれほど吸収されたかを示す値
商業的殺菌	commercial sterilization	存在する微生物を完全に殺菌するのではなく，食品の貯蔵性と安全性に悪影響を及ぼす微生物の殺滅を目的とした殺菌のこと．缶詰やレトルト食品の加熱殺菌が該当する
商業捕鯨モラトリアム	moratorium of commercial whaling	クジラの資源評価が行われるまで商業捕鯨の一時停止措置として設定されたが，反捕鯨国との主張がかみ合わず，膠着状態が続いている
食品衛生法	food sanitation law	飲食に起因する衛生上の危害の発生を防止し，もって国民の健康の保護を図ることを目的とした法律．1948年1月1日施行．食品安全基本法の制定に伴い，2003年8月29日に大改正
脂溶性ビタミン	lipophilic vitamins	油脂に溶けやすく，水に溶けにくいビタミン類．水産生物にはビタミンA，D_3，Eが存在する
食品安全基本法	food safety basic law	食品の安全性の確保に関し，基本理念を定めるとともに，施策の策定にかかわる基本的な方針を定めることにより，食品の安全性の確保に関する施策を総合的に推進することを目的とした法律．2003年7月1日施行
植物ステロール	phytosterols	植物由来のステロール類．β-シトステロール，カンペステロール，スティグマステロールなどが海藻に含まれる
しらた	Shirata	脂質含量の高い原料魚から製造された鰹節が示す，貯蔵中に皮つき側の表面から内部に向かって灰白色に退色し，削った際に粉状に崩れてしまう状態をいう．脂質酸化二次生成物により，ヘムタンパク質のポルフィリン環が開裂されることが原因である
飼料（転換）効率	feed conversion efficiency	給餌した飼料重量に対する体重増加量の割合で，飼料の何％が増重に利用されたかを示す
餌料系列	feeding regime	魚介類の種苗生産において，成長する過程で給餌する飼餌料の順番と期間
飼料効率	feed efficiency	飼料がどれほど効率的に魚の増体に寄与したかを表す指標．飼育期間中の魚の体重増重量を同期間中の給餌量で割り，100をかけた値
白身魚	white-flesh fish	ヒラメ，タラ類など活動性の低い魚類の総称．筋肉中のミオグロビン含量が少ない
親魚養成	brood stock culture	良質で大量の採卵，採精が可能な状態になるように雌雄の成魚を育てること
シングルシード	single seed	付着可能になった成熟幼生より小さい，直径約200 μmのカキ殻粒を基質として用いて，これにカキ幼生1個体だけ付着させたもの．生食用の一粒ガキを生産するための人口種苗をいう
人工採苗	artificial seed collection	天然からの直接採苗が難しい種類か，あるいは天然種苗より人工種苗の方が成長率・生残率・市場価値が高い種類について，その生活史を人為的に管理することによって種苗を計画生産すること

用語解説	英　語	説　明
人工種苗	artificial seed	人為的な産卵促進，人工受精により得た卵をふ化飼育し，増養殖，放流用等に生産した稚魚
人工流木	fish aggregating device (FAD)	魚群を集めることを目的に漂移させる筏やブイなどの人工構造物
浸漬時間	soak time	かご網などを海底に浸漬する時間
真珠養殖	pearl culture	貝類を使用して人工的に真珠を生産する方法で，日本ではアコヤガイでの生産が多く，他にマベ，シロチョウガイ，クロチョウガイ，イケチョウガイなどが用いられる
真性ワックス	wax	脂肪酸と高級アルコールとがエステル結合しており，単にワックスとよぶこともある．マッコウクジラやツチクジラなど歯クジラ類の頭油の主成分である
シンチアオール	cynthiaol	ホヤの組織中で，アルキル硫酸塩がアルキルスルホヒドラーゼにより加水分解されて生成する不飽和アルコール類，漁獲後の時間経過とともに強くなる独特のにおいの前駆物質
浸透圧調節	osmoregulation	外部環境の浸透圧に対して体内の浸透圧を一定に保つ働き．淡水魚の体液は環境水より高張で，海産魚のそれは環境水より低張である．魚類の浸透圧は，鰓，腎臓および消化管などにより調節されている
水温逆転	temperature inversion	水温が深さとともに高くなること
水塊	water mass	類似した水温・塩分の特性をもつ海水の集まり
水銀	mercury	原子番号 80 の元素で，金属の中では常温常圧で唯一液体．メチル水銀は水俣病および阿賀野川水銀中毒事件の原因物質
水産用水基準	standard of fisheries water	日本水産資源保護協会が，水産生物の生息にとって望ましい水質基準を定めたもの
吹送流	wind driven current	風が海面を擦ることによって起きる流れ
水氷処理	chilling fish in ice water	清水または海水に砕氷を入れて $-2 \sim 0°C$ の水と氷の混合物をつくり，漁獲物を保蔵する方法
水氷法	storage in ice water, iced storage	氷を混ぜた水中（海水中）で水産物を冷却する氷蔵法
水分活性	water activity	系の平衡蒸気圧を純水の平衡蒸気圧で割った値．食品中にあって微生物が利用できる自由水の量を反映する
水利権	water right	河川法に基づき，河川や湖沼の水を取水して利用（流水の占用）する権利であり，許可水利権と慣行水利権に区別される
数値モデリング	numerical modeling	魚の行動に影響を与える流れ，水温，餌などの環境条件や個体の生理状態と個体の行動との作用・反作用の関係を定式化することで魚の回遊状況を数値的にシミュレーションする方法．モデル化に際しては，魚が何のために回遊しているのか，魚の動きの定式化の基礎とする考え方の妥当性を，野外調査と照らし合わせながら検討することが重要
スキャニングソナー	scanning sonar	指向性の鋭い音響ビームを電子的に旋回させ，自船周囲の海中を可視化するソナー．魚群発見のために用いられる

用語解説	英　語	説　明
スクアレン	squalene	五炭素化合物であるイソプレンユニットを構成単位とする天然物化合物のひとつである．ステロイド骨格の中間体でもあり，深海性サメ類の肝臓に多く分布している
スサビノリ	*Pyropia yezoensis*, nori	ノリの品種としてわが国で最も多く養殖されている北方種
スズ	tin	原子番号50の元素で，メッキ材料として利用．缶ジュースや缶詰ではメッキに用いられたスズが多量に溶出し，中毒をひきおこすことがある．船底塗料や漁網防汚剤に用いられた有機スズ化合物の健康影響が懸念される
ストラバイト	struvite	カニ，サケ，ツナ，貝類などの缶詰で析出するリン酸アンモニウムマグネシウムのガラス状結晶
ストレッカー分解	The Strecker degradation	アミノ-カルボニル反応の副反応として起こる反応．α-ジカルボニル化合物とα-アミノ酸の脱水縮合物が酸化的脱炭酸を受けて，アルデヒドやピラジンが生成する．ピラジンは，食品に特有の香気をあたえる
スプリットビーム法	split beam method	単体エコーを複数の受波器で受信し，信号の位相差から対象の方位角を測定する方式．方位角から指向性を補正して対象のターゲットストレングスを推定することができる
素干しのり	dried laver, dried nori dried red algae	アマノリを 19 × 21 cm の大きさに漉き，乾燥させたもの．長期保存に弱いので，最近は焼きのりや味付けノリまで加工して流通することが多い．乾のりともいう
素干し品	dried product, dried seafood	原料をそのまま，または適宜に調理し，水洗いして乾燥した乾製品．するめ，身欠きにしん，たたみいわしなど
スモルト化	smoltification	サケなどが，降海に先立ち，体色がグアニンの沈着により銀色に変わること．銀化ともいう
制限アミノ酸	limiting amino acid	ある食品において必須アミノ酸のバランスが悪い場合，最もネックとなる1つ，あるいは複数のアミノ酸をさす
脆弱な海洋生態系	vulnerable marine ecosystem (VME)	脆弱で，傷つきやすい海洋生態系をさす．主として，海山等の深海域に生息する冷水性サンゴなどで構成された群落を示す場合が多い
生食食物連鎖	grazing food chain	植物プランクトンを起点とする食う-食われるの連鎖系
成層	stratification	鉛直方向の水温や塩分の違いにより，水柱が層状をなすこと
生態系（の）攪乱	disturbance of ecosystem	環境が地震や火山噴火などの自然現象，あるいは各種産業の展開などの人為的現象により変化したため，そこにいる生物群集の構造が大規模かつ長期にわたって変わること．ある種が消滅し，ほかの種が侵入大繁殖して顕在化することが多い
成長・生残モデル	dynamic pool model	魚の生活史にそって成長，生残をモデル化し，資源管理の指針を計算するモデル．YPR 解析，SPR 解析などともいう

用語解説	英　語	説　明
成長乱獲	growth overfishing	小型魚のうちに過度に漁獲されることにより大型魚が減少して，漁獲量が減少する状態．親魚の多獲により子孫が減って漁獲量が減少する状態は加入乱獲とよばれる
生物学的許容漁獲量（ABC）	allowable biological catch, acceptable biological catch	「現行の資源水準を維持する」，「資源量を5年後に20%増大させる」などの管理シナリオのもとに，生物学的に算出される次年度の漁獲量の上限の値．妥当なABCを算出するためには，現在までの資源量の推定精度および将来の加入量の予測精度の向上をはかる必要がある
生物餌料	live food	魚介類の人工種苗生産に餌料として用いられる動物プランクトン（ワムシ，アルテミア，ミジンコ，カイアシ類など）や微細藻類の総称
生物防除	biological control, biocontorl	バイオコントロールの和名．生物学的防除ともいう →バイオコントロール
接合胞子	zygospore	ノリ（アマノリ類）などの配偶体世代が成熟時に放出する胞子．果胞子ともいう．アマノリ類では葉体に形成された造果器が精子と受精して果胞子嚢となり，その中に複数形成される．接合胞子はカキ殻などに穿孔して糸状体（コンコセリス）になる
絶対塩分	absolute salinity	海水中に含まれる固形物質の濃度．g/kg，‰などで表される．ここで固形物とは，すべての炭酸塩は酸化物に替え，臭素・ヨウ素は塩素で置換し，有機物は完全に酸化する（海洋観測指針）と定義されている
鮮魚	fresh fish	社会通念上，特段の加工処理を施さない新鮮な魚として認識されて流通している魚介類
前線渦	frontal eddy	黒潮や湾流等の前線の擾乱に伴って，その縁辺部に発生する低気圧性の渦
挿核手術	nuclear insertion operation	真珠を生産するために貝類の体内に核を外套膜片とともに挿入（移植）する手術で，外套膜は真珠袋となり核のまわりに真珠層を分泌する
送受波器	transducer	魚群探知機やソナーにおいて，電気信号を音響信号に，音響信号を電気信号に変換する装置．一般に可逆性があり，送受波器を兼用するものが多い
増肉係数	feed conversion ratio	飼料がどれほど効率的に魚の増体に寄与したかを表す指標．飼育期間中の給餌量を体重増重量で割った値
ゾーニング管理	zoning administration	自然条件と社会条件に応じて生息域をいくつかの区域に分けて，増殖，保全，利用方法を分ける管理方策
遡河回遊魚	anadromous fish	生活史のなかの長期間を海で過ごし，産卵のために川を遡上する魚（サケ・マス類など）
底びき網漁業	trawl fisheries	袋状の網を漁船によりひいて，漁獲を行う漁業．駆け廻し漁具漁法を用いる漁業も日本ではこれに分類される
ターゲットストレングス	target strength (TS)	水中物体の音響反射率を表しTS＝（音源方向へ1m戻った点での反射波強度）／（入射波強度）で定義される．魚のTSは体長の2乗に比例する．デシベル（dB）量で用いられることが多い
ターミナル F	terminal F	年級群の最高年齢の漁獲係数 F

用語解説	英　語	説　明
大気海洋大循環モデル	atmosphere-ocean coupled general circulation model (AOGCM)	流体力学モデルに，熱力学・熱放射などの物理モデルをくみあわせた大気大循環モデルと，海洋大循環モデルをくみあわせることにより，大気−海洋間の相互作用をとりこんで，気候変動予測などに役立てようとしたモデル
耐久卵	resting egg，dormant egg	成長や活動に不適な環境下で耐性を示し，休眠状態を維持する卵．ミジンコでは ephippium，アルテミアでは cyst とよばれることが多い
大臣許可漁業	minister licensed fisheries	許可漁業のうち農林水産大臣が船舶ごとに許可を与えるもので，指定漁業といわれる
耐熱性溶血毒	thermostable direct hemolysin	腸炎ビブリオの病原因子．腸管毒性により下痢を起こす
大陸斜面	continental slope	地形学上の大陸棚の沖側に分布するやや急勾配の斜面
大陸棚	continental shelf	大陸・島嶼周辺のきわめて緩傾斜の棚状の地形．多くの場合，水深は 130 m 前後．国連海洋法条約における法的大陸棚の定義は地形学と異なり，沿岸国の 200 海里までの海底とされる．また，200 海里を超える海域でも大陸斜面脚部からの距離，あるいは堆積岩の厚さをもとにその限界を延長できると定められている
タウリン	taurine	分子中にイオウを含むアミノ酸誘導体．2−アミノメタンスルホン酸（アミノエチルスルホン酸）のこと．イカやタコ，カキなどの魚介類に多く含まれる．脳，心臓，筋肉，肺など体内各部に存在し，細胞機能の正常化に関わっている．さまざまな生理作用が報告されている
脱皮	molt	甲殻類の成長様式で，外骨格の内側に新規の外皮がつくられた後，古い殻を脱ぎ捨てること
立て塩漬け	brine salting	食塩水に魚介類を浸漬して食塩を浸透させる塩蔵法
単純脂質	simple lipids	炭素，水素，酸素を構成元素とする，脂肪酸とアルコールとがエステル結合しているアセトンに可溶な脂質
血合筋	dark muscle	魚類において，側線直下や脊椎骨周辺に発達した，赤みの強い筋肉で，遊泳などゆっくりとした持続的運動に使われる．赤みは主としてミオグロビンの存在による
地域漁業機関	regional fisheries management organisations (RFMOs)	漁業管理は太平洋や大西洋といった海域ごとに，またマグロ類やサケ類といった魚種ごとになされている．このように，各海域，各魚種ごとの漁業管理で設立されたこのような漁業管理を地域漁業機関とよぶ．ICCAT などがその例
チオバルビツール酸価	thiobarbituric acid value	脂質酸化指標のひとつ．チオバルビツール酸とアルデヒドとの反応で生成する赤色化合物を吸光法で測定し，油脂 100 g 中のマロンアルデヒド相当量（mg 100 g^{-1}）により酸化度を評価する
知事許可漁業	governor licenced fisheries	水産資源の保護，漁業調整その他公益上の目的から一般には禁止されているが，都道府県知事の許可により営むことができる漁業で，都道府県の漁業調整規則により許可隻数，トン数を制限する
中西部太平洋まぐろ類委員会	Western and Central Pacific Ocean Tuna Commission (WCPFC)	西部および中部太平洋における高度回遊性魚類資源の保存および管理に関する条約に基づき 2004 年設立

用語解説	英　語	説　明
中性プラスマローゲン	neutral plasmalogen	ジアシルグリセリルエーテルの *sn*-1 位が，高級アルデヒドのアルケニル結合に置換したグリセロール脂質の一種
中腸腺	mid-gut gland	貝類の肝膵臓
中和試験	neutralization test	毒素や微生物とそれに対応する抗血清を反応させ，活性や感染力を中和する反応
腸炎ビブリオ	*Vibrio parahaemolyticus*	好塩性細菌で夏の沿岸海域に生息．鮮魚介類（刺身やすしなど）で起こりやすい感染型食中毒の原因菌．耐熱性溶血毒により下痢などを起こす．2007 年にいか塩辛で大規模食中毒が発生
腸管出血性大腸菌	enterohemorrhagic *Escherichia coli*	病原大腸菌の一種．志賀毒素（ベロ毒素）を産生し，ヒトに出血性大腸炎など重篤な症状を起こす食中毒菌．食肉，ハンバーグなどが原因となりやすい．血清型 O157 による事例が多い．1996 年堺市の小学校で大規模食中毒が発生
潮差	tidal range	満潮と干潮の差
潮汐	tide	地球，月，太陽の運行と関係し，1 日 2 回（海域によっては 1 回），海面の昇降を規則正しく繰り返す現象．海面昇降は満月と新月の頃に大きく（大潮），上弦と下弦の頃に小さい（小潮）
潮汐残差流	tidal residual current	潮流のベクトル平均をとったときに残る流れ
腸内細菌群	intestinal miroorganisms	宿主動物の消化管に生息し，消化促進，代謝・免疫増進など，宿主に有益な作用をおよぼす微生物群と，ほかに病原性大腸菌やクロストリジウム菌などで構成される細菌群
潮流	tidal current	潮汐に伴って生じる流れ
潮流楕円	tidal ellipse	座標原点から各時刻の分潮をベクトルで表示したときの先端を結んだホドグラフ
超臨界流体	supercritical fluid	臨界点以上の温度・圧力下にある水，二酸化炭素などは気体と液体の特性をあわせもつ．常態と異なり浸透性，溶解性が著しく高い
調和分解	harmonic analysis	実際に観測された潮汐や潮流を各分潮に分離し，それらの振幅と位相差を求めること
直腸腺	rectal gland	軟骨魚類の直腸に開口する塩類を排出する腺構造で，浸透圧調節にかかわる
貯蔵多糖	storage polysaccharide	エネルギー源として生物に貯蔵されている多糖. 緑藻，褐藻，紅藻でそれぞれ特徴的なものをもつ
沈子綱	leadline	網漁具に使うおもり（沈子）がとりつけられた綱
低高潮	lower high water	1 日 2 回の高潮のうち低いほう
底質	sediment quality	海底，湖底などを構成する物質の性状
底質指標	sediment quality indicator	底質の性状を具体的に指し示す尺度
低低潮	lower low water	1 日 2 回の低潮のうち低いほう
呈味成分	taste-active component	呈味の発現に関係する成分

用語解説	英 語	説 明
適正最大養殖量	carrying capacity assimilative capacity	適正最大養殖量は環境収容力（carrying capacity）と同じ意味で用いられてきた．現在も無給餌養殖では同じ意味で使われることが多いが，給餌養殖では「自然浄化力の範囲内，すなわち環境が悪化しない範囲内で生産できる最大の養殖量（Assimilative capacity）」と定義される
デトリタス	detritus	生物遺骸の分解過程で微生物が付着した有機物片
テトロドトキシン	tetrodotoxin	フグ毒の本体．ナトリウムチャネルをブロックして細胞膜上の興奮伝達を停止させる神経毒
デルーリー法	DeLury's method	DeLury 法．資源が漁獲のみで減少するとき，期間別の漁獲量と漁獲努力量を用いて資源量を推定する方法
テルペン	terpene	褐藻アミジグサ類や紅藻イギス類などの多くの種が生産する植食動物の摂食阻害物質
電解殺菌	disinfection by seawater electrolyzation	海水の電気分解により生成する次亜塩素酸・次亜塩素酸イオンにより殺菌する方法
テングサ	Agarophytes, tengusa	寒天抽出に使用される紅藻で，テングサ目，スギノリ目，イギス目海藻の通称
天然採苗	natural seed collection	天然で発生する養殖・放流用水産生物の幼稚仔（稚魚・稚貝）や胞子などを直接採取すること．稚魚は網で，付着性の無脊椎動物や藻類は貝殻や人工繊維などに付着させて採取する
等漁獲量曲線	contour plot of yield per recruitment	漁獲死亡係数と漁獲開始年齢から得られる加入あたり漁獲量（YPR）の等高線
統計証明制度	statistical document program	漁船や蓄養場，加工場を管理する国が船名，漁獲海域，製品形態等を確認した統計証明書を輸出に際して発行し，輸入国がこの統計証明書を回収することにより，貿易から漁獲状況を把握する制度
糖脂質	glycolipids, glyceroglycolipids	脂質に糖が結合した複合糖質，グリセロ糖脂質とスフィンゴ糖脂質がある
同質異像	polymorphism	同一の化学組成をもつ物質が，複数の異なる結晶構造をとる現象
灯船	lightboat	灯火を使用して魚群を集魚するとともに，操業を補助する船
稲田養鯉	carp culture in paddies	水田の湛水期間を利用してコイの種苗を生産する方式
透明度	Secchi disc depth	直径 30 cm の白色円盤（透明度板）を水中に垂下し，その盤を視認しえなくなる深さ
通し回遊魚	diadromous fish	海と川を行き来する回遊魚．降河回遊魚．遡河回遊魚．両側回遊魚に分けられる
特定保健用食品	food for specified health use	FOSHU．健康効果を科学的に評価する審査を通過した食品について，健康強調表示を許可する制度「特定保健用食品表示許可制度」に基づいて表示を許可された食品
ドコサヘキサエン酸	docosahexaenoic acid	DHA，総炭素数 22 の n-3 系脂肪酸で 6 個の二重結合有する．ドコサヘキサエン酸は脳関門を通過できるので脳組織に存在するが，エイコサペンタエン酸は脳には存在しない．さまざまな生理機能がある
トサカノリ	*Meristotheca papulosa*	紅藻トサカノリで，加工方法によって色調を変え，海藻サラダに使用される

用語解説	英　語	説　明
都市残滓	leftovers	小売業，食品売り場などから生じた賞味期限切れなどによる残滓
ドライペレット	dry pellet	粉末原料と適度の水分とを混合してペレットミルという機械で成型した飼料
トランスグルタミナーゼ	transglutaminase	タンパク質中のグルタミン残基にアミンを共有結合させる反応およびタンパク質のリシン残基との間に架橋を形成させる反応を触媒する酵素．カマボコのゲル化に関与している
トリアシルグリセロール	triacylglycerol	グリセロールに多種類の脂肪酸がエステル結合した単純脂質で，水産動物脂質の大部分を占める．トリグリセロール，トリアシルグリセリンともいう
トリム（縦傾斜）	trim（t）	船首喫水から船尾喫水を差し引いた値
トリメチルアミン	trimethylamine（TMA）	魚臭成分．鮮魚の腐敗指標物質．魚類筋肉に含まれるトリメチルアミンオキシド（TMAO）が，微生物酵素により還元されて生成する第三級アミン
トレーサビリティ	traceability	消費者等が財（食品など）の生産，加工，流通の履歴，適用または所在を追跡できること
トロポミオシン	tropomyosin	筋原線維タンパク質の1種，軟体動物，甲殻類の主要アレルゲン
とろろコンブ	scraped tangle	酢でしめたコンブを何枚も重ねて固化し，側面から糸状に削ったもの
内的自然増加率	intrinsic rate of natural increase	密度効果がない状態での資源量の増加速度
内分泌撹乱化学物質	endocrine-disrupting chemical	内分泌系の機能に有害な影響を与える外来性の化学物質．有機スズ化合物，有機塩素系化合物，ビスフェノールAなど
なまり節	boiled and lightly dehydrated skipjack tuna	かつお節の半製品であり，節（フィレー）を煮熟したもの，または軽く焙乾して表面を乾燥させたもので，料理素材として用いられる
なれずし	fermented seafood with boiled rice	魚（サバなど）を塩漬けした後，塩抜きし米飯とともに漬込み短期間熟成させた製品．ふなずしよりも熟成期間が短いが，乳酸発酵により風味が醸成される
ナンノクロロプシス	*Nannochloropsis* sp.	分類学的には真正眼点藻綱の単細胞藻類で2分裂により増殖する．クロレラが市販される以前はワムシの餌料として汎用された．EPAを多く含むため，ワムシの栄養強化や水質浄化の目的で魚類飼育水に入れる
濁り	turbidity	水中に懸濁または溶存する物質によって，その水の光学的清澄さが低下した状態
二重巻締法	double seaming	缶詰を製造する際に缶のふたと胴部を密閉する方法．金属の縁を2段階で折り曲げることによって，高度な密封状態を維持できる
2そうびき	pair trawl	2隻の漁船で1つの網をひく底びき網漁法
日潮不等	diurnal inequality	1日に2回起きる潮汐の大きさや周期が一致しないこと
煮干し品	boiled and dried product	原料を煮熟してから乾燥した乾製品．貝柱，干しあわび，干しなまこ，しらす干しなど
日本型食生活	Japanese-style diet	日本の気候風土に適した米を中心に水産物，畜産物，野菜など多様な副食から構成され，栄養バランスに優れた食生活

用語解説	英 語	説 明
尿素	urea	炭酸のジアミド化合物．哺乳類では尿窒素の主要成分であるが，軟骨魚類などの体内にも多量に含まれている
糠漬け	cured seafood in rice bran	魚などを食塩と米糠に漬込んで熟成させたもの
熱塩循環	thermohaline circulation	高緯度海域での冬季の深い混合層形成に伴う循環
ねり製品	surimi-based products. Kamaboko	魚肉タンパク質のゲル形成能を利用した代表的な水産加工食品．かまぼこ類と魚肉ハム・ソーセージなどを指す．最近ではエビ・カニの形を模した製品がある．新鮮な魚肉や冷凍すり身を主原料として製造される
年級群	year class	同じ年に生まれた集団
粘質多糖	mucilaginous polysaccharide	細胞相互間および細胞壁と細胞質間に存在する粘性に富む多糖．海藻によって特徴的なものをもつ
年齢形質	age character	魚の耳石，鱗，脊椎骨などにみられる年齢に特有の形質
ノリ	laver, nori	紅藻綱ウシケノリ目ウシケノリ科アマノリ属の食用海藻．葉体は1層の細胞層からなり，養殖対象のスサビノリやアサクサノリなど多くの種を含む．配偶体世代である葉体と，胞子体世代である糸状体を交互に繰り返す世代交代を行う
ノロウイルス	*Norovirus*	近年多発している食中毒の原因ウイルス．小腸上皮細胞に感染し下痢を起こす．かつてはカキによる事例が多かったが，最近はヒトからの汚染事例が多い．小型球形ウイルスともよばれた
バイオコントロール	biocontrol	有益な生物によって有害生物を抑制，排除する方法．生物防除，生物学的防除ともいう．養殖では，有用微生物を投入することにより，有害菌（病原細菌，ウイルスなど）の増殖，感染を抑制する方法として採用されている
配合飼料	formula feed， compound feed	魚粉など複数種の原料を一定の割合で混合して製造された飼料であり，飼料安全法で公定規格が定められている
排他的経済水域	exclusive economic zone（EEZ）	沿岸国が，その基線から200海里を超えない範囲で設定する水域であり，沿岸国はその水域内で天然資源の探査，開発，保存及び管理のための主権的権利などを有する
灰干しワカメ	ash-treated and dried wakame	草木灰のアルカリ成分で，緑色の保持とワカメの軟化を防止したもの
白熱漁灯	incadescent fishing light	タングステン・フィラメントに電流を流して白熱発光を起こさせる漁灯
バッチ産卵数	batch fecundity	雌1個体1回あたり産卵数
パラシュートアンカー	parachute shaped sea anchor	おもにイカ釣り漁船で使われるパラシュート型のシー･アンカーで，パラアンカーあるいは潮帆（しおっぽ）ともよばれる．釣具ラインができるだけ垂下するように船を漁場の潮流とともに流して操業するために使う
バラスト水	ballast water	船舶が船位の安定を図るため，舷側や船底のタンクにためる水．船舶は港の水をバラスト水としてとりこみ次の航行先の港で排出するため，バラスト水が水生生物の移動機構の1つとなっている

用語解説	英　語	説　明
バラスト水管理条約	Ballast Water Management Convention	水生生物の船舶バラスト水による移動を防ぐ目的で2004年にIMO（国際海事機関）で採択された条約．船内にバラスト水中の生物の殺滅装置を搭載することを義務付けている
バラ凍結	individual quick freezing	IQF．被凍結物を1個ずつ分けて凍結する形態のこと，ブロック凍結に対する語
パラミオシン	paramyosin	無脊椎動物に見出される．分子量約10万のサブユニットからなる二量体で，コイルドコイルを形成する．ミオシンと同様に高イオン強度下で筋肉から溶出される．節足動物や軟体動物の筋肉の太いフィラメントの核を形成するタンパク質
パリトキシン	palytoxin	刺胞動物スナギンチャク類の毒成分として最初に単離．アオブダイやハコフグによる食中毒の原因毒はパリトキシン様毒
パルス幅	pulse width	魚群探知機が水中に放射する超音波信号の持続時間．普通は1 ms程度である
パルブアルブミン	parvalbumin	分子量は約11,000のCa^{2+}結合タンパク質．普通筋に多く含まれるが，血合筋や心筋にはほとんど存在しない．魚肉に含まれるアレルゲンのひとつ
ハロゲン漁灯	halogen fishery light	管球内にハロゲンガスを封入し，蒸発したタングステンが再びフィラメントに結合するハロゲンサイクルでフィラメントの消耗を抑え，寿命を延ばした白熱灯の一種，ハロゲン灯を光源とする漁灯
ビーム角	beam angle	魚群探知機において，水中に放射される音響信号の指向性の鋭さを表す指標
ビームトロール	beam trawl	ビーム（梁）により網を水平方向に広げる底びき網漁法
火入れ	hot-air dehydration for production of dried red algae	漁業者の生産した干しのりを，問屋や加工会社で再度乾燥して水分を4%程度まで落とし，長期保存を可能とする処理
ヒジキ	*Sargassum fusiforme*, Hijiki seaweed	古くから食用に用いられてきた中型の褐藻．乾燥しただけでは硬く渋みがあるために，数時間蒸煮を行う
ヒスタミン	histamine	遊離ヒスチジンから細菌の脱炭酸酵素によって生成される．アレルギー様食中毒の原因物質
微生物ループ	microbial loop	溶存態有機物を利用する細菌群集を出発点とした連鎖系
ヒ素	arsenic	ヒ素ミルク中毒事件の原因となった原子番号33の元素．魚介類のヒ素含量は高いが，含まれている有機ヒ素化合物（アルセノベタイン，アルセノシュガーなど）は食品衛生上問題ない
ビタミンA過剰症	hypervitaminosis A	大型魚の肝臓に高濃度に含まれているビタミンAによる中毒．中毒原因魚としてはイシナギが有名
ビテロゲニン	vitellogenin	肝臓で産生される卵黄タンパク質前駆物質．卵巣に運ばれて卵母細胞にとりこまれる
ヒトエグサ	*Monostroma nitidum*	葉体は1層の細胞よりなる緑藻．ノリ佃煮としての需要がほとんどである

用語解説	英　語	説　明
非通し回遊魚	non-diadromous fish	海，あるいは淡水域で生活史が完結している回遊魚．海で完結するものを海洋回遊（マグロ類，ブリ類，イワシ類，ニシン類，タラ類，ヒラメ・カレイ類など），淡水域で完結するものを河川回遊という
皮膚爬行症	creeping disease, creeping eruption	線虫類の幼虫がヒトの皮膚内を移行した際の痕に不規則な線状の発赤が生じる疾病
貧酸素水塊	oxygen-deficient water	水中の溶存酸素濃度がきわめて不足している孤立した水塊．これらの移動により，海中あるいは海底に生息する生物の大量死が発生し，水産業に大きな打撃をもたらすことがある．閉鎖的な内湾でよく発生する
フィードオイル	feed oil	水産養殖飼料用魚油のこと．魚油の一次精製油脂に抗酸化剤などを添加した油脂
フィッシュソリュブル	fish solubles	魚粉製造工程中に生じる圧搾汁から魚油を分離・除去した後，水分 50％以下に濃縮したもの．圧搾粕に還元し魚粉製造に用いられるが，品質の高いものは調味料などとして利用される
風成循環	wind-driven circulation	海上風の大規模な風系によって駆動される表層海流系
フォン・ベルタランフィの成長曲線	von Bertalanffy's growth curve	同化が体長の 2 乗，異化が体長の 3 乗に比例すると仮定している
ふ化酵素	hatching emzyme	ふ化腺細胞から分泌されるタンパク分解酵素で，卵膜を溶解しふ化を促す
複合脂質	complex lipids	リン酸や糖が結合した脂質．グリセロリン脂質，グリセロ糖脂質，スフィンゴリン脂質，スフィンゴ糖脂質に大別される
フグ毒	puffer fish toxin	→テトロドトキシン
フコイダン	fucoidan	フコースを主な構成糖とし，エステル硫酸をもつ酸性の粘質多糖．褐藻に存在する
節	boiled, smoke-dried and molded fish fillet	魚肉を煮熟後，焙乾（燻乾）して十分に乾燥した製品．かつお節が代表的
普通筋	ordinary muscle	魚類の骨格筋の主体であり，逃避など瞬発的な運動に用いられる筋肉．マグロ類やサケ科魚類を除き白みを呈することが多いため，白筋とよばれる
ブドウ球菌	*Staphylococcus aureus*	握り飯，弁当，生菓子などによって起こりやすい毒素型食中毒の原因菌．病原因子は耐熱性のエンテロトキシン．2000 年に加工乳での大規模食中毒が発生
ふなずし	fermented crucian carp with biled rice	フナを塩蔵後，塩抜きして米飯漬けを行い，数カ月間乳酸発酵させた製品．滋賀県の特産品
フノラン	funoran	紅藻フノリ類に存在するフコースを主とし，エステル硫酸をもつ酸性多糖
不飽和脂肪酸	unsaturated fatty acids	二重結合間に活性メチレン基を 1 つ挟みこんだ 1,4-ペンタジエン構造をとる非共役型であり，すべての結合はシス型である
ブライン凍結	brine freezing	被凍結物をブライン中に浸漬して急速凍結する方法．ブラインとは用途温度範囲では凍結しない濃度に調整した塩化カルシウムなどの不凍水溶液のこと．カツオ漁船では塩化ナトリウム水溶液のブライン浸漬凍結が行われている

用語解説	英　語	説　明
ブライン溶液	brine	食品の凍結などの目的で使用される不凍液（2 次冷媒）で，まき網では高濃度の食塩水が用いられる
ブラウンミール	brown meal	マイワシ，カタクチイワシ，サバなどの赤身魚を原料とした魚粉をさす．ミオグロビンが多く，一般に多脂魚であるため，脂質が酸化しやすく，このため，ホワイトフィッシュミールより品質が劣るとされるが，近年品質が向上している．アジミール，アンチョビーミールもブラウンミールに含まれる
振り塩漬け	dry salting	魚体に固形の食塩を撒布するか，あるいはすりこんで食塩を浸透させる塩蔵法．撒き塩漬けともいう
ブルーミート	blue meat	マグロやカニの加工過程でおきる肉の青変化．青肉とよばれることもある．マグロ肉においては，蒸煮中に TMAO とミオグロビンが反応することで，肉の一部が淡青色や緑色になる現象（グリーンミートとよぶこともある）．カニ肉では，煮熟時に発生する硫化水素と血リンパ中のヘモシアニンの反応生成物（硫化銅）が原因となり，缶詰中で青いスポット状の斑点が出現する
プロタミン	protamine	魚類しらこから得られる成分で，サケ由来のものはサルミン，ニシンのものはクルペインとよばれる．アルギニンの多い塩基性タンパク質で水に溶け，耐熱性芽胞菌に対して増殖抑制効果をもつ．食品添加物
ブロッカーのコンベアベルト	Broecker's conveyor belt	北大西洋北部を起源とする深層水が全球海洋をめぐり深層水形成海域に戻るまでの主要な経路を模式的に表したもの
ブロック凍結	blocked quick freezing	BQF，複数の被凍結物を容器に入れるなどして，ひとつの塊（ブロック）として凍結する形態のこと，バラ凍結に対する語
プロバイオティクス	probiotics	宿主動物の腸内に生息し，宿主の代謝増進に効果をあらわす微生物．これまでは，腸内に特有な微生物群と考えられてきたが，宿主体外よりも，有効な菌群を導入することが明らかになっている
ブロモフェノール	bromophenol	2-，3-および 4-モノブロモフェノール異性体は，植物プランクトンからの食物連鎖による魚類へのとりこみにより，消毒薬に似たにおいがニベ類に発生することがある．閾値が最も低い 2,6-ジブロモフェノールが主要なにおい成分である
フロン類	fluorocarbon	日本独自のフルオロカーボン系冷媒の呼称であったが，特定フロンとの混同を避けるため現在は使わない．特定フロンはオゾン層破壊物質として，最初 CFC 系の 5 種類であったが 1992 年に HCFC 系などを含む 15 種類に増やされた
閉鎖循環飼育	recirculating culture	魚介類の飼育に伴い発生する汚濁の浄化などを行いながら，同じ飼育水を繰り返して使う飼育方法
ベタイン	betaine	第四級アンモニウム塩，スルホニウム塩，ホスホニウム塩などの分子内塩をもつ化合物のこと．一般にはグリシンベタインのことをさす，魚介類エキス中に多くふくまれる．特に無脊椎動物の含有量が高く旨味に関与

用語解説	英　語	説　明
ヘドロ	deteriorated sediment, bottom sludge	科学的な定義はないが，一般に含水率が大きく，有機質に富んだ軟泥や汚染泥
ペプチド	peptide	2 個以上のアミノ酸がペプチド結合によって相互に結合したもの
ヘモシアニン	hemocyanin	軟体動物の血リンパに存在するヘムタンパク質で，銅原子を含むため酸素と結合すると青色を呈する
ペラ・トムリンソンモデル	Pella and Tomlinson model	余剰生産量を左右非対称かつ資源量の凹関数とした，資源量の動態を表すモデル．ロジスティックモデルを一般化したモデル
便宜置籍船	flag of convenience	地域漁業管理機関への非締約国等に船籍を移して無秩序な漁業操業を行う漁船
変敗	deterioration	食品中のタンパク質，炭水化物，脂質などが保存中に変質し，食品価値が低下したり食用不適になること．微生物の酵素作用による変敗（腐敗）と化学的変敗（油脂の酸化など）がある
方形係数	block coefficient (C_b)	ファインネス係数の 1 つで，船の太り具合，やせ具合を示す
飽食給餌	satiation feeding	自発摂餌，制限給餌などにおいて与えた飼料に対して魚が興味を示さなくなり，見かけ上満腹になったと判断できるまで給餌する方法
泡沫分離	foam separation	汚濁物質が気泡表面に吸着･濃縮する性質を利用して，水中より汚濁物質を分離除去する技術
ホールミール	whole meal	身かすにフィッシュソルブルを還元して製造した魚粉．全魚粉ともいう
捕獲再捕獲法	capture-recapture methods	野外で捕獲した生物に標識をつけて放流（放逐）し，放流数と再捕データから野外における個体数や生残率を推定する方法の総称
ポジティブリスト制度	positive list system	原則として自由がないなかで，してよいことだけを定める制度．農薬や食品添加物に適用
補色適応	complementary chromatic adaptation	体色と補色関係にある波長の光を吸収し，光合成に用いること．水中の光環境に適応している
ホスファゲン	phosphagen	生体内，とくに筋肉で高エネルギーリン酸の貯蔵形態となっている化合物
母川回帰	homing migration	サケなどが，海で育った後，産卵のために自分が生まれ育った河川に戻ること
ボツリヌス菌	*Clostridium botulinum*	嫌気性，胞子形成細菌．缶詰・瓶詰，いずしなどで起こりやすい致死率の高い毒素型食中毒の原因菌．神経毒素による麻痺症状が特徴．1984 年に辛子レンコンによる食中毒（死者 11 名）が発生
ポテンシャル水温	potential temperatrue	ある水温，塩分，圧力の海水を断熱的に基準圧力まで変化させたときにとる温度．表層，亜表層では海面での圧力を基準とし，深層の場合は 4×10^4 Pa をとる場合が多い
ポテンシャル密度	potential density	ある水温，塩分，圧力の海水を断熱的に基準圧力まで変化させたときにとる密度

用語解説	英　語	説　明
ポリアミン	polyamine	魚肉タンパク質から遊離したアミノ酸は微生物による脱炭酸により，ポリアミンを生成する．トリメチルアミンと類似した生臭みがあり，川魚や河川に遡上したサケ特有のにおいを特徴づけている
ポリ塩化ビフェニル	polychlorinated biphenyl	→ PCB
ポルフィラン	porphyran	紅藻アマノリのもつカラギーナン様の硫酸多糖
ホワイトフィッシュミール	white fish meal	タラ，スケトウタラ，ヒラメ類，カレイ類，カペリンなどの白身魚を原料とした魚粉をさす．白身魚は筋肉色素であるミオグロビン含量が少ないため，魚粉は赤身魚のそれと比して色が白いためこのように呼称される．品質の安定度が高く飼料としての加工性に優れる
まき網	encircling net/purse sein	網具で魚を包囲して網裾を絞り，網で囲んだ容積を徐々に縮小して漁獲する網具の総称
マクサ	ceylon moss	良質の寒天がとれる寒天原藻としてすぐれた紅藻
マコンブ	Japanese sea tangle, kombu	大型の寒帯性褐藻で，とくに良いだしがとれる．近年は養殖もされている
マトリクスメタロプロテアーゼ	matrix metalloprotease	コラーゲンなどの細胞外マトリクスタンパク質を分解する金属プロテアーゼ
麻痺性貝毒	paralytic shellfish poisoning (PSP)	サキシトキシンやゴニオトキシンなどを蓄積した貝類を食べることで起こる食中毒．しびれやけいれんなどの麻痺症状を起こし，重篤な場合は呼吸困難で死亡することがある
マルシップ	time charter	日本法人などが所有する日本船を，外国法人などなどに貸渡し，その外国法人が外国人船員を乗り組ませたものを，貸渡人である日本法人などが定期用船としてチャーターバックしたものをいう．これにより，賃金の安い外国人船員を日本船に乗船させやすくなるとされる
マロンアルデヒド	malonedialdehyde	マロンジアルデヒドともいう．脂質酸化の際に，酸化二次生成物として，ヒドロペルオキシドの分解物として生成する．チオバルビツール酸と反応して生成する赤色の色素は，脂質酸化の指標とされる
慢性毒性	chronic toxicity	半年から1年間程度の期間で反復または連続投与によって発現する毒性．数カ月程度の期間で調べる場合は亜慢性毒性という
満潮	high water	海面が上昇しきった状態．高潮（こうちょう）ともいう
マンナン	mannan	紅藻アマノリ属の骨格多糖のヘミセルロースをキシランとともに構成する，マンノースの多い多糖
マンヌロン酸	mannuronic acid	褐藻の粘質多糖アルギン酸の構成糖
身網	body net	網漁具構成上の主たる網地で，縁網（身網の縁辺部を補強するためにとりつけられる網地）と対になる用語
ミール	fish meal	魚類もしくは魚腸骨を蒸煮し，圧搾して魚油をとった残りの粕を乾燥・粉砕したもの
ミオグロビン	myoglobin	主として筋肉に含まれるヘムタンパク質で，酸素を貯蔵する機能を担う．血合筋や心筋などに多量に含まれ，筋肉の赤みの主体であるほか，マグロ類の普通筋ではその酸化還元状態が品質に大きな影響を及ぼし，酸化（メト化）すると色調劣化の主因となる

用語解説	英　語	説　明
ミオグロビンのメト化	metmyoglobin formation	ミオグロビンのヘム部の鉄イオンが酸化されてメトミオグロビンとなる変化，およびそれに伴なう赤身魚肉（マグロなど）の褐変化を指す．メト化が起きると水産物の商品価値は大きく低下する
ミオシン	myosin	魚介筋肉の主要な構造タンパク質で分子量48万，ATPを分解して筋収縮を担う．魚介肉の調理，加工品の物性を左右するタンパク質．とくにカマボコゲルの形成において重要な役割を果たす
水変わり	discoloration of still-water pond	止水式養魚池などで，水中の炭酸や窒素，リンの欠乏により植物プランクトンが減少し，水色が緑色から透明近くまで急激に変化する現象．溶存酸素量が減少するため，魚が鼻上げを起こしやすい
密度依存効果	density-dependent effect	個体群密度の増加に伴い，動物の体サイズが小型化し，成熟年齢が増加すること
密度流	density current	海水の密度差に起因する流れ
無給餌養殖	aquaculture without artificial feeding	餌料を与えずに天然餌料のみに依存する養殖方式を無給餌養殖という．海藻類および貝類養殖の大部分は無給餌養殖によって行われている
ムコイド状集落	mucoid colony	光沢のある粘液性集落であり，多糖質を主体とする莢膜を産生する細菌の集落
無性世代	asexual generation	海藻類の生活史において，核相が複相（$2n$）であることから，無性の藻体で過ごす世代で，胞子体世代（sporophytic generation）ともいう
無節サンゴモ	crustose coralline red algae	炭酸カルシウムを細胞間隙に多量に含有するサンゴモ目紅藻のうちで，直立して藻体の各所に膝節をもつ有節サンゴモに対して，膝節をもたずに殻状に海底面を被覆するグループ．広義には，直立する海藻を葉状海藻，殻状に海底面を被覆する海藻を殻状海藻という
メイラード反応	Maillard reaction	→アミノ-カルボニル反応
メタルハライド漁灯	metalhalide fishing light	インジウム，タリウム，ナトリウム，水銀などの重金属を発光管内に封入した放電灯を光源とする漁灯．イカ釣り漁業でおもに使われている漁灯で，電源ONからフル点灯状態になるまで5分程度の時間を要する
メラミン	melamine	本来はメラミン樹脂の原料であるが，分子中に窒素を多く含むためみかけ上のタンパク質濃度を増すために用いられた．餌や粉乳に添加されたため，ペットや幼児において中毒事故が発生した
モイストペレット	moist pellet	粉末飼料と生餌とを1：9～5：5の比率で混合してペレットに成型し乾燥した飼料
モード水	mode water	元々はTS図上で体積がモードをとる水塊として定義されていたが，現在はポテンシャル密度の鉛直勾配で定義される渦位が極小となる層の水塊をさす
戻り（火戻り）	tendering of heat-induced fish meat gel	肉糊をゲル化する際に50～70°C付近に数十分間保持すると，いったん形成されたかまぼこゲルの物性劣化やゲルの崩壊が起きる現象

用語解説	英　語	説　明
有機物負荷	organic load	給餌養殖場では残餌や糞などの養殖に伴う有機物は海水上層に負荷される．この有機物は海水下層へ沈降して堆積物上層に堆積し，最終的には堆積物下層へ移動する．この間，海水中の有機物は分解されて酸素を消費する．堆積物中の有機物は，酸素が十分にある条件では酸素を消費して分解され，酸素が少なくなると嫌気的分解により還元物質（硫化物）を生成する
有効漁獲努力量	effective fishing effort	資源に有効に作用した漁獲努力量．漁獲量を，資源分布の偏りを補正した資源密度指数で割ることで計算する
有効積算温度	effective accumulated temperature (EAT)	変温動物や植物の発育に有効な温度（発育零点よりも高い温度）を積算した値
有性世代	sexual generation	海藻類の生活史において，核相が単相（n）であることから，雌雄性の藻体で過ごす世代で，配偶体世代（gametephytic generation）ともいう
雄性先熟	protandry	雄として成熟した後，雌に性転換する現象
誘導脂質	derived lipids	単純脂質および複合脂質から誘導される脂質で，脂肪酸，テルペノイド，ステロイド，カロテノイドなどの多様な分解産物とエーテル可溶性成分を含む
油ちょう	cooking in oil	加熱油で揚げることであるが，魚粉製造では減圧状態とすることにより過度の加熱を避けるとともに脱水を加速する
養殖生産物履歴情報	traceability information for aquaculture	養殖生産に関連する稚魚，餌飼料，水産用医薬品などの履歴情報
溶存酸素	dissolved oxygen	水中に溶けている酸素であり，その飽和度は水圧，水温，塩分により変化する
余剰生産量	surplus production	加入，成長および死亡によって決まる資源量の変化量．自然増加量ともいう
予防的管理措置	precautionary approach	水産資源や資源管理に伴うさまざまな不確実性を考慮し，安全を見込んだ管理措置
ラッセルの方程式	Russel's equation	資源量の動態を，加入，成長，死亡および漁獲で簡単に表した式
ラミナラン	laminaran	褐藻の貯蔵多糖でマンニトールから生成される水溶性β-グルカン
乱獲	overfishing	魚が十分に成長していないうちに（小さいうちに）漁獲してしまう成長乱獲，または魚がまだ成熟していないうちに漁獲してしまう加入乱獲などを導く漁獲のこと
卵核胞	germinal vesicle	卵母細胞にみられる大型の核．卵母細胞が最終成熟すると動物極に移動し，核膜が消失する
卵形成	oogenesis	卵原細胞から減数分裂を経て卵が形成される過程
卵消毒	eggs disinfection	卵表面に存在する病原体による広義の垂直感染防止のための消毒法
卵数法	egg production method	産卵場を包括する産卵調査によって推定した産卵期全体または産卵期中のある期間に産出された卵の総量と雌1個体あたりの産卵数，性比の情報などから産卵親魚量を推定する資源量推定法の一種
ランスフィールドの分類	Lancefield classification	レンサ球菌の細胞壁の多糖体抗原を，ランスフィールドの血清型別でA，B，C，G群などに分類する

用語解説	英　語	説　明
卵洗浄	egg washing method	採卵後の卵を，受精率の向上のため，浸透圧を調整した生理的食塩水を用いて，受精の妨げとなる壊卵由来の卵内容物や血液を洗浄除去する操作．ニジマス卵では，洗浄に用いる生理的食塩水をシャワー状に卵に散布し洗浄を効率的に行っている
流水式養殖	culture in running water	常時水槽や池に水を導入することにより魚を飼育する方式
粒度組成	grain size distribution	堆積物を構成する粒子径の分布状態を全体に対する組成比で表したもの
領海	territorial sea	沿岸国が，その基線から 12 海里を超えない範囲で以内に設定する水域であり，沿岸国はその水域内で主権を有する
両側回遊	amphidromous migration	産卵が目的ではなく海水域と淡水域を往来する魚の回遊
両側回遊魚	amphidromous fish	産卵が目的ではなく，淡水域と海の間を回遊する魚（アユなど）
冷水性魚類	cold water fish	概ね 20°C 以下の水温において，活発に摂餌して成長する魚類の総称であり，淡水魚ではサケ科魚類が代表的である
凍結乾燥食品	freeze-dried food	FD 食品ともいう．食品中に含まれる水分をいったん凍結させ，次に真空条件下で昇華させることにより，氷結晶を水蒸気に変えて除去した乾燥食品．乾燥収縮が少なく多孔質構造であるため復元性に優れている
冷凍サイクル	refrigeration cycle	冷媒の状態変化を利用して低温を作り出す熱力学的サイクルのこと．冷凍機中を循環する冷媒は，蒸発→圧縮→凝縮→膨張→蒸発の 4 段階の状態変化を経て熱交換する
冷凍すり身	frozen surimi	洗浄した魚肉に冷凍変性防止効果のある糖類を加えることで，ゲル形成能を損なうことなく長期保管を可能としたタンパク質素材．おもにねり製品原料として用いられる
冷媒	refrigerant	蒸気圧縮式の冷凍サイクルにおける熱の搬送媒体．フルオロカーボン系と自然冷媒系に大別される
レジームシフト理論	regime shift	地球規模の気候変動によって，海洋生態系の基本構造に変化が生じ，その結果として魚類その他の生物種で資源量変動が引き起こされるとする考え方
レトルト	retort	高圧殺菌釜のこと．缶詰，レトルト食品など「容器包装詰加圧加熱殺菌食品」の製造に用いられる．蒸気式レトルトと熱水式レトルトがある．後者は，水圧をかけることで，熱膨張による容器の膨張・破裂を防ぐことができるので，レトルト食品や魚肉ソーセージの製造に用いられる
レプトセファルス	leptocephalus	葉形仔魚．ウナギ目とカライワシ目魚類の幼生．ウナギでは産卵場からこの形の幼生で日本に近づき，変態してシラスウナギとなる
濾過除菌	bacterial elimination by filtration	微生物を通さない径の濾過膜を利用して微生物を除去する方法
ロレンチニ瓶器	ampulla of Lorenzini	板鰓類の体表にみられる電気受容器で，水中の微弱な電流を感知する

用語解説	英　語	説　明
ワカメ	sea mustard, wakame	褐藻綱コンブ目チガイソ科の食用海藻．大型の葉状体である胞子体世代と，微小な配偶体世代の間で世代交代を行う．胞子体は成熟期に胞子葉（めかぶ）を形成する．日本では北海道から九州まで分布し，各地で養殖も行われている
ワムシ	rotifer, rotatoria	体の前部にある繊毛冠の動きが車輪のように見える動物プランクトンで，単性生殖で増殖する．海産ワムシとよばれるシオミズツボワムシ複合種は，海産魚種苗生産の初期餌料として重要で，大量培養が可能である

略　語（五十音順）

略　語	英　語	説　明
ABC	allowable（または acceptable）biological catch	生物学的許容漁獲量
ACE	angiotensin converting enzyme	アンジオテンシン変換酵素
ADP	adenosine diphosphate	アデノシン二リン酸
AdR	adenosine	アデノシン
AEC	adenilate energy charge	エネルギーチャージ
AMP	adenosine monophosphate	アデノシン一リン酸
AnV	anisidine value	アニシジン価
ATP	adenosine triphosphate	アデノシン三リン酸
ATPase	adenosine triphosphatase	ATP アーゼ
AV	acid value	酸価
AVHRR	advanced very high resolution radiometer	改良型超高分解能可視赤外放射計
AVNIR-2	advanced visible and near infrared radiometer type 2	高性能可視近赤外放射計 2 型
Aw	water activity	水分活性
BFNNV	berfin flounder nervous necrosis virus	マツカワ・ウイルス性神経壊死症ウイルス
BGD	bacterial gill disease	細菌性鰓病
BHA	butylated hydroxyanisole	ブチルヒドロキシアニソール
BHT	butylated hydroxytoluen	ブチルヒドロキシトルエン
BKD	bacterial kidney disease	細菌性腎臓病
BSE	bovine spongiform encephalopathy	牛海綿状脳症，狂牛病
Bx	brix	ショ糖濃度の単位
CCP	critical control point	重要管理点
CCSBT	Commission for the Conservation of Southern Bluefin Tuna	みなみまぐろ保存委員会

略　語	英　語	説　明
CFC	chlorofluorocarbon	クロロフルオロカーボン系冷媒（例．R12, R502）
CHSE-214	chinook salmon embryo cell No.214	マスノスケ胚由来細胞
COP	coefficient of performance	成績係数，動作係数
CPE	cytopathic effect	細胞変性効果
CPUE	catch per unit of effort	単位努力あたり漁獲量
CUFES	continuous underway fish egg sampler	連続魚卵採集装置
CV	carbonyl value	カルボニル価
DAG	diacylglycerol	ジアシルグリセロール
DAGE	diacylglycerylether	ジアシルグリセリルエーテル
DHA	docosahexaenoic acid	ドコサヘキサエン酸
DMA	dimethylamine	ジメチルアミン
DMDS	dimethyldisulfid	ジメチルジスルフィド，二硫化メチル
DMPT	dimethyl-β-propiothetin	ジメチル-β-プロピオテチン
DMS	dimethylsulfide	ジメチルスルフィド，硫化メチル
DO	dissolved oxygen	溶存酸素（量）
DP	dry pellet	ドライペレット
EEZ	exclusive economic zone	排他的経済水域
EFSA	European Food Safety Authority	欧州食品安全機関
EHN	epizootic hematopoietic necrosis	流行性造血器壊死症
EHNV	epizootic hematopoietic necrosis virus	流行性造血器壊死症ウイルス
EIBS	erythrocyte inclusion body syndrome	赤血球封入体症候群
ELISA	enzyme-linked immunosorbent assay	酵素結合免疫吸着法
EOS80	International Equation of State 1980	国際（海水）状態方程式 1980
EP	extruded pellet	エクストルーディットペレット
EPA	eicosapentaenoic acid	エイコサペンタイン酸
EPC	epithelioma papilloma of carpio cell	コイ上皮腫由来細胞
EPMA	electron probe microanalyser	電子線マイクロアナライザー
EU	European Union	ヨーロッパ連合
F6P	fructose-6-phosphate	フルクトース-6-リン酸
FAO	Food and Agriculture Organization	国際連合食糧農業機関
FDA	Food and Drug Administration	米国食品医薬品局
FFA	free fatty acid	遊離脂肪酸
FHM	fathead minnow caudal trunk cell	ファットヘッドミノー尾柄由来細胞

略 語	英 語	説 明
FISH	flourescence *in situ* hybridization	蛍光 *in situ* イブリダイゼーション
FLUPSY	floating upwelling system	海上筏式稚貝中間育成装置
FOSHU	food for specified health uses	特定保健用食品
FRP	fiber reinforced plastics	繊維強化プラスチック
G6P	glucose-6-phosphate	グルコース-6-リン酸
GE	gross energy	総エネルギー
GET	gastric evacuation time	胃内容物消失時間
GF	grunt fin	GF 細胞
GMDSS	global maritime distress and safety system	遭難・安全通信システム
GMO	genetically modified organism	遺伝子組換え生物
GMP	good manufacturing practice	適正製造基準
GPS	global positioning system	全地球測位システム
GT	gross tonnage	総トン数
GWP	global warming potential	地球温暖化係数
HACCP	hazard analysis and critical control point	危害分析重要管理点，ハサップ
Hb	hemoglobin	ヘモグロビン
HC	hydrocarbon	炭化水素系冷媒（例．プロパン，イソブタン）
HCFC	hydrochlorofluorocarbon	ハイドロクロロフルオロカーボン系冷媒（例．R22）
HFC	hydrofluorocarbon	ハイドロフルオロカーボン系冷媒（例．R404A, R507A, R23）
HFO	hydrofluoroolefin	ハイドロフルオロオレフィン 1234yf 冷媒
HIRRV	hirame rhabdovirus	ヒラメラブドウイルス
Hx	hypoxanthin	ヒポキサンチン
HxR	inosine	イノシン
IATTC	Inter-American Tropical Tuna Commission	全米熱帯まぐろ類委員会
ICCAT	International Commission for the Conservation of Atlantic Tunas	大西洋まぐろ類保存国際委員会
ICP-MS	inductively coupled plasma mass spectrometer	誘導結合プラズマ質量分析計
IgE	immunoglobulin E	イムノグロブリン E
IHN	infectious hematopoietic necrosis	伝染性造血器壊死症
IHNV	infectious hematopoietic necrosis virus	伝染性造血器壊死症ウイルス
IMP	inosine monophosphate	イノシン一リン酸（イノシン酸）
IOTC	Indian Ocean Tuna Commission	インド洋まぐろ類委員会
IP	immuno-peroxidase stain	酵素抗体染色

略　語	英　語	説　明
IPN	infectious pancreatic necrosis	伝染性膵臓壊死症
IPNV	infectious pancreatic necrosis virus	伝染性膵臓壊死症ウイルス
IPTS−68	International Practical Temperature Scale of 1968	実用国際温度目盛 1968
IQ	import quota	輸入割り当て
IQF	individual quick freezing	バラ状急速凍結
ISA	infectious salmon anemia	伝染性サケ貧血症
ISAV	infectious salmon anemia virus	伝染性サケ貧血症ウイルス
ISSFAL	International Society for the Study of Fatty Acids and Lipids	国際脂肪酸脂質研究学会
ITS−90	International Temperature Scale of 1990	国際温度目盛 1990
IV	iodine value	ヨウ素価
IWC	International Whaling Commission	国際捕鯨委員会
JAS	Japanese agricultural standard	日本農林規格
KHV	koi herpesvirus	コイヘルペスウイルス
KHVD	koi herpesvirus disease	コイヘルペスウイルス病
LORAN	long range navigation	長距離航法システム，ロラン
LT	leucotriene	ロイコトリエン
M & I	moisture and impurities	水分夾雑物
MAb	monoclonal antibody	モノクローナル抗体
MAG	monoacylglycerol	モノアシルグリセロール
Mb	myoglobulin	ミオグロビン
MEL	Marine Eco-Label	マリン・エコラベル
MODIS	moderate resolution imaging spectroradiometer	中分解能撮像分光放射計
MP	moist pellet	モイストペレット
MSC	Marine Stewardship Council	海洋管理協議会
MSG	monosodium glutamate	グルタミン酸ナトリウム
MSY	maximum sustainable yield	最大持続生産量
NAD	nicotinamide adenine dinucleotide	ニコチンアミドアデニンジヌクレオチド
NADH	nicotinamide adenine dinucleotide	(還元型) ニコチンアミドアデニンジヌクレオチド
NOAA	National Oceanic and Atmospheric Administration	アメリカ海洋大気庁
ODP	ozone depletion potential	オゾン層破壊係数
OIE	World Organisation for Animal Health	国際獣疫事務局
OMV	*Oncorhynchus masou* virus	サケ科魚ヘルペスウイルス

略語	英語	説明
PAV	penaeid acute viremia	クルマエビ急性ウイルス血症（＝ホワイトスポット病）
PC	phosphatidylcholine	ホスファチジルコリン
PCB	polychlorinated biphenyl	ポリ塩化ビフェニル
PCR	polymerase chain reaction	ポリメラーゼ連鎖反応
PE	phosphatidylethanolamine	ホスファチジルエタノールアミン
PFU	plaque forming unit	プラーク形成数
PG	prostaglandine	プロスタグランジン
PI	phosphatidylinositol	ホスファチジルイノシトール
POV	peroxide value	過酸化物価（＝ PV）
PS	phosphatidylserine	ホスファチジルセリン
PSS-78	Practical Salinity Scale of 1978	PSS-78（UNESCO の 1981 年の技術報告書で使用が勧告された実用塩分の定義）
PTWI	provisional tolerable weekly intake	暫定的耐容週間摂取量
PV	peroxide value	過酸化物価（＝ POV）
RFMO	regional fisheries management organization	地域漁業管理機関
RGNNV	redspotted grouper nervous necrosis virus	キジハタ・ウイルス性神経壊死症ウイルス
RSIVD	red sea bream iridoviral disease	マダイイリドウイルス病
RT-PCR	reverse transcription polymerase chain reaction	逆転写ポリメラーゼ連鎖反応
RTG-2	rainbow trout gonad cell No.2	ニジマス卵巣由来細胞
SGLI	second generation global imager	多波長光学放射計
SIMS	secondary ion-microprobe mass spectrometer	二次イオン質量分析計
SJNNV	striped jack nervous necrosis virus	シマアジ・ウイルス性神経壊死症ウイルス
SPF	specific pathogen free	特定病原微生物不在
SPR	spawning stock per recruitment	加入あたり産卵親魚量
SPR	specific pathogen resistant	特定病原微生物耐性
SS	suspended solid	（水中）浮遊物質
SVC	spring viremia of carp	コイ春ウイルス血症
SVCV	spring viremia of carp virus	コイ春ウイルス血症ウイルス
TAC	total allowable catch	総漁獲可能量
TAG	triacylglycerol	中性脂質，トリアシルグリセロール
TBA-V	thiobarbituric acid value	チオバルビツール酸価
TCA 回路	tricarboxylic acid cycle	トリカルボン酸回路
TCID50	50% tissue culture infectious dose	50%細胞感染力価
TCY	TCY	TCY 寒天培地（Tryptone, Casamino acid, Yeast extract の頭文字を取ったもの）

略 語	英 語	説 明
TDH	thermostable direct hemolysin	耐熱性溶血毒
TEOS-10	Thermodynamic Equation of Seawater 2010	海水の熱力学方程式
TEWI	total equivalent warming impact	総等価温暖化影響，総合等価温暖化因子
TMA	trimethylamine	トリメチルアミン
TMAO	trimethylamine oxide	トリメチルアミンオキシド
TPNNV	tiger puffer nervous necrosis virus	トラフグ・ウイルス性神経壊死症ウイルス
TTX	tetrodotoxin	テトロドトキシン
TVBN	total volatile basic nitrogen	総揮発性塩基窒素
TX	thromboxane	トロンボキサン
UCP1	uncoupling protein 1	脱共役タンパク質
UNESCO	United Naitons Educational, Scientific and Cultural Organization	国際連合教育科学文化機関
USM	unsaponificable matter	不けん化物
VBN	volatile basic nitrogen	揮発性塩基窒素
VHS	viral hemorrhagic septicemia	ウイルス性出血性敗血症
VHSV	viral hemorrhagic septicemia virus	ウイルス性出血性敗血症ウイルス
VMS	vessel monitoring system	船舶位置監視システム
VNN	viral nervous necrosis	ウイルス性神経壊死症
VPA	virtual population analysis	VPA
WCPFC	Commission for the Conservation and Management of Highly Migratory Fish Stocks in the Western and Central Pacific Ocean	中西部太平洋まぐろ類委員会
WHO	World Health Organization	世界保健機関
WSD	white spot disease	ホワイトスポット病（＝クルマエビ急性ウイルス血症，WSS）
WSS	white spot syndrome	ホワイトスポット病（＝クルマエビ急性ウイルス血症，WSD）
YPR	yield per recruitment	加入あたり漁獲量

索　引

記号・数字

欧文

A

B

C

D

和文

お

か

き

く

け

こ

さ

し

す

せ

そ

た

ち

つ

て

と

な

に

ぬ

ね

の

は

ひ

み

む

め

も

れ

ろ

わ

NDC 660　719p　23cm

最新　水産ハンドブック

2012 年 6 月 10 日　第 1 刷発行
2022 年 2 月 9 日　第 9 刷発行

編　者　島　一雄・關　文威・前田 昌調・木村 伸吾
佐伯 宏樹・桜本 和美・末永 芳美・長野　章
森永　勤・八木 信行・山中 英明

発行者　髙橋明男

発行所　株式会社　講談社
〒 112-8001　東京都文京区音羽 2-12-21
販　売　(03) 5395-4415
業　務　(03) 5395-3615

編　集　株式会社　講談社サイエンティフィク
代表　堀越俊一
〒 162-0825　東京都新宿区神楽坂 2-14　ノービィビル
編　集　(03) 3235-3701

印刷所　株式会社双文社印刷
製本所　大口製本印刷株式会社

Printed in Japan

ISBN 978-4-06-153736-1